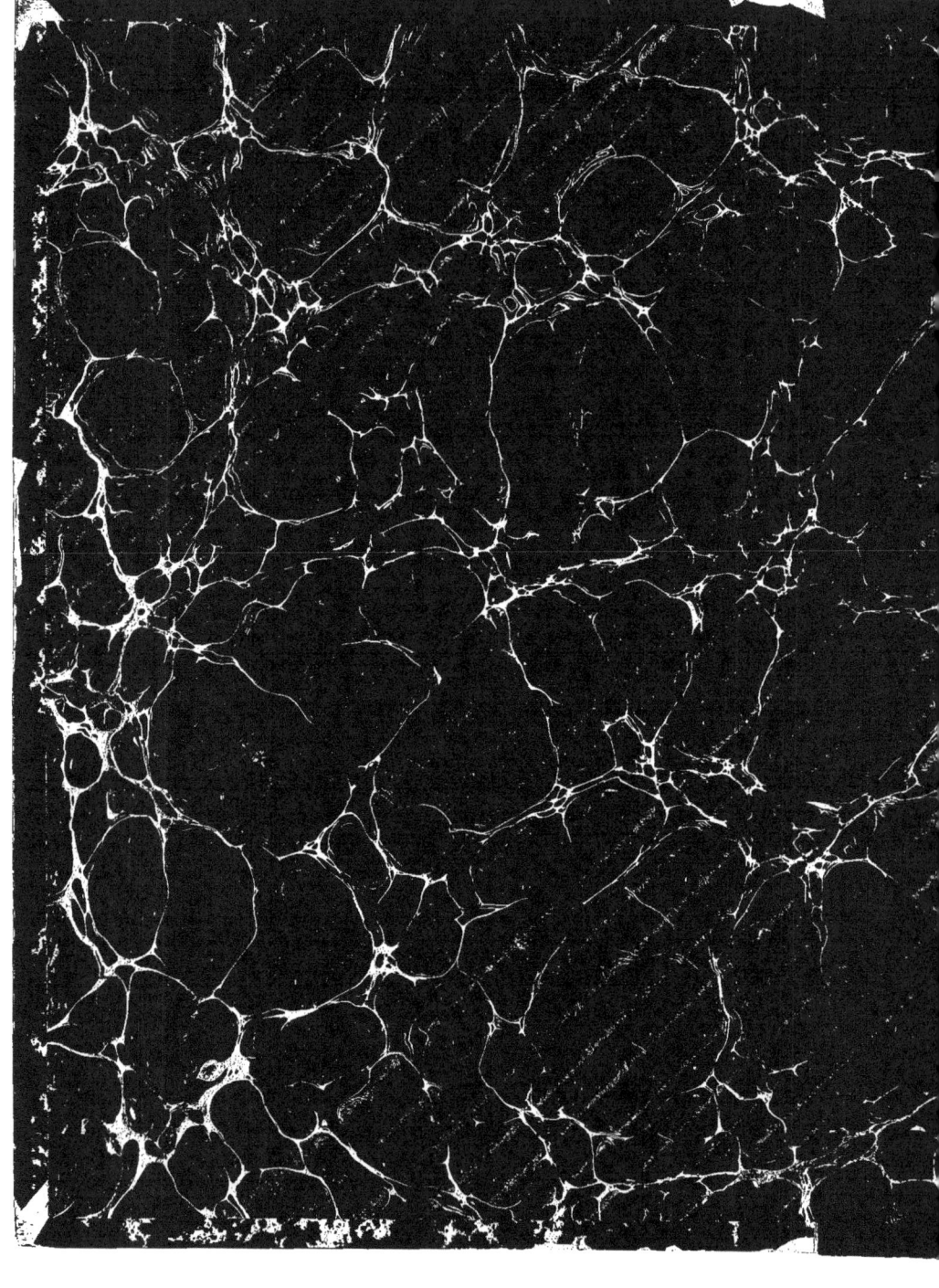

TRAITÉ
DE L'ART
DE LA CHARPENTERIE

PARIS. — IMPRIMERIE DE E. MARTINET, RUE MIGNON, 2

TRAITÉ
DE L'ART
DE LA CHARPENTERIE

Par A.-R. ÉMY
COLONEL DU GÉNIE EN RETRAITE
OFFICIER DE L'ORDRE ROYAL DE LA LÉGION D'HONNEUR
PROFESSEUR DE FORTIFICATION A L'ÉCOLE ROYALE MILITAIRE DE SAINT-CYR
MEMBRE DE L'ACADÉMIE ROYALE DES BELLES-LETTRES, SCIENCES ET ARTS DE LA ROCHELLE
DE LA SOCIÉTÉ ROYALE D'AGRICULTURE ET DES ARTS DU DÉPARTEMENT DE SEINE-ET-OISE
DE L'INSTITUT HISTORIQUE, ETC.

NOUVELLE ÉDITION, REVUE AVEC SOIN

SUIVIE

D'ÉLÉMENTS DE CHARPENTERIE MÉTALLIQUE

ET PRÉCÉDÉE D'UNE

NOTICE SUR L'EXPOSITION UNIVERSELLE DE 1867 (SECTION DES BOIS)

PAR

L.-A. BARRE
Ingénieur civil, ancien élève de l'École impériale et centrale des arts et manufactures
Professeur à l'Association polytechnique

TOME DEUXIÈME

PARIS
DUNOD, ÉDITEUR
SUCCESSEUR DE VICTOR DALMONT
Précédemment Carillan-Gœury et Victor Dalmont
Libraire des corps impériaux des Ponts et Chaussées et des Mines
QUAI DES GRANDS-AUGUSTINS, 49

Droits de traduction et de reproduction réservés

PRÉFACE DE LA PREMIÈRE ÉDITION

(ANNÉE 1841).

Les sept premiers chapitre de ce second volume sont relatif aux formes que l'on donne ordinairement aux combles à surfaces courbes, à l'étude de leurs rencontres mutuelles ou pénétrations et aux pièces de trait de charpente qui entrent accessoirement dans leur composition.

J'ai indiqué les opérations d'épure propres à guider dans la disposition et le tracé des ételons; j'ai décrit les opérations qui regardent l'exécution, mais je ne les ai pas toutes traitées avec des développements aussi longs que ceux que j'ai donnés pour les combles à surfaces planes, vu qu'il aurait fallu étendre le texte fort au-delà des limites qui m'étaient imposées, et le plus souvent j'aurais répété, sans utilité, des détails que j'ai exposés dans les derniers chapitres du tome Ier.

Jusqu'ici le problème de la distribution régulière des caissons dans les coupoles et autres voûtes en charpente, et même dans celles en maçonnerie, n'avait été résolu que par approximation ou par le moyen d'opérations trop laborieuses pour être habituellement employées (1).

La nouvelle solution que j'en donne est rigoureuse et beaucoup plus simple même que celle qui ne donne qu'un résultat approximatif.

J'ai compris dans ces chapitres diverses pièces de traits de charpenterie, telles que les trompes et voussures, les croix de Saint-André, dans les surfaces courbes, etc., qui ne se trouvent décrites dans aucun autre traité.

Dans les cinq chapitres suivants, j'ai complété, autant qu'il m'a été possible, la description que j'avais commencée dans le chapitre XII, par celle d'une suite de combles exécutés et remarquables, soit par leurs grandes portées, soit par les systèmes de combinaison des bois qui entrent dans leurs compositions. C'est ainsi que

---

(1) Les caissons des voûtes en maçonnerie sont des imitations de ceux résultant de la combinaison des bois dans la construction des voûtes en charpente, et que l'on a utilisés pour la décoration intérieure de ces voûtes

j'ai rapproché, pour qu'on puisse les comparer, les combles antiques des combles modernes, ceux des basiliques, des théâtres et de divers grands édifices, ceux du moyen-âge, et parmi ceux-ci j'en ai décrit qui sont peu connus, notamment ceux d'édifices anglais qui n'avaient pas encore été exactement dessinés dans aucun ouvrage français.

J'ai compris dans ce travail, qui présente pour ainsi dire une esquisse du progrès et des variations de l'art, les systèmes dans lesquels des cintres se trouvent combinés, tels que le système de Philibert de Lorme, en planches de champ, celui de M. La caze, en petits bois carrés, et le mien, en madriers courbés sur leur plat, que j'ai déjà publié en 1828 (1).

Ces rapprochements que j'ai faits, au surplus, sans aucune prétention plus élevée que celle d'exposer ce que l'art que j'ai entrepris de décrire a produit, m'ont paru d'autant plus utiles que les archéologues et les antiquaires qui se sont tant occupés des monuments et ouvrages en maçonnerie, ont à peine jeté jusqu'ici un coup d'œil sur les œuvres de la charpenterie aux diverses époques où les arts ont fait des progrès ou subi des modifications.

Pendant que ce deuxième volume se préparait en manuscrit, de 1837 à 1841, un ouvrage intéressant a été donné au public; c'est le Mémoire de M. le capitaine du génie Ardant, intitulé : *Études théoriques et expérimentales sur les charpentes à grandes portées* (2), dont il sera question dans le dernier chapitre de ce deuxième volume.

J'ai consacré un chapitre aux dômes, clochers et beffrois, dans lequel j'ai rectifié les méthodes de Nicolas Fourneaux pour les dômes et les flèches tors.

---

(1) En outre des charpentes du hangar de Marac et du manége de Libourne, exécutées suivant ce système, plusieurs autres, suivant le même système, ont été construites sur des bâtiments dépendant des services militaires et de la marine, notamment à Saumur, Aire, Metz, Maubeuge, Limoges, Cherbourg, et sur plusieurs halles d'usines, tant à Paris que dans les départements, et généralement avec succès.

Je ne dois pas cacher que, dans deux localités qu'il est inutile d'indiquer, des charpentes, exécutées d'après ce nouveau système, ont manifesté des avaries immédiatement après leur achèvement; mais il faut dire qu'il a été reconnu que ceux qui les avaient construites n'avaient pas suivi les indications que j'ai données, et qu'ils s'en étaient même fort écartés, et qu'ainsi ces avaries sont dues à des fautes faites par les constructeurs, et non à des vices du système.

(2) 1 vol. in-4°, chez Lamort, à Metz, 1840.

PRÉFACE.   VII

L'emploi du fer dans les charpentes m'a paru assez important pour consacrer un chapitre à la description des différents moyens employés pour lier et consolider les assemblages par des ferrures (1).

J'ai complété cette spécialité de l'emploi du fer par un chapitre uniquement consacré aux charpentes dans lesquelles ce métal, le plus commun et le plus fort, est employé conjointement avec le bois comme partie constitutive des charpentes en bois. Cette combinaison du fer dans les charpentes n'avait pas encore été décrite, et j'ai réuni, dans ce chapitre, ce qui a été fait depuis les premières tentatives jusqu'à ce jour ; j'y ai compris la description de mon nouveau système de charpente en bois et en fer, et une succincte description de l'heureuse application que M. Hittorff a faite à la charpenterie des moyens de suspension par des câbles en fil de fer (2).

(1) M. Brunel a proposé de réunir des pièces de bois par des clefs en fer noyées dans l'asphalte. On a employé dans le tunnel de Londres ce mastic pour sceller des plaques de fonte dans la charpente. (*Bull. de la Société d'encouragement*, septembre, 1840.)

(2) Depuis l'impression du chapitre XXXIV, j'ai eu connaissance d'un manége tout en charpente, construit dans la cour de la caserne de l'Orangerie, à Lunéville, par M. Schmitz jeune, entrepreneur, sous la direction de M. Duché, chef de bataillon du génie, et de M. Humbert, capitaine. Ce manége a 63^m,60 de longueur sur 24 de largeur, et 12^m,60 de hauteur totale. Les fermes de son comble ont quelque ressemblance avec celle représentée fig. 12, de ma planche CVI ; mais leur aspect a plus de légèreté. Je me borne à en faire la description suivante :

La charpente de ce manége se compose de 22 fermes, celles des deux pignons comprises. Elles sont portées chacune sur deux poteaux arc-boutés par des contre-fiches. Ces poteaux forment le pourtour du manége. La hauteur du comble est égale au quart de sa portée. Chaque ferme est composée d'un tirant de deux arbalétriers avec sous-arbalétriers, sous le tiers de leur longueur ; d'un poinçon, dont la hauteur est égale aux deux tiers de celle du comble ; d'une moise-entrait, qui croise le poinçon dans le milieu de sa hauteur. Les sous-arbalétriers sont arc-boutés par des contre-fiches, qui ont leurs appuis sur le tirant. Cinq tringles verticales en fer soutiennent le tirant par les points de sa division en six parties égales : quatre de ces tringles s'attachent aux arbalétriers, et celle du milieu s'attache au poinçon. Les deux pièces d'une croix de Saint-André sont établies suivant les diagonales du rectangle formé par le tirant, la moise-entrait et deux tringles verticales. Le tirant et les arbalétriers sont posés de champ, leur épaisseur est de 0^m,25 à 0^m,30, celle des arbalétriers diminue en approchant du poinçon ; les sous-arbalétriers, les contre-fiches et les pièces de la croix ont des équarrissages de moitié plus faibles. Les assemblages des arbalétriers et sous-arbalétriers sont reçus, à chaque bout inférieur, dans un sabot en fer. Les contre-fiches et les branches de la croix de Saint-André se réunissent dans deux boîtes suspendues par les tringles qui soutiennent le tirant. La queue du poinçon repose sur le centre de la croix de Saint-André.

Je crois qu'on aurait pu, sans inconvénient, supprimer la croix de Saint-André dans chaque ferme ; elle charge le milieu de la charpente sans utilité.

L'application de mon système en bois et en fer, représenté sur ma planche CVIII, aurait exigé moins de bois et aurait eu une apparence plus légère encore.

La construction des escaliers est essentiellement du domaine de l'art de la charpenterie. J'ai fait à leur sujet ce que j'ai fait pour les combles : j'ai exposé la partie géométrico-graphique de l'art et ses procédés d'exécution pratique, et j'ai ensuite rapproché et succinctement décrit toutes les formes qui ont été, à ma connaissance, données aux escaliers, petits monuments intérieurs que les charpentiers les plus instruits regardent, avec raison, comme exigeant, dans leur composition et leur exécution, le plus d'habileté et d'adresse pour satisfaire en même temps aux besoins, à la commodité et à la grâce du développement de ces sortes de routes suspendues.

J'ai fait remarquer, dans l'introduction du tome Ier, que l'art de la charpenterie prête son secours pour bâtir des édifices nouveaux et pour prolonger l'existence des anciens ; j'ai consacré un chapitre à la description de l'étaiement des édifices, et un autre aux échafauds destinés aux réparations et aux travaux des bâtiments.

La construction des ponts en bois est aussi du domaine de la charpenterie. Jadis, lorsque le seul génie avait le privilège d'inventer et de créer de grands édifices, on a vu de simples et modestes charpentiers concevoir et construire des ponts qui sont encore, à juste titre, regardés comme des modèles et d'admirables chefs-d'œuvre. Aujourd'hui la science a étendu sa puissance sur les choses qui étaient, dans l'origine, abandonnée aux praticiens, et l'art de construire des ponts, quelle que soit la matière avec laquelle ils doivent être édifiés, forme une architecture spéciale. Mon ouvrage ne saurait consacrer à cette importante matière l'espace nécessaire pour la traiter à fond ; je me borne, dans un seul chapitre, à la description des ponts en bois construits à diverses époques et suivant divers systèmes offrant des différences marquantes et utiles à comparer. Ils sont classés suivant l'ordre des combinaisons des pièces de bois qui les composent : je ne me suis attaché qu'à ce qui peut intéresser l'œuvre du charpentier. Un autre chapitre comprend les ponts mobiles, un autre encore a pour objet les ponts de cordes : j'ai décrit, dans ce dernier, les combinaisons qui ont été exécutées, principalement dans la vue de conserver aux charpentiers l'honneur de l'invention des ponts supendus, dont les ponts en chaînes et en câbles de fer sont des imitations.

PRÉFACE.

Les cintres pour construction d'arches et de voûtes sont des espèces d'échafauds que j'aurais pu comprendre dans le chapitre XXXVII; mais il m'a paru plus utile de placer le chapitre qui les comprend à la suite de celui relatif aux ponts, avec lesquels ils ont une grande ressemblance par l'effet de la combinaison de leurs bois.

Les constructions hydrauliques réclament souvent le secours de l'art et du travail du charpentier, soit dans les fondations des ouvrages en maçonnerie, soit dans des ouvrages entièrement en bois; j'ai réuni dans un chapitre ce qui m'a paru le plus utile à faire connaître aux ouvriers appelés à concourir de leur expérience et de leur habileté à l'exécution de ces sortes de travaux en bois.

Les développements que j'ai donnés au sujet de la charpenterie des habitations, m'ont paru suffisants pour me dispenser des mêmes développements à l'égard des ponts et des travaux hydrauliques, ce qui fait qu'à l'exception de quelques cas particuliers les descriptions de l'exécution de ces sortes de constructions sont d'autant plus succinctes que les dessins qui les représentent sont plus détaillés, ou qu'il est plus aisé de trouver des renseignements dans le premier volume ou dans les premiers chapitres de celui-ci.

Maintes circonstances fortuites et des entreprises d'un nouveau genre ont nécessité des travaux souterrains, soit pour ouvrir d'étroits sentiers sous terre, pour porter secours à des ouvriers ensevelis sous des éboulements, soit pour déblayer les emplacements de larges tunnels pour le passage des canaux et des chemins de fer : les charpentiers prêtent à ces travaux souterrains le secours du bois, qu'eux seuls savent employer; et pour la première fois les procédés des charpentiers-mineurs se trouvent exposés dans un *Traité de Charpenterie*.

Un seul chapitre, assez court, a rapport à la charpenterie de marine. Depuis que l'art de creuser un canot est devenu l'architecture navale, le charpentier n'intervient dans la construction d'un vaisseau que par l'action de ses outils; il n'est plus que la main qui exécute les formes conçues et prescrites par l'ingénieur constructeur.

La science de l'architecture navale réclamerait un traité d'une étendue plus grande que celle que je pourrais lui consacrer ici; et l'application de l'art de la charpenterie à l'édification d'un

X   PRÉFACE.

vaisseau n'a besoin, dans les limites de mon ouvrage, que de notions succinctes et seulement sur ce qui regarde les principales combinaisons des bois et leur travail.

On peut s'étonner que la charpenterie des machines, qui en a créé de si utiles et de si ingénieuses, soit néanmoins restée longtemps fort en arrière en exécutant des engrenages très-imparfaits, en général, et particulièrement ceux ayant pour objet la transmission et la modification du mouvement de rotation entre des axes non parallèles, n'employant pour cette transmission que des roues et des lanternes cylindriques à dents et fuseaux parallèles.

Il paraît que la combinaison du mouvement dans le tracé des épures avait présenté des difficultés que l'état des pratiques de projection n'avait pas permis de vaincre : mais la géométrie descriptive, dès les débuts de ses applications aux arts, a porté la lumière dans cette partie de la charpenterie mécanique; elle a rectifié ce que les engrenages avaient de vicieux, et la théorie de la génération des surfaces a déterminé la forme des dents; elle a créé les engrenages d'angle pour la transmission des mouvements entre des axes qui se coupent.

En outre des formes épicycloïdales que l'on donne ordinairement aux dents des engrenages, entre axes parallèles et entre axes qui se coupent, j'ai décrit des engrenages entre les mêmes axes, au moyen de dents à bases développantes planes et de développantes sphériques du cercle, qui ne se trouvent pas, que je sache, dans aucun autre ouvrage (1).

J'ai consacré un chapitre aux nœuds de cordages. Je n'ai cependant point donné d'exemple de leur emploi dans les machines et les manœuvres que les charpentiers peuvent avoir à exécuter; cela aurait exigé de trop longues énumérations, et le besoin, dans chaque circonstance, ne peut manquer d'indiquer le nœud dont il convient de faire usage : il m'a paru suffisant de joindre à la représentation de chaque nœud, souvent sous deux projections, celles de ses formes à différents états de sa confection (2).

---

(1) La développante sphérique du cercle est une épicycloïde sphérique; mais, dans le cas dont il s'agit, elle a cela de particulier, que les dents qui en résultent n'ont point de flancs.

(2) L'emploi des câbles ronds sur les treuils ont de graves inconvénients, que j'ai signalés, lorsqu'il y a impossibilité de choquer, comme cela a lieu dans les grandes machines d'extraction des mines, où l'on est obligé d'enrouler les câbles plusieurs fois sur eux

Les mêmes motifs qui m'ont déterminé à donner, dans le chapitre Ier, la description de tous les outils dont les charpentiers se servent dans le travail du bois, m'ont décidé à faire connaître, dans le chapitre XLVIII, les machines dont ils font usage dans leurs travaux et autres opérations qui leurs sont confiées.

J'ai compris, dans le chapitre XLIX, quelques-uns des principaux procédés mis en œuvre pour mouvoir des objets d'une grande pesanteur, et j'ai choisi pour exemples les opérations exécutées pour les mouvements des fardeaux les plus remarquables.

Accidentellement et en dehors des travaux de construction que les charpentiers exécutent le plus ordinairement, ils sont parfois chargés de fabriquer différents objets fixes ou mobiles, en bois assez fort pour n'être point du ressort des menuisiers. Le chapitre L est relatif à ces constructions accessoires; j'y donne la description de quelques-uns seulement de ces objets trop nombreux pour les faire connaître tous. Je crois, au surplus, qu'il n'en est aucun autre pour l'exécution duquel un ouvrier intelligent ne puisse trouver dans mes planches des exemples de combinaisons et d'assemblages suffisants pour le guider dans sa construction.

La partie pour ainsi dire financière et contentieuse du métier de charpentier n'avait point été exposée dans les traités de l'art; c'est celle qui prescrit les règles et les conditions de l'exécution des travaux, leur valeur et leur paiement. J'ai compris tout ce qui se rapporte à l'intérêt du charpentier dans le chapitre LII.

L'application du calcul à la solidité des ouvrages de charpenterie n'est pas moins importante pour ces ouvrages que pour ceux des autres genres de constructions : je lui ai consacré le dernier chapitre; j'y ai compris tout ce que l'on sait sur les différents modes de résistance des bois, et j'ai indiqué l'usage qu'on peut faire des résultats des nombreuses et cependant insuffisantes expériences qui ont été faites; mais les savants ingénieurs et archi-

mêmes. On a inventé des câbles plats comme des sangles, composés de plusieurs petits cordages réunis les uns à côté des autres, et qui ont moins d'inconvénients que les câbles ronds, mais qui n'en sont pas complétement exempts. Depuis l'impression du chapitre XLVII, j'ai appris que M. Davenies, ingénieur et directeur du charbonnage des Ardinoises, près Charleroi, vient de remplacer les câbles plats par des rubans de fer, dits *feuillards*, dont plusieurs tours peuvent, sans nul inconvénient, s'enrouler sur les bobines des machines d'extraction. Ces rubans de fer, garantis de la rouille, coûtent quinze fois moins que les câbles plats de chanvre ou d'aloès; ils sont plus forts, pèsent beaucoup moins dans les machines, et sont plus durables.

tectes ne doivent pas s'attendre à trouver ici un traité scientifique sur la résistance des solides en bois. Quoique mon ouvrage puisse leur être parfois utile, ce n'est point pour eux ni pour aborder les grandes théories que ce dernier chapitre est fait; ils n'ont pas besoin d'enseignements de cette nature, je ne l'ai écrit que pour les constructeurs praticiens et les ouvriers auxquels divers calculs ne sont point familiers; j'ai fait en sorte de ne leur indiquer que des moyens faciles de pourvoir à la solidité de leurs travaux, et ces moyens, pour n'être pas aussi brillants que des théories plus élevées, ne leur sont pas moins utiles, ni moins certains dans leurs résultats.

J'ai fait connaître au tome Ier, quelles tentatives avaient été faites dès 1784 pour la conservation du bois dans les constructions; j'ai indiqué dans le chapitre VI deux procédés, l'un de M. Bréant, annoncé en 1831, l'autre de M. Kyan, publié en 1835.

Le premier, dont M. Bréant n'avait fait connaître que les résultats, consiste dans l'imprégnation des bois par une solution de sulfate de fer, au moyen d'une forte pression opérée par une pompe sur le liquide renfermé avec la pièce de bois dans un grand cylindre de fer parfaitement clos. Il a été rendu compte à la Société d'encouragement, au sujet de ce procédé, des bons résultats d'une expérience de plusieurs années. Le procédé de M. Bréant est si puissant que des liquides huileux et même résineux pénètrent jusque dans les cellules végétales. On regarde comme probable que les parties excessivement serrées des nœuds et du cœur de certains bois qui résistent à cette imbibition, ne seraient atteintes par aucune cause de détérioration.

La plus importante condition à laquelle devait satisfaire le procédé de M. Bréant était de rendre les pièces capables de résister dans les circonstances où le même bois à son état naturel ne résisterait pas; une expérience décisive vient d'être faite, et ses résultats ont été régulièrement constatés. Des planches de sapin de 6 centimètres d'épaisseur, les unes imprégnées d'huile de lin par le procédé de M. Bréant, les autres à l'état naturel, ont été posées simultanément en 1834, et dans des conditions égales sur le plancher du pont Louis-Philippe à Paris; les parties exécutées en bois à l'état naturel ont été reconnues tellement détériorées par la pourriture qu'on a dû les refaire à neuf; et quant à celles faites en bois imprégné d'huile, les planches sont si dures, si sonores et si bien conservées, qu'elles paraissaient dans le même état qu'au moment où on les a posées six ans auparavant.

Quant aux bois kyanisés, rien, jusqu'ici, n'infirme les bons résultats dont j'ai parlé tome Ier.

Mais il paraît que des essais, qui ont été faits en imprégnant les bois d'autres substances nuisibles aux vers et aux mollusques marins, n'ont point réussi. M. Harley a fait connaître, à la réunion des ingénieurs de Londres, que des planches cyanisées (probablement imprégnées, par immersion, de quelque cyanure) qui avaient été employées aux écluses des docks du bassin de Clarens, n'ont pu résister aux tarêts marins, et qu'elles ont été rongées et détruites en moins de quatorze mois.

Mais une conquête d'une haute importance, pour la conservation du bois, vient d'être tout récemment faite : c'est l'imprégnation des arbres sur pied, ou conservant encore des restes de leurs facultés vitales.

Un rapport a été fait à l'Académie des sciences, le 30 novembre 1840, par une commission qu'elle avait chargée d'examiner le procédé dont il s'agit. La commission était composée de MM. Arago, de Mirbel, Poncelet, Gambey, Audouin, Boussingault, et de M. Dumas, rapporteur. Il résulte de ce rapport que M. le docteur Boucherie, de Bordeaux, s'était proposé de rendre le bois beaucoup plus durable que dans l'état naturel, de lui conserver son élasticité, de le préserver des variations de volume qu'il éprouve par les altérations de sécheresse et d'humidité, de diminuer sa combustibilité, d'augmenter sa ténacité, sa dureté, enfin, de lui donner des odeurs variées et durables.

Toutes ces exigences ont été satisfaites par des moyens simples et peu coûteux, et à peu près nouveaux, à l'aide de substances à vil prix.

Pour faire pénétrer dans un arbre tout entier les substances préservatrices colorantes ou odorantes, M. Boucherie n'a eu recours à aucun moyen mécanique, compliqué ou coûteux, la force aspiratrice du végétal lui-même suffit pour porter de la base du tronc jusqu'aux feuilles toutes les liqueurs que l'on veut introduire, pourvu qu'elles ne dépassent point certaines limites de concentration.

Ainsi, que l'on coupe un arbre en pleine sève et que l'on plonge son pied dans une cuve contenant la liqueur que l'on veut lui faire aspirer, en peu de jour elle montera jusqu'aux feuilles. Tout le tissu végétal sera envahi, sauf celui du cœur qui, dans les essences dures et pour les sujets âgés, résiste toujours à la pénétration.

Il n'est pas nécessaire que l'arbre soit garni de toutes ses branches et de toutes ses feuilles; un bouquet réservé au sommet suffit pour déterminer l'aspiration.

Une cavité creusée au pied de l'arbre ou un trait de scie autour du pied suffisent pour que, en mettant la partie entamée en contact avec le liquide, il y ait absorption rapide et complète.

Il est même inutile que l'arbre soit debout, on peut l'abattre et après avoir élagué les branches inutiles, sa base étant en contact avec le liquide à absorber, celui-ci y pénètre également dans toutes ses parties.

Si M. Boucherie a su résoudre d'une manière simple et pratique le grand problème qu'il s'était proposé d'abord, il n'a pas fait preuve d'une moindre sagacité dans le choix des substances qu'il a adoptées pour remplir les conditions énoncées plus haut.

Pour augmenter la durée et la dureté du bois et s'opposer à sa carie sèche et humide, M. Boucherie fait arriver dans ses pores du pyrolignite de fer. Cette substance est parfaitement choisie, parce qu'elle est le produit de l'acide pyroligneux de la fabrication du charbon dans les forêts, et qu'il est facile de la transformer en pyrolignite de fer, en la mettant en contact, même à froid, avec de la ferraille. Ce liquide contient beaucoup de créosote, substance qui a la propriété de durcir le bois et de le garantir de la pourriture; résultat bien important pour les constructions. Des expériences authentiques, faites dans les landes de Bordeaux, ont constaté que des cercles en bois, imprégnés par le procédé de M. Boucherie, étaient aussi intacts que les premiers jours, tandis que d'autres cercles faits en bois sans préparation tombaient de pourriture au moindre effort, quoique mis en expérience dans le même moment et dans les mêmes circonstances que les cercles en bois préparés par M. Boucherie.

L'emploi d'un chlorure terreux est le moyen, à très-bon marché, de s'opposer aux variations hygrométriques, tout en conservant au bois sa souplesse. M. Boucherie ne s'est pas contenté du *chlorure de calcium*, il a trouvé que l'eau des marais salants avait, pour le même objet, toutes les qualités désirables.

Les bois préparés avec les dissolutions salines conservent leur flexibilité. En feuilles minces ils peuvent être tordus et retordus en sens inverse sans se gercer; enfin, ils ne brûlent que très-difficilement. M. Boucherie colore le bois par son procédé en nuances variées; le pyrolignite de fer donne une teinte brune qui se marie bien avec la teinte naturelle des parties trop serrées qu'il n'a pas complétement pénétrées. En faisant succéder au pyrolignite l'absorption d'une matière tannante, on produit le noir de l'encre dans la masse du bois; en faisant absorber du prussiate de potasse, le bois devient veiné de bleu; en introduisant successivement de l'acétate de plomb et du chromate de potasse, il se forme des teintes jaunes; en faisant pénétrer simultanément ces différentes substances, on produit dans le bois les veines les plus variées.

Nous n'avons rien à dire de l'imprégnation pour rendre les bois odorants; nous avons déjà, en parlant de leur coloration, passé le but de l'application qui peut être faite du procédé de M. Boucherie à la charpenterie.

M. Millet d'Aubenton, employé des eaux et forêts, a plusieurs fois revendiqué la priorité de cette invention; l'Académie l'a conservée à M. Boucherie, qui a été fait chevalier de la Légion d'honneur par ordonnance du Roi du 16 janvier 1841.

Afin de soustraire l'introduction du liquide dans les pores du bois aux variations de l'état de la végétation, M. Boucherie a essayé d'introduire la liqueur conservatrice par le haut de la tige d'un arbre coupé, en enveloppant la sommité par une sorte d'entonnoir; le liquide traverse les pores du bois, après avoir déplacé la sève, qui s'écoule par le bas. M. Biot avait, dès 1832, fait avec un égal succès des expériences de la même espèce, mais qu'il avait abandonnées. M. Gaudichaud a fait voir que les expériences de M. Boucherie confirment la théorie de l'organisation des végétaux dont ses travaux ont donné des démonstrations, et desquelles il résulte qu'il existe deux systèmes de développement végétal : l'un ascendant au moyen des fibres ligneuses s'élevant de la racine au sommet de la plante, l'autre descendant, provenant des bourgeons et des feuilles d'où partent une multitude de fibrilles qui s'étendent jusqu'aux parties inférieures de la tige. Cette structure du bois fait concevoir comment les liquides peuvent filtrer en deux sens au travers de sa substance.

M. Gaudichaud, pour prouver sa théorie, est parvenu à insinuer des liquides et même des cheveux dans les tubes ascendants et à les faire revenir par les canaux descendants.

L'art de la conservation du bois pour les constructions se trouve aujourd'hui aussi complet qu'on peut le désirer; les procédés de M. Boucherie profitant et utilisant la force aspiratrice des arbres sur pied ou fraîchement abattus, celui de M. Bréant s'applique aux bois depuis longtemps exploités, équarris, secs et façonnés auquel l'autre procédé ne peut convenir.

ÉMY (1841)

Nous croyons devoir ajouter que, jusqu'à présent, on a fait seulement des préparations propres à conserver les bois employés comme traverses pour chemins de fer et ceux destinés à la mer, parce que les procédés de conservation sont dispendieux, et aussi parce que les bois de charpente ne se laissent pas injecter par les substances préservatrices, notamment les bois durs et le cœur de chêne.

En France, on emploie presque exclusivement le sulfate de cuivre pour injecter les bois, mais il a l'inconvénient de renfermer un excès de sel métallique qui, en contact avec l'air ou le sol humide, agit sur les crampons, plaques et pièces de fer pour les détériorer promptement. En même temps la fibre végétale du bois se corrode et les appendices en fer ne tiennent plus. En Angleterre on préfère la créosote, qui préserve le bois de la vermoulure, et qui, d'après un grand nombre d'expériences rapportées par M. Forestier, ingénieur, paraît préserver les bois de l'action des tarêts, ou tout au moins en diminue extrêmement les ravages: mais il est nécessaire que le bois ait absorbé environ 300 kilog. de créosote par mètre cube, ce qui rend l'application assez coûteuse. Cependant, pour les travaux à la mer, on peut renoncer à l'emploi du chêne qui devient de plus en plus rare, et qui n'absorbe pas la créosote, et lui substituer des bois blancs créosotés, qui, sans coûter plus cher, auraient l'avantage de durer beaucoup plus longtemps que les bois durs non préparés. Un fait important : le créosotage ne diminue pas la résistance du bois et semble même augmenter l'adhérence des fibres.

TRAITÉ

DE L'ART

DE LA CHARPENTERIE

CHAPITRE XVI.

COMBLES A SURFACES COURBES.

I.

COMBLES CYLINDRIQUES EXTÉRIEUREMENT.

§ 1. *Croupes.*

Diverses circonstances déterminent l'emploi des formes courbes pour les combles, soit à l'extérieur, soit à l'intérieur, et souvent pour l'un et l'autre à la fois.

Les formes courbes les plus simples sont celles cylindriques, qui sont nécessairement appliquées à des bâtiments dont les plans sont terminés par des périmètres composés de lignes droites. Ces bâtiments forment ordinairement des corps de logis principaux, auxquels se rattachent des bâtiments en ailes, absolument dans les mêmes cas que nous avons traités pour les combles formés des plans.

Il résulte de la combinaison des combles à surface cylindriques, des arêtiers et des noues qu'on traite de la même manière que ceux des combles plans. Il a néanmoins paru indispensable de présenter aux charpentiers des exemples de ces sortes de combinaisons.

La planche LX a pour objet de présenter l'épure d'un arêtier et d'une noue résultant de la rencontre de deux combles dont les surfaces de toiture sont cylindriques.

$A B D E$, fig. 1, est la projection horizontale de la ligne d'about de deux combles cylindriques extérieurement; nous prenons ici la ligne d'about extérieure, parce que c'est la surface cylindrique extérieure qui est la principale donnée de l'épure.

Le pan de comble cylindrique, qui a pour ligne d'about $A\ B$, et le pan également cylindrique, qui a pour ligne d'about $B\ D$, donnent lieu, par leur rencontre, à la ligne de noue projetée en $B\ P$.

Le comble cylindrique dont un pan a pour ligne d'about les lignes $B\ D$, est terminée par une *croupe*, également cylindrique, dont la ligne d'about, pour la moitié de l'étendue de cette croupe, est $D\ E$. Cette croupe donne lieu à deux arêtiers dont un est projeté sur la ligne $D\ C$.

Nous supposons ici que les deux corps de bâtiments qui se rencontrent, ont une même largeur, et que la demi-ferme de croupe est égale à la moitié d'une ferme des longs pans; la projection verticale d'une ferme est couchée sur le plan en $a\ b\ c$, en supposant qu'on l'a fait tourner autour de la ligne horizontale qui représente la face supérieure de son tirant, qu'on a d'ailleurs établie dans la place propre à éviter toute confusion dans l'épure. Nous avons en cela suivi l'usage des charpentiers, d'où il résulte économie d'espace pour les diverses parties de l'épure, et plus de précision pour les opérations, parce que les lignes de construction entre les différentes parties de l'épure sont moins longues.

Cette ferme n'est représentée que par une partie qui comprend le poinçon tout entier.

Nous avons déjà donné, fig. 11, pl. XLIII, une ferme pour comble du même genre. La ferme que nous donnons ici est de même forme, mais elle est plus simple, vu qu'il ne s'agit maintenant que de l'étude des procédés d'épure, tandis que dans la figure 11 de la planche XLIII nous avions pour but de faire connaître un détail de construction.

Vu que nous avons supposé que la ferme de croupe a la même courbure que celle du long pan, et que sa portée est égale à la demi-portée des fermes des longs pans, il n'y a point lieu à dévoyer l'arêtier résultant de la rencontre des deux surfaces cylindriques, l'une de long pan, l'autre de croupe, et le poinçon n'est pas dévoyé. On pourrait donner plus de roideur dans la courbure de la croupe, comme on l'a fait pour la croupe d'un comble à surface plane; mais quoique l'augmentation de roideur des pans de croupe dans les combles à surfaces planes, ne produise pas un effet désagréable, on ne suit point le même usage dans les combles cylindriques, parce que la forme surhaussée de courbure de la croupe, qui en résulterait, n'est point gracieuse.

Parallèlement aux lignes d'about AB, BD, DE, nous avons marqué les lignes 1-2, 2-3, 3-4, qui limitent la largeur des pas des chevrons et des empanons.

D'autres lignes parallèles marquent extérieurement et intérieurement la largeur des sablières qui reçoivent ces chevrons et empanons. Les sablières qui reposent sur les murs sont assemblées à tenons et embrèvements dans les coyers d'arêtier et de noue.

La ferme arêtière, projetée horizontalement de D en C, fig. 1, comprend, comme dans les arêtiers entre combles plans, l'arête qui est l'intersection des deux pans cylindriques.

La projection verticale de cette ferme est reportée à gauche, fig. 2, et couchée sur le même plan de l'épure; la ligne $D\ C$ du plan, fig. 1, est établie en $d\ c'$, fig. 2, sur le prolongement de la ligne $a\ c$.

L'intersection des deux surfaces cylindriques égales, à bases circulaires, dont les axes se coupent, est une ellipse dont le plan est perpendiculaire au plan des axes des deux surfaces cylindriques.

Dans le cas qui nous occupe, le long pan de toit cylindrique et le pan de croupe cylindrique qui lui est égal, se coupent dans le plan vertical qui a pour trace horizontale la ligne $D\ C$, fig. 1. Cette ellipse a pour grand axe l'horizontale $D\ C$ et pour petit axe la verticale $c\ b$; il est donc fort aisé de la construire, en faisant $d\ c'$ et $c'\ b'$, fig. 2, égales aux lignes $D\ C$ et $c\ b$ de la fig. 1, et en usant de l'un des procédés que la géométrie enseigne pour tracer cette ellipse (1).

Je préfère ces procédés à celui qui est cependant usité, qui consiste à tracer l'ellipse par points résultants des intersections des lignes que l'on

---

(1) Nous allons rappeler ici ces deux procédés :

Ier. Soit, fig. 9, $A\ C\ A'$, le grand axe d'une ellipse, $a\ C\ a'$ son petit axe. Ayant décrit deux cercles avec les demi-axes $A\ C$, $a\ C$, si l'on trace un rayon quelconque $C\ D$ qui coupe les circonférences en D et d, et que, par le point D on trace une verticale $p\ D$, et par le point d une horizontale $q\ d$, le point M de rencontre de ces deux lignes appartient à l'ellipse, qui a pour demi-axe les lignes $A\ C\ a\ C$.

IIe. Soit encore fig. 10, $A\ C$ et $a\ C$ les deux demi-axes. Si sur une ligne quelconque $M\ R$ on fait $MP = A\ C$, $MQ = a\ C$, et que cette ligne se meuve de façon que ses points P et Q ne quittent pas les axes, le point M tracera l'ellipse dont $A\ C$, $a\ C$ sont les demi-axes.

Dans la pratique, on représente la ligne $M\ P\ Q$ par le bord d'une bande de fort papier ou d'une règle, sur lequel on fait des coches dont les angles représentent les points P, Q, et en mouvant cette bande de papier ou cette règle de façon que les points P et Q ne quittent point les lignes des axes, on marque chaque position du point M, et l'on a ainsi autant de points appartenant à l'ellipse.

C'est sur ce principe qu'est construit l'instrument composé de deux coulisses à angle droit, dans lesquelles glissent deux curseurs qu'on fixe à une règle dont l'extrémité, garnie d'un crayon, trace une ellipse.

On peut substituer à cet instrument, deux règles, fig. 8, pl. LX, maintenues à angle droit sur l'étalon par des clous, et une troisième règle mobile à laquelle on a fixé, à des places convenables, deux cylindres égaux P et Q dont on maintient, avec les mains, le contact contre les règles fixes, tandis qu'un crayon M, établi à l'extrémité de la règle mobile, trace l'ellipse.

projette sur l'épure, par la raison que ces points sont directement construits par les propriétés de l'ellipse, sont déterminés plus exactement que par les intersections de lignes projetées, souvent trop longues, qui ne se rencontrent point à angle droit et qui ne peuvent pas toujours être tracées avec l'exactitude nécessaire à la régularité de la courbe; néanmoins, pour ne point omettre cette méthode, quoiqu'elle ne me paraisse devoir être employée que faute d'une autre dont les résultats seraient plus rigoureux, ou lorsqu'on ne connaît pas la nature de la courbe qu'on doit construire, et que ses propriétés géométriques ne fournissent pas de moyens commodes à mettre en pratique, nous supposons qu'il s'agisse de construire le point de l'ellipse qui répond au point Q de la projection horizontale. Ce point appartient à la génératrice de la surface cylindrique du long pan répondant au point M de la ferme. Cette génératrice est projetée horizontalement suivant la ligne PQ, et ce point Q est celui où elle rencontre le plan vertical contenant l'arêtier. C'est dans ce même point que la génératrice, à même hauteur dans la surface cylindrique de croupe, rencontre aussi le plan vertical de l'arêtier. Pour construire le point de l'ellipse de l'arêtier sur son grand axe, $c'd$, fig. 2, soit pris $c'q$ égal à CQ de la fig. 1, et soit fait qm, fig. 2, égale à $Q'M$, le point m sera un point de l'ellipse, et l'on en construira autant de cette manière qu'on le jugera convenable.

On voit que l'exactitude de la détermination de ce point dépend de l'exactitude qu'on a mise dans l'établissement de l'épure, et de l'exactitude avec laquelle les longueurs des lignes CQ et $Q'M$ sont transposées en $c'q$ et qm. Au surplus, on peut employer ces différentes méthodes et les faire servir de vérification les unes aux autres.

Les projections du coyer, de la jambe de force, de l'entrait et de l'arbalétrier sur le plan de l'arêtier ne présentent aucune difficulté, et se traitent de la même manière que nous les avons traitées pour les croupes des combles plans, et l'on doit remarquer que, dans le cas qui nous occupe, comme la surface extérieure est l'objet principal de la construction, on ne délarde point les jambes de force ni les arbalétriers, sinon aux places indispensables pour les passages des pannes et l'établissement des tasseaux qui doivent les supporter.

L'arêtier elliptique doit être tracé en entier sur l'épure et même sur l'ételon, afin que les courbes de ses différentes arêtes puissent être rapportées sur la pièce de bois qui doit le fournir.

Dans les grandes charpentes, le développement d'une arête devant avoir une assez grande étendue, il est presque toujours impossible de la faire d'une seule pièce de bois, à moins qu'on n'en ait une convenablement courbée naturellement, ou qu'on l'ait courbée au gabarit voulu par les procédés dont nous avons parlé précédemment au chapitre V, tome 1.

Lorsqu'un arbalétrier doit être composé de l'assemblage bout à bout de plusieurs pièces droites, les assemblages sont faits à traits de Jupiter; on les établit entre les abouts des pannes, de façon qu'ils ne soient mutilés par la rencontre d'aucun autre assemblage, et les pièces ainsi assemblées forment une sorte de polygone capable de l'arêtier courbe qu'on doit en tirer.

L'égalité de la courbure de la surface de croupe et de longs pans, ne donnant plus lieu de dévoyer l'arêtier ni le poinçon, ce dernier est projeté horizontalement suivant le carré 5-6-7-8, les lignes u-11, w-12, comprennent l'épaisseur de l'arêtier et sont les traces horizontales de ses faces verticales. Le pas de l'arêtier est dans ce cas le pentagone D-u, 9-10-w; tandis que le pas de la jambe de force sur le coyer est le rectangle 13-14-15-16.

Pour compléter la projection verticale de l'arêtier, il faut projeter sur son plan fig. 2, les courbes elliptiques passant par les points u, w, 9, 10.

Les ellipses passant par les points u et w se confondent sur la projection verticale fig. 2, dans la courbe d' m' qui est en tout égale à la courbe $d\,m$; ces courbes résultant de sections faites dans les surfaces cylindriques par des plans verticaux parallèles ayant pour traces les lignes u-11, $D\,C$, w-12, fig. 1.

La courbe d' m' égale en tout à la courbe $d\,m$ est donc cette même courbe reculée horizontalement de d en d', quantité égale à $D\,o$, fig. 1.

A l'égard des ellipses qui passent par les points 9 et 10 de la projection horizontale, elles appartiennent aux surfaces internes des chevrons, et elles limitent leur épaisseur; ces ellipses sont égales à celle qui passerait par le point 3 du pas de l'arêtier, s'il était creusé suivant ces mêmes surfaces internes. Cette courbe, qui sera d'ailleurs nécessaire sur la projection verticale au sujet des abouts des pannes dont nous parlerons un peu plus loin, peut être tracée par l'un des moyens que nous avons indiqués ci-dessus. Son grand demi-axe est égal à la distance 3-C, fig. 1, qui est porté de c' en 3' fig. 2, et son petit axe est égal à la hauteur $c\,z$, qui est porté sur la verticale de c' en z', fig. 2; c'est la demi-ellipse 3' $n\,z'$.

Les ellipses qui passent par les points 9 et 10, fig. 1, sont égales à la courbe que nous venons de décrire; elles se projettent, dans la projection verticale, fig. 2, en une seule ellipse 3" n'.

Nous n'avons marqué aucun *déjoutement* ni *engueulement* pour l'assemblage de la sommité de l'arêtier, vu qu'il suffit que les plans verticaux projetés horizontalement en x-11, x-12, suivant lesquels il s'applique contre le chevron de long pan et le chevron de croupe suffisent pour le maintenir à sa place, étant d'ailleurs soutenu par l'extrémité du faîtage qui couronne le poinçon. Les plans d'abouts du chevron arêtier sont projetés verticalement en 12-xx'-12', que nous avons haché pour faire voir que c'est du bois coupé par le bout.

Le parallélogramme 15-6-6'-15', fig. 2, qui est également haché, est la double projection des deux joues d'application 15-6, 14-6, fig. 1, de l'arbalétrier d'arêtier contre les faces de l'arbalétrier de long pan, et l'arbalétrier de croupe.

Le rectangle 17-18-18'-17' est la coupe du gousset G qui reçoit l'assemblage du coyer d'entrait N.

Les tirants et coyers, les jambes de force, les entraits et arbalétriers des fermes, ont, comme dans les combles à surfaces planes, plus d'épaisseur, ainsi qu'on le voit sur les projections horizontales, que les chevrons de longs pans et de croupe, que ceux d'arêtiers et de noues, et que les empanons.

§ 2. *Empanons de croupe.*

Nous n'avons point traité, pour les combles à surfaces cylindriques, le cas où les croupes sont biaises, parce que le biais ne change rien aux principes que nous avons précédemment exposés sur ce point. Nous ferons remarquer cependant que, quel que soit le biais de la croupe d'un comble à surface cylindrique, les chevrons et empanons dont les axes sont parallèles aux prolongements des lignes de faîtage, ou aux axes des fermes, comme ceux dont les axes sont perpendiculaires aux lignes d'about, sont tous délardés, et qu'il ne peut y avoir lieu, dans ces sortes de combles, à établir des chevrons ni des empanons déversés, lesquels ne peuvent être employés que dans les croupes biaises des combles à pans plans pour diminuer le travail et le déchet du bois.

Dans les combles à surfaces cylindriques, les chevrons et les empanons qui seraient exécutés dans les mêmes conditions de déversement de formes que les empanons déversés des combles plans, donnerait lieu, sans utilité, à plus de difficulté d'épure, à plus de travail d'exécution, et à une plus grande consommation de bois que les empanons simplement délardés.

Dans les combles à surface plane, les chevrons et empanons s'appuient sur les sablières, sous des angles qui permettent de se contenter, pour former leurs pas en assemblage avec les sablières, d'un simple embrèvement qui les retient suffisamment, et empêche leur glissement; mais pour les combles cylindriques les chevrons et empanons qui, suivant la courbure du comble, reposent à angle droit sur les sablières, il est alors indispensable, pour les maintenir exactement à leurs places, que leurs embrèvements soient consolidés par des assemblages à tenons et mortaises ; chaque chevron ou empanon porte un tenon ; la mortaise est creusée dans la sablière suivant le fil du bois.

Nous avons marqué, fig. 1, pl. 60, sur les sablières, les pas avec embrèvements et mortaises qui doivent recevoir les empanons de croupe et de long pan.

Un empanon de croupe est projeté horizontalement, fig. 1 en 17-18-21-22 ; son pas sur la sablière est représenté par le rectangle 17-18-19-20, égal au pas des autres empanons qui sont supposés enlevés ; son assemblage contre la face verticale de l'arête est projeté horizontalement en 21-22, avec la projection du tenon, et son occupation en projection verticale sur la face du même arbalétrier est projetée en 17-18-18'-17', fig. 1 et 2.

Nous n'entrons point dans le détail des opérations relatives aux projections des empanons, parce qu'elles sont exactement les mêmes que pour les empanons des combles plans.

On voit en H sur le tirant, fig. 2, l'embrèvement et la mortaise, qui doivent recevoir l'assemblage de la sablière de croupe.

§ 3. *Pannes et tasseaux sous l'arêtier.*

Les pannes qui soutiennent les chevrons d'un comble cylindrique sont des pièces carrées ; l'une de leurs faces, celle par laquelle chacune d'elles est en contact avec les chevrons, est un peu arrondie suivant la courbure interne de ces mêmes chevrons.

L'une des pannes P, fig. 1 pl. LX, est portée par la jambe de force F, et maintenue à la hauteur convenable au moyen d'un tasseau T, assemblé comme pour les charpentes des toits plans dans la jambe de force et dans le chevron, la panne est mise en contact avec le chevron, par une cale K. Une autre panne P' est portée par l'arbalétrier, et elle est maintenue par un tasseau T' et une cale K' ; la troisième panne P'', intermédiaire, est maintenue dans une entaille faite sur l'entrait.

Ce qui va être dit pour la panne P, s'applique aux autres pannes, quant à leur rencontre à bout dans le plan de l'arêtier, leur coupe par ce plan et les entailles à faire dans les arêtiers pour recevoir leurs extrémités.

Le plan qui passe par l'axe d'une panne, et qui est perpendiculaire à sa face externe, passe aussi par l'axe de la surface cylindrique, qui est celui du comble, sa trace verticale pour la panne P est la ligne P c ; les faces latérales de cette panne sont parallèles à ce plan. En rapportant par une horizontale le point P en p, fig. 2, sur la projection verticale de la courbe de l'arête creuse interne de l'arêtier, on a en p c', la trace du même plan sur cette projection. Les faces latérales de la panne auront par conséquent leurs traces parallèles à celle de ce plan, et passant par les points 27-28 déterminés par la rencontre des arêtes externes de la panne avec la courbe 3' n, les rencontres de ces mêmes traces avec les arêtes internes de la panne déterminent la trace 29, 30, de la face interne, de façon que le rectangle 27-28-29-30, est la coupe de la panne par le plan de l'arêtier; l'exactitude de l'opération est vérifiée en prolongeant la trace 29-30, de la face interne de la panne jusqu'au point 31' sur la ligne qui marque la face supérieure du tirant; le point 31', ainsi déterminé, doit être à la même distance du point c' que le point 31″, fig. 4, se trouve être du point C; ce point 31″ est déterminé par la trace de la face interne de la panne, sur le plan horizontal des sablières, la ligne 29-30 étant la trace de cette même face sur le plan vertical. Les rencontres des arêtes horizontales de la panne projetées sur le plan vertical d'arêtier, fig. 2, avec la courbe 3″ n' déterminent les points 28'-27' par lesquels passent les traces des faces latérales des chevrons arêtiers sur les faces latérales de la panne; les traces 27'-30', 28'-29' parallèles aux lignes 27-30, 28-29 déterminent les formes de l'entaille à faire de chaque côté du chevron arêtier pour le logement des bouts des pannes. Cette entaille est pour chaque panne un prisme courbe triangulaire, dont les bases sont le triangle 27-27'-27″ et le triangle 28-28'-28″.

Le tasseau T qui soutient les pannes ne présente aucune difficulté; il est traité absolument de la même manière que celui qui soutient les pannes dans le cas des combles à surfaces planes, il est même plus simple en ce que la panne de croupe étant égale à celle de long pan, les deux côtés du tasseau sont égaux; il est creusé en gouttière régulière pour recevoir les faces inférieures des deux pannes qui se joignent dans le plan vertical de l'arêtier.

Une cale K repose sur le tasseau comme dans la forme de long pan, et se trouve interposée entre les pannes et la jambe de force sur laquelle elle est posée à plat joint. Cette cale est de même épaisseur que la jambe de force, et elle est déjoutée de chaque côté pour s'appliquer contre la panne de long pan et la panne de croupe, de façon qu'elle présente une arête saillante comme un arbalétrier d'arêtier.

La fig. 3, pl. LX, est une projection horizontale du bout du tirant sur lequel se trouve marqué le pas avec mortaise pour recevoir le chevron d'arêtier qui a été projeté verticalement dans la fig. 2; la correspondance de la fig. 3 avec la fig. 2, est marquée par des lignes ponctuées.

Cette même fig. 3 présente la projection horizontale du tasseau T, dans la supposition que le chevron d'arêtier est enlevé.

On voit, dans cette projection du tasseau, son tenon d'assemblage avec le chevron; le bout de ce tenon est coupé à l'affleurement des surfaces cylindriques qui forment l'arête : il présente lui-même une arête qui est comprise dans celle du chevron d'arêtier. Ce tasseau est, du reste, assemblé par un embrèvement plan dans la surface cylindrique interne du chevron, qui n'est creusée que par les entailles indispensables pour recevoir les bouts des pannes.

La face du dessus du tenon est dans le prolongement de l'arête creuse du tasseau; les bords antérieurs de cette arête creuse s'ajustent sur ceux des entailles faites dans le chevron pour servir de logement aux bouts des pannes, tandis que les bords de l'autre bout joignent la face supérieure de la jambe de force, dans laquelle le tasseau s'assemble à tenon et mortaise.

Dans cette même projection, fig. 3, la jambe de force est supposée coupée par un plan horizontal à la hauteur de l'arête 28-32, fig. 2, la plus élevée de la panne, ce qui donne pour section, fig. 3, le rectangle 32-33-34-35.

Le cale K se trouve également projetée avec l'arête 29-30 qu'elle forme sous la réunion des deux bouts des pannes.

La fig. 4 est une projection du chevron d'arêtier sur un plan perpendiculaire au plan d'arêtier, ayant pour trace sur ce plan la ligne $d'h$, convenablement choisie pour mettre en évidence, après le rabattement autour de cette ligne sur le même plan de projection verticale de l'arêtier, la face interne du chevron, où l'on voit, en $d'\,d\,d'$, l'about et le tenon de ce chevron pour son assemblage sur le coyer; en T, l'embrèvement et la mortaise du tasseau; en P, la double entaille qui est le logement des bouts réunis des deux pannes du premier cours, qui se joignent en about à plat-joint dans le plan vertical d'arêtier.

Plus haut, en E, se trouve la mortaise qui doit recevoir le tenon du bout du coyer N, et enfin au-dessus, en P', la double entaille où doivent se loger les bouts des pannes du second cours P''.

La projection du chevron n'est pas étendue au delà de h, parce que sa courbure rendrait les détails confus. Cette projection du chevron d'arêtier n'est point nécessaire pour le tracé ni pour la coupe; mais nous l'avons figurée, ainsi que la suivante, pour faciliter l'étude des formes des assemblages et entailles que reçoit ce chevron.

La fig. 5 est une projection horizontale du coyer-entrait N, vu par sa face supérieure. Ce coyer est terminé du côté du chevron par le tenon E, qui s'assemble dans la mortaise du chevron. La double entaille N, qui supporte les bouts des deux pannes du deuxième cours, est figurée ainsi que les petites entailles triangulaires *o o*, faites sur l'extrémité de l'arbalétrier *L*. Ces petites entailles sont faites par les prolongements des faces internes des pannes, pour que le bout de l'arbalétrier ne s'étende pas au delà. On a ponctué en *L'* l'assemblage à tenon et mortaise de l'arbalétrier sur le coyer-entrait. On voit aussi tracés en lignes ponctuées, l'about, le tenon et le trou de cheville de l'assemblage du coyer-entrait *N* dans le gousset *G*, fig. 2, et enfin l'arbalétrier est terminé par deux déjoutements 14-6, 15-6, suivant lesquels il s'applique contre les arbalétriers de long pan et de croupe qui se réunissent sur le poinçon.

§ 4. *Noue.*

La fig. 6 est la projection verticale de la partie inférieure de la ferme de noue comprenant les deux premiers cours de pannes.

Les courbes elliptiques *b m*, *b' m'*, *2 n*, *2' n'*, qui figurent les arêtes du chevron de noue, sont tracées par les mêmes procédés que nous avons indiqués pages 3 et 4.

§ 5. *Pannes et tasseaux sur la noue.*

Les constructions pour déterminer la portion de chaque panne comprise entre une face verticale du chevron de noue et le plan vertical de noue, sont absolument les mêmes que celles que nous venons d'indiquer ci-dessus au sujet du chevron d'arêtier, si ce n'est que, au lieu d'une arête saillante, la noue présente en dessus une arête creuse *b m*, et qu'en dessous les entailles, au lieu de présenter un creux pour le logement des bouts des pannes, elles forment deux portions de délardement en forme de prismes courbes, ayant pour base les triangles 27-27'-27" et 28-28'-28", pour donner passage aux pannes. Le tasseau *T* est assemblé de la même manière que pour le chevron arêtier; mais, au lieu d'être creusé en gouttière, il présente une arête saillante formée par les deux délardements sur lesquels doivent s'appuyer les pannes; enfin, la cale *K*, dont le dessous est creusé en gouttière, s'applique sur l'arête du tasseau, d'une part, de l'autre, à plat-joint sur la face de la jambe de force, tandis qu'elle est creusée par les deux plans 29-30-30'-29', pour former, sur le devant, l'arête creuse 29-30, qui reçoit les bouts des deux pannes, sa face supérieure restant horizontale au niveau de l'arête supérieure 29-29' de la face interne de chaque panne.

A l'égard des pannes du second cours, elles portent dans les entailles faites de chaque côté de l'entrait, où elles forment des arêtes en sens contraire de celles faites sur l'entrait de la ferme arêtière.

COMBLES A SURFACES COURBES.

La fig. 7 est une projection horizontale sur laquelle nous avons marqué le pas et la mortaise d'assemblage du chevron de noue sur le tirant; nous avons également projeté sur cette figure le tasseau T, dont le tenon traverse le chevron de noue, son bout se trouvant coupé suivant l'arête creuse de noue, ce tasseau supporte la cale K, qui représente l'arête creuse 29-30, formée par les deux plans projetés en 29-30-30'29' et dont nous avons déjà parlé.

§ 6. *Empanons de noue.*

Nous avons projeté horizontalement en R et R', deux empanons de noue, l'occupation de l'empanon R, sur l'arbalétrier de noue est projeté verticalement sur le chevron de noue, fig. 4 et fig. 6, en 23-24-24'-23', avec l'indication de la mortaise qui doit recevoir le tenon dudit empanon.

II.

COMBLES CYLINDRIQUES INTÉRIEUREMENT.

§ 1. *Croupe.*

La planche LXI a pour objet l'épure d'un arêtier et d'une noue, d'un berceau en charpente sous un toit composé de pans plans et devant former, après son revêtissement, une voûte cylindrique, ayant intérieurement ses arêtes creusées en arc de cercle sous les arêtiers et saillantes comme les voûtes d'arêtes sous les noues.

Les procédés de constructions graphiques, pour les diverses projections, sont les mêmes que ceux que nous avons déjà décrits pour les diverses épures que nous avons traitées, de sorte qu'en livrant cette épure à l'étude des charpentiers, il nous paraît suffisant de nous borner à l'indication des différentes projections.

Sur la fig. 1, $A\ B\ D\ E$ est, comme précédemment, la ligne d'about des chevrons des surfaces planes extérieures, la ligne $A'\ B'\ C'\ D'$ est celle d'about des chevrons des surfaces cylindriques intérieures.

$D\ C$ est la trace horizontale du plan vertical d'arêtier dans lequel ont lieu les intersections des surfaces planes extérieures et les intersections des surfaces cylindriques intérieures. $B\ B'$ est la trace horizontale du plan vertical de noues dans lequel ont lieu les intersections des surfaces planes extérieures et des surfaces cylindriques intérieures des longs pans.

La ferme principale qui sert de type à la construction du comble est couchée sur le plan horizontal; elle repose sur une muraille profilée avec sa corniche par masse en $a\ b\ g\ d\ e\ f\ h$.

La ferme dont nous n'avons figuré que la moitié fig. 1 (1), est portée à la naissance du berceau sur des tasseaux *z*, dans lesquels s'assemblent les jambes de force *J* qui soutiennent l'entrait *I*, dans lequel portent les arbalétriers *M*, qui vont s'assembler dans le poinçon *a*, lequel porte les faîtages. La fig. 11 est une projection de l'entrait *I*, vu par sa face inférieure avec les embrèvements, mortaises et abouts pour l'assemblage de la jambe de force en *J*, et de la courbe en *O* et l'onglet de raccordement du chevron de croupe.

Les pannes *P* sont maintenues, comme de coutume, par des tasseaux *T* et des cales *K*; elles servent d'appui aux chevrons *H*, dont les pieds portent par embrèvement dans les sablières *S*, lesquelles sont retenues à la jambe de force par des blochets *v* de l'une des manières, que nous avons expliquées au chapitre XIII, tome I.

Le berceau est formé, ainsi que nous l'avons déjà décrit, au même chapitre, par des portions de cintres *O O'*, qui s'assemblent dans les jambes de force, dans l'entrait et dans les sablières *U*, lorsqu'elles répondent aux fermes, ou qui s'assemblent intermédiairement aux formes dans les liernes *R*, et la pièce de faîte *V*, qui tiennent lieu de pannes et de faîtage.

Nous n'avons point à nous occuper de ce qui concerne les pannes et chevrons qui composent la partie extérieure du comble; tout ce qui a été dit chapitre XIV s'appliquant à cette partie de l'épure. Nous ne nous occuperons que des pièces qui entrent dans la composition du berceau.

La forme extérieure du toit devant présenter, suivant l'usage, un pan de croupe plus raide que les longs pans, il s'ensuit que la portée de la demi-ferme de la croupe est plus petite que le demi-diamètre de la ferme de long pan. Ainsi la ligne *C E'* est plus courte que la ligne *c u*, dans le rapport usité pour l'augmentation de la raideur des croupes. Il s'ensuit encore que l'ellipse qui doit servir de base à la surface cylindrique du berceau de croupe doit être déduite de celle qui résulte de la rencontre de la surface cylindrique de long pan avec le plan vertical d'arêtier. On peut néanmoins construire l'ellipse de croupe immédiatement en déduisant ses demi-axes des premières données de l'épure.

La figure 2 est la projection verticale de la ferme de croupe sur le plan vertical ayant pour trace horizontale la ligne *C E*. Ce plan, reporté à gauche jusqu'à la ligne *B D*, est couché toujours à gauche sur le plan de l'épure. Le demi-axe vertical de l'ellipse *c' q'* est égal au rayon *c q* du cercle, fig. 1; le demi-axe horizontal de l'ellipse *c' e* est égal à la ligne *C E'*, trace horizontale du pan du profil de croupe.

---

(1) Cette ferme est, comme dans l'épure précédente, couchée sur le plan horizontal.

La figure 3 est la projection de la ferme arêtière sur le plan vertical d'arêtier dont la trace horizontale est $C D'$, fig. 1, reportée de c'' en d', fig. 3, sur la ligne qui est au niveau de la naissance de l'arc de la ferme principale, et le plan de projection de ce profil est couché sur celui de l'épure. Le demi-axe vertical $c'' q''$ de l'ellipse arêtière est égal au rayon du cercle $c q$. Le demi-axe horizontal de la même ellipse est la ligne $c'' d'$, égale à la diagonale de la croupe $C D'$, fig. 1. Ces ellipses, ainsi que celles qui sont les projections des arêtes de la pièce d'arêtier, peuvent être tracées par points, comme nous l'avons décrit page 8, ou par les procédés que nous avons indiqués dans la note de la même page.

Les assemblages des courbes O, O', ainsi que des liernes dans la ferme de croupe, sont déterminés par la condition que les plans des abouts des premières et les plans parallèles aux faces des secondes, passant par leurs axes, soient normaux aux surfaces cylindriques.

Les détails de l'épure montrent d'une manière suffisante ces différents assemblages.

La fig. 4 est la projection de la jambe de force sur un plan parallèle à sa face plane supérieure et couchée en tournant autour d'une arête pour montrer la face interne de cette pièce. En D se projette le tenon d'assemblage avec le tasseau z d'arêtier, fig. 3 ; en O est l'embrèvement avec tenon et about pour recevoir l'assemblage de la courbe O, qui forme la naissance. En J se trouve le *refouillement* en arête creuse de la partie de la jambe de force qui appartient aux surfaces cylindriques intérieures. En O' est l'embrèvement avec tenons et abouts pour recevoir la courbe O' qui forme une partie de l'arête creuse du berceau. En E se trouve enfin la projection de l'about du tenon et de l'embrèvement de l'assemblage de la jambe de force dans le coyer-entrait I. Ce coyer-entrait est assemblé par embrèvement, tenon et about projetés en E', fig. 3, dans l'embrèvement et mortaise projetés également en E' sur l'entrait de la ferme, fig. 1. La fig. 5 est la projection du bout supérieur de la jambe de force sur un plan vertical perpendiculaire au plan d'arêtier de la fig. 3.

La fig. 6 est une projection de l'entrait vu par sa face inférieure pour montrer, en T, l'embrèvement de la mortaise d'assemblage de la jambe de force, et en O' les mêmes objets pour l'assemblage de la courbe O', fig. 3.

La fig. 7 est la projection de la courbe O' de la ferme arêtière sur un plan qui a pour trace la ligne 8-9 ; transportée obliquement à droite en $8'$-$9'$ pour coucher le plan de projection sur une place libre ; elle montre la face interne de la courbe qui contient la partie du recreusement par lequel elle appartient à l'arête creuse du berceau et les tenons et abouts pour son assemblage avec la jambe de force J et avec l'entrait I.

Nous avons figuré en N et N', fig. 1, une courbe-chevron assemblée entre la sablière et le dessous de la première lierne, et une courbe-empanon assemblée entre le dessus de la même lierne et la face de la ferme d'arêtier qui regarde la croupe. La première, N, se trouve projetée sur la fig. 3 en e-10-11-12, s'assemblant à entailles carrées dans l'une et l'autre. La deuxième, N', est projetée verticalement sur la fig. 2, en 13-14-15-15'; son occupation sur la ferme qui est projetée en 15-16, fig. 1, est projetée en 15-16-16'-15', fig. 2, avec l'indication de la mortaise.

Nous avons reporté cette même courbe-empanon, fig. 8, afin de la présenter plus distinctement, et la fig. 9 est une projection sur un plan qui a pour trace la ligne 15-14 de la fig. 8, et qu'on a fait tourner autour de cette trace pour montrer la face interne de cette courbe-empanon avec ses tenons.

§ 2. Noue.

La ligne $B'B$, fig. 1, pl. LXI, est la trace du plan vertical de noue dans lequel se fait la rencontre ou intersection des deux combles cylindriques égaux. B-20-21-21'-20' est le pas en assemblage de la jambe de force sur le tasseau qui porte la naissance. B'-22-23-23'-21' est le pas de la première courbe qui concourt, dans la ferme de noue, à former l'arête de noue; car il faut remarquer de nouveau que les pas du toit forment une noue creuse, tandis que l'intérieur forme une arête saillante, comme dans les voûtes d'arêtes.

Nous ne donnons point de détails sur la ferme de noue, vu que tout ce qui a été dit précédemment est plus que suffisant pour qu'on ne rencontre aucune difficulté si l'on veut en faire l'épure, et que la planche suivante contient d'ailleurs la projection d'une ferme de noue qui réunit tous les cas qui peuvent se présenter.

III.

COMBLE EN IMPÉRIALE ET EN BERCEAU INTÉRIEUREMENT.

Nous offrons à la méditation des ouvriers l'épure de la planche LXII, qui présente en même temps une croupe et un épi de noue; les formes de la ferme principale, présentant, en même temps aussi, à l'extérieur une impériale et à l'intérieur un berceau; ce qui est comme la réunion des deux épures précédentes. Et quoique les combles en impériale ne soient guère d'usage aujourd'hui, il m'a paru utile de reproduire cette forme dans quelques planches où elle présente des combinaisons qui donnent lieu à des constructions graphiques dont l'étude est utile.

La fig. 6 est la projection horizontale sur une petite échelle d'un pavillon à cinq épis, formé de quatre combles en impériale à l'extérieur, qui produisent quatre noues se réunissant sur le poinçon central. Ces quatre combles sont terminés par quatre coupes avec leurs huit arêtiers également en impériale; tandis que l'intérieur est formé de deux berceaux dont la rencontre, après le revêtissement, soit en planches, soit en lattis avec enduit en plâtre, forme au milieu du pavillon une voûte d'arête et dans les extrémités sous les croupes des voûtes en arcs de cloître.

La ligne $A\ B\ D\ E\ G\ H$, fig. 1, sur la projection horizontale ou partie du plan en grand du pavillon, est la ligne d'about des chevrons de la surface extérieure du toit. Elle répond à la ligne $a\ b\ d\ e\ g\ h$ de la fig. 6; $A'\ B'\ D'\ E'\ G'\ H'$ est la ligne d'about des chevrons de la surface intérieure.

P est le poinçon ou épi de croupe; Q est le poinçon ou épi des noues; l'un et l'autre sont en projection horizontale.

La figure 2 est le profil d'une ferme principale, formant impériale et berceau.

Les sablières $S\ S'$ forment intérieurement et extérieurement plinthes en saillies sur les murs. Les surfaces extérieures, comme celles intérieures du comble, sont aplomb des parements des murs.

Toutes les parties courbes de la ferme principale étant tracées au moyen d'arcs de cercle, les rencontres des surfaces des combles, tant extérieures qu'intérieures, soit par les plans d'arêtiers, soit par les plans de noues, sont tracées par des arcs d'ellipses, et même les fermes de croupes sont aussi tracées par des arcs d'ellipses, vu que la portée de la ferme de croupe est plus petite que la demi-portée de la ferme principale ou de long pan.

La fig. 3 est la ferme de croupe projetée sur un plan vertical, qui a pour trace horizontale la ligne $P\ L$. Cette projection est reportée en $p\ l$ à gauche et couchée sur le plan de l'épure. La ferme s'appuie au faîtage F, soutenu par un aisselier J assemblé dans le poinçon P.

La fig. 4 est la projection verticale de la ferme d'arêtier sur le plan vertical qui a pour trace la ligne d'arêtier $P\ E$, reportée de p en e sur la ligne $A\ H$, et couchée sur l'épure. Le chevron d'impériale présente un véritable arêtier avec arête saillante; les courbes de l'intérieur sont en arêtes creuses.

La figure 5 est la projection verticale de la ferme de noue sur le plan vertical qui a pour trace la ligne de noue $Q\ B$ ou $Q\ G$.

Le chevron en impériale est une véritable noue; les courbes intérieures présentent, au contraire, une arête saillante.

Les raccordements des arcs de cercle au moyen desquels l'impériale est tracée dans la ferme principale sont en m; ils sont sur des normales communes et ont des tangentes communes.

Les raccordements des ellipses ont lieu dans les points m', m'', m''', fig. 3, 4, 5, qui sont aux mêmes niveaux; les deux arcs d'ellipse, dans chaque ferme, ont une tangente et une normale communes.

xy étant la trace du plan tangent commun aux parties cylindriques à bases d'arcs de cercle de l'impériale, les traces de ce plan $x'y'$, $x''y''$, $x'''y'''$, sur les plans de noue, d'arêtier et de croupe, sont les tangentes communes aux arcs d'ellipse; les points m, m', m'', m''', sont à même hauteur au-dessus du plan horizontal des sablières; les points x, x', x'', x''', sont également à même hauteur; les points y, y', y'', y''', sont aussi à même hauteur. Cette remarque fournit un moyen de vérification de l'exactitude des divers tracés.

Les courbes elliptiques peuvent être tracées, comme nous l'avons remarqué page 4, par points déduits de l'épure ou par des constructions dépendantes des propriétés géométriques de ces courbes qui n'exigent que la détermination des axes d'après l'épure.

Toutes les ellipses qui appartiennent aux parties en impériale ont leurs demi-axes verticaux, égaux au rayon des cercles qui entrent dans le tracé de l'impériale de la ferme principale, et ces demi-axes sont compris dans les plans verticaux qui contiennent les centres des arcs de cercle; les centres des ellipses sont dans les plans horizontaux qui contiennent les mêmes centres, et leurs axes horizontaux sont égaux aux projections des rayons horizontaux, de ces mêmes cercles sur les plans d'arêtier et de noue, et sur celui de la ferme de croupe.

Quant aux courbes elliptiques de l'arêtier, de la noue et de la croupe de la voûte intérieure, elles ont toutes leurs demi-axes verticaux égaux au rayon cp du cintre, et leurs demi-axes horizontaux égaux $P D'$ pour l'arêtier, $Q B'$ pour la noue et $P L'$ pour la croupe.

Les parties de l'épure qui regardent les pannes et les liernes sont traitées de la même manière que dans les épures précédentes, et comme d'ailleurs au lieu de se joindre bout à bout dans les plans d'arêtier et de noue où il faudrait qu'elles trouvassent leur logement, elles s'assemblent immédiatement dans les arbalétriers d'impériale et dans les jambes de force en arbalétrier du berceau intérieur, leurs traits sont simplifiés, vu qu'il ne s'agit plus que d'assemblages ordinaires.

Nous n'avons point tracé d'empanons, attendu qu'ils auraient été pareils à celui qui a été décrit sur la planche précédente.

IV.

VOUTE D'ARÊTE ET VOUTE DE CLOITRE.

§ 1. *Disposition générale.*

On construit, soit pour être revêtus en menuiserie, soit pour être couverts d'un lattis avec un enduit, des assemblages de charpente qui présentent intérieurement l'aspect de *voûtes d'arêtes* ou celui *d'arcs de cloître*. Les épures précédentes offrent des exemples pour le cas où les murs qui soutiennent ces constructions sont établis sur des plans rectilignes.

La planche LXIII a pour objet de donner des exemples de ces sortes de constructions pour le cas de bâtiments circulaires.

La fig. 1 est le plan général d'un bâtiment circulaire porté sur des piliers; la voûte principale que ces piliers supportent est une voûte en berceau annulaire; elle est percée de berceaux conoïdaux dont les axes tendent au centre de l'édifice; les intersections qui en résultent forment des arêtes qui sont projetées au plan par des arcs de courbes, et qui constituent les arêtes saillantes, lesquelles ont fait donner à cette combinaison le nom de voûtes d'arêtes.

La fig. 2 est un bâtiment circulaire de même étendue, formé de deux murs concentriques; l'espace compris entre ces deux murs est partagé par des murs dont les axes tendent au centre; chaque espace résultant de cette combinaison est couvert par la même voûte annulaire dont nous avons parlé plus haut; ses naissances s'appuient aux murs circulaires, pendant qu'une voûte en berceau conoïdal en remplit deux parties, en prenant ses naissances sur les murs de refend. Il en résulte, dans chaque pièce, deux arêtes, mais qui sont creuses au lieu d'être saillantes : on nomme cette combinaison *voûtes en arcs de cloître*.

La fig. 3, qui est au-dessus de la ligne AC, est l'épure d'une moitié de la charpente en *voûte d'arête*, répondant à l'une de celles du plan, fig. 1.

La fig. 4, qui est au-dessous de la même ligne, est celle de la charpente d'une moitié de voûte *en arcs de cloître*, répondant à l'un des compartiments du plan, fig. 2. Dans ces deux figures, nous supposons que les voûtes sont vues par leurs surfaces intérieures, comme si elles étaient retournées.

Les angles B, D, fig. 3, sont ceux de deux des quatre piliers qui soutiennent la charpente, et notamment les pièces arêtières formant les arêtes saillantes de la voûte d'arête.

Les encoignures B' D', fig. 4, sont formées par les murs concentriques et les murs de refend; elles portent les pièces arêtières qui marquent les arêtes creuses de l'arc de cloître.

La voûte annulaire a son centre en C. Les arcs $B M B'$, $D N D'$ sont les projections horizontales de ses naissances, son méridien générateur est le cercle $b g d$, fig. 5.

La trace $B D$ du parement des piliers, et la trace $B' D'$ du parement du mur de refend tendent au centre C, et elles sont tangentes au cercle $M E N E'$, décrit du point G, milieu de l'écartement des deux murs concentriques.

La surface du berceau que croise la voûte annulaire est celle du corps connu sous le nom de *conoïde*. Elle est engendrée par une ligne droite qui se meut en demeurant toujours horizontale et en s'appuyant d'une part contre l'axe vertical projeté sur le point C, et contre une courbe elliptique tracée au choix du constructeur, ou sur le parement de l'un des murs circulaires, ou, comme nous l'avons supposé ici, sur un plan vertical perpendiculaire à l'axe horizontal $A C$, et ayant pour trace la ligne $B B'$, qui est le plus grand axe de cette ellipse; son petit axe est égal au rayon $k g$, fig. 5, du cercle générateur de la surface annulaire.

Les deux axes de cette ellipse directrice étant donnés, elle peut être tracée par ses propriétés géométriques par un des moyens que nous avons indiqués pages 3 et 4, ou bien ses points peuvent être déterminés par une suite de constructions graphiques sur l'épure; le cercle $B g'' D$ sur le plan horizontal étant égal au cercle générateur, fig. 5, le point g'' est projeté sur le point E, et pour construire le point de l'ellipse correspondant au point m du cercle, il faut mettre ce point en projection horizontale en m'', et tracer la ligne $m'' c''$ parallèle à $E c$; l'ordonnée $c'' q$, qu'on fait égale à $m'' m$, donne le point q de l'ellipse; on construit tous les autres points de l'ellipse directrice $B' g' q B$ de la même manière : cette ellipse est ici rabattue à gauche sur le plan de l'épure, l'ayant fait tourner autour de son axe $B B'$.

Les arêtes résultant de l'intersection de la surface annulaire et de la surface conoïdale sont égales et symétriques par rapport à l'axe $A C$, elles sont projetées horizontalement en $B G' D$ et $B' G D$. Les points de ces courbes sont déterminés en projection horizontale par une suite de plans horizontaux, qui coupent les deux surfaces. Ainsi chacun de ces plans coupe la surface annulaire suivant deux cercles, et la surface du conoïde suivant deux lignes droites. Ces quatre lignes, en se rencontrant, donnent quatre points x, x', $y y'$, qui appartiennent aux intersections des surfaces.

§ 2. Voûte d'arête.

La ferme de la voûte annulaire est représentée fig. 5, pl. LXIII; la ferme répondant à l'arc extérieur du conoïde est projetée, fig. 6 (1), sur un plan vertical ayant pour trace la ligne bb', et rabattu à gauche sur le plan de l'épure : nous n'avons figuré que la moitié de cette ferme.

La ferme répondant à l'arc intérieur du conoïde est projetée, fig. 7, sur un plan vertical rabattu à droite : nous ne représentons également que la moitié de cette ferme.

La fig. 8 est la projection de la ferme arêtière répondant à l'arête projetée horizontalement en $G D$; cette projection, fig. 8, est faite sur un plan vertical ayant pour trace horizontale la ligne $R S$, fig. 3 et 4; la portion $Q S$ de cette trace est portée de C en S, fig. 8.

Toutes les fermes de cette charpente sont composées de deux poteaux T, d'une traverse P supportée par ces poteaux et de deux aisseliers X qui s'assemblent avec les poteaux de la traverse. Ces cinq pièces forment le cintre dans chaque voûte; et dans la demi-ferme arêtière, fig. 8, elles contiennent l'arête d'intersection des deux voûtes.

Toutes ces fermes sont projetées par leurs épaisseurs sur le plan fig 3.

Une solive horizontale $M N$ forme le faîtage de la voûte conoïdale; cette solive s'assemble en M' et en N' dans les traverses P, P des fermes de tête, fig. 6 et 7.

Une autre solive circulaire $G O$, fig. 3, forme le faîtage de la voûte annulaire; elle s'assemble d'un bout en O dans les traverses de la ferme, fig. 5, et de l'autre bout dans la solive $M N$.

Les fermes arêtières viennent joindre la rencontre des deux faîtages, et forment en G un épi sans poinçon. La jonction des traverses des fermes arêtières avec les pièces de faîtage a lieu par les déjoutements 1-2-3, 4-5-6.

---

(1) Les courbes des arcs de ces fermes, malgré leur apparence, ne sont point des ellipses, on ne peut les construire que par des opérations résultant de l'épure; leur construction est simple. Pour obtenir les points n, fig. 6, on met en projection verticale la génératrice $C z$, dont la hauteur, au-dessus du plan horizontal, est égale à l'ordonnée $c'' q$ de l'ellipse directrice. Cette projection est la ligne horizontale $c n'$, fig. 6. En élevant par le point z une verticale, elle donne le point n de la courbe, appartenant à la face intérieure de la ferme. On a de même le point n' qui appartient à la face extérieure. On obtient de même les courbes de la ferme intérieure. Nous avons indiqué ces constructions pour la même génératrice $c z$, sur les fig. 7 et 8; mais nous n'avons point conservé celles qui ont été faites pour d'autres génératrices, afin d'éviter la confusion des lignes.

Les lignes 7-8-9, 10-11-12 sont les projections horizontales des joints à bouts, des assemblages des aisseliers des fermes arêtières avec leurs traverses.

Nous avons projeté horizontalement en U, U', deux empanons de la voûte annulaire qui s'assemblent dans la pièce de faîtage $Q\ O$ et dans les fermes arêtières.

Nous avons rapporté la projection verticale de ces deux empanons sur la ferme, fig. 5, par les arcs de cercle décrits du point C, comme centre.

Nous avons aussi projeté deux empanons $V\ V'$ de la voûte conoïdale; ils s'assemblent de même dans la pièce de faîtage $M\ N$ et dans les fermes arêtières, l'occupation de l'un d'eux est marquée en V'' sur la projection de la ferme arêtière, fig. 8.

Nous ne les avons point projetés verticalement pour ne pas compliquer inutilement notre épure par des constructions absolument pareilles à celles que nous avons indiquées dans la note de la page précédente.

L'arête $G\ D$, fig. 3, occupe le milieu de la ferme arêtière, de façon que le pas du poteau sur le pilier en maçonnerie, n'est point dévoyé, suivant la règle que nous avons indiquée pour les arêtiers des combles, ce qui n'a point d'inconvénient pour le cas qui nous occupe; cependant, si l'on voulait satisfaire à cette condition, nous avons indiqué, fig. 10, la construction pour dévoyer le poteau, et par conséquent, la ferme arêtière. Soit $D\ G$ la projection de l'arête sur $D\ f$ qui lui est perpendiculaire dans le point D; on porte l'épaisseur $D\ a$ de la ferme; $a\ b$ est tracé perpendiculairement à la face du pilier; $b\ d$, parallèle à $D\ a$, détermine la position de la ferme dévoyée : il ne s'agit plus que de tracer parallèlement à l'arête $D\ G$ les courbes que donnent les projections des parements de la ferme arêtière.

§ 3. *Arc de cloître.*

Les données restent les mêmes que pour la voûte d'arête, mais les pièces qui étaient droites ou au moins horizontales, sont remplacées par des pièces cintrées et réciproquement.

De M en N, fig. 4, est une ferme comme celle représentée fig. 5; de G en E' est une autre ferme cintrée suivant la surface conoïdale. Cette ferme est projetée, fig. 11, sur le plan vertical rabattu à gauche en tournant autour de sa trace $b\ b'$.

Les fermes $G\ B'$, $G\ D$ qui contiennent les arêtes creuses en forme de noues ou d'arcs de cloître, joignent les deux précédents par les déjoutements $1'$-$2'$-$3'$, $4'$-$5'$-$6'$.

COMBLES A SURFACES COURBES.

La ferme arêtière $G\ B'$ est projetée sur le plan vertical qui a pour trace horizontale la ligne $R\ S$, dont la partie $Q\ R$ est reportée en $C\ R$, fig. 9.

Ces fermes sont composées et assemblées de la même manière que celles de la voûte d'arête. Nous avons représenté leurs portées dans les murs.

Nous avons représenté en Y et Y' deux empanons qui appartiennent à la portion de la voûte annulaire, et en Z et Z' deux autres empanons appartenant à la voûte conoïdale. Ces empanons s'assemblent dans les fermes arêtières et dans les sablières, nous avons haché leurs bouts inférieurs ou abouts des naissances comme ceux des fermes. Nous avons marqué sur la fig. 9 les occupations des pièces qui répondent à l'empanon Z. Les courbes des arcs des fermes et des empanons sont tracées par les constructions graphiques que nous avons indiquées dans la note de la page 19.

Nous n'avons point indiqué dans cette épure les tenons et mortaises pour ne point la compliquer davantage, les assemblages ne présentant d'ailleurs aucune difficulté de trait.

Il arrive quelquefois que le passage au travers d'une voûte annulaire doit être de la même largeur à ses deux extrémités; c'est le cas que nous avons indiqué fig. 12. Nous avons supposé encore que la largeur du passage était égale à celle de la voûte annulaire; ces deux largeurs pourraient être inégales; il n'en résulterait pas moins, si les hauteurs des deux voûtes étaient les mêmes, une voûte d'arête qui devrait être traitée de la même manière quant à la disposition des fermes. Le passage est couvert par un berceau cylindrique.

On doit rechercher, en charpenterie, les formes qui facilitent l'exécution des ouvrages lorsqu'elles ne s'écartent point trop de celles dont l'aspect serait le plus satisfaisant; c'est ainsi que pour les voûtes d'arêtes et de cloître sur plan circulaire, on peut adopter des courbes planes pour les arêtiers en les faisant résulter des sections faites dans la voûte annulaire, fig. 3, pl. LXXIII, par des plans verticaux passant sur les points B, D, B', D' et le centre G, et supposer alors que la voûte conoïdale est engendrée par une droite horizontale s'appuyant sur les courbes $G\ B$, $G\ B'$, ou sur les courbes $G\ D$, $G\ D'$; les fermes arêtières sont alors planes et d'une exécution facile.

La fig. 13, pl. LXIII, représente un quadrilatère irrégulier $A\ B\ D\ E$ qui peut être couvert par une voûte d'arête ou par une voûte en arc de cloître, suivant que l'édifice présente les quatres angles A, B, D, E, des quatre piliers ou les quatre murailles qui forment les côtés du quadrilatère; dans l'un et l'autre cas, ces voûtes qui donnent lieu aux arêtes saillantes ou creuses projetées en $A\ G\ D$, $E\ G\ B$, ne peuvent être que des voûtes conoïdales. L'axe vertical de l'une est en C, celui de l'autre est en C'; la directrice de la première est l'ellipse $D\ N\ E$ couchée sur le plan horizontal en tournant autour de son axe $E\ D$, l'autre est l'ellipse $E\ M\ A$ également couchée sur le plan horizontal en tournant autour de son axe $A\ E$. Ces deux ellipses ont leurs demi-axes verticaux $P\ M$, $Q\ N$ égaux. Les points quelconques des arêtes résultant des intersections des deux voûtes, pris quatre à quatre, sont déterminés par celles de quatre génératrices $C\ n$, $C\ n'$, $C'\ m$, $C'\ m'$ prises à même hauteur.

Au lieu d'une ellipse pour directrice de l'une des voûtes conoïdales, on pourrait prendre un arc de cercle $E\ M\ A$, ou $E\ L\ A$, pourvu que la directrice de l'autre voûte conoïdale fût également un arc de cercle et que les deux arcs aient des flèches égales.

§ 4. *Voûtes gothiques.*

Lorsque l'on considère quelques voûtes d'églises gothiques, on est tenté de croire qu'elles sont des imitations de constructions en charpente. En effet, bien que ces voûtes soient des combinaisons de surfaces cylindriques qui se rencontrent et produisent des arêtes saillantes et des arêtes rentrantes comme dans les voûtes qu'on appelle voûtes d'arêtes et voûtes en arc de cloître, ces arêtes creuses et saillantes sont marquées par de grosses moulures qui semblent être les arcs des fermes d'arêtiers et de noues qui auraient de la saillie sur les remplissages intermédiaires.

Nous donnons, fig. 16, pl. LXXV, un détail d'une voûte en charpente de ce genre.

$A\ B\ C\ D$ est une projection horizontale qui montre le dessous ou l'intérieur de 12 arêtes d'intersection des voûtes qui se trouvent à la croisée de deux nefs.

La ferme en cintre, projetée horizontalement en $A\ E\ D$, est en projection verticale couchée sur la gauche en $A\ e\ d$. Elle est le cintre générateur de chacun des quatre berceaux des quatre nefs.

A-1-2-3-B est une coupe en long suivant la ligne $a\ b$ du plan.

Cette coupe contient la projection verticale de la partie de la charpente qui se trouve au delà du plan vertical suivant lequel elle est faite.

Les fermes projetées horizontalement en $A\ 1$, $A\ 4$, $B\ 4$, $B\ 3$, et leurs symétriques aboutissant aux points 1, 3, 5, et ayant leurs naissances qui répondent aux piliers opposés diagonalement à ceux A, B, sont autant de fermes arêtières, leurs arêtes sont données par les sections faites dans les voûtes par les plans verticaux répondant aux lignes de milieu des fermes. Ces arêtes servent de base à des surfaces cylindriques dont les génératrices sont horizontales comme celles des autres berceaux, mais qui sont à angle droit avec celles des berceaux dans lesquels les arêtes se trouvent. Il suit de la position de ces surfaces cylindriques qu'en se rencontrant elles forment des arêtes creuses auxquelles répondent les fermes projetées en A-6, B-7, et celles qui leur sont opposées diagonalement aboutissant aux points 8 et 9.

La ligne brisée $m\ n\ o\ p\ q$ est la projection horizontale d'une section faite dans les surfaces intérieures de ces voûtes par un plan horizontal ; elle fait juger quelles fermes répondent aux arêtes saillantes et rentrantes.

Des poinçons formant pendentifs reçoivent les abouts des fermes arêtières. Le plafond carré et horizontal 6-7-8-9 répond aux horizontales les plus élevées des voûtes, et ses angles reçoivent les abouts des fermes qui répondent aux arêtes creuses.

Nous avons marqué en projection verticale sur cette figure les occupations des pièces qui s'assemblent les unes aux autres, et nous avons figuré les cours des liernes horizontales qui s'assemblent dans les fermes en suivant les horizontales des surfaces des voûtes et se pliant par conséquent aux arêtes saillantes et rentrantes qu'elles présentent.

CHAPITRE XVII.

SUITE DES COMBLES A SURFACES COURBES.

I.

COMBLES SPHÉRIQUES.

Les combles peuvent être sphériques extérieurement ou intérieurement. Dans le premier cas, ils sont dans la catégorie des dômes dont nous traitons au chapitre XXXII.

Dans le second cas, la forme sphérique intérieure n'est, le plus souvent, qu'une disposition destinée à recevoir un revêtissement qui donne aux parois l'apparence de l'intrados d'une voûte, ou bien encore la forme sphérique doit être apparente en même temps à l'intérieur et à l'extérieur, ce qui donne lieu aux mêmes combinaisons; cas représentés planche LXIX. Les fig. 1 et 2 sont les projections de la combinaison la plus usitée.

Des couronnes MN, $M'N'$, formées de bois équarris circulairement, sont soutenues par des parties de chevron $C\ C'\ C''$, qui s'y assemblent à tenons et mortaises (1), et dont le système prend naissance sur la sablière circulaire, SZ. Les faces latérales de chaque chevron sont parallèles au plan méridien qui le partage en deux parties égales; sa face extérieure et sa face intérieure sont sphériques.

Les faces supérieures et inférieures des liernes qui forment ces couronnes, sont des surfaces coniques; pour la première couronne MN, le profil de la lierne est le carré 1-2-3-4, formé de deux arcs 1-2, 4-3, qui appartiennent aux grands cercles méridiens de la surface intérieure et de la surface extérieure, et de deux lignes droites 4-1, 3-2 parallèles au rayon ON. Le point N étant un de ceux qui partagent en parties égales l'arc méridien de la voûte, et qui déterminent les emplacements des

---

(1) Nous n'avons point marqué les tenons et mortaises de ce système de voûtes sphériques, parce qu'il ne présente aucune particularité, et que le but était seulement de montrer la combinaison des bois.

liernes, les lignes o-4, o'-3 sont les génératrices des surfaces coniques supérieures et intérieures du cours de lierne MN; les sommets de ces surfaces coniques sont aux points o, o'.

On fait les cours de liernes continus en forme de couronnes, les parties de courbes qui les composent sont assemblées par des joints bout à bout, distribués entre les assemblages des chevrons pour être supportées par les fragments de chevrons qui sont au-dessous et porter ceux qui sont au-dessus, parce que cette combinaison est la seule qui permette d'assembler les bois à tenons et mortaises.

Si l'on faisait les chevrons montant de toute la hauteur de la voûte, il n'y aurait pas moyen d'y assembler les liernes à tenons et mortaises, on serait forcé de les assembler par entailles, ce qui n'aurait pas toujours la même solidité.

Tous les chevrons se réunissent au sommet de la voûte en s'assemblant dans un tronc de cône projeté horizontalement en C, par deux cercles concentriques, et projeté verticalement en 5-6-7-8; les deux côtés 5-6, 8-7, qui sont des génératrices du tronc de cône, tendent au centre O de la sphère. Dans quelques circonstances, ce tronc de cône qui est un noyau d'assemblage, se prolonge en poinçon lorsque la charpente sphérique se combine avec une toiture autre que son extrados (1).

II.

COMBLES ELLIPSOÏDAUX.

Les combles ellipsoïdaux sont employés dans les mêmes circonstances que les combles sphériques, soit pour présenter à l'extérieur leurs formes surbaissées et surhaussées, soit pour donner à l'intérieur l'apparence d'une voûte ellipsoïdale. Dans le premier cas, on les traite comme des

---

(1) La figure 3 est une équerre servant à s'assurer de l'exact équarrissage des liernes circulaires.

Dans les figures 4 et 11, l'équerre se trouve présentée sur le profil d'une lierne.

La figure 10 est un calibre taillé suivant un arc de grand cercle de la sphère intérieure, servant à guider le charpentier pour creuser les liernes et les chevrons exactement suivant cette surface.

La fig. 12 est un autre calibre taillé suivant la courbure de la surface extérieure pour guider dans le léger arrondissement à donner aux faces externes des liernes et des chevrons.

La figure 13, pl. LXX, est un fuseau très-commode pour vérifier la courbure des surfaces creuses, et la fig. 14 est un autre fuseau pour vérifier la courbure des surfaces convexes, tant des liernes que des chevrons; ces fuseaux sont faits sur le tour, et dans quelque position qu'on les présente, ils doivent coïncider avec les surfaces sphériques.

II. — 4

dômes; dans le second, on les construit comme les combles sphériques.

Les constructions en charpente qui ont pour objet de présenter l'apparence d'une voûte sphérique ou sphéroïdale sont fréquemment couvertes par des toits coniques, forme qui s'accorde avec celle de la voûte, et qui permet d'employer des fermes rayonnantes autour de l'axe vertical commun aux deux surfaces; mais lorsque la charpente, qui donne intérieurement l'apparence d'une voûte ellipsoïdale, doit être couverte par un comble conique, il y a souvent quelques difficultés à combiner les bois de manière que les fermes satisfassent aux deux surfaces.

Les figures de la planche LXXIV ont pour but de présenter plusieurs combinaisons usitées en pareil cas.

La fig. 2 est le plan d'une salle elliptique qui doit être couverte par une voûte ellipsoïdale, celle-ci devant être abritée par un toit conique ayant pour base une ellipse égale à celle du plan. La fig. 1 est la projection verticale d'une ferme établie dans la direction du grand axe AB de l'ellipse.

Une autre ferme est établie suivant le petit axe, elle est projetée au plan de E en F. Cette ferme est représentée fig. 7.

Sur la droite, les fig. 1 et 2 présentent en projections une suite de fermes parallèles à celle établie suivant le petit axe.

Chacune de ces fermes présente, pour la voûte, un arc en ellipse, résultant de sections faites dans l'ellipsoïde par les faces verticales du cintre de la ferme, et pour la surface du toit, des sections hyperboliques. La fig. 8 est une projection verticale de la ferme MN, fig. 2, construite dans cette hypothèse.

Sur la gauche, les mêmes fig. 1 et 2 présentent un système dans lequel des fermes, comme celles PQ, fig. 2, établies dans des directions normales à l'ellipse du plan, viennent s'assembler dans une grande ferme. Les arcs de ces fermes sont des arcs d'ellipse, et leurs profils supérieurs dans le toit sont encore des arcs d'hyperboles faciles à construire. Dans l'un et l'autre système, les pannes peuvent porter, comme de coutume, sur les fermes, par cours elliptiques horizontaux; ces pannes, suffisamment rapprochées, reçoivent immédiatement les planches du lattis, qui sont clouées de façon que le fil du bois est dirigé suivant les génératrices du cône. A l'intérieur, les termes peuvent rester apparents, et, dans ce cas, on cloue les planches de revêtissement dans les rainures entaillées sur les arêtes des arcs.

Dans la fig. 6, on suppose que le plan de l'espace à couvrir est un ovale formé de quatre arcs de cercle pm, mp', $p'm'$, $m'p$, tracés des centres cq, $c'q'$.

Le profil de la voûte, fig. 5, est une anse de panier décrite des centres

x et z. L'intrados de la voûte, près de la naissance, est formé de quatre surfaces de révolution engendrées par une partie de l'arc de cercle ab, tournant successivement autour des axes verticaux passent par les points c, q, c', q', et d'une calotte, telle que toute section faite par un plan vertical vsq', passant par un axe q ou q', soit un arc de cercle dont le centre se trouve sur une verticale comprise en s dans un plan vertical qui a pour trace le grand axe AB, et soit tangent à l'arc générateur de la surface de révolution de la naissance.

Cette génération, qui a une apparence de complication, a l'avantage que, dans la pratique, on n'a point d'ellipses à construire, surtout si l'on dispose les fermes comme elles le sont du côté CB, sur la projection horizontale, de préférence à la disposition indiquée sur la gauche de la figure, parce qu'on n'a que des arcs de cercle à tracer, puisque les plans verticaux, milieux des fermes, sont des méridiens qui ont servi à la construction de la surface.

La fig. 3 et 4 sont les projections des deux autres combinaisons employées pour couvrir le même espace elliptique.

On suppose ici que la voûte, comme la toiture, sont percées par une lanterne elliptique, qui est, quant au rapport de ses axes, semblable à l'ellipse des sablières.

Sur la gauche, les fermes sont disposées comme seraient celles d'un pavillon rectangulaire, c'est-à-dire, que deux fermes principales MN (1) sont établies sur les diagonales CD, du rectangle formé sur les demi-axes. Ces fermes reposent sur les sablières, et s'assemblent dans la couronne de la lanterne; elles reçoivent chacune l'assemblage de deux systèmes de fermes PR, QR parallèles à celles HI, JL, établies sur les axes et qui se font équilibre des deux côtés, comme les chevrons dans les croupes des combles plans. Si le comble n'était pas percé par une lanterne, les fermes MN et les fermes HI, JL, s'assembleraient dans un poinçon au centre C.

Sur la droite, dans la même figure, les fermes UV sont toutes indépendantes; elles sont sur les rayons partant du centre. Les arcs de ces fermes sont elliptiques; elles ont toutes un même axe vertical; leurs axes horizontaux sont égaux aux rayons; leurs arbalétriers sont droits, et coïncident avec les génératrices de la surface conique du toit.

Cette combinaison est la plus simple et la plus facile, surtout lorsqu'on veut que le revêtissement de l'intérieur de la voûte présente des compartiments en caissons, comme ceux que nous avons projetés horizontale-

(1) Si ce système était représenté en entier sur le plan, il y aurait quatre fermes MN'

ment sur un quart du plan, fig. 4, et verticalement dans toute l'étendue de la coupe, fig. 5.

Monge a appliqué à l'ellipsoïde sa théorie des lignes de courbure des surfaces. Nous donnons ici, fig. 9, une réduction de celle qu'il a donnée dans le *Journal de l'École Polytechnique*, pour la projection horizontale des lignes de courbures de l'ellipsoïde, et fig. 10, la projection verticale des mêmes lignes sur le plan passant par le grand axe $a\,b$ de l'ellipse horizontale. Nous ajoutons à ces deux projections celles des mêmes courbes sur le plan vertical passant par le petit axe $d\,e$ de l'ellipse horizontale.

Les lignes de courbures se coupent sur la surface, où elles sont tracées à angles droits; elles forment, par conséquent, des compartiments rectangulaires dont l'aspect est complétement satisfaisant. Ce système de divisions de la surface de l'ellipsoïde convient très-bien à la construction d'une voûte en pierre de taille; la construction d'une voûte en charpente, suivant le système des lignes de courbures, ne présenteraient point de difficulté d'exécution; les fermes seraient établies suivant les lignes de courbures $m\,p\,m$, $n\,q\,n$; les liernes qui suivraient les directions de courbes $x\,z$, $x\,z$, les rencontreraient à angles droits, ce qui rendrait les assemblages faciles; mais on ne peut disconvenir qu'il y aurait un grand déchet de bois, à cause de la courbure de toutes les pièces, et le travail serait d'une grande longueur, ce qui rendrait fort cher ce mode de construction, que Monge, au surplus, n'a point proposé pour les charpentes. Quoique les autres systèmes soient moins dispendieux, il nous a paru utile d'examiner jusqu'à quel point celui-ci est exécutable. Il serait à désirer qu'au moins, par curiosité, on exécutât une voûte ellipsoïdale en charpente, suivant ce beau système d'assemblage des bois et de compartiments pour la décoration intérieure des voûtes.

III.

COMBLES CONIQUES.

§ 1. *Comble conique sur un seul poinçon.*

Les combles coniques sont ordinairement employés pour couvrir des espaces circulaires, et notamment des tours, comme on en voit à quelques châteaux anciens.

Dans ce cas, le comble est un cône droit ordinairement à base circulaire, comme celui représenté fig. 2, pl. LXXII, en projection horizontale.

COMBLES A SURFACES COURBES.

Les espaces circulaires contenant des galeries circulaires aussi et comme annulaires, sont couverts par des combles coniques à deux égouts, l'un intérieur, formé par une surface conique, concave du côté de la cour intérieure, l'autre extérieur formé par une surface conique convexe. Un comble de cette sorte est projeté horizontalement fig. 3, planche LXXII.

Les fig. 1, 2, 3 et 4 de la planche LXXI, présentent, en projection verticale et horizontale, les détails de la construction d'un comble conique.

A droite, fig. 2, est la projection horizontale de l'enrayure au niveau des sablières. Sur la même enrayure sont figurés les tenons d'assemblage de la petite enrayure dans les chevrons, à moitié de la hauteur du toit. La partie à gauche, fig. 4, représente la projection horizontale de l'extérieur de la charpente du toit.

La fig. 1 est le profil d'une ferme avec les coupes des liernes M' N' O'. La fig. 3 est la projection verticale ou élévation de la charpente extérieure et complète (1).

Le dessin explique suffisamment, fig. 3 et 4, les dispositions des chevrons et des liernes, sans qu'il soit besoin d'un plus long détail.

La fig. 5 est la projection verticale du poinçon central dans lequel viennent s'assembler les chevrons à tenons et mortaises avec abouts d'embrèvement.

La fig. 6 est la projection verticale d'un poinçon de même espèce, au sommet duquel la pointe conique a une saillie suffisante pour affleurer le lattis en planches, formant la surface de la toiture.

La fig. 7 est le sommet du poinçon, les chevrons y étant assemblés et le lattis n'étant point posé.

La fig. 10 est une projection de trois chevrons sur un plan tangent au comble conique. Le point s est le sommet du cône; le point a, le pied du chevron; de façon que $s\,a$ est égale à $s\,a$ de la fig. 3, et cette ligne $s\,a$ est la génératrice de contact du plan tangent et du cône; pour éviter la confusion, la ligne $s\,a$ et les arcs de cercle qui contiennent les pas des chevrons sur la sablière, ont été d'abord projetés à droite, fig. 8.

Nous avons indiqué sur la fig. 10 les opérations pour projeter sur le plan tangent les lignes de milieu et les épaisseurs des chevrons; pour établir la projection de ces chevrons, on opère absolument de la même manière que pour projeter à la herse (tome Ier, page 569).

b est la projection à la herse du centre de la base du cône. $m\,b$, $n\,b$ sont les projections à la herse des traces des plans milieux des chevrons sur le

---

(1) La figure 22 est le profil d'un assemblage des chevrons dans la sablière, qui est préférable à celui qu'on fait ordinairement, en ce que la sablière porte un rebord pour recevoir les planches du lattis.

plan des sablières, et les lignes $d\,m$, $d\,n$ sont les traces des plans tangents aux faces des chevrons $s\,m$, $s\,n$; en $a\,g$ est l'about du chevron $s\,a$.

La fig. 8 présente en projection horizontale la répétition d'une partie de la fig. 2, comprenant trois chevrons $s\,m$, $s\,a$, $s\,n$. La première lierne est projetée horizontalement en M et verticalement en M'.

En P et en P' sont la projection verticale et la projection horizontale de la pièce de bois droite et équarrie capable de cette lierne courbe, les longueurs de ses tenons comprises. Les rectangles circonscrits aux projections M et M' de la lierne portent les mêmes chiffres que les rectangles P et P'.

La fig. 17 représente la position d'une lierne courbe dans la pièce équarrie.

Après que la lierne M est taillée suivant sa courbure, elle est présentée en M sur la herse, fig. 10, et tournée de façon que les lignes génératrices du milieu de ses faces coniques répondent à la ligne $s\,a$ et lui soient perpendiculaires. Dans cette position, les assemblages par entailles avec les chevrons sont piqués suivant les procédés que nous avons indiqués chapitre IX. Lorsque ses entailles sont faites, elles présentent la forme projetée horizontalement fig. 11, et en profil suivant la ligne $x\,y$.

La fig. 6 de la planche LXXII est le profil d'un comble conique couvrant une voûte sphérique.

La fig. 8 de la même planche est le profil d'un comble conique couvrant une voûte circulaire en ogive; le poinçon formant un pendentif dans l'intérieur.

Les épures de ces combles doivent être traitées de la même manière que celle dont nous avons parlé plus haut.

Une moitié de voûte conique est quelquefois substituée à une croupe pour terminer l'extrémité d'un toit, comme on le voit fréquemment aux combles des églises. Cette sorte de croupe conique est représentée en D, fig. 9, pl. LXXI, et fig. 29, pl. LXXVI. Des portions de surfaces coniques peuvent aussi former des croupes avec arêtiers, ainsi que les fig. 28 et 36 de la même planche en offrent deux exemples.

§ 2. Comble conique avec faîtage circulaire.

Les combles coniques à deux égouts, comme celui projeté fig. 3, pl. LXXII, ne sont employés que sur des bâtiments d'une grande étendue qui entourent des cours circulaires. Leur construction nécessite des fermes comme celles des bâtiments ordinaires; au lieu d'être parallèles, elles sont établies sur des rayons qui tendent au centre de l'édifice. La fig. 13 est la projection horizontale d'une portion de comble conique de cette espèce. Les fermes sont établies en G, G, G, elles tendent au centre C. L'une de ces fermes est projetée verticalement, fig. 9. Vu l'étendue du comble, chaque ferme est composée, comme pour les toits ordinaires, de deux arbalétriers pour porter les pannes qui soutiennent les chevrons.

Ces pannes sont équarries et circulaires comme le bâtiment; elles sont marquées en P et P' au profil de la ferme fig. 9, et deux parties de ces mêmes pannes sont projetées au plan également en P et P'.

Nous aurons occasion de revenir sur les détails de l'épure fig. 8, 9, 12 et 13 de cette planche, lorsque nous traiterons des noulets dans le chapitre suivant.

IV.

COMPARTIMENTS ET CAISSONS DANS LES VOUTES EN CHARPENTE.

Lorsqu'on veut que la charpente d'une voûte fasse une décoration intérieure, on distribue les pièces qui la composent suivant un système de compartiments, que l'on appelle *caissons*, parce que les pièces de bois qui marquent les divisions de ces compartiments et qui font autour de chacun d'eux des champs réguliers, sont saillantes sur les panneaux de remplissage qui n'affleurent pas les pièces de la charpente et forment ainsi des renfoncements ou caisses dans lesquelles on place des fleurons et des rosaces sculptés en relief.

On ne peut douter que les caissons dont on décore les voûtes en maçonnerie n'aient leur origine dans l'imitation des constructions en charpente.

Les caissons des voûtes cylindriques ou en berceau, sont égaux; dans les voûtes sphériques, dans les voûtes coniques et dans les plafonds circulaires, ils sont distribués par cours horizontaux et par divisions méridiennes.

Nous prendrons pour premier exemple la distribution des caissons dans une voûte en coupole sphérique.

§ 1. *Caissons d'une coupole sphérique.*

La condition la plus fréquemment adoptée pour la forme de ces sortes de caissons, c'est qu'ils doivent présenter sur la surface sphérique, chacun un carré dans lequel un cercle puisse être inscrit parce qu'ils sont ordinairement décorés de rosaces circulaires peintes ou sculptées, qui en occupent les milieux et les remplissent entièrement. Jusqu'au temps de la reconstruction de la coupole de la Halle au blé de Paris exécutée en fer en 1811, on s'était contenté, lorsqu'il s'agissait de distribuer des caissons dans une coupole, de développer approximativement un fuseau de sphère, comme font les géographes constructeurs de globes, compris entre les cercles tangents aux caissons de tous les étages, et dans ce fuseau on faisait la distribution des caissons en traçant depuis la naissance des compartiments jusqu'au dernier rang de caissons, des cercles tangents entre eux et aux deux courbes tracées par points et marquant la largeur du développement approximatif du fuseau sphérique.

C'est cette méthode qui est décrite dans les traités d'architecture; c'est de cette manière aussi que Rondelet a tracé sur le papier les caissons du dôme du Panthéon, en se servant cependant, pour tracer les fuseaux verticaux sur les parois de la voûte exécutée, de l'ombre d'un fil à plomb suspendu au sommet et dans l'axe de la coupole (1). Ce procédé pratique fort ingénieux n'est applicable qu'à une voûte en pierre, et exécutée. Pour une voûte en charpente, il faut que l'épure donne, avant l'exécution, la distribution des caissons, afin que les bois soient distribués en conséquence.

Lors de la construction de la coupole en fer de la Halle au blé par M. Belanger, architecte des monuments publics, M. Brunet, ancien entrepreneur de travaux publics, a publié (2) une exposition des calculs qu'il a faits pour déterminer les dimensions des grands châssis en fer formant les voussoirs ou caissons de cette immense coupole sphérique (3). Cet ouvrage contient deux nouvelles méthodes pour rendre les caissons réguliers; l'une est une construction graphique assez compliquée par le moyen de la combinaison des grand cercles de la sphère, l'autre méthode est une application de la trigonométrie sphérique, et donne lieu à des calculs fort longs.

Je ne décrirai ni la méthode ancienne, ni celles de M. Brunet, la première étant inexacte puisqu'elle donne au plus des développements approximatifs et des courbes décrites par points, celles de M. Brunet donnant lieu à des tracés et des calculs très-laborieux, comme il le reconnaît lui-même; et je donnerai ici une méthode fort simple, que j'ai déduite de considérations de géométrie descriptive à la portée de tout le monde.

Soit fig. 1, pl. LXXV, $a\ b\ d$, le grand cercle horizontal de la naissance d'une voûte sphérique, $a\ s\ s\ d$, fig. 2, le grand cercle vertical de la coupe de sa surface.

Si l'on conçoit deux plans verticaux dont les traces horizontales soient $c\ m, c\ m$. Ces deux plans traceront dans la coupole sphérique deux grands

---

(1) *Art de bâtir*, t. 2, p. 187, pl. L.
(2) In-fol., Paris, 1809, chez F. Didot, imp.-lib.
(3) Son diamètre est de 120 pieds 10 pouces 5 lignes 8 points (39^m,27).

cercles méridiens. Que l'on conçoive encore une sphère projetée verticalement en G, et horizontalement en g, de sorte qu'elle soit tangente aux deux plans verticaux.

Que l'on fasse mouvoir cette sphère de façon qu'elle s'élève au-dessus de sa première position sans cesser d'être tangente aux deux mêmes plans; son centre parcourra la verticale $G\ G^5$, fig. 2, projetée sur le point g, fig. 1. Que l'on suppose encore qu'ayant l'œil placé au centre C, on aperçoive la sphère mobile sur la verticale $G\ G^5$ au travers de la coupole supposée transparente; en quelque point qu'elle se trouvera, son image sur la surface sphérique de la coupole sera un cercle tangent aux deux grands cercles méridiens. Ou, ce qui est la même chose, en quelque point que soit la sphère mobile, on peut supposer qu'elle est enveloppée par un cône ayant son sommet en C; ce cône sera tangent aux deux méridiens, et son intersection avec la surface intérieure de la coupole sera un cercle également tangent aux cercles méridiens.

Il en sera de même d'une petite sphère g, fig. 1 et 2. Cette considération suffit pour tracer rigoureusement la distribution des caissons dans la surface de la coupole.

Ayant déterminé par une horizontale $h\ h$ la hauteur où doit commencer la première rangée de caissons, par le centre C je trace la ligne $C\ h\ t$; je fais sur le plan horizontal la distribution des méridiens qui marquent les emplacements des caissons et des champs ou bandes lisses qui doivent les séparer. J'ai supposé que la circonférence du dôme comportait vingt-quatre caissons. De cette distribution résultent les traces des méridiens $c\ m$, $c\ m$, $c\ m'$, $c\ m'$, $c\ m''$, $c\ m'''$, etc.

Sur la projection horizontale, je trace le cercle qui est la projection de la sphère mobile $m\ m$, et sur la projection verticale, je trace en G le même cercle, projection de la même sphère dont le centre est sur la verticale GG, et qui est tangent à la ligne $C\ h\ t$; la rencontre de sa deuxième tangente $C\ v$ avec le grand cercle, profil de la coupole, détermine de h en i la hauteur du premier rang de caissons.

Ayant rapporté en $C\ n$ et $C\ n$, fig. 1, les deux méridiens qui marquent la largeur du champ de séparation entre les caissons, je trace en g un petit cercle qui est la projection d'une sphère ayant son centre dans la même verticale projetée en g, et qui est tangent aux deux méridiens $c\ n$, $c\ n$. Sur la projection verticale je trace aussi en g un petit cercle du même rayon qui a son centre sur la verticale $G\ G$, et qui est tangent à la ligne $C\ v$; ce petit cercle est la projection de la petite sphère tangente aux méridiens $c\ n$, $c\ n$, et dont le centre peut se mouvoir de même sur la verticale $G\ G^5$.

La tangente $C\ t'$ à cette petite sphère marque, par sa rencontre avec le

II. — 5

grand cercle vertical de la coupole, la largeur $i\ h'$ du champ qui doit séparer le deuxième cours de caissons du premier.

Pour déterminer la hauteur du deuxième rang de caissons, je trace le cercle G' tangent à la ligne $C\ t'$, son centre étant sur la verticale $G\ G^2$; la tangente $C\ v'$ marque la hauteur du second rang de caissons.

En traçant ainsi et alternativement des cercles g', G^2, g^2, G^3, g^3, G^4, g^4, G^5 et leurs tangentes communes $C\ t^2$, $C\ v^2$, $C\ t^3$, $C\ v^3$, $C\ t^4$, $C\ v$, Cv^5, on a en h, i, h', i', h'', i'', etc., sur le grand cercle, profil de la coupole, les hauteurs des caissons et des champs qui les séparent déterminées par ces tangentes. Des cercles horizontaux passant par ces points, dessinent par leurs combinaisons avec les méridiens, les caissons et les champs qui les séparent avec une exactitude parfaite.

C'est par cette méthode aussi simple que rigoureuse que j'ai déterminé les caissons projetés verticalement et horizontalement dans la coupole fig. 1 et 2.

Cette distribution détermine les emplacements et les dimensions des chevrons méridiens et des cours de lierne qui forment les caissons, et qui reçoivent les panneaux, lesquels font le remplissage de la voûte et sa décoration.

Sur la gauche, dans les deux fig. 1 et 2, nous avons supposé une construction en charpente, et sur la droite, une construction en pierre.

§ 2. *Caissons d'une voûte circulaire en ogive.*

La fig. 3, pl. LXXV, est le profil d'un dôme en ogive; les arcs de cercle $x\ x'$, générateurs de la surface, ont leurs centres en o' et o. La fig. 4 est un fragment de son plan. Le point c est la projection horizontale de l'axe vertical $c\ x'$ du dôme. Les constructions, tracées sur ces deux figures, font voir comment la méthode s'applique à cette forme de voûte; la division de la circonférence du dôme a fixé les angles que font les méridiens $c\ m$, $c\ m$ pour marquer la largeur $a\ a$ des caissons, et ceux $c\ n$, $c\ n$ pour celle $b\ b$ des champs qui les séparent; les cercles $m\ m$, $n\ n$, dont le centre commun est au point q, sont les projections des sphères mobiles sur la verticale $G\ G'$, fig. 3, et tangentes aux méridiens.

Le premier cercle G, fig. 2, est assez élevé pour que, ayant tracé aussi la ligne $G\ o$ et la tangente $s\ t$, le champ $x\ y$ au-dessous du premier rang de caissons soit assez large; la tangente $s\ v$ détermine dans la voûte la hauteur $y\ z$ du premier rang de caissons.

Le cercle m', m', fig. 3, décrit du centre o, doit être tangent aux lignes $s\ m'$, $s\ m'$, prolongements des tangentes $s\ t$, $s\ v$.

Ayant décrit d'un point quelconque de la ligne $C\ G'$, un cercle g égal au cercle $n\ n$ de la fig. 4, projection horizontale de la petite sphère; je joins le centre de ce cercle au centre o, et par le point s', où cette ligne coupe l'axe vertical, je mène des tangentes à ce cercle; ces tangentes prolongées déterminent le diamètre d'un cercle dont le centre doit être en o; c'est le petit cercle $n'\ n'$.

Maintenant, par le point z, je mène une tangente $u\ n'$ au petit cercle $n'\ n'$, et je trace le cercle g, tangent à cette ligne, son centre étant sur $G\ G'$ (1), sa tangente $s'\ u'$ marque la largeur du champ $z\ r$ sur le profil de la voûte. Je trace ensuite au cercle $m'\ m'$ la tangente $m'\ s'\ r$ prolongée jusqu'en t'; le cercle G' est tangent à cette ligne; la ligne $G'\ o$ étant tracée, sa tangente $s''\ v'$ détermine la hauteur $r\ q$ du second rang de caissons. On pourrait continuer ainsi pour tel nombre de rangs de caissons et de champs que la voûte en comporterait.

Les cercles horizontaux, passant par les y, z, r, q, etc., détermineront en rencontrant les méridiens, les caissons séparés par des champs, et ces caissons pourront recevoir des ornements circulaires également distants de leurs bords.

§ 3. *Caissons d'une voûte cylindrique.*

La fig. 5, pl. LXXV, est le profil d'une voûte cylindrique; la fig. 6 est sa projection horizontale. Ces deux figures font voir que ma méthode s'applique à la distribution des caissons dans un berceau cylindrique, quoique, dans ce *cas unique*, il ne soit pas nécessaire d'en faire usage.

§ 4. *Caissons d'une voûte conique.*

La fig. 7, pl. LXXV, est la coupe d'un plafond conique, la fig. 8 est sa projection horizontale, les deux cercles $m\ m$, $n\ n$ étant les projections des deux sphères qui conviennent à la division de la circonférence de la tour, par les méridiens qui marquent les largeurs des caissons et de leurs champs. Dans un point quelconque f, fig. 7, de la verticale sur laquelle doivent se mouvoir les sphères, on décrit deux cercles qui sont des projections de ces sphères; par ce point f, on trace une perpendiculaire $f\ k$ au profil du toit conique. Elle rencontre en k l'axe vertical; de ce point on mène des tangentes aux deux cercles décrits en f.

C'est à ces tangentes que sont parallèles celles $s\ t$, $s\ t'$, $s'\ u$, $s'\ u'$, $s''\ v$, $s''\ v'$, etc., qui déterminent les positions des cercles g, g', g'', et sur

---

(1) Ne voulant point tracer un sixième cercle pour l'explication de l'opération graphique, nous avons regardé le cercle g comme un cercle quelconque, quoiqu'il résulte de la construction.

le profil du plafond conique, les points y, z, v, q, qui marquent les hauteurs des caissons et les largeurs des champs horizontaux.

C'est par cette méthode que sont projetés les caissons dans les fig. 7 et 8.

§ 5. *Caissons d'un pignon plan et circulaire.*

La fig. 9, pl. LXXV, est la projection verticale d'un pignon circulaire formant l'extrémité d'un berceau cylindrique.

La fig. 10 est un fragment du plan. Ces deux figures sont relatives à la distribution des caissons et de leurs champs sur le pignon, de façon que, dans chacun des caissons et aux intersections de leurs champs, on puisse inscrire des cercles x et y tangents aux quatre côtés.

La fig. 11 fait voir, qu'ayant tracé l'angle $A\ C\ D$, qui résulte de la division des caissons, la diagonale $D\ e$, qui divise en deux parties l'angle $A\ D\ C$, donne le centre c du cercle tangent aux quatre côtés des caissons, que, de même les lignes $d\ c'$, $d'\ c''$, parallèles à $D\ e$, donnant également sur la ligne $E\ C$ les centres des autres caissons. Les lignes $b\ e'$, $b'\ e''$ parallèles à $B\ e$, donnent les mêmes centres.

§ 6. *Caissons d'une voûte ellipsoïdale.*

La fig. 12, pl. LXXV, qui est le profil d'une coupole surbaissée, et la fig. 13, qui est son plan, ont pour objet de faire voir que ma méthode s'applique également d'une manière simple à ce cas, qu'aucune autre méthode ne résoudrait sans tâtonnement. Les sphères G et g ont, comme précédemment, leurs centres sur la verticale $G\ G'$; leurs diamètres sont déterminés par les angles que font entre eux les méridiens Cm, Cm', Cn, Cn', fig. 13; et les points y, z, r, q, sont déterminés sur le profil de la voûte par les tangentes à ces sphères, lesquelles tangentes le sont aussi aux courbes $F\ M$, $P\ M$, $Q\ M$, tracées d'avance; la première, $F\ M$, comme développée de l'ellipse du profil $A\ O\ B$; la deuxième, $Q\ M$, comme enveloppe de toutes les tangentes inférieures qu'on peut mener à une sphère G dans toutes les positions qu'elle peut prendre sur la verticale $G\ G'$, tangentes menées par les points où la ligne passant par le centre de la sphère, et normale à la courbe du profil, vient rencontrer l'axe. C'est ainsi que la ligne $G'\ s$, tangente à la développée de l'ellipse coupant l'axe en s, la tangente $s\ k$ est touchée par la courbe $Q\ M$.

La troisième courbe $P\ M$ est construite de même, par rapport à la sphère g se mouvant sur la verticale. Ainsi, la ligne $g\ s'$ est tangente à la développée de l'ellipse. Elle rencontre l'axe en s', et la courbe $P\ M$ se trouve tangente à la ligne $s'\ i$, tangente inférieure du cercle g.

CHAPITRE XVIII.

NOULETS.

I.

NOULETS ENTRE TOITS PLANS.

§ 1. *Noulets droits débillardés.*

Lorsque deux combles de hauteurs inégales se rencontrent, leurs jonctions forment des arêtes creuses semblables à celle d'une noue, mais elles n'atteignent point le faîte du comble le plus élevé. Ces arêtes creuses ont moins d'étendue qu'une noue, et, par cette raison, on leur a donné le nom diminutif de *noulet*, ainsi qu'aux pièces de bois qui leur correspondent.

La fig. 1, pl. LXIV, est la projection de la rencontre de deux combles formant des noulets, *a b*, *a d*.

On considère que le comble *A* le plus élevé, désigné par le nom de *grand comble*, est construit sans interruption, et que le petit comble *B* vient s'y assembler comme à plat-joint.

On conçoit que, pour soutenir les pannes et les chevrons du petit comble répondant au triangle *b a d*, et même les fragments des fermes ou fermettes, que l'étendue de ce triangle pourrait nécessiter pour soutenir la partie du toit qui lui correspond, il faut coucher sur le grand comble un système de pièces pour recevoir les assemblages des bois du petit comble et les soutenir.

Ce système est composé comme les fermes du petit comble, sinon qu'il est couché sur le grand comble, et il reçoit le nom de *ferme de noulets*.

Les fig. 2, 3 et 4 présentent les détails qui se rapportent à la *ferme de noulet* correspondant aux arêtes creuses *a b*, *a d* de la fig. 1, dans l'étendue du rectangle 1-2-3-4 ponctué.

La fig. 2 est une projection horizontale des détails de la partie de la fig. 1, comprise dans ledit rectangle ponctué 1-2-3-4.

La fig. 3 est une projection sur un plan vertical parallèle au faîte *c d* du grand comble, fig. 1, ou à la ligne *b d*, fig. 2, qui est la ligne d'about des chevrons du grand comble.

La fig. 4 est une coupe ou projection sur le plan vertical parallèle à la ligne $f\,e$, fig. 1, après qu'on a enlevé le pan de toit de droite du petit comble pour laisser paraître la projection de sa charpente intérieure. Cette même fig. 4 représente en même temps le profil du grand comble et la partie inférieure d'une de ses fermes.

$M\,N$, fig. 2, est la projection horizontale d'une ferme du petit comble, celle qui est la plus rapprochée de sa jonction avec le grand comble. $b\,a\,d$ est la projection horizontale de la *ferme de noulet*, couchée sur lattis du grand comble.

$b\,a\,d$, fig. 3, est en même temps la projection verticale d'une ferme $M\,N$ du petit comble et la projection verticale de la ferme noulet $b\,a\,d$.

$M\,F$, fig. 4, est la projection de la ferme $M\,N$, et $b\,a$ est la projection de la ferme noulet appliquée sur le grand comble (1).

En $M'\,N'$, fig. 2, et en $M'\,F$, fig. 4, est une partie de ferme ou *fermette* du petit comble, qui s'assemble dans la ferme noulet pour soutenir les pannes, dont les portées entre la ferme $M\,N$ et la ferme noulet $b\,a\,d$ seraient trop grandes. Cette partie de ferme n'est que ponctuée dans la fig. 2, pour laisser voir ses assemblages dans la ferme noulet.

La ferme de noulet est composée des mêmes pièces que les fermes principales du petit comble; elle n'en diffère que par l'obliquité des faces de ses pièces.

La projection horizontale de la ferme noulet est aisée à construire, puisque les arêtes de toutes les pièces qui la composent sont les intersections des plans des faces d'assemblage de ses pièces avec les plans de ses faces de parement, qui sont parallèles au pan du grand comble.

Cette projection se déduit par conséquent de la ferme fig. 3 et de sa projection $b\,a$, fig. 4.

Les pannes et les chevrons sont indiqués dans la fig. 4. Nous les avons supprimés dans la fig. 2, pour éviter la confusion qui serait résultée de leur projection. Nous avons marqué, dans la projection de la ferme noulet, fig. 2, les tasseaux et les occupations des chevrons avec leurs mortaises.

La fig. 4 est la herse de la ferme de noulets. Cette herse est indispensable pour établir et piquer les bois et pour tailler les assemblages.

(1) Nous nous sommes conformé ici à l'usage des anciens charpentiers, en supposant que la ferme noulet est appliquée sur le plancher du lattis du grand comble. Mais nous pensons qu'il est préférable, comme nous l'avons fait dans les planches suivantes, d'appliquer la ferme noulet sur les chevrons du grand comble. Il est présumable que le premier usage qu'on a fait des noulets a été pour l'addition d'un bâtiment neuf à un vieux; car, dans les ouvrages des anciens charpentiers, le *grand comble* est toujours désigné sous le nom de *vieux comble*, et il est présumable que dans ce cas on conservait le lattis du vieux comble.

NOULETS. 39

Cette projection en herse se déduit, quant aux largeurs, de la ferme fig. 1, et quant aux hauteurs, elles se mesurent sur le plan de la face de parement de la ferme $b\,a$, fig. 4, sur laquelle elles sont projetées par des perpendiculaires. Nous avons indiqué les profils de différentes pièces coupées par des plans perpendiculaires aux parements de la ferme de noue, et dont les traces sont ponctuées : ces coupes sont indispensables pour *débillarder* les différentes pièces qui entrent dans la composition de la ferme de noulets, avant de les établir sur les lignes de l'*étalon*, pour piquer leurs assemblages.

Un détail de l'assemblage en N', fig. 2, de l'arbalétrier de droite de la fermette verticale $M'\,N'$ dans l'arbalétrier de droite de la forme de noulets, est représenté dans le fragment d'épure, fig. 6.

N est la projection horizontale de l'arbalétrier de noue, dans lequel se fait l'assemblage. N' est la projection verticale de la même pièce sur le plan vertical, comme dans la fig. 4. M est la projection de l'arbalétrier de la fermette verticale assemblé dans l'arbalétrier de noue.

N'' est une projection en herse de ce même arbalétrier de noue sur le plan de la face de parement. On y a marqué le trait de l'occupation et l'embrèvement de l'assemblage avec sa mortaise.

m est une herse de l'arbalétrier de noue sur le plan du lattis du petit comble. Faute d'espace, et pour éviter la confusion des lignes, pour établir cette herse, la ligne d'about $b\,e$ a été reportée en $b'\,e'$.

La fig. 7 est une coupe de l'arbalétrier n, suivant la ligne $x\,y$, pour servir à son débillardement.

Dans la fig. 6, les lignes $g\,e$, $g''\,e''$, qui marquent les directions d'about de l'embrèvement, sont déterminées en faisant $b\,e$ et $b''\,e''$ égales à la ligne $b'\,e'$, la ligne $g\,e'$ étant la direction d'embrèvement perpendiculaire aux arêtes de la pièce n.

§ 2. *Noulets creusés.*

On peut éviter dans quelques circonstances la construction d'une ferme complète de noue, en établissant des noulets communs aux deux combles disposés comme les grandes noues, et qui reçoivent les assemblages des empanons des pans du grand comble et des pans du petit comble.

La fig. 1 de la planche LXV est la projection horizontale de deux chevrons de noulets, communs aux deux combles; la fig. 2 est une projection verticale en face, et la fig. 3 une projection verticale de profil, représentant ces mêmes noulets. Le faîtage du petit comble s'assemble dans le chevron C qui répond à l'angle du sommet des noulets. Ce chevron sert en même temps de poinçon, pour les deux noulets qui s'y assemblent à embrèvement, tenons et mortaises, avec un recouvrement par-dessus la face externe du chevron du grand comble. Les deux abouts des chevrons formant ce recouvrement sont projetés par le triangle 4-5-5', fig. 3, et par la ligne 4-5, fig. 1.

Ces noulets nécessitent, lorsqu'ils ont une assez grande étendue, une enrayure horizontale formée de deux coyers k, k', appuyés sur les angles des murs à la réunion de deux bâtiments, et assemblés dans un tirant T du grand comble reçu dans un gousset G, assemblé entre les deux coyers.

Un entrait E du grand comble est reçu dans le petit entrait H assemblé dans les chevrons de noulets $a\ b$, $a'\ b'$.

La fig. 4 est une herse des deux chevrons noulets, traités comme des noues, formant assemblage avec le chevron C du grand comble en guise de poinçon, et un petit entrait H.

§ 3. *Noulets pour pannes.*

Les pannes étant les pièces de soutien immédiat des chevrons, j'ai représenté en projection horizontale, fig. 5, pl. LXV, en projection verticale de face, fig. 6, en profil, fig. 7, et en herse, fig. 8, une disposition dans laquelle les pannes des deux combles sont soutenues simultanément par deux pièces $P\ P$, que j'appelle *noulets de pannes*, et qui en reçoivent les assemblages.

Un tasseau T, assemblé entre deux pannes du grand comble, reçoit le faîtage du petit comble.

On conçoit que les pannes des deux combles peuvent être assemblées de même dans les noulets, soit qu'on ne donne à ces noulets que quatre faces, soit qu'on leur creuse des arêtes de noue, comme celles représentées fig. 1, 2, 3, 4.

Les lignes $x\ y$, fig. 5 et 8, qui marquent les directions des joints des pannes du petit comble sur les pièces des noulets P, sont conclues des mêmes lignes, fig. 6. Le point y étant rapporté à la hauteur $v\ y$, fig. 7, la distance $u\ y$ est portée, fig. 8, et la largeur $u\ v$ est portée de u en y, fig. 5.

§ 4. *Noulets biais.*

Il arrive fréquemment que l'aile d'un bâtiment ne le joint point à angle droit. C'est le cas représenté, fig. 9, pl. LXV, il donne lieu aux noulets biais $a\ b$, $a\ d$. Les fig. 1, 2, de la planche LXVI donnent les détails de ces noulets dans l'étendue du quadrilatère 1-2-3-4, ponctué sur le plan fig. 9 de la pl. LXV.

NOULETS.   41

La fig. 2 est la projection verticale d'une des fermes $m\ n$ du petit comble; elle est par conséquent aussi la projection verticale de la ferme de noulet $b\ a\ d$.

La ligne $b\ d$ étant la ligne d'about du grand comble, si l'on suppose que la ligne $C\ a'$, fig. 1, soit la trace d'un plan vertical coupant perpendiculairement le grand comble, et que l'on fasse tourner ce plan vertical autour de la ligne verticale projetée en C jusqu'à ce qu'il soit parallèle au plan de la projection de la fig. 2; $a\ a'$, étant la projection d'une horizontale du pan du grand comble, si l'on porte $C\ a'$, fig. 1, de a en a', fig. 2, la droite $c'\ a'$ sera le profil du grand comble; la ligne $g'\ o'$, parallèle à $a\ a'$, marquant l'épaisseur que l'on veut donner à la ferme de noulet, et qu'on fait ordinairement égale à celle des autres fermes du petit comble. Il n'y a rien de plus aisé que de mettre cette ferme de noulet en projection horizontale, puisque les arêtes de ses pièces sont les intersections des plans des faces d'assemblage avec les deux plans parallèles qui ont $c'\ a'$, $g'\ o'$ pour profils, suivant la pente du grand comble.

Nous avons tracé en projection horizontale les fermes du petit comble en $m\ n$, $m\ n$ et même les portions de fermes ou fermettes de ce même comble qui ne peuvent être entières, parce qu'elles sont interrompues par le grand comble; ces fermettes $m'\ n'$, $m''\ n''$, $m'''\ n'''$, $m''''\ n''''$, $m'''''\ n'''''$, etc., ont leurs pièces assemblées dans les pièces homologues de la ferme noulet. Les occupations des divers assemblages sont marquées par des hachures ponctuées en projection horizontale. Pour marquer les mêmes occupations d'assemblage dans la projection verticale sur la ferme fig. 2, qui contient les projections de toutes les fermes et fermettes du petit comble, il suffit de rapporter les traces des faces verticales des fermes sur le plan de la face supérieure de la ferme noulet, parallèle au pan du grand comble.

Voici comment on opère pour tracer l'assemblage d'une de ces fermettes sur la fig. 2; par exemple, pour celle $m''''\ n''''$.

Les points m'''', p, n'''', q de la fig. 1 sont mis en projections verticales sur les points désignés par les mêmes lettres, fig. 2. Mais pour s'assurer de l'exactitude de la position de la ligne $m''''\ n''''$, fig. 2, il faut la prolonger jusqu'à la ligne horizontale, le point x de la fig. 2 doit correspondre verticalement avec le point x de la fig. 1, déterminé sur la ligne d'abouts $b'\ d'$ par le prolongement de la ligne $m''''\ n''''$. Toutes les autres lignes marquant les traces des faces des autres fermettes sur le plan d'assemblage avec la ferme du noulet, doivent être parallèles à la ligne $m''''\ n''''$, fig. 2, comme elles le sont fig. 1.

Les abouts des chevrons des arbalétriers ou chevrons des fermettes doivent être perpendiculaires au plan de la ferme de noulet dans lequel les

II. — 6

assemblages ont lieu. Il faut donc pour tracer ces abouts en projection horizontale trouver les traces de ces plans perpendiculaires sur les pans du petit comble.

Par le point m'''' soit menée une perpendiculaire au grand comble. Cette perpendiculaire est projetée en m'''' h, fig. 1, et m'''' h', sur le profil du grand comble, fig. 2. Elle rencontre l'horizon en h, fig. 1, m'''' h étant égale à r h, fig. 2.

La ligne xy est la trace du plan perpendiculaire au grand comble passant par la ligne d'about m'''' n''''; ce plan rencontre les lignes d'about du petit comble en u et v, donc les lignes u m'''' z, v n'''' z sont les projections horizontales des traces sur le petit comble, du plan qui donne la direction des abouts en m'''' et n'''', fig. 1.

La direction des abouts des courbes, tel que celui s, s'obtient en faisant correspondre dans la même ligne parallèle à l'axe du petit comble le point t' de la projection, fig. 1, avec le point t sur le plan de la ferme de noulet, fig. 2.

Nous ne donnons point la herse de ces noulets, parce qu'elle ne présente aucune difficulté qui ne soit déjà résolue.

§ 5. *Petits noulets pour lucarne.*

On donne aussi le nom de noulet aux petites pièces placées à la jonction des toits des lucarnes, avec les combles dans lesquels elles donnent issue à la lumière du jour.

La fig. *4*, pl. LXVI, est la projection horizontale d'un comble dans lequel sont pratiquées les lucarnes B, B', qui le rencontrent à angles droits et donnent lieu aux petits noulets droits b a d. La fig. 5 est le détail de la projection horizontale d'une partie du toit d'une de ces lucarnes qui est appliquée sur le grand toit; les chevrons également espacés sont projetés sur cette figure; la fig. 6 est le profil du grand toit par un plan vertical perpendiculaire à sa ligne d'about et par conséquent parallèle à la direction de la lucarne. Ce profil, qui a la même pente que la ligne m n, couchée sur le plan, fig. 5, présente en c un des chevrons, la coupe p de l'une des pannes sur lesquelles ces chevrons s'appuient, le plancher l du lattis du même grand comble. Sur ce même profil sont projetées les différentes pièces du toit de la lucarne qui joignent le grand comble. Nous avons rabattu sur le plan fig. 5, et tracé en lignes ponctuées une élévation b a d de la fermette que forment deux chevrons du toit de la lucarne; r r sont les sablières, q sont les chevrons; les petites pièces a' b', a' d', sont les noulets, f est le faîtage. La fig. 7 est une herse du pan du toit b A a' b' de la lucarne, après l'avoir fait tourner autour de l'horizontale $A\ a'$ du faîtage. La fig. 8 est une herse du pan de toit $d\ A\ a'\ d$ de la même lucarne, également après l'avoir fait tourner autour de la ligne $A\ a'$ du faîtage. Ces deux pans diffèrent dans ce qui regarde la forme des pièces de noulet; dans le premier, nous avons supposé que le chevron du noulet $a'\ b'$ est débillardé de façon que deux de ses faces étant dans les plans parallèles du dessus et du dessous des chevrons de la lucarne, les deux autres faces sont parallèles au grand toit. De l'autre côté, nous avons supposé que le chevron noulet, qui a toujours deux de ses faces dans les plans du dessus et du dessous des autres chevrons, a une autre face perpendiculaire au plan du toit de la lucarne, et que sa 4e face est en contact avec le plan du grand comble, ce qui lui donne quelque analogie avec les noues à faces normales dont nous avons parlé tome Ier, page 549. Les projections des abouts de ce chevron noulet sur la sablière sont tracées en les dirigeant sur le point h, fig. 5, où la normale au lattis, menée par le point o, rencontre le plan des sablières : le point h est déterminé par la ligne $o\ o$ prolongée.

La ligne $a'\ q$, dans les deux herses, qui marque la direction des coupes d'about du chevron noulet, est déterminée par la rencontre des lignes du faîtage avec les arêtes du chevron noulet; mais plus exactement en projetant la ligne $a'\ A$, axe de la lucarne au niveau des sablières en $k\ q$ à la herse, fig. 7, ce qui donne la position des lignes de joint $a'\ q$.

Sur la croupe biaise d'un bâtiment A', fig. 13, une lucarne B' donne un noulet biais $b\ a\ d$. Ce qui précède et ce que nous avons exposé au chapitre XIV du tome Ier suffit pour faire comprendre cette épure.

La fig. 9 est la projection horizontale de la partie du toit de la lucarne qui comprend le noulet $b'\ a'\ d'$. La fig. 10 est la projection de la fermette de la lucarne avec le faîtage et les sablières.

Les chevrons sont mis en projections horizontales et comme de coutume également espacés et participant au biais de la lucarne. De chaque côté nous avons figuré un empanon déversé et un empanon délardé.

La fig. 11 est une herse sur le plan du toit $A\ a'\ b'\ b$, qu'on a fait tourner autour de l'horizontale du faîtage rapportée dans la position $A\ a'$ de la fig. 9.

La fig. 11' est la même projection sur le plan qu'on a fait tourner autour de la ligne $b\ a$ de la fig. 10. La construction de ces deux figures a pour but de faire voir que bien que quelques charpentiers préfèrent la méthode de l'une à celle de l'autre, elles conduisent au même résultat. Il en est de même des fig. 12 et 12', l'une représentant la herse du pan $A\ a'\ d'\ d$, qu'on a fait tourner autour de la ligne du faîtage, l'autre représentant la même herse qu'on a fait tourner autour de la ligne $a\ d$, fig. 10. Elles font voir que les deux méthodes donnent également des herses qui sont identiques.

§ 6. *Noulets pour pans coupés dans les combles.*

On fait quelquefois aux angles des bâtiments des pans coupés, qui ont assez d'étendue pour interrompre les arêtiers et même les noues des combles.

Les fig. 1 et 2 de la planche LXVIII montrent chacune deux bâtiments A, B, dont la jonction formerait un angle trop aigu, qu'on a supprimé par un pan coupé $b\ d$. Ce pan coupé pourrait, par son étendue, exiger l'établissement de deux arêtiers $a\ b$, $a\ d$, fig. 1re, mais le plus souvent ces pans n'ont point assez d'étendue pour motiver la dispendieuse construction de deux fermes arêtières, et l'on doit se décider à ne faire que des arêtiers partiels, $a\ b$, $a\ d$, fig. 2, en ne faisant point monter le pan coupé du toit coupé jusqu'à sa sommité.

Ce que nous venons de dire pour un pan coupé d'arêtier s'applique aux pans coupés de noue $b'\ d'$, fig. 1 et 2.

La même planche contient deux épures qui présentent deux moyens de construction suivant l'étendue qu'il s'agit de donner au pan coupé.

Le plan et la projection verticale, fig. 3 et 4, se rapportent au cas où l'on ne peut ne donner qu'une médiocre étendue au pan coupé du toit. La ferme arêtière qui aboutirait à l'angle G est conservée, mais on suppose qu'on a choisi pour la jambe de force F de cette ferme une pièce de bois assez courbe vers son pied pour rentrer son assemblage sur le tirant T, qui est raccourci de façon que cet assemblage se trouve à plomb du parement intérieur du mur du pan coupé, ce qui permet de couper au-dessous de la première panne P le chevron arêtier H, par un engueulement dans lequel on appuie deux bouts de chevrons arêtiers a, a, qui reçoivent autant d'empanons b, b' qu'il est nécessaire de leur en assembler : nous avons supprimé celui du milieu du pan coupé pour laisser voir l'arête creuse 4-4′, fig. 4, dans laquelle son déjoutement est reçu.

Si l'on ne peut point se procurer une pièce courbée dans son extrémité inférieure, on peut employer pour la jambe de force une pièce droite qu'on assemblera dans le tirant à la même place; la face supérieure de cette pièce est projetée par la ligne $m\ n$, fig. 4; nous avons tracé, fig. 5, comment il faut alors disposer le tasseau t, la chantignole g et une cale k pour maintenir la panne P' dans la situation qui convient au soutien du chevron arêtier H, comme nous l'avons déjà fait, planche LX, et décrit ci-dessus.

La fig. 6 est un profil du grand comble couché à droite.

Nous avons représenté en projection horizontale, fig. 7, et en projection verticale, fig. 8, une disposition applicable au cas d'un pan coupé d'une grande étendue. La fig. 9 est le profil d'une des fermes du comble dans lequel on a établi ce pan coupé.

La principale ferme arêtière répondant à la ligne $A\ G$, fig. 7, et à la ligne $A'\ G'$, fig. 8, est soutenue sur son tirant T par une jambe de force F, fig. 8 et 9, dont l'assemblage dans ce tirant est reculé en dedans du bâtiment, cette jambe de force reçoit en f, fig. 8, l'assemblage de deux *jambes de force empanons* f, f, fig. 7, qui portent par l'assemblage de leurs pieds dans deux coyers k reçus en assemblage par le tirant T.

La jambe de force F n'est délardée que dans sa partie supérieure pour recevoir les assemblages des *jambes de force empanons f*.

Ces jambes de *force empanons* soutiennent le cours des trois pannes $P\ p\ P$.

Le grand chevron arêtier H de la ferme principale est coupé comme celui de la figure précédente par une entaille en engueulement qui reçoit les chevrons d'arêtier partiels exactement comme dans la première hypothèse des fig. 3 et 4.

Nous avons marqué sur les sablières les pas des empanons et des petits arêtiers, et les assemblages à tenons et mortaises des chevrons de ferme, et du chevron du milieu du pan coupé.

La fig. 10 est un détail de la portée des pannes dans les arêtiers qui eût été confus dans la fig. 8.

II.

NOULETS ENTRE SURFACES COURBES ET SURFACES PLANES.

§ 1. *Noulet d'une sphère contre un pan de bois vertical.*

La figure 1, planche LXIX, présente la projection verticale, et la fig. 2, la projection horizontale de la charpente intérieure d'une coupole sphérique. Cette coupole est interrompue par le parement vertical d'un mur ou d'un pan de bois vertical $A\ B$, fig. 1, $B'\ B$, fig. 2.

Le noulet sphérique peut être compris en dehors ou dans l'épaisseur du pan de bois : c'est dans cette dernière position que nous l'avons supposé dans l'épure; il est représenté dans la projection horizontale entre les deux traces des parements du pan de bois, ses pas sur la sablière de la voûte sphérique sont en B et B', sa coupe par le méridien de la sphère, qui a la ligne $C\ D$ pour trace, fig. 2, est hachée ponctuée en D, fig. 1. Une projection de ce noulet sur le parement du pan de bois est couchée à droite, fig. 6. Les courbes qui le dessinent sont des demi-cercles résultant des sections faites dans la sphère par les plans des parements du pan de bois. Nous avons tracé les occupations et assemblages des chevrons de la sphère en d, d, d. Elles sont marquées par des verticales qui sont les intersections des faces des chevrons avec le pan de bois; nous avons aussi marqué en n et n les occupations et assemblages de la lierne $M\ N$. Les courbes qui les limitent font partie des hyperboles résultant de la section des surfaces coniques de cette lierne par le pan de bois.

§ 2. Noulet entre une sphère et un comble plan.

La figure 7, pl. LXIX, présente le profil ou coupe d'une coupole sphérique, la fig. 8 est une projection horizontale des liernes; nous n'avons point marqué dans la fig. 7 les projections des chevrons en projection verticale, parce qu'elles sont inutiles à l'épure, nous les avons indiquées en lignes ponctuées sur la fig. 8. $A\ B$, fig. 7, est le profil du toit plan du grand comble, ses chevrons aboutent sur une sablière S.

Le noulet sphérique $D\ E$, appliqué sur le plan du grand comble, est profilé en D par le méridien de la sphère parallèle au plan de projection verticale, ses abouts sont en E, E, sur la projection horizontale; l'ellipse $E\ D\ E$ ponctuée sur la projection horizontale est la projection du cercle résultant de la section faite par le plan du toit du grand comble dans la surface extérieure de la coupole.

On ne marque point dans la fig. 8 la projection complète du noulet, parce qu'elle est inutile pour sa description comme pour son exécution.

Ce noulet est représenté en herse, fig. 9, c'est-à-dire, qu'il est projeté sur le plan du grand comble rabattu à gauche sur l'épure. Nous y avons marqué en d, d', d', d'', d'', les occupations et les mortaises pour les cinq chevrons de la coupole qui s'y assemblent, et en n les occupations et mortaises du cours de lierne $M\ N$, qui se trouve comme précédemment limité par des courbes qui font partie des hyperboles résultant de la section des surfaces coniques de la lierne par les plans du grand comble. En $d'\ d'$, fig. 7, nous avons représenté sur un profil de la coupole, qui est aussi le profil des chevrons, les coupes de ces chevrons correspondant aux assemblages $d'\ d''$ de la herse du noulet, fig. 9.

Les règles x, y, représentées par leurs bouts, fig. 7, servent dans l'exécution de la charpente, en bornoyant leurs arêtes 1 et 2, après qu'on les a convenablement établies, à piquer les coupes des bouts des liernes pour tracer leurs assemblages, parce qu'on ne peut pas les combiner en herse avec le noulet. Nous n'avons point marqué les projections des tenons des chevrons et des liernes, parce que leur tracé en exécution ne présente aucune difficulté.

Si la sphère que forme la coupole ne doit pas être interrompue, c'est alors le toit d'un grand comble qui porte le noulet par lequel il se termine sur elle.

En G, fig. 7, dans le profil du grand toit, nous avons marqué la coupe de ce noulet, et la fig. 5 le présente projeté en herse avec les chevrons du grand toit qui viennent s'y assembler.

§ 3. Noulet entre un toit plan et un toit conique.

La fig. 9, pl. LXXI, représente en $b\ a\ b$ la projection horizontale d'un noulet conique sur un comble plan.

Cette combinaison n'a jamais lieu sans que l'intérieur de la tour et le toit conique qui la recouvre restent intacts, et dans ce cas, le noulet fait partie du toit plan. La fig. 5, pl. LXXII, est le profil d'un comble à deux égouts plans. La fig. 6, portant deux cours de pannes P, Q, compris dans l'épaisseur des arbalétriers, est le profil d'un comble conique droit à base circulaire, projeté horizontalement, fig. 10. Le noulet plan $A\ B$, qui embrasse la surface conique, est projeté dans l'épaisseur des arbalétriers T du toit plan, sa coupe au sommet apparaît en A, l'un de ses pas est marqué en B, fig. 10. Nous n'avons point fait sa projection horizontale sur la fig. 10, vu qu'elle n'est point nécessaire pour son exécution, mais nous avons construit, fig. 14, sa projection en herse $A\ B$, indispensable pour tailler la courbe qui le compose. Cette herse comprend celle de l'arbalétrier T d'une ferme et du chevron qui s'assemble dans le noulet, celle des pannes P, Q, et celle des chevrons $h\ h$. Les courbes que donne la projection du noulet en herse sont planes et figurées suivant leurs véritables formes et grandeurs, elles sont des ellipses, des paraboles ou des hyperboles, suivant la pente du toit plan. On les obtient par des plans horizontaux qui coupent en même temps le cône suivant des cercles, et le grand comble suivant des lignes droites horizontales.

§ 4. Noulet en impériale.

A, fig. 1, pl. LXVII, est un bâtiment couvert par un comble à deux égouts plans; B est une aile qui joint et qui est couverte par un comble à deux égouts en impériale; la jonction du petit comble sur le grand donne lieu à un noulet $b\ a\ b$ en impériale.

La fig. 2 est la projection verticale d'une ferme du petit comble, rabattue sur la projection horizontale et située en $M\ N$ sur cette projection (1).

---

(1) Le tracé de la courbe en impériale de cette figure diffère un peu de celui que nous avons indiqué tome 1er, page 493.

$x\ x$, horizontale tracée à moitié de la hauteur $c\ a$ du comble; $b\ g$, inclinaison de la tangente commune aux deux arcs de cercle du profil du toit; $b\ o$, perpendiculaire sur $b\ g$. La ligne $a f$ divise en deux parties égales l'angle $o\ b\ c$; elle coupe $x\ x$ en f; la ligne $f\ k$, parallèle à $b\ g$, est la tangente commune; $s\ f\ z$, qui lui est perpendiculaire, contient

48   TRAITÉ DE L'ART DE LA CHARPENTERIE. — CHAPITRE XVIII.

La fig. 3 présente l'assemblage sur le faîte et le sous-faîte pour les chevrons placés entre ceux des fermes.

Nous n'avons point projeté horizontalement les pannes, nous nous sommes contentés de marquer les entailles en p, p, qui reçoivent celles qui sont soutenues par l'entrait.

Cette ferme est dans une situation perpendiculaire à la direction du petit comble. Il peut arriver que l'on veuille que la ferme la plus rapprochée de la ferme noulet soit parallèle à la direction du grand comble, ou qu'elle fasse un angle moindre que celui que les combles font entre eux, afin de diminuer par cette ferme intermédiaire la portée des pannes entre la dernière ferme du petit comble et la ferme noulet : il en résulte que cette ferme intermédiaire est biaise. La position d'une ferme biaise est marquée par sa projection horizontale M' N', sa projection verticale sur le plan d'une de ses faces de parement est couchée sur la droite, fig. 4.

Les points de cette projection sont construits d'après leurs homologues de la fig. 2, en leur donnant des hauteurs égales au-dessus du plan horizontal, mesurées sur des verticales dont les positions sont également homologues et déduites de la ferme fig. 2, par des lignes de renvoi sur la trace de la face de parement M' N' de la ferme fig. 4. Nous avons déjà eu occasion de parler des projections des fermes biaises déduites de celles des fermes droites, tome Ier, page 527; mais il ne s'agissait alors que de constructions avec des pièces de bois droites; la méthode suivie est la même pour les fermes qui comportent des pièces courbes : il nous a paru utile de profiter du cas qui se présentait au sujet du noulet en impériale, pour tracer les projections des pièces courbes d'une ferme biaise; la construction des courbes peut être faite, comme nous l'avons dit déjà, par points déduits de l'épure, ou dans le cas particulier de surfaces cylindriques qui se présente ici de nouveau, par la construction directe des ellipses résultant des sections dans les surfaces par les faces des parements des fermes.

La ligne b d, fig. 5, est la ligne d'about des chevrons du grand comble plan; M N est la projection horizontale d'une ferme en tout égale à celle projetée verticalement, fig. 2.

L'angle P C Q est dans un plan vertical qui a pour trace horizontale la ligne P C, et qui a été rabattue à gauche; cet angle mesure l'inclinaison du grand comble, la ligne Q C étant sa trace dans le plan vertical. La ligne

---

les centres des arcs de cercle; l'arc b f a son centre en s; l'arc concave a pour corde f i; le point i est pris à l'intersection de la ligne b a avec la face d'assemblage du poinçon; le centre de l'arc f i est en z sur la ligne s f z.

$q\ c$ marque dans ce profil l'épaisseur de la ferme noulet, la ligne $q'\ c'$ marque celle de ses chevrons noulets. Le rhombe $C\ c\ o'\ o$ est, dans ce même profil, la coupe du tirant de la ferme noulet.

Cette même fig. 5 représente la projection horizontale de la ferme noulet, tous ses points sont déduits de la projection $M\ N$ de la ferme du petit comble; ils se trouvent aux intersections des horizontales passant par leurs points homologues de la ferme du petit comble avec les horizontales tracées à même hauteur sur les plans de parement de la ferme de noulet, parallèles au grand comble. Nous avons marqué en $M'\ N'$ et ponctué la projection horizontale d'une ferme du petit comble dont une portion formerait une fermette assemblée sur la ferme noulet; et sur celle-ci nous avons marqué en 1, 2, 3, 4, les occupations des pièces homologues sur le tirant, l'entrait, la jambette et le chevron noulet.

La fig. 6 est la herse de la ferme noulet projetée sur le plan du grand comble, qu'on a rabattu en le faisant tourner autour de sa trace ou ligne d'about $b\ d$, après l'avoir reculée suffisamment en $b'\ d'$.

Nous avons marqué sur cette herse les occupations 1', 2', 3', 4', des pièces de la fermette sur les homologues auxquelles elles sont assemblées à tenons et dans des mortaises que nous n'avons point tracées.

Nous avons marqué dans les fig. 4, 5 et 6 des tronçons de pannes dans les emplacements où ces pannes passeraient, et nous nous sommes abstenu de mettre ces pannes entièrement en projection horizontale pour éviter la confusion.

III.

NOULETS ENTRE COMBLES A SURFACES COURBES.

§ 1. *Noulet entre une voûte sphérique et une voûte cylindrique.*

La fig. 1, pl. LXX, est le plan d'un bâtiment couvert par un comble en voûte cylindrique, à ce bâtiment sont joints deux bâtiments sur plans circulaires. La fig. 2 est une coupe suivant la ligne $a\ b$ de la fig. 1, qui montre que la voûte sphérique porte le noulet d. La fig. 3 est une coupe sur la ligne $c\ e$ de la fig. 1, dans laquelle on voit que la voûte cylindrique qui couvre la salle circulaire est conservée intacte, et pour lors, le noulet d' fait partie de la voûte cylindrique.

Sur les fig. 4 et 5, on voit à droite le détail de cette combinaison. Le noulet $A\ B$, qui se rapporte au premier cas, est projeté entre deux surfaces cylindriques parallèles à celles du toit cylindrique dont le profil est $T\ P$. Ce noulet est projeté horizontalement en $B\ A\ B$, fig. 5, et sur la face de ce noulet, comprise entre les surfaces de la coupole, nous avons marqué les occupations des chevrons en d et d et celle du cours de pannes M en N.

Pour qu'on puisse étudier la manière de choisir et de disposer les bois destinés à exécuter la courbe d'un noulet, sans qu'il en résulte de confusion, nous avons répété sur la droite, fig. 11, une copie exacte de la projection $B\ A\ B$ du noulet de la fig. 5.

Nous avons également reporté, fig. 14, la partie de la fig. 4 qui présente les profils de la voûte sphérique et celui de la voûte cylindrique qui contient la projection du noulet $A\ B$.

Nous avons enfin fait sur un plan vertical parallèle à l'axe de la voûte cylindrique une projection verticale de ce même noulet, cette projection est construite fig. 10; la ligne $B\ B'$ est prise pour le niveau du dessus de la sablière.

Nous supposerons que le noulet doit être formé de trois pièces : une à chacune de ses naissances, une troisième horizontale fournira sa sommité.

Traçant, fig. 14, deux lignes q-s, q'-s', elles seront les projections de deux plans contenant les deux faces des pièces qui donneront les portions des courbes des naissances. Le plan déterminé par q-s a pour trace horizontale la ligne 1-3, fig. 11. En faisant tourner ce plan, pour le rabattre sur l'horizontale, autour de sa trace 1-3 sur la fig. 11, reportée en 1-3 sur la fig. 12, on fera sur ce plan la projection à la herse du noulet; elle y est représentée en lignes ponctuées. La ligne 4-5 est sur la herse la trace du plan passant par le milieu de l'enture, ou joint entre une pièce de la naissance du noulet et la pièce de sa sommité; les lignes 6-7, 8-3 sont les traces des plans qui marquent les limites du croisement des bois dans l'enture, la ligne 6-7 limite aussi la longueur de la première pièce de bois qui se trouve projetée en herse, par le rectangle $p\ q\ r\ s$, fig. 12, et sur sa face répondant à $s\ p$ rabattue par le rectangle $p\ s\ s'p'$, fig. 13. Au moyen des distances à la trace 1-3, fig. 12, projetée sur le point 3, fig. 14, on met en projection sur cette figure les points p, p', q, q', r, r', s, s', que l'on reporte aisément sur la projection horizontale de la pièce, fig. 11; projection qui n'est point indispensable pour tailler la pièce de bois, et que nous ne traçons, fig. 10 et 11, que pour montrer cette pièce dans sa position à l'égard de la partie du noulet qu'elle doit fournir.

La projection du noulet à la herse a été faite au moyen des distances des points de sa projection horizontale au plan vertical qui a pour trace horizontale la ligne $C\ A$, fig. 9 et 11, et des horizontales répondant à leurs projections sur la ligne $A\ D$, fig. 14, qui est la trace d'un plan parallèle à la face de la pièce sur laquelle la projection à la herse est faite.

Pour tailler la courbe dans la pièce dont on a fait les projections, fig. 12 et 13, avec le plus de facilité et de précision, il faut d'abord tailler la surface cylindrique intérieure et la surface cylindrique extérieure; on construit les traces de ces surfaces cylindriques sur les faces de la pièce, fig. 13; ces traces sont des arcs d'ellipse; on construit leurs patrons par points ou en déterminant leurs diamètres conjugués.

Nous ferons remarquer pour l'un et l'autre procédé que la trace horizontale du plan supérieur de la pièce de bois est la ligne 1-0, fig. 11, le point o étant sur l'axe o v du cylindre. Cette ligne $o v$ est projetée sur le plan de la herse, $o v$; elle est contenue dans un plan perpendiculaire à la herse, et elle se projette dans la fig. 13 en $o'' O$ perpendiculaire aux faces de la pièce. Le point 1 est dans cette projection le même que le point 1 de la fig. 11. En faisant, fig. 13, 1 $O=1 o$ de la fig. 11, le point O est le centre de l'ellipse extérieure, O 2 est un demi-diamètre, tandis que $O o''$ est son demi-petit axe. On a de même le diamètre, un axe et le centre de l'ellipse intérieure. On détermine de même encore sur le plan de la face inférieure de la pièce, les arcs d'ellipse ponctués, fig. 13, qui sont les traces des deux surfaces cylindriques. Ces ellipses étant tracées sur les faces de la pièce, il faut, en joignant par des lignes droites les extrémités des lignes de même rang, marquer sur les quatre faces de la pièce les traces d'une suite de plans parallèles aux génératrices de ces mêmes surfaces cylindriques et perpendiculaires à la herse. Ces traces serviront, lorsque les surfaces cylindriques seront taillées, à trouver les positions exactes des génératrices de ces surfaces, et, dans ces surfaces, les arêtes de la courbure sphérique du noulet qu'on aura replacé sur la herse ou à proximité pour rapporter sur chaque génératrice les points appartenant à ces arêtes, et tailler en dernier lieu la surface sphérique intérieure et la surface sphérique extérieure.

Par un procédé semblable, on fera choix de la pièce devant fournir la sommité du noulet. À cet égard, l'opération sera plus facile, puisque cette pièce étant posée de façon que le fil du bois soit parallèle aux génératrices des surfaces cylindriques, on marquera sur les bouts de la pièce les arcs qui sont les traces de cette surface, et il sera facile d'y rapporter, sur les génératrices qu'on aura tracées, les points appartenant à la surface sphérique. Nous nous sommes contenté d'indiquer sur les fig. 10, 11 et 14 les projections d'une partie de cette pièce, et de marquer sur les trois projections ses points de mêmes numéros.

Sur la fig. 4, nous avons projeté le noulet $T P$ faisant partie de la voûte cylindrique pour le deuxième cas dont nous avons parlé, page 49. Ce noulet doit être traité de la même manière que celui que nous avons décrit ci-dessus.

§ 2. Noulet entre une voûte sphérique et un toit conique.

Les fig. 4 et 5, pl. LXX, sont, comme précédemment, les projections d'une coupole de charpente. Sur la droite, on a profilé, fig. 4, en AB, le toit conique; la trace horizontale de sa surface extérieure sur le plan des sablières est l'arc $m\,n$.

On suppose que l'espace de la tour devant rester entier, le noulet qui fait alors partie de la charpente de la coupole, est compris entre deux surfaces coniques : d'abord celle du comble et une seconde qui lui est parallèle et dont la trace circulaire sur le plan horizontal est l'arc du cercle $m'\,n'$. Ce noulet se trouve projeté par des courbes en DE en projection verticale, et en projection horizontale.

Les points de ces courbes sont obtenus en projection horizontale, par les projections également horizontales des intersections d'une suite de cercles résultant de plans horizontaux qui coupent les surfaces sphériques et les surfaces coniques. Les points ainsi obtenus sont relevés en projections verticales sur les traces des plans qui ont donné les cercles. Nous avons, comme précédemment marqué sur la projection horizontale de ce noulet les occupations d, d, N des chevrons qui s'y assemblent et des liernes M, qui s'y assemblent aussi.

La fig. 8 est la même projection verticale que celle de la fig. 4. Nous y avons marqué les pièces $p\,p'\,r'\,r$; 10, 11, 12, 13, desquelles on doit tirer les courbes dont l'assemblage formera le noulet. La fig. 6 est une projection de la moitié du noulet sur la face $p\,q\,r\,s$ de la pièce qui répond à la naissance du noulet.

La fig. 7 est une projection de la sommité du noulet sur la face 10-11 de la pièce dans laquelle on doit la tailler.

Ce qui a été dit dans l'article précédent et ce que nous allons exposer dans l'article 3ᵉ, nous dispense d'entrer dans de plus longs détails.

Nous remarquerons cependant que quelques charpentiers commencent par assembler par entes toutes les pièces de bois qui doivent composer une courbe à double courbure; il faut alors employer dans sa construction des pièces d'un très-gros volume; il en résulte d'ailleurs que le bois est fort affaibli, parce que son fil est trop coupé; il est préférable pour la solidité de l'ouvrage et pour l'économie du bois, de partager la courbe à double courbure qu'on doit exécuter en plusieurs parties, auxquelles on fait adapter des bois dont le fil est établi dans le sens des tangentes au milieu du développement de chaque courbe, en réservant toutefois assez de longueur aux pièces pour fournir aux entes. Lorsque ces pièces sont toutes taillées, on les assemble en herse ayant égard aux traits ramenerets qu'on a dû y tracer.

§ 3. Noulet d'une voûte cylindrique sur un toit conique.

La fig. 14, pl. LXXI, est une projection horizontale d'un toit cylindrique A, qui s'appuie par un noulet $b\ a\ d$, sur un toit conique B. Sur la figure 1re nous avons ponctué deux arcs de cercle $b\ e, b'\ e'$, marquant le profil de la voûte cylindrique qui rencontre le toit conique dont $S\ s$ est le profil et qui s'y appuie. Pour éviter la confusion, nous avons rapporté, fig. 18, les mêmes profils du toit conique et du berceau en charpente qui doit comprendre le noulet, vu que l'étendue de la tour ne doit point être réduite par le bâtiment principal et qu'elle est saillante dans ce bâtiment couvert par le berceau. La fig. 21 est une projection horizontale qui répond à la projection verticale, fig. 18. La trace de la naissance de la surface cylindrique extérieure est la ligne $b\ b$; la trace de sa surface intérieure est la ligne $b'\ b'$; $B\ E\ B$, fig. 21, est la projection horizontale du noulet; $B\ E$, fig. 18, est sa projection verticale; il est compris en même temps entre les deux surfaces du berceau cylindrique, et entre deux surfaces coniques; l'une, celle de la surface extérieure du toit conique, ayant pour trace horizontale l'arc de cercle $m\ n$, l'autre qui lui est parallèle, ayant pour trace horizontale l'arc de cercle $m'\ n'$.

La projection verticale du noulet est tout entière dans le profil $B\ E$ du berceau cylindrique; il est appuyé sur le lattis conique. Les points de sa projection horizontale s'obtiennent par les intersections d'une suite de cercles et de lignes droites résultant des sections faites par des plans horizontaux dans les surfaces coniques et dans les surfaces cylindriques. Nous avons mis en projection horizontale les chevrons $d\ d\ d$ du berceau cylindrique et marqué en $d'\ d'\ d'$ les occupations de ceux qui s'assemblent sur le noulet.

Nous avons projeté le noulet, fig. 23, sur un plan parallèle aux génératrices des surfaces cylindriques et ayant pour trace verticale la ligne $P\ Q$, fig. 18. Choisie dans une position moyenne par rapport à la courbure cylindrique $b\ e$ du noulet, cette projection, c'est-à-dire le plan sur lequel elle est faite, est rabattue sur le papier, elle est formée de quatre courbes dont les points sont construits en les renvoyant perpendiculairement de la projection horizontale, fig. 21, sur des lignes droites horizontales parallèles aux arêtes du cylindre, et dont la position est déterminée en rapportant sur la figure 23 les distances des points où elles sont projetées sur la trace $P\ Q$, fig. 18.

La fig. 20 est la projection du noulet $e\ b\ b'\ e'$, exactement comme il est représenté, fig. 18; cette projection n'est point nécessaire dans la pratique. Nous l'avons établie, la ligne P Q étant horizontale, pour mieux faire comprendre la position de chacune des pièces de bois qui y sont figurées, en projection verticale, tandis qu'elles sont en projection horizontale, au-dessous, fig. 22.

La projection en herse étant disposée, fig. 23, on fait choix des bois capables de contenir les parties de courbes dont le noulet doit être composé; ces pièces sont équarries avec précision sur les dimensions requises par l'épure. Elles sont successivement placées sur l'ételon ou épure dans la position où elles sont indiquées, fig. 19 et 23, pour y marquer les lignes de repère ou de ramencret qu'on a tracées sur l'épure, et réciproquement pour marquer sur l'épure les traces de leurs faces, qui coupent les surfaces cylindriques et sur lesquelles on doit marquer les traces de ces surfaces, soit en relevant leurs points de l'ételon et de la projection, fig. 18 ou 20, soit en construisant à l'imitation de la coupe des pierres des panneaux pour les appliquer sur les faces des pièces (1). Après que les surfaces cylindriques sont taillées dans chacune de ces pièces, les lignes et traits ramencrets qui ont été enlevés avec le bois sont rétablis en rencontrant les lignes de mêmes rangs restées sur les autres faces des pièces. On établit les pièces de nouveau et avec précision sur l'ételon pour projeter sur les faces cylindriques les courbes du noulet, après quoi on taille les surfaces coniques.

Les lignes du milieu et les traits ramencrets, qui ont disparu par l'enlèvement du bois pour tailler les surfaces coniques, sont rétablis par la rencontre des génératrices des surfaces cylindriques. Lorsqu'on a tracé sur toutes les pièces courbes les lignes de repère et les traits ramencrets, ces pièces sont établies une troisième fois sur l'ételon, ensemble et soutenues sur lignes de niveau et de dévers, par des chantiers et des coins comme nous les avons représentées, fig. 19, en projection verticale. C'est dans cette position des courbes qu'on pique les assemblages de leurs entes; lorsqu'elles sont taillées, on les assemble; elles composent alors le noulet qui est mis *en grand* sur l'ételon pour vérifier son exactitude.

On pourrait également remettre sur ligne les pièces toutes ensemble, dès que les surfaces cylindriques sont taillées, afin de piquer immédiatement leurs assemblages, tailler ces assemblages et assembler les pièces, qui n'en formeraient, pour ainsi dire, plus qu'une seule, laquelle serait remise tout assemblée sur l'ételon, pour recevoir sur la surface cylindrique le

---

(1) Quoique ces pièces ne soient présentées que l'une après l'autre sur l'ételon, nous les avons marquées ensemble sur l'épure, fig. 20 et 23, pour ne point multiplier les figures.

tracé des courbes du noulet. Le noulet serait terminé en taillant ses faces coniques, toutes les pièces toujours assemblées. On conçoit qu'il faut dans tous les cas établir le noulet une dernière fois sur l'ételon en herse, fig. 22, pour vérifier sa bonne exécution et y tracer les occupations et assemblages des chevrons du comble cylindrique.

§ 4. *Noulet d'un toit conique contre une tour cylindrique.*

A, fig. 16, pl. LXXI, est le plan d'une grosse tour, B est le comble conique d'une petite tour qui ne pénètre pas dans la grande, et $b\ a\ d$ est le noulet de jonction du toit conique contre le mur de la grosse tour.

$A\ F$, fig. 13, même planche, est le profil générateur du toit conique, dont l'axe est projeté verticalement en $s\ a$ et horizontalement en a', les cercles $p\ q$, $p'\ q'$, sont les traces horizontales de sa surface extérieure et de sa surface intérieure. $G\ D$ est le profil du parement de la muraille de la grosse tour. Le plan de cette tour est marqué, fig. 15, par l'arc de cercle $m\ n$. Le noulet $B\ E$ est compris dans l'épaisseur du toit conique et entre la surface cylindrique de la tour, et une surface également cylindrique, qui a pour génératrice la verticale $g\ d$ et pour trace horizontale le cercle $m'\ n'$.

Nous avons projeté le noulet, fig. 12, sur un plan vertical perpendiculaire à celui de la projection, fig. 13, et nous y avons figuré les occupations $d\ d$ des chevrons et celles $n\ n$ des liernes du comble conique.

§ 5. *Noulets entre deux toits coniques convexes.*

La combinaison des noulets entre des toits coniques présente deux cas.

Le comble A, pénétré par le petit comble B, peut être convexe, fig. 1. ou concave, fig. 4, pl. LXXII.

Nous traitons dans cet article le premier cas; le deuxième fait l'objet de l'article suivant.

La figure 7 est le profil d'un comble conique qui couvre une grosse tour; $S\ D$ est un de ses arbalétriers; $Z\ C$ est l'axe vertical des surfaces coniques de ce comble : cet axe est projeté en C, fig. 11. C'est sur cet axe qu'est établi le poinçon dans lequel viennent s'assembler, après déjoutement, vingt arbalétriers, comme la figure 11 les représente en projection horizontale.

La fig. 6 est le profil d'un toit conique couvrant une petite tour qui pénètre dans l'intérieur de la grosse.

La figure 10 est le plan de ce petit comble conique qui est entier, et qui reçoit l'application du noulet soutenant le toit du grand comble dans la partie où il est interrompu pour le passage du petit.

Le poinçon de ce petit comble est établi dans son axe vertical $z\ c$, projeté horizontalement en c.

Les abouts des chevrons des deux combles sur les sablières sont marqués par des arcs de cercle dans les projections horizontales, fig. 10 et 11.

La pièce projetée horizontalement et verticalement par quatre courbes en $B\ E$ est le noulet; il est compris entre la surface intérieure et la surface extérieure du grand comble, et entre la surface extérieure du petit comble et une surface qui lui est parallèle, et qui a pour génératrice la ligne $z'\ d$. Les occupations des chevrons et des pannes du grand comble sont marquées sur sa face externe.

§ 6. *Noulets entre un toit conique convexe et un toit conique concave.*

La figure 9, pl. LXXII, est le profil d'un grand comble couvrant une galerie circulaire entourant une cour. Le centre des cercles du plan de cette galerie et de la cour est en C, fig. 11. Ce toit est formé du côté intérieur par une surface conique concave, et du côté extérieur par une surface convexe ayant toutes deux pour axe vertical commun la ligne $Z\ C$, fig. 7, projetée sur le centre C, fig. 11. *Voyez* page 30.

La figure 13 est la projection de ce comble conique à deux égouts.

La figure 8 est le profil du petit comble couvrant une petite tour saillante du côté de la cour, et qui pénètre dans la galerie; son axe est $z'\ c'$, fig. 8, et son centre est en c', fig. 12. Ce petit comble reçoit l'application des noulets faisant partie de la charpente du grand comble.

La figure 12 est la projection horizontale de ce petit comble conique.

Nous avons, dans cette combinaison, représenté deux noulets : dans l'un s'assemblent les arbalétriers $G\ G$ du grand comble; dans l'autre, les chevrons g, g, g, etc., du même grand comble.

Le noulet des arbalétriers est projeté en $D\ E$, fig. 9, 12, et 13. Sa coupe par le plan vertical est tracée en 1-2-3-4, fig. 8 et 9. Les pas ou assemblages des arbalétriers sur le noulet $D\ E$, sont tracés en m, m, m, fig. 12 et 13.

Le noulet des chevrons est projeté en $d\ e$, mêmes figures 9, 12 et 13, et sa coupe par le plan vertical est marquée en 5-6-7-8, fig. 8 et 9.

Les chevrons des deux combles sont projetés horizontalement, fig. 12 et 13, et les pas et occupations de ceux du grand comble sont marqués en m', m', m', en projection horizontale sur le noulet.

Nous n'avons point projeté en entier les pannes circulaires P, P', sur le plan horizontal, fig. 13, pour éviter la confusion; celle P est interrompue d'ailleurs par sa rencontre avec la surface du petit comble conique. Son about sur cette surface est marqué 9-10-11-12, dans les deux projections.

Les courbes qui dessinent les formes des noulets, dans le premier cas, fig. 6, 7, 10 et 11, et dans le deuxième, fig. 8, 9, 12 et 13, sont obtenues en projection horizontale par la méthode des sections parallèles, c'est-à-dire par les intersections des projections horizontales des cercles résultant des sections faites simultanément dans les surfaces coniques par des plans horizontaux.

La combinaison des quatre cercles déterminés par un plan horizontal dans les surfaces de chaque comble, donne dans le cas des figures 10 et 11, quatre points des courbes noulets de chaque côté du plan passant en même temps par les axes des cônes projetés en c, C, c'. Dans le deuxième cas, huit points de chaque côté du même plan sont déterminés parce que le noulet est double, et que quatre cercles sont obtenus dans le grand comble, et deux dans le petit.

§ 7. *Noulet entre deux toits en impériale.*

$c\,g\,e\,f$, fig. 1 de la planche LXXIII, est la ligne d'about du comble en impériale d'un bâtiment A terminé en $c\,g$ par une croupe concave, dont le poinçon est projeté sur le point q, et en $c\,f$ par un pignon. $f\,p\,e$ est la coupe du comble impériale rabattue à droite. Un bâtiment B, couvert également par un toit en impériale, se joint obliquement au bâtiment A; les lignes d'about de ses longs pans sont $b\,h$, $d\,l$ le profil de ce comble est rabattu sur l'épure en $h\,k\,l$; ce comble donne lieu au noulet $b\,a\,d$. Son faîtage est projeté sur la ligne $a\,o$.

Les points des courbes de l'arête creuse de ce noulet sont construits par la méthode des sections parallèles, au moyen des intersections en projection horizontale des lignes droites résultant des sections horizontales faites simultanément dans les deux combles. Nous n'entrons point ici dans les détails de l'épure de ce noulet qui rentrent dans ceux que nous avons exposés précédemment.

Nous ferons remarquer seulement que les deux combles n'ayant point leurs courbures placées aux mêmes hauteurs, il peut résulter, de leur combinaison dans les noulets, des formes bizarres et des inflexions peu gracieuses.

On peut éviter ce résultat par la disposition indiquée, même figure, par les noulets $b'\,a'$, $a'\,d'$, et le profil $h'\,k'\,l'$ au bâtiment B'. Les lignes $b'\,h'$, $d'\,l'$ étant des lignes d'abouts de ce bâtiment, la ligne $a'\,o'$, qui est la projection horizontale de son faîte, est projetée verticalement sur le plan $p\,f\,e$ en $a''\,k''$; $o''\,k''$ étant égal à $o'\,k'$, hauteur du comble B'.

Les lignes droites $b'\,a'$, $d'\,a'$ sont prises pour les projections des arêtes creuses du noulet : il s'ensuit que le profil $h'\,k'\,l'$ du comble B' est formé de deux parties égales à celle $e\,a''$ du profil $f\,p\,e$ du grand comble A. Il en résulte que le profil du comble B' n'est pas semblable à celui du comble B, mais les noulets sont des courbes planes et qui ne sont point aussi contournées que celles du noulet $b\,a\,d$.

§ 8. *Noulet entre un comble droit en impériale et un comble en impériale sur plan circulaire.*

La fig. 10, pl. LXXIII, est la projection horizontale d'un bâtiment demi-circulaire A couvert par un comble en impériale dont les pans sont des surfaces de révolution autour de l'axe vertical projeté sur le point c; ses extrémités forment des croupes. Les arêtes peuvent être déterminées par des plans verticaux dont les traces sont des lignes $m\,o$, $n\,o$, ou bien on peut les conclure de la surface du grand comble et d'un pan de croupe, par la méthode des sections horizontales, comme la fig. 12 l'indique.

B et B', fig. 10, sont deux bâtiments qui pénètrent le premier dans la direction de son axe, et qui sont également couverts par des combles en impériale égaux.

Les croupes de ces bâtiments peuvent être établies suivant des lignes droites $m'\,n'$, ou suivant des surfaces de révolution ayant le même axe projeté en c, et dont les lignes d'abouts sont ponctuées.

Les différentes parties d'épure que présente la même planche LXXIII se rapportent aux détails du noulet $b\,a\,d$ compris dans le rectangle 1-2-3-4 de la fig. 10.

La fig. 9 est une ferme méridienne du grand comble demi-circulaire A. L'axe vertical de révolution est projeté en C, et couché avec la fig. 9 de C en O, fig. 11.

Nous supposons cette ferme placée sur le plan vertical qui a la ligne $C\,O'$ pour trace horizontale et ramenée dans la position $C\,O''$ où elle est représentée, fig. 9. La ligne d'about du lattis de ce comble répondant au point A de la ferme, fig. 9, est l'arc de cercle $A\,O\,x$, fig. 11.

La projection de l'arête du faîte du même grand comble répondant au point K, fig. 9, est l'arc de cercle $K'\,O'\,K'$, fig. 11.

Sur la fig. 11 nous avons rabattu en $m\,n\,k$ une des fermes du petit comble B. En $M\,N$, $M'\,N'$, même fig. 11, sont les projections horizontales de deux de ces fermes; l'une d'elles, celle $M\,N$, est projetée verticalement en $m\,n$, fig. 9, sur le même plan vertical que la grande ferme. Une fermette portant sur la ferme noulet est projetée encore sur le même plan en $m'\ n'$.

La figure 7 est la projection horizontale de la ferme noulet comprise entre la surface de révolution qui forme le lattis du grand comble, engendrée par la courbe impériale $K\ T\ A$ fig. 9, est une surface également de révolution qui lui est parallèle, engendrée par la courbe $k\ t\ a$.

Les points des courbes qui forment les projections de toutes les pièces de la ferme noulet sont obtenus par la méthode des sections parallèles qui donne, par exemple, pour le chevron noulet en impériale, les quadrilatères curvilignes 1, 2, 3, 4, 5, 6, fig. 7, répondant aux lignes A-m, 2-2, 3-3, 4-4, 5-5, 6-6, des projections, fig. 9 et 11.

La fig. 6 est une projection en herse de l'arbalétrier R sur le plan de sa face supérieure dont la trace est la ligne droite $y\ z$, sur la ferme rabattue, fig. 11.

Nous n'avons marqué dans la figure 6 que les projections des extrémités de cette pièce, sans avoir égard à ses embrèvements et tenons d'assemblage.

La figure 4 est une projection de la même pièce, l'arbalétrier de la ferme de noulet, sur le plan de la figure 9.

La figure 5 est une projection du chevron noulet sur le même plan méridien de la ferme, fig. 9. Nous avons fait ces deux projections à part, fig. 4 et 5, parce qu'elles eussent été trop confuses sur la fig. 9.

La figure 2 est une projection en herse de la ferme de noulet. Cette projection est faite sur un plan perpendiculaire au plan vertical de la projection, fig. 9, et dont les traces sont les lignes $P\ Q$, $p\ q$ et $p'q'$, fig. 9, 4 et 5, choisies de façon que les projections des pièces y apparaissent sans confusion, afin qu'on puisse les tracer et couper les unes après les autres par débillardement, pour les établir ensuite sur la projection à la herse, fig. 2, et piquer leurs assemblages.

L'arbalétrier de la ferme de noulet et toutes les pièces qui répondent à des parties droites de la ferme du petit comble, fig. 11, peuvent être coupés au moyen de projections semblables à celles de cet arbalétrier, fig. 4 et 6. Le seul chevron de noue nécessite pour le couper sa projection, fig. 5, et sa projection en herse de la fig. 2.

Il est entendu que, pour gabarier les pièces avec exactitude et y faire les débillardements qui doivent produire leurs formes définitives, ainsi que pour les établir sur ligne en herse, il est indispensable que des projections de lignes d'établissement et de ramaneret y soient marquées avec précision. Nous n'avons point marqué ces lignes sur la figure, pour éviter la confusion et parce que chacun peut les établir comme bon lui semble, pourvu qu'elles se correspondent exactement sur les projections et à la herse.

La figure 8 est un détail de l'assemblage de la panne P de la fig. 11.

§ 9. *Arêtiers, noues et noulets résultant de la combinaison de divers combles.*

Nous avons figuré, pl. LXXVI, les principales combinaisons entre diverses surfaces de combles, donnant différentes sortes d'arêtiers, de noues et de noulets, dont les épures peuvent être exécutées d'après celles que nous avons décrites précédemment.

Fig. 1, projection horizontale et projection verticale d'un pavillon en tour ronde à cinq épis, formé par un toit conique coupé par quatre pans plans qui donnent des faîtages horizontaux, quatre noues droites, quatre croupes à surfaces coniques avec leurs arêtiers qui sont en courbes elliptiques.

Cette combinaison est tirée de l'ouvrage de Fourneau, pl. LXXXVII. Nous l'avons employée, fig. 1 et 2 de la planche LXXXI, pour couvrir une guitarde appliquée à une tour ronde.

Fig. 2, projection horizontale et projection verticale d'un pavillon en tour ronde à cinq épis, couvert par une coupole sphérique coupée par quatre plans. Faîtages horizontaux; noues rectilignes, croupes sphériques; arêtiers plans en arcs de cercle.

Fig. 3, pavillon à cinq épis couvert par un comble conique coupé par quatre pans en impériale.

Fig. 4, pavillon en tour ronde à cinq épis; comble en surface de révolution profilée en impériale, coupée par quatre pans plans.

Fig. 5, comble formé sur tour ronde, par une surface sphérique tronquée suivant quatre plans formant pavillon à quatre arêtiers droits et huit arêtiers en arcs de cercle renversés.

Fig. 6, comble sur tour ronde formé par un toit conique tronqué par quatre plans formant pavillon à quatre arêtiers droits; noulets en portions d'hyperboles.

Fig. 7, comble formé par un toit conique tronqué par quatre plans formant pavillon à quatre arêtiers droits et huit arêtiers en arcs d'ellipse renversés. Cette combinaison est du même genre que celle de la figure 5, sinon que dans la figure 5 les parties courbes du comble appartiennent à une surface sphérique et que, dans la figure 7, elles appartiennent à une surface conique dont le sommet est en s.

Fig. 8, pavillon à cinq épis présentant quatre croupes comprises dans la même sphère, et quatre longs pans produisant deux faîtages horizontaux, quatre noues droites et huit arêtiers plans en arcs de cercle.

Fig. 9, projection verticale et projection horizontale d'un comble conique dont le sommet est en c, tronqué par deux plans formant un faîte horizontal $d\,g$ et quatre arêtiers elliptiques $d\,a$, $d\,b$, $g\,a$, $g\,b$, pour les deux croupes coniques.

La fig 10 est dans une deuxième projection verticale de ce comble sur un plan parallèle à la ligne $a\,b$ de sa projection horizontale ; cette combinaison est tirée de l'ouvrage de Fourneau, pl. XXXVI. Nous donnons, pl. LXXVII, des croquis des différentes parties de l'épure.

Fig. 25, pl. LXXVII, projection horizontale ou plan de ce comble.

Fig. 22, ferme sous-faîte et de croupe suivant la ligne $a\,b$ du plan.

Fig. 21, ferme simple suivant la ligne $d\,q$ du plan.

Fig. 23, herse commune aux pans plans, donnant les arêtiers.

Fig. 24, herse de développement des croupes pour obtenir les coupes des empanons.

Ces sortes de herses ne donnent pas rigoureusement les coupes des empanons, mais on conçoit que, dans l'exécution même des plus petits combles de cette sorte, les portions des courbes qui marquent ces coupes ont si peu d'étendue et de courbure, que leurs projections à la herse se confondent avec leurs formes réelles, et qu'on peut faire usage de la herse, sans aucun inconvénient, sous le rapport de l'exactitude du trait.

Fig. 11, pl. LXXVI, comble conique tronqué intérieurement par deux plans.

Cette combinaison est extraite de la pl. XXXII de l'ouvrage de M. Protot (1); nous la donnons, non pas que nous la regardions comme pouvant être mise en usage, à cause de l'arête creuse horizontale formée par la rencontre des deux plans, mais parce que c'est une combinaison qui peut faire le sujet d'une épure d'étude comme application, et nous avons donné des croquis de ses différentes parties, pl. LXXVII.

La figure 26, pl. LXXVII, est le plan d'une moitié de ce double comble.

Fig. 27, projection d'une ferme suivant la ligne $c\,a$ du plan fig. 26.

Fig. 28, herse du pan plan.

Fig. 29, développement en herse d'une des croupes coniques.

Fig. 12, pl. LXXVI, comble conique avec deux flèches aussi coniques.

Cette combinaison, qui peut donner lieu à une épure formant une excellente étude, est aussi tirée de la planche XX de l'ouvrage de M. Protot. Nous donnons, pl. LXXX, des croquis des différentes parties de cette épure. Les figures 4 et 5 de cette planche sont la projection horizontale et la projection verticale pareilles à celles de la figure 12, pl. LXXVI. Nous avons marqué sur celles-ci les projections des génératrices qui servent à construire les

(1) *Traité théorique et pratique de l'Art du Trait de Charpente*, in-4°, Reims, 1833.

développements des surfaces coniques. Les projections des courbes des noulets sont construites par les intersections des cercles obtenues par la méthode des sections parallèles. La figure 8 est une projection de la grande ferme établie suivant $a\ a$ du plan, figure 4. La figure 7 est la petite ferme établie suivant la ligne $d\ d$ du plan. Cette ferme porte le noulet $o\ p\ o$ résultant de l'intersection des deux flèches, dont M. Protot n'a tenu aucun compte. La figure 9 est le développement d'une des croupes coniques avec les noulets $a\ o$ et la fig. 10 celui d'une des flèches avec les noulets $a\ o$ et le noulet $o\ p$.

Fig. 13, pl. LXXVI, double toit conique sur un plan formé de deux portions de cercles; $b\ a\ b$ est le noulet résultant de l'intersection des deux cônes droits.

Fig. 14, double toit conique sur un plan circulaire; les sommets s, s sont dans les verticales passant par les points s', s' du plan, qui marquent la division du diamètre $m\ m$ en trois parties égales; les cônes sont scalènes; le noulet $b\ a\ b$ est compris dans un plan vertical.

Fig. 15, même combinaison, ne différant de la précédente que parce que les cônes sont tronqués par des plans passant pour chacun par son sommet et par deux génératrices choisies de façon que ce plan soit parallèle à la génératrice $s\ m$ de l'autre cône. Ces deux plans se coupent suivant une gouttière horizontale $a\ a$, perpendiculaire au plan vertical des axes (1).

La figure 39, pl. LXXVII, représente les projections des noulets résultant des pans du toit du fronton d'un portique faisant avant-corps sur un bâtiment circulaire couvert par un toit en calotte sphérique.

Le noulet $b\ a\ d$ est formé de deux arcs de cercle résultant des sections faites dans la sphère par les pans du toit du fronton. Ces arcs de cercle sont projetés horizontalement suivant des arcs appartenant à des ellipses, projections des cercles contenus dans les plans dont les lignes $m\ n$, $p\ q$ sont les traces.

La figure 27 de la même planche est relative aux noulets formés par les pans d'un fronton dans un toit conique.

Les parties $b\ a$, $d\ a$ sont les projections des arcs d'ellipse tracée dans la surface conique par les plans qui ont pour traces les lignes $m'\ n'$, $p'\ q'$ du fronton.

---

(1) Dans ce cas, comme dans celui de la fig. 11, on place dans l'arête creuse horizontale deux plans peu inclinés qui rejettent les eaux de pluie de chaque côté en dehors du toit.

CHAPITRE XIX.

DU GAUCHE DANS LES COMBLES.

Les charpentiers ont longtemps regardé comme une condition essentielle de leurs constructions de n'employer aucune surface gauche, et ils ont choisi les combinaisons propres à éviter l'aspect désagréable que cette forme donnait aux pans des combles. Mais on a reconnu que, dans les bâtiments de peu d'importance, le gauche est sans inconvénient. Les grands édifices ont ordinairement des formes régulières et symétriques qui ne donnent point lieu à des surfaces gauches, sinon dans des cas fort rares, et, si l'on est obligé d'en faire usage, la symétrie de leurs générations atténue alors ce que leur aspect peut avoir de choquant.

Soit $a\ a'\ d'\ d$, fig. 10, pl. LXI, le plan d'un bâtiment irrégulier. On a formé ses deux croupes de plans triangulaires $a\ p\ a'$, $d\ q\ d'$, qui peuvent être isocèles, et le faîtage est projeté sur la ligne $p\ q$ qui n'est parallèle à aucune des deux lignes d'about $a\ d$, $a'\ d'$. Deux cas se présentent : ou bien le faîtage projeté sur $p\ q$ est horizontal, et ses extrémités sont déterminées par ses rencontres avec les pans des croupes auxquelles on peut donner la même pente ; ou bien ce faîtage est l'intersection de deux pans de toit plans d'égales pentes, passant par les lignes $a\ d$, $a'\ d'$, et il est incliné. On voit que dans l'un ou l'autre cas, il ne peut, vu du dehors, se présenter parallèlement aux lignes d'égouts $a\ d$, $a'\ d'$ des façades du bâtiment, et ce faîtage a l'air de fléchir par une de ses extrémités. L'aspect le moins désagréable, et la disposition qui consomme le moins de bois est évidemment celle dans laquelle ce faîtage demeure horizontal. Les grands pans de toit sont alors des surfaces qui sont engendrées par une ligne de pente qui s'appuie sur la ligne d'about $a\ d$, ou $a'\ d'$, sur le faîtage $p\ q$ et sur une verticale passant par le point c ou le point c' en lequel se coupent les deux arêtiers prolongés.

Cette surface peut aussi être engendrée par une droite horizontale qui s'appuie constamment sur les arêtiers, si le faîtage doit être horizontal, ou enfin par une droite qui s'appuie sur les arêtiers et qui passe par une verticale répondant aux points g et g' où se rencontrent les projections du faîtage et des lignes d'égouts $a\ d$, $a'\ d'$. Ces trois générations donnent, comme on sait, des surfaces gauches.

Les figures 24, 30, 31, 38, 39, pl. LXXVI, représentent les dispositions employées pour substituer des plans à ces surfaces gauches.

Dans la figure 24, deux plans de mêmes pentes passent par les lignes d'about $a\,d$. Leur intersection donne un faîtage incliné $p\,f$ qui s'arrête au point f. Les points q sont pris au niveau du point p et les arêtiers $f\,q$, symétriques avec $f\,p$, donnent aux deux pans $a\,p\,f\,q\,d$ une symétrie très-convenable. Une des extrémités forme une croupe $a\,p\,a$, l'autre un pan $a\,q\,q\,d$ de peu d'étendue.

La figure 30 est le moyen d'éviter le gauche proposé par Fourneau. Aux quatre faces du bâtiment répondent quatre pans passant par les lignes d'about; par le point p, poinçon de la croupe $a\,p\,a$, il fait passer un plan horizontal qui détermine un triangle $p\,q\,q$ sur lequel on élève un toit pyramidal dont le sommet est en f. Ce sommet a assez peu d'élévation pour ne pas être aperçu du sol du dehors.

La figure 38 présente trois pans plans. Celui $a\,p\,q\,d$ répondant à la façade principale, l'autre partie $a'\,p\,q\,d'$ du comble qu'il faudrait faire gauche, en conservant le faîtage $p\,q$ horizontal, est divisé en deux pans, $a\,p\,d'$, $d'\,p\,q$, qui forment une arête saillante $f\,d$.

Dans la figure 39, la partie $a'\,p\,q\,d'$ est partagée en trois plans qui donnent une arête saillante en arêtier $p\,g$, et une arête creuse en noue $q\,q$.

Dans la figure 31, l'ensemble du comble est distribué en trois parties; à chaque extrémité se trouve un comble formant pavillon à deux croupes et au milieu un comble à deux égouts qui les unit; son faîtage $p\,q$ est parallèle à la grande façade et donne deux noues séparées d'un côté et de l'autre côté deux noues qui se réunissent au milieu g de l'égout $a'\,g\,d'$; la position du faîtage $p\,q$ est choisie de façon qu'il passe en o, milieu de $g\,h$.

Cette disposition est une imitation de celle plus régulière de trois corps de comble sur un bâtiment rectangulaire, fig. 20 et 21.

Les figures 25, 26, 33, 34, 35, présentent diverses combinaisons sur un plan en trapèze pour éviter les pans gauches.

La figure 25 est la projection horizontale d'un toit en pavillon. Les quatre pans sont plans.

Dans la figure 33, deux des pans, $a\,p\,b$, $c\,q\,d$, sont plans, le faîtage $p\,q$ qui les joint est horizontal, les deux autres pans, $a\,p\,q\,c$, $b\,p\,q\,d$, sont des surfaces gauches; les projections horizontales de leurs génératrices divisent les lignes d'about $a\,b$, $d\,c$ en parties proportionnelles, et sont dans des plans horizontaux qui divisent aussi la hauteur du comble en parties proportionnelles correspondantes.

Le comble, fig. 26, est formé de quatre pans plans de même largeur, aboutissant à une terrasse horizontale en trapèze, $a'\,b'\,c'\,d'$.

Celui de la fig. 27 est formé par trois pans plans répondant aux lignes d'about $c\,a$, $a\,b$, $d\,b$, et d'un quatrième pan gauche, $c\,d\,r\,p$; il est terminé par une terrasse horizontale triangulaire, $p\,q\,r$.

Le figure 34 est, sur le même plan, la projection d'un cinq-épis du même genre que celui que nous avons décrit, fig. 6, pl. XLVII, page 503, tome Ier.

La figure 35, pl. LXXVI, est la projection d'un comble disposé sur un plan en trapèze, comme celui de la figure 13, pl. XLIV ; il est disposé sur un plan carré.

La figure 16 présente un cas pour lequel une surface gauche ne donne point un aspect désagréable. $a\ b\ a\ b$ est le plan d'un pavillon ovale; que cette courbe soit une véritable ellipse ou qu'elle soit composée d'arcs de cercle, $s\ s$ est la projection d'une ligne de faîtage horizontale; ses extrémités sont les sommets de deux parties coniques dont les axes sont projetés sur les mêmes points, et qui ont pour bases les courbes $b\ a\ b$. Ces portions de cônes sont raccordées de chaque côté par une surface gauche, engendrée par une ligne droite de pente qui se meut en s'appuyant sur le faîte $s\ s$ et sur la courbe $b\ b$, de sorte que sa projection horizontale soit normale à la courbe $b\ b$. Si cette courbe est un arc de cercle, la génératrice passe par l'axe vertical projeté sur son centre.

Fourneau a proposé et représenté, dans sa planche XXXVIII, trois moyens que nous reproduisons ici. Dans la figure 17, le comble est formé de quatre surfaces coniques. Deux ont leurs sommets en s, et pour bases les courbes ou arcs $b\ a\ b$; deux autres ont pour bases les courbes ou arcs $b\ b$, auxquels les projections de leurs génératrices sont perpendiculaires et ont les mêmes inclinaisons que celles des surfaces extrêmes; par les sommets s de ces surfaces passe un plan horizontal que coupent les surfaces de raccordement suivant des courbes $s\ o\ s$, équidistantes ou semblables à leurs bases suivant que celles-ci sont des arcs d'ellipse ou des arcs de cercle.

Fourneau fait de ce plan une terrasse qui couronne le comble.

Le deuxième moyen qu'il propose est projeté, fig. 18; c'est la même disposition que celle représentée, fig. 1, sinon qu'ici le plan est oval au lieu d'être circulaire.

Le troisième moyen, fig. 19, tient de la fig. 9 et de la combinaison de la fig. 21.

La surface qui s'appuie à la ligne d'about générale $b\ a\ b$, $b\ a\ b$, est une surface conique à base elliptique dont le sommet est projeté au point C, ou une surface engendrée par une droite d'une inclinaison constante et dont la projection est normale à la courbe de la base.

Deux horizontales parallèles et perpendiculaires au grand axe percent la surface en p et q; elles déterminent les positions de deux plans à chaque bout qui tronquent cette surface, et forment quatre croupes à surfaces coniques, $a\ p\ g$, $a\ q\ g$; une ligne de faîtage, passant par les

II. — 9

milieux des lignes $p\ q$, détermine deux longs pans $f\ g\ f$, et, par. suite, quatre noues $f\ g$. Nous doutons que la complication et la difficulté d'exécution de cette combinaison, soient compensées par l'avantage de la disparition des surfaces gauches; nous ne la regardons que comme un sujet d'épure très-propre à exercer les jeunes charpentiers.

Les figures 32 et 40 présentent des exemples de cas dans lesquels il est à peu près impossible d'éviter les surfaces gauches. Nous supposons un bâtiment trop étroit pour renfermer une cour et dont le plan est le quadrilatère $a\ b\ c\ d$; un côté $c\ d$ du bâtiment présente une façade droite, l'autre côté est en tour creuse, fig. 32, ou en tour ronde, fig. 40.

Nous supposons que la façade principale, dans l'un et l'autre plan, répond à la partie courbe; elle doit alors présenter une surface conique concave ou convexe d'égale largeur, et le faîtage $p\ q$, tracé suivant une courbe concentrique, est horizontal : il faut bien alors que la partie du comble qui répond à la façade rectiligne soit une surface gauche dont la génératrice, passant par l'axe de la surface cylindrique, et qui est par conséquent normale à la courbe, s'appuie sur la ligne droite d'about $a\ b$ et sur le faîtage courbe et horizontal $p\ q$.

Si la façade principale était sur le côté du plan qui est en ligne droite, le pan de toit de ce côté serait plan, le faîtage de p en q serait une ligne droite $p\ q$, et la génératrice de la surface gauche s'appuierait sur le faîtage rectiligne et sur la ligne d'about courbe $a\ b$.

La fig. 37 est la projection du toit d'un bâtiment dont le plan général est un rectangle; mais sur chacune des deux grandes façades est un renfoncement en tour creuse dont la trace horizontale est un arc de cercle $a\ b\ d$, ce qui nécessite une interruption dans la surface plane du long pan du toit correspondant. Pour que cette disposition n'interrompe pas le faîtage, on suppose que de chaque côté la ligne $f\ h$, qui passe par le centre de l'arc $a\ b\ d$, est la projection de la génératrice d'une surface conique dont l'arc $a\ b\ d$ est la base, et qui est tangente au faîtage. On peut supposer encore que la partie du toit qui répond à chaque tour creuse est une surface gauche engendrée par une ligne droite qui se meut en s'appuyant sur le faîte et sur l'arc de cercle $a\ b\ d$, et dont la projection horizontale est toujours perpendiculaire au faîte. Dans l'une et l'autre hypothèse, les points des courbes $a\ f\ d$ sont construits, par le moyen de sections, par des plans horizontaux dont nous avons figuré les traces sur les surfaces du comble.

Les fig. 22 et 23 sont les projections de deux combles que l'on a divisés en quatre pavillons chacun, à cause de leur grande étendue.

CHAPITRE XX.

OUVERTURES DANS LES COMBLES ET DANS LES VOUTES.

Les ouvertures qu'on réserve dans les combles et dans les voûtes en charpente ont pour objet de livrer passage aux tuyaux de cheminées, ou de donner accès au jour; elles sont toujours établies au moyen de *linçoirs* (1).

Les ouvertures qu'on fait dans ces voûtes prennent le nom de lunettes lorsqu'elles répondent à des portes ou à des fenêtres.

I.

LINÇOIRS.

§ 1. *Linçoirs en toits plans.*

Les ouvertures qu'on établit dans les combles et dans les voûtes nécessitent l'interruption de plusieurs chevrons, dont les extrémités sont soutenues par des pièces de bois transversales nommées *linçoirs*, qui s'assemblent dans les chevrons non interrompus, à peu près comme les linçoirs et chevêtres qui soutiennent des solives s'assemblent dans les poutres des planchers (tome Ier, page 386).

La figure 2 de la planche LXXVII est la projection verticale, et la figure 4 la projection horizontale d'un lattis de comble en chevrons dans lequel sont deux ouvertures 1-1-2-2, 3-3-4-4.

La figure 2 est un profil du même lattis, et la figure 1 en est la herse.

L'ouverture 1-1-2-2 est destinée au passage d'une souche de cheminée; ses linçoirs *a* et *b* ont leurs faces internes verticales pour s'appliquer contre les parements aussi verticaux du tuyau de cheminée.

---

(1) *Linçoir* : probablement autrefois *liençoir*, pièce formant *lien* pour les chevrons, qui sans elle n'auraient aucune liaison.

Dans la deuxième ouverture, 3-3-4-4, destinée à l'accès de l'air et du jour, les deux faces de chaque linçoir sont perpendiculaires aux plans du toit.

Les figures 5 et 6 sont les projections d'un lattis de toit dans lequel on a réservé une ouverture cylindrique verticale pour le passage d'un tuyau de cheminée cylindrique. La figure 7 est le profil du toit; la figure 8 en est la herse. Les linçoirs a, b reçoivent sur leurs faces externes les assemblages des chevrons interrompus; sur leurs faces internes ils sont gabariés suivant la courbure de la surface cylindrique dont ils embrassent chacun un quart du développement; les deux autres quarts de ce développement sont embrassés par deux bouts de chevrons c d assemblés dans les linçoirs et dont les faces internes sont gabariées suivant la surface cylindrique de l'ouverture.

Si l'axe de l'ouverture cylindrique, au lieu d'être vertical, était horizontal, la disposition ne serait point changée. Il faudrait seulement retourner la figure, et considérer la figure 5 comme une projection horizontale, et la figure 6 comme une projection verticale. En e est un linçoir cintré.

Les figures 9 et 10 sont les projections verticale et horizontale d'une ouverture conique.

L'axe p s, de la surface conique dans laquelle est la paroi interne de cette ouverture, est vertical; la base horizontale est le cercle $m\,n$. Les mêmes lettres désignent les mêmes pièces que dans les figures 5, 6, 7 et 8.

La figure 11 est le profil du toit; la figure 12 en est la herse. Sur ces deux figures l'axe de la surface conique est projetée en ps, et sa base en $m\,n$. Sur la herse la projection de cette base est une ellipse.

Si l'axe de l'ouverture conique était horizontal au lieu d'être vertical, il faudrait, comme pour l'ouverture cylindrique, retourner les figures; la projection, fig. 9, serait horizontale et celle fig. 10 serait verticale.

§ 2. *Linçoirs en toits cylindriques.*

Un comble cylindrique est projeté verticalement, fig. 13, pl. LXXVII. La figure 14 est la projection horizontale d'une moitié de ce comble.

Une ouverture ronde est percée dans son long pan; la surface intérieure de cette ouverture est cylindrique; son axe est horizontal.

Le contour de l'ouverture est formé par deux parties de liernes a, b, qui font fonction de linçoirs, et par quatre aisseliers qui s'assemblent dans les liernes et dans deux petits chevrons c, d.

Sur le long pan, près de l'arêtier, et sur la croupe sont deux ouvertures rectangulaires égales et à la même hauteur; elles sont formées par deux liernes-linçoirs a, b et deux petits chevrons c, d; la figure 13 représente l'ouverture en croupe coupée, quoique la croupe elle-même ne soit pas coupée.

Ces ouvertures ont pour objet de donner accès au jour; si elles devaient servir de passage pour des souches de cheminées, il faudrait que toutes leurs parois fussent verticales.

§ 3. Linçoirs en combles sphériques.

La figure 15, pl. LXXVII, est la projection verticale, et la figure 16 la projection horizontale d'un dôme sphérique dans lequel sont percées différentes ouvertures rondes en C, e, h, g et des ouvertures rectangulaires en m et en n, dans des positions différentes. Celle m est oblique par rapport aux chevrons, elle a ses parois internes verticales; l'autre, n, est dirigée horizontalement.

Le chevron $C\ A$ partage la projection verticale en deux parties; celle à gauche $C\ B\ A$ présente l'élévation de l'extérieur de la coupole; celle à droite $C\ A\ C$ est une coupe par le plan de projection verticale qui laisse voir l'intérieur.

§ 4. Linçoirs en toits coniques.

La figure 17, pl. LXXVII, est la projection verticale ou l'élévation d'un comble conique, dont la figure 18 est la projection horizontale.

Les ouvertures 1-2-3-4, 5-6-7-8 sont rectangulaires et égales pour passages de cheminées. Leurs positions sont choisies de façon que dans la projection verticale celle de 1-2-3-4 puisse être regardée comme une projection de profil de celle de 5-6-7-8 vue de face.

Les ouvertures rectangulaires 9-10-11-12, 13-14-15-16 sont dirigées horizontalement, étant destinées à l'accès du jour. Leurs positions sont choisies comme celles des précédentes.

Une ouverture cylindrique à base ovale 17-18-19 et à parois verticales est tracée sur les deux projections.

La figure 19 est le profil du toit conique répondant à la trace $C\ B$.

La figure 20 est le profil du toit conique répondant à l'axe de cette ouverture, et dont la trace horizontale est $C\ A$.

II.

LUCARNES.

Lorsqu'une ouverture faite dans un toit est destinée seulement à l'accès de la lumière et qu'elle est d'ailleurs fort élevée au-dessus du plancher de la chambre ou salle qu'elle éclaire, on peut la fermer par un châssis vitré qui s'élève et s'abaisse comme un couvercle en tournant sur son côté horizontal supérieur (1).

Mais lorsqu'une ouverture dans un toit doit donner accès pour qu'on puisse voir au dehors de l'édifice, elle est couverte par une petite construction en charpente nommée *lucarne* (2), formée de deux portions triangulaires en pans de bois qui sont ses joues ou *jouées*, assemblées dans les chevrons latéraux de l'ouverture nommés *chevrons de jouées*, auxquels on donne plus d'épaisseur qu'aux autres chevrons.

Les joues d'une lucarne supportent son toit.

La lucarne se termine sur le devant par un châssis dormant formant fenêtre du côté de la façade de la bâtisse. Cette fenêtre peut être fermée par des châssis vitrés ou par des volets pleins.

La figure 14 de la planche LXXVIII est la projection verticale vue de face, et la figure 17 une autre projection verticale en coupe et profil d'une lucarne dont le toit est terminé par une croupe sur le devant, avec arêtier et empanons, et qui est lié au grand comble par des noulets, comme ceux que nous avons décrits page 4.

La panne P est coupée par le passage de la *lucarne*. Ordinairement la longueur des parties de cette panne qui se trouvent sans autre soutien que leur raideur, est fort petite, surtout si les fermes du comble sont peu écartées entre elles. Si les fermes sont assez écartées pour qu'on n'ose pas laisser sans soutien les bouts de la panne interrompus par la lucarne, on assemble ces bouts de panne dans deux linçoirs de panne établis sous les chevrons portant les joues de la lucarne. Les linçoirs de pannes s'assemblent dans la panne R et portent sur des blochets B de sablière, comme nous en avons indiqué un en B R dans le profil, fig. 17.

---

(1) Ce châssis est un ouvrage de menuiserie.
(2) Du latin *lucerna*, lanterne.

OUVERTURES DANS LES COMBLES ET DANS LES VOÛTES.

Nous avons réuni sur cette même planche LXXVII diverses sortes de lucarnes pour l'explication desquelles les dessins et la légende ci-après suffisent.

Fig. 15, lucarne avec fronton.
Fig. 16, coupe de profil de cette lucarne.
Fig. 13, lucarne avec fronton et cintrée intérieurement.
Fig. 10, coupe et profil de cette lucarne.
Fig. 12, lucarne bombée; son toit suit la courbure du fronton.
Fig. 11, coupe et profil de cette lucarne.
Ces quatre lucarnes sont dites *mansardes*.

Fig. 1, élévation; fig. 2, profil d'une lucarne *retroussée* que l'on emploie sur les combles de peu d'importance.

Fig. 7 et 8, élévation et profil d'une lucarne rampante.

Fig. 19 et 20, coupe et élévation d'une lucarne *capucine;* on la termine quelquefois par une croupe sur le devant.

Fg. 21, élévation, et fig. 21 profil d'une lucarne formant saillie sur la façade d'un bâtiment, avec palier soutenu par des consoles en fer pour le service d'un grenier.

Fig. 32, projection horizontale ou plan de cette lucarne, vue en dessus du toit.

La petite croupe de cette lucarne est conique; la frise sur laquelle elle est établie, est arrondie, comme la pièce qui forme le bord du palier, suivant deux surfaces cylindriques parallèles dont l'axe commun est vertical.

Cette frise est soutenue par des aisseliers cintrés, fig. 21, suivant une surface cylindrique dont l'axe est horizontal. Les intersections de ces surfaces cylindriques donnent la forme du cintre extérieur de la lucarne, dont la projection, fig. 22, est tracée par les courbes *a b e* construites par points.

Dans quelques ouvrages de charpenterie on a figuré le profil de cette lucarne par des courbes représentées fig. 34, tandis que son profil est celui fig. 21. Des aisseliers courbés, comme ceux projetés fig. 34, ne peuvent convenir qu'à la forme de lucarne projetée de face, fig. 31.

Fig. 23, élévation; fig. 24, profil d'une lucarne, également en saillie sur la façade d'un bâtiment, mais établie sur un plan carré, fig. 33.

La croupe du toit est soutenue par des aisseliers qui n'ont qu'une courbure égale à celle du cintre intérieur de la lucarne. Les pièces qui forment le palier sont des prolongements des solives du plancher. Elles sont soutenues par des aisseliers en bois, droits ou cintrés.

Fig. 35, profil d'un toit de lucarne sur un plan carré formant saillie, soutenue par des aisseliers droits.

Fig. 18, profil de la lucarne, fig. 23, à laquelle on a ajouté une poulie pour monter les fardeaux; cette poulie est attachée à un sous-faîtage ajouté à la charpente de la lucarne, afin de la porter au dehors du toit.

Fig. 26, élévation; fig. 27, profil d'une lucarne en œil-de-bœuf.

Fig. 25, élévation d'une lucarne octogonale.

Fig. 3, élévation; fig. 9, profil d'un évent pour donner de l'air dans un comble sans lucarne.

Fig. 28, élévation d'un évent cintré.

Fig. 29, profil, et fig. 30, élévation d'une lucarne moyen âge.

Fig. 36, élévation et fig. 37, profil d'une lucarne flamande; sa façade est en maçonnerie.

Fig. 5, élévation d'une lucarne établie dans un toit en chaume. Le châssis de la fenêtre de lucarne est établi en charpente sur le mur, formant la façade de la bâtisse; il est revêtu en planches; sa partie supérieure est découpée suivant une courbe qui forme le cintre dans son sommet, et qui se raccorde avec le niveau des sablières. Ce châssis donne appui aux chevrons, qui présentent une surface gauche engendrée par la ligne de pente du toit assujettie à s'appuyer sur la première panne et sur la courbe du bord supérieur du châssis de lucarne. Cette disposition a pour objet de permettre l'application des perchettes sur les chevrons et de former un toit de lucarne suivant le même système que le toit principal en chaume. (*Voy.* tome Ier, page 424.)

Fig. 4, élévation de l'extrémité du bâtiment couvert en chaume, pour montrer la lucarne de profil.

Fig. 6, coupe sur le milieu de la lucarne en chaume, par un plan vertical perpendiculaire à la façade du bâtiment.

Nous avons donné, fig. 12 et 14 de la planche LXXXI, deux formes de lucarne, sur lesquelles nous reviendrons en traitant des guitardes, dont leur forme les rapproche.

III.

LUNETTES.

§ 1. *Diverses combinaisons de lunettes.*

La rencontre ou pénétration des deux voûtes en charpente qui n'ont point la même hauteur forme une arête saillante dans ces deux voûtes. La moins élevée des deux voûtes est appelée lunette.

Les lunettes répondent aux passages des portes ou des fenêtres. La pièce de bois taillée suivant la courbure de l'arête d'une lunette est commune à la charpente de la grande voûte et à celle de la lunette; elle se trouve définie entre les surfaces parallèles d'intrados et d'extrados de deux voûtes. Cette pièce prend, comme la voûte la moins élevée, le nom de *lunette;* elle soutient les empanons cintrés et les liernes qui forment les surfaces des deux voûtes.

En combinant toutes les formes usitées pour les grandes voûtes, avec les mêmes formes pour les petites voûtes employées comme lunettes, on trouve un grand nombre de combinaisons que l'on peut quadrupler par les conditions de l'obliquité ou de la position rampante qu'on peut donner aux lunettes et même aux grandes voûtes, et qu'on multiplie encore par la nouvelle condition de faire coïncider les naissances des grandes voûtes et des lunettes, ou de les établir à des niveaux différents.

Il serai trop long de donner une énumération de ces combinaisons; chacun peut en dresser un tableau pour y choisir des cas sur lesquels il puisse s'exercer en en construisant les épures. Nous nous bornons à figurer les combinaisons principales et dont on fait le plus fréquemment usage, dans la planche LXXIX, et à quelques explications indispensables, dans la légende suivante :

Fig. 1, lunettes cintrées en demi-cercle, pénétrant dans une voûte en berceau.

a, plein cintre vertical de la grande voûte en berceau comprise entre deux pans de bois verticaux *p*.

a' projection horizontale de l'espace couvert par le berceau, et des deux pans de bois.

b, projection verticale, du cintre d'une lunette et de la baie du pan de bois qui lui correspond, sur le plan vertical formant le parement extérieur de ce même pan de bois. La naissance de cette lunette est au niveau de celle du berceau.

b' projection verticale et projection horizontale de la baie dans le pan de bois.

b", projections de la lunette dans le berceau.

c, projection sur le parement vertical du pan de bois d'une baie et d'une lunette, dont les naissances horizontales au niveau 1-2, sont plus élevées que celles de la grande voûte. Cette projection est rabattue sur le plan de l'épure.

Les pieds-droits de cette lunette, forment, au-dessous de la naissance de son cintre, entre le pan de bois et la grande voûte des joues planes, profilées par une partie du cintre de la grande voûte.

c', projections de la baie dans le pan de bois.

II. — 10

c'', projections de la lunette et de ses joues.

Les courbes qui marquent les projections horizontales de ces deux lunettes, sont obtenues par la méthode des sections parallèles, par une suite de plans horizontaux. Chacun de ces plans coupe les surfaces cylindriques de voûtes suivant des horizontales dont les intersections, en projection horizontale, déterminent les points des courbes pour chaque lunette.

Fig. 2, lunette biaise et lunette en descente pénétrant un berceau en plein cintre compris entre deux pans de bois p.

d, plein cintre du berceau.

e, plein cintre de la lunette biaise; ses naissances sont horizontales au niveau de celles du grand berceau.

e' projection horizontale de ce plein cintre, dont le plan est perpendiculaire à l'axe horizontal 3-4 de la lunette.

e' projection de la baie biaise dans le pan de bois.

e'', projection de la lunette biaise dans le berceau.

f, projection verticale de la baie en descente et de la lunette en descente rampante sur le parement du pan de bois; la ligne 5-6, sur le plan du cintre d, est la trace verticale du plan rampant des naissances de la lunette.

f', projection de la baie en descente dans le pan de bois.

f'', projection de la lunette en descente.

Fig. 3, lunette en berceau pénétrant un toit conique et une coupole, et lunette en surface annulaire pénétrant la même coupole.

Sur la droite de cette figure, sont les projections qui se rapportent à la première lunette.

d, sablière de la coupole.

e, chevron dans le profil du toit conique qui couvre la coupole.

d' sablières de la naissance de la coupole.

e', sablières du toit conique.

f, projection verticale de la lunette cylindrique; elle est construite concentriquement au cintre de la coupole pour économiser l'espace sur l'épure.

f', lunette cylindrique dans la coupole; ses arêtes sont dans des plans verticaux, et projetées verticalement par des lignes droites.

f', projection du cintre de la lunette dans le toit conique; les courbes qui sont les projections de ses arêtes, sont obtenues par un système de plans horizontaux qui coupent le toit conique suivant des cercles, et le berceau de la lunette, suivant des lignes droites.

Sur la gauche, sont les projections qui se rapportent à la surface annulaire.

d est toujours le cintre de la coupole. De ce côté, cette coupole est entourée d'un pan de bois élevé sur un plan octogonal.

o est le profil de ce pan de bois octogonal.

d' plan des sablières de la coupole.

o', plan du pan de bois.

g, cintre de la baie percée dans le pan de bois.

g'', ses projections.

La surface de douelle de la voûte annulaire qui donne lieu à la lunette, est engendrée par le cintre de la baie qui se meut autour d'un axe horizontal projeté sur le point i; la ligne $i\ k$ est tangente à l'arc externe de la coupole dans le point k, choisi sur cet arc; l'arc $k\ m$ détermine la position du centre de l'arc de la baie.

g' projection de l'arc de la lunette qui répond à l'intersection de la coupole avec la surface annulaire verticale de la lunette.

Fig. 4, lunette conique, et lunette conoïdale pénétrant un berceau compris entre deux pans de bois p.

g, cintre du berceau.

g', espace horizontal couvert par le berceau.

h, cintre de la baie conique dans le pan de bois, et projection de la lunette dans le berceau.

h', projection de la baie conique dans le pan de bois; toutes les naissances sont horizontales et au même niveau.

h'', projection de la lunette conique dans le berceau.

Le cintre h de la baie est la base de la surface conique d'intrados; son axe est l'horizontale 7-8, et son sommet est au point 8; la surface d'extrados parallèle à son sommet au point 8'.

k, cintre de la baie conoïdale dans le plan du pan de bois, et projection de la lunette conoïdale dans le berceau.

k', projection de la baie conoïdale du pan de bois.

k'', projection de la lunette conoïdale.

Les deux cercles concentriques du cintre de la baie dans le parement extérieur du pan de bois sont les deux courbes directrices des surfaces conoïdales d'intrados et d'extrados de la lunette.

Les lignes horizontales 10-11 et 10'-11' sont les deux axes horizontaux des deux surfaces conoïdales.

La génératrice de chacune est constamment dans un plan vertical perpendiculaire à l'axe 10-11 de la grande voûte.

Les points des courbes qui forment les arêtes des pièces de bois des lunettes sont déterminés par une suite de plans passant par l'axe horizontal 10-11 de la grande voûte en berceau pour les courbes d'indrados des deux lunettes, et pour les extrados par les lignes 8'-8' pour la lunette conique et 10'-11' pour la lunette conoïdale.

Ces plans coupent la surface des berceaux comme les surfaces coniques et conoïdales suivant des lignes droites dont les projections horizontales donnent, par leurs intersections, huit points pour chaque lunette.

Fig. 5, lunettes rampantes dans un berceau en descente.

l, cintre vertical du berceau en descente.

m j, profil en long du berceau en descente.

n, cintre des lunettes rampantes suivant la pente *m j* de la descente.

l', projection du cintre de la descente sur le plan de son profil.

o, coupe de la descente et des lunettes par un plan vertical passant par l'axe horizontal 1-1' des lunettes projeté au point 1 du profil *m j*.

La ligne 2-2' répond à la naissance 2, et la ligne 3-3' répond à la naissance 3 du profil *o*. Les arcs de cercle ponctués répondent aux sections qui seraient faites dans le berceau en descente, par des plans verticaux, passant par les naissances 2, 3 de la lunette.

On suppose que les deux côtés de la descente sont percés par deux lunettes égales.

Fig. 6, lunettes cylindriques dans une voûte conoïdale.

b a d, cintre de la voûte conoïdale; son axe est projeté horizontalement en *c*.

k, cintre de la lunette en berceau.

k' o k', projections des arêtes des deux lunettes dans la voûte conoïdale.

Ces projections sont construites par les rencontres des projections horizontales des lignes suivant lesquelles des plans horizontaux coupent les surfaces conoïdales et les surfaces cylindriques.

Nous avons haché les occupations des naissances des cintres sur le plan des sablières, ainsi que celle du poteau contenant les axes de la voûte conoïdale.

Fig. 7, lunette conique et lunette conoïdale dans une coupole sphérique.

v, cintre de la coupole, et coupes des lunettes.

v', plan des sablières de la coupole et des lunettes.

p, à droite de l'axe *c a*, projection du cintre de la lunette conique.

q, à gauche du même axe, projection de la lunette conoïdale.

Ces deux projections sont faites sur des plans perpendiculaires aux axes des lunettes, et, par économie de place sur l'épure, rapportées concentriquement sur la projection verticale du cintre de la coupole.

p', lunette conique. La surface conique de l'intrados a pour base un petit cercle vertical de l'extrados de la coupole sphérique; son axe est sur le diamètre *p' q'*, et son sommet au centre *c* de la coupole. La surface conique de l'extrados est parallèle à celle de l'intrados; sa base est un second cercle de l'extrados de la coupole; son sommet est au point s du même diamètre.

Les quatre arêtes de cette lunette sont des demi-cercles contenus dans des plans verticaux tracés par moitié en p, et projetés horizontalement et verticalement en p' par des lignes droites.

q', lunette conoïdale; son axe horizontal est pris sur le diamètre $p'\ q'$.

La surface conoïdale d'intrados et celle d'extrados ont pour directrice sur la surface extrados de la coupole chacune un demi-cercle compris dans un plan vertical; ces demi-cercles sont projetés en q par moitié, et par des lignes droites en q'. L'axe vertical, directeur de la génératrice horizontale pour le conoïde d'intrados, est projeté sur le centre c de la coupole.

L'axe vertical, directeur de la génératrice horizontale pour le conoïde d'extrados, est projeté en s'.

Les points des courbes d'intersections des surfaces conoïdales avec l'intrados de la coupole, sont déterminés par des plans horizontaux qui coupent en même temps les surfaces de la coupole suivant des cercles, et les surfaces conoïdales suivant des lignes droites.

Fig. 8, lunette conoïdale dans une voûte annulaire.

a, coupe de la voûte annulaire par un plan vertical ayant pour trace la ligne $o\ c$ du plan a'.

b, cintre extérieur de la lunette conoïdale projeté sur un plan vertical ayant la ligne 1-2 pour trace, et couché sur le plan horizontal.

d', lunette conoïdale intérieure; ses surfaces d'intrados et d'extrados sont dans les mêmes conoïdes que celles de la lunette extérieure.

L'axe de la surface conoïdale d'intrados est projeté horizontalement en c, et verticalement en $c\ p$. L'axe de la surface conoïdale d'extrados est projeté horizontalement en c' et verticalement en $c''\ p''$ sur le plan du profil a.

Les courbes des projections horizontales des lunettes sont déterminées par points par une suite de plans horizontaux qui coupent les surfaces annulaires d'intrados et d'extrados, suivant des cercles, et les surfaces conoïdales, suivant des lignes droites; les intersections de ces cercles et de ces lignes droites donnent 16 points qui appartiennent aux projections horizontales des courbes des lunettes.

§ 2. *Épure détaillée d'une lunette.*

Les lunettes dont nous venons de parler ne sont décrites que par des croquis, qui montrent seulement la disposition qu'on devrait donner aux différentes parties de l'épure, qu'on voudrait construire pour l'étude de chacune d'elles.

Nous donnons, planche LXXX et LXXXI, une épure complète d'un cas qui n'est point compris dans les figures précédentes.

La figure 6 de la planche LXXX, est l'épure d'une lunette conique, biaise et rampante, dans un dôme sphérique. Cette combinaison ne peut se présenter que fort rarement, vu que dans la composition des bâtiments on satisfait toujours à des conditions de symétrie et de régularité dans leurs plans. Nous ne donnons donc cette épure que comme une étude utile.

La ligne $Y X$ est l'intersection des deux plans de projection, l'un et l'autre rabattus sur le plan de l'épure. Un deuxième plan de projection verticale, qui a pour trace la ligne $C O$ est également couché à gauche sur l'épure. La naissance de la coupole sphérique est comprise entre les deux cercles $Q O J$, $q o j$ concentriques tracés sur le plan horizontal; leur centre commun est en C, centre des surfaces sphériques d'intrados et d'extrados de la coupole. Ce point C est sur la ligne $Y X$. Le vitrail, ou cintre formé de deux cercles qui servent de bases aux surfaces coniques d'intrados et d'extrados de la lunette, est donné sur un plan vertical parallèle au plan de projection verticale, dont la trace horizontale est la ligne $Y' X'$ tangente au cercle extérieur de la naissance de la coupole. Les deux cercles concentriques du vitrail sont projetés sur le plan vertical en $V K U$, $v k u$.

Le sommet de la surface conique d'intrados de la lunette est projeté en S, sur le plan horizontal, en S' sur le premier plan de projection verticale, et en S'' sur le deuxième plan de projection verticale. Le sommet de la surface d'extrados, qui est dans le plan horizontal en Z, est projeté sur les plans verticaux en Z' et Z''. L'axe commun des deux surfaces coniques est projeté en $S E$ sur le plan horizontal, de S' en E' sur le premier plan de projection verticale, et en $S'' E''$ sur le deuxième plan vertical. Cette ligne $S''' E''$ est en même temps la trace verticale du plan rampant qui contient les naissances de l'arc de lunette, et dont la trace est $Z Z''$ sur le plan horizontal.

La détermination des courbes qui forment les arêtes du cintre de la lunette, est un problème de géométrie descriptive; il s'agit de construire les intersections de deux surfaces coniques et des deux surfaces de sphère, le cintre de la lunette étant défini par l'espace compris entre ces quatre surfaces.

On obtient les points de ces courbes par une suite de plans qui coupent chacun les surfaces coniques suivant des lignes droites et les surfaces sphériques suivant des cercles. Ce moyen de solution peut être appliqué de différentes manières. Nous allons d'abord expliquer celui employé dans l'épure, fig. 6, pl. LXXX, qui est un des plus simples.

On divise les arcs de cercle $V K U$, $v k u$ du vitrail en un même nombre de parties égales; les lignes qui joignent les divisions de mêmes chiffres, sont les traces sur ce même vitrail d'un certain nombre de plans passant par l'axe commun des deux cônes, et qui coupent les surfaces de ces deux cônes suivant des lignes droites génératrices.

On opère pour toutes ces génératrices comme je vais l'indiquer pour celles répondant aux points de division m, m' de la projection verticale, et M, M' de la projection horizontale.

Ces génératrices sont projetées verticalement suivant les parallèles $Z' m$, $S' m'$, et horizontalement suivant les parallèles $Z M$, $S M'$.

On fait passer par chacune de ces génératrices, un plan vertical; les traces horizontales de ces deux plans sont les mêmes lignes $Z M$, $S M'$. On couche ces deux plans sur le plan horizontal en le faisant tourner autour de leurs traces. Les verticales projetées sur le plan horizontal en M, M' et en $p' m'$, $p m$ sur le vitrail, sont couchées perpendiculairement aux traces $Z M$, $S M$, en $M n$, $M' n'$.

La ligne $Z n$, et sa parallèle $s n'$, sont les génératrices des surfaces coniques dans les plans rabattus. Le point s est le sommet de la surface conique d'intrados; $S s$ étant égale à $S'' v$ ou à son égale $S' Z'$, élévation de ce sommet au-dessus du plan horizontal. Les deux plans qu'on vient de rabattre sur le plan horizontal, coupent les surfaces sphériques suivant quatre cercles. En abaissant du point c, centre de la coupole, une perpendiculaire sur les deux parallèles $Z M$, $S M'$, traces des plans recouchés, les points c et c' sont les centres des cercles tracés sur les surfaces sphériques par les deux plans verticaux, leurs rayons sont $c F$, $c f$, $c' F'$, $c' f'$.

Du point c avec les rayons $c F$, $c f$, et du point c' avec les rayons $c' F'$, $c' f'$, traçant des arcs de cercle, qui sont, dans les plans rabattus, les sections faites par eux dans les sphères, ils donnent, par leur rencontre avec les génératrices, $Z n$, $s n'$, les points $1'$, $2'$, $3'$, $4'$ (1); ses points sont ramenés par des droites verticales sur les projections des génératrices en 1, 2, 3, 4. Le quadrilatère 1-2-3-4, composé de deux lignes droites parallèles et des projections des deux arcs de cercle, est la projection horizontale de la section faite dans le cintre de la lunette, par le plan passant par l'axe commun des deux surfaces coniques et par la ligne $m m' E'$ sur le vitrail.

Ce même quadrilatère est renvoyé sur les deux projections verticales en 1-2-3-4, par des verticales que l'on n'a point tracées pour éviter la confusion des lignes, déjà en très-grand nombre sur cette épure.

(1) Pour éviter la confusion sur la figure, on n'a point tracé les arcs de cercle.

En répétant la même opération autant de fois qu'on le juge nécessaire pour une détermination régulière du cintre de la lunette, on obtient les projections d'une suite de quadrilatères qui sont autant de sections faites dans le même cintre par des plans passant par l'axe commun des surfaces coniques. En faisant ensuite passer des courbes par les angles homologues de ces quadrilatères, on a les trois projections du cintre de la lunette. Ces trois projections ne sont point indispensables pour l'exécution de la pièce du cintre : j'ai donné celle du deuxième plan vertical, afin que la description fût plus complète.

Fourneau, qui a donné, pl. LIII de son *Traité de l'Art du Trait*, l'épure d'un cas à peu près pareil, opère un peu différemment : au lieu de coucher les plans verticaux qui coupent les surfaces coniques et les surfaces sphériques sur le plan horizontal, en les faisant tourner autour de leurs traces horizontales, il les applique sur le plan vertical en les faisant tourner autour des verticales passant par les sommets des cônes. Cette méthode, qui donne les mêmes résultats, a l'inconvénient d'obliger à reporter avec le compas les distances des centres des cercles sur les plans verticaux, et de rapporter ensuite, avec le compas, les points obtenus sur la projection horizontale.

Un système de plans passant par l'axe commun des deux surfaces coniques, projeté en ZE, $Z'E'''$, et $Z''E''$, couperait les deux surfaces coniques suivant des lignes génératrices, et les deux surfaces de sphère suivant des cercles. La construction de ces lignes dans ces plans rabattus donnerait immédiatement les quadrilatères et les points des mêmes courbes; mais la construction serait plus compliquée. Toutes ces méthodes, même la première, que j'ai décrites pour faire connaître celles indiquées dans les *Traité de Charpenterie*, ont le grave inconvénient d'obliger à tracer une infinité de cercles, dont il faut déterminer les centres. Il est préférable de choisir le système de plan de façon qu'ils coupent les surfaces sphériques suivant des grands cercles, afin que ceux qui sont les traces des naissances puissent servir pour la construction des points des courbes.

Soit, en conséquence, ZCR, la trace horizontale commune à tous les plans qui doivent couper la surface conique d'intrados suivant des génératrices. Supposons qu'on opère d'abord pour le plan contenant la génératrice de la surface d'extrados projetée verticalement sur $Z'm$. La trace de ce plan qui contient cette génératrice sur ce vitrail, est la ligne rm. En rabattant ce plan sur le plan horizontal, le point m vient en h; Mh étant perpendiculaire à ZR et Rh et égal à rm.

$Z''h$ dans ce rabattement est la génératrice de la surface conique d'extrados. Les deux cercles suivant lesquels les surfaces sphériques sont coupées par ce même plan, étant rabattus, se confondent avec les cercles de la naissance de la coupole. Ainsi les deux points d'intersection 5, 6, avec la génératrice Zh, renvoyés horizontalement, donnent les deux points 1, 2 de la projection horizontale du cintre de lunette.

La trace $Z\ C\ R$ est commune à tous les plans qui doivent couper la surface conique d'extrados; mais comme le sommet S de la surface d'intrados n'est pas dans le plan des naissances, les traces des plans d'un second système passant tous par le centre C des sphères et par ce sommet S de la surface conique d'intrados, changent pour toutes les positions qu'on peut donner à ces plans.

Ainsi, prenant pour exemple le plan passant par le centre des sphères, et la génératrice de la surface d'intrados projetée en $M\ S$ et $m'\ S'$, on construit le point où son prolongement perce le plan horizontal des naissances de la coupole. Ce point s'obtient en prolongeant $m'\ S'$ jusqu'en g, et renvoyant ce point sur la projection horizontale de la génératrice $M\ S$ en g'. La ligne $g'\ C\ R'$ est la trace du plan passant par le centre et coupant la surface conique d'intrados suivant la génératrice projetée en $m'\ S'$ et $M'\ S$. Cette trace déterminée ainsi, on opère comme ci-dessus pour construire le rabattement du plan autour de $g'\ C\ R'$. La génératrice rabattue, ses intersections avec les deux grands cercles donnent deux points, dont les projections horizontales coïncident avec les points 3 et 4.

Les plus grandes difficultés de l'art du charpentier ne consistent pas toujours dans la conception d'un ouvrage ni dans les procédés de représentation d'une construction en charpente par des projections.

L'habileté, la sagacité et la prévoyance du charpentier ont à s'exercer sur la possibilité de l'édification, sur le choix des dimensions et des positions qu'on doit adopter pour les bois équarris par rapport aux formes des pièces courbes qu'on doit en tirer, à la direction des fibres et à l'économie du bois; sur le choix des projections préparatoires à l'exécution, soit qu'il s'agisse de leur herse ou de l'ételon, soit qu'il s'agisse des formes des patrons ou des gabarits, pour parvenir à un travail simple et exact.

La lunette dont nous venons de donner la description par une épure, est une des pièces les plus propres à faire ressortir l'habileté dont nous venons de parler.

Nous allons exposer quelques procédés que la géométrie descriptive fournit pour résoudre les difficultés que présente cette lunette.

Les plans qui déterminent les positions que doivent avoir les pièces de bois d'où doivent sortir les différentes parties d'un cintre, varient suivant ses courbures et la nature de ses surfaces. Mais, en général, le principe d'exécution est le même. Des quatre surfaces qui limitent le plus ordinairement une pièce courbe, on commence par exécuter les plus faciles et celles surtout sur lesquelles on peut avec exactitude tracer les lignes qui sont nécessaires pour l'exécution des deux autres.

Dans le cas particulier de la lunette qui nous occupe, les deux surfaces à exécuter les premières sont celles coniques, parce qu'elles sont engendrées par des lignes droites et développables, et qu'on peut leur appliquer des patrons pour guider dans la coupe des deux surfaces sphériques.

Tout l'art consiste donc à bien choisir la disposition des pièces de bois pour qu'il soit moins difficile de construire sur leurs faces les traces des surfaces coniques.

Lorsque le rayon de courbure de la coupole est grand par rapport aux ouvertures des lunettes, et que d'ailleurs, comme cela arrive ordinairement, il y a symétrie dans la position des lunettes, c'est-à-dire qu'elles sont droites, leurs axes tendent au centre de la coupole, bien qu'elles soient en descente, leur courbure en projection horizontale n'est pas considérable, et les bois d'où doivent sortir les parties du cintre peuvent avoir leurs faces parallèles au vitrail; il est alors facile de construire les intersections des faces des pièces avec les surfaces coniques.

Mais, dans d'autres cas, les courbures du cintre de lunette sont grandes, et l'on est forcé de disposer les pièces de bois suivant ces courbures, comme on en voit une ponctuée en 13-14-15-16. Il s'agit donc de construire les traces des surfaces coniques sur les faces planes de ces pièces. On peut aussi choisir pour plan auquel les faces et toutes les pièces de bois seraient parallèles, celui qui lui-même serait vertical et parallèle à la ligne $x\,y$ qui joint sur deux naissances du cintre de lunette. Pour économiser le bois, c'est-à-dire pour employer des pièces d'un moins fort équarrissage, on peut encore, quand la courbure n'est pas trop forte, choisir un plan également parallèle à la ligne $x\,y$, mais qui s'approche le plus possible du cintre en s'inclinant convenablement. Cependant la courbure du cintre peut être encore assez grande pour que ce plan nécessite des bois d'un très-fort équarrissage.

Puisqu'il s'agit ici d'une étude, nous supposerons le cas le plus défavorable, et qu'il faut, pour chaque pièce qui doit concourir à la composition du cintre, déterminer sa position de manière qu'elle ait le moindre équarrissage. Il en résulte la nécessité de faire un plus grand nombre de projections que pour aucun autre cas.

Nous supposerons qu'il s'agit d'exécuter l'arc de lunette qui a une grande courbure en trois parties; chacune d'elles devant être tirée séparément d'une pièce de bois. Supposons, en conséquence, que l'on veut tirer d'une pièce de bois une partie donnée de l'arc du cintre, la partie

OUVERTURES DANS LES COMBLES ET DANS LES VOUTES. 83

comprise entre la naissance à gauche, et un point situé entre le quatrième quadrilatère 8-9-10-11 et le suivant.

Nous supposerons une sphère ayant son centre au point A, angle du quadrilatère de la naissance, et pour rayon la longueur de la pièce de bois dans laquelle on doit couper la partie du cintre dont il s'agit. Cette sphère rencontre la surface d'extrados de la coupole suivant un cercle. Ce cercle a pour projection, sur le plan horizontal, une ellipse dont on pourrait construire les points au moyen d'un système de plans horizontaux coupant les deux surfaces sphériques suivant d'autres cercles, qu'on mettrait en projection horizontale, et dont les intersections donneraient les points de la courbe. Mais il est plus court et plus exact de déterminer immédiatement les axes de cette ellipse, et de la construire par leur moyen.

Par le centre de la coupole et le point A, soit un plan vertical dont la trace est $C\,A$. Ce plan coupe la surface extrados de la coupole suivant un grand cercle qui, dans le rabattement sur la gauche autour de la trace $C\,A$, se confond avec le grand cercle de la naissance, le point A se trouvant rabattu en A'. Faisant les cordes $A'\,P$ et $A'\,Q$ égales à la longueur de la pièce de bois, $Q\,P$ est la trace du plan du cercle suivant lequel la sphère que nous avons supposée coupe la surface de la coupole. En projetant les points P et Q en B et b, la ligne $B\,b$ est le petit axe de l'ellipse, son centre est en X milieu de $B\,b$, et son grand axe est $Y\,y$ égal à $P\,Q$. Cette ellipse $b\,y\,B\,Y$ est ponctuée sauf son arc 11-12, dont l'intersection avec la projection de l'arête extérieure et supérieure du cintre de lunette, marque le point G en projection horizontale, et G' en projection verticale, où se terminent les projections de la longueur donnée de la partie du cintre que l'on peut tirer de la pièce de bois.

Les arêtes de cette pièce doivent être parallèles à la ligne projetée en $A\,G$, et sa face supérieure doit être tangente à la partie sphérique du cintre de la lunette.

Par le point D, milieu de la projection horizontale $A\,G$ de la longueur de la pièce, et par le centre de la coupole, je trace un rayon, et par l'extrémité de ce rayon je fais passer un plan tangent à la surface de la coupole. Le rayon dont il s'agit est contenu dans un plan vertical méridien qui a pour trace $C\,D\,T$. Ce méridien, rabattu sur la droite, porte le point D en D', en faisant $D\,D'$ égal à $d'\,d$ de la projection verticale. Le rayon $C\,D'$ est prolongé jusqu'en T. La ligne $T\,T'$, tangente au grand cercle, est la trace du plan tangent en T; sa trace horizontale est $N\,T\,N$. En mettant le point a, deuxième angle du quadrilatère de la naissance du cintre de lunette en projection sur le même méridien rabattu en a' ($i\ a'$ étant égal à $i\ a$ de la projection verticale), la parallèle $t\ a'\ t'$ est la trace du plan parallèle au plan tangent qui limite l'épaisseur de la pièce de bois qui doit contenir la courbe. La trace horizontale de ce plan est $n'\ t\ n$.

Pour tailler la courbe, il faut d'abord, comme nous l'avons déjà dit, mettre à découvert les deux surfaces coniques; il faut par conséquent construire leurs intersections avec le plan tangent et le plan qui lui est parallèle. Cette construction et la suite de l'opération font l'objet des fig. 4 et 5 de la planche LXXXI, sur laquelle, pour éviter la confusion des lignes, nous avons rapporté toutes les parties de l'épure de la pl. LXXX, qui sont nécessaires à la construction qui va nous occuper.

Ainsi, comme précédemment, les cercles $Q\ J$, $q j$, fig. 4, pl. LXXXI, comprennent la naissance de la coupole sphérique. C est le centre de ces cercles et celui des surfaces de la coupole. S est la projection horizontale du sommet de la surface conique d'intrados, Z est le sommet de la surface conique d'extrados; les demi-cercles $V\ K\ U$, $v\ k\ u$ marquent le vitrail de la lunette. $Y\ X$ étant l'intersection des plans de projection, $Y'\ X'$ est la trace du plan du vitrail parallèle au plan de projection vertical; $C\ T'$ la trace du méridien passant par le point B de l'épure, pl. LXXX.

$T'\ T$ est la trace du plan tangent dans le méridien rabattu, et $N\ N$ sa trace horizontale.

Ce que l'on se propose dans cette épure, c'est de construire les traces des deux surfaces coniques du cintre de la lunette sur le plan tangent et sur son parallèle, qui contiennent les faces de la pièce de bois de laquelle doit sortir la partie du cintre comprise entre le point A et le point G, pl. LXXX.

Ces traces sont évidemment des ellipses. On pourrait les construire par points d'après les seules données de l'épure. Mais il est ici plus court et plus exact de construire ces ellipses d'après leurs propriétés géométriques (page 3), les éléments de cette construction étant faciles à déduire de l'épure.

Pour construire une ellipse, il faut que l'on connaisse au moins un de ses axes et un point de l'ellipse pris hors des axes; ou un diamètre, la direction de son conjugué et un point de l'ellipse hors des diamètres; et dans ce dernier cas, qui est celui de l'épure, si l'on connaît les tangentes aux extrémités du diamètre, on a la direction du deuxième diamètre.

Nous allons construire, dans le plan tangent à la surface extérieure de la coupole, qui a pour traces les lignes $T'\ T$, $N\ N$, les traces parallèles de deux plans tangents à la surface conique d'extrados d'abord.

Ces traces seront deux tangentes à l'ellipse à décrire dans le plan tangent à la sphère ; et comme elles doivent être parallèles d'une part, elles appartiennent à deux plans tangents à la surface conique dont l'intersection passant par son sommet est parallèle au plan tangent à la sphère ; parmi toutes les intersections passant par le sommet de la surface conique parallèle au plan tangent à la sphère, on est maître de choisir celle dont la position donne la construction la plus commode : nous choisissons l'intersection des deux plans tangents à la surface conique qui est dans un plan vertical. Ce plan vertical, nécessairement perpendiculaire au plan tangent à la sphère, a pour trace horizontale la ligne $Z\ T''$ parallèle à la ligne $C\ T'$, trace horizontale du grand cercle de la coupole perpendiculaire à son plan tangent, et, comme celle-ci, perpendiculaire à la trace $N\ N$ de ce plan tangent à la sphère. Ce plan vertical coupe le plan du vitrail suivant une verticale passant par le point T^* et projetée verticalement dans le vitrail rabattu suivant $L\ F$. Ce plan vertical, en tournant autour de sa trace horizontale $Z\ T''$, peut s'appliquer sur le plan horizontal ; sa partie inférieure à l'horizon s'applique sur la gauche, de façon que la verticale passant par le point T'' vient se confondre avec la ligne $T\ f$. La trace du plan tangent, dans ce plan, serait évidemment une parallèle à la ligne $T\ T^*$ passant par le point T^*; par conséquent, la ligne parallèle au plan tangent, dans ce même plan vertical rabattu, est la ligne $Z\ f$ parallèle à $T\ T'$. Ce point f est celui où cette ligne perce le plan vertical. Pour mettre ce point en projection verticale sur le plan du vitrail, il faut faire $L\ F$ égal à $T^*\ f$; les tangentes $F\ E''$, $F\ E'''$ à l'arc du vitrail sont, par conséquent, les traces de deux plans tangents au cône sur ce même vitrail, et les deux mêmes plans auront pour traces, sur le plan tangent à la sphère, deux parallèles perpendiculaires à sa trace horizontale $N\ N$.

Les lignes $f\ e''$, $f\ e'''$ sont les traces des deux plans tangents parallèles aux précédents, dont l'intersection passe par le sommet projeté en S de la surface conique d'intrados.

Une considération fort simple va donner les points où les génératrices, répondant aux points de contact des surfaces coniques, percent le plan tangent à la sphère.

Les points E'', e'' sont les points de contact des tangentes $F\ E''$, $f\ e''$; ils se trouvent de chaque côté dans un plan passant par l'axe commun des surfaces coniques et dont les traces sur le vitrail sont projetées suivant $E'\ r$, $E'\ r$. Les points r et r sont projetés horizontalement sur la trace du vitrail en R et R; par conséquent $Z\ R$ et $Z\ R$ sont les traces horizontales de ces mêmes plans. Elles rencontrent en N, N, n, n, les traces du plan tangent et de son parallèle.

86   TRAITÉ DE L'ART DE LA CHARPENTERIE. — CHAPITRE XX.

Le plan vertical passant par l'axe commun $Z\,E$ des cônes, étant couché sur la gauche, cet axe est la ligne $Z\,E$. La ligne $v\,z$ est, dans ce même plan, la trace du plan tangent à la coupole. Cette trace s'obtient en faisant la verticale $Q\,O$ recouchée égale à la verticale $T\,P$, qui est aussi recouchée dans le plan qui a servi à déterminer la tangente $T'\,T$. Le point c' est le point où l'axe des surfaces coniques perce le plan tangent à la coupole. Sa projection horizontale est en H. Les lignes $H\,N$, $H\,N$ sont, par conséquent, sur le plan tangent à la coupole, les projections des traces des deux plans passant par l'axe commun des surfaces coniques, et par les deux génératrices de contact.

Les points $D\,D'$, où elles coupent les projections $Z\,g$, $Z\,g$ des génératrices de contact prolongées sont les projections des points où les génératrices percent le plan tangent à la coupole.

En faisant tourner le plan tangent autour de sa trace $N\,N$, pour l'abattre en herse sur le plan horizontal, le point H tombe en H'.

Ce rabattement se fait en égalant $u\,H\,H'$, perpendiculaire à la trace du plan tangent, à $T\,H$ (1). Les lignes $H'\,N$, $H'\,N$ sont dans le plan tangent à la coupole rabattu en herse, les traces des deux plans qui ont pour traces verticales les lignes $Z\,R$, $Z\,R$, et les points $d\,d$ déterminés par des perpendiculaires $n'\,D\,d'$, $n'\,D\,d$ à la trace $N\,N$, sont dans le plan tangent à la coupole couché à la herse, les points de contact des tangentes à l'ellipse, parallèles entre elles et perpendiculaires à la trace de ce plan. La ligne $d\,d$ est un diamètre de cette ellipse. Son diamètre conjugué passe par son milieu O, et est parallèle aux tangentes $d\,n$, $d\,n$. Il ne s'agit plus que d'avoir dans le plan tangent à la coupole, un point appartenant à la surface conique d'extrados; nous choisissons celui en lequel la génératrice de cette surface conique contenue dans le plan vertical passant par l'axe, perce le plan tangent. Ce plan vertical a pour trace horizontale la ligne $Z\,E$. La hauteur $Z\,K$ du point K, au-dessus du plan horizontal, portée de E en k, donne, dans le plan vertical couché, la position de la génératrice qui perce en z le plan tangent; ce point ramené en projection horizontale est en z'; ce point projeté à la herse, c'est-à-dire sur le plan tangent, couché sur le plan horizontal, et en k'. On a donc ainsi pour décrire l'ellipse d'un diamètre $d\,d$, la direction de son conjugué parallèle à ses tangentes, et un point k' de la courbe.

Cette courbe $1\,d\,K'\,1$ se trace ensuite par le moyen d'ordonnées paral-

---

(1) Le hasard fait que, dans cette épure, le point H de la ligne $Z\,v$ tombe sur la ligne $T'\,T$.

lèles aux tangentes extrêmes, proportionnelles à celles d'un cercle décrit sur le diamètre de l'ellipse, et ayant les mêmes abscisses (1).

Par une construction pareille, on déterminera de la même manière les éléments du tracé de l'ellipse, qui est la trace de la même surface conique, sur le plan parallèle au plan tangent à la surface de la coupole. Mais une considération simplifie beaucoup la construction. Cette deuxième ellipse est semblable à la première, puisqu'elle appartient à la même surface, et qu'elle est sur un plan parallèle à celui sur lequel la première est tracée; ainsi, la trace horizontale de ce plan est la ligne $n\ n$; $v'\ z''$, parallèle à $v\ z$, est la trace du plan parallèle au plan tangent sur le plan vertical, passant par l'axe commun; e'' est le point où l'axe perce ce plan parallèle, H'' sa projection horizontale, et H''' sa projection à la herse.

De même le point z'', en lequel la génératrice supérieure perce le plan parallèle au plan tangent mis en projection en z''', est mis à la herse en k''; de sorte que l'on a pour cette seconde ellipse $2\ d'\ k''\ d'\ 2$, son diamètre $d'\ d'$, ses tangentes parallèles à celles de la première, et un de ses points, k''.

Les ellipses qui sont les traces de la surface conique de l'intrados de la lunette sur les mêmes plans sont semblables aux deux premières.

Leurs éléments sont déterminés par des parallèles aux lignes qui ont servi à déterminer les éléments des premières. Ainsi, les points g', g' sont les projections des points e'', e''; les lignes $S\ g'$, $S\ g'$, qui déterminent les points $D'\ D'$, sont parallèles aux lignes $Z\ g$, $Z\ g$, et des perpendiculaires à la trace du plan tangent par les points D', D', donnent les points $d''\ d''$ qui fixent la longueur du diamètre de l'ellipse parallèle à $d\ d$, et la ligne $s\ k'$ est parallèle à la ligne $Z\ k$; elle détermine le point z''', par suite le point z'''', et enfin le point k''', qui appartient à l'ellipse $3\ d''\ k'''\ d''\ 3$.

Les mêmes parallèles déterminent enfin les points d''', d''', et par conséquent le diamètre $d'''\ d'''$, les points z''', z'''', et le point k''', qui appartient à l'ellipse $4\ d'''\ k'''\ d'''\ 4$.

Les ellipses $1\ d\ k'\ d\ 1$, $2\ d'\ k''\ d'\ 2$, $3\ d''\ k'''\ d''\ 3$, $4\ d'''\ k'''\ d'''\ 4$, sont donc les traces des surfaces coniques sur le plan tangent à la surface de

---

(1) Soit, fig. 8, pl. LXXXI, $d\ d$, un diamètre d'une ellipse, $d\ t$, $d\ t$, deux tangentes, parallèles aux extrémités de ce diamètre; le diamètre conjugué sera dans la position $c\ G$ parallèle à ces tangentes. Le point R est un point donné de l'ellipse qu'il s'agit de tracer. Soit décrit demi-cercle $d\ g\ d$, soit tracé $K\ p$ parallèle aux tangentes, et l'ordonnée $P\ m$, au cercle; soit enfin tracé $m\ R$. Pour déterminer le point de l'ellipse situé sur une ordonnée $q\ r$, parallèle à $d\ t$, soit l'ordonnée au cercle $q\ n$, par le point n on trace $n\ r'$ parallèle à $m\ R$, le point r' appartient à l'ellipse. Ayant les diamètres, on peut construire les axes si l'on préfère tracer la courbe par leur moyen.

la coupole et sur son parallèle. Nous avons tracé ces quatre courbes presque entières sur l'épure pour faire comprendre l'ensemble de l'opération; mais on conçoit qu'en réalité il n'est nécessaire de tracer que les arcs qui doivent se trouver sur les faces de la pièce de bois, et être compris tout au plus entre les points d, d', d'', d''', et les points k', k'', k''', k''''.

Les quadrilatères 20-21-22-23, 24-25-26-27, dont les côtés en lignes droites limitent, sur le plan tangent et sur son parallèle, l'étendue de la partie du cintre qu'il s'agit de couper, s'obtiennent aisément en construisant sur le plan tangent et sur son parallèle : 1° les traces du plan rampant de la lunette, passant par son axe et qui a pour trace verticale sur le vitrail la ligne $V\ U$, pour les côtés 20-23, 21-22 du premier quadrilatère; 2° les traces du plan également par l'axe qui a pour trace sur le vitrail la ligne $E'\ G''$, pour les côtés 26-27, 25-24 du deuxième quadrilatère.

Le quadrilatère ponctué 1-2-3-4 est la projection à la herse de la pièce équarrie qui contient la portion de courbe dont la longueur est égale à la ligne $A'\ O$ ou $A'\ P$ de la figure 6, pl. LXXX; la face supérieure de cette pièce est dans le plan tangent et la face inférieure dans son parallèle.

Avant de couper les surfaces coniques, il faut marquer sur les traces de ces surfaces les points où elles sont rencontrées par une suite de génératrices, pour que ces génératrices servent de guides en taillant ces surfaces. Ces génératrices passent toutes par les sommets des surfaces coniques auxquelles les courbes appartiennent; ces sommets sont projetés sur le plan tangent à la herse dans les points Z'''' et s'''. Les plans normaux, pour la construction de ces points, sont couchés à droite. Nous n'avons point tracé les projections des génératrices, ni les traits ramenerets, pour ne point compliquer davantage l'épure.

Les développements des deux surfaces coniques sont tracés, fig. 5. Ces développements sont construits au moyen de l'arc du vitrail $V\ K\ U$, divisé en parties égales, et des véritables grandeurs des génératrices obtenues par leurs projections; les deux sommets sont réunis au même point S. La courbe $V'\ K'\ U'$ est le développement du demi-cercle $V\ K\ U$, et la courbe $v'\ k'\ u'$ est celui du demi-cercle $v\ k\ u$. Les surfaces coniques étant semblables, les développements le sont aussi. Nous avons marqué sur ce double développement les zones semblables qui répondent, dans les surfaces coniques, à l'épaisseur de la voûte de la coupole. Des hachures pleines distinguent la zone qui doit être appliquée sur la surface conique d'extrados; les hachures ponctuées marquent la zone qui répond à l'intrados.

Pour compléter ce développement, il n'y a plus qu'à y marquer les

OUVERTURES DANS LES COMBLES ET DANS LES VOUTES.   89

traces du plan tangent et de son parallèle, afin que chaque zone puisse être appliquée sur la surface conique à laquelle elle se rapporte, après qu'elle est coupée, et dans la situation qui lui convient entre les deux faces de la pièce de bois.

Nous n'avons point marqué ces traces, parce que l'opération, pour les construire, est la même que celle qui a servi à tracer les zones, puisqu'il ne s'agit pour chaque surface conique que de porter sur les génératrices les véritables longueurs depuis le sommet de la surface jusqu'au point où elles rencontrent la face de la pièce de bois qui est dans le plan tangent et celle qui lui est parallèle.

Lorsque les patrons, donnés par les développements dont nous venons de parler, sont appliqués sur les surfaces coniques, dans les positions repérées sur des génératrices, on trace les courbes, puis on taille les deux surfaces de sphère en suivant les contours de ces courbes.

Les différentes parties du cintre de lunette étant taillées, on les établit sur ligne, sur une projection en herse, que l'on construit pour les réunir et piquer leurs assemblages.

Cette projection en herse, pour l'assemblage des pièces, est faite sur un plan que l'on choisit de façon qu'il s'écarte le moins possible du cintre de lunette : il n'est pas nécessaire qu'il soit vertical ; on peut le choisir incliné à peu près comme nous avons choisi ci-dessus le plan tangent à la sphère. Il n'est pas même nécessaire que les courbes de la lunette soient projetées entières sur ce plan ; il suffit que des lignes et des points de repère, établis dans les autres projections, y soient projetés et marqués avec précision, afin que l'on puisse établir avec exactitude, de niveau ou en pente et de dévers, les pièces dont on doit piquer les assemblages.

Nous ne donnons point les constructions de ces lignes et de ces points de repère sur ce plan à la herse, parce qu'elles ne présentent aucune difficulté.

Si l'on suppose qu'un pan de bois cylindrique ou en tour ronde enveloppe la coupole, et qu'il a pour projection le même espace qui est entre les cercles $Q\,O\,J$, $q\,o\,j$, qui marquent la naissance, les mêmes surfaces coniques, qui forment la lunette, donnent aussi un cintre dans l'épaisseur du pan de bois en tour ronde. Nous avons marqué, sur la projection horizontale de ce pan de bois, pl. LXXX, les rectangles, tel que celui $F\,F\,f\,f$, qui sont compris entre les génératrices des surfaces coniques et les parements du pan de bois.

Nous avons aussi marqué, fig. 6, pl. LXXX, deux liernes : l'une est projetée verticalement et horizontalement en E avec ses abouts et occupations, sur la face sphérique extérieure de la lunette, en 25-26-27-28, et sur la

II. — 12

face verticale intérieure de la baie en tour ronde, en 30-31-32-33. La deuxième est projetée aussi verticalement et horizontalement en œ, mais elle s'assemble d'un bout dans le cintre de la lunette en 17-18-19-20, et nous supposons l'autre bout terminé au plan vertical du vitrail en 21-22-23-24.

Enfin, un empanon w est tracé en projection horizontale seulement; il s'assemble dans les deux liernes, et l'on voit la projection de son occupation hachée sur une des faces de la lierne œ.

Cette pièce de trait est une des plus compliquées qu'on puisse rencontrer, quoique nous en ayons écarté quelques circonstances, telles que celles où les sommets des deux surfaces coniques seraient hors du plan des naissances de la coupole, et celle où le plan des naissances de la lunette serait rampant, de telle sorte que sa ligne de pan ne se confondit pas avec l'axe commun des deux surfaces coniques.

Nous n'avons point terminé cette épure dans quelques-unes de ses parties qui ne présentent aucune difficulté. Nous conseillons aux charpentiers qui veulent acquérir de l'habileté dans l'art du trait, à s'exercer sur des épures qui aient pour objet, comme celle-ci, des courbes à doubles courbures non symétriques.

Si l'on ne tient point à l'économie du bois, on peut se dispenser de faire toutes les opérations graphiques que nous avons décrites, ayant pour objet la détermination des dimensions des pièces qui sont sous le moindre volume, capables de fournir les parties des courbes suivant lesquelles on a divisé l'arc de lunette. Dans ce cas, l'opération graphique est très-simplifiée. On doit alors, sans chercher d'autres projections, faire immédiatement celle de la lunette à la herse, sur un plan dont on choisit la position de façon que les diverses parties de l'arc de lunette en soient le moins éloignées possible. Ce plan est celui sur lequel la courbe poserait par trois points; les deux points aux angles des naissances et un point sur la partie de l'arc la plus convexe du même côté.

Les pièces de bois qui doivent contenir les parties de courbes sont alors comprises chacune entre deux faces parallèles perpendiculaires au plan de la herse, et qui touchent la pièce à couper, et deux faces à angle droit sur celles-ci, mais rampantes suivant l'inclinaison nécessaire pour être tangentes à la courbe que la pièce doit contenir. Le reste de l'opération est le même pour ce qui concerne la construction des panneaux et des développements des surfaces coniques.

CHAPITRE XXI.

CROIX DE SAINT-ANDRÉ EMPLOYÉES DANS LES COMBLES.

I.

CROIX DE SAINT-ANDRÉ DANS LES COMBLES PLANS.

§ 1. *Croix de Saint-André droites.*

Nous avons décrit, p. 287 du tome Ier, les assemblages connus sous le nom de croix de Saint-André. Nous avons indiqué leur emploi dans les pans de bois, p. 344, dans les fermes sous-faîtes, p. 483, et nous avons annoncé, p. 484, que nous donnerions des exemples de leur emploi dans les combles.

Les fermes des figures 6 et 8 de la planche LXXXV ont leurs pans de toit consolidés par des croix de Saint-André. Nous avons projeté, fig. 10, sur le plan de l'un des pans du comble dont la ferme, fig. 6, fait partie, la portion de ce comble qui contient les croix de Saint-André, et nous supposons que cette projection est faite suivant une coupe par la ligne $x\ y$, fig. 6. C'est le pan couché (*liegender Dachstuhl*) des charpentiers allemands. Les liernes $a\ b$ sont débillardées de façon à s'assembler par entailles dans le tirant d et l'entrait e; elles présentent, perpendiculairement aux pans du toit, les faces qui reçoivent l'assemblage des bras $f,\ g$, des croix de Saint-André.

L'emploi de ces croix de Saint-André, dans les pans des combles, a pour but, comme dans les fermes sous-faîtes, de s'opposer au hiement des combles dans le sens de la longueur des bâtiments. Dans la fig. 10, dont nous venons de parler, les croix de Saint-André sont droites et planes, mais elles peuvent être biaises, et l'on peut aussi les employer dans des combles courbes.

§ 2. *Croix de Saint-André biaises.*

Les figures 14, 15, 16 de la planche LXXV présentent une épure de croix de Saint-André dans le pan d'une croupe biaise.

La figure 14 est une projection verticale; la figure 15, une projection horizontale, et la fig. 16, une herse du pan de croupe, qui est tournée pour trouver place dans le dessin. La ligne bd est la ligne d'about du pan de croupe, le point p' répond au poinçon, le triangle $m\,p\,p'$ est le profil droit de la croupe, le triangle $b\,p^r\,d$ est le pan de croupe construit rabattu sur la projection horizontale. C'est le même qui est reporté en herse, fig. 16.

Les arêtiers sont tracés dans les projections, fig. 14 et 16 ; ils sont ponctués sur la herse, fig. 16. A gauche, fig. 14, les pièces 1-4, 2-3, de la croix de Saint-André sont débillardées, de façon que leurs parements sont dans les deux plans du pan de croupe, et leurs deux autres faces sont perpendiculaires au pan de projection verticale ; leurs horizontales sont parallèles aux longs pans, de façon que chaque pièce est projetée verticalement par deux lignes parallèles ; on les établit en projection verticale entre deux horizontales $x\,y$, $v\,z$.

Les lignes qui marquent leurs faces inférieures, passent par les points 1, 2, pris sur les faces des arêtiers dans l'horizontale $x\,y$. Elles sont tangentes à des arcs de cercle, dont le rayon est égal à leur épaisseur, et décrit des points 3 et 4, où les faces des arêtiers sont rencontrées par l'horizontale $v\,z$. Ces mêmes points appartiennent aux lignes qui sont les projections de leurs faces supérieures. La projection verticale ainsi tracée, les points dans lesquels les horizontales $x\,y$, $v\,z$, et les faces des pièces coupent les lignes de l'arêtier, sont renvoyés sur les mêmes lignes de la projection horizontale ; ces points servent à déterminer la projection horizontale de la croix de Saint-André, dont les points sont projetés à la herse sur les lignes des arêtiers et des chevrons de croupe au moyen des horizontales $x\,y$, $v\,z$, et des lignes perpendiculaires à la ligne d'about.

Sur la droite des mêmes figures, la croix de Saint-André est construite en pièces *déversées*, 5-8, 6-7, comme l'empanon déversé (tome Ier, p. 536). Leurs faces d'assemblage sont perpendiculaires au plan de croupe, et par conséquent au plan de la herse. Les mêmes lignes horizontales $x\,y$, $v\,z$, déterminent leurs emplacements, et la position des pièces de la croix de Saint-André. La construction pour tracer cette croix de Saint-André à la herse, est exactement la même que celle que nous avons indiquée pour la croix de Saint-André 1-2-3-4, tracée sur la projection verticale de la croupe.

Lorsque la croix de Saint-André déversée est ainsi construite à la herse, il est facile de la faire paraître sur la projection verticale et sur la projection horizontale, en rapportant ses points sur les lignes de l'arêtier et du chevron de croupe.

Nous avons marqué par des hachures, sur les deux projections et sur la herse, les occupations des croix de Saint-André sur les faces verticales des arêtiers et du chevron de croupe dans lesquelles elles s'assemblent.

II.

CROIX DE SAINT-ANDRÉ DANS LES COMBLES COURBES.

§ 1. *Croix de Saint-André dans un comble cylindrique.*

Fig. 14, pl. LXXIX, $a\,b$, profil ou cintre de la voûte cylindrique ; $c\,b$, horizontale au niveau de la naissance du berceau ; a, faîtage ; p, q, pannes ou liernes entre lesquelles est la croix de Saint-André.

Cette croix de Saint-André peut être établie de deux manières. Ses faces d'assemblage peuvent être perpendiculaires au plan tangent, à la surface cylindrique dans la génératrice projetée en t, située au milieu de la distance entre les deux pannes, la trace de ce plan sur le profil étant la ligne $x\,y$; ou bien elles peuvent être perpendiculaires à un plan vertical parallèle à l'axe de la voûte cylindrique en passant par le faîtage, et qui a la ligne $a\,c$ pour trace.

La fig. 13 présente la projection des pannes ou liernes et de la croix de Saint-André, dans le premier cas. Cette projection est faite sur le plan tangent ; le cintre $a'\,b'$ est le profil de la voûte cylindrique, il est le même que celui $a\,b'$ de la figure 14. Mais il est couché sur le plan tangent, après avoir tourné autour de son diamètre $m\,u$, parallèle à ce plan tangent dont la trace, dans le profil, est la ligne $a\,c$; $t'\,t$, est la ligne de contact du plan tangent avec la surface cylindrique.

La position des pièces qui forment une croix de Saint-André régulière est déterminée par les lignes du milieu 1-4, 2-3. Leurs faces d'intrados et d'extrados sont dans les surfaces de la voûte cylindrique, leurs faces d'assemblage sont perpendiculaires au plan tangent, elles sont projetées par des lignes parallèles aux lignes du milieu 1-4, 2-3. L'une de ces pièces, celle 2-3, est projetée sur un plan perpendiculaire au plan tangent, couchée sur la droite en 2'-3'. Les arêtes de cette pièce sont des arcs d'ellipses qui sont tracées dans les surfaces cylindriques, par les faces d'assemblage.

La figure 15 est une projection de cette même croix de Saint-André, sur un plan vertical parallèle à l'axe de la voûte cylindrique.

Dans la fig. 12, qui est une projection verticale sur un plan parallèle à l'axe de la surface cylindrique, les faces d'assemblage des pièces 1-4, 2-3, de la croix de Saint-André, sont perpendiculaires au plan tangent : c'est le deuxième cas.

$a''\,b''$ est le cintre de la voûte cylindrique ; p et q sont les liernes, elles ont leurs faces d'assemblage horizontales. Une projection de la pièce 1-4 sur un plan parallèle à ses faces d'assemblage et couché sur la gauche est tracé en $1'\text{-}4'$. Ses arêtes sont, comme dans la fig. 13, des arcs d'ellipses.

§ 2. Croix de Saint-André dans une coupole sphérique.

Comme dans l'article précédent, la croix de Saint-André peut avoir ses faces perpendiculaires à un plan tangent à la sphère, dans le point où les lignes de milieu des pièces de la croix se croisent, ou perpendiculaires à un plan vertical passant par l'axe de la coupole.

Le premier cas est représenté fig. 10, pl. LXXIX. $d\,o\,d$ est le cintre de la coupole en projection verticale sur le grand cercle, passant par le centre c de la sphère. $d\,o'\,d$ est, dans le plan horizontal, la naissance de la coupole, la ligne $d\,d$ étant l'intersection des deux plans de projection, dans laquelle est le centre de la coupole. p et q sont les projections verticales de deux cours de pannes, entre lesquelles est établie la croix de Saint-André. On n'a mis en projections horizontales et ponctuées que les cercles qui limitent la largeur des faces des pannes qui reçoivent l'assemblage des bras de la croix de Saint-André.

Quelle que soit la position adoptée pour les faces d'assemblage, on veut que la croix soit symétrique, et pour cela on astreint les lignes du milieu des croisillons à rencontrer ces pannes dans les points a, e, i, u, où elles sont coupées par deux plans parallèles verticaux perpendiculaires au plan de projection, dont les traces sont les lignes $m\,m'$, $n\,n'$. Les cordes $a\,u$, $e\,i$ sont parallèles et égales; lorsque le méridien vertical projeté sur $o\,o'$ est recouché sur la droite, le plan qui contient les cordes $a\,u$, $e\,i$, a pour trace la ligne $e''\,a''$.

Si l'on imagine deux grands cercles de la sphère, l'un par les points a, i, l'autre par les points u, e; ces deux cercles couperont le plan qui contient les cordes $a\,u$, $e\,i$ suivant les diagonales $a\,i$, $u\,e$, et leur intersection k sera un point de l'intersection des deux grands cercles. Le point k est dans le méridien, et dans le rabattement de ce méridien, il est en k'. Par conséquent, le diamètre $h\,k''$ est l'intersection des deux grands cercles. Dans ce même rabattement, la ligne $x\,y$, perpendiculaire à $h\,k''$, est la trace du plan tangent auquel doivent être perpendiculaires les faces d'assemblage de la croix de Saint-André.

Pour établir la projection de la croix sur le plan tangent, il faut faire tourner la coupole ou sphère autour de l'axe $d\,d$, jusqu'à ce que le point k

se projette en *c*. Alors la ligne h k'' est aussi projetée en *c*, et le plan tangent est alors parallèle au papier de l'épure.

D'après ce mouvement de la sphère, les cercles qui limitent la largeur des faces des pannes qui reçoivent les assemblages de la croix de Saint-André, se projettent sur le plan tangent, suivant des ellipses, qu'il est facile de construire, leurs grands axes étant égaux aux diamètres des cercles dont elles sont les projections; et leurs petits axes égaux aux projections de ces mêmes diamètres sur la trace du plan tangent.

Ces ellipses projetées, la croix de Saint-André est aisée à tracer sur le plan tangent parallèle au papier, les lignes de milieu 1-4, 2-3 sont les traces de deux grands cercles de la sphère, les points 1, 2, 3, 4 étant toujours dans les parallèles $m\,n'$, $n\,n'$.

La projection horizontale montre celle de la croix de Saint-André en 1'2'3'4', ses arêtes sont des arcs d'ellipses, projections des cercles qui résultent des sections de leurs faces dans les surfaces de sphères de la coupole.

En abattant les grands cercles 1-4, 2-3 autour de leurs diamètres 7-8 et 5-6, on a les projections des croisillons en 1"-4", et 2"-3" sur leurs faces d'assemblage et suivant leurs véritables formes et grandeurs.

La figure 11 est la projection verticale de la coupole et de la croix de Saint-André que nous venons de construire.

Le deuxième cas est représenté, fig. 12, par une projection verticale et une projection horizontale. La ligne $d\,d$ étant la commune section des deux plans de projection. Cette disposition ne s'emploie que lorsque les pannes ou liernes *p q* ont leurs faces supérieures et inférieures planes et horizontales, parce qu'alors l'assemblage de la croix avec les pannes est plus facile que lorsque les pannes ont leurs faces d'assemblage normales aux surfaces de la coupole.

La projection horizontale fait voir la croix de Saint-André dégagée des pannes que l'on a supposé être enlevées, n'ayant projeté en lignes ponctuées que les cercles qui limitent leurs faces d'assemblage avec la croix ou les abouts des croisillons.

Les faces d'assemblage de cette croix de Saint-André sont des plans qui coupent les surfaces sphériques de la coupole, suivant des cercles qui sont couchés à droite et à gauche, pour donner la projection de chaque croisillon 1-4, 2-3 sur une de ses faces d'assemblage en 1'-4', 2'-3'.

Dans la fig. 13, qui est une projection verticale, nous avons supposé qu'au lieu de croix de Saint-André, on a employé, comme cela se pratique quelquefois, des aisseliers et des jambettes assemblés entre les chevrons cintrés et les pannes. Sur la gauche, cette figure présente deux projections des aisseliers et jambettes, pour le cas où les faces d'assemblage des pannes $p\,q$ sont horizontales. A droite, sur la même figure, les pannes $p\,q$ ont leurs faces d'assemblage normales aux surfaces de la coupole. Les aisseliers et jambettes assemblés sont également figurés par deux projections, l'une des aisseliers et jambettes assemblés au chevron qui se présente de face, l'autre de ceux qui sont assemblés au chevron de profil. Les jambettes 1 et 2 sont projetées en $1''$ et $2''$ sur leurs faces d'assemblage; leurs arêtes sont des arcs de cercle résultant des sections faites par les plans de leurs faces dans les surfaces sphériques de la coupole, les occupations et abouts des assemblages sont marqués par des hachures dans tous les points où les pièces s'assemblent.

La fig. 14 est une projection horizontale de la couronne que forme une panne supérieure s dans laquelle est une croix formée par les prolongements t et r des chevrons.

§ 3. Croix de Saint-André dans des combles coniques.

Dans le comble conique projeté verticalement et horizontalement, fig. 15, pl. LXXIX (1), les pannes $p\,q$ ont leurs faces supérieures et inférieures planes et horizontales; la croix de Saint-André établie entre elles est comprise entre deux plans verticaux perpendiculaires au plan de projection verticale, et dont les lignes $m\,m'$, $n\,n'$ sont les traces. Les faces d'assemblage des pièces croisées sont dans des plans perpendiculaires au plan vertical; les projections de leurs arêtes sont des arcs de parabole, les plans qui contiennent ces faces étant parallèles aux génératrices des surfaces coniques. On a supposé, dans la projection horizontale, qu'une partie de la panne p est arrachée pour laisser voir dans leur entier les bouts des pièces de la croix.

La fig. 16 présente, comme la précédente, la projection verticale et la projection horizontale d'un comble conique. La ligne $d\,d$ est l'intersection des deux plans de projection. La croix de Saint-André est établie entre deux plans perpendiculaires au plan de projection verticale, dont les traces sont $z\,m'$, $z\,n'$ parallèles aux projections $s\,m$, $s\,n$ des génératrices qui sont les lignes de milieu des chevrons voisins de la croix de Saint-André; leurs traces horizontales sont $m''\,m'\,n'\,n''$. Les faces des pièces qui forment cette croix sont, comme dans la figure précédente, perpendiculaires au plan vertical.

Dans la fig. 17, nous avons construit la croix de Saint-André en établissant ses faces d'assemblage perpendiculaires au plan tangent à la

---

(1) La ligne $d\,d$ est l'intersection des deux plans de projection.

CROIX DE SAINT-ANDRÉ EMPLOYÉES DANS LES COMBLES. 97

surface conique, ce qui procure l'avantage de pouvoir établir facilement ses croisillons en herse, et de les assembler par un joint plus aisé à piquer et à exécuter.

Le sommet du cône est en s. On fait tourner le comble autour de l'horizontale $z\,x$ qui passe par ce sommet, et qui est parallèle à l'intersection $d\,d$ des deux plans de projection, jusqu'à ce que le plan tangent qui a pour trace horizontale la ligne $t\,t$ soit parallèle au plan de l'épure. Les cercles qui sont les arêtes des faces d'assemblage des pannes $p\,q$ sont projetés sur ce plan tangent suivant des ellipses (1). La croix de Saint-André est tracée symétriquement par rapport à la ligne s-1, de façon que le point u où ses pièces se croisent ne soit pas trop près de la panne supérieure, afin que les entailles ne se trouvent pas trop rapprochées des bouts des pièces. La pièce 5-6 est mise en projection en $5'$-$6'$ sur un plan parallèle à ses faces d'assemblage et rabattu à gauche. La croix et les chevrons sont projetés horizontalement.

§ 4. *Croix de Saint-André en spirale sur un toit conique.*

Sous la dénomination de *croix de Saint-André en tour ronde*, Fourneau a donné, planches LXVII et LXVIII, et page 70 et suivantes de la troisième partie de son *Art du Trait*, les épures d'une croix de Saint-André tracée en spirale dans un comble conique. C'est le même problème que nous avons traité, fig. 1, 2, 3, 6 et 7 de la pl. LXXXI, sur lesquelles nous n'avons tracé que les lignes indispensables à sa solution.

La fig. 1 est la projection verticale d'un toit conique représenté par des génératrices de sa surface passant par les points des divisions égales de sa base, fig. 2. Les branches de la croix doivent s'assembler par le bas dans une sablière ou une panne et par le haut dans deux chevrons.

La condition imposée pour la configuration de la croix de Saint-André est que ses arêtes tracent sur la surface du cône des lignes spirales qui coupent toutes les génératrices sous le même angle. Pour tracer ces lignes sur les projections, fig. 1 et 2, il faut préalablement les construire sur un développement de la surface conique. La fig. 7 est ce développement. Fourneau prescrit, pour tracer une arête, de fixer d'abord *à vo-*

---

(1) Les ellipses sont obtenues en mettant les extrémités des diamètres $r\,r'$, $o\,o'$, $v\,v'$, $e\,e'$, des cercles en projections en r, r'', v, v'', o'', e'' sur la génératrice $s\,r$ qui est la trace du plan tangent dans le méridien rabattu, et en faisant s-1, s-2, s-3, s-4 égales à $s\,r$, $s\,r''$, $s\,o''$, $s\,v$, sv'', $s\,e''$.

Les grands axes sont égaux au diamètre des cercles projetés.

lonté l'angle $s\,a\,b$ que doit faire une corde de la courbe avec la génératrice $s\,a$, puis de faire successivement les angles $s\,b\,c$, $s\,c\,d$, $s\,d\,e$, $s\,e\,f$, etc., égaux à ce premier angle, en traçant successivement des points où ces cordes coupent les génératrices, comme centres, les arcs égaux 1-2, 1' 2', 1" 2", etc., les points $a\,b\,c\,d\,e$, etc., sont les points de la courbure de l'une des arêtes de la croix. On peut également, et l'opération est plus commode et plus exacte, obtenir les points de la courbe en traçant les diagonales 1-b'', 2-b'', 3-b''' parallèles à $a'\,b'$, à mesure que les points 1, 2, 3, 4, etc., sont rapportés par des arcs de cercle décrits du sommet s du développement. Ces mêmes arcs de cercle prolongés donnent sur les génératrices les points de la courbe $a'\,b'\,c'\,d'\,e'$, etc.

La courbe qui résulte de cette construction est celle que les géomètres ont nommée *spirale logarithmique*. Sa propriété est que, sur des génératrices $s\,m$, $s\,m'$, $s\,m''$, $s\,m'''$, répondant à des parties égales prises sur la circonférence du développement, on a $s\,a : s\,b :: s\,b : s\,c :: s\,c : s\,d :: s\,d : s\,e :: s\,e : s\,f$, etc., c'est-à-dire que les abscisses $a\,m$, $a\,m'$, $a\,m''$ étant en progression arithmétique, les ordonnées prises sur les génératrices sont en progression géométrique.

Ces deux méthodes, à moins d'un long tâtonnement, ont un grand inconvénient : la courbe partant d'un point a, on n'est pas maître du point où elle doit arriver sur la génératrice $s\,a'$; et cependant, pour donner à la croix de Saint-André la situation qu'on peut vouloir qu'elle ait, il faut qu'on soit maître de choisir les places où elle aura ses assemblages. Voici une méthode qui me paraît préférable, et qui consiste dans l'intersection d'un certain nombre de moyens proportionnels géométriques entre deux termes donnés. Ainsi, je suppose que la courbe qu'il s'agit de tracer, partant d'un point donné a, doive arriver, sur la génératrice $s\,a$, au point donné o; pour trouver les points où elle coupe les génératrices intermédiaires, il suffit d'insérer des moyennes proportionnelles. On détermine d'abord la moyenne proportionnelle $s\,e$ entre $s\,a$ et $s\,o$, ensuite la moyenne $s\,c$ entre $s\,a$ et $s\,e$, et une autre $s\,g$ entre $s\,e$ et $s\,o$, et ainsi de suite, en déterminant une moyenne proportionnelle entre deux de celles qu'on a déterminées (1).

Pour éviter la confusion sur la fig. 7, nous avons transporté, fig. 6, le même développement et les deux spirales $a\,b\,c\,d\,e\,f\,g\,h\,o$, qui sont égales

---

(1) On insère une moyenne proportionnelle entre deux lignes données par le moyen du cercle. Ainsi, soit le demi-cercle, fig. 8, pl. LXXXI, dont le diamètre $e\,o$ est composé de $s\,e$ et de $s\,o$ prises sur la figure 7; l'ordonnée $s\,g$, fig. 8, est moyenne proportionnelle entre les deux parties du diamètre, et la ligne $s\,g$ de la figure 7 lui est égale.

et symétriques, et nous les avons accompagnées des courbes semblables $a'\ b'\ c'\ d'\ e'\ f'\ g'\ h'\ o'$ marquant la largeur des faces de la croix de Saint-André ou leurs bandeaux dans le développement de la surface conique.

Ce développement terminé, on construit la croix sur la projection verticale, fig. 1, et sur la projection horizontale, fig. 2. On opère pour tous les points, comme je vais l'indiquer, pour le point b. La longueur de la génératrice $s\ b$, prise sur le développement, fig. 6, est portée, en s-1, sur la génératrice qui est projetée en profil sur $s\ p$ ou $s\ q$, fig. 1; par le point 1, une horizontale 1-k-1 donne, sur les génératrices $s\ m$, $s\ m$, deux points b, b, qui appartiennent aux courbes.

Ces points sont mis en projection horizontale par des verticales $b\ b'$, $b\ b'$, ou par les projections du cercle 1' k' 1' résultant de la section faite par le plan horizontal 1-1 dans la surface conique.

On met de même en projection les points $b'\ b'$ et tous les autres points de ces courbes qui marquent la largeur des bandeaux de la croix.

A l'égard des projections des arêtes de la croix de Saint-André dans les surfaces coniques intérieures, on fait usage de la méthode des sections dans la croix, par un système de plans verticaux passant par l'axe du cône pour que les génératrices des faces d'assemblage soient normales à la surface conique du toit, et l'on opère pour toutes ces sections comme je vais l'indiquer pour une.

Afin d'éviter encore la confusion, j'ai supposé la projection verticale $p\ s\ q$ remontée en $p'\ s'\ q'$ et un chevron formant l'épaisseur du toit est projeté sur la droite, le long de la génératrice $s'\ q'$. L'épaisseur de ce chevron figure le profil du toit.

Je suppose qu'on opère encore pour les points b et b'. Ces points sont rapportés sur le chevron du profil en b et b'. Pour que les faces d'assemblage soient, comme nous l'avons dit, perpendiculaires aux surfaces coniques du comble, par les points b et b' on trace perpendiculairement aux génératrices les lignes b, b^o, $b'\ b''$. Le rectangle $b\ b^o\ b''\ b'$ est alors la section faite par le méridien répondant à la génératrice $s\ m$ ou $s\ m'$ dans les branches inférieures de la croix de Saint-André. Le rectangle $h\ h^o\ h''\ h'$ est la section faite par ce même méridien dans les branches supérieures de la croix. Ces points b, b^o, b'', b', du premier rectangle, et ceux h, h^o, h'', h', du second sont alors rapportés en projection verticale et en projection horizontale sur les génératrices des surfaces du toit conique auxquelles ils appartiennent.

Après avoir opéré de la même manière pour les autres points, on trace sur la projection verticale et sur la projection horizontale les projections des arêtes de la croix.

Le chevron, qui est le profil du toit, contient les rectangles qui appartiennent aux méridiens situés sur les différentes génératrices tracées sur le développement et dans les projections.

Nous avons projeté verticalement les parties d'empanon dont la génératrice $s\,n$ est la ligne de milieu.

Nous avons représenté, dans la même planche LXXXI, différentes croix de Saint-André formées par l'assemblage de pièces courbes.

Les fig. 9 et 10 sont des projections horizontales qui peuvent convenir à des dômes ou à des toits coniques. Dans la première, les surfaces d'assemblage des pièces qui composent la croix sont cylindriques, et leurs génératrices horizontales sont perpendiculaires au plan de projection verticale. Dans la seconde, les mêmes surfaces ont leurs génératrices verticales.

La fig. 11 est la projection verticale d'un toit conique. Les surfaces d'assemblage des croix de Saint-André sont des surfaces gauches dont les génératrices sont des horizontales passant par l'axe vertical du toit. Nous ne conseillons point l'usage de ces sortes de combinaisons, nous ne les avons comprises dans notre planche LXXXI que parce que des charpentiers se sont exercés dans leur art par l'exécution de ces assemblages bizarres; quelques-uns même ont été jusqu'à figurer des lettres par des combinaisons de ce genre qui ont à peine le mérite d'une difficulté vaincue avec plus ou moins d'adresse, et qui ne sont point à imiter, si ce n'est comme exercice ou amusement et en petits modèles, vu que l'art véritable consiste à n'employer dans les constructions de charpentes que des pièces de formes simples et strictement nécessaires pour assurer la solidité des ouvrages.

CHAPITRE XXII.

GUITARES ET TROMPES.

GUITARES (1).

Les guitares sont des assemblages de charpentes composés de pièces courbes. Elles sont ordinairement employées pour soutenir les toits en saillie des lucarnes et même des fenêtres qu'on veut abriter de la pluie poussée par le vent. Ce que nous avons à dire sur ces sortes de constructions n'est que le complément du chapitre relatif aux lucarnes, et nous ne les plaçons ici que pour les rapprocher des trompes, autres constructions du même genre, dont les *Traités de Charpenterie* n'ont pas fait mention.

§ 1er. *Guitares droites.*

La figure 2, pl. LXXXII, comprend les projections verticales de deux guitares; la figure 3 est leurs projections horizontales; les parties à gauche de ces deux projections représentent une guitare carrée. Les parties à droite représentent une guitare ronde.

La figure 1 est une deuxième projection verticale sur un plan perpendiculaire aux deux autres projections.

Le quart de cercle $a\ b$ qui dessine le profil de la guitare est tangent au poteau au point b de la naissance et au point a du plafond, en arrière de l'épaisseur de la frise dont la partie au dehors du point a est nécessairement plane et horizontale.

Ce qui, en général, distingue les guitares des simples combles des lucarnes, c'est que les guitares portent des liens en diagonales $b'\ a'$, $d'\ a'$, fig. 3, appelés liens guitares qui dessinent les arêtes formées par la rencontre des surfaces suivant lesquelles sont gabariés le cintre $b\ a\ d$, fig. 2,

---

(1) On peut présumer que les noms de *guitare* et de *guitarde* ont été donnés à ces sortes d'ouvrages à cause de la ressemblance qu'on a cru apercevoir entre les formes contournées de quelques-uns d'entre eux et l'instrument de musique nommé *guitare*.

de la baie, et les liens ou aisseliers, $b\ a$, $b'\ a'$, fig. 1 et 4, qui soutiennent la saillie du toit.

La figure 5 est la projection du lien $b'\ a'$ sur un plan parallèle à ses faces d'assemblage et rabattu sur le plan horizontal. On a indiqué ses abouts, l'occupation et la mortaise qui doivent recevoir l'assemblage d'un des empanons.

Dans toutes les figures, les lignes $b\ c$ ou $b'\ c'$ sont les traces du plan horizontal contenant la naissance des courbes.

La fig. 7 est la projection verticale de l'aisselier qui soutient la frise de la guitare ronde, suivant le profil de l'encorbellement, et qui s'y assemble. Cette projection est faite sur une des faces verticales de la pièce de bois projetée horizontalement en 1-2-3-4, dans laquelle l'aisselier doit être pris. Cette pièce est projetée en lignes ponctuées sur ce même plan en 1-1'-2'-2.

Les aisseliers, aussi bien que les *liens guitares*, sont assemblés aux poteaux de la baie; ils portent sur un embrèvement au-dessus duquel les poteaux sont déjoutés ou élégis sur toute leur hauteur.

Pour ne point compliquer sans nécessité les *croquis-épures* qui sont tracés sur cette pl. LXXXII, nous n'avons marqué que les abouts et occupations des pièces, et nous les avons distingués par des hachures pleines ou ponctuées, suivant qu'ils sont apparents ou cachés, sans indiquer les tenons ni les mortaises.

La fig. 6, qui correspond, comme la fig. 3, à la projection verticale, fig. 2, est la projection horizontale de deux guitares, l'une quadrangulaire, l'autre arrondie, toutes les deux biaises dans leurs plans.

Nous n'entrons point pour la plupart des figures qui composent la pl. LXXXII, dans le détail des constructions graphiques des projections des différentes courbes. Si l'on a étudié et compris tout ce qui a été exposé dans les chapitres XIV, XVI et XVII, on ne trouvera aucune difficulté dans les opérations qui ont toutes leurs semblables dans les épures dont nous nous sommes précédemment occupé. C'est ainsi, par exemple, que les projections des *liens guitares* sont obtenus exactement de la même manière que les pièces courbes des fermes arêtières dans les combles à surfaces cylindriques intérieures.

§ 2. *Liens guitares à surfaces gauches*.

Les fig. 8 et 9, pl. LXXXII, sont les projections verticale et horizontale d'une guitare ronde, comme celle figurée dans l'épure précédente sur sa moitié à droite, mais dans celle-ci, fig. 8 et 9, qui est imitée d'une épure de Fourneau, pl. XVIII, les faces d'assemblage des liens guitares qui reçoivent les empanons sont des surfaces gauches engendrées par des lignes droites s'appuyant sur les arêtes qui marquent l'épaisseur des liens guitares, et sur l'axe des surfaces cylindriques dans lesquelles sont ces arêtes.

La construction des courbes d'extrados des liens guitares $1\text{-}n'\text{-}2$, $1'\text{-}o'\text{-}2'$ est facile. Chaque point comme n' est obtenu par la rencontre de la verticale $n\,n'$ tracée par le point n, fig. 8, avec la ligne $q\,n'$, fig. 9, tracée par le point m', projection du point m de la figure 8 et parallèlement à $b'\,d'$. De même $a'\,b'\,a''$ étant le profil de la guitare couché à droite, le point o' est obtenu par la rencontre de la verticale $o\,o'$ avec la ligne $p\,o'$, passant par le point u', projection du point u. La fig. 10 est une projection du lien guitare sur le plan vertical qui contient sa courbe arêtière et ayant pour trace horizontale la ligne $a'\,d'$.

Fourneau a adopté cette construction pour les faces d'assemblage $1\text{-}n'\text{-}2$, $1'\text{-}o'\text{-}2'$, dans la vue de donner aux empanons un assemblage plus stable, en ce que leurs lignes d'about sont perpendiculaires aux surfaces intérieures de la guitare. Mais comme les surfaces gauches ne sont pas aussi faciles à exécuter que les surfaces planes et que d'ailleurs les efforts auxquels les empanons doivent résister sont à peu près nuls, il n'y a aucun inconvénient à se contenter du mode d'assemblage ordinaire.

§ 3. *Liens par sections horizontales.*

Dans les fig. 11 et 12, pl. LXXXII, nous donnons une construction des liens guitares pratiquée jadis par quelques charpentiers.

La fig. 11 est la projection horizontale, et la fig. 12 la projection verticale du cintre de la baie. Le cintre du profil de l'encorbellement est égal à la moitié du cintre de la baie. Des plans horizontaux dont les traces verticales sont les horizontales $a\text{-}1$, $1'\text{-}2$, $2'3$, $3'\text{-}4$, coupent les deux surfaces cylindriques d'intrados et d'extrados du berceau de la baie et les deux surfaces cylindriques de l'encorbellement suivant des droites qui forment à chaque niveau un carré, ces carrés sont en projection horizontale $a\text{-}1$, $1\text{-}2$, $2\text{-}3$, $3\text{-}4$. Deux de leurs angles, sur une de leurs diagonales, sont des points de la ligne $b\,a$ ou $d\,a$, projection de la courbe arêtière du lien guitare. Leurs deux autres angles sont des points des arêtes projetées par la courbe $m'\,o'\,a'$, $m''\,o''\,a''$ de la pièce délardée qui forme ce lien.

La fig. 13 est une projection verticale du lien guitare ainsi conçu sur un plan vertical parallèle à celui qui contient son arête et dont la trace est $b\,a$.

Fourneau remarque avec raison que cette construction exige, pour l'exécution du lien guitare, une pièce de bois très-forte, puisqu'elle doit être assez épaisse pour contenir, sur ses faces verticales, la projection de la fig. 13 dans une épaisseur marquée par ses lignes $v\ x$, $v'\ x'$; et sur ses faces rampantes, la projection du lien guitare dans une épaisseur marquée par l'écartement des lignes $y\ z$, $y'\ z'$, parallèles à la projection de l'arête guitare $b\ a$, d'où s'ensuit que la première construction, fig. 2 et 3, qui est la plus simple, est aussi la meilleure.

§ 4. Guitare conoïdale.

La fig. 12, pl. LXXX, est une guitare en tour ronde, dont la surface intérieure est en conoïde.

$b\ a\ d$, dans la projection verticale, est le demi-cercle formant le cintre de la baie en berceau.

Dans la projection horizontale, $b'\ a'$, $d'\ a'$ sont les traces de deux plans verticaux qui coupent le berceau cylindrique suivant deux ellipses; mais comme ces plans font des angles de 45° avec les deux plans de projections verticales, ces courbes sont projetées sous un arc de cercle en $b''\ a''$ dans la deuxième projection verticale. Ces deux courbes sont les directrices d'une surface gauche engendrée par une horizontale qui s'appuie sur elles, et sur la verticale $c\ a$ projetée horizontalement en c'.

Les faces verticales des liens guitares sont parallèles aux plans des arêtes $b'\ a'$, $d'\ a'$; leurs projections verticales sont confondues dans celles de la baie. On obtient le développement du parement de la tour ronde, et la projection de son arête en faisant la ligne $b\ a\ d$, fig. 13, égale au développement du cercle $h\ i\ k$, fig. 12, les abscisses $h\ p$, fig. 13, égales aux arcs de cercle $h\ p$, fig. 12, et les ordonnées $p\ m$, fig. 12 et 13, égales aux ordonnées $q\ n$, fig. 12.

§ 5. Guitare plane.

La fig. 14, pl. LXXX, est une guitare en tour ronde formée par une section plane $b\ a\ b$ dans cette même tour. L'inspection des deux projections suffit pour faire comprendre cette construction, qui n'est pas la plus élégante, mais qui est la plus simple.

§ 6. Guitare biaise et doublement rampante.

Les fig. 14, 15, 16, pl. LXXXII, sont les projections d'une guitare quadrangulaire rampante, dans son élévation et dans son profil ou à deux pentes (expression employée par Fourneau) et biaise dans son plan.

§ 7. *Guitare ronde biaise doublement rampante.*

Les fig. 17, 18, 19 sont les projections d'une autre guitare également rampante dans son élévation et son profil, et biaise dans son plan, mais dont ce plan est arrondi et en ellipse à cause du biais.

Nous n'avons point marqué, dans ces trois figures, les liens guitares ; nous nous sommes contenté de tracer leurs arêtes en $b'\ o'\ a'\ d'\ u'\ a'$ sur la projection horizontale, et en $b\ o\ a,\ d\ u\ a$ sur la projection verticale.

Dans la fig. 14, la projection verticale de la guitare fig. 15 est complète ; dans la fig. 17, nous n'avons donné que le profil de la fig. 18, suivant la ligne $c'\ a'$ du plan. Dans toutes ces figures, les projections qui appartiennent à un point sont marquées des mêmes chiffres ou des mêmes lettres.

§ 8. *Guitare sur tour ronde.*

Nous avons, dans la fig. 1, pl. LXXX, couronné une fenêtre cintrée percée dans une tour ronde par une guitare aussi en tour ronde qui abrite un balcon. La surface d'encorbellement du dessous de la guitare est une portion de surface annulaire engendrée par le profil tracé à droite, tournant autour de l'axe de la tour. Les courbes qui dessinent le dessous de la frise dans la projection verticale sont obtenues par un système de plans qui coupent la surface cylindrique verticale de la frise suivant des lignes droites, et la surface annulaire de l'encorbellement suivant son profil générateur ; ainsi le point m' de la projection horizontale est dans la verticale $m\ m'$ de la projection verticale. Cette verticale, rapportée sur le profil en $m''\ m'$, distante de la verticale, axe de la tour, de la quantité $c\ m'$, coupe en m'' le profil générateur de la surface annulaire. L'horizontale $m''\ m$ donne, sur la verticale $m\ m'$, le point m de la courbe.

Nous n'avons pas projeté verticalement les liens guitares qui auraient compliqué sans utilité la projection verticale. Leurs arêtes sont confondues dans le cintre de la baie $b\ a\ d$; elles ont pour projection horizontale les courbes $b'\ o'\ a',\ d'\ u'\ a'$, qui sont les intersections de la surface de la baie avec la surface annulaire.

Nous avons couvert cette guitare par une moitié de toit à cinq épis du genre de celui figuré, pl. LXXVI sous le n° 1 (p. 60), appliqué à la tour ronde, de telle sorte que le faîtage, posé contre le parement cylindrique de la tour, et unissant les poinçons, 1, 2, 1, est horizontal et cintré suivant la courbure de ce parement. Les pans 1-2-4 sont des surfaces gauches qui ont chacune pour directrices la courbe horizontale du faîtage 1-2, et la courbe arêtière 1-4 égale et symétrique de la courbe arêtière 4-5 de la croupe de face, et dont la génératrice est une droite qui se meut en demeurant parallèle à la ligne de noue 2-4.

II.

TROMPES.

Les trompes en charpente sont des imitations de celles en pierre; elles ont pour objet, comme celle-ci, de soutenir les saillies que des appendices de bâtiments font sur leurs façades principales et sur les lignes de leurs plans.

Leur nom leur vient de la ressemblance de quelques-unes avec la forme du pavillon d'une trompe de chasse ou d'une coquille.

§ 1. *Trompe sous une tour ronde.*

La trompe la plus simple est celle dite cylindrique, et que quelques constructeurs désignent sous le nom de *voussure sous une tour ronde* (1).

La projection horizontale de la tour ronde est un arc de cercle; sa saillie ne doit pas être plus grande que les deux tiers de ce rayon; ainsi $c'\,a'$, fig. 22, pl. LXXXII, est les deux tiers de $c'\,o'$. La projection verticale de l'arête de la voussure ou trompe sur le parement de la tour, est un demi-cercle $b\,a\,d$ dont le centre c est sur la naissance $b\,d$ de la voussure. Cette arête de la voussure est une ligne à double courbure qui est l'intersection de la surface du parement de la tour avec la surface cylindrique dont l'axe horizontal est projeté sur le plan vertical en c, et qui a pour base le demi-cercle $b\,a\,d$.

La surface de la voussure est cylindrique; elle est engendrée par une droite horizontale parallèle à la naissance projetée en $b\,d$ et $b'\,d'$, et qui est dans le plan du parement extérieur du pan de bois sur lequel la tour est en saillie. Son profil ou coupe par un plan vertical qui a pour trace la ligne $a\,a'$ sur les deux plans de projection, est couché à droite, fig. 21, en tournant autour d'une ligne verticale.

(1) Rondelet, *Art de bâtir*, tome II, p. 200.

Lorsque les bois de charpente doivent rester apparents, les pièces de *remplage* sont établies suivant des rayons dans les directions qu'on donne aux plans de joints lorsque cette voussure est en pierre. Les courbes qui sont les projections horizontales des arêtes de ces rayons sont obtenues en renvoyant les points de la projection verticale sur les projections horizontales des génératrices de la voussure dans lesquelles ils se trouvent. Ainsi le point m est en projection horizontale en m' sur la ligne $n'\ n'$, projection de la génératrice $n\ n$ sur laquelle il se trouve.

L'arête de la trompe en voussure est formée par la sablière $B\ D$ de la tour, et par deux aisseliers $E\ F$ qui s'assemblent dans cette sablière contre deux abouts laissés en dessous et en soutiennent la saillie. Ils s'appuient sur deux repos en embrèvements horizontaux ménagés dans les poteaux $B\ F$, $D\ F$ au moyen d'élégissements sur deux de leurs faces. Nous avons marqué, dans les projections, toutes les occupations des pièces.

La figure 24 représente les courbes ou gabarits $t\ e$, $t\ e'$, $t\ e''$, qui appartiennent aux rayons e, e', e'', a, qui sont assemblés d'un bout dans le cintre $a\ d$, de l'autre dans la pièce t nommée *trompillon*. Les courbes $c\ g$, $c\ g'$, $c\ g''$, sont les gabarits de leurs faces internes.

Sur la gauche des figures 20 et 22, nous avons tracé les pièces de *remplage*, contenues dans des faces verticales, ainsi qu'elles sont établies lorsque la surface de la voussure est revêtue d'un lattis avec enduit en plâtre, comme on en fait sur les pans de bois. Nous avons indiqué leurs occupations sur la pièce du cintre, fig. 21.

§ 2. *Trompe sur l'angle.*

Les figures 23, 25 et 26, pl. LXXXII, se rapportent à une trompe sur l'angle d'un bâtiment; $b\ a\ d$ est le plan de l'angle d'un bâtiment formé par les pans de bois de ses étages. $n'\ n$ est un pan coupé au rez-de-chaussée seulement. La trompe a pour objet de raccorder ce pan coupé avec l'arête verticale formée par la rencontre des parements des deux pans de bois, et projetée en a. Les autres lignes de la même figure forment la projection verticale de la trompe, sur le plan vertical qui produit le pan coupé.

La figure 26 est une projection verticale sur le parement d'un des pans de bois formant façade du bâtiment, sur celui qui a pour trace horizontale la ligne $a\ d$.

L'autre façade est projetée sur cette figure, suivant la ligne $a'\ n'$.

L'arête de la trompe sur chaque façade est un arc de cercle $a'\ n$, décrit d'un centre g, fig. 2, choisi sur le plan horizontal de la naissance, avec la condition de faire passer l'arc de cercle par le point a'. Dans la projection verticale, fig. 25, les deux arcs de cercle ont pour projection les deux arcs d'ellipse $n''a', n'''a'$.

La surface de la trompe est cylindrique; elle est formée par une droite horizontale parallèle à $n'n$ qui s'appuie sur les deux arcs de cercle des façades.

Les sablières $a'b$, $a'd$ de l'étage immédiatement au-dessus de la trompe, soutiennent le poteau cornier t de l'angle du bâtiment, et elles sont elles-mêmes soutenues par les liens cintrés $p\ q$ qui s'y assemblent par leurs extrémités supérieures pendant qu'ils s'appuient sur les repos ménagés dans les poteaux verticaux v, s.

Un chevron cintré u s'assemble de même dans un coyer et dans le poteau o répondant au milieu du pan coupé. Des empanons r, r, qui s'appuient aux cintres de la trompe et qui s'assemblent dans la sablière du pan coupé forment le remplage de cette trompe.

§ 3. *Trompe conique.*

Pour donner une idée des trompes coniques et de l'un de leurs emplois, nous avons composé un petit pavillon en charpente, fig. 11 et 15, pl. LXXX, supporté en saillie sur l'angle d'un bâtiment en pans de bois.

a, poteau cornier du bâtiment montant de fond jusqu'au niveau des sablières b de l'étage au niveau duquel ce pavillon est établi.

c, consoles assemblées dans le poteau cornier et dans les prolongements des traverses des pans de bois du bâtiment. Deux de ces consoles sont comprises dans les pans de bois sur lesquels elles forment une saillie de la moitié de leur épaisseur; elles supportent les quatre sablières $t\ o$ des naissances des trois trompes coniques. Chaque surface conique a son sommet en t dans un des angles $o\ t\ o$. Les bases de ces surfaces coniques sont des quarts de cercle sur chaque face du petit pavillon; ces bases n'ont de développement que les arcs $t\ v$, et comme les façades du petit pavillon font des angles égaux avec les diagonales $t\ z$ de son plan, ces bases circulaires, quoique dans des plans différents, appartiennent deux à deux à la même surface conique.

Un petit cintre, formant trompillon, s'appuie sur des sablières, et reçoit les assemblages des chevrons de chaque trompe conique. Les chevrons et les trompillons sont ponctués dans la projection horizontale; ils ne sont point apparents dans la projection verticale, ni les empanons qui reçoivent les revêtissements en planches formant les surfaces intérieures des trompes.

On voit que les trompes soutiennent les sablières du petit pavillon à la hauteur de son plancher et ses poteaux corniers, ainsi que les pans de bois de ses façades principales et des deux demi-façades en retour sur les façades du bâtiment principal. Nous avons supposé toute cette construction décorée de sculptures sur bois, comme elles étaient d'usage au moyen âge.

Le balcon de la figure 1 de la même planche est soutenu par une trompe en cul-de-lampe; la surface de ce cul-de-lampe est engendrée par le quart de ce cercle $o\,e$ tournant autour de l'axe vertical projeté sur le point z, fig. 3.

Nous n'étendrons pas plus longuement la description des trompes et voussures en bois. Nous nous bornerons à faire remarquer qu'il n'y a aucune construction en pierre qui ne puisse être imitée, dans ses formes apparentes, par des constructions en charpente, qu'on peut revêtir en bois ou en lattis avec des enduits de maçonnerie.

CHAPITRE XXIII.

DIVERS SYSTÈMES DE CONSTRUCTION DE COMBLES EN CHARPENTE.

Nous avons déjà parlé des combles dans notre premier volume; il s'agissait alors d'exposer les formes générales auxquelles toutes les charpentes des toits sont assujetties, et de faire connaître les moyens que l'art du charpentier emploie pour les exécuter. Nous avons, dans ce but, décrit quelques-unes des constructions qui sont en usage; mais il s'en faut bien que nous ayons figuré toutes les combinaisons imaginées par les constructeurs pour composer des fermes et établir des combles en satisfaisant aux formes commandées par le goût de l'époque où ils travaillaient, et par l'étendue ou la destination des bâtiments qu'il s'agissait de couvrir.

Nous avons cherché à compléter l'objet du chap. XIII de notre tome Ier, en réunissant, dans les planches qui se rapportent à celui-ci, les descriptions des principales charpentes connues, et dont les fermes sont, pour ainsi dire, les types qu'on retrouve plus ou moins fidèlement imitées, et avec plus ou moins de succès, dans le nombre immense de combinaisons diverses que les charpentiers et les constructeurs ont employées ou proposées.

Les figures que nous donnons dans nos planches sont assez exactes et construites sur des échelles assez grandes pour que nous nous dispensions de longues descriptions écrites. Nous nous bornerons donc, à l'égard de chaque système, aux explications qui sont indispensables.

I.

COMBLES ROMAINS.

§ 1. *Basilique de Saint-Pierre.*

La fig. 1 de la pl. LXXXIV représente une ferme du comble de l'ancienne basilique de Saint-Pierre de Rome; elle est remarquable par sa simplicité. Ce dessin a été conservé par Fontana, pl. IV (1).

(1) In-folio, *in Roma*, 1743.

Rutilius Alberinus, Romain, rapporte, dans un manuscrit de 1339, traduit du vieux langage en vulgaire par Annibal Scardova, Bolonais, que lors de son avénement, vers 1334, le pape Benoît XII fit renouveler entièrement la charpente du toit de Saint-Pierre. Les bois se trouvèrent si bien conservés qu'ils purent être employés à la construction du toit du palais de Farnèse. En démontant cette ancienne charpente, on trouva une poutre immense et d'une grosseur surprenante; elle était tout enveloppée de cordages à cause de son extrême vétusté. On découvrit sur cette poutre une inscription en lettres gravées dont le sens était : *Cette poutre est une de celles du toit que fit poser le bon Constantin* (1). Ainsi l'on put regarder cette ferme comme un des types des toits antiques. Les pentes du toit qu'elle supportait s'accordaient avec celles en usage pour les frontons antiques.

Chaque ferme était composée de deux tirants jumeaux, de deux arbalétriers également jumeaux, de deux entraits jumeaux compris entre les arbalétriers sans y être assemblés, n'y étant retenus que par une grosse cheville traversant les deux arbalétriers, et enfin d'une aiguille ou poinçon retenu aux arbalétriers par une grosse cheville, et à l'entrait également par une grosse cheville, et soutenue sur le tirant par une autre grosse cheville en forme de clef.

Cette charpente n'avait aucune ferrure, et celles qui sont représentées sur la fig. 1 sont copiées d'après Rondelet. Elles n'ont probablement été ajoutées que lors du renouvellement dont nous venons de parler. Chaque tirant était d'une seule pièce, et probablement encore, ce n'est que lors de ce renouvellement qu'on les a entés à traits de Jupiter et garnis de ferrures.

§ 2. *Saint-Paul-hors-des-Murs* (2).

Les fig. 1, 3 et 5 de la pl. LXXXIII, représentent les fermes du comble de la basilique de Saint-Paul-hors-des-Murs à Rome. Les deux premières sont remarquables en ce qu'elles sont doubles, et que l'aiguille qui soutient le tirant se trouve elle-même soutenue par deux systèmes égaux accouplés au moyen de clefs carrées en bois.

La deuxième a plus de force que la première, parce que les bois sont plus forts, et que les poinçons ajoutés à chaque ferme partielle et qui reçoivent les assemblages des sous-arbalétriers, attachent plus solidement l'aiguille intermédiaire qui soutient le tirant.

(1) Cet empereur mourut en 337.
(2) Cette basilique a été brûlée en 1823.

La ferme de la fig. 1 est une des plus anciennes de ce comble en bois de sapin; c'est une de celles qui furent renouvelées en 816 sous le pontificat de Léon III.

La ferme de la fig. 5 répond au sanctuaire; elle est du nombre de celles qui furent renouvelées sous Sixte-Quint (de 1585 à 1590).

Les bois de toutes ces fermes sont équarris à vive arête. Les assemblages sont à entailles en embrèvements sans tenons ni mortaises.

Cette troisième ferme n'est pas double; néanmoins elle est plus compliquée que les autres, quoiqu'elle n'ait pas besoin d'une force aussi grande, puisqu'elle est soutenue, dans le milieu de sa portée par un mur, ce qui annoncerait un pas rétrograde de l'art.

Les fig. 2, 4, 6 sont des coupes longitudinales du bâtiment par un plan vertical parallèle au faîtage, sur lesquelles on voit l'écartement des fermes et des chevrons.

Les chevrons sont couverts par des briques d'un pied sept pouces ($0^m,514$), ce qui forme un carrelage avec mortier dans les joints, sur lequel la couverture en tuile est posée comme celle représentée fig. 18, pl. XL. On peut juger, par le poids de cette couverture, de la force de la charpente qui la soutient.

Les fermes du comble de l'ancienne salle de spectacle de la ville de Lyon, par Germain Soufflot, sont copiées sur celles-ci, hormis qu'elles n'ont que 43 pieds de portée (14 mètres), et qu'elles ne sont pas soutenues dans le milieu par un mur. On y a fait des changements inutiles et peu heureux en écartant les faux arbalétriers des arbalétriers, et en prolongeant l'une des contre-fiches des petits poinçons jusqu'au poinçon principal.

§ 3. *Sainte-Sabine.*

Une ferme de l'église Sainte-Sabine, à Rome, est représentée fig. 5, pl. LXXXIV. La construction de cette église remonte à l'an 425. Cette ferme est très-remarquable; c'est le premier exemple d'armatures d'arbalétriers soutenus par des contre-fiches assemblées au poinçon.

Cette combinaison, par l'époque de sa construction, sa simplicité et sa ressemblance avec la description des charpentes des toits donnés par Vitruve, peut être regardée comme une imitation des charpentes antiques qui nous en reproduit un type incontestable.

§ 4. *Théâtre d'Argentine.*

Une ferme du théâtre d'Argentine, à Rome, est représentée fig. 2, pl. LXXXIV. La simplicité et la bonne entente de cette combinaison sont aussi remarquables que celles des fermes de Saint-Pierre et de Saint-Paul. Sa portée est de 75 pieds et demi ($24^m,50$). Les tirants et arbalétriers de cette charpente sont chacun de deux pièces entées à trait de Jupiter.

Les tirants sont soutenus par de doubles étriers en fer qui n'ont aucun inconvénient, vu qu'il n'ont à supporter que ces tirants et un simple plafond.

II.

COMBLES MODERNES.

§ 1. *Charpentes en bois droits.*

Les climats divers où des combles ont été établis sur les habitations ont nécessité d'autres pentes que celles usitées dans l'antiquité. De là sont venus les toits élevés qui ont forcé à des combinaisons plus compliquées. En général, avec les hauteurs des combles il a fallu augmenter le nombre des armatures ou doublures a, fig. 6, pl. LXXXIV, des arbalétriers, devenus plus longs. Il s'en est suivi la nécessité d'augmenter aussi le nombre des entraits b; et dès qu'on a voulu utiliser ceux-ci pour former des étages dans les combles, il a fallu aussi les fortifier par d'autres armatures c et des liens d, ou par des pièces verticales e pour soutenir les planchers en les attachant aux arbalétriers, de telle sorte que les combinaisons représentées à droite et à gauche dans la fig. 6, se sont trouvées être les types de toutes les charpentes des pays sujets aux pluies et aux neiges dans lesquels on a varié les position de ces pièces et auxquelles on en a ajouté d'autres dont l'utilité n'est pas toujours bien apparente.

§ 2. *Système de Styerme.*

Le charpentier Styerme a composé des fermes pour la construction des toits en usage dans le pays de Wurtemberg, où il était établi. Nous reproduisons, d'après Krafft, trois exemples, fig. 3 et 7, pl. LXXXIV, et fig. 6, pl. LXXXV, de l'application du tracé indiqué par Styerme pour trois portées différentes.

Le système de Styerme consiste principalement dans l'emploi de pièces verticales, qu'il appelle clefs pendantes, lesquelles lient les tirants aux entraits, et ceux-ci les uns aux autres. Cette combinaison paraît avoir été suggérée à Styerme par les fermes du théâtre d'Argentine. On a néanmoins étendu la qualification de système au tracé des lignes au moyen desquelles il détermine les positions des pièces qui entrent dans la composition de ses fermes; mais ce tracé n'est qu'une formule pour reproduire les mêmes combinaisons dans les proportions qui peuvent convenir à différentes portées.

Ce tracé s'exécute en partageant les rectangles $d\ e\ c\ h$ formés par la demi-portée du comble et sa hauteur, ou un certain nombre de carrés dont les lignes et les angles déterminent les points principaux sur lesquels Styerme établit les assemblages et les pièces horizontales et verticales qui, en outre des arbalétriers, concourent à la composition des fermes; des cercles $v\ k\ u$, $x\ h\ y$ indiquent même quelles dimensions horizontales sont reportées verticalement. Toutes les lignes présentent une apparence de science qui n'est pas indispensable, puisque, la disposition des bois étant bien entendue, il suffit d'annoncer que la hauteur du toit, suivant le besoin et le climat, est égale à la moitié ou au tiers de la portée des fermes, ce qui fixe la pente du toit, et que les entraits sont établis à moitié, au tiers ou au quart de la hauteur du comble.

Rondelet remarque que ce système ne présente pas une force aussi grande que le nombre des pièces qui y sont employées paraîtrait l'annoncer au premier aperçu; il faut cependant convenir que si le tirant et les entraits sont destinés à porter des planchers qui peuvent être fortement chargés, les pièces $m\ m$, appelées clefs pendantes, sont assez bien disposées pour les soutenir; il est seulement à regretter que leur liaison avec les entraits et les tirants ne soit établie que par des bandes de fer qui supportent alors tout l'effort de la charge et auxquelles il n'est pas toujours prudent de se fier en pareil cas. Des moises verticales dites moises pendantes, qui embrasseraient en même temps les entraits et les tirants, seraient préférables, et elles ne consommeraient guère plus de bois.

La fig. 10, pl. LXXXV, est, comme nous avons déjà eu occasion de le dire page 91, une coupe sur la ligne $x\ y$ de la fig. 6, même planche, par un plan parallèle au toit sur lequel les croix de Saint-André comprises dans les pans de toit, et qui sont des contrevents, sont projetées. Cette projection est ce que quelques charpentiers appellent *la ferme couchée*. C'est une véritable herse du pan du toit qui sert à établir les croix de Saint-André, et à piquer leurs assemblages dans les pannes a et b.

Il est à présumer, comme nous l'avons déjà dit, que la charpente du théâtre d'Argentine, fig. 2, pl. LXXXIV, a fourni à Styerme l'idée première de son système qui, au surplus, ne vaut pas, à beaucoup près, son modèle.

§ 3. Charpente du temple des Réformés à Strasbourg.

Le comble du temple des Réformés de Strasbourg a été construit, en 1790, à peu près suivant le système de Styerme. Nous en avons représenté une ferme, fig. 2, et une coupe, fig. 4, dans la planche XCI. Le bois n'y a pas été épargné. On doit cependant remarquer que l'objet principal qu'on s'est proposé a été assez bien rempli : c'est la suspension par le moyen des moises verticales b b des deux filières a a qui portent le plancher d'un grenier.

Les tirants et les filières sont liés aux moises verticales par de forts étriers en fer. Les solives qui portent le plancher et le plafond sont attachées en dessous des filières par des boulons. Ce n'est que lorsque la condition de la suspension du plancher a été remplie que les chevrons ont été disposés pour former le toit. Au lieu de croix de Saint-André pour contrevents dans les pans du comble, comme dans la fig. 10, pl. LXXXV, on a établi des aisseliers et des jambettes s'assemblant dans les pannes et les liernes et dans les arbalétriers, ce qui a produit le même effet sans employer des bois aussi longs que ceux que les croix de Saint-André auraient exigés.

§ 4. Comble du manége de Copenhague.

La charpente du comble du manége de Copenhague a quelque ressemblance avec celle du temple des Réformés qui fait l'objet de l'article précédent, et avec celles de Styerme, qui ont été longtemps imitées par les charpentiers allemands, et qu'on retrouve dans un grand nombre de leurs combles.

La ferme du manége de Copenhague, fig. 7, pl. XCII, est cependant d'une apparence moins pesante. Elle fait partie d'un comble brisé. L'entrait a est trop fort comme entrait de brisis; mais cet entrait et le tirant b soutiennent des planchers servant de magasins. On pourrait, sans inconvénient, supprimer l'entrait supérieur z, pour le remplacer par le petit entrait x, et ajouter à cette ferme deux petites contre-fiches y, que nous avons ponctuées.

§ 5. *Charpente du comble de l'Hôtel-Dieu de Rouen.*

Nous avons figuré, sous le n° 4 de la planche LXXXIV, une ferme à trois poinçons. Le tirant est soutenu dans son milieu par un poinçon principal.

Les deux autres poinçons soutiennent aussi ce tirant au milieu des deux demi-portées. Ils sont indépendants du reste du système du toit et forment, de chaque côté, une sorte d'armature comme celle d'une poutre, fig. 9, pl. XXXII. Cette combinaison est trop chargée de bois; cependant l'architecte Le Brumont l'a utilement employée, en 1776, pour les demi-fermes du comble des bas côtés de l'Hôtel-Dieu de Rouen (1).

§ 6. *Charpente tirée de l'ouvrage de Krafft.*

La fig. 2, pl. LXXXVI, est tirée de l'ouvrage de Krafft, qui n'indique point où elle a été exécutée. Nous la donnons ici à cause de quelques ressemblances qu'on pourrait lui trouver avec les fermes de Styerme; mais elle est fort inférieure en ce que plusieurs pièces s'y trouvent sans objet ou mal disposées.

La fig. 2, pl. LXXXVII, présente une ferme qui est à peu près dans le même système; elle est cependant mieux entendue si, comme nous l'avons dit plus haut, les tirants et l'entrait doivent supporter des planchers chargés de poids considérables; car on voit que les poteaux qui soutiennent l'entrait portent verticalement sur ceux qui soutiennent le tirant et qui montent de fond.

§ 7. *Théâtre-Italien de Paris.*

La figure 1, planche LXXXVII, reproduit une des fermes du Théâtre-Italien (dit théâtre Favart), à Paris, par Hertier, brûlé en 1839. Cette ferme se distingue des constructions ordinaires par des moises parallèles aux arbalétriers. Ces moises ont pour objet de soutenir l'entrait auquel sont attachées, par des bandes de fer, deux aiguilles pendantes qui supportent dans deux points de sa longueur le tirant chargé d'un plancher. Par cette disposition, on a donné aussi de puissants auxiliaires aux arbalétriers; mais l'effet eût été plus complet si les moises avaient pu saisir le tirant et y trouver leurs abouts; dans ce cas, les jambes de force m eussent été inutiles, et il eût suffi de prolonger les blochets n jusque

---

(1) Krafft, pl. XV.

dans les moises; les pièces pendantes *o* eussent aussi été d'un plus puissant effet, si elles eussent été des moises.

En général, il vaut toujours mieux se fier à des moises qu'à des bandes de fer pour soutenir des pièces horizontales. A moins qu'il n'y ait impossibilité de laisser les bouts des moises se prolonger au-dessus des pièces qu'elles doivent saisir.

Les fermes du manége de Lunéville, fig. 2, pl. XC, qui sont l'objet de l'article 2 du chapitre suivant, présentent un autre exemple de faux arbalétriers, parallèles aux arbalétriers, mais ils ne forment point moises. Ils servent, au contraire, à présenter des points d'attache aux moises pendantes qui ne seraient pas assez solidement assemblées sur les arbalétriers qu'elles ne peuvent pas dépasser d'une longueur suffisante.

§ 8. *Hangar de la Râpée.*

La ferme représentée fig. 6, pl. LXXXVII, appartient à un hangar construit à la Râpée, à Paris. Les bois sont assez bien combinés dans cette charpente, mais ils y sont trop multipliés, plusieurs systèmes concourant simultanément au même résultat sans nécessité de ce surcroît de solidité. Nous pensons qu'on peut, sans inconvénient, supprimer les grandes moises *m m*, qui chargent la charpente sans ajouter à la résistance produite par les pièces *n* et *p;* on pourrait utilement ajouter les contre-fiches, *o, u*.

§ 9. *Hangar de M. Eyrère.*

La ferme, fig. 7, fait partie d'un hangar construit par M. Eyrère, charpentier : les pièces *p* auraient pu être supprimées, l'entrait *m* aurait été prolongé jusque sous la première panne, et la pièce *r* aurait été transportée en *s* sous la deuxième panne.

§ 10. *Bâtiment de filature.*

La ferme, fig. 5, pl. LXXXVIII, appartient au comble d'une filature; elle est extraite de l'ouvrage de Krafft. Dans la réalité, il existe un entrait *a*, nous l'avons indiqué en lignes ponctuées, parce que nous le regardons comme inutile.

La grande croix de Saint-André pourrait motiver aussi la suppression du tirant comme dans la ferme, fig. 1, pl. LXXXV.

Si l'on voulait conserver l'entrait, il conviendrait de supprimer la croix de Saint-André et de la remplacer par les liens *m, m*, que nous avons indiqués en lignes ponctuées.

§ 11. *Hangar du Helder.*

La figure 4, pl. LXXXVII, est la coupe d'une grange tout en charpente construite en Hollande, près du Helder. Krafft, auquel nous avons emprunté cette figure, annonce que les fermes sont écartées de 14 pieds ($4^m,548$) de milieu en milieu, et qu'il y a sept chevrons dans chaque travée, non compris ceux qui répondent aux fermes.

J'ai indiqué en lignes ponctuées de quelle manière on pourrait remplacer les poteaux d'assemblage par des poteaux séparés, d'où résulterait un autre espacement des moises; cette disposition donnerait plus de stabilité à cette charpente, qui est imitée d'un hangar construit à la Râpée, dont Krafft donne aussi le dessin, planche XXXII, et que nous n'avons point compris dans nos planches, à cause de sa ressemblance avec celui qui fait l'objet de cet article. Ce hangar a 72 pieds de largeur ($23^m,398$), et ses fermes sont écartées de 15 pieds 9 pouces ($5^m,117$). Ses côtés sont fermés à chaque étage par un pan de bois percé d'une croisée au milieu de chaque travée.

§ 12. *Hangar de Leipzig.*

La figure 8, pl. LXXXV, est la coupe d'un comble en bois de sapin construit à Leipzig, pour couvrir un hangar; le dessin est tiré de l'ouvrage de Krafft, qui n'a point indiqué l'écartement des fermes. Krafft critique mal à propos la combinaison du bois dans ce comble; il conseille de supprimer la grande moise inclinée pour alléger la charpente, il propose de la remplacer par un arc qui serait certainement plus pesant.

La partie à gauche de la figure montre la ferme telle qu'elle a été exécutée; à droite, la correction que Krafft propose est indiquée afin de montrer qu'en pareil cas, ce changement ne doit pas être adopté. Un grand arc a, dans une charpente, une tout autre destination que celle qui lui est donnée dans cette figure. D'autre part, un arc a un volume de bois plus considérable que celui des pièces droites; son assemblage exige plus de travail, et sa flexibilité le rend moins propre à s'opposer à des changements de formes que des combinaisons de pièces droites.

§ 13. *Magasin aux vivres du Helder.*

M. Mandar a fait construire au Helder, en Hollande, un magasin aux vivres qu'il a couvert par un comble dans lequel des arcs sont employés, comme il convient qu'ils le soient; ils supportent directement le toit qui est toujours chargé d'un même poids sur deux pans. Nous donnons, fig. 7, pl. LXXXVIII, le dessin d'une des fermes de ce comble; il est copié de l'ouvrage de Krafft. La longueur du magasin est de 300 pieds ($97^m,452$); sa largeur est de 60 pieds ($19^m,490$); l'écartement des fermes est de 15 pieds ($4^m,873$), de milieu en milieu; six chevrons, dans chaque travée, sont distribués entre ceux répondant aux fermes. La poussée du toit, dans chaque ferme, s'opère sur le tirant qui soutient le plancher du grenier, et qui est porté dans sa longueur par deux filières faisant l'office de poutres pour recevoir les solives distribuées entre les tirants.

Ces filières ou poutres sont supportées par des poteaux qui répondent aux tirants des fermes.

Ces poteaux sont indispensables, à cause de l'irrégularité que diverses circonstances peuvent déterminer dans la répartition de la charge sur le plancher.

§ 14. *Hangar construit en Suisse.*

Toutes les constructions exécutées en Suisse ne sont pas suivant le modèle que nous avons décrit page 289 (tome Ier); plusieurs constructions se rapprochent des systèmes en usage en France et en Allemagne. Le hangar dont nous donnons le dessin d'une ferme, fig. 3, pl. LXXXVIII, en est un exemple. Ce hangar est établi au-dessus d'une habitation rurale. Les jambes de force sont de deux pièces et forment moises, pour prendre entre elles les arbalétriers et s'assembler dans l'entrait supérieur qui est aussi en moise.

Les deux planchers sont soutenus par des doubles bandes de fer qui s'attachent à l'entrait supérieur.

Des moises verticales eussent produit le même effet. A la vérité, l'apparence eût été moins légère, mais la dépense eût été moindre, sans que la solidité en eût souffert.

§ 15. *Grande halle de la fonderie de Romilly.*

C'est avec plus de discernement et d'économie que le fer a été employé comme moyen de suspension dans le comble de la grande halle de la fonderie de Romilly, construite, en 1824, par M. Ferry, ingénieur civil (1).

Nous avons représenté, fig. 6, pl. LXXXIX, une des fermes du double comble de cette vaste halle. La figure 4 est, sur une petite échelle, une projection de l'élévation extérieure du bâtiment; la figure 5 est son plan.

Cette halle est composée de deux parties séparées par le canal d'une roue hydraulique qui fait mouvoir des laminoirs. Les deux parties sont couvertes par deux grands combles; un troisième, beaucoup plus petit, répond au canal.

Les sablières, communes aux grands combles et au petit sont soutenues chacune par une file de colonnettes en fer coulé et creuses qui répondent aux assemblages à mi-bois des tirants des grandes et petites fermes qui se joignent bout à bout en croisant les sablières communes. Les bases de ces colonnettes portent sur les murs du canal.

Les pans des grands combles qui répondent aux murs latéraux jettent les eaux au dehors; les pans contigus à ceux du petit comble forment avec ceux-ci des égouts communs au-dessus des sablières communes, et des chéneaux en zinc, dont les pentes sont convenablement réglées, distribuent les eaux pluviales à des espèces d'entonnoirs par lesquels elles descendent dans l'intérieur des colonnettes, d'où elles sont rejetées dans le canal par des tuyaux courbés.

Le tirant de chaque ferme est de deux pièces qui se joignent bout à bout au milieu de sa longueur; leur liaison est formée par une troisième pièce qui a peu d'étendue et qui leur est jointe à crans; cet assemblage est consolidé par deux bandes de fer, l'une, appliquée en dessus, l'autre, appliquée en dessous; leurs extrémités sont courbées en crampons; le tout est serré par des boulons.

Le tirant auquel on n'a point voulu donner la force qu'eût exigée un plancher, est soutenu de chaque côté, au quart de sa portée, par une moise verticale en bois qui saisit l'arbalétrier et une branche de la croix de Saint-André.

Une troisième moise en bois, formant poinçon, eût été, vu sa longueur, trop pesante dans le milieu de la ferme; elle est remplacée sur les deux tiers de sa hauteur par une tringle en fer rond qui n'a besoin que de la force nécessaire pour supporter sa part du poids de la partie du tirant comprise entre les deux moises verticales.

Cette tringle est attachée par le haut à la moise-poinçon, par l'anneau plat qui la termine et qui est traversé par le boulon inférieur des brides

---

(1) M. Ferry a été professeur à l'École centrale des arts et manufactures jusqu'en ces dernières années.

appliquées sur les faces des parements de la moise. Cet anneau est compris entre deux rondelles pour remplir l'intervalle des deux parties de la moise, et maintenir le point de suspension dans le milieu de l'épaisseur de la ferme; par son extrémité inférieure, la tringle, qui est taraudée, traverse les bandes dans le milieu de l'épaisseur de l'assemblage, et reçoit en dessous un fort écrou qui soutient le tirant à la hauteur des sablières pour empêcher qu'il se courbe sous son propre poids.

L'assemblage de la croix de Saint-André est consolidé par un X en fer, appliqué sur chaque face; les deux X sont fixés par des boulons. Un boulon central les traverse ainsi que les moises.

La fig. 1 est une projection horizontale, et la figure 2, une coupe pour montrer le détail de l'assemblage des tirants et des sablières.

Chaque cours de sablières est composé d'autant de pièces s, s qu'il y a de travées dans la longueur des combles. Aux extrémités, les sablières sont scellées dans les murs. Elles se joignent bout à bout, comme les tirants sur les chapiteaux des colonnettes, entre des joues qui s'élèvent de chaque côté. Pour les réunir et donner à leurs jonctions autant de solidité que si le cours de ces sablières était d'une seule pièce, chaque joint est garni de deux fortes bandes de fer b, une de chaque côté, au niveau de l'entaille à mi-bois faite en dessus, et qui s'étend par moitié de chaque côté du joint.

Chaque bande se prolonge au-delà de l'entaille qui doit être occupée par les bouts des tirants, assez loin pour être saisie par des boulons communs; chacune est coudée deux fois, pour entrer dans l'épaisseur des deux parties des sablières et affleurer leurs faces, dans toute l'étendue de l'occupation de ces mêmes tirants. Les tirants t, qui se joignent bout à bout, sont entaillés en dessus à mi-bois; l'entaille s'étend également aux deux côtés de leur joint. Ils ne sont assemblés aux sablières, ni descendus dans les entailles, qu'après qu'on a placé les deux bandes droites d de même force que les premières, dans des rainures ouvertes dans les joues des entailles des sablières. Lorsque les tirants sont placés, on boulonne leurs bandes; ils se trouvent liés entre eux comme les sablières, et les bandes se croisent dans les angles de l'assemblage; celles des tirants touchent celles des sablières dans le plan du contact des entailles. Cet assemblage, d'une très-grande solidité, est traversé verticalement dans son milieu par le tube de zinc qui conduit les eaux du toit dans les colonnettes.

§ 16. *Magasin aux fourrages de la Râpée, à Paris.*

Les constructeurs en s'éclairant par l'expérience et le calcul ont, depuis quelques années, beaucoup diminué les équarrissages qu'on donnait autrefois aux pièces employées dans les charpentes. C'est sans doute un progrès de l'art, mais il est à craindre qu'en voulant réformer un excès dans le poids des œuvres anciennes et dans la consommation du bois, on ne tombe dans un défaut contraire, et qu'on ne fasse plus la part de la détérioration du bois par la vétusté. On perd peut-être de vue que, pour quelques anciennes charpentes, c'est autant à un excès de force dans les dimensions des bois qu'à leur bonne qualité, qu'on doit attribuer la longue durée de ces constructions.

Nous donnons dans les fig. 4 et 5 de la planche XC, une coupe longitudinale et une coupe transversale du comble qui couvre le magasin aux fourrages de la Râpée : la poussée de la charpente est habituellement atténuée, sinon détruite, par la disposition des moises inclinées, qui concourent d'ailleurs au soutien de l'entrait. Des croix de Saint-André, formées de demi-moises dans la ferme sous-faîte et les arcs sous les sablières des façades et sous la filière de la ferme sous-faîte, empêchent le hiement du comble. Les sablières et les filières ou liernes paraissent un peu trop fortes par rapport aux autres pièces des fermes de cette charpente. La légèreté extraordinaire de cette construction fait naître la remarque que nous venons de faire. Cette légèreté, sans doute, peut convenir pour une charpente qui ne doit avoir qu'une courte durée; mais nous ne conseillerons pas de l'imiter dans une construction stable.

§ 17. *Manutention des vivres militaires, à Paris.*

La fig. 6 de la planche XCI est le dessin d'une ferme du comble de la Manutention des vivres militaires, projetée et construite vers 1835 sur le quai Billy, à Paris, par M. Gréban, capitaine du génie. La fig. 8 est une coupe longitudinale du même comble.

Les planchers des étages, d'une force proportionnée aux charges qu'ils doivent supporter, sont soutenus par des poteaux qui montent de fond. La charpente est combinée de manière à n'exiger que des bois d'un moyen équarrissage, et à ménager le plus grand espace possible dans les greniers.

Pour lier convenablement les pièces qui soutiennent le toit, les arbalétriers ont reçu une disposition qui n'avait encore été que peu usitée; ils ont été convertis en moises qui s'étendent conséquemment sous les deux pans du comble.

DIVERS SYSTÈMES DE CONSTRUCTION DE COMBLES.

Les poutres des planchers sont en trois portées sur la largeur du bâtiment. Chaque partie de poutre est fortifiée par une armature intérieure, et ces poutres partielles sont liées bout à bout par des bandes de fer; leurs joints répondent aux poteaux.

Tous les travaux de cet édifice ont été exécutés avec une rare perfection; les bois de ses charpentes sont tous équarris à vives arêtes, et les assemblages sont exécutés avec la plus scrupuleuse précision.

III.

FERMES SANS TIRANTS.

Lorsqu'on est dans la nécessité de supprimer les tirants d'une charpente, il est indispensable de prévoir comment on remédiera à sa poussée, soit en donnant aux murs qui doivent la supporter une épaisseur capable d'une résistance suffisante, soit en introduisant, dans la composition des fermes, des pièces de bois ou de fer ayant pour objet de détruire cette poussée, ou au moins de l'atténuer ou de la modifier, en changeant la direction de son action pour la reporter sur des points plus résistants, et pour lesquels il ne soit pas besoin de donner aux murs de très-grandes épaisseurs.

§ 1. *Système de M. Ried.*

La fig. 1, pl. LXXXVI, représente un fragment d'une ferme d'un hangar construit par M. Ried.

La fig. 5 est une application du même système, avec un revêtement intérieur, construit par le même architecte.

Au moyen d'un trait a, et de son aisselier b, la poussée n'est exercée que par la partie inférieure de la ferme; et elle est atténuée par l'abaissement de son point d'application, par l'effet de la combinaison du blochet c avec l'aisselier d et la moise e, qui forment une console sur laquelle porte le pied de la ferme étendu par la jambette f.

Le revêtement h, fig. 5, devant présenter une surface cylindrique continu, il est soutenu par des fermettes de *remplage* qui portent sur des sablières g.

§ 2. *Hangars de filature.*

Les fig. 4 et 7, pl. LXXXVI, représentent des fermes de hangars pour filature.

Ces charpentes sont portées par des poteaux et des aisseliers formant des arcs dont les naissances sont sur les murs et par des poteaux intérieurs montant de fond. Les grandes croix de Saint-André, formées par des moises, en se combinant avec le soutien produit par les poteaux, détruisent la poussée.

§ 3. Comble conique de Saint-Domingue.

La fig. 3, pl. XCI, est le profil d'un comble conique exécuté à Saint-Domingue pour couvrir le manége d'une sucrerie. La fig. 7 est un fragment du plan de ce comble. Nous donnons ces deux figures comme un exemple de destruction de la poussée d'une charpente par l'effet de sa forme circulaire.

Les cours des sablières et des pannes fixées sur les arbalétriers forment autant d'anneaux qui s'opposent à cette poussée. Par suite de cette considération, on aurait pu simplifier beaucoup chaque ferme en diminuant le nombre des pièces qu'on y a employées; on peut même remarquer qu'au moyen de ces pannes circulaires, on pourrait se contenter des seuls arbalétriers boulonnés avec les cours des pannes, et d'une petite enrayure vers le sommet pour maintenir la position verticale du poinçon. Quelques rares croix de Saint-André entre les cours de pannes suffiraient pour s'opposer à la torsion. Il est entendu qu'en rapprochant les pannes, si l'on emploie des ardoises ou du bardeau pour la couverture, les chevrons peuvent être supprimés, et les planches doivent être placées dans la direction des génératrices de la surface conique; mais, dans ce cas, les deux clous qui servent à attacher les ardoises ou les bardeaux doivent être placés sur chaque pièce suivant une génératrice de la surface conique.

IV.

COMBLE EN BOIS RONDS REFENDUS.

Bergerie de Grignon.

M. Polonceau, ingénieur des ponts et chaussées, a fait construire, en 1828 et 1829, pour la bergerie de la ferme de Grignon, un hangar destiné à recevoir, pendant l'hiver, mille brebis ou quatorze cents moutons. Ce hangar est couvert par un comble en bois ronds, écorcés et refendus en deux, genre de construction qui mérite d'être imité pour les bâtiments ruraux.

La fig. 6 de la pl. XCVIII est une partie du plan de cette bergerie, dont les dimensions entre les murs sont de 16 mètres de largeur sur une longueur de 85 mètres divisée en vingt et une travées, celle du milieu étant un peu plus large que les autres, et égale à l'espace compris entre les piliers dans le sens de la largeur du bâtiment.

Ce bâtiment est terminé par deux pignons en maçonnerie (1). Une des dix-huit fermes du comble est représentée fig. 5. Le tirant est formé de trois poutres dressées sur les deux faces qui reçoivent l'application des autres pièces; elles sont assemblées sur les têtes des piliers qui sont en bois ronds portés sur des dés en pierre. Toutes les autres pièces sont simplement refendues à la scie en deux parties, et dans le sens le plus propre à donner deux figures symétriques, pour que chacune puisse être placée symétriquement dans la combinaison d'une même ferme.

Les bois parfaitement droits étant fort rares, on a profité de la courbure de ceux qu'on a employés en donnant un peu de bombement aux deux pans du toit, et l'on a régularisé cette courbure lorsque cela a été nécessaire, en calant convenablement les pannes faites en bois blancs débités à la scie, et ne présentant que deux ou trois faces planes, les autres restant brutes et simplement écorcées. Le lattis a été fait en voliges immédiatement clouées sur les pannes et fausses pannes, suivant les pentes du toit pour recevoir une couverture en bitume. Les pans du comble ont été prolongés en saillie au delà des murs de faces, pour garantir de la pluie les larges ouvertures répondant aux travées.

On a consommé pour cette charpente, qui n'exige presque point de main-d'œuvre, 31 mètres cubes de bois, 60 mètres carrés de planches pour les fausses pannes posées de champ entre les pannes, 2,400 mètres carrés environ de voliges pour le lattis, et 1,360 mètres carrés de planches pour le plancher du grenier à fourrage.

Quoique les fermes n'aient pas de poinçon, et que les assemblages soient faits sans tenons ni mortaises, mais seulement par applications maintenues par des boulons, cette charpente a une grande solidité; elle a subi une épreuve assez forte lors de sa construction. Le toit étant couvert aux deux tiers de sa longueur, une trombe, qui avait eu assez de force pour arracher plusieurs arbres avant de parvenir à la bergerie, n'enleva que les voliges et les pannes d'une partie de la toiture, sans que les fermes aient été ébranlées.

(1) Nous ne donnons point le détail des distributions intérieures, ni des râteliers et barrières, relatifs à l'usage de la bergerie, comme étrangers à l'objet de notre ouvrage.

V.

PETITES FERMES.

Lorsque les charpentes n'ont qu'une faible portée, non-seulement elles exigent moins de bois à cause de la grande réduction des pièces qu'on y emploie, mais on peut aussi diminuer le nombre de pièces en faisant usage de combinaisons plus simples.

§ 1. *Toits simples.*

La fig. 5, pl. LXXXVII, représente une ferme d'un petit toit à deux égouts. Elle n'a point d'arbalétriers : les chevrons correspondant à la ferme en tiennent lieu. La première panne, de chaque côté, est soutenue par une jambette verticale et un tasseau assemblés dans le chevron. Les deux pannes supérieures sont portées par une petite moise-entrait qui saisit les deux chevrons et le poinçon portant le faîtage.

La fig. 8, même planche, est le dessin d'une ferme sans tirant ni poinçon. Les arbalétriers sont liés au sommet du toit par un coude, à l'imitation des assemblages de marine. La fig. 10, pl. LXXXVI, représente une ferme du même genre.

Nous ne rapportons sur cette planche la ferme, fig. 9, que parce qu'elle se trouve sur la pl. CIX de l'*Art de Bâtir* de Rondelet, qui l'a tirée de Serlio, et pour avoir occasion de faire remarquer qu'elle est beaucoup trop matérielle, et que le système de son assemblage rend inutiles, les goussets qu'on y a ajoutés.

§ 2. *Fermes portant cintres.*

La fig. 2, pl. LXXXVIII, représente une petite ferme en madriers sans entrait formant cintre pour un comble qui couvre une galerie de peu de largeur, les murs ayant une épaisseur plus que suffisante pour résister à la poussée du toit.

La fig. 6, même planche, est une ferme d'une moyenne ouverture pour le même cas.

La fig. 4, même planche, représente une ferme d'un comble surbaissé d'une faible portée et sans tirant. Les arbalétriers sont en madriers. Je les ai réunis à leurs sommets par une moise formant entrait qui les affleure, et dont les deux parties sont assemblées par entailles, de manière que l'écartement des arbalétriers est maintenu.

§ 3. Toit à deux égouts en contre-pente.

La ferme, fig. 3, pl. LXXXVII, appartient à un toit en double appenti. L'égout se trouve au milieu de la largeur de l'espace couvert. Les fermes sont des croix de Saint-André en madriers qui sont soutenus par les scellements de leurs bouts dans les murs. Une ouverture dans l'un des murs qui limite la longueur de l'espace couvert, donne issue aux eaux de l'égout commun.

Cette ingénieuse combinaison est de M. Walter, ingénieur civil (1).

§ 4. Petits toits cylindriques.

La fig. 7, pl. LXXXV, est une coupe d'un petit toit cylindrique sans chevrons. Les pannes sont soutenus par des veaux couchés sur les jambes de force et sur les arbalétriers; elles y sont clouées. Le lattis est formé par des planches pliées, en les clouant, sur les pannes suivant la courbure du toit.

La fig. 2, même planche, est la coupe d'un comble en ogive suivant le même système.

La fig. 4 représente le même système appliqué à un toit en impériale.

VI.

FERMES EN MAÇONNERIE.

La cherté et la rareté du bois, les précautions contre les incendies, et les convenances, sous le rapport de la destination d'un bâtiment, peuvent déterminer à remplacer, dans certaines bâtisses, les fermes en charpente par des arceaux en maçonnerie.

Nous avons indiqué, tome Ier, page 472, et fig. 4, pl. XLIII, une construction de fermes en maçonnerie pour soutenir des pans de toits, dans des bâtiments susceptibles de décorations intérieures; nous complétons ce qui reste à dire sur ce sujet en indiquant quelques autres constructions du même genre.

La fig. 8, planche XCVIII, est le dessin d'une ferme en maçonnerie, comme on en construit en Bretagne, copié sur une des figures du Recueil de M. Lopez, pour soutenir les toits des granges. Ces fermes en pignons sont bâties en briques ou en moellons, et sont percées en ogive. Leur

---

(1) M. Walter a été professeur à l'École centrale des arts et manufactures.

128 TRAITÉ DE L'ART DE LA CHARPENTERIE. — CHAPITRE XXIII.

écartement est proportionné à la longueur des bois destinés à former les pannes. Ce genre de construction est économique et usité dans les contrées où le bois est fort cher.

La figure 7 représente une des fermes en maçonnerie qui soutiennent le toit de la grande halle des forges d'Alais, bâtie en 1832 par M. Communeau, ingénieur civil. Ces fermes sont au nombre de huit, également distribuées entre deux pignons, sur la longueur de la halle, qui est d'environ 64 mètres dans son œuvre; leur écartement est de 7 mètres de milieu en milieu, et leur épaisseur est de 1 mètre; les arceaux seuls sont en briques. La comparaison de la dépense pour la construction des fermes en bois, avec celles pour les fermes en maçonnerie, a déterminé la préférence donnée à ces dernières.

Les pannes sont des sapins auxquels on a laissé leurs formes rondes, leur diamètre moyen est de $0^m,244$; leur longueur est d'environ 21 mètres, de sorte qu'ils s'étendent sur trois travées. Ils sont posés tangentiellement aux plans dans lesquels doivent se trouver les faces inférieures des chevrons; leurs gros bouts et leurs petits bouts sont posés alternativement, de manière qu'en somme leur force est la même dans toute l'étendue de la surface du toit de chaque travée.

Les chevrons ont $0^m,10$ sur $0^m,12$ d'équarrissage, ils sont écartés de $0^m,25$.

La couverture est en tuiles creuses posées sur les chevrons, sans l'intermédiaire d'un plancher, à peu près suivant le mode que nous avons indiqué page 434 du tome Ier, et fig. 13, pl. XL. Les tuiles formant les rigoles ou chanées sont placées immédiatement entre les intervalles des chevrons et portées par eux.

L'entrepôt de l'octroi de la ville, rue Chauchat à Paris, est construit dans ce genre, si ce n'est que les arcs qui tiennent lieu de fermes sont plus matériels, ils sont en maçonnerie de pierre de taille; les pannes sont équarries comme celles f de la figure 6, pl. XLIII; vu leurs longues portées, à cause du grand écartement qu'on a donné aux arceaux, on a ajouté en dessous des pièces qui doublent leur épaisseur, sur un mètre environ de longueur de chaque côté de leurs scellements dans la maçonnerie.

VIII.

FERMES EN BOIS COUCHÉS.

Nous avons déjà parlé dans le tome Ier, page 289, des constructions en bois couchés horizontalement, mais nous n'avions alors en vue que le système d'assemblage des pièces de bois pour former des murailles. Ce système est employé dans les contrées du Nord, non-seulement pour former des murs, mais pour couvrir des maisons et pour élever des clochers et des dômes.

§ 1. *Constructions russes.*

Les fig. 6, 8 et 9, pl. LXXXVI, montrent l'arrangement des bois, soit pour former des pignons sur les extrémités des bâtisses, soit pour tenir lieu de refends dans les combles, soit, enfin, pour tenir lieu de fermes.

Les pans des combles sont couverts avec des planches, du chaume et du bardeau.

Les flèches de clochers et les dômes s'élèvent sur des plans carrés et octogonaux, au moyen du même système, en couchant les bois en retraite les uns au-dessus des autres, suivant les pans répondant aux faces en talus ou courbes.

Ces sortes de constructions sont ordinairement exécutées en bois équarris, comme ceux que nous avons représentés fig. 6 de la planche XXIII, et fréquemment dans les ouvrages de ce genre les mieux faits, ils sont débillardés sur leurs faces formant les parois intérieures et extérieures lorsqu'elles sont courbes en talus.

§ 2. *Maison suisse.*

Nous donnons, fig. 13 et 14. pl. XCVIII, l'élévation et une partie de la coupe d'une maison suisse, dont les murs sont en bois couchés pour les étages qui s'élèvent au-dessus du rez-de-chaussée, les murs de ce rez-de-chaussée étant en maçonnerie.

Malgré la simplicité presque grossière de ce moyen de construction, on ne peut s'empêcher de trouver une sorte d'élégance dans ces sortes de maisons, très-propres à garantir des atteintes du froid.

Les combles dont la construction participe du mode de bâtisse par bois couchés et du système de nos charpentes ordinaires, ont leurs couvertures en bardeaux de mélèze, de pin et de sapin, et les surfaces de la couverture, aussi bien que les parements des murailles, se couvrent extérieurement d'un vernis résineux que l'ardeur du soleil fait sortir du bois pendant l'été, et qui les garantit de l'influence de la pluie et du brouillard pendant la mauvaise saison.

130   TRAITÉ DE L'ART DE LA CHARPENTERIE. — CHAPITRE XXIII.

Les toits ont une grande saillie sur les façades pour garantir les fenêtres de l'atteinte des pluies et des neiges poussées par le vent. La petite croupe qui termine le comble est soutenue sur la façade par les grandes consoles formées par les prolongements des bois couchés des divisions de refend de l'intérieur.

Des frises découpées dans les planches et clouées verticalement ou inclinées composent les ornements de ces habitations très-pittoresques. Les figures 13, 16, 18 et 19 sont des détails de ces sortes d'ornements qui sont formés, suivant les places où ils doivent être employés, par la découpure entière des planches, fig. 13, ou par des entailles, fig. 16 et 17, et des recreusements, fig. 18 et 19, faits sur les arêtes et sur les faces des pièces de bois qui entrent dans la construction des façades.

VIII.

CHARPENTE CHINOISE.

Quoique les pierres propres à bâtir ne manquent point en Chine, le bois est cependant la principale matière dont on fait usage pour la construction des habitations, à cause, dit-on, de l'humidité et dans la crainte des tremblements de terre.

La tente sous laquelle le peuple chinois a vécu, lorsqu'il était nomade, est le type des maisons et notamment de leur toits. Les progrès de la civilisation n'ont presque pu rien changer aux formes primitivement adoptées, les lois les plus anciennes, et pour lesquelles ce peuple a une obéissance religieuse, ayant fixé d'une manière immuable les dimensions, la distribution, le mode de construction et jusqu'au genre de décoration, suivant la profession, la fortune et le rang de chacun.

Le système le plus en usage pour la charpente des combles diffère entièrement de tous ceux dont nous avons parlé précédemment. Il est néanmoins assez bien entendu et convient aux formes des toitures et à la flexibilité des matières que les Chinois emploient dans leurs constructions.

Les pannes sur lesquelles portent les chevrons, la plupart du temps en bambous, sont portées aux places que détermine la courbure adoptée pour le toit, sur des entraits soutenus les uns au-dessus des autres par de petits piliers, de telle sorte que le toit n'exerce aucune poussée sur les entraits ni sur la pièce qui s'étend d'un mur à l'autre, et qui tient la place du tirant dans nos charpentes. La fig. 3 de la planche LXXXVI est un exemple de ce genre de construction. Le tirant s'étend au-delà du mur pour porter la saillie du toit, et il est soutenu dans ses extrémités par des consoles plus ou moins élégamment découpées, qui concourent à la décoration extérieure et remplacent nos corniches. Ces espèces de fermes sont tenues à leurs distances respectives par les pannes et par quelques entretoises répondant aux assemblages des piliers.

IX.

AUVENTS.

Les auvents sont des petits toits à un seul égout, assez semblables en cela aux appentis, mais qui n'ont pas ordinairement, à cause de leur peu d'étendue, la même destination. Les auvents sont le plus souvent placés sur les façades des bâtiments et au-dessus de leurs ouvertures pour les garantir des atteintes de la pluie chassée par le vent.

Les auvents n'ont point, comme les appentis, de poteaux d'appui sur le devant pour soutenir leur saillie ; ils ne sont maintenus que par des scellements faits dans les murs auxquels ils sont appliqués.

§ 1. *Petits auvents.*

Les figures 2 et 8, pl. CXXIII, sont deux profils de deux petits auvents. Ces sortes de constructions sont composées de petites demi-fermes écartées de 1^m,50 à 2 mètres ; les blochets a et les aisseliers b sont scellés dans les murs.

Ces deux pièces portent les sablières s sur lesquelles s'appuyaient les coyaux t cloués par le haut sur un faîtage y, fig. 8, retenu au mur par des crochets à scellement. On se contentait quelquefois, fig. 2, de sceller les coyaux dans les murs. Un lattis pour ardoises ou pour feuilles métalliques est cloué sur les coyaux.

Les aisseliers, droits ou cintrés, sont revêtus en planche, quelquefois en panneaux de menuiserie.

Autrefois, on établissait des auvents au-dessus des ouvertures des boutiques, pour garantir, par leur saillie, les marchandises qui y étaient exposées. Depuis que les boutiques sont closes par des vitrages, les saillies des auvents sont fort diminuées, et ils n'ont conservé de leur ancienne destination que celle de recevoir, sur leur revêtissement, les enseignes et les noms des marchands.

On fait des auvents qui ont une saillie plus grande que ceux placés au-dessus des ouvertures des boutiques; ils ont ordinairement pour objet de remplacer des appentis et de servir d'abri à quelques objets ou de couvrir quelques communications qu'on doit parcourir sans recevoir la pluie.

La figure 6 est le profil d'une petite ferme formant auvent et dont la saillie est suffisante pour remplir le but que nous venons d'indiquer : elle couvre, le long d'un mur, la communication entre deux bâtiments séparés par une cour.

Les fermes de ces auvents sont espacés de 2 mètres.

On fait aussi usage d'auvents pour mettre à couvert, le long d'un mur, de grandes échelles que l'on y accroche horizontalement après des potences en fer.

§ 2. *Grands auvents.*

La figure 5, pl. CXXIII, est un auvent de la plus grande dimension qui ait été faite.

Cet auvent a été construit au port du Helder, par M. Mandar, pour augmenter l'étendue en largeur d'un hangar sur un atelier de charpenterie, et mettre à couvert les ouvriers spécialement chargés du travail des mâts.

Il s'agissait, dans cette construction, de laisser un libre passage aux mâts que l'on conduisait à flot jusqu'au glacis qui précède le chantier. On voit ce glacis en croupe dans la figure en $a\ b$, et un mât à flot m est prêt à y être monté.

La charpente de cet auvent est attachée par la pièce q à celle du bâtiment, dont il forme un appendice. Le dessin représente en n un des murs de ce bâtiment.

Pour soulager la charpente pendant que l'on travaille les mâts, dans chaque ferme un poteau mobile d autour d'une charnière, repose sur la charpente du plancher du chantier.

Tous les poteaux sont relevés, sous l'entrait, au moyen d'un cordage passant sur une poulie r, dès qu'il s'agit de livrer passage à des mâts, soit pour les monter sur le chantier, soit pour les conduire à leur destination.

Cet auvent, comme le bâtiment auquel il est ajouté, a environ 65 mètres.

Le profil que nous donnons de cette construction est extrait de la planche XXIV de la 4e partie des œuvres de Krafft.

CHAPITRE XXIV

COMBLES A GRANDES PORTÉES.

§ 1. *Salle d'exercice de Darmstadt.*

Jusqu'au milieu du siècle dernier, les fermes des anciennes basiliques de Rome, dont les tirants avaient 25 mètres de longueur, passaient pour avoir les plus grandes portées qu'on peut donner aux charpentes. Le comble de la salle d'exercice de la ville de Darmstadt (1), construite en 1771, par M. Schubknecht, prouva qu'il était possible de dépasser de beaucoup cette portée, car ce comble couvre un espace de 41 mètres de largeur (2).

Nous donnons le dessin de ce grand comble, pl. XCII. Sa composition est vicieuse en plusieurs points, mais c'est la première tentative de ce genre dans la construction des charpentes à grandes portées, et sous ce point de vue, quoiqu'on y ait employé plus de bois qu'il n'était nécessaire et que les pièces n'y soient pas convenablement combinées, encore était-il utile de la faire connaître à nos lecteurs.

La figure 8, pl. XCII, est le plan de cette salle d'exercice; la figure 6 est l'élévation de la façade principale répondant à l'un des longs côtés du plan. Ces deux figures sont sur une petite échelle.

La figure 5 est une coupe du comble par un plan vertical suivant les lignes *a b* des fig. 7 et 8. Cette coupe montre le système de construction d'une des vingt et une fermes. Il s'en trouve une sur l'axe du milieu de la longueur de l'édifice.

La figure 1 est un fragment de coupe longitudinale, dans lequel se trouve la projection des fenêtres qui éclairent la salle vue du dedans. Faute d'espace sur la longueur de la planche, cette coupe a été remontée ; sa ligne *m n* répond de chaque côté de la salle aux points *p* de la figure 5.

(1) Ville d'Allemagne, capitale du grand-duché de Hesse, à sept lieues de Mayence.
(2) La salle a 93^m,60 de longueur

L'espèce de gorge qui forme le raccordement du plafond avec les parois des murs est interrompue devant les fenêtres par deux plans verticaux en forme d'embrasure; les courbes d'intersection de ces deux plans avec la gorge forment deux arêtes courbes.

La gorge et les plans de ces embrasures sont revêtus en planches comme le plafond, ainsi qu'on le voit en *A;* et, pour clouer les planches qui doivent former les arêtes, on a placé à chaque trumeau deux arêtiers courbes qui sont représentés en *r*.

La figure 2 est le détail, sur une échelle double, de l'assemblage *C*, fig. 5, de l'arbalétrier et du tirant avec les bandes de fer qui maintiennent cet assemblage.

Ces bandes de fer sont clouées et boulonnées, et, en outre, attachées par des crampons à deux pointes qui retiennent le crochet qu'on leur a fait en pliant leurs extrémités en dehors.

La figure 3 est le détail, sur une échelle double, d'un assemblage *D*, fig. 5, d'une moise verticale avec le tirant, et de la construction du plafond, dont les solives sont fixées aux tirants par des étriers en fer, cloués contre les pièces de ces tirants et cramponnés au moyen de crampons à deux pointes, qui retiennent les crochets des extrémités de ces étriers.

Le tirant est attaché aux moises par une bande qui est prise dans l'épaisseur de ces moises et qui s'y trouve retenue par des boulons et des chevilles; en dessous, elle soutient le tirant par une rondelle que fixe une clef en fer.

Si les moises eussent embrassé le tirant et que les solives eussent été assemblées dans ce tirant, on aurait évité toute cette pesante ferrure.

Après que les conditions relatives à l'inclinaison des toits ont été satisfaites, celle qu'on s'est proposé de remplir a été de soutenir le tirant; mais on remarque qu'on lui a donné une dimension plus forte que sa destination ne l'exigeait, et qu'on l'a surchargé, en adoptant pour le plafond une construction trop pesante et dans laquelle on a employé trop de fer. On remarque encore qu'on a sans besoin multiplié les pièces qui composent les entraits, et que, par l'effet de la mauvaise disposition des contre-fiches, elles chargent la charpente plus qu'elles ne la soutiennent.

Nous n'avons point copié dans nos planches un comble de 26 mètres de portée, construit sur les murs d'une ancienne église, pour servir de salle d'exercice, que Krafft a représenté dans la planche XXXVI *bis* de son premier recueil, parce que, ainsi que le remarque très-judicieusement M. Rondelet, qui l'a même figuré pl. CIX, sa disposition ne présente *ni régularité ni principe*, et que les pièces qui s'y trouvent combinées, tendent plus à changer le système qu'à le soutenir. M. Rondelet propose, en regard du dessin qu'il en donne, une ferme de sa composition, pour la même portée. Quoiqu'elle soit fort bien entendue, comme elle ne présente point une combinaison nouvelle, ou qui ne se retrouve pas dans des perfectionnements de M. Rondelet, signalés au sujet d'autres charpentes, nous n'avons pas cru qu'il fût utile de la copier, ce qui eût nécessité de donner aussi, pour terme de comparaison, celle qui a motivé cette correction. Nous pensons, d'ailleurs, qu'il y aurait plus d'inconvénients en multipliant sous les yeux de nos lecteurs des combinaisons qu'on doit se garder d'imiter, qu'il n'y aurait d'avantages à leur indiquer les perfectionnements et les corrections dont elles sont susceptibles, et qui ne seraient que des répétitions de constructions bien connues et que nous avons comprises dans nos planches.

§ 2. *Manége de Lunéville.*

On a corrigé une partie des défauts que nous venons de signaler en imitant le système du comble de la salle d'exercice de Darmstadt, dans la composition de la charpente du manége du Lunéville, dont la portée n'est qu'un peu plus de la moitié de celle du comble de Darmstadt.

Nous avons représenté une ferme de ce manége, fig. 2, pl. XC, d'après des détails qui ont été levés. Ce comble a $25^m,98$ de portée. Nonobstant une surabondance dans le nombre des moises pendantes et dans la force des équarrissages des bois, on a fait des corrections utiles et bien entendues, en supprimant les nombreuses contre-fiches et en leur substituant de simples sous-arbalétriers assez écartés des arbalétriers pour qu'ils soient solidement saisis par les moises, et qu'ils trouvent leur appui dans le tirant.

La figure 2 est une partie de la coupe longitudinale de ce comble, suivant la verticale $x\,y$, pour montrer l'écartement des fermes et la combinaison des moises avec les tirants et les lambourdes qui reçoivent les assemblages des solives, pour ne point affaiblir les tirants par des mortaises ou des entailles.

La figure 3 est une autre partie de la même coupe, suivant la même ligne $x\,y$, qui montre le haut de la grande ferme sous-faîte.

Ce comble est couvert en tuiles creuses et pesantes.

Malgré le reproche que l'on peut faire à la charpente du comble de la salle d'exercice de la ville de Darmstadt, il faut reconnaître que M. Schubknecht, qui l'a construite, a rendu à l'art un éminent service en mettant en évidence la possibilité d'exécuter des combles sur des portées bien plus grandes que celles auxquelles on s'était timidement borné jusqu'alors.

§ 3. *Manége de Moscou.*

L'empereur de Russie, Paul Ier, pendant son voyage dans les différents royaumes de l'Europe, en 1781, portait particulièrement son attention sur les établissements militaires. Il fut émerveillé de la salle d'exercice de Darmstadt, dont nous venons de parler, et qu'on lui montrait avec quelque orgueil comme le plus vaste espace couvert qui existât alors. Il demanda aussitôt que l'on s'occupât d'un projet de manége, pour être construit à Moscou, sur un terrain de 1 800 pieds de long (environ 585 mètres) sur 290 pieds de largeur (environ 95 mètres). Ce manége devait avoir 220 pieds de largeur dans œuvre (environ 72 mètres) et être entouré intérieurement d'une galerie pour les spectateurs; il devait recevoir des appareils pour son chauffage pendant l'hiver. Un projet qui réunissait toutes ces conditions fut présenté à l'empereur par un charpentier allemand au retour de son voyage; mais on ne donna point suite à cette gigantesque entreprise.

Krafft annonce que le projet fut exécuté en 1790, et qu'il sert de salle d'exercice pour l'infanterie et la cavalerie cosaques; c'est une erreur. M. Rondelet, dans la note n° 1 de la page 133 du tome III de son *Art de bâtir*, affirme qu'il a appris d'une manière formelle, par la déclaration de M. Bétancourt, dont nous parlerons plus loin, que ce manége n'a jamais existé. Mais 27 ans plus tard, comme nous le verrons bientôt, les vues de Paul Ier furent réalisées par la construction d'une salle de manœuvre, également à Moscou.

La figure 4 de notre planche XCIII est un profil du manége projeté par le charpentier allemand dont nous avons parlé plus haut. Ce profil présente une des 68 fermes qui devaient composer cet immense manége, d'après la pl. XXXIX du premier recueil de Krafft.

La fig. 2 est, sur une petite échelle, l'élévation de la façade extérieure d'une des extrémités du manége. Sa longueur, hors œuvre, devait être de 800 pieds (environ 260 mètres); sa largeur, également hors œuvre, aurait été de 290 pieds (environ 94 mètres); l'épaisseur des murs et la largeur de la galerie intérieure auraient réduit sa largeur dans œuvre à 240 pieds (environ 78 mètres).

Le principal soutien de ce comble, dont les pans ont une inclinaison de 19°, devait être dans chaque ferme un arc formé de trois cours de poutres assemblées à crans, à l'imitation de ceux employés dans les ponts que nous décrirons au chapitre XXXVIII.

Les moises pendantes qui saisissent cet arc soutiennent le grand tirant composé d'un seul cours de poutres entées bout à bout à trait de Jupiter.

On ne peut qu'applaudir, dit Rondelet, à la juste défiance qui a mis l'autorité en garde contre ce qu'un pareil projet avait de séduisant dans les circonstances qui l'avaient fait naître. En effet, quoique en apparence assez bien combinée, il est évident que cette charpente n'aurait pas pu se soutenir, surtout à cause de la faiblesse de son tirant; et même l'équarrissage et la combinaison des poutres qui devaient la composer, eussent-ils été suffisants pour s'opposer à l'énorme poussée d'un arc chargé de plus de 1200 milliers, aucun des assemblages à traits de Jupiter n'était capable de résister aux efforts occasionnés par un pareil poids.

Krafft a cru remédier aux défauts de ce projet en proposant une moise cintrée qui aurait embrassé tous les poinçons, et qui est ponctuée sur le dessin en YY.

Rondelet, à son tour, a proposé des perfectionnements plus judicieux dans la composition de cette ferme. Ils consistent, suivant la figure qu'il en a donnée, planche CXV, dans les changements que j'ai indiqués en lignes ponctuées, sur la fig. 4 de la planche XCIII, principalement dans l'augmentation de la force de l'arc dont il voulait qu'on portât l'épaisseur à cinq cours de poutres au lieu de trois; dans l'établissement d'un entrait O; dans la disposition des décharges m, n, p, qui reporteraient les efforts dus au poids des moises verticales sur les extrémités du tirant, et, enfin, dans la dimension double de l'épaisseur du tirant qu'il voudrait composer de deux pièces. Nonobstant tous ces perfectionnements, la solidité d'une ferme d'une si grande portée est encore problématique, à cause de la trop grande quantité de bois que l'on y emploie, et de l'insuffisance de la résistance dans les assemblages.

La figure 1 de notre même planche XCII est la coupe d'une des lanternes qui devaient être établies sur plusieurs points de la longueur du comble, pour éclairer l'intérieur du manège, et suppléer à l'insuffisance des fenêtres, malgré leur nombre et leurs dimensions.

§ 4. Salle d'exercice de Moscou.

L'empereur Alexandre ayant résolu de passer l'hiver de 1817 à 1818, à Moscou, fit dresser différents projets d'une salle d'exercice qu'il voulait faire construire, pour que l'instruction des troupes, qui devaient s'y trouver réunies en grand nombre, ne fût pas interrompue par la rigueur de la saison. Il s'agissait de dépasser l'étendue de celle du palais Saint-Michel, à Pétersbourg, dont la largeur est de $36^m,40$ et la longueur de 117, et même de dépasser aussi les dimensions de la salle de Darmstadt, que nous avons décrite ci-dessus.

Plusieurs projets furent présentés : ils étaient conçus sur des largeurs de

34 à 37 mètres; leur examen fut renvoyé à M. de Bétancourt, lieutenant général et directeur général des voies de communication en Russie; aucun d'eux ne remplissait les conditions, et comme il *s'en fallait de beaucoup que la composition des charpentes offrît une sécurité complète sur leur solidité*, l'empereur chargea M. de Bétancourt de s'occuper de cet objet dans le plus bref délai.

En présentant son projet, M. de Bétancourt obtint l'autorisation de faire exécuter deux fermes d'essai, pour leur faire subir les épreuves propres à déterminer la confiance que l'on pourrait avoir dans leur force.

L'une de ces fermes est représentée, fig. 3 de la planche XCIV. Le tirant avait $48^m,75$ de longueur totale, sa portée répondant à la largeur que devait avoir la salle (1).

Les deux fermes d'épreuve, espacées de $45^m,50$, étaient liées près des sommets des poinçons par des moises horizontales N, et par des croix de Saint-André; elles étaient posées sur trois rangs de sablières, élevées de $16^m,25$ au-dessus du sol, sur des murs en briques.

Pour s'assurer des mouvements qui pourraient avoir lieu pendant les épreuves, on avait établi de distance en distance des règles graduées et des fils à plomb qui devaient marquer tous les mouvements avec assez de précision pour qu'on pût en tenir compte.

Lorsque les échafauds qui avaient servi au levage furent enlevés, et que les fermes ne furent plus soutenues que par les extrémités de leurs tirants, portant sur les sablières, elles descendirent l'une de $0^m,08$, et l'autre de $0^m,095$, ce qui réduisit d'autant la flèche de $0^m,325$ de bombement qu'on avait donné dans le milieu des tirants.

Des planches mobiles furent posées sur les entraits pour recevoir les poids d'épreuve; on fit charger ces planches de 5,000 briques, pesant 16,154 kilog., l'effet en fut presque nul; la charge fut doublée, elle fit serrer les assemblages et baisser le tirant de $0^m,023$; réparties d'une manière assez uniforme, mais non permanente, les alternatives de sécheresse et d'humidité faisaient osciller les fermes dans les limites de 4 à 7 millimètres.

Afin de prévoir le cas de l'accumulation inégale des neiges sur les pans du toit, on chargea un côté seulement d'un supplément de 5,000 briques, l'effet fut imperceptible tant aux règles qu'aux fils à plomb. Enfin, 10,000 briques furent encore réparties sur le toit et sur les planches, de façon qu'en outre de leur propre poids, ces deux fermes étaient chargées de 80,768 kil., c'est-à-dire 40,384 kil., sur chacune, et la diminution de la flèche du tirant ne s'était accrue que de 4 lignes et demi, de

---

(1) Cette salle a 501 pieds anglais ($152^m,69$) de longueur, sur 150 ($45^m,71$) de largeur.

sorte qu'elle était encore de 1 centimètre au-dessus de la ligne horizontale. Mais on remarqua que les clefs des traits de Jupiter des poutres dont les tirants étaient formés se trouvaient écrasées, et que les boulons $0^m,027$ qui serraient les poutres, n'avaient pas suffi pour empêcher le mouvement de glissement qui s'était fait dans les tirants. C'est alors que M. de Bétancourt substitua aux clefs, comme celles des arbalétriers, des endents, qu'on voit sur le tirant, le poids que ces deux fermes avaient supporté, étant fort supérieur à celui dont elles seraient chargées par la toiture, et son plancher et même par les neiges. Après les légers changements dont nous venons de parler, M. de Bétancourt renonça à les écraser sous une charge plus grande, comme il se l'était d'abord proposé.

La construction de ce monument n'exigea que cinq mois de travail. On peut se figurer l'activité qu'il a fallu déployer dans une si. grande œuvre. Nous donnons, fig. 3, pl. XCIII, sur une petite échelle, l'élévation de l'une de ses extrémités.

Ce qu'il y a de fort remarquable dans la composition de ses fermes, après l'excellente combinaison des pièces tant qu'on s'astreint à l'emploi d'un entrait, c'est l'interposition de la fonte de fer dans les assemblages. Nous reviendrons sur ce point, dans le chapitre XXXIII.

En observant que la rectitude des poutres se trouve puissamment maintenue par les sous-arbalétriers ou faux-arbalétriers, Rondelet critique, d'une part, l'accroissement de la charge du tirant, à mesure que le toit s'élève, à cause de la hauteur que prennent les poinçons, sans que leur force de résistance reçoive aucun accroissement, et il regrette que le poinçon principal soit trop faiblement suspendu par les extrémités des arbalétriers, et que l'effort auquel doit résister la tête de chaque poinçon, soit reporté par les contre-fiches m sur le pied d'un autre poinçon dont ils augmentent ainsi la charge; il voudrait que les contre-fiches fussent dirigées comme elles sont ponctuées en n, sur la même figure 3, afin que les charges des poinçons fussent au contraire renvoyées aux extrémités des entraits.

Je n'approuve point entièrement ces critiques, d'abord, parce que tant qu'on s'astreint à l'emploi d'un tirant dans la vue d'établir un plafond plan au-dessus de l'espace couvert, il faut bien soutenir ce tirant, et ensuite, parce qu'il n'y a pas moyen d'empêcher dans ces sortes de systèmes, que le bois de la charpente n'augmente à mesure que le comble s'élève, vu que son sommet est plus distant du tirant qu'il faut bien soutenir, enfin, parce que les contre-fiches n ont plus de longueur que celles m. Nous remarquerons encore que l'attache du poinçon du milieu aux arbalétriers a une suffisante solidité, car ce poinçon ne pèse pas sur le tirant de la totalité de son poids, puisqu'il est soutenu par les entraits supérieurs sur lesquels il forme moise.

140   TRAITÉ DE L'ART DE LA CHARPENTERIE. — CHAPITRE XXIV.

À l'égard des contre-fiches, celles proposées par Rondelet reportent en effet le poids des entraits supérieurs sur les extrémités des entraits inférieurs; mais elles n'atteignent pas le but, très-bien entendu, de celles de M. de Bétancourt, qui est de soutenir les jonctions des entraits et des arbalétriers qui ont pour intermédiaires les poinçons, et d'accroître par conséquent la force de résistance des bouts des entraits.

Au surplus, ce qui prouve la bonté de la combinaison adoptée par M. de Bétancourt, c'est sa résistance sous des épreuves décisives, et le peu d'accidents qui ont eu lieu après la construction et l'achèvement de la totalité du comble.

M. de Bétancourt avait donné à la hauteur des fermes, le cinquième de leur portée pour conserver à la charpente sa solidité sans que les frontons des façades extérieures du bâtiment fussent désagréables. Ne pouvant se procurer assez de bois des dimensions convenables pour donner aux poutres composant le tirant une même longueur en n'employant que sept poinçons, comme le représente le dessin, il a fallu porter à neuf le nombre de ces poinçons. Soit par manque de matériaux, malgré leur abondance dans le pays, ou par faute de temps, on n'a pu faire que trente-deux fermes répondant aux axes des colonnes, et espacées de $5^m,85$ (dans les épreuves elles n'étaient espacées que de $4^m,55$), et cette distance même était trop grande pour un comble ordinaire.

Deux files de croix de Saint-André entre les poinçons, et treize cours de moises horizontales s'opposaient au hiement dans le sens de la longueur de l'édifice.

Après que l'ouvrage fut terminé et suffisamment lié, on ôta les supports, et l'abaissement des fermes s'est trouvé de moins de $0^m,054$ et ne dépassait dans aucune ferme $0^m,175$ suivant la perfection de leur exécution, et le degré de siccité du bois.

Le terme moyen de l'abaissement des tirants avait été trouvé de 4 pouces $\frac{31}{100}$, $= 0^m,117$. Ils se soutinrent dans le même état jusqu'au mois d'avril : à la fin de ce mois, il était de $4^o \frac{92}{100}$; ainsi, en cinq mois d'hiver les tirants n'avaient descendu, dans le milieu de leur longueur, que d'un peu plus d'un demi-pouce.

Le terme moyen de l'abaissement des tirants, qui n'était à la fin d'avril que

$$\text{de } 4^o \tfrac{93}{100} = 0^m,134;$$
$$\text{fut à la fin de mai de } 5 \tfrac{97}{100} = 0^m,161;$$
$$\text{à la fin de juin de } 6 \tfrac{97}{100} = 0^m,188;$$
$$\text{à la fin de juillet de } 8 \tfrac{2}{100} = 0^m,2165;$$
$$\text{à la fin d'août de } 8 \tfrac{10}{100} = 0^m,219;$$

Depuis cette époque, les fermes se soutinrent dans leurs positions.

On put remarquer que les affaissements suivaient l'accroissement de la dessiccation du bois, qui rend les assemblages de plus en plus lâches. Une grande partie de ces bois avait été coupée et flottée sur la rivière peu de jours avant leur emploi. 400 charpentiers travaillaient avec la hache, leur unique instrument; on n'avait pas le temps de choisir les plus adroits pour leur confier les assemblages les plus difficiles ou qui demandaient le plus de précision; on manquait enfin de moyens de surveillance; les entailles et les trous des boulons étaient faits sans exactitude. Il fallait enfin finir pour le temps qui était imposé.

Le 1er juillet 1819, le tirant de la 24e ferme avait descendu dans son milieu de 0^m,027; deux jours après un grand craquement annonça la rupture de ce tirant, près d'un poinçon, au point répondant à un trait de Jupiter, et laissant un écart de 0^m,08 à 0^m,11. Le tirant n'avait cependant descendu que de 0^m,027, et les deux fermes voisines n'avaient cédé, l'une que de 0^m,02, et l'autre de 0^m,013.

Le comble resta dans cet état pendant cinq heures, temps nécessaire pour étayer la ferme où la rupture s'était manifestée, et les deux voisines.

Pour réparer cet accident, M. de Bétancourt fit soutenir les fermes sous les arbalétriers, et l'on dévissa les boulons pour enlever tous les bois qui embrassaient les deux pièces rompues : le tirant se resserra de 0^m,054 (1). On plaça les deux nouvelles poutres, ayant la précaution de relever le milieu de ce tirant de 0^m,11; lorsque toutes les pièces furent rétablies dans l'état primitif, on enleva les étais, et l'on ne remarqua pas le moindre affaissement.

Un examen attentif a fait voir que la cause de la rupture avait été un très-gros nœud, dans une des poutres du cours supérieur, répondant précisément à une des poutres du cours inférieur. En remplaçant les poutres rompues, M. de Bétancourt n'a plus employé le trait de Jupiter; les pièces qui ont été posées bout à bout à plat-joint, ont été liées par des bandes de fer coudées par leurs extrémités, comme la figure 7 les représente.

Krafft a proposé deux combinaisons pour des fermes de la même portée que celles exécutées avec succès par M. de Bétancourt; nous les avons copiées sur notre planche XCIII, pour ne rien omettre de ce qui a été fait en charpenterie. Le changement qu'il propose, fig. 10 et 11, consiste dans la substitution d'un grand arc d'assemblage aux entraits et contre-

---

(1) On ne conçoit guère comment le tirant, interrompu par la suppression des deux pièces rompues, a pu se resserrer. Il faut néanmoins croire ce fait, puisque M. de Bétancourt l'a observé.

fiches; mais on doit remarquer que cet arc, en reportant toutes les poussées sur les extrémités du tirant, nécessiterait de donner à ce dernier une plus grande force. Le seul perfectionnement qui me paraîtrait utile dans le système de M. de Bétancourt, serait de lier les entraits de tous les étages aux arbalétriers, par des bandes de fer forgées, afin de les faire participer à la résistance contre les poussées de ces arbalétriers, et de soulager ainsi le tirant.

Dans les figures 8 et 9, M. Krafft propose, comme principal soutien des pans du comble, un arc d'assemblage duquel un petit entrait et des contre-fiches compléteraient le système; il supprime complétement le tirant en bois, et le remplace par un tirant en fer forgé, formé de fortes tringles réunies bout à bout par des joints à clef. Il y a lieu de présumer que, pour résister à l'énorme poussée d'un pareil système, il faudrait que le tirant en fer fût fort gros, par conséquent fort coûteux; et son poids lui ferait prendre une courbure d'un aspect désagréable. Cependant, cette idée d'un tirant en fer proposé au commencement de ce siècle a été utile, et l'on en a profité; elle a indiqué le secours que l'on peut tirer de l'emploi du fer. Nous reviendrons sur ce sujet au chapitre XXXIII.

CHAPITRE XXV.

CHARPENTES DU MOYEN AGE.

Le caractère le plus général des charpentes du moyen âge est de présenter autant de fermes qu'il y a de chevrons pour former le toit. Toutes ces fermes sont égales dans leur forme générale, mais quelques-unes d'entre elles, que l'on désigne sous le nom de maîtresses fermes, diffèrent quelquefois des autres appelées fermettes et fermes de remplage, par la présence d'un tirant et d'un poinçon. Nous donnons, pl. XCIII et XCIV, trois exemples de ce genre de construction pris dans des monuments de France, et qui sont les types de ce genre de construction. On en trouve, quoique rarement, des exemples, dans quelques parties de l'Allemagne.

Longtemps après l'époque qui lui a donné son nom, on a voulu imiter ce genre de construction, mais sans s'attacher à lui conserver sa légèreté. C'est ainsi que le comble de la cathédrale de Versailles, commencée en 1743 par M. Mansard de Sagonne, et terminée en 1754, est composé d'une suite de fermes très-rapprochées, qui portent la toiture sans l'intermédiaire de pannes, mais avec une profusion de bois, telle que l'élégant système du moyen âge est complétement défiguré.

§ 1. *Couvent des Prêcheresses à Metz*

La fig. 4, pl. XCV, est une coupe du comble construit sur un des corps de bâtiment du couvent des Prêcheresses à Metz; une fermette simple est projetée sur une maîtresse ferme.

Cette charpente est établie sur une grande salle. On présume qu'elle a été construite vers 1278, époque où ces religieuses quittèrent le quartier du Pont-Iffroy pour venir s'établir dans la rue qui porte aujourd'hui leur nom.

La figure 5 est une coupe suivant la longueur du comble. Les maîtresses fermes se distinguent des autres par une épaisseur un peu plus grande, et par un tirant et un grand poinçon qui n'existent point aux fermes simples. Ce poinçon a pour objet de soutenir le tirant, qui est d'un faible équarrissage, n'ayant point de plancher à porter, et devant seulement maintenir l'écartement des sablières pour s'opposer à la poussée du comble. Les tirants sont assemblés par entailles faites à leurs faces inférieures, sur les sablières qui ne sont point entaillées.

Les fermettes reposent à leurs naissances sur des blochets qui sont entaillés en dessus pour être maintenus par les sablières. Dans une ferme les courbes du cintre s'assemblent à tenon dans le poinçon. Dans les fermettes, elles aboutent l'une contre l'autre, et sont attachées à l'entrait et au poinçon supérieur, par deux boulons et par un étrier.

Tous les bois de cette charpente, fort légère et d'un style fort gracieux, sont équarris à vives arêtes et polis au rabot. Lorsque je l'ai vue, vers 1810, elle était dans un état parfait de conservation; le comble est couvert en ardoises.

§ 2. Salle des États de Blois.

La fig. 5, pl. XCVI, est un fragment du plan du château de Blois, représentant celui de la salle des États, située au premier étage du corps du bâtiment de l'Est, et célèbre par les événements qui s'y sont passés.

L'escalier A, qui est sur le côté de cette salle, monte de la galerie du rez-de-chaussée, et répond à son entrée principale. Un escalier B, qui conduisait à l'appartement occupé, en 1538, par le roi Henri III, a été démoli il y a peu d'années, lorsque le château a été consacré au casernement des troupes.

On croit que cette partie du bâtiment fut construite vers le milieu du XIIIe siècle, sous le règne de Saint-Louis. La salle des États a près de 31 mètres de longueur sur $17^m,76$ de largeur.

La figure 4 est une coupe en travers de cette salle sur la ligne $c\,d\,d\,c$ du plan, et la figure 3 est une coupe suivant sa longueur prise sur la ligne $a\,b$.

La figure 2 est, sur une plus grande échelle, le détail d'une ferme dans le même sens que la coupe fig. 4, et la figure 1 est un détail de la coupe en long fig. 3.

Vu la grande largeur du bâtiment, l'architecte a dû, suivant l'usage de l'époque, donner une grande hauteur au comble, et, pour n'y employer que du bois d'un faible équarrissage, il a été forcé de diviser la largeur de la salle par un refend percé d'arcades en ogive portées sur des colonnes, comme on en voit le détail, fig. 1, de telle sorte que chaque ferme se trouve formée de deux parties symétriques portant chacune un cintre aussi en ogive.

La charpente est composée, suivant cette combinaison, de maîtresses fermes et de fermettes. Les maîtresses fermes seules ont des tirants.

Un tirant commun aux deux cintres d'une ferme s'assemble par entailles sur les sablières, portées par les trois murs et en retient l'écartement. Dans chaque ferme, un poinçon qui répond à son milieu, soutient la partie du tirant qui lui correspond. Les sablières portent les blochets entaillés dans lesquels les arcs des fermettes prennent naissance; tous les bois sont équarris à vives arêtes.

Les espaces entre les fermes et fermettes étaient remplis par une sorte de *cuvelage*, formé de planchettes clouées avec des pointes dans les feuillures pratiquées sur les bords des arcs, et affleurant leurs parois intérieures, ce qui donnait à cette construction l'apparence de deux voûtes gracieuses, dont les surfaces étaient décorées d'ornements peints de la couleur du bois, et relevés par quelques parties dorées.

Les pans qu'on a faits sur les arêtes des tirants pour les rendre plus légers, et la forme d'une colonnette avec sa base et son chapiteau, qu'on a adoptée pour chaque poinçon, donnent à l'assemblage de cette voûte en bois un aspect très-élégant (1).

Le défaut d'entretien, et peut-être des dégâts malheureusement commis à plaisir, ont fait tomber un grand nombre des planchettes de la voûte, ce qui permet aujourd'hui de voir la charpente qui jadis se trouvait cachée, avantage qui ne dédommage pas de la dégradation d'une construction si curieuse.

§ 3. *Salle des Pas-Perdus du Palais, à Rouen.*

Le bâtiment de la salle des Procureurs ou des Pas-Perdus est la partie la plus ancienne du Palais de Justice de Rouen; il fut bâti en 1493. Son comble est composé de 42 fermes exactement pareilles et également espacées, entre deux pignons.

La longueur de la salle est de $47^m,03$, sa largeur est de $16^m,60$ dans œuvre, portée des fermes dont aucune n'a de tirant.

La figure 1 de la planche XCXV représente une ferme de ce comble d'une hardiesse surprenante, la hauteur de la planche s'étant trouvée insuffisante pour celle d'une ferme, sur l'échelle que nous avons dû adopter, la figure 2 en est le complément à partir de l'entrait répondant au sommet de l'ogive.

Faute d'espace sur cette planche, nous n'avons point figuré les détails des murs; il suffit de dire qu'ils ont près de 2 mètres d'épaisseur, et

---

(1) Lors de la tenue des États, les murs et les colonnes étaient revêtus en velours rouge avec des ornements en or.

qu'ils sont consolidés par des contre-forts extérieurs, distribués entre les fenêtres et surmontés comme les lucarnes de clochetons massifs.

Un revêtissement intérieur, en planches clouées sur les arcs des fermes, cache entièrement la charpente, et présente l'aspect étonnant d'une grande voûte en ogive.

Nous n'avons point donné de coupe de ce comble dans le sens de sa longueur, parce qu'il ne présente aucune combinaison particulière; il n'y a point, à proprement parler, de ferme sous-faîte dans laquelle pourraient se combiner des croix de Saint-André, vu que le revêtissement de la voûte, qu'on a comparé au vaigrage d'un vaisseau de premier rang, a paru suffisant pour empêcher le hiement dans le sens de la longueur, le comble étant d'ailleurs maintenu entre deux solides pignons.

L'intérieur de la charpente est aéré dans la partie la plus élevée par de très-minimes lucarnes, le lattis et le revêtissement intérieurs empêchent d'y pénétrer autrement qu'en perçant la couverture, lorsqu'il s'agit de quelques réparations. C'est dans une occasion pareille que M. Grégoire, architecte de la ville, a pu en faire le dessin, qu'il m'a communiqué avec une extrême obligeance.

§ 4. *Grange de Meslay, par Tours.*

La grange de Meslay est située à 9 kilomètres de Tours, sur la grande route de Paris, par Chartres. Elle servait à mettre à couvert les récoltes du principal établissement agricole de la riche abbaye de Marmoutier, qui occupait jadis un des faubourgs de Tours.

Cette grange était renfermée dans une clôture, formée de murs de 1 mètre d'épaisseur sur 10 de hauteur. Les *Chroniques de Marmoutier* font mention d'une attaque et de la prise de cette espèce de fortification, par des corps écossais qui avaient suivi l'armée française lorsqu'elle revint après avoir échoué dans une expédition contre l'Angleterre. Par suite de ces événements, la grange fut brûlée, le 14 septembre 1422, étant remplie de grains, de vin et de toutes sortes de fourrages. Elle fut reconstruite presque immédiatement après ce désastre, de sorte que la nouvelle grange date de 450 ans. Elle a une grande célébrité dans le pays, à cause de ses grandes dimensions et de sa charpente, qui est toute en châtaignier du plus beau choix; tous les bois sont équarris à vives arêtes et dressés avec le plus grand soin; les principales pièces sont remarquables par leurs dimensions en longueur et leur équarrissage.

Ces considérations nous ont déterminé à donner les dessins de cette grange que nous devons à l'obligeance de M. Dérouet, chef de bataillon du génie, qui en est propriétaire.

La figure 9 de la planche XCVII est le plan général du bâtiment, qui a un peu plus de 24 mètres de largeur et plus de 50 de longueur (75 pieds sur 150), dans œuvre.

La figure 7 est une élévation de la façade principale, dont le style est fort antérieur à l'époque de la reconstruction de la charpente; ce qui fait présumer que les murs souffrirent peu de l'incendie.

La figure 8 est le dessin d'une des 12 fermes qui composent cet immense comble, dont l'effet intérieur a quelque chose de surprenant lorsqu'on peut le visiter avant la rentrée des récoltes.

§ 5. *Projets de Mathurin Jousse.*

Les figures 6 et 7, pl. XCVI, représentent des fermes pour des combles d'églises, tirées du *Traité de Charpenterie* de Mathurin Jousse; rien n'annonce qu'elles aient été exécutées.

§ 6. *Charpente arabe.*

Les combles construits par les Arabes ont beaucoup de rapport avec nos charpentes du moyen âge, ou plutôt il est probable que les charpentiers africains ont fourni aux nôtres des modèles de légèreté et de combinaisons qui ont été modifiés suivant notre climat et les usages de l'époque.

J'ai dessiné, fig. 11, pl. XCIX, en projection verticale, et fig. 12, en projection horizontale, vus par l'intérieur, les détails d'une charpente arabe couvrant un salon de 6 mètres de largeur et de 8 de longueur, où j'étais logé en 1811, dans le fort d'*Alcala-Réal*, au royaume de Jaen, en Espagne. La figure 13 est le plan de ce salon. La coupe est faite suivant la ligne C D du plan fig. 12.

Le comble est composé de deux longs pans et de deux croupes, forme qui paraît avoir été inventée par les charpentiers arabes, avant qu'on en fît usage en Europe.

Cette charpente est en beau bois de pin, équarri à vives arêtes et bien dressé; les pièces n'ont que 11 centimètres d'équarrissage. Toutes les fermes et fermettes sont égales et également espacées. Deux fermes voisines l'une de l'autre ont chacune un tirant, et les deux tirants sont combinés l'un à l'autre par des pièces d'assemblage; ils retiennent les sablières dans lesquelles tous les chevrons sont assemblés. Entre les fermes ainsi jumelées sont quatre fermettes sans tirants, les pannes sont assemblées dans les chevrons, et elles concourent avec eux à la formation des caissons qui font la décoration de l'intérieur du comble.

Les entraits et les entretoises qui y sont assemblées composent un grillage, au-dessus duquel des planches, jointes à rainures et languettes, forment le plafond. Différentes pièces de rapport en lattes minces dessinent des entrelacs arabesques et des étoiles.

Les naissances des pans du toit et des pans des croupes, ainsi que leurs jonctions au plafond, sont également ornées de compartiments du même genre. Tout l'intérieur de cette espèce de voûte est peint en brun clair, les fonds des caissons sont peints en rouge et en blanc les plus éclatants; des rosettes dorées les décorent, quelques filets en or rehaussent les moulures des compartiments, le tout forme une décoration extrêmement élégante. Les murailles sont couvertes de reliefs arabesques en plâtre qui ont été badigeonnés, et qui sont les seuls objets dégradés dans cette salle, construite depuis plus de 380 ans.

Les combles des bâtiments de l'Alhambra, à Grenade, et des autres bâtiments arabes de l'Andalousie, sont construits de la même manière, sauf la variété et la complication des compartiments que l'étendue et la destination des salles qu'ils couvrent ont déterminées pour la décoration de leurs plafonds.

CHAPITRE XXVI.

CHARPENTES A PENDENTIFS.

Nous avons déjà parlé, pages 23 et 30, de quelques pendentifs formés par les prolongements des poinçons dans les charpentes qui imitent les voûtes gothiques, mais les charpentes à pendentifs que nous allons décrire, ont un caractère qui les distingue tellement de tous les autres systèmes, que nous avons dû leur consacrer un chapitre particulier. Ce genre de construction paraît avoir été plus particulièrement en usage en Angleterre, où il a été porté à sa perfection sous le rapport de l'élégance des combinaisons, et de la richesse des ornements qui en font partie, quoiqu'ils ne s'écartent point du goût qu'on remarque dans les ouvrages du moyen âge.

I.

CHARPENTES ANGLAISES.

§ 1. *Westminster Hall.*

Westminster Hall était autrefois la salle des festins du palais du roi. Sa première construction remonte au règne de Guillaume-le-Roux, au commencement du XIe siècle; mais trois siècles plus tard elle fut rebâtie par Richard II, qui, lors de son avénement, y célébra la fête de Noël, en 1399, par des banquets d'une splendeur extraordinaire (1). Excepté du côté du nord, où sa façade principale fut décorée d'un riche portique avec une grande quantité de statues placées dans des niches, ce monument n'a point à l'extérieur une belle apparence, et son toit aigu ressemble à celui d'une grande et vilaine grange. On reconnaît cependant que c'est un édifice important, à cause de ses vastes dimensions : le dedans

---

(1) On prétend que le nombre des convives qui y furent traités par le roi pendant plusieurs jours, n'était pas moindre que de dix mille.

offre par son élégance et la richesse de sa charpente, une compensation de la simplicité du dehors. L'aspect intérieur de ce vaste vaisseau est celui d'une cathédrale dont la largeur totale n'est point divisée par des piliers.

Nous donnons, fig. 7, pl. C, d'après l'ouvrage de M. Pugin, architecte, le dessin de la moitié d'une ferme de ce comble. Elle se compose de deux arbalétriers $a\ a$ assemblés par le haut dans un poinçon b, et réunis dans le milieu de leur longueur par un entrait d. Il n'y a point de tirant; à sa place sont deux tasseaux, un e de chaque côté qui reçoit l'assemblage d'un arbalétrier. Ces tasseaux sont horizontaux; ils sont soutenus chacun par une courbe g; le bout du tasseau supporte une aiguille h à pans et décorée d'une base et d'un chapiteau; cette aiguille soutient l'entrait à sa jonction avec l'arbalétrier. Une contre-fiche c s'assemble dans cette aiguille, et reporte une partie du poids qu'elle supporte sur un blochet i couché en dessus du tasseau; elle passe dans l'épaisseur du remplissage en menuiserie.

Un aisselier j prolonge la direction de cette contre-fiche au-dessous du tasseau jusqu'au montant appliqué contre le mur.

A la moitié de la hauteur, entre l'entrait principal et le faitage f, se trouve un deuxième entrait k assemblé dans de petites aiguilles n qui soulagent les arbalétriers aux points où ils reçoivent les assemblages des pannes les plus élevées o; un grand arc m prend naissance comme la courbe g sur un cul-de-lampe r en pierre placé au niveau de la corniche intérieure à la moitié de la hauteur des murs qui ont 42 pieds anglais ($12^m,80$), depuis le sol de la salle jusque sous les tasseaux e.

Cet arc est de deux pièces boulonnées, comme celles d'une moise; il embrasse dans son épaisseur les tasseaux e, les aiguilles h, et même l'entrait d, qu'il soutient dans son milieu en formant une ogive. Un autre arc plus petit p prend naissance sur le bout du tasseau e, et en s'élevant il se raccorde avec le dessous du grand arc; il reporte une partie du poids de la charpente sur l'extrémité de la console formée par le tasseau e et la courbe g qui prend naissance sur le même cul-de-lampe r que le grand arc.

On voit que le tasseau e, l'aiguille g, la portion d'arc p et la courbe g, forment un pendentif lié aux arbalétriers par un grand boulon en fer w qui a son écrou sous l'arc g. Ce pendentif donne une très-grande force à la charpente, et atténue sa poussée qui se trouve agir sur les parties des

---

(1) *Specimens of gothic architectur selected from various ancient edifices in England*, par A. Pugin, architecte; London, 1823.

murs comprises entre le cul-de-lampe *r* et les sablières; des contre-forts extérieurs répondent à chaque ferme, et s'opposent à cette poussée. Le toit est formé comme de coutume par les chevrons portés par les pannes. La figure 1 est une coupe du comble dans le sens de la longueur de la salle. Cette coupe comprend une travée de deux fermes, elle fait voir que ce comble est formé de trois divisions : la première, qui prend naissance à la corniche, se termine aux tasseaux; la seconde est comprise entre les tasseaux et les grands entraits; la troisième occupe le reste de la hauteur depuis les grands entraits jusqu'au faîtage. On y remarque les aisseliers *s* qui soutiennent le faîtage; ceux *t* qui soutiennent une des pannes *o;* la coupe du petit entrait *v* qui s'assemble d'un côté à l'autre du toit dans les pannes pour qu'elles ne puissent fléchir sous la charge de la couverture.

Les pannes *z* qui répondent à l'entrait *d* ont pour soutien l'arc formé par les aisseliers *y* courbes qui contribuent à la décoration de la charpente.

Ces mêmes pannes sont arc-boutées chacune sur l'entrait par deux petites pièces *x*.

Enfin, la panne la plus basse *q* répondant aux lucarnes est aussi soutenue par les aisseliers courbes *u* compris dans les pans, et elles ont leurs arcs-boutants *l* qui s'appuient sur l'extrados du grand arc.

Nous n'avons pas marqué ces arcs-boutants sur la fig. 1, pour ne pas masquer la décoration de la ferme; nous pensons d'ailleurs que les arcs-boutants *l* et *x* ont été mis après coup, lorsqu'on s'est aperçu que, soit par défaut de force, soit par vétusté, les pannes fléchissaient sous le poids de la couverture qui était originairement en plomb, qui a été remplacée par d'*abjectes* ardoises.

M. Pugin présume que les fenêtres ou lucarnes n'existaient pas originairement, qu'elles ont été faites pour jeter du jour dans la deuxième partie de la charpente qui était trop obscure, et qu'on ne distinguait point.

Nous joignons à ces deux projections des détails à une échelle quadruple, des parties des remplissages en menuiserie, des différents tympans que forment les combinaisons des pièces principales de la charpente.

Les fig. 2 et 3 sont les projections de l'un des anges sculptés en bois qui terminent les tasseaux *e,* et forment la plus saillante décoration de la salle.

Chaque ange tient un écu aux armes de France et d'Angleterre, qui étaient alors celles du roi qui avait fait construire ce monument.

La fig. 9 est une coupe horizontale de l'aiguille *h* par un plan suivant la ligne 1-2, fig. 7.

La fig. 4 est le dessin du remplissage découpé du tympan entre la panne z et l'arc y qui la soutient, fig. 1.

La fig. 5 montre le remplissage découpé à jour du tympan, entre le grand arc m et l'arc p, fig. 7.

La fig. 10 est un des petits arceaux que soutiennent les colonnettes du grand panneau, au-dessous de l'entrait k.

La fig. 8 est la coupe horizontale d'une colonnette par un plan suivant la ligne 3-4, fig. 7.

Toutes les pièces sont décorées de moulures et de nervures qui imitent celles en usage sur les constructions gothiques en pierre de taille; mais elles ont ici une délicatesse que le bois seul pouvait permettre.

§ 2. *Hampton Court Palace.*

Hampton Court, dans le comté de Kent, n'a été qu'une propriété ordinaire jusqu'au commencement du règne de Henri VIII, époque où le cardinal Wolsey commença à y construire, pour lui et sa nombreuse suite, une habitation plus étendue. Sa somptuosité ayant excité la jalousie du roi, Wolsey la lui céda vers l'année 1525; les constructions y furent continuées, et elle fut pendant plusieurs années une résidence royale favorite (1). En 1647, Hampton Court fut vendu par le Parlement; Cromwell l'acheta pour y résider, et plus tard ce domaine revint à la couronne. Le comble de la grande salle est signalé comme le plus richement décoré, entre ceux du même genre (2); mais celui de Westminster Hall lui est fort supérieur en grandeur.

La fig. 15 de la même pl. C représente une ferme de cette élégante

---

(1) Le silence solennel des cours spacieuses de Hampton Court Palace et de ses chambres d'apparat, aujourd'hui inhabitées, rappellent, dit Pugin, la série des curieux événements qui s'y sont passés.

C'est aussi dans ce palais qu'eut lieu la scène de la boucle de cheveux enlevée, avec tous ses incidents comiques, si habilement esquissés par Pope.

Charles Ier y fut détenu par l'armée parlementaire.

(2) Le comble de l'église du Christ, à Oxford, bâtie par le cardinal Wolsey quelques années avant Hampton Court, est du même genre et beaucoup plus simple dans sa décoration; il n'est cependant pas de beaucoup inférieur en beauté.

La grande salle de Hampton Court a . . . . . . 106 pieds de long, 40 de large, 45 de haut;
L'église du Christ, à Oxford 115   40   50
La salle du collège de la Trinité, à Cambridge. 100   40   50

Cette dernière est bâtie sur le modèle de celle du Christ, mais encore plus simple de décoration.

et riche charpente. Elle prend naissance, comme celle de Westminster Hall, sur des corbeaux de pierre en forme de culs-de-lampe.

La figure 16 est une coupe du comble suivant la longueur de la salle.

La forme extérieure est celle dite brisée; il paraît que ce comble est le premier pour lequel elle a été employée en Angleterre. A l'intérieur, le système de combinaison est à peu près le même que celui du comble de Westminster Hall, sinon que, la portée étant moins grande, on n'y a point fait usage des grands arcs et qu'on y a prodigué les moyens de décoration (1).

Le cintre p est une ogive surbaissée; il prend naissance encore sur les consoles formées par la combinaison des tasseaux c, des aiguilles h, des demi-arcs g et des montants j. Vu l'écartement des fermes, elles sont entretenues à leur distance et dans leur position verticale par des liernes m, n, et un sous-faîte k. Les liernes m sont soutenues par des courbes qui forment avec elles, dans le sens de la longueur du toit, des fermettes dont la combinaison des arcs est semblable à celle des grandes fermes, fig. 15. A l'égard des liernes n et du sous-faîte k, ils sont soutenus par les véritables pendentifs formés au-dessous d'elles par deux arcs h en ogive, et un poinçon intermédiaire p et p'. On a marqué, sur la face verticale du sous-faîte, les assemblages des chevrons intérieurs et arqués qui viennent s'y appuyer en formant des compartiments qui sont projetés entre les liernes n et le sous-faîte k, fig. 16.

La panne o est soutenue par un rang de petits pilastres; la deuxième panne q se trouve appuyée par un arc qui a pour portée, dans le sens de la longueur du comble, l'écartement des fermes, et qui prend naissance sur le tasseau c.

La panne r est soutenue par de petits arcs-boutants s, sur les liernes m.

Les combinaisons de ces arcs et arceaux forment une quantité de pendentifs qui sont terminés par des culs-de-lampe, produisant par leur ensemble le coup d'œil le plus hardi, le plus riche et le plus élégant. Les culs-de-lampe, qui sont tous en bois, sont détaillés sur une échelle quadruple dans les figures suivantes :

Fig. 11, cul-de-lampe e' des extrémités des tasseaux c.
Fig. 12, cul-de-lampe v du poinçon et pendentif sous les pannes.
Fig. 17, cul-de-lampe x du pendentif de la fermette sous la lierne m.
Fig. 13 et 14, cul-de-lampe z en pierre, formant les corbeaux des naissances des fermes.

Les murs de cet édifice sont garnis de contre-forts et arcs-boutants,

---

(1) La portée des fermes de Westminster Hall est de 66 pieds 6 pouces ($20^m,116$).

que le dessin ne marque pas. Cette salle n'est éclairée que par les fenêtres latérales percées dans les murs, et par les grands vitraux des murs de pignons des deux extrémités.

Jadis les panneaux de remplissage étaient peints en bleu, les parties saillantes laissaient voir la couleur naturelle du bois de chêne; dans une dernière restauration, le tout a été repeint également en bleu et en couleur de bois de chêne; mais M. Pugin remarque que les nuances que l'on a choisies sont trop crues et trop claires, et que la couleur brune imitant le noyer de la charpente de l'église du Christ, relevée par la dorure des ornements, est préférable.

§ 3. *Comble de Crosby Hall.*

Vers l'an 1470, M. John Crosby, riche marchand de Londres, fit construire une maison magnifique, qui a conservé depuis le nom de Crosby Palace. Richard, duc de Glocester, y demeurait pendant le temps que les enfants d'Édouard étaient détenus à la Tour de Londres sous sa protection. On ignore qui lui succéda dans l'occupation de ce palais après qu'il fut monté sur le trône; mais il paraît que cette somptueuse habitation a été longtemps une possession royale. La reine Élisabeth y a logé des ambassadeurs; par la suite, elle a servi au culte des dissidents, et naguère les deux grandes salles, seuls restes des premières constructions, servaient de magasins pour des emballeurs; elles sont aujourd'hui cachées par des bâtiments modernes qui les environnent.

La figure 3 de la planche CI est une coupe en travers du bâtiment par un plan vertical qui fait voir un peu plus que la moitié d'une des fermes du comble de la grande salle de Crosby Palace.

La figure 1 est une coupe longitudinale par un plan vertical passant par le milieu de la largeur du bâtiment.

Le caractère principal de ce comble est de présenter, au-dessous des pièces qui soutiennent le toit sous une inclinaison de 45°, une voûte en boiseries de bois de chêne admirablement bien travaillées, qui s'étend sur toute la largeur de la salle, et d'où descendent trois rangs de pendentifs formés par autant de poinçons contre chacun desquels quatre arcs viennent se raccorder par leurs naissances. De telle sorte que la charpente du toit, qui s'appuie sur les arcs des fermes principales, est entièrement cachée; cette partie supérieure du comble n'a, au surplus, rien de remarquable.

Lorsque l'on considère cette singulière voûte, sa charpente paraît formée de fermes transversales qui sont les fermes principales, et de trois fermes longitudinales à peu près égales, et dont une, celle du milieu, répond à la ferme sous-faîte.

C'est aux rencontres de ces fermes que se trouvent, comme pièces communes, les poinçons dont nous venons de parler, et qui sont les principales pièces des pendentifs. Les arcs qui s'y rattachent n'ayant pour objet que de les maintenir verticaux et de soutenir, au moyen des appuis qu'ils y trouvent, les frises servant à diviser la surface de la voûte en grands panneaux d'assemblage en menuiserie.

Les figures 1 et 3, que nous donnons de cette admirable composition, sont suffisamment détaillées pour qu'il ne soit pas nécessaire d'une plus ample description.

La figure 4 est la projection, vue de face, d'un des corbeaux en pierre A, fig. 3, scellés dans les murs et sur lesquels la charpente de la voûte prend naissance au niveau des impostes des croisées.

La figure 5 est sa projection horizontale, elle représente, à droite, une coupe horizontale, suivant $p\ q$, fig. 4; et à gauche, une coupe horizontale, suivant $z\ y$. La ligne $v\ u$ marque le parement du mur dans lequel le corbeau est scellé.

La figure 2 est une projection verticale d'un des culs-de-lampe B qui terminent les pendentifs de la voûte.

La figure 6 présente d'un côté, à droite, le plan du dessus de ces culs-de-lampe avec la coupe horizontale suivant les lignes $m\ n$ des arcs qui y prennent naissance; à gauche est la coupe horizontale suivant la signe $z\ y$.

La figure 8 est une projection verticale en élévation de la corniche qui règne sur les murs et qui couronne les encadrements des croisées. Les espaces qui se trouvent entre les frises du plafond et les arcs des pendentifs sont remplis de découpures en menuiserie percées à jour.

L'intérieur de cette salle a 27 pieds (8^m,23) de large, sur 69 pieds (21^m,03) de longueur; sa hauteur est de 38 pieds (11^m,58). Elle est éclairée par des fenêtres percées dans les murs latéraux, à une assez grande hauteur au-dessus du sol. L'architecte avait élevé une lanterne au-dessus de la voûte pour donner issue à la fumée des trépieds qu'on allumait au milieu de la salle, avant l'invention des poêles et des cheminées; mais il paraît que cette lanterne n'y est pas restée longtemps. Quoique salie par la poussière et la fumée, cette charpente a un aspect de dignité qui étonne. Elle servait jadis pour de grandes réunions et pour des festins; on y remarquait, il y a peu d'années, une tribune qui en occupait toute la largeur à l'un des bouts, et qu'on croit avoir été construite, au-dessus d'un corridor de service, pour y placer un orchestre. Aujourd'hui, Crosby Hall est divisée, dans sa hauteur, par un plancher pour l'usage des magasins, ce qui nuit considérablement à l'aspect de cette admirable charpente, qui a besoin d'être élevée au-dessus des spectateurs pour produire un bel effet.

§ 4. *Chambre du Conseil du palais de Crosby.*

Dans un des angles de la grande salle dont nous venons de parler, une porte donne entrée dans une pièce plus petite, appelée la *Chambre du Conseil* (1). La fig. 12, pl. CI, est une coupe en travers d'une partie de la charpente, au-dessous de laquelle une voûte en boiserie très-surbaissée forme le plafond de cette pièce. A l'exception de l'élégante décoration de cette voûte, la construction de sa charpente se rapproche du système dont nous avons fait mention dans le premier article du chapitre précédent. La figure 13 est une coupe longitudinale sur laquelle le plafond est projeté avec les élégants ornements qui le décorent. Les fermes principales, entre lesquelles sont des fermettes de remplissage, portent les arcs principaux qui partagent le plafond en plusieurs zones égales dans la longueur de la chambre. Ces zones sont ensuite divisées en deux rangs de huit caissons chacune par des nervures; des ornements gothiques, artistement contournés, se détachent en relief sur le fond de chaque caisson.

Ces sortes de panneaux en menuiserie sont cloués sur les courbes qui suivent le cintre de la voûte entre les fermes; le tout est rehaussé de dorures.

La figure 7 est un détail, sur une échelle triple, des ornements des arcs sous les maîtresses fermes.

La figure 9 présente le dessin des ornements du quart de l'un des caissons de la voûte.

La fig 10 est l'élévation d'un des pendentifs ou culs-de-lampe sur lesquels les arcs prennent naissance. Ces culs-de-lampe répondent à la corniche qui suit le contour de la salle. L'un et l'autre sont représentés en élévation, fig. 10, et la corniche est profilée, fig. 11, avec les feuillages verticaux qui la couronnent.

La figure 14 est une section d'un des arcs non compris l'épaisseur des petits pendentifs qui garnissent sa courbure.

La charpente de l'église du Christ, à Oxford, est du même genre que

---

(1) Une décoration, représentant cette chambre, fut peinte, il y a peu d'années, pour la représentation de la tragédie de Richard III sur le théâtre de Drury Lane, à Londres.

celle de Hampton Court; elle est cependant moins riche de décoration et ses arcs sont surbaissés (1).

La charpente de la grande salle d'Eltham Palace, seul reste qui ait échappé aux dévastations et aux spoliations de cette magnifique habitation royale, n'a été conservée que parce que ce bâtiment a pu servir de grange; les fermes de cette charpente ont beaucoup de ressemblance avec celles de l'église du Christ; elle est cependant inférieure sous le rapport de la beauté; elle supporte un toit plus aigu, et ses fermes ne sont pas réunies par d'autres fermes longitudinales (2), mais beaucoup moins riches, et elle n'est composée que de fermes parallèles dans lesquelles l'arc du milieu est très-surbaissé.

La charpente du comble de *Middle Temple Hall* a quelque ressemblance, dans sa forme générale, avec celle de Crosby Hall, mais elle a quatre pendentifs sur la largeur de chaque ferme (3).

Il existe plusieurs autres charpentes du même genre en Angleterre (4); il suffit que nous ayons décrit les plus belles et indiqué, après celles-ci, les plus importantes.

§ 5. *Plafond de la Chambre dorée du Palais de Justice à Paris.*

La chambre occupée aujourd'hui de la Cour de cassation (5) était autrefois la Chambre dorée, nom qui lui avait été donné à cause des dorures qui la décoraient; elle fut originairement construite du temps de saint Louis.

La voûte qui la couvrait ayant menacé d'un éboulement, elle fut démolie (6), et l'on croit que Fra Giovanni Giocondo, architecte, que Louis XII fit venir d'Italie, et qui avait bâti le pont Saint-Michel, le château de

---

(1) On en trouve une esquisse dans le *Penny Magazine*, année 1835, n° 182, p. 4.
(2) *Idem*, 1832, n° 23, p. 263.
(3) *Idem*, 1835, n° 208, p. 249.
(4) D'anciennes gravures qu'on montrait autrefois dans des optiques représentent la galerie royale de Copenhague; il paraîtrait, d'après ces perspectives grossières, que le comble de cette galerie est à pendentifs. Dans chaque ferme, un arc principal en plein cintre, ayant un diamètre égal aux deux tiers de la largeur de la salle, serait supporté par de grandes consoles cintrées prenant naissance sur les murs. Mais cette charpente serait revêtue intérieurement de boiseries ou de plafonnages, le tout peint et enrichi d'ornements divers.
(5) Cette salle a une issue dans la salle des Pas-Perdus, vis-à-vis la galerie des marchands.
(6) Monstrelet prétend (tome III, éd. de 1572, p. 102) qu'au mois de juin 1464, un avocat ayant répété dans ses plaidoiries les blasphèmes dont l'accusé s'était rendu coupable, la voûte fut ébranlée et qu'elle lança des éclats de pierre sur l'assemblée. Il ajoute

Gaillon et la Cour des comptes, fut chargé de décorer la grand'chambre sur nouveaux frais. C'est donc à lui qu'on attribue le plafond en pendentifs de la Chambre dorée, qui rappelle ceux des charpentes que nous avons décrites dans les articles précédents.

Fournel décrit cette salle dans son *Histoire des Avocats;* Sauval en parle aussi dans ses *Antiquités de Paris;* mais la description la plus complète et la plus exacte est une vue perspective qu'en donne une gravure qui représente le lit de justice tenu pour la première fois par le roi Louis XV, en son Parlement, le 12 septembre 1715 (1); cette salle a 38 pieds de largeur sur 67 pieds de longueur ($12^m,35$ sur $21^m,78$).

Nous avons représenté, fig. 5 de la pl. XCIX, une coupe de ce plafond fort remarquable, prise en travers de la salle sur la ligne $A\ B$ du plan.

La figure 6 est le plan ou la projection horizontale du plafond vu en dessous.

La grande portée des poutres a déterminé l'emploi des pendentifs qui, comme des armatures renversées, en augmentent la force.

On voit en effet, dans la figure 7, où nous avons représenté, sur une échelle double, le détail de la construction présumée de ces pendentifs, que le poinçon a, assemblé dans le dessous de la poutre d par un tenon carré fort court, y est retenu par des bandes de fer, et que les aisseliers b, b, gabariés en dessous en forme d'arcs et liés à la poutre et au poinçon par des boulons traversant leurs assemblages à embrèvements, forment une véritable armature; telle que, supposant la poutre portée par des murs, son milieu répondant au poinçon ne peut céder, de m en n, sous la charge qui la ferait fléchir au point q, si elle n'était pas armée de ce pendentif, puisque les aisseliers retiennent le poinçon comme attaché aux points m et n quoiqu'il soit pressé par la poutre. On voit donc que, par cette disposition, la force de la poutre est celle qu'elle aurait si elle était raccourcie de toute l'étendue que le pendentif occupe sous elle, c'est-à-dire de la longueur $m\ n$. On voit encore qu'en multipliant les pendentifs sur la longueur d'une poutre, on est maître de distribuer convenablement les points où les ruptures pourraient avoir lieu; et de donner en ces points une épaisseur capable de résister à ces ruptures, mais qui seraient insuffisantes si l'on n'avait pas recours à cet artifice.

---

que, le même événement s'étant répété quelques jours après dans les mêmes circonstances, la terreur fit subitement évacuer l'audience, et qu'on prit la résolution de faire démolir la voûte et de la remplacer par un plafond.

(1) Cette gravure, assez rare, se trouve dans la **Topographie de Paris**, au cabinet des estampes de la Bibliothèque du Roi, à Paris; elle est de Depouilly, d'après le dessin de F. de la Monce. Elle a environ $0^m,59$ de largeur sur $0^m,454$ de hauteur.

La figure 8 est une coupe, par un plan horizontal, suivant les lignes xy de la figure 7; et la figure 9 est une coupe horizontale suivant la ligne vz. Les épaisseurs des revêtissements en boiserie ne sont pas marquées dans ces deux figures.

La figure 10 est une coupe horizontale au niveau du dessus d'un chapiteau où l'on voit les coupes des panneaux de menuiserie et des arêtiers des voûtes formées par les panneaux cintrés.

Dans la construction du plancher portant les pendentifs de la salle dorée, les poutres étaient armées de trois pendentifs chacune; des demi-pendentifs se rattachaient aux murs et formaient une sorte d'encorbellement qui raccourcissait encore la portée des poutres.

Pour entretenir dans une position verticale chacune de ces espèces de fermes, des entretoises horizontales, parallèles à la longueur de la salle, s'assemblaient dans les poutres aux mêmes points de leur longueur que les poinçons, et des aisseliers cintrés en dessous et égaux à ceux assemblés dans la poutre saisissaient les poinçons. Chaque pendentif était terminé par un cul-de-lampe formant une sorte de chapiteau dans lequel les volutes sont remplacées par des bustes de femmes ayant des ailes au lieu de bras, représentant probablement l'allégorie de Némésis. Des boiseries assemblées en panneaux cintrés aux arcs des pendentifs formaient des portions de berceaux qui se rencontraient à la manière des voûtes d'arêtes; le milieu de chaque plafond se trouvait décoré d'une large rosace. Toute cette construction était en bois de chêne, et les filets, les moulures et les ornements étaient dorés; une riche tapisserie couvrait les murs.

Ce beau plafond a été démoli en 1722 pour lui substituer des décorations qui étaient du goût de cette époque.

Le plafond d'un café décoré vers 1840, au coin du boulevard et de la rue de la Chaussée-d'Antin, à Paris, était une imitation du plafond de la Chambre dorée, sur de plus petites dimensions.

CHAPITRE XXVII.

SYSTÈME EN PLANCHES DE CHAMP.

I.

INVENTION DE PHILIBERT DELORME.

§ 1. *Anciennes charpentes en planches.*

La belle invention de Philibert Delorme (1), que nous allons bientôt décrire, est restée dans le plus profond oubli pendant deux siècles; après la mort de ce célèbre architecte, aucune charpente ne fut exécutée suivant son système, et ce n'est que quelques années après que MM. Legrand et Molino en eurent fait une heureuse application à la coupole de la Halle au blé de Paris, que ce mode de construction eut une très-grande vogue; ce qui n'empêcha pas que plusieurs personnes cherchèrent à diminuer le mérite de l'invention, en rappelant que diverses charpentes avaient été construites au moyen d'arcs en planches clouées les unes sur les autres, bien antérieurement à Philibert Delorme. C'est ainsi qu'on répéta, d'après ce que dit Sébastien Serlio, mort en France vers 1552 (liv. VII, chap. XLI, dans son *Traité d'architecture*), « qu'ayant été chargé, par François Ier, de faire quelques réparations au palais des Tournelles il y trouva des voûtes formées de courbes en planches recouvertes d'un enduit de plâtre fort dur qui avaient plus de deux cents ans d'ancienneté. »

On cite aussi la partie hémisphérique de la coupole de l'église Saint-Marc à Venise, qui est composée de courbes en fortes planches clouées

---

(1) Philibert Delorme, Lyonnais, architecte, conseiller et aumônier ordinaire du roi Henri II, abbé de Saint-Eloi-lez-Noyon, et de Saint-Georges-lez-Angers, né à Lyon, au commencement du XVIe siècle, et mort à Paris le 9 février 1577, a publié, en 1561, son *Traité sur la manière de bien bâtir et à petits frais*, qui a été depuis compris dans ses œuvres (in-fol., Paris, 1625, Rome, 1628); dont il forme les Xe et XIe livres, sous le titre de *Nouvelles inventions*.

SYSTÈME EN PLANCHES DE CHAMP.

qui forment chevrons et qui sont reliées par quatre rangs de liernes dans lesquelles elles sont entaillées. L'église de Saint-Marc ayant été commencée en 976 et terminée en 1085, la charpente dont il s'agit a précédé de cinq cents ans l'intervention de Philibert Delorme.

On cite encore la coupole de l'église *della Salute*, également à Venise, qui est formée de courbes composées chacune de quatre épaisseurs de planches posées en liaison les unes contre les autres et unies ensemble avec des clous; et l'on affirme enfin que beaucoup de combles bien plus anciens que Philibert Delorme sont construits suivant cette méthode. On ne saurait donc nier que Philibert Delorme a pu trouver l'idée de ce genre de charpente dans d'anciennes constructions, notamment dans la voûte que Serlio, son contemporain, découvrit lorsqu'il répara le palais des Tournelles, dans le voisinage duquel Philibert Delorme demeurait. Mais ce n'est pas dans l'emploi des planches posées de champ que gît l'intervention, c'est dans leur assemblage, et dans la liaison vraiment ingénieuse des hémicycles par des liernes et des clefs qu'il faut la voir, et l'on ne peut s'empêcher de l'admirer à cause de la simplicité de ce genre de construction dans lequel il n'entre aucun clou ni aucun fer.

Rondelet, page 152, de son *Art de bâtir*, exagère la cherté de ce genre de charpente, d'où il conclut qu'il n'y a point d'économie à préférer les combles en planches aux combles en pièces de bois qu'il regarde comme étant plus solides, plus durables, et moins dangereux en cas d'incendie.

Nous ferons remarquer que, dans le rapport fait à la Société d'encouragement sur mon système de charpente en madriers courbés sur leur plat, qui fait l'objet du chapitre suivant, M. Vallot, ingénieur en chef des ponts et chaussées, a fait remarquer que Rondelet s'est trompé lorsqu'il a prétendu que les bois débités en planches coûtent le double des bois de charpente; c'est une erreur dont tous les bordereaux, marchés et adjudications font foi. Rondelet est au surplus en contradiction sur ce point avec lui-même, car dans la comparaison qu'il fait, page 149, de la charpente du dôme de l'église *della Salute* avec celle de l'hôtel des Invalides pour prouver l'avantage qu'il y aurait eu à employer des planches dans la construction du dôme des Invalides, il assigne au cube des bois débités en planches le même prix qu'à ceux de charpente.

Il ne reste donc, comme cause d'augmentation de la dépense dans les charpentes de Philibert Delorme, qu'un peu plus de main-d'œuvre, et un cube de bois un peu plus fort; mais jamais Philibert Delorme n'a prétendu qu'on dût donner une préférence exclusive à son système; il ne l'a proposé que pour le cas où l'on a à sa disposition des planches de peu de valeur, et même de ces bois qu'on employait de son temps pour soutenir le charbon que l'on apportait à Paris dans des bateaux, ou enfin rien que du bois de chauffage, de quelque espèce que ce soit, refendu à la scie. On voit que quoique la construction suivant le procédé de Philibert Delorme puisse être plus chère, encore est-elle préférable à tout autre système, quand on n'a point de grands bois à sa disposition. Ce système avait donc, à l'époque où il a été inventé, le grand avantage de fournir un moyen de construire, rien qu'avec de petits bois, des combles d'une grande portée; il était encore, il y a peu d'années, le seul qui permit de supprimer les entraits, qui sont toujours d'un effet désagréable, et qui nuisent aux décorations intérieures des espaces couverts.

§ 2. *Système de Philibert Delorme. — Combles en boiseries.*

Le système de Philibert Delorme est composé d'arcs ou hémicycles (demi-cercles), formés de planches, et substitués aux fermes des charpentes du moyen âge.

Nous donnons, pl. CII, les détails de ce genre de construction.

La figure 1 représente un hémicycle composé de deux épaisseurs de planches. Dans chaque épaisseur, les planches sont posées bout à bout, et leurs joints ou *commissures* sont en coupes tendantes au centre. Dans chaque hémicycle, les joints d'une épaisseur de planches répondent au milieu de la longueur des planches de l'autre épaisseur, et chaque planche n'a que $1^m,30$ environ de longueur sur $0^m,22$ de largeur, l'épaisseur des planches est 0^m027.

Les hémicycles sont écartés de $0^m,66$; ils portent sur des sablières qui sont établies sur le couronnement des murs, comme nous les avons représentées à gauche, sur la figure 1, ou au-dessous des corniches extérieures du bâtiment, comme l'une d'elles est profilée à droite, sur la même figure. Dans l'une et l'autre disposition, des mortaises, creusées dans ces sablières, reçoivent les tenons ménagés aux naissances des hémicycles. Ces tenons laissent des épaulements d'environ $0^m,027$ sur chaque bord des hémicycles.

La figure 3 représente le profil d'un des murs, avec la coupe d'une sablière sur laquelle on voit le profil de la mortaise qui doit recevoir le tenon de la naissance d'un hémicycle dont le profil est figuré au-dessus.

Tous les hémicycles ont un même nombre de joints qui sont dans tous situés aux mêmes points de leur développement, et par conséquent aux mêmes niveaux. Les hémicycles sont tous traversés précisément dans les joints par des liernes de $0^m,027$ d'épaisseur sur environ $0^m,108$ de largeur; des clefs de $0^m,027$ d'épaisseur, $0^m,040$ de large et d'une longueur à peu près égale à la largeur des planches traversent les liernes. Elles servent à maintenir les hémicycles dans des plans verticaux et aux écartements égaux de $0^m,65$, en même temps qu'elles serrent dans chaque hémicycle les planches dans le sens de leur épaisseur.

Vu la petitesse de l'échelle, les clefs ne sont pas marquées dans les figures 1, 2, 3, 4, 5 et 6 ; mais elles sont figurées dans les détails que nous donnons, fig. 8 et 9, qui sont sur une échelle double. La fig. 8 est, en projection verticale, une partie m n d'un hémicycle ; la fig. 9 est la projection horizontale des deux parties d'hémicycles m n, m' n', correspondant à la projection verticale, fig. 8. Ces parties d'hémicycles m n, m' n', sont traversées par des liernes a, c, i, lesquelles sont elles-mêmes traversées par les clefs b, b.

La lierne c est prolongée dans la fig. 9, pour faire voir les mortaises dont cette lierne est percée, comme toutes les autres, pour recevoir les clefs aux emplacements f, g, répondant à des hémicycles ponctués qui ne sont point placés.

Le bois laissé entre les mortaises doit avoir un peu moins de longueur que l'épaisseur de deux planches, afin que les clefs remplissent bien leur office ; quelquefois même on supprime cette portion de bois pour ne faire qu'une mortaise au lieu de deux, ce qui diminue le travail.

§ 3. *Comble en tiers point ou ogive.*

Il paraît que lorsque Philibert Delorme publia pour la première fois sa nouvelle invention, des constructeurs maladroits, voulant en faire l'application à des combles d'une largeur trop restreinte, et y employer les tuiles et l'ardoise des mêmes échantillons que sur les combles plans, se hâtèrent de décrier cette invention, disant que la couverture *entre-bâillait* ; qu'elle ne pouvait joindre, laissant en dessous des ouvertures dans lesquelles le vent portait la pluie ou la neige. Philibert, pour repousser ce reproche fait à sa belle invention, remarque que si on veut l'appliquer à des combles de petites dimensions, il faut employer des tuiles ou des ardoises de plus petites dimensions, et qu'il y aurait encore de l'économie à se servir de toutes les pièces d'ardoises, quand même elles n'auraient que la moitié de la longueur ordinaire, et que, quant à la tuile, la plus petite serait la meilleure ; il ajoute même qu'on pourrait en mouler exprès. Nous supposons qu'il entendait qu'alors on pourrait les cintrer convenablement suivant la courbure du toit. Il propose même un excellent expédient pour que sur un bâtiment étroit, dont la charpente doit présenter intérieurement la forme d'un berceau, la surface extérieure n'ait pas une courbure aussi grande, et qu'elle soit telle que les tuiles et ardoises ordinaires puissent s'y appliquer sans *entre-bâillement*.

Philibert Delorme propose, dans le cas dont il s'agit, de faire les combles cylindriques en dedans, et en *tiers-point* en dehors, comme nous en avons représenté un hémicycle, fig. 10 de la planche CII. Par ce moyen le rayon des arcs extérieurs du comble se trouvant beaucoup plus grand, la courbure est moindre, les tuiles et ardoises peuvent y être appliquées, et le défaut de l'*entre-bâillement* se trouve considérablement diminué. Nous verrons plus loin qu'on l'a fait disparaître entièrement, en formant au-dessus des hémicycles des toits plans.

Les assemblages des hémicycles de ce comble et leurs joints sont exactement les mêmes, si ce n'est que chaque hémicycle intérieur est lié avec les arcs extérieurs par des moises en planches qui sont traversées par les liernes des arcs et sont serrées par les mêmes clefs.

Philibert Delorme a donné plusieurs profils de ce mode de construction des combles; il a fait remarquer qu'entre les hémicycles qui forment la voûte intérieure, et les arcs du toit, on peut, en supprimant les moises, faire des greniers et galetas utiles, il a même remarqué que, dans l'intérieur des appartements, les intervalles des hémicycles peuvent, au moyen de panneaux de menuiserie, être convertis en armoires.

§ 4. *Croupe droite.*

La figure 2, pl. CII, est la projection horizontale d'un comble formant une croupe droite construite avec des hémicycles suivant le système de Philibert Delorme, comme celui représenté, fig. 1, qui est une coupe de ce même comble suivant la ligne $a\ b$ du plan fig. 2.

Les parties des hémicycles répondant aux arêtiers, tant sur les longs pans que sur le pan de croupe, sont espacées de $0^m,65$; et, comme les empanons des charpentes ordinaires, elles sont assemblées à tenons et mortaises dans les demi-hémicycles qui forment les arêtiers et qui s'assemblent dans le poinçon F au centre duquel ils sont dirigés.

La figure 6 est une projection verticale de la sommité de l'hémicycle de long pan répondant au poinçon à huit pans que cet hémicycle traverse sans interruption. Ce poinçon reçoit les assemblages à tenons du demi-hémicycle de croupe et des deux demi-hémicycles des arêtiers. La fig. 7 fait voir, en projection horizontale, cet assemblage par-dessous.

Les figures 4 et 5 ont pour objet de montrer des planches d'hémicycles désassemblées, et de faire voir que dans ce premier système, Philibert en employant des liernes n'a pas eu pour objet de lier les planches d'un même hémicycle les unes avec les autres, puisque chaque planche n'est traversée que par une seule lierne. Ces liernes empêchent seulement les planches de glisser sur leurs joints à bouts; et au moyen des clefs elles les pressent à plat les unes contre les autres sans les forcer de se serrer en joints, ni même sans retenir les joints en contact parfait; et c'est seulement le poids de la charpente qui serre les joints d'abouts des planches, lesquelles sont dès lors employées dans ce système comme les voussoirs des voûtes en pierre. Seulement, comme nous venons de le dire, les liernes empêchent le glissement dans les joints.

Pour raccorder les égouts des toits avec les bords des murs ou avec les corniches du bâtiment, on cloue sur les hémicycles des bouts de coyaux auxquels on donne l'épaisseur de deux planches, on peut même les former de deux bouts de planches réunis à plat, ou en clouer une sur chacune des faces des hémicycles. Ces coyaux sont ponctués des deux côtés de la figure 1; il en est de même à l'égard de la sommité du comble, qui serait horizontal si l'on n'y ajoutait pas de petits chevrons pour que le lattis du toit forme deux pans qui se coupent suivant l'arête de faîtage afin que l'eau ne s'y arrête pas.

La figure 21 est une projection de la ferme d'arêtier $D\ E$. Cette projection est construite par les mêmes procédés que nous avons indiqués pour trouver les courbes d'intersection des surfaces de croupe et de long pan ; ces courbes sont contenues dans les plans verticaux des arêtiers. Les charpentiers donnent à ces courbes le nom de *courbes rallongées*, parce que les ordonnées verticales qui sont égales à celles de la courbe principale $B\ C\ D$, fig. 1, répondent à des *abscisses rallongées* dans le rapport de $F\ E$ à $F\ D$. Nous sommes déjà entré dans de grands détails au sujet de ces sortes de constructions graphiques de courbes, pages 3 et 4; il suffit de les rappeler, en renouvelant la remarque que les courbes rallongées sont toujours des ellipses, lorsque les courbes principales sont des cercles ou des ellipses.

La figure 21, qui est une projection d'un demi-hémicycle d'arêtier, présente la face du côté de la croupe, si nous considérons cette figure comme représentant l'hémicycle de l'arêtier $D\ F$. Cette même figure présente au contraire la face répondant au long pan, si nous supposons qu'elle représente l'hémicycle de l'arêtier $B\ F$, fig. 2.

Nous avons marqué sur la figure 21, les occupations des portions d'hémicycles formant empanons, et les mortaises qui reçoivent leurs tenons.

Les demi-hémicycles des arêtiers étant surchargés par les empanons, Philibert Delorme les a composés de trois épaisseurs de planches.

Les tenons des portions d'hémicycles formant empanons, ne traversent qu'une seule épaisseur de planches, de façon que la planche qui est dans le milieu de l'épaisseur de l'hémicycle arêtier n'est point percée, si ce n'est par les liernes qui servent à former la liaison entre les longs pans et le pan de croupe et à assembler les planches des demi-hémicycles arêtiers.

La charge des longs pans et du pan de croupe est suffisante pour maintenir leurs assemblages dans les hémicycles arêtiers. Cependant il est bon, pour assurer la stabilité de ces assemblages, et lier les longs pans avec le pan de croupe, de faire traverser les hémicycles des arêtiers par quelques liernes, alternativement et avec clefs, comme je l'ai indiqué en x et y, fig. 2.

Nous avons tracé séparément, fig. 20, une portion du même hémicycle d'arêtier, seulement avec les mortaises des liernes, afin qu'on puisse les mieux reconnaître et les distinguer de celles destinées à recevoir les assemblages des empanons.

Nous devons faire remarquer qu'il est fort rare aujourd'hui de faire des charpentes de cette sorte avec des croupes. Elles sont ordinairement appliquées à des bâtiments dont la grande largeur et la destination font qu'on préfère les terminer par des pignons en maçonnerie.

§ 5. *Comble du château de la Muette.*

Dans la construction du grand comble du château de la Muette, près Paris, Philibert Delorme a beaucoup perfectionné les détails de son système; à la vérité, la portée de ce comble est de $19^m,49$, et il fallait nécessairement augmenter la force des assemblages.

Nous donnons, fig. 11, 12, 13, 14, 15 et 16, pl. CII, les détails du système perfectionné; nous nous dispensons de tracer un hémicycle entier, parce qu'il est aisé d'appliquer aux figures que nous avons précédemment décrites, les détails que nous allons donner, et qui sont dessinés sur une échelle double.

La figure 12 représente un fragment d'hémicycle a, vu comme celui de la figure 1. La figure 14 est une projection horizontale, comprenant deux hémicycles a, a'.

La figure 11 est une coupe par un plan vertical perpendiculaire à ces deux projections, et dont la trace est la ligne xy.

Deux liernes b, b croisent les hémicycles qui s'y assemblent par entailles à mi-bois, c'est-à-dire que ces liernes sont entaillées de la moitié de leur épaisseur; les hémicycles sont entaillées de la même quantité tellement que les liernes affleurent les hémicycles tant à l'intrados qu'à l'extrados.

Les planches des hémicycles a a' sont serrées par des clefs c qui traversent les liernes des deux bords des arcs, et ces liernes sont serrées par des clavettes d qui traversent les clefs c dans les bouts qui dépassent les liernes b.

La fig. 16 représente un fragment d'une lierne b de la fig. 14, vue par la face où sont les entailles d'assemblage avec les hémicycles. Ces entailles y sont marquées ainsi que les mortaises, dans lesquelles passent les clefs c.

La figure 15 est le même fragment de la lierne b vue par le côté, on y voit les profils des entailles.

La figure 13 est une de ces clefs c vue dans le même sens que celles qui sont représentées dans la figure 14.

La figure 23 représente un fragment d'une des planches d'hémicycles a ou a' avec les trous des chevilles que nous n'avons point marqués sur la figure 12, pour éviter la confusion.

On conçoit que la combinaison adoptée par Philibert Delorme pour cette charpente, ajoute une grande force à son système d'assemblage.

La figure 17 est une projection verticale, et la figure 18 une projection horizontale de deux parties d'hémicycles d'une construction plus simple, que Philibert Delorme conseille d'adopter pour les combles de moyenne portée.

Dans la construction du grand comble de la Muette dont nous venons de parler, on trouve quelques liernes simples; elles sont traversées par des clefs qui ne répondent point à des joints, comme dans la figure 17; elles ont pour objet de consolider les hémicycles en empêchant les planches de glisser.

La grande portée, dans ces sortes de charpentes, produit une perfection dans le système, en ce que, d'une part, on est dans la nécessité de donner plus de force aux hémicycles, d'une autre part, en ce que la courbure des hémicycles étant moindre, on peut employer dans leur composition des planches plus longues, et par conséquent écarter les joints davantage que dans les hémicycles de moindre portée ; il en résulte que, plaçant les liernes doubles sur les joints ou commissures, les planches des hémicycles peuvent être traversées intermédiairement par des liernes simples qui ne répondent à aucun joint, et qui, en même temps qu'elles serrent les planches et entretiennent des hémicycles à leur distance comme les autres liernes, enchaînent pour ainsi dire, toutes les planches d'un hémicycle, les unes avec les autres, s'opposent à tout écartement dans les joints et à tous changements de courbure. Ainsi, par exemple, dans l'hémicycle représenté fig. 17, une seule planche s'étend du point 3 au point 7, sur la face que montre le dessin ; sur l'autre face de l'hémicycle, la longueur d'une planche s'étend du point 1 au point 5, où se trouvent des joints ; ainsi, à tous les joints, sur quelques faces qu'ils soient, répondent des liernes doubles, et intermédiairement aux points 2, 4, 6, quoiqu'il n'y ait pas de joints, les deux épaisseurs des planches sont traversées par des liernes simples qui serrent les planches et les attachent les unes avec les autres. Ainsi la planche qui s'étend du point 3 au point 7, et celle qui s'étend du point 1 au point 5, sont attachées l'une à l'autre par la lierne, qui répond au point 4. Moins la courbure est grande, plus les planches sont longues, et plus on peut distribuer de liernes simples entre les liernes doubles, mieux les planches sont liées, et moins les hémicycles peuvent fléchir par l'effet du jeu des joints.

Rondelet pensait que Philibert Delorme aurait dû supprimer, dans la construction du comble du château de la Muette, les liernes qui traversent les courbes ; nous sommes loin de partager cette opinion. La liaison que ces liernes établissent entre les planches, comme nous l'avons expliqué plus haut, fait voir que ce n'est pas sans d'excellents motifs que l'auteur de ce beau système avait adopté la disposition dont il s'agit.

La figure 19 fait voir de quelle manière, dans le système que nous venons de décrire, les coyaux sont attachés aux hémicycles.

Philibert Delorme a construit des combles suivant sa méthode, sur divers châteaux et résidences royales ; les plus remarquables sont ceux du château de Saint-Germain-en-Laye, ceux du château d'Anet qui sont en impériale, et surtout celui de la Muette, dont nous venons de parler, à cause de la bonne combinaison de ses assemblages.

§ 6. *Rond Point.*

La figure 2 de la planche CII est, comme nous l'avons expliqué, le plan d'une croupe droite, construite au moyen d'hémicycles. Philibert Delorme fait remarquer que son système est également applicable à un bâtiment dont le plan est à pans coupés. Nous avons représenté, fig. 4, pl. CIII, le plan d'une croupe de plusieurs pans, vu par le dessous, et fig. 3, la coupe suivant la ligne $g\ h$ du plan avec l'élévation vue par l'intérieur. Le dessin est suffisamment détaillé, et nous pouvons nous dispenser d'une longue et minutieuse explication. Nous ferons seulement remarquer que les deux figures représentant deux dispositions différentes, relativement à l'arrangement des hémicycles de remplissage, elles sont séparées par la ligne $A\ B$ qui sert d'axe aux deux figures.

Sur la droite, les deux projections représentent la manière dont Philibert Delorme combine les hémicycles dans le cas dont il s'agit; il établit autour du poinçon des demi-hémicycles qui répondent aux angles du bâtiment comme des arêtiers; il traite alors chaque partie du comble qui se trouve comprise entre deux arêtiers, comme est traité le pan de croupe de la figure 2 de la planche CII; les parties d'hémicycles formant les empanons sont parallèles au demi-hémicycle de croupe, occupant le milieu de chaque pan du rond-point.

Les liernes sont distribuées de manière qu'elles ne sont pas par cours continus sur tout le développement du rond-point.

Les cours de liernes d'un pan répondent aux milieux des espaces qui séparent les cours de liernes des deux pans voisins. Cette disposition, que représente le dessin, a pour objet d'éviter la rencontre des liernes des deux pans contigus; par cette disposition, tous les hémicycles et parties d'hémicycles de remplissage entre les arêtiers sont coupés sur le même gabarit.

Nous avons indiqué, à gauche, sur la deuxième moitié du dessin, une autre disposition que quelques constructeurs ont adoptée; il n'y a plus, à proprement parler, de demi-hémicycles arêtiers, puisqu'il n'y a plus d'empanons, et que tous les demi-hémicycles tendent au poinçon, comme si le périmètre du bâtiment était circulaire. Cette disposition n'efface cependant pas les arêtes de la couverture, qui répondent toujours aux angles du bâtiment. Les liernes sont disposées, dans cette partie, comme dans celle de droite.

L'inconvénient de cette disposition des demi-hémicycles, est qu'à l'exception de ceux qui répondent aux arêtes, qui sont droits et délardés des deux côtés comme arêtiers, et de ceux qui, répondant aux milieux des pans, sont également droits, mais non délardés, tous les autres sont biais, ce qui augmente le travail d'exécution, puisqu'il faut qu'ils soient tous taillés en dessus et en dessous, suivant les biais de leurs positions. Il faut, en outre, que toutes les mortaises des hémicycles pour recevoir les liernes, et toutes les mortaises des liernes pour recevoir les clefs, soient également biaises.

Les figures 2 et 4, dont nous venons de nous occuper, n'ont pour objet que de montrer les dispositions qu'on peut adopter pour l'application du système de Philibert Delorme à la construction d'un comble sur un plan polygonal, mais on doit bien concevoir que tout ce minutieux détail de dessin n'est point nécessaire comme épure de chantier. Il suffit, pour l'exécution d'une charpente suivant ce système, qu'on ait le plan pour marquer les emplacements des hémicycles et leurs épaisseurs, et des ételons tant pour les hémicycles principaux et pour les empanons, que pour les arcs rallongés et arcs biais, pour assembler les planches, les gabarier et tracer les mortaises.

Si l'extrémité d'un bâtiment donnant lieu à une croupe, au lieu d'être formée par trois pans, en présentait un plus grand nombre, les moyens de construction seraient les mêmes. M. Ride, architecte, a fait une étude d'une croupe sur le chevet de l'église des Annonciades d'Anvers, qui est gravée pl. XII et XIII du premier recueil de Krafft; nous ne la reproduisons point ici, parce qu'elle est plus compliquée que la disposition que nous avons représentée, et qu'elle n'est pas plus propre pour bien exposer la méthode de construction.

Pour remédier à l'inconvénient de la courbure des surfaces du comble, par rapport à l'emploi de la tuile et de l'ardoise, M. Ride a rendu planes les diverses parties extérieures de la croupe, en ajoutant des coyaux qui joignent la corniche et le faîtage. Les faces supérieures des uns et des autres, sont en lignes droites tangentes aux courbes; nous en avons indiqué de cette sorte en lignes ponctuées sur la figure 3.

Ils sont composés comme les hémicycles de planches accolées, et traversés par des liernes avec clefs. Les coyaux inférieurs portent sur des sablières et sont retenus aux hémicycles par des blochets cloués.

§ 7. *Projet d'une Basilique.*

Philibert Delorme pensait avec raison que son système donnait le moyen de construire des combles d'une portée beaucoup plus grande que celle à laquelle on pouvait satisfaire, par le moyen des charpentes usitées de son temps; et pour en donner une preuve, il a compris, dans la description de son invention, un projet pour le comble d'une basilique de 25 toises (près de 49 mètres) de largeur, sur 40 toises (78 mètres) de longueur; en n'employant que des hémicycles dont les naissances seraient établies sur le rez-de-chaussée de l'édifice, élevé de quelques marches au-dessus du sol. Cette salle serait entourée d'une galerie et de quatre petits pavillons aux angles destinés à différents usages.

Nous ne reproduisons point les dessins de ce projet, parce que sa charpente ne contient aucuns détails différents de ceux que nous avons donnés, et qu'il n'est remarquable que par ses proportions gigantesques.

§ 8. *Projet d'un Dôme.*

Philibert Delorme a aussi publié, dans son ouvrage, le projet d'un dortoir circulaire, avec cellules, composé d'un rez-de-chaussée et de trois étages, que le roi Henri II voulait faire construire pour les religieuses de Montmartre; les événements des temps en ont empêché l'exécution. Le comble de ce dortoir devait être une coupole qui se serait étendue sur le cloître circulaire; elle aurait été construite en planches de champ suivant son système, et aurait eu 30 toises (58 mètres et demi) de diamètre. Philibert Delorme fait remarquer que ce dôme, presque hémisphérique, érigé sur Montmartre, aurait apparu de Paris comme un globe céleste.

Nous avons donné, pl. CIII, d'après la figure gravée sur bois, de l'œuvre de ce célèbre architecte, le plan, fig. 6, et une coupe, fig. 5, de ce beau projet suivant la ligne *m n* du plan.

Dans la figure 5, nous avons tracé les caissons en menuiserie qui devaient couvrir les parois intérieures de ce dôme élégant. Dans les figures 22 et 23, nous donnons un croquis de la disposition indiquée par Philibert Delorme, pour la liaison des planches, au moyen de liernes qui, vu la courbure du dôme, ne devaient pas s'étendre au-delà de deux hémicycles.

L'intérieur de cette coupole devait être éclairé par une vaste lanterne, qui l'aurait couronnée. Nous avons supprimé cette lanterne, à cause du peu d'espace dont nous avons pu disposer pour les figures; et nous avons, par la même raison, réduit le bâtiment à la hauteur de deux étages, au lieu de trois au-dessus du rez-de-chaussée, comme les avait projetés Philibert Delorme, ce qui ne change rien au mérite de cet ingénieux et élégant projet, dont nous parlerons encore au sujet de la coupole de la halle aux blés de Paris, pour restituer à Philibert Delorme le mérite de cette belle conception.

§ 9. *Poutres.*

Philibert Delorme a appliqué son système à la construction des planchers. Il lui sert à former des poutres qui doivent soutenir les solives.

La figure 1, pl. CIII, représente l'élévation d'une de ces sortes de poutres. La fig. 2 est la coupe de deux poutres et d'une partie du plancher qu'elles soutiennent. Philibert Delorme avait fait construire *en son logis, rue des Tournelles*, deux poutres de cette sorte, l'une, composée de 225 pièces, l'autre de 263, non compris les chevilles qui n'ont servi qu'à *l'entretènement jusqu'à ce que les poutres soient placées*. Elles furent éprouvées avec deux vervins, en présence *du roi et d'autres princes et seigneurs*, de telle sorte qu'on soulevait toute *la couverture* et *enfondrait-on* les murs du bâtiment où elles étaient; et *quelque force de vervins qu'on ait pu produire, on ne put les faire baisser de demy-doigt.*

172 TRAITÉ DE L'ART DE LA CHARPENTERIE. — CHAPITRE XXVII.

Ces poutres avaient 14 pieds (4^m,55) de longueur dans œuvre; on aurait pu les faire servir pour un *logis* de 15 pieds (environ 5 mètres), en faisant porter les bouts de sablières qui reçoivent les arcs sur des corbeaux ou des corniches intérieures comme on le voit dans la fig. 1, afin que les bois n'étant point engagés dans la maçonnerie on pût aisément les remplacer, en cas qu'avec le temps quelques pièces viennent à pourrir.

Chaque poutre est composée de trois arcs, et chaque arc de deux épaisseurs de planches; les trois arcs sont traversés par des liernes, et celles-ci le sont par les clefs qui serrent les planches et maintiennent les arcs à leur écartement. Les liernes devant dépasser de beaucoup les parements extérieurs de la poutre, pour que les clefs ne fassent point éclater les abouts, leurs saillies sont cachées par des coffrets figurant des consoles qui ne servent qu'à la décoration de la poutre sur laquelle on peut peindre ou rapporter, dans les métopes et tympans différents sujets d'ornements.

Philibert Delorme indique, comme il suit, les proportions qu'il a reconnues les meilleures, pour la construction de ces sortes de poutres. La flèche de l'arc doit être d'un sixième de la portée de la poutre dans œuvre. Les planches qui composent les arcs ont 2 pieds (0^m,66) de longueur pour les parties les moins courbes, et 1 pied et demi (0^m,50) pour celles qui ont la plus grande courbure, leur épaisseur est de 1 pouce et demi (0^m,041). Pour les poutres qui n'ont que 24 à 30 pieds (8 à 10 mètres), trois arcs de deux planches d'épaisseur suffisent, mais pour des portées de 30 à 40 pieds (10 à 13 mètres), Philibert Delorme veut que la poutre soit composée de quatre arcs, et chaque arc de planches de 2 à 3 pouces (54 à 81 millimètres) d'épaisseur.

Avec des portées de 54 pieds (environ 18 mètres), la largeur des planches doit être de 18 pouces (0^m,50), et l'épaisseur de la poutre sera le quinzième de sa longueur; les planches pourront avoir 6 pieds (2 mètres) de longueur, et les arcs pourront n'être écartés les uns des autres que de 6 pouces (0^m,16).

Pour les grandes portées, Philibert Delorme conseille de faire les arcs du milieu des poutres plus élevés, et de placer des lambourdes à côté en les liant aux arcs par des goujons en fer ou de fortes chevilles en bois.

Les dessins que nous donnons de ce système de poutres, font suffisamment connaître les détails de ce genre de charpente que Philibert Delorme estime comme pouvant être appliqué à la construction d'un pont de 200 toises (390 mètres) de longueur sur une grande rivière.

II.

APPLICATIONS MODERNES.

§ 1. *Coupole de la Halle aux blés de Paris.*

Le marché aux grains et farines faisait autrefois partie des halles, dans un emplacement où l'on entrait par les rues de la Fromagerie et de la Tonnellerie. Ce n'est qu'en 1762 que l'espace n'étant plus en rapport avec les besoins de la population, les magistrats de la ville de Paris confièrent à l'architecte Lecamus de Mézières, la construction d'une halle circulaire pour les blés et farines sur l'emplacement de l'hôtel de Soissons (1), qu'ils avaient acquis de la famille de Savoie-Carignan. Cet édifice fort remarquable, et dont nous donnons le plan fig. 10, pl. CIV, fut terminé en 1767, et ouvert au commerce des grains le 12 janvier. On ne tarda pas à reconnaître l'insuffisance de ce local, et pour augmenter les espaces propres à abriter les grains et farines, on résolut de couvrir la grande cour circulaire que Lecamus de Mézières avait réservée au centre de l'édifice, et dont le diamètre est $39^m,266$.

Plusieurs projets furent présentés, un entre autres, suivant lequel on proposait une voûte en maçonnerie en partie soutenue sur quelques colonnes; mais la coupole en bois de MM. Legrand et Molino prévalut à cause de son élégance et de sa simplicité. Ces deux habiles architectes avaient apprécié la beauté du système de Philibert Delorme, jugé l'admirable effet qu'il devait produire, et reconnu qu'il était le seul moyen de couvrir, par une charpente, un espace aussi vaste.

La figure 11, pl. CIV, est une coupe de ce monument suivant la ligne xy du plan, fig. 10.

L'exécution de cette coupole fut entreprise sous la direction de MM. Legrand et Molino, par Roubo, auteur de l'*Art du Menuisier*. Après un travail de cinq mois, elle fut terminée le 31 janvier 1783.

En 1802, un plombier qui réparait la couverture, ayant laissé un réchaud

---

(1) Cet hôtel avait été originairement nommé hôtel de la Reine, parce que Catherine de Médicis l'avait fait bâtir en 1572.

allumé sur cette charpente, le feu s'y communiqua, et en moins de deux heures, cette admirable coupole fut entièrement consumée, après dix-neuf ans et neuf mois d'existence.

Ce n'est qu'en 1809 que la coupole incendiée a été remplacée par une coupole de même dimension, mais en fer, pour prévenir le retour d'un pareil désastre. M. Bellanger, architecte, fut chargé de cette construction, dont l'exécution fut confiée à M. Brunet, ancien entrepreneur de bâtiments, à Paris, que nous avons déjà cité page 32, au sujet de l'ouvrage qu'il a publié pour faire connaître comment il a résolu les questions que présentait la distribution des châssis-voussoirs qui devaient composer le nouveau comble.

Cette coupole est sans doute un magnifique ouvrage, mais il s'en faut, à notre avis, qu'elle ait, surtout intérieurement, l'apparente légèreté et l'élégance de l'ancienne, ni qu'elle laisse pénétrer autant de jour dans l'intérieur, malgré une lanterne de $11^m,044$ de diamètre conservée dans son sommet, et les panneaux qu'on s'est vu forcé de vitrer en 1838 pour tenir lieu de fenêtres.

Nous donnons, pl. CIV, les détails de la construction de la coupole en charpente de MM. Legrand et Molino. Cette coupole était sans doute la plus belle application qui ait été faite et qui le sera jamais, peut-être, du système de Philibert Delorme.

Sans vouloir en rien diminuer le mérite de MM. Legrand et Molino, nous devons à la vérité de dire que cette coupole n'était que l'exécution du projet que Philibert Delorme avait fait pour le dortoir des religieuses de Montmartre, dont nous avons déjà parlé page 170, réduit à un diamètre qui est les deux tiers de celui qu'il devait avoir.

Nous en avons reproduit le dessin fig. 5 et 6 de la pl. CIII; ainsi tout le mérite de cette conception doit être conservé à Philibert Delorme. MM. Legrand et Molino avaient néanmoins apporté, dans l'exécution, les corrections motivées par le perfectionnement du goût de l'époque, et l'art leur doit une grande reconnaissance pour avoir, avec tant de talent et d'habileté, tiré de l'oubli une si belle invention.

Comme nous l'avons dit ci-dessus, les figures 10 et 11, de la pl. CIV, présentent un plan et une coupe de la Halle aux blés; nous y avons figuré la colonne de Catherine de Médicis, que Lecamus de Mézières avait dû conserver, et au pied de laquelle est aujourd'hui une fontaine.

La conservation de ce monument a forcé l'architecte à faire le pilier qui lui correspond plus large que les autres, ce qui empêche que les arcades soient toutes diamétralement opposées; nous n'avons point eu égard à cette défectuosité forcée, en traçant la coupe, fig. 11, faite sur la ligne $x\,y$ du plan.

SYSTÈME EN PLANCHES DE CHAMP.

Le figure 1 représente, en lignes ponctuées, le quart du plan de la rotonde, dont le centre est en A, et en lignes pleines la moitié de la coupe de la coupole, dont le centre est en B à l'échelle de $0^m,01$ pour un mètre.

Les hémicycles immédiatement placés près des fenêtres en côtes de melon, étaient formés de quatre épaisseurs de planches, et tous les autres de trois épaisseurs seulement.

Les liernes étaient distribuées comme dans les fig. 17 et 18, de la pl. CII, sinon que les clefs traversant les liernes doubles étaient doubles aussi, afin que chaque bout de planches se trouvât mieux maintenu, et qu'aucun ne pût échapper.

Nous avons représenté un détail de cet assemblage dans une projection verticale, fig. 8, pl. CIV, et un profil, fig. 9.

Pour simplifier ces deux projections, nous avons supposé, dans les deux figures, que les hémicycles n'ont point de courbure. Ces deux figures sont construites sur deux échelles; les écartements des hémicycles et des liernes sont figurés à l'échelle d'un vingt-cinquième, tandis que les dimensions des bois sont à celle de deux vingt-cinquièmes.

La figure 5 est une projection verticale qui présente la combinaison des hémicycles, des liernes et des clefs, à une échelle double, en supposant toujours, pour simplifier les moyens de projection que les hémicycles sont sans courbure.

Cette figure représente de quelle manière les hémicycles étaient assemblés pour former le bas et le haut des fenêtres. La figure 4 est une projection horizontale de cette disposition.

La figure 6 est un profil d'une partie de la naissance de l'un des hémicycles supposé rectiligne. La figure 7 est une projection de la sablière, également en ligne droite.

La figure 3 représente la projection horizontale de la triple couronne en planches, dans laquelle s'assemblaient tous les hémicycles.

La figure 2 est un profil de la couronne et d'un hémicycle qui s'y assemble, suivant la ligne $A B$ des fig. 3, 4, 5, 7; la ligne $a b$, fig. 2, est une horizontale.

Les hémicycles, tous tendant à l'axe de la coupole, étaient distribués de telle sorte, que dans les parties de la circonférence de la coupole, où ils se trouvaient interrompus par les fenêtres, ils fussent plus nombreux et plus serrés que dans celles répondant aux piliers qui étaient pleins, et où les hémicycles étaient entiers, ayant pour développement tout le contour d'un méridien de la coupole, sauf la portion répondant à la couronne du sommet.

Dans la distribution des pleins et des vides de la coupole, les côtes pleines étaient plus larges que celles vides d'un huitième de la largeur de celles-ci, c'est-à-dire que les deux largeurs ou écartements des courbes formées par quatre épaisseurs de planches, et qui formaient les maîtres hémicycles, étaient représentés par le nombre 8 dans les côtes pleines, et par le nombre 7 dans les parties répondant aux côtes à jour.

Les parties répondant aux côtes à jour comprennent trois arcs de trois planches, entre les maîtres hémicycles, et dans les parties répondant aux parties pleines, il n'y en avait que deux entre les mêmes maîtres hémicycles.

Nous avons indiqué cette disposition sur le plan, fig. 1, dans la zone répondant à la sablière, par de gros traits pour les places occupées par les maîtres hémicycles et par des traits fins pour les places occupées par tous les autres.

L'extrados de la coupole était revêtu d'un lattis en planches pour recevoir la couverture. L'intrados était également revêtu en planches; il était peint en blanc, les joints des planches figuraient ceux des assises, comme si elles eussent été en pierres.

Les épaisseurs des lattis et des revêtissements sont marquées en lignes ponctuées sur les figures 2, 4, 5, 6 et 7.

§ 2. *Hangars et Manéges.*

Une des premières applications du système de Philibert Delorme qui suivit la construction de la coupole de la halle aux blés, a été la construction du comble en berceau de la halle aux draps, sur le marché des Innocents, à Paris (1).

Vers la fin de 1795, on a construit aussi des combles de hangars et de manéges, suivant ce même système; nous avons tracé, fig. 4, pl. CV, une ferme du comble cylindrique d'un manége. La partie qui est à gauche, est construite exactement d'après le système de Philibert Delorme; les hémicycles de ce comble sont écartés de $0^m,65$. Ils ne diffèrent de celui que nous avons décrit page 162, que par les arbalétriers droits, supportés par les hémicycles pour remédier à l'inconvénient de la courbure du toit, par rapport à l'application de la tuile ou de l'ardoise sur le lattis de couverture. Ces arbalétriers peuvent être construits chacun d'une seule pièce, ou formés de planches assemblées comme celles qui composent les hémicycles; ils peuvent, vu leur rapprochement, porter immédiatement le lattis sans intermédiaire de pannes.

A droite, on suppose que les hémicycles sont également espacés de

---

(1) Ce comble a été détruit par l'incendie. Le bâtiment a été démoli par suite de la nouvelle construction des Halles centrales en fer.

deux pieds (0ᵐ,65), comme le prescrit Philibert Delorme, afin de revêtir l'intrados de planches pour donner l'apparence d'une voûte ; mais les arbalétriers sont distribués à un plus grand écartement, et les hémicycles sur lesquels ils portent, et auxquels ils sont liés par des moises en planches fixées par des boulons, sont formés de trois planches pour augmenter leur force ; ces arbalétriers reçoivent l'assemblage de pannes de champ qui supportent les chevrons, sur lesquels le lattis est cloué.

La figure 2, pl. CV, est la coupe d'un manége que j'avais projeté en 1803 pour l'École d'artillerie et du génie, à Metz, lorsque j'y étais commandant en second. L'emplacement sur lequel ce manége devait être construit, aurait permis de lui donner 14 mètres de largeur; lors de l'exécution, qui eut lieu quelques années plus tard, l'emplacement qui a été choisi a forcé de ne lui donner que 10ᵐ,38 de largeur. La figure 4 est un fragment de plan à la hauteur des blochets, suivant la ligne *a b ;* la figure 3 est un autre fragment de plan à la hauteur des naissances des hémicycles, suivant la ligne *c d*.

Les blochets et les poinçons font moises ; les chevrons sont supportés par les hémicycles ; les liernes qui sont simples sont traversées de deux clefs seulement sur les joints. Ces liernes ne traversent chacune que deux hémicycles, et elles sont en liaison comme celles ponctuées fig. 1 et 2.

§ 3. *Comble du Salon de l'Hôtel de la Légion d'honneur.*

La fig. 1, pl. XCI, est un profil de la charpente, suivant le système de Philibert Delorme, qui couvre et décore le salon de l'hôtel de la chancellerie de la Légion d'honneur, à Paris (précédemment hôtel de Salm), bâti par M. Cousseau, architecte, en 1783, peu après la construction de la coupole de la halle aux blés. Chaque hémicycle est composé de deux arcs, l'un portant la couverture de la coupole, l'autre formant une voussure à jour dans l'intérieur.

La fig. 5 est un fragment du plan qui fait voir la distribution des hémicycles.

Les surfaces intérieures de la coupole et de la voussure sont revêtues d'un ravalement en plâtre qui a reçu les riches peintures du plafond. La lumière qui éclaire la surface intérieure de la coupole, lui arrive par des ouvertures que la couronne à jour de la voussure ne laisse point apercevoir.

§ 4. *Comble de l'église de Saint-Philippe-du-Roule à Paris.*

La charpente de l'église Saint-Philippe-du-Roule a été construite, vers 1783, par Niquet, l'un des plus habiles charpentiers de l'époque, sous la direction de M. Lemoine, et sur les dessins de M. Chalgrin, architectes.

Le système des charpentes ordinaires a été combiné avec celui des charpentes en planches de champ.

La figure 1, pl. CV, est une coupe en travers de l'église, par un plan vertical. La charpente ordinaire qui soutient la couverture est circonscrite à la voûte en berceau qui couvre la nef et qui est composée d'hémicycles. Chaque hémicycle *a*, fig. 2, est formé de planches de champ clouées les unes sur les autres, suivant le système qui a précédé l'invention de Philibert Delorme. Les hémicycles sont entretenus verticaux par des liernes *b*, fig. 2 et 3, qui s'y ajustent par entailles réciproques dans l'intrados, et à des distances égales. Ces liernes sont entretenues par des entretoises *c*, fig. 3, qui leur sont assemblées à tenons et mortaises, et qui forment avec elles des compartiments carrés, et servent de champ de séparation des caissons *d* dans lesquels sont adaptés à rainures et languettes, des cadres saillants *e* à moulures et foncés chacun par un panneau en bois.

La figure 2 est un profil d'une partie de cette charpente sur une échelle double, et suivant la ligne *x y* de la figure 4.

La figure 3 est une partie d'un hémicycle qui n'est pas encore posé sur la sablière et qui n'a pas encore reçu les liernes ni aucune des parties formant les caissons.

La figure 4 est une élévation d'un fragment de la voûte, projeté sur un plan vertical parallèle à son axe, sur une échelle double, montrant les compartiments formés par les liernes *b* et leurs entretoises *c*.

Nous avons marqué dans quelques-uns de ces compartiments les encadrements saillants des caissons.

La figure 9 est une coupe faite dans la voûte par un plan perpendiculaire à sa surface suivant la ligne *m n* de la figure 1.

La figure 10 est la projection du cadre de l'un des caissons.

La figure 11 est la projection d'un des côtés d'un cadre portant les tenons.

La figure 12 est le profil d'un des côtés de ce cadre.

Les panneaux formant les fonds des caissons sont assemblés à rainures et languettes dans les cadres qui sont eux-mêmes assemblés à rainures et languettes dans les liernes et les entretoises.

Les bois des compartiments, liernes et entretoises, aussi bien que les cadres et les fonds des caissons, lors du levage, sont assemblés par cours horizontaux.

§ 5. Coupole des Petites Écuries à Versailles.

Les petites écuries du roi, à Versailles, sont composées de trois corps de bâtiment dont les axes font entre eux deux angles de 75° environ, et un de 210°. Le rez-de-chaussée de ces trois corps de bâtiment est occupé par trois larges salles qui servent d'écuries proprement dites. Sur l'axe de celui qui fait des angles de 75° avec les deux autres, et dans le point où les axes du bâtiment se coupent, se trouve un espace ovale où se réunissent les trois grandes écuries; cet espace forme une espèce de manége. Le comble qui couvrait autrefois cette rotonde était composé de seize arbalétriers cintrés, et formait une calotte qui s'appuyait sur le bord de l'encorbellement en maçonnerie figurant le commencement d'une voûte. Ce manége était éclairé par une lanterne circulaire occupant le sommet du comble.

L'état de pourriture des bois nécessita la reconstruction de ce comble, et des considérations d'économie, autant que le désir de se conformer à la mode de l'époque, ont déterminé à remplacer la lourde charpente de Mansard par une coupole légère suivant le système de Philibert Delorme. M. André, capitaine du génie, fut chargé, en 1803, de cette construction, et résolut avec habileté les difficultés que lui présentaient la forme elliptique du manége et la condition de conserver au sommet de la coupole une lanterne circulaire du même diamètre que l'ancienne (1). Il résulte de cette condition que les hémicycles sont tous différents, du moins dans chaque quart du pourtour du manége; qu'ils tendent tous au centre et que la paroi intérieure de cette voûte n'est point une surface d'ellipsoïde, quoiqu'elle en ait l'apparence.

Le grand diamètre de l'ellipse servant de naissance à la coupole est de $20^m,29$; le petit axe, de $18^m,24$; le diamètre intérieur de la couronne circulaire formant la lanterne est de $4^m,87$, et celui de son cercle extérieur est de $5^m,20$.

La coupole est composée de 64 demi-hémicycles, tous dirigés sur son axe, et distribués de façon que leurs écartements sur l'ellipse de la naissance sont tous égaux. De ces 24 hémicycles, les 16 principaux sont composés de trois planches; tous les autres au nombre de trois dans tous les intervalles des hémicycles principaux, n'ont que l'épaisseur de deux planches.

(1) M. le capitaine André a publié une description de la coupole qu'il a exécutée; in-4°, Paris, an XII (1804).

L'intrados de l'hémicycle principal qui répond au grand diamètre de la rotonde, et qui est le plus grand, est un arc de cercle passant par les bords des sablières, et par les extrémités du diamètre du cercle extérieur du dessous de la couronne qui reçoit l'assemblage des 64 demi-hémicycles. Cette couronne est élevée de $8^m,12$ au-dessus du plan horizontal desdites sablières; elle a 32 centimètres de hauteur; elle est surmontée d'un gros tore qui forme le couronnement de la coupole. Tous les hémicycles, tant principaux que de remplissage, ont pour arcs d'intrados des arcs d'ellipse dont les ordonnées verticales sont égales à celles de l'arc de cercle du plus grand hémicycle principal. Ces ordonnées répondent à des abscisses qui partagent en parties proportionnelles la distance entre la sablière et la projection horizontale du cercle de la lanterne.

Les cours de liernes sont placés à $0^m,66$ les uns des autres. Tous les hémicycles sont, dans chaque cours de liernes, traversés par deux liernes, ce qui fait pour chaque joint un double cours de liernes, néanmoins chaque partie de lierne ne saisit que deux hémicycles.

Les interruptions de chaque lierne dans un même cours n'ont lieu que de deux en deux arcs, et répondent au milieu de la lierne du même cours liant les arcs, de façon que dans chaque double cours de liernes tous les hémicycles sont liés, et que d'un cours à l'autre les interruptions répondent au milieu des liernes non interrompues.

Des boulons remplacent les liernes pour serrer les planches à la naissance des hémicycles et à leur portée dans la couronne de la lanterne.

Une disposition particulière permet à l'air de circuler entre toutes les planches de cette coupole. Pour tenir ces planches écartées dans chaque hémicycle, on a placé entre elles dans toutes les parties où elles devaient être traversées par les liernes ou les boulons, des cales en bois de chêne d'environ 2 centimètres d'épaisseur, qui sont aussi traversées par ces mêmes liernes ou par les boulons suivant les places où elles se trouvent.

Nous ne donnons point le dessin de cette coupole, vu que la description que nous venons d'en faire est suffisante, puisqu'elle ne diffère des constructions de ce genre que par quelques détails que nous avons signalés.

§ 6. *Grange hollandaise.*

Le système des planches de champ clouées les unes sur les autres pour former des arcs est encore combiné dans la construction d'une grange hollandaise, fig. 5, pl. CV, avec le système ordinaire. Les égouts des deux pans du toit sont portés sur une sablière soutenue par des poteaux ; le faîtage est porté par le sommet des arcs en tiers-point.

Les sablières sont soutenues dans le milieu de leurs portées par des arcs en bois plein, formant aussi ogive.

J'ai représenté, sur la même figure et dans la coupe, la projection d'une travée longitudinale vue par l'intérieur pour montrer la combinaison des poteaux, des sablières et des arcs qui soutiennent ces dernières pièces. Les pannes et le chevron sont aussi projetés.

§ 7. *Cale couverte de Rochefort.*

Les cales sont des emplacements disposés pour y construire les vaisseaux de guerre ou pour les conserver hors d'eau en temps de paix. Soit pour que le travail puisse s'exécuter à couvert, soit pour garantir les bâtiments construits des injures du temps, on élève au-dessus des cales, de grands combles, et elles prennent alors le nom de cales couvertes.

La figure 1 de la planche CVI est le plan général, sur une petite échelle, d'une cale couverte en charpente, construite à Rochefort pour des vaisseaux de 120 canons, sur les dessins de M. Mathieu, ingénieur en chef.

La charpente qui couvre cette cale est composée de dix-huit fermes.

La figure 2 représente une ferme avec ses poteaux et accores (*étais*).

Les arcs sont formés de madriers de 5 mètres de longueur accolés pleins sur joints et serrés par de petits boulons de 15 millimètres de diamètre.

La couverture est en bardeaux sur voliges clouées sur les pannes.

Les poteaux sont supportés sur des fondations en maçonnerie ; les accores sont assemblés dans des semelles posées sur le sol.

La figure 3 est un fragment d'élévation latérale pour montrer les liernes et croix de Saint-André qui lient les poteaux entre eux, et les accores qui complètent la stabilité dans le sens de la longueur de l'édifice.

§ 8. *Cale couverte de Lorient.*

La figure 5, planche CVI, est le plan général de la cale couverte construite à Lorient, par M. Lamblardie, ingénieur des ponts et chaussées.

La charpente du toit est portée sur des colonnes en granit blanc des bords du Blavet.

182   TRAITÉ DE L'ART DE LA CHARPENTERIE. — CHAPITRE XXVII.

La figure 8 est une coupe en travers, sur laquelle est la projection d'une ferme et des toits qui couvrent les entre-colonnes. La figure 10 est une partie de l'élévation latérale d'une des extrémités de l'édifice, ayant pour objet de montrer les arcades en charpente, qui reportent sur les colonnes le poids du grand comble. Les petits combles latéraux sont construits en hémicycles, formés de deux madriers d'épaisseur, liés par des liernes en forme de moises, qui les embrassent et les maintiennent par leurs assemblages à entailles et des liens en fer.

Les figures 4, 6, 7 et 9 sont des détails des assemblages, sur des échelles quadruples de celles de la figure 8 et 10. La figure 7 représente une partie d'hémicycle a, vue comme dans la figure 8, entre les deux liernes b b, qui y sont assemblées par entailles, dont la profondeur est la même sur l'hémicycle et sur les liernes, et est égale au quart de l'épaisseur de ces dernières.

Les liernes qui font office de moises sont serrées par des liens à vis et écrou; l'un de ces liens est représenté isolément, fig. 6.

La figure 4 est une coupe faite dans la figure 7, suivant la ligne $x\,y$; la figure 9 est une projection de deux hémicycles a et a', sur un plan tangent au grand comble; la partie de cette figure qui répond à l'hémicycle a, présente la projection de l'assemblage par le dehors du comble; on y voit la traverse du lien. La partie de cette même figure qui répond à l'hémicycle a', montre l'assemblage vu par le devant du comble, les bouts des liens et leurs écrous y sont figurés.

Cette grande charpente étant ouverte aux deux bout, le vent, en s'y engouffrant, manifestait une si puissante action, que pour prévenir de graves avaries pendant les tempêtes, on s'est déterminé à relier les fermes des deux côtés aux extrémités de la cale, par des tirants en longs chaînons de fer. Le tirant inférieur de la tête d'aval se démonte au moment d'un lancement pour livrer passage au vaisseau lancé, et se replace immédiatement après, ce qui n'a nul inconvénient; la mise à l'eau des bâtiments n'ayant jamais lieu que par un beau temps, et les tirants ne déparant aucunement ces belles cales, vu surtout qu'ils ne sont que des moyens de précaution.

§ 9. *Petite Charpente hollandaise.*

La figure 3, de la planche XCV, représente la coupe d'un comble en sapin construit en Hollande, tiré du *Recueil* de Krafft.

Chaque ferme est composée de deux arbalétriers, d'un cintre et d'un poinçon. Le cintre est formé de trois épaisseurs de planches assemblées pleins sur joints avec des boulons ; les fermes sont espacées de 3 à 4 mètres ; les pannes sont entaillées sur les arbalétriers ; les arcs portent en dessous un revêtissement en planches qui donne à l'intérieur l'apparence d'une voûte.

§ 10. *Assemblages divers.*

Les constructeurs qui ont voulu appliquer le système de Philibert Delorme, ne l'ont pas toujours copié strictement ; ils y ont fait souvent des changements qui en ont rendu l'exécution plus facile, et l'application plus commode et moins dispendieuse ; néanmoins quelques-uns des changements effectués ou proposés font voir que leurs auteurs n'ont pas toujours bien compris l'invention de Philibert Delorme. Nous ne rapporterons que les principales combinaisons résultant de ces changements.

Rondelet conseille de placer toutes les liernes sur les bords des hémicycles, de les entailler, ainsi que les planches, de les attacher avec des clous, et de les établir alternativement une en dedans, une en dehors. La fig. 7, pl. CIII, est un profil qui montre cette disposition ; la figure 9 est une coupe, par un plan perpendiculaire au plan vertical, suivant la trace $m\ n$.

Les planches sont clouées l'une sur l'autre, et les liernes sont clouées sur les planches ; la figure 8 est la représentation d'une lierne, vue sur la face dans laquelle les entailles sont faites.

La figure 10 est un profil d'un arc dans lequel les liernes sont doubles et établies sur chaque joint.

La figure 11 est une coupe suivant la ligne $p\ q$; les entailles faites à mi-bois dans les liernes sont à recouvrement, de manière à maintenir les planches serrées les unes contre les autres ; elles sont, comme précédemment, clouées sur les épaisseurs des planches.

Ces deux dispositions, au plus bonnes pour les plus minimes charpentes, ne sont que la reproduction de ce qui était pratiqué dans les charpentes exécutées avant l'ingénieuse invention de Philibert Delorme.

La figure 12 est un troisième profil de la même construction dans lequel les espaces entre les liernes de l'intrados sont remplis par des voliges, pour former concurremment avec les liernes le revêtissement en forme de voûte.

La figure 13 représente deux coupes, l'une a, suivant la ligne $m\ n$ de la figure 12, qui représente les liernes $b\ b$, entaillées avec recouvrement, et fixées par des vis à bois sur les planches ; l'autre coupe b suivant $p\ q$ répondant aux liernes $d\ d$, également entaillées à recouvrement, mais qui sont retenues des deux côtés des arcs par de petits boulons.

La figure 14 représente une des liernes vue du côté de ses entailles.

La figure 15 est le profil d'un arc sans liernes, dans lequel les planches appliquées les unes contre les autres, leurs joints étant en liaison et à endents, sont serrées par de petits boulons à écrous et rondelles qui les traversent; on suppose, dans ce cas, que les revêtissements intérieurs et extérieurs, qui d'ailleurs ne sont point marqués dans la figure, suffisent pour maintenir les arcs verticaux et à leur écartement.

La figure 16 représente la coupe de deux arcs, suivant la ligne $x\,y$.

Dans les figures 17 et 18, l'une qui est un profil, l'autre une coupe suivant la ligne $m\,n$, on a substitué des cylindres aux liernes carrées; l'avantage de cette disposition est qu'on peut percer les mortaises circulaires avec des mèches anglaises, les cylindres peuvent être arrondis au rabot dans des quartiers de bois de même volume que les liernes, et ils sont traversés comme les liernes par des clefs.

La figure 19 est le profil d'un arc en planches a, que des moises b combinent à d'autres pièces de la charpente d'une ferme. Ces moises, qui recouvrent les joints ou commissures des planches, sont serrées contre l'arc par le moyen des liernes qui les traversent ainsi que l'arc, et qui peuvent être simples comme celle c, ou doubles comme celle d; dans l'un et l'autre cas, elles sont traversées par des clefs carrées en bois qui opèrent la pression.

La figure 20 est une coupe suivant la ligne $u\,v$.

La figure 21 est une autre coupe suivant la ligne $u'\,v'$.

Les figures 24 et 25 représentent des combinaisons pour former, avec des planches simples, des arcs et des liernes, assemblées seulement par entailles sans aucune mortaise, sinon celles pour les clefs servant à serrer les différentes parties de ce mode de construction.

La figure 24 présente deux dispositions pour former des voûtes en berceau. En A, les planches sont combinées sans entailles, les arcs sont formés de deux planches a, séparées l'une de l'autre par des bouts de planches $b\,b$, entre lesquels passent deux planches $c\,c$, une en dehors, l'autre en dedans de l'arc, où elles forment liernes. Ces planches sont retenues et serrées par des doubles clefs carrées, qui en traversant les uns, croisent les autres en dehors de l'assemblage.

En B, même figure, le nombre des clefs est diminué, parce que les planchettes normales b et les liernes c sont entaillées de manière qu'il n'y a besoin que de quatre clefs $d\,d$ pour maintenir l'assemblage. Les hémicycles, ainsi formés d'arcs jumeaux, sont distribués, suivant la longueur du bâtiment, de mètre en mètre, et les liernes sont réparties sur le développement de la courbure, également de mètre en mètre.

Dans la figure 23, la combinaison est faite en sens inverse, c'est-à-dire

SYSTÈME EN PLANCHES DE CHAMP.   185

que chaque arc est formé de deux planches $a\ a$, courbées à plat et séparées par des liernes $b\ d$ qui sont comprises dans des plans tendant au centre ; ces liernes sont séparées par des planchettes $c\ c$ en forme de voussoirs.

En A, des clefs doubles serrent les assemblages en traversant des planches pour en croiser d'autres.

En B, les planches entaillées permettent de diminuer le nombre des clefs qui sont réduites aux quatre d qui traversent les arcs et croisent les liernes.

Nous avons voulu, dans ces deux figures, présenter une application de la combinaison représentée fig. 39 et 40 de notre pl. XXIII, et dont nous avons parlé page 192, tome Ier.

Nous reconnaissons que les combinaisons représentées dans ces deux figures sont peut-être plus curieuses qu'utiles, bien qu'il soit certain qu'on puisse construire un comble par leur moyen.

CHAPITRE XXVIII.

SYSTÈME DE M. LACASE.

M. Lacase, entrepreneur de charpente, à Paris, a trouvé un moyen assez ingénieux, dit Rondelet, de former des courbes pour les combles avec des solives de 5 à 7 pouces ($0^m,135$ à $0^m,190$) de grosseur, refendues en deux, et assemblées à trait de Jupiter. Ces courbes, qui forment un cintre gothique, sont réunies par des liernes et des entretoises. Ce système, ajoute Rondelet, réunit tous les avantages de la méthode de Philibert Delorme, avec moins de dépense.

Le système de M. Lacase peut être utile, sans doute, et c'est un motif pour que nous lui consacrions un chapitre, mais nous ne partageons pas l'opinion de Rondelet, à l'égard de la supériorité qu'il paraît vouloir lui accorder sur celui de Philibert Delorme.

La figure 9 de notre planche CV représente la coupe d'un comble construit suivant ce système. Elle est copiée sur celle que Rondelet a comprise dans la planche CXX de son *Art de bâtir;* elle est supposée convenir à un comble de $9^m,75$ de largeur extérieure.

La figure 13 est la projection horizontale d'un comble construit suivant ce système.

La hauteur du comble est égale à la moitié de sa largeur : le comble, néanmoins, n'est pas en plein cintre, il forme une espèce d'ogive; et la flèche de chaque arc d'ogive est le septième de sa corde; ainsi, $d\,e$ est le septième de $a\,b$. Les centres des arcs sont en m et n.

Les courbes principales sont espacées de $0^m,812$; elles sont réunies par des liernes entaillées à mi-bois placées à $1^m,624$ l'une de l'autre sur le développement des courbes. Les intervalles entre ces courbes et les liernes sont divisés par des entretoises et des fausses courbes pour servir de soutien au lattis extérieur pour la couverture, et au lattis intérieur pour le lambrissage ou ravalement en plâtre. Les entretoises sont assemblées à tenons carrés dans les courbes principales; les fausses courbes sont assemblées à entailles.

SYSTÈME DE M. LACASE.

La figure 6 est un détail d'une partie de courbe vue comme celle de la figure 9.

La figure 7 est une projection de la courbe vue sur son épaisseur.

La figure 8 présente deux projections d'une pièce des fausses courbes.

La figure 10 montre deux projections d'une lierne.

L'échelle des longueurs, dans ces quatre figures, est la même que celle de la figure 9, mais l'échelle des largeurs est double.

Les courbes ont $0^m,315$ sur $0^m,032$.

Rondelet a vu cette charpente exécutée, et a trouvé qu'elle avait une grande solidité.

Il se peut qu'effectivement cette charpente avait une grande solidité; mais il est douteux que cette solidité soit comparable à celle du système de Philibert Delorme.

Les courbes du système Lacase sont très-étroites; elles sont entées à fil de bois : leur flexibilité est très-grande, tandis que la stabilité des hémicycles de $0^m,216$ de largeur est parfaite.

Les liernes du système de Philibert Delorme, en traversant les hémicycles, ne les affaiblissent nullement; au contraire, dans le système Lacase, les entailles à mi-bois des assemblages et les traits de Jupiter réduisent de moitié la largeur et la force des courbes.

Quant à l'économie, le volume de bois consommé par les courbes de M. Lacase est évidemment égal à celui nécessaire au système de Philibert Delorme : car, d'une part, si les courbes du système Lacase sont de trois huitièmes moins larges que les hémicycles, elles sont plus serrées dans le même rapport; ainsi, le volume du bois pour les courbes est le même. Pour les liernes, il est plus grand. Les liernes sont en même nombre que pour les hémicycles, et elles sont plus larges. La sujétion des assemblages est certainement la même. Il ne faut donc pas élever le système de M. Lacase au-dessus de celui de Philibert Delorme, qui lui est assurément fort supérieur sous le rapport de l'invention ; et tout ce qu'on peut dire en faveur du système Lacase, c'est qu'il est utile quand on n'a ni planches ni grands bois, et qu'on ne peut disposer que de solives. Mais il demeure constant qu'il serait préférable d'employer les liernes suivant la méthode de Philibert Delorme plutôt que d'affaiblir les courbes par les profondes entailles à mi-bois.

Rondelet donne la règle suivante pour fixer l'épaisseur et la longueur des courbes du système Lacase. L'épaisseur doit être d'autant de lignes que le comble a de portée mesurée de dehors en dessus, et leur largeur doit être double de la dimension trouvée. Ainsi, pour un comble de 30 *pieds*, $9^m,75$, l'épaisseur des courbes doit être de 30 *lignes*, $0^m,068$, et leur largeur 60 *lignes*, $0^m,136$.

Rondelet remarque avec raison que ces sortes de combles acquerraient une plus grande solidité si on ne donnait aux courbes leur largeur, ainsi déterminée, qu'au milieu de leur longueur, pour la réduire, par exemple, à 4 *pouces* ou $0^m,11$ par en haut, et la porter à 10 *pouces* ou $0^m,27$ à la naissance, comme nous en avons représenté une d'après lui, fig. 11. Ce perfectionnement augmenterait la consommation du bois, mais il serait utile.

CHAPITRE XXIX.

CHARPENTES EN BOIS PLATS.

Après que MM. Legrand et Molino eurent tiré de l'oubli le système de Philibert Delorme, peu d'architectes et d'ingénieurs ont manqué les occasions d'en faire des applications, et de le combiner de mille manières dans les nouvelles constructions. Cependant quelques-uns, s'affranchissant de cette espèce de mode, ont construit des combles en bois plats.

En dégageant, par ce moyen, les charpentes ordinaires d'un cube de bois superflu et même nuisible, ils ont pu leur donner de plus grandes portées et une élégance que l'emploi des pièces carrées ne comportait pas. L'économie du bois fut bientôt poussée si loin, que, dans quelques charpentes, les fermes ne furent plus composées que de madriers de champ, et l'on ne pensa plus à faire la part des détériorations par vétusté. La charpente de la salle des séances du Corps législatif, à Paris, dont la description termine ce chapitre, est un des plus heureux exemples de cette innovation, que l'on peut regarder, sous plus d'un rapport, comme un progrès de l'art aussi marquant que le fut l'invention de Philibert Delorme; car en comparant les combles à hémicycles, suivant la méthode de cet architecte, à ceux en bois plats, on trouve, même pour des portées assez grandes, que ceux-ci sont moins coûteux, par la raison que les hémicycles en planches consomment beaucoup de bois à cause du développement des arcs et du déchet et qu'ils exigent une main-d'œuvre considérable.

Au surplus, Philibert Delorme n'avait en vue que de construire à *plus petits frais* qu'au moyen des lourdes charpentes usitées de son temps; et sa méthode est encore aujourd'hui très-utile, lorsqu'on n'a que des planches ou des bois courts qu'on peut débiter. Mais lorsqu'il est aisé de se procurer de longues pièces, les charpentes dans lesquelles ces grandes pièces pourront être employées dans toute leur longueur seront toujours préférables.

Dans les charpentes en bois plats, les bois sont employés de champ, c'est-à-dire que des deux dimensions de leurs équarrissages, d'ailleurs fort différentes, la plus grande est placée verticalement.

190 TRAITÉ DE L'ART DE LA CHARPENTERIE. — CHAPITRE XXIX.

Ces sortes de charpentes, fort légères, sont surtout employées pour les constructions qui ne doivent pas avoir une très-longue existence. On en a fait cependant quelquefois usage dans des monuments pour lesquels on n'aurait dû établir que des charpentes d'une durée séculaire.

§ 1. Petite Ferme sur Tirant.

Fig. 5, pl. LXXXV, ferme sur tirant en bordages de sapin. La légèreté et l'économie de ce système l'ont fait, pendant un temps, prévaloir; on en voit un grand nombre en France et en Hollande.

§ 2. Hangar des Messageries, rue du Bouloy.

Ce système a été employé par M. Pfeiffer, maître menuisier, pour couvrir un hangar de 19 mètres de large, à l'établissement des messageries de M. Simon, rue du Bouloy, à Paris. Au lieu d'une moise pendante de chaque côté, il en a établi deux qui divisent la longueur du tirant en cinq parties égales, sans égard au point occupé par le bas du poinçon; les bordages ont $0^m,081$, d'épaisseur sur $0^m,325$ à $0^m,406$ de large, les fermes sont écartées de $1^m,95$ de milieu en milieu.

La figure 10 de la planche CVII est le dessin d'une des fermes de ce hangar.

La figure 11 est une projection sur le plan du toit, de l'assemblage des pannes avec les arbalétriers.

La figure 12 est la projection du même assemblage sur un plan perpendiculaire, ayant pour trace la ligne $c\,d$, fig. 10.

La figure 13 est une projection horizontale de l'assemblage des liernes avec l'entrait.

La figure 14 est une projection du même assemblage sur un plan vertical perpendiculaire à ceux des projections fig. 10 et 13, et ayant pour trace la ligne $e\,f$, fig. 10.

La fig. 15 est la projection des petites moises, sur une coupe perpendiculaire au plan de la projection principale, et ayant pour trace $h\,k$, fig. 10.

§ 3. Bâtiment de Filature, à Rouen.

La fig. 1 de la pl. LXXXVIII représente une ferme sur cintre d'un comble, pour un bâtiment de filature construit à Rouen. Cette disposition joint à la légèreté et à l'économie l'avantage de laisser à l'atelier qu'elle couvre la plus grande hauteur que permet le développement de la couverture.

§ 4. *Ferme en Hollande.*

La fig. 1 de la pl. LXXXV est le dessin d'une ferme d'un comble exécuté en Hollande; la poussée est détruite par une croix de Saint-André. Lorsque nous parlerons de l'emploi du fer, au chapitre XXXIV, nous verrons que c'est cette disposition qui a été imitée dans la charpente des docks de Londres.

§·5. *Hangar, rue Hauteville, à Paris.*

Fig. 3, pl. LXXXV, ferme suivant le même système, pour une portée plus étendue, exécutée en bordage de plats-bords de sapin, rue Hauteville, à Paris. Krafft, qui donne cette figure, propose, comme perfectionnement, d'y ajouter un tirant soutenu par une tringle de fer verticale, attachée à la moise-poinçon; c'est une addition qui change complétement le système dont le but est précisément la suppression du tirant; il est d'ailleurs tout à fait inutile, cette charpente, telle qu'elle est, étant très-solide.

Le seul changement qu'on pourrait y introduire dans les applications qui en seraient faites, ce serait la suppression des aisseliers m et des poteaux n, en faisant porter les sablières immédiatement sur le mur.

§ 6. *Hangar, rue Saint-Denis, à Paris.*

La figure 9, même planche, est un fragment du dessin d'une ferme d'un comble du même genre, exécuté rue Saint-Denis, à Paris. L'aisselier m est ici bien entendu, vu que le comble est porté sur des piliers en bois et d'assemblage, au lieu de murs; ces aisseliers assurent la stabilité des piliers élevés sur des dés en pierre.

§ 7. *Manége de Chambières.*

On a construit à Metz, vers 1822, pour l'usage des troupes logées aux casernes Chambières, un manége dont le comble est en bois plats, mais qui n'a cependant pas la légèreté que comporte ce genre de construction.

Ce manége a 18^m,32 de largeur sur une longueur de 49^m,72, mesures prises dans œuvre; ce comble est construit tout en bois de chêne. Sa hauteur est de 11^m,70, la hauteur de l'arc est de 9^m,80, à cause du talus en genouillère qu'on a donné intérieurement au pied des murs; l'arc, dans chaque ferme, a 19^m,30 de portée; il prend sa naissance à environ 2^m,18 du sol, sur des sablières posées de chaque côté du manége sur une large retraite du mur à la hauteur de 1^m,80.

L'arc est composé de deux parties égales qui forment une ogive en s'assemblant dans un poinçon, et chaque partie est taillée dans des madriers de 0^m,16 d'épaisseur, entés à trait de Jupiter. Les arcs ont environ 0^m,30 de largeur; ils s'assemblent à leur naissance, de chaque côté, dans une jambe de force de 0^m,32 sur 0^m,28 d'équarrissage, un peu au-dessus des sablières. Six lourdes moises les combinent de chaque côté avec les arbalétriers, chaque moises a 0^m,40 de long sur 0^m,20 d'épaisseur.

Une moise-entrait réunit les deux parties des courbes à environ un mètre au-dessous du sommet de l'arc.

Les arbalétriers ont 0^m,16 d'épaisseur.

Ce comble est composé de 18 fermes écartées l'une de l'autre de 2^m,60; les pans du toit font des angles de 35° avec l'horizon. Nous ne donnons pas de dessin de ce comble, qui ne nous paraît point un modèle à présenter à nos lecteurs.

§ 8. *Salle du Corps législatif, à Paris.*

Le comble de l'ancienne salle d'assemblée du Corps législatif (Conseil des Cinq-Cents), au palais Bourbon, à Paris, construit en 1797, par M. Guillaume, maître charpentier, sur les dessins de M. Gisors, architecte, est une des plus grandes charpentes en bois plats qu'on ait exécutées. Nous en donnons, pl. CVII, les dessins qui nous ont été communiqués lors de la construction.

La fig. 1 est le plan général de la salle demi-circulaire.

La fig. 2 est une coupe, sur la ligne *a b*, du plan, dans laquelle on voit le profil de la charpente portée sur un plafond soutenu par les colonnes d'une galerie demi-circulaire suivant le contour de la salle (1).

La fig. 3 est le profil d'une des 22 fermes composant ce comble, compris

---

(1) On n'a point marqué sur le plan, fig. 1, la distribution des banquettes circulaires. On s'est contenté d'y projeter la forme de l'ouverture de la lanterne qui donne accès au jour.

Le fauteuil du président était au milieu de la niche, faisant face aux banquettes.

celles appliquées au mur, soutenues par le grand cintre s'élevant sur le diamètre du demi-cercle.

La fig. 4 est un fragment de plan montrant la distribution des poteaux et de l'enrayure sur lesquels les fermes prennent naissance.

La fig. 5 est la projection horizontale de deux fermes f, g, pour montrer leurs liaisons pour le moyen des liernes m, m', m, et leurs assemblages dans les poinçons k.

La fig. 6 représente les croix de Saint-André qui s'assemblent dans les moises h, pour les maintenir dans leur position. Ces croix de Saint-André sont projetées sur les faces développées d'une pyramide, inscrite dans un cône dont la surface conique aurait la ligne $x\,y$ pour génératrice, et la verticale, passant par le centre de la salle, pour axe.

La fig. 7 est un fragment du développement de la surface cylindrique de la lanterne sur laquelle les poinçons k sont projetés, ainsi que les faîtages u et sous-faîtages circulaires v, et les croix de Saint-André x qui entretiennent la stabilité de cet assemblage.

La fig. 8 est un des arbalétriers f ou g, vu sur une de ses faces.

La fig. 9 est une lierne m' vue sur une de ses faces.

Le comble était couvert en ardoises sur un lattis en planches posées de manière que le profil de leur bois suivait la pente du toit. L'intérieur de ce comble était plafonné et présentait une zone demi-circulaire d'une surface sphérique.

Ce comble était sans doute fort élégant et fort léger, mais les bois renfermés entre le lattis et le plafond étaient privés d'air et sujets à se pourrir, par l'effet de l'eau, que les moindres dégradations de la toiture laissaient pénétrer.

CHAPITRE XXX.

CINTRES EN MADRIERS COURBÉS SUR LEUR PLAT.

INVENTION DE L'AUTEUR (1).

Nous avons déjà fait remarquer, page 188 de ce volume, que malgré le mérite de l'invention de Philibert Delorme, et la beauté des combles construits suivant son système, lorsqu'on peut se procurer de grandes pièces de bois, les charpentes dans lesquelles ces grandes pièces peuvent être employées dans toute leur longueur sont, sous le rapport de l'économie, de beaucoup préférables au système de Philibert Delorme.

C'était précisément le cas dans lequel on se trouvait lorsqu'il s'est agi, en 1819, de construire le manége de la caserne de Libourne.

Il avait été décidé que ce manége occuperait le milieu de l'aile gauche qui devait être élevée sur les fondations faites en 1764 (2). Les dimensions et la décoration du bâtiment, les épaisseurs des murs, ainsi que la forme du toit, étaient données, puisque cette aile devait être en tout pareille à celle qui lui est parallèle de l'autre côté de l'esplanade de la caserne. La largeur du manége ne pouvait être que de 21 mètres; sa longueur fut fixée à 48 mètres. On proposait un comble suivant la méthode de Philibert Delorme. Le pays offre des pins de 12 à 14 mètres de longueur; des sapins encore plus longs y sont apportés des Pyrénées ou fournis par le commerce du Nord; mais une charpente construite avec ces grands bois, selon l'usage ordinaire, exigeait des entraits, et, placée à une grande élévation, elle devait laisser au-dessous d'elle de hautes murailles d'une nudité désagréable; quelque légèreté qu'on pût lui donner, elle n'aurait certainement pas satisfait la vue autant qu'un berceau formé d'hémicycles.

---

(1) Le colonel Emy.
(2) Le plan de cette aile est représenté fig. 4 de la planche CIX. Les emplacements des fermes y sont marqués par des lignes ponctuées; la coupe en travers du bâtiment est figurée par masses, sous le n° 1 de la même planche.

Ainsi, malgré le déchet du bois, pour débiter ces longues pièces en planches, et la dépense de la main-d'œuvre, une charpente à la Philibert Delorme pouvait avoir la préférence à cause du meilleur effet qu'on devait en attendre pour l'intérieur du manége. Ce fut à cette occasion que je cherchai à composer une charpente dans laquelle les bois fussent employés dans toute leur longueur, qui eût toute la solidité nécessaire, autant d'élégance que celle de Philibert Delorme, et qui n'exigeât pas une consommation de bois aussi considérable. Celle que je conçus satisfit à toutes ces conditions, même au-delà de mon attente, et je la proposai en 1819; mais ce ne fut qu'en 1825 que j'obtins l'autorisation d'en faire l'essai à Marac, près Bayonne, sur un hangar de 20 mètres de largeur et de 57 de longueur. Le succès de cette première charpente a déterminé à l'exécuter en 1826 sur le manége de Libourne, pour lequel je l'avais originairement proposée. Depuis, elle a été adoptée par le comité des fortifications, pour les manéges dépendants du service militaire; il en a été exécuté à l'École de cavalerie de Saumur, à Poitiers, à Aire, à Metz, etc.

La Société pour l'encouragement de l'industrie nationale a aussi donné son approbation à ce système, sur un rapport qui lui a été fait par M. Vallot, ingénieur en chef des ponts et chaussées, au nom de son comité des arts mécaniques (1).

L'exécution de mon système d'arc ne présente rien de difficile qui soit au-dessus de la capacité d'un charpentier ordinaire; le travail en est beaucoup plus facile que celui des hémicycles en planches. Il ne s'y trouve que des pièces droites. Tous les assemblages des charpentes dans lesquelles entrent ces arcs, sont faits par entailles, sans aucun tenon ni mortaise, si ce n'est au faîtage, comme dans toutes les autres charpentes. Enfin, les procédés de construction et de levage sont si simples, qu'une douzaine d'ouvriers, parmi lesquels se trouvaient les deux tiers de simples manœuvres, a toujours suffi pour construire et mettre au levage deux fermes par semaine, aux charpentes de Marac et de Libourne; et même le levage des fermes a été plus prompt à Libourne qu'à Marac.

On a construit des charpentes avec de gros arcs ou cintres formés de plusieurs pièces superposées. Mais ces pièces ont de forts équarrissages; elles sont en général très-courtes; leur réunion est faite à crans et leur courbure est donnée à la hache ou au feu. Ces sortes de cintres, origi-

---

(1) Ce rapport est inséré dans le *Bulletin* de la Société d'encouragement pour l'Industrie nationale du mois de mars 1831, avec une planche.

nairement employés pour des ponts, ont été introduits par Krafft au sujet des perfectionnements qu'il proposait pour diverses charpentes, notamment pour celle du projet de manége de Moscou, et celle de la salle d'exercice de la même ville, dont nous avons donné les dessins, pl. XCIII et XCIV. Mais il leur conservait tout leur poids et leur grande poussée. Les cintres du cuvelage des arches du pont aux fruits de Melun ont quelque rapport avec mes arcs (1); mais ils en diffèrent essentiellement par leur diamètre qui n'est que de 6 mètres et demi; par leur objet, et surtout par les procédés employés pour les courber, les bois ayant été préalablement amollis par l'action de la vapeur dans une couche de fumier rendu bouillant au moyen d'un four construit exprès.

On n'avait pas encore construit ou proposé des arcs légers, d'une grande portée, faits avec des bois longs et minces dont la flexibilité permet une courbure facile et prompte, sans le secours du feu, et dont la raideur, convenablement réglée, a la propriété de maintenir la forme de la charpente et de détruire la poussée, ou de s'étendre jusqu'aux limites de cette poussée, pour n'en exercer ensuite aucune sur les murs (2).

Il serait impossible de courber, même au feu, des bois de même équarrissage que mes arcs, d'un seul brin de fil et du même développement. En supposant qu'on pût courber des pièces seulement de la moitié de la longueur des feuilles, il y aurait encore le désavantage d'avoir des joints qui occuperaient tout l'équarrissage, fit-on même ces joints à trait de Jupiter, assemblage qui n'a pas à beaucoup près la force qu'on lui suppose, tandis qu'au moyen des feuilles que j'emploie, les joints, en très-petit nombre et réduits à n'être qu'une petite partie de l'équarrissage des arcs, sont tellement répartis que la réunion de ces feuilles équivaut à un cintre d'une seule pièce, et peut résister aux mêmes efforts.

---

(1) Nous donnons un dessin de ce cuvelage, fig. 71 de la planche CXLI.
(2) Nous avons appris, par le rapport fait à la Société d'encouragement, que M. de Saint-Phar, ingénieur en chef des ponts et chaussées, que la science a perdu vers 1830, avait proposé en 1811, pour être construit sur le Rhin, devant Mayence, un pont sur piles en pierres, dont le plancher devait être soutenu par des arcs formés de planches ordinaires posées à plat, maintenues par des moises et par des liens en fer. M. de Saint-Phar se proposait de n'employer que des planches ordinaires qui n'ont pas à beaucoup près la longueur des pièces de bois dans lesquelles elles sont débitées pour le commerce, et il ne s'agissait dans son projet que d'arcs très-surbaissés et n'ayant par conséquent que très-peu de courbure. Ce projet d'ailleurs ne fut point approuvé par le conseil des ponts et chaussées, et il ne reçut aucune exécution. Un modèle fut déposé à la galerie de l'École des ponts et chaussées, mais l'auteur n'en publia aucune description.

Les combinaisons de mon système peuvent être variées à l'infini par le nombre, la forme et la portée des arcs; enfin la force de ces arcs peut être augmentée suivant le besoin, sans rien changer au système, sans nuire à l'élégance ni à la hardiesse de la construction, par la simple addition de feuilles sur la totalité des arcs ou sur les parties où des épreuves, toujours indispensables dans de grandes constructions, en auront fait reconnaître la nécessité.

Je crois que le système d'*arcs en madriers courbés sur leur plat* peut faire faire un très-grand pas à l'art de la charpenterie, sous le rapport de la légèreté des constructions, sous celui de la très-grande portée des fermes et sous celui de l'économie. J'hésitai néanmoins à le proposer, en 1819, ne pouvant me persuader que depuis Philibert Delorme, c'est-à-dire depuis près de trois siècles, l'art eût marché à côté d'une idée si simple sans la saisir. Le plein succès des essais faits à Marac et à Libourne me fit présumer qu'ils seraient désormais plus d'une fois imités; et en effet, des charpentes suivant mon système ont été exécutées avec un égal succès à Paris, dans des établissements particuliers, à Saumur, dans différentes usines de nos départements, et en Belgique.

§ 1. *Charpente du hangar du génie, à Marac, près Bayonne.*

Chaque ferme, fig. 9, pl. CVIII, du hangar de Marac, est composée d'un arc en demi-cercle, de deux jambes de force verticales, de deux arbalétriers, de deux aisseliers et d'une petite moise horizontale, tangente à l'arc et formant entrait; le tout est lié par des moises normales à l'arc. L'espace entre le sol et l'arc est libre. L'arc dont il s'agit est la pièce principale de chaque ferme, et c'est dans sa construction que résident la force et les autres avantages de ce système de charpente.

Les hémicycles de Philibert Delorme sont, ainsi que nous l'avons vu, formés de trois cours au moins de planches de 12 à 13 décimètres de longueur, posées bout à bout et de champ; mes arcs, au contraire, résultent de madriers longs et étroits, appliqués les uns sur les autres, comme le sont les feuilles ou lames d'un ressort de voitures, et courbés en demi-cercle sur leur plat, par leur seule flexibilité.

Les moises normales sont entaillées, ainsi que les faces planes des arcs, de 1 centimètre de profondeur, de façon qu'elles forment des assemblages de 2 centimètres, qui ont le double objet de tenir les arcs serrés et de former des arrêts qui empêchent le glissement des madriers les uns sur les autres. Deux recouvrements de 1 centimètre sur les deux faces de l'arc, sont entaillés dans les joues des moises, pour empêcher des éclats aux entailles des madriers. Les détails de ces assemblages se trouvent planche CX, fig. 12, 13, 14, 15 et 16.

Les jambes de force sont éloignées des murs de 10 centimètres, mais les trois premières moises de chaque côté sont prolongées au-delà des jambes de force, et pénétrent de $0^m,20$ dans des cases de $0^m,30$ de profondeur, réservées dans la maçonnerie. Cette disposition n'a pas pour but de profiter de la résistance des murs, car la charpente n'exerce aucune poussée sur eux ; il s'agit seulement de maintenir les fermes dans des plans verticaux, et d'empêcher le balancement dans le sens de la longueur du bâtiment.

Entre les moises, qui ne pouvaient être plus multipliées sans augmenter inutilement le bois de la charpente, sont des liens en fer et des boulons qui pressent les feuilles de l'arc et qui s'opposent au glissement de ces feuilles; les premiers, en forçant les surfaces à s'appliquer dans toute leur largeur, et les autres en formant, en outre de la pression, des points d'arrêts intérieurs, parce qu'étant cylindriques et chassés à coups de masse dans des trous percés très-justes, ils ne laissent aucun jeu aux feuilles qu'ils traversent perpendiculairement.

Ces boulons ont environ 18 millimètres de diamètre, ils sont espacés de $0^m,80$, et l'expérience prouve qu'ils ne coupent point le fil du bois d'une manière nuisible, comme quelques personnes l'avaient craint. On voit que les moises, les liens et les boulons, rendent les feuilles d'un arc pour ainsi dire solidaires les unes des autres, et qu'ils s'opposent avec une grande force à leur redressement. Dans un arc de cinq feuilles et de 20 mètres d'ouverture, le développement de l'extrados a 60 centimètres de plus que celui de l'intrados, le redressement est par conséquent impossible.

Dans le commencement du travail, les charpentiers appréhendaient cependant l'effet d'un redressement subit lorsqu'on abandonnerait un arc à lui-même ; mais plusieurs expériences faites à Marac et à Libourne ont prouvé que la tendance des arcs à se relever est très-faible. Des arcs assemblés seulement avec leurs liens, sans moises ni boulons, abandonnés subitement à eux-mêmes sur le chantier, ne se sont ouverts que de 16 centimètres, c'est-à-dire d'environ 8 centimètres à chaque extrémité. Un seul homme empêchait sans effort ce faible écartement; ainsi la poussée propre d'un arc résultant de sa force de ressort est à peu près nulle.

Dans chaque ferme, trois grands triangles sont formés, extérieurement à l'arc, par les jambes de force, les arbalétriers, les aisseliers et la moise-entrait. Leur combinaison avec l'arc et les moises normales compose un réseau autant invariable que le permet la flexibilité des bois et le jeu des assemblages; mais, dans ce système, et notamment dans la charpente du hangar de Marac, dont il s'agit ici, c'est principalement la roideur ou le ressort des arcs qui produit l'invariabilité de forme et qui détruit entièrement la poussée des reins sur le haut des murs.

Les feuilles ou madriers qui entrent dans la composition d'un arc ont 55 millimètres d'épaisseur, 13 centimètres de largeur et 12 à 13 mètres de longueur. Deux madriers et demi bout à bout, à joints carrés, suffisent au développement de l'arc. Les joints sont distribués de façon qu'aucun de ceux d'un rang ne réponde à un autre joint d'un autre rang, et que tous sont couverts par les moises normales.

Les feuilles ne peuvent avoir chacune que trois joints, le plus souvent elles n'en ont que deux; il ne peut y avoir que dix à douze de ces joints dans un arc.

Toutes les pièces des fermes ont 13 centimètres d'épaisseur comme l'arc et les arbalétriers, excepté les jambes de force, dont l'épaisseur a été portée à 20 centimètres.

Les fermes sont entretenues à la distance de 3 mètres de milieu en milieu par les moises-liernes horizontales, qui embrassent les moises pendantes, n° 4 (1), par le faîte, par la moise sous-faîte, et enfin par les pannes.

La figure 8, de la planche CV, est une portion de la coupe du hangar suivant sa longueur; elle contient les projections des fermes, des liernes de la ferme sous-faîte avec les croix de Saint-André, et de tous les bois de la toiture.

La charpente du hangar de Marac devant servir d'étude pour celles qu'on voudrait exécuter ailleurs, je me suis imposé, dans son exécution, deux conditions auxquelles quelques personnes avaient prétendu que mon système d'arcs ne pourrait pas satisfaire. La première était que la charpente n'exerçât par ses reins aucune poussée sur les murs, et la seconde, qu'elle pût porter une couverture très-pesante, sans rien perdre de son élégance et de sa simplicité. Dans cette vue, je fis construire quelques fermes pour les soumettre à l'épreuve d'une charge plus forte que celle qu'elles auraient à supporter, et déterminer ainsi, par l'expérience, le nombre de feuilles dont il faudrait composer les arcs. Je fis d'abord ces arcs de cinq feuilles, comme j'avais projeté ceux de la charpente du manége de Libourne, pour laquelle je n'avais pas à m'occuper de la poussée, vu l'extrême épaisseur que les murs devaient avoir; des obstacles que j'expliquerai plus loin, m'obligèrent à renoncer au levage des fermes tout

(1) Les moises sont comptées de chaque côté, à partir de la plus rapprochée de la naissance.

assemblées. Je fis alors construire pour le levage, pièce à pièce, un échafaud volant, que je fis établir près du chantier, afin de m'en servir pour monter et maintenir verticalement, avec de petits cordages horizontaux, chaque ferme que je voulais éprouver.

De larges et épais plateaux en bois de chêne, simplement posés sur le sol bien battu et au même niveau, remplacèrent les sablières, pour supporter la ferme mise en expérience. Dès que cette ferme était abandonnée à elle-même, elle se surhaussait de quelques centimètres. On suspendait alors par de longs cordages aux emplacements des pannes et au poinçon, des plateaux en bois, distants du sol d'environ 50 centimètres. Ces plateaux étaient chargés en même temps, mais peu à peu, avec du lest en fer coulé, jusqu'à mille kilogrammes sur chacun; ce qui faisait onze mille kilogrammes pour la charge de la ferme éprouvée, poids qui excédait de plus d'un quart celui de la partie du toit qu'une ferme devait supporter, dans l'hypothèse que les tuiles seraient imbibées d'autant d'eau qu'elles en peuvent absorber.

Dans ces expériences, les arcs n'étaient serrés que par les moises et les liens en fer, parce que, pour me réserver un moyen d'augmenter leur force, j'avais différé de placer les boulons jusqu'après les épreuves que je me proposais, et seulement lorsque les fermes seraient à leurs places.

À mesure qu'on plaçait la charge, la ferme s'abaissait; au bout de vingt-quatre heures, la courbure de l'arc fut vérifiée au moyen d'un rayon en bois de 10 mètres de longueur, garni en fer à ses deux bouts, l'un desquels portait sur un axe horizontal en fer, établi avec précision sur la tête d'un pieu au niveau des naissances. Il fut reconnu que le poinçon s'était abaissé d'environ 12 centimètres, mais que la courbure de la partie supérieure de l'arc, comprise entre les moises n° 7, n'avait pas sensiblement changé, quoiqu'elle dût avoir une tendance à s'aplatir, puisque l'abaissement du poinçon annonçait un affaissement général de l'arc. On trouva constamment des deux côtés, entre la moise n° 7 et la naissance correspondante, une augmentation de courbure, dont le maximum répondait à la moise n° 4.

L'arc s'écartait en cet endroit d'environ 5 centimètres du demi-cercle décrit avec le rayon de 10 mètres. L'arbalétrier suivait le mouvement de l'arc; depuis le poinçon jusqu'à la moise n° 7, il demeurait droit, mais depuis la moise n° 6 jusqu'à la jambe de force, il devenait un peu arqué en dessus. Une légère courbure en forme de doucine raccordait, entre les moises n°ˢ 6 et 7, la partie supérieure qui s'était abaissée, avec la partie inférieure qui avait été soulevée. L'aisselier se courbait tant soit peu; et la jambe de force se ressentait du mouvement de l'arc, elle surplombait en dehors de 5 à 6 centimètres.

CINTRES EN MADRIERS COURBES SUR LEUR PLAT.

Les naissances des arcs reposaient toujours sur les plateaux, et ces plateaux eux-mêmes n'avaient pas changé de place; ainsi le diamètre des arcs n'avait pas varié; il se manifestait seulement de chaque côté, entre les feuilles, depuis les moises n° 7, un petit glissement, dont le maximum répondait aux naissances; il n'excédait pas 3 millimètres d'une feuille à une autre. Ce glissement résultait de l'augmentation de courbure.

Les tangentes, aux naissances des feuilles, surplombaient un peu vers le dehors comme les jambes de force, de façon que les feuilles et les jambes de force, au lieu de reposer, comme avant la charge, carrément sur leurs abouts, portaient sur les arêtes extérieures de ces abouts, mais elles portaient toutes. Il faut remarquer encore que les arcs n'étaient pas boulonnés.

Ces résultats prouvent qu'un arc n'exerce par lui-même aucune poussée à sa naissance, et que, par l'effet de la charge d'épreuve, la poussée aux mêmes points, très-faible d'ailleurs, tendrait à renverser les murs au-dessous de la naissance, plutôt en dedans qu'en dehors de l'édifice. Ainsi la seule poussée qui méritât attention dans les fermes mises en expérience, répondait, de chaque côté, au maximum de l'augmentation de courbure de l'arc, parce qu'elle était transmise, par les moises n° 4, sur les têtes des jambes de force, et qu'elle pouvait se reporter sur le haut des murs.

Je conclus de ces expériences que la roideur des arcs ne devait pas être la même dans tous leurs points; qu'il fallait la renforcer, dans les parties dont la courbure avait augmenté le plus, par des feuilles supplémentaires, de façon que le ressort de ces parties étant en équilibre avec la charge du toit, leur courbure ne pût augmenter ni diminuer. J'obtins ce résultat en ajoutant, des deux côtés de chaque arc, une feuille sur une partie de l'extrados, et deux feuilles dans une partie de l'intrados. Les différentes parties d'un arc furent ainsi portées au nombre de feuilles et aux largeurs suivantes :

SAVOIR :

De la naissance à la moise n° 1. . . .	7 feuilles;	$0^m,385$ de largeur.
De la moise n° 1 au lien placé entre les moises n°ˢ 6 et 7.	8	$0^m,440$
Du même lien à la moise n° 9 . . .	6	$0^m,330$
Entre les moises n° 9 voisines du poinçon.	5	$0^m,275$

J'ajoutai en outre des renforts aux jambes de force et des sous-arbalétriers convenablement entaillés dans des espaces que j'avais réservés pour cet objet.

Les feuilles additionnelles dont je viens de parler ne devant pas avoir d'aussi grandes longueurs que les feuilles principales, elles ont été faites en bois de chêne, qui s'est trouvé presque aussi docile à la courbure que le bois de sapin, quoique ces feuilles eussent la même épaisseur de $0^m,055$. Le bois de chêne a ici l'avantage de ne pas se laisser refouler comme le sapin, par les têtes et les rondelles d'écrou des boulons, ni par les liens en fer, ce qui permet une pression beaucoup plus forte.

Les fermes ainsi renforcées, sans m'écarter de mon système (1), furent remises en expérience; elles reçurent la même charge d'épreuve, sans s'abaisser, ni changer de forme et sans manifester aucune poussée sur les jambes de force. Satisfait de ce résultat, j'ai fait construire toutes les autres fermes sur ce modèle, et la force des arcs a encore été augmentée considérablement par les boulons distribués entre les moises et les liens, parce que, pendant les épreuves, le glissement des feuilles ne s'était fait remarquer que dans ces parties des arcs.

C'est dans cet état qu'une de ces fermes est représentée fig. 9, pl. CVIII, et qu'elles sont exécutées.

J'avais proposé d'établir le chantier pour la construction des fermes à l'extrémité du bâtiment et à la hauteur des naissances des arcs, afin que chaque ferme pût être conduite horizontalement à son emplacement et mise au levage tout assemblée, en la faisant tourner autour de son diamètre. Une opération semblable a pu être pratiquée à Libourne, parce que les murs ont été terminés avant de commencer la charpente; mais à Marac, où le temps manquait, la charpente dut être préparée pendant qu'on élevait les maçonneries, et je fus obligé de placer le chantier hors de la bâtisse; ce qui m'a forcé de renoncer au levage en grand, à cause de la difficulté de transporter les fermes pendant un trajet assez long, et de les passer au-dessus des murs sans rompre ou au moins fatiguer beaucoup leurs assemblages.

Le chantier a été établi sur un sol dressé et battu de niveau. Après avoir décrit sur la terre un demi-cercle de 20 mètres de diamètre, représentant l'intrados de l'arc de cinq feuilles, et tracé les principales lignes d'une ferme, on a enterré et maintenu par de forts piquets vingt-quatre

---

(1) On voit, dans quelques charpentes modernes, des tringles horizontales en fer servir de tirants vers les reins des arcs pour contenir la poussée des fermes; c'est un moyen que je m'étais interdit, comme étranger au problème qu'il s'agissait de résoudre.

racineaux de 25 centimètres d'équarrissage, dirigés au centre de l'arc et distribués entre les emplacements des moises et des liens en fer; deux seulement étaient établis au-delà des naissances.

On a cloué sur ces racineaux un plancher assez étendu pour recevoir l'épure ou ételon dont le centre a été fixé par un axe vertical en fer, planté sur la tête d'un pieu. Cette épure tracée, on a cloué, avec de longues broches, au-dessus des racineaux, des poutrelles de 20 centimètres d'équarrissage pour supporter toutes les pièces des fermes et élever au-dessus du plancher le gabarit destiné à courber les feuilles des arcs.

Ce gabarit, formé de madriers en bois de chêne, assemblés avec des boulons, en croisant les bouts à mi-bois, a été attaché par de grosses vis sur les poutrelles, préalablement dégauchies entre elles et de niveau. On a taillé circulairement l'intérieur et l'extérieur sur place, en observant à l'extérieur les ressauts nécessaires pour les feuilles supplémentaires de l'intrados de l'arc, qui s'arrêtent aux moises n°s 3 et 9. On n'a fait dans l'intérieur que deux ressauts de chaque côté, l'un vers la moise n° 4, et l'autre vers le sommet, de façon que la largeur du gabarit était d'environ 25 centimètres sur tout son développement.

A partir du gabarit, le dessus des poutrelles a été élégi de 25 millimètres, pour faire coïncider, dans le même plan horizontal, le milieu de l'épaisseur du gabarit avec le milieu de l'épaisseur de l'arc et des diverses pièces de la ferme que ces poutrelles devaient supporter. L'épaisseur du gabarit a été fixée à 8 centimètres, pour ne pas gêner le travail des entailles des moises dans l'arc, ni l'établissement de ces moises qui ne laissent entre leurs jumelles qu'un intervalle de 9 centimètres. Les extrémités des six premières poutrelles de chaque côté répondant aux établissements des jambes de force, ont été élégies de 35 millimètres de plus ou en somme de 6 centimètres, parce que, comme on l'a déjà vu, les jambes de force ont 20 centimètres d'épaisseur, tandis que les autres pièces et l'arc n'ont que 13 centimètres.

Les extrémités du gabarit se prolongeaient en ligne droite d'environ 8 décimètres, au-delà de chaque naissance, et étaient renforcées chacune par un madrier fixé sur les dernières poutrelles, afin de pouvoir attacher plus solidement les bouts des premières feuilles des arcs.

Sur la surface cylindrique du gabarit, contre laquelle devait s'appliquer l'intrados des arcs, on fait des entailles d'environ 1 décimètre de largeur et 1 centimètre de profondeur, répondant aux emplacements des liens en fer, pour recevoir l'épaisseur de ces liens, afin qu'on pût les placer à mesure qu'on formerait les arcs. On a fait aussi sur la même surface de petites entailles de 2 centimètres de largeur et de profondeur, pour le passage des boulons des moises.

Ce gabarit était, au surplus, exactement pareil à celui placé dans l'échafaud de levage, dont nous donnons les détails fig. 1 et 2, pl. CXXV.

On a procédé, pour la construction de chaque arc, comme il suit :

Les feuilles devant former l'épaisseur d'un arc, à l'une des naissances, ayant un peu plus que la longueur nécessaire pour fournir aux abouts, ont été assujetties et serrées ensemble, contre le gabarit, par deux liens provisoires en fer. On avait préalablement engagé les feuilles dans les liens destinés à unir l'arc avec le pied de la jambe de force correspondant. Toutes les feuilles ont ensuite été pliées peu à peu, mais ensemble, et appliquées au gabarit, au moyen de sergents en fer, à deux branches et à vis, fig. 5 et 6, pl. CV. Lorsque les feuilles étaient parvenues à un contact parfait avec le gabarit, sur un développement de 2 ou 3 mètres, on remplaçait les sergents par des liens en fer, fig. 1 et 2, ou par des liens en bois, fig. 3 et 4, assujettis avec des coins doubles, et l'on serrait alors les propres liens de l'arc, dans lesquels on avait soin d'engager les feuilles, avant qu'elles fussent appliquées sur le gabarit.

Chaque arc a été continué ainsi jusqu'à l'autre naissance, en ajoutant de nouvelles feuilles au bout de celles qui atteignaient les emplacements des moises, choisis à l'avance, pour la distribution des joints. Ces joints, dirigés au centre de l'arc, étaient ajustés à mesure qu'ils se présentaient.

On aurait pu commencer les arcs par le sommet et les conduire des deux côtés à la fois, mais la méthode que je viens de décrire a paru la plus commode aux ouvriers; je n'ai trouvé aucun inconvénient à la leur laisser suivre.

Quand un arc était terminé, on lui assemblait les jambes de force, préparées à l'avance et entaillées suivant la courbure de l'extrados. Les autres pièces de la ferme étaient ensuite assemblées, en suivant les procédés usités pour toute autre espèce de charpentes, si ce n'est que les entailles des moises, sur la face inférieure de l'arc, ont été faites sans le détacher du gabarit, ce qui a néanmoins été exécuté avec facilité et précision, l'arc et le gabarit se trouvant suffisamment élevés au-dessus du chantier.

Dès qu'une ferme était achevée, on coupait ses abouts à 5 centimètres au-dessous de ses naissances; on la démontait ainsi que son arc, et toutes les pièces, préalablement numérotées, étaient déposées à part pour être remontées dans le même ordre, lors du levage.

N'ayant pu exécuter le levage des fermes en grand, j'avais préparé, pour cette opération, un échafaud volant, facile à monter et à démonter, et qui portait un gabarit vertical, exactement pareil à celui qui servait à la construction des fermes, sur le chantier horizontal. Cet échafaud, dont j'ai déjà parlé au sujet des épreuves des fermes, était composé de deux bâtis de pièces méplates en bois de pin, égaux et parallèles, écartés de 2 mètres, présentant six étages d'entraits destinés à porter des planches de service, pour atteindre à toutes les hauteurs de la charpente pendant l'opération du levage.

La figure 2, planche CXXV, est une projection verticale de cet échafaud. La figure 1 est une coupe, par un plan vertical, perpendiculaire au premier plan des projections.

Le gabarit était boulonné de champ, au milieu de l'intervalle des deux bâtis, sur des pannes dont les bouts étaient reçus dans les entailles d'autant de chantignoles attachées par des boulons sur les entraits.

On établissait cet échafaud en travers du hangar, au niveau des sablières des arcs, sur quatre forts chevalets répondant aux moises verticales des bâtis. De longs arcs-boutants et des haubans fortement tendus empêchaient le balancement dans le sens de la longueur du bâtiment (1). Lorsque cet échafaud était monté solidement et ajusté de façon que le plan vertical, passant par le milieu de l'épaisseur du gabarit, répondît exactement à l'emplacement d'une ferme, on procédait au levage. Toutes les pièces de l'arc et toutes les autres pièces de cette ferme étaient remontées dans le même ordre et par les mêmes moyens que sur le chantier horizontal.

Après avoir fortement serré les assemblages, on ôtait les vis à têtes carrées qui attachaient le gabarit aux pannes; celles-ci étaient ensuite enlevées en détachant les chantignoles. On ôtait alors les liens qui retenaient le gabarit à l'arc, et ce gabarit, divisé en cinq parties par des joints inclinés hors de coupe, était dégagé des moises normales.

La ferme se trouvant ainsi abandonnée à elle-même, reposant seulement dans ses pas entaillés sur les sablières, se surhaussait d'environ 10 centimètres par l'effet du ressort de son arc. C'est alors qu'on boulonnait cet arc, opération qu'il était important de faire avant de charger les fermes d'aucune pièce de la charpente du toit.

J'aurais pu construire les arcs immédiatement à leurs places, sur le gabarit vertical de l'échafaud, et leur assembler ensuite les moises et les autres pièces qui auraient été préparées sur l'épure horizontale. Il en serait peut-être résulté quelque économie de temps et plus de perfection dans le travail; mais cette idée m'est venue trop tard.

En attendant que les moises-liernes horizontales et le faîtage pussent être placés, les fermes posées étaient entretenues à leurs distances de 3 mètres au moyen de tringles provisoires, clouées de l'une à l'autre, et

---

(1) Les haubans ne sont point représentés sur les dessins.

206 TRAITÉ DE L'ART DE LA CHARPENTERIE. — CHAPITRE XXX.

de cales placées latéralement dans les cases réservées dans les murs pour recevoir les prolongements des moises n°ˢ 1, 2 et 3.

Le levage d'une ferme étant terminé, l'échafaud était démonté pour être remonté à l'emplacement de la ferme suivante. Le changement de place de cet échafaud était très-facile et très-prompt, les pièces des bâtis n'étant assemblées que par des entailles et des boulons.

Quelques jours après que la couverture en tuiles creuses a été posée, la courbure des arcs a été vérifiée; on a trouvé que la charpente s'était abaissée régulièrement, que les arcs avaient repris leur forme circulaire, que les jambes de force étaient verticales et à 10 centimètres des murs, et que les bouts des moises n°ˢ 1, 2 et 3 étaient aussi à 10 centimètres du fond des cases.

Il a dès lors été prouvé que la charpente portait seulement sur ses naissances, et qu'elle n'exerçait aucune poussée contre les murs, dont elle était complétement isolée; résultat auquel j'avais voulu arriver et sur lequel je comptais tellement que je n'avais donné aux murs qui s'élèvent au-dessus des naissances, que l'épaisseur de 60 centimètres, nécessaire à leur propre stabilité.

Les cales des moises n°ˢ 1, 2 et 3 ont été remplacées dans les cases par des remplissages en maçonnerie, seulement sur les parements des murs, afin de laisser pour toujours le vide de 10 centimètres, entre les bouts des moises et les fonds des cases.

Au bout de quelques mois, après que les bois, déjà fort secs, eurent été exposés aux courants d'air qui traversaient le hangar, avant que ses fermetures fussent closes, on a encore vérifié la courbure des arcs; elle n'avait aucunement varié. On a de nouveau, et pour la dernière fois, serré les écrous de toutes les ferrures.

Le plan du hangar est représenté fig. 7, pl. CVIII, sur la même échelle que le plan du manége de Libourne fig. 5, pl. CIX. Les emplacements des 18 fermes y sont marqués par des lignes ponctuées.

La coupe en travers suivant les lignes $m\,n$ du plan, et par masse, est dessinée, pl. CIX, fig. 3, en regard de celle du manége de Libourne, fig. 1.

§ 2. *Charpente du manége de la caserne de Libourne.*

Les fermes de la charpente exécutée en 1826 sur le manége de Libourne, au nombre de 14, ne diffèrent de celles du hangar de Marac qu'en ce que les murs entre lesquels elles sont comprises étant fort épais et garnis de gros contre-forts, elles n'ont pas dû satisfaire à la condition de n'exercer aucune poussée. Les arcs ont une épaisseur uniforme de cinq feuilles sur tout leur développement, et pour leur donner un aspect plus léger et les isoler, j'en ai écarté les aisseliers.

La fig. 2 de la pl. CIX représente une coupe en travers sur la ligne $a\ b$ du plan, fig. 5; la hauteur de la planche n'ayant pas permis de comprendre la totalité de cette coupe, la figure 4 contient ce qui lui manque depuis la naissance jusqu'au sol.

Le diamètre de l'intrados des arcs est de $20^m,925$, le rayon moyen étant de $10^m,60$. Les arcs sont par conséquent un peu plus grands que ceux de la charpente du hangar de Marac, parce que la distance dans œuvre des murs du manége s'est trouvée de 21 mètres. Les naissances sont à $7^m,60$ au-dessus du sol, pour que la charpente atteigne à la hauteur du comble de la caserne. L'écartement des fermes est de $3^m,20$.

Le toit, au lieu d'être composé de pannes et de chevrons, n'est formé que de pannes qui reçoivent immédiatement le lattis dont les planches sont dirigées suivant la ligne de pente du toit, au lieu de l'être suivant ses horizontales. Cette disposition, fort usitée dans les départements de l'ouest a plusieurs avantages; elle consomme moins de bois, parce que la position inclinée des planches les rend capables de supporter un plus grand poids, ce qui permet d'écarter les pannes beaucoup plus que ne le sont ordinairement les chevrons, et comme ces pannes sont peu chargées, on peut leur donner des équarrissages moins forts ou de plus grandes portées, d'où il suit que les fermes ont moins de charge ou qu'on peut les écarter davantage. Enfin les joints des planches ne retiennent point l'eau qui peut y parvenir accidentellement; mais cette disposition de lattis n'est pas praticable pour les toits en ardoises, parce que les planches, en variant de largeur par l'effet de l'humidité, feraient fendre les ardoises qu'on attache ordinairement avec deux clous. (*Voyez* tome Ier, page 434.)

Le chantier a été établi à $7^m,65$ au-dessus du sol, 5 centimètres au-dessus des sablières, sur un plancher qui occupait toute la largeur et seulement la moitié de la longueur du manége. L'épure a été construite sur ce plancher; le diamètre de l'arc était tracé parallèlement à la longueur du manége, parce que la largeur d'une ferme entre les abouts des arbalétriers, est plus grande que celle de l'édifice. M. Chayrou, capitaine du génie, qui a été chargé de l'exécution de cette charpente, n'ayant pas pu avoir à temps connaissance des procédés que j'ai suivis à Bayonne, s'est servi pour courber les feuilles des arcs, d'une enrayure composée de vingt poutrelles disposées en rayons, espacées de façon qu'elles ne se trouvassent pas sous les emplacements des moises et des liens des arcs; ces poutrelles dépassaient de 70 cent. le demi-cercle représentant l'intrados des arcs, et elles étaient entretenues dans leurs positions par deux cours de pièces transversales formant deux polygones, l'un de huit et l'autre de neuf côtés, inscrits dans des demi-circonférences de 8 mètres et de 8 mètres et demi de rayon. Les deux extrémités de cette enrayure étaient liées par un tirant de 23 mètres de longueur, placé à 1 décimètre au-dessous du diamètre de l'arc.

Des entailles de 6 centimètres de profondeur et 35 centimètres de longueur avaient été pratiquées dans le dessus des extrémités des poutrelles et du tirant, à $10^m,462$ du centre, longueur du rayon de l'intrados des arcs, pour recevoir les madriers que l'on y retenait, avec des coins, à mesure qu'on les courbait, un à un, au moyen de sergents en fer à vis et de liens en corde tordus.

Cette enrayure était établie sur l'épure et posée de niveau sur de fortes cales, afin d'élever la face inférieure de l'arc en construction d'environ 40 centimètres au-dessus du plancher. On conçoit que cela donnait toute facilité pour mettre en place les moises, les liens et les boulons; cependant le gabarit que j'ai employé à Marac, quoique en apparence moins simple, est bien préférable, par la raison qu'il présentait, aux madriers ou feuilles de l'arc en construction, une surface continue, qui les forçait à une courbure uniforme, ce qui a permis d'employer du bois très-sec et débité longtemps à l'avance, sans y faire ni éclats ni gerçures; tandis que l'enrayure dont on a fait usage à Libourne est sujette à occasionner des jarrets aux contacts avec les points d'appui, et même des ruptures, si les madriers ne sont pas nouvellement débités ou entretenus dans un état de fraîcheur suffisante.

Il est aussi préférable de courber les madriers qui forment l'épaisseur d'un arc, tous à la fois plutôt que un à un, parce qu'on évite les difficultés que l'on rencontre pour maintenir les madriers déjà courbés, pendant qu'on en courbe un nouveau. Enfin, les madriers sont mieux maintenus contre un gabarit continu, par des liens qui les embrassent complétement, que par des coins qui ne les pressent que sur un de leurs bords.

A mesure qu'une ferme était construite, elle était dégagée en démontant l'enrayure, et mise de suite au levage. L'enrayure était ensuite assemblée de nouveau à la même place lorsqu'il s'agissait de la construction d'une autre ferme.

L'opération du levage a eu lieu, pour chaque ferme, au moyen de trois chèvres établies près du diamètre de l'arc. L'une de quinze mètres de hauteur vis-à-vis le centre; les deux autres, de 12 mètres et demi de hauteur, à 7 mètres de chaque côté de la première. La ferme au levage étant arrivée dans sa position verticale, après avoir tourné autour de son diamètre en s'appuyant sur ses abouts, on lui a fait faire un quart de conversion en faisant mouvoir les chèvres avec les leviers embarrés sous leurs épars et de façon qu'elles conservassent leur alignement.

Si le plancher eût été continué dans toute l'étendue du manége, on aurait pu conduire de cette manière les fermes à leurs emplacements; mais ce plancher n'en occupant que la moitié, il a fallu recourir à une autre manœuvre, d'ailleurs plus commode. Dès qu'une ferme était parvenue à sa position perpendiculaire à la longueur du manége, elle était soulevée pour placer chaque naissance sur un petit chariot portant sur les sablières. Les chèvres étaient alors abandonnées, et la ferme, maintenue verticale par les haubans, était conduite jusqu'à son emplacement, avec des palans, agissant sur les chariots, et avec des leviers, appuyés sur le haut des murs et embarrés sous les extrémités des arbalétriers.

Les figures 8, 9, 10 et 11 de la planche CX, qui montrent les détails d'assemblage des fermes du manége de Libourne, présentent les projections d'un des chariots dont il s'agit, et la poulie dépendant du palan servant à faire mouvoir le chariot.

Des quatorze fermes dont se compose le comble, sept seulement, répondant à la moitié de la longueur du manége dans laquelle ne s'étendait pas le chantier, purent être conduites de cette manière immédiatement à leur place, mais un plus grand nombre aurait fini par obstruer tellement l'espace au-dessus du chantier, qu'il n'aurait plus été possible de travailler au levage. On a pour lors accumulé les sept autres fermes verticalement, les unes contre les autres, au milieu de la longueur du manége, et lorsque le chantier n'a plus été nécessaire, chaque ferme a été conduite à son emplacement définitif au moyen des palans, chariots, haubans et leviers dont il vient d'être question. Cette manœuvre était d'une exécution si facile et si prompte, qu'une seule journée a suffi pour mettre en place les sept fermes qui avaient été groupées verticalement.

Au moment d'opérer le levage d'une ferme, on garnissait les naissances de frettes, pour les garantir du froissement des leviers pendant la manœuvre. Ces fermes étaient enlevées dès que la ferme était arrivée à sa place, provisoire ou définitive, pour servir à telle autre ferme qu'il s'agissait de mouvoir. L'une d'elles est représentée aux fig. 9, 10 et 11, pl. CX.

On avait eu aussi le soin de lier entre elles les deux naissances de la ferme au levage par un palan, afin d'empêcher leur écartement; mais on a observé que cette précaution était inutile; le palan n'a jamais roidi, et il se relâchait lorsqu'on hissait la ferme pour la placer sur les chariots ou dans ses pas. Enfin, pour diminuer la flexibilité de la ferme au levage, et prévenir tout effort dans les assemblages pendant la manœuvre, on fixait, par des nœuds de corde fortement serrés, trois files de pièces de bois en travers des moises.

Au lieu d'élever le chantier à la hauteur des sablières, on aurait pu l'établir sur le sol et ne lui donner que l'étendue nécessaire pour l'épure d'une ferme. L'opération du levage aurait pu être simplifiée aussi et rendue plus facile en substituant aux trois chèvres une grande grue double, présentant trois points de suspension, et montée au centre du manége, sur une enrayure à pivot et roulettes. Cette grue aurait servi à dresser les fermes au levage, à les hisser à la hauteur des sablières, à les tourner dans leur position perpendiculaire à l'axe du manége, et à les poser sur des chariots qui auraient toujours servi à les conduire à leur emplacement.

§ 3. *Comparaison avec d'autres charpentes.*

Les charpentes de Marac et de Libourne ne laissent aucun doute sur la bonté des arcs en madriers. Dans la première, l'élasticité du bois est employée à détruire entièrement la poussée des reins sur les murs, et cette poussée est réellement nulle, quoique chaque ferme soit chargée de quatre-vingts quintaux métriques (8000 kilogr.). Quant à la seconde, la très-grande épaisseur des murs dispensait de satisfaire à la même condition : néanmoins sa poussée est extrêmement faible, puisque le seul encastrement de la moitié de l'épaisseur des blochets, dans le haut des murs, suffit pour lui résister. Les bouts des trois premières moises de chaque côté, qui ne touchaient pas les murs avant qu'on commençât à poser la couverture, ne les ont pas touchés davantage après que cette couverture a été achevée, quoique le poids supporté par chaque ferme surpassât quatre-vingt treize quintaux métriques (9300 kilogr.); ce qui prouve que les moises verticales, faisant l'office de jambes de force, n'éprouvent aucune poussée.

Suivant le projet qui avait été fait d'un comble, selon la méthode de Philibert Delorme, pour le manége de Libourne, il aurait fallu, pour soutenir $3^m,20$ courants de comble, quatre hémicycles de trois planches et au moins un de quatre planches. Cette portion de berceau, répondant à une des fermes exécutées, aurait donc exigé quatre cent seize morceaux de planches et quatre cents joints, non compris ceux des liernes et des clefs, plus nombreux et plus compliqués.

Ainsi le système de Philibert Delorme exige un bien plus grand nombre de morceaux et de joints que le mien, puisque, comme on l'a déjà vu, un de mes arcs, répondant au même espace couvert, n'est composé que de quinze morceaux, et n'a que douze joints au plus.

Les hémicycles de Philibert Delorme donnent lieu à un grand déchet de bois, soit à cause de l'inclinaison des joints qui doivent être en coupe tendant au centre, soit pour réduire les planches aux longueurs nécessaires, ou pour rejeter les parties défectueuses; tandis que les feuilles ou lames de mes arcs sont débitées, sans perte, dans des pièces de bois aussi grosses et aussi longues qu'on peut se les procurer.

Dans le système de Philibert Delorme, chaque joint coupe le fil du bois de 12 en 12 décimètres, dans toute la longueur d'un cours de planches, et occupe au moins le tiers et souvent la moitié ou les deux tiers de l'épaisseur de l'hémicycle.

Dans mes arcs les joints sont espacés d'environ 3 mètres, et ils occupent tout au plus le cinquième de la largeur de l'arc, qui conserve toujours les quatre cinquièmes de son équarrissage, en plein bois de fil, non compris, dans la charpente du hangar de Marac, les feuilles supplémentaires qui font que, dans les parties où elles se trouvent, les joints n'ont que le huitième de l'épaisseur de l'arc. D'où il suit que, dans les hémicycles de Philibert Delorme, la somme des surfaces des joints équivaut à vingt fois la surface de l'équarrissage d'un hémicycle, et que dans mon système, la somme des joints n'est tout au plus que le double de l'équarrissage d'un arc.

C'est à cette grande différence dans le nombre, l'espèce et la distribution des joints et à l'immense avantage de mettre à profit le fil du bois, sur le développement des arcs, qu'est due la force extrême de mon système, qui a permis de donner une grande légèreté aux fermes et de les espacer de 3 mètres à Marac, et de $3^m,20$ à Libourne tandis que les hémicycles en planches ne sont ordinairement espacés, suivant Philibert Delorme, que d'environ 7 décimètres les uns des autres.

Mes fermes sont donc beaucoup plus fortes que les hémicycles en planches, et cependant l'équarrissage des arcs n'est pas le double de celui des hémicycles. Aussi y a-t-il une économie de plus de moitié sur le cube du bois. On conçoit que les boulons et les liens en fer de mes arcs ne peuvent, à beaucoup près, absorber cette économie ni celle que l'on fait sur la main-d'œuvre. On doit de plus remarquer que les combles de Philibert Delorme sont couverts en ardoises, tandis que mes deux charpentes de Marac et de Libourne portent des toits en tuiles creuses qui sont extrêmement pesants.

212 TRAITÉ DE L'ART DE LA CHARPENTERIE. — CHAPITRE XXX.

Si l'on construisait, avec mes arcs, une charpente de même portée, pour être couverte en ardoises ou en bardeau, on pourrait avec la même force d'arc, porter l'écartement des fermes à plus de 4 mètres, et à 5 et même à 6 mètres, si l'on devait couvrir en cuivre ou en zinc.

Il faudrait, pour achever de faire voir la supériorité de mes arcs sur les autres systèmes, pouvoir leur comparer un certain nombre de constructions, dans des circonstances absolument les mêmes, sous le rapport des portées et des matériaux de couverture. A défaut de parallèles de cette sorte, voici un tableau des principales dimensions, des cubes et des charges, pour les charpentes de Marac et de Libourne, pour un comble à hémicycles en planches, pour le comble du manége de Chambières et pour une charpente disposée suivant la méthode ordinaire. L'examen de ce tableau suffira pour convaincre que mon système joint à l'élégance la force et l'économie.

TABLEAU COMPARATIF.

CHARPENTES.	DIMENSIONS INTÉRIEURES des bâtiments.			NOMBRE DES FERMES.	ÉCARTEMENTS DES FERMES.	CUBES.				CHARGES			OBSERVATIONS.
	Largeur.	Longueur.	Surface.			D'UNE FERME.	DE LA totalité des FERMES pour chaque COMBLE.	DES sablières et des TOITS.	TOTAUX des CHARPENTES.	PAR FERME.	PAR MÈTRE courant d'arbalétriers.		
I. Hangar de Marac, pl. CVIII........	20ᵐ	57ᵐ	1140ᵐ	18	m. 3	m. c. 5,613	m. c. 101,034	m. c. 64,324	m. c. 165,358	kil. 8800	kil. 400	»	Les principales feuilles des arcs sont en bois de sapin du Nord, les feuilles supplémentaires et toutes les autres pièces de la charpente sont en bois de chêne, le lattis est en bois de pin des Landes, la couverture est en tuiles creuses.
II. Manége de Libourne, pl. CIX..	21	48	1008	14	5,20	5,495	76,930	48,500	125,430	3775	417 86		Les fermes sont en bois de sapin du Nord; les liernes, les pannes et le lattis sont en bois de pin des Landes, la couverture est en tuiles creuses.
III. Suivant Philibert de Lorme...	20	57	1140	82	0,70	2,740	224,684	8,625	233,399	1555	67 60		Cette charpente avait été projetée pour le manége de Libourne.
IV. Manége de Chambières, à Metz (Voyez page 191.).	18	49 72	895	18	2,60	8,150	146,700	55,960	202,660	6500	260	»	Ces calculs sont faits d'après un dessin lithographié, joint à une circulaire du ministre de la guerre, du 25 janvier 1823. La charpente est en bois de chêne; la couverture est en ardoises.
V. Comble ordinaire	20	57	1140	13	4,071	9,223	119,899	73,104	192,903	12535	397	»	Cette charpente avait été projetée pour le manége de Libourne.

Il résulte de ce tableau :

1° Que le cube de la charpente de Libourne, n° 2, est moindre que celui de la charpente de Marac, n° 1, par la raison que l'épaisseur des murs du manége de Libourne a permis, comme je l'ai déjà fait remarquer, de ne pas s'occuper de la poussée de la charpente et de lui donner plus de légèreté, tandis qu'à Marac les reins des fermes ne devant exercer aucune poussée contre les murs, il a fallu détruire entièrement cette poussée en donnant plus de force de ressort aux arcs; ce qui, d'un autre côté, a produit une grande économie sur les épaisseurs des maçonneries;

2° Que les cubes de ces deux charpentes sont moindres que chacun des cubes des trois autres charpentes qui leur sont comparées;

3° Que, de ces trois dernières charpentes n°^{s} 3, 4 et 5, c'est celle qui est disposée suivant la méthode ordinaire, n° 5, qui présente le cube le plus faible, et que c'est celle selon le système de Philibert Delorme, n° 3, qui exige le cube le plus fort.

Des calculs exacts ont fait voir que la portée de 14 mètres environ est la limite où la dépense se trouve être la même pour une charpente ordinaire et pour la mienne; que, pour des portées moindres, il y a économie à employer les charpentes ordinaires, et que, pour des portées plus grandes, l'économie est dans l'emploi de mon système.

Dans bien des cas, surtout lorsqu'il s'agira de se débarrasser des entraits toujours fort gênants, on emploiera encore avec avantage, sur des bâtiments de petite largeur, mes cintres en madriers, courbés sur leur plat, auxquels on pourra donner une légèreté sans exemple.

§ 4. *Projet d'un comble de 40 mètres de portée* (1).

La difficulté de composer des charpentes d'une très-grande portée a pu forcer quelquefois de restreindre la largeur de certains édifices. Elle ne paraît cependant pas avoir arrêté les constructeurs du Nord. La salle d'exercice de Darmstadt a 42^m,63 de largeur dans œuvre; celle de Moscou a 45^m,71 de large (voyez pages 133 et 137). Les fermes de leurs combles sont les plus grandes qui existent; on ne peut pas néanmoins les regarder comme des solutions satisfaisantes du problème, car elles ont donné lieu

---

(1) J'ai fait ce projet en 1827, pour un manége d'évolution de 100 mètres de longueur qui devait être construit à l'école royale de cavalerie à Saumur. Depuis, on y en a construit un qui a été couvert par une charpente suivant le modèle de celle de Libourne, mais de 23 mètres de portée.

à d'énormes consommations de bois qu'on ne pouvait se permettre que dans le Nord, et quelques-uns des tirants de celle de Moscou s'étaient en outre rompus.

La méthode de Philibert Delorme donne le moyen de faire de très-grands combles. La coupole de la halle aux blés de Paris, qui avait $39^m,266$ le diamètre, était même une très-belle solution de la difficulté par cette méthode, mais seulement pour le cas le plus favorable, vu qu'il résultait de la sphéricité du comble que les liernes et les planches de revêtissement de l'intrados et de l'extrados formaient des anneaux horizontaux qui détruisaient la poussée (1). C'est ce qui avait permis de donner très-peu d'épaisseur et de largeur aux planches.

Il n'en est pas de même d'un comble en berceau; ses hémicycles, quoique en planches, ont une poussée analogue à celle d'une voûte, et ils exigent des tirants ou des murs capables de leur résister; d'ailleurs la portée des hémicycles est en quelque sorte limitée par les largeurs et le nombre des planches qu'on peut raisonnablement employer à leur construction. Philibert Delorme n'a point indiqué d'hémicycles plus grands que 150 pieds, environ 49 mètres de diamètre, pour un comble en coupole. Il n'a déterminé les dimensions des planches que pour des berceaux de 108 pieds ($35^m,08$), il les a fixées à 2 pouces ($0^m,054$) d'épaisseur, 18 pouces ($0^m,487$) de largeur et 4 pieds ($1^m,299$) de longueur.

Mes arcs résolvent complétement la difficulté, puisqu'on peut les composer de tel nombre de feuilles qu'on voudra, débiter ces feuilles à telles largeurs et épaisseurs qui seront jugées nécessaires, et, par conséquent, donner à ces arcs tels équarrissages et telles portées que la largeur d'un bâtiment exigera. Ainsi on pourra désormais, par leur moyen, construire avec une grande économie des combles d'une élégance remarquable et d'une largeur presque sans limite.

Je donne ici deux projets de charpentes à grande portée, conçues suivant mon système.

Dans le premier projet, fig. 5, pl. CX, deux arcs composent une ferme. L'arc intérieur, au lieu d'être un demi-cercle, est une anse de panier surbaissée pour diminuer la hauteur du comble et favoriser l'emploi de la roideur de l'arc dans les parties décrites avec le petit rayon, afin de détruire la poussée vers les reins; vu que ces parties ayant plus de courbure, elles peuvent acquérir plus de roideur que n'en aurait un arc en plein cintre de même équarrissage et de même diamètre que l'anse de panier.

(1) Voyez page 173.

L'arc extérieur est tracé du même centre que la partie supérieure de l'anse de panier; des moises normales à l'intrados lient les deux arcs réunis sur un développement de 30 degrés des deux côtés de la moise-poinçon, et qui s'écartent au delà pour former des empâtements et empêcher les vibrations qui auraient infailliblement lieu dans le plan de la ferme, si elle ne se composait que d'un seul arc, quelque fort qu'il fût.

Au lieu d'un cintre à trois centres pour l'arc intérieur, on pourrait employer une ellipse, courbe beaucoup plus gracieuse; l'arc extérieur serait toujours prolongé en portions de cercle jusqu'aux naissances.

Des croix de Saint-André sont placées entre les parties où les arcs sont séparés; des madriers de champ, convenablement découpés, remplacent ces croix dans les espaces les plus resserrés. Des liens et des boulons en fer sont distribués entre les moises sur tout le développement des deux arcs, et leur sont communs dans la partie où ils se trouvent réunis. Vu la grande portée des arcs, les liens et les boulons doivent être multipliés. Deux liens doivent occuper le milieu de l'intervalle entre deux moises pour agir ensemble et opérer une plus forte pression. Quant aux boulons, ils doivent être rapprochés des moises, parce que celles-ci ne peuvent, dans une aussi grande charpente serrer suffisamment les feuilles des arcs dans le sens de leur épaisseur.

Les feuilles ou lames de l'intrados et de l'extrados de chaque arc sont supposées en bois de chêne pour mieux résister à la pression des ferrements; les autres feuilles seraient en bois de sapin.

Les pannes portent sur l'extrados de l'arc extérieur, excepté vers le faîte, où elles sont soutenues par des portions d'arbalétriers pour former des pans nécessaires à l'écoulement des eaux. Les chevrons sont supposés en madriers refendus cloués sur les pannes suivant la courbure du toit; cette courbure leur donne une grande force et permet de les faire plus faibles que s'ils étaient droits.

Des moises-liernes entretiennent les fermes verticales à la distance de 5 mètres pour une couverture en ardoises et de 6 mètres pour une couverture en cuivre.

Les naissances sont reçues dans des moises horizontales qui reposent sur des pieds-droits ou contre-forts, réunis par de petits murs pour former une clôture. Suivant la destination du bâtiment, ces contre-forts peuvent être noyés dans un second mur d'enceinte intérieur ou rester apparents, ou même être divisés en piliers, de manière à former une galerie autour de l'édifice, auquel cas les fermes pourraient être accouplées deux à deux à 1 mètre de distance sur chaque pilier. Les autres travées auraient encore 5 à 6 mètres de largeur.

216   TRAITÉ DE L'ART DE LA CHARPENTERIE. — CHAPITRE XXX.

La figure 1 de la planche CX est le plan d'un des côtés du manége, pour faire voir la disposition des murs et des piliers.

J'ai indiqué en lignes ponctuées, d'un côté du profil, une disposition applicable au cas où l'on manquerait d'espace pour les contre-forts, ou pour celui où l'on n'aurait aucune destination utile à donner à la galerie dont je viens de parler. L'arc extérieur s'assemblerait dans une jambe de force un peu inclinée, et le mur unique substitué aux contre-forts s'élèverait jusqu'à la rencontre de l'égout du toit.

On aurait à déterminer par l'expérience, comme je l'ai pratiqué pour la charpente du hangar de Marac, le nombre de feuilles dont il faudrait composer les arcs, et les parties où il serait nécessaire d'ajouter des feuilles supplémentaires.

§ 5. *Projet d'un comble de* 100 *mètres de portée.*

Dans ce second projet, une ferme, fig. 6, pl. CX, est composée de deux arcs entiers et de deux portions d'arcs intermédiaires. Pour une portée plus grande on pourrait employer un plus grand nombre d'arcs. Ces arcs sont plus rapprochés vers le poinçon que vers les naissances, afin de décharger autant qu'il est possible, le sommet du comble. Des écharpes sont placées entre les moises; les autres assemblages et fourrures sont semblables à ceux du projet précédent.

Les naissances sont prises dans des moises horizontales qui forment empâtement et reposent également sur des contre-forts dans lesquels on pourrait faire telles distributions de galeries et d'étages que la destination de l'édifice comporterait.

La figure 7 est une portion de plan montrant la disposition des contre-forts.

Dans le cas où l'on n'aurait aucun usage à donner à ces distributions, on pourrait supprimer les moises horizontales, fixer les naissances des arcs aux premières moises normales entières et monter la maçonnerie, en plan incliné, jusqu'à ces mêmes moises, ce qui diminuerait beaucoup l'étendue des contre-forts.

On pourrait aussi assembler les arcs dans les jambes de force, indiquées en lignes ponctuées. J'ai enfin ponctué sur la droite une dernière disposition, dans laquelle des arcs formant une ogive très-surbaissée, feraient l'office d'arbalétriers. Des écharpes, placées comme dans la figure principale, compléteraient le système dont le sommet pourrait avoir la plus grande légèreté, malgré l'écartement vertical des arcs, parce qu'on n'y emploierait pour les moises normales et les écharpes que des bois de faible équarrissage, tandis que l'on conserverait plus de force pour les pièces rapprochées des naissances.

Malgré l'étendue de ces sortes de fermes, après avoir été construites sur un gabarit horizontal, élevé à la hauteur des naissances, elles peuvent être conduites horizontalement à leurs emplacements sur des cours de poutrelles établies au même niveau, et être mises au levage au moyen de chèvres manœuvrées ensemble.

Vu la grande portée de ces charpentes, on ne doit point chercher à les disposer de façon que la roideur de certaines parties des arcs détruise la poussée, parce qu'il faudrait donner aux combles une hauteur démesurée. Mais mon système d'arc a ici une nouvelle propriété, c'est qu'on peut au moment du levage faire subir à chaque ferme une extension au moins égale à celle qu'elle éprouverait chargée du poids du toit, si rien ne s'opposait à sa poussée. Cette extension, qu'on ne pourrait risquer dans aucun autre système de charpente, ne doit inspirer aucune crainte de rupture dans mes arcs, vu que, d'une part, les feuilles sont très-fortement liées sur tout leur développement, et, en second lieu, parce que des expériences préliminaires serviraient à déterminer le nombre des feuilles dont il faudrait composer les arcs pour satisfaire à ce nouveau mode de résistance.

Ces sortes de fermes seraient construites sur un gabarit cintré et raccourci en conséquence de l'extension que les arcs devraient prendre sous la charge, d'après des expériences faites sur une ferme d'épreuve.

Chaque ferme, garnie à sa naissance de moises provisoires, serait mise au levage sur des sablières aussi provisoires, indépendantes des murs, et qui permettraient aux naissances de glisser par l'effet de l'extension que produirait une charge équivalente au poids de la partie de toit correspondante. Après que le maximum d'extension serait opéré, les moises horizontales définitives seraient placées aux naissances et la ferme serait posée sur ses sablières définitives.

La charge provisoire serait enlevée à mesure qu'on la remplacerait par la charpente du toit et la couverture. Le comble n'exercerait alors aucune poussée sur les murs (1).

(1) Dans leur rapport à l'Académie des sciences imprimé en tête du mémoire de M. le capitaine du génie Ardant, récemment publié (*Études théoriques et pratiques sur l'établissement des charpentes à grandes portées*), MM. les commissaires ont fait remarquer au sujet des cintres, qu'un écartement factice de leurs naissances, produit par le moyen d'une force auxiliaire, avant leur mise en place, peut diminuer et même annuler complétement leurs poussées sur les murs. Je revendique la priorité de l'indication de ce moyen, que j'ai consigné, dès 1828, dans les paragraphes ci-dessus qui sont, ainsi

§ 6. *Application aux Dômes et Coupoles.*

Le système des cintres en madriers courbés sur leur plat est applicable aux dômes et aux coupoles, quelle que soit l'étendue de leur diamètre, non-seulement sans perdre aucun des avantages qui lui sont propres, mais en profitant de ceux dus à la forme sphérique de ces constructions.

La figure 2, pl. CX, est une coupe par un plan vertical suivant la ligne *d f* de la fig. 3; elle représente la combinaison d'un arc et des liernes pour ces sortes de combles. Les liernes, composées de la réunion de plusieurs lattes, serrées par des liens en fer comme les arcs, seraient astreintes à se courber dans des plans horizontaux pour former des anneaux ou cerceaux intérieurs et extérieurs qui maintiendraient les arcs. On conçoit aisément quelle extrême légèreté on pourrait donner à ce genre de construction.

La figure 3 est une coupe horizontale d'une portion de la coupole suivant la ligne *a b* de la figure 2.

La figure 4 est, comme la figure 3, une coupe suivant la ligne *d f* de la figure 3 par un plan vertical, pour montrer deux liernes isolément.

§ 7. *Petits combles.*

Le système des madriers courbés sur leur plat donne un moyen fort économique de construire des combles à surfaces courbes extérieures de petites portées. La figure 12 de la planche CV présente une ferme en tiers-point pour une construction de ce genre. Les pannes *a* sont portées aux points nécessités par la courbure du toit par des contre-fiches *b* assemblées, dans des arbalétriers *g* droits, en planches et formant moises. Les chevrons sont remplacés par des madriers simples *r* courbés sur leur plat, refendus en trois sur leur largeur. Ces madriers portent le lattis en voliges sur lequel on pose une couverture en zinc. Les centres des arcs sont en *p* et *q*.

Les madriers qui répondent aux fermes ne sont refendus qu'en deux sur leur largeur, et ils sont maintenus par des courbes *x* et *y'*, dont on fait usage dans la marine. A défaut de courbes naturelles on peut découper les bouts des madriers pour en tenir lieu, ou assembler les deux madriers *r* dans le poinçon, en les soutenant par deux contre-fiches *z*.

que la majeure partie de ce chapitre, transcrits de mon ouvrage intitulé : *Description d'un nouveau système d'arcs pour les grandes charpentes*, déjà cité tome Ier, dans l'introduction.

Lorsque la largeur du bâtiment n'est pas grande, on supprime les arbalétriers et les pannes; les seuls madriers courbés sur leur plat, assemblés par des courbes ou goussets x et y, le poinçon et le faîtage composent la charpente du comble; dans les intervalles, les chevrons sont soutenus par le lattis.

La figure 14 est une ferme surbaissée en planches et en madriers également courbés sur leur plat. L'entrait e est composé de deux planches formant moise pour contenir des contre-fiches, b, également en planches, et qui sont perpendiculaires à la courbure du toit; ces contre-fiches maintiennent la figure circulaire de l'arc formé par un madrier courbé à plat $d;$ ce madrier soutient les pannes sur lesquelles sont clouées les planches du lattis courbées sur leur plat et qui portent la couverture en zinc.

La figure 15 est une coupe d'une ferme sur la ligne $m\ n$ de la figure 14.
La figure 16 est une coupe suivant la ligne $p\ q$ de la même figure 14.

Ces deux modes de toiture sont usités pour couvrir des bateaux destinés à servir d'atelier pour diverses professions qui ne peuvent être exercées que sur l'eau.

§ 8. *Charpente anglaise d'après le système des madriers courbés sur leur plat.*

La Société d'encouragement, instituée à Londres, a décerné la grande médaille d'argent à M. Holdsworth pour la construction d'une charpente par un moyen qu'il a imité de mon système en madriers courbés sur plat. Nous donnons, figure 1 de la planche XCIX, d'après M. Morisot (1), le dessin d'une ferme de cette charpente de 11^m,70 seulement de portée et sur tirant.

Les pièces de bois qui forment les arcs d'une ogives et s'assemblent dans un poinçon, sont refendues à la scie de long en trois madriers qu'on a eu soin de ne pas séparer dans le bout où chaque arc s'assemble dans le tirant.

M. Morisot suppose que ces pièces ainsi refendues ont été amollies par la vapeur pour les courber; mais cette opération n'a nullement été nécessaire, et la seule flexibilité du sapin a pu suffire. Cette méthode, qui a l'avantage assez minime de laisser le pied de la pièce intact, a le défaut d'occasionner une contraction dans les fibres du bois aux points où les traits de scie s'arrêtent et là où l'on serre fortement les lames refendues, à cause des vides que la scie a laissés dans les deux traits qu'elle a faits. Car la

---

(1) *La Propriété*, t. 1, p. 135.

pièce qui doit former l'arc après qu'elle est refendue, présente des intervalles comme ceux représentés en *m* et *n*, fig. 4, et, lorsqu'elle est serrée par des boulons, il reste des vides, comme on en voit fig. 2, désignés par les mêmes lettres.

Il me paraît préférable, si l'on tient à laisser le pied de chaquer arc intact pour former un assemblage dans le tirant, d'enlever entièrement à la scie un madrier dans le milieu de chaque pièce et de le remplacer par un autre madrier plus épais, qui remplisse si complétement le vide qu'on soit obligé de l'y introduire à coups de masse. Cette disposition est représentée fig. 3.

§ 9. *Planchers.*

M. Nourrisson, architecte à Tours, a combiné avec succès les bois courbés sur leur plat avec des solives dans la construction d'un plancher qu'il a exécuté, en 1837, pour le dortoir du pensionnat de madame de Lignac. Ce plancher a $14^m,50$ de longueur sur 9 mètres de largeur dans œuvre ; il est chargé de 60 lits.

Les solives sont en sapin du Nord ; elles ont $0^m,25$ sur $0^m,22$ d'équarrissage ; elles sont posées de champ et écartées de $0^m,25$; elles portent de $0^m,22$ dans les murs, et sont reçues dans des entailles de $0^m,05$ de profondeur sur des sablières de $0^m,12$ et $0^m,18$ d'équarrissage posées à plat qui règnent d'un bout à l'autre du plancher à l'affleurement des parois intérieures des murs. Les solives sont attachées aux sablières par des bandes de fer en forme de clameaux et clouées.

Sur les deux faces latérales de chaque solive, on a creusé une rainure de $0^m,034$ de largeur et de $0^m,027$ de profondeur, tracée en arc de cercle, dont la flèche est de $0^m,24$; le bord extérieur de la rainure se trouve à $0^m,01$ de la face supérieure de la solive.

Chaque intervalle entre les solives est rempli par une planche courbée sur son plat et dont chaque bord est reçu dans la rainure de la solive contiguë, chaque extrémité portant dans la feuillure de la sablière correspondante. Chaque entrevous présente ainsi l'aspect d'une partie de voûte surbaissée occupant la largeur de la salle.

Quatre lambourdes équidistantes s'étendent, d'une seule pièce chacune, sur toute la longueur du plancher ; elles ont $0^m,22$ de largeur ; elles sont entaillées en dessous aux points où elles croisent les solives pour atteindre, par leurs faces inférieures, les planches courbées sur leur plat ; leurs faces supérieures sont élevées de $0^m,10$ au-dessus de celles des solives.

Entre ces quatre lambourdes principales, treize lambourdes de $0^m,10$ sur

$0^m,12$ sont réparties; elles sont clouées à plat sur les solives et leurs faces supérieures sont dans le même plan horizontal que celles des quatre grosses lambourdes.

Ces dix-sept pièces reçoivent des planches de $0^m,16$ de largeur, qui forment la surface du plancher.

On pourrait faire porter les bouts des planches dans les rainures de forts tasseaux assemblés avec embrèvement entre les solives à 4 ou 5 décimètres de leurs extrémités; il serait alors inutile d'attacher les solives aux sablières par des clameaux.

Des planches courbées sur leur plat et formant seules une voûte en arc surbaissé comme il conviendrait pour un plancher, à moins qu'elles ne soient fort épaisses, ou qu'on ne les ait superposées en grand nombre, ne présenteraient pas une résistance suffisante, la courbure pourrait être exhaussée dans une moitié de l'arc sans la moindre pression, par l'effet de l'excès de charge sur l'autre moitié qui pourrait s'aplatir et même changer le sens de sa courbure; dans ce cas, le plancher se romprait. Dans le plancher sans solives, que nous avons décrit page 412 de notre tome Ier, et fig. 3, pl. XXXVI, cet inconvénient est beaucoup diminué, malgré sa grande portée, par l'effet de la double courbure de sa surface, qui est, comme nous l'avons déjà dit, en *surface de voile*. Mais dans le plancher qui fait l'objet de cet article, une plus grande solidité résulte de la combinaison des simples planches courbées sur leur plat avec des bois équarris, vu que ces planches forment, dans tous les points de leur développement, des véritables armatures pour les solives, et que les lambourdes répartissent uniformément la charge qu'elles supportent.

Ce plancher vibre moins qu'un plancher ordinaire : il est construit depuis quatre ans (1), et, malgré la charge des meubles de diverses espèces qu'il supporte, le poids et le mouvement du grand nombre de personnes qui le fréquentent ou qui habitent dessus, il n'a pas fléchi d'un millimètre.

(1) Emy écrivait ceci un 1844.

CHAPITRE XXXI.

SYSTÈME DE M. L. LAVES (1).

Le système de M. L. Laves, architecte du roi de Hanovre, a pour but l'économie du bois et la légèreté des charpentes, en n'employant, pour leurs parties principales, que des pièces converties en armatures par un procédé assez simple qui accroît leur roideur.

La figure 11 de la planche XCVII représente une pièce de bois disposée suivant le procédé de M. Laves et posée sur les sablières A, B, qui la supportent comme une poutre.

Cette pièce a été refendue en deux *travons* x et z par un trait de scie, dans son épaisseur verticale, sur une partie de sa longueur de e en d (2).

Les deux *travons* ont été écartés à force de coins et de calles, et pour maintenir leur écartement égal à une fois et demie l'épaisseur totale de la pièce, on a interposé entre eux un étai h au milieu de la longueur. Les deux étais y, v ont ensuite été placés au quart de la longueur du trait de scie, et leur hauteur a été déterminée par l'écartement des deux *travons*.

Un boulon a été placé à chaque extrémité du trait de scie pour empêcher que la pièce se fendît dans les deux extrémités où la scie n'a point pénétré.

Le *travon* supérieur résiste à l'effort de contraction des fibres, et le

---

(1) M. Laves a concédé à M. Kestner, consul général de Hanovre au Havre, le droit de prendre en France un brevet d'invention qui a été accordé par ordonnance du roi du 26 août 1839. M. Kestner a publié un Mémoire descriptif du système de M. Laves; in-4° avec 4 planches, imprimé au Havre, chez Alp. Lemale.

(2) Pour opérer ce sciage, la pièce a été traversée préalablement dans le sens horizontal par une mortaise dont la longueur, suivant le fil du bois, était un tant soit peu plus grande que la largeur de la lame de la scie, et sa largeur était égale à l'épaisseur de cette lame, compris la voie, afin que l'on pût, en démontant la scie de long, introduire sa lame dans le vide du trait qu'elle devait ouvrir.

travon inférieur z résiste à l'effort de traction. M. Laves donne un peu plus d'épaisseur au *travon* supérieur x qu'au *travon* inférieur z, dans la supposition que l'axe *neutre* (1), dans une pièce prête à se rompre, est plus rapproché de la surface inférieure que de la surface supérieure.

Cette disposition est une véritable armature; elle est appliquée par M. Laves à la construction des planchers des combles et des ponts. Lorsque l'écartement des points d'appui est trop considérable pour qu'une seule pièce suffise, M. Laves en assemble deux bout à bout après les avoir refendues.

La figure 12 est une application faite par M. Laves à une ferme d'un comble dans la supposition où sa portée est trop grande pour qu'une seule pièce suffise pour former l'entrait armé qui doit porter le poids de la toiture.

Dans la figure 13, M. Laves a appliqué ses armatures aux arbalétriers de la ferme d'un comble, les étrésillons sont remplacés par les pannes de la couverture qui traverse l'espace entre les *travons*, ce qui n'empêche pas qu'elles supportent, comme dans les autres combles, les chevrons qui affleurent sur chaque pan la partie convexe des arbalétriers.

L'entrait qui, dans cette ferme, est supporté par les poutres ordinaires d'un plancher, est une pièce droite à laquelle on ne donne que l'équarrissage nécessaire pour qu'elle résiste à la poussée du toit.

La figure 10 est une des fermes du comble du manége de M. Grünevald, à Hanovre, construit par M. Laves. Ce manége a 50 pieds du Rhin (15^m,693) de largeur et 116,36^m,407) de longueur dans œuvre.

Vu la grande portée de cette charpente, l'entrait armé de chaque ferme est composé de deux pièces. Les *travons* supérieurs sont entés bout à bout par simples entailles. Les travons inférieurs sont réunis par l'intermédiaire d'une moise longitudinale assemblée avec les deux travons par endents et boulonnée. Les étrésillons sont remplacés par des moises verticales; l'une d'elles sert de poinçon pour supporter le faîtage, deux autres soutiennent les pannes.

Dans le cas où l'on n'aurait point de bois assez épais pour être fendus en *travons*, M. Laves propose de remplacer, à chaque extrémité, la partie que la scie de refend ne doit pas atteindre, par un assemblage à endents avec clefs et liens en fer, représenté fig. 14.

---

(1) On nomme *axe neutre*, dans une pièce de bois prête à se rompre, la ligne qui est au milieu de son épaisseur dans la surface qui sépare les fibres soumises à la tension de celles soumises à la contraction.

M. Laves a appliqué son système à des poteaux verticaux, et dans ce cas, si le poteau vertical *a*, fig. 15, est équarri comme le montre sa coupe horizontale *c*, il est refendu en quatre parties par des traits de scie qui se croisent au cœur, un étai en croix *b* est placé entre les quatre *travons*, retenus d'ailleurs par une frette carrée.

Si le poteau est cylindrique, on peut le refendre seulement en trois travons; cette disposition est représentée en *a'*, *b'*, *c'*, même figure.

M. Laves a appliqué ce moyen à la construction d'échafaudages et d'échelles d'une grande longueur et d'une légèreté remarquable.

M. Laves a fait plusieurs expériences qui prouvent que la roideur des poutres disposées suivant son système l'emporte de beaucoup sur celle des poutres de même équarrissage dans leur état naturel.

Quatre pièces de bois de sapin de 13 mètres de longueur et de $0^m,256$ d'épaisseur sur $0^m,242$ de largeur, ont été mises par lui en expériences comparatives, une seule dans son état naturel, les autres disposées suivant sa méthode.

Dans ces dernières, l'écartement des travons était :

    Dans la première, de moitié de l'épaisseur de la pièce;
    Dans la deuxième, égal à son épaisseur;
    Dans la troisième, une fois et demi son épaisseur.

Le *travon* supérieur ayant $0^m,142$, le *travon* inférieur seulement $0^m,108$, les épaisseurs de ces *travons* se trouvent dans le rapport de 24 à 16.

Les quatre pièces ont été chargées successivement par accroissement de 50 kil. jusqu'à 850 kil.

Leurs abaissements ont été observés comme il suit :

La poutre non-refendue s'est abaissée

    Dans son milieu de . . . . $0^m,148$
    La première poutre refendue s'est abaissée de . $0^m,094$
    La deuxième de . . . . $0^m,067$
    La troisième de . . . . $0^m,040$

Ainsi, l'on voit que sous la même charge, le fléchissement a été bien moins grand dans les poutres refendues, et d'autant moins grand que l'écartement des travons l'était davantage.

M. Laves rapporte une autre expérience. Une poutre de 16^m,80 de portée, non refendue, et d'une seule pièce,

A fléchi de 0^m,040, sous un poids de 75 kilog.
de 0^m,067, sous un poids de 150 kil.
de 0^m,129, sous un poids de 250 kil.

tandis qu'une poutre refendue, de la même portée, mais en deux pièces assemblées comme dans les figures 10 et 12, n'a fléchi que des mêmes quantités,

De 0^m,040, sous une charge de 600 kil.
De 0^m,067, sous une charge de 888 kil.

M. Kestner s'étant rendu à Paris pour présenter le système de M. Laves au gouvernement, deux habiles charpentiers, MM. Lasnier et Albouy, se sont déterminés à faire, chacun pour son propre compte, une expérience. M. Emmery, inspecteur général des ponts-et-chaussées, et M. Biet, architecte inspecteur des bâtiments civils, furent chargés, par leurs ministères respectifs, d'assister à ces expériences auxquelles j'assistai aussi; elles eurent lieu le 10 février 1840.

M. Albouy avait préparé deux pièces de bois tirées d'un même sapin refendu en deux. Chaque pièce avait 15^m,64 de longueur, 20 centimètres d'épaisseur horizontale sur 28 d'épaisseur verticale.

La portée de chacune entre ses points d'appui était de 15 mètres.

Le trait de scie aussi mince que possible, s'étendait sur une longueur de 13 mètres dans la pièce refendue; le *travon* supérieur ayant 15 centimètres d'épaisseur, et le *travon* inférieur 13 seulement.

L'écartement des deux *travons* au milieu était maintenu par un étai de 0^m,50 de longueur, les deux autres étais avaient été coupés exactement à la mesure de l'écartement des *travons*, aux emplacements où ils devaient être posés. La figure 11 est une représentation fidèle de la pièce armée au moment où l'expérience a commencé.

Une ligne de milieu avait été battue préalablement dans toute la longueur de la pièce entière, et seulement sur les extrémités et sur les étais de la pièce armée, pour mesurer leurs flexions à mesure qu'on les chargerait simultanément et également.

Avant de commencer à poser aucun poids, on observa l'affaissement, c'est-à-dire la flexion naturelle de chacune sous son poids. Elle se trouva nulle pour la pièce armée, et de 39 millimètres pour l'autre. Des poids ont été posés successivement au milieu de la longueur de chaque pièce pour former sa charge, et les abaissements des pièces dans leurs milieux ont été observés comme il suit :

CHARGES.	ABAISSEMENTS OU FLÈCHES DE COURBURE	
	DE LA PIÈCE NON REFENDUE.	DE LA PIÈCE REFENDUE ET ARMÉE.
Kil.	Millim.	Millim.
0......	39......	0.
50......	51......	1.
100......	63......	2,50.
150......	75......	4.
200......	88......	6.
300......	112......	11.
400......	138......	15.
550......	154......	19.
700......	179......	27.
800......	205......	30.
950......	242......	39.
1100......	281......	42,50.

De petits poids ont été successivement ajoutés lentement et l'expérience a été continuée jusqu'aux résultats suivants :

| 1750...... | 490...... | 72. |

Sous ce poids de 1750 kil. les pièces se rompirent en produisant une détonation comme celle d'une arme à feu.

Les ruptures examinées, on remarqua que dans la pièce non refendue la rupture avait eu lieu dans son milieu, et que les fibres, déchirées en longs éclats, occupaient à peu près la moitié de l'épaisseur de cette pièce.

Dans la pièce refendue et armée, la rupture eut lieu au point *d*, fig. 11, où s'arrêtait le trait de scie. On doit remarquer que la rupture a eu lieu dans ce point, d'abord, parce qu'il répondait au bout de la pièce qui avait un équarrissage un peu plus faible, ce bout étant celui du haut du sapin, et, en second lieu, parce que le boulon de 2 centimètres de diamètre, avait affaibli la pièce de plus d'un dixième. Cette circonstance donna lieu de présumer que si au lieu d'un boulon on eût placé en *d* et en *e* des liens avec brides, vis et écrous, la pièce armée aurait pu porter un dixième de plus, et qu'elle n'aurait pas rompu sous une charge moindre que 2 000 kilogrammes.

M. Lasnier avait de son côté préparé deux madriers de sapin très-secs, et parfaitement égaux de 12^m,75 entre leurs appuis, et posés de champ entre des poteaux verticaux servant de coulisses pour empêcher leur déversement; leur équarrissement était de 8^m,084 sur 0^m,260. L'un des deux était, suivant le système de M. Laves, refendu de façon que le *travon* supérieur avait 0^m,145 d'épaisseur, et l'inférieur 0^m,115; le trait de scie s'arrêtait à 0^m,8 des points d'appui; l'écartement des deux *travons*, au milieu de la longueur, où se trouvait un étrésillon vertical, était de 0^m,240; les deux autres étrésillons étaient placés, à moitié des distances égales entre celui du milieu et les extrémités du trait de scie, ils avaient des longueurs égales aux écartements que les *travons* avaient pris.

Au lieu de boulons dans les points où s'arrêtaient le trait de scie, M. Lasnier avait judicieusement établi des bouts de moises dont les boulons placés en dehors des madriers n'en affaiblissaient point l'épaisseur.

Les emplacements des étrésillons marquaient les points de suspension des charges sur le madrier refendu, et sur celui laissé entier. Lorsque nous arrivâmes chez M. Lasnier, il avait commencé son expérience sur le madrier armé, qui avait déjà supporté 1 800 kil., répartis également par 600 kil., aux trois points de suspension. Il le fit charger de nouveau en notre présence; la pièce armée se courba en prenant une flèche de 59 millimètres, puis le *travon* inférieur rompit au bout de quelques minutes sous l'étrésillon de gauche, où ce *travon* formait un pli par l'effet de la forte tension qu'il éprouvait et qui tendait à diminuer la courbure de ses parties comprises entre les extrémités du trait de scie et les étais.

Le madrier non refendu ne pût supporter la charge de 1 800 kil., il rompit avant qu'elle fût complétée.

Il y a lieu de présumer que si dans ces expériences les *travons* inférieurs n'eussent point été plus faibles que les *travons* supérieurs, les pièces armées auraient supporté des poids plus considérables. Il ne paraît pas cependant que la force des poutres armées par cette méthode dépasse de beaucoup celle des poutres dans leur état naturel; mais un avantage fort marqué de ce système, c'est d'augmenter considérablement la roideur des poutres, ce qui peut être très-utile dans plusieurs circonstances; cet avantage résulte de ce que dans l'armature on a déjà courbé les *travons*.

En augmentant l'épaisseur du *travon* inférieur, il est indispensable de relier entre eux les deux *travons* par des moises verticales, comme l'a pratiqué M. Laves dans les charpentes, fig. 10 et 12 de la planche XCXVII.

M. Lasnier nous a fait connaître un moyen d'armature qu'il a quelquefois employé avec succès, et qui a quelque analogie avec le procédé de M. Laves; nous l'avons représenté, fig. 2 3, 4 de la même planche XCXVII.

La pièce qu'il s'agit d'armer est refendue de long et verticalement en trois parties égales. Après que ses parties sont rapprochées, on les perce toutes trois à chaque bout d'un trou pour recevoir un boulon. Au moyen d'une mèche anglaise garnie sur le devant d'un guide cylindrique du même diamètre que les trous des boulons, on creuse de 3 à 4 centimètres sur chaque face de sciage, deux enfoncements cylindriques et concentriques avec les trous des boulons. Des galets en bois dur, en gayac, par exemple, sont placés dans ces trous, et chacun est également engagé dans les deux pièces entre lesquelles il se trouve. Les pièces sont ensuite boulonnées, et par conséquent chaque boulon traverse les trois épaisseurs de la pièce refendue et deux galets. Les choses étant ainsi disposées, au moyen d'un sergent en fer et à vis, on force les trois pièces à se courber en sens contraire. La pièce intermédiaire, plus faible seule que les deux autres ensemble, prend une courbure plus grande; lorsque sa courbure est telle que la pièce du milieu forme une saillie égale à environ un tiers de sa largeur, on boulonne les trois pièces ensemble, et l'armature est terminée.

La figure 3 est, sur une échelle double, une coupe suivant la ligne $x\,y$ de l'un des bouts de la pièce armée, fig. 2, non compris le chantier p.

La figure 4 est une coupe suivant la ligne $m\,n$.

On peut combiner le procédé de M. Laves, et celui de M. Lasnier pour former une poutre armée que j'ai représentée, fig. 1, 5 et 6 de la planche XCXVII.

La poutre $a\,b$, fig. 1, est refendue suivant sa longueur par deux traits de scie verticaux e en d, de façon que l'épaisseur horizontale de la pièce est partagée en trois parties dans le rapport de 2, 3, 2, la plus épaisse se trouvant au milieu. Dans les points $e\,g$, elle est fortement serrée dans les liens à vis, brides et écrous qui exercent leur pression en dessus et en dessous sur des bandes de fer pour empêcher le refoulement du bois, et s'opposer à des plis subits dans ses fibres.

On place une bride ou même une frette dans le milieu de la poutre en c. Lorsque les choses sont ainsi disposées, on force les parties sciées à se courber au moyen de coins x et y, de façon que celles des deux rives prennent leur courbure en dessus, et que la partie intermédiaire la prenne en dessous.

La figure 5 est, sur une échelle double, une coupe verticale sur la ligne

pq du milieu de la pièce ainsi armée, et la figure 6 est une coupe sur la ligne vz d'une de ses extrémités.

On pourrait se dispenser des liens de fer extrêmes, en ne refendant pas la pièce entièrement jusqu'à ses deux bouts, c'est-à-dire en arrêtant les traits de scie à 6 ou 8 décimètres de chaque extrémité, et en remplissant les intervalles que laisseraient les traits de scie par des cales en fer aux emplacements des boulons.

Cette disposition a l'avantage d'occuper peu d'épaisseur comme celle de M. Lasnier, et elle a, sur le système de M. Laves, l'avantage de faire disparaître la crainte d'une disjonction dans les points ed puisque les traits de scie sont dans le sens vertical.

Il serait à désirer que des expériences en grand et multipliées fussent faites pour comparer le système d'armature de L. Laves, et ceux dont nous venons de parler, avec tous les autres systèmes d'armature dont il a été question dans notre premier volume. Mais on conçoit que ces sortes d'expériences ne peuvent être entreprises par des particuliers, et que l'intérêt général des grandes constructions réclame qu'elles soient faites aux frais de l'État, puisqu'elles seraient profitables à tous.

CHAPITRE XXXII.

DOMES, CLOCHERS, FLÈCHES ET BEFFROIS.

I.

DOMES.

Le mot *dôme*, qui a la même origine grecque que le *domus*, maison, des latins, est employé chez les modernes pour désigner la forme extérieure d'un comble, le plus ordinairement sphéroïdal, qui couvre un espace circulaire, soit que cet espace se trouve isolé, soit qu'il occupe le centre ou toute autre place d'un édifice.

Dans les monuments consacrés au culte, les *dômes* s'élèvent ordinairement au-dessus du sanctuaire et en indiquent la place. C'est particulièrement à ceux-ci que ce mot est consacré.

Souvent les *dômes* couvrent des voûtes auxquelles on a donné le nom de *coupoles*, à cause de leur ressemblance avec une coupe renversée. Quelques dômes s'élèvent sur des plans carrés ou octogonaux, et n'ont point la forme sphérique.

Chez les anciens, la surface extérieure d'une coupole était celle du toit, ce qui résultait de la simplicité bien entendue des constructions antiques, et surtout du climat. Depuis, les dômes sont devenus un ornement extérieur des édifices. Ils s'élancent beaucoup plus haut que ne le nécessiterait le seul besoin d'abriter les coupoles, parce qu'on a en vue de les rendre plus apparents à l'extérieur.

Le plus ordinairement les dômes sont en charpente et indépendants de la coupole qu'ils abritent.

Il existe, cependant, quelques dômes en maçonnerie ; nous citerons ceux de Saint-Pierre de Rome et du Panthéon à Paris, mais les voûtes extérieures sont toujours séparées de celles intérieures qui forment les coupoles.

Les voûtes extérieures en maçonnerie atteignent le même but que les dômes en charpente. Quelquefois les dômes en charpente présentent à l'intérieur la forme d'une coupole, et la charpente de cette voûte fait partie de celle du dôme. Ces sortes de dômes ne sont pas cependant ceux que l'on construit ordinairement pour les plus grands édifices, surtout lorsque leurs coupoles sont en maçonnerie. On préfère alors les dômes aussi en maçonnerie, pour éviter le hiement auquel ceux en charpente pourraient être sujets.

Les dômes en charpente sont composés d'un certain nombre de fermes qui sont autant de pans de bois verticaux, dont les plans milieux prolongés passent par l'axe vertical du dôme.

Le contour extérieur de chaque ferme est le profil du dôme lorsque sa surface est une surface de révolution. En général, ces fermes prennent leurs naissances sur une combinaison de sablières qui forment un grand anneau sur le mur circulaire du dôme, cet anneau s'oppose complètement à la poussée, si on lui a donné une force suffisante, lors même que les murs n'auraient point l'épaisseur nécessaire pour résister à cette poussée, ne devant avoir que la force de résister à la pression verticale, produite par le poids de la charpente.

§ 1. *Dôme de Mathurin Jousse.*

La figure 12, planche CXI, est une ferme d'un dôme composé par Mathurin Jousse, dont il a donné une figure gravée sur bois, dans son *Art de la Charpenterie*. Rondelet l'a reproduite dans son *Art de bâtir*, pl. CXXI. Le dôme est supposé projeté sur un diamètre de 36 pieds ($11^m,694$). Nous d'en donnons point le plan; il suffit de dire que, d'après le dessin de Mathurin Jousse, ce dôme serait composé de 40 demi-fermes toutes égales, dont 8 seulement supporteraient une lanterne s'élevant au-dessus du dôme, dans l'épaisseur de la charpente, huit arcades y sont figurées pour la décoration; et dans la partie de cette lanterne qui excède la surface du dôme, huit fenêtres égales aux arcades doivent laisser arriver le jour, seulement pour éclairer la petite coupole de la lanterne, vu qu'elles ne suffiraient point pour répandre la lumière dans la coupole du dôme qui ne peut être éclairée que par de grandes fenêtres qui seraient percées dans la tour qui le supporte. A droite est la combinaison donnée par Mathurin Jousse, à gauche est celle que propose Rondelet, et qui est préférable en effet, vu que les contre-fiches p, q, sont mieux disposées que celle r, et que la moise horizontale a qu'il a ajoutée et la moise inclinée b qu'il a substituée aux petites pièces m et n, lient les courbes de la surface du dôme avec celles de la coupole.

§ 2. *Dôme de Fourneau.*

Fourneau a figuré, dans son *Art du Trait*, pl. XXX, une ferme d'un dôme projeté sur un diamètre d'environ 40 pieds (12^m,994). La figure 13 de notre planche CXI, donne le galbe de ce dôme, le profil de sa coupole en maçonnerie et celui de sa lanterne. La ferme dessinée par Fourneau est en quelque sorte une copie, sur des dimensions plus petites, d'une de celles du dôme des Invalides à Paris, dont nous donnerons la description plus loin. La figure 13 représente la ferme tracée par Rondelet, sur la planche CXXI de son *Art de bâtir*, comme une correction à faire au dessin de Fourneau, mais les changements sont si grands que nous sommes autorisés à regarder ce dôme comme entièrement composé par Rondelet; nous avons, au surplus, marqué par des lignes ponctuées, les pièces qui composent le système que Fourneau avait adopté, et que Rondelet a remplacé par celui des grandes contre-fiches.

La charpente repose sur une enrayure annulaire formée par quatre rangs de sablières. Les fermes, au nombre de douze, rayonnent sur un poinçon central, qui porte sur l'enrayure placée au-dessus de la coupole. Cette enrayure est de la forme de celle que nous avons représentée, fig. 2, pl. LXXI, sous le toit conique.

§ 3. *Dôme de Styerme.*

La figure 2, pl. CXII, représente une ferme d'un dôme composé par Styerme, et auquel il a appliqué un tracé analogue à celui qu'il avait adopté pour les combles plans. Des lignes ponctuées sur la droite de la figure indiquent les constructions qu'il a prescrites pour déterminer les principales combinaisons de cette ferme.

Tout en convenant que le galbe du dôme de Styerme ne manque pas d'élégance, on ne découvre pas les motifs de sa construction graphique. Cet appareil de lignes n'est encore ici, comme dans ses fermes, pour les combles à deux égouts, page 113, moins un système nouveau qu'un des nombreux moyens que la géométrie graphique fournit pour formuler un tracé de dôme, afin de reproduire des charpentes exactement semblables, quelles que soient leurs dimensions. C'est, au surplus, un usage que les bons constructeurs devraient adopter quel que soit l'objet d'une charpente, seulement pour indiquer la méthode qu'ils suivent pour en disposer les différents contours et pour qu'on puisse en exécuter le tracé avec exactitude, toutes les fois qu'il s'agira d'en faire quelque application.

Il nous paraît enfin que c'est après coup, et comme cela a presque toujours lieu, lorsque Styerme a eu déterminé avec goût et adresse le galbe extérieur de son dôme, le cintre de sa coupole et les principales pièces qui devaient entrer dans la composition d'une ferme, qu'il a tracé les différentes lignes de construction graphique, en les faisant varier en même temps que les pièces de la ferme, pour mettre l'accord indispensable entre la combinaison des bois et sa formule.

Voici en dernière analyse, la description qu'il me paraît qu'on peut donner de ce tracé, elle diffère un peu de celle qu'a donnée Rondelet, dans laquelle on ne voit pas assez clairement d'après quelles bases Styerme aurait commencé son tracé, la hauteur du dôme n'étant certainement pas la première donnée imposée :

Le diamètre intérieur du dôme étant donné, on le suppose ici de 42 pieds et demi (13^m,805), le demi-cercle qui est décrit du rayon $c\ a$ est le profil de la coupole. Une tangente à ce demi-cercle, inclinée à 45° en rencontrant l'axe vertical au point b, marque le niveau d'une horizontale $b\ d$ qui fixe la hauteur du dôme à environ 32 pieds et demi (10^m,557). Cette hauteur est la dimension du côté du carré $c\ b\ d\ e$.

Le point y, où se termine la courbure extérieure du dôme, est pris au quart de la longueur $b\ d$. Le point z, sur le diamètre, est déterminé en faisant $c\ z$ égal à $n\ y$; ce point est le centre de l'arc de cercle $y\ x$ qui forme le galbe du dôme, de sorte que le rayon $z\ y$ est égal à $c\ n$ (1). Le diamètre total du dôme se trouve porté à environ 58 pieds (18^m,670).

La diagonale $m\ n$, prolongée jusqu'en o sur l'axe du dôme, fixe la hauteur de la lanterne; une verticale $p\ q$, élevée sur la naissance du cintre, donne par son intersection r avec la diagonale $c\ d$, la hauteur du dessous de l'entrait g; le dessus de l'arbalétrier v est dirigé sur le point m L'emplacement du second arbalétrier v' est donné par une parallèle au premier arbalétrier, passant par le point u où l'horizontale $a\ m$ est rencontrée par la verticale $t\ s$ passant par la gorge de l'assemblage du premier chevron sur la sablière, ou par le point k donné par l'intersection de la diagonale $c\ n$ avec le dessus de l'entrait; la jambe de force et l'aisselier sont tangents à la courbe de la coupole, ce dernier se trouvant sur la diagonale $b\ e$.

La figure 3 est la coupe verticale de l'espèce de flèche qui termine la

(1) L'arc de cercle $z\ n$, tracé du point e par Krafft, et reproduit sur la planche CXVII de l'*Art de bâtir* de Rondelet et sur notre dessin, est inutile à la construction.

lanterne : la hauteur de notre planche n'ayant pas permis de comprendre cette flèche dans la figure 2, il est aisé de voir que la pièce horizontale fh est commune aux deux figures.

La figure 1 est un plan qui présente dans ses différentes parties les projections horizontales du dôme, suivant les sections qui y sont faites à différentes hauteurs. En A est la projection horizontale du dôme avec les chevrons formant son galbe extérieur, et en supposant la lanterne enlevée par une coupe horizontale suivant la ligne b' b' de la figure 2, et que les chevrons sont faits en planches de champ accolées et clouées les unes sur les autres. En B ces chevrons sont supposés enlevés pour laisser voir ceux de la coupole également supposés en planches. En C est la projection des chevrons de la coupole supposés en bois carrés, et des liernes, vus dans l'hypothèse qu'on a enlevé ceux du dôme, les bouts des chevrons étant supposés cassés pour qu'on ne les confonde point avec ceux de la projection contiguë.

D coupe horizontale suivant la ligne d' d' de la figure 2. Cette coupe dans la figure 1 ne comprend que la projection des chevrons de la coupole et les coupes des pièces de la charpente.

E coupe horizontale suivant la ligne e' e', fig. 2, avec les projections des parties des fermes et des chevrons du dôme et de la coupole qui restent au-dessous du plan de coupe.

F coupe horizontale par un plan ayant pour trace la ligne ff sur la figure 2. On ne voit dans cette coupe que les pas des pièces des fermes et des chevrons sur les sablières.

La figure 4 est une coupe de la lanterne par un plan horizontal, à la hauteur de la ligne a' a', fig. 2.

La figure 5 est une projection verticale ou élévation du dôme vue extérieurement construite sur une échelle qui est le quart de celle de la figure 2.

§ 4. *Dôme des Invalides.*

Par un édit du mois d'avril 1674, Louis XIV se déclara fondateur et protecteur de l'hôtel des Invalides, dont la construction avait été commencée dès 1670, et cette même année, 1674, le bâtiment se trouva en état de recevoir des invalides, officiers et soldats.

Les bâtiments de l'hôtel sont de Libéral Bruant, mais l'église et son dôme ont été construits sur les dessins et sous la direction de Jules-Hardouin Mansard, alors sous-intendant et ordonnateur des bâtiments royaux servant aux manufactures.

La charpente du dôme est un des plus remarquables ouvrages de ce temps (1).

La figure 1 de notre planche CXIII représente une des deux grandes fermes qui se croisent dans l'axe de cette charpente, et qui sont accompagnées de huit grandes demi-fermes et de douze fermettes.

Les figures 2 et 4 composent, autour du centre commun C, un plan qui montre les projections horizontales de différentes parties de cette charpente prises à deux niveaux différents.

La figure 4 est spécialement destinée à faire voir la composition de l'enrayure annulaire, formée de sablières, qui reçoit la charpente, et dont la liaison parfaite s'oppose à la poussée. Cette enrayure repose sur le haut du mur formant la tour du dôme. Cette coupe horizontale est prise au niveau de la ligne a a, fig. 1.

La figure 2 fait voir le détail de la grande enrayure établie au-dessus de la coupole.

Cette enrayure est portée par deux entraits principaux composés chacun de quatre pièces réunies sur le tiers de la portée totale de chacune, et se prolongeant deux à deux juxtaposées jusqu'à la surface intérieure du dôme pour s'appuyer sur les jambes de force en les moisant. Ces entraits, en se croisant à mi-bois entre chaque pièce, moisent aussi le poinçon qui monte dans la lanterne et s'élève jusque dans la flèche pyramidale qui la surmonte; les assemblages à mi-bois de toutes les pièces sont consolidés par des bandes de fer.

Aucune de ces pièces n'est de niveau; elles ont chacune une légère pente pour que les entraits qu'elles forment posent au même niveau sur les jambes de force qu'elles moisent.

L'enrayure est du reste formée, suivant l'usage, de petits goussets assemblés entre les entraits et comme moisés par eux, ils soutiennent les grands coyers doubles comme les extrémités des entraits, et enfin d'autres goussets assemblés entre les entraits et les coyers soutiennent aussi de petits coyers simples; tous ces goussets forment des polygones réguliers autour du centre, et tous les coyers tendent à ce centre.

Les deux grandes fermes qui répondent aux entraits et se croisent dans l'axe, pourraient être considérées comme les maîtresses fermes, mais il faut remarquer que celles qui répondent aux grands coyers sont égales aux moitiés des grandes fermes, sauf qu'elles n'atteignent pas le poinçon central. Ainsi les moitiés des grandes fermes aussi bien que les demi-fermes intermédiaires s'assemblent toutes par le haut dans les montants

---

(1) Le dôme de Saint-Paul, à Londres, a été construit à peu près à la même époque.

de la lanterne qui leur correspondent et qui leur servent de poinçon ; car on conçoit que dans ces sortes de constructions, un poinçon central ne pourrait recevoir les assemblages de toutes les fermes, et que c'est la lanterne qui tient lieu de poinçon à leur égard.

Les douze demi-fermes, formant le galbe du dôme, ont leurs naissances sur des doubles blochets qui font partie de l'enrayure annulaire. Les vingt-quatre fermettes ont les leurs sur des blochets simples qui sont également combinés dans l'enrayure annulaire ; elles ne s'élèvent point au-dessus des coyers simples qui sont compris dans la grande enrayure. Ces fermettes ont été placées près des grandes fermes, et ne divisent pas l'espace entre celles-ci en parties égales, mais elles sont distribuées à égales distances entre elles, parce que ce sont elles qui reçoivent les assemblages des cours de pannes, depuis la naissance jusqu'à l'enrayure ; et qu'il faut que dans chaque cours de pannes leurs portées ou longueurs soient égales.

Les longueurs des pannes auraient été trop grandes si elles eussent été soutenues seulement par les fermes, et trop courtes si les fermettes et les fermes eussent été espacées également ; au lieu que par cette disposition aucune des fermes ni fermettes ne portent chevrons, et les seules fermettes supportent les pannes sur leurs moises inférieures à la grande enrayure.

Au-dessus de cette enrayure, l'écartement des grandes fermes étant beaucoup moindre, les bouts de leurs moises s'assemblent dans les pannes, les chevrons sont tous cintrés, et ils sont assemblés dans les pannes.

La hauteur de notre planche ne nous ayant pas permis de lui faire contenir toute celle du dôme, nous avons représenté, fig. 7, la lanterne et la flèche ; la corniche $A B$ est commune aux deux fig. 1 et 7, et leur sert de raccordement pour former une coupe complète de la charpente.

La partie inférieure de la figure 3 représente la moitié du plan de la lanterne, au niveau de la ligne $b\ b$.

La partie supérieure de cette même figure représente le plan de la lanterne, au niveau de la corniche $c\ c$.

Nous avons tracé, fig. 5, le plan des murs du dôme, et fig. 6 une projection verticale présentant sa décoration extérieure ; la loi que nous nous sommes imposée de n'employer que des projections orthogonales, nous a empêché de représenter une vue de ce dôme qui acquiert une très-grande élégance par l'effet de la perspective, et qui est un des plus beaux monuments de notre capitale.

Rondelet, dans son *Art de bâtir*, fait une critique sévère de la charpente de ce dôme; il compare le cube du bois employé dans le dôme des Invalides à celui qui est entré dans l'église *della Salute* de Venise.

Regardant le cube du bois d'un dôme comme devant être proportionnel à la surface de sa coupe, par un plan vertical passant par son axe, il trouve que le cube du bois du dôme des Invalides, calculé par lui, est de 6484 pièces ou solives (1), la surface de la coupe, compris sa lanterne, étant de 4180 pieds carrés (2), tandis que la surface de la coupe du dôme *della Salute* étant de 2908 pieds carrés, le cube du bois qu'on y aurait employé, si l'on eût suivi le système du dôme des Invalides, aurait été de 4150 pièces ou solives; mais que d'après le calcul qu'il en a fait, on n'y a employé que 1369 solives, et qu'ainsi on a épargné, dans la construction du dôme *della Salute*, 3141 solives de bois qui eussent chargé l'édifice de plus de 600 milliers (300,000 kilogr., ou 300 tonnes).

Considérant ensuite la question sous le rapport inverse, il trouve qu'on aurait dû employer au dôme des Invalides un peu moins de 1968 solives, en imitant la construction du dôme *della Salute*, ce qui eût épargné 4516 solives (202^m,704), et 50,000 fr. de dépense.

Nous n'admettons pas entièrement cette critique, vu que les deux dômes ne sont pas dans les mêmes circonstances de construction. Le dôme *della Salute* est plus petit, et nous ne pensons pas que les cubes des charpentes doivent être comme les surfaces de leurs coupes.

En outre, la lanterne du dôme *della Salute* est supporté par la coupole en maçonnerie et non par la charpente; par conséquent, on n'avait rien à craindre du biement de la charpente qui a pu alors être aussi légère qu'on l'a voulu. Au contraire, aux Invalides, la charpente n'étant point soutenue par la coupole, on a dû chercher, par les dimensions maté-

---

(1) La solive était autrefois l'unité de mesure du volume pour les bois; elle équivalait à 3 pieds cubes (0^{mc},103).

		DOME DES INVALIDES.	DOME DE L'ÉGLISE DELLA SALUTE.
(2) Dôme	Diamètre	84 pieds (27^m,286).	75 pi. 6 po (24^m,525).
	Hauteur	53 (17 ,217).	38 (12 ,374).
Lanterne	Diamètre	21 (6 ,822).	37 (12 ,019).
	Hauteur	45 (14 ,618).	
Superficie de la coupole		4180 pieds carr... (441^{mq},078)	2908 pieds carr.. (306^{mq},855)
Cube du bois de la coupole		6484 solives (667^{mc},862)	1369 solives (141^{mc},007)

238   TRAITÉ DE L'ART DE LA CHARPENTERIE. — CHAPITRE XXXII.

rielles des bois et leurs combinaisons, à prévenir le *hiement*, pour ne point fatiguer les murs, et Rondelet convient lui-même (note de la page 157, tome III) que c'est précisément ce *hiement* qui aurait pu fatiguer la tour du dôme de Sainte-Geneviève (le Panthéon à Paris), dans le système d'un dôme en charpente qu'on projetait pour ce monument, qui lui a fait préférer la construction d'un dôme en pierre.

Ainsi donc, l'excès des dimensions des bois dans le dôme des Invalides, n'est pas aussi blâmable ni aussi considérable qu'on pourrait le croire, d'après les comparaisons que nous avons citées plus haut.

§ 5. *Petits Dômes.*

On construit des petits dômes sur de petites églises, sur de simples chapelles et même sur des bâtiments particuliers, au-dessus des pièces centrales, et lorsqu'on veut marquer leurs places pour qu'elles soient aperçues du dehors.

La figure 10, pl. CXI, est le détail de la construction d'un petit dôme établi au-dessus d'un salon circulaire, et surmonté d'une sorte de lanterne abritant un escalier pour atteindre au sommet du dôme.

La figure 11 présente les plans de cette construction; sur la gauche est le plan de l'enrayure; sur la droite est une coupe horizontale suivant la ligne *a b*.

La figure 6 est une projection verticale d'une tour surmontée de ce dôme, sur une échelle d'un quart de celle de la figure 10.

La figure 7 est un dôme en impériale, élevé sur un pavillon carré.

La figure 8 contient les plans de ce dôme; sur la gauche, la coupe horizontale a pour trace la ligne *a a*, passant par la face supérieure du tirant, fig. 7; sur la droite est la projection de la charpente entière du dôme, la lanterne étant coupée par un plan horizontal suivant la ligne *b b* et enlevée.

La figure 5 est la projection verticale de ce pavillon sur une échelle du quart de celle de la figure 7.

II.

DOMES TORS.

On donne le nom de dômes tors à ceux qui, étant établis sur des plans polygonaux, au lieu d'avoir leurs arêtiers contenus dans des plans verticaux passant par leurs axes, les ont en forme de spirales plus ou moins contournées, suivant les profils qu'on a choisis et qu'ils auraient eu, si au lieu d'être tors ils étaient droits.

Il existe peu d'exemples de dômes tors, à moins que ce ne soit parmi les modèles que les ouvriers exécutent comme chefs-d'œuvre, pour faire leurs preuves de capacité.

Nicolas Fourneau avait construit un petit dôme tors sur l'église de la Chartreuse de Gaillon, surmonté d'une flèche également torse, que nous décrivons dans le quatrième paragraphe de ce chapitre.

Le dôme et la Chartreuse n'existent plus depuis plusieurs années, ils sont tombés sous les coups des impitoyables démolisseurs ; on n'a même conservé dans le pays aucun débris de ce dôme et de sa flèche, comme échantillon de ce curieux chef-d'œuvre de l'habile charpentier.

§ 1. *Dôme tors de N. Fourneau.*

Le polygone $a\ b\ c\ d\ e\ f\ g\ h$, fig. 9, pl. CXV, est le plan octogonal du dôme à la hauteur de sa base $m\ m$ de la figure 12, qui représente l'élévation et le profil $m\ n\ v\ z\ y$ d'un des arêtiers d'un dôme non tors.

Un dôme droit polygonal étant divisé dans sa hauteur par un certain nombre de plans horizontaux, qui donne pour section dans sa surface une suite de polygones, Fourneau suppose que tous ces plans tournent sur l'axe vertical, et que les angles de chaque polygone tournent au-delà du trajet fait par les angles du polygone immédiatement inférieur d'une quantité, mesurée sur l'arc parcouru, proportionnelle à celle dont il se trouve plus élevé au-dessus de ce même polygone.

Les courbes des arêtiers tors passent par les angles des polygones qui ont accompli leur mouvement suivant cette loi. Ainsi, par exemple, Fourneau s'étant donné une ligne $A\ B$, dont l'inclinaison lui paraît propre à fixer le rapport de la quantité de torsion de chaque polygone, au-dessus de celui qui lui est inférieur, il trace par les points principaux du profil général des horizontales, et par les points 1, 2, 3, 4, 5, 6, 7, 8, 9, 10 où ces horizontales coupent l'axe vertical, il trace des parallèles à la ligne $A\ B$ pour former une suite de petits triangles semblables à celui 1 $a\ o$; la base de chaque triangle donne la longueur de la corde convenant à l'arc décrit par l'angle de chaque polygone dans son mouvement, après celui du polygone qui lui est immédiatement inférieur.

Supposons, par exemple, que les points 1 et O, qui sont dans le méridien projeté sur $o\,p$, fig. 12, sont en projection horizontale confondus sur le point a, fig. 9. Dans ce même méridien, ayant $c\,a$ pour trace horizontale, ce point a doit faire, en tournant dans son plan à la hauteur $n\,n$, fig. 12, un trajet mesuré sur l'arc qu'il décrit par une corde égale à $a\,o$; il faut donc porter, fig. 9, cette corde de a en 1.

Le point 1 est la projection horizontale d'un angle du polygone du niveau $n\,n$, après son mouvement de torsion; on le rapporte en 1' à sa place, en projection verticale sur la ligne $n\,n$.

Ayant ensuite tracé, fig. 9, le rayon c 1, et décrit un cercle avec un rayon 2-v, pris à la hauteur $v\,v$, de la figure 12, on porte la quantité b 1, de la figure 12, comme corde sur l'arc de cercle, fig. 9, de b en 2; le point 2 est la projection horizontale de l'angle du polygone à la hauteur $v\,v$, après qu'il a fait son mouvement mesuré par l'arc b-2, dont la corde est proportionnelle à la hauteur de $v\,v$, au-dessus de $n\,n$, puisque l'on a $a\,o : o\,1 :: b$-1 $:$ 1-2. Après avoir tracé, fig. 9, le rayon c-2, et un cercle avec un rayon égal à 3-x de la figure 12, on porte sur ce cercle de d en 3 une corde égale à 2-c de la figure 12; le point 3 est la projection d'un angle du polygone du niveau $x\,x$. Ce point est projeté verticalement en 3' fig. 12.

On voit qu'en continuant de la sorte, c'est-à-dire en traçant toujours, sur la figure 9, un rayon par le dernier point déterminé, puis un arc de cercle avec un rayon pris sur la figure 12, au niveau du point à déterminer, et en portant dans cet arc de cercle la corde égale à la base du triangle correspondant, on obtient successivement tous les points de la projection horizontale de la courbe en 1, 2, 3, 4, 5, 6, qu'on établit successivement sur la projection verticale en 1', 2', 3', 4', 5', etc.

Cette courbe, que Fourneau nomme *spirale*, peut ne pas avoir la régularité de courbure désirable, si la détermination des distances des plans qui donnent des sections horizontales dans ce dôme ne suit pas une loi, que Fourneau ne fixe pas suffisamment en se contentant de dire : *qu'en posant des lignes d'adoucissement* (c'est ainsi qu'il désigne les traces verticales des plans horizontaux), *sur celle rampante à volonté, et que plus on en posera, plus la spirale sera exempte d'erreur;* il fallait ajouter que les positions de ces lignes étaient déterminées par les parties saillantes, ou les points d'inflexion du profil du dôme pour les moulures, et par des divisions égales sur la courbe continue formant le galbe du dôme, auquel cas les spirales formant les lignes d'arêtiers seraient, comme le veut Fourneau, *rampantes* proportionnellement, *selon le renflement du dôme et selon sa diminution.*

Ou bien, on peut établir ces lignes à des distances égales, mesurées sur l'axe en astreignant même les moulures et leurs parties à cette loi; et dans ce cas, la spirale fait un angle constant avec l'horizon.

A l'égard de la construction du dôme, Fourneau dit que les fermes doivent être torses comme les arêtes, il en résulte que les pièces de ces fermes, combinées comme celles d'une ferme non torse, doivent avoir des formes résultant de la torsion; les faces de parement de chacune doivent être parallèles à leur surface moyenne, qui est une surface gauche engendrée par une horizontale s'appuyant sur l'axe et sur la courbe d'arête; ainsi une section horizontale quelconque, dans la ferme torse, doit être égale à la section de même niveau dans la ferme droite.

On conçoit néanmoins que, quoique ce moyen soit celui qui est le plus conforme à l'esprit de l'art, qui veut, comme nous l'avons déjà fait remarquer, que dans tous les mouvements de biais et de rampant on suive la loi de continuité, il n'est pas le plus simple. Nous reviendrons sur ce sujet en traitant des flèches torses, le principe de construction étant à peu près le même.

§ 2. *Construction régulière d'un dôme tors.*

Pour que la courbe des arêtes d'un dôme tors soit une hélice, il faut que cette courbe rencontre toutes les courbes méridiennes de la surface de révolution dans laquelle le dôme est inscrit sous un angle constant.

Nous supposerons que la courbe génératrice de la surface de révolution est un quart de cercle, et que par conséquent le dôme tors est inscrit dans une calotte hémisphérique. Les hélices des arêtes torses sont alors des *loxodromiques*.

Soit, fig. 20, un demi-cercle qui est le méridien de la sphère dans le plan de projection verticale qui a pour trace horizontale la ligne $a\ b$, fig. 21; le polygone de seize côtés $a\ m\ n\ o\ p\ q$, etc., est le plan d'un dôme à seize pans. Si le dôme n'était point tors, chacun de ses pans répondant à un des côtés du polygone du plan serait cylindrique à génératrices horizontales, et les arêtiers résultant de leurs intersections, ou, pour mieux dire, leur servant de base, seraient des grands cercles de la sphère, et auraient pour projections horizontales des lignes droites ponctuées $c\ m,\ c\ n,\ c\ o$, etc., fig. 21; leurs projections verticales seraient des ellipses que nous n'avons point projetées sur la figure 20, vu qu'elles sont inutiles à ce que nous avons en vue.

Les arêtes des dômes tors devant être, comme nous l'avons dit plus haut des *loxodromiques*, voici le moyen de construction que nous suivrons pour les mettre en projection horizontale et en projection verticale.

Si l'on développe chaque quart de cercle méridien sur sa trace horizontale prolongée, fig. 21, tous les développements étant égaux, leurs extrémités seront dans un cercle a', m', n', o', p', q', etc. Ainsi la ligne a' s, fig. 20, étant le développement du quart de cercle a s est égale au rayon du cercle a' m' n' o' etc. de la figure 21.

Si l'on suppose qu'une ligne *loxodromique* soit tracée sur la sphère, et que les points où elle coupe les méridiens soient rapportés sur les développements respectifs c m', c n', c o', c p', etc., de ces méridiens, la courbe qui en résultera sera une *spirale logarithmique;* car dans l'une et l'autre courbe, les tangentes forment des angles constants, l'une avec les arêtes méridiennes, l'autre avec les rayons.

Ainsi donc ayant résolu qu'une des arêtes du dôme tors prend naissance à l'angle o de sa base, et qu'elle doit aboutir au point 5 de son couronnement, il faudra, fig. 21, entre le développement c o' du méridien projeté sur c o et la partie c-5' du développement c t' du méridien projeté sur c t, tracer une spirale logarithmique o'-1'-2'-3'-4'-5', en intercalant entre c-5' et c o' autant de moyennes proportionnelles qu'on a tracé de méridiens c p', c q', c r', c s', c'est-à-dire quatre dans le présent exemple, soit par le moyen graphique que nous avons indiqué, page 98, soit par le calcul, soit enfin par le moyen de l'instrument de Descartes, que nous décrivons dans la note ci-dessous (1).

(1) L'instrument de Descartes est une sorte de compas composé de deux règles O A, O B, fig. 4, pl. CXV, mobiles autour du point O; le long de ces règles posées à plat sur une table, on dispose autant d'équerres plus une, qu'il s'agit de proportionnelles à déterminer. Chaque équerre touche celle qui la précède du côté du centre, et dans chaque équerre l'angle droit qui sert à la solution de la question est formé par le côté interne de la grande branche et le côté externe de la petite. Ainsi dans l'équerre, fig. 5, c'est l'angle droit m p n qui doit fonctionner. On conçoit que la première équerre c a b, étant fixée pour une certaine ouverture du compas, les positions de toutes les autres équerres le sont aussi, et à cause de la suite des triangles rectangles semblables cab, bcd, dbe, edf, l'on a $Oa : Oc :: Oc : Ob :: Ob : Od :: Od : Oe :: Oe : Of$ ou bien $Oa : Oc : Ob : Od : Oe : Of$, c'est-à-dire que Oc, Ob, Od, Oe, sont quatre moyennes proportionnelles entre Oa et Of. Cela posé, pour faire usage de l'instrument devant, par exemple, déterminer quatre moyennes proportionnelles entre les lignes a et f, fig. 6, on fixe la boîte mobile y et à vis de l'instrument sur une de ses branches, de façon qu'à partir du centre la distance O a soit égale à la ligne a, et sur l'autre branche on marque un point f à une distance du centre telle que O f soit égale à la ligne f. On ouvre ensuite le compas en faisant glisser toutes les équerres, de façon qu'elles s'appuient les unes contre les autres jusqu'à ce que la branche fe de la dernière coïncide avec le point f. Les autres équerres déterminent, comme nous l'avons dit précédemment, les quatre moyennes proportionnelles Oc, Ob, Od, Oe, auxquelles on fait les quatre lignes c, b, d, e, respectivement égales.

Les points $1'$, $2'$, $3'$, $4'$, appartiennent à cette *spirale logarithmique*.

Pour tracer les projections de la *loxodromique*, il faut rapporter les points de la *logarithmique* sur les quarts de cercle auxquels ils appartiennent, ou, ce qui est la même chose, déterminer les plans des cercles horizontaux sur lesquels ces points se trouvent, et pour cela réenvelopper les longueurs $c\ a'$, $c\text{-}1'$, $c\text{-}2'$, $c\text{-}3'$, $c\text{-}4'$, fig. 20 (égales aux rayons $c\ o'$, $c\text{-}1'\ c\text{-}2'$, $c\text{-}3'$, $c\text{-}4'$), sur le quart de cercle $a\ b$, fig. 20, qui donne les points o, $1''$, $2''$, $3''$, $4''$, $5''$; les horizontales passant par ces points, sont les traces de plans horizontaux $1''\text{-}1''$, $2''\text{-}2''$, $3''\text{-}3''$, $4''\text{-}4''$, coupant la sphère suivant des cercles dont les projections horizontales, fig. 21, donnent par leurs intersections avec le méridien, les points 1, 2, 3, 4, qui appartiennent à la projection horizontale de la *loxodromique* ; en renvoyant ces points sur les horizontales de la fig. 20, on obtient les points de la *loxodromique* projetée sur le plan vertical.

Les pans tors de ce dôme sont alors engendrés chacun par une ligne droite horizontale qui se meut en s'appuyant sur deux *loxodromiques* ; et en quelque position qu'on considère cette droite, sa portion comprise entre deux arêtes *loxodromiques* est égale à la droite horizontale prise au même niveau, qui serait comprise entre deux arêtes du dôme, s'il n'était point tors, et qui appartiendrait à la surface d'un de ses pans.

La figure 18 est la projection verticale d'un dôme tors, suivant cette construction ; la figure 21 en est la projection horizontale.

Cette méthode est applicable à toutes les formes qu'on peut donner au méridien générateur de la surface qui enveloppe un dôme tors. Elle a sur celle indiquée par Fourneau, l'avantage qu'on est maître du point d'arrivée de la *spirale loxodromique*, comme de son point de départ, tandis que par la méthode de Fourneau ce n'est que par un tâtonnement excessivement long que l'on parvient à faire aboutir l'hélice où l'on veut.

Pour que les contacts des équerres aient lieu avec justesse, leurs petits côtés ont plus d'épaisseur que leurs grands côtés. Une de ces équerres est figurée à plat, fig. 5, et vue par le bout de sa longue branche, fig. 3.

III

DONJONS (1).

Les donjons sont des tours rondes et plus souvent carrées qui s'élèvent au-dessus des châteaux forts; on donne aussi le même nom aux toits élevés qui les couvrent, et qui ont quelques rapports avec les dômes quoiqu'ils n'aient jamais d'aussi grandes dimensions.

Nous donnons un seul exemple de la charpente d'un donjon, et nous avons choisi celle de l'ancien donjon à huit pans de l'île d'Aix, parce que cette construction est complète sous le rapport de l'art du charpentier.

La figure 9, pl. CXI, est une coupe de ce donjon par un plan vertical suivant la ligne $a\ b$ du plan.

Dans cette coupe, nous avons supposé que d'un côté les planches du revêtissement de la voûte n'ont pas encore été placées, afin de laisser voir la charpente.

La fig. 1 est une coupe horizontale à la hauteur de la ligne $d\ e$, fig. 9. Nous avons supposé dans ce plan que les chevrons du toit, et ceux de remplage pour la voûte, ne sont point posés; nous avons seulement marqué leurs pas sur les sablières.

La figure 2 est une coupe horizontale de la lanterne à la hauteur de la ligne $f\ g$, fig. 9.

La fig. 3 est une projection horizontale du toit avec sa lanterne, sur une échelle du tiers de celle des figures 1, 2 et 9.

La figure 4 est, sur cette même petite échelle, sur une projection verticale de la partie du donjon qui s'élevait au-dessus du niveau $m\ n$ de la plate-forme du château qui a été démoli.

Quelquefois les donjons des habitations féodales étaient surmontés de longues *flèches*, accompagnées de *clochetons* qui couvraient les tourelles saillantes construites aux angles de la tour principale. Les flèches et les clochetons étaient en charpente. Nous avons représenté, à une très-petite échelle, la projection d'une construction de cette sorte, fig. 14 de la même planche CXI.

---

(1) *Donjus*, par élision, suivant Ménage, du mot *domnionus*, qui domine (basse latinité).

IV.

CLOCHERS.

Le nom de clocher indique assez la destination des tours rondes ou carrées, en maçonnerie ou en charpente, qui font partie des édifices religieux.

A moins qu'une église ne soit bâtie entièrement en bois, il est bien rare que son clocher ne soit pas en pierre, du moins pour la partie où est placé le beffroi auquel les cloches sont suspendues, et la couverture ou comble, qui s'élance en pointe aiguë, reçoit aussi le nom de clocher.

Nous donnons, planche CXI, les détails de plusieurs clochers; quelques-uns sont tirés du recueil de Krafft.

§ 1. *Clochers à faces planes.*

La figure 1, pl. CXIV, est la projection verticale, et la figure 2 la projection horizontale du clocher d'une petite église.

La fig. 3 est la coupe par un plan vertical d'un clocher d'une église plus grande (1).

La figure 4 est le plan de l'enrayure *a b*.

La figure 5 est le plan de l'enrayure *c d*.

La figure 6 représente un clocher dont les arêtiers répondent aux milieux des murs de la tour, et dont les raccordements des faces du clocher avec les arêtes de la tour sont formés par de petits arêtiers et des noulets. La figure 7 est sa projection horizontale. Nous ne donnons point de détails de la charpente de ce clocher, qui est composée comme celle de la figure 3.

Un clocher à huit pans est représenté en projection verticale, fig. 12, et en projection horizontale, fig. 13. Les pans qui répondent aux arêtes verticales de la tour sont raccordés avec le carré de l'enrayure près des petits arêtiers avec noulets.

La figure 21 est la projection verticale, et la figure 22 la projection

---

(1) Quoique la coupe soit censée passer par l'axe, on a figuré les moises et le grand poinçon comme s'ils n'étaient pas coupés.

246 TRAITÉ DE L'ART DE LA CHARPENTERIE. — CHAPITRE XXXII.

horizontale d'un clocher à pans en losange, de façon que le toit paraît s'appuyer sur les quatre frontons aigus qui couronnent les faces de la tour. La construction de ce toit est la même que celle du toit que nous avons représenté, fig. 1 et 2, pl. L, sinon que la forme du clocher est plus aiguë. Une enrayure qui repose sur les sommets du fronton porte les arêtiers. La grande enrayure, placée au niveau des naissances des frontons, porte les arbalétriers des croupes. Le reste de la construction est pareil à celle détaillée, fig. 3.

§ 2. *Clocher brisé de Bâle.*

La figure 14, pl. CXIV, est la projection verticale d'un clocher, dit brisé, exécuté à Bâle, en bois de sapin, sur les dessins de M. Coucher; la fig. 15 en est le plan; la fig. 19 est une coupe de ce même clocher, sur une échelle quadruple; la fig. 17 est, sur la même échelle, le quart du plan de l'enrayure établie à la hauteur de la corniche de la tour, et la fig. 18 est le quart du plan de l'enrayure placée à moitié de la hauteur du clocher.

La hauteur de la planche n'ayant pas permis d'y comprendre la totalité de la boule qui couronne le toit de la lanterne, elle est représentée figure 20.

§ 3. *Clochers à renflement.*

La figure 10 et la figure 11, pl. CXIV, réunies, forment la coupe d'un clocher à huit pans, dit à renflement.

Ce genre de clocher a été usité dans quelques départements du nord et de l'est de la France et en Allemagne.

Cette figure a pour objet de montrer comment on construit ces renflements qui ne sont que des objets de décoration extérieure, et qui ont été de mode il y a un siècle ou deux. Ce clocher porte deux lanternes, l'une au-dessus de l'autre; le quart de son plan est tracé fig. 16.

La figure 8 est une projection verticale de la forme extérieure de ce clocher; quatre de ces pans sont raccordés avec le plan de l'enrayure qui repose sur le sommet de la tour, par des adoucissements qui donnent lieu à des arêtiers déterminés par des sections faites par des plans verticaux dans les pans parallèles aux faces de la tour.

La fig. 9 est la projection verticale d'un clocher à renflement, d'un autre modèle, dont la charpente est exécutée suivant le même mode que celui de la figure 11.

V.

FLÈCHES.

§ 1. *Flèche droite de la Sainte-Chapelle.*

Les flèches ont beaucoup de ressemblance avec les clochers aigus; le plus ordinairement elles servent de couronnement à des dômes ou même à des clochers, mais ce qui les distingue surtout, c'est leurs formes très-aiguës et très-élevées. On voyait, encore vers 1790, au-dessus du comble de la Sainte-Chapelle, à Paris, une flèche remarquable par la richesse de sa décoration, et par son extrême légèreté.

Nous en donnons un croquis, fig. 6, pl. CXII, d'après d'anciennes gravures. Cette flèche avait remplacé un clocher qui fut détruit par l'incendie de 1638. La charpente de cette flèche était regardée comme la plus belle et la plus hardie de Paris; elle était construite sur le milieu de la longueur du comble, son axe répondant au faîtage; elle était portée par les maîtresses fermes qu'elle chargeait d'un poids considérable. C'est probablement à cette disposition qu'on doit attribuer l'état de ruine qui a déterminé à la démolir. Elle est rétablie.

§ 2. *Flèche torse de Gaillon.*

Une autre flèche au moins aussi remarquable que le clocher de la Sainte-Chapelle, était celle de la Chartreuse de Bourbon-les-Gaillon. Cette flèche était torse; elle avait été construite par N. Fourneau, qui donne la description du tracé qu'il a suivi pour faire ses projections (pl. XCIV et XCVI) de son *Art du trait*. Il promettait plus de développements dans un grand ouvrage qu'il n'a pas fait. Nous tâcherons d'y suppléer, dans les détails que nous allons donner, en rectifiant la méthode de tracé qu'il a indiquée.

La figure 12 de notre planche CXV représente cette flèche comme Fourneau l'a décrite.

S'il faut en croire une gravure que je possède, et d'autres anciennes gravures, sa forme n'était pas exactement comme Fourneau l'a décrite; elle présentait plutôt un cône tors du genre des colonnes torses employées autrefois dans l'architecture; il est probable que Fourneau se

248   TRAITÉ DE L'ART DE LA CHARPENTERIE. — CHAPITRE XXXII.

proposait d'en donner une représentation fidèle dans le grand ouvrage qu'il projetait; quoi qu'il en soit, voici les principes généraux du tracé de ces sortes d'ouvrages.

La figure 8 est un plan ou projection horizontale de la flèche, que nous supposons tronquée par un plan horizontal, au niveau de la ligne $x\,y$, fig. 12 : la hauteur $c\,s$ de la flèche, fig. 12, et le diamètre $a\,b$, fig. 8, du cercle dans lequel sa base polygonale est inscrite, étant donnés, on trace le développement $a\,s$, b fig. 7, du cône fictif qui enveloppe la flèche, sur lequel les droites génératrices représentent les arêtes qui conviendraient à une flèche pyramidale non torse établie sur un plan octogonal, fig. 8.

Fourneau fixe à volonté l'inclinaison $a\,d$ qu'il veut donner aux courbes arêtières, qu'il appelle *ixodromiques* (1); et il suit, pour tracer ces courbes sur le développement, sa méthode que nous avons décrite page 239.

Attendu que cette méthode ne laisse pas le constructeur maître du point d'arrivée et du nombre de tours de l'hélice, nous avons préféré employer notre procédé décrit page 98. Ainsi nous avons voulu que la spirale, partant, par exemple, du point a du polygone de la base, rencontrât la génératrice $s\,a$ au point b' ou a', fig. 7, après avoir fait deux tours, la longueur $s\,a' = s'\,b'$ étant donnée.

On voit, que comme nous l'avons dit précédemment, la question se réduit à intercaler, entre $s\,a'$ et $s\,a$, un certain nombre de moyennes proportionnelles, vingt-trois dans l'exemple dont il s'agit : ce que nous avons fait par le moyen graphique que nous avons indiqué page 98.

Les longueurs de ces proportionnelles, marquées par les rayons du développement, nous ont donné les vingt-trois points cotés de 1 à 23, appartenant à la spirale logarithmique qui est une des arêtes de la flèche torse; nous nous sommes contenté, sur la fig. 7, de marquer en traits pleins le polygone logarithmique passant par ces mêmes points. Les autres arêtes sont en lignes ponctuées.

Du point s, comme centre, nous avons tracé des arcs de cercle qui passent par ces points; ils représentent, sur le développement, la trace des plans horizontaux aux mêmes hauteurs que ces points, et qui coupent la surface conique fictive de la flèche suivant des cercles. Les rayons $s\,b$, $s\,c, s\,d, s\,e, s\,f, s\,g, s\,h$, s-8, $s\,i, s\,j, s\,k$, etc., étant rapportés, à partir du point s sur la génératrice $s\,m$ du cône fig. 12, les horizontales passant

---

(1) Il est probable que ce nom, qui ne signifie rien, est une corruption de *loxodromique* qui désigne la nature d'une courbe qui a une *course oblique*.

par les points b, c, d, e, f, g, h, 8, i, etc., sont les projections et traces de ces plans, et leurs rencontres avec les lignes sm, sp, sc, sq, sn donnent les points des projections verticales des spirales qui sont les arêtes de la flèche pyramidale torse.

Sur la figure 8 sont les projections horizontales de ces arêtes; nous ferons remarquer que nous ne donnons cette figure que pour compléter la description de la forme de la flèche, mais qu'elle n'est pas nécessaire pour son exécution.

Pour exécuter une pareille flèche, il est évident qu'il faut d'abord que des pièces de bois, taillées en forme d'hélice, forment les arêtiers. Deux méthodes de construction se présentent pour soutenir ces arêtiers; on peut n'employer que des enrayures, ou simultanément des arbalétriers et des enrayures.

1re méthode. — Les fig. 14, 15, 16 et 17, et pl. CXV, se rapportent à cette méthode.

La figure 17 est le plan de la première enrayure, servant de naissance à la flèche.

La figure 15 est celui d'une enrayure placée à la hauteur de la ligne $d\,d$, fig. 12.

La figure 16 représente les courbes arêtières comprises entre ces deux enrayures.

Ces trois projections, vu la petitesse de l'échelle (quoiqu'elle soit le double de celle de la figure 12), ne doivent être considérées que comme des croquis. La projection verticale, fig. 16, est supposée faite sur un plan vertical parallèle à l'un des côtés $c\,q$, fig. 8, de la base de la flèche; en c, p, m, p', a, q', n, q, fig. 17, sont les pas des arêtiers. On suppose que les arêtiers diminuent à mesure qu'ils s'élèvent vers le sommet. De quelque façon et à quelque hauteur qu'on fasse une coupe par un plan horizontal, la section est une figure semblable. C'est ainsi que sur l'enrayure, fig. 15, qui est vue en dessous, les occupations de ces arêtiers sont semblables aux pas marqués sur la figure 17.

Un arêtier, celui $p\,v\,r$ de la figure 16, est mis en projection horizontale en $p\,v\,r$, fig. 17. Dans l'une et l'autre projection, les points des cinq courbes de la pièce de bois formant un arêtier, s'obtiennent par l'opération que nous avons décrite ci-dessus, pages 247 et 248. Après avoir fait les projections de l'arête spirale, tant au plan vertical qu'au plan horizontal, on suppose une suite de plans horizontaux, dans lesquels on donne à la coupe de la pièce formant l'arête, la même figure qu'aurait, au même niveau, une arête droite d'une flèche qui ne serait point torse.

Ce sont, au surplus, des détails de projections sur lesquels nous ne pouvons pas longuement insister, car nous devons supposer que, si le lecteur nous a suivi depuis le commencement de ce traité, il doit être habile dans toutes ces sortes d'opérations.

Les enrayures sont soutenues, à toutes les hauteurs qui leur conviennent, par un poinçon ou aiguille qui monte depuis le dôme jusqu'au sommet, comme dans le clocher de la figure 3, pl. CXIV. Ces enrayures ne suffisent point au soutien des arêtiers en spirale, et l'écartement de ces arêtiers peut être trop grand, surtout vers le bas de la flèche, pour assurer la solidité du lattis qui doit porter la couverture en voliges; il faut donc que des empanons verticaux complètent cette charpente. Mais comme les surfaces des pans tors sont des surfaces gauches, engendrées par des horizontales, qui s'appuient sur les arêtes en hélice, il faut creuser les empanons suivant les sections faites dans ces surfaces, par les plans verticaux qui sont les faces latérales desdits empanons. Ces empanons sont distribués dans toute la hauteur de la flèche, suivant seize plans verticaux par l'axe, de telle sorte que, seize par seize, ils se correspondent et soutiennent les arêtiers tors.

La figure 14 représente, rabattue sur la gauche, la coupe de la partie de la flèche projetée fig. 16, par le plan vertical, qui a pour trace verticale la ligne $S B$, et pour trace horizontale la ligne $C B$, fig. 17.

Les empanons, gabariés suivant la coupe de la surface gauche, y sont représentés de profil ; ils sont vus de face dans la fig. 16.

Les rectangles z, fig. 17, sont les pas des arcs-boutants de l'aiguille, comme dans la figure 3, pl. CXIII, que nous n'avons point marqués, fig. 16, pour ne point cacher les projections des arêtiers.

Nous avons, sur la figure 7, marqué en herse des parties d'arêtiers et des empanons. Cette herse sert à donner à ces empanons une coupe convenable, pour leurs assemblages entre les courbes des arêtiers.

IIe méthode. — Les figures 10 et 11, pl. CXV, sont relatives à la construction des flèches torses, au moyen d'arbalétriers.

La figure 10 représente, en projection horizontale, une des enrayures établie à différentes hauteurs de la flèche ; elle s'assemble dans l'aiguille, par ses quatre entraits, et dans les huit arbalétriers droits, par les bouts de ces mêmes entraits et les bouts de ses coyers. Les coupes horizontales des arbalétriers, au niveau de l'enrayure, sont représentées par les rectangles u; les figures pentagonales w sont les coupes horizontales des arêtiers en spirale.

La figure 11 est une coupe verticale d'une partie de la flèche, suivant la ligne brisée $z y$ de la figure 10. Dans cette coupe on a marqué l'aiguille A, les pièces de l'enrayure, un arbalétrier u, trois coupes w des arêtiers et les profils des empanons e assemblés entre les arêtiers. On voit, par cette coupe, que les arêtiers en spirale sont assemblés par entailles sur les arbalétriers, et qu'ils y sont retenus par des boulons.

III° méthode. — On donne aux arbalétriers une forme profilée suivant la section verticale méridienne, fig. 11, comme serait celui compris entre les courbes du profil extérieur $e\ w\ e\ w\ e$ et la ligne $s\ t$; les arétiers commençant à la naissance de la flèche, et se terminant à son sommet, sont formés de plusieurs tronçons assemblés à la suite les uns des autres dans les faces de ces arétiers : les parties de ces courbes rampantes des arétiers se trouvent ainsi comprises entre les faces des arbalétriers.

Quoique Fourneau ne l'ait pas formellement exprimé, il est présumable que c'est ainsi qu'il avait exécuté la flèche de Gaillon.

Entre les arbalétriers d'une courbe rampante à l'autre, seraient comme précédemment, les empanons.

Nous avons fait remarquer ci-dessus que la gravure que nous possédons, représentant une vue perspective de la Chartreuse de Bourbon-lez-Gaillon avec sa flèche torse, donne à cette flèche un contour apparent qui indiquerait que sa surface n'était pas composée de pans tors, mais bien qu'elle aurait été analogue à celle des colonnes torses.

Cette forme peut être engendrée par la torsion ou l'enroulement en spirale de l'axe d'un cône droit, à base circulaire, autour d'un autre cône, de façon que les cercles horizontaux de la surface du cône droit, se trouvent, par cette transformation en flèche torse, avoir leurs centres sur la spirale tracée sur le cône droit intérieur. Ainsi, soit $s\ s$, fig. 22, le sommet commun de deux cônes, l'un $a\ s\ b$, qui est la projection de la flèche non torse qui a pour axe la verticale $s\ c$, et pour base le cercle m, fig. 23; l'autre $d\ s\ e$, qui a pour base le cercle n.

Le cercle p, tracé dans le cône droit, à la hauteur $v\ x$, est transporté au même niveau en $p'\ p$ dans la flèche torse, son centre se trouve dans le point z, et le plan $v\ x$ coupe l'hélice tracée sur le cône intérieur.

La flèche torse peut être aussi formée par un tore décroissant de largeur, enroulé sur un cône droit, en suivant la ligne en spirale qui déterminerait des arêtes creuses; les empanons donneraient pour sections verticales des arcs de courbe convexe, comme $m\ p\ n$, fig. 14, ou pour sections horizontales des arcs de courbe $x\ y\ z$, fig. 13; ils pourraient aussi donner des arcs concaves $n\ o\ r$, fig. 13, ou des arcs de courbe convexe et concave alternativement.

On voit donc qu'on peut varier de beaucoup de manières ces sortes de morceaux d'étude, qui, au surplus, se rapprochent beaucoup des pièces que l'on appelle courbes rampantes, dans les escaliers qui font l'objet du chapitre XXXV, et dont l'étude peut faciliter beaucoup celle de la construction des flèches et des dômes tors.

M. Protot a donné, pl. XXIX de son Traité que nous avons déjà cité, chap. XVIII, 9°, une épure d'une flèche torse; selon lui, d'après Fourneau, mais malgré la perspective qui l'accompagne, une flèche exécutée telle qu'il la présente, ne serait nullement torse, elle serait conique droite. C'est, au surplus, une pièce qu'on peut exécuter comme étude. C'est une sorte de panne ou lierne contournée suivant la courbure d'une hélice comme un limon d'escalier, mais il ne faudrait pas s'attendre qu'elle donnerait pour résultat une flèche torse.

IV.

BEFFROIS.

Dans le moyen âge, on a donné le nom de beffroi à une tour carrée sur laquelle une sentinelle, dominant toutes les maisons d'une ville, était chargée de sonner une grosse cloche lorsqu'il s'agissait de donner l'alarme à toute la population; cet usage s'est conservé, jusqu'à ce jour, dans un grand nombre de villes, notamment pour les incendies.

La cloche d'alarme, aussi bien que la charpente qui la soutenait dans la tour, étaient nommées beffroi, et depuis, ce nom a continué à être donné aux charpentes qui soutiennent les cloches, et qui rendent les clochers indépendants des vibrations occasionnées par les cloches lorsqu'on les sonne.

L'usage de sonner les cloches en les frappant de leurs battants, sans les mettre en branle, peut dispenser de l'usage des beffrois en charpente; mais comme on croit que par ce mode, le son des cloches est moins éclatant et qu'il se propage moins loin, les beffrois seront probablement longtemps encore en usage.

La figure 2 de la planche CXV représente le plan d'un clocher carré, en charpente, dans l'intérieur duquel un beffroi est établi pour quatre cloches. La figure 2 est une coupe et projection verticale suivant la ligne a b du plan, et la figure 19 une coupe suivant la ligne c d.

Ce beffroi est composé de six poteaux ou montants, tant soit peu inclinés e, qui soutiennent les sommiers m, n sur lesquels sont les chantignoles o portant les paliers dans lesquels tournent les tourillons des moutons (1). Les sommiers m sont soutenus, chacun dans son milieu,

(1) On donne le nom de *moutons* aux pièces de bois auxquelles les cloches sont fixées. Nous en comprenons un détail dans le chapitre L.

par un poteau p; des écharpes et des croix de Saint-André consolident cette combinaison. On a soin de placer les cloches du même calibre du même côté, et d'établir les axes des moutons dans le même sens, afin que la vibration et le hiement résultant de la mise en branle et en volée des cloches, aient lieu dans le même sens, pour que l'on n'ait à opposer à ce mouvement que des écharpes ou des croix également établies dans le même sens. Les sommiers doivent être assez écartés pour que les cloches, en faisant un tour entier sur les axes de leurs moutons, ne se rencontrent point.

Les charpentiers de machines donnent le même nom de *beffroi* à la charpente indépendante de la bâtisse des moulins, et qui est destinée à supporter les parties servant directement à la mouture.

CHAPITRE XXXIII.

EMPLOI DES FERRURES DANS LES CHARPENTES.

Le fer est employé dans les charpentes, dans différentes circonstances, pour unir les pièces de bois entre elles, pour accroître leur force, pour consolider les assemblages, pour établir des soutiens, pour servir d'intermédiaire dans les contacts des bois, et enfin pour fonctionner en remplacement de quelques pièces de charpentes.

Les anciens ne faisaient point usage du fer dans leurs constructions en bois, ainsi qu'on peut s'en convaincre par le dessin de l'ancienne basilique de Saint-Pierre de Rome que Fontana nous a conservé, et dont nous avons parlé ci-dessus, page 110. Ce n'est que peu à peu que l'emploi du fer, dans les charpentes en bois, s'est répandu; il a d'abord servi à l'union des pièces et à la consolidation des assemblages, et ce n'est que depuis un petit nombre d'années que la préférence donnée aux charpentes en fer, étant devenue fréquente, on a essayé d'employer le fer en le faisant fonctionner comme supports ou comme tirants dans les charpentes en bois.

La description des fers employés dans les charpentes nous paraît aussi complète qu'on peut le désirer, en joignant aux figures fort détaillées, et dans des proportions suffisantes, qui composent la planche CXVI, une légende avec quelques courtes explications, comme il suit, en classant toutefois ces fers en cinq catégories principales suivant leurs destinations.

I.

FERS EMPLOYÉS POUR FIXER OU POUR LIER DES PIÈCES DE BOIS.

§ 1. *Clous.*

Fig. 1, pl. CXVI, clou, dit pointe de Paris, à tête rase, parce qu'on la fait entrer dans le bois et que, suivant le besoin, elle affleure la surface de la pièce clouée, ou qu'elle y est noyée à la profondeur qu'on veut, en la chassant avec un outil appelé chasse-pointe, semblable à une lame de poinçon coupée par le bout.

Fig. 2, pointe à tête plate, pour attacher ou joindre de petites pièces de bois les unes aux autres.

Fig. 3, pointe à tête ronde; elle forme saillie au-dessus du bois, pour faciliter le moyen de l'arracher si cela devient nécessaire.

Le commerce fournit des pointes de toutes les grosseurs, et de toutes les longueurs jusqu'à (0^m,081) suivant les besoins du travail.

Fig. 4, broquette, dite de tapissier, propre à clouer de la toile sur du bois.

Fig. 5, broquette à tête ronde, propre au même usage.

Fig. 6, clou à plancher et à lattes, suivant sa grandeur.

Le commerce fournit des clous de cette forme, de toutes les longueurs et de toutes les forces, jusqu'à 0^m,108 à 0^m,135 de longueur; lorsqu'un travail nécessite des clous au-delà des mesures marchandes, on les fait forger par les serruriers. Ces clous, suivant leur grosseur ou largeur, servent à attacher les planches, les voliges et les lattes sur les solives ou sur les chevrons des toits, et à fixer certaines pièces les unes sur les autres ou contre des murs.

Fig. 7, clous à parquet à ailerons; les clous à ailerons ne servent que pour la construction des planchers, nous en avons parlé page 369 du tome Ier.

Fig. 8, broche; les broches tiennent lieu de grands clous; elles servent à fixer des bois posés les uns sur les autres; elles doivent être fabriquées avec les meilleurs fers.

M. Emmery (*Pont d'Ivry*, page 129), remarque que les chevilles de fer, ou broches, dont les pointes sont coniques ou pyramidales, déterminent presque toujours des fentes dans le bois; il recommande avec raison de former leurs extrémités en lames plates et tranchantes, à deux biseaux, comme celle d'un fermoir, fig. 18, et lorsqu'on les chasse, il faut que le tranchant de chacune soit perpendiculaire aux fibres du bois, et non dans leur sens, pour qu'il les coupe, qu'il ne les déchire pas, et qu'il ne les écarte pas.

Fig. 9, clous à tête ronde; ils ne s'emploient que pour fixer des bandes de fer sur le bois.

Fig. 10, crampon à deux pointes; les crampons de cette forme servent à fixer sur les bois des bandes de fer qu'on ne veut point percer pour les attacher avec des clous.

Fig. 11, clou à patte percée, représentée par deux projections. Les clous de cette espèce servent à fixer les pièces de bois les unes contre les autres, ou contre des murs; la pointe est chassée dans le corps auquel on veut attacher une pièce, la patte s'étend sur la pièce attachée, et un clou la fixe; un talon reçoit par l'intermédiaire d'un ciseau, le coup du marteau que la patte ne pourrait supporter.

Fig. 12, clou à patte servant à maintenir ou à supporter une pièce de bois, lorsqu'il ne s'agit pas de la fixer : un talon en arrière de la patte comme dans la précédente, reçoit l'action du marteau, qui écraserait la patte et formerait un bourrelet du côté de la face où elle doit être en contact avec le bois si l'on frappait sur le bout.

Fig. 13, clou à patte à crochet représenté par deux projections; il sert à fixer des bois contre un mur.

Fig. 14, clou à piton terminé par un anneau servant à attacher divers objets à des pièces de bois.

Lorsque les pointes des clous, de quelque espèce que ce soit, dépassent l'épaisseur des bois qu'ils traversent, on les rive, c'est-à-dire qu'après avoir courbé à angle droit, avec le marteau, le bout de la pointe à quelques millimètres de son extrémité, on couche toute la longueur du clou qui dépasse, et l'on fait entrer la pointe courbée dans le bois; on a soin de soutenir le coup en appuyant un marteau sur la tête du clou, afin d'empêcher de ressortir par l'effet du coup qui sert à river sa pointe.

§ 2. *Vis*.

Tarauder une pièce de fer, c'est former autour de sa surface cylindrique, ou autour des parois d'un trou qu'on y a percé, des filets d'hélice. Les filets tracés extérieurement sur le bout d'un cylindre sont des *pas de vis*, ceux tracés dans l'intérieur d'un trou, sont des *pas d'écrou*.

Les vis, ou clous à vis, sont des clous faits avec plus de soin que ceux qui restent bruts comme ils sortent de la forge, ils sont finis sur le tour; la lame de chacun est cylindrique ou très-peu conique, et taraudée par le bout sur une plus ou moins grande étendue de sa longueur, suivant le besoin. La tête d'une vis qui a plus d'épaisseur que celle d'un clou, est fendue dans le plan de son axe pour donner prise à l'outil appelé *tourne-vis* qui sert à introduire les vis dans le bois en les tournant sur leurs axes. Il y a des vis de toutes les longueurs et grosseurs. Pour qu'une vis soit bonne, il faut que le filet soit mince et tranchant par son arête; que le fond du pas soit plutôt en forme de gorge que carré, que le pas soit bien égal quant à sa hauteur; que le corps non taraudé soit cylindrique pour qu'il n'oppose point de résistance en entrant dans le trou percé pour le recevoir; du reste, la vis, dans sa partie taraudée, peut être tant soit peu conique, et cette forme a l'avantage de la rendre plus fixe dans sa direction, à mesure qu'elle pénètre dans la pièce où elle doit rester fixée en pressant celle qu'elle traverse.

Fig. 15, pl. CXVI, vis à tête ronde; elle peut être employée sur le bois, la tête dépassant de tout son arrondissement la surface de la pièce. Lorsqu'on veut que la tête ne dépasse point le bois, il faut, à l'avance et avant d'avoir percé le trou dans lequel la vis doit pénétrer, lui préparer un logement avec une mèche anglaise : il est important de se servir d'une mèche de cette espèce, afin que le fond du logement de la tête de vis soit creusé, comme on dit, bien carrément, c'est-à-dire bien plan et bien perpendiculairement à la direction que la vis doit suivre en pénétrant dans le bois, et à celle de l'effort auquel la tête doit résister, afin de ne point la faire sauter.

Fig. 16, vis à tête fraisée : les vis de cette forme ne doivent être employées que pour l'application des pièces de métal sur le bois, lorsqu'on veut que sa tête affleure la surface du métal dans lequel le logement de la tête conique a été fraisé au moyen d'une fraise conique à côtes tranchantes.

On doit éviter de se servir de vis à tête fraisée dans les pièces de bois, attendu que dans les pièces minces la forme conique, faisant office de coins, les fait éclater, et que dans les bois épais, et surtout dans les bois mous, cette forme tend à s'enfoncer par l'effet de l'effort supporté par la vis, qui dès lors cesse de serrer.

Fig. 17, vis à tête plate, en usage lorsqu'on veut que, la tête étant logée dans le bois, elle en effleure la surface; dans ce cas, le logement de la tête est fait avec une mèche anglaise qui creuse ce logement exactement suivant le diamètre de la tête, le fond étant, comme nous l'avons dit ci-dessus, dressé bien carrément.

Ces vis ne se trouvent pas encore dans le commerce; il faut les commander et prescrire que toutes les têtes soient d'un égal diamètre et d'une égale épaisseur. Afin que la même mèche anglaise puisse servir pour faire tous leurs logements de même grandeur et de même profondeur, on fixe, par une vis de pression, une embase en cuivre sur la mèche anglaise, fig. 19, pour arrêter son action dès qu'elle atteint la profondeur voulue.

Dans les bois tendres, il suffit d'avoir amorcé le trou dans lequel la vis doit pénétrer pour que sa partie taraudée se fraye elle-même son passage, lorsqu'on la tourne avec le *tournevis*, ayant le soin de maintenir son axe dans la direction qu'il doit avoir; c'est même le moyen de lui donner toute la solidité désirable, parce que ses filets sont mieux remplis par le bois que si l'on perçait d'avance le trou qu'elle doit occuper. Mais dans le bois dur, il faut ouvrir le chemin que la vis doit parcourir, soit avec une vrille, soit avec une mèche de vilbrequin, suivant la grosseur de la vis. Il faut que le trou soit assez profond pour que le bout de la vis ne l'atteigne pas, autrement elle produirait un effet tout contraire à celui qu'on attend de son service; on doit avoir le plus grand soin de ne point forcer le trou avec une vrille ou avec une mèche qui soit plus grosse que le noyau de la vis, non compris les saillies de ses filets, il faut même que la mèche soit plus petite, vu qu'une mèche perce presque toujours un trou plus large que son diamètre. Cette précaution est indispensable pour que les lames des filets pénètrent dans le bois franc, lorsqu'on tourne la vis, afin qu'elles y trouvent un appui solide.

Quelquefois, lorsque les serruriers appliquent des ferrures sur des bois, en faisant usage de vis, ils enfoncent ces vis à coups de marteau comme ils chasseraient des clous; c'est un usage pernicieux, parce que les vis, en pénétrant ainsi dans le bois, le déchirent, et leurs filets n'y trouvent plus aucun appui. Les serruriers prétendent que l'élasticité du bois le fait revenir pour remplir les pas des vis; c'est une erreur, et leur procédé un abus très-blâmable. On doit veiller à ce qu'ils posent les vis en les tournant avec le *tournevis*, et avec les précautions que nous avons prescrites.

En général, il est utile, pour la conservation des vis, de les graisser avant de les placer dans le bois, pour qu'elles ne s'y rouillent point.

Dans les lieux humides, on doit préférer les vis en cuivre, mais il faut les employer plus fortes que celles de fer; il faut même les faire confectionner exprès, la plupart des vis marchandes étant en laiton moulé, au lieu qu'il faut, pour être bonnes, qu'elles soient confectionnées avec des gros fils de cuivre de laiton étiré à la filière.

Fig. 18, piton à vis pour le bois.
Fig. 20, crochet à vis pour le bois.

§ 3. *Clameaux.*

Les clameaux sont des clous ou crampons à deux pointes coudées, que l'on emploie pour fixer, les unes aux autres, les pièces de bois des constructions provisoires; on fait usage de deux sortes de ces crampons, les clameaux plats à une face, et les clameaux à deux faces : ceux-ci sont encore de deux espèces, suivant qu'ils sont tournés à gauche ou à droite.

Les fig. 41 et 43, pl. CXVI, représentent, chacune par deux projections, un clameau plat.

Dans la figure 41, le clameau est fabriqué avec du fer carré; dans la seconde, il est formé avec du fer plat.

Les fig. 40 et 44 représentent aussi, chacune par deux projections, un clameau à deux faces.

Dans la fig. 40, le clameau est supposé en fer carré et tourné à gauche; dans la fig 44, le clameau est supposé fabriqué en fer plat et tourné à droite.

Un clameau est à gauche ou à droite, suivant que l'une de ses pointes étant en dessous et verticale, l'autre pointe, qui se trouve horizontale, est tournée à gauche ou à droite, par rapport au corps du clameau, en allant de la première à la seconde pointe.

Le commerce ne fournit point de clameaux; il faut les faire fabriquer par un forgeron. Lorsqu'on fabrique un clameau, il faut, en forgeant le barreau de fer, fig. 39, pour l'étirer à la longueur et à la grosseur qu'on veut, faire ses pointes avant de le plier, et réserver pour chaque coude, fig. 42, un renflement m pour fournir à l'allongement du fer sur le dehors de chaque coude n, fig. 40, 41, 43 et 44, et pour préparer une assiette suffisante aux coups du marteau, lorsqu'on enfonce les pointes du clameau dans le bois.

Nous avons représenté, par une projection et une coupe, fig. 7, pl. CXXIX, deux pièces de bois juxtaposées et liées par des clameaux plats; il faut, autant que possible, que les clameaux prennent autant de bois sur une pièce que sur l'autre; et souvent, pour retenir le déversement des pièces à l'égard l'une de l'autre, on met autant de clameaux en dessus qu'en dessous, comme on le voit fig. 6; et l'on a soin qu'ils ne se correspondent point, pour que les pointes ne se rencontrent point et qu'elles ne fassent point fendre les pièces.

Nous avons aussi représenté, fig. 9, par trois projections perpendiculaires l'une à l'autre, un clameau *à droite*, a, liant deux pièces qui se croisent.

Lorsqu'on craint le déversement des pièces, l'une à l'égard de l'autre, on place un second clameau b dans l'angle opposé, où nous ne l'avons marqué qu'en lignes ponctuées; ce clameau est encore *à droite :* pour employer des clameaux *à gauche*, il aurait fallu les placer dans les angle d, e.

§ 4. Boulons.

Les boulons sont des tiges de fer qui, au moyen d'arrêts à chaque extrémité, servent à lier fortement les unes contre les autres des pièces de bois qu'elles traversent. Jadis on employait, pour le même objet, des clefs de bois et des clavettes, comme nous en avons décrit page 293 du tome Ier, fig. 2 de la pl. XXI; on en voit encore dans quelques charpentes très-anciennes, et l'on est étonné de la force que présente ce moyen de réunion. Depuis, on a peu à peu substitué à ses clefs, d'abord des boulons à clavettes, et enfin des boulons à vis et écrou.

Les trous au travers desquels passent les boulons doivent être percés avec grand soin, très-justes, aux diamètres des boulons, très-droits et exactement dans la direction de l'action de ces boulons.

Dans les 18 figures des boulons qui vont être décrits pl. CXVI, chaque boulon est projeté sur un plan parallèle à son axe, et supposé vertical; au-dessus et au-dessous sont les projections horizontales de chaque tête de boulon ou de son écrou, ou des coupes horizontales suivant les lignes $x\ y$.

Il est entendu que les épaisseurs des pièces de bois qu'un boulon doit serrer l'une contre l'autre, se trouvent comprises entre la tête du boulon et son écrou. On n'a point marqué ces épaisseurs sur les figures des n°s 21 à 38, parce que ces figures ont pour unique objet la représentation de diverses espèces de boulons considérés isolément.

Des pièces de bois serrés par des boulons sont figurées sous le n° 4 de la planche XXI; d'autres sont figurées dans diverses circonstances d'assemblages que nous décrivons plus loin.

Fig. 21, boulon cylindrique à tête ronde, percé dans son extrémité d'une sorte de mortaise pour recevoir une clavette. Au-dessus de cette figure est une projection horizontale de la tête du boulon en calotte sphérique; au-dessous de la même figure est une coupe, par un plan horizontal, suivant la ligne $x\ y$.

La figure XXII représente le même boulon garni de sa clavette et de la rondelle qu'on interpose entre le bois et la clavette, pour que celle-ci ne s'y imprime point, et que la résistance à la pression soit plus grande, ayant lieu sur la surface de la rondelle, plus étendue que celle de la clavette. Pour qu'une clavette serre, il faut d'abord que son épaisseur remplisse la largeur de la mortaise du boulon; de plus, il faut qu'elle soit plus large à un bout qu'à l'autre, pour faire l'office d'un coin; il faut, en outre, que la mortaise présente son contact à la clavette, sous la même inclinaison que la face un peu en pente de cette clavette, afin que l'autre face s'applique exactement sur la rondelle, et celle-ci au bois, comme nous avons déjà dit, *carrément*, c'est-à-dire perpendiculairement à l'axe du boulon et à la direction de la résistance qu'il doit opposer.

La figure 23 est une seconde projection du même boulon.

Fig. 24, boulon cylindrique à tête carrée, taraudé.

Fig. 25, le même boulon garni de son écrou et de sa rondelle.

La tête d'un boulon de cette espèce est destinée à être noyée dans l'épaisseur de la pièce de bois et de façon à affleurer sa surface, elle doit avoir ce que l'on appelle un peu de dépouilles, c'est-à-dire que le carré du dessous de la tête doit être un tant soit peu plus petit que celui du dessus, afin qu'en entrant dans le bois elle y soit complètement serrée.

Fig. 26, boulon cylindrique à tête hexagonale avec embase et écrou hexagonal avec embase. Ces embases sont ménagées tant à la tête qu'à l'écrou, pour que les angles des polygones ne s'impriment pas dans le bois. Cette précaution est surtout indispensable pour l'écrou dont les angles déchireraient la rondelle, lorsqu'on le tournerait, si sa base ne présentait pas une surface circulaire et unie.

On place souvent sous les têtes des boulons, comme sous leurs écrous, de larges et épaisses rondelles, afin d'augmenter les surfaces par lesquelles la pression est exercée sur le bois; dans ce cas, on peut donner des diamètres moins grands aux têtes des boulons et aux écrous.

Fig. 27, boulon cylindrique à tête cylindrique et avec écrou à oreilles ou ailerons, pour qu'on puisse le serrer par le seul effort des doigts, sans y employer aucune clef qui romprait les ailerons.

Les têtes de ces sortes de boulons doivent être noyées dans le bois, et un ergo ou deux petites goupilles saillantes au-dessous de la tête, en se logeant dans le bois, produisent une résistance suffisante pour empêcher le boulon de tourner lorsque l'on serre l'écrou.

Fig. 28, boulon cylindrique à tête dite romaine, avec sa rondelle; l'écrou est ordinairement logé dans l'une des pièces de bois, et c'est en tournant la tête avec une broche de fer passée, au moment du besoin, dans le trou qui y est ménagé, qu'on serre le boulon.

La pièce de bois f, fig. 56, assemblée à tenon et mortaise dans la pièce d, y est retenue par un boulon de cette espèce. Le trou du boulon traverse la pièce d, et pénètre, suivant le fil du bois, dans la pièce e, au milieu de son tenon. L'écrou est introduit à sa place par la mortaise g; au lieu d'une tête dite romaine, ce boulon a une tête hexagonale, et on le tourne avec une clef.

Fig. 29, boulon taraudé par les deux bouts. L'écrou inférieur se loge dans le bois par le côté de la pièce qui doit le recevoir; on y visse le bout taraudé du boulon, en le passant dans le trou foré pour le recevoir, et l'écrou supérieur est ensuite serré extérieurement avec une clef; une rondelle est placée entre l'écrou et le bois, sur lequel la pression est opérée.

La pièce e, fig. 56, assemblée à tenon et mortaise dans la pièce d, y est retenue par un boulon à deux écrous; l'un des écrous est introduit dans l'axe de la pièce d par la mortaise g; l'écrou extérieur est hexagonal et porte sur une rondelle.

C'est au moyen d'un boulon de cette espèce que l'arbalétrier p, fig. 61, est retenu sur la jambe de force s, qui y est assemblée à tenon et mortaise.

Fig. 30, boulon à tête et écrou coniques. Ce boulon s'emploie pour fixer des ferrures incrustées dans le bois, et qui ne doivent avoir aucune saillie au-dessus de sa surface; la tête et l'écrou se noient dans des logements fraisés.

Figure 31, boulon cylindrique à tête conique, avec un écrou rond entaillé.

Fig. 32, boulon cylindrique à tête portant un carré; l'écrou en losange se noie dans le bois.

Fig. 33, boulon cylindrique à tête et écrou ronds, fendu en tête de vis.

Les écrous des boulons, fig. 30, 31 et 33, se serrent avec des clefs de la forme représentée fig. 77, ou de celle représentée fig. 80, qui est à poignée; la tête de l'écrou, fig. 33, est fendue, pour qu'on puisse l'empêcher de tourner quand on serre l'écrou, en la maintenant avec un large tournevis.

L'écrou du boulon, fig. 32, reste fixe dans le bois, pendant qu'on y visse le boulon en appliquant à sa tête une clef de la forme représentée fig. 74.

Fig. 34, boulon avec fausse tête à clavettes et écrou carré; ce boulon est employé lorsqu'on manque de place pour le faire entrer par le côté où la tête doit s'appliquer. Il est alors introduit en sens inverse sans tête ni clavette, et l'une et l'autre sont placées dès qu'il dépasse la surface du bois, sur laquelle la fausse tête doit s'appuyer; alors on serre l'écrou, qui peut avoir une telle forme qu'on voudra de l'une de celles que nous avons figurées.

On emploie des boulons de cette espèce, avec des écrous circulaires crénelés comme celui x, pour des assemblages de limons d'escaliers; nous en avons représenté un fig. 18, pl. CXXI. On tourne les écrous de cette sorte avec un ciseau engagé dans un de leurs crans, tangentiellement, et en frappant avec un marteau.

Fig. 35, boulon à tête et tige carrées.

On ne donne ordinairement aux boulons que le diamètre que l'on juge nécessaire pour qu'ils résistent à l'effort de traction qu'ils ont à supporter : mais leur longueur peut être telle que leur force ne soit plus suffisante pour résister en même temps à la torsion que peut produire l'écrou pendant qu'on le fait tourner pour le serrer; on peut alors employer des boulons à tiges carrées, comme celui de la figure 35. Le trou dans lequel on les place doit être percé rond, un peu moins grand que la diagonale du carré de la coupe a de la tige, afin qu'en chassant le boulon à coups de marteau ou de masse de bois, ses arêtes s'impriment dans les parois du trou, et que par ce moyen sa tige ne puisse se tordre lorsqu'on serre son écrou.

Si l'épaisseur des bois est très-grande, il est préférable de faire usage d'un boulon à deux écrous, fig. 54, plutôt que d'un boulon à tête. Le trou est percé rond, du même diamètre par le boulon qui reçoit, par le bout qui a traversé le bois, un écrou rond *m* placé sans effort et qui fait office de tête, soit qu'il affleure, soit qu'il dépasse le bois ; l'autre extrémité du boulon porte entre la tige et le taraudage, un renflement carré ou hexagonal, ou en ailerons *n* qui est introduit dans le logement qu'on lui a préparé dans le bois, et enfin l'écrou *p*, destiné à serrer, est placé avec sa rondelle. On peut aussi percer à cette même extrémité du boulon, une mortaise, fig. 55, pour recevoir une petite clavette de fer qui traverse la pièce de bois lorsqu'elle n'a pas une grande épaisseur. Ces dispositions ont pour but d'empêcher que la tige du boulon se torde lorsqu'on serre l'écrou.

Fig. 36, écrou à tête carrée et à tige à huit pans ; on fait forger des boulons de cette sorte lorsqu'on manque de fer rond et de temps pour arrondir du fer carré dans des étampes.

Fig. 37, boulon cylindrique dans la majeure partie de sa tige, et carré près de sa tête ronde et en goutte de suif : ce boulon est employé lorsque sa tête doit s'appuyer sur des ferrures dans lesquelles sa tige trouve un trou carré.

Fig. 38, boulon à piton avec un écrou à une seule oreille.

Les boulons doivent être fabriqués avec le meilleur fer, non cassant ; on doit les graisser avant de les placer, pour les garantir de la rouille. Il est indispensable de graisser aussi leurs taraudages et leurs écrous, aussi bien que leurs rondelles, afin de faciliter le mouvement de rotation que l'on donne aux écrous au moyen d'une clef pour serrer les pièces que les boulons traversent.

Lorsqu'on veut opérer une grande pression, il faut mettre plusieurs rondelles sous un même écrou, pour rendre le mouvement de rotation plus doux, parce que le frottement s'affaiblit en se répartissant entre les surfaces de toutes les rondelles ; c'est pour obtenir ce résultat qu'on met presque toujours plusieurs rondelles aux vis des gros étaux des ouvriers qui travaillent les métaux.

Lorsqu'on fait fabriquer des boulons, il faut exiger :

1° Que les têtes soient refoulées sur les tiges, ou qu'elles soient bien soudées, et n'en admettre aucun dont les têtes seraient seulement rivées. Les têtes formées par un cordon soudé sur la tige, sont préférables à celles dont la soudure est obtenue en passant le bout de la tige dans un trou percé au centre de la pièce qui doit former la tête ;

2° Que les filets soient taillés à froid, en coupant le fer avec une bonne filière qui enlève des copeaux, au lieu de comprimer et d'étirer le fer en refoulant les lèvres des filets pour former leurs arêtes (1) ;

---

(1) Quelques constructeurs ont recommandé de donner aux filets du taraudage des boulons, une forme arrondie, surtout dans les creux ; il en résulterait que les filets des

3° Que le taraudage soit fait très-lentement, afin de ne pas rompre le nerf du fer, en l'étirant, dans le sens de sa longueur, trop vivement par l'action de la filière et en le tordant;

4° Que l'écrou soit percé à froid, c'est-à-dire forcé, et qu'il soit taraudé avec le même soin que le boulon; qu'il ne soit pas déchiré dans la circonférence; que sa base soit perpendiculaire à son axe, pour que, lorsqu'il agit, il ne courbe pas le boulon en le tirant de travers;

5° Que le profil du filet de l'écrou et celui du filet de la vis, ainsi que les diamètres et les pas de l'un et de l'autre, soient égaux, afin que tous les filets engagés dans l'écrou portent en même temps et fassent le même effort.

En général, la saillie des filets du taraudage d'un boulon sur son noyau doit être le dixième du diamètre du noyau, ou le douzième du diamètre total du boulon. Le pas, c'est-à-dire la quantité dont chaque filet monte sur un tour entier, doit être d'un cinquième ou d'un sixième du noyau, ou bien un sixième ou septième du diamètre du boulon.

Le diamètre extérieur d'un écrou doit être le double du diamètre du corps du boulon.

Les écrous doivent avoir assez d'épaisseur pour comprendre cinq ou six filets et même plus, si la pression à opérer doit être grande.

Ces rapports doivent être observés pour toutes les pièces de fer portant taraudage.

Si l'on craint qu'un écrou se desserre par un mouvement de rotation rétrograde occasionné par une cause quelconque, on ajoute un deuxième écrou sur le premier, que l'on serre fortement; il produit une si excessive pression entre les filets de la vis et ceux de l'écrou, qu'il n'y a pas de force capable de mouvoir le premier écrou; ce second écrou est nommé *contre-écrou.*

Lorsqu'il s'agit de produire une forte pression au moyen d'une pièce de ferrure taraudée, l'effort de la main ne suffit pas pour tourner les écrous; on

---

écrous devraient avoir leurs arêtes arrondies. Cette disposition pourrait être praticable pour les fers de très-petits diamètres; mais elle rendrait le taraudage très-difficile; elle exposerait à l'inconvénient qu'il est le plus important d'éviter, celui du taraudage par compression; d'un autre côté, elle présenterait dans le contact des filets de l'écrou avec ceux de la vis, des surfaces qui auraient trop peu d'inclinaison par rapport à l'axe, et qui occasionneraient des pressions et par conséquent des frottements excessifs, qui seraient aussi nuisibles aux vis qu'aux écrous. Après les filets carrés des grosses vis, les meilleurs sont les filets angulaires, sous le rapport de la bonté du taraudage comme sous celui de l'usage. On cite une expérience dans laquelle une soudure de fil de fer de $0^m,006$ a cédé plutôt que sa partie taraudée à filets arrondis dans leur fond. Elle prouve seulement que la soudure ne valait ni le corps du fil de fer ni son taraudage, mais elle ne prouve nullement que les filets arrondis soient meilleurs que les filets angulaires.

EMPLOI DES FERRURES DANS LES CHARPENTES.   265

se sert alors d'un outil que l'on appelle *clef*, dont nous n'avons point parlé dans le chapitre I⁰ʳ, parce qu'il ne sert pas directement au travail du bois, et qu'il nous a paru plus convenable de le rapprocher des ferrures auxquelles son usage s'applique.

La fig. 74, pl. CXVI, est une clef double pour tourner les écrous carrés et au besoin les têtes des boulons de même forme.

Fig. 75, clef droite simple, pour les écrous et têtes à six pans.

Fig. 76, clef double en S pour saisir des écrous carrés que l'on ne peut atteindre directement; on fait des clefs courbées de la même manière pour des écrous hexagonaux.

Fig. 77, clef fourchue pour les écrous qu'on ne peut saisir que latéralement.

Fig. 78, clef pour agir par son extrémité a sur un écrou de la forme fig. 30, et de son bout b sur celui de la fig. 31.

Fig. 79, clef dite anglaise, qui convient à des écrous de plusieurs dimensions, parce que la distance entre les deux mâchoires m, n peut changer, suivant la grosseur de l'écrou à saisir; la mâchoire n fixée à la tige o est mobile avec cette tige, elle s'écarte ou se rapproche de la mâchoire m fixée à la tige u, lorsque tenant d'une main les deux tiges o u, on tourne de l'autre main le manche v, dont l'intérieur est taraudé sur une partie de sa profondeur, et qui reçoit les filets de vis du bout de la tige o.

Fig. 80, tournevis.

Fig. 81, clef pour tourner des écrous de la forme de ceux fig. 30, 31 et 33, en donnant toutefois aux deux parties de son extrémité la forme et l'écartement convenables.

§ 5. *Frettes.*

On traverse quelquefois des pièces de bois par des boulons fortement serrés par des écrous, pour les empêcher de se fendre suivant des plans qui seraient perpendiculaires à ces boulons; mais le plus ordinairement on emploie, dans le même but, des frettes qui sont des liens entiers ou de plusieurs pièces. Les fig. 45, 46, 47, 48 et 50, pl. CXVI, sont des frettes simples; ce sont des anneaux ronds, carrés, octogones ou à pans formés par une bande de fer suffisamment large, suffisamment épaisse, soudée par les deux bouts avec le plus grand soin; on n'emploie pour les frettes que du très-bon fer. Pour qu'une frette serre bien la pièce de bois qu'elle enveloppe, il faut avoir soin d'abord de ne l'appliquer qu'à des bois très-secs, de donner un tant soit peu de dépouille à l'emplacement qui doit recevoir la frette, afin qu'on puisse la forcer de serrer en la chassant à coups de marteau, pour la pousser vers la partie la plus grosse du bois, où on la retient avec quelques clous placés en dehors. Sinon, après qu'on l'a forgée très-juste, et même un tant soit peu plus petite, il faut la chauffer autant que possible, et cependant pas assez pour qu'elle brûle le bois, et la porter ainsi dilatée par la chaleur à la place qu'elle doit occuper. Ce moyen est si efficace que les frettes s'impriment dans le bois par l'effet de leur rétrécissement en refroidissant. J'en ai même vu qu'on avait forgé trop petites, se rompre par l'effet de leur refroidissement. C'est un moyen qu'on emploie pour ferrer les roues des voitures, dont les cercles sont aussi de grandes frettes.

On fait usage de frettes oblongues pour retenir les arbalétriers dans les embrèvements de leurs assemblages sur les tirants; on en voit des exemples sur les charpentes romaines que nous avons représentées pl. LXXXIII et LXXXIV, sur celle de la figure 4, pl. LXXXVII, sur celle de la salle d'exercice de Moscou, fig. 3, pl. XCIV, et sur plusieurs autres. Ces longues frettes sont chassées à coups de masse à leur place; on fait en sorte qu'elles soient également inclinées à l'égard des pièces qu'elles lient; et on les retient sur les faces en pente avec de forts clous chassés au-dessous d'elles; on ne les perce d'aucun trou pour ne pas les affaiblir.

La figure 49 est une frette circulaire en deux pièces, pour des bois réunis à plat; les deux joints sont formés chacun par deux oreilles serrées par des boulons à vis et leurs écrous.

Lorsque la pression ne doit pas être considérable, et qu'on peut y employer du fer mince, la frette est faite d'une seule pièce avec une bande de fer peu épaisse, un seul joint suffit; il est composé, fig. 51, comme un de ceux de la frette fig. 49.

Quelquefois ce même joint, au lieu d'être serré par un boulon à écrou, est formé par des boucles et serré par une clavette. Cette sorte de joint est représentée par les projections fig. 52 et 53.

Lorsqu'on ente des pieux, on consolide leurs entes au moyen de frettes à deux joints à clavettes. La figure 65 représente, par une projection verticale et par une coupe horizontale placée au-dessus, deux pièces rondes jointes par une ente déjà représentée fig. 13, pl. XX. Leur enture est consolidée par des frettes entaillées dans les surfaces du bois, et de deux morceaux pour qu'on puisse les poser; une seule de ces frettes est posée en a, des coches z reçoivent l'épaisseur de chaque joint. L'emplacement de l'autre frette est entaillé en b, mais la frette n'est pas posée.

Ce moyen est celui indiqué dans les Œuvres de Perronet, planche XXXVIII.

La figure 64 est un autre moyen de fretter, en employant des frettes en anneaux d'une seule pièce, l'ente étant faite de la même manière.

EMPLOI DES FERRURES DANS LES CHARPENTES. 267

Les bouts des pièces sont diminués de diamètre pour passer dans la frette c, qui trouve dans les parties non réduites de diamètre des embases qui l'arrêtent. Nous n'avons indiqué qu'une frette en c, mais on voit qu'on peut en placer deux autres, l'une en d, l'autre en e, en ménageant leurs places entaillées dans les parties non réduites de diamètre, où, à cause de la flexibilité du fer, elles peuvent être placées avant que l'ente soit mise en joint.

On serre aussi des pièces carrées d'un seul morceau, ou la réunion de plusieurs pièces, avec des frettes de deux et de quatre parties. La figure 66 représente une frette carrée de deux pièces, les joints à oreilles étant sur deux angles opposés. On pourrait placer un joint sur chaque angle, ou, au besoin, les placer sur deux faces opposées, ou même sur les quatre faces; dans ce dernier cas, on pourrait faire les joints à clavettes, comme celui de la frette fig. 52 et 53.

Les joints à oreilles, et notamment ceux placés sur les arêtes des pièces, ne serrent pas aussi bien qu'on pourrait le croire, à cause du déversement que les oreilles peuvent éprouver lorsqu'elles ne s'appliquent pas complétement l'une sur l'autre. La figure 68 représente une frette pour les pièces carrées, qui ne laisse rien à désirer sous le rapport de la pression; elle est composée de quatre brides terminées chacune par un bout cylindrique taraudé entrant dans l'œil d'une autre bride et serré par un écrou. La figure 67 représente une de ces brides vue à plat.

§ 6. *Liens.*

Les liens sont des espèces de frettes qui n'ont pour objet que d'opérer une pression dans un seul sens.

La figure 63, pl. CXVI, représente deux liens a, b, qui serrent des madriers appliqués les uns sur les autres. Une partie plate réunit les deux branches du lien a qui forment deux coudes représentés dans la coupe a' au-dessus de la principale projection. Dans le lien b, les deux branches sont les prolongements d'une bande qui s'arrondit sur un tasseau p représenté en p' dans la coupe b', cette disposition ayant pour objet de prévenir la rupture dans les coudes, qui est toujours à craindre dans les ferrements plats qui opèrent de fortes pressions.

Dans l'un et l'autre lien, la pression est opérée par des brides m dans les yeux desquelles passent les bouts taraudés qui sont saisis par des écrous garnis de leurs rondelles.

Une bride comme celle m est représentée à plat, fig. 82.

Des liens de cette forme sont employés concurremment avec les frettes pour maintenir les assemblages à embrèvements des arbalétriers des fermes en charpente sur leurs tirants. On en voit des exemples dans la figure 6 de la planche LXXXIX.

On doit les arrêter sur les faces inférieures des tirants et sur les faces supérieures des arbalétriers avec de forts clous, avant de serrer les brides. Quelquefois on fixe leurs places par des entailles dans la face inférieure du tirant et dans la face supérieure de l'arbalétrier, et, dans tous les cas, leur direction doit être perpendiculaire à la face de l'arbalétrier, comme dans la ferme de la planche LXXXIX.

Les liens sont aussi employés pour serrer des pièces de bois qui se croisent, notamment celles qui se croisent à angles droits. La figure 56 représente des liens employés dans ce cas.

Les pièces a, b, c, d se croisent; la pièce a est serrée sur la pièce c par un seul lien g; la pièce b et la pièce c sont serrées réciproquement l'une sur l'autre au moyen de deux liens m et n employés en sens inverse, et qui produisent la pression réciproque dans le même sens.

La pièce c et la pièce d sont également serrées par deux liens p et q de la même manière que les pièces b et c.

Ces sortes de liens sont employés lorsque des boulons ne produiraient pas une application assez complète entre les surfaces, ou lorsque, vu la nature des bois employés, on craint que les boulons trop multipliés les fassent fendre.

Les liens employés de cette manière ne nécessitent point de brides; il suffit que les écrous posent sur de larges rondelles.

§ 7. Scellements.

Les fers à scellements sont employés pour fixer des pièces de bois contre des murs en maçonnerie. La figure 62 représente trois sortes de scellements. En A est un boulon scellé dans le mur, et destiné à traverser une pièce de bois pour l'attacher contre le mur. Deux orillons qui tiennent lieu de tête le fixent dans le scellement.

En B, une bande coudée g embrasse une pièce de bois b et la tient appliquée contre le mur par l'effet de ses deux scellements.

En C, deux boulons $p\ p$ scellés comme celui A retiennent entre eux une pièce de bois f appliquée contre le mur au moyen d'une bride e saisie sous les deux écrous de ces boulons. Le détail d'une bride vue à plat est figuré sous le n° 82.

II.

FERS EMPLOYÉS POUR CONSOLIDER LES ASSEMBLAGES.

§ 1. *Bandes de fer.*

Nous avons déjà indiqué l'usage des bandes de fer pour consolider les assemblages en parlant des pans de bois, chapitre X ; ainsi nous n'avons pas à décrire longuement l'emploi de ces sortes de ferrures.

Un exemple de l'emploi des bandes de fer se trouve indiqué, fig. 12 de la planche XXXVII, pour la consolidation d'un assemblage à trait de Jupiter.

Lorsqu'on emploie des bandes de fer comme moyen de consolidation des assemblages, il est utile de courber leurs extrémités comme nous l'avons indiqué fig. 49, 61 et 70, pl. CXVI, afin qu'elles soient cramponnées dans le bois où les logements de ces crampons doivent être préparés en creusant pour chacun une petite mortaise pour les recevoir.

De fortes vis pour fixer les bandes de fer sur les bois sont préférables aux clous et aux broches.

Les boulons sont préférables aux clous et aux vis pour attacher les bandes de fer sur des pièces de bois, et même il faut au moins un boulon par chaque bout.

Lorsque des bandes sont destinées à consolider une ente de deux pièces de bois, et qu'on a jugé qu'il en faut deux, il est préférable d'en placer une de chaque côté plutôt que de les placer toutes deux du même côté.

Nous avons déjà décrit, page 121, une combinaison de bandes de fer employées pour consolider les assemblages à mi-bois de pièces qui se croisent, et qui sont jointes bout à bout dans leurs entailles réciproques. On eût pu employer aussi des bandes de fer formant des croix ou des X appliquées en dessus et en dessous des pièces assemblées ; mais cette disposition, convenable dans beaucoup de circonstances, ne pouvait être appliquée dans la charpente représentée pl. LXXXIX, à cause de la nécessité de livrer passage à un tuyau vertical au milieu de l'assemblage.

§ 2. *Étriers.*

Lorsque l'usage du fer dans les charpentes n'était pas connu, on retenait les pièces de bois à celles qui devaient les soutenir, par des clefs en bois comme on en voit dans la charpente de la basilique de Saint-Pierre de Rome, fig. 1, pl. LXXXIV, et comme nous avons représenté ce moyen d'assemblage fig. 13 et 14, pl. XVII, et page 272 du tome Ier.

Pendant longtemps même les boulons des moises ont été suppléés par de longues clefs en bois traversant les moises et serrées par de fortes clavettes en bois, fig. 2, pl. XXI, comme on en voit encore dans quelques anciennes charpentes.

Lorsque l'usage du fer a commencé à s'introduire dans les charpentes, on s'est servi, pour soutenir des pièces de bois, de bandes de fer enveloppant les pièces à soutenir, leurs branches se prolongeant sur les poinçons auxquels on les attachait par de forts clous. Ces étriers avaient la forme représentée, fig. LVII, par deux projections, si ce n'est que dans cette figure l'étrier est retenu par des boulons à vis et écrous au lieu de l'être, comme par le passé, au moyen de gros clous.

Des pièces de la même forme servent aussi à maintenir des arbalétriers dans leurs assemblages sur les tirants. On en voit un exemple fig. 2, pl. XC. On s'en est servi quelquefois aussi pour lier les arbalétriers sur les abouts des entraits, fig. 2, pl. XCVI. Il faut, dans ce cas, que la partie de l'étrier qui porte sur le plan incliné de l'arbalétrier soit également inclinée, et qu'elle soit retenue par un très-fort clou, ou par deux clous passant dans deux oreilles qui suivent le rampant de l'arbalétrier. Autrement, il faut que cette partie de la bande de fer soit entaillée dans l'arbalétrier, ou que l'étrier soit perpendiculaire à sa face supérieure.

On a fait anciennement des étriers comme celui représenté fig. 58. Deux brides égales a b sont appliquées extérieurement de chaque côté de l'assemblage d'une poutre m avec un poinçon n, elles sont accrochées par leurs mortaises, à une clef en fer traversant le poinçon dans une mortaise et terminée à chaque bout par un crochet pour retenir ces brides. Une autre clef d terminée à chaque bout par un T, et représentée à plat, fig. 84, traverse les deux mortaises inférieures des brides en passant sous la poutre m. Des coins o pressent la clef inférieure contre la poutre, et, par conséquent, serrent tout l'assemblage. La clef d passe de champ dans les mortaises des brides.

C'est par un moyen analogue que les cloches sont attachées à leurs moutons. (*Voyez* chapitre L.)

Lorsque des boulons employés comme dans la figure 56, pour soutenir la pièce d attachée à la pièce e ou à la pièce f ne paraissent pas suffisants, on emploie des bandes taraudées, fig. 59, pour fixer une poutre r à un poinçon q. Les bandes sont clouées et boulonnées sur le poinçon, leurs bouts arrondis comme des boulons traversent la poutre;

ils sont terminés par des taraudages qui reçoivent des écrous avec de larges rondelles pour serrer l'assemblage et soutenir la poutre.

La figure 60, pl. CXVI, est un détail d'un étrier qui attache un arbalétrier à la jambe de force dans la ferme de mon système d'arcs en madriers courbés sur leur plat, pl. CVIII. Cet étrier est formé de deux bandes droites m terminées par le haut en boulons qui traversent l'arbalétrier p et reçoivent les écrous z pour serrer le joint. Ces deux bandes droites sont réunies par une bande cintrée n au moyen de deux moufles à clavettes x et y. Cette bande cintrée traverse une mortaise creusée dans la jambe de force r. Les joints sont pareils à celui de la figure 53. Une petite entaille forme l'assiette de chaque écrou.

Lorsque la pression ne doit pas être grande, et que l'on peut former la partie arrondie de l'étrier avec une bande mince et un peu flexible, ce genre d'étrier peut être fait d'une seule pièce, comme celui t u v, même figure, qui attache l'arbalétrier à une jambe de force s. En ouvrant un peu les branches de l'étrier, on peut en passer une dans la mortaise, qui n'a besoin d'être élargie que jusqu'à la ligne k l, qui n'est distante de la partie arrondie que d'environ la moitié de la longueur de son rayon.

Dans la fig. 61, les jambes de force f et f' sont attachées à l'arbalétrier p par le même moyen qui est représenté fig. 56 et 59, pour lier une poutre à un poinçon.

Nous avons ajouté aux extrémités des bandes étrières des retours pliés sur toute la largeur de chacune, et formant crochets ou crampons dans le bois, où ils sont logés dans de petites mortaises entaillées d'avance et avec justesse. Ces sortes de crampons concourent à la résistance produite par les boulons.

Lorsque des boulons ou des pièces taraudées qui doivent, en outre de la pression qu'ils opèrent, présenter une résistance quelconque dans une direction perpendiculaire à leurs axes, il faut avoir soin que le taraudage ne s'étende pas sur les points où cette pression doit être exercée, et qu'il ne commence qu'au delà et sous les rondelles, afin que le contact des parties qui agissent dans ce sens porte sur les parties cylindriques des boulons ou des pièces, et non sur les filets des vis, qui seraient infailliblement écrasés et même le fer pourrait rompre.

On nomme aussi étriers des bandes de fer coudées et tordues qui servent à soutenir les assemblages des solives dans les poutres et des linçoirs et chevêtres dans les solives. Nous avons donné à ce sujet, et sur les bandes de trémies, qui sont aussi des étriers, des détails suffisants, dans les figures 8, 9, 10 de la planche XXXVI.

§ 3. Équerres.

Les équerres sont employées pour maintenir des assemblages et surtout pour s'opposer à ce que les angles que font les pièces puissent varier. Elles sont de deux espèces, les équerres plates et les équerres de champ.

Fig. 71, pl. CXVI, équerres plates pour fortifier un assemblage d'angle. Pour qu'une équerre de cette sorte remplisse l'effet qu'on en attend, il faut qu'elle soit incrustée dans le bois au moins de la majeure partie de son épaisseur et mieux de son épaisseur entière, de façon qu'elle affleure la surface du bois; elle doit y être retenue par trois boulons au moins, et par des clous; les bouts doivent être pliés pour former crampons dans le bois.

La figure 83 représente une équerre en T pour un assemblage formé sur un point quelconque de la longueur d'une pièce.

Dans les petits ouvrages, chaque assemblage n'est garni que d'une équerre posée avec des vis du côté le moins apparent. Dans les gros ouvrages, il est mieux, pour prévenir la torsion des bois, de mettre une équerre sur chaque face de l'assemblage, en les faisant correspondre, pour qu'elles soient toutes deux traversées par les mêmes boulons.

La figure 70 représente l'assemblage de deux pièces de bois a, b, sur le même point de la longueur d'une troisième pièce c, figurée par une coupe.

Ce double assemblage est maintenu par deux équerres de champ, l'une en dehors, l'autre en dedans de l'assemblage. Ces équerres se correspondent et sont traversées par des boulons communs. Leurs branches sont appliquées avec des clous; elles sont terminées par des crampons; on a soin que les clous ne se correspondent point.

La figure 69 est une projection de l'une des branches de l'équerre extérieure. On peut sans inconvénient se dispenser d'incruster les équerres de champ; souvent on peut, et quelquefois même on y est forcé, supprimer l'équerre intérieure.

Les branches d'une équerre, plate ou de champ, ne sont pas toujours à angle droit l'une à l'égard de l'autre : l'angle que font ces branches dépend de celui que font les pièces de bois. Quelquefois une des branches est dans un plan incliné, et l'autre dans un plan vertical; une branche ou toutes deux peuvent être courbe ou cintrées; la pièce de fer n'en conserve pas moins le nom d'équerre, et elle est appliquée au bois de la même manière.

Les boulons et bandes taraudés des figures 56, 59, 61, sont en général préférables aux équerres, parce qu'ils serrent les assemblages, et que, quant au maintien de l'angle dans les assemblages, on doit peu compter sur l'efficacité des équerres, qui ne résistent presque jamais, dans les ouvrages en charpente, aux efforts qui peuvent changer cet angle. Il est préférable, s'il s'agit d'empêcher un angle de se fermer, d'opposer des goussets, des aisseliers et des contre-fiches à l'effort qui pourrait amener ce changement; et s'il s'agit de l'empêcher de s'ouvrir, il est encore préférable de faire usage de tirants en fer employés diagonalement.

III.

TIRANTS.

§ 1. *Joints pour bandes et barreaux.*

Les tirants sont employés pour unir et combiner des parties de charpentes éloignées les unes des autres; lorsque les distances sont grandes, ces tirants ne peuvent être faits d'une seule pièce, il faut, par conséquent, réunir plusieurs pièces bout à bout par des joints solides, et dont la plupart doivent fournir le moyen de donner une tension convenable à la totalité du tirant.

Les fig. 72 et 73, pl. CXVI, sont des projections de différents moyens de jonction, pour les parties des tirants.

Fig. 72, parties de tirants formées de bandes plates; a, joint à clavette en projection verticale; a', projection horizontale du même joint pour le cas où ce joint étant isolé, son épaisseur peut dépasser également des deux côtés celle des bandes dont le tirant est formé; a'', projection horizontale pour le cas où le joint doit être porté d'un côté, parce que le tirant doit être appliqué contre quelque objet. Ce joint est aussi appelé *moufle*.

b, deux projections d'un joint à oreilles, serré par un boulon à tête romaine ou autre, traversant une oreille et se vissant dans l'autre.

c, deux projections d'un joint à oreilles doubles, serré par deux boulons à écrou. Ce joint est préférable aux précédents, parce qu'en serrant les boulons également, l'effort est le même des deux côtés du tirant.

d, joint plat, serré par des boulons avec écrous et rondelles.

Fig. 73, tirant formé de barreaux carrés.

e, joint à vis se réunissant dans un écrou commun. Si cet écrou doit produire la tension du tirant, il faut que les parties du tirant soient taraudées en sens inverse, et que l'écrou commun soit aussi taraudé en sens inverse, afin qu'en le tournant, il attire à lui les deux parties du tirant.

f, joint avec boulon à deux tiges sur une seule tête romaine, et deux taraudages en sens inverse, en vissant dans les écrous, également en sens inverse, qui terminent les extrémités des parties du tirant.

g, joint à plat. Des tenons *x* qui font partie de la patte du tirant *p*, sont reçus dans les mortaises de la patte du tirant *q*; cet assemblage est retenu en joint par des coulants *v*, *y*, *z*, qui peuvent glisser, au besoin, tout le long de l'assemblage, les tenons *x* ne dépassant point la surface de la patte du barreau *q*.

On fait usage aussi de fer rond pour les tirants ; nous aurons occasion d'en parler au sujet des charpentes figurées sur les planches CVI, CXVII, CXVIII.

§ 2. *Chaînes.*

Les chaînes sont employées dans les charpentes comme tirants; dans ce cas, elles ne doivent être composées que de chaînons fort longs formés de tringles, terminées par des anneaux; nous en avons indiqué un exemple, page 182 et pl. CVI, fig. 8.

Les chaînes composées de chaînons annulaires ronds ou ovales, ne doivent pas être employées comme des tirants, vu qu'il est reconnu que leur force n'est qu'une fois et demie celle du fer employé à former leurs chaînons, et que, par conséquent, elles sont chargées d'un poids plus considérable qu'il n'est nécessaire pour la force dont on a besoin. Sous un autre rapport, elles ne doivent trouver place dans les charpentes que dans des cas très-rares, vu que le fer de leurs chaînons ne devant pas être très-gros, les formes arrondies de leurs anneaux ont une élasticité qu'il ne convient pas de rencontrer dans des tirants.

IV.

FER INTERPOSÉ DANS LES ASSEMBLAGES.

On a depuis longtemps observé que le défaut de dureté du bois est cause que les contacts des assemblages n'opposent pas toujours une résistance suffisante aux pressions qu'ils éprouvent; ou les fibres longitudinales sont comprimées les unes contre les autres par les abouts, ou dans ces abouts les fibres sont refoulées, et de cet inconvénient résulte un jeu dans les assemblages et de grands tassements dans les charpentes.

Mathurin Jousse proposa d'introduire des lames de plomb, de 2 à 4 millim. aux jonctions des abouts des pièces dans les poutres armées, afin que ce métal ductile remplît tous les vides que pouvaient laisser les inégalités des fibres dans ces abouts. Perrault conseille le même moyen dans son Mémoire pour le projet de pont d'une seule arche, qu'il proposait de construire à Sèvres, sur la Seine.

Ce moyen remplissait le but qu'on se proposait pour les assemblages à bois debout, et lorsque, par l'effet de la coupe, le tassement était à peu près prévu; mais on reconnut qu'il était insuffisant pour d'autres assemblages. La mollesse du plomb lui permet de céder à de grandes pressions, en s'introduisant dans les inégalités que laissent les fibres coupées à bois en travers, vu la difficulté d'exécuter des surfaces parfaitement unies et sans aucun creux. Au point de Schaffhouse, Grubenman s'était servi de fer-blanc; des feuilles de zinc ou de cuivre pourraient aussi être employées dans le même cas, mais vu le peu d'épaisseur des lames de ces métaux, elles n'atteignent pas complétement le but qu'on se propose.

M. de Bétancourt, que nous avons cité chap. XXIV, 4°, en décrivant la charpente de la salle d'exercice de Moscou, avait reconnu que *les bois agissant dans la direction de leur longueur, ne doivent jamais, directement ou indirectement, exercer leurs efforts de pression contre des pièces qui reçoivent leurs abouts*, et huit ans avant la construction de cette charpente, c'est-à-dire vers 1810, il s'avisa, pour la première fois, dans la construction du pont de Kamennoï-Ostrow, composé de sept grandes arches en bois (celle du milieu ayant 84 pieds d'ouverture, 27^m,30) de faire porter leurs naissances sur des boîtes en fonte de fer, et en décintrant, les arcs ne baissèrent point. Depuis, il a introduit cette méthode dans les assemblages des fermes pour les combles, et la première application qu'il en a faite, a été dans la construction des fermes de la salle d'exercice de Moscou. Nous avons reproduit, fig. 5, de la planche XCXIV, les *têtes en fonte de fer qui couronnent les moises-poinçons ou faux poinçons, en sorte que les bois ne sont jamais en contact direct*. Une cloison *a* de chaque tête et son rebord sont saisis entre les moises, les arbalétriers et contre-fiches logent leurs abouts dans les cavités *b* que la tête leur présente de chaque côté, et pour compléter la liaison de cette tête avec les moises, de chaque côté des moises un étrier fourchu *c* les unit au moyen d'un boulon qui traverse la tête, et de trois autres boulons qui traversent la cloison *a*, et qui serrent les moises.

Rondelet, en faisant remarquer qu'un procédé semblable a été employé avec succès au pont de Waterloo, fait observer avec raison, qu'au lieu

276 TRAITÉ DE L'ART DE LA CHARPENTERIE. — CHAPITRE XXXIII.

de ces têtes de fonte *qui sont d'un poids énorme, et dont la solidité peut être suspectée, il eût mieux valu réduire cet appareil à une simple boîte* qui aurait été comprise entre les moises, et celles-ci auraient pu s'étendre sur les arbalétriers; la figure 13 représente un profil de la boîte proposée par Rondelet.

Dans les fermes représentées fig. 12 et 15 de la planche CVI, on trouve d'autres exemples de l'emploi du fer coulé, comme intermédiaire dans les assemblages. La ferme, fig. 12, appartient au comble d'un atelier à Liverpool; celui fig. 15 fait partie du comble de la remise des voitures de la station d'un chemin de fer, à Londres. Les fig. 11, 16, 13 et 14 sont, sur une échelle quadruple de celle des fig. 12 et 15, des détails des pièces de fonte de fer employées pour ces charpentes dans lesquelles les poinçons se trouvent supprimés.

Ce système de construction peut être étendu à de plus grandes portées, en augmentant le nombre des boulons ou aiguilles pendantes en fer, en même temps que le nombre des contre-fiches, comme nous en avons indiqué sur la fig. 12.

Les boulons en fer forgé qui entrent dans la composition de ces fermes, servent autant à suspendre les tirants qui peuvent avoir à supporter des planches, qu'à empêcher l'exhaussement d'un des bouts de l'entrait par l'effet du fléchissement de l'autre bout, sous des charges inégales et non symétriques du tirant : vu que la figure hexagonale formée par le tirant, l'entrait, les deux arbalétriers et les contre-fiches, ne serait pas invariable sans ces boulons.

On a aussi employé la fonte de fer dans les charpentes des hangars des docks de Liverpool, dont nous avons représenté une ferme et ses colonnettes, fig. 18, avec des détails, fig. 17, 19 et 20. Les eaux des égouts du toit sont ramenées pour les évacuer dans les colonnettes, qui sont creuses.

V.

SOUTIENS VERTICAUX.

On ne peut pas dire que les soutiens verticaux dont nous allons parler, fassent partie des constructions en charpente, car ils remplacent le plus ordinairement les colonnes, les piliers en pierre et les murs employés dans les bâtisses; mais ils remplacent également les épais poteaux en bois qu'on a souvent employés pour soutenir des poitrails et des poutres de trop longues portées.

Les soutiens verticaux dont nous voulons parler, sont des colonnettes pleines ou creuses, en fer coulé, qu'on place de même sous les poutres et les poitrails pour les soulager également dans leur longue étendue, occuper moins d'espace que des colonnes et piliers en pierre ou en bois, et ne point obstruer l'accès du jour. Ces colonnettes creuses sont préférables à celles coulées pleines, parce qu'elles sont moins sujettes que celles-ci à renfermer quelques vices intérieurs, et qu'à surface égale de métal dans leur coupe horizontale elles sont moins sujettes à se courber ou à vibrer. Les charpentes figurées sur les pl. LXXXIX, CXVII, CXVIII, sont supportées par des colonnettes : ces exemples nous paraissent suffire pour indiquer les usages qu'on peut en faire. Nous nous contentons d'ajouter, que lorsqu'on emploie ces colonnettes sous des poutres ou sous des poitrails portant des murs, pour prévenir tout déversement, on regarde comme prudent de les accoupler dans le sens perpendiculaire à la longueur des pièces de bois, en plaçant une colonnette de chaque côté, le plus près possible des faces verticales des poutres. On fait porter les colonnettes sur des dés en pierre dure, quelquefois garnies de larges et épaisses plaques en fonte pour recevoir les tenons qui saillent au-dessous des bases. Par le haut, les colonnettes portent aussi au-dessus de leurs chapiteaux des tenons qui sont reçus dans des trous réservés sur les épaisses bandes de fer, qui s'étendent sous toute la largeur de la poutre à soutenir (1).

(1) Voir le paragraphe des colonnes en fonte dans les *Éléments de charpenterie métallique*, qui forment un supplément à la *Charpenterie* du colonel Émy.

CHAPITRE XXXIV

EMPLOI DU FER DANS LA COMPOSITION DES CHARPENTES EN BOIS.

L'emploi du fer, que nous considérons dans ce chapitre, n'est pas, comme dans le précédent, un auxiliaire de la solidité des assemblages, il s'agit ici du parti qu'on peut tirer du fer en le faisant entrer dans la combinaison des charpentes, pour remplacer, avec avantage et économie, des pièces de bois principales. On conçoit que les pièces de fer ainsi combinées avec des pièces de bois, doivent avoir, comme celles-ci, à résister à des efforts de pression et à des efforts de traction, dans le sens de leur longueur, suivant les positions dans lesquelles elles se trouvent placées.

Les pièces de fer employées pour résister à des efforts de pression, ne peuvent être que rarement employées dans les parties élevées des charpentes, à moins qu'elles ne soient fort courtes ou qu'elles ne présentent une résistance suffisante sur de petites grosseurs; autrement, si ces pièces devaient avoir de fortes dimensions, elles introduiraient dans les charpentes, des poids considérables qui nuiraient à l'économie du système. La fonte de fer n'est ordinairement employée, comme pièces constituantes des charpentes, que pour former des appuis verticaux; le fer forgé peut être employé aussi pour former des soutiens verticaux, mais il y a avantage pour la force, et économie sous le rapport du prix, à lui préférer la fonte. C'est ainsi que nous avons déjà cité des exemples, dans lesquels des colonnettes en fonte de fer remplacent des soutiens qu'on aurait faits anciennement en bois, en fer forgé ou en pierre.

Quant à la résistance à la traction, le fer forgé peut seul satisfaire aux besoins de l'art, et il joue un rôle important aujourd'hui dans la composition des charpentes en bois; on le substitue avec succès depuis quelques années aux pièces de bois qui n'ont à résister qu'à ce seul effort.

§ 1. *Charpentes des forges de Rosière.*

L'application la plus simple qu'on ait tentée d'abord, est le remplacement des tirants en bois par des tirants en fer.

Nous avons déjà fait remarquer que Krafft est un des premiers qui aient indiqué cette application du fer à la composition des charpentes dans les changements qu'il conseillait en 1821, pour les fermes à grandes portées du genre de celle de la salle d'exercice de Moscou. Plus tard, la vogue de constructions tout en fer a, pour ainsi dire, donné l'essor aux combinaisons de ce métal avec le bois, pour composer des combles d'une construction plus légère que celle des combles tout en bois, et moins coûteuse que celle des combles tout en fer.

Nous donnons, fig. 2, pl. CXV, le dessin d'une des doubles fermes du comble couvrant la halle des hauts fourneaux des forges de Rosière, près Saint-Florent, département du Cher, construit par A. Ferry, dont nous avons déjà cité une charpente, page 119 et pl. LXXXIX. La figure 3 est la projection d'une partie de la ferme sous-faîte.

Dans chaque ferme de cette charpente, le tirant est remplacé par une tringle ronde en fer forgé, soutenue dans son milieu par une autre tringle verticale très-déliée, attachée au poinçon. Deux systèmes de fermes doubles suffisent à l'étendue du toit; elles sont écartées de 4 mètres, et chaque système est soutenu dans le milieu de l'étendue de sa portée, au-dessous de la sablière commune, par une colonnette en fonte qui reçoit, comme dans la charpente de Romilly, pl. LXXXIX, les eaux des deux égouts des toits pour les conduire dans un aqueduc passant sous la halle, et dont on voit la coupe sous la colonnette, dans la figure 2.

Le remplacement d'un lourd entrait par une tringle, et la forme élevée de ces doubles fermes qui laissent l'air et le jour circuler librement, donnent à peu de frais une apparence d'étendue et d'élégance que cette halle n'aurait pas avec une charpente ordinaire.

L'inclinaison des pans du toit est celle en usage dans le pays; on a voulu que les contre-fiches et les sous-arbalétriers formassent une portion de polygone régulier. Voici la construction pour obtenir ce résultat.

La ligne $a\,b$ représente l'inclinaison du toit tracée sur une place quelconque de l'épure de la ferme; la verticale $m\,n$ marque la position du parement intérieur dans les murs; par un point quelconque p de la ligne $a\,b$, on a tracé une perpendiculaire qui détermine le point c sur la verticale $c\,b$. On a fait $p\,a$ égal à $p\,b$; la ligne $c\,a$, prolongée en rencontrant l'axe vertical $m\,n$, détermine le rayon $c\,o$ de l'arc de cercle $o\,x\,y\,z$, dont la division en trois parties égales donne les extrémités des cordes $o\,x$, $x\,y$, $y\,z$ qui sont prises pour les lignes du milieu des contre fiches et des sous-arbalétriers. La démonstration de cette construction, et le détail des autres parties de la combinaison du bois de cette charpente sont si simples, qu'il ne nous paraît pas nécessaire de nous y arrêter.

La figure 6 est, en projection horizontale, sur une échelle quintuple de celle de la figure 2, le détail d'une des attaches d'une tringle-tirant aux moises-blochets qui saisissent un arbalétrier et une contre-fiche basse. La bride r est fixée par des boulons à la moise-blochet; elle est percée d'un trou rond qui répond au milieu du vide laissé entre les deux parties de chaque moise; ce trou reçoit la partie cylindrique u de l'écrou à tête v, représentée séparément fig. 6. C'est sur la partie hexagonale t de cet écrou qu'on applique d'une main l'effort d'une clef, tandis que de l'autre main on maintient, avec une autre clef, le prisme hexagonal q pour empêcher la tige de tourner pendant qu'on visse l'écrou, pour attacher la tringle ou pour lui donner la tension qu'elle doit avoir.

Les colonnettes reçoivent les contre-fiches basses qui leur correspondent dans une boîte coulée d'un seul jet avec elles, comme leurs chapiteaux, leurs bases et les tuyaux qui traversent les bornes servant de piédestaux. D'autres boîtes en fer coulé sont scellées dans les murs pour donner appui aux autres contre-fiches basses qui s'appuient à ces murs.

La figure 1 est la projection de la façade de la halle; la figure 4 en est le plan, l'une et l'autre sur une échelle qui est le huitième de celle des figures 2 et 3.

§ 2. *Charpentes des docks de Liverpool.*

Les charpentiers avaient employé avec succès de grandes croix de Saint-André en bois pour détruire la poussée des arbalétriers sur les murs. Nous avons vu des exemples de ce moyen dans les figures 4 et 5 de la planche LXXXVI, et notamment pour supprimer les tirants dans les figures 1 et 3 de la planche LXXXV, et dans la figure 1 de la planche LXXXVIII. L'action de ces croix de Saint-André est remplacée par celle de deux tirants inclinés en fer dans les fermes des docks de Liverpool, dont nous donnons le dessin fig. 18 de la planche CVI. Ces tirants, composés chacun de trois tringles en forme de chaînons, sont attachés au piton qui termine une tige de fer verticale traversant un entrait, et ils sont fixés à la boîte de fonte, où sont reçues les extrémités supérieures des arbalétriers et celle des pièces de faîtage.

Les extrémités inférieures de chaque arbalétrier reçoivent, chacune par embrèvement, un sabot de fonte qui lui est fixé par une bride en fer de forge, serrée par une clef embrevée et un coin. Une projection verticale de cet assemblage le représente en grand et de profil, fig. 17, sur une échelle quadruple de celle de la figure 18; une deuxième projection, fig. 20, sur un plan perpendiculaire au premier, représente ce sabot du côté intérieur pour montrer comment il est fixé sur la sablière. Chaque sabot est traversé par le bout inférieur d'un des tirants de fer qui s'y trouve retenu par un écrou servant à le tendre convenablement.

La figure 19 est un détail de la pièce de fonte qui reçoit les arbalétriers et les faîtages.

Les eaux pluviales reçues dans les chéneaux placés aux égouts du toit, sont portées par de petits tuyaux dans l'intérieur des colonnettes qui soutiennent la charpente.

Il est aisé de voir que si l'on donnait aux arbalétriers une force suffisante, ils pourraient soutenir les pannes sans le secours de l'entrait que l'on pourrait supprimer, la tige verticale x ne cesserait pas de maintenir la charpente.

§ 3. Système de charpentes en bois et en fer

Composé par l'auteur (1).

En recherchant quelles extensions on pourrait donner à l'emploi du fer dans les charpentes, j'ai été conduit au système que j'ai représenté fig. 10, pl. CXVIII, dans lequel de grandes tringles en fer m servent de tirants qui, comme dans la ferme des docks, fig. 18, pl. CVI, s'opposent à l'action de la poussée du comble; ces tringles saisissent les pieds des arbalétriers r et les attachent au poinçon en bois, qui pourrait être aussi une tringle en fer.

Pour que les tringles aient à résister chacune à un effort moindre, et qu'on puisse y employer du fer rond d'un petit diamètre, au lieu d'une seule tringle de chaque côté, j'en ai établi trois rangs parallèles m, m', m'', dans la hauteur de la charpente, et dans chaque rang les tringles sont jumelles; elles saisissent les arbalétriers, les contre-fiches q, q', q'', q''', et le poinçon t sur leurs faces de parement.

Ce que mon système présente de particulier, c'est que j'ai fait servir les tringles m, m', m'', en même temps pour résister à la poussée du comble et pour s'opposer à la flexion des arbalétriers, en leur combinant d'autres tringles n, n', n'', inclinées en sens inverse, par des nœuds qui donnent appui aux contre-fiches établies sous les pannes.

Le bâtiment devant avoir 16 mètres de largeur dans œuvre, et la hauteur du comble devant être le tiers de sa base, j'ai pris de chaque côté le point a, gorge de l'assemblage des arbalétriers avec les blochets,

(1) Emy.

à plomb au-dessus du parement intérieur du mur ; la hauteur $c\,b$, au-dessus de la ligne $a\,a$, est le tiers de cette ligne, et la ligne $a\,b$ marque le dessous de l'arbalétrier, son épaisseur a déterminé la position de sa face supérieure par sa trace $a'\,b'$ pareille $a\,b$.

Le point f du poinçon est pris au-dessus du point e, aux deux cinquièmes de la ligne $c\,b$. Les lignes $a'\,f$ marquent les positions des premières tringles, la rencontre de ces lignes avec la ligne de milieu de l'épaisseur des arbalétriers a marqué sur chacun le point principal d'attache a' de la tringle à l'arbalétrier, comme le point f marque le point principal d'attache commun aux deux tringles sur l'axe vertical du poinçon.

La division de la ligne $a'\,b'$ du milieu de la face verticale de l'arbalétrier, en cinq parties égales, détermine les positions des lignes de milieu des pannes et de quatre contre-fiches sous chaque pan. Ces lignes de milieu ont à leur tour déterminé par leur rencontre avec les premières tringles m, m', les emplacements des autres tringles n, n', n'', inclinées en sens inverse des premières. On voit, sans qu'il soit besoin d'une longue discussion, comment les contre-fiches, soutenues par les tringles, s'opposent à la flexion des arbalétriers chargés du poids du toit par l'intermédiaire des pannes, et comment les mêmes tringles m, m', m'', s'opposent ensemble à la poussée du comble.

Le bâtiment sur lequel la charpente est établie a 25 mètres de longueur dans œuvre ; le comble est divisé en huit travées par sept fermes, écartées également entre elles de $3^m,14$ de milieu en milieu, en sorte que leurs distances entre leurs faces de parement et les distances de faces de parement des deux fermes extrêmes aux parements intérieurs des pignons du bâtiment sont toutes égales et de $2^m,99$, les fermes ayant toutes $0^m,15$ d'épaisseur.

Les fermes sont portées sur des chaînes verticales en pierre de taille qui affleurent les parements intérieurs des murs latéraux, et qui forment pilastre saillant de $0^m,01$ à l'extérieur.

La figure 11 est un plan général de la halle, figuré sur une échelle du dixième de celle de la figure 10 ; les lignes ponctuées sur ce plan marquent les emplacements des fermes.

    1. Roue hydraulique de l'usine ;
    2. Fourneaux ;
    3. Emplacements des laminoirs.

La figure 12 est une projection de la ferme longitudinale ou de sous-faîte qui fait voir les tringles horizontales o qui maintiennent les poinçons verticaux et empêchent leur oscillation. Ces tringles, d'un très-faible diamètre, ne sont pas placées exactement à la même hauteur, afin qu'on puisse serrer les écrous qui servent à leur donner la tension convenable.

Des croix de Saint-André, également en tringles de fer, fixées aux faîtages et aux poinçons, soutiennent, par leurs nœuds, les petits poinçons intermédiaires z qui soulagent les faîtages; ces croix de Saint-André assurent aussi la stabilité de la charpente dans le sens longitudinal.

Les figures 1 et 2 sont, sur une échelle double de celle de la figure 10, des projections sur des plans verticaux rectangulaires qui présentent le détail des deux étriers en fer g, réunis sur les deux faces du poinçon t par des brides communes h, et boulonnés sur ce poinçon et sur les arbalétriers pour consolider l'assemblage des arbalétriers sur les poinçons, très-important dans ce système.

La même figure montre le détail d'une des attaches k des tringles jumelles m, m', m'', sur un poinçon.

La figure 3 est une projection de la face supérieure d'un arbalétrier.

La figure 4 est celle d'une de ses faces de parement. Ces deux figures, qui sont sur une échelle double de celle de la figure 10, montrent les détails de la ferrure par laquelle les tringles jumelles sont attachées aux arbalétriers.

Une pièce à deux branches a est appliquée sur chaque face de parement de l'arbalétrier, et sur chaque face elle couvre, de ses bouts en rosette, les rosettes qui terminent les deux tringles c. Ces deux pièces sont elles-mêmes recouvertes sur leur milieu par les rosettes des bouts d'une bride b, qui embrasse le dessus de l'arbalétrier; trois boulons traversent cette ferrure; le tout forme une attache très-solide.

La coupe de l'arbalétrier, fig. 5, fait voir le profil de la bride b.

Quoique le boulon qui traverse la bride b soit marqué sur cette figure, les pièces a qui doivent être prises sous les rosettes de la bride, ne sont point figurées pour ne pas introduire au dessin une complication inutile.

Les figures 6 et 7 sont deux projections du bout d'une des tringles d'une ferme, avec la rosette qui la termine.

Les figures 8 et 9 sont deux projections d'une des tringles formant croix de Saint-André, avec la rosette servant à son assemblage avec une autre tringle.

La figure 13 est sur la même échelle que la figure 10; elle montre deux projections des pièces servant à l'attache des tringles jumelles des deux côtés de chaque arbalétrier, concurremment avec une bride, comme celle de la figure 4 qui embrasse l'arbalétrier; trois boulons, comme dans toutes les autres ferrures, fixent cette attache.

Suivant l'usage que j'ai adopté et que je conseille en toute occasion pareille, une ferme d'épreuve avait été construite et levée; elle a été soumise, pendant plusieurs jours, à une charge de 4500 kilogrammes, répartie entre neuf plateaux suspendus aux poinçons et aux points qui devaient supporter les pannes; cette charge excédait de beaucoup le poids que chaque ferme devait supporter. La ferme ne s'est étendue que de 12 millimètres, et dès que la charge a été enlevée, elle est revenue à sa première ouverture. Lorsque la couverture a été posée, on ne s'est point aperçu que les fermes se fussent ouvertes.

On n'a établi aucune vis de tension sur les tringles; on s'est contenté de les ajuster avec beaucoup de précision sur l'ételon, ce qui a complétement réussi.

Ce comble est couvert en ardoises; l'équarrissage des arbalétriers et des poinçons est de $0^m,15$ sur $0^m 23$; celui des contre-fiches est de $0^m,15$ sur $0^m 15$. Le calcul m'avait donné un peu moins de 18 millimètres pour le diamètre des tringles en fer, je l'ai porté à 19 millimètres. Le diamètre des petites tringles sous le faîtage est de $0^m,01$.

M. A. Ferry, que j'ai déjà nommé, pages 149 et 278, a bien voulu faire l'application de mon système de charpente en bois et en fer pour couvrir la nouvelle halle de laminage de l'usine des Ponts, qu'il a été chargé d'établir aux fonderies de Romilly-sur-Andelle (département de l'Eure), en 1837. C'est le dessin de la charpente exécutée que représente la figure 20 de ma planche CXVIII. M. Ferry en a dirigé la construction jusque dans ses moindres détails, et elle est traitée avec la perfection qui distingue tous ses travaux.

J'ai exposé aux galeries des produits de l'industrie, en 1839, sous le n° 790 un modèle exécuté sur une échelle d'un dixième, comprenant deux fermes de ce système de charpente pour lequel une médaille d'argent m'a été décernée par le jury central (1). Ce modèle, construit dans les ateliers du Dépôt des fortifications, est déposé maintenant à l'hôtel royal des Invalides, à Paris, dans les galeries des plans en relief des places

---

(1) Extrait du rapport du jury central des produits de l'industrie française, exposés en 1839, tome II, page 96; M. le baron Dupin, rapporteur.

§ 4. *Constructions civiles.*

« Dans les constructions civiles, ce qui doit le plus attirer notre attention, c'est la combinaison judicieuse de la fonte et du fer, dont l'emploi devient chaque année plus commun, avec le bois, et qui restera pendant longtemps une de nos plus riches ressources.

» M. Émy présente un système de charpente, mi-partie de fer et de bois, très-judicieusement combiné. Les fermes sont composées de parallélogrammes en fer-tirant avec des diagonales en bois pour résister à la pression. M. Émy, ancien colonel du génie, et professeur à l'École de Saint-Cyr, a dirigé de grandes constructions avec un rare succès; on lui doit un ouvrage important sur la charpenterie, et des recherches ingénieuses sur la puissance des eaux sous-marines contre les matériaux des digues.

» Le jury décerne la médaille d'argent à M. Émy. »

de guerre; c'est une copie fidèle de la charpente exécutée aux fonderies de Romilly, en 1838.

Ce système de charpente convient à toutes sortes de portées; le nombre des contre-fiches varie avec celui des pannes. Nous donnons à ce sujet, comme exemple de la manière dont on peut varier les combinaisons, un croquis, sur une petite échelle, d'un projet que j'avais remis, vers la fin de 1838, pour le service d'un chemin de fer. Ce hangar aurait été couvert par un comble double, que quelques charpentiers nomment *comble à deux volées;* il aurait été soutenu par des colonnettes en fer coulé, servant de tuyaux de descente pour les eaux du toit. Des dés en maçonnerie devaient servir de fondations et recevoir les prolongements des colonnettes pour assurer leur stabilité.

Les avantages de ce système sont :

1° De débarrasser les combles des tirants en bois et, par conséquent, d'augmenter la hauteur dont on peut disposer dans les ateliers;

2° De diminuer beaucoup le poids des combles sur les murs;

3° De produire une notable économie, vu la suppression des grands bois dans la composition de la charpente et la réduction de l'équarrissage de ceux qui sont conservés;

4° De donner une très-grande facilité de levage, attendu que les fermes doivent être montées horizontalement, au niveau des sablières, et qu'elles sont dressées très-aisément vu leur légèreté.

L'emploi des tringles jumelles donnent le moyen de faire très-facilement des remplacements qui peuvent devenir nécessaires.

On pourrait donner aux contre-fiches une position verticale, ce qui produirait un effet convenable, attendu que, vues d'en bas, elles se trouveraient, comme les poinçons, rangées par alignement dans des plans verticaux à l'imitation des pendentifs de Crosby-Hall, dont nous avons parlé au chap. XXVI. On pourrait même les faire rondes, en forme de balustres et terminées, par le bas, par quelques ornements : nous n'avons pas jugé cette recherche nécessaire pour un atelier.

Camille Polonceau a exposé, en 1839, un petit modèle d'une charpente en bois et en fil de fer qu'il a fait exécuter aussi en 1839, sur un hangar de 8^m,40 de largeur pour le chemin de fer de Paris à Versailles (rive gauche); la figure 21, pl. CXVI, en représente une des fermes. Vu la minime étendue de cette ferme, M. Polonceau a pu se contenter de fil de fer de 0^m,006 de diamètre pour les tringles et de former leurs assemblages par de simples torsions et des ligatures; une ferme d'épreuve a été chargée à 500 kilogrammes. M. Polonceau conseille, lorsqu'on ne craint pas un léger surcroît de dépense, de remplacer les contre-fiches ou jambettes en bois, par des jambettes en fer qu'on peut faire couler avec quatre côtes en renforts; nous pensons qu'une contre-fiche en fer mince et étiré creux et soudé aurait une force égale, moins de poids et une apparence plus légère qu'une pièce de fonte à côtes. M. Polonceau a obtenu du jury central une mention honorable.

Depuis l'exposition, C. Polonceau a publié, dans le premier cahier de la *Revue générale d'Architecture* (1), un dessin du modèle qu'il avait exposé, mais il en a porté l'ouverture à 10 mètres; il a joint un projet d'une ferme conçue suivant la même combinaison pour une portée de 15 mètres (2). M. Polonceau pense que ce système jouit de la faculté de supporter de fortes charges qu'on peut suspendre aux pannes et aux jonctions des jambettes aux arbalétriers.

Tout en reconnaissant cette faculté à ce système, comme à tous autres systèmes de charpentes, je ne vois pas dans quelles circonstances il conviendrait d'en profiter, par la raison que ces fortes charges nécessiteraient des tringles plus grosses, comme dans tout autre système des équarrissages plus forts, ce qui détruirait l'économie. D'ailleurs la suspension de fortes charges nécessite l'établissement d'un plancher pour les supporter; dès lors, il y a nécessité d'établir des poutres qui peuvent servir de tirants, et l'emploi des tringles en fer n'est plus motivé, car l'usage en serait si dispendieux, qu'il serait plus convenable de s'en tenir aux charpentes ordinaires. Au surplus, notre système présente d'assez nombreux et grands avantages, sans vouloir en étendre l'usage aux cas pour lesquels il ne convient pas.

MM. Aubrun et Herr ont exposé, aux galeries de l'industrie, sous le n° 912, un très-grand modèle de système de charpente pour un comble. Chaque ferme est composée de sept aiguilles verticales, compris le poinçon; elles supportent les deux arbalétriers; elles sont entretenues à distances égales par des traverses horizontales, leurs longueurs sont réglées pour qu'elles soient soutenues par une sorte de polygone funiculaire pendant en dessous d'une ligne horizontale qui serait tracée au niveau des sablières.

Nous donnons, fig. 22, pl. CVI, le croquis d'une ferme de ce modèle, pour ne point omettre une idée qui pourrait trouver son application, malgré l'inconvénient grave de ce système, qui diminue la hauteur de l'espace couvert, et qui est sujet à de grandes oscillations, à cause de l'élasticité des cordages et de leurs variations hygrométriques.

---

(1) Cette revue, dirigée par M. César Daly, a été fondée en 1840. Elle publiera son vingt-septième volume en 1870.

(2) Il est aisé de reconnaître que c'est une imitation du système de la charpente construite à Romilly, en 1838, et dont j'ai exposé le modèle en 1839.

EMPLOI DU FER DANS LES CHARPENTES EN BOIS.

§ 4. Poutres armées de fer.

Nous avons représenté, fig. 23, pl. CVI, une poutre armée de fer, par le moyen d'un poinçon pendant et de deux tirants de fer inclinés, qui font l'office des goussets des pendentifs dont nous avons parlé page 158. Cette disposition a beaucoup de ressemblance avec le pont de cordages représenté fig. 2, pl. CXL, et dont nous parlerons au chapitre XL.

Les Anglais ont renfoncé les tirants en fer dans l'épaisseur de la poutre, de manière qu'ils ne forment point saillie apparente; nous avons représenté une poutre armée par ce moyen, fig. 24, même pl. CVI. Cette armature peut être établie double et en en plaçant une sur chaque face verticale d'une poutre, ou bien on peut refendre la poutre en deux parties égales par un trait de scie vertical, et loger l'armature en fer entre les deux parties qui s'y trouvent réunies par les mêmes boulons qui fixent les tirants de l'armature.

Nous avons représenté, fig. 25, une disposition dans laquelle les tirants n'occupent qu'une partie de la longueur de la poutre à laquelle ils sont boulonnés. On peut aussi forer obliquement avec une tarière à long manche de pompier les logements dans une poutre des deux parties des tirants inclinés, que l'on peut également bien boulonner avec de forts boulons.

Duhamel du Monceau rapporte, dans son *Traité du transport et de la conservation des bois*, page 523, que le sieur Barbé avait proposé, pour fortifier les mâts, de distribuer dans les joints des pièces dont on les compose des bandes de fer longitudinales et incrustées.

La figure 26 est une coupe d'un mât, faite perpendiculairement à son axe, dans laquelle les coupes des bandes de fer dont il s'agit sont indiquées.

Nous avons encore à parler de l'emploi du fer dans la construction des ponts et des cintres; nous renvoyons ce que que nous avons à dire sur ce sujet à la fin du chapitre XXXVIII, dans lequel nous nous proposons de parler de ces constructions.

§ 5. Charpente suspendue.

L'élégante rotonde du Panorama, construite aux Champs-Élysées, à Paris, sur les dessins et sous la direction de M. Hittorff, architecte, est couverte par une charpente suspendue (1). Cette rotonde a 40 mètres de diamètre dans œuvre. La charpente pyramidale est à douze pans; elle est composée de six fermes formant douze demi-fermes arêtières assemblées dans un poinçon central qui ne descend que jusqu'à l'enrayure unique, placée à peu près à la moitié de la hauteur du comble, qui est d'environ le quart de sa portée. Chaque ferme entière est composée, en outre du poinçon central qui en fait partie, de deux arbalétriers qui posent sur les sablières, d'un entrait qui entre dans la composition de l'enrayure, de deux aiguilles pendantes placées vers les milieux de chaque demi-portée, de deux aisseliers qui s'assemblent dans le poinçon et dans les arbalétriers, pour soutenir la charpente d'une petite lanterne qui couronne le comble, et enfin de deux grandes et de deux petites contrefiches qui sont assemblées dans le bas des aiguilles pendantes et dans les arbalétriers. Ces fermes n'ont point de tirants. Les douze aiguilles sont combinées deux à deux par des croix de Saint-André qui les maintiennent verticales. Des câbles en fil de fer attachés au bas des aiguilles les maintiennent à des écartements égaux de l'axe de la rotonde. Les bouts inférieurs des aiguilles répondent au niveau des sablières. Le lattis conique de la toiture est composé de chevrons de champ et traverses; il est supporté par des pannes; le tout est compris dans l'épaisseur des arbalétriers.

Un large vitrail se développe au bas du toit, à peu de distance du mur circulaire de la rotonde; il n'est interrompu que par les épaisseurs des arbalétriers; il forme une zone qui donne issue au jour pour éclairer uniformément la surface cylindrique intérieure de la rotonde sur laquelle le tableau du panorama est peint. Au-dessous de ce vitrage, le comble se raccorde avec le mur circulaire par des coyaux.

Si les fermes eussent porté sur une enrayure, comme de coutume, au niveau des sablières, les douze tirants ou coyers auraient projeté sur le tableau des ombres nuisibles à l'illusion. Pour éviter cet inconvénient, M. Hittorff a suspendu la charpente au-dessus de la rotonde par douze câbles en fil de fer, attachés aux extrémités inférieures des aiguilles pendantes, et répondant aux câbles horizontaux. Ces câbles sont amarrés aux sommets de douze colonnettes en fer coulé, renflées dans leurs milieux, établies sur le mur circulaire de la rotonde, qui n'a que $0^m,50$ d'épaisseur; ces colonnettes s'élèvent à peu près à la hauteur de l'enrayure. Douze autres câbles de retraite, également en fil de fer, s'apposent à leur renversement en allant se fixer à des tirants verticaux qui

---

(1) De fort beaux dessins de cette rotonde ont fait partie, en 1841, de l'exposition du Louvre, sous le n° 2136.

descendent des sommets de douze pyramidons, dans les massifs en maçonnerie des douze contre-forts rayonnant autour de la rotonde, et compris dans l'épaisseur d'une sorte de galerie à plusieurs étages qui entoure ce joli édifice.

Les câbles qui sont attachés aux aiguilles pendantes, étant inclinés en sens inverse des arbalétriers du comble, parallèlement aux contre-fiches basses et traversant la toiture au-dessus du vitrage, ils ne portent aucune ombre sur le tableau du panorama. Le garde-jour placé au-dessus du spectateur est suspendu par des câbles du petit diamètre aux aiguilles pendantes.

Quoique ce comble soit construit en charpente légère et que sa couverture soit en zinc, son poids est évalué à 100 000 kilogrammes, de sorte que chaque câble de suspension, dont le diamètre est de 5 centimètres, résiste à un effort de 9 à 10 000 kilogrammes.

§ 6. *Arcs en fer coulé.*

Dans la vue de donner aux arcs des charpentes en bois une très-grande roideur, M. le capitaine Ardant propose de faire ces arcs en fonte de fer. Il a donné le dessin d'une ferme conçue d'après cette nouvelle combinaison, dans l'ouvrage que nous avons cité dans la préface du tome II et dans la note de la page 217.

L'arc est en fer coulé; il repose immédiatement sur les retraites intérieures des murs; tout le reste de la charpente est en bois. De chaque côté du comble, qui est brisé, deux arbalétriers tangents à l'arc portent les pannes sur lesquelles les chevrons sont appuyés; la jonction des arbalétriers répond au brisis, qui se trouve sur le prolongement du rayon à 45°. Le comble est surmonté par une lanterne dont la largeur est égale au septième du diamètre de l'arc. Les arbalétriers supérieurs prolongés forment une croix de Saint-André dans la lanterne; cette croix se trouve comprise entre deux traverses horizontales, elle est saisie dans son milieu par la moise-poinçon.

Les sablières qui reçoivent les abouts des chevrons sont établies sur les murs exhaussés au-dessus des retraites des naissances, d'un huitième du diamètre de l'arc; elles sont liées à l'arc par des moises-blochets dans lesquelles sont assemblés les pieds des arbalétriers inférieurs. Il n'y a point de jambes de force.

En outre de la moise-poinçon et des moises-blochets, les arbalétriers sont liés à l'arc de chaque côté par cinq moises, compris celle verticale qui forme une des parois de la lanterne; une de ces moises répond au brisis.

CHAPITRE XXXV

ESCALIERS.

I.

DÉFINITIONS.

Les escaliers sont des constructions composées de plans horizontaux formant des degrés élevés à la suite les uns des autres, sur lesquels on pose les pieds pour marcher, en montant ou en descendant, et communiquer aux différents étages d'un bâtiment. De là vient le nom de *marches* donné à ces degrés, que les Latins désignaient par celui de *scalæ* dont on a fait en français le mot *escalier*.

Suivant la destination d'un escalier et la forme de l'espace dans lequel il est établi, que l'on appelle *cage*, il est composé de parties droites ou de parties courbes, et souvent des deux en même temps.

Les parties qui se projettent en lignes droites sur le plan, se nomment *volées* ou rampes (1); celles qui sont courbes se nomment *quartiers tournants*.

Une pièce de bois verticale qui sert de soutien commun à toutes les marches d'un escalier, ou seulement à quelques-unes, est un *noyau*.

Les pièces de bois inclinées qui soutiennent les marches d'une rampe sont des *limons*; les *limons* des quartiers tournants sont des courbes rampantes.

---

(1) On donne aussi le nom de *rampe* à l'espèce de grille ou balustrade en bois ou en fer qui s'élève au-dessus des volées et des quartiers tournants en suivant leurs contours, et sert de garde-corps sur lequel on peut appuyer une main pour s'aider à monter ou à descendre. On garnit quelquefois le dessus de cette rampe, lorsqu'elle est en fer d'une pièce de bois arrondie, dont la grosseur convient au développement de la main qui la saisit et peut glisser commodément : on nomme cette garniture en bois *main-courante*. Une autre pièce de bois à peu près de la même forme, souvent une perche qu'on soutient à la même hauteur par des crampons en fer le long des parois de la cage d'un escalier, sert également d'appui à une main, cette pièce se nomme *écuyer*. Un simple cordon passé dans des anneaux fixés aux parois de la cage, tient souvent lieu d'*écuyer*.

Les *limons* sont situés du côté du centre de la cage de l'escalier; du côté opposé, les marches sont soutenues dans les parois de la cage ou dans des *faux limons* qui font partie de ces parois.

L'espace vide qui répond au centre de la cage et qui est dans la projection horizontale, entourée par celle des limons, se nomme le *jour de l'escalier*. C'est en effet par cet espace que la lumière du jour se distribue aux différentes parties de l'escalier.

De quelque manière qu'un escalier soit développé par le moyen de ses limons, et quelle que soit l'inclinaison de ses rampes et quartiers tournants, le limon a une épaisseur verticale et une épaisseur horizontale constantes, tellement que le solide qu'il forme, rectiligne ou courbe, peut être regardé comme engendré par un rectangle vertical.

La figure 6, pl. CXXI, est la représentation de ce rectangle dont les dimensions peuvent varier pour différents escaliers, suivant la force qu'il est nécessaire de donner aux limons en raison des largeurs des escaliers et du poids qu'ils peuvent avoir à supporter par l'effet du nombre des personnes et des fardeaux qui peuvent y passer, et qui est le même pour tout le développement d'un même escalier.

Dans les épures que l'on trace pour la construction d'un escalier, on suppose toujours que le limon est engendré, comme nous venons de le dire, rigoureusement par un rectangle vertical et perpendiculaire à la direction du limon, mais lorsque les projections sont terminées; pour peu que l'escalier soit susceptible de décoration, son limon est orné de moulures dont les profils sont tracés dans ce même rectangle pour que leur génération soit assujettie à la même loi que celle des limons. Le plus souvent la moulure adoptée est un talon fig. 3, ou un quart de rond fig. 23, ou une baguette fig. 24. Dans les escaliers susceptibles de plus de décoration, et notamment dans ceux dont la grande largeur exige de forts limons, les limons sont ornés avec des espèces de caissons creusés sur leur face verticale; ces caissons sont entourés de moulures comme nous les avons représentées dans la coupe, fig. 1, faites dans un limon par un plan vertical.

Le dessus d'une marche considérée par rapport à sa largeur, est généralement appelé *giron*, et cependant ce nom s'applique de préférence aux marches des quartiers tournants.

Les *contre-marches* sont des parements verticaux des devants des marches; c'est aussi le nom des pièces de bois qui forment ces parements, lorsque les marches ne sont pas massives.

Les *paliers* sont des parties horizontales, beaucoup plus étendues que les marches, et même des portions de plancher distribuées à diverses distances dans la hauteur d'un escalier, aux mêmes niveaux que des marches occuperaient, pour diviser son trop long développement et donner des points de repos, soit pour tenir lieu de quartiers tournants, soit pour donner des issues commodes aux portes des appartements des différents étages, soit, enfin, pour joindre les parties séparées du même étage d'un bâtiment (1).

On nomme *marche palière* celle qui est au niveau d'un palier et en forme le bord.

La *foulée* d'un escalier est la route que l'on suit en montant ou en descendant, et ayant une main appuyée sur la rampe ou garde-corps; elle est, sur les marches de l'escalier, la projection de la ligne parcourue par le centre de gravité d'une personne qui parcourt l'escalier.

Dans les escaliers étroits elle occupe le milieu de leur largeur.

On n'a égard à cette ligne que dans les parties tournantes.

On donne le nom d'*emmarchement* à l'étendue des marches dans le sens de la longueur; c'est la largeur de l'escalier entre ses limons et les parois de sa cage.

On nomme aussi *emmarchement* l'assemblage d'une marche dans le limon, c'est-à-dire la quantité dont une marche pénètre dans un limon pour s'y assembler et trouver un appui.

L'*échiffre* est le commencement d'un escalier, c'est l'assemblage en charpente qui soutient le premier limon, servant comme de base à l'escalier; c'est aussi le nom du mur qui sert de fondation à cet assemblage.

§ 1. *Échelle de meunier.*

L'escalier le plus simple après l'échelle (2) et le moins commode, est formé d'une planche épaisse posée sous une inclinaison convenable pour

---

(1) Dulaure, dans l'*Histoire des Environs de Paris*, t. Ier, p. 178, rapporte qu'aux XIIe et XIIIe siècles, le sol des maisons particulières, des églises, des écoles et même les planchers des palais de rois, étaient recouverts de paille; le luxe consistait à la changer souvent. Il est probable que chacune des parties des escaliers sur lesquelles il était possible d'en étendre était appelée *paliers*, du nom latin de *palea*, la paille; de même que dans le vieux langage, les greniers et même les meules de paille avaient le nom de *paliers*.

(2) Une échelle est un escalier portatif; elle est ordinairement composée de deux montants entre lesquels sont distribués, à des distances égales, des échelons horizontaux qui sont des bâtons ou des liteaux assemblés dans les montants. Ces échelons servent à poser les pieds pendant que celui qui monte ou qui descend fait usage d'une de ses mains au moins pour se tenir aux montants. Quelquefois l'échelle n'est composée que d'un seul montant traversé par les échelons; on ne fait usage de ces sortes d'échelles que lorsqu'elles sont invariablement fixées aux places où elles sont nécessaires. Quelquefois encore une échelle est formée par des entailles faites le long d'une pièce de

former une rampe praticable, sur laquelle on a cloué des liteaux prismatiques pour appuyer les pieds et les empêcher de glisser.

La figure 5, pl. CXIX, est un profil de cette sorte d'escalier; souvent employé dans les travaux pour les transports qui se font à charge d'homme.

L'escalier, dit *échelle de meunier*, le moins incommode après le précédent, et qui est en usage dans les usines, les moulins, les magasins, les échafaudages, et partout où la commodité de la communication n'est pas une condition essentielle, est composé de degrés horizontaux en planches, n'ayant souvent que la largeur tout juste nécessaire pour que les pieds puissent s'y poser avec stabilité. Ces degrés sont assemblés par leurs bouts à tenons et mortaises dans deux autres planches suffisamment épaisses posées de champ, sous l'inclinaison quelquefois fort roide que doit avoir l'escalier; ces planches tiennent lieu de limons; leur écartement dépend de la largeur qu'on peut donner à l'échelle de meunier, et qui ne doit jamais être moindre que l'espace nécessaire pour le passage d'une personne. Cette largeur est ordinairement au moins de 0^m,50 (1).

La figure 8, pl. CXIX, est la projection d'un escalier de cette espèce, sur un plan vertical parallèle à ses limons, et vue sur la face extérieure d'un des limons.

Nous avons indiqué dans cette figure, plusieurs manières d'assembler les marches : quelquefois les mortaises sont rectangulaires comme en *a*; d'autres fois on leur fait suivre comme en *b* la pente du limon, et les marches sont coupées sur leurs deux bords suivant cette même pente. Dans quelques escaliers de cette sorte les mieux faits, les moulures *g* du bord des marches recouvrent le dessus des limons, et l'assemblage a lieu par deux tenons. Pour que les marches ne se fendent pas, on fait porter leurs bouts en embrèvement dans des rainures égales à leurs épaisseurs creusées dans les joues intérieures des limons, sur une profondeur égale au tiers de l'épaisseur de ces limons.

Fréquemment on coince ces tenons, ou bien on prolonge, au dehors des limons, ceux de quelques marches en *tenons passants*, que l'on traverse par des clefs pour retenir l'écartement des limons, ou bien, enfin, on lie les

---

bois verticale. On fait des échelles doubles : elles sont composées de deux échelles simples, réunies à charnière par leur sommet; les montants sont plus écartés, et les échelons plus longs par le bas que par le haut. Elles ont la propriété de se tenir seules en écartant les pieds des deux échelles qui les composent, tandis que les échelles simples doivent être appuyées contre un objet fixe pour qu'on puisse en faire usage.

(1) On nomme *marchepied*, un petit escalier portatif composé de quelques marches assemblées dans deux limons comme les échelles de meunier. On appuie un marchepied contre un objet fixe, s'il ne porte pas deux pieds fixes ou mobiles à charnières. Il y a des échelles et des marchepieds portés sur roulettes pour les conduire où l'on veut s'en servir.

deux limons par quelques boulons en fer d'un petit diamètre placés sous les marches.

La figure 7 est une coupe qui montre une autre manière d'établir rapidement les degrés d'un escalier. Les limons *a* sont découpés par des entailles donnant appui aux marches *b*, qui y sont maintenues par des clous ou des vis; on ajoute quelquefois des contre-marches *g*, également clouées sur les faces verticales des entailles. Ces sortes d'escaliers, d'ailleurs peu commodes, ne peuvent convenir pour des bâtiments habités, dans lesquels les communications entre les étages sont très-fréquentes. On a donc dû composer des escaliers plus solides, d'un usage plus facile, et qui occupassent le moins d'espace possible dans la bâtisse; il est évident que pour satisfaire d'abord à cette dernière condition, il fallait que les parties d'escalier servant aux communications entre les étages, se suivissent les unes au-dessus des autres, laissant entre elles des espaces au moins égaux à la hauteur d'un homme, et que toutes les révolutions fussent comprises entre les parois d'une seule cage.

Quoique le choix de l'emplacement d'un escalier dépende de considérations qui appartiennent à l'art de l'architecture, il n'est pas hors de propos de faire remarquer ici que ce choix est assujetti à deux conditions principales :

La première, c'est que l'escalier doit établir, de la manière la plus commode, la communication du rez-de-chaussée et de tous les étages des parties d'habitation pour lesquels il doit être construit.

La seconde, c'est qu'il ne doit pas occuper un emplacement qui serait plus convenablement employé dans la distribution des appartements; en dernier lieu, cet emplacement doit être tel que l'espace qu'il donne entre les parois de la cage, soit assez spacieux pour que les rampes, les parties tournantes et les paliers puissent y être développés avec des largeurs qui conviennent à la commodité, à la destination de l'escalier et à ses convenances, par rapport à l'espèce de bâtiment dans lequel il doit être fait.

Avant de décrire les différents modes de construction qui ont été mis en usage par les charpentiers pour satisfaire, autant que les progrès de l'art le permettraient, aux différentes conditions que nous venons d'énoncer, et parvenir à la description de ce qu'ils pratiquent aujourd'hui, il est indispensable d'indiquer les règles suivies pour fixer les dimensions des marches, d'où dépend la majeure partie de celles d'un escalier.

§ 2. *Proportions des marches.*

Pour que l'usage d'un escalier soit facile aussi bien en montant qu'en descendant, il faut que le rapport entre la hauteur verticale commune à toutes les marches, et la distance horizontale du milieu d'une marche à celui de la suivante, soit tel que l'effort qu'on fait pour monter ne diffère que très-peu de celui qu'on fait en marchant, avec une vitesse ordinaire, sur un sol horizontal; on conçoit que ce rapport ne peut pas être exactement le même pour tout le monde, et qu'il dépend de la taille de chacun.

L'expérience a fait voir que les dimensions des marches qui conviennent au plus grand nombre de personnes des deux sexes est $0^m,325$ pour la largeur horizontale, et $0^m,1615$ pour la hauteur, ce qui fixe le rapport moyen de la hauteur à la largeur comme $1 : 2$; c'est celui que Scammozzi a déterminé (1). On est quelquefois forcé, par le défaut d'espace, soit à cause de la hauteur à parcourir, soit pour le développement à donner à

---

(1) Vitruve prétend qu'un triangle rectangle dont les côtés sont dans les rapports des nombres 3, 4, 5, servait chez les anciens à régler la hauteur et la largeur des marches, 3 étant la hauteur, 4 la largeur, et 5 marquant la longueur correspondante de la rampe. Mais cette inclinaison est trop roide pour les escaliers des maisons d'habitation des modernes. Les maisons des anciens n'avaient qu'un rez-de-chaussée pour l'habitation, et les escaliers n'étaient employés que pour monter sur les terrasses, ou dans les cirques et les amphithéâtres : dans nos maisons à plusieurs étages, de tels escaliers seraient d'un usage beaucoup trop fatigant. Scammozzi, qui avait prescrit le rapport de $1 : 2$ que nous avons indiqué, avait aussi donné une autre règle, d'après laquelle la hauteur d'une marche est représentée par la moitié de la longueur du côté d'un triangle équilatéral, et la largeur par la longueur de la perpendiculaire abaissée de l'angle opposé; de sorte que la hauteur et la largeur comme $1 : \sqrt{3}$, ou $1 : 1,732$; ce qui rend l'escalier un peu plus roide, sans cependant qu'il soit trop incommode.

Blondel, dans son *Cours d'Architecture*, veut que la somme du double de la hauteur d'une marche et de sa largeur soit égale à 2 pieds, longueur qu'il dit être celle du pas de l'homme; il en résulte qu'effectivement, pour des marches de 6 pouces de hauteur, leur largeur sera de 12 pouces. Ce résultat est d'accord avec la règle que nous avons établie d'après Scammozzi; savoir que la hauteur doit être à la largeur comme $1 : 2$. Mais si les marches n'avaient que 4 pouces, leur largeur, suivant la règle de Blondel, devrait être de 16 pouces. Les escaliers construits sur cette proportion sont d'une douceur incommode, et même leurs parties tournantes deviennent impraticables. Blondel avait fondé sa règle sur l'opinion qu'il avait que la longueur du pas est de 2 pieds, et sur ce qu'il voulait aussi qu'elle s'accordât avec celle de Scammozzi. Le pas de 2 pieds n'est usité que pour des mesures approximatives de topographie, et dans les manœuvres de troupes, il n'appartient qu'à l'allure habituelle des hommes de stature plus élevée que la taille ordinaire, et nous pensons que la règle que nous avons indiquée est la seule qu'on doit suivre.

l'escalier, de faire varier les dimensions des marches, et, par conséquent, le rapport de leur hauteur à leur largeur. Les praticiens ont adopté, assez généralement, la règle suivante :

Quelle que soit l'inclinaison que suit un escalier, la somme de la hauteur et de la largeur d'une marche doit être de $0^m,487$. Ils se fondent dans cette règle, sur ce que la longueur du pas d'une personne de moyenne taille, ou plutôt de la taille la plus commune, qui se meut suivant la marche la plus habituelle et qui la fatigue le moins, n'est que de $0^m,487$, et que la hauteur dont un pied peut se lever verticalement au-dessus de l'autre, dans une ascension, sur une échelle verticale, n'excède pas également $0^m,487$; de sorte qu'ils admettent qu'en parcourant un escalier, il ne faut pas que l'on fasse, dans le sens horizontal, pour aller en avant, et dans le sens vertical pour s'élever, des efforts dont la somme soit plus grande que celui pour marcher horizontalement ou pour s'élever verticalement.

Ainsi, lorsque la hauteur des marches d'un escalier est de $0^m,135$, leur largeur doit être de $0^m,352$; lorsque la hauteur est de $0^m,189$, leur largeur doit être de $0^m,298$. On peut représenter cette loi graphiquement ; soit $b\,a\,d$, fig. 1, pl. CXIX, un triangle rectangle dont les côtés égaux $b\,a, d\,a$ ont $0^m,487$; $a\,m$ étant la hauteur d'une marche, $m\,n$ sera sa largeur, et $a\,n$ marquera l'inclinaison de la rampe de l'escalier ; $a\,m'$ étant une autre hauteur de marche, $m'\,n'$ sera la largeur de cette marche, et $a\,n'$ l'inclinaison de la rampe. Il s'ensuit que lorsque la hauteur est nulle, la largeur $a\,d$ est la largeur du pas dans le sens horizontal, et lorsque la hauteur est de $0^m,487$, la largeur est nulle comme pour une échelle. L'hypoténuse $b\,d$ est donc le lieu sur lequel se trouvent les points qui indiquent les différents rapports des hauteurs et des largeurs des marches et des inclinaisons des rampes auxquelles elles appartiennent. Malgré cette règle et toutes celles qui ont été données par les architectes des différentes époques, on est forcé, pour que les escaliers soient commodes, de s'écarter peu des rapports qui fixent la hauteur à $0^m,152$ et la largeur à $0^m,325$, parce qu'on a reconnu que des escaliers dont la pente est trop douce, comme ceux dont la pente est trop roide, sont d'un usage également gênant. Dans les escaliers trop roides, en outre de l'effort qu'on est obligé de faire pour soutenir le poids du corps en montant d'une marche à l'autre, on trouve l'inconvénient que les marches manquent de largeur pour recevoir le pied, ou qu'en passant d'une marche qu'il quitte à celle sur laquelle il va se poser, le bout heurte le bord de la marche qu'il franchit et fait faire souvent un faux pas.

En général, dans les escaliers des maisons d'habitation, les marches ne doivent pas avoir plus de $0^m,19$ de hauteur ou moins de $0^m,30$ de largeur. Lorsque les escaliers sont trop doux, c'est-à-dire lorsque leurs marches ont moins de 0^m,135 de hauteur, ce qui répond à des largeurs de marches de plus de 0^m,352, comme on en fait dans les palais et autres monuments de luxe, on éprouve un peu de gêne à les parcourir vu que le mouvement combiné, d'ascension et de progression, y est un peu plus lent que dans les escaliers de pente moyenne, parce que pendant qu'un pied passe d'une marche à une autre, on est forcé de laisser le corps plus de temps portant verticalement sur l'autre pied, autrement le pied montant, poussé par le poids du corps, frapperait la marche avec trop de rudesse en s'y posant; l'inconvénient est à peu près le même en descendant (1).

Dans les escaliers trop roides, l'effort qu'on fait en montant pour enlever le poids du corps sur le pied qui vient de se poser, malgré l'élan donné par l'autre pied, est trop grand et devient fatigant, si le développement de l'escalier est fort long. La largeur des marches peut même être tellement restreinte, qu'il n'y ait plus assez d'espace pour le pied, à moins que comme dans l'échelle de meunier, il n'y ait point de contre-marches pour que le bout du pied puisse s'étendre et que le talon, ou au moins le milieu de la longueur du pied, puisse poser en plein sur la marche.

Ces sortes d'escaliers sont fort incommodes aussi en descendant, parce que, quoique les talons trouvent place sur les saillies des marches, les bouts des pieds ne trouvent pas un appui suffisant sur le bord de celles où ils posent, et l'on est quelquefois forcé de descendre en reculant.

On peut regarder que la limite de roideur des escaliers dits échelles de meunier, est le rapport de 3 pour la base de l'inclinaison, et 8 pour la hauteur, rapport qui est aussi la limite de l'inclinaison d'une échelle de façon que les pieds étant sur un échelon et le corps à peu près vertical, l'on puisse commodément saisir les montants avec les mains pour s'y appuyer.

---

(1) Lorsque la largeur des marches est tellement grande par rapport à la hauteur, que la somme des dimensions excède 18° (0^m, 486), le compassement des marches n'étant plus en rapport avec la longueur du pas, la gêne est encore plus grande, à moins que cette largeur de marche ne soit assez grande pour qu'on puisse faire un pas au moins sur chaque marche avant de franchir la suivante. Mais cette disposition ne se rencontre que dans des escaliers extérieurs, qui sont classés au nombre des rampes, et dont la construction regarde plutôt les maçons que les charpentiers.

§ 3. *Escalier dit à répétition*.

Nonobstant ce qui vient d'être dit, on a inventé une sorte d'escalier qui, malgré la roideur qui peut lui être donnée, est d'un usage beaucoup moins incommode que celui de l'échelle de meunier; cet escalier a été décrit dans le *Recueil des machines* de l'Académie de l'année 1716, par M. Godefroi, qui l'a nommé escalier à répétition. On avait déjà exécuté des escaliers de cette sorte dans des vaisseaux, dès 1699, et l'on en voit dans quelques ports, taillés dans les talus des quais; nous en avons représenté un pl. CXIX.

La figure 20 est la projection horizontale.
La figure 18 est un profil sur la ligne $a\ b$ du plan.
La figure 19 est une élévation vue du devant de l'escalier.

La largeur de cet escalier est divisée en deux rampes dont les marches sont égales; mais elles ont le double de la hauteur des marches ordinaires et elles sont disposées de façon que chaque marche d'une rampe correspond au milieu de la hauteur de chaque marche de l'autre rampe, si bien que celui qui monte ou qui descend fait usage de chaque rampe pour un seul pied; il a le limon du milieu entre ses pieds. Il ne fait pour chaque pied que le même effort qu'il ferait dans un escalier ordinaire, puisque dans cet escalier comme dans les escaliers ordinaires, chaque pied passe toujours de la marche où il est posé à celle sur laquelle il doit poser, en passant par-dessus une marche intermédiaire sans y toucher : le partage de l'escalier en deux rampes fait qu'on peut, en donnant beaucoup de roideur à l'escalier, donner à chaque marche une largeur suffisante pour que le pied porte bien, soit en montant, soit en descendant.

Cet escalier se fait à deux rampes dans les espaces étroits; dans ceux qui ont le plus de largeur et surtout lorsqu'il peut y avoir en même temps une file de personnes qui montent et une file de personnes qui descendent, ou deux files montant ou descendant simultanément, on fait l'escalier à trois rampes, celle du milieu ayant le double de largeur de chacune des deux autres.

L'avantage de cette disposition d'escalier, est qu'on peut l'établir dans les emplacements qui manquent d'étendue pour le développement des rampes ordinaires.

ESCALIERS ANCIENS.

§ 1. *Escalier à limaçon et à noyau.*

Fort anciennement, lorsqu'on a commencé à élever des étages au-dessus des rez-de-chaussée, les escaliers atteignaient ces étages par des rampes ou volées toutes droites, à peu près comme des échelles de meunier; ils étaient même établis à l'extérieur : nous en voyons encore à quelques vieilles maisons des villes les plus anciennes, et surtout dans quelques villages. Lorsqu'on voulut abriter ces escaliers, on reconnut qu'il fallait donner une trop grande étendue aux toits pour les couvrir, et un trop grand développement de construction aux murs pour les envelopper, on les renferma dans des tourelles extérieures en les contournant sur eux-mêmes à l'imitation de certains coquillages marins très-allongés (1), le long d'une pièce de bois cylindrique ou carrée, montant verticalement de fond en comble et formant un noyau pour soutenir, par des assemblages, les bouts des marches, scellées par leurs extrémités opposées dans les murs, ou portées sur les entailles des pièces rampantes, faisant partie des parois en pans de bois.

Plus tard, lorsqu'on a placé les cages des escaliers dans les espaces occupés par les bâtisses et sous leurs couvertures, on leur a longtemps encore conservé la forme que leur avait imposée celle des tourelles.

Nous donnons, fig. 1, 2, 6 et 7 de la planche CXXII, des plans de ces anciens escaliers sur noyaux.

§ 2. *Noyau à jour.*

La figure 16, pl. CXIX, est le plan, et la fig. 15 un détail, en projection verticale, d'un escalier également sur noyau, mais dont le noyau a reçu un embellissement fort remarquable; il est à jour, formé d'un seul corps d'arbre, montant du sol du rez-de-chaussée au niveau du plancher d'un deuxième étage (2).

Ce noyau est percé dans son cœur et suivant son axe, comme un

---

(1) Les *vis*, les *cérites*, les *turritelles*.
(2) Cet escalier fait partie des restes d'une ancienne maison de religieuses, aujourd'hui enclavée dans les bâtiments de l'école préparatoire, dirigée par M. Barthe, professeur à l'école militaire de Saint-Cyr, rue du Grand-Montreuil, à Versailles.

corps de pompe en bois, et son pourtour est entaillé comme une vis, pour former une rampe d'appui au-dessus des marches et contre-marches dont il reçoit les assemblages.

La fig. 17 est une coupe, par un plan vertical passant par l'axe suivant *c r*, fig. 16, pour montrer le profil de ce singulier noyau à jour; une partie du giron d'une marche s'y trouve assemblée. Nous n'entrerons point ici dans le détail de l'épure qui a dû être faite par l'adroit et ingénieux charpentier qui a construit ce curieux escalier : le lecteur pourra l'étudier quand nous aurons traité de la construction des parties courbes des escaliers, et de celles de la vis dont on fait usage dans les machines, chapitre XLVI.

§ 3. *Escaliers à deux et à quatre noyaux.*

Dès qu'on a pu disposer, pour les escaliers, de cages plus spacieuses que celles limitées par les parois des tourelles, on les a construits sur des plans rectangulaires, et l'on a établi les rampes dans le sens de leurs plus grandes dimensions, en les combinant avec des paliers ou avec des quartiers tournants : il en est résulté des escaliers à deux noyaux pour le cas où la forme de la cage a permis l'établissement de deux rampes ou d'une rampe et d'un long palier dans sa largeur. Lorsque les cages, plus spacieuses encore, ont permis de laisser un vide entre les rampes, on les a construits sur quatre noyaux.

Les figures 3 et 4, de la planche CXXII, sont des plans d'escaliers construits sur deux noyaux.

Les figures 3 et 23 sont des plans d'escaliers à quatre noyaux.

La figure 14, pl. CXIX, est le plan d'un escalier ancien, à deux noyaux, avec les détails de sa construction; *m n f h* est le périmètre de sa cage.

La figure 13 est une coupe de cet escalier, par un plan vertical, suivant la ligne *A B* du plan.

b, *d* sont les deux pièces de bois verticales formant les noyaux; elles reposent sur le patin *t*, couché sur le mur d'échiffre.

c et *c'* sont les limons dans lesquels s'assemblent les marches, ces limons sont eux-mêmes assemblés à tenons et mortaises dans les noyaux; ils ont la pente qui convient aux marches. Le premier, *c*, porte les marches n°s 1, 2, 3 et 4 de la première volée, qui sont coupées par le plan vertical (1). Le deuxième, *c'*, porte celles n°s 12, 13, 14 et 15 de la

---

(1) C'est ordinairement sous cette volée que l'on place l'escalier qui conduit aux caves. Cet escalier est le plus souvent en pierre. On choisit cet emplacement pour l'escalier des caves, parce qu'il n'est propre qu'à cet usage.

deuxième volée. Les marches n°ˢ 5, 6, 7, 8, 9, 10 et 11 formant le quartier tournant entre la première et la seconde rampe, portent dans le noyau b. Ces marches sont formées de bouts de solives.

Les assemblages des marches 1, 2, 3 et 4 dans le limon b, et ceux des marches 12, 13, 14 et 15, dans le limon c', sont faits par des encastrements de $0^m,03$ au moins de profondeur creusés dans les limons, suivant l'étendue du profil de chaque marche, de façon que tout le bout de la marche y pénètre et y trouve son appui.

Les marches 5, 6, 7, 8, 9, 10, 11, du quartier tournant pénètrent également, sur $0^m,03$ de profondeur dans le noyau, sur toute l'étendue de chacun de leurs collets.

Les solives ne remplissant point les largeurs des marches, leurs intervalles sont ourdis en plâtre, comme dans la construction des planchers, chap. XI, et carrelés en briquettes dures ou en carreaux hexagonaux ou carrés de terre cuite, de niveau et à l'affleurement du dessus de chaque marche. Pour orner les marches et leur donner un peu plus de largeur, le devant de chacune porte une moulure saillante obtenue aux dépens du bois de sa contre-marche, le dessous est délardé pour recevoir le lattis du plafonnage.

Les limons ont plus de largeur verticale que celle de l'occupation des marches, afin de former une saillie régulière au-dessus des marches, aussi bien que sur le ravalement en plafonnage du dessous des rampes et des parties tournantes.

Des balustres rampants, carrés ou méplats, sont assemblés entre chaque limon et la rampe d'appui; ces balustres suivent l'inclinaison des rampes dont ils font partie. C'est une conséquence de la loi de continuité dans les formes, dont, avec raison, les anciens charpentiers ne se sont jamais écartés que le moins possible.

Si au lieu d'un quartier tournant, après la marche n° 5, il eût dû y avoir un palier, $p\,f\,h\,g$, ce palier eût été au niveau de la marche 5. Cette marche, c'est-à-dire la solive qui la formerait, serait prolongée dans toute la largeur de la cage, ainsi qu'elle est marquée par une ligne ponctuée; elle recevrait le nom de *marche palière*, et le plancher du palier serait formé par des soliveaux assemblés dans cette marche palière et scellés dans le mur $f\,h$; la marche n° 12 deviendrait la première d'une seconde volée. Il en serait de même si l'escalier devait trouver un espalier $m\,n\,z$ au niveau de la marche 16 pour donner issue à quelque appartement; dans ce cas, la solive de la marche 16 qui serait alors une marche palière, s'étendrait dans toute la largeur de la cage, et la marche n° 1, à l'étage, serait encore la première marche d'une troisième rampe. Si entre la deuxième et la troisième rampe on doit trouver un second quartier tournant, il sera formé, comme je l'ai marqué dans les deux projections. Dans la projection verticale j'ai ponctué les profils des marches n°s 12, 13, 14, 15 et 16, et la coupe de la marche 17 par le parement du pan de bois.

Les marches droites des rampes ont des largeurs égales, celles des quartiers tournants sont étroites à leurs collets d'assemblage dans les noyaux, et fort larges à leurs rencontres avec les parois de la cage ; mais, sur la ligne de foulée, *a e i o r*, leurs largeurs sont égales à celles des marches droites, elles sont mesurées par les cordes égales à cette largeur, inscrites dans les arcs de cercle décrits avec le rayon de la foulée et des centres des noyaux.

La construction de ces sortes d'escaliers, ainsi qu'on peut le remarquer, ne présente pas de grandes difficultés. La combinaison des noyaux et des limons avec leurs balustrades rampantes forme des pans de bois dont l'exécution ne diffère en rien de celle des autres pans de bois dont nous avons parlé ; et quant aux assemblages des marches, ils sont tracés sur les limons comme sur les noyaux, d'après l'épure ou étalon, au moyen des largeurs et des hauteurs qu'on rapporte avec précision. Ce que nous avons à dire pour des constructions plus difficiles suppléera aux détails que nous croyons inutile de développer ici.

Lorsque les charpentiers y ont été forcés par économie du bois, ou pour donner moins de charge aux escaliers, au lieu de former les marches avec des bouts de solives, ils les ont composées de planches, comme on le voit dans le profil d'une rampe d'escalier, fig. 9.

Le dessus de chaque marche *m* est un plateau en madrier épais ; les contre-marches *n* sont des planches de champ assemblées sur toute leur longueur, à rainures et languettes dans les marches, ou au moyen de liteaux, fig. 12.

Ces marches et contre-marches sont assemblées dans les limons *p*, de la même manière que les marches pleines, en y pénétrant au moins de $0^m,03$; elles sont scellées dans les parois de la cage. Pour que les vibrations des marches, lorsqu'on monte ou qu'on descend, ne fassent pas rompre les ravalements *t* qu'on fait en-dessous des rampes, comme il arrive lorsque leurs lattes sont clouées sous les marches, on rend ces ravalements indépendants des marches et contre-marches, en établissant pour clouer leurs lattes de petits soliveaux *s* refendus, qui s'assemblent par un bout dans les limons comme les marches, et qui sont scellés aussi de l'autre bout dans les murs. L'escalier dont le noyau est à jour, fig. 15 et 16, est construit de cette manière, si ce n'est que ses marches rayonnent au lieu d'être parallèles.

Les détails de la construction des escaliers à quatre noyaux sont exactement les mêmes, sinon que, vu le vide laissé au milieu de la cage, entre les quatre noyaux et les limons qui s'y trouvent assemblés, les pans de bois formés de ces noyaux pris deux à deux, et des limons qu'ils comprennent, ne donnent appui aux marches que sur un seul côté, celui opposé au vide dont nous parlons, et les noyaux au lieu d'être arrondis sur deux des arête de la pièce, dont chacun est formé, ne le sont que sur une seule arête, celle qui répond au quartier tournant ou aux paliers répondant aux angles de la cage, fig. 23.

Les escaliers à quatre noyaux ne sont pas toujours construits dans des cages carrées, il arrive fréquemment que la cage étant plus longue que large, et que la largeur étant un peu plus grande que l'espace nécessaire à la largeur de deux rampes appuyées dans un seul pan de bois, on forme des pans séparés comme dans le cas de l'escalier dont le plan est représenté fig. 8, pl. CXXII; ce qui oblige à le construire sur quatre noyaux, avec palier dans les angles ou quartiers tournants à la place d'un des paliers ou des deux. Il peut encore arriver que, vu la largeur qu'on veut donner aux rampes, l'écartement des deux pans soit trop petit pour qu'on puisse établir deux noyaux séparés à chaque bout, et trop grands cependant pour qu'un seul noyau ne devienne pas trop massif; on a fait, dans ce cas, des noyaux creux comme nous en avons représenté sur une petite échelle les deux coupes horizontales, figure 8 de la planche CXX, sur le plan d'un fragment d'escalier à deux rampes avec quartier tournant. Cette disposition est telle que le limon de la première rampe *a* s'assemble sur une des faces planes du noyau *b*, tandis que le limon de l'autre rampe *c* s'assemble sur l'autre face; cette disposition a été aussi appliquée à des escaliers à quatre noyaux uniquement par caprice.

Les charpentiers de l'époque, en s'exerçant à la construction de ces sortes d'escaliers, découvrirent un perfectionnement qu'ils s'empressèrent, sans doute, de pratiquer; ils reconnurent qu'il n'était pas toujours nécessaire que le noyau montât sans interruption de fond en comble, puisque les paliers, soit qu'ils traversassent les cages des escaliers, soit qu'ils n'occupassent que les angles et même les quartiers tournants, pouvaient soutenir des fragments de noyau portant les assemblages des rampes, en leur donnant des appuis solides, ou en les arc-boutant contre les murailles; ce qui donna lieu de supprimer le noyau à tous les grands intervalles laissés entre les assemblages des limons, comme de *m* en *n*, fig. 13, pl. CXIX. Les extrémités supérieures et inférieures des parties de noyaux conservées furent terminées par des boules ou d'autres ornements : nous avons ponctué cette disposition sur la même figure. On voit, en effet, que si la marche n° 16 est une marche palière du premier

304   TRAITÉ DE L'ART DE LA CHARPENTERIE. — CHAPITRE XXXV.

étage, elle traverse, comme nous l'avons dit, la cage de l'escalier, et que, par conséquent, elle peut soutenir le poids du bout n du noyau répondant au limon c', et même celui de la rampe qui monterait plus haut, et l'on voit qu'en même temps les marches 5, 6, 7, 8, 9, 10 et 11, et notamment celles 8 et 9, arc-boutent la portion du noyau b qui pourrait être terminée également par une boule x à son extrémité supérieure, et une boule y à son extrémité inférieure. Ces deux boules sont ponctuées sur la figure 13.

La même disposition peut être mise en usage pour les escaliers à quatre noyaux dans lesquels les noyaux partiels peuvent n'avoir que la longueur nécessaire pour recevoir les assemblages des limons de deux rampes contiguës, étant toujours terminés à leurs extrémités par des boules d'appui et de pendentif. Elle convient aussi à des noyaux creusés, dont nous avons parlé ci-dessus, et l'on doit voir qu'elle a conduit à la construction des escaliers à limons avec courbes rampantes, dont nous allons nous occuper.

III.

ESCALIERS MODERNES.

§ 1. *Escalier à limon continu sans noyau.*

Soit $A\ B\ D\ E$, fig. 1, pl. CXX, le rectangle qui forme une partie de la cage d'un escalier depuis la ligne $A\ E$ qui marque en même temps l'emplacement du bord de la première marche, et la largeur du palier du premier étage où l'escalier doit aboutir, par 23 degrés ou marches de $0^m,162$ (6 pouces), la hauteur de l'étage étant de $3^m,736$ au-dessus du sol du rez-de-chaussée. Il résulte de cette première condition que l'emplacement de la foulée 1-2-3-4-5-6-7, etc., est déterminé, car il faut pour conserver à la hauteur et à la largeur des marches le rapport de 1 à 2 que nous leur avons assigné, que son développement soit de $7^m,146$. Au moyen de quelques essais, on acquiert bientôt la preuve qu'on ne peut satisfaire à cette condition, ni avec deux rampes, ni avec trois rampes, à moins de restreindre tellement leurs largeurs que l'escalier serait ou impraticable, ou d'une exiguïté peu convenable par rapport aux appartements qu'il doit desservir. Il faut donc qu'il soit composé de deux rampes seulement avec un quartier tournant, et, comme il est indispensable que les largeurs des rampes et celles des quartiers tournants soient égales, les centres des quartiers tournants se trouvent nécessairement être celui C du cercle tangent aux trois côtés de la cage pour une partie de l'escalier, et celui C' pour l'autre partie, s'il devenait nécessaire d'y établir un autre quartier tournant.

En fixant la largeur des marches à $0^m,325$, des divisions égales de $0^m,325$ de largeur à partir du point 1 jusqu'au point 7, sur le diamètre du cercle dont nous venons de parler, marqueront le nombre des marches de la première rampe ; et comme, de cette manière, il y aura 6 largeurs de marche dans la longueur de chaque rampe droite, ce qui fera 13 degrés en comptant celui du palier, il s'ensuivra qu'il faudra que le quartier tournant comprenne 10 marches. Les marches du quartier tournant devant avoir la même largeur sur la foulée que les marches des rampes, il s'ensuit que le cercle 7-12-17 doit avoir un rayon tel qu'un demi-polygone régulier de dix côtés lui soit inscrit. En divisant le cercle MPN en dix parties, chacun des points des divisions a, b, c, d, P, e, f, g, h, répond à un rayon sur lequel doit se trouver un angle du polygone et qui marque la position d'une marche.

Faisant donc Mv sur la corde Ma égal à $0^m,325$, largeur d'une marche, et traçant parallèlement à celle de la rampe droite la ligne vu, sa rencontre au point 8 avec la ligne aC détermine la longueur du rayon $C8$ du cercle dans lequel se trouve inscrit le polygone de la foulée dont les côtés 7-8, 8-9, 9-10, etc., sont égaux à la largeur d'une marche. Attendu qu'il n'est pas indispensable de tracer les côtés de ce polygone, que nous n'avons marqué ici que pour rendre notre description plus claire, le cercle décrit du rayon c-8 conserve le nom de foulée du quartier tournant. On lui trace deux tangentes aux points 7 et 17, et la ligne 1-7-12-17-23 forme la foulée de l'escalier. Cette ligne devant être à une distance de $0^m,50$ à $0^m,60$ (environ 18 pouces à 2 pieds) de celle du milieu du limon, la position de celle-ci se trouve déterminée en $3''$-$7''$-$12''$-$17''$-$21''$, et les lignes qui lui sont parallèles marquent l'épaisseur des limons que nous supposons être d'environ $0^m,126$.

Nous remarquerons que si les marches du quartier tournant, dont les places se trouvent marquées par les points 8, 9, 10, 11, 12, etc., étaient dirigées sur le centre C suivant les lignes 8-a', 9-b', 10-c, 11-d', 12-p', 13-e', 14-f', 15-g', 16-h', leurs collets contre le limon tournant seraient trop étroits pour que les pieds des personnes forcées de s'approcher de ce limon, pussent y trouver une place suffisante. D'un autre côté, si l'on considère la suite des points de rencontre des bords des marches avec le parement vertical du limon dans lequel elles s'assemblent, on remarque qu'une ligne tracée sur ce parement, passant par tous ces points, sera composée de trois parties savoir : une ligne droite de $3'$ en m, une spirale ou vis de m en n, et une ligne droite de n en 21. Si l'on fait le développement du parement du limon, fig. 4, on trouve également du point 3' au point m' une ligne droite rampante suivant le rapport de la hauteur des marches à leur largeur; la base 3'-m étant égale à quatre largeurs des marches droites de la première rampe, c'est-à-dire, à la partie 3'-m' du limon, fig. 1, et la hauteur m, m' étant égale à celle de quatre marches, on trouve ensuite une autre ligne droite, fig. 4, de m en m', rampante aussi, mais beaucoup plus roide, comme l'hélice dont elle est le développement, le parement du limon tournant ayant pour développement m p n, et pour hauteur celle des 9 marches, enfin la partie n' o' du développement qui répond au limon de la deuxième rampe, a la même inclinaison que celui de la première rampe.

On voit que si le limon qui doit suivre le rampant de toutes les marches, était construit suivant ces pentes, il présenterait une forme brisée suivant les trois lignes 3'-m', m'-n',-n'-o', et il serait d'un aspect désagréable. On a remédié à ces deux inconvénients, en faisant *danser* les marches. C'est l'opération par laquelle on dévie les directions d'un certain nombre de marches, pour que le passage des directions parallèles qu'elles ont dans les rampes droites, aux directions convergentes qu'elles doivent avoir dans le quartier tournant, ait lieu moins subitement. Deux méthodes sont suivies pour obtenir ce résultat : l'une par le calcul, l'autre par une opération graphique. Par la première on fixe le rang de la marche d'une rampe droite qui limite l'espace dans lequel les changements de direction des marches auront lieu en ne faisant point varier celle qui répond au point p', milieu du quartier tournant. Soit, par exemple, qu'il s'agisse de répartir la convergence des marches entre la marche 4-4' et la marche 12-p' : il faut distribuer huit espaces le long du limon, qui croissent du point 12' au point 4' suivant une loi de progression uniforme, par exemple, suivant celle d'une progression arithmétique, qui est la plus simple, composée de 8 termes, dont la somme serait égale à la longueur de p-4'.

Supposons que le développement de p-4' soit de 1^m,787, longueur égale à la largeur des trois marches n°s 4, 5, 6 de la rampe droite, ayant 0^m,325 chacune, et des 5 collets des marches 7, 8, 9, 10, 11, chacune de 0^m,162;

Retranchant de ces nombres. . . . . 1^m,787
la somme des largeurs des 8 marches, si elles n'avaient que 0^m,62 1^m,299

la différence. 0^m,488

devra fournir aux accroissements en progression arithmétique des huit marches, en supposant que ces accroissements suivent la loi des nombres naturels 1, 2, 3, 4, 5, 6, 7, 8. Leur somme est égale à 36, divisant donc la différence $0^m,488$ par 36, le quotient, $0^m,013$ est le premier terme de la progression, tellement que les marches ont, contre le limon, les largeurs suivantes :

$$\begin{aligned}
\text{La ligne } 11' - p' &= 0^m,175 \\
\text{id.} \quad 10' - 11' &= 0^m,189 \\
\text{id.} \quad 9' - 10' &= 0^m,203 \\
\text{id.} \quad 8' - 9' &= 0^m,217 \\
\text{id.} \quad 7' - 8' &= 0^m,230 \\
\text{id.} \quad 6' - 7' &= 0^m,244 \\
\text{id.} \quad 5' - 6' &= 0^m,257 \\
\text{id.} \quad 4' - 5' &= 0^m,272
\end{aligned}$$

Dont la somme est égale à . . . . . . $1^m,788$, développement de la ligne $4'\text{-}p'$.

Ces largeurs, prises à l'échelle, sont portées sur le développement de la figure 4, aux niveaux qui correspondent aux marches, en supposant que le point p' est celui du dessus de la douzième marche; les points qui sont ainsi construits appartiennent à la courbe qui détermine la forme du limon.

Par cette méthode, on n'est en aucune façon maître de donner à cette courbe la forme qu'on veut, et comme elle est tracée par points, on n'a pas une grande certitude de la faire sans jarrets, ni inflexions d'un aspect agréable.

La méthode graphique que je vais décrire est préférable, vu que le point le plus important est de donner au limon une courbure gracieuse dans son développement qui est la partie la plus apparente de l'escalier.

Soit, fig. 4, la ligne brisée $3'\text{-}m'\text{-}n'\text{-}o'$ qui représente les trois parties rampantes des limons, savoir :

Celles $3'\text{-}m'$ $n'\text{-}o'$ qui répondent aux limons des rampes droites, et celle m' n' qui répond au limon du quartier tournant.

On élève une perpendiculaire p' y à cette dernière, par son milieu p', puis portant sur la première de m' en u une longueur égale à $m'\text{-}p'$ on élève par le point u une perpendiculaire u z à la ligne rampante $3'\text{-}m'$. L'intersection de ces deux perpendiculaires donne le centre d'un arc de cercle, tangent en u et en p', aux côtés de l'angle u m' p'; en faisant une opération semblable, à l'égard de l'angle p' n' o', on a l'espèce de doucine u m'' p' n'' o' qui forme l'arête du limon en satisfaisant à la condition d'être une ligne continue sans brisure. Cette ligne est rencontrée par des horizontales qui marquent les niveaux ou hauteurs des dessus des marches; le point p' appartenant toujours à la deuxième marche, on rapporte ces points sur le plan, en renveloppant le développement sur la projection du parement des limons. C'est ainsi que sont obtenus les points 5′, 6′, 7′, 8′, 9′, 10′ et 11′, fig. 1, qui marquent définitivement les positions des marches et les places de leurs assemblages dans le limon. La même construction donne, au-delà du point p', les points 13′, 14′, 15′, 16′, 17′, 18′, 19′, 20′. A l'égard de la vingt-troisième marche, qui est une marche palière, on la contourne par un arc de cercle $x\ y$ qui rencontre le limon à angle droit. La distribution des marches que nous venons de décrire, est indiquée sur la figure 1 par des lignes pleines ; les lignes ponctuées qui leur sont parallèles, sont les projections de leurs contre-marches.

La figure 2 est une projection verticale de l'escalier, sur un plan parallèle à la ligne $A\ E$ de la figure 1.

La figure 5 est une autre projection verticale du même escalier, sur un plan vertical, suivant la ligne $P\ Q$ de la figure 1, mais seulement de la partie qui comprend son empatement.

Plusieurs opérations graphiques concourent à la construction de cette projection. La volute et le patin sont les objets à déterminer d'abord, dès que la forme générale de l'escalier est arrêtée. Nous formons de la description du tracé de la volute et de la première marche, l'objet de l'article 2 ci-après, auquel nous renvoyons pour ne pas interrompre ce qui nous reste à dire, au sujet de l'escalier qui nous occupe.

La figure 5 est la projection des marches et du limon droit. Les marches sont tracées sur cette figure comme si elles étaient vues au travers du limon, elles ne sont que ponctuées et elles montrent la forme de leurs encadrements dans le limon. La surface supérieure du limon doit s'élever au-dessus des marches, et sa surface inférieure doit s'abaisser au-dessous d'une quantité constante pour tout le développement d'escalier.

Ces marches sont dites marches pleines ; chacune est d'une seule pièce, profilée avec une moulure. Chacune recouvre horizontalement celle qui lui est inférieure d'environ $0^m,054$ (2 pouces), et elle s'y appuie par un joint qui est perpendiculaire à la surface du dessous des marches. Cette surface est un plan pour chaque rampe droite, et elle est une surface gauche pour le dessous du quartier tournant.

Dans cette figure 5, la pièce A est le limon, et la pièce B est le patin ; dans les escaliers bien construits, ce patin et la volute sont de la même pièce. Le limon s'assemble dans cette pièce suivant le joint $m\ o\ n$, par un tenon $m'\ o'\ n'$ marqué en lignes ponctuées.

Pour soutenir le premier limon et le lier au patin, une jambette E leur est assemblée. La première marche R est solidement scellée sur le mur de fondation, elle descend même plus bas, de $0^m,027$ (1 pouce environ), que les pavés de la cage de l'escalier, afin qu'elle soit mieux retenue. Une saillie de $0^m,027$ à $0^m,054$ est réservée en dessous du patin pour pénétrer dans un encastrement creusé dans le dessus de la même première marche, et assurer la stabilité de ce patin. Cet encastrement est ponctué en $y\ z$ et $x\ z$, fig. 2 et 5.

On prend, fig. 1 et 5, les dimensions nécessaires à la construction de la projection de la volute, dans la figure 2.

Pour construire la partie du limon qui répond au quartier tournant, et que l'on nomme la courbe rampante, on prend, sur la figure 1, les distances horizontales au plan vertical qui a pour trace la ligne $P\ Q$ sur les deux figures, et les hauteurs sont mesurées par celles des marches. A chacune on ajoute, tant en dessus qu'en dessous, les quantités dont la courbe du limon est plus élevée, fig. 5, pour le dessus, et plus abaissée pour le dessous.

Les surfaces du dessus et du dessous du limon sont engendrées par une droite horizontale, qui s'élève en s'appuyant sur la courbe comprise dans la surface du limon qui reçoit les marches, et dont nous avons fait le développement fig. 4 : cette droite reste toujours normale à la surface verticale du limon. Il en résulte que sur chaque génératrice $C\ m$, $C\ n$, il y a des petits jarrets à cause du passage subit du limon droit au limon courbe, mais on a dû avoir soin, en coupant, de laisser un peu de bois pour ragréer et dissimuler ces jarrets.

On peut éviter ces jarrets en construisant, pour la surface intérieure du limon, des courbes de raccordement du même genre que celles de la figure 4, soit avec des arcs de cercle, soit avec des arcs d'ellipse, ayant soin que les points de contact des raccordements avec les lignes de pente du limon se trouvent aux mêmes niveaux, de façon que les surfaces du dessus et du dessous du limon pourront encore être engendrées par une ligne toujours horizontale, qui s'appuiera sur les deux arêtes du limon; elle ne passera point par l'axe répondant au point C. Il est bien entendu que la courbe que nous supposons tracée sur la surface interne du limon, peut être déduite de celle tracée sur la surface contiguë aux marches, en construisant les points qui sont sur les prolongements des lignes qui répondent à ces marches.

Nous avons figuré les joints par lesquels sont réunies les diverses parties du limon. Celui mis en projection verticale en $a\ b\ c\ d$, fig. 2, est mis en projection horizontale en $12''$, fig. 1; celui marqué en Z, même figure, est conclu de sa représentation dans le développement fig. 4, en $a\ e\ i\ k$; nous reviendrons sur ces objets un peu plus loin.

La vingt-troisième marche est une marche palière; elle porte de E en A; elle reçoit les assemblages des solives qui forment le palier, et si l'escalier devait s'élever plus haut que le premier étage, elle recevrait la vingt-quatrième marche, qui serait la première de la troisième rampe; un limon de palier lui est appliqué horizontalement, ou en fait partie d'une seule et même pièce; ce limon de palier se raccorde avec ceux des rampes, dont il fait partie.

La surface du dessous de l'escalier qui forme la coquille, dans toutes les parties où les marches ne sont point parallèles entre elles, est une surface gauche qui suit la loi des positions des marches; sa rencontre avec les murs de la cage est mise en projection verticale en m p n, fig. 2, par le moyen des horizontales de la surface, les longueurs de leurs projections sont prises sur la figure 1.

La seule pièce qui présente quelques difficultés dans l'exécution d'un escalier, c'est la courbe rampante qui est la partie du limon répondant au quartier tournant qui reçoit les assemblages de toutes les marches tournantes.

§ 2. *Volute du limon et première marche.*

Pour ne point rendre confuse la construction que nous avons à décrire, nous l'avons faite à part, fig. 3, sur une échelle double.

La première marche d'un escalier est ordinairement en pierre dure, surtout lorsque la cage est pavée de dalles ou en carreaux de pierres dures.

Cette première marche, qui fait partie du patin de l'escalier et lui sert d'empatement, et pour ainsi dire de fondation, reçoit l'établissement de la volute, qui marque la naissance du limon, qui en est comme la souche, et l'appuie avec assez de grâce sur cette espèce de socle. Une spirale continue, telle que la spirale *logarithmique* ou la spirale d'Archimède, ou la spirale développante du cercle, conviendrait à cette volute; mais comme il faudrait la tracer par points, construits d'après les propriétés de celle qu'on aurait choisie, on préfère former la volute de la réunion de plusieurs arcs de cercle, moyen qui est applicable à l'imitation d'un grand nombre de courbes : celle qu'on se propose d'imiter est la développante du cercle.

On opère comme dans la construction de la volute employée pour les chapiteaux de l'ordre ionique, qui est une courbe de cette espèce; mais, attendu que plus le nombre des arcs de cercle employés dans une révolution entière est grand, plus la courbe est gracieuse, et plus elle se rapproche de celle qu'on veut imiter; au lieu de tracer notre volute par quatre arcs de cercle décrits de quatre centres, nous la composons de six arcs de cercle décrits de six centres.

Pour que la volute rentre exactement sur elle-même, il faut que son contour extérieur rencontre son contour intérieur tangentiellement, dans le point où il se termine. Ainsi la courbe *cyclo-spirale* m a b c d e f g doit rencontrer celle n g tangentiellement en g, après une révolution entière, commençant au point m.

Cette courbe *cyclo-spirale* devant être composée de six arcs de cercle de 60°, il faut encore, pour que le raccourcissement des rayons soit régulier, que les six centres soient pris aux angles d'un hexagone, et que ses rayons décroissent uniformément d'une quantité constante, après que chaque arc de 60° est tracé; et comme la différence du premier au dernier rayon doit être égale à a g ou à m n, il s'ensuit que le décroissement du rayon pour chaque arc est égal au sixième de a g, et que le côté de l'hexagone 1-2-3-4-5-6, aux angles duquel doivent être les centres, est égal à ce sixième. Cet hexagone étant construit, on l'établit arbitrairement dans la place que l'on juge convenable pour la grosseur qu'on veut donner à la volute, ayant soin toutefois que la ligne a o fasse un angle de 60°, avec la direction des marches, ou de 30° avec celle du limon.

Dans la figure 3, la ligne a o est tracée pour qu'elle coupe la direction de la troisième marche en o, de façon que n o = m n; et ayant décrit les arcs m a, n g, qui forment une partie de la volute, le point 1 de l'hexagone a été établi en faisant g-2 égal au quart de g o.

L'hexagone 1-2-3-4-5-6 ayant été tracé, et ses côtés prolongés, l'arc de cercle a b a été décrit du point 2, l'arc b c du point 3, l'arc c d du point 4, l'arc d e du point 5, l'arc e f du point 6, et l'arc f g du point 7. Il est évident que chaque rayon diminuant d'un sixième de la largeur a g du limon, le dernier arc de cercle doit nécessairement passer par le point g. Il est encore évident que cette courbe *cyclo-spirale* serait obtenue par un fil qui serait enveloppé sur l'hexagone 1-2-3-4-5-6, ou sur un prisme qui aurait cet hexagone pour base, et dont un bout tracerait successivement des arcs de cercle à mesure qu'il se développerait de la même manière qu'on trace la développante du cercle : les arcs m a, n g ne servent ici que de raccordement pour attacher la volute au limon.

Pour terminer la deuxième marche, on la contourne par un arc de cercle de 60° tangent à cette marche et à la ligne a g, et dont le centre est en p.

A l'égard de la première marche, sa forme est subordonnée à la situation de l'escalier; ici on veut que la courbe *cyclo-spirale* qui doit en tracer le contour, soit tangente à la ligne qui marque l'emplacement de cette première marche, et au limon dans le même point où commence la courbure intérieure de la volute.

Du point 2 et avec le rayon $2r$, ayant décrit l'arc $r\ s$, on porte sur le rayon $2\text{-}s$, de 2 en f, la quantité $2f = n\ o$. La longueur $s\text{-}f$ est divisée en cinq parties, à chacune desquelles est égal le côté d'un hexagone $2\text{-}2'\text{-}3'\text{-}4'\text{-}5'\text{-}6'$, construit dans l'angle 2 du premier; les points $2'$, $3'$, $4'$, sont les centres des arcs de cercle $s\ t$, $t\ u$, $u\ v$ avec les rayons décroissants, égaux à $2\text{-}t'$, $2\text{-}w'$, $2\text{-}v'$; le dernier arc $v\ n$ est décrit du centre i au lieu de l'être du centre $5'$, afin que cet arc soit tangent au limon dans le point n, parce que le point i étant pris sur la ligne $m\ n$, autant à gauche à l'égard du point $5'$ que le point v se trouve à droite par rapport au point $6'$, on compense une irrégularité indispensable, vu qu'il y a impossibilité de satisfaire en même temps aux conditions de tangence dans le point n, et de la position de tous les centres aux angles d'un hexagone.

La méthode que nous venons d'indiquer pour la première marche est celle donnée par Rondelet. Pour nous, il nous paraît qu'on peut s'affranchir de la condition de la tangence au point n, et adopter tous les angles de l'hexagone régulier par la détermination des centres, pourvu que la somme de ses côtés ne soit pas plus grande que le grand rayon $2\text{-}s$, et que la courbe *cyclo-spirale* enveloppe la totalité de la volute en bois; la volute et la première marche, fig. 1, ont été tracées suivant la méthode que nous venons de décrire.

Nous n'avons donné ici le tracé de la première marche que parce que, bien qu'elle soit en pierre, c'est au charpentier qui compose l'escalier à en prescrire la forme. On peut aussi tracer la première marche comme elle est ponctuée fig. 3; il faut qu'elle fasse socle autour de la volute.

Le dessus de la volute doit se raccorder avec celui du limon sans jarret sensible. Pour obtenir ce résultat, on construit, fig. 6, sur la même échelle que la figure 3, un développement de la surface interne du limon, dont le prolongement est la surface externe de la volute.

$a\ b$, fig. 6, est la pente du limon, les points a et b répondent aux deuxième et troisième marches; $a'\ d'$ est le développement de l'arc $a\ l$ de la figure 3. Le point d, fig. 6, est déterminé par la verticale $d'\ d$, et l'horizontale $d\ e$ marque le niveau du dessus de la volute au-dessus du niveau de la première marche $x\ y$. Cette ligne $d\ e$ est prise égale au développement de l'arc $l\ e$, fig. 3; de plus, on a pris $d\ o = d\ e$. L'arc $e\ o$, dont le centre est en g, sur la verticale $c\ g$, sert de raccordement entre le dessus du limon et le dessus de la volute; on suppose qu'une droite horizontale se meut en s'appuyant sur cette courbe, et se maintient parallèle aux rayons des arcs de cercle qui ont servi à tracer la volute. Ce raccordement n'est pas rigoureux, par la raison que les longueurs des rayons qui ont servi à tracer la projection de la volute, changeant subitement à tous les changements de centres, il en résulte que la surface engendrée comme nous venons de le dire, est une suite de surfaces gauches qui ne sont pas rigoureusement tangentes les unes aux autres, et qu'elles forment des jarrets. A la vérité, ces jarrets sont peu sensibles, et d'ailleurs l'exécution de cette volute, étant une sorte de sculpture, on raccorde toutes ces surfaces à l'outil; l'important est que le tracé horizontal de la volute soit exact et gracieux.

Lorsqu'on ne fait point de volute pour la naissance ou l'appui du limon, il faut la remplacer par un dé qui en forme comme la souche.

Nous avons représenté, fig. 7, pl. CXX, et fig. 25, pl. CXIX, deux manières de former la naissance d'un limon, mais ces dispositions ne sont point d'un effet si satisfaisant qu'une volute, et ne sont employées que lorsqu'on manque d'espace pour l'empatement ou lorsqu'il s'agit d'escaliers de peu d'importance.

§ 3. *Joints des limons.*

Le plus ordinairement, dans les escaliers en pierre, soit que le limon fasse partie des marches, soit qu'à l'imitation des escaliers en charpente il en soit séparé, le joint, entre chaque partie du limon, est de la forme $u\,v\,x\,y$, fig. 13, pl. CXXI; mais cette disposition n'est pas la plus convenable pour les joints des limons en bois, vu que, le bois n'étant point aussi pesant que la pierre, elle n'assure pas suffisamment la stabilité des joints.

La fig. 11 représente un assemblage à tenons; les deux parties de limon à assembler sont séparées; les plans qui doivent être en contact lorsqu'on les a mis en joint, sont marqués $u\,v\,x\,y$ sur les deux parties. La partie du limon A porte les tenons saillants $u\,v\,x\,u'$, $x\,x'\,y'\,y$, et l'autre partie B est creusée de deux mortaises $u\,v\,x\,u'$, $x\,x'\,y'\,y$, qui sont ponctuées. Quelquefois, afin de diminuer la longueur de la partie de limon A, qui devrait porter les tenons, on ne fait point de tenons; les deux parties A et B du limon sont réunies par le joint $u\,v\,x\,y$ et une clef $t\,z$, ou faux tenon, fig. 12, pénètre dans les mortaises creusées dans les deux abouts. Ce moyen d'assemblage a l'inconvénient d'affaiblir également les deux limons, et l'on préfère le joint représenté en $u\,v\,x\,y$, fig. 21, dans lequel chaque partie de limon porte en même temps un tenon et une mortaise, le tenon de l'une entrant dans la mortaise de l'autre; ainsi le rectangle $y'\,x\,v\,v'$ représente le tenon du limon B, et la mortaise du limon A; de même, le rectangle $x'\,x\,v\,u'$ représente le tenon du limon A et la mortaise du limon B. Cet assemblage est toujours consolidé par un boulon du genre de ceux que nous avons représentés, fig. 18 et fig. 29 et 24, pl. CXVI.

II. — 40

Nous avons représenté, fig. 20, les deux limons A, B, séparés pour qu'on puisse voir l'assemblage, et nous y avons indiqué un boulon indispensable pour assurer la stabilité de cet assemblage. Ce boulon est à clavette par un bout et à écrou par l'autre, comme celui de la fig. 34, pl. CXVI. On place le boulon, sa rondelle et sa clavette dans le trou percé dans le bout du limon B, avant de mettre en joint; quand l'on met en joint, le boulon pénètre dans le trou du limon A, et lorsqu'il est parvenu jusqu'à la mortaise dans laquelle on a placé la rondelle et l'écrou, on serre ce dernier en le faisant tourner avec un ciseau qu'on frappe avec un marteau; l'écrou doit être circulaire et sa circonférence cannelée, comme il est représenté en x, fig. 34, pl. CXVI.

L'emploi d'un boulon est un des motifs qui font rejeter, dans la construction des escaliers en bois, la forme de joint de la figure 13. On conçoit que si les abouts n'étaient pas d'une exactitude parfaite, ou si le bois cédait par suite d'une forte pression, la partie $v\ x$ se présentant obliquement par rapport à la direction du boulon, pourrait rendre l'assemblage difforme et faire éclater le bois, ce qui ne peut avoir lieu lorsque la joue $v\ x$ est dans la direction de la pression, comme dans les figures 11, 20 et 21.

Nous avons marqué, sur la figure 20, pl. CXXI, les logements, profonds de $0^m,027$ à $0^m,034$, qui doivent recevoir les marches pleines.

Les joints des parties courbes sont tracés comme celui représenté en projection horizontale, figure 17, et en projection verticale en $u\ u'\ v\ x\ y'\ y$, fig. 19. Par le point b milieu de la hauteur $b'\ b''$ du limon, on suppose une ligne droite horizontale perpendiculaire à la courbure du limon. Par cette ligne projetée en $b\ d$, fig. 17, et par la tangente à l'hélice passant par le centre du rectangle qui est la coupe verticale du limon, on fait passer un plan. La portion de ce plan suivant lequel les joues du joint sont mises en contact, est représentée, fig. 19, par la ligne $v\ x$. Par les deux points v et x, on trace deux horizontales $v\ o, x\ i$, fig. 17, parallèles à l'horizontale $b\ d$, et par chacune de ces deux horizontales on fait passer un plan perpendiculaire au premier. Les deux plans des deux abouts parallèles ont pour traces les lignes $u\ v, x\ y$, fig. 19; ils rencontrent les arêtes du limon en u et u' et en y, y'. Ces points, rapportés en projection horizontale, fig. 17, donnent, pour la projection des abouts, les quadrilatères $u\ v\ o\ u'$, $x\ y\ y'\ i$; leurs côtés $v\ o$, $x\ i$ sont seuls droits; les joints des abouts dans les surfaces du limon sont des courbes $u\ u'$ et $y\ y'$, qui se confondent presque avec des lignes droites; un boulon serre cet assemblage. Nous l'avons ponctué dans les fig. 17 et 19; il est représenté séparément, fig. 18.

Pour éviter les joints courbes, on a essayé de faire passer les abouts des joints par des droites génératrices des surfaces rampantes du limon.

Ainsi, soit $v\ x$, même planche, fig. 15, la trace d'un plan perpendiculaire au plan de projection verticale et tangent à l'hélice moyenne qui passe par le centre du rectangle générateur du limon. On a choisi deux génératrices $u\ u'$, $y\ y'$ des surfaces rampantes également éloignées en dessus et en dessous du point b. On a construit par chaque génératrice un plan perpendiculaire au plan $v\ x$. Les deux plans déterminés par cette condition rencontrent la joue du joint suivant les lignes projetées en $x\ x'$, $v\ v'$, fig. 16, et les abouts des joints sont limités par les courbes $u\ v$, $u'\ v'$, $y\ x$, $y'\ x'$ des surfaces cylindriques.

La figure 14 représente un joint de la même forme, tracé sur un limon droit, pour chercher à quelle hauteur il convient de choisir les génératrices des surfaces supérieures et inférieures du limon.

Le joint de la figure 15 est projeté horizontalement fig. 16. On doit remarquer que l'avantage d'avoir, sur la surface rampante du limon, des joints en ligne droite, qui sont très-peu apparents, s'ils sont bien exécutés, ne compense point les inconvénients que présente ce joint. Les abouts n'étant point parallèles, lorsqu'on serre le joint par un boulon, il s'opère entre les plans inclinés une petite pression qui peut faire éclater le bois; mais un autre inconvénient plus grave, c'est que, pour tracer les tenons, il faut faire usage de moyens très-compliqués pour obtenir que ces tenons soient dans une même direction, qui ne doit pas être perpendiculaire aux abouts, tandis que, dans le joint de la figure 19, il est fort aisé de tracer les tenons, auxquels on donne une épaisseur à peu près égale au tiers de celle du limon, et une direction perpendiculaire aux plans des abouts.

§ 4. *Projection d'une courbe rampante.*

$6'$-$1'$-1-6-11-$11'$, fig. 8, pl. CXXI, est la projection horizontale de la moitié d'une révolution du limon d'un escalier qui serait entièrement circulaire. La division des marches a été faite sur le cercle de la foulée ; elles sont égales, et elles sont représentées dans cette même projection par les droites répondant aux points 1, 2, 3, 4, 5, 6, 7, 8, 9, 10 et 11, qui tendent au centre C du jour circulaire de l'escalier.

Les largeurs des marches à leurs collets, c'est-à-dire aux points où elles pénètrent dans les limons étant égales ainsi que leurs hauteurs, la courbe qui passe par les points où leurs bords entrent dans le limon est une hélice qui est une ligne droite sur la surface du limon développée; les arêtes du limon sont également des hélices.

Soit, dans la projection verticale, fig. 7, la ligne O O au niveau du dessus de la marche immédiatement inférieure à celle cotée 1.

Les horizontales 1-1, 2-2, 3-3, 4-4, etc., marquent les niveaux des marches comprises dans la projection horizontale sous les mêmes numéros.

Les lignes 1'-1', 2'-2', 3'-3', 4'-4', etc., 11'-11', sont les niveaux des points du limon élevés d'une quantité constante au-dessus des bords des marches; en rapportant par des verticales les points 1, 2, 3, 4, etc., de la projection horizontale, fig. 8, sur les horizontales de mêmes numéros primes, on détermine les points 1″-2″-3″-4″-5″-6″-7″-8″-9″-10″-11″, fig. 7, qui appartiennent à l'arête supérieure du limon du côté des marches.

En rapportant également les points 1', 2', 3', 4', 5', etc., de la projection horizontale du limon, fig. 8, sur les mêmes horizontales, on détermine les points qui appartiennent à la deuxième arête du limon répondant à l'intérieur ou au jour de l'escalier. Il suffit de coter trois de ces points 1″-6″-11″, pour faire connaître la courbe.

La hauteur du limon ayant été fixée, comme nous l'avons indiqué dans l'article précédent, et sur la figure 5 de la planche CXX, on construira les deux arêtes inférieures du limon par des courbes égales aux précédentes, mais qui sont plus basses qu'elles de toute la hauteur du limon; on obtient, par conséquent, leurs points en portant au-dessous des premiers cette hauteur du limon sur les mêmes verticales qui ont servi à la construction des arêtes supérieures. Ces deux arêtes inférieures du limon sont marquées, sur la projection verticale, des nombres 1″″-6″-11″″, 1″″-6″-11″″. Les deux projections du limon étant terminées, il s'agit de projeter aussi les joints dans lesquels il est tronçonné et qui servent à l'assemblage de ses divers tronçons que l'on appelle *courbes rampantes*.

Dans la supposition que nous avons faite, que ce limon appartient à un escalier circulaire, il est d'usage de diviser en parties égales la circonférence du limon dans sa projection horizontale. Cependant, on est quelquefois forcé de s'écarter de cette régularité lorsqu'il y a des paliers distribués à différents étages sur le développement du limon.

Pour l'exemple qui nous occupe, nous supposerons, vu que le diamètre du jour est fort restreint, une division en quatre parties égales de la révolution entière du limon, ce qui place le milieu de chacun des deux joints que comprend la projection horizontale sur les lignes $C\ Z$, $C\ Z'$.

Les joints des parties de courbes rampantes sont faits suivant le même principe que nous avons exposé précédemment, fig. 17 et 19. Pour les mettre en projection sur la figure 7, qui doit présenter une élévation complète de la courbure rampante, il est nécessaire de faire une projection auxiliaire sur un plan vertical perpendiculaire à celui qui contient la ligne de milieu du joint.

La figure 9 est une projection verticale auxiliaire pour le joint qui a, sur la projection horizontale, la ligne $C\,Z$ pour ligne de milieu ; cette projection est faite sur un plan vertical perpendiculaire à cette même ligne.

La partie $d\,f$ de la verticale est la hauteur du limon, et les quatre courbes marquées sur cette projection sont ses quatre arêtes ; ces courbes sont exactement égales à celles qui passent par les points $6''$ et $6'''$ de la figure 7.

Le joint $u\,v\,x\,y$ est tracé comme nous l'avons précédemment expliqué, fig. 11, et sa partie $v\,x$ est parallèle à la tangente de l'hélice moyenne qui passerait par le centre du rectangle générateur du limon. Il n'est pas nécessaire de construire cette courbe pour tracer sa tangente ; il suffit de construire sa sous-tangente.

Traçant donc l'horizontale $m\,t$, figure 7, par le centre c du rectangle $1''\text{-}1'''\text{-}1''''\text{-}1''''$, générateur du limon, point par lequel passe l'hélice dont on veut avoir une tangente, cette horizontale est la trace verticale du plan horizontal passant par ce point. En développant sur cette droite le quart du cercle $r\,z$, fig. 8, son développement $m\,t$ sera la sous-tangente et $b\,t$ la tangente. Le triangle $b\,m\,t$ de la fig. 7 étant rapporté en $b\,m''\,t''$ de la fig. 9, la ligne $b\,t''$ est la tangente cherchée. On porte de b en v et en x deux parties égales de $0^m,027$ à $0^m,041$ (1 pouce ou 1 pouce et demi) ; elles fixent l'étendue de la joue que forme le joint. Les deux abouts $u\,v$, $x\,y$ sont tracés parallèlement à la normale $b\,s$, et les deux assemblages à tenons et mortaises, mis en joint, sont tracés comme je les ai ponctués. Ils sont mis en projection horizontale, fig. 8, par des lignes verticales qui les abaissent en u, u', y', y' sur les arcs de cercle auxquels les hélices correspondent, et, pour les mettre en projection verticale sur la fig. 7, après avoir tracé la ligne $k\,k'$ sur cette figure, au même niveau que la ligne $k\,k'$ de la figure 9, qui est au-dessous du point b de la fig. 7, de la hauteur de deux marche et demie, on porte, à partir de cette horizontale, fig. 7, sur les verticales élevées par les points de la projection horizontale, des hauteurs prises à partir de la même ligne $k\,k'$ de la figure 9.

Il faut remarquer que ces points donnant les projections des intersections de la joue $v\,x$ avec les deux abouts parallèles ; ces deux lignes sont parallèles et elles sont projetées au plan horizontal par deux lignes parallèles, tandis que les joints résultant des intersections des abouts avec la surface supérieure et la surface inférieure du limon sont des courbes $u\,u'$, $y\,y'$. À l'égard des tenons et mortaises, ils sont formés par des parallélipipèdes dont les arêtes sont parallèles au plan tangent à la courbe moyenne du limon, dont la ligne $b\,t'$, fig. 8, est la trace en même temps qu'elle est la projection de la tangente.

La construction du joint et des abouts de l'extrémité supérieure de la même courbe rampante est faite par le moyen de la projection auxiliaire, fig. 10, absolument de la même manière que nous avons procédé pour la fig. 9, si ce n'est que la ligne $k''\,k'''$ a été prise en dessus du point b de la même quantité que la ligne $k\,k'$ a été prise en dessous.

Quoique les joints soient les lignes courbes sur les surfaces rampantes du limon, leur courbure est si faible qu'ils se confondent avec des lignes droites. Dans tous les cas, pour vérifier si l'on a opéré avec exactitude des deux côtés, on trace par les projections horizontales des points extrêmes de ces joints les lignes $u\,u'$, $u'\,u''$, $y\,y'$, $y'\,y''$, et leurs prolongements doivent se couper sur l'axe $C\,P$, c'est-à-dire $y\,y'$, et $u'\,u''$ au point g, et $u\,u'$ et $y'\,y''$ au point g'.

Nous avons haché dans ces deux ensembles sur la projection horizontale, fig. 8, les plans des abouts, pour qu'on puisse les distinguer des joues de l'assemblage.

Nous avons aussi ombré la projection verticale de la courbe rampante, fig. 7, afin de rendre sa forme plus apparente, les ombres ne se marquant point sur une épure construite pour servir à l'exécution.

§ 5. *Exécution de la courbe rampante.*

Lorsque la projection verticale est complète et qu'elle est faite avec précision, on peut procéder à l'exécution de la courbe rampante. La pièce de bois de laquelle on doit la tirer doit être un parallélipipède rectangulaire dressé sur toutes ses faces d'équerre avec la plus grande précision. Les anciens charpentiers n'attachaient aucune importance à cette précision; ils se faisaient, au contraire, un mérite de faire sortir la courbe rampante d'un parallélipipède le plus grossièrement équarri; ils faisaient en cela preuve d'habileté, mais aux dépens de la précision; seulement, il fallait le soin le plus minutieux, et souvent encore n'obtenait-on une forme à peu près satisfaisante que par un excès d'adresse dans le travail de l'outil. En équarrissant, au contraire, avec précision, bien que l'on doive opérer avec le même soin, on parvient avec moins de peine et en moins de temps à un résultat parfaitement exact.

Le parallélipipède qui doit contenir la courbe rampante étant projeté dans la situation qu'il doit avoir pour la renfermer, a deux de ses faces verticales; elles sont projetées horizontalement par leurs traces $A\,B'$, $E\,D'$, fig. 8. Les faces rampantes du parallélipipède projetées horizontalement entre ces mêmes lignes sont perpendiculaires au plan de projection verticale et projetées verticalement sur leurs traces verticales $E\,E'$, $D\,D'$, fig. 7, et ses extrémités perpendiculaires à ses arêtes sont projetées verticalement sur $E\,D$, $E'\,D'$, et horizontalement par les rectangles $A\,B\,D\,E$, $A'\,B'\,D'\,E'$.

Pour tirer par le travail de l'outil la courbe rampante de la pièce de bois que nous venons de définir par ses projections, on doit d'abord considérer quelles sont les positions des surfaces qui définissent cette courbe à l'égard des faces de la pièce de bois, et fixer l'ordre de l'exécution des surfaces. Les surfaces cylindriques sont les plus faciles à exécuter; elles sont aussi celles pour lesquelles les lignes qui doivent guider l'outil sont plus faciles à tracer sur les faces de la pièce de bois, par conséquent, elles doivent être exécutées les premières; et, ces surfaces cylindriques étant exécutées avec précision, il est aisé d'y tracer les arêtes qui guideront l'outil pour l'exécution des surfaces gauches du dessus et du dessous du limon.

Deux méthodes peuvent être pratiquées :

La première, qui est la plus ancienne et qui s'applique notamment au cas d'un bloc très-grossièrement équarri, est empruntée du procédé du piqué des bois (art. 12, chap. IX, tome Ier).

La seconde, plus moderne, est imitée en partie de l'*Art du Tailleur de pierre*, et ne peut être mise en usage que sur des blocs équarris avec précision; elle est aussi celle qui donne les résultats les plus exacts.

Nous décrivons d'abord la méthode par le procédé du piqué des bois.

Pour éviter la confusion sur les fig. 7 et 8, nous transportons la projection du parallélipipède qui doit contenir la courbe rampante en $E\ E'\ D'\ D$ en projection verticale, fig. 2, et en $A\ B'\ D'\ E$ en projection horizontale, fig. 3; les mêmes lettres marquent, sur ces deux figures, les mêmes points que sur les figures 7 et 8.

La pièce de bois est établie sur l'ételon de niveau et de dévers, dans la situation où nous l'avons représentée fig. 7 et fig. 2. Pour piquer sur ses faces projetées sur $E\ E'$, $D\ D'$, les traces des surfaces cylindriques, après avoir établi et fait coïncider les lignes de *ramencret* et la ligne de milieu, suivant l'usage, avec celles de l'ételon (les lignes de ramencret sont marquées sur la figure 2), par des points tels que m et n, fig. 3, qui se trouvent sur un même rayon, on relève sur la pièce, au moyen du fil à plomb, les lignes qu'on a tracées sur l'ételon parallèlement à l'axe $C\ P$; plus on a tracé de ces parallèles sur l'ételon comme sur la pièce de bois, plus on peut avoir de points appartenant aux courbes qu'il s'agit de tracer.

Pour éviter encore la confusion, nous n'avons tracé, sur la figure 2, que les deux lignes $F\ G$, $F'\ G'$ passant par les points m et n du rayon $C\ m\ n$; les parties $f\ g$, $f\ g'$ ont été relevées sur les faces inférieure et supérieure du bois.

Par les extrémités de ces lignes sur la pièce de bois, c'est-à-dire par les points où elles rencontrent les faces établies de champ sur l'ételon, on fait passer le fil à plomb, et l'on porte le long de ce fil, et à partir de la face supérieure du bois qui est horizontale, les ordonnées $p\ m$, $q\ n$.

Nous avons développé, fig. 2, à côté de la pièce, ses deux faces situées de champ sur l'ételon, en les faisant tourner autour des arêtes $E\ E'$, $D\ D'$ pour faire voir ces mêmes ordonnées $f\ n$, $f\ m$, sur une face, et $g\ n$, $g'\ m$ sur l'autre face; les points m et n appartiennent aux courbes à construire. Lorsqu'on a répété cette opération pour un grand nombre de parallèles à l'axe $C\ P$, on a sur les deux faces $A\ A'\ E'\ E$, $B\ B'\ D'\ D$, les points des deux courbes qui sont les traces des surfaces cylindriques du dedans et du dehors du limon. On fait aussi la même opération sur les deux faces des bouts de la pièce ; on a eu soin de numéroter les points des courbes provenant des opérations faites successivement et par ordre sur toutes les parallèles qu'on a tracées.

La pièce de bois est enlevée de dessus l'ételon, les courbes sont tracées sur les faces où leurs points ont été piqués, et l'on taille à la hache et en dernier lieu à la besaiguë, à l'herminette, à la gouge et même au rabot, les surfaces cylindriques, en présentant une règle qui doit passer par les points de même numéro, pour lui donner les positions des génératrices des surfaces. On fait usage aussi des calibres, fig. 10 et 12, pl. LXIX, fig. 13 et 14, pl. LXX. Sur la face supérieure $E\ E'\ D\ D'$ on rencontre, par des lignes qui sont aussi des génératrices, les points où aboutissent les courbes.

Nous avons indiqué sur les quatre faces développées, par des hachures qui présentent une teinte plus foncée que le reste de chaque face, les parties de bois à enlever pour former les surfaces cylindriques.

Lorsque ces surfaces sont taillées et recalées avec précision, on trace dans celle qui est concave le trait *rameneret e r*, fig. 2, qui répond à la ligne 6″-6‴, fig. 7, et l'on rétablit la pièce sur *l'ételon* afin de relever de nouveau sur la surface convexe comme sur la surface concave les génératrices répondant aux parallèles dont nous avons précédemment parlé. On porte alors sur ses parallèles les distances prises sur l'ételon à partir des faces de champ de la pièce, savoir : $f\ o$, $g\ a$, fig. 7, sur la surface convexe, $f'\ o'$, $g'\ a'$ sur la surface concave. En répétant cette opération sur toutes les parallèles, on obtient sur la surface convexe et dans la surface concave les points qui appartiennent aux arêtes du limon, et qui servent de guides pour tracer et couper les deux surfaces gauches du dessus et du dessous de la courbe rampante en appliquant une règle qu'on fait passer par les points de la surface convexe, et par les points de la surface concave, qui sont dans les plans passant par l'axe $C\ P$. On a soin de marquer d'un même numéro les points qui répondent à chaque génératrice, afin de guider la règle dont on se sert pour exécuter les surfaces.

La deuxième méthode dans laquelle on fait usage de panneaux est plus rigoureuse, en ce qu'en aucun cas il n'est nécessaire, comme dans la précédente, de recourir à l'observation de la *polène* (1), ou des défectuosités du bois; et l'on n'a même pas besoin d'établir sur l'ételon le bloc de bois dont on veut tirer la courbe rampante. Il suffit de construire les différents panneaux et développements nécessaires pour ligner et tracer sur le bois.

La figure 2 représente le développement des faces du bloc de bois, sur lesquelles on a tracé les différents arcs d'ellipses résultant de leurs rencontres par les surfaces cylindriques du limon. Ces arcs d'ellipses peuvent être tracés par deux méthodes :

La première, par points à peu près comme précédemment, en déterminant les emplacements des pieds f, g, f', g' des ordonnées par des parallèles à l'axe $C P$, et portant ces ordonnées $f n, f' m, g n, g' m$, perpendiculairement aux arêtes $E E'$, $D D'$, après les avoir prises égales à celles $q n, p m$ de la projection horizontale, fig. 3.

La seconde méthode, que je crois plus exacte, consiste dans la détermination des ellipses, au moyen de leurs axes, ce qui est fort aisé, puisque les grands axes $a b, a' b'$, fig. 2, des deux ellipses $a d b, a' d' b'$, sont déterminés par la rencontre en E, E', H, H', fig. 7, de la trace verticale de la face supérieure du bloc, par les génératrices des surfaces cylindriques répondant aux points 1, 1', 11, 11' de la projection horizontale, fig. 8; et que leurs petits axes $o d, o d'$, sont égaux aux rayons C-6, C-6' de la projection horizontale, et sont perpendiculaires à l'arête $E E'$ dans le point r, où elle est coupée par l'axe $C P$; les grands axes $a b, a' b'$ qui sont sur une même ligne, sont parallèles à l'arête $E E'$ et en sont éloignés de la quantité $o r$ égale à $C r'$, fig. 3 et 8.

Les ellipses $e h k, e' h' k'$ de la face inférieure sont égales à celles de la face supérieure, et leurs petits axes $q h, q h'$ sont perpendiculaires à l'arête $D D'$, dans le point c où elle est coupée par l'axe $C P$ des surfaces cylindriques; leurs grands axes $q h, q h'$ sont parallèles à l'arête $D D'$ et en sont éloignés de la même quantité $c q$, égale à $C r'$ des fig. 3 et 8.

On détermine encore, par la même méthode, les arcs d'ellipses qui résultent des intersections des surfaces cylindriques avec les plans des bouts de la pièce de bois; nous avons ponctué les ellipses auxquelles ils appartiennent en $a'' n'' b''$, $a''' n''' b'''$, fig. 3. Les éléments des ellipses ainsi déterminés, les ellipses sont tracées sur des panneaux et découpées pour être appliquées sur les faces auxquelles elles conviennent, et suivant les lignes de repère

(1) Voyez, tome Ier, page 335.

qui sont les cordes et les petits axes qui doivent se confondre, pour la face supérieure, avec les arêtes de la pièce de bois, et pour les faces perpendiculaires, avec les lignes $r\ d$ et $c\ h$.

On trace les arcs elliptiques avec la pierre noire ou la craie bien affilée, en suivant le contour des panneaux; et si l'on a eu soin de ligner sur les quatre principales faces de la pièce, les intersections d'une suite de plans parallèles à l'axe des surfaces cylindriques et perpendiculaires au plan de l'ételon, celles de ces lignes appartenant à un même plan, et qu'on a marquées d'un même numéro d'ordre, déterminent pendant le travail, les positions des génératrices des surfaces cylindriques, et par conséquent les positions qu'il faut donner à une règle pour diriger l'outil pendant qu'on taille et recale ces surfaces.

Lorsque les surfaces cylindriques sont terminées, et qu'on s'est assuré de leur précision, on rétablit avec la plus scrupuleuse exactitude, tant dans la surface concave que sur la surface convexe, la projection de la ligne $r\ c$, ainsi que le point b, milieu de cette ligne; il est entendu que les portions des lignes telles que celles $m\ n$ qui n'ont point été enlevées par la taille du bois, sont restées sur les faces de la pièce.

Sur une matière flexible, soit du papier très-fort, du carton ou de la toile enduite de quelque matière qui lui donne une suffisante solidité, ou même quelque métal laminé très-mince, on a construit le développement des surfaces cylindriques et des arêtes du limon.

La ligne $G\ Q$, figure 4, est la projection de l'axe du cylindre; ayant porté à droite et à gauche sur l'horizontale, passant par le point G, les développements $m\ G\ m'$, $n\ G\ n'$ des arcs de cercle 12-6-13, 12'-6-13'; les lignes verticales $m\ e$, $m'\ e'$ marquent l'étendue du développement de la surface cylindrique contenant celle extérieure du limon, et les lignes verticales $n\ h$, $n'\ h'$ marquent l'étendue du développement de celle qui contient la surface concave du limon.

Sur la même ligne $m\ e$, on fait $m\ b'$ égal à la hauteur de cinq marches, ce qui répond à un quart de révolution de la courbe rampante; et sur la ligne horizontale $m\ m'$, on porte les développements $m\ g$, $m\ f$ des quarts de cercle 6-1, 6'-1', fig. 3 ou 7; les lignes $b'\ f$, $b'\ g$, fig. 4, sont des parallèles aux tangentes des hélices qui forment les arêtes du limon. Par les points 6, 6', marquant la hauteur du limon, on trace des parallèles aux lignes $b\ g$, $b\ f$; elles sont les tangentes aux arêtes intérieures et extérieures du limon, et en même temps les développements de ces arêtes, de telle sorte que le parallélogramme 1-1″-11″-11 est le développement de la surface convexe du limon, et que le parallélogramme 1°-1′-11′-11° est le développement de la surface concave.

ESCALIERS. 323

Ainsi, pour tracer les arêtes du limon sur les surfaces convexes et concaves de la pièce de bois, il suffit d'appliquer sur ces surfaces ces mêmes développements découpés, en ayant soin de faire coïncider très-exactement sur chacune la ligne 6-6′, fig. 4, avec la ligne $r\ c$, fig. 2, et le point b sur le point b.

Ces développements servent alors de règles pour tracer les arêtes du limon; et si l'on a eu soin de marquer en même temps des horizontales de même niveau sur les deux surfaces, par exemple, les niveaux des marches, ou les traces de leurs girons prolongés, on aura le moyen de tailler les surfaces gauches, tant du dessus que du dessous du limon, en les conduisant au moyen d'une règle appuyée sur les points déterminés par des lignes de même numéro.

Nous n'avons point marqué toutes ces lignes sur les figures, parce que si nous les eussions toutes tracées, ce qui est fort simple dans l'exécution, cela aurait rendu les figures confuses sans utilité.

Nous avons néanmoins marqué sur la bande du développement de la surface convexe du limon, les traces des marches suivant lesquelles on doit faire les refouillements pour loger les collets dans leurs assemblages avec le limon.

Nous avons supposé, comme exemple d'un travail uniquement de charpenterie, que les marches font parement en coquille dessous la rampe tournante. Cette coquille est la surface gauche de la vis engendrée par une ligne droite toujours horizontale, passant par l'axe et s'appuyant sur une hélice prise à une distance verticale constante au-dessous de la foulée, c'est la même surface qui passe par les arêtes du devant des marches, mais elle est abaissée de la quantité nécessaire pour que les assemblages trouvent au-dessus d'eux une épaisseur suffisante.

Lorsqu'on veut ravaler en plâtre le dessous de l'escalier, on donne un peu plus d'épaisseur au limon, et le lattis est cloué en dessous des marches comme on le voit fig. 21 de la planche CXIX; les marches étant massives, cela n'a aucun inconvénient. Lorsque les marches sont creuses, comme celles de la figure 9, même planche, ce qui se pratique aussi pour les quartiers tournants, on rend le lattis du ravalement indépendant des marches, de la même manière que nous l'avons représenté sur cette figure 9, et les petits soliveaux sont rayonnants et multipliés autant qu'il le faut pour l'extension que prend la surface en s'approchant des parois de la cage.

À l'égard de l'exécution des divers joints des courbes rampantes qui composent le limon d'un escalier tournant, on est dans la nécessité d'en marquer les coupes sur les développements des surfaces cylindriques, afin de pouvoir les tracer en appliquant ces développements sur ces mêmes surfaces, parce qu'il ne serait pas toujours commode d'établir les courbes sur l'ételon, pour piquer les assemblages comme pour toute autre pièce.

Pour ce qui concerne les tenons et les mortaises, il n'y a rien à tracer sur les développements, vu qu'ils sont perpendiculaires aux abouts des joints, ainsi qu'aux faces de l'assemblage; leur emplacement à l'égard de l'épaisseur du limon se relève au compas sur l'épure, fig. 8, pl. CXXI.

Si l'escalier, au lieu d'être entièrement circulaire, était composé comme celui de la fig. 1, pl. CXX, de rampes droites et de rampes tournantes, au lieu d'un limon complétement circulaire, comme nous l'avons supposé jusqu'ici à l'égard de la figure 8, pl. CXXI, ce limon serait composé de parties projetées en demi-cercle, comme celle de la figure 8, et de parties droites A et B. La construction serait faite absolument suivant la même méthode, sinon que les marches n'étant plus rayonnantes sur le centre C, mais bien *balancées* comme elles sont tracées fig. 1, pl. CXX, la courbe prendrait la forme projetée fig. 2, même planche, que nous avons rapportée fig. 19, pl. CXXI, pour donner les détails d'un joint; et au lieu de représenter les arêtes du limon par des lignes droites, sur les développements des surfaces cylindriques, fig. 4, il faudrait construire de la même manière que nous avons construit les raccordements du limon et des parties de courbes rampantes, fig. 4 de la planche CXX.

§ 6. *Escalier à grand palier.*

La figure 31, pl. CXXI, est une partie du plan d'un grand escalier contenant le limon a, d'un grand palier avec le limon b d'une rampe, montant de l'étage inférieur à ce palier, et le limon d d'une seconde rampe, montant de ce même palier à l'étage supérieur.

La figure 30 est une projection verticale de cette partie d'escalier.

Les limons des rampes sont raccordés à celui du palier par des courbes rampantes h, k, arrondies par des quarts de cercle sur le plan. Les raccordements des limons rampants avec le limon horizontal sont faits de la même manière que pour l'escalier représenté pl. CXX.

Les rampes étant droites, il n'y a eu aucun balancement à faire pour les marches, qui restent toutes parallèles. Pour que la marche n° 12 ne s'assemble pas obliquement dans la courbe rampante, elle est contournée à son assemblage par un arc de cercle dont le centre est sur la face du limon b; le rayon de cet arc de cercle est déterminé par la condition que son centre c, soit pris sur la tangente fc qui passe par le point f, où l'arc de cercle rencontre la courbe du limon. Le raccordement du limon horizontal a, avec le limon rampant b, se fait dans l'arrondissement de la courbe rampante; on développe la face verticale du limon sur le même plan que celle du limon horizontal. On marque sur le développement les marches de la rampe droite et l'arête supérieure du limon zx. Cette arête rencontre celle du limon horizontal en x; dans ce développement, on trace un arc de cercle tu tangent à ces deux lignes, il devient la courbe de raccordement. Le centre de cet arc de cercle est déterminé par la seule condition qu'il passe au-dessus du point v qui représente dans le développement le point f de la projection horizontale, afin que ce point soit compris dans la hauteur du limon.

L'arc de cercle tu décrit du centre y, est enveloppé sur la surface cylindrique de la courbe rampante, pour donner la projection verticale de l'arête qui doit servir de directrice pour la surface gauche de raccordement entre les faces supérieures des deux limons, la génératrice de cette surface étant toujours une horizontale passant par l'axe projeté sur le point o. Deux petits jarrets inévitables (1) ont lieu sur les génératrices uu', tt' qui répondent aux points de raccordement; l'outil les rend insensibles.

La surface inférieure du limon est la même que la surface supérieure; elle est abaissée de toute la hauteur du limon.

La *courbe rampante*, qui forme le raccordement du limon du palier avec la rampe droite d, montant à l'étage supérieur, se traite exactement de la même manière que celle qui fait l'objet des articles 4 et 5 du présent chapitre, et par ce motif nous n'étendrons pas plus longtemps notre description.

La figure 32 est une coupe de la solive palière, suivant la ligne mn, et couchée sur le plan du papier; la ligne oi est la partie de la ligne mn marquée des mêmes lettres fig. 30. Cette coupe de la solive palière a pour objet de faire voir que le limon du palier qui en fait partie quelquefois, ou qui peut lui être rapporté, est saillant en dessus et en dessous, de la même quantité; c'est cette solive qui reçoit et qui porte les soliveaux du palier.

On place ordinairement les joints d'assemblage entre le limon du palier et les limons des rampes au milieu des courbes rampantes, pour éviter un trop grand nombre d'assemblages; nous avons ponctué ce joint en $vxyz$, fig. 30 et 31; mais il en résulte souvent que la solive palière et

---

(1) On sait qu'un plan tangent à une surface gauche n'est tangent que dans un point, quoiqu'il passe par une génératrice.

même le limon du palier, exigent des pièces de bois trop fortes; on distribue alors les joints de manière à économiser le cube du bois, en établissant une courbe rampante. Mais cette sorte d'économie n'est pas toujours bien entendue, parce qu'elle nuit à la solidité par l'effet du trop grand rapprochement des joints.

§ 7. *Escalier à demi-palier.*

La figure 28, pl. CXXI, est la partie du plan d'un escalier répondant à un demi-palier placé dans un angle de sa cage. Le raccordement de la rampe du limon b, de la première rampe avec le limon d de la deuxième, peut avoir lieu comme précédemment par une courbe rampante a tracée dans le plan par des arcs de cercle, dont le centre commun est en c.

La figure 25 est une projection verticale de cette même partie d'escalier, sur laquelle nous avons projeté les marches en lignes ponctuées; le raccordement entre les deux limons est tracé dans le développement de la surface concave. Ce développement est représenté fig. 29. Après avoir construit, dans ce développement, les arêtes des limons du côté du jour de l'escalier, on les raccorde par des arcs de cercle qui forment une sorte de doucine pour chaque raccordement.

Nous avons couvert de hachures le développement du limon résultant de ces raccordements qui sont ensuite réenveloppés dans la surface cylindrique concave pour figurer les courbes du limon dans la projection verticale.

On opère de la même manière pour la surface du limon qui doit recevoir les marches. Les développements et les raccordements des arêtes du limon sont tracés fig. 27; ces raccordements sont également faits en forme de doucine par des arcs de cercle, et les points de tangence des arcs de cercle avec les arêtes des limons sont pris comme précédemment, précisément aux raccordements des arrondissements de la projection horizontale.

Nous avons aussi couvert de hachures ce développement de la surface convexe du limon, et nous y avons tracé les refouillements qui doivent recevoir les bouts des marches, en les distinguant par des hachures en sens différents.

Ces développements, fig. 27 et 29, réenveloppés sur les surfaces cylindriques de la pièce de bois, servent à tracer les arêtes du limon qui deviennent les directrices des génératrices des surfaces gauches, lesquelles sont engendrées chacune par une droite horizontale, assujettie à la seule condition de s'appuyer sur ces deux arêtes.

Ce moyen de raccordement présente surtout dans le développement, fig. 39, une sorte d'étranglement qui résulte de ce que la hauteur fixe du limon est constamment mesurée dans le sens vertical; cet étranglement cesse d'être aussi disgracieux lorsque la courbe rampante est exécutée. Mais quelques constructeurs préfèrent tracer le raccordement de la figure 29 par des arcs de cercle concentriques; pour cela on fait, pour les lignes de milieu des deux limons, un raccordement pareil à celui qui précède, et des mêmes centres qu'on a obtenus, on trace des arcs concentriques tangents aux arêtes du limon. Tout l'inconvénient de cette méthode, c'est que les arcs, devant donner les arêtes du limon, n'ont plus la même courbure, et qu'elle diffère de la loi de continuité de forme que les charpentiers aiment à suivre.

La figure 26 est une projection verticale de la courbe rampante, dans laquelle se fait le raccordement. Cette projection est obtenue par les opérations que nous avons ci-dessus décrites, page 115; les joints sont marqués sur la projection horizontale et sur la projection verticale, passant par les mêmes génératrices $u\,u'$, $y\,y'$, et sont en entier dans les parties droites du limon, ce qui facilite beaucoup leur tracé et leur exécution; leurs traces $v\,z\,x\,y$, $u\,z'\,x'\,y'$ sur les développements sont aussi des lignes droites, puisqu'elles se trouvent sur des parties planes (1).

Cette courbe rampante ne porte que des mortaises, parce que des tenons auraient augmenté la longueur et l'équarrissage de la pièce dans laquelle il aurait fallu la couper.

Les boulons qui fixent chaque assemblage, et que nous n'avons pas marqués dans la figure, sont établis dans la direction des limons droits, et vu la grande courbure de la courbe rampante, les têtes à clavettes sont noyées dans les limons droits et les écrous sont logés chacun dans une entaille faite dans la surface convexe de la courbe rampante, au fond du logement d'une marche.

Pour éviter la difficulté que présentent les raccordements, dans le cas qui vient de nous occuper, et donner à la courbe rampante la même grâce que si la totalité du limon était courbe, il faut, si on le peut, disposer les marches, de façon que leurs collets soient égaux, aussi bien sur les paliers que sur les rampes droites, et pour cela il faut donner à l'arrondissement, fig. 22, un développement suffisant, de façon que les arcs $u\,v$, $v\,x$, $x\,y$ soient égaux aux largeurs des marches $s\,t$ ou $y\,z$, parce qu'alors le dé-

---

(1) Il est néanmoins préférable, lorsqu'on n'est pas gêné par l'exiguïté des équarrissages, que les limons soient prolongés et contournés chacun sur la moitié du développement de la courbe rampante, et qu'ils n'aient entre eux qu'un seul joint qui est ponctué en $v\,x\,y\,z$, fig. 26.

veloppement de l'arête $s\ t\ u\ v\ x\ y\ z$ est une ligne droite. On en conclut le développement sur la surface qui répond à l'arc $u'\ v'\ x'\ y'\ z'$, et si c'est l'arête correspondant à cet arc qui doit être le plus en apparence, c'est dans cet arc qu'on fait $u'\ v'$, $v'\ x'$, $x'\ y'$ égaux aux largeurs $s'\ t'$ ou $y'z$ pour que les arêtes du limon du côté du jour soient des lignes droites dans le développement.

A l'égard des marches, on les contourne près du limon, par des arcs de cercle dont les centres sont pris sur les projections des faces droites du limon, et dont les rayons sont déterminés de sorte que ces arrondissements des marches passent par les points des divisions égales $v\ x$ de l'arrondissement, et soient tangents aux rayons $c\ v$, $c\ x$.

IV.

ESCALIERS SANS LIMON.

§ 1. *Escaliers droits.*

Ce n'est que vers la fin du siècle dernier qu'on a supprimé les limons des escaliers; les premiers essais ont été faits sur des escaliers en pierre, on leur a donné, par ce moyen, une grande élégance aux dépens de leur solidité. Néanmoins ce mode de construire eut une si grande vogue, que les charpentiers s'empressèrent d'imiter une innovation qui n'a point, pour les escaliers en bois, le même inconvénient que pour les escaliers en pierre, vu qu'on applique aux assemblages en bois des moyens de consolidation, qui ne sont point apparents et que la pierre ne comporte pas.

La figure 23, pl. CXIX, est une projection verticale, et la figure 24 une projection horizontale d'une partie d'escalier sans limon. Les marches sont engagées dans les parois de la cage, et du côté du jour de l'escalier, elles présentent les extrémités qui précédemment étaient engagées dans un limon. Dans les premiers essais qui furent faits, ces extrémités se terminaient par le profil des marches, suivant la surface qui, auparavant, formait le parement du limon; depuis on a fait suivre la moulure du devant de la marche sur son profil en retour.

Dans les escaliers en pierre, la stabilité est le résultat de l'appui mutuel que les marches se donnent en formant voussoirs, dans une sorte de voûte en plate-bande rampante; mais la solidité de la construction tient principalement au scellement des marches dans les murs, ce qui les empêche de tourner et d'opérer un trop grand effort dans les joints; car il est reconnu que sans le secours du scellement il est fort difficile de construire, sans limon, une rampe isolée un peu longue, à moins de lui donner une grande épaisseur.

Dans les escaliers en bois, la coupe du joint et le scellement des marches dans les murs ne suffiraient pas, surtout pour un escalier qui aurait une grande largeur d'emmarchement, parce que la flexibilité des bois permettrait aux marches de fléchir ou de se tordre; on a donc imaginé de consolider l'assemblage des marches, en les boulonnant les unes aux autres.

Nous avons représenté dans un profil, fig. 2, et dans une projection horizontale, fig. 3, d'un fragment d'escalier sans limon, la position qu'on donne à chaque boulon. Nous n'avons figuré qu'un seul boulon pour éviter la confusion sur le dessin. La marche qui est dessinée en lignes ponctuées, que l'on suppose ôtée, est reculée jusque dans la position où elle est représentée, fig. 4 et 5, en traits pleins; le trou que doit traverser le boulon ainsi que la place que doit occuper son écrou sont projetés en traits ponctués.

On voit que toutes les marches sont unies deux à deux par un boulon, et que chaque marche est traversée par deux boulons; l'un qui y appuie sa tête, l'autre qui y appuie son écrou, comme on le voit dans la figure 5, où j'ai ponctué les trous des boulons, l'emplacement a de l'écrou d'un boulon, et l'emplacement e de la tête de l'autre.

Lorsqu'un escalier sans limon a un grand emmarchement, on assujettit les marches par deux ou trois cours de boulons disposés de la même manière. On voit par ce détail que les boulons ne sont point apparents, et qu'ils donnent une très-grande solidité à l'escalier. Il faut avoir soin que les boulons aient toujours leurs têtes et leurs écrous dans les joints en croupe, afin que leur pression s'exerce sur ces joints, et même le plus près possible de la surface inférieure de l'escalier, afin de diminuer, autant que possible, la longueur du levier sur lequel agit le poids des personnes ou des fardeaux qui passent sur l'escalier; ce levier ayant pour chaque marche son point d'appui au bas de la contre-marche. On doit employer pour la construction de ces sortes d'escaliers du bois excessivement sec, vu que si les joints s'ouvraient par l'effet de la dessiccation du bois, il n'y aurait pas moyen de serrer les écrous, à moins de démonter entièrement l'escalier.

Le plus ordinairement, dans les escaliers sans limon, les marches sont pleines et la surface du dessous de l'escalier est formée des dessous des marches; on fait cependant quelquefois, par économie, des escaliers sans limon à marches creuses. Dans ce cas, elles sont soutenues par un faux limon entaillé en dessus selon le profil des marches, comme celui de la figure 7, pl. CXIX. Les marches et contre-marches sont clouées ou attachées avec vis, sur les limons (1). Le dessous de l'escalier, dans ce cas, est presque toujours boisé en planches assemblées à rainures et languettes entre elles, et dans le faux limon, ou bien il est ravalé par un plafonnage soutenu par de petits soliveaux, comme dans la figure 9.

§ 2. *Escaliers circulaires.*

Les escaliers circulaires, sans limon, soit qu'ils fassent des révolutions entières, soit que des rampes tournantes se trouvent combinées avec des paliers droits ou tournants, se construisent absolument de la même manière que l'escalier sans limon, à rampe droite, que nous venons de décrire dans l'article précédent, sinon que les marches convergent dans la projection horizontale sur un centre, ou qu'on les a fait *danser* par un *compassement* que nous avons précédemment décrit, page 307.

J'ai représenté en projection verticale, fig. 26, pl. CXIX, et en projection horizontale, fig. 28, une portion d'un escalier en bois dans une cage circulaire, exécuté en marches massives. J'ai supposé que la moulure qui décore le devant des marches, et qui se profile en retour du côté du jour, est carrée, afin que les angles de cette moulure étant bien sensibles, on puisse voir qu'ils sont tous dans une hélice $a\ b\ d$, fig. 26, qui suit le rampant de l'escalier, et se trouve tracée dans la surface cylindrique qui a pour base le cercle $a\ b\ d$, fig. 28. L'arête du dessous de l'escalier $a'\ b'\ d'$, fig. 26, est aussi une hélice qui, dans la surface cylindrique des marches, a pour base le cercle ponctué $a'\ b'\ d'$, fig. 28. Les joints des marches sont, comme dans l'escalier droit, composés chacun de deux parties : l'une horizontale, par laquelle chaque marche pose sur celle qui lui est immédiatement inférieure ; l'autre qui est en coupe. On peut s'écarter, dans la construction d'un escalier en bois, de la règle qui prescrit de faire des joints normaux à toute l'étendue de la surface.

Lorsqu'on a déterminé la génératrice qui marque la ligne du joint dans la surface du dessous de l'escalier, la ligne $m\ n$, par exemple, on peut faire passer par cette ligne et par le joint en coupe $m\ o$, un plan qui rencontre le plan horizontal du contact des marches, suivant $o\ p$ parallèle

---

(1) Si l'on ne veut pas que ces vis soient apparentes, on fixe par des vis un fort liteau au-dessous de chaque marche, et ce liteau est ensuite cloué ou attaché par des vis en dedans du faux limon, comme pour les contre-marches, fig. 12. On peut aussi attacher chaque marche au limon par deux petits T en fer sur la largeur de chacune. La tête de chaque T est fixée par deux vis dans le dessous de la marche, et son pied est attaché par des vis au limon. Un de ces T est représenté séparément en x.

à *m n*. Ce plan peut servir de joint entre les deux marches, et l'on s'en contente lorsque l'escalier n'a qu'un petit emmarchement, parce que l'exécution d'un plan est plus facile que celle d'une surface gauche. Mais lorsque l'escalier est fort large, il est indispensable d'imiter complétement, à l'égard de ce joint, ce qui est pratiqué dans la coupe des pierres; ainsi, chaque joint prend la forme de la surface gauche qui contient toutes les normales à la surface du dessous de l'escalier passant par la ligne de joint de cette surface.

Nous avons représenté, fig. 11, en projection horizontale, la disposition des boulons qui réunissent les marches deux à deux comme dans l'escalier droit, fig. 2. Nous n'avons tracé qu'un seul boulon dans la projection verticale, fig. 10, pour éviter la confusion qui serait résultée de la représentation d'un plus grand nombre.

Quand un escalier tournant a beaucoup de largeur, et que l'on craint que le scellement des marches dans les parois de la cage ne suffise pas à leur stabilité, on place, comme nous l'avons déjà dit au sujet des escaliers droits, plusieurs cours de boulons qui serrent les contours de l'escalier; dans ce cas, il est indispensable que les joints soient des surfaces gauches normales à la surface du dessous de l'escalier, pour que la pression entre les marches soit partout perpendiculaire aux joints.

Les fig. 26, 28, 10 et 11 sont relatives à un escalier dont les marches en bois seraient pleines. On peut faire des escaliers tournants sans apparence de limon, à marches creuses, en suivant la même construction que nous avons indiquée ci-dessus, page 302, sinon que le limon entaillé pour recevoir les marches et contre-marches doit être tracé et exécuté par parties de courbes rampantes, suivant les procédés que nous avons décrits pages 315 et 318.

Les marches et contre-marches sont attachées comme nous l'avons dit, et le boisage du dessous se fait également en planches ou en ravalements de plafonnage. Quelques constructeurs d'escaliers réunissent les parties de ces sortes de limons par des traits de Jupiter; nous ferons remarquer que cet assemblage est assez difficile à exécuter, et qu'il altère la solidité du limon en affaiblissant le bois. Nous préférons le joint tracé comme pour les limons ordinaires, consolidé par un ou deux boulons.

Nous pensons que l'on pourrait former de très-grandes parties de faux limons pour des escaliers de l'espèce qui nous occupe, en courbant des madriers suivant les hélices que doivent suivre leurs marches; il suffirait pour cela, après avoir équarri les madriers aux dimensions convenables, de les amollir suffisamment par l'action prolongée et une forte pression de la vapeur, et de les tourner ensuite à plat en spirale de la pente voulue, sur un cylindre de la grosseur du vide de l'escalier. Lorsque cette sorte de courbe rampante serait refroidie et suffisamment séchée sur son moule, elle en serait retirée et entaillée pour recevoir les marches et contremarches. (Voyez le chapitre V.)

On conçoit que ce procédé pourrait même être appliqué aux limons ordinaires pour les escaliers de moyenne dimension, pour lesquels les limons ont peu d'épaisseur et qu'il offrirait même le moyen de faire d'une seule pièce des courbes rampantes avec les parties des limons droits entre lesquels elles servent d'intermédiaires.

V.

DIVERSES COMBINAISONS D'ESCALIERS.

§ 1. *Escaliers sur noyaux*.

Nous avons réuni dans la planche CXXII les plans de divers escaliers, autant pour faire connaître à nos lecteurs quelques-uns de ceux qui ont été exécutés, que pour leur indiquer des combinaisons qu'ils peuvent choisir comme sujets d'épures et d'étude.

Fig. 1. Escalier en tour ronde sur noyau cylindrique; c'est une des plus anciennes formes.

Fig. 2. Escalier en tour carrée avec noyau carré et empatement.

Fig. 6. Escalier sur noyau dans une cage octogonale.

Fig. 3. Escalier en cage oblongue sur deux noyaux. Cet escalier est du genre de celui dont nous avons donné un détail fig. 13 et 14, pl. CXIX, si non qu'au lieu d'un quartier tournant, de grands paliers réunissent les rampes droites.

Fig. 9. Escalier à deux noyaux dans lequel les marches sont tracées de façon que leurs largeurs sont égales sur la foulée et que leurs directions sont tangentes à des arcs de cercle, afin que leurs assemblages dans les noyaux et les limons varient suivant une loi régulière.

Fig. 8. Escalier à quatre noyaux; dans un bout de la cage les rampes droites aboutissent à des demi-paliers séparés par une rampe d'un très-petit nombre de marches. Deux noyaux montent de fond en comble dans cette partie. Du côté de l'entrée de la cage les rampes s'appuient sur de grands paliers auxquels répondent deux poteaux qui ne montent que depuis le premier grand palier.

Fig. 13. Escalier à quatre noyaux et à trois rampes. La rampe du milieu A monte du palier a au palier b; les deux rampes B, B, parallèles et égales, montent du palier b au palier a de l'étage supérieur; les limons sont comme ceux de l'escalier, fig. 3.

Fig. 12. Escalier circulaire sur poteaux remplaçant les noyaux. Cet escalier monte depuis le point d répondant au sol, et aboutit au petit palier b qui donne issue au grand palier c qui entoure l'escalier et communique aux diverses parties du bâtiment.

Fig. 23. Escalier sur quatre noyaux, dans une cage carrée et avec demi-paliers. L'entrée de la cage étant en a, l'escalier monte de b en c, de c en d, de d en e, etc.

§ 2. *Escaliers à limons contournés.*

Fig. 5, pl. CXXII. Escaliers à limons avec grands paliers.

Fig. 10. Escalier à limons avec quartier tournant sur courbes rampantes. Cet escalier est du genre de celui qui fait l'objet de la planche CXX, sinon que la première rampe entièrement en pierre aboutit à un grand palier.

Fig. 11. Grand escalier à limon avec demi-paliers, a b c, entre les rampes, et grand palier d a aux étages.

Fig. 15. Grand escalier à rampes droites assemblées sur des limons composés de parties droites et de parties en courbes rampantes, afin de ménager des demi-paliers dans les angles, et de compasser les assemblages des marches de façon que les arêtes du limon du côté des marches, ou du côté du jour, soient des hélices tracées par des lignes droites sur le développement du limon.

Fig. 4. Escalier double à limon, dans une cage octogonale, et aboutissant à chaque étage à un palier commun qui l'entoure.

Fig. 14. Escalier à limon suspendu, tiré du *Recueil* de Krafft. Les rampes de cet escalier aboutissent à un palier général qui entoure le carré dans lequel il est construit; la première marche de chaque rampe occupe toute la largeur de la cage de l'escalier. Ainsi la partie circulaire de l'escalier est soutenue par des tiges de suspension en fer, en x y z. On voit que si ce système d'escaliers devait s'étendre à plusieurs révolutions, il faudrait nécessairement qu'à chaque étage la première marche, en montant, occupât dans le carré le côté opposé à celui auquel la dernière rampe serait arrivée. Ainsi la rampe figurée dans le dessin aboutissant sur le côté a b, il faut que la deuxième rampe commence sur le côté d e, pour arriver sur le même côté, à l'étage au-dessus, et que la troisième commence sur le côté a b, la quatrième sur le côté d e, etc. Cette combinaison produirait un effet original, et serait d'un usage peu commode.

Fig. 19. Escalier à limon, dans une cage carrée, la largeur des rampes diminuant à chaque étage.

Fig. 26. Escalier à limon et rampes droites, dans une cage triangulaire, avec quartiers tournants et un seul palier à chaque étage répondant au côté de la cage triangulaire; on peut substituer des pans coupés aux arrondissements des murs dans les angles.

Fig. 25. Petit escalier dans une encoignure; on peut commencer à monter sur le côté. On peut aussi placer la première rampe devant l'entrée de la cage, avec un palier dans l'angle pour reprendre ensuite la rampe qui longe un des côtés de l'encoignure : le palier se trouve opposé à l'angle droit de la cage, il peut être rectiligne ou en arc de cercle, suivant le cas pour lequel l'escalier est établi.

Fig. 18. Escalier demi-circulaire. La communication se fait d'un étage à l'autre par demi-révolutions entières, et suivant la hauteur de l'étage de façon que les paliers sont entiers, droits ou cintrés, et de l'étendue du diamètre.

Dans cet escalier, les paliers sont pris en dehors du demi-cercle, afin que la rampe démi-circulaire ait plus de développement.

Fig. 20. Escalier du même genre; le palier dont la longueur est toujours égale, à peu près, à celle du diamètre, est pris aux dépens de l'espace demi-circulaire. Dans cette disposition, les marches tendent au milieu du limon du palier, ou bien on les dirige tangentiellement à des courbes que nous avons ponctuées. Quand un palier est cintré, les marches doivent être cintrées.

Fig. 28. Escalier à limon dans une cage elliptique tracée par quatre arcs de cercle. Les marches répondant à chaque arc de cercle tendent à son centre, ce qui n'a aucun inconvénient lorsque les rayons qui servent à tracer les parties des courbes ne sont pas de grandeurs très-différentes; si, au contraire, les rayons diffèrent beaucoup, on fait danser les marches, et le moyen le plus simple, c'est de diviser la foulée et la face du limon qui reçoit les marches, en un même nombre de parties égales; les marches sont tracées alors par les points de mêmes numéros.

Fig. 29. Escalier à deux jours : on commence à monter en a par la rampe qui prend naissance aux marches d'empatement et qui portent la volute; tournant d'abord à gauche, on passe à une rampe b dans laquelle on tourne à droite, pour tourner ensuite à gauche en d, et terminer la révolution autour des deux jours.

Fig. 32. Escalier à trois jours, dans une cage formée par des arcs de cercle : l'escalier commence à monter au point a, où se trouve l'entrée de la cage; on monte entre les limons ponctués, en passant au-dessous des rampes supérieures g h i et k pour arriver au point b; la montée continue de b en c et de c en e, elle passe encore sous les mêmes rampes g h, j k, elle apparaît en d pour venir parcourir le tournant e f g; puis, passant entre la rampe c d e et la rampe i k, elle continue suivant h i j jusqu'à k, où la révolution entière autour des jours ou des noyaux est terminée. L'escalier pourrait être continué en parcourant, dans le même ordre, une nouvelle série de rampes disposées de même manière.

Ces deux dispositions d'escalier ont l'avantage de faire gagner rapidement beaucoup de hauteur dans un petit espace. Les parties tournantes dans les demi-tours creuses ont leurs marches ou leurs faux limons scellés dans les murs. Les rampes qui réunissent ces espèces de quartiers tournants sont suspendues; leurs deux limons sont isolés des murs. Ces sortes d'escaliers ne peuvent manquer d'être d'un effet très-pittoresque.

§ 3. *Escaliers sans limons.*

Tous les escaliers à limons peuvent être construits sans limons; c'est pour cette raison que nous n'en avons pas tracé un grand nombre, vu que leurs plans n'auraient eu, avec ceux que nous avons décrits ci-dessus, d'autres différences que la suppression des limons, et nous ne nous arrêterons qu'aux principaux cas.

Fig. 17. Escalier sans limon dans une cage circulaire.

Fig. 7. Petit escalier sans noyau, dans une tourelle répondant à un angle de bâtiment.

Fig. 22. Escalier demi-circulaire, à trois rampes : la première aboutit à un palier sur lequel sont appuyées deux rampes montantes qui aboutissent toutes deux au même palier supérieur, dont la longueur est égale au diamètre en dehors duquel il est pris : ce palier peut être soutenu, pour la décoration, par des pilastres, il pourrait être cintré.

Fig. 24. Escalier sans limon, demi-circulaire : on commence à monter en a, et les marches qui tendent toutes au centre, aboutissent à un grand palier a b égal en longueur au diamètre. Ce palier est supposé, pour la décoration, soutenu par des colonnes qui peuvent être supprimées si l'on donne à la solive palière une force suffisante, à moins qu'elle ne soit cintrée dans son plan.

Fig. 21. Escalier circulaire dont la rampe tournante diminue de largeur à mesure qu'elle s'élève : cette disposition peut s'exécuter avec un limon. Quelques constructeurs veulent que la surface des bouts des marches ou la surface du limon soient coniques; il me paraît mieux que ces surfaces soient engendrées par une ligne verticale s'appuyant sur la spirale conique ou logarithmique, qui résulte de la pente uniforme et du rétrécissement de la rampe.

Fig. 16, escaliers à huit rampes qui forment deux escaliers doubles concentriques; toutes les rampes partant des points a arrivent en montant aux paliers b après avoir passé par des paliers de repos c.

On peut aussi faire commencer à monter aux points a pour les rampes de l'escalier intérieur, et du point a' pour les rampes de l'autre escalier, de façon que celles-ci arrivent aux paliers opposés c après avoir passé sur les paliers de repos b.

La figure 30 est un escalier sans limon dans une cage elliptique. Quoique les rayons de courbure d'une ellipse ne changent que peu à peu et suivant une loi fort régulière, pour peu que la différence des axes de l'ellipse soit un peu grande, si après avoir divisé la foulée en parties égales, pour fixer sur cette ligne la largeur des marches, on fait ces marches normales à l'ellipse, il en résulte que leurs bouts du côté du jour sont beaucoup trop étroits vers les extrémités du grand axe. Pour remédier à cet inconvénient, il faut diviser la courbe du jour en autant de parties égales que l'on a divisé la foulée, et les points de mêmes numéros sur les deux courbes déterminent les directions des marches.

§ 4. *Escaliers isolés.*

On construit pour des communications entre deux étages et dans lesquelles il ne passe pas beaucoup de monde à la fois, de très-petits escaliers sans limons, et qui ne touchent à rien sinon sur le sol où ils sont établis et où commence leur montée, et sur le plancher où se trouve leur arrivée.

Nous en donnons deux exemples.

Fig. 27, pl. CXXII, petit escalier sans noyau et isolé. Il est construit soit en marches pleines, soit en marches creuses, comme nous l'avons précédemment expliqué, et profilées des deux bouts. Lorsque la largeur des marches pleines et celle qu'on peut donner à leurs joints ne permettent pas l'emploi des boulons pour consolider ces joints, des bandes de fer incrustées dans la surface du dessous de l'escalier la parcourent dans tout son développement en suivant le rampant de cette surface, et y sont fixées par de fortes vis à une distance uniforme des deux bouts des marches, et, faute de mieux, elles suppléent les boulons, et consolident tout l'assemblage, de quelque manière que les marches soient construites.

Lorsqu'on peut trouver des appuis contre des murs qui seraient rapprochés de l'escalier, comme ceux figurés en lignes ponctuées $t\ u\ v$, on soutient la rampe par des scellements de fer y et z; autrement, lorsque l'escalier fait, ainsi que la figure le représente, une révolution entière, il est indispensable de le soutenir par de petites colonnettes en fer coulé placées en dessous en x, y, z, ou de le suspendre au plancher supérieur par des tringles verticales en fer forgé établies aux mêmes points.

La figure 31 est la projection horizontale d'un petit escalier construit en limaçon sur noyau et sans limon. L'assemblage des marches dont le noyau est exécuté, comme nous l'avons décrit en parlant des escaliers anciens, page 299; quant aux extrémités des marches, elles sont profilées et jointes entre elles comme dans l'escalier précédent. Vu que l'escalier est porté sur un noyau, il peut se passer de soutien auxiliaire lorsqu'il n'est pas destiné à servir pour une communication très-active, ou pour supporter le passage de charges très-grandes. Cependant, pour peu qu'il y ait à craindre de violents efforts, il est utile de donner de la force à la bande de fer du dessous des marches, et de la fixer solidement à ses extrémités; on doit de plus placer à chaque quart de révolution une forte équerre en fer dont une branche s'étend horizontalement dans le joint de deux marches, tandis que l'autre branche est incrustée verticalement dans la surface du noyau et y est fixée par des vis et par un boulon au moins.

J'ai vu le modèle d'un petit escalier en bois de la même forme, dans lequel chaque marche massive porte, du même morceau, un tronçon cylindrique du noyau de même hauteur qu'elle. La portion de l'hélice du profil de dessous de chaque marche est raccordée avec la surface cylindrique du noyau par une sorte de surface gauche qui laisse à la marche toute son épaisseur près du noyau. Les marches portent l'une sur l'autre, à plat, sans plan de joint normal. Tous les tronçons du noyau sont traversés par un axe commun vertical en fer formant un très-fort boulon. Chaque marche porte à son extrémité, et en dehors, un petit barreau vertical qui soutient un cordon servant de garde-corps. En faisant tourner les marches autour de l'axe du noyau, toutes leurs contre-marches peuvent être placées dans un plan vertical, et affleurer le parement d'un mur pour dissimuler l'escalier quand on n'en fait point usage. La figure 27 représente deux projections d'une des marches de cet escalier.

On peut construire, dans le même système, un escalier double, chaque tronçon du noyau portant deux marches dans des directions diamétralement opposées.

CHAPITRE XXXVI.

ÉTAIS.

Étayer un bâtiment, c'est lui donner momentanément des soutiens en bois pour l'empêcher de s'écrouler s'il menace d'une chute prochaine, soit par suite de vétusté, soit par suite de vices de construction.

On étaie aussi un bâtiment lorsqu'on veut faire quelques changements ou de grandes réparations, des reconstructions même, dans ses parties inférieures, qui nécessitent de démolir des murs ou des parties de pans de bois. Sans les étais, ces démolitions laisseraient privées de soutiens les parties supérieures, qui ne sauraient, à cause de leur poids ou du mode de leur construction, se soutenir seules.

Quelle que soit la solidité d'une bâtisse, dès qu'il s'agit d'y travailler en sous-œuvre, la prudence fait un devoir de l'étayer avant de rien entreprendre. Il en est de même des moindres avaries annonçant que la stabilité d'un bâtiment est compromise; la prudence commande d'étayer sans délai pour empêcher que le mal puisse faire des progrès, dont le moindre inconvénient serait l'altération des formes de la bâtisse, qui pourrait entraîner dans des réparations très-dispendieuses.

Ce sont toujours les charpentiers qui sont appelés pour remédier au mal ou le prévenir, et de leur habileté dépend, le plus souvent, le succès des opérations par lesquelles l'étaiement est un préliminaire indispensable et fréquemment très-urgent. Les étais sont de plusieurs espèces, suivant les cas où ils sont employés.

§ 1. *Arcs-boutants.*

Le nom d'arc-boutant (1) est donné, en architecture gothique, aux arcs en pierre extradossés en pente qui soutiennent extérieurement la poussée des voûtes des églises contre leurs murs. Par analogie, on a donné ce nom d'*arc-boutant* à toute pièce de bois, quoique droite, servant à *arc-bouter* une construction quelconque qu'il s'agit de soutenir dans une

---

(1) Arc-boutant est l'équivalent d'arc poussant, dans l'ancien langage.

position donnée. Les étaiements par arcs-boutants sont employés surtout contre les murs qui menacent de s'écrouler.

La pièce A, fig. 12 de la planche CXXIII, est en élévation ou projection verticale, et en profil, fig. 13, un étai en arc-boutant, qui a pour objet de soutenir le mur de face de la maison représentée dans ces deux figures. Le haut de cet étai (1) porte par son about dans une entaille faite avec soin dans le mur; par le bas il repose sur une semelle M établie sur le sol. Si le terrain au niveau de la surface de ce sol n'a pas une résistance suffisante, il faut creuser pour trouver un fond assez ferme pour servir d'appui à l'étai, soit par l'effet de sa propre compacité, soit par l'étendue sur laquelle on pourra répartir la pression, en plaçant au-dessous de la semelle un nombre suffisant de chantiers qui la croisent à angles droits. Lorsqu'un mur à étayer est en fort mauvais état, non-seulement on multiplie les étais, comme celui A, mais on en place d'autres en dessous des premiers, comme celui B.

Si l'on craint quelque mouvement dans le sens perpendiculaire à la longueur du mur étayé, on maintient les lignes de milieu des principaux étais dans des plans verticaux par d'autres étais latéraux D, qui s'y assemblent à tenons et mortaises avec embrèvement et boulons par le haut, et qui portent par le bas sur un des chantiers O qui s'étendent sous la semelle M.

Pour que les étais soutiennent efficacement un mur, il faut qu'ils opèrent une forte pression dans les points où ils sont en contact avec lui, ce qu'on ne peut obtenir qu'en augmentant la roideur de leur pente, et par conséquent en rapprochant le plus possible le pied de chaque étai de celui du mur, ces étais ayant toutefois une longueur suffisante, afin que leur inclinaison, par rapport à l'horizon, ne soit pas moindre que 68°, pour qu'il ne faille pas un trop grand effort pour s'opposer au glissement de leurs pieds sur les semelles et que même le frottement puisse suffire pour empêcher ce glissement.

Pour *roidir* un étai, c'est-à-dire pour l'amener à une pression propre à soutenir un mur, il faut faire glisser lentement son pied sur la semelle. S'il s'agit de soutenir un mur en mauvais état, et dont la chute pourrait être subite, il faut bien se garder de frapper l'étai avec une masse de fer ou de bois, ce qui occasionnerait des secousses dangereuses, il faut le faire avancer par l'effort d'un levier et mieux par celui d'une longue pince en fer. Si plusieurs étais doivent concourir au soutien d'un mur, il faut les roidir ensemble et de la même quantité. Il faut faire attention de ne point dépasser la roideur nécessaire au soutien qu'on veut donner

---

(1) Étai, de *stava*, dans la basse latinité, de l'allemand *Stab*, pièce.

au mur, vu qu'on risquerait de le renverser du côté opposé à celui sur lequel il menace ruine.

Lorsqu'on étaie un mur qui est en bon état, pour des travaux en sous-œuvre, on n'a pas besoin de tant de précautions pour roidir les étais, on peut les frapper par le pied avec une masse, mais il faut cependant agir avec prudence, et l'emploi d'une pince de fer est préférable. Nous ne conseillons point de se servir de crics ni de vis pour roidir les étais, parce qu'on pourrait, par l'usage de ces machines, dépasser la roideur qu'il est nécessaire de leur donner.

Quoique les étais se maintiennent ordinairement à la roideur qu'on leur a donnée par le seul effet de leur frottement sur les semelles, il est prudent de prévenir tout glissement en plaçant une cale en forme de coin sous le bout inférieur de chaque étai pour assurer sa parfaite stabilité. Après que ces coins ont été serrés par quelques petits coups de marteau, on les fixe en les attachant sur les semelles par une couple de clous.

Lorsque les murs à étayer sont très-mauvais, on interpose quelquefois entre les abouts des étais et la maçonnerie des plateaux verticaux appliqués à plat contre les murs, et auxquels on les attache par de forts boulons qui les traversent, ainsi que des madriers appliqués intérieurement pour recevoir les écrous. Les étais s'y assemblent à embrèvements traversés par des boulons.

§ 2. *Chevalements.*

S'il s'agit de reprendre un mur en sous-œuvre, ou de faire quelques changements dans la combinaison des ouvertures percées dans ce mur, on le soutient par des chevalets. Si l'on doit, par exemple, substituer une large ouverture à deux ouvertures étroites d'un rez-de-chaussée, soit pour établir une boutique, soit pour percer une porte cochère, c'est par un chevalement que l'on soutient le mur dans lequel on veut pratiquer la nouvelle ouverture, et, dans ce cas, on préfère le chevalement à tout autre moyen, parce qu'il s'agit principalement d'empêcher le mur d'obéir à la pesanteur tout le temps nécessaire au remplacement de la maçonnerie qui le soutient par une nouvelle combinaison qui doit à son tour le soutenir.

Nous supposons, dans l'exemple que nous donnons d'un chevalement, que dans la façade d'une maison représentée en élévation, fig. 12, on veut substituer aux deux fenêtres du rez-de-chaussée, indiquées en lignes ponctuées, une grande ouverture dont la largeur doit être égale à la somme des largeurs de ces deux fenêtres, plus celle du trumeau intermédiaire.

Avant de démolir la maçonnerie du trumeau du rez-de-chaussée, on établit le chevalement qui doit être composé de chevalets en nombre suffisant pour soutenir la charge des trumeaux supérieurs, lorsque la démolition du trumeau du rez-de-chaussée sera faite, et pendant tout le temps nécessaire pour l'exécution des constructions qui doivent le remplacer.

On commence donc par percer le mur de face dans les endroits jugés convenables, afin de passer les bouts de solives a devant former les corps des chevalets; leurs pieds b sont assemblés à entailles dans ces pièces, leurs extrémités inférieures sont reçues sur des semelles c ou couchis; elles sont taillées en chanfrein des deux côtés pour que l'on puisse roidir ces pieds et serrer ainsi les corps des chevalets contre la maçonnerie qu'il s'agit de soutenir. On roidit les pieds des chevalets en rapprochant leurs extrémités inférieures l'une de l'autre, on peut se servir de pinces de fer ou de marteaux, mais il faut avoir le plus grand soin que les quatre pieds de chaque chevalet soient égaux, qu'ils soient roidis également, afin que la pièce qui forme le corps demeure horizontale et qu'elle soit perpendiculaire au mur qu'elle doit soutenir. Des coins sont chassés et cloués sur les semelles ou couchis pour empêcher le glissement des pieds des chevalets, on observe qu'ils aient la même inclinaison que nous avons indiquée pour les étais; il faut, en outre, qu'ils aient par le haut une légère inclinaison vers le mur pour leur donner plus de stabilité. Si l'on craint quelque balancement dans le sens perpendiculaire au mur, il faut relier les pieds dans chaque chevalet par des croix de Saint-André, comme celle que nous avons figurée en lignes ponctuées, fig. 13.

Le chevalement étant déterminé, on démolit le trumeau du milieu et les bords des deux trumeaux latéraux, pour les remplacer par les pieds-droits d de la nouvelle ouverture, après quoi l'on pose le poitrail en bois f, qui doit la couvrir et soutenir le poids des trumeaux supérieurs. Ce poitrail doit être fortifié par les armatures les plus solides. Lorsqu'il est bien établi sur les nouveaux pieds-droits, on remplit l'intervalle k restant entre lui et l'ancienne maçonnerie par une maçonnerie nouvelle, dans laquelle il est prudent de comprendre un arc en décharge qui n'est point du ressort du charpentier, et dont nous ne parlons que parce qu'il doit en exiger la construction comme garantie de la complète résistance de son ouvrage. Lorsque l'ouverture dont nous venons de parler est faite pour l'établissement d'une boutique, il convient de soulager la portée du poitrail par des colonnettes en fer montant du

§ 3. Étrésillons.

Les étrésillons sont des pièces de bois qui servent à étayer des parties de maçonnerie les unes contre les autres, en les serrant fortement; on les emploie surtout pour remplir les ouvertures de la façade d'une maison lorsqu'il s'agit de l'étayer, soit à cause de sa vétusté, soit à cause de quelques travaux en sous-œuvre qu'on veut y entreprendre.

Un étrésillon (1) doit toujours être un peu plus long que la largeur du vide qu'il doit occuper, afin qu'on puisse opérer la pression, et que l'angle qu'il fait avec la partie pressée ne s'écarte point de la limite que nous avons fixée.

La figure 12, pl. CXXIII, présente l'étrésillonnement de deux fenêtres, indispensable dans le cas du travail en sous-œuvre que cette figure représente,

L'action des étrésillons doit toujours s'exercer entre deux pièces de bois servant à leur appui et au mouvement de glissement qu'on leur imprime pour opérer la pression.

Les étrésillons sont taillés en biseau par leurs extrémités, afin de porter par une arête sur les pièces entre lesquelles on les place, et pour qu'on puisse plus aisément les serrer; on emploie pour faire glisser les étrésillons des pinces en fer. On pose les étrésillons l'un après l'autre, et l'on n'en pose un que lorsque le précédent est en place et bien serré; lorsque le dernier est posé, s'il ne remplit pas complétement l'espace qu'il s'agit d'étrésillonner, on le fixe au moyen d'une cale qui occupe tout ce qui reste de cet espace et y est fortement serrée.

Lorsque les murs sont fort épais, on peut étrésillonner les fenêtres entre leurs tableaux, comme le représente la fig. 12 dans les fenêtres m, n, en même temps qu'on les étrésillonne de la même manière dans les ébrasements ou comme on l'a représenté dans les fenêtres p, q; on peut aussi étrésillonner en croix de Saint-André, comme dans la fenêtre v, et, dans ce cas, les abouts des croix sont serrés par des coins. Ce mode d'étrésillonnement demande plus de soin que les deux autres, mais il est le plus solide, en ce qu'il s'oppose à tout mouvement qui tendrait à altérer les angles droits des fenêtres.

---

(1) Le mot étrésillon vient du latin *strangere*, *serrer*, dont nous avons fait *étreindre* et étrésillon, pièce qui serre.

§ 4. *Pointaux*.

Lorsque des planchers sont trop faibles pour supporter les fardeaux dont ils doivent être chargés momentanément, ou lorsque la vétusté du bâtiment fait craindre qu'ils s'effondrent sous leurs charges habituelles, ou enfin lorsque des travaux en sous-œuvre nécessitent des démolitions de murailles qui les laisseraient, du moins en partie, sans soutiens, on les étaie en dessous. Suivant le mode de leur construction, l'étaiement se borne à un chevalement sous les poutres, ou bien il faut étayer les solives : ce dernier cas exige un plus grand nombre d'étais, à moins qu'on n'établisse une lambourde sous les solives.

Les figures 9 et 10, planche CXXIII, sont deux coupes perpendiculaires l'une à l'autre, qui représentent des étaiements de planchers, dans lesquels on a employé des pointaux ou étais a presque verticaux, ou qui n'ont que l'inclinaison qu'il a été nécessaire de leur donner pour qu'on puisse les serrer de manière à soutenir les planchers supérieurs. Ces pointaux portent par le bas sur des semelles ou couchis b, et par le haut ils pressent les lambourdes d contre les plafonds pour soutenir des solives.

Les deux extrémités des pointaux sont taillées en biseau, pour qu'ils portent sur une arête, et que l'effort auquel ils doivent résister soit dirigé suivant leur ligne de milieu, afin d'éviter les éclats qui résulteraient des pressions exercées sur leurs angles.

S'il s'agit de soutenir une poutre qui porte les solives d'un plancher, on l'étaie avec des pointaux et mieux par des jambettes, comme on soutient la solive qui forme le corps d'un des chevalets de la figure 12 ; et s'il faut soutenir une poutre qui fléchit et menace de se rompre, on place en dessous d'elle, et dans le sens de sa longueur, une lambourde portée sur un nombre suffisant de pointaux et de préférence sur des jambettes pour en faire un solide chevalet.

§ 5. *Étaiements des voûtes*.

Pour étayer une voûte, soit qu'il s'agisse de prévenir sa chute, soit qu'on veuille la réparer ou la démolir, il faut replacer en dessous des cintres pareils à ceux qui ont servi à la construire, de façon que, ses parois étant pressées par les couchis et soutenues de toutes parts sur des cales et des coins, on puisse en enlever telle partie qu'on voudra, sans qu'il résulte de mouvement dans le reste de son développement. Nous renvoyons, en conséquence, au chapitre XLI, relatif aux cintres des voûtes, pour l'étude des

344 TRAITÉ DE L'ART DE LA CHARPENTERIE. — CHAPITRE XXXVI.

formes générales qui conviennent aux étaiements des voûtes. Nous ne pouvons cependant nous dispenser de faire mention ici d'un système particulier d'étaiement de voûtes, exécuté au Panthéon, à Paris, et nous faisons de sa description, d'après Rondelet qui l'a inventé, l'objet de l'article suivant.

§ 6. Étaiement pour la restauration des piliers du dôme du Panthéon, à Paris.

Ce n'est point ici le lieu de discuter les causes auxquelles on avait attribué les dégradations survenues aux piliers qui soutiennent le dôme du Panthéon (1) ni les moyens de restauration et de consolidation qu'on dût adopter; il suffit de dire que ces dégradations étaient devenues assez graves pour inspirer des craintes sur la solidité de ce grand monument, et que plusieurs personnes regardaient sa conservation comme douteuse.

Cependant, quelle que fût la cause de ces dégradations, il était urgent d'en prévenir la désastreuse conséquence. Dès 1798, les étaiements du dôme ont été entrepris, ils furent achevés en 1800; mais les travaux de restauration ne purent être commencés qu'en 1806, et *pendant cet intervalle de temps* les progrès des dégradations si alarmants et si rapides auparavant, devinrent insensibles et parurent s'arrêter; on eut alors la certitude de conserver intégralement, ainsi que Rondelet l'avait annoncé, un des plus beaux édifices des temps modernes.

Rondelet, qui a succédé à Soufflot comme architecte du monument, et qui a conçu et exécuté cette importante restauration avec une grande habileté, avait combiné la maçonnerie avec le bois dans la composition de ce remarquable étaiement. La charpenterie a le plus puissamment contribué au succès de cette belle entreprise.

Nous donnons, d'après la planche CXXX de l'*Art de bâtir*, en *A*, fig. 8 de notre planche CXXVI, et réduits à la même échelle que toutes les figures de cette planche, le plan d'une moitié de l'un des quatre piliers du dôme du Panthéon avant sa restauration, et en *B*, même figure, le plan de l'autre moitié du même pilier après la restauration. Sur l'une et l'autre partie de cette même fig. 8, nous avons tracé le plan de l'étaiement de chaque arc contigu au pilier *A B*.

---

(1) Ce monument, qui porte le nom de Panthéon depuis le décret du 4 avril 1791, avait été bâti, par l'architecte Soufflot, pour servir d'église, sous l'invocation de sainte Geneviève, patronne de Paris.

La figure 6 est une coupe de la partie inférieure du dôme, suivant une ligne xy du plan, fig. 8 ; elle montre la projection verticale de la moitié de l'étaiement du pilier et de l'arcade projetée horizontalement de A en D, et la coupe de l'arcade et des étais projetés de B en C.

Un cintre en charpente composé de bois isolés dans leurs longueurs, eût été insuffisant pour soutenir un aussi grand fardeau que le dôme.

C'est après avoir longuement médité sur cette grave question, dit Rondelet (tome III, page 73), qu'il s'est décidé à former les cintres et leurs pieds-droits de pièces jointives, reliées par des moises et des boulons.

Dans chaque arcade étaient deux cintres composés chacun de trois épaisseurs de bois. Dans chaque épaisseur les bois étaient jointifs et formaient des polygones concentriques; mais dans l'épaisseur du milieu de chaque cintre, les angles des polygones répondaient aux côtés des polygones des deux autres épaisseurs, de façon que les joints se trouvaient reliés par l'effet des croisements des pièces. Les pieds-droits qui soutenaient les cintres étaient composés chacun, comme le dessin l'indique, de douze pièces verticales jointives. Ils avaient $16^m,567$ de hauteur, depuis le massif de pierres de taille, élevé pour leur servir de socle, jusqu'à la naissance des cintres.

Notre dessin, fig. 6, faute de place, ne représente pas la totalité de cette hauteur.

Les pieds-droits étaient maintenus par six rangs de moises m, m, et six enrayures ou ponts E, E. Les piliers de l'étaiement étaient placés à $0^m,84$ de ceux du dôme, afin qu'on pût travailler à la restauration de ceux-ci ; cet intervalle marqué X était rempli d'une construction composée de maçonnerie et de contre-fiches en bois, afin qu'on pût aisément la supprimer par en bas, à mesure que les travaux de restauration s'élèveraient, sans que le haut pût descendre.

Ces contre-fiches étaient retenues par des crans ou embrèvements dans les dernières pièces des piliers en bois. Ces crans ne sont pas marqués sur le dessin, à cause de la petitesse de l'échelle.

Au-dessus du cintre, le vide exactement était rempli de moellons piqués, maçonnés en plâtre.

En dedans des pieds-droits en bois, et sous les cintres en bois, on avait construit en maçonnerie avec arêtes et parements intérieurs en pierres de taille, des seconds pieds-droits qui supportaient une arche en pierres de taille avec remplissage, jusqu'au bois, de moellons maçonnés en plâtre.

Le plâtre a été employé dans cet étaiement afin de profiter de sa propriété de gonfler lorsqu'il se solidifie, pour serrer la charpente et la maçonnerie l'une contre l'autre, sans effort étranger. Rondelet a pensé qu'un étaiement tout en charpente aurait pu se *restreindre* plus qu'il n'aurait fallu pendant la restauration, et qu'un étaiement tout en pierre aurait pris du tassement sous le poids du dôme, avant le rapprochement des anciennes et des nouvelles constructions; enfin, il aurait été difficile d'ôter les cintres et d'éviter les effets qui seraient résultés de leur suppression. Le poids du fardeau aurait été transmis subitement sur les nouvelles maçonneries, au lieu que la compression dont le bois est susceptible devait, après la démolition des cintres en maçonnerie, opérer la transmission avec lenteur, sans ébranlements ni secousses.

La force de ces cintres avait été calculée pour résister ensemble à une pression de 10 millions de kilogr., le plus qu'il fût possible de supposer.

Après l'achèvement des travaux de restauration, les étais ont été enlevés sans qu'il se soit manifesté aucun effort dans les constructions nouvelles. Une épreuve d'un demi-siècle est un témoignage authentique du succès le plus complet de cette grande et belle opération.

§ 7. *Étaiement pour travaux de déblais.*

Lorsque l'on fait des déblais qui doivent avoir une grande profondeur, et qu'on ne peut les faire sous les talus suivant lesquels les terres se soutiennent naturellement, soit à cause de la dépense, soit parce qu'on manque d'espace, on creuse les déblais entre des plans verticaux, et comme les parois de la plupart des espèces de terre ne pourraient pas se soutenir ainsi coupées à pic, on les étaie avec des bois. Lorsque la tranchée faite dans le terrain est étroite, on se sert d'étrésillons qui appuient d'une paroi à l'autre les montants verticaux que l'on applique contre les terres. A mesure que les déblais deviennent plus profonds, on ajoute de nouveaux montants et de nouveaux étrésillons; on doit même faire en sorte de substituer aux premiers montants des bois plus longs qui s'étendent du sol au fond des déblais.

Lorsque le terrain est de mauvaise qualité, on multiplie les montants et les étrésillons sans cependant que leur nombre puisse empêcher le travail des terrassiers chargés d'approfondir le déblai, ou celui des ouvriers chargés des travaux à exécuter au fond des excavations. Souvent, dans cette vue, c'est-à-dire pour débarrasser la tranchée des trop nombreux étrésillons qui l'obstrueraient, on en boise les parois en les garnissant de planches appliquées horizontalement contre les terres sous les montants verticaux qui les retiennent.

Les déblais peuvent être ouverts sur des largeurs trop grandes pour que l'on puisse étrésillonner leurs parois, quelque longs que soient les bois dont on peut disposer, on étaie alors les terres comme on étaie des murs, si ce n'est que l'on incline les étais à 45°, en assemblant leurs pieds dans des semelles retenues par des pieux ou contre-boutées sur les parois opposées.

Lorsque les déblais à ciel ouvert (1) deviennent trop dispendieux à cause de leur profondeur, et que les travaux à exécuter dans le fond ne doivent occuper qu'une partie de cette profondeur, les déblais, qui doivent alors se borner à préparer la place que les constructions occuperont, sont faits souterrainement.

Les travaux de charpenterie appliqués aux déblais souterrains font partie du chapitre XLIV.

---

(1) Dans une galerie souterraine, on donne le nom de ciel à sa partie supérieure ; de là vient que lorsqu'un déblai ou galerie est fait depuis le sol, on dit que son ciel est ouvert ou que le déblai est fait à ciel ouvert.

CHAPITRE XXXVII.

ÉCHAFAUDS.

Un échafaud (1) est une construction provisoire en bois, qui a pour objet d'élever les ouvriers à la hauteur des travaux qu'ils exécutent, de placer à leur portée les matériaux qu'ils mettent en œuvre, de recevoir les équipages et agrès nécessaires à ces travaux, et quelquefois de faciliter l'exécution des constructions en présentant momentanément des points d'appui et des soutiens aux parties imparfaites, en attendant leur complet achèvement.

Les principes qui guident dans la construction des échafauds, servent également pour l'érection des amphithéâtres que l'on construit dans les fêtes et cérémonies publiques.

Les échafauds, notamment ceux employés dans les bâtisses, sont de plusieurs sortes; ils peuvent être fixes ou volants.

I.

ÉCHAFAUD DE MAÇON.

Les échafaudages les plus simples sont ceux exécutés par les maçons, pour la bâtisse des murs ordinaires; ils sont composés d'une suite de longues perches appelées *boulins*, placées verticalement à peu de distance dans les murs, servant à soutenir d'autres boulins horizontaux, sur lesquels on établit les planches qui portent les ouvriers et les matériaux pendant le travail. Ces boulins horizontaux sont attachés d'un bout par des liens en corde aux boulins verticaux, et sont scellés de l'autre bout dans les murs.

Les trous dans lesquels sont fixés les boulins horizontaux sont nommés *boulins* à cause de leur ressemblance avec ceux dans lesquels nichent les pigeons, et l'on a, par extension, donné le même nom aux perches

---

(1) De l'allemand *schaffen*, créer, bâtir.

servant à la composition des grêles échafauds dont les maçons font usage, et qui leur suffisent tant qu'ils ne doivent approvisionner sur leurs planchers qu'une petite quantité de matériaux. Mais dès que les échafauds doivent recevoir de lourds fardeaux, comme des pierres de taille et un grand nombre de maçons, ou que l'on ne peut pas placer les *boulins* horizontaux dans les parements des murs, il faut recourir aux échafauds en charpente.

La figure 1, de la planche CXXIII, est le profil d'un échafaud de boulins.

Cette figure représente, en outre, une disposition qui a pour objet de soutenir les échafauds pour réparations aux façades des maisons à la hauteur du premier étage, afin de ne point obstruer la voie publique (1).

a et b sont les boulins, c est une des poutrelles horizontales qui traversent le mur; elles sont calées à l'intérieur sous les planchers et soutenues chacune par un pointal, que, faute d'espace, le dessin n'indique pas.

d est une lambourde parallèle au mur, elle porte sur des poutrelles espacées de 4 mètres environ, suivant la distribution des maçonneries de la façade; les boulins posent par leurs pieds sur cette lambourde de 2 en 2 mètres environ, et y sont fixés chacun par un petit massif de maçonnerie en plâtre. A défaut de cette maçonnerie, on peut les assembler à tenons dans la lambourde.

e, planches volantes, f planches fixes et jointives avec garde-corps g, pour arrêter la chute des matériaux sur les passants.

Le sieur Journet, entrepreneur de charpentes, est inventeur d'un *échafaud-machine* dont l'usage principal est de servir aux travaux qu'on peut avoir à exécuter sur les murs et façades des maisons; il a pris, à dater du 1er novembre 1833, un brevet de quinze ans, pour l'exploitation de son invention, par une société en commandite. Il se propose de publier la description de cet échafaud et de diverses modifications qu'il y a faites pour le rendre applicable aux différents cas que présentent toutes espèces de travaux extérieurs et intérieurs, même ceux de peinture et de sculpture, ce qui nous empêche d'en donner un dessin. Il suffit de dire que le but que s'est proposé le sieur Journet est de porter des ouvriers maçons ou autres devant tous les points d'un édifice, sans recourir à l'embarras des échafaudages ordinaires et sans obstruer la voie publique.

Il a obtenu ce résultat en appliquant le principe qu'un *point* peut prendre dans un plan telle position qu'on voudra, si on le fait mouvoir le long d'une ligne droite, et si l'on fait aussi mouvoir cette ligne droite

(1) Extrait de l'ouvrage périodique la *Propriété*, 2e année, 2e série, t. I, p. 307, pl. XIII.

parallèlement à elle-même, de façon qu'un second point de cette ligne ne quitte pas une autre ligne perpendiculaire à la première. Dans l'échafaud de M. Journet, un plancher entouré d'un garde-corps et formant balcon, porte les ouvriers; ce balcon peut être amené devant telle partie qu'on veut de la surface du mur, en le faisant mouvoir comme le point dont nous venons de parler : il monte ou descend suivant le besoin, le long d'une pièce de bois verticale fixée à un chariot qui peut parcourir la longueur d'une pièce de bois horizontale, attachée à la partie la plus élevée du mur auquel il s'agit de travailler, et pour le temps que doit durer le travail; des treuils, des poulies et des roulettes facilitent le transport vertical et horizontal du plancher.

II.

ÉCHAFAUDS FIXES.

Lorsque les constructions nécessitent que les échafauds supportent des matériaux pesants, ou un grand nombre d'ouvriers et les machines au moyen desquelles on monte les matériaux, on est forcé de les construire en charpente; ils sont alors de véritables bâtisses en bois, auxquelles on donne la stabilité qui leur est nécessaire, en appliquant à la construction de leurs pans de charpentes les principes que nous avons développés en parlant de la construction des maisons. On les compose de montants et de sablières qui portent les soliveaux pour former les planchers sur lesquels sont placés les ouvriers et les matériaux; les montants et sablières sont liés par des contre-fiches et des croix de Saint-André, et quelquefois par de grandes moises inclinées pour former des contrevents. On doit observer cependant que les échafaudages ne devant point présenter des parois pleines, ni avoir une durée aussi longue que celle des maisons d'habitation, on ne les compose que du nombre de pièces strictement nécessaires à leur soutien et on ne leur donne que la force que réclament les efforts auxquels ils ont à résister. Le plus ordinairement on construit les échafauds en bois de sapin ou autres bois de peu de valeur, et qui ont déjà servi, pourvu qu'ils ne soient pas trop affaiblis par d'anciennes entailles ou des mortaises.

§ 1. *Échafauds de Saint-Gervais.*

La figure 1 de la planche CXXIV est l'élévation de la moitié de l'échafaud élevé par M. Dabrin, maître charpentier, devant le portail de Saint-Gervais, à Paris, lors de sa restauration.

La figure 2 est un profil de cet échafaud lié au portail par divers scellements en fer que la petitesse du dessin n'a pas permis de représenter.

Cet échafaud est le type de presque tous ceux qu'on a construits, non-seulement en pareilles circonstances, mais même pour de grandes bâtisses neuves; et dans ce cas, ces sortes d'échafauds sont composés de parties presque égales établies les unes en dehors, les autres en dedans des bâtiments : elles sont liées par des liernes qui leur sont communes et qui traversent les différentes ouvertures que présente l'ordonnance des façades ou même des trous ménagés pendant la construction. Ces trous sont bouchés par des *closoirs* en pierre lorsqu'on enlève les échafauds.

§ 2. *Échafaud de la flèche de la cathédrale de Châlons.*

La figure 11, pl. CXXIII, est une projection verticale de l'échafaud dressé autour de la flèche octogonale de la cathédrale de Châlons-sur-Marne, lors de sa restauration.

La figure 7, même planche, est un quart du plan de cette flèche et de l'échafaud, pris à la hauteur de la première enrayure.

Lorsque les ouvertures de la flèche ont permis de faire traverser les bois, on a eu soin de lier entre elles, par des liernes, les parties opposées des enrayures.

§ 3. *Échafaudage du Panthéon, à Paris.*

Les figures 2 et 3, pl. 126, sont des moitiés de coupes du dôme du Panthéon de Paris, dont nous avons déjà parlé, sur lesquelles sont tracés, d'après les planches CXXIV et CXXV de l'*Art de bâtir* par Rondelet, les échafauds qui ont servi à la construction de ce beau monument. Ces échafauds devaient porter les ouvriers et les matériaux, et tenir lieu de cintres pendant la construction des voûtes. Les parois des deux voûtes sont des surfaces de révolution qui ont pour axe commun celui du dôme; elles ont été appareillées par anneaux ou couronnes; ce qui fait que les échafauds n'ont jamais eu à soutenir que les portions d'une couronne que l'on posait jusqu'à ce que tous ses voussoirs fussent posés, attendu que lorsque cette couronne était entièrement fermée, il n'y avait plus besoin de cintres; elle se soutenait d'elle-même sur la précédente.

La figure 2 est une coupe du dôme par un plan vertical, passant par son axe vertical et par celui horizontal d'une des nefs.

La fig. 3 est une autre coupe par un plan vertical, passant aussi par l'axe du dôme et dirigé diagonalement dans l'angle que forment les axes de deux nefs.

La figure 4 est le plan ou la projection du plancher du grand échafaud, à la hauteur $m\,n$ de la figure 3.

La figure 5 est le complément de la figure 4, pour laquelle il n'y avait point assez d'espace sur la planche. Le point c, sur ces deux figures, est la projection de l'axe vertical du dôme; le raccordement des fig. 4 et 5 est aisé à reconnaître, au moyen des parties communes en maçonnerie qui sont tracées sur l'une et sur l'autre; les parties de maçonnerie qui sont hachées en tailles croisées sont celles qui s'élèvent au-dessus du niveau du plancher que ces deux figures représentent : celles qui sont remplies de hachures pâles indiquent les parties des maçonneries inférieures à l'échafaud. Z est un des murs latéraux d'une nef, le carré $v\,u\,x\,y$ laissé à jour dans le plancher et sur lequel on établit, fig. 5, la roue à treuil z, dite singe, répond verticalement à l'espace extérieur qui se trouve dans l'angle formé par deux nefs contiguës. Cette place a été choisie dans les quatre angles rentrants de l'édifice, pour que l'on pût enlever les matériaux depuis le sol extérieur.

Le plancher, à la hauteur $m\,n$ qui entourait le dôme, était élevé au-dessus du sol intérieur du monument, de 40 mètres, sa superficie était de $2864^{m}\!,325$; dans le dessin, nous avons supposé qu'aucune planche n'est posée, afin de ne point cacher la disposition des pièces de la charpente.

La figure 7 est le complément de la figure 3. La pièce coupée k et la pièce horizontale $i\,j$ sont les parties de raccordement des deux figures. On voit que, voulant faire enlever les matériaux par le singe z depuis le sol, il a fallu écarter beaucoup l'échafaud pour atteindre les angles rentrants dont nous avons parlé; on n'a pu lui donner un point d'appui sur la maçonnerie qu'en S, fig. 7, ce qui a forcé de soutenir la partie qui porte le singe z par un pendentif r, au moyen de grandes écharpes.

Ce plancher se combinait avec celui de l'échafaud au même niveau, placé dans l'intérieur du dôme, et pour que la liaison fût plus complète quelques pièces horizontales traversaient les murs dans des trous réservés à cet effet, lorsqu'il ne s'est pas trouvé d'ouvertures de fenêtres pour leur livrer passage.

Cette partie inférieure de l'échafaud était formée par quatre fermes qui se croisaient et laissaient un vide carré dont on voit le quart en $f\,g\,h$, fig. 5, et sur lequel est établi le singe t, fig. 2.

La figure 1 est une coupe horizontale du dôme à la hauteur $p\,q$ des fermes qui le soutiennent.

III.

ÉCHAFAUDS VOLANTS.

On désigne sous le nom d'échafauds volants ceux qu'on démonte en tout ou en partie pour les changer de place suivant les besoins et l'avancement des travaux pour lesquels ils sont établis. Afin d'éviter un échafaudage général qui serait trop dispendieux.

§ 1. *Échafaud volant du dôme de Saint-Pierre de Rome.*

L'échafaud volant le plus remarquable est celui de la coupole de Saint-Pierre de Rome, inventé pour la restauration intérieure de cette coupole, en 1773, par Pierre Albertini, chef des ouvriers de la fabrique de Saint-Pierre.

La figure 3 de la pl. CXXVII est la moitié d'une coupe verticale de la voûte intérieure du dôme sur laquelle est tracé l'échafaud dont il s'agit.

La figure 1 complète la partie supérieure de cette coupe, et fait voir comment l'échafaud était fixé à la lanterne du dôme. Le plancher $a\,b$ est commun à la figure 1 et à la figure 3.

La figure 2 est le complément de la partie inférieure de la figure 3; le plancher $e\,d$, reposant sur la corniche intérieure du dôme, est commun à la fig. 2 et à la fig. 3.

Le diamètre intérieur de la coupole est de $40^m,60$, le rayon de l'arc qui forme le profil est de $24^m,90$; son centre est dans le plan du dessus de l'attique.

La hauteur de l'ouverture circulaire servant de base à la lanterne est de $24^m,12$ au-dessus du même plan.

L'échafaud dont il s'agit était composé de trois fermes dirigées suivant les méridiens du dôme, et attachées par des anneaux ou boucles en fer accrochés à des crampons aussi en fer scellés dans les parois de la coupole. Les pièces horizontales de ces fermes portaient les poutrelles des planchers réparties sur la hauteur de la voûte de façon que les ouvriers pouvaient être placés commodément dans leur travail.

Pour faire avancer l'échafaud volant suivant les besoins du travail, et à mesure qu'une partie de la restauration était terminée, on démontait une ferme d'un bout pour la remonter à l'autre bout en s'aidant pour cette opération des fermes restées à leur place en attendant que leur tour de changer de situation fût venu.

354   TRAITÉ DE L'ART DE LA CHARPENTERIE. — CHAPITRE XXXVII.

La projection verticale que nous donnons de cet échafaud est construite d'après une vue en perspective gravée par Giacomo san Germano à la Chalcographie pontificale. Quoique cette gravure soit d'une époque de beaucoup postérieure, elle se trouve ordinairement jointe à l'œuvre de Zabaglia et de Fontana (*Roma*, 1743).

Zabaglia décrit, dans l'ouvrage que je viens de citer, une autre disposition d'échafaud volant également pour la restauration d'une coupole.

Nous en avons figuré une partie en profil, sous le n° 6 de la même planche CXXVII. Ce système est plus simple que celui du P. Albertini, et son changement de place est plus facile.

Chaque étage est composé de trois chaises égales, de façon qu'on peut aisément, pour chaque étage, à l'aide de deux chaises qu'on laisse en place, faire passer la troisième d'un côté à l'autre de l'échafaud, et faire ainsi le tour de la coupole. Dès qu'un premier plancher est posé, on peut atteindre aux points où des scellements sont nécessaires pour en attacher un nouveau qui donne le moyen d'en établir un troisième, et ainsi de suite jusqu'au sommet de la coupole.

§ 2. *Échafauds volants pour de petites voûtes.*

Le même ouvrage de Zabaglia contient les dessins de plusieurs combinaisons d'échafauds volants, et l'on peut dire que les ouvriers italiens sont aussi habiles qu'audacieux dans les moyens qu'ils emploient pour atteindre à tous les points tant intérieurs qu'extérieurs des édifices.

Ils établissent des échafauds sur des chevalets élevés les uns au-dessus des autres, et souvent sur de frêles appuis. Parmi plusieurs combinaisons, nous avons choisi celle qui est représentée fig. 5, pl. CXXVII, dans laquelle les planchers de l'échafaud sont portés sur des sablières soutenues seulement par des aiguilles pendantes à la voûte au moyen de scellements en fer. Cet échafaud est composé de trois systèmes pareils; on les change de place, ou plutôt on les fait avancer dans la direction de l'axe de la voûte, qui est ici en berceau, par le même moyen que les précédents.

§ 3. *Échafaud volant pour la charpente du hangar de Marac.*

La figure 8 de la planche CXXV est une coupe, suivant la ligne $t\,v$ de la figure 7, de l'échafaud en bois de pin des landes de Bordeaux qui a servi au levage des dix-huit fermes en madriers courbés sur leur plat du comble du hangar de Marac, près Bayonne, que j'ai construit en 1825, et que j'ai décrit ci-dessus, page 197.

La figure 7 est une coupe de l'échafaud par un plan vertical perpendiculaire au plan de projection de la fig. 8.

La partie cintrée ou gabariée a recevait les madriers courbés sur leur plat formant un arc pour les maintenir pendant le levage des autres pièces des fermes qui avaient été assemblées avec les arcs sur un ételon horizontal, et démontées pour être levées pièce à pièce au moyen de cet échafaud. J'ai fait connaître, page 202, ce qui m'a forcé de procéder de cette manière, au lieu de lever les fermes toutes assemblées, comme je l'ai fait faire plus tard, pour le manége de Libourne.

L'échafaud, composé de pièces jointes par entailles sans aucun tenon ni mortaises, était entièrement démonté lorsqu'une ferme du comble était en place pour être remontée à l'emplacement d'une autre ferme. L'échafaud était formé de deux pans verticaux parallèles égaux à celui que représente la figure 8 ; les deux pans étaient liés par des croix de Saint-André entre les grands montants b et par des pannes g, sur les milieux desquelles le gabarit était attaché par des boulons. La stabilité dans le plan de chaque pan était maintenue par une grande croix de Saint-André et les grandes écharpes n; dans le sens de la longueur du hangar, des croix de Saint-André r entre les montants et des arc-boutants k, établies dans les prolongements de leurs branches, empêchaient le balancement, conjointement avec quatre haubans fortement tendus par des palans que le dessin ne représente pas.

Cet échafaud était établi au niveau des sablières qui devaient recevoir les naissances des arcs ; il était porté sur quatre chevalets x qu'on changeait de position lorsque l'échafaud était démonté, et qu'il s'agissait de l'établir à une autre place.

Les longues sablières horizontales t de l'échafaud servaient à porter des planches i dans tous les points où les charpentiers devaient se placer pendant le levage, et pour serrer les boulons.

IV.

ÉCHAFAUDS SUSPENDUS.

§ 1. *Échafauds pour ragrément de ponts.*

La figure 4, pl. CXXIII, est le profil d'un échafaud suspendu au parapet du pont d'Orléans, lors du ragrément du parement de ses têtes. Les madriers d'échafaud sur lesquels est placé le tailleur de pierre ragréeur sont fixés par chacune de leurs extrémités sur deux forts tasseaux *a* moisés sur un montant *b* dont le prolongement supérieur traverse deux moises *c*, *d*, entre lesquelles il peut glisser. Un cordage s'y trouve attaché au point *e* par un gros nœud qui le termine. Ce cordage, après avoir passé sur deux poulies *m*, *n*, s'enroule sur le treuil *f* par le moyen duquel le montant *b* est haussé ou abaissé suivant le besoin, pour mettre l'ouvrier à portée de son travail. L'échafaud est composé de deux systèmes pareils liés par des traverses horizontales, et maintenus verticaux par des jambettes *g*.

La figure 4 est une projection perpendiculaire à la précédente; elle présente à droite l'échafaud, vu par le dehors du pont sur le parement de tête d'une arche; sur la gauche, il est vu dans la supposition d'une coupe longitudinale du pont, vue du côté opposé; une ligne d'arrachement marque la séparation de ces deux projections.

En faisant mouvoir simultanément les deux montants *b*, on maintient le madrier d'échafaud *a* horizontal. On le fixe à la hauteur convenable par deux chevilles de fer qui traversent les montants, et reposent sur les moises *c*, *d*.

Cet échafaud est tiré de la planche XXXIX des Œuvres de Perronet.

§ 2. *Échafaud pour entablement.*

L'échafaud représenté en profil, fig. 7 de la planche CXXVII, est tiré de l'ouvrage de Zabaglia, déjà cité; il a pour objet de porter des ouvriers lorsqu'on décore, en diverses occasions, la basilique du Vatican; il est également propre à toute espèce de travaux à exécuter sur un entablement. Il est composé de deux assemblages pareils qui portent le plancher *a b*. Cet échafaud peut être transporté à telle place que le travail exige, le long de l'entablement où il est fixé au moyen des vis *d*.

Nous donnons la figure 4, même planche CXXXII, et d'après Zabaglia, comme un exemple de la hardiesse avec laquelle les ouvriers se hasardent souvent sur des échafauds suspendus.

§ 3. *Échafaud pour ateliers de décorations.*

L'échafaud représenté, fig. 3 de la planche CXXIV, avait été construit dans une grande salle du collége des Quatre-Nations, à Paris, par M. Peyre jeune, architecte, pour peindre des décorations. Cette figure présente en même temps la coupe et l'élévation de cet échafaud, qui était suspendu aux pièces de la charpente du comble, et qui faisait le tour de l'atelier, les quatre côtés étant pareils à celui que représente la figure.

V.

ÉCHAFAUDS ROULANTS.

§ 1. *Échafaud de la nef de Saint-Pierre de Rome.*

L'objet des échafauds roulants est de remplacer les échafauds volants, pour éviter le travail dispendieux pour les démonter et les remonter lorsqu'on veut les changer de place. Le plus grand échafaud de cette sorte qui ait été exécuté est celui qui a servi, en 1773, à la restauration de la voûte qui s'étend sur la grande nef de Saint-Pierre de Rome.

Cet échafaud est comme celui de la coupole que nous avons décrit, page 353, de la composition d'Albertini.

Nous l'avons représenté en élévation dans la coupe en travers de la grande nef, fig. 8 de la planche CXXVII, et nous l'avons projeté verticalement, fig. 12, coupé par un plan passant par l'axe de la grande nef, et suivant la ligne $x\,y$ de la figure 8; dans le haut de cette figure 12, en M, nous avons marqué la coupe de la voûte suivant sa longueur, mais nous n'avons point tracé la projection des magnifiques caissons qui décorent cette voûte, parce qu'ils sont étrangers à notre sujet, et qu'ils auraient rendu le dessin trop confus.

Nous avons construit les projections verticales, fig. 8 et 12, d'après trois vues perspectives gravées comme celles dont nous avons déjà parlé, par Giacomo san Germano, et qui ont été publiées en même temps, et font partie de la même collection.

L'échafaud était composé de deux grandes fermes formant des cintres d'assemblages. Ces deux fermes étaient réunies par des liernes horizontales; des solives horizontales portaient les poutrelles des planchers aux différentes hauteurs nécessaires pour que les ouvriers pussent atteindre les points où ils devaient travailler.

Cet échafaud, mobile dans le sens de la longueur de la nef, était porté de chaque côté par un échafaud volant, attaché aux murs par des pattes en fer et à scellements, et soutenu dans sa grande saillie par des arcs-boutants portant sur des architraves de l'entablement qui règne des deux côtés sur toute la longueur de la nef.

Quoique nous classions cet échafaud au nombre des échafauds roulants, il n'était point porté sur des rouleaux, mais sur des espèces de patins arrondis qui en tenaient lieu en facilitant le glissement sur les planches des deux échafauds volants.

358   TRAITÉ DE L'ART DE LA CHARPENTERIE. — CHAPITRE XXXVII.

Pour mouvoir ce gigantesque échafaud, les ouvriers agissaient de chaque côté simultanément et également sur des palans, comme nous en avons représenté, fig. 12.

L'échafaud mobile avait été assemblé sur le pavé de la nef, et hissé en grand au moyen de moufles et de cabestans, puis soutenu près de la voûte de la nef pendant qu'on montait au-dessous les parties d'échafauds volants qui devaient le recevoir, et entre lesquelles il n'aurait pas pu passer.

Nous avons représenté cette opération, sur une très-petite échelle, dans la figure 10, qui est une coupe générale de la nef de Saint-Pierre de Rome. Le contour de cette coupe est bordé de hachures en tailles pleines. Nous avons projeté, sur le même plan, même figure 10, la coupe du sanctuaire et de sa coupole, dont les contours sont bordés de hachures ponctuées.

Le diamètre de l'échafaud était plus grand que l'écartement des deux corniches au-dessus desquelles il devait être placé; on a élevé une naissance plus que l'autre, afin de pouvoir pousser l'échafaud tout d'un côté pour éviter la rencontre de l'autre naissance avec la corniche correspondante au-dessus de laquelle il devait être élevé; c'est dans cette situation qu'il est représenté, fig. 10.

§ 2. *Échafauds roulants de l'orangerie de Versailles.*

Après le gigantesque ouvrage que nous venons de faire connaître, les petits échafauds roulants dont nous allons parler sont des œuvres bien minimes; cependant ils ont leur utilité, c'est ce qui nous a déterminé à les décrire.

La figure 15, pl. CXXIV, est un profil de l'échafaud roulant, en bois de sapin, qui a servi au rejointement et aux réparations des parois intérieures de l'orangerie du château de Versailles.

La figure 16 est une élévation projetée sur un plan vertical perpendiculaire à celui de la figure 14. Cet échafaud peut être roulé dans toutes les parties des longues salles de cette belle orangerie.

§ 2. *Échafaud roulant de la chapelle de Turin.*

La figure 13, pl. CXXIV, est une coupe d'une chapelle sépulcrale construite à Turin, en Piémont, sur laquelle on a projeté le profil de l'échafaud roulant, exécuté en bois de sapin, et qui a servi pour la sculpture des caissons qui décorent la voûte de cette chapelle. La figure 14 est le plan de cet échafaud qui était porté sur quatre roues, et que l'on pouvait mouvoir d'un bout à l'autre de la chapelle.

§ 4. *Échafaud pour construction d'un comble suivant le système de Philibert Delorme.*

La fig. 11, pl. CXXIV, est le profil d'un comble suivant le système de Philibert Delorme, sur lequel nous avons tracé le profil d'un échafaud en planches composé par M. Mandar, architecte, pour faciliter aux ouvriers la construction de ce comble.

L'échafaud est composé de trois fermes en planches pareilles à celles que le dessin représente; elles sont écartées d'environ 2 mètres; elles sont liées par des liernes, et le balancement est empêché par une croix de Saint-André placée dans le sens du faîtage; on en voit les bouts et ses épaisseurs sur le poinçon.

Cet échafaud, fort léger, est porté sur quatre galets en cuivre qui roulent dans des rainures entaillées sur les faces supérieures des deux sablières portées le long des murs par des consoles en fer à doubles scellements qui sont posées pour le temps du travail.

Par le moyen de cet échafaud, on peut soutenir les planches des hémicycles pendant le levage, terminer la charpente complétement par un bout, et conduire l'échafaud dans le sens de la longueur du comble, de façon à le faire avancer graduellement à mesure que des hémicycles et leurs liernes sont posées.

Les figures 10 et 12 sont deux projections, sur une échelle quadruple, des galets servant de roulettes à l'échafaud.

Cet échafaud et les deux précédents sont tirés du Recueil de Krafft. Nous devons faire remarquer que ceux représentés par les figures 9 et 12 sont des imitations des combinaisons qu'on trouve dans l'ouvrage de Zabaglia, qui contient une quantité assez considérable de dessins de diverses sortes d'échafauds.

§ 5. *Échafaud roulant de Saint-Sulpice.*

Les figures 8 et 9, pl. CXXIV, sont les projections verticales d'un échafaud roulant qui a servi pour attacher des draperies dans l'église Saint-Sulpice à Paris, pour les obsèques du général Hoche, en 1797.

§ 6. *Échafaud roulant de la cathédrale de Milan.*

Les figures 17 et 18, pl. CXXIV, représentent par deux projections verticales, un grand échafaud roulant qui sert pour la décoration intérieure de la cathédrale de Milan. Ces deux échafauds sont tirés du Recueil de Krafft.

§ 7. *Échafauds pour ateliers de peinture.*

Les figures 4 et 5 de la même pl. CXXIV sont une élévation et un profil de l'échafaud suspendu et roulant que M. Pecher, peintre d'histoire à Turin, avait fait établir dans son atelier pour l'exécution de ses grands tableaux.

Les deux montants a sont suspendus chacun à la chape de deux roulettes jumelles, dont chaque galet roule dans la feuillure d'une des sablières, aussi jumelles, $b\ b$, parallèles au mur, et fixées par des étriers en fer au tirant c de la charpente du comble.

Ces montants reçoivent les assemblages à tenons et mortaises des tasseaux d sur lesquels sont clouées les planches d'échafaud.

Pour que ces montants soient maintenus verticaux, malgré le poids des peintres placés sur les planches, ils sont chacun garnis par le bas de deux roulettes à angle droit, qui roulent contre les faces de deux pièces de bois fixées à des poteaux qui les maintiennent parallèles à la muraille, contre laquelle le tableau doit être placé.

Les figures 6 et 7 sont des projections, sur une échelle double, des roulettes jumelles, de la ferrure qui les attache à un montant, et des sablières jumelles dans lesquelles elles roulent.

VI.

ÉCHAFAUDS TOURNANTS.

§ 1. *Échafaud tournant de la coupole du Panthéon de Rome.*

La forme circulaire des édifices permet de simplifier celle des échafauds mobiles, en les faisant tourner autour de l'axe vertical de la surface de révolution qui forme les parois intérieures des coupes. Le plus bel échafaud, le plus ingénieux qui ait été construit est celui qui a servi en 1756 à la restauration intérieure de l'admirable coupole du Panthéon, à Rome, par Campanarino; nous en donnons les détails pl. CXXVIII, par des projections octogonales d'après une vue perspective, gravée dans la *Chalcographie* des frères Piranesi, in-folio, tome VI du *Supplément aux Antiquités*. Pour qu'on puisse mieux juger de l'importance et de la hardiesse de ce bel échafaud tournant, j'ai placé sur la même planche le plan du Panthéon de Rome, fig. 2, et une coupe, fig. 1, suivant la ligne $P\ R$ de ce plan.

La figure 3 est, sur une grande échelle, une coupe de la coupole, suivant la ligne PR de la figure 2 ou pr des figures 6 et 7.

L'échafaud est projeté en élévation sur le plan de cette coupe. Une deuxième projection verticale est tracée fig. 4 et 11 (1); sa projection horizontale est tracée fig. 6 et 7.

Cet échafaud était composé de deux fermes, chaque ferme était formée de deux arcs en charpente A, B, liés par des demi-moises. Pour empêcher toute flexion qui aurait pu altérer la courbure de l'échafaud, des tringles de fer D attachées par des boulons se croisaient et remplissaient les fonctions de croix de Saint-André. L'écartement entre les deux fermes était maintenu par des liernes E, F, assemblées en dehors et en dedans des fermes; les liernes E du dehors étaient distribuées suivant les hauteurs où devaient se trouver les planchers pour concourir à leur soutien, et afin qu'aucune ne pût faire obstacle aux travaux qui devaient être exécutés sur les parois intérieures de la coupole.

Afin d'empêcher le balancement d'une ferme à l'autre, des tringles en fer pareilles à celles dont nous venons de parler, formaient dans la courbure du dessous de l'échafaud, des croix de Saint-André doubles, G, fig. 11, qui servaient en même temps de garde-corps à l'égard des ouvriers.

Ces deux fermes étaient réunies par le haut en R au moyen de forts boulons, à un large plateau de deux pièces percé d'un trou rond dans lequel passait l'axe vertical.

Par le bas, les deux fermes étaient liées par une entretoise, et chacune portait une grosse roulette L dont la surface devait faire partie d'un cône ayant son sommet au point O, centre de la coupole dans le plan du dessus de la corniche que les roulettes devaient parcourir.

Nous avons dessiné, dans cette figure, des ouvriers occupés à mouvoir l'échafaud sur ses roulettes pour le changer de place à mesure de l'avancement du travail, au moyen d'un palan.

La fig 9 est une coupe de l'échafaud, suivant la ligne xy de la figure 3, et perpendiculaire à cette projection.

L'axe vertical en bois h, autour duquel tournait l'échafaud, était maintenu par un système de charpente qui assurait son immobilité au centre de la lanterne.

---

(1) Les figures 4 et 11 forment une seule projection verticale que nous avons interrompue dans une partie de sa hauteur pour que celle de la figure 3 pût être entière. Nous nous sommes bornés, dans ces figures 4 et 11, à représenter les parties qui étaient indispensables pour que la description fût complète; il en est de même des figures 6 et 7, qui forment une seule projection horizontale, interrompue dans le milieu de sa longueur, pour le même motif.

La figure 8 est une projection horizontale de cette charpente sur le plan supérieur de la lanterne.

Deux chantiers *a* et huit plateaux *b* formaient d'abord un assemblage octogonal régulier, posé sur le bord supérieur de la lanterne; deux poutres parallèles *c* reposaient sur les chantiers *a* et y étaient boulonnées. Un poinçon *d* et deux contre-fiches *e* assemblés au-dessous de chaque poutre formaient deux pendentifs consolidés par des moises horizontales *f*. Une forte moise horizontale *o*, perpendiculaire aux deux dernières et placée en dessous, saisissait les deux poinçons et l'axe vertical *h*, situés exactement au centre de la lanterne; une autre moise *g* et deux contre-fiches *i* rendaient la position de l'axe invariable, en le saisissant au-dessus du niveau des poutres *c* sur lesquelles les prolongements des moises *g* étaient fixés par des boulons. Pour ne point affaiblir l'axe, les moises *g* étaient seules entaillées et le glissement vertical était arrêté par deux chantignoles *j* boulonnées à l'axe et portant sur les moises *g*.

Pour compléter la stabilité de cet axe huit étais horizontaux *k* rayonnaient autour de cet axe, et l'arc-boutaient contre les parois intérieures de la lanterne : l'égalité d'écartement de ces huit étais se trouvait maintenue par des goussets *m*, et cette sorte d'enrayure horizontale était tenue à la hauteur de la partie octogonale de l'axe, fig. 10, qui en recevait les abouts, vers le cercle de fer horizontal *n* qui passait en dessus, et leur était fixé ainsi qu'à la moise *o* par des boulons et par leurs extrémités opposées. Ces étais se trouvaient soutenus au moyen des moises pendantes *s*, attachées par des boulons aux pièces *b* de l'octogone qui reposait sur le plan du couronnement de la lanterne. Les moises *f* qui embrassaient l'axe et reposaient sur la grosse moise *o*, s'opposaient au glissement vertical de l'axe et concouraient au soutien du plancher *q*, qui n'est pas représenté dans la fig. 8.

L'axe vertical *h*, qui se prolongeait au-dessous de l'échafaud, était cylindrique dans la partie de sa longueur saisie par la moise-plateau *H* servant d'entretoise pour la réunion des fermes, et par la grande rondelle *p*, aussi de deux pièces, soutenue par quatre chantignoles *r* fixées chacune par deux boulons et un embrèvement sur les faces du bout inférieur de l'axe.

La fig. 5 est une projection horizontale qui présente, vue en-dessous, le bout carré de l'axe *h*, et les quatre chantignoles *r* qui soutiennent la rondelle *p*.

Un plancher horizontal *k*, fig. 3 et 11, et saillant au-delà de la corniche, dans l'intérieur de la coupole, servait à hisser du sol intérieur de la rotonde au niveau du pied de l'échafaud, les matériaux nécessaires à la restauration de la coupole. Ce plancher était établi sur deux poutrelles *d* portant d'un bout sur l'entretoise; leurs autres bouts étaient supportés par deux barreaux n. Nous avons dessiné des ouvriers occupés à monter, au moyen d'un palan, une pierre de taille. On passait d'un plancher à l'autre au moyen de petites échelles, que notre dessin n'indique pas.

§ 2. *Échafaud tournant avec plancher mobile.*

Après la description d'une si ingénieuse et si élégante invention, nous avons longtemps hésité à présenter deux combinaisons que nous avons composées pour des échafauds tournants, destinés à des travaux intérieurs, dans des coupoles de moyennes dimensions; mais comme ils peuvent être utiles ou faire naître l'idée d'autres constructions meilleures, nous nous sommes déterminé à les figurer dans nos planches.

La figure 6, pl. CXXV, est la coupe d'un dôme de moyenne dimension, dans laquelle est projeté le profil d'un échafaud tournant.

La figure 5 est la projection horizontale d'un châssis, placé horizontalement, composé de deux solives a, d'une entretoise m et d'une pièce cintrée n portant deux galets roulants sur la corniche; ce châssis sert de base à l'échafaud. Un montant vertical c est porté par un tourillon également vertical, sur un pilier d en bois ou en maçonnerie élevé momentanément au centre de la rotonde. Ce montant est saisi par les deux moises horizontales f et h; il ne dépasse que très-peu le niveau du dessus du plancher; deux autres montants aussi verticaux p sont également saisis par ces deux mêmes moises, mais ils s'élèvent vers le sommet de la coupole : ils sont réunis par une entretoise q et une croix de Saint-André. Ils soutiennent deux arcs égaux et parallèles projetés verticalement en zx et assemblés sur les sablières en z.

L'une des pièces de la moise h est prolongée suivant le diamètre de la rotonde comme la sablière a, elle porte à chaque extrémité un galet qui roule sur la corniche pour retenir le déversement de l'échafaud.

Un plancher ik portant les ouvriers est soutenu, par chacune de ses extrémités, par un triangle oik; chaque triangle porte par un tourillon sur le bout d'une bielle v qui peut se mouvoir sur la charnière fixée à la moise f; chaque triangle s'appuie par son angle k sur un des arcs zx, par l'intermédiaire d'un galet qui roule dans la rainure pratiquée dans le milieu de cet arc. En changeant l'inclinaison des bielles par le moyen du treuil et des cordages passant sur les poulies s, on fait monter ou descendre le plancher ik sans qu'il cesse d'être horizontal.

Lorsque ce plancher est dans une position convenable pour le travail qu'on se propose, les bielles sont fixées parallèlement l'une à l'autre, c'est-à-dire sous la même inclinaison, au moyen de chevilles en fer passées dans les trous percés sur les faces verticales des arcs, et l'on peut faire tourner l'échafaud sur son pivot pour que le plancher parcoure tout le tour du dôme.

La figure 9 est un plan du plancher mobile.

§ 3. *Échafaud tournant mobile sur losange*.

Un mât a d'une seule pièce ou d'assemblage, fig. 11, pl. CXXV, monte depuis le sol, ou depuis le dessus d'un support élevé momentanément en bois ou en maçonnerie, au centre de la rotonde; il tourne sur un tourillon en fer dont son pied est garni. Il est maintenu vertical par son extrémité supérieure qui est cylindrique, et qui est prise dans un collier placé au centre d'une enrayure b établie au-dessous de la lanterne; à peu près à la hauteur de la naissance de la coupole se trouve un petit plancher c fixé au mât, et qui tourne avec lui. Le plancher d qui porte les ouvriers est combiné avec le plancher c, par deux châssis f qui sont toujours parallèles et qui sont attachés l'un et l'autre par des charnières.

Un de ces châssis est représenté séparément fig. 10.

Au moyen d'un cordage m attaché à l'un des châssis passé sur une poulie v fixée au mât, on change leur inclinaison et, par conséquent la hauteur du plancher sur lequel les ouvriers sont placés pour travailler, le cordage est ensuite amarré au mât.

Lorsque la disposition de la coupole le permet, on peut maintenir la position verticale de l'échafaud de la figure 6 par un mât, comme celui employé dans la figure 11, et se dispenser alors de le faire porter par des roulettes sur la corniche.

CHAPITRE XXXVIII.

PONTS FIXES EN CHARPENTES.

Un pont est une construction qui a pour objet d'établir une communication directe et facile entre deux points séparés par un espace qu'on ne saurait franchir autrement sans rencontrer de grands obstacles qui en augmenteraient les difficultés, s'ils ne la rendaient pas impossible; on établit des ponts sur des fossés, des ravins, des marais, des rivières, etc.

Nous n'avons point à faire l'histoire des ponts, notre but étant uniquement d'exposer l'état de l'art d'en construire en charpentes; nous ne pouvons cependant nous dispenser de faire ressortir, par quelques citations, le fait que nous avons déjà énoncé, que l'art de la charpenterie a donné naissance à celui de construire les ponts.

L'invention des ponts remonte à la plus haute antiquité, et doit être de beaucoup antérieure aux constructions remarquables citées par les plus anciens historiens.

Hérodote prétend que Menès, un des premiers souverains de l'Égypte avait fait bâtir un pont sur le bras du Nil; Diodore assure qu'on devait à Sémiramis le magnifique pont qui traversait l'Euphrate, à Babylone. Quoi qu'il en soit, l'art de construire les voûtes ayant été ignoré des Assyriens et des Égyptiens, pour peu que les travées de leurs ponts aient eu de portée, elles ne purent être exécutées qu'en charpentes, et probablement elles étaient de construction fort simple, malgré l'éclat qui a pu être donné à la décoration de ces ponts. Les Grecs paraissent n'avoir point attaché une grande importance à la construction des ponts, car on ne trouve aucun vestige remarquable de ceux qu'ils peuvent avoir bâtis; ce qui tient probablement au rare besoin qu'ils ont eu d'en établir.

Les Romains, au contraire, nous ont laissé de nombreux et beaux exemples de leur art et de leur magnificence dans ce genre de construction, comme dans tous les travaux qu'ils ont faits. Néanmoins, les ponts en charpentes ont dû, à Rome comme partout, précéder de beaucoup la construction des ponts en pierre.

Le premier pont qu'on vit à Rome, sur le Tibre, fut celui de Sublicius que l'action courageuse d'Horatius Coclès a rendu célèbre; il était en charpentes. Il avait été bâti au pied du mont Aventin, sous le règne d'Ancus Martius, quatrième roi de Rome, mort 616 ans avant J.-C., après avoir régné 25 ans. Le pont de Trajan, sur le Danube, et celui de César, sur le Rhin, qui sont également célèbres, étaient aussi en charpentes.

La construction des ponts en maçonnerie n'a pu être en usage qu'après que l'art de construire des voûtes a été inventé. Or, les plus anciennes voûtes dont il soit fait mention, sont celles des grands aqueducs de Rome (cloaca maxima), construits au plus 600 ans avant J.-C., sous le règne de Tarquin l'Ancien, qui avait apporté cette invention d'Étrurie où il était né. Le pont de Rimini, l'un des plus anciens ponts en maçonnerie, ne fut bâti que sous le règne d'Auguste, vers le commencement de notre ère. Le pont Saint-Ange, à Rome, qui portait autrefois le nom de pont d'Élius, fut construit l'an 138, par Adrien, en face du superbe tombeau qu'il s'était fait bâtir.

Ainsi, jusque vers cette époque, les Romains ne construisirent que des ponts en charpentes.

En France et en Allemagne, les ponts en charpentes précédèrent de beaucoup les ponts en pierre; tous les anciens ponts de Paris étaient en bois.

Le pont le plus simple pour franchir un espace étroit, a été une planche ou un madrier; pour un espace plus large, une pièce de bois dut être substituée au madrier, et donner un passage suffisant pour une seule personne. Lorsque le pont dut être plus large, plusieurs pièces de bois posées les unes près des autres, purent suffire; mais dès qu'il s'est agi de livrer une large issue, on a dû trouver plus simple de former le pont de plusieurs pièces en longerons, également écartées, recouvertes d'un plancher. Lorsque enfin l'étendue de l'espace à franchir devint trop grande pour que les longerons pussent, d'une seule portée, poser sur les points d'appui, il a fallu construire plusieurs ponts à la suite les uns des autres, posés sur des soutiens intermédiaires et communs, que l'on a nommés *palées*, parce qu'ils n'étaient composés que de pieux (*pals*).

Ces palées, multipliées suivant la longueur des longerons, étaient réparties dans la largeur des rivières dont elles obstruaient le cours.

L'art du charpentier en se perfectionnant est parvenu, pour débarrasser les rivières, à diminuer le nombre des palées en combinant les pièces de bois de manière qu'elles se soutinssent mutuellement entre les points d'appui que leur présentaient les rivages, ou des palées beaucoup plus rares. Ceux qui veulent que l'homme n'ait rien inventé qu'en imitant les œuvres de la nature et souvent celles du hasard, peuvent présumer que les premiers ponts construits au moyen de pièces diversement combinées, ont eu pour modèle des arbres qui se sont mutuellement arrêtés dans leur chute fortuite, au-dessus de quelque précipice. Pour nous, nous croyons que les charpentiers ont pris les modèles de la construction des premiers ponts d'assemblages dans leurs propres œuvres qui ont précédé l'invention des ponts en charpentes, c'est-à-dire, dans la construction des combles de maisons. En effet, nous voyons que les ponts sont formés de pans de charpentes verticaux, ou de fermes comme celles des combles. Ces fermes soutiennent des poutrelles qui font office de pannes, et ces poutrelles supportent les longerons qui remplacent les chevrons et qui reçoivent le plancher du pont comme ceux-ci reçoivent le plancher du toit. On peut donc dire que le système de construction des ponts est le même que celui des combles, et que ces deux systèmes ne diffèrent que par leur mode d'application.

On peut classer les ponts en bois suivant les systèmes de leurs constructions en diverses catégories :

1° Ponts sur longerons simples ;
2° Ponts sur longerons avec contre-fiches et moises ;
3° Ponts sur longerons avec armatures ;
4° Ponts avec armatures et contre-fiches ;
5° Ponts avec armatures et croix de Saint-André ;
6° Ponts suspendus à des cintres ;
7° Ponts supportés sur des cintres.

L'art de la charpenterie a créé un grand nombre de ponts résultant de la combinaison des dernières catégories.

Sous le rapport de leurs soutiens, les ponts peuvent être portés sur des palées en bois ou sur des piles en maçonnerie, et enfin considérés à l'égard de l'influence de leur direction sur les diverses combinaisons et assemblages des bois qui les composent, ils peuvent être droits ou biais suivant que la rencontre des routes auxquelles ils livrent passage est droite ou oblique, par rapport à celle des espaces qu'ils ont à franchir.

Enfin, diverses circonstances peuvent modifier la nature de la surface de la chaussée qui passe sur un pont. Cette chaussée peut être pavée ou ferrée, ou n'être formée que d'un simple plancher ; ce qui peut encore apporter quelques modifications dans les détails de la construction des ponts.

En outre de leur but et de leur résistance et à la charge et aux secousses des objets dont ils doivent supporter le passage, les ponts sont assujettis à satisfaire à des conditions qui leur sont imposées par les circonstances locales de leurs positions.

Ainsi, ils doivent n'embarrasser que le moins possible le lit d'une rivière navigable. Sur les rivières susceptibles de grandes crues, les bois qui composent les travées ne doivent point former d'obstacles aux crues des eaux, lors de ces crues. En général, ces travées doivent être assez élevées, même à leurs naissances, pour que les eaux ne puissent les atteindre, les renverser ou les détériorer; sur les rivières sujettes aux débâcles, les palées des ponts doivent être assez fortes pour leur résister, ou être préservées par des constructions auxiliaires du choc des glaçons.

Les ponts que nous allons décrire dans la vue de faire connaître les différents systèmes que les constructeurs ont adoptés suivant les circonstances dans lesquelles ils devaient les exécuter, remplissaient, autant qu'il a été possible, ces diverses conditions, que l'on ne doit point perdre de vue toutes les fois qu'il s'agit de projeter un pont en charpentes.

I.

PONTS SUR LONGERONS, SUR PILES ET PALÉES.

§ 1. *Pont de Sublicius.*

Le pont de Sublicius, dont nous avons déjà parlé page 366, comme un des plus anciens ponts de Rome, avait été construit, selon Denis d'Halicarnasse, aux frais des premiers chefs de la religion, à cause de la nécessité où ils étaient d'aller exercer leur ministère de l'un et de l'autre côté du Tibre, ce qui les fit appeler *pontifes*, c'est-à-dire *faiseurs de ponts*.

Ce pont fut rompu environ un siècle après sa construction, pendant qu'Horatius Coclès en défendait le passage contre les soldats de Porsenna, qui assiégèrent Rome l'an 507 avant J.-C.

On prétend que le nom de *Sublicius* lui fut donné, parce qu'il était bâti sur des pieux.

Pline rapporte que, pour éviter à l'avenir les difficultés qu'on avait éprouvées à rompre ce pont, on ordonna que celui qui devait être reconstruit à sa place pût se démonter au besoin, et qu'il n'y serait employé ni fer ni clous.

Nous donnons, fig. 1 et 2, de notre planche CXXXVII, d'après une perspective figurée pl. XCXVIII de l'*Art de bâtir* de Rondelet, une projection verticale et une coupe de ce pont. Ces deux figures donnent une idée des procédés, aussi simples que solides, qu'on a probablement suivis dans sa construction. Ce pont aurait pu acquérir un complément de solidité par quelques pièces inclinées, telles que celle que nous avons figurée en lignes ponctuées, pour s'opposer au mouvement de balancement dans le sens du cours du Tibre, comme on en voit dans la figure 38, sinon que dans cette figure elles sont posées en moises sur les pieux, tandis que dans les palées du pont de Sublicius elles auraient pu être comprises entre les pieux.

§ 2. *Pont de César sur le Rhin.*

Lorsque César voulut franchir le Rhin pour pénétrer chez les Germains, il parut indigne de sa gloire d'en tenter le passage sur des bateaux qui, d'ailleurs, n'offraient pas assez de sûreté pour le succès de l'entreprise. Malgré les difficultés que présentaient la profondeur et la rapidité du fleuve, il résolut de construire un pont qu'il regardait comme la seule voie qu'il dût suivre (1).

Ce pont fut exécuté 55 ans avant J.-C., d'après l'idée que César en avait conçue. Dix jours après qu'on eut coupé et rassemblé tous les bois, le travail étant entièrement terminé, l'armée exécuta son passage.

On n'a aucune représentation de ce pont datant de l'époque de sa construction, ou d'un temps qui en soit rapproché. Mais plusieurs architectes ont essayé de le figurer d'après la description que César nous en a laissée dans le 4ᵉ livre de ses *Commentaires*. Cette description est d'une si grande simplicité et d'une telle précision, que les dessins qui ont été faits d'après elle, diffèrent très-peu entre eux, et seulement sur des points qui ne sont pas essentiels. Le dessin que nous donnons, fig. 4, 5 et 8, de notre planche CXXIX, est tiré des anciennes feuilles du cours de construction de l'École polytechnique, il diffère peu de celui donné par Palladio, et de celui de Rondelet : il paraît, du reste, plus conforme à la description qu'on lit dans les *Commentaires*.

Albertini suppose, dans le dessin qu'il a fait du pont de César, que les poutres étaient tenues par des ligatures en cordages; mais nous pensons qu'il est plus conforme au texte de César de supposer que les bois étaient attachés les uns aux autres par des boulons en fer.

---

(1) On présume que ce pont fut construit entre Emmerich et Wezel.

La fiure 4 est une coupe perpendiculaire à l'axe du pont.
Sa figure 5 est le plan d'une palée avec les portées des longerons.
La figure 8 est la projection de cette palée sur un plan vertical, parallèle à la longueur du pont.

Dans les figures qu'on a données du pont de César, on a représenté un plancher en planches clouées sur les longerons; la vérité est, suivant le texte des *Commentaires*, que ce prétendu plancher était formé par un lit de fascines étendues sur les longerons, en les croisant de la même manière qu'auraient fait les planches.

En amont des palées, César avait fait planter des pieux pour arrêter les bateaux que les ennemis auraient pu envoyer, par le courant du fleuve, pour les briser; nous les avons figurés comme ils le sont sur le dessin que nous avons pris pour modèle.

§ 3. *Pont moderne.*

Les figures 37 et 38, pl. CXXXVII, représentent, par deux projections, la construction d'un pont moderne établi sur palées, composées chacune d'une simple file de pieux liés par trois rangs de moises, dont deux sont inclinées dans la vue d'empêcher le balancement dans le sens du cours de l'eau; les deux côtés du dessus de ce pont sont garnis de garde-corps.

Les palées des ponts en charpentes sont ordinairement précédées sur les rivières sujettes aux débâcles et à *charrier* des glaçons, d'une construction aussi en charpentes, appelée *brise-glace;* nous en parlerons plus loin.

§ 4. *Détails de construction.*

Nous donnons, fig. 1 et 2, pl. CXXIX, les projections d'un autre pont sur palées. Les détails qu'il comporte nous ont déterminé à le dessiner sur une échelle plus grande que celle des figures que nous venons d'indiquer dans l'article précédent, et auxquelles ces détails pourront être également appliqués.

La figure 1 est la projection d'une travée d'un pont sur longeron, de l'une des constructions les plus simples, en usage aujourd'hui.

La figure 2 est la moitié de la coupe du même pont, par un plan vertical perpendiculaire à celui de la première projection.

Ce pont est supposé établi sur des culées en pierre, comme seraient des murs de quais; mais dans la largeur du lit de la rivière, il est porté sur des palées dont une seule est en partie représentée dans la figure 2.

Cette palée est composée de cinq pieux i; les trois du milieu de la longueur de la palée sont verticaux, ceux des deux extrémités sont inclinés en sens inverse, pour s'opposer au balancement de la palée. Ces pieux sont coiffés d'un chapeau k sur lequel portent les cinq longerons o, répartis sur la largeur du pont et assemblés bout à bout sur la palée.

Cette palée est susceptible d'être consolidée par des moises en écharpe, comme celles de la figure 34, pl. CXXXVII.

Attendu que les chapeaux k sont fort étroits, des pièces formant doubles corbeaux p, nommées *sous-longerons* ou *sous-poutres*, servent de supports intermédiaires entre les longerons et les chapeaux; elles permettent d'assembler les longerons par fausses coupes et elles leur donnent une assiette plus étendue et plus solide. Les longerons reçoivent les madriers jointifs q formant le plancher du pont.

Les garde-corps des ponts en charpentes sont établis au-dessus des longerons qui forment leurs têtes sur les bords des travées : ils sont composés de *poteaux a*, de *lisses b* et de *sous-lisses c*.

Les poteaux sont assemblés dans des poutrelles d portées et entaillées sur les longerons, et qui reçoivent les contre-fiches e formant *chasse-roues* en dedans, et les contre-fiches pendantes f en dehors. Les excédants des épaisseurs des poutrelles qui s'élèvent au-dessus des madriers du plancher, se perdent dans la forme en sable n qui repose sur ce plancher, et qui sert à donner le bombement de la chaussée en pavés.

Les pièces de bois g qui s'appuient intérieurement contre les poteaux du garde-corps de chaque côté du pont, et qui sont assemblées à entailles réciproques sur les poutrelles d, encaissent le sable; elles retiennent le pavé et elles forment les bordures de la chaussée; elles sont appelées garde-pavé.

Les inconvénients graves des chaussées en pavés, sur les ponts en bois, sont reconnus aujourd'hui; ces chaussées obligent à donner aux ponts une épaisseur qui rend leur apparence d'une lourdeur qui est, au surplus, d'accord avec la charge du sable et du pavé que ces ponts supportent, et qui exige plus de force dans les longerons, mais qui est peu conforme aux règles du goût, qui veut que la légèreté d'un édifice augmente à mesure qu'il s'élève. Ce défaut disparaît dans les ponts en pierre dont les masses sont plus considérables, et les piles plus épaisses que des palées.

Les défauts les plus graves des chaussées en pavés, sur les ponts en bois, sont :

1° D'entretenir sur les planchers une continuelle humidité qui les pourrit, quelque bien brayés que soient les bois, parce que le sable retient toujours de l'eau longtemps après qu'il a plu;

2° Parce que dans les vibrations causées par les objets qui passent sur les ponts, la charge des chaussées accroît l'effort auquel les longerons doivent résister, et l'action de ces vibrations sur les assemblages.

On est donc revenu aujourd'hui à l'usage des planchers en bois, sur lesquels on cloue des doublages également en bois, que l'on remplace aisément et à peu de frais, lorsqu'ils sont usés : on forme aussi des chaussées en gravier; mais elles conservent une partie des inconvénients des chaussées pavées.

§ 5. *Ponts dormants des places de guerre.*

Les ponts dormants en charpentes sur lesquels les routes traversent les fossés des places de guerre sont composés de longerons, et le plus souvent ils sont portés sur des palées; néanmoins, nous avons représenté dans la figure 2, de la planche CXXXVIII, une coupe en long de la première travée $a\ b$ d'un pont dormant sur longerons, avec piles en maçonnerie a et b, établi sur le fossé d'une place de guerre (1).

La figure 3 est une coupe en travers du même pont dans le milieu d'une travée : ce pont diffère peu de celui décrit dans l'article précédent.

La figure 11, planche CXXXVIII, est une élévation d'un pont dormant sur longerons avec piles en maçonnerie, que j'ai fait construire, en 1821, à la porte Saint-Nicolas, à La Rochelle, lorsque j'y étais directeur des fortifications. La figure 12 en est la coupe transversale. Ce pont diffère des ponts dormants jusqu'alors en usage, en ce que j'y ai établi des trottoirs et des tuyaux verticaux d'égouts x et y pour les eaux de pluie. J'avais fait construire, en 1818, un autre pont sur longerons et piles en pierres, mais sans trottoirs, à la porte Neuve, de la même ville; et, pour éviter l'apparence trop massive de la grande épaisseur de bois résultant de la superposition des longerons c, des têtes et des gardes-pavés d, comme dans la figure 3, j'ai supprimé le longeron c, et j'ai soutenu les extrémités des madriers par une bande de fer boulonnée au garde-pavé d, auquel j'ai donné le même équarrissage qu'aux longerons.

---

(1) On nomme les ponts des places de guerre, *ponts dormants* pour les distinguer des ponts mobiles, tels que les ponts flottants, les ponts tournants et les ponts-levis, dont nous parlerons au chapitre XXXIX.

§ 6. *Passerelles.*

Les passerelles, ponts étroits que l'on établit sur les chemins qui bordent les rivières, sont construites avec plus de simplicité encore que les ponts sur longerons, lorsqu'elles ne doivent livrer passage qu'à des piétons sur des ravins ou sur les petits cours d'eau affluents.

Nous avons représenté, fig. 11, 12 et 13, pl. CXXIX, les détails de la construction d'une petite passerelle; la fig. 11 est son plan; la fig. 12 est son élévation.

La figure 3 représente l'élévation d'une grande passerelle, et la fig. 10 en est le plan. La coupe, fig. 13, convient également à ces deux passerelles, fig. 3 et 12, dans la construction desquelles il n'y a point de longerons. Comme elles ne doivent être fréquentées que par des piétons, les charges qu'elles ont à supporter ne sont pas assez grandes pour exiger des bois plus forts que des madriers auxquels, d'ailleurs, on ne donne jamais plus de 3 mètres à $4^m,50$ de longueur. On ne place sur ces passerelles qu'un seul garde-corps qui suffit pour rassurer les piétons contre le danger du passage, et leur servir d'appui. Ce garde-corps est le plus ordinairement placé du côté de la rivière, notamment lorsque les passerelles servent au halage par piétons.

§ 7. *Ponts sur longerons en bois ronds.*

On rencontre fréquemment en Russie des ponts sur longerons, formés avec des bois ronds sans aucun équarrissement, et portés sur des piles et culées construites en *chaises*. Nous donnons, fig. 6 de la planche CXXXVI, le croquis d'une pile de ce genre de construction, avec une portion du plancher du pont; l'écartement des piles est de 3 à 4 mètres; le plancher est formé de corps d'arbres de petit diamètre couchés en travers sur les longerons, et jointifs, comme sont aussi construites quelques parties de routes des régions du Nord.

§ 8. *Ponts sur longerons moisés.*

Lorsqu'on n'a pour construire un pont de médiocre portée, que des bois qui n'ont point assez de longueur pour former des longerons d'une seule pièce, on peut encore s'en servir pour établir un pont sur longerons, en les combinant par des moises.

La figure 25, pl. CXXXVII, est l'élévation d'un pont construit avec des longerons dont la longueur n'est que les deux tiers de la portée d'une travée. Les longerons qui s'appuient sur chaque culée sont en même nombre; ils sont posés alternativement de façon que chaque longeron d'une culée répond à l'espace qui sépare deux longerons de l'autre culée : les longerons se croisent ainsi sur environ un tiers ou la moitié de leur longueur. Ceux de la culée a s'étendent de a en b, et ceux de la culée c s'étendent de c en d, de façon que la longueur $b\,d$ suivant laquelle ils se croisent, occupe le milieu de la portée de la travée. Ces longerons sont serrés entre les parties des moises b, d, de sorte qu'ils se soutiennent mutuellement dans un même plan horizontal. De légères solives sont réparties au niveau de l'épaisseur des moises, pour donner un appui horizontal aux poutrelles du plancher. En établissant un plus grand nombre de solives, on peut faire porter immédiatement sur elles et sur les moises les madriers du plancher, ce qui rendrait le pont plus léger.

On élégit les longerons de façon que leur équarrissage soit réduit presque à moitié aux bouts saisis par les moises, afin de diminuer la charge du pont dans cette partie où les longerons se trouvent en nombre double.

§ 9. *Ponts sur longerons croisés.*

Dans le même cas que celui décrit dans l'article précédent, on peut construire un pont en croisant les longerons comme les parties d'une croix de Saint-André. Ces longerons peuvent être ronds ou équarris. La figure 17, pl. CXXXVII, est une élévation de cette ingénieuse combinaison en n'employant que deux rangs de longerons, chaque rang s'appuyant sur une culée.

Les longerons $a\,b$, $c\,d$ passent les uns dans les intervalles des autres, comme les doigts quand on joint les deux mains : deux longerons transversaux f, g retiennent les longerons et assurent seuls la stabilité du pont.

Sur ces longerons transversaux s'élèvent des poteaux pour soutenir des chapeaux portant les longerons sur lesquels sont cloués les madriers du plancher.

Les longerons transversaux f, g doivent être maintenus avec une grande solidité; il convient de les boulonner à chaque longeron $a\,b$, $c\,d$; il est même prudent d'assurer leur position par des chantignoles qui détruisent leur propension à glisser sur les longerons.

La figure 18 est une combinaison du même genre, dans laquelle trois rangs de longerons composent la charpente du pont; deux rangs $a\,b, c\,d$, en égal nombre, posent sur les culées, et sont inclinés comme le seraient des contre-fiches, dans un troisième rang horizontal u v; le nombre des chevrons est moindre d'un que dans les deux autres rangs; les chevrons de ce rang croisent les premiers en passant dans les intervalles qui les séparent, et quatre pièces cylindriques transversales u, b, d, v, qui sont comme celles du pont précédent, boulonnées sur les longerons, et assujetties par des chantignoles, soutiennent de petites palées verticales, sur lesquelles portent les longerons du plancher du pont.

Les pièces transversales u, b, d, v, sont disposées dans la figure 18 comme dans la figure 17, de façon à diviser la longueur du pont en parties égales pour la distribution de petites palées.

La disposition du pont, fig. 25, peut exiger un cube de bois un peu moindre : mais on doit remarquer que ces sortes de ponts ne sont en usage que dans des circonstances qui exigent une exécution rapide, et avec les moyens auxquels on est réduit.

II.

PONTS SUR CONTRE-FICHES.

Lorsque des considérations locales, et quelquefois la longue portée des bois dont on peut disposer et dont on veut profiter, déterminent à écarter les palées de plus de 7 mètres, on est dans la nécessité de soutenir les longerons par des contre-fiches qui sont des pièces inclinées, que nous avons appelées aisseliers dans la charpente des combles. Ces pièces donnent des appuis aux longerons sur des points de division de leur longueur, et augmentent leur force en reportant sur les palées les efforts qu'ils éprouvent, de sorte que leur portée, quant à la force qui leur est nécessaire, est réduite à la distance entre les points où ils sont soutenus par ces contre-fiches.

Plusieurs contre-fiches peuvent ainsi concourir à soulager les longerons ou poutres des ponts, et elles peuvent être combinées de diverses manières, quant à leur nombre et à leur arrangement.

§ 1. *Pont de la Brenta à Bassano.*

En général, l'usage des contre-fiches entraîne celui des moises. Il existe cependant quelques exceptions, et nous citons celle du pont de la Brenta, à Bassano, construit par Palladio, qui a, le premier, cherché par cette combinaison à donner une grande portée aux travées. Nous donnons une élévation et une coupe de ce pont, fig. 21 et 22 de notre planche CXXXVII. Il est composé de cinq travées de 12 mètres et demi d'ouverture chacune; sa largeur est de 9 mètres; il est couvert d'un toit supporté par de petites colonnes en bois; ses palées ont l'apparence d'être l'exhaussement de piles en maçonnerie qui leur serviraient de fondation, ce qui vient de ce que les pieux qui forment les palées ont 10 mètres de longueur et $0^m,50$ d'équarrissage, et qu'ils sont revêtus par en bas avec des madriers qui forment un coffrage rempli de pierres. Les poutres sont doublées dans le milieu de leur longueur par des sous-poutres qui ont pour longueur la moitié de la distance entre les palées, et qui sont soutenues par les abouts des contre-fiches.

§ 2. *Pont avec contre-fiches et moises.*

La figure 39, pl. CXXXVII, est une projection verticale d'un pont sur palée; la figure 40 est une coupe par un plan vertical suivant la ligne $x\,y$ de la figure 39; les poutres de ce pont sont, comme celles du pont de la Brenta, doublées par des sous-poutres a soutenues par des contre-fiches b, qui donnent également des appuis au quart de la portée mesurée entre les bouts des poutres; les contre-fiches sont liées par des moises pendantes g avec les poutres au-dessus des palées, ce qui augmente leur force et permet, par conséquent, de leur donner plus de longueur. Cette combinaison convient à une portée d'une vingtaine de mètres entre les palées.

§ 3. *Pont avec doubles moises et contre-fiches.*

La figure 41, même planche, est la projection d'un autre pont dont les travées auraient environ 27 mètres entre les palées.

La figure 42 est une coupe verticale suivant la ligne $u\,v$.

Le dessin de ce pont, et celui du précédent, sont tirés du tome II des œuvres de M. Gauthey. L'augmentation de portée des travées ayant forcé d'augmenter la longueur des contre-fiches, on les a fortifiées en les liant aux poutres par des moises pendantes qui s'opposent à leur flexion dans le plan de chaque ferme. On augmente encore la force de ces contre-fiches, en liant toutes celles des différentes fermes d'un même côté de chaque travée par des moises, pour empêcher leur flexion dans le sens perpendiculaire aux fermes. Ces moises, qui sont horizontales, sont marquées en m dans les deux figures.

Le pont Saint-Claire, sur le Rhône, à Lyon, est construit suivant ce système, si ce n'est que la portée de ses travées est de 10 à 12 mètres, et que le nombre des pilots de ses palées est de treize; la largeur du pont est de 10 mètres, compris celle de deux trottoirs; la chaussée est pavée.

Les figures 40 à 42 présentent deux constructions pour des palées avec leurs moises en écharpe et croix de Saint-André.

§ 4. *Détails de construction d'un pont avec contre-fiches et moises.*

La planche CXXX contient les projections d'un pont avec contre-fiches et moises, sur une grande échelle, afin de servir de détails applicables aux deux ponts qui viennent d'être décrits.

La figure 1 est la projection verticale ou élévation d'une travée, avec une culée en charpente et une palée; elle représente une des cinq fermes qui constituent chaque travée du pont.

La figure 2 est une coupe perpendiculaire à la longueur du pont, suivant la ligne $m\ n$ de la figure 1.

Sur une échelle qui est le quart de celle de ces deux figures, nous avons représenté le plan de la culée en charpente, fig. 3, pris au-dessus du pont, et le plan d'une palée, fig. 6, au niveau de la ligne $p\ q$, les basses eaux étant supposées au niveau $v\ u$ des figures 1 et 2.

Dans chaque ferme, fig. 1 et 2, les poutres a sont doublées par une sous-poutre b, et la réunion des longerons ou poutres se fait à plat-joint bout à bout sur le milieu de chaque corbeau c; excepté du côté de la culée, où les longerons et les corbeaux sont prolongés dans les terres d'une quantité suffisante pour s'appuyer sur les pieux qui composent le revêtement de la culée.

On doit remarquer dans cette combinaison, que tous les abouts des contre-fiches d avec les sous-poutres et avec les palées, aussi bien que les extrémités des corbeaux, sont consolidés par les moises f, qui les saisissent et ne permettent aucun dérangement dans ces pièces qui ne se rencontrent que par contact.

Dans plusieurs anciennes constructions, les moises pendantes f, autres que celles du milieu de chaque travée, sont établies suivant des lignes inclinées $x\ y$. Il résulte de cette direction donnée aux moises, qu'attendu qu'elles doivent tenir lieu de poteaux pour soutenir les lisses h et les sous-lisses k des garde-corps, elles ne présentent point un bon assemblage aux contre-fiches m qui doivent assurer la stabilité de ces garde-corps. Nous avons détaillé cet assemblage vicieux, fig. 5, qui représente, dans cette hypothèse, la moise pendante f qui répondait à la ligne $x'\ y'$ de la figure 1. La figure 7 est un fragment de la coupe en travers répondant à la même moise. On voit que la contre-fiche m, qui s'assemble dans la demi-moise f, ne la rencontre pas à fil de bois, c'est-à-dire que la mortaise ne peut être creusée suivant le fil du bois, de sorte que l'assemblage ne peut être régulier et complet. Cette considération, qui a pour la solidité, la durée du pont, et la facilité du travail d'exécution dans la construction, plus d'importance qu'elle ne paraît en avoir, doit déterminer à placer les moises verticalement comme elles sont établies dans la figure 1, lorsqu'elles doivent concourir au soutien d'un garde-corps en bois. Il en résulte que les poteaux sont de chaque côté verticaux, et qu'ils se trouvent être les prolongements des demi-moises extérieures, comme on le voit, fig. 2, de sorte que le pont se trouve élargi de toute l'épaisseur d'une demi-moise, et que les contre-fiches m, qui concourent au maintien vertical des moises et des garde-corps, peuvent, ainsi que ces moises, être solidement saisies par les poutrelles horizontales, qui sont également des moises au niveau du plancher, et il résulte de cette combinaison une bien plus grande solidité, et, comme nous le verrons tout à l'heure, une grande simplicité d'exécution.

Les palées, dont les détails sont tirés d'une ancienne feuille d'étude de l'École polytechnique, sont combinées de manière à présenter la plus grande solidité, sous le rapport de leur résistance à la charge qu'elles ont à supporter sous celui de leur propre stabilité, et sous celui de la résistance aux efforts du cours de l'eau.

On doit remarquer que l'établissement du pont ne porte pas immédiatement sur les pieux et que les pièces qui composent une palée, proprement dite, sont portées sur une fondation formée de pilotis, c'est-à-dire de la réunion de plusieurs pieux profondément enfoncés dans le sol.

La figure 6 est, comme nous l'avons déjà dit, le plan de la fondation d'une palée, pris au niveau de la ligne $p\ q$. Cette palée, y compris sa fondation, est composée de cinq fermes répondant à celles des travées ; dans chaque ferme et de chaque côté de l'axe sont deux pieux A, B, fig. 1, et deux poteaux $C\ C$ de palée. Ces deux poteaux correspondent aux pieux A, et portent sur leurs têtes par l'intermédiaire de deux chapeaux D qui reçoivent l'assemblage à tenons des pieux A et des poteaux C; les chapeaux D sont boulonnés aux pieux B; dans chaque ferme de palée deux moises horizontales P lient les têtes des pieux B et les poteaux C. Ces moises sont reliées d'une ferme à l'autre de chaque côté par une longrine F boulonnée avec les poteaux de palées.

Dans la partie supérieure, les deux poteaux C sont liés par une moise horizontale g, et toutes les fermes sont reliées par une poutre E sur laquelle posent tous les corbeaux c, et par une seconde poutre horizontale H qui croise les moises g et s'assemble sur chacune dans une entaille simple. Ces deux poutres E, H sont assemblées avec les poteaux par des entailles réciproques. Toutes ces pièces sont boulonnées pour les maintenir invariablement en joint.

La poutre E lie les fermes des palées, elle soutient les corbeaux et leur assure un même niveau, en ce qu'elle rend toutes les fermes de la palée solidaires. A l'égard de la poutre H, bien qu'elle fasse liaison, on doit voir qu'elle sert encore de cale de remplissage entre les poteaux pour qu'ils résistent solidairement aussi à la pression que peut exercer sur eux la contre-fiche d.

Les renforts G ont, comme leur nom l'indique, pour objet de donner plus de force à la tête de la palée qui a le plus grand effort à supporter.

Les cinq poteaux de palée forment, de chaque côté, avec les poutres H, E et la longrine F, un pan de charpente, pour assurer sa stabilité de forme; chacun de ses pans de palée est consolidé par une croix de Saint-André, qui est projetée en J, fig. 2, et dont les pièces sont assemblées à entailles réciproques avec les poteaux C, et leur sont boulonnées.

Cette croix de Saint-André est établie aussi dans les pans qui forment le revêtissement des culées.

Les croix de Saint-André J et les arcs-boutants N s'opposent au hiement dans le sens du cours de l'eau.

Nous avons tracé en lignes ponctuées, les pièces qui composent chaque ferme de culée, qui sont combinées de manière qu'elles assurent la force de la culée pour le soutien du pont, et la résistance à la poussée des terres.

On voit qu'à chaque ferme de travée répond une ferme de culée et une ferme de palée, qui n'en font, pour ainsi dire, qu'une seule avec elle.

La figure 4 représente le moyen de maintenir vertical le dernier poteau de chaque garde-corps sur la pièce inclinée R, fig. 1 et 3, qui sert de profil pour soutenir le talus de la route qui aborde le pont.

§ 5. *Exécution d'un pont.*

La composition du pont que nous venons de décrire nous détermine à lui appliquer, pour exemple, ce que nous avons à dire sur les moyens d'exécution du pont comme travail de charpenterie, à l'égard de l'établissement des bois sur les ételons, et ce qui va suivre doit être étendu à toute espèce de construction, qui peut toujours, quel que soit son objet, être décomposée en divers pans de la même manière qu'on décompose les combles en différents pans, afin de les exécuter séparément chacun sur ételon particulier.

Ainsi le pont qui fait l'objet de la planche CXXX peut être décomposé comme il suit :

380   TRAITÉ DE L'ART DE LA CHARPENTERIE. — CHAPITRE XXXVIII.

I. Dans chaque travée en cinq fermes, dans la composition desquelles il entre pour chacune :

    1° Un longeron a;
    2° Un sous-longeron b;
    3° Un garde-pavé c;
    4° Deux corbeaux c;
    5° Deux contre-fiches d;
    6° Sept moises verticales, f, i (une lisse h et une sous-lisse k pour les fermes des têtes).

Ces seize pièces doivent être mises sur lignes sur l'ételon d'une ferme de travée.

II. Dans chaque palée ou culée, la charpente doit être décomposée en cinq fermes de palée, formée chacune :

    1° De deux poteaux de palée C;
    2° De deux renforts de poteaux G;
    3° De deux moises g, P;
    4° D'un corbeau c;
    5° D'une moise verticale i.

Ces onze pièces doivent être mises ensemble sur lignes pour chacune des cinq fermes de chaque palée.

III. On décompose encore chaque palée, en deux pans de palée, qui sont inclinées, et qui sont formées chacune :

    1° De cinq poteaux de palée C avec leurs renforts G;
    2° De deux poutres E, H;
    3° D'une longrine F;
    4° D'un chapeau D;
    5° D'une croix de Saint-André J.

Ces onze pièces sont mises sur lignes sur l'ételon des pans de palée.

IV. Chaque palée se compose en outre d'un troisième pan moyen dans chacun desquels on trouve :

    1° Une poutre horizontale H;
    2° Une moise horizontale R;
    3° Deux arcs-boutants N.

Ces cinq pièces sont mises sur lignes sur l'ételon tracé pour les pans moyens des travées.

V. Le pont comprend encore autant de pans qu'il y a de moises pendantes f. Chaque pan est composé :

1° De cinq des moises pendantes f des cinq fermes d'une travée. Ces cinq moises sont entaillées dans une moise horizontale o, les demi-moises des deux têtes s'élevant pour former les poteaux des garde-corps, les autres se terminant au niveau du dessus des longerons;
2° De cette moise horizontale o;
3° Des deux contre-fiches pendantes m, et des deux contre-fiches chasse-roues n.

Ces seize pièces sont mises sur lignes sur l'ételon commun à tous les pans formés de ces moises.

VI. On doit enfin tracer un ételon pour établir les grillages des palées, composés chacun :

1° De cinq moises P;
2° De deux longrines F;
3° Des deux parties de la moise R.

Lorsqu'on peut disposer d'un terrain assez spacieux, on fait de l'ételon des fermes des travées un ételon général comprenant tout le développement de la longueur du pont, et, sur ce même ételon, on trace ceux des fermes des palées, ce qui est surtout utile lorsque les travées ne doivent pas avoir toutes la même portée.

On n'établit point d'ételon pour les assemblages des pièces F et D avec les pieux A et B, à cause de l'impossibilité de planter les pieux avec une précision suffisante.

On pique et l'on ajuste *sur le tas* les pièces F et D pour leurs assemblages avec les pieux A et B, lorsque ceux-ci sont plantés et recépés.

Dans les fermes et pans à établir sur ételons, il y a des pièces communes qui doivent recevoir les traits *ramenerets*, ce sont : 1° Les moises verticales f, i, communes aux fermes des travées et aux fermes des moises; 2° les poteaux de palée communs aux pans de palée et aux fermes des travées; 3° les longrines F; 4° les moises R.

§ 6. *Pont de Kehl, sur le Rhin.*

Ce pont est du même genre que ceux que nous venons de décrire c'est-à-dire qu'il est sur *palée*, et formé de longerons, sous-longerons, contre-fiches et moises pendantes.

La figure 6, pl. CXXXII, représente une projection d'une travée de ce pont; la figure 5 est une coupe en travers du pont, et une projection d'une palée. Dans l'endroit où ce pont est établi, le Rhin a environ 440 mètres de largeur. Le pont est composé de trente travées, qui ont chacune 14 mètres de portée. Le dessus est formé de planches doublées; il a deux trottoirs pour les piétons, qui sont séparés de la voie des voitures par deux garde-corps, sans préjudice de ceux établis sur chaque tête du côté de l'eau.

§ 7. *Pont Lomet.*

L'augmentation de la portée des travées a été obtenue plusieurs fois en multipliant les contre-fiches de manière à donner aux longerons ou poutres un plus grand nombre de points d'appui.

Nous en trouvons un très-bon exemple dans une composition de M. Lomet, ancien adjudant général; nous l'avons prise pour faire le sujet d'une étude de pont biais, pl. CXXXII, sur laquelle nous reviendrons dans le paragraphe 10 de ce chapitre. Nous faisons observer ici que le pont de M. Lomet était projeté droit : une des fermes représentées pl. CXXXII, considérée isolément, est copiée, à très-peu près, sur celle de M. Lomet, dont on trouve un dessin dans le Recueil de Krafft.

Nous faisons remarquer d'avance que les contre-fiches, en s'accouplant successivement, acquièrent de la force à mesure que les points sur lesquels elles doivent s'appuyer, se trouvent plus éloignés de ceux qu'elles doivent soutenir.

§ 8. *Ponts des colonies russes.*

Le pont dont l'élévation est représentée, fig. 16, pl. CXXXVI, a été construit dans les colonies militaires russes; la combinaison des bois a quelque analogie avec celle que nous avons décrite dans l'article précédent.

Les contre-fiches sont disposées de manière à répartir également les points d'appui du pont, et elles sont fortifiées par les moises qui les partagent elles-mêmes en parties sensiblement égales. La figure 10 est une coupe de ce pont suivant une des lignes *m n*. Des croix de Saint-André, comprises dans les épaisseurs des contre-fiches et dans celles des palées, sont indispensables pour servir de contrevent.

La figure 17 représente un autre pont construit également dans les colonies russes.

La figure 15 en est une coupe suivant une ligne $p\ q$.

Ces deux ponts sont exécutés en bois de sapin.

§ 9. *Pont de la Mulatière à Lyon.*

Perronet avait fait, pour un pont qui devait être construit à la Salpétrière, à Paris, un projet qui se trouve décrit dans ses œuvres, pl. XLII; il y avait appliqué un système imité de celui qu'il avait adopté pour les cintres servant à soutenir les voussoirs des arches en pierre pendant leur construction.

La figure 29 de la pl. CXXXVII, représente une des onze travées de $14^m,90$ à $17^m,50$ de portée du pont de la Mulatière, à Lyon, sur la Saône, et dans lequel on a suivi le même mode de construction. Ce système a donné naissance aux ponts construits sur des cintres; mais comme les arbalétriers composés de deux cours de pièces assemblées à crans et boulonnées, formant des cordes dans l'arc de cercle que dessinerait un cintre, font de très-grands angles, et qu'ils ont quelque rapport avec les contre-fiches maintenues par des moises, nous nous sommes déterminé à en parler dans cet article. Il est résulté cependant de cette disposition, au pont de la Mulatière, de très-fortes pressions sur leurs abouts, qui s'amollirent et se pourrirent promptement par l'effet de l'humidité que les moises y avaient entretenue; le mal fut encore plus grand aux naissances, où les arbalétriers pressaient sur les faces des coussinets, de sorte qu'il en résulta un tassement considérable dans toutes les travées, et ce tassement fut d'autant plus grand que la flèche des travées était plus petite. On remédie à cet inconvénient, par l'interposition du fer dans les assemblages dont nous parlerons ci-après, paragraphe 12.

§ 10. *Pont de Kingston.*

Ce système a été employé avec quelques modifications sur la Tamise, au pont du village de Kingston, près de Londres, dont la fig. 28, pl. CXXXVII, représente une des sept travées; leurs ouvertures sont inégales; celle de la travée du milieu étant de $16^m,09$, celle des deux travées contiguës de 13 mètres, celle de la travée suivante de $11^m,07$ et celle des travées contiguës à des arches en pierre qui forment les culées, est de $9^m,07$. Dans ce système, les moises ne répondant pas à tous les abouts des contre-fiches, la cause du tassement s'est trouvée considérablement diminuée.

III.

PONTS AVEC ARMATURES.

Nous avons déjà parlé, dans le tome Ier, des armatures que l'on emploie pour augmenter la force des poutres. L'application qu'on a faite de ce moyen à la construction des ponts a donné lieu à une foule de combinaisons, depuis le ponceau le plus minime jusqu'aux gigantesques travées qu'on a construites dans le siècle dernier.

Les armatures dans les ponts peuvent être de diverses sortes; elles peuvent résulter de la juxta-position ou de la superposition de plusieurs pièces de bois qui augmentent la force de la pièce principale sur toutes les parties de sa longueur; elles peuvent aussi consister dans la combinaison de plusieurs pièces assemblées ou en dessous de la pièce principale, comme dans les pendentifs (1), ou en dessus, comme nous en avons indiqué pour soutenir de grands plafonds (2). Dans le cas de l'emploi d'armatures d'assemblages pour des ponts, c'est de ces dernières qu'on fait le plus fréquemment usage, afin de ne pas obstruer le passage en dessous des ponts par des pièces pendantes; car c'est ordinairement dans cette vue qu'on préfère des ponts supportés par des armatures à ceux qui sont soutenus par des palées (3).

---

(1) Page 158.
(2) *Voyez* tome Ier, page 400 et 409.
(3) Dans un volume in-8°, publié à Nancy en 1770, accompagné de sept planches, M. Genneté, premier physicien de feu sa Majesté Impériale, a décrit un système de son invention, qui paraît lui avoir été suggéré par l'armature d'une poutre au moyen d'un poinçon intérieur, comme celle de la fig. 9, pl. XXXVIII.

Le système de M. Genneté est composé de plusieurs poinçons a, fig. 15, pl. CXXXVIII, dans lesquels les longerons fort courts b, et leurs sous-longerons d, sont assemblés à tenons et mortaises, à embrèvements inverses, pour former quatre fermes qui portent le plancher c; des goujons m unissent les longerons et les sous-longerons. La figure 13 ne présente qu'une culée e; la ligne fg est l'axe vertical du milieu de la longueur d'une ferme. Nous donnons cette figure pour prémunir les charpentiers contre ce système, auquel M. Genneté a attribué une très-grande force, quoiqu'il soit évident qu'il n'en a aucune. Il fait néanmoins diverses applications de son système à la construction des ponts et planchers pour des magasins. Il serait dangereux d'en faire l'essai pour aucun usage.

§ 1. *Pont de Palladio.*

La figure 9, de la planche CXXXVII, est une élévation d'un pont qui est représenté dans les œuvres de Palladio.

La figure 10 en est le plan; ces figures n'offrent que la charpente du pont; son plancher n'est point marqué.

On voit que par cette disposition la force des madriers posés de champ qui servent de longerons, est augmentée près des culées par la juxtaposition d'autres madriers avec lesquels ils sont liés par les tenons passants des entretoises qui les traversent tous et qui sont eux-mêmes traversés par des clefs.

Les garde-corps qui surmontent les longerons forment, au moyen des contre-fiches en diagonale des armatures du genre de celles dont nous aurons occasion de parler plus loin.

§ 2. *Pont avec sous-longerons.*

La même combinaison que Palladio a employée par juxtaposition, peut aussi être employée par superposition de sous-longerons de longueurs décroissantes, et même avec plus d'avantages sous le rapport de la résistance des bois. Le pont, fig. 19, est un exemple de ce mode de construction. Les fermes qui composent ce pont peuvent être en tel nombre que la largeur du pont le nécessite; elles peuvent être assez rapprochées pour porter immédiatement le plancher, sinon elles pourraient recevoir un solivage sur lequel les madriers seraient cloués. Les entretoises sont moisées par les sous-longerons, qui sont serrés par des boulons.

§ 3. *Pont d'Orscha.*

Le système des sous-longerons est fréquemment employé dans la construction des ponts en Russie. Nous donnons, fig. 22, pl. CXXXVI, un croquis d'une des quatre travées du pont d'Orscha, dans l'arrondissement de Mohilew, construit sur le Dnieper; nous avons figuré le plan d'une de ses piles, fig. 19. Leur écartement est d'environ 8 mètres; elles sont construites en bois carrés couchés, exactement comme dans l'assemblage que nous avons décrit pl. XXIII, fig. 6, sauf l'obliquité des rencontres des pièces pour former les avant-becs. Les longerons sont tous fortifiés par des sous-longerons, et les bois ne sont liés les uns aux autres que par de fortes chevilles qui les traversent.

386   TRAITÉ DE L'ART DE LA CHARPENTERIE. — CHAPITRE XXXVIII.

Le plancher est formé de pièces de bois jointives; dans le dessin, on suppose que ces pièces sont équarries. Sur plusieurs ponts de cette espèce, les bois formant le plancher sont ronds, comme ceux représentés dans la figure 6.

§ 4. *Ponts avec sous-longerons et moises.*

La figure 8, pl. CXXXVII, représente une disposition dans laquelle les sous-longerons, qui diminuent de longueur comme ceux de la figure précédente, sont retenus aux longerons principaux par des moises verticales qui peuvent se prolonger au-dessus du pont, dans les fermes des têtes, pour soutenir les garde-corps.

§ 5. *Ponts avec sous-longerons embrevés.*

Dans la figure 20, nous avons formé les sous-longerons de madriers de champ embrevés les uns dans les autres, et posés de telle sorte qu'ils tracent un polygone circonscrit à un arc de cercle; ils sont fixés les uns aux autres par des boulons qui les traversent tous près des embrèvements. Le fil du bois de chacun est posé dans la direction du bord qui forme un des côtés du polygone, afin que les embrèvements ne puissent pas éclater.

Les fermes doivent être multipliées autant que le comporte la largeur du pont; elles reçoivent immédiatement le plancher; les garde-corps sont en fer.

§ 6. *Pont de Wendiport.*

Nous donnons, fig. 24, pl. CXXXVI, d'après un dessin du capitaine Turner, le croquis d'un pont construit à Wendiport, au Thibet, en bois de térébinthe. En 1783, lorsqu'il visita ce pont, il existait déjà depuis 140 ans et était en très-bon état, sans aucun signe de pourriture quoiqu'on ne se soit servi d'aucun enduit pour le garantir des injures du temps. Les longerons superposés sont des deux côtés scellés dans la maçonnerie des culées.

La plate-forme qui couronne le pont est posée sur les bouts des longerons, qui ne sont liés entre eux que par de fortes chevilles en bois.

§ 7. *Ponceaux de Prusse.*

On trouve sur les routes de Prusse des ponceaux en charpente dont les longerons n'ont qu'un faible équarrissage et qui ne doivent leur solidité qu'à des espèces d'armatures formées de poutrelles dont la force se trouve réunie à celle des longerons des têtes; ces ponceaux donnent passage à des voitures très-pesamment chargées.

La figure 20 de la planche CXXXVI est l'élévation d'un de ces ponceaux. La figure 21 en est une coupe.

Les culées sont formées chacune d'une file de pieux contre lesquels s'appuient les madriers de champ qui retiennent les terres; ces pieux portent les chapeaux o qui soutiennent les longerons du plancher. Au-dessus de chaque longeron de tête a s'étend un autre longeron b, élevé au-dessus du plancher par trois cales c; ces longerons supérieurs sont liés aux longerons inférieurs chacun par trois boulons qui les traversent, et qui sont fortement serrés par des écrous.

Le boulon du milieu de chaque tête du pont est très-fort; il traverse, en outre des longerons, une poutrelle transversale d, qui s'étend par conséquent d'une tête à l'autre, et qui, un peu au delà, passe au-dessous de tous les longerons en les croisant à angle droit, et les soutient par l'effet de sa liaison avec les doubles longerons des têtes b et d.

Cette combinaison dispense d'une palée au milieu de la portée du pont, et permet d'employer des longerons d'un équarrissage plus faible que s'ils ne devaient avoir aucun soutien entre les culées.

§ 8. *Pont avec armature simple.*

La pièce de pont ou poutre a, fig. 3, pl. CXXXVII, étant réunie par une moise verticale b à deux arbalétriers c, qui lui sont assemblés par leurs pieds, il en résulte une combinaison que l'on a nommée armature, par extension de cette dénomination déjà donnée aux moyens employés pour augmenter la force des poutres, et dont nous avons parlé au chapitre XI. La propriété de cette armature est que l'équarrissage de la pièce a, qui n'aurait pas assez de force pour la portée que la figure représente, si elle était employée seule, pourra convenir à cette même portée, dès qu'elle sera soutenue dans son milieu par la moise qui, au moyen des arbalétriers, reporte sur les points d'assemblage de ces arbalétriers tout l'effort que la poutre peut avoir à supporter dans son milieu.

On conçoit que si un pont doit être composé de plusieurs poutres, des armatures de la forme que nous venons de décrire ne peuvent être données à toutes les poutres, vu qu'elles obstrueraient le passage.

Les armatures ne peuvent donc être établies que sur les poutres qui appartiennent aux deux têtes, et tout au plus sur une poutre répondant

388   TRAITÉ DE L'ART DE LA CHARPENTERIE. — CHAPITRE XXXVIII.

au milieu de la voie lorsqu'elle peut être divisée en deux parties, et les autres poutres ou longerons soutenant le plancher sont nécessairement sans armatures. Le pont n'aurait donc aucune solidité si les longerons de remplissage n'étaient point soutenus dans quelques points de leur longueur, notamment dans celui du milieu, par une poutre transversale, posée horizontalement, réduisant la portée de ces longerons qui s'y appuient, étant elle-même, comme nous l'avons déjà vu dans les ponceaux de Prusse, soutenue par les armatures des têtes.

§ 9. *Pont de Cismone.*

Palladio paraît être le premier qui ait fait l'application de ce mode de construction pour donner aux travées des ponts une grande portée, sans qu'aucune pièce soit exposée, au-dessous du pont, au choc des corps entraînés par les eaux.

Son premier essai a été un pont de 33 mètres de portée, entre Trente et Bassano, sur le torrent de Cismone. Ce pont a été construit par un charpentier de Bergame nommé Martino; nous en donnons un dessin, pl. CXXXI, d'après celui des œuvres de Palladio. Ce pont est composé de deux fermes : l'une d'elles est représentée fig. 12; elles supportent la charge du pont sans qu'aucune pièce s'abaisse en dessous. La pièce de pont a porte sur les deux culées, dont une seule est représentée sur la figure; elle reçoit l'assemblage de cinq poinçons verticaux c, d, e, également espacés, et qui sont liés à la pièce de pont par des étriers en fer.

Une traverse horizontale g et deux arbalétriers k forment une armature sur chaque pièce de pont.

Deux contre-fiches f assurent la position verticale du poinçon e du milieu, une contre-fiche h et un sous-arbalétrier i remplissent le même objet de chaque côté à l'égard des poinçons c; les sous-arbalétriers i augmentent la force de l'arbalétrier et complètent la ferme.

Les deux fermes sont écartées d'environ 2 mètres et demi, largeur du pont qui ne sert que pour les piétons et les cavaliers; elles soutiennent ensemble les poutrelles horizontales et transversales d qui répondent verticalement aux cinq poinçons de chaque ferme, et leur sont liées par les mêmes étriers de fer verticaux qui traversent les pièces de pont a et les poutrelles d, et sont fixés aux poinçons : ces étriers retiennent les poutrelles par des clavettes horizontales traversant les boucles qui les terminent par leurs extrémités inférieures. C'est sur les poutrelles horizontales d que sont établis six longerons portant le plancher.

§ 10. *Pont de Vrach.*

La figure 11 est l'élévation d'un pont de trois travées, exécuté à Vrach dans le Wurtemberg, également pour les hommes à pied et à cheval. Sa largeur est de $2^m,300$; il est porté entre ses culées sur deux palées composées chacune d'une file de pieux t; la longueur de chaque travée est d'environ 9 mètres; les arbalétriers des armatures se contre-boutent par l'intermédiaire des moises p et des chapeaux des palées, et leur poussée est retenue par la résistance des culées o qui sont en maçonnerie.

Les arbalétriers soutiennent dans chaque travée la moise verticale p dans laquelle passe la poutrelle transversale r qui supporte, conjointement avec les chapeaux des palées et les sommiers des culées, les quatre longerons qui forment le plancher sur une largeur de $2^m,14$.

§ 11. *Passerelles hollandaises.*

La figure 5 est l'élévation ou projection verticale d'une passerelle pour piétons et chevaux servant de pont de halage sur le canal de navigation d'Utrecht; elle est composée de deux fermes construites en bois de sapin; sa portée est de 13 mètres.

La figure 8 est une coupe de cette passerelle par un plan vertical perpendiculaire à celui de la fig. 5, suivant la ligne $m\ n$. Des madriers très-épais remplacent les longerons et portent sur les culées, sur la moise horizontale r qui saisit les poinçons k des deux fermes, et sur les poutrelles p soutenues par les contre-fiches s qui maintiennent ces poinçons verticaux.

La figure 7 est l'élévation d'une autre passerelle de même portée, exécutée en bois de sapin sur le même canal, et composée de deux fermes formées chacune par une croix de Saint-André, remplissant le même but que des contre-fiches, et qui se bornerait aux deux parties inférieures; mais en prolongeant les branches de chaque croix jusqu'aux poteaux des culées, on a maintenu les poteaux verticaux et l'on a presque totalement détruit la poussée; cette combinaison est une véritable armature.

La figure 9 est une coupe de cette seconde passerelle, suivant la verticale $x\ y$.

§ 12. *Pont de Savines.*

La figure 23, pl. CXXXVI, représente une des deux fermes du pont de Savines, dans les Hautes-Alpes; le système de construction de ce pont se rapporte à celui des armatures; sa largeur est de 3ᵐ,25 (10 pieds). Les deux grandes contre-fiches *a a*, le poinçon *b* et les deux petites contre-fiches *c* forment le système auquel le pont est suspendu, par le moyen du même poinçon du milieu *b* et les deux petits poinçons *d*. Ces trois poinçons supportent par le bas trois poutrelles sur lesquelles portent quatre cours de longerons qui s'appuient par leurs extrémités sur les culées, et se réunissent au milieu du pont sur des sous-longerons *e*.

La figure 2 de la même planche est une coupe de ce pont par un plan vertical perpendiculaire à la longueur du pont, et qui a pour trace la ligne *u v*. Les culées sont formées avec des bois équarris posés en chaises. Ceux qui sont placés dans la direction de la longueur du pont répondent aux longerons en laissant cependant entre eux un écartement plus grand vers la base de la culée qu'à son sommet, et pour cette raison les grandes contre-fiches *a* sont dans des plans en talus.

Les compartiments formés par les bois qui se croisent dans les culées, sont remplis de maçonnerie seulement à l'aplomb des fondations des culées, le reste est vide et forme sous le pont des encorbellements qui suivent la pente des contre-fiches.

§ 13. *Le pont couvert de Thionville.*

Le pont sur lequel on traverse le principal bras de la Moselle, à Thionville, est composé de huit travées portées sur des piles en maçonnerie de 4 mètres environ d'épaisseur. Chaque pile présente d'un bout un avant-bec triangulaire au courant; du côté opposé, elles sont rectangulaires; elles ont chacune 11 mètres de longueur au niveau du plancher du pont; l'avant-bec est garni d'un brise-glace en talus bardé de fer.

Cinq des travées qui sont les plus grandes, sont couvertes; elles sont supportées chacune par deux fermes, chaque ferme est formée par une armature; les deux fermes de chaque travée sont écartées de 4ᵐ,20 pour livrer passage sur le plancher du pont.

La figure 13 de notre planche CXXXVII est le dessin d'une de ces fermes. Les fermes ont 20 mètres de portée, mesure de l'écartement des piles entre leurs parements; chaque ferme considérée isolément est composée d'une poutre *a*, d'une traverse *b*, de deux poteaux *c* et de quatre contre-fiches *d*, *e*, assemblées toutes quatre par leurs pieds dans la poutre *a*. Par le haut, les contre-fiches *d* supérieures sont assemblées dans les poteaux à la hauteur de la traverse; les deux autres contre-fiches *e* sont assemblées dans le dessous de cette traverse. La poutre est liée aux deux poteaux par deux forts étriers qui l'enveloppent et dont les longues branches sont boulonnées sur les faces de ces poteaux; les contre-fiches d, e sont liées à la poutre par des moises pendantes f.

Les deux fermes qui forment les deux têtes de travées, dans les emplacements où sont ordinairement les garde-corps, supportent dans le milieu de leurs traverses b une pièce de bois horizontale g qui, par conséquent, s'étend sur toute la largeur du pont; cette pièce est saisie tout près de chaque ferme par une moise verticale i, qui saisit aussi une poutre h passée en dessous de la poutre de chaque ferme.

C'est sur cette pièce et sur des sommiers couchés sur des piles que portent trois cours de longerons intermédiaires sur lesquels sont clouées deux épaisseurs de madriers pour former le plancher du pont. Sous chaque extrémité des longerons, des espèces de corbeaux r croisent les sommiers du dessous des piles et sont soutenus par des aisseliers. On voit que dans chaque travée ce sont les deux fermes qui portent tout le poids du pont et des fardeaux ou voitures qui le passent. Sur les piles et intermédiairement entre les fermes, des poteaux comme ceux c portent des traverses k, qui forment avec les traverses g autant d'entraits pour porter les petites fermes qui composent les toits dont les grandes travées sont couvertes suivant l'usage du temps fort ancien où il a été construit. Ses côtés sont clos par un boisage extérieur formé de montants et de traverses sur lesquelles des planches sont clouées verticalement; quelques rares ouvertures éclairent mal l'intérieur. Les petites travées ne sont point couvertes, elles sont portées sur de simples longerons.

Dès l'année 1730, ce pont était déjà en fort mauvais état, les réparations considérables qu'il s'agissait d'y faire, à raison de sa vétusté, furent cause qu'on mit en question s'il ne serait pas convenable de le remplacer par une construction suivant un autre système. M. Guerlonde père, qui était chef du génie militaire à Thionville, à cette époque, avait proposé de remplacer, d'un bout à l'autre du pont, les deux fermes de tête de chaque travée par des murs soutenus sur des arcs elliptiques en pierres de taille. Le diamètre des arcs aurait eu 20 mètres de longueur, et le demi-axe vertical 7 mètres environ.

L'intrados de chaque arc devait s'élever de $2^m,60$ au-dessus du niveau du plancher, les murs auraient eu $1^m,30$ d'épaisseur, et auraient été arasés dans toute l'étendue du pont à 2 mètres au-dessus du sommet de l'intrados des arcs. Ces murs, écartés l'un de l'autre de 6 mètres, devaient porter des poutres transversales pareilles à celles g de la figure 13, écartées les unes des autres de 4 mètres; c'est après ces poutres que le plancher du pont devait être suspendu par des moises pendantes verticales, comme dans le pont en charpente qui subsiste encore dans le moment où nous écrivons.

Ce projet n'a point été exécuté ; nous ne le citons ici qu'à cause de la combinaison du bois et de la maçonnerie pour construire un pont et qu'il a de l'analogie avec le système des ponts suspendus et des arcs en bois que nous décrivons plus loin, et dont l'idée pourrait bien avoir été prise dans le projet de M. Guerlonde.

Le pont couvert est remplacé par un pont en pierre, de cinq arches chacune de 22 mètres de portée.

§ 14. *Pont du saut du Rhône.*

Le pont du saut du Rhône, dont une ferme est représentée, fig. 30, pl. CXXXVII, était construit suivant le système d'armatures et de contre-fiches. De son peu de durée on aurait pu conclure que ce système est mauvais, si l'on ne devait attribuer sa ruine à la disposition vicieuse des bois dans l'application qu'on en a faite. Ce pont était établi sur d'anciennes piles ; la profondeur de l'eau étant de plus de 30 mètres, il n'avait pas été possible de diminuer la portée des travées qui était demeurée fixée à $33^m,80$, écartement des piles. Les principales contre-fiches étaient formées de deux pièces jointes par endents ; la combinaison des bois eût été assez bien entendue, si les contre-fiches principales n'eussent pas fait un trop petit angle avec l'horizon, et si à ce vice capital ne s'était pas joint le défaut d'étendue des surfaces de contact des abouts, sur les faces des pièces servant de sablières éprouvant une excessive pression résultant de la mauvaise inclinaison des contre-fiches, et ces abouts eux-mêmes s'étant détériorés par la pourriture, les grandes moises et les contre-fiches, chargées de toute la résistance, ont cédé, et la ruine du pont s'en est suivie.

M. Gaulhey remarque au sujet des vices de construction du pont du saut du Rhône, qui est tombé au bout de 14 ans, en ce qui touche la trop grande inclinaison des contre-fiches, et le contact trop restreint du bois debout contre le bois de fil, qu'il y a des exemples de ponts composés d'une manière à peu près semblable, qui, loin d'avoir subsisté pendant quelques années, n'ont pas même pu être montés et mis en place.

§ 15. *Système de Styerme.*

Le charpentier Styerme, dont nous avons parlé pages 113 et 232, à l'occasion de la construction des combles, a appliqué son système à la construction des ponts, pour déterminer les positions des pièces de bois dans différentes combinaisons qui ne sont point nouvelles, mais qu'il paraît avoir adoptées pour appliquer sa méthode de formuler des tracés.

La figure 1, pl. CXXXI, est une combinaison du même genre que celle du pont de Thionville, que nous venons de décrire. Le point a est déterminé par la rencontre de l'horizontale $m\ n$ avec l'axe vertical, et la position de cette horizontale est fixée par l'intersection des cordes $k\ d$, $h\ d$, côtés d'un carré inscrit au grand cercle $k\ d$, $h\ c$, et de l'arc de cercle décrit du point d avec le même rayon. La rencontre des mêmes côtés avec l'horizontale $u\ v$ détermine les positions des rayons $c\ p$, $c\ q$ qui marquent, par leurs intersections avec les lignes $k\ a$, $h\ a$, l'emplacement des moises o, e. Les talus des murs des culées sont déterminés par les points x et y qui sont les intersections du grand cercle avec celui du même rayon décrit du point c.

La figure 2 est l'application du tracé que Styerme qualifie de *moyen géométrique* pour déterminer les positions des pièces qui doivent composer un des ponts de Palladio qui, certes, n'avait pas eu besoin de tout cet appareil de lignes, la plupart inutiles, pour déterminer les combinaisons des jolis ponts dont il est inventeur.

Les figures 3 et 4 sont d'autres applications du même système de tracé à deux compositions de Styerme qui rappellent encore le pont de Thionville, fig. 13, pl. CXXXVII, et l'un des ponts de Palladio, fig. 11, et paraissent n'être que des modifications de ces ponts que Styerme aurait choisis pour montrer comment sa méthode peut être appliquée à toutes sortes de combinaisons.

§ 16. *Pont de Zurich.*

On a fait en Allemagne, et notamment en Suisse, une grande quantité de ponts suivant le système du pont de Zurich. Le nombre des armatures a varié en raison de différentes portées de ces ponts. Nous avons choisi le pont de Zurich, fig. 26, pl. CXXXVII, pour servir d'exemple de ce genre de construction, parce qu'il est un de ceux dans lesquels ce système est le plus complet; cinq armatures sont réunies dans chacune des fermes, quoique la portée du pont ne soit que de 39 mètres, qui est à peine le double de celle du pont de Thionville.

Les entraits sur lesquels portent les armatures sont formés de trois cours de poutres jointes à endents; ils sont, en outre, doublés près de chaque culée par des sous-poutres également jointes à endents.

Le pont de Zurich est couvert, sa largeur entre les fermes est de $5^m,85$; sous son plancher sont des pièces en diagonales qui forment les *contrevents*.

§ 17. *Pont de Schaffhouse.*

Le pont en charpentes, construit en 1757, par Jean-Ulrich Grubenmann (1), à Schaffhouse, sur le Rhin, était un des monuments les plus extraordinaires de l'époque, et fort supérieur à tout ce qui avait été fait en France où l'art de la construction des ponts était resté stationnaire dans des combinaisons très-défectueuses.

Ce beau pont, dont nous donnons une élévation fig. 35 de notre pl. CXXXVII, avait remplacé un pont en maçonnerie qui s'était écroulé; il a été brûlé pendant la guerre, en 1799.

Ce pont était du genre de ceux que les Allemands appellent *hangwerck* ouvrage pendant ou en *pendentif*, dont Grubenmann est à juste titre regardé comme l'inventeur, surtout à cause de la belle application qu'il en aurait faite au pont de Schaffhouse.

Ce pont était composé de deux travées, l'une de $51^m,97$, l'autre de $58^m,80$. Cette inégalité des travées paraît provenir de ce que Grubenmann avait voulu profiter d'une pile de l'ancien pont restée debout, presque au milieu du fleuve, pour y appuyer le point de réunion des deux travées qui n'étaient point dans la même direction, et formaient un angle dont la flèche était d'environ $2^m,60$.

La figure 32 est une coupe verticale sur le milieu de l'une des deux travées.

Les fermes des têtes étaient écartées de $5^m,52$. La poutre principale formée de la réunion de deux cours de sapins assemblés à endents avait $0^m,43$ d'épaisseur horizontale sur $0^m,89$ de hauteur. Les armatures, au lieu d'être, comme dans le système précédent, presque concentriques, étaient composées de façon que les parties horizontales se touchaient immédiatement sous la sablière portant le toit, ce qui était propre à augmenter leur force de résistance.

Les contre-fiches étaient en bois de chêne. En même temps que les moises verticales soutenaient la poutre principale formant entrait, elles fortifiaient les contre-fiches et les empêchaient de plier. Ces moises étaient espacées de $5^m,66$ de milieu en milieu, des solives transversales étaient assemblées à leurs extrémités supérieures et inférieures, et s'y

---

(1) On lit dans quelques descriptions du pont de Schaffhouse, que J. U. Grubenmann était *un simple charpentier de village*, comme si l'on eût voulu, par cet indice, augmenter le merveilleux de la construction du pont.

J. U. Grubenmann était né à Tuffen, ville de 3,300 âmes, du canton d'Appenzell, ce qui ne diminue en rien le mérite de la construction du pont de Schaffhouse, qui a toujours été regardé comme l'œuvre d'un homme d'un grand talent, avec d'autant plus de raison que rien n'avait mis Grubenmann sur la voie de ce système nouveau de construction, qui était une création de son génie.

trouvaient retenues par des liens en fer; elles retenaient l'écartement des fermes. Celles supérieures soutenaient les fermes du toit de ce pont, qui était couvert; celles inférieures portaient le plancher concurremment avec d'autres solives intermédiaires attachées aux grandes poutres.

On a prétendu que Grubenmann, pour montrer la puissance de son art, avait construit ce pont de telle sorte qu'il ne portait point sur la pile du milieu, et que les magistrats avaient exigé que le pendentif fût calé, de façon à porter complétement sur cette pile. Cette version est peu probable, vu que le pont n'étant point en ligne droite, formant au contraire un angle, et le centre de gravité ne se trouvant pas dans la ligne joignant les milieux des deux culées, on l'eût exposé à un mouvement de torsion résultant de son poids. La disposition des contre-fiches qui répondent au milieu du pont, et l'angle qu'il fait sur la pile, prouvent assez que Grubenmann comptait sur l'appui de cette pile; on peut présumer qu'il aurait laissé un espace suffisant pour que, par un tassement du pont qu'il prévoyait sans doute, les assemblages pussent se serrer suffisamment, après quoi il se réservait, comme cela a eu lieu, de caler cette portée du pont. On prétend encore qu'après la construction du pont, on eut la crainte que la pile vînt à manquer, et Grubenmann ajouta de longues contre-fiches que nous avons marquées en lignes ponctuées, parce que si elles étaient tracées pleines, elles dépareraient la symétrie du pont : il est probable toutefois que l'habile Grubenmann ne se décida à un tel parti que pour condescendre aux importunités de l'ignorance; car il n'est pas admissible que si la pile eût manqué, ce faible auxiliaire aurait suffi pour arrêter la chute du pont.

Lors de la construction du pont, les sommiers qui portent les fermes sur la pile n'avaient pas été faits avec du bois de chêne assez sec ni assez dur; ils ne se trouvaient point assez isolés de la pierre par des cales; ces sommiers pourrirent : il en était résulté un affaissement inégal dans le pont, il fallut les remplacer. Grubenmann n'existait plus. Un charpentier de Schaffhouse, nommé George Spingler, fut chargé de leur remplacement difficile; il y parvint en soulevant toute la masse du pont, de 41 centimètres, avec des vérins placés sur des échafaudages établis sur pilotis.

Ce fut la seule réparation qui fut faite à ce pont pendant les quarante-deux années qu'il a existé. Son extrême solidité était éprouvée, puisqu'il donnait passage à des voitures excessivement chargées, telles que celles qui transportent des pierres pour des bassins de fontaines, qui pèsent plus de 25,000 kilogrammes.

Quelque ingénieuse que fût la combinaison du bois dans la construction de ce pont, et peut-être à cause de cela, car on veut trouver quelques défauts aux choses les mieux faites, on lui a reproché un vice, dit-on essentiel, qui consiste dans ce que toutes les pièces sont tellement nécessaires au soutien les unes des autres, qu'il était impossible d'en changer une seule sans étayer le pont. C'est un défaut qui existe dans bien d'autres ponts, et il est difficile de concevoir un moyen de l'écarter, même dans les ponts les mieux conçus; c'est un défaut que l'on dit avoir été évité dans le pont qui fait l'objet de l'article suivant.

§ 18. *Pont de Wittengen.*

Le pont de Wittengen avait été construit sur le Limmat, près de l'abbaye de Wittengen, en 1778, par Jean-Ulrich Grubenmann, auteur du pont de Schaffhouse, et son frère Jean Grubenmann. Il fut, comme celui de Schaffhouse, brûlé en 1799 (1). Il avait une portée de 118^m,89, qui était de 8 mètres environ plus grande que celle des deux travées réunies du pont de Schaffhouse, et cependant sans aucun autre support quelconque que les culées sur lesquelles il s'appuyait. C'est à M. Chrétien de Mechel, graveur à Bâle, que l'art doit la conservation du dessin de cet admirable pont, qui, malgré la hardiesse de sa construction, était moins connu que celui de Schaffhouse (2); c'est d'après lui que nous donnons, figure 1 de la planche CXXXIV, le dessin de la moitié du pont de Wittengen.

La figure 2 est le plan de ce pont, pris immédiatement en dessus du solivage du plancher, formé par la combinaison de ses contrevents.

La figure 3 est une coupe verticale du pont devant la moise *D*.

La figure 4 est la coupe devant le premier châssis d'entrée, en dedans du pont.

Ces deux coupes montrent en même temps la structure de la couverture.

Quoiqu'on ait dit que les Grubenmann avaient corrigé dans ce pont l'inconvénient qu'on avait prétendu signaler dans celui de Schaffhouse, nous voyons que ces inconvénients qu'on ne peut éviter y subsistent, et que l'on ne peut remplacer aucune pièce, sinon les moises, sans étayer l'édifice; mais on remarque une meilleure combinaison dans la disposi-

---

(1) Ce pont a depuis été reconstruit suivant un autre système. *Voyez* ci-après la note de l'article 3 du paragraphe relatif au pont de Mellingen.
(2) *Plans, coupes et élévation des trois ponts de bois les plus remarquables de la Suisse*, publiés d'après les dessins originaux. Bâle, 1803.

tion, le nombre et la force des contre-fiches, quelques-unes étant formées par la réunion de pièces assemblées à endents; nous remarquons encore qu'on a profité de la ferme *sous-faîte* du long toit qui couvre le pont pour la faire concourir comme les fermes latérales des têtes à la solidité du pont, de sorte qu'on peut dire qu'il est composé de trois fermes.

On remarque enfin dans les détails un excellent moyen de donner plus de solidité aux assemblages qui consiste à substituer aux simples *abouts* ou embrèvements, des abouts de toute l'épaisseur des pièces par le moyen de tasseaux *v* assemblés sur une assez grande longueur par endents et boulonnés sur les pièces qui doivent recevoir l'assemblage, de façon que ces tasseaux forment autant de talons contre lesquels les contre-fiches viennent abouter, et où elles trouvent une résistance que ne leur auraient point offerte les simples embrèvements. Ces tasseaux ont probablement fourni le modèle de ceux qu'on a employés depuis dans des charpentes modernes, et ils ont donné l'idée de ceux en fer coulé qu'on leur a substitués, dans ces derniers temps, et dont nous avons parlé page 274.

Le pont de Wittengen présente une heureuse réunion de l'emploi des contre-fiches en dessous de l'entrait et même en dessous des sablières du comble avec l'emploi des contre-fiches en dessus comme armatures. Les moises verticales en réunissant toutes les contre-fiches de chaque demi-ferme augmentent considérablement leur force en même temps qu'elles soutiennent la principale pièce du pont et le plancher.

Pendant un temps on a reproché au système de construction de ce pont une sorte de profusion de l'emploi du fer, à cause des nombreux et très-longs boulons en fer dont les Grubenmann ont fortifié ce système, à cause du danger de leur prompte détérioration par l'effet de l'action d'une atmosphère constamment humide. Il est probable qu'un pareil reproche ne leur serait peut-être point fait aujourd'hui qu'on emploie le fer avec un si grand succès dans les constructions en charpente. Mais à cette critique on peut répondre qu'il est plus facile de remplacer des boulons usés par la rouille que des bois détériorés; d'ailleurs les Grubenmann ne pouvaient pas remplacer les boulons par des moises, sans augmenter le poids de la charpente. L'excessive grandeur de la portée, qui était un des mérites de ce beau pont, avait inspiré des craintes sur sa durée; malheureusement les événements de la guerre ont privé l'art d'une expérience sur laquelle on ne peut rien préjuger. Mais ce qui demeure positif, c'est la gloire acquise au génie des Grubenmann, d'avoir contribué, par la hardiesse de cette savante construction, à reculer les limites de la puissance des armatures dans les ponts en charpente.

§ 19. *Pont du sieur Claus.*

Une conception encore plus hardie fut le sujet d'un modèle exposé en 1772, à l'hôtel d'Espagne, rue Dauphine, à Paris, par le sieur Claus, maître charpentier. Ce modèle, exécuté avec une rare perfection, pour milord Hewey, représentait, sur une échelle de 18 lignes pour une toise (un quarante-huitième), un pont en charpente d'une seule arche qui aurait eu 900 pieds d'ouverture (150 toises, 292^m,355) : il était projeté pour être exécuté sur la Dery. Ce pont fut gravé par Lerouge; la gravure le représente sur une échelle dont le rapport est à peu près d'un trois cent soixante-troisième. Nous donnons deux fragments de cette gravure et sur la même échelle, qui suffisent pour donner une idée complète de la composition du sieur Claus.

La figure 5, pl. CXXXIV, est l'élévation d'une des extrémités du pont, représentant la partie d'une des deux fermes des têtes joignant des culées, avec la projection des pannes et des chevrons du toit.

La figure 7 est une coupe en long de l'autre extrémité du pont, joignant la seconde culée et montrant la ferme du milieu partageant la largeur du pont, qui devait être de 46 pieds (7 toises 4 pieds; 16^m,57) en deux voies égales. La partie inférieure de cette ferme répond aux deux autres qui forment les têtes du pont; sa partie supérieure est comprise sous le faîtage dans la hauteur du comble.

La figure 6 est une coupe en travers du pont devant l'une des moises auxquelles nous avons terminé les figures 5 et 7.

Le système de construction de ce pont est une suite de contre-fiches qui forment toutes des armatures. Des moises verticales formées de la réunion de quatre pièces soutiennent les grandes poutres et les pièces du pont portant dix cours de longerons du plancher sous chaque voie.

Les contrevents sont établis sous chaque voie suivant les deux diagonales des rectangles formés par les longues poutres du pont et les poutres établies entre les moises verticales. Deux boulons verticaux sont établis entre les moises verticales dans les deux fermes des têtes, et un seul entre les moises de la ferme du milieu. Quoique ces boulons paraissent contribuer à la solidité du pont, il est probable qu'ils ont été placés principalement pour faciliter le levage et soutenir les pièces horizontales pendant la pose des moises.

La gravure dont nous avons extrait ces figures contient, sur une échelle trois fois plus grande, des détails des assemblages en perspective. Nous ne les avons pas figurés, parce que ces assemblages ne présentent rien de particulier.

J'ai représenté, fig. 8, une élévation générale de ce singulier projet, pour donner une idée de son immense étendue. Ce pont devait être revêtu en planches, son intérieur eût été éclairé par un grand nombre de fenêtres, ménagées dans le toit, et par quatre lanternes octogonales et vitrées, en forme de clochetons, qui devaient couronner le comble; les pilastres de ces clochetons devaient être ornés de sculptures représentant sous forme de gaines, des sirènes ailées.

Pour donner plus de force à la partie formant le milieu horizontal du pont, la charpente aurait formé un pendentif entre les sept moises verticales du milieu. En dessous de la poutre la plus basse, des contre-fiches étaient disposées dans des sens contraires de ceux des contre-fiches correspondantes des fermes, et venaient se contre-butter dans la moise verticale du milieu.

§ 20. *Système de M. Town.*

Nous devons ranger parmi les ponts à armatures, le nouveau système inventé par M. Ithies Town, de New-Haven, architecte à New-York, appliqué aux ponts viaducs des chemins de fer, en Virginie. Nous en donnons un dessin dans notre planche CXXXVI. La figure 18 est une élévation d'une des dix-neuf travées du viaduc de Richemond, sur le chemin de fer de cette ville à Pétersbourg, en avant de la cataracte des James Rivers. Cette figure est sur une échelle moitié de celle gravée au bas de la planche.

Chaque travée a $46^m,66$ de portée, écartement des piles en maçonnerie de granit, mesuré de milieu en milieu. Quoique cette portée ne soit pas le double de celle du pont de Vellingen, dont nous avons parlé ci-dessus, et qu'elle soit d'un quart plus petite que celle du pont de la Rott, construit en Bavière par M. Wiebeking, elle n'en met pas moins en évidence l'habileté des charpentiers américains, qui, d'ailleurs, ont été souvent favorisés par les dimensions gigantesques des bois que la nature leur fournit, et qui ont dû les enhardir dans les constructions de ce genre.

Ce pont est construit sans boulons ni ferrures.

La figure 9, pl. CXXXVI, est une élévation, sur une échelle double, qui donne le détail de la construction d'une partie du pont correspondant à une pile. La portion A de cette figure montre le revêtissement en planches qui garantit la charpente des injures du temps et de la trop vive action du soleil. En B, la charpente est représentée dépouillée de son revêtissement; en C, on a représenté les frises qui couvrent les abouts des solives.

La figure 13, qui est au-dessous de la précédente, et qui lui correspond comme étant sa projection horizontale, représente trois parties du plan; en A', on a projeté le plancher du pont, qui en occupe la partie supérieure, et qui porte les rails de deux voies. On voit en B', la partie supérieure de la charpente, dépouillée de planches. En C'' on n'a figuré que la partie inférieure de la charpente. On voit sous le plancher A' la projection d'une pile en lignes ponctuées ; en B' et C'', on a marqué les projections des croix de Saint-André qui forment les contrevents.

La figure 8 est une coupe par un plan vertical perpendiculaire à la longueur du pont.

On voit, par ces trois figures, que le pont est composé de deux fermes de tête, qui en soutiennent tout le poids ainsi que celui des convois qui passent dessus, et que chacune de ces fermes est une véritable armature constante de forme suivant toute la longueur du pont. Ce système, dans chaque ferme, se compose de deux réseaux qui ont beaucoup de ressemblance, quant à la forme, avec celui qui sert de contrevent et de solivage au plancher du pont de Mellingen, pl. CXXXIV. Ces deux réseaux résultent chacun de la combinaison de madriers de champ qui se croisent sous un angle peu différent de l'angle droit, et qui forment ainsi cinq rangs de losanges. Les madriers sont fixés les uns aux autres par deux gournables (chevilles de bois) qui les traversent sur toutes leurs épaisseurs à chaque point où ils se croisent ; ces gournables sont coincés des deux bouts. Chaque réseau est moisé par trois rangs d'entraits, un en haut, deux en bas, qui s'étendent dans toute la longueur du pont. Ces entraits ou poutres horizontales, sont composés de six épaisseurs de madriers de champ également chevillés, dont chaque couple forme un élément de moise. Ces moises horizontales, qui forment les entraits, ont $0^m,76$ d'épaisseur sur $0^m,33$ de largeur ; et, comme elles règnent sur toute la longueur du pont, il en résulte que chaque rive est formée par une seule ferme de 867 mètres de longueur, portant, comme une poutre unique, sur dix-huit piles et deux culées.

Les croix de Saint-André réparties sur la largeur du pont, et qui sont représentées dans la figure 8, maintiennent la position rectangulaire entre les grandes fermes verticales et le solivage horizontal, et, conjointement avec les assemblages en réseaux, la stabilité du viaduc.

Dans les premiers ponts faits suivant ce système, le plancher du pont sur lequel sont les rails était porté par un solivage répondant aux entraits inférieurs, et les entraits supérieurs portaient une toiture qui transformait cette construction en pont couvert. On a préféré, pour les viaducs des chemins de fer, établir le plancher dans la partie supérieure, afin de se ménager les moyens d'augmenter, au besoin, les pièces de charpente dans l'épaisseur du pont, et d'y établir les croix de Saint-André, si nécessaires à la stabilité.

On prétend que les ponts construits suivant ce système, ont, sur ceux construits sur des cintres, comme viaducs pour des chemins de fer, une grande supériorité, qui consiste principalement en ce qu'ils sont moins élastiques que ces derniers, sur lesquels, lorsque leurs arches ont une grande portée, les convois ne peuvent passer qu'en ralentissant leur marche, tandis que sur ceux construits suivant le système de M. Town, les convois peuvent conserver toute la vitesse que leur donne la puissance de la vapeur.

Plusieurs ponts sont construits en Amérique suivant ce système, pour l'usage ordinaire.

IV.

PONTS AVEC ARMATURES ET CONTRE-FICHES.

§ 1. *Passerelles.*

La figure 4, pl. CXXXVII, représente le cas le plus simple de la combinaison des armatures avec les contre-fiches. La passerelle, fig. 6, est une modification de cette combinaison.

§ 2. *Pont de Palladio.*

Le pont de Palladio, représenté fig. 11 de la même planche CXXXVII, est aussi une modification de la même combinaison.

§ 3. *Autre pont de Palladio.*

Dans le pont représenté fig. 7, pl. CXXXVII, Palladio a combiné trois armatures dans chaque ferme de tête, et l'armature du milieu forme, par ses prolongements au-dessous du plancher du pont, des contre-fiches comme celles du pont représenté fig. 4.

§ 4. *Pont de la Kandel.*

Le pont construit sur le torrent de Kandel, dans le canton de Berne, en 1764, par un charpentier de Lucerne, nommé Joseph Ritter, a $50^m,70$ de portée; les deux fermes qui se soutiennent sont écartées l'une de l'autre de $4^m,60$ de milieu en milieu. Ce pont est couvert. Nous en donnons le dessin, fig. 24 de la planche CXXXVII; il présente la combinaison des armatures en décharge avec des moises pendantes *g*, qui embrassent, dans chaque ferme, la pièce de pont *a*, .et les contre-fiches *d*. Les poutres transversales sont assemblées, à queues d'hironde, sur les poutres longitudinales *a*, entre les moises pendantes *g*; elles sont comprises dans l'épaisseur des poutres, et elles reçoivent les madriers du plancher sous lequel sont des croix de Saint-André établies suivant les diagonales des rectangles formés par les poutres. Ces croix de Saint-André servent de contrevents.

En travers du pont, au-dessous du plancher, et entre les moises verticales *g* des deux fermes, sont d'autres croix de Saint-André, qui ont pour objet de servir de contrevents verticaux.

Les contre-fiches, qui forment aussi armatures, sont en bois de sapin; elles n'ont pas moins de 32 centimètres d'équarrissage. Les grandes pièces du pont sont un peu inclinées, afin de donner au pont un bombement pour prévenir le tassement ou au moins pour empêcher son apparence; elles sont liées par une sous-poutre *f* au milieu de la travée.

§ 5. *Pont de M. Gauthey.*

Nous donnons, fig. 33, pl. CXXXVII, le dessin d'un pont de M. Gauthey, dans lequel se trouvent les mêmes combinaisons appliquées également à une portée de 50 mètres, et dans lequel la faible inclinaison donnée aux contre-fiches, a forcé de les rapprocher, et de leur donner une autre disposition. Ce pont avait été projeté pour être exécuté à Lyon, sur la Saône; il devait être couvert, et être porté sur des piles en maçonnerie. Vu que le pont devait être très-fréquenté, M. Gauthey proposait de le composer de trois fermes égales, une sur chaque tête, et la troisième sur l'axe du pont, qui aurait partagé sa largeur en deux voies indépendantes. Cette disposition aurait permis de lui donner une largeur plus grande que celle usitée et proportionnée à l'activité de la communication qu'il devait établir.

V.

PONTS AVEC ARMATURES ET CROIX DE SAINT-ANDRÉ.

§ 1. *Pont de Palladio.*

La figure 16 de la planche CXXXVII, représente un pont du genre de celui de Cismone, que nous avons décrit ci-dessus, page 388. Palladio a formé des croix de Saint-André, en ajoutant, entre chaque poinçon, des secondes décharges qui croisent les premières, et les arbalétriers supérieurs forment les armatures; du reste, ce pont est exactement construit, quant aux détails de l'assemblage, comme celui de Cismone; mais Palladio a composé un pont dans lequel, pour la première fois, une combinaison de compartiments présente un système semblable à celui des voussoirs d'une voûte en pierres. Nous donnons, d'après le trait qu'il a mis dans ses Œuvres, la figure 15, pl. CXXXVII, qui représente ce système.

On voit que, dans ce mode de construction, la cause de la stabilité du pont est de la même nature que celle des voûtes; elle peut être augmentée pas des liens en fer. Les poinçons tendent au centre de l'arc. Les croix de Saint-André maintiennent la stabilité de figure de chaque compartiment. Les cintres peuvent être formés chacun d'une seule pièce courbe; dans ce cas, les poinçons doivent être des moises qui lient les cintres entre eux. Le plancher du pont peut être formé de poutrelles assemblées dans les arcs inférieurs. Malgré la solidité de cet ingénieux système, il ne paraît pas que Palladio l'ait fait exécuter (1).

§ 2. Pont Saint-Clément.

Le joli pont Saint-Clément, sur la Durance, réunissait le système des ponts soutenus par des contre-fiches, et celui des ponts suspendus à des armatures. Nous donnons, figure 12 de la planche CXXXVII, une élévation de ce pont, qui n'existe plus.

(1) Après la mort de M. Perrault, docteur en médecine, et membre de l'Académie royale des Sciences, on a publié en 1700, un recueil de quelques machines de son invention, dans lequel on trouve le projet d'un pont en bois d'une seule arche, qu'il proposait de construire sur la Seine devant Sèvres. Ce pont aurait été formé de voussoirs d'assemblages en bois, au nombre de dix-sept, et accolés les uns aux autres dans cinq fermes; chaque voussoir devait former un châssis; les châssis auraient été liés les uns aux autres par trente-six moises horizontales, et transversales par rapport au pont; il y aurait eu deux moises sur chaque couple de montants ainsi réunis, et les moises auraient, par conséquent, lié les cinq fermes entre elles ; les montants des fermes des têtes se seraient élevés au-dessus du plancher du pont pour former les garde-corps.

Pour contreventer le pont, M. Perrault donnait une courbure aux fermes, sur leur projection horizontale, de sorte qu'elles devaient occuper à leur naissance sur les culées, un espace plus grand que la largeur du pont au milieu de sa longueur.

La flèche de l'arc intérieur devait être du dixième de la portée du pont ; l'épaisseur du châssis au sommet de l'arc, du tiers de cette flèche ; et la hauteur de l'occupation des fermes sur les culées, le double de cette épaisseur.

La figure 5, même planche, est une coupe faite par un plan vertical sur le milieu de sa portée. Les fermes des têtes formaient des armatures avec contre-fiches, moises et croix de Saint-André, et les trois fermes intermédiaires ne s'élevaient point au-dessus des longerons qu'elles supportaient.

Il est présumable que, vu la grande inclinaison des contre-fiches après le tassement, le pont devait être presque entièrement porté par les armatures des fermes des têtes.

VI.

PONTS SUSPENDUS A DES CINTRES.

§ 1. *Pont de Custrin.*

Les différentes combinaisons des pièces de bois dans les armatures, ont fait naître l'idée de leur substituer des cintres ou arcs pour produire les mêmes résultats.

L'une des plus simples constructions de ce genre est, sans contredit, le pont de Custrin, sur l'Oder, dans lequel des pièces de bois cintrées sont substituées aux longerons de têtes, qui forment armature dans le ponceau que nous avons décrit, page 386.

Nous donnons, fig. 11 de notre planche CXXXVI, un croquis d'une travée de ce pont, remarquable par la simplicité de sa construction et sa solidité, puisqu'il donne passage aux voitures les plus pesamment chargées.

La figure 12 est une coupe de la même travée.

Chaque palée est composée de trois files de pieux e; les chapeaux b qui les couronnent sont tous au même niveau; les palées sont écartées d'environ 13 mètres; les longerons a portent dans les entailles des chapeaux, et ils répondent aux pieux des palées.

Vers les deux rives du pont, sont trois sortes de chantiers horizontaux b, qui portent sur les deux premiers longerons, et qui répondent verticalement au-dessus des chapeaux des palées, et leur sont parallèles; ils sont assemblés avec les longerons par entailles réciproques, du huitième de l'épaisseur des bois.

Sur chaque travée et de chaque côté du pont, une poutre de bois de chêne k, d'un très-fort équarrissage, et cintrée naturellement, repose par chacun de ses bouts sur les chantiers d; elle s'y assemble par entailles. Toutes les poutres des travées sont entières; elles se touchent par leurs bouts et sont sur le même alignement, où elles forment des garde-corps des deux côtés du pont. Elles sont liées par des boulons avec les chantiers, et ceux-ci le sont aussi par des boulons avec les longerons et les chapeaux.

La portée des longerons est partagée, dans chaque travée, en trois parties égales, et, sous chaque point de division, une poutrelle horizontale g est suspendue, par un très-fort boulon en fer, à chacune des deux poutres cintrées k.

Ces poutrelles croisent en dessous tous les longerons, et, par ce moyen, elles les soutiennent tous dans deux points de leur portée, qui, sans ces auxiliaires, serait trop longue par rapport à leur équarrissage.

Le plancher est établi en forts madriers jointifs, solidement fixés sur les longerons par des broches.

§ 2. Pont de Feldkirch.

Le pont de Feldkirch, sur le Rhin, est un des plus anciens dans lequel on ait employé des cintres pour y suspendre le plancher.

Nous donnons, fig. 23 de notre planche CXXXVII, un croquis de ce pont, qui était composé de deux grandes fermes de têtes d'une seule portée de 19^m,50. Les armatures des ponts de Suisse, que nous avons précédemment décrits, sont remplacées dans ce pont par deux cintres dans chaque ferme. Chaque cintre est formé de deux cours de courbes à endents. Ces cintres sont réunis par des moises verticales qui soutiennent le plancher du pont, par le moyen d'autres moises horizontales qui saisissent les premières par leurs bouts inférieurs, et passent sous les longerons.

Ce pont est couvert, et revêtu extérieurement en planches des deux côtés.

§ 3. Pont de Mellingen.

Le pont de Mellingen est le premier grand pont de ce genre qui ait été fait (1). Il date de 1794; il a été construit par Ritter, charpentier de Lucerne, que nous avons déjà cité, au sujet du pont de la Kandel.

---

(1) M. Rondelet croit que le premier pont de ce genre est celui qu'un des frères de Grubenmann construisit pour remplacer le pont de Wittengen ; mais il faut remarquer que le pont de Mellingen a été construit en 1794, et que le nouveau pont de Wittengen ne l'a été qu'en 1799. Ce n'est donc que postérieurement au pont de Mellingen que le frère de Grubenmann a exécuté le nouveau pont de Wittengen ; il faut encore remarquer qu'on voit dans ce dernier pont des corrections qui prouvent qu'il n'a été fait qu'après celui de Mellingen.

Nous en donnons le détail, pl. CXXXV; la figure 1 est son élévation. Comme dans les ponts à armatures, le plancher est soutenu par deux fermes, dans chacune desquelles un beau cintre A, composé de sept cours de courbes jointes à endents, est la principale pièce.

L'ouverture de cette espèce d'arche est de 48 mètres; son développement est un sixième de la circonférence, dont le rayon est égal à cette même ouverture. Ce pont est couvert et revêtu, sur ses deux faces extérieures, par des planches, que nous avons supposé enlevées pour laisser voir la charpente.

Les dix moises verticales B soutiennent le toit et les moises horizontales ll sur lesquelles les longerons sont appuyés.

Une poutre cintrée E, en forme de moise, composée de plusieurs pièces entées, saisit aux extrémités les deux naissances du cintre et toutes les moises verticales; elle se trouve au niveau des longueurs du plancher et suit leur pente.

Une autre moise cintrée M, sur une courbure moindre que celle de l'arc principal, réunit les assemblages des moises verticales prolongées jusqu'à sa rencontre : on ne conçoit pas bien quel est le but de cette dernière moise cintrée, qui charge la charpente d'un poids assez considérable. Cependant en considérant que ce cintre de peu de courbure reçoit les moises verticales, et qu'il est lié à la poutre principale par des boulons, on peut présumer que Ritter aura voulu en faire comme le tirant de la ferme, son extension devant être moindre que celle du grand arc.

La figure 2 présente le plan du pont pris à deux hauteurs différentes. A gauche est le plan fait à la hauteur d'une ligne brisée $a\ b$ tracée sur la figure 1. On suppose que les madriers du plancher sont enlevés pour laisser voir les longerons, et au-dessous d'eux le double système des croix de Saint-André qui forment les contrevents.

Sur la droite, le plan représente la projection horizontale de la charpente du comble dépouillé de ses lattis.

La figure 3 est l'élévation d'une des entrées du pont.

La figure 4 est une coupe sur le milieu de sa longueur, dans la ligne $C\ D$.

Dans la construction du nouveau pont de Wittengen, que Rondelet dit avoir été construit à la place de celui qui fut brûlé en 1799, l'un des frères de Grubenmann qui l'a construit, a évidemment fait d'utiles corrections dans la composition qu'il a imitée du pont Mellingen. M. Krafft a donné un dessin de ce pont, pl. XXVIII de son recueil de charpenterie; nous ne le reproduisons point, parce qu'il ne diffère que peu de celui de Mellingen que nous venons de décrire. Les seuls changements qui ont été faits consistent dans la suppression du second arc inférieur M, dans la rectitude de la poutre longitudinale E, à laquelle une sous-poutre a été ajoutée dans le milieu de sa longueur, et seulement sur la moitié de cette longueur. Cette sous-poutre forme une des cordes du cintre, et deux contre-fiches qui, partant des naissances du cintre, viennent s'y abouter.

Les croix de Saint-André des contrevents s'assemblent dans les longerons, et elles sont assez multipliées pour former le solivage du plancher.

Krafft annonce que ce pont avait 31 toises (60^m,42) de portée ; il le présente établi entre deux culées de maçonnerie. Cependant, l'ancien pont de Wittengen que celui-ci aurait remplacé, suivant Rondelet, avait 366 pieds (118^m,89) de portée ; il est certain que c'est à la même place que le nouveau pont a été construit : il faut présumer qu'il a au moins deux travées, et qu'il est porté sur une pile au milieu de la rivière.

M. Stadler, maître charpentier de Zurich, a construit en 1825, sur le Rhin, à Elisgaw, en Suisse, un pont du même genre que celui de Mellingen et du nouveau pont de Wittengen. Il est également porté par deux fermes dans chacune desquelles un arc composé de huit cours de courbes forme la principale pièce de l'armature et le moyen de suspension. Nous ne donnons point le dessin de ce pont, qui s'écarte peu du système suivi dans celui de Mellingen dont nous venons de donner la description ; nous regardons comme suffisant d'indiquer les points les plus remarquables dans lesquels il diffère du précédent.

La portée des travées est d'environ 46^m,78, la flèche du cintre est de 6^m,82 ; le sommet de l'intrados de l'arc est élevé de 3^m,898 au-dessus du plancher du pont, ce qui a permis de placer entre le grand entrait et l'arc une double armature qui s'accorde avec les contre-fiches du dessus du pont. Onze moises verticales sont réparties sur la longueur de la portée, et deux sur chaque pile, écartées de 2^m,924 de milieu en milieu.

Ce pont est couvert : il est à trois voies ; celle du milieu, comprise entre les fermes qui portent les cintres, est destinée aux voitures ; elle a 4^m,558 de large entre les moises verticales. Les deux autres voies sont pour les piétons, elles n'ont que 1^m,624 environ ; elles sont portées par les prolongements des moises horizontales faisant office de solives ; les longerons qui portent ces deux espèces de trottoirs sont soutenus par des armatures égales à celles dont nous venons de parler, qui sont placées sous ces trottoirs, d'ailleurs compris sous les prolongements de la toiture de la voie du milieu.

Rondelet a donné un dessin de ce pont, pl. CIV de son *Traité de l'Art de bâtir*.

§ 4. *Pont du Necker.*

Le système des *hang-werck*, au moyen de cintres, a été appliqué à la construction d'un pont de $19^m,49$ de portée, sur un bras du Necker, dans le Wurtemberg, près de Stuttgard, capitale de ce royaume; nous donnons d'après M. Krafft le dessin de ce pont dans la fig. 6 de notre pl. CXXXI, qui le représente en élévation.

La figure 10 en est une coupe suivant un plan vertical dont la trace est la ligne $m\,n$, fig. 6.

Dans cette dernière figure, la ligne $x\,y$ est le niveau des plus hautes eaux du Necker. Ce pont a fourni à M. Leather, ingénieur anglais, l'idée du pont qu'il a construit en fer, composé de deux arcs en fonte auxquels sont suspendues, par des tiges verticales, les poutrelles qui soutiennent le plancher (1).

VII.

PONTS PORTÉS SUR DES CINTRES EN CHARPENTE.

L'invention des ponts en charpente portés sur des cintres également en charpente est beaucoup plus ancienne que celle des ponts suspendus à des cintres, néanmoins nous en parlons après ceux-ci, parce qu'elle a donné lieu, seulement dans les derniers temps, à des combinaisons plus perfectionnées, qui méritent plus de confiance et qui présentent plus de sûreté qu'aucun système des ponts suspendus à des armatures ou à des arcs de cercle; car dans ces derniers la chute du plancher peut résulter de la rupture d'une des pièces servant à la suspension, les bois ayant à résister à une force de traction, tandis que dans les combinaisons qui font l'objet de ce paragraphe, les bois n'ont à résister qu'à des pressions dans la direction de leurs fibres.

---

(1) Le dessin de ce pont se trouve dans le journal *la Propriété*, 2ᵉ année, 2ᵉ série, t. 2, pl. XXI, p. 67.

§ 1. *Pont de Trajan.*

Le pont en charpente, porté sur des cintres, le plus ancien est celui connu sous le nom de pont de Trajan, que cet empereur fit jeter sur le Danube dans la Basse-Hongrie, lors de sa deuxième expédition contre les Daces. Dion Cassius prétend que ce pont était en pierre, ce qui n'est pas supposable; les cinq travées de ce pont, représentées dans les bas-reliefs de la colonne Trajane à Rome, sont figurées en charpente (1).

C'est d'après ces bas-reliefs, dont la fidélité dans les détails est reconnue en tous points, que ce pont est représenté dans différents ouvrages, notamment dans ceux de Gauthey et de Rondelet auxquels nous avons emprunté la figure 14 de notre pl. CXXXVII, et dont nous avons reconnu l'exactitude en les comparant aux gravures publiées qui représentent lesdits bas-reliefs.

La colonne Trajane a été érigée en l'honneur de l'empereur Trajan qui mourut à Sélinonte, en 117, avant de l'avoir vue achevée. Appollodore de Damas est regardé comme l'auteur de ce magnifique monument et probablement des bas-reliefs qui le décorent; et comme c'était aussi cet illustre architecte qui avait jeté le gigantesque pont de Trajan sur le Danube, on doit reconnaître que le pont figuré sur la colonne en est une copie authentique.

On ne doit appliquer ce que Dion dit de ce pont qu'à la construction des piles, qui étaient effectivement en pierre. Ce pont était composé de vingt travées qui avaient 170 pieds de portée, environ 55 mètres; on prétend qu'il s'élevait de 300 pieds, $97^m,50$. Il fut détruit par l'empereur Adrien successeur de Trajan, dans la crainte que les Barbares en profitassent pour pénétrer sur le territoire de l'empire romain : on voit encore quelques restes de ses piles.

Rondelet remarque, au sujet de la grande portée des travées de ce pont, que si l'on s'en rapporte à de telles dimensions, on est conduit à reconnaître que l'art de la charpenterie est à peine remonté, aujourd'hui, à la perfection qu'il avait acquise à cette époque. Nous verrons néanmoins plus

---

(1) *Voyez* la planche LXXIV de l'ouvrage intitulé : « Colonna Traiana eretta dal senato e popolo romano all' imperatore Trajano Augusto, nel suo foro in Roma; scolpita con l'historia della guerra dacica, la prima e la secunda expedizione e vittoria contro il re Decebalo nuovamente disegnata et intagliata da Pietro santi Bartoli con l'exposizione latina d'Alfonso Ciaccone, etc... » Roma, in-fol., sans date sinon une dédicace à S. M. Louis XIV, roi de France et de Navarre.

loin que l'on construit aujourd'hui des ponts en charpente qui ont des portées bien plus considérables.

On voit par le dessin que nous donnons du pont de Trajan, fig. 14, pl. CXXXVII, que chaque travée avait été composée de plusieurs fermes, dans chacune desquelles trois arcs séparés, mais combinés avec des moises pendantes, soutenaient les poutres du pont en travers desquelles d'autres poutres étaient distribuées pour porter le plancher. Les garde-corps sont indépendants des cintres. Dans les espaces qui séparaient les travées, et qui correspondaient aux piles, il y avait des chevalets qui concouraient au soutien des poutres du pont.

§ 2. *Pont de Chazey.*

On ne peut douter que le système de construction du pont de Trajan n'ait suggéré l'idée d'employer des cintres en charpente dans les ponts modernes, pour soutenir leurs planchers. Le pont de Chazey, sur l'Ain, paraît être le premier qui ait été construit en France suivant ce système. Nous n'en donnons point de dessin, et nous n'en parlons ici que parce qu'il a servi de modèle à beaucoup d'autres ponts de cette sorte. Nous donnons plus loin la description du pont d'Ivry, qui a reçu, dans son exécution, un grand nombre de perfectionnements. Nous nous bornerons donc à dire que le pont de Chazey était composé de quatre arches de $19^m,50$ d'ouverture; il était porté sur des piles et culées en maçonnerie; les arcs de chaque ferme, tous en dessous du plancher du pont, étaient composés de deux cours de pièces superposées jointes à crans ou endents, taillées en arcs de cercle et serrées par des boulons, distribuées entre des moises pendantes; des contre-fiches se trouvaient placées entre les arcs et les longerons horizontaux pour soutenir ces longerons entre les points d'appui des sommets des arcs et les parements des piles et des culées.

§ 3. *Projet de M. Migneron.*

Vers 1784, le sieur Migneron avait annoncé, comme nous l'avons déjà dit page 210, tome Ier, qu'il était inventeur d'un procédé pour courber les bois sans altérer la liaison de leurs fibres, et pour les rendre en même temps plus durables. En outre des expériences qui furent faites à Paris, on fit, près de Bordeaux, l'essai de son procédé par la construction d'un pont de 19 mètres et demi d'ouverture. Les cintres étaient formés de six pièces, réunies deux à deux dans le sens horizontal, et trois à trois dans le sens vertical; ces pièces n'avaient que 14 à 16 centimètres d'équarrissage, il ne paraît pas que cette tentative ait eu le succès qu'on en attendait.

Quelques années plus tard, au sujet d'un concours ouvert à Paris pour un pont qu'on avait intention de construire pour remplacer le pont Rouge, M. Migneron présenta le projet d'un pont de 200 pieds d'ouverture (64^m,95) d'une seule travée.

Nous donnons, fig. 5, pl. CXXXIV, un dessin de ce pont d'après une gravure que M. Migneron publia à l'époque du concours. La partie à droite montre l'élévation du pont, la partie à gauche est une coupe longitudinale prise entre deux fermes suivant la ligne $x\,y$ de la figure 6, qui est une coupe suivant la ligne $v\,z$ de la figure 5.

Ce pont devait être composé de onze fermes; il aurait eu 12 mètres et demi de largeur entre les garde-corps, son cintre principal et ses différents autres cintres auraient été serrés dans chaque ferme par 49 moises pendantes. Le peu de succès qu'avait eu l'essai fait près de Bordeaux a empêché l'exécution de ce pont, qui avait au moins le mérite d'une grande hardiesse, mais dont la faible courbure des arcs était loin d'inspirer de la sécurité par rapport à sa solidité; d'un autre côté la prodigieuse quantité de bois qui devait être employée dans cette construction n'avait aucune compensation; car rien n'obligeait, comme la suite l'a prouvé, à ne point établir des piles dans la largeur de la Seine.

§ 4. Pont d'Ivry.

Le pont de Chazey et les différentes tentatives qui furent faites en l'imitant sur plusieurs points, ont enfin montré que le système d'arc formé de plusieurs cours de pièces courbes réunies, est le meilleur qu'on puisse suivre pour la construction des ponts en charpente. Dans l'impossibilité où nous sommes à cause de leur grand nombre, de représenter tous les ponts construits suivant ce mode, avec les perfectionnements successifs qui ont été apportés dans la composition de leurs fermes, nous choisissons le pont d'Ivry construit sur la Seine, en 1828, au confluent de la Marne, par M. Emmery, comme le plus remarquable et qui résume tous les perfectionnements qui ont été faits, par le soin particulier que cet habile et savant ingénieur des ponts et chaussées a apporté dans sa composition et par la perfection des détails les plus minutieux de son exécution. Nous signalons ce pont comme un excellent modèle de construction en ce genre.

M. Emmery a publié en 1832, une description du pont d'Ivry et des moindres détails qui se rapportent à l'exécution des travaux de toute espèce auxquels il a donné lieu (1). Cette description est elle-même un modèle de ce genre de travail et un recueil d'instructions utiles; c'est d'elle que nous avons emprunté les figures que nous donnons de ce pont, planche CXXXIII.

La fig. 8 est une élévation de la première arche.

La figure 11 est un développement du dessous du pont. Dans cette figure, la ligne $m\ n$ répond à l'axe du pont, et la ligne $a'\ b'$ répond à la ligne $a\ b$ de la figure 8.

La figure 10 est une coupe par un plan vertical, suivant les lignes $a\ b$ et $a'\ b'$ de l'élévation et du plan.

Ce pont est composé de cinq arches, celle du milieu a 23^m,75 d'ouverture, les deux qui lui sont contiguës ont chacune 22^m,50; et les deux arches extrêmes n'ont que 21^m,25; celles-ci donnent passage aux chemins de halage des deux rives. Les piles ont 2^m,75 d'épaisseur, ce qui porte la longueur totale du pont à 122^m,25. Le dessus du pont a deux pentes, afin que sans trop exhausser les abords l'arche du milieu laisse un libre passage aux bateaux. Les naissances de toutes les arches sont dans le même plan horizontal, à 6 mètres au-dessus de l'étiage, pour que tous les bois soient à l'abri des atteintes de l'eau, dans les crues, et du choc des glaces, lors des débâcles auxquelles la Seine est fréquemment sujette; c'est ce qui a déterminé à donner des portées différentes aux arches en traçant néanmoins leurs intrados avec des rayons presque égaux.

On avait fixé comme limite des flèches des arcs le septième de la corde; elles se sont trouvées de 3^m,62 pour l'arche du milieu, de 2^m,34 pour les deux contiguës, et de 3 mètres pour celles joignant les culées. L'épaisseur de la charpente répondant aux sommets de toutes les arches, est la même et les deux pentes de la chaussée du pont sont symétriques; elles sont de 0^m,014 par mètre entre chaque culée et l'arche du milieu, au-dessus de laquelle ces deux pentes sont raccordées par le sommet d'une parabole. La même forme parabolique est imposée aux longerons répondant à l'arche du milieu. Les arcs sont composés de trois cours de courbes que M. Emmery appelle arbalétriers-courbes, et qu'il considère comme des voussoirs. Les cintres ont été tracés par leurs intrados au moyen d'un grand compas à verge avec des rayons

de 20^m,315 pour la première et la cinquième arche;
de 20^m,601 pour la deuxième et la quatrième arche,
et de 21^m,302 pour la troisième arche, qui est celle du milieu.

(1) 1 vol. in 4° de 304 pages, atlas de 18 pl.; Paris, 1832, Dunod, éditeur.

Les points de ces mêmes arcs d'intrados ont été déterminés aussi par le calcul comme moyen de vérification. Les points de la parabole du sommet du pont et des longerons de l'arche du milieu ont aussi été calculés, vu que son peu de courbure ne permettait pas de la déterminer graphiquement.

Parmi les causes de destruction des ponts en bois, les vibrations et mouvements de torsion occasionnés par le passage de pesantes voitures sont les plus puissantes, et leur effet s'accroît par le retrait que les bois éprouvent par vétusté et dessiccation, et par le jeu que prennent les joints. On a observé dans la construction du pont d'Ivry une précaution que les charpentiers ne négligent jamais dans aucune espèce de charpente ; on a ménagé dans les entailles du moisage et dans la longueur du taraudage des boulons, le moyen de resserrer les assemblages à des intervalles de temps rapprochés, pour rendre à la charpente la même fermeté qu'au moment où sa construction a été terminée.

Pour éviter les inconvénients de la pénétration mutuelle des fibres du bois à leur rencontre, bout à bout, dans la composition des arcs, M. Emmery a interposé des plaques de cuivre à tous les contacts entre les abouts des pièces qui composent ces arcs. M. Emmery a adopté pour tous les bois se rencontrant l'assemblage anglais que nous avons décrit fig. 6, pl. XV, page 267, 1°, tome 1er.

Pour aérer les bois dans les parties où ils prennent leurs appuis dans la maçonnerie, M. Emmery a laissé, entre la pierre et les faces latérales des pièces, un espace de $0^m,01$, et qu'il serait bon de porter jusqu'à $0^m,03$. Les abouts ont été coupés perpendiculairement aux tangentes de chaque pièce courbe entrant dans la composition de chaque arc, de façon que leurs abouts dans la pierre sont distincts et ne sont pas un seul plan comme cela s'était pratiqué quelquefois ; enfin, pour donner égout à l'eau qui pourrait s'introduire dans les abouts des arcs, le premier cours de courbes est posé, à chaque naissance, sur un coussinet en fonte de fer qui laisse au-dessous de lui deux conduits pour que l'eau puisse venir se dégorger au parement extérieur de la pierre.

Tous les bois employés dans la construction de ce pont étaient de la meilleure qualité et du meilleur choix, tous équarris, sinon rigoureusement à vives arêtes, au moins avec un petit pan régulier formé à la varlope de $0^m,0025$, sans la moindre flache, précautions à observer pour la belle apparence des cintres et pour empêcher les arêtes de se dégrader dans le maniement des bois et le levage.

Toutes les pièces cintrées ont été, autant que possible, choisies dans des bois d'une courbure naturelle analogue ; mais à leur défaut, on a gabarié à la hache des pièces droites ou de courbure incomplète, malgré l'inconvénient de couper les fibres du bois. M. Emmery avait espéré pouvoir composer les cintres de cinq rangs de madriers de 15 centimètres d'épaisseur, pris en bois droits et courbés ensuite *à la vapeur*, à l'imitation des procédés de M. Eustache pour le pont de Melun, dont nous avons déjà parlé page 196, et que nous décrivons plus loin, article 6, paragraphe 6 du chapitre XLI; mais ce projet fut malheureusement abandonné, parce que l'idée d'un premier essai et la crainte d'être entraînés dans de grandes dépenses effrayèrent les entrepreneurs.

Il est à regretter que l'on ait été arrêté par cette considération et que l'on n'ait pas cherché la limite de la diminution de l'épaisseur des madriers pour qu'on pût les courber sans le secours de la vapeur, eût-on dû en augmenter le nombre. Il y a lieu de penser que pour un rayon de 20 mètres, qui est à peu près celui de tous les intrados des cintres, on aurait pu les courber sous une épaisseur de 10 à 12 centimètres, puisque j'ai courbé, sans le secours de la vapeur, sous une courbure double, des madriers de beau sapin très-rigide, de l'épaisseur de 55 millimètres, qui aurait pu être portée à 70 ou 80 millimètres; dans ce cas, les cintres du pont d'Ivry n'auraient exigé que l'épaisseur de sept à huit madriers, et la largeur qu'on aurait pu donner aux madriers, beaucoup plus grande que celle des gros bois, aurait été d'un grand avantage pour la solidité de la charpente.

La précaution a été poussée pour la construction à l'égard des pièces de bois employées dans les arcs, jusqu'à ne leur faire aucune espèce d'entaille pour recevoir les moises et les liens de fer. Il convient assurément de ne point altérer la force des pièces par des entailles trop profondes; mais par cette précaution ne s'est-on pas privé d'un grand moyen de fixité dans la position des moises? On a été obligé de recourir à l'action des contrevents en étrésillons pour s'opposer au glissement de ces moises, qui ne se trouvent ainsi assurées que d'un côté, et sur un point de leur longueur : n'aurait-il pas été préférable d'augmenter un peu l'épaisseur des arcs, afin de faire la part des entailles que d'ailleurs on pourrait faire à recouvrements, comme je l'ai pratiqué à la charpente de Marac? Ces entailles ont l'immense avantage d'empêcher le glissement des courbes les unes sur les autres; elles tiennent, pour ainsi dire, lieu des assemblages à endents dont nous avons parlé, et qui sont avec raison adoptés dans la construction des arcs en gros bois. Je n'ai point employé les endents pour la charpente de Marac, à cause du peu d'épaisseur des madriers, et je les ai remplacés par les entailles dont il s'agit.

Un excellent moyen employé au pont d'Ivry pour concourir avec les brides à serrer les courbes, c'est l'inclinaison donnée aux entailles entre les moises pendantes et les moises horizontales. Cette inclinaison fait que les fonds des entailles agissent comme des coins : on la voit projetée dans les entailles de la moise fig. 9.

Les détails de cet assemblage sont répétés, sur une échelle quadruple, dans la fig. 2, qui est une coupe de l'arc d'une ferme parallèlement à une moise pendante, et dans la figure 3 qui est en même temps, dans sa partie supérieure, une élévation et, dans sa partie inférieure, une coupe par un plan parallèle au parement de l'arc.

Les mêmes lettres dans ces deux figures désignent les mêmes pièces : a, a, a sont les trois cours des pièces de l'arc; $b, b,$ les moises pendantes; $c, c,$ les moises horizontales.

La figure 4 est, sur une échelle double, une projection de la deuxième moise pendante de droite de la figure 8. On a ponctué sur cette figure les longerons et sous-longerons pour que la moise pendante fût figurée seule, dépouillée des moises transversales et pour montrer ses entailles.

La figure 5 est la demi-moise, vue sur l'une de ses faces d'assemblage où se trouvent tracées les entailles m et n pour les moises transversales, et celle p pour le cintre. L'entaille q répond aux longerons.

L'inclinaison des fonds des entailles qui sont en sens contraire sur les moises horizontales de l'intrados, par rapport à celles de l'extrados, fait que ces moises, en glissant sur les fonds des entailles également inclinées, des moises pendantes, qui d'ailleurs laissent le jeu nécessaire, serrent entre elles les arbalétriers courbes des arcs. Ce moyen est fort ingénieux; néanmoins le même effet serait produit, et peut-être avec plus de vigueur, par des boulons qui traverseraient en même temps les moises horizontales et les arcs. Mais on a craint d'affaiblir les pièces des arcs en les perçant pour les passages des boulons qui auraient cependant encore empêché le glissement des courbes, sauf à donner à ces pièces une très-petite augmentation d'épaisseur; car les trous de boulons bien remplis n'affaiblissent pas autant qu'on le pense la force des pièces de bois qu'ils traversent, lorsque ces pièces n'ont point à résister à un effort de traction.

Dans la partie du développement de l'intrados d'une arche représentée fig. 11, les étrésillons dont nous avons parlé sont en diagonales des compartiments formés par les arcs et les moises horizontales; bien qu'ils forment des contrevents indispensables contre les vibrations horizontales du pont, on voit qu'ils tendent à faire tordre sur elles-mêmes les moises pendantes : il nous aurait paru préférable de les établir entre les moises horizontales.

Des solives ou pièces de pont sont posées transversalement sur les longerons des fermes; elles sont en nombre égal sur chaque travée et distribuées presque également; leurs bouts forment des modillons, et couronnent les deux têtes du pont par une sorte de corniche sur les solives qui sont étendues selon le sens de la longueur du pont; des madriers de $0^m,10$ d'épaisseur sur 20 à 30 de largeur, laissant entre eux un espace de $0^m,03$ pour la circulation de l'air, tiennent lieu de longerons et reçoivent d'autres madriers de $0^m,05$ jointifs qui les croisent à angle droit et forment le plancher. On a garni de bandes de fer et d'un doublage en bois, la voie des roues et des chevaux. Des trottoirs sont réservés pour les piétons; leurs planchers sont établis de chaque côté sur un grillage formé de solives longitudinales élevées au-dessus du plancher du pont par des bouts de solives ou fausses pièces de pont qui les croisent et leur sont assemblées par entailles : un garde-corps qui est en fer s'étend sur chaque tête.

En outre des étrésillons formant contrevent dont nous avons parlé plus haut, des contrevents en fer s'étendent immédiatement sur le solivage du plancher; nous les décrirons dans le paragraphe 12 ci-après, relatif à l'emploi du fer dans les ponts en charpente.

Nous ne parlons point d'une foule de précautions prises dans la construction de cette charpente, qui sont décrites avec beaucoup de soin dans l'ouvrage de M. Emmery et qui se trouvent indiquées dans le nôtre, dans les différents articles auxquels elles se rapportent.

§ 5. *Pont russe.*

La figure 7 de la planche CXXXVI est l'élévation d'un pont d'une seule arche de 45 mètres d'ouverture, construit par le général Fabre, il y a une trentaine d'années, sur la Méhaga, dans la colonie du 1er régiment des carabiniers russes.

La figure 14 est la projection horizontale d'un des cintres.

La figure 3 est une coupe suivant la ligne *m n*.

Ce que ce pont présente surtout de remarquable, c'est que ces cintres sont formés de trois épaisseurs de forts madriers boulonnés les uns sur les autres, qui, au lieu d'être saisis par les moises pendantes, les tiennent, au contraire, intercalées entre eux, de façon que les deux pièces d'une moise saisissent les madriers du milieu, et qu'elles sont elles-mêmes saisies entre les deux madriers latéraux.

Cette disposition, qui peut être admissible sous certains rapports, a cependant l'inconvénient de laisser à découvert les abouts des madriers, qui ne peuvent pas être d'une seule pièce. De deux en deux les moises pendantes sont prolongées jusqu'aux longerons; cette combinaison ne leur assure pas une stabilité complète, on affirme néanmoins que ce pont, construit en bois de sapin, est très-solide, et qu'il doit à sa légèreté un aspect fort agréable.

Nous prenons occasion de la description de ce pont pour faire remarquer que la force qu'on obtient des arcs séparés, comme dans ce pont, n'est pas aussi grande que celle qui résulterait du même nombre d'arcs en un seul; je n'entends parler ici que de la résistance aux vibrations qui résultent de la flexibilité des arcs, et l'on doit remarquer encore que pour que la stabilité, dans une charpente, soit aussi complète que possible, il faut que les portions d'arc comprises entre les moises soient assez épaisses ou assez courtes pour qu'elles n'aient point de flexibilité sensible. Dans les constructions où un poids peut se mouvoir dans le sens de la longueur d'une ferme, un arc mince, qui, par conséquent, doit plier entre les points où il est saisi par des moises, est nuisible à la solidité de la charpente, parce que le fardeau, en le forçant de diminuer de courbure dans le point sur lequel son effort est reporté, le force en même temps de prendre une courbure plus grande dans le point symétrique de l'autre côté de l'axe vertical de l'arc. Les variations de courbures changent continuellement les formes de la charpente; elles détériorent les assemblages et ruinent promptement l'édifice.

On conçoit qu'en pareil cas des pièces droites bien combinées, même suivant les cordes d'un cintre, peuvent être préférables en ce qu'elles ne sont point sujettes à changer de forme sous le moindre effort, comme il arrive aux pièces courbes trop minces, déjà disposées à ces sortes de changements par leurs propres courbures.

VIII.

SYSTÈME DE M. WIEBEKIN.

M. Wiebekin, directeur général des ponts et chaussées du royaume de Bavière, est sans contredit celui qui a fait faire les plus grands pas à l'art de construire des ponts au moyen de bois courbés pour en former des cintres. Dans un ouvrage publié à Munich en 1810 (1), il donne la description de la méthode dont il est inventeur, appliquée à douze grands ponts construits en Bavière sous sa direction. Nous renvoyons à cet ouvrage ceux de nos lecteurs qui désireraient des détails plus minutieux que ceux que nous avons

(1) Traité contenant une partie essentielle dans la science de construire les ponts.

jugés indispensables et qui sont l'objet des articles de ce paragraphe. Nous avons pensé que les détails que nous donnons suffisent, après les descriptions que nous avons faites dans le cours de notre ouvrage de divers procédés de l'art qui trouvent des applications dans l'exécution des travaux de M. Wiebeking.

Le système de M. Wiebeking diffère de ceux que nous avons précédemment décrits, et qui étaient en usage avant lui, en ce qu'il supprime les moises pendantes, qu'il forme de très-grandes arches en courbant les bois sans le secours de la vapeur ou de la hache.

Il compose la charpente de chaque arche de trois fermes, dont il encastre les naissances en les prolongeant dans les culées.

Les moises pendantes ont effectivement le grave inconvénient de charger considérablement les fermes des ponts, de ne point les lier entre elles, de ne point serrer les unes contre les autres les pièces courbes qui composent un arc, et de ne point s'opposer à leur déversement; on est, en effet, obligé, pour remédier à ces deux inconvénients, dans la construction ordinaire, de lier les fermes les unes aux autres par des moises horizontales, et d'interposer entre les fermes des croix de Saint-André qui accroissent encore le poids des charpentes.

A l'égard de l'étendue des arches, les grandes travées procurent l'avantage de diminuer le nombre des palées, ainsi que nous l'avons déjà dit en faisant remarquer les inconvénients de ces palées qui obstruent le lit des rivières, et donne prise à la violence des eaux, aux chocs des glaçons dans les débâcles, et qui sont sujettes à des avaries résultant d'affouillements.

Les grandes portées des arches ont encore procuré à M. Wiebeking l'immense avantage de pouvoir former les cintres en courbant les bois, même ceux d'un fort équarrissage, sans le secours de la vapeur, et rien que par l'effet de leur flexibilité. M. Wiebeking a fait des expériences qui prouvent :

1° Que les bois en grume ont un plus grand degré de flexibilité que des bois équarris. Une poutre de sapin équarrie, de 57 pieds 6 pouces (1) ($16^m,73$) de longueur sur 16 pouces ($0^m,39$) d'épaisseur, peut être courbée jusqu'à ce que la flèche de sa courbure soit la trente-sixième partie de sa longueur, tandis que la flèche de la courbure de la même pièce en grume peut être la treizième partie de sa longueur;

2° Que les pièces équarries posées l'une sur l'autre sont susceptibles d'une plus grande courbure qu'une pièce isolée;

---

(1) Toutes les dimensions indiquées d'après M. Wiebeking sont en mesure de Bavière ; le pied de Bavière est égal à $0^m,29156$.

3° Que les bois résineux, flottés plus de dix jours, ne sont plus propres à être courbés;

4° Que le bois de pin a plus d'élasticité que le sapin, et le mélèze plus que le pin, et que les bois résineux ont plus d'élasticité que le bois de chêne;

5° Que des pièces de bois résineux, tels que le pin et le sapin, qui ne sont pas complétement sèches, reçoivent une courbure dont la flèche peut être le vingtième de leur longueur pour les pièces de 1 pied de Bavière (0^m,292) d'équarrissage, et d'un trentième pour celles de 16 pouces (0^m,39) d'équarrissage;

6° Que la courbure des pièces de bois de chêne non sec ne permet qu'une flèche d'un vingt-sixième de leur longueur.

Ces courbures ont été suffisantes pour former les cintres des ponts que M. Wiebeking a construits. Le moindre de ces ponts, celui d'OEttingen, ayant 107 pieds (31^m,197) d'ouverture sur un rayon de 207 pieds de Bavière (60^m,35), et le plus grand, celui de Scharding, 200 pieds (58^m,312) d'ouverture des arches sur un rayon de 266 pieds (77^m,555).

Les expériences que M. Wiebeking a faites lui ont prouvé qu'on pourrait charger le milieu de ses arches de 115 milliers de livres (67,555 kilogrammes), avant qu'ils fléchissent de la neuvième partie de leurs flèches.

Il a fait un projet d'un pont pour Munich de 286 pieds (83^m,386) de portée, et pour montrer la puissance de son invention, il a fait le projet d'un pont d'une seule arche de 600 pieds (175^m,00) de portée.

En engageant profondément les cintres dans les culées, M. Wiebeking a eu pour but d'empêcher la vibration du pont, peut-être plus efficacement que par le moyen des contrevents, vu l'accroissement de force qu'une poutre acquiert lorsque ses extrémités sont scellées dans les murs qui la supportent; mais il est à craindre que les extrémités des cintres ainsi privés d'air pourrissent promptement. Cependant les massifs des culées dont il s'agit, qui sont formés de maçonnerie, peuvent être disposés de façon que ces cintres sont suffisamment environnés d'air et maintenus solidement, et, d'ailleurs, avec les préservatifs de la pourriture que l'on connaît aujourd'hui, l'inconvénient disparaît entièrement.

§ 1. *Pont de Bamberg.*

Nous donnons, fig. 36 de la pl. CXXXVII, une élévation d'une des arches du pont, construit par M. Wiebeking, près de Bamberg, sur la Régnitz, en 1809. Ce pont a remplacé celui en maçonnerie qui avait été construit de 1752 à 1756, et qui fut emporté par les hautes eaux de 1784, parce que les pieux des fondations des piles et culées n'avaient point assez de fiches dans un fond sablonneux, et qu'ils ont été complétement déracinés par les affouillements; 34 maisons qui environnaient le pont furent entraînées dans sa ruine. En amont du pont ruiné, on en avait établi un porté sur des palées en pieux, qui a coûté considérablement d'entretien et dont le délabrement a forcé d'en construire bientôt un autre pour le remplacer. Les encombrements du lit de la Régnitz par les ruines de l'ancien pont, et les difficultés que la nature du sol présentait, ont déterminé M. Wiebeking à construire le nouveau pont d'une seule travée ou arche de $62^m,69$ d'ouverture, à la place qu'occupait l'ancien pont en maçonnerie.

Les naissances de l'arche en charpente sont à $2^m,138$ au-dessus de l'étiage et les grillages des culées sont à $0^m,292$ au-dessous; on a donné à ces culées une fondation solide, en battant des pieux partout où les ruines du pont de pierre l'ont permis, les cases des grillages ont été maçonnées en briques et ciment. Les pierres arrachées aux ruines de l'ancien pont ont servi à la construction des nouvelles culées.

Toutes les pièces encastrées dans les culées ont été goudronnées et les joints ont été enduits d'huile bouillante et revêtus de lames de plomb. Malgré le poids de l'opinion de M. Wiebeking, nous ne regardons point ces précautions comme suffisantes pour garantir complétement de la pourriture les bois privés d'air. Nous reconnaissons comme lui l'utilité de faire pénétrer les cintres dans les massifs des culées; mais nous pensons que, tout en conservant ce mode de consolidation du pont, il faut recourir à d'autres moyens pour la conservation des bois, et nous rappellerons à ce sujet le procédé de M. Kyan dont nous avons parlé tome Ier, chap. VI, 3°, et ceux de M. Bréant et de M. le docteur Boucherie, que nous avons cités dans la préface de ce second volume.

Le pont est soutenu par trois cintres; deux latéraux formant les têtes de l'arche, le troisième au milieu de la largeur du pont. Les fermes des têtes sont doubles, c'est-à-dire qu'elles sont composées chacune de deux arcs posés l'un près de l'autre; la ferme du milieu est égale à une des fermes des têtes. M. Wiebeking leur a ajouté de chaque côté trois cours de courbes, de façon qu'en résultat le cintre du milieu se trouve double de chacun des autres, mais de telle sorte cependant que les cours de courbes ajoutées n'ont pas la même courbure, et qu'ils surmontent les cintres auxquels ils sont accolés de toute l'épaisseur de l'arc principal. Toutes les courbes de ce pont sont en pin et en sapin; elles ont depuis 15 jusqu'à 16 pouces ($0^m,36$ à $0^m,39$) de hauteur, elles sont boulonnées les unes aux autres perpendiculairement à leurs courbures et d'un cintre à l'autre.

Les cintres sont entretenus à leurs distances respectives par des entretoises qui les traversent entre les courbes. Des moises pendantes, qui saisissent les entretoises, et sont indépendantes des arcs, soutiennent les longerons sur lesquels repose le solivage qui porte le plancher; la largeur de ce point est de 32 pieds (9^m,33), il est pavé et il porte des trottoirs pavés en dalles de pierres; il a été exécuté sous la direction de M. Wiebeking, par le charpentier Rief. Ce pont est revêtu sur ses côtés de planches dirigées suivant les coupes qu'auraient eues les voussoirs d'une voûte, et en dessus des reins suivant des horizontales comme seraient des assises, ce qui lui donne l'aspect d'un pont en pierre de taille. En 1809, ce pont était le plus grand que M. Wiebeking eût construit; depuis, il en a exécuté qui ont une plus grande portée.

§ 3. Pont de Scharding.

Nous choisissons parmi les ponts construits par M. Wiebeking le pont jeté sur la Rott, près Scharding, pour le figurer sur une plus grande échelle, non-seulement parce qu'il est le plus grand qui ait été construit suivant son système, mais à cause de ses détails de construction.

La figure 1 de la planche CXXXVI est l'élévation de ce pont, d'une seule arche de 58^m,312 de portée; sa flèche est de 5^m,44, le rayon est de 77^m,556. Chacune de ses culées est composée de deux parties, la première supporte le pont sur ses deux semelles d'appui. La fondation est composée de 55 pilots qui ont 4^m,082 de fiche, enfoncés au refus du mouton; les têtes de ces pieux sont engagées dans une épaisse et solide maçonnerie.

L'arche est composée de trois cintres; les deux cintres latéraux sont formés chacun de deux cours entiers de courbes a, b, qui embrassent tout le développement de l'arche; et de chaque côté de parties d'arcs composées chacune aussi de deux courbes c, d, g, f, qui sont appelées jambettes dans la description donnée par M. Wiebeking. Ces six cours de courbes portent sur la partie de la semelle $m\ n$ répondant à la première partie de la culée.

Les autres cours de courbes $i\ k$ forment un autre arc qui s'élève à la même hauteur que le premier, et qui porte sur les prolongements des semelles $m\ n$. Sa corde est de 70^m,849, sa flèche de 4^m,665, et son rayon est de 135^m,867. La ferme du milieu du pont est semblable aux fermes latérales, elle est formée des courbes a, b, c, d, f, g; chaque cintre est embrassé vers ses naissances par les colonnes d'appui $n\ o$ qui sont des moises verticales.

Le cintre du milieu et les cintres latéraux intérieurs pénètrent de $4^m,373$ dans les culées au-delà des colonnes d'appui; les cintres extérieurs y pénètrent de $8^m,164$. Les cintres extérieurs sont attachés aux cintres intérieurs qui leur correspondent par des boulons 1, 2, 3; ils ont pour objet d'empêcher le déversement du pont. Des boulons perpendiculaires aux courbes unissent leurs différentes parties. Les joints d'un cours de courbes ne correspondent point à ceux d'un autre cours ; les joints sont boulonnés très-près de leurs entailles; ils sont de plus consolidés par des liernes qui traversent horizontalement les cintres. Des clefs u sont chassées entre les courbes pour s'opposer à ce qu'elles glissent les unes sur les autres.

Des cloisons verticales $p\ q$ composées de pièces horizontales, superposées jointes à longs endents et boulonnées, remplacent les croix de Saint-André pour empêcher encore le déversement du pont.

La fig. 5 est une coupe par un plan vertical, suivant la ligne $x\ y$, fig. 1. Vu la petitesse de l'échelle, on n'a point marqué les longs endents ni les boulons qui unissent les pièces horizontales.

La figure 4 est le plan ou projection horizontale du pont, sur lequel les positions des cintres sont marquées, ainsi que le solivage du plancher et les croix de Saint-André horizontales servant de contrevents.

Ces croix de Saint-André ne sont point assemblées à tenons et mortaises; elles portent dans des embrèvements où leurs abouts sont serrés par des coins r chassés avec force. Ces coins sont en bois de chêne enduit d'huile bouillante et ensuite de savon, pour qu'ils puissent être chassés plus aisément et qu'ils serrent mieux.

M. Wiebeking n'a point observé dans la construction de ce point, comme dans celle du précédent, la précaution utile de donner plus de force au cintre du milieu du pont qu'aux cintres latéraux.

Les grands boulons employés dans ce point ont 36 millimètres et demi de diamètre; les moyens ont 30 millimètres un tiers.

§ 3. *Pont d'Ettringen.*

M. Wiebeking avait imaginé, en 1807, de construire des cintres diagonaux dans les arches, il en a fait l'application au pont d'Ettringen, sur la Varta en 1809. Ce point n'a qu'une seule arche de $42^m,985$ d'ouverture et de $2^m,405$ de flèche. Il est composé de trois cintres à peu près comme les précédents; mais M. Wiebeking a substitué aux contrevents ordinaires deux cintres diagonaux qui se croisent au·sommet du cintre du

PONTS FIXES EN CHARPENTE.

milieu, et qui ont leurs naissances près de celles des cintres latéraux dans des points diagonalement opposés.

D'après les limites de flexibilité dont nous avons parlé plus haut M. Wiebeking a fixé comme il suit les flèches qu'il convient de donner aux cintres des arches, d'après l'étendue de leurs cordes.

La flèche est du $\frac{1}{24}$ 5 à 7 pieds $\frac{1}{2}$ pour une corde de 100 à 150 pieds,
(1^m,25 à 1^m,50) (1)   (30 à 36 mètres.)

du $\frac{1}{20}$ au $\frac{1}{18}$ 11 pieds pour une corde de 200 pieds;
(3^m, à 3^m,33)   (60 mètres.)

du $\frac{1}{15}$ 20 pieds pour une corde de 300 pieds;
(6 mètres)   (90 mètres.)

du $\frac{1}{14}$ 29 pieds pour une corde de 400 pieds;
(8^m,30)   (116 mètres.)

du $\frac{1}{13}$ 38 pieds pour une corde de 500 pieds;
(11^m,15)   (145 mètres.)

du $\frac{1}{12}$ 50 pieds pour une corde de 600 pieds;
(14^m,60)   (175 mètres.)

On conçoit qu'entre ces limites, on peut faire varier la courbure d'une faible quantité suivant que le commandent la hauteur des eaux et les abords des ponts.

Les écartements des liernes horizontales et des boulons qui serrent les courbes sont aussi déterminés par M. Wiebeking; il les fixe pour les liernes à 14 à 18 et 20 pieds (5^m,00 à 5^m,50 et 6^m,00), et l'écartement des boulons ne doit pas excéder 12 pieds (3^m,50).

M. Wiebeking donne aux bois employés dans ses cintres, les courbures qui sont nécessaires, et qui doivent s'accorder avec celles des arches, sur un chantier de levage où il construit le pont presque en entier, du moins pour ce qui regarde les cintres. Les pièces de bois sont pliées comme nous l'avons déjà dit, sans l'emploi du feu ni de la vapeur, seulement par l'effet de la force des leviers, crics, palans et cabestans, et les pièces ainsi pliées sont maintenues sur les gabarits formés de picux, au

(1) Les nombres indiqués ci-dessus d'après M. Wiebeking sont en mesures de Bavière; ceux que nous avons écrits entre parenthèses, et qui leur correspondent, ne sont point des conversions exactes de ces mesures, ils expriment seulement en mesures métriques les longueurs des pièces et de leurs flèches, dans les rapports fixés par M. Wiebeking.

moyen d'autres pieux auxquels elles sont tenues par des traverses. Elles sont laissées dans cette situation deux et trois mois, c'est au bout de ce temps qu'elles ont pris une courbure qu'elles conservent, et qu'elles sont propres à être mises en place dans la construction définitive du pont.

Le levage des arches a lieu au moyen d'un échafaudage établi dans la rivière sur des pieux, et que l'on élève par des chaises formées de corps d'arbres aux points qui conviennent pour soutenir les cintres.

§ 4. Pont d'Altenmarkt.

On avait opposé au système des arbres une objection qui paraissait fondée au premier abord; on prétendait qu'il n'était exécutable qu'avec de grands bois de fort équarrissage : M. Wiebeking a saisi l'occasion que présentait la construction du pont d'Altenmarkt, sur la rivière d'Alz, pour prouver que ses grandes arches pouvaient être exécutées avec toutes sortes de bois, les grands bois manquant dans cette contrée : cependant le pont d'une seule arche, composée de quatre cintres, qu'il avait projeté, devait avoir $43^m,151$ de portée, une flèche de $4^m,082$, et une largeur de $5^m,830$. Il construisit en conséquence les quatre cintres de ses arches avec des planches. Les cintres latéraux sont composés de deux courbes qui ont $0^m,267$ d'épaisseur sur $0^m,243$ de largeur. Les cintres intermédiaires ont été composés de planches de $0^m,194$ de largeur et de $0^m,049$ à $0^m,073$ d'épaisseur. Les couches supérieures et inférieures de ces cintres sont de trois planches qui s'étendent dans tout leur développement; entre ces deux couches on a intercalé douze couches chacune de $0^m,049$ d'épaisseur et de $5^m,54$ à $6^m,12$ de longueur. Le succès de cette construction prouve que la méthode de M. Wiebeking n'exige pas absolument des bois d'un fort équarrissage.

Voici comment M. Wiebeking dit qu'il a fait opérer pour composer les cintres en planches.

Après avoir chauffé les planches avec un réchaud mobile, on a enduit leurs surfaces de colle forte, et après qu'on eut appliqué l'une sur l'autre, les planches dont un cintre devait être composé, on les a fortement serrées suivant la courbure que le cintre devait avoir en les assujettissant au moyen de presses formées en châssis, et de coins chassés entre les planches et les traverses de ces châssis (1).

---

(1) M. Wiebeking rapporte que, dans les expériences qu'il a faites, il est parvenu à assembler de cette manière 21 planches de 3 lignes d'épaisseur (7 millimètres), et

Pour préserver les joints de l'influence atmosphérique, on a collé de chaque côté des planches de 0ᵐ,049 serrées par des vis (2).

Dans le reste de sa composition, ce pont est à peu près semblable à ceux que nous avons précédemment décrits.

M. Wiebeking ajoute à la description qu'il donne du pont d'Altenmarkt, que le moyen de construction qu'il y a employé est applicable non-seulement aux ponts à arches, mais aux limons des escaliers, aux échafaudages, aux cintres pour les voûtes, et généralement à tous les ouvrages de charpente qui exigent des courbes. L'idée de M. Wiebeking s'est trouvée réalisée par mon invention des arcs en madriers, courbés sur leur plat, pour la construction des grands combles. (Chapitre XXX.)

On a construit dans le comté de Durham, en Angleterre, un pont en charpente, d'une ouverture d'à peu près 100 mètres, entièrement formé de plusieurs épaisseurs de madriers courbés sur leur plat et jointifs, de manière à former une arche pleine : les madriers n'ayant pas une longueur suffisante, sont entés bout à bout, et les joints sont couverts par des moises horizontales.

IX.

SYSTÈME DE M. L. LAVES.

M. Laves, que nous avons déjà cité page 222, a appliqué son système à quelques ponts. Le plus remarquable, par son étendue, est celui, pour piétons, qu'il a exécuté à Hanovre, sur une portée de 29ᵐ,20 (100 pieds de Hanovre), et une largeur de 3ᵐ,50 ; nous en donnons un croquis, fig. 34, pl. CXXXVII. Ce pont est en bois de chêne ; il se compose de deux armatures jumelles : dans chacune, le longeron qui porte le plancher est compris entre les travons, et reçoit les assemblages à endents de ces travons qui, vu la grande portée du pont, sont formés chacun de trois

---

qu'ayant éprouvé la force de cet assemblage, il l'a trouvée plus grande que celle d'une pièce de bois de même dimension.

(2) Nous ne pensons pas que l'emploi de la colle-forte soit aussi efficace que M. Wiebeking paraît le supposer, à cause de l'action de l'humidité de l'atmosphère. Nous croyons qu'on peut se dispenser de coller les planches ; si l'on tenait cependant à ce moyen, il serait préférable d'employer, au lieu de colle, un mastic gras, pierreux, hydrofuge, tel que le mastic d'Hill, qui adhère tellement au bois, que des pièces réunies par son moyen ne peuvent être séparées que par éclats.

longueurs de bois, assemblées par simple enture pour les travons supérieurs, et par moises à fil de bois et endentures pour les travons inférieurs. Les moises verticales des fermes des têtes sont reliées d'un côté à l'autre du pont par des croix de Saint-André qui soutiennent, aux points où elles se croisent, de petits poteaux sur lesquels porte un longeron qui s'étend sous le milieu du plancher dans toute la longueur du pont. La figure 27 est une coupe transversale de ce pont.

M. Laves a construit deux autres passerelles, d'une portée de 10,^{m}50, en bois de pin : l'une à Elnbogen, en Bohême; l'autre à Celle, en Hanovre. Enfin, M. Laves a construit, suivant son système, deux ponts pour le passage des voitures : l'un, en chêne, à Dernebourg, près Hildesheim, sur une portée de 17^m,50, fig. 31, pl. CXXXVII; l'autre, en bois de pin, à Altsatter, en Bohême, en deux portées, ensemble de 36^m,80. Dans ces quatre ponts, les armatures sont espacées également, et les travons supérieurs servent de longerons pour supporter leurs planchers, de sorte que les armatures sont entièrement au-dessous des planchers.

Ces constructions sont légères et par conséquent fort économiques; elles présentent cependant, lorsque les berges des rivières sont peu élevées, l'inconvénient de l'abaissement des travons inférieurs qui peuvent gêner la navigation.

On peut remplacer les travons inférieurs par des tringles de fer.

Nous renvoyons, au surplus, à ce que nous avons dit de ce système au sujet de son application à la construction des combles, pages 222 et suivantes.

X.

PONTS BIAIS.

Lorsqu'une route rencontre, sous un angle autre que celui de 90°, un obstacle qu'elle doit franchir directement sur un pont, ce pont doit être biais, surtout lorsqu'il est établi sur un cours d'eau, pour que les parements de ses culées et de ses piles ou palées n'obstruent que le moins possible le mouvement de l'eau. Il en est de même si le pont doit être établi au-dessus d'une autre route, qui est croisée par celle qui doit passer sur ce pont.

Lorsque l'angle que forment les deux directions auxquelles le pont doit participer est tel qu'il en résulte des inconvénients plus grands que le bénéfice que l'on retire d'une construction biaise, on trace la route suivant quelques contours qui changent sa direction aux abords du pont, et qui permettent d'établir ce pont à angle droit sur l'axe de l'obstacle qu'il doit franchir. Ce parti est indispensable lorsqu'il s'agit d'un pont de bateaux ou de radeaux, comme ceux dont nous parlerons au chapitre XXXIX. Dans toute autre circonstance, lorsque le biais n'est pas trop considérable, c'est-à-dire lorsque l'angle suivant lequel les deux directions se croisent n'est pas trop aigu, on s'astreint aux conséquences des constructions biaises, soit en maçonnerie, soit en charpente. Nous allons nous occuper seulement de ces dernières, dans lesquelles les charpentiers aiment à rencontrer les difficultés pour les vaincre en leur appliquant les règles de leur art.

On peut, dans le cas d'un pont établi de biais, faire participer à ce biais toutes les pièces de la charpente, tant de ses culées, piles et palées, que de ses fermes. C'est un parti conforme aux usages de l'art et à la loi de la continuité des formes, qui produit souvent le plus bel ornement des ouvrages en bois. Si nous avions à entrer ici dans les détails de ces formes auxquelles la condition du biais astreindrait les différentes pièces de bois droites ou courbes, qui devraient entrer dans la construction d'un pont biais, nous n'aurions qu'à reproduire ce que nous avons précédemment développé en parlant, aux chapitres XIV et XVIII, des *croupes*, des *noues biaises* et des *fermes biaises* que l'on rencontre dans les diverses combinaisons des combles; mais ces matières ont été traitées dans ces chapitres avec assez de détails pour qu'il soit inutile d'y revenir, tant l'application à en faire aux ponts biais en bois est facile.

Néanmoins il se présente des cas dans lesquels la rigoureuse observation du biais, dans différents détails de construction, présente des inconvénients et même des difficultés assez graves, ce qui nous impose l'obligation de nous occuper des moyens que l'on a parfois employés pour les vaincre ou plutôt pour les éviter.

Les formes que la loi de continuité imposerait dans certains cas aux différentes pièces droites ou courbes seraient gracieuses sans doute, et l'œil pourrait être satisfait de l'observation rigoureuse de cette loi; cependant, il peut arriver que ces formes s'accordent mal avec les conditions de la résistance des bois, notamment à cause des grandes dimensions qu'il faudrait donner à quelques faces des pièces biaises, pour que ces pièces aient la force qui leur serait nécessaire, ou pour que les assemblages puissent y être faits régulièrement; le biais peut aussi conduire à des formes telles, qu'il faudrait des bois d'un trop fort équarrissage pour les fournir; enfin, les pièces biaises pourraient ne pas se présenter à celles qu'elles doivent recevoir sous des angles propres à assurer la stabilité des assemblages.

Le remède à ces inconvénients, qui peuvent rendre la construction impossible ou au moins d'une exécution trop difficile, et même compromettre la solidité, a été le sujet d'un problème que l'on a résolu en ne satisfaisant point au biais dans les détails de la construction, et en ne s'y assujettissant que dans l'ensemble de l'édifice : ainsi chaque ferme est traitée comme si elle appartenait à un pont droit; mais toutes les fermes sont établies, du reste, comme faisant partie d'un pont biais.

Les fermes droites ainsi disposées doivent cependant être liées entre elles par des moises transversales : l'établissement de ces moises donne lieu à deux systèmes de construction des ponts biais.

§ 1. *Pont biais construit avec des fermes droites et des moises transversales horizontales.*

La figure 1, pl. CXXXII, est une élévation ou projection d'un pont biais sur un plan vertical parallèle aux fermes, et par conséquent parallèle à l'axe qui marque la direction de la route à laquelle le pont donne passage; cet axe est marqué $p\,q$, fig. 4.

La figure 2 est une coupe par un plan vertical suivant le biais ayant pour trace la ligne $z\,v$ du plan, fig. 4. Mais la portion du pont qui est à droite étant supposée enlevée, la portion à gauche est projetée, fig. 2, sur un plan vertical perpendiculaire à l'axe, et qui est parallèle à la ligne $z\,y$ figure 4.

Ce pont, quoique biais, est composé de cinq fermes droites dans lesquelles les sous-longerons et les contre-fiches sont combinés suivant le système de M. Lomet, adjudant général, ancien ingénieur des ponts et chaussées. J'ai compris dans cette combinaison quatre contre-fiches au lieu de trois établies dans le pont droit que M. Lomet avait projeté, en 1782, comme étude; ce pont est figuré pl. XVI du premier recueil de l'*Art de la charpente*, par Krafft, et j'en ai déjà parlé, page 382.

La construction de l'épure d'une ferme est établie comme il suit :

Sur la corde $a\,b$ soit décrit un arc de cercle $a\,d\,b$ de 65°, et dont le centre est en c. (Ce point, faute d'espace libre, est compris dans l'étendue de la fig. 4.)

L'arc $a\,d\,b$ est divisé en huit parties égales.

Après avoir établi les moises verticales m formant les poteaux extrêmes de la ferme, le longeron principal $p\,p$ et le sous-longeron $r\,r$, on établit de chaque côté la première moise $p\,q$, de façon que sa ligne de milieu passe par le premier point q de la division de l'arc, et que son assemblage avec le longeron $p\,p$ ne touche pas la moise verticale m. Cette première moise tracée, la ligne $p\,p$ est divisée en six parties égales, et par ses cinq points de division et les cinq points de division de l'arc on trace les lignes du milieu des autres moises pendantes.

Le dessous de la traverse horizontale g est tangent à l'arc de cercle. La face inférieure de la première sous-contre-fiche h de chaque naissance est la corde de la première portion de l'arc ; celle qui suit j et qui correspond à deux portions de la division de l'arc, s'accorde dans ses abouts avec ceux de la traverse g et de la sous-contre-fiche h. L'inspection du dessin suffit pour faire connaître le reste du tracé.

Les moises pendantes soutiennent le garde-corps dont les poteaux intermédiaires sont tracés par les points qui partagent également en deux parties les intervalles des moises, sur la lisse supérieure et sur la pièce horizontale k qui maintient les madriers du plancher.

Le pont est composé de cinq fermes égales à celle que le dessin représente en entier dans la figure 1. Elles sont parallèles et à égales distances les unes des autres, mais posées de façon que leurs points homologues sont dans des horizontales parallèles à l'axe de la rivière, c'est-à-dire parallèle à la ligne horizontale $v\,z$ de la fig. 4, suivant le biais qui est de 113°.

Les moises verticales contre lesquelles les fermes trouvent leur appui sont appliquées contre les culées sur des parties de plans verticaux x perpendiculaires aux axes des fermes, de façon que la poussée s'exerçant sur ces plans, qui sont entaillés dans la maçonnerie des culées, il ne peut y avoir aucun mouvement de torsion résultant du biais.

La partie à gauche, dans la figure 4, présente la charpente de la travée du pont vue en dessous ; celle à droite montre le dessus des madriers du plancher, cloué sur les longerons perpendiculairement à l'axe du pont.

Pour tenir les fermes à leurs distances, elles sont liées les unes aux autres par des moises horizontales ; l'une de ces moises, celle f, embrasse les moises pendantes verticales qui occupent les sommets des fermes. Son épaisseur et sa largeur étant déterminées, il est facile de la mettre en projection horizontale en $m\,n$, et de la figurer dans l'élévation. L'épure des deux autres moises k est l'objet qui m'a déterminé à faire ce pont biais pour présenter le premier cas du biais par rapport aux moises. Il est nécessaire, pour mettre ces moises en projection de faire une construction qui donne en même temps les projections et la herse indispensable pour piquer les bois des pans de charpente, formés par chacune de ces moises horizontales et par les moises pendantes qu'elles saisissent.

Pour que l'épure qu'il s'agit de faire ne rende pas la figure confuse, je l'ai reculée, fig. 3, sur le plan horizontal parallèlement à la figure 4.

430   TRAITÉ DE L'ART DE LA CHARPENTERIE. — CHAPITRE XXXVIII.

Par les arêtes des moises pendantes *o*, les plus rapprochées de l'axe de la rivière, on fait passer un plan qui a pour trace la ligne 1-2-3-4-5, fig. 4, sur le plan horizontal passant par les extrémités inférieures de ces mêmes arêtes; ce plan horizontal a pour trace verticale la ligne *o o*, fig. 1.

La trace horizontale 1-2-3-4-5 est reportée, fig. 3, en 1-2-3. Les projections des moises qui répondent aux points 1-2-3 de la fig. 4 sont tracées sur l'épure, fig. 3, où elles sont ponctuées. Ces moises, rabattues à la herse, sont tracées sur la même figure en ligne pleine; la moise horizontale qui doit embrasser les moises pendantes devant avoir ses faces perpendiculaires à leurs arêtes, elles sont projetées en herse par deux lignes *a e, o i* parallèles à la ligne 1-2-3.

La position de cette moise est déterminée de façon qu'elle occupe à peu près le milieu des moises pendantes des fermes intérieures; elle est figurée entre les ligne *a e, o i*.

A *b*, fig. 3, est une projection de la moise pendante répondant au point 1 sur un plan vertical perpendiculaire à la ligne 1-2-3, et rabattu sur le plan horizontal en le faisant tourner autour de sa trace horizontale *a d*. La moise horizontale est tracée, en *g g'*, vue par le bout sur cette projection, en faisant *a g* égal à 1-*g'* mesuré sur la herse; le rectangle *g g'*, qui marque l'équarrissage de cette moise étant tracé, ses arêtes sont projetées horizontalement en 7-7", 7'-7'", 6-6", 6'-6'", et la longueur de cette moise est déterminée par la ligne 6'-7, fig. 3, qui est la même que celle *z u* de la fig. 3. Les projections des arêtes de cette moise sont reportées sur la figure 4 en *k*, et tracées en traits pleins.

La projection de la moise horizontale sur sa grande face est tracée en *x x*, figure 3, avec les entailles qui donnent passage aux moises pendantes.

Nous avons supposé, dans cette épure, que les moises horizontales sont seules entaillées, et que les moises pendantes ne le sont point, parce que l'échelle de cette épure est trop petite pour que la projection des entailles sur ces moises pendantes soit distincte. Le tracé de ces entailles ne présente aucune difficulté, puisque dans l'épure, fig. 3, on a la herse, les projections verticales des moises pendantes, et tout ce que nous avons dit sur les herses, en parlant des combles, a dû rendre les charpentiers habiles pour tracer ces sortes d'assemblages.

Le biais de ce pont est tel que les entailles des moises horizontales ont leurs diagonales à peu près parallèles aux arêtes des moises, ce qui convient pour que les deux moitiés de chaque moise puissent être mises en place sur les pièces qu'elles doivent serrer; mais la direction des moises ne satisfait pas toujours à cette condition. Pour compléter ce que j'ai dit à ce sujet, page 107, tome Ier, j'ai indiqué, fig. 7 de la même planche CXXXII, la manière de disposer les faces des joints des moises, lorsque les diagonales des pièces moisées ne sont pas sur la ligne $a\ b$ qui devrait être le joint des moises. Le joint 1-2 est le plus simple, mais il a l'inconvénient de solliciter le glissement des deux parties de la moise; le joint 3-4 est préférable en ce qu'il est perpendiculaire aux axes des boulons qui opèrent la pression des moises.

§ 2. *Système du viaduc biais d'Asnières.*

Le pont-viaduc d'Asnières, établi sur la Seine pour le passage du chemin de fer de Paris à Saint-Germain et à Versailles (rive droite) (1), présente la seconde application des moises transversales dans les ponts biais : ce pont est composé de cinq arches biaises portées sur des piles en maçonnerie. Nous devons à l'obligeance de M. Clapeyron, ingénieur en chef de ce chemin de fer, la communication des dessins de ce beau pont, que nous avons imité pour construire les figures 1, 6 et 7 de la planche CXXXIII, présentant les détails d'un pont du même genre pour servir d'étude.

L'angle du biais, c'est-à-dire celui que fait l'axe du chemin de fer, ou celui du pont-viaduc avec l'axe de la Seine, auquel la direction des piles est parallèle, est d'environ 76° et demi. Sous cet angle les projections des fermes du pont n'auraient pas été assez distinctes les unes des autres pour l'objet que je me proposais dans une épure d'étude; j'ai, en conséquence, réduit l'angle du biais à 68°, pour obtenir la netteté que je désirais dans l'épure, sans m'écarter trop du modèle. Du reste, j'ai conservé dans chaque ferme la combinaison des bois adoptée par M. Clapeyron; les arches ont environ 30 mètres d'ouverture et 4^m,80 de flèche. J'ai supposé que ce pont, dont la figure 1, pl. CXXXIII, représente l'élévation, n'a qu'une arche, et qu'elle est établie entre les deux culées ; j'ai supposé, enfin, que le garde-corps était en fer au lieu d'être en bois, le tout afin qu'on ne puisse pas confondre ce qui est ici une étude avec le pont exécuté à Asnières par M. Clapeyron, auquel appartient tout le mérite de ce bel ouvrage.

La figure 6 est le plan d'une des culées.

Le cintre de chaque ferme est composé de quatre cours de courbes équarries et gabariées à vives arêtes avec le plus grand soin. Ces cintres

---

(1) Ce pont a été remplacé par un pont en tôles assemblées. (Voir l'ouvrage de MM. Molinos et Pronnier sur les ponts métalliques.)

sont établis chacun comme s'ils devaient faire partie d'un pont droit; ils sont parallèles et à égale distance les uns des autres; mais leurs naissances portent dans les culées sur des plans dont les horizontales sont perpendiculaires aux axes des fermes ou à celui du pont, ces plans étant entaillés dans les culées pour recevoir les portées de ces fermes. Les intrados des arcs sont, en conséquence de cette disposition, projetés verticalement sur les arcs de cercle $a\ b\ c$, $a'\ b'\ c'$, $a''\ b''\ c''$, $a'''\ b'''\ c'''$, $a''''\ b''''\ c''''$, dont les centres sont dans les verticales, $b\ o$, $b'\ o'\ b''\ o''$, $b'''\ o'''$, $b''''\ o''''$, et, faute d'espace, ne se trouve point sur la planche. L'arc de cercle du milieu, $a''\ b''\ c''$, est divisé en dix-huit parties égales entre deux points rapprochés des naissances $a''\ c''$. Si l'on imagine maintenant par le centre du cintre du milieu, $a''\ b''\ c''$, une horizontale perpendiculaire à ce cintre et à l'axe du pont, et que par cette horizontale et par les points de division on fasse passer une suite de plans, tous ces plans marqueront par leurs traces sur le plan de projections verticales, les positions des moises pendantes de toutes les fermes; la ligne $x\ y$ est une de ces traces. Les traces de ces plans, sur le parement de chaque ferme, sont les lignes de milieu des moises pendantes, et ces mêmes plans contiennent les joints des moises transversales qui réunissent les fermes.

Ayant donc tracé sur la ferme des têtes les épaisseurs des moises pendantes parallèlement aux traces des plans passant par l'axe horizontal commun, les épaisseurs se trouvent tracées sur toutes les autres fermes et les quantités dont elles dépassent les cintres sont les mêmes dans toutes ces fermes.

Les largeurs des moises transversales sont marquées aussi par des parallèles aux lignes du milieu des moises pendantes, les positions des moises transversales sont déterminées, pour celle de l'intrados, avec la seule condition de toucher deux arcs des fermes des têtes, et pour celles de l'extrados par la condition d'être parallèles aux premières, et les plus rapprochées possible du cintre. Il est aisé de voir que, par cette construction, la ligne du milieu des moises transversales est dans une surface gauche du même genre que celle de la voûte désignée sous le nom de *biais passé*, dans la coupe des pierres (1).

On voit que cette génération donne la plus grande facilité pour le

---

(1) Dans le biais passé, on suppose qu'une porte est percée dans un mur suivant une direction biaise; les arêtes apparentes de la voûte sont, sur les parements du mur, des demi-cercles, et la surface de la voûte est engendrée par une ligne droite qui se meut en s'appuyant sur les deux cercles des têtes, et qui passe par l'axe moyen perpendiculaire au mur, ou, ce qui est la même chose, la génératrice est constamment dans le plan qui passe par cet axe et qui détermine les joints de la voûte.

piqué des assemblages des moises transversales et des moises pendantes, puisque les herses de chaque pan formé par cinq moises pendantes du même rang, et les deux moises transversales qui les saisissent, sont de la plus simple construction.

Supposons que sur un plan perpendiculaire au plan de la projection verticale, ayant pour trace la ligne $x\,y$, on projette les moises pendantes et les deux moises transversales; ce plan coupera le plan horizontal des naissances, dont la trace est la ligne $a\,e$ suivant une ligne projetée au point y; cette ligne est marquée $y\,y$, fig. 7.

Si la projection faite sur ce plan est rabattue sur le plan horizontal, fig. 7, cette figure représentera la herse du pan de charpente formé par les cinq moises pendantes qui répondent à la ligne $x\,y$ de la figure 1.

Cette projection en herse est très-facile à faire, puisque toutes les distances à la ligne $y\,y$ sont prises sur la ligne $x\,y$ de la figure 1, à partir du point y, et réciproquement; les points qui déterminent les extrémités des moises transversales sont reportés de la figure 7 sur la figure 1, pour y marquer ces extrémités en projection verticale.

Dans le biais passé de la coupe des pierres, la douelle de la voûte est une surface gauche, et les sections faites dans cette surface, par des plans verticaux parallèles aux parements des murs, ne sont point égales aux arcs des deux têtes de la voûte; il faut construire par points les courbes qui résultent de ces sections pour tailler les voussoirs de la voûte.

La rigueur de cette construction ne conviendrait pas dans un pont en charpente, parce que les arêtes d'intrados des cintres intermédiaires ne seraient point des cercles, ce qui introduirait une difficulté dans l'exécution, et, par ce motif, il est préférable, en charpenterie, que tous les cintres soient égaux : il s'en suit que, dans une coupe représentée fig. 7, les points v, v', v'', v''', v'''', des milieux des coupes des cintres ne sont point sur une ligne droite $r\,s$; c'est un bien faible inconvénient qui ne nuit en rien à la régularité des fermes, ni à la solidité du pont, ni à son aspect. Dans chaque pan de cette sorte, la moise transversale d'intrados $s\,r$ est établie en contact ou au moins tout près du cintre des têtes; les cintres intermédiaires ne la touchent point, et la moise transversale d'extrados $t\,u$, parallèle à la première, touche le cintre du milieu seulement.

Les moises pendantes n'ayant pas la même position sur tous les cintres, il s'ensuit que les croix de Saint-André qui occupent les compartiments formés par ces moises ne sont point égales; elles sont assujetties à s'assembler dans ces mêmes moises, au même niveau, sous les longerons et à la même distance des moises transversales, ce qui donne leurs projections, que l'on remarque sur la fig. 1.

Des croix de Saint-André sont établies aussi entre les moises pendantes d'une ferme à l'autre et dans chaque pan formé par ces moises transversales, comme on les voit dans l'un de ces pans, fig. 7.

Cette multiplicité de moises pendantes, de moises transversales et de croix de Saint-André, forme sans doute un très-grand volume de bois, et elle charge d'un poids considérable les cintres qui soutiennent le pont ; mais il faut considérer qu'il s'agissait de lui donner la stabilité nécessaire pour résister au passage des convois très-pesants du chemin de fer occupant le plus souvent la majeure partie de la longueur du pont.

XI.

PONTS EN BOIS RONDS.

On construit, dans les contrées où les bois résineux sont abondants, des ponts en bois ronds, tels que la nature les produit. Ces ponts ont au moins autant de simplicité, d'élégance et de solidité que les ponts construits, à grands frais de main-d'œuvre, en bois équarris. Ils consomment moins de bois. Le pont de Bon-Pas, sur la Durance, et le pont du Var, sont construits entièrement en bois ronds de mélèze. Pieux, moises et écharpes des palées; longerons, sous-longerons, contre-fiches et moises des fermes; planchers portant des chaussées pavées, tout est en bois ronds. Des dessins de ces ponts font partie du recueil lithographié de l'École des ponts et chaussées. Nous ne les reproduisons point, parce que, à l'exception de cette particularité de la forme ronde de tous les bois, leurs combinaisons diffèrent peu de celles des ponts en bois équarris, fig. 39 et 41 de la planche CXXXVII. On n'a dressé pour leur exécution que d'étroites surfaces de contact pour la superposition des longerons sur les sous-longerons; on n'a taillé que les surfaces justement nécessaires au contact entre les moises et les pièces qu'elles saisissent, et tous les autres assemblages sont exécutés comme ceux que nous avons décrits tome Ier, page 270 et pl. XVI. Les travées du pont de Bon-Pas ont 12 mètres; celles du pont du Var en ont 15.

XII.

BRISE-GLACE.

Les brise-glace sont des constructions en charpente que l'on établit en amont des palées des ponts pour tenir lieu des avant-becs des piles en maçonnerie. On donne à ces constructions autant de solidité qu'il est possible, vu qu'ils doivent recevoir les chocs réitérés des glaçons charriés par les rivières : s'ils étaient rompus, les ponts seraient très-compromis. La ruine de plusieurs ponts a été la conséquence de la faiblesse de leurs brise-glace qui n'ont pu résister aux violents efforts des débâcles; c'est la fréquence des catastrophes de ce genre qui a déterminé M. Wiebeking à adopter, partout où cela lui a été possible, ses arches à grandes portées.

On comprend quelquefois les brise-glace dans la combinaison des palées, dans la vue de profiter d'une partie de la force des palées pour augmenter celle des brise-glace, comme on en voit un fig. 39, pl. CXXXVII; mais cette disposition a l'inconvénient que les vibrations causées par le choc des glaçons se communiquent au pont.

Dans les fig. 4 et 5, pl. CXXIX, on a représenté, en amont des palées du pont de César, des espèces de brise-glace; dans la saison où l'armée romaine marchait contre les Germains, il ne s'agissait point de détourner les glaçons, mais bien d'arrêter le choc des corps flottants que les ennemis auraient pu envoyer par le courant du fleuve pour détruire le pont.

La fig. 43, pl. CXXXVII, représente un brise-glace composé d'une seule file de pieux couronnés par un chapeau et liés par une moise horizontale de fond et une moise en écharpe.

La fig. 44 représente l'élévation et la fig. 45 représente la projection horizontale d'un brise-glace plus solide tiré de l'ouvrage de M. Gauthey; il est formé de deux pans de charpente établis sur des pieux qui servent de fondation. Cette disposition est consolidée dans ses assemblages par des ferrures, que la petitesse de l'échelle du dessin ne permet pas de représenter.

On construit sur l'Oder des garde-glace qui sont composés de bois couchés en forme de chaises à claire-voie; ces bois sont boulonnés les uns sur les autres et ils forment des pyramides tronquées et couchées qui présentent leurs plus petites bases au courant.

436   TRAITÉ DE L'ART DE LA CHARPENTERIE. — CHAPITRE XXXVIII.

Les brise-glace qui sont en avant des palées du pont de Custrin forment également des pyramides tronquées, couchées dans le lit du fleuve suivant le cours de l'eau; elles sont composées de files de pieux verticaux et de pièces longitudinales qui leur sont assemblées à entailles en les croisant. Les deux rangs de cases ainsi formées sont occupés par des croix de Saint-André, le dessus se termine par deux plans inclinés et l'arête qui forme le faîtage est aussi inclinée : le tout est boulonné et recouvert de bordages.

XIII.

EMPLOI DU FER DANS LES PONTS EN CHARPENTE.

Le fer est employé dans les ponts en charpente exactement dans les mêmes circonstances que dans les charpentes des combles.

Nous citerons cependant quelques exemples de modes particuliers de l'emploi du fer dans ces édifices.

§ 1. *Ancien pont de la Cité, à Paris.*

L'ancien pont qui communiquait de l'île de la Cité à l'île Saint-Louis était une construction assez lourde en charpente, servant uniquement aux piétons. Il avait été bâti en 1710, et plusieurs fois emporté par des débâcles. Dès 1718, un droit de péage d'un liard (1) par piéton avait été accordé aux entrepreneurs qui l'avaient rétabli, et le nom de pont Rouge lui avait été donné à cause de cette couleur dont tous ses bois avaient été peints. Il fut reconstruit en 1802, encore en charpente, mais suivant un autre système de construction, dans lequel le fer se trouvait être un des premiers éléments de sa solidité, quoiqu'il n'y fût employé qu'en tirants destinés à s'opposer à l'écartement des fermes.

Nous donnons, fig. 1, pl. CXLIII, une élévation, et fig. 2 une coupe en travers de ce pont et nous empruntons à M. Gauthey (tome II, page 63) la description de la construction de ce pont.

« On a encore adopté les poutres cintrées pour les fermes de tête du pont de la Cité. Ce pont offre deux arches de $31^m,08$ d'ouverture aux naissances sur $1^m,95$ de flèche. Les cintres sont composés de quatre cours de pièces de 27 centimètres d'équarrissage boulonnés avec soin,

(1) Le quart d'un sou ou un centime un quart.

et l'on a placé quelques contre-fiches et quelques décharges qui se prolongent dans le parapet; ce pont, dont la largeur d'une tête à l'autre est de 9^m,07, n'a pas de fermes intermédiaires. L'intervalle des deux fermes de tête est occupé par une sorte de voûte à double courbure, composée de pièces jointives placées dans le sens de la longueur du pont qui porte sur les deux fermes de tête et qui, dans ce sens, a la même courbure qu'elle; sa poussée latérale est retenue par des tirants en fer placés au-dessus et au-dessous qui s'opposent à l'écartement des têtes; quand on fit le remblai dans les reins, un de ces tirants vint à casser, et cet accident, peu important puisqu'il provenait probablement de quelques défauts dans le fer, engagea à décharger les reins et à faire porter le pavé sur un plancher de nouveau soutenu par les fermes et qui ne prend aucun appui sur la voûte à double courbure. »

Le succès n'ayant point répondu à ce qu'on attendait de ce mode de construction, ce pont a été démoli et remplacé par un pont en charpente à système d'arcs ordinaires.

§ 2. *Ponts de M. Aubry.*

L'Académie de Toulouse avait proposé, comme sujet de prix pour l'année 1786, le projet de la construction d'un pont d'un seul jet sur une rivière de 450 pieds (146^m,18) de largeur. Le Mémoire envoyé par M. Aubry, inspecteur des turcies et levées du royaume, fut couronné. Le projet de M. Aubry diffère de celui de M. Migneron par sa grande portée et par les croix de Saint-André établies dans tous les rectangles formés dans chaque ferme par les quarante-six moises pendantes et les deux principaux arcs composés chacun de trois cours de poutres courbées.

L'arc intérieur de chaque ferme est de 30° 26′, la corde de 146^m,18 (450 pieds), son rayon de 278^m,713 (858 pieds) et sa flèche de 9^m,745 (30 pieds).

Le pont est composé de cinq fermes espacées également entre ses deux têtes de 8^m,906 (27 pieds 5 pouces).

Ce qu'il y a de plus remarquable dans ce projet, après sa grande portée qui rendait le succès de son exécution au moins fort douteux, ce sont les moyens proposés par M. Aubry pour maintenir la courbure du bois et pour empêcher les vibrations des fermes.

Les poutres formant les cintres « doivent être choisies, dit M. Aubry, parfaitement droites, et avant de les entailler sur le trait de leur appareil, on doit les courber conformément à la *cerche* de l'arc dont elles font partie, cette cerche ayant 0ᵐ,045 (1 pouce 8 lignes) de flèche par 9ᵐ,745 (30 pieds) de corde.

» Les moyens de courber ces pièces sur des chantiers, avec des coins aux extrémités et des points d'appui au centre, pour leur faire acquérir cette courbure qu'on regarde à peu près comme spontanée, sont trop simples pour qu'on s'y arrête.

» Ces pièces ainsi courbées, on doit fixer leur ressort avec des tirants de fer droit de 0ᵐ,081 (3 pouces) de large et de 0ᵐ,021 (9 lignes) d'épaisseur qui seront arrêtés à chaque extrémité avec des boulons à vis et écrous, en sorte que cette pièce ne pouvant plus se débander ni se contracter, on y fera les entailles qui se trouvent indiquées par le dessin.

» Ces tirants doivent être placés dans les faces intérieures des courbes de bordage des têtes pour que les fers soient abrités comme le sont ceux qui seront employés aux courbes des fermes intermédiaires. »

Il suit de cette dernière indication que M. Aubry ne place de tirants en fer que sur une des faces de chaque courbe. Le défaut de symétrie ne peut manquer d'occasionner une torsion dans les courbes. Si l'on employait de pareils moyens, il faudrait placer un tirant sur chaque face plane de chaque pièce qu'on voudrait maintenir courbe.

A l'égard du moyen proposé par M. Aubry pour empêcher la vibration des fermes, il consiste en contrevents, qu'il appelle *pendentifs par pénétration*, établis près des culées de chaque côté du pont et en partie en dedans de la charpente ; ces pendentifs sont composés d'arcs en fer de 99ᵐ,076 (395 pieds) de rayon, et de *tirants en travers* fixés par une extrémité sur la ferme du milieu du pont, et scellés par l'autre bout dans les murs d'épaulement ; ces arcs, enfin, sont soutenus par des consoles également courbes scellées dans les mêmes murs. Nous avons représenté, fig. 6 de notre planche CXLIII, d'après le dessin de M. Aubry, le plan d'une des extrémités du pont avec ses deux pendentifs. Nous ne regardons pas ces arcs en fer, susceptibles eux-mêmes de vibrations, comme propres à arrêter celles du pont ; mais nous n'avons pas voulu omettre dans ce chapitre l'indication d'une construction proposée.

§ 3. *Ponts à grandes portées de M. du Molard.*

M. le vicomte de Barrès du Molard, officier supérieur au corps royal de l'artillerie, propose, dans un Mémoire qu'il a publié (1), de combiner le fer avec le bois pour construire avec économie des ponts d'une grande portée ;

---

(1) In-4°, Paris, 1827, chez Bachelier.

moyen pour lequel il avait pris un brevet d'invention le 25 mars 1826, cause pour laquelle probablement aucun essai, du moins que nous sachions, n'en a été fait.

Nous donnons, d'après M. du Molard, fig. 4, pl. CXLIII, la projection verticale d'une demi-travée d'un pont projeté suivant son système de *ponts mi-bois et mi-fer, à grandes portées.*

M. du Molard suppose que ce mode de construction peut servir à établir un pont de deux arches sur une rivière de 188 mètres.

Dans ce système, chaque arc est composé de pièces de bois d'égales longueurs qui se joignent bout à bout et sont comprises entre deux bandes de fer entre lesquelles elles sont boulonnées.

Pour les ponts d'une moyenne portée, M. du Molard ne place qu'un seul cours de *bois voussoirs* entre les bandes de fer, et, pour les ponts d'une grande portée, il établit deux cours de poutres entre les mêmes bandes.

Vu l'existence du brevet d'invention de M. du Molard, personne ne pouvait se servir de ce moyen sans sa participation ; nous renvoyons, pour de plus amples détails, ceux qui seraient disposés à en faire quelques essais, à son ouvrage, nous contentant d'avoir donné une description succincte de son système, et la figure que nous avons copiée dans son ouvrage et à laquelle nous avons joint, fig. 5, la projection d'une travée d'un pont de service qu'il a composé pour aider pendant l'exécution au levage du pont dont nous venons de parler.

§ 4. *Contrevents en fer du pont d'Ivry.*

Les contrevents en fer, pour avoir une utilité réelle, doivent agir comme tirants, et par conséquent être en fer forgé ; c'est ainsi que sont ceux du pont d'Ivry. Ils sont établis au-dessus de chaque arche, dans le plan des faces supérieures, où ils forment des croix de Saint-André qui ont la propriété d'attacher invariablement le sommet d'une ferme de tête aux extrémités opposées des piles contiguës.

Nous avons indiqué en lignes ponctuées les parties de ces contrevents qui correspondent au fragment de plan, fig. 11, de la planche CXXXIII. En les plaçant dans des plans à peu près horizontaux, au niveau du dessus du pont, ils sont dans la position où ils agissent avec le plus de puissance pour s'opposer au déversement des fermes, puisqu'ils empêchent le changement de figure du dessus du pont.

Par cette disposition, il ne peut y avoir aucun mouvement, les fermes étant toutes solidaires des fermes de têtes.

Les deux tirants ou contrevents qui lient le milieu de la ferme de tête d'amont aux extrémités d'aval des piles voisines, retiennent le déversement en dehors de cette ferme; de même les deux tirants qui lient le milieu de la ferme de tête d'aval aux extrémités d'amont des mêmes piles empêchent le déversement de la ferme d'aval vers le dehors, et comme les fermes intermédiaires sont solidaires des fermes des têtes par l'effet des moises horizontales, il s'ensuit que la travée du pont ne peut déverser dans aucun sens. Cette ingénieuse manière d'établir des contrevents est la meilleure, et elle est une nouvelle preuve des avantages que l'art de la charpenterie peut tirer du fer judicieusement employé dans ses combinaisons.

Ces tirants s'étendent immédiatement au-dessus du solivage du plancher et sous les madriers longitudinaux; ils sont composés de bandes de fer de $0^m,02$ d'épaisseur sur $0^m,065$ de largeur posées à plat et entaillées de toute leur épaisseur dans les solives.

Pour conserver l'action des tirants en fer exactement dans le même plan, M. Emmery établit des moufles à chaque point de leurs croisements de façon que l'un d'eux passe entre les joues de la moufle de l'autre. Les attaches des tirants sur les fermes des têtes sont formées au moyen d'équerres plates dont chaque branche est terminée par une moufle pour saisir le bout d'un tirant terminé par une rosette. Les jonctions bout à bout des tirants et leurs tensions sont effectuées encore par le moyen de moufles à plat dont les coins de tirage sont verticaux, ce qui a l'avantage de permettre aux coins de descendre dans les mortaises par l'effet de leur propre poids, si tous les tirants éprouvent un relâchement de tension.

Nous renvoyons, au surplus, pour de plus amples détails, à l'excellent ouvrage de M. Emmery, que nous avons déjà cité, page 412.

XIV.

PONTS SUR CHEVALETS.

On est quelquefois dans la nécessité de construire des ponts provisoires, soit dans les grands travaux pour le transport des matériaux ou pour servir d'échafaudage, soit enfin dans des circonstances militaires. Quoique ces ponts soient établis très-rapidement et par des moyens très-simples, ils ont une grande solidité, qui répond au service qu'on en attend et à la durée qu'ils doivent avoir. Ils servent souvent au passage de très-lourds fardeaux, tels que de volumineuses pierres de taille ou des voitures pesamment chargées de vivres, d'armes et de munitions pour les armées, et même des pièces de canon de gros calibre sur leurs affûts.

Lorsqu'on n'a ni le temps ni les équipages nécessaires pour battre des pilots et établir des palées, et que d'ailleurs la rivière n'a guère plus de 2 mètres de profondeur, on remplace ces palées par des chevalets. La figure 16 de la planche CXXXVIII représente un pont sur chevalets; la fig. 17 est une coupe de ce pont par un plan vertical perpendiculaire à son axe suivant $x\,z$, fig. 16.

L'inspection de ces deux figures suffit pour faire comprendre cette construction.

On évite, dans la confection des chevalets, les assemblages à tenons et mortaises, à cause du temps nécessaire à leur perfection; des assemblages par simples entailles sont d'une exécution facile; ils ont, pour ces sortes de constructions, une solidité que d'autres assemblages, taillés à la hâte et mal faits, n'auraient point.

Tous les assemblages à entailles sont assujettis par des boulons à vis et écrous, quand on en a à sa disposition; à défaut de ces boulons, par des broches de bon fer liant en guise de clous, et même, à défaut de fer, par de fortes chevilles en bois durs et secs, tels que le frêne et l'aune.

Lorsque la rivière est rapide, on soutient chaque chevalet contre le courant par un arc-boutant, que nous avons indiqué en lignes ponctuées, fig. 17.

Chaque chevalet est construit en entier avant de le mettre à l'eau. Sa hauteur dépend de la profondeur de la rivière, qui est mesurée à l'emplacement qu'il doit occuper, et l'on coupe ses pieds juste aux longueurs convenables pour qu'ils trouvent une assiette solide sur le fond de la rivière, qu'ils soient également inclinés et que la traverse ou poutre soit horizontale et à la hauteur fixée pour le niveau du tablier ou plancher du pont.

Lorsque tous les chevalets sont construits on les conduit aux places qu'ils doivent occuper, sur des nacelles ou sur des radeaux; des nageurs aident à leur établissement.

Les troupes du corps du génie militaire, spécialement chargées, pendant la guerre, de l'exécution des ponts non flottants qui sont nécessaires au service d'une armée en campagne, sont exercées pendant la paix aux différentes manœuvres que la construction d'un pont exige, et ils les établissent avec une rapidité, une précision et une solidité remarquables.

Nous n'avons point à nous occuper de ce mode d'exécution par commandements, quoiqu'il ait de grands avantages pour l'ordre et la célérité du travail, notre but étant seulement d'exposer ce qui se rapporte aux formes de ces constructions.

A mesure que les chevalets sont placés, on pose les longerons sur les traverses; on croise ces longerons pour qu'ils se trouvent solidement établis; on les fixe avec de longues broches ou avec des clameaux, et à défaut de clous, broches et clameaux, on les brèle avec des cordages sur les traverses. Les madriers du plancher peuvent être attachés avec des clous ou des chevilles, ou seulement maintenus par des pièces de rives ou poutrelles p qui croisent les madriers à leurs extrémités et qui sont brélées aux longerons ou retenues par des clameaux.

La figure 18 représente un chevalet construit avec plus de solidité que celui de la figure 17. Les deux pieds de chaque bout du chevalet, au lieu d'être liés par une simple traverse basse, sont moisés haut et bas. Les moises du haut soutiennent la traverse principale; en dessous de ces moises une seconde traverse m est appliquée de chaque côté sur les faces externes des pieds; les deux traverses sont combinées avec la traverse supérieure par deux chantignoles o.

Une croix de Saint-André de chaque côté du chevalet est assemblée sur les deux traverses. Cette combinaison donne au chevalet une grande force et une stabilité parfaite.

CHAPITRE XXXIX.

PONTS MOBILES EN CHARPENTE.

I.

PONTS-LEVIS.

Pour couper ou rétablir à volonté une communication, on emploie des ponts mobiles auxquels on a donné le nom de *ponts-levis* et de *ponts tournants*, suivant que le tablier sur lequel on marche s'élève pour devenir vertical, ou qu'il tourne horizontalement pour interrompre le passage.

Quoique ces ponts soient plutôt des espèces de machines que des ouvrages en charpente, nous allons en décrire quelques-uns des plus simples, dont la construction peut être du ressort du charpentier; il en existe un grand nombre d'autres; mais, comme ils ne peuvent être exécutés qu'à l'aide de pièces de métal qui les rangent dans la classe des véritables machines, nous ne nous en occuperons point.

§ 1. *Pont-levis à flèches.*

Cette sorte de pont-levis doit son origine à la nécessité de couper à volonté tout accès aux portes des forteresses auxquelles aboutissent les ponts fixes établis sur leurs fossés. Nous avons déjà parlé, dans le précédent chapitre, page 372, de ces sortes de ponts fixes en usage sur les fossés des places de guerre, et auxquels on a donné le nom de *pont dormant*. Un pont dormant qui commence au bord extérieur d'un fossé ou contrescarpe se termine à la distance de 4 mètres environ de la muraille dans laquelle se trouve percée la porte qui donne issue dans la forteresse. Le passage, sur cette étendue de 4 mètres, a lieu sur un petit pont qui n'a que la largeur de la porte et qui s'appuie sur le seuil et sur le pont dormant; c'est ce petit pont qui est mobile et qui constitue le *pont-levis*. Divers moyens sont employés pour mouvoir ce pont-levis; le plus simple, dont l'origine ne remonte probablement qu'à l'époque des châteaux et forteresses du moyen âge, est aujourd'hui encore très-fréquemment employé. Il est en usage, non-seulement pour les places de guerre, mais aussi pour le service de la navigation. Lorsque les ponts sur lesquels on traverse les rivières ou les canaux sont tellement bas qu'ils gênent le passage des bateaux, c'est au moyen de ponts-levis simples ou doubles que l'on interrompt momentanément le passage sur ces ponts pour livrer celui de l'eau dégagé de tout obstacle.

La figure 2 de la planche CXXXVIII est le profil d'une porte établie dans un des ouvrages de fortification d'une place de guerre et d'un pont dormant qui lui correspond avec le détail de la construction du tablier $e\ f$ du pont-levis et de la bascule à flèche $c\ d$, qui sert à mouvoir ce pont-levis.

La figure 3 est la coupe en travers du pont dormant que nous avons décrit page 372.

La figure 1 est le plan du tablier du pont-levis.

La figure 4 est le plan de la bascule à flèches.

Le tablier, fig. 1, est une sorte de châssis en charpente composé d'un talon d, d'une pièce de tête c et des sept poutrelles z assemblées à tenons et mortaises avec renforts dans ces deux mêmes pièces; cet assemblage est quelquefois consolidé par quelques ferrures. C'est sur cette charpente que sont cloués les madriers qui forment le tablier sur lequel passent hommes, chevaux et voitures; ces madriers sont garnis de bandes de fer x sous les deux voies que parcourent les roues.

La pièce de bois qui forme le talon d du tablier est garnie à chacune de ses deux extrémités d' d'un tourillon en fer qui porte dans des crapaudines également en fer scellées dans les tableaux de la porte au niveau du seuil.

La bascule est composée de deux flèches $e\ f$, de trois traverses h, i, j, entre lesquelles sont assemblées des contre-fiches. La traverse h porte deux tourillons en fer h' pareils à ceux du tablier, qui sont reçus dans d'autres crapaudines scellées dans les tableaux de la porte, assez haut pour que toute espèce de voitures puissent passer sous la bascule quand le tablier est abattu. Deux chaînes de fer m sont accrochées par leurs anneaux aux crochets en fer qui garnissent les deux extrémités e des flèches, et elles sont attachées aux boucles en fer des deux bouts c de la tête du tablier. Ces boucles ou anneaux font partie des bandes de fer qui enveloppent les poutrelles et la tête du tablier pour consolider leur assemblage. Deux chaînes de manœuvre o sont fixées aux extrémités opposées de la bascule; on conçoit que des hommes, en tirant par leur propre poids ces chaînes de manœuvre, abaissent la bascule qui se meut sur ses tourillons h'; les flèches s'élèvent et elles entraînent la tête du tablier du pont-levis, qui tourne sur ses tourillons pour suivre leur mouvement. Ainsi, lorsque la bascule est dans la position ponctuée c' h f', le pont-levis est dans celle aussi ponctuée d m, et lorsque la bascule est parvenue dans la position verticale, le tablier a pris aussi une position verticale, il masque l'ouverture de la porte et le passage est interrompu. S'agit-il de rétablir le passage en abaissant le pont-levis, la bascule est attirée par les hommes chargés de la manœuvre, tandis que d'autres poussent le tablier avec des gaffes, si son propre poids, qui est en dehors de la verticale passant par ses tourillons, ne détermine pas sa descente, et comme son poids doit l'emporter un peu sur celui de la bascule, il entraîne celle-ci et vient reprendre sa place. On détermine par le calcul la force des bois du tablier et des flèches, le poids du tablier et celui de la bascule, de façon que la machine puisse être mue par un petit nombre d'hommes. A cause des variations hygrométriques de l'atmosphère, on se ménage le moyen de rétablir convenablement le rapport du poids de la bascule avec celui du tablier, au moyen de madriers y dont on varie le nombre selon le besoin. Des verrous u à serrures, placés à hauteur de la main d'un homme lorsque la bascule est abaissée, servent à la fixer dans les gâches u scellées dans les tableaux de la porte; quelquefois des battants de porte sont établis entre le tablier et la bascule.

§ 2. *Pont-levis en engrenage.*

La fig. 5, pl. CXXXVIII, est le profil du pont-levis de Laken, sur le canal de Wilvorden à Bruxelles. Les ponts-levis de cette construction sont fort en usage sur les canaux de la Belgique et de la Hollande.

La fig. 6 est son plan.

Son tablier est composé de quatre flèches a, a, a, b garnies de madriers pour former le plancher; ces flèches se prolongent dans une cave ménagée dans la culée. Le plancher e, au-dessus de cette cave, est composé de fortes poutrelles indépendantes des prolongements des flèches, qui sont d'un équarrissage plus fort dans cette partie que sous le tablier mobile, afin de lui faire équilibre; leur poids est augmenté par des entre-toises d'assemblage f, g, h. Des tourillons k sont fixés à la première entretoise f; ils traversent les flèches des rives et portent dans des crapaudines scellées sur les murs latéraux de la cave.

Un quart de cercle denté m est fixé sur la première flèche b; son centre est dans l'axe des tourillons du tablier, son bord traverse le plancher de poutrelles dans une mortaise. Un pignon n, porté par deux chevalets attachés à ces poutrelles, engrène dans le quart de cercle; il est monté sur l'arbre d'une roue à poignée o, renfermée dans la loge du gardien du pont. En tournant la roue à poignée, dans le sens convenable, elle entraîne le pignon, et celui-ci fait mouvoir le quart de cercle, et avec lui la flèche à laquelle il est fixé et le tablier du pont; les prolongements des flèches s'abaissent dans la cave pendant que le tablier s'élève. Par un mouvement de rotation en sens inverse imprimé à la roue à poignée, on rétablit le pont-levis à sa place.

Nous avons marqué en lignes ponctuées la position du pont-levis, de sa flèche et du quart de cercle pendant un instant de son mouvement. Ce pont porte de chaque côté un garde-corps en fer; les deux garde-corps se meuvent avec le tablier.

Un escalier, dont l'issue est dans la loge du gardien, sert à descendre dans la cave.

§ 3. Pont-levis à tape-cul.

Le pont-levis qui est représenté par un profil, fig. 7, et par son plan, fig. 8, est employé lorsqu'on ne veut point que les flèches des bascules s'élèvent très-haut. Il se compose de deux flèches principales a, qui ont pour longueur celle du tablier jointe à celle du tape-cul; elles sont réunies par une entretoise b, à laquelle sont attachés les tourillons en fer k, qui traversent les deux flèches a et portent dans deux crapaudines. Trois poutrelles c sont assemblées dans l'entretoise; elles portent le plancher du tablier et elles posent sur deux semelles d, e, quand le pont est abaissé; dès que le pont est levé, elles sont supportées par les madriers, qui n'en éprouvent aucune fatigue.

Trois arrière-poutrelles f sont également assemblées dans l'entretoise b; elles sont soutenues dans le même pan que les flèches a par une traverse h, à laquelle elles sont boulonnées aussi bien que ces flèches. Les parties externes des flèches a et des poutrelles c portent le plancher du tablier; les parties internes des flèches a et les arrière-poutrelles f ne portent rien; ces parties sont uniquement destinées à faire équilibre au tablier, le tout étant porté sur des tourillons k.

Entre les arrière-poutrelles f sont des poutrelles fixes i, qui portent d'un bout sur la culée r, de l'autre bout sur les jambettes j soutenues par le bas sur des corbeaux en pierre assez élevés pour ne point gêner l'application de la traverse h quand le pont est levé.

Les poutrelles i portent le plancher qui répond à la cave dans laquelle se meut le tape-cul, et ce plancher est complétement indépendant du pont-levis. Des chaînes appliquées à la traverse h servent à la manœuvre; on descend dans cette cave par un escalier latéral qui est ponctué dans la fig. 7.

J'ai indiqué, en lignes ponctuées, une position du pont pour un instant de son mouvement. Le madrier x, placé entre le plancher du pont-levis et le plancher fixe, s'enlève quand on doit lever le pont; autrement, il serait impossible de le mouvoir.

§ 4. Petit pont-levis s'abattant dans le fossé.

J'ai fait construire, en Espagne, le pont-levis représenté par le profil, figure 13, imité d'une invention de M. Perrault, gravée dans l'ouvrage que j'ai déjà cité page 403 ; il est d'un service très-commode, lorsque ses dimensions sont réduites à celles nécessaires pour le passage de l'infanterie. Son tablier a est composé de trois poutrelles sur lesquelles le plancher est cloué; cette charpente légère porte deux tourillons k fixés aux poutrelles latérales.

Ces tourillons sont reçus dans des anneaux fixés aux flèches d'une bascule b qui porte, par deux charnières c, sur deux petites semelles d au fond du fossé. Cette bascule est représentée, fig. 14; elle est garnie de deux chaînes fixées aux extrémités e de ses flèches. Lorsque les défenseurs établis dans l'intérieur d'un poste veulent interrompre le passage, ils attirent à eux la bascule au moyen de chaînes; cette bascule devient verticale, le tablier est enlevé de quelques centimètres et il se trouve dégagé de la feuillure dans laquelle il portait. Il peut alors être abattu dans le fossé en tournant autour de ses tourillons placés alors en k'; des arcs de cercle ponctués indiquent les chemins parcourus par les extrémités des flèches et par celles du tablier.

§ 5. Grand pont-levis s'abattant dans le fossé.

On a plusieurs fois cherché la construction la meilleure pour un pont-levis s'abattant dans le fossé sur lequel il est établi, la plus grande difficulté était de fixer le tablier, lorsqu'il était horizontal, de façon qu'il présentât toute sécurité dans son usage. Dans tous les essais et projets qui ont eu lieu, les verrous, les volets, les poutrelles additionnelles qu'on avait imaginé d'employer ne garantissaient point une solidité parfaite, propre à prévenir tout accident pendant le passage; je crois avoir complétement résolu cette difficulté dans le pont-levis que j'ai inventé et fait exécuter en 1810, au fort Santa-Helena, devant l'Alhambra de Grenade, en Espagne.

La figure 9 de la planche CXXXVIII est un profil de ce pont.

$a\ a$ est la culée du côté de l'intérieur du fort; cette culée est représentée ici en maçonnerie pour simplifier la figure; elle était en charpente.

b, pile représentée ici en maçonnerie pour simplifier la figure; elle était en charpente.

c, tablier du pont composé de sept poutrelles parallèles réunies par les madriers formant le plancher du pont, et par une bande de fer dont les bouts renflés et arrondis formaient les tourillons *k* du tablier, placés à peu près aux deux cinquièmes de sa longueur totale.

d, poutrelles formant essieu; elle était fendue en deux parties entre lesquelles une bande de fer est incrustée; cette bande de fer était terminée à chaque bout par un tourillon *h*. Les deux parties de cette poutrelle étaient réunies et très-fortement serrées par des boulons, afin qu'elles ne pussent point se tordre.

m, grands leviers exhaussés par deux longues chantignoles *n* et fixés aux extrémités de l'essieu *d* par deux forts étriers en fer.

La figure 10 représente, sur un plan parallèle aux leviers et à l'essieu, l'assemblage de ces trois pièces.

Les tourillons *h* de l'essieu *d* étaient reçus dans deux crapaudines fixées sur le haut de la culée; les tourillons *k* du tablier étaient reçus dans deux autres crapaudines attachées par des boulons sur les leviers *m*.

Le pont étant placé dans la position où il établit le passage par un mouvement fort simple et très-rapide, la communication est interrompue.

Au moyen des chaînes *o*, fixées aux extrémités des leviers *m*, ces leviers sont abattus jusque sur le sol; leur mouvement fait tourner l'essieu *d* sur ses tourillons *h*. Dans ce mouvement le tablier est enlevé, la ligne hx qui passe par les tourillons *h* de la bascule et les tourillons *k* du tablier, prend la position hx', et les tourillons *k* sont portés en arrière en *k'*. Les points de l'extrémité *z* du tablier *c*, en décrivant des arcs de cercle égaux à celui *k k'* que décrivent les tourillons, s'élèvent et échappent le seuil *v*; dans le même temps l'extrémité *y* du même tablier s'élève et s'éloigne de la feuillure qui la recevait, et elle peut, en décrivant l'arc de cercle ys, s'abattre dans le fossé. L'équilibre entre les deux parties était obtenu par une addition de bois sous le plancher de la culée du tablier.

J'ai représenté en lignes ponctuées, dans la fig. 9, le tablier du pont dans sa position horizontale zy, quand il est enlevé au-dessus de ses feuillures par l'effet du mouvement des leviers *m*, et dans sa position verticale ts, lorsqu'il est abattu dans le fossé et logé dans l'encastrement de l'escarpe creusé pour le recevoir, de même qu'une chambre horizontale est ménagée sur la culée pour la place qu'il occupe lorsque le passage est établi par une manœuvre contraire à celle que nous venons de décrire.

On voit que, par cette disposition du pont, aucune fausse manœuvre ne peut causer d'accident, et qu'aucune méprise ne peut être funeste.

II.

PONTS TOURNANTS.

Les ponts tournants se meuvent horizontalement en tournant sur un axe vertical ou autour d'un centre qui en tient lieu. Ils sont simples ou doubles, suivant qu'ils sont destinés à servir de clôture, ou simplement à donner passage à des embarcations qui ne pourraient naviguer sous des ponts fixes, trop rapprochés de l'eau.

§ 1. *Pont tournant des Tuileries.*

Un des ponts tournants les plus anciens de France était celui des Tuileries, construit en 1716 par le frère Nicolas Augustin, sur le fossé qui séparait le jardin des Tuileries de la place de la Concorde, alors place Louis XV, à Paris.

La fig. 1 de la planche CXXXIX est le plan général de la situation de ce pont, qui a été supprimé, vers 1800, pour faire place à la grille qui sert aujourd'hui de clôture et donne une plus large issue.

a, partie du jardin des Tuileries.

b, partie de la place Louis XV, aujourd'hui place de la Concorde.

c, fossé de clôture séparant le jardin de la place.

d, terrasses élevées.

e, piles portant les statues de Mercure et de la Renommée montées sur des chevaux ailés.

ff, pont tournant.

g g, piles saillantes faisant partie de la culée du pont.

Les fig. 5 et 6 sont les élévations et le plan de ce pont, qui était en deux parties se manœuvrant toutes deux du jardin; son objet étant d'empêcher l'entrée de ce jardin, notamment pendant la nuit.

Dans ces deux figures on suppose que l'une des parties A est ouverte, c'est-à-dire dans la position pour livrer passage, et l'autre B est fermée, c'est-à-dire qu'elle a pris la position pour interrompre ce passage. Lorsque les deux parties du pont étaient rapprochées, le passage était libre; au contraire, lorsqu'elles étaient séparées et chacune placée le long de la culée, le passage était complétement interrompu sur une largeur de fossé de 5 mètres et demi.

Lorsque les tabliers du pont étaient dans leurs positions extrêmes, ils se trouvaient supportés, par leurs deux extrémités, sur leurs poteaux et sur la contrescarpe *b* du fossé, ou sur les piles saillantes *g* de la culée intérieure. Mais pendant le mouvement, tant pour les ouvrir que pour les fermer, chacun n'était soutenu que sur son axe vertical ou poteau tournant, et par des contre-fiches courbes assez ingénieusement disposées pour donner aux trois longerons du tablier de solides points d'appui et reporter l'effort de leur poids sur les poteaux tournants.

Un premier système de contre-fiches formait un assemblage plan suivant la projection *a b*. Cet assemblage ou pan se trouvait formé d'une contre-fiche droite *a' b'*, au plan fig. 7, et de deux contre-fiches courbes *v*. Les secondes contre-fiches *c d* intermédiaires, entre les longerons *e f* et les premières contre-fiches *a b*, étaient à double courbure, sauf celle du milieu *y*; les deux autres *x z* participaient de la courbure donnée par le profil *c d* et l'un des profils *o p* du pont vu par le bout, fig. 5.

Chaque poteau tournant était garni à son pied *q* d'un pivot vertical en fer qui était reçu dans une crapaudine; dans le haut, la partie arrondie *s*, garnie de fer, était prise entre quatre petites roulettes montées dans un châssis scellé dans le mur. Le détail de ce châssis, qui était en fer, est représenté sur une échelle plus grande, fig. 8, dans laquelle le cercle rempli par des hachures est la coupe horizontale de la partie arrondie du poteau tournant et de sa frette.

La jonction des deux parties du pont était dentelée; au-dessus des poteaux tournants les tabliers étaient arrondis; sans cette précaution, on n'aurait pas pu les mouvoir. Trois volets en bois servaient à remplir les vides que laissaient les arrondissements; ces volets étaient fixés à la culée par des charnières; ils sont représentés sur la fig. 7. Celui *m* est fermé, parce que la partie *A* du pont est ouverte; ceux *n* et *n* sont couchés sur le seuil, l'autre partie *B* étant le long de la culée. Ces volets étaient garnis sur leurs bords de bandes de fer circulaires et minces pour boucher les joints entre eux et les planchers du pont. Un garde-corps en fer garnissait les culées et les rives de chaque partie du tablier *t* en *r* seulement; les espaces restant entre les garde-corps du pont et ceux de la culée étaient fermés par des parties de garde-corps *t x* tournant à charnières comme des portes sur les derniers montants *t*. Des petits carrés indiquent sur les bords des culées et sur les rives du pont les emplacements des montants en fer du garde-corps.

Ce pont a été plusieurs fois imité et construit pour des canaux; il en existe un sur le canal d'Amsterdam à Utrecht, qui n'en diffère que parce que les contre-fiches ont été construites en fer forgé (1) ; rien n'empêchait qu'on fît les poteaux tournants en fer coulé.

§ 2. *Pont tournant simple.*

La figure 10, pl. CXXXIX, représente la coupe d'un pont tournant établi sur un canal dont les deux rives sont en maçonnerie.

La figure 13 est le plan de ce pont; au lieu de se mouvoir sur un poteau tournant vertical comme le précédent, ce pont est porté sur le massif en maçonnerie d'une culée p dans laquelle est scellé, d'une manière immuable, un axe vertical et cylindrique c en fer forgé. C'est autour de cet axe, qui répond à la ligne du milieu de la largeur du pont, que se fait son mouvement de rotation. Lorsque le pont est en position de livrer le passage, comme le dessin, fig. 13, le représente, il pose sur ses deux culées, p, q; mais lorsqu'il tourne, il n'est plus soutenu que sur la culée qui porte l'axe, et il tomberait infailliblement si la partie qui est en deçà n'était pas suffisamment pesante pour faire équilibre à l'autre partie qui se trouve sans appui. Le pont proprement dit est composé de six longerons a et d'autant de sous-longerons b; les longerons sont assemblés dans une pièce de tête d coupée en arc de cercle, pour que le tablier s'applique mieux contre la surface verticale de la feuillure qui doit le recevoir, et qui, elle-même, à cause du mouvement de rotation, est appareillée en arc de cercle dont le centre est dans l'axe c. Le fond de cette feuillure est garni d'une semelle de bois e pour éviter le frottement des bois du pont contre la pierre.

Par leurs extrémités opposées, les longerons et sous-longerons sont assemblés avec deux autres pièces f k qui sont, par la même raison, cintrées selon un cercle qui a également son centre dans l'axe; une semelle de bois o en arc de cercle garnit la feuillure au-dessous de la pièce k. La combinaison des sous-longerons et des traverses g h, assemblées à entailles, forme ce que l'on nomme la culée en charpente, qui doit l'emporter de beaucoup en poids sur celle du tablier, en supposant que le point d'appui est situé sur les bords de la maçonnerie dans l'axe vertical de la roulette qui répond à ce point. Pour obtenir que la puissance de la culée en charpente l'emporte sur celle de la culée du tablier, afin de prévenir tout accident et économiser le bois qu'on emploie à cet effet dans les assemblages de la culée, on augmente son poids au moyen

---

(1) Le dessin de ce pont est représenté sur le plan XXXII du Recueil de Krafft.

de poids x que l'on place dans un coffrage réservé dans la partie la plus rapprochée du talon du pont.

L'axe vertical c passe dans une douille de fer fixée dans la traverse h au moyen de quatre boulons; cet axe ne suffirait pas pour maintenir le tablier du pont dans la position horizontale pendant son mouvement. Quatre roulettes de bronze, et quelquefois six, diamétralement opposées, deux à deux, sont réparties sous la culée à égale distance de l'axe, et elles roulent sur une bande de fer circulaire n qui garnit la pierre sur les voies que ces roulettes doivent suivre.

Un garde-corps en fer est placé des deux côtés du pont; chaque montant a une embase qui fixe sa position sur le longeron, il se prolonge en dessous en forme de boulon pour traverser les longerons et les serrer au moyen d'un écrou. La lisse supérieure de chaque garde-corps se prolonge au-delà de la culée pour servir de levier, afin de faciliter la manœuvre du pont lorsqu'il s'agit de le mouvoir.

La figure 14 est le détail d'une des roulettes de ce pont tournant; quoique cette roulette r ne tourne que sur un axe a b, elle est sphérique. Cet axe, après avoir traversé la roulette, est fixé dans une chappe c c par deux goupilles; chacun des ailerons c de cette chappe est percé d'un trou dans lequel passe l'extrémité taraudée d'un boulon d e portant une embase f; chaque boulon est attaché à une des pièces de la culée qu'il traverse par un écrou g. La position de chaque bout de la chappe est fixée par un écrou i et un contre-écrou j, de telle sorte que, le pont étant posé de niveau sur son axe, et portant sur les semelles e, o, qui garnissent les feuillures, on amène aisément les quatre roulettes en contact avec la bande circulaire m, scellée de niveau et sur laquelle elles doivent rouler.

§ 3. Pont tournant double.

Lorsque les espaces à franchir ont une largeur trop grande pour la portée qu'on peut donner à un pont tournant simple, on est obligé d'en établir deux, un sur chaque rive, ce qui forme un pont tournant double. Parmi un grand nombre de combinaisons de ponts tournants doubles, dont on trouve les descriptions dans divers ouvrages, et notamment dans le Recueil de Krafft, j'ai choisi, pour le comprendre dans cet ouvrage, un de ceux exécutés sur un canal de navigation à Utrecht, qui est figuré dans la planche XXXVI de ce Recueil; parce qu'en outre de sa bonne construction, qui est légère et élégante, il présente les différentes conditions auxquelles on doit satisfaire dans ce genre d'ouvrage.

La fig. 2, pl. CXXXIX, est une coupe longitudinale de ce point tournant double par un plan parallèle à son axe, et perpendiculaire par conséquent à l'axe du canal sur lequel il est établi. Cette coupe est faite suivant la ligne $x\,y$ de la fig. 3, qui est une coupe transversale par un plan perpendiculaire à l'axe du pont; cette coupe est prise suivant la ligne $v\,z$ de la fig. 2.

La fig. 4 est, sur une échelle cinq fois plus petite que celle des fig. 2 et 3, un plan général de ce double pont tournant.

A est le canal, B et D sont ses deux rives, E est un des ponts tournants ouverts, F' est l'autre fermé. On conçoit que, pour que le passage soit ouvert, il faut que le tablier F' soit dans la position F; on conçoit également, pour que les deux ponts puissent se joindre au milieu de la largeur du canal, qu'il faut qu'ils se touchent suivant un arc de cercle $x\,y$, décrit du centre c de l'un des deux.

Pour manœuvrer ces ponts, il faut procéder dans l'ordre suivant :

Les deux tabliers étant en contact dans les positions E et F pour livrer le passage, il faut, pour l'interrompre et fermer le pont, que le tablier de la rive D soit tourné le premier pour le faire passer de la position F à la position F'; le tablier E peut alors être tourné pour lui faire occuper la position E'. On voit que, pour rétablir le passage, c'est le tablier E qu'il faut ouvrir le premier, afin qu'il puisse recevoir le tablier F.

On voit, dans cette même figure, comment doivent être disposées les chambres des culées des deux ponts.

Les fig. 2 et 3 montrent que ce pont est composé de cinq fermes, dans chacune desquelles un cintre a, une partie de longerons b et une sorte de blochet c, forment tout le système du pont. Des pièces d, e, f, g, forment des entretoises, qui conjointement avec les madriers du plancher, unissent les fermes. Les quatre pièces i, k, m, n forment un massif de culée; toutes ces pièces sont boulonnées à celles des fermes. La pièce n reçoit dans une douille le bout d'un tourillon vertical o, qui ne porte en aucune façon le tablier, mais qui l'assujettit seulement de manière que lorsqu'il se meut, c'est autour de l'axe de ce tourillon qu'il tourne. Pour qu'en tournant le tablier soit maintenu dans sa pente, six roulettes sont placées en dessous de la culée en charpente; deux des roulettes sont attachées à la pièce f, deux autres à la pièce n, et enfin deux autres en p aux extrémités des longerons des rives; ces six roulettes roulent sur des bandes de friction scellées sur les maçonneries; elles sont toutes construites comme celles représentées par deux projections, fig. 11 et 12, sur des échelles plus grandes que celles des fig. 2 et 3. Chaque roulette r est montée dans une chappe h, et est traversée par un axe q formé d'un boulon à tête avec taraudage et écrou.

La chappe est terminée par deux tiges de boulons d'une longueur suffisante pour traverser les pièces d, m ou f, et y être fixées au moyen d'écrous.

Ces roulettes doivent être coniques, et, pour qu'en roulant il n'y ait pas complication de frottement, le sommet de la surface conique de chaque roulette, et celui de la surface conique de la bande de fer sur laquelle le mouvement de ces roulettes se développe, doivent se confondre en un seul point sur l'axe vertical de rotation du pont (1).

Dans les ponts de cette sorte, il faut que le poids de chaque culée dépasse de beaucoup celui de chacune des volées, parce que les têtes des tabliers n'étant pas soutenues sur les rives, il faut que la puissance de la culée tienne lieu de cet appui, et que les extrémités des tabliers puissent soutenir les plus grands fardeaux qu'on peut vouloir faire passer sur le pont.

On remplit cette importante condition sans laquelle le pont tournant ne serait point praticable, d'abord par le calcul qui sert à établir un excédant du poids de la culée sur la volée, au moyen d'un plus grand cube de bois employé ; en second lieu, par une addition de parallélipipède de fonte de fer dans la culée, comme dans le pont précédent; troisièmement, par une feuillure sur la pièce cintrée du talon qui reçoit un rebord t attaché, par des scellements en fer, sur le contour de la chambre de la culée. On voit que, le pont étant surchargé par un fardeau qui tendrait à faire baisser sa volée, la pièce t retiendrait le mouvement. Pour qu'il n'y ait pas d'oscillation pendant le passage des voitures ou autres fardeaux, et par conséquent point de choc contre la pièce du rebord t, deux vis verticales s sont placées des deux côtés du pont, appliquées à la face intérieure de chaque longeron de rive; ces vis en pressant sur le pavé de la chambre opèrent le contact entre les pièces d et t.

Une de ces vis est représentée en grand, fig. 6; son écrou, garni de deux oreillons, sert à la fixer aux longerons des deux rives.

Pour assurer encore plus la stabilité et que les vis ne soient point trop fatiguées de la fonction qu'elles remplissent, on introduit entre le longeron et le sol de la chambre, sous chaque bout du pont, un rouleau en bois dur r

---

(1) Je profite de cette occasion pour décrire la construction d'une roulette qui a l'avantage de se disposer toujours convenablement pour produire le minimum de frottement dans son mouvement. a, fig. 19, pl. CXXXVIII, roulette sphérique traversée par un boulon servant d'axe ; b, anneau dans lequel l'axe de la roulette est fixé ; c, l'une des deux chappes parallèles qui reçoivent les tourillons de l'anneau b. Ces chappes sont fixées à vis et écrous sur la pièce de charpente qui doit tourner autour de l'axe vertical mn, et sur la surface conique dont la génératrice est la ligne zx. On voit que la roulette a, toujours tangente à la surface conique dont zx est la génératrice et mn l'axe, en roulant impose à son axe l'obligation de passer par le sommet x de cette surface conique. Si, au lieu d'une surface conique, la voie parcourue par la roulette était un plan perpendiculaire à l'axe mn et dont yn serait la trace, l'axe de la roulette prendrait, par l'effet du mouvement de rotation, la position vn, et le point n serait le centre de rotation.

que l'on chasse à coups de masse, et que l'on assujettit par des coins ; on ôte ce rouleau en le frappant également avec une masse, et l'on desserre la vis s quand on veut fermer le pont. Les garde-corps de ce pont sont attachés aux longerons des rives par des étriers en fer à vis et écrous. Lorsque le pont est ouvert, afin de maintenir les deux parties dans leur position, on passe une frette en fer v sur les derniers poteaux qui les réunissent ; ce moyen est préférable à des verrous ou des crochets qui n'ont pas toujours une grande solidité.

On peut varier les formes des ponts tournants doubles d'une infinité de manières. Ainsi, on peut les composer de longerons et de sous-longerons droits superposés, ou bien de plusieurs fermes ou espèces d'armatures ; on peut même donner aux tabliers des soutiens inférieurs, comme serait un châssis ou des contre-fiches, telles que celles $p\ q$, qui soulageraient la portée du pont et qui s'enlèveraient en tournant autour du point p pour s'appliquer sous la volée pendant le mouvement de rotation du pont, comme on en voit un au Havre-de-Grâce ; ou bien des poteaux verticaux $e\ l$ servant pour attacher des chaînes $l\ p$, ou des tringles en fer qui soutiennent les tabliers, comme on en voit à Helvot-Scluss, en Hollande ; ou enfin, on peut soutenir le tablier par des potences tournantes qui s'appliquent contre les murs du quai quand le pont est fermé, comme dans la construction d'un ancien pont tournant du Havre. Quel que soit le système que l'on adopte, il faut toujours que les doubles ponts satisfassent aux conditions énoncées dans la courte description que nous venons de faire.

III.

PONTS FLOTTANTS.

Les ponts flottants, comme leur nom l'annonce, ne sont soutenus que par la propriété dont jouissent les corps dont ils sont composés, de flotter à la surface de l'eau. Pour qu'un pont de cette espèce soit praticable, il faut que la force qui le fait flotter soit de beaucoup supérieure à celle qui tend à le submerger. Les ponts flottants sont de deux sortes : ils sont fixes ou mobiles ; ces derniers, nommés ponts volants, sont le plus ordinairement formés de deux bateaux sur lesquels on a construit un plancher. Un pont volant sert à passer d'une rive à l'autre ; le mouvement de translation lui est imprimé par le courant de l'eau, en le présentant à son action sous un angle convenable, tandis qu'il est retenu par un câble attaché à un point fixe qui peut-être une ancre. Nous n'avons point à nous occuper de cette sorte de ponts, dont la construction est presque la même que celle d'une partie d'un pont flottant fixe.

Les ponts flottants sont construits au moyen de bateaux ou au moyen de radeaux.

§ 1. *Pont sur bateaux.*

Les ponts de bateaux sont composés de poutres ou longerons qui portent les planchers et qui sont appuyés sur des bateaux remplaçant les piles ou les palées. Ces bateaux partagent la longueur du pont en travées, comme celles des ponts en charpente; la puissance qui fait flotter les bateaux qui soutiennent le pont doit résister à celle des plus lourds fardeaux qui passent sur chaque bateau. L'invention des ponts de bateaux remonte à la plus haute antiquité, puisque l'on prétend que Sémiramis se servit d'un pont de cette espèce pour passer l'Indus lors de sa malheureuse excursion dans l'Inde, environ 2000 ans avant J.-C. Darius et Xerxès en firent également usage; le premier environ 500 ans avant J.-C., lors de son expédition contre les Scythes, pour traverser le Bosphore de Thrace, nommé aujourd'hui canal de Constantinople, qui n'a pas moins de 662^m,67 de largeur dans l'endroit le plus étroit; le second, une quarantaine d'années plus tard, traversa l'Hellespont (détroit de Gallipoli ou des Dardanelles) sur un pont de bateaux de 7 stades d'étendue (12 à 1300 mètres; on suppose le stade de 184 mètres).

Dans les temps modernes, les ponts de bateaux ont été en usage sur plusieurs larges fleuves; pendant longtemps, la route d'Allemagne, par Strasbourg, a passé le Rhin à Kehl, sur un pont de bateaux de plus de 400 mètres de longueur; une autre route d'Allemagne traverse le Rhin, à Mayence, sur un pont dont l'étendue est de 523 mètres.

Le pont de bateaux le plus remarquable qui ait été exécuté en France était celui sur lequel on traversait la Seine à Rouen. Il avait été construit vers l'année 1700, par le même frère Nicolas, moine augustin, auteur du pont tournant des Tuileries, dont nous avons parlé précédemment, p. 449. On trouve la description de ce pont dans l'*Encyclopédie* (1).

(1) On trouve aussi dans le *Recueil des machines*, de l'Académie des sciences, tome VII, un projet de M. Pommier, pour un pont de bateaux perfectionné, portant une chaussée pavée, à établir sur une rivière sujette aux marées.
Le père Duhalde, dans sa *Description de la Chine*, rapporte que, près des murailles de Kan-Tchean, il y a un pont flottant dont les bateaux sont attachés par des chaînes, et qu'il y a une portion qui s'ouvre pour le passage des barques.

Nous n'entrerons point dans la description de ces sortes de ponts très-matériels qui ne sont pas d'usage aujourd'hui, qui coûtaient au moins aussi cher que des ponts sur palées, et qui n'étaient point d'un service aussi sûr ni aussi constant.

Nous nous bornerons à donner une idée de la construction des ponts sur bateaux, que l'on construit maintenant lorsqu'il s'agit d'établir rapidement et provisoirement une communication pour traverser une rivière dont la profondeur ne permet pas l'usage des chevalets, et lorsqu'il faut trop de temps pour établir un pont sur palées, ou lorsque les ressources du pays permettent de rassembler promptement des bateaux égaux, de même forme et d'une puissance de flottaison assez grande pour n'en pas trop multiplier le nombre.

C'est surtout pour le service des armées qu'on a occasion d'établir aujourd'hui des ponts flottants : nous avons vu plus haut que c'est aussi au sujet d'expéditions militaires qu'ont été construits les ponts dont l'antiquité nous a laissé le souvenir, et il ne paraît pas qu'on ait rien connu dans ces temps reculés qui ressemble aux divers moyens que les nations modernes ont employés pour construire des ponts flottants. On ne s'est pas contenté des bateaux employés à la navigation des rivières, ou en a fabriqué de diverses formes, assez semblables à des caisses, plus propres à la stabilité qu'à la navigation, et spécialement destinés à la construction des ponts : ils ont reçu le nom de pontons. On en a fait avec diverses matières : les uns en bois, d'autres en toile cirée, en cuir (1), appliquées sur des carcasses en bois. Les Français ont été les premiers en faire en feuilles de cuivre également soutenues par une sorte de charpente; les Hollandais en avaient fait, dit-on, en fer-blanc, qui leur ont été pris à la bataille de Fleurus. Aujourd'hui l'artillerie française paraît avoir donné la préférence aux bateaux construits exprès, pour l'établissement rapide des ponts dans les passages de rivières : on conduit ces bateaux sur des voitures, à la suite des armées; chaque voiture porte un bateau, les poutrelles et les madriers d'une travée du pont avec tous les cordages et agrès nécessaires à sa construction.

L'établissement d'un pont de bateaux s'exécute comme une autre manœuvre militaire, et aux commandements des officiers qui dirigent l'opération. Nous n'entrerons point ici dans le détail de cette manœuvre, qui est une des spécialités des troupes de l'artillerie; nous nous bornerons à ce qui

---

(1) L'historien Ammien Marcellin fait mention d'un pont de cuir dont l'empereur Julien se servit pour faire passer le Tigre et l'Euphrate à son armée, et l'on croit qu'il était construit sur des bateaux en cuir; peut-être était-il porté sur des outres remplies d'air.

est essentiellement du ressort de l'art du charpentier, c'est-à-dire aux formes de ces sortes de ponts.

La fig. 18 de la planche CXXXVIII est le plan général de la partie d'un pont de bateaux qui touche la rive gauche d'un fleuve.

En *B*, fig. 9, est le plan d'un bateau sur une plus grande échelle.

La fig. 17 est une coupe du pont par un plan vertical perpendiculaire à son axe, dans laquelle est figurée une élévation d'un bateau vu suivant sa longueur.

Nous avons choisi, pour sujet de notre description, la construction d'un pont de bateaux militaires, comme celle qui est la plus complète.

L'écartement des bateaux dépend de leur grandeur et de la grosseur des bois dont on se sert pour longerons. Dans les équipages de ponts, les bateaux sont tous égaux, et les dimensions qu'on a dû leur donner ont fixé leur écartement, qui est de 6 mètres de milieu en milieu.

Il est rare que l'on confectionne des bateaux exprès pour la construction d'un pont qui ne peut être aujourd'hui qu'un établissement passager. Lorsqu'on est forcé de se servir des bateaux en usage sur la rivière où l'on construit un pont, il faut, autant que possible, qu'ils soient égaux. Lorsqu'on a des bateaux de différentes dimensions, il faut de préférence placer les plus forts près des rives et les plus profonds dans le milieu du cours de l'eau ; on doit proportionner la portée des travées à la puissance des bateaux, et faire en sorte que les dimensions des bateaux ne changent pas subitement d'une travée à l'autre, mais que la diminution soit le moins sensible possible.

On doit égaliser les tirants d'eau des bateaux en les lestant avec des pierres, de façon que leurs plats-bords soient dans toute l'étendue du pont au même niveau pour que le pont soit horizontal. A défaut de ce moyen, on peut exhausser les plats-bords de bateaux les plus bas par des bois qui se croisent en chaises, ou l'on peut établir un chevalet dans chaque bateau. Il vaut néanmoins mieux poser les longerons *b*, qui forment le pontage sur les plats-bords en leur faisant traverser toute la largeur du bateau, et même dépasser cette largeur d'environ 30 centimètres ; les longerons sont attachés par des clameaux aux plats-bords des bateaux. Lorsqu'on emploie des pièces de bois pour exhausser les bords des bateaux, elles doivent également être attachées par des clameaux. Pour maintenir l'écartement des bateaux et leur parallélisme, on les lie les unes aux autres par des cordages *c* amarrés aux poupées *v* fixées sur leurs bords.

Sous chaque travée du pont des cordes traversières *d* attachées en croix aux poupées *o*, suivant la diagonale des rectangles formés par les bateaux, et les premiers cordages *c* assurent la stabilité de ces rectangles autant que le permet l'élasticité de tout le système. Les bateaux, et par conséquent le pont, sont maintenus contre la force du courant du fleuve en les amarrant aux cordages d des ancres mouillées en amont du pont. Un cordage d'ancre doit avoir pour longueur huit à dix fois au moins la profondeur de l'eau; faute d'espace sur le dessin, nous n'avons point projeté les ancres. Quand une rivière n'est pas rapide, on n'amarre point tous les bateaux, on se contente de les amarrer de deux en deux; quelquefois on amarre aussi les bateaux à des ancres en aval du pont pour prévenir l'action du vent.

On fait ordinairement vers le milieu de la largeur de la rivière une portière pour livrer passage aux bateaux de navigation, et pour se débarrasser des corps flottants qui pourraient nuire à la solidité du pont. Une portière est marquée fig. 18 ; elle est composée de deux bateaux m et n unis par une travée p en charpente comme toutes les autres, sinon qu'elle ne dépasse pas les deux bateaux. Pour ouvrir le passage, on fait sortir cette portière de l'alignement du pont au moyen du courant, on la range de côté en aval. Cette portière est remise à sa place lorsque la cause qui a nécessité l'ouverture du passage a cessé; la travée de la portière est jointe aux autres travées au moyen de fausses poutrelles qui portent seulement sur les bateaux de la portière et sur les bateaux des travées dormantes contiguës. Il suffit pour dégager la portière d'enlever quelques madriers répondant à la séparation du pont dormant, et de faire glisser les fausses poutrelles sous le plancher de la portière; on fait l'inverse quand on replace la portière. On amarre diagonalement des câbles à des ancres, pour empêcher les bateaux voisins de la coupure de se rapprocher quand la portière en est retirée.

Autrefois on amarrait les bateaux à de gros câbles x, fig. 18, nommés cinquenelles, qui étaient fortement tendues en travers de la rivière, au moyen de cabestans z; quelquefois ces cinquenelles étaient placées en dehors du pont et les bateaux y étaient amarrés par des cordages. Aujourd'hui on préfère amarrer les bateaux, comme nous venons de le dire, à des ancres, ce qui est beaucoup plus sûr, puisque la rupture d'une cinquenelle entraînerait la rupture du pont.

Lorsqu'on établit un pont de bateaux, les bois des travées sont placés à mesure que les bateaux sont arrivés à leur emplacement; ces bois servent même à fixer avec précision l'écartement des bateaux; dès que les longerons b d'une travée sont établis, on pose les madriers du plancher k, ces madriers sont retenus par des poutrelles u qui les croisent, que l'on appelle *guindages* et qui sont fixées aux longerons de rives par des cordes qui passent dans des échancrures faites sur les bords des madriers. La largeur d'un pont de bateaux est d'environ 4 à 5 mètres; elle ne doit jamais être plus grande que d'un tiers de la longueur des bateaux; la largeur du pont doit occuper exactement le milieu de la longueur de chaque bateau.

A défaut de bateaux on a construit des ponts flottants avec des caisses creuses hermétiquement fermées, avec des tonneaux, et même avec des outres.

Les Anglais ont essayé de construire des tonneaux en tôle de cuivre aussi longs que des bateaux pour soutenir des ponts flottants, et de cette sorte insubmersibles; c'est une imitation des tonneaux de 6 à 7 mètres de longueur de $0^m,60$ de diamètre au bouge, et de $0^m,30$ à 0^m40 aux extrémités, qui servent à faire flotter les trains de bois sur la Midouze, petite rivière du département des Landes, dans la partie de son cours où elle a peu de profondeur d'eau. Néanmoins, de tous les moyens qu'on peut employer pour construire un pont flottant à défaut de bateaux, le plus simple consiste dans l'emploi des radeaux qui font l'objet de l'article suivant.

§ 2. *Pont sur radeaux.*

Les ponts de radeaux ne diffèrent des ponts sur bateaux qu'en ce que des radeaux sont substitués aux bateaux.

La fig. 15 de la planche CXXXIX représente le plan général de la partie d'un pont de radeaux qui touche la rive droite d'une rivière.

En A, fig. 9, est le plan d'un radeau sur une plus grande échelle.

La fig. 16 est la coupe d'un pont de radeaux par un plan perpendiculaire à son axe, et l'élévation d'un radeau suivant sa longueur; on voit par ces deux figures qu'un radeau est composé d'un nombre impair de corps d'arbres équarris a réunis par des traverses g et des écharpes h, liées aux arbres par des harts ou des cordages comme à l'aval du radeau A, ou fixées par de fortes chevilles en bois ou des broches en fer comme à l'amont de ce radeau, ce qui ne dispense pas de quelques liens de sûreté en cordages. On préfère les bois équarris parce qu'ils s'ajustent mieux les uns près des autres, et que les radeaux de même volume, sous le rapport du cube de bois qui s'y trouve employé, ont beaucoup moins de largeur. Cependant lorsqu'on n'a que des bois ronds, et qu'on n'a pas le temps de les équarrir, ou qu'ils se trouveraient trop réduits de volume par l'équarrissage, on se contente de dresser seulement une face pour qu'on puisse y appliquer les autres bois de l'assemblage du radeau. Les bois d'un radeau ne doivent pas être jointifs, il faut les écarter de 15 à 20 centimètres (la moitié de leur grosseur) afin que l'eau puisse couler et qu'on puisse passer des cordages entre eux.

On n'emploie pour faire des radeaux que des bois légers, surtout le pin et le sapin; le chêne est trop pesant. Les pièces de bois qu'on emploie dans un radeau doivent être du même équarrissage entre elles, et d'un bout à l'autre elles doivent être de même longueur. Elles sont sciées par leurs bouts et arrangées de façon à présenter un angle saillant du côté de l'amont de la rivière, et un angle rentrant égal au premier du côté d'aval; l'angle saillant a pour objet de décomposer l'action du courant, l'angle rentrant est fait pour rétablir l'égalité, de façon que le centre de gravité soit exactement dans le milieu de la longueur du radeau, en sorte qu'il ne puisse pas s'enfoncer dans l'eau à un bout plus qu'à l'autre. Les cordages d'amarrages c, les cordes traversières d et les cordages k des ancres sont disposés de la même manière que pour un pont de bateaux et attachées aux poupées o, v, x, dressées sur les radeaux. Une portière est établie de la même manière que celle du pont de bateaux.

Vu le peu d'épaisseur des radeaux, on élève le plancher du pont le plus possible, afin qu'il ne soit point atteint par l'eau; à cet effet, on pose les longerons b' sur trois poutrelles e couchés sur les traverses f du radeau. Les longerons se croisent sur les poutrelles du milieu.

Lorsque les arbres n'ont pas assez de longueur par rapport à celle du radeau, il faut les enter : ces arbres doivent avoir environ 34 centimètres de diamètre.

Les madriers du plancher h sont posés et retenus par des guindages, exactement comme pour le pont de bateaux.

Les ponts de radeaux ont, sur les ponts de bateaux, l'avantage de pouvoir supporter de plus fortes charges et de n'être point submersibles.

Il faut construire les radeaux sur l'eau, parce que les bois sont plus faciles à mettre en place, et que, d'ailleurs, en flottant, ils prennent la position d'équilibre qui leur convient; l'écartement des radeaux est limité par la longueur des longerons, pour que ceux-ci aient une force suffisante pour soutenir les fardeaux qui doivent passer sur le pont.

Les parties d'un pont de radeaux ou d'un pont de bateaux, qui touchent aux rivages, sont les culées; les longerons des culées portent sur des poutrelles posées sur le sol à la hauteur convenable et retenues par de forts piquets.

Les ponts de bateaux et de radeaux sont tendus en ligne droite : le bombement qu'on leur donne quelquefois vers l'amont n'a point pour objet d'augmenter leur solidité, mais seulement de faire part de l'allongement des lignes d'ancres, qui est plus grand au milieu du fleuve que sur ses bords, à cause de la plus grande longueur de ces lignes, là où la rivière est plus profonde; les corps flottants qui supportent les ponts doivent avoir leurs longueurs dans la direction du cours de l'eau.

On commence un pont par la travée d'une culée; de nouvelles travées sont formées en plaçant de nouveaux bateaux ou radeaux; on ne doit établir un bateau ou un radeau que lorsque le précédent est fixé par ses amarres, ses traversières, ses ancres et ses longerons.

On peut commencer un pont par les deux culées en même temps.

CHAPITRE XL.

PONTS DE CORDAGES.

Les ponts suspendus en fer sont des imitations des ponts en cordages et si ceux-ci n'ont point l'avantage d'une longue durée comme les ponts en fer, ils ont celui d'être d'une exécution rapide et qui n'exige presque aucun travail préparatoire.

Les ponts de cordages sont essentiellement du ressort du charpentier, c'est ce qui nous a déterminé à donner quelques détails à leur sujet.

Les personnes qui croient que l'homme n'invente que par imitation, prétendent que c'est au Pérou que les Européens ont trouvé les premiers exemples des ponts en cordages. Si l'on veut ainsi remonter aux origines des travaux des hommes, on pourrait demander où les sauvages ont pris les modèles de leurs ponts de cordages, et l'on serait tenté de croire qu'ils leur ont été fournis par l'instinct admirable que la nature a départi à certains animaux. L'araignée, mal à propos nommée araignée volante, livre au vent un long fil qu'elle produit; ce fil va s'attacher aux branches d'un arbre éloigné, et l'araignée se livre à ce frêle pont de corde pour traverser les abîmes les plus larges et les plus profonds, en comparaison du volume si minime de cet ingénieux insecte.

§ 1. *Tarabites.*

Bouguer, dans son *Voyage*, rapporte qu'il a vu franchir des rivières au moyen d'un cordage de cuir tendu d'une rive à l'autre, et auquel le voyageur était suspendu par de grossières poulies dans une tarabite.

Nous avons représenté, fig. 17, pl. CXL, une de ces tarabites.

On dit que c'est par un moyen semblable que les intrépides habitants de l'île de Gozzo, près Malte, traversent le détroit qui les sépare de la *Pierre du général*, pour aller récolter des champignons qu'ils y trouvent en abondance.

§ 2. Pont de hamac.

Bouguer, dans l'ouvrage que nous venons de citer, et M. de Humboldt, dans celui qu'il a publié sur les Cordillères, décrivent des ponts de cordages construits avec autant de simplicité que de solidité : nous copions dans l'ouvrage de M. de Humboldt le dessin que nous donnons, fig. 18, d'un de ces ponts établi sur la rivière de Chambo, près de Pénipé, au Pérou. Ce pont a environ 120 pieds de long (39 à 40 mètres), sur 7 à 8 pieds de largeur (2 mètres à 2^m,50).

Les cordes sont composées de racines filamenteuses et de lianes; elles n'ont pas moins de 16 à 20 centimètres de diamètre; elles sont tendues, autant que leur poids peut le permettre, au moyen de gros cabestans établis sur les escarpements qui servent de culées.

Comme il serait dangereux de les tendre trop, on leur laisse une courbure qui leur a fait donner le nom de pont de hamac, par les Espagnols. Ces cordages grossiers sont fortement amarrés aux culées, et soutenus, sur divers points de leur longueur, par des chevalets en charpente, ou par des arbres dont on ne manque pas de profiter pour donner des points d'appui à ces sortes de constructions; le plancher est formé de branches qu'on lie très-fortement. L'oscillation de ces ponts, pendant le passage des voyageurs, rend la marche assez difficile.

§ 3. Pont de corde sur culées en charpente.

La fig. 1, pl. CXL, représente un pont de cordages établi pour une grande portée, d'après le récit des voyageurs, et dont des modèles se voient dans les galeries de quelques établissements publics. Il est élevé au-dessus du sol par des charpentes de culées $A B$, qui soutiennent le cordage de suspension a, dont la tension est réglée par les cabestans b et d, le premier pour un côté du pont, le deuxième pour l'autre côté.

Les longueurs des cordages verticaux c qui soutiennent les poutrelles f du pont, sont fixées au moyen des poulies e, de telle sorte que le tablier du pont forme une courbe continue d'une flèche déterminée. Les longerons g, qui portent sur les poutrelles, sont fixés par des liens en corde et de fortes chevilles. Des madriers sont chevillés sur les longerons. Un cordage passe près de chaque bord du pont au-dessus des madriers, et y est maintenu par quelques liens en cordes. Chacune de ces cordes de guindage est tendue par un des cabestans h ou k, de façon à tenir les cordages verticaux tendus pour donner au pont la stabilité désirable.

Un garde-corps est établi des deux côtés du pont; le cordage de lisse est soutenu par des liens aux cordes de suspension verticales, et par des cordes verticales intermédiaires; des croix de Saint-André en cordages remplissent les panneaux de ce garde-corps.

Par la disposition qui vient d'être décrite, chaque cabestan n'est chargé de la tension que d'un seul cordage.

La fig. 4 est une coupe de ce pont par un plan vertical perpendiculaire à son axe, suivant la ligne xy de la fig. 1.

§ 4. *Petit pont de cordages.*

La fig. 5, pl. CXL, est le dessin d'un pont de cordages dont on voit aussi quelques modèles dans des galeries d'établissements publics; on le suppose établi sur une moindre portée que le précédent et sans le secours de cabestans. Les poutrelles et les longerons peuvent être en bois ronds. Les cordages de suspension sont élevés sur des poteaux verticaux dont la forme et les assemblages sont détaillés fig. 6. La stabilité de ces sortes de chevalets est maintenue par des jambettes; on les suppose établis sur des patins en forme d'enrayures; on peut se contenter de planter les montants dans le sol, et de les soutenir par des jambettes également appuyées dans le sol. Les cordages de suspension et ceux de guindage qui passent au-dessus des madriers sont tendus par des palans.

§ 5. *Pont de cordes sur chevalets.*

Lorsqu'un espace est assez restreint pour qu'il suffise de deux travées pour le franchir, on peut établir très-commodément et fort rapidement un pont au moyen d'un chevalet soutenu par des cordages.

La fig. 2. pl. CXL, est une coupe suivant la longueur d'un pont construit par ce moyen.

La fig. 8 est un plan sur lequel sont projetés différents détails de la construction de ce pont.

La fig. 3 est une coupe par un plan vertical perpendiculaire à la direction du pont, et passant par la ligne mn de la fig. 2.

On voit que les longerons a de ce pont sont appuyés, d'un bout, sur les culées b et, de l'autre, sur la traverse supérieure c d'un chevalet dont les traverses inférieures *d* sont soutenues par quatre cordages *e* amarrés à des pieux *f*, plantés sur les culées et appuyés contre des gîtes *r*; des croisières *y* amarrées à d'autres pieux *k* empêchent le balancement du pont. Cette construction peut être simplifiée; au lieu d'un chevalet on peut employer un châssis vertical pareil à l'une des moitiés du chevalet, et fixé aux cordages tirants par des liens de cordes, et aux longerons par de fortes chevilles; ces longerons étant eux-mêmes chevillés sur les chantiers des culées.

§ 6. Pont avec châssis en bois.

La fig. 7, pl. CXL, est l'élévation de la partie d'un pont de cordages contiguë à sa culée, soutenu par des cordages tendus horizontalement *a*, chevalet pour exhausser les trois cordages de suspension *b*, tendus au moyen des palans *d* fixés des deux côtés du pont à des pieux *c*.

La figure 11 est une élévation du chevalet *a* projeté sur un plan vertical perpendiculaire à l'axe du pont.

La figure 12 est une coupe du pont suivant un plan vertical perpendiculaire à son axe.

c, montants de suspension.

f, poutrelle retenue aux montants par les clefs *y* qui traversent les tenons après qu'ils ont traversé les poutrelles. Les cordages de suspension *b* passent dans les trous percés dans les montants *c*. Les longerons *h* portent sur les poutrelles, les madriers du plancher sont cloués sur les longerons ou retenus par une corde de guindage; un bastingage sert de garde-corps.

Ce pont ne sert que pour les piétons.

§ 7. Pont de cordages militaire.

La figure 9 est une élévation d'un pont de cordages comme on en a quelquefois établi pour le service militaire.

a, châssis de culée.

b, cordages de suspension tendus par des palans *c* amarrés à des poutrelles *g* retenues par des pieux *p* auxquels elles sont attachées.

d, cordages verticaux.

h, poutres longitudinales composées de plusieurs poutrelles entées.

f, pontage formé de poutrelles sur lesquelles sont posés les madriers.

La fig. 15, qui répond au-dessous de la fig. 9, est une partie du plan de ce pont.

La fig. 10 est une coupe verticale du pont prise suivant le plan qui a pour trace la ligne $x\,y$ des fig. 9 et 15.

La fig. 13 est le détail d'un châssis de culée composé de pieux plantés dans le sol et liés par des cordes.

Les pièces k, fig. 9 et 15, ont pour objet d'empêcher le châssis des culées de se renverser lorsqu'on agit sur les palans.

§ 7. *Pont de cordes suspendu à des mâts.*

Lorsqu'une rivière a trop de largeur pour qu'on puisse risquer de faire un pont de cordes d'une seule portée, on divise la largeur de la rivière en plusieurs travées que l'on soutient par des mâts verticaux qui portent sur le fond.

La fig. 14 de la planche CXL représente le cas le plus simple dans lequel la longueur du pont est partagée en deux parties seulement par une mâture d, à laquelle sont attachés les cordages de suspension b qui soutiennent, par le moyen des palans c, les poutrelles rondes e qui supportent les longerons a sur lesquels les madriers sont cloués.

La fig. 16 est une élévation de la mâture sur un plan perpendiculaire à la longueur du pont. Les pieds des bigues ou mâts posent sur le fond de la rivière; si ce fond n'a point de solidité on établit une enrayure sous chaque mât; on les consolide au moyen de quartiers de pierre que l'on coule à leur pied. Une roue de voiture sous chaque mât peut servir d'enrayure. Les poutrelles rondes qui sont près des mâts leur sont fixées par des liens en cordages.

Si la largeur de la rivière était plus considérable, on établirait deux châssis de mâtures; l'espace entre ces deux châssis ne devrait pas nécessairement être le double de la distance d'un châssis aux culées. Il ne devrait être que d'une fois et demie, et au plus une fois trois-quarts; et, dans ce cas, le sommet renversé du polygone funiculaire de suspension ne doit pas atteindre le niveau du plancher du pont.

On emploie dans l'exécution des ponts de cordages des nœuds, qui sont les moyens d'assemblage des cordages; nous renvoyons à ce sujet au chapitre XLVII.

A l'égard de la construction ou du levage des ponts en cordages, on conçoit que toute la difficulté de ce levage est vaincue, dès qu'on est parvenu à passer d'un rivage à l'autre un cordage, quelque faible qu'il soit, puisque par son moyen on peut lui en substituer de plus forts, et qu'on peut même faire avec des cordages des ponts provisoires destinés à porter seulement quelques hommes, et à servir comme d'échafaudages pour le levage. Quant à ce qui concerne l'établissement des mâtures, on les dresse au moyen de haubans et de palans, tous garnis à leurs sommets des attaches et même des cordages de suspension.

Pour faciliter l'opération de dresser les mâts on les garnit de tonnes aux points qui doivent se trouver au niveau de l'eau en même temps qu'on attache quelque grosse pierre aux extrémités qui doivent reposer sur le fond; les palans de suspension verticale sont attachés d'avance aux grands cordages de suspension, et les deux mâts du châssis sont dressés simultanément; on ferait usage de cabestans provisoires si les palans simples ne suffisaient pas.

La rapidité avec laquelle les ponts de cordages sont établis les rend d'une grande utilité.

CHAPITRE XLI.

CINTRES.

Les cintres sont des ouvrages en charpente qui servent à soutenir la maçonnerie des voûtes pendant leur construction, et jusqu'à ce que la pose de leurs clefs leur ait donné la faculté de se soutenir seules. Sous ce point de vue les cintres sont de véritables échafauds ; ils deviennent des étais, lorsqu'on les établit sous de vieilles voûtes qu'ils s'agit de réparer ou de démolir avec précaution, soit pour prévenir les accidents qui pourraient arriver aux ouvriers, soit pour ménager les matériaux qui se dégraderaient dans leur chute.

Quoiqu'on ne puisse confier qu'à des charpentiers la construction des cintres, leur pose et le décintrement, on ne peut pas dire que la composition des cintres soit exclusivement de leur ressort.

Il n'en est pas d'un cintre comme d'un comble, d'un pont, d'un échafaudage ; le charpentier connaît les conditions que ces constructions ont à remplir, les charges qu'elles ont à supporter, les dégradations qui peuvent les atteindre ; mais les conditions auxquelles un cintre doit satisfaire, dépendent de l'art de la construction des voûtes ; elles sont essentiellement du domaine de la science de l'architecte et de l'ingénieur. Celui qui veut bâtir une voûte en maçonnerie, qui en a déterminé l'étendue, et conçu la forme et l'appareil, doit connaître les procédés d'exécution qu'il peut employer ; il est seul appréciateur des conditions auxquelles les cintres dont il a besoin doivent satisfaire : son savoir et son expérience lui fournissent les moyens de conduire à perfection son ouvrage. Nous n'entrerons donc point dans de longs détails sur les cintres, le plan de notre livre ne devant point embrasser l'art de bâtir des voûtes. Nous nous bornerons à faire connaître à nos lecteurs, charpentiers, les diverses espèces de cintres qui ont été employés, pour qu'ils ne travaillent point aveuglément dans la construction de ces sortes d'ouvrages dont l'exécution leur est toujours confiée aussi bien que celle du décintrement.

Les cintres sont de différentes espèces, suivant que les voûtes doivent être cylindriques ou à double courbure ; suivant qu'elles doivent avoir plus ou moins d'étendue ; suivant qu'elles doivent être en pierres de taille ou en maçonnerie de moellons, ou même monolithes, c'est-à-dire en béton, comme celle d'un pont de 12 mètres que M. Lebrun, ingénieur des ponts et chaussées, a fait construire sur le canal latéral de la Garonne.

1.

CINTRES DES ANCIENS.

Cintres du pont de Celsius et du pont du Gard.

L'époque de l'invention des cintres ne peut être que celle de l'invention des voûtes, que l'on fait remonter, comme nous l'avons déjà dit, au temps de la construction des cloaques de Rome.

On ne connaît pas quelle était la composition des cintres employés par les anciens; mais on peut présumer, d'après la forme constante de leurs constructions des voûtes en pleins cintres, les voussoirs saillants en encorbellement qu'ils ont laissés dans leurs voûtes, et les travaux qu'ils avaient faits en charpente pour d'autres objets, que les cintres qu'ils ont employés étaient de la forme de ceux représentés fig. 2 et 3, pl. CXLII, le premier adapté à une arche du pont de Celsius, à Rome, le second pour une arche du pont du Gard, à Nîmes.

Nous avons emprunté ces deux figures à l'*Art de bâtir*, par Rondelet.

Le cintre du pont de Celsius, fig. 2, est du genre de ceux appelés *cintres retroussés*, parce que les points d'appui du cintre ne sont pas au niveau des naissances de la voûte, et qu'ils sont relevés ou retroussés jusqu'à la hauteur où les voussoirs ne peuvent être posés sans le secours des cintres, parce qu'au delà de cette hauteur les joints ont une inclinaison telle que les voussoirs ne peuvent plus être retenus en pose par le frottement. La position de ces points répond aux joints qui font un angle d'environ 30 degrés avec l'horizon. Les anciens avaient eu connaissance de cette propriété du frottement, car on ne peut douter que c'est cette considération qui a déterminé les places où ils ont laissé des voussoirs en saillie, afin d'appuyer les parties de cintres qu'ils ont jugées indispensables pour l'achèvement des voûtes.

Il est donc présumable que les cintres des anciens différaient peu de ceux dont on fait usage aujourd'hui, pour des voûtes de médiocre étendue.

Les voûtes en berceau, les plus grandes que les anciens nous ont laissées, ne dépassent pas 20 à 25 mètres d'ouverture. Elles sont par conséquent loin d'avoir les immenses portées des arches en pierre de nos ponts modernes.

II.

CINTRES MODERNES.

La disposition générale des éléments qui composent les cintres pour supporter les voussoirs des voûtes en construction, a une analogie parfaite avec celle des travées des ponts en charpente, qui a fait l'objet du chapitre précédent. Les cintres sont en effet des ponts établis entre les différents pieds-droits qui doivent soutenir des voûtes en pierre, et ils sont en même temps comme des moules pour la fabrication de la maçonnerie de ces voûtes.

Sous le rapport des formes des voûtes, pour la construction desquelles les cintres sont faits, nous en considérerons de deux sortes : les cintres pour voûtes en berceau; les cintres pour coupoles et voûtes de révolution.

Nous avons déjà remarqué, avec Rondelet, page 351, et nous verrons encore que l'on peut quelquefois se passer de cintres pour construire les voûtes sphériques, et en général celles dont la douelle est une surface de révolution sur un axe vertical; mais le secours des cintres est indispensable pour les voûtes cylindriques ou en berceau (1). Dans tous les cas, le système de construction des cintres est une imitation complète de la construction des combles et des voûtes.

Pour les voûtes cylindriques dont les axes sont horizontaux, désignées sous le nom de voûtes en berceau, le cintrement est composé d'une suite de fermes toutes parallèles, perpendiculaires à l'axe de la voûte, et liées entre elles par des liernes horizontales. Ces fermes suivent la forme du berceau en maçonnerie qu'elles doivent soutenir.

Les fig. 6 et 8, de la planche CXLI, représentent des fermes de cintres pour des voûtes en plein cintre. Les pièces de bois y sont combinées comme

---

(1) M. Brunel, ingénieur du pont de la Tamise est parvenu, en maçonnant des briques avec le ciment de Parker, à construire sans cintres deux demi-arches de pont, prenant naissance sur une même pile de $1^m,30$ de largeur, et se faisant équilibre comme les deux branches d'une double grue sur pivot. M. Brunel estime que son procédé est applicable à des arches de 90 mètres d'ouverture, qui seraient ainsi comme d'une seule pièce : ce moyen de construction aurait de grands avantages sous le rapport de l'économie, et sous celui de la navigation, qui ne serait pas interrompue pendant la construction des arches; mais nous pensons qu'il est encore loin de pouvoir être substitué à la construction des arches en pierres de taille, pour laquelle les cintres en charpente continueront longtemps encore d'être un indispensable auxiliaire.

dans les fermes des combles, et elles y conservent les mêmes noms. *a* est le tirant; *b* un entrait; *c* des arbalétriers; *d* des poinçons.

Pour ne point consommer sans utilité le gros bois dans les parties qui doivent suivre la courbure des voûtes, on se contente de coucher sur les arbalétriers des pièces de bois *m*, dont un côté seulement est gabarié suivant cette courbure, et auxquelles on a donné le nom de *veaux;* elles sont attachées sur les arbalétriers par des chevilles en bois ou des broches en fer.

La manière dont une voûte est soutenue sur son cintre pendant sa construction, dépend de la nature de la maçonnerie qui la compose : lorsque cette maçonnerie est en moellons ou en briques, elle est supportée sur un cuvelage en planches ou en madriers, exactement de la forme de la voûte, qui est régulièrement arrondi comme elle, et lui sert réellement de moule ; les planches et madriers de ce cuvelage sont cloués sur la surface extérieure de chaque ferme qui est partout à une égale distance de la voûte, soit que la courbure ait été formée par des pièces du cintre, soit qu'on l'ait obtenue au moyen de *veaux*.

Quand la voûte est appareillée en pierres de taille, qui forment des voussoirs réguliers, chaque voussoir est soutenu sur le cintre au moyen de *couchis* et de *cales*. Ces couchis sont de longues pièces de bois équarries, couchées horizontalement et parallèlement aux génératrices de la surface de douelle, sur des cales doubles taillées en coins pour qu'on puisse établir ces couchis à la distance exacte qui doit les séparer de la voûte : souvent ces cales sont clouées sur les cintres afin qu'elles restent aux places où elles ont été ajustées ; à chaque cours de voussoirs répond un cours de couchis, et chaque voussoir est mis en pose sur des cales doubles en coins, qui donnent le moyen de l'établir exactement à la place qu'il doit définitivement occuper, par rapport à la surface de la voûte dont sa douelle fait partie. Dans la fig. 5, de la planche CXLI, nous avons figuré les couchis *a*, vus par leurs bouts, posés sur leurs cales *m*, et les voussoirs *d*, posés sur leurs cales *n* (1).

---

(1) Le pont des Morts, sur la Moselle, à Metz, présente un mode de construction mixte de maçonnerie de pierres de taille et de maçonnerie de moellons, aussi économique que singulier, et qui paraît au surplus avoir été fort en usage dans le pays Messin, où plusieurs autres ponts ont été bâtis par le même procédé.

Les arches du pont des Morts ont environ 12 mètres d'ouverture : chacune de ces arches est composée de quatre arcs en pierres de taille, qui forment autant de chaînes en boutisses et panneresses dans la douelle de la voûte, et qui sont distribués à des intervalles égaux sur la largeur du pont, qui est d'environ 8 mètres entre les deux parements des têtes. Les trois intervalles des arcs en pierre de taille sont remplis en maçonnerie de moellons suivant la courbure de la voûte de l'arche ; chacun de ces arcs en

Les savants se sont occupés de recherches mathématiques sur la construction des cintres. Pitot, Couplet, Perronnet, et Gauthey ont écrit sur cette partie de l'art de construire : nous ne rapporterons point ici leurs recherches, ce chapitre étant destiné à exposer uniquement ce qui a trait à l'art du charpentier.

III.

CINTRES MOBILES OU FLEXIBLES.

§ 1. *Cintres du pont de Neuilly.*

On se sert de cintres pour la construction de toutes les voûtes, et les premiers ont été employés pour des voûtes de petites portées; mais la construction des ponts en pierre à grandes arches que nous devons au dernier siècle, a exigé celle des grands cintres. Divers systèmes de combinaisons des bois ont été suivis pour leur composition, ce qui a donné lieu de les distinguer en cintres *mobiles* ou plutôt *flexibles*, et en cintres fixes, et, pour les uns et les autres, en cintres entiers et cintres retroussés, en cintres ne portant que sur leurs naissances et cintres avec soutiens intermédiaires.

Les cintres composés par Perronnet pour la construction du pont de Neuilly près Paris, sont des cintres flexibles, et par cette qualification, on entend des cintres qui peuvent fléchir et changer de forme pendant la construction de la voûte, par l'effet de la variation du poids qu'ils ont à supporter pendant que le nombre des voussoirs en pose augmente.

pierres de taille a été construit, sans aucun doute, sur un cintre en charpente et probablement le même a servi pour les quatre arcs l'un après l'autre. Le remplissage en maçonnerie a été fait sur un cuvelage en bouts de madriers de sapin d'environ $2^m,30$ de longueur, appuyés d'un arc à l'autre dans des rainures creusées dans la pierre de taille ; ce cuvelage n'avait point été enlevé après le remplissage en maçonnerie, car il en existait encore, vers 1810, quelques fragments que le temps avait respectés. Les parties de cuvelage qui ont été détruites ont laissé à découvert la maçonnerie de moellons sur laquelle les arcs en pierres de taille font une saillie d'environ un décimètre, qui comprend la rainure dont nous venons de parler.

Ce système de cintres est composé de plusieurs cours d'arbalétriers formant des polygones concentriques, les angles des uns répondant aux côtés des autres.

La première application de ce système avait été faite par Hardouin Mansard, au premier pont de Moulins (1); le succès n'avait pas répondu à l'apparence d'une grande résistance qu'on avait cru lui reconnaître. Nous avons choisi les cintres du pont de Neuilly comme l'exemple le plus complet de ce système; nous l'avons représenté, fig. 4, pl. CXLI, en projection verticale, et fig. 16 en projection horizontale, d'après le dessin qui se trouve dans les œuvres de Perronnet.

La fig. 11 représente les formes intérieures de la cinquième moise, et la fig. 10 est une projection de la même moise sur sa face d'assemblage, dont la trace est la ligne $x\,y$ de la figure 1.

La figure 4 de la planche CXLI est une application de ce système à des arches en plein cintre.

La flexibilité de ce genre de cintres provient du nombre de ces articulations, c'est-à-dire du nombre de ses joints sur lesquels les pièces peuvent changer d'inclinaison les unes à l'égard des autres, comme si elles étaient réunies par des charnières. Il résulte de cette flexibilité, que lorsqu'on élève une maçonnerie au-dessus des naissances des voûtes, dès qu'elle commence à porter sur les cintres et à les charger vers les points que l'on nomme les reins, son poids force ces parties à s'abaisser, ce qui fait remonter le sommet, et par conséquent change en même temps la forme du cintre.

Pour remédier à un si grave inconvénient, d'où résulterait un changement complet de la forme de la voûte, et peut-être de plus graves accidents, on est forcé de charger le sommet du cintre d'un poids considérable convenablement réparti, pour faire équilibre à la pression opérée sur les reins, et maintenir, autant que possible, la régularité de la courbure du cintre. A la vérité on emploie pour ce chargement les voussoirs qui doivent être posés, mais il en résulte une main-d'œuvre coûteuse et un tâtonnement continuel qui n'est pas sans danger.

Au pont de Neuilly le tassement des reins et le soulèvement des cintres étaient si considérables qu'on fut obligé, pour les ramener dans leur forme primitive et la conserver durant la construction des arches, de charger successivement leurs sommets de 122, 426 et 455 mille kilogrammes. Lorsqu'on fut sur le point de fermer les voûtes, par la pose de

---

(1) Ce pont fut détruit par une crue d'eau de l'Allier, le 8 novembre 1710, malgré le soin qu'on avait mis à sa construction.

leurs clefs, le tassement général des cintres était de 7 à 8 centimètres, en vingt-quatre heures.

Ce tassement paraissait provenir surtout de ce que les extrémités des pièces, portant à bois debout, avaient pénétré de 4 à 5 millimètres dans les faces des moises, et de ce que quelques arbalétriers avaient plié : d'autres arbalétriers, inégalement pressés sur leurs abouts, s'étaient fendus suivant leur longueur ; on avait attribué ces accidents à la forme des abouts. Dans la construction des cintres du pont de Sainte-Maxence et du pont de la Concorde à Paris, on a tracé chaque about suivant un arc de cercle ayant son centre au bout opposé, et l'on croit que c'est ce moyen qui empêche les arbalétriers de se fendre ; il est plus présumable que les arbalétriers ont été garantis de cet accident parce que leurs abouts étaient taillés avec plus de précision, et qu'ils portaient dans toute leur étendue et par des points répondant aux mêmes faces aux deux extrémités des pièces. Cette forme donnée aux abouts a l'inconvénient de faciliter les mouvements de rotation des bois en transformant leurs joints en véritables articulations.

Le moyen le plus efficace et le plus simple en même temps qu'on ait trouvé jusqu'ici pour empêcher les effets de ces puissantes pressions sur les fibres du bois, consiste dans l'emploi des boîtes de fonte substituées aux assemblages directs du bois contre du bois.

§ 2. *Cintres du pont d'Orléans.*

Les cintres retroussés du pont d'Orléans, dont nous donnons un dessin fig. 5, sont du genre des cintres flexibles, le nombre des articulations avait cependant été diminué ; mais les fermes ne se sont pas trouvées assez fortes, on a été obligé de leur ajouter des arbalétriers m, des moises r et quelques contre-fiches placées entre les fermes comme des contrevents.

Ces arbalétriers ont beaucoup diminué la flexibilité des cintres.

La fig. 12, pl. CXLI, est une coupe suivant une ligne $x\,y$ de la fig. 5 pour montrer les croix de Saint-André assemblées dans les moises pendantes et dans les moises horizontales, afin d'empêcher le déversement des fermes. On a remarqué que ces cintres avaient bien réussi, quoiqu'ils ne fussent pas autant chargés de bois que les précédents.

IV.

CINTRES FIXES.

Les cintres regardés comme inflexibles sont ceux dans lesquels les assemblages ne peuvent jouer ; ainsi l'on conçoit que dans le cintre du pont d'Orléans si les deux arbalétriers m, n, n'eussent formé qu'une seule et même pièce en ligne droite, le changement de forme qu'aurait subi le cintre n'aurait pu provenir que de la flexibilité des bois et nullement de la mobilité des assemblages ; car, en supposant un arbalétrier en sens symétrique de celui $m\,n$ à l'autre bout de la ferme, si les charges de la maçonnerie eussent augmenté également des deux côtés, leur action sur l'entrait $p\,q$ aurait été égale aux deux bouts de cet entrait qui n'aurait par conséquent point changé de position, et la figure formée par cet entrait et les deux arbalétriers aurait été invariable. Ainsi la stabilité de la forme du cintre n'aurait plus dépendu que de l'inflexibilité des arbalétriers et de la résistance de l'entrait que l'on aurait pu accroître autant qu'il aurait été nécessaire, par l'augmentation de l'équarrissage de ces pièces et par l'emploi des armatures pour suppléer à la force de leur équarrissage.

§ 1. *Cintres de la nef de Saint-Pierre de Rome.*

Rondelet remarque dans son *Art de bâtir* que si c'est dans Rome antique qu'on trouve les premières et les plus importantes voûtes, c'est aussi Rome moderne qui nous offre le cintre le plus considérable qu'on ait construit jusqu'alors dans celui que Michel-Ange a employé à la construction de la voûte de Saint-Pierre de Rome, et dont la composition est attribuée à Antonio da San-Gallo (mort en 1546), architecte de cette église après Bramante et avant Michel-Ange.

La fig. 13 de la planche CXLI (1) représente cette belle composition d'après le dessin que nous a conservé Fontana.

Elle satisfait admirablement bien à toutes les conditions de résistance et de stabilité ; cette ferme est le type des fermes des cintres fixes, sauf les

---

(1) Nous avons fait le dessin de ce cintre, fig. 13, sur une petite échelle, pour qu'on puisse le comparer au cintre de la coupole, fig. 11, pl. CXXV.

changements à apporter pour plier ce système aux différents cas que peuvent présenter les diverses circonstances qui font varier les formes et dimensions des voûtes.

§ 2. *Cintres de M. Pitot.*

Le système des cintres de Saint-Pierre de Rome, se retrouve dans les cintres de M. Pitot, fig. 7 et 18 de la même planche CXLI, dans lesquels il est aisé de reconnaître l'analogie de ces deux constructions, au moins dans la disposition générale qui procure l'invariabilité de forme qui est observée dans l'ensemble de la combinaison, comme dans ses détails.

M. Pitot a fait usage du système représenté fig. 18 pour les arches qu'il a accolées au pont du Gard; il a employé aussi ce même système au pont d'Orneson et au pont de Dulac, sur la route de Perpignan à Carcassonne.

Celui de la fig. 7 lui a servi pour le pont de l'Ile-Adam.

§ 3. *Cintres du pont de Nemours.*

Le système de deux arbalétriers et d'un entrait a été employé avec succès aux cintres du pont de Nemours sur le Loing. Une des fermes de ces cintres est représentée fig. 11, pl. CXLII; mais comme l'arche est formée par une portion d'arc de cercle, il en est résulté que la charge avait tellement agi sur les couchis, qu'il aurait été fort difficile d'opérer le décintrement; nous indiquerons au paragraphe 8, ci-après, le moyen qu'on a été forcé d'employer pour opérer ce décintrement.

§ 4. *Cintre du pont du Strand.*

Le cintre du pont du Strand, à Londres, est remarquable, comme cintre fixe, par la bonne combinaison des contre-fiches qui entrent dans sa composition; nous l'avons représenté fig. 12, pl. CLXII. Nous renvoyons ce que nous avons à dire à son sujet au paragraphe 9, ci-après.

V.

CINTRES SOUTENUS PAR DES PALÉES INTERMÉDIAIRES.

Lorsque l'étendue d'une arche et la grande longueur de son rayon de courbure font craindre que le poids de la maçonnerie ne fasse trop baisser le sommet des cintres, bien qu'il serait d'abord élevé par les efforts que produirait la charge sur les reins, on soutient le milieu de l'étendue des fermes par une espèce de palée que l'on établit sur des pieux. Nous donnons quelques exemples de ce moyen d'assurer l'invariabilité des cintres, en cherchant un appui sur le fond de la rivière.

§ 1. Cintres du pont de Moulins.

La fig. 10 de la pl. CXLII représente un des cintres qui ont servi, en 1762, à la construction du pont de Moulins sur l'Allier, par Regemorte. Ces cintres sont soutenus par des poteaux verticaux appuyés sur des massifs en maçonnerie élevés sur le radier qui forme, sous le pont, le fond de la rivière.

§ 2. Cintres du pont de la Doria.

La fig. 8, pl. CXLII est un des cintres sur lesquels on a construit le pont de la Doria, près de Turin.

Ces cintres sont des copies de ceux du pont de Neuilly, mais vu le grand aplatissement de l'arche dont la courbure est uniforme, on a craint qu'ils ne pussent pas supporter tout le poids des voussoirs avant la fermeture des voûtes, et l'on a soutenu leurs sommités par une palée composée de trois files de pilots doubles formant des moises verticales sous chaque ferme, et reliées dans la longueur et dans la largeur du pont par des moises horizontales.

La fig. 9 représente ce système de cintre, d'ailleurs du même genre que ceux de Neuilly et d'Orléans.

§ 3. Cintres du pont de Chester.

Le système de cintres employés à la construction du pont de Chester est repsésenté fig. 1, pl. CXLII. Ce système est remarquable en ce qu'il est composé dans chaque ferme d'une seule courbe qui suit la courbure de la voûte de l'arche. Cette courbe est soutenue par des étais appuyés sur des piles en maçonnerie construites dans le lit de la rivière pour exhausser les points d'appui et leur donner, au moyen de leur étendue, une complète stabilité.

§ 4. Cintres du pont de Glocester.

La fig. 5, pl. CXLII, est la représentation d'un des cintres sur lesquels on a construit les arches du pont de Glocester; ils sont remarquables par leur simplicité. On leur a donné des points d'appui sur des pilots plantés dans le lit de la rivière, et liés aux cintres par des entraits reposant sur les chapeaux des mêmes pilots.

§ 5. *Cintres du pont de Briançon.*

La construction du pont de Briançon présente un exemple des moyens qu'on peut employer pour donner aux cintres, dans le cas d'une grande portée, des soutiens qu'ils ne pourraient trouver au milieu de la rivière. Ce pont, qui a environ 40 mètres d'ouverture, est établi sur le ravin de la Dras, dont la grande profondeur n'a pas permis d'établir des palées dans son lit : il a fallu chercher sur les escarpements des rochers de ses bords, des appuis pour les grands entraits du système.

Nous avons représenté, fig. 6 de la planche CXLII, le dessin d'une des fermes du cintre de ce pont, dont l'arche en plein cintre a autant d'ouvertures que celles du pont de Neuilly.

§ 6. *Cintres du pont d'Édimbourg.*

La fig. 7, pl. CXLII, est un deuxième exemple du moyen de procurer des points d'appui intermédiaires pour les cintres d'une grande portée. Cette figure est tirée de la description du Deanbrig d'Édimbourg, construit en 1831.

VI.

CINTRES POUR LES PETITES VOUTES.

Dans la construction des édifices, on trouve maintes voûtes de moyenne ouverture qui ne sauraient être exécutées sans le secours des cintres. Nous indiquons dans ce paragraphe quelques combinaisons qui peuvent être appliquées à ces cintres, qui doivent être faits avec d'autant plus d'économie qu'ils ne servent que pendant le temps très-court nécessaire à la confection de ces voûtes.

§ 1. *Cintres pour petites voûtes en pierres de taille.*

Les fig. 6 et 8, pl. CXLI, représentent des cintres pour des petites voûtes appareillées en pierres. Dans ces sortes de voûtes, on remplace quelquefois les veaux m par de petites maçonneries en plâtre que l'on arrondit suivant la courbure que doit avoir la voûte; c'est un moyen d'économiser le bois.

Lorsque les voûtes en pierres de taille ont peu d'étendue, les voussoirs sont posés au moyen de cales interposées entre eux et le cintre; on ne se sert de couchis que pour les voûtes dont la portée a quelque étendue, et quand les fermes des cintres peuvent être assez écartées pour que les voussoirs ne puissent pas trouver leur appui immédiat sur les fermes.

A l'égard des voûtes en maçonnerie, elles sont maçonnées comme nous l'avons déjà dit, sur un cuvelage en planches clouées sur les veaux.

La fig. 2 est un petit cintre retroussé qui a été employé par Perronnet dans les travaux du canal de Bourgogne.

§ 2. Cintre pour voûte rampante.

La fig. 9, pl. CXLI, est le dessin d'une ferme de cintre rampant, pour les arcs qu'on place quelquefois sous les rampes des escaliers. Lorsque l'arc a peu d'épaisseur, une seule ferme suffit; autrement on en accole deux pour former l'épaisseur nécessaire pour l'assise des voussoirs ou le moule de la maçonnerie.

§ 3. Cintres en planches de champ.

Les voûtes d'une très-petite ouverture n'exigent que des cintres d'une construction légère, et l'on se contente de les faire en planches de champ, dans le genre des hémicycles de Philibert Delorme; un des cintres de cette espèce est représenté fig. 14, pl. CXLI. On les établit à peu près de mètre en mètre sur la longueur de la voûte; ils sont revêtus d'un cuvelage en planches sur lequel on moule la maçonnerie de la voûte en moellons ou en briques.

La fig. 15 est enfin l'indication du plus minime cintre en demi-cercle que l'on emploie; quelquefois même on le simplifie encore en supprimant le poinçon, et, dans ce cas, on se contente de croiser les deux planches des arbalétriers à leur rencontre au sommet du demi-cercle. Ces petits cintres sont ordinairement employés pour les berceaux couvrant de longues galeries souterraines; et l'on en compose, par le moyen du cuvelage, des demi-cylindres portatifs de 3 ou 4 mètres de longueur, que l'on dégage des voûtes en ôtant leurs soutiens, et que l'on transporte pour la continuation des voûtes, qui se trouvent ainsi faites par portions. Les charpentiers sont chargés de la construction de ces cintres portatifs; mais ils ne sont point employés à leur pose ni à leurs changements de place, qui sont du ressort des maçons qui en font usage.

§ 4. *Cintres pour portes et fenêtres.*

La fig. 3, pl. CXLI, montre comment on supplée aux cintres pour poser les voussoirs qui composent les arcs surbaissés qui n'ont que des dimensions très-restreintes, comme celles des portes et des fenêtres de nos habitations.

§ 5. *Cintres pour arceaux.*

La fig. 4, pl. CXLI, est le détail d'un cintre établi à peu de frais, par M. A. Ferry, aux fonderies de Romilly, pour la construction d'un arc dans un mur qui traverse le coursier d'une roue hydraulique. Ce cintre est composé de deux petites fermes parallèles, écartées seulement d'une quantité égale à l'épaisseur du mur pour porter les couchis servant à la pose des voussoirs. Chaque ferme est formée avec des madriers de champ boulonnés en moises sur de petits poteaux verticaux dont l'épaisseur règle l'écartement des fermes, et qui sont assemblés dans des semelles couchées sur le radier du coursier.

§ 6. *Cintres du pont aux Fruits de Melun.*

Les voûtes du pont aux Fruits, à Melun, construites il y a plusieurs siècles, comme le prouvent leur petit diamètre, leur forme en plein cintre et leur état de vétusté, menaçaient depuis longtemps de s'écrouler, et, cependant, on voulut, en 1820, en prolonger pendant quelque temps l'existence. Le seul moyen était de les cintrer; mais il fallait que les cintres occupassent le moins d'épaisseur possible sous les voûtes, pour ne point gêner la navigation.

M. Eustache, ingénieur en chef des ponts et chaussées, eut l'idée de composer ces cintres avec des bordages courbés, en les ramollissant par la chaleur combinée avec l'humidité.

La fig. 7 de la planche CXLI est l'élévation de l'une des arches dudit pont aux Fruits avec l'un des cintres dont il s'agit.

La largeur du pont, entre les deux parements des têtes, est de 6^m,80. Cinq arcs ont été établis dans cette largeur sous chaque arche; chaque arc a été composé de six bordages en bois de chêne de 5 centimètres d'épaisseur et de 0^m,20 de largeur.

Pour amollir les bordages, afin de les courber, M. Eustache les a soumis à une grande chaleur dans du fumier mouillé et échauffé sur un fourneau construit exprès. Lorsque les bois avaient acquis la souplesse que M. Eustache jugeait nécessaire, on les courbait en les forçant de s'appuyer sur des points fixes où ils étaient retenus par des coins, et lorsqu'ils étaient refroidis et qu'ils avaient acquis la courbure et la fermeté requises, on les employait dans la composition des fermes dans chacune desquelles ces madriers étaient serrés et retenus par des petites moises pendantes et par des liens en fer avec brides à vis et écrous; les moises pendantes de même rang étaient liées par des moises horizontales à l'intrados et à l'extrados; celles de l'extrados étant comprises dans le cuvelage en madriers épais.

Cette construction a quelque ressemblance avec celle de mes arcs pour les grandes charpentes (p. 194); avec cette remarquable différence que mes arcs n'ont pas moins de 20 à 21 mètres de diamètre (c'est le triple du diamètre des arcs de M. Eustache); que j'ai courbé mes arcs sans le secours de la chaleur ni de l'humidité, et enfin que le but est fort différent.

VII.

CINTRES POUR COUPOLES.

La forme annulaire des différents cours de voussoirs d'une voûte en coupole, lors même que sa surface de douelle ne serait pas une surface de révolution, simplifie les moyens de construction quant à la forme des cintres. Lorsque cette forme est continue, c'est-à-dire lorsqu'elle s'élève sans qu'elle se trouve interrompue par la rencontre ou pénétration d'aucune autre voûte, elle permet de se passer de cintres proprement dits. On ne peut se servir que d'enrayures ou d'armatures horizontales élevées à mesure de l'avancement de l'ouvrage, en les maintenant à la hauteur des assises en couronne formées par les voussoirs, seulement pendant le temps nécessaire à la construction de chaque couronne, et jusqu'à ce que le cours de ses voussoirs soit complétement posé.

§ 1. *Enrayures de la coupole de Florence.*

Le moyen que nous venons d'indiquer est dû à Brunelleschi, qui l'a inventé pour la construction du dôme à huit pans de l'église de Sainte-Marie del Fiore, à Florence.

Lorsqu'il proposa de construire ce dôme sans cintre, il trouva autant de contradicteurs qu'il y eut d'architectes, d'ingénieurs et de savants réunis, pour délibérer sur le moyen de bâtir cette immense coupole, qui est élevée à plus de 53ᵐ,60, non compris la lanterne qui a, en outre, avec la boule et la croix, une hauteur de 19ᵐ,17.

Les projets, qui furent présentés pour la construction des cintres, devaient occasionner de si grandes dépenses, qu'on se détermina à revenir aux offres de Brunelleschi, et dès qu'il eut divulgué le moyen dont il voulait se servir, consistant dans des enrayures horizontales pour maintenir les voussoirs, et qu'on devait élever à mesure que les assises seraient posées, personne ne douta plus du succès; ce qui n'empêcha pas cependant que cette coupole demeurât vingt ans en construction, mais par suite de circonstances indépendantes du moyen employé (1).

Quand une coupole doit être percée par des ouvertures qui interrompront un certain nombre de cours de voussoirs, comme dans la deuxième voûte du dôme du Panthéon de Paris, la méthode des enrayures n'est plus praticable, du moins pour la hauteur qui comprend les cours de voussoirs incomplets. On est forcé de recourir à la combinaison complète d'un cintre général pour cette partie de la voûte, à moins que les cintres partiels indispensables pour la pose des arcs qui forment les ouvertures ne puissent servir, en les combinant avec des enrayures, pour soutenir les cours incomplets des voussoirs.

§ 2. *Cintres du dôme de Saint-Pierre de Rome.*

Lorsqu'une coupole doit être construite sur des cintres complets, ces cintres sont composés, comme pour les voûtes cylindriques, d'un certain nombre de fermes; mais, au lieu d'être parallèles, elles sont dirigées sur l'axe vertical de la coupole, où elles sont réunies dans un poinçon commun ou sur des enrayures qui en tiennent lieu. On ne peut mieux comparer ces sortes de cintres qu'à la construction d'un dôme en charpente, en prenant toutefois la surface extérieure de ce dôme pour celle de la paroi intérieure ou douelle de la voûte, comme si le dôme en charpente devait être le moule sur lequel on maçonnerait la voûte.

---

(1) On rapporte que c'est à cette occasion que Brunelleschi, sollicité d'exposer son procédé, proposa à ses contradicteurs de faire tenir sur l'un de ses bouts un œuf, dont la forme a quelque ressemblance avec celle d'un dôme. Tous les assistants ayant déclaré que cela était impossible, il fit en effet tenir l'œuf comme il l'avait annoncé, en brisant sa pointe sur la table de marbre devant laquelle il était assis. Aussitôt on s'écria que chacun en aurait pu faire autant, Brunelleschi répartit avec ironie : « Si je vous montrais le modèle du moyen que je veux employer pour la coupole, vous en diriez tout autant que de l'expérience de l'œuf. »

Une anecdote semblable a été attribuée à Christophe Colomb; mais la plaisanterie n'était pas si heureusement appliquée que dans la circonstance où Brunelleschi l'a faite.

Nous n'entrerons point dans de longs détails sur la construction de ces sortes de cintres, ce que nous avons précédemment dit au sujet des voûtes en charpente et des dômes contenant tous les renseignements nécessaires pour cet objet : nous compléterons cet article par une courte description du cintre qui a servi à la construction du dôme de Saint-Pierre de Rome.

La fig. 11, pl. CXXVII, est une réduction, sur l'échelle de la fig. 10, du dessin d'une partie de l'une des fermes de ce cintre donné par Fontana dans la description de Saint-Pierre de Rome. Ce cintre était composé de seize fermes entières, ou plutôt de trente-deux demi-fermes réunies par des enrayures, vu qu'elles n'auraient pas pu trouver place pour leurs assemblages sur un poinçon.

La fig. 9, même planche, est un fragment du plan du cintre pris à la hauteur de la première enrayure.

Les contre-fiches portaient par leurs abouts dans des entailles réservées dans la maçonnerie de la naissance. Angelo Roca, contemporain de la construction de ce cintre, pour donner une idée de la grandeur du travail, dit qu'on a employé dans la construction des deux couples cent mille pièces de bois, dont une centaine était d'une grosseur telle que deux hommes pouvaient à peine les embrasser. Le nombre est probablement exagéré ; mais on ne peut douter que ce gigantesque travail dut nécessiter l'emploi d'une prodigieuse quantité de bois. Rondelet remarque que ce cintre dut avoir pour objet de pouvoir élever les matériaux et de les déposer à la portée des ouvriers, pour accélérer le travail plutôt que pour soutenir les maçonneries pendant la construction de la double coupole, vu qu'on pouvait, à la rigueur, la construire sans cintre comme celle de Florence, et avec plus de facilité, puisqu'elle est sur un plan circulaire ; mais cette opinion n'est qu'une présomption. Angelo Roca ne fait point mention de cette particularité, et l'on peut présumer aussi que, pour soutenir seulement les matériaux au fur et à mesure qu'il était nécessaire de les placer à portée des ouvriers, l'architecte n'aurait pas fait une construction aussi considérable. Il ne me paraît pas douteux que ces cintres ont été composés dans l'idée qu'ils devaient supporter le poids de la voûte.

La construction de la coupole de Saint-Pierre de Rome n'a exigé que vingt-deux mois de travail.

§ 3. *Coupole du Panthéon de Rome.*

La plus grande coupole qui ait été construite en maçonnerie est celle du Panthéon de Rome ; elle a $43^m,502$ de diamètre.

L'art de la charpenterie peut avoir quelque intérêt à la solution de la question, de savoir si des cintres en charpente ou été établis pour sa construction, ou s'il a contribué, par quelque autre moyen, à l'exécution de ce grand ouvrage.

Les avis des architectes et des antiquaires ne décident rien à ce sujet. L'opinion vulgaire, à Rome, est qu'on n'a point établi de cintres pour bâtir cette magnifique coupole. On prétend qu'après que les murs circulaires qui la soutiennent ont été construits, on a rempli l'intérieur de terre fortement comprimée, et qu'on en a amassé un volume suffisant pour former le galbe ou moule très-solide de la voûte. Après que la coupole fut complétement achevée, le peuple romain fut appelé à déblayer l'intérieur, des terres qui y avaient été amoncelées, et l'on ajoute que, pour l'encourager dans ce travail, on avait eu soin de semer d'avance dans les remblais des pièces de monnaie qui lui étaient abandonnées.

Rondelet (tome IV, page 375) regarde cette version comme une fable, attendu, dit-il, que l'art de bâtir était, au temps d'Auguste, arrivé à une telle perfection, qu'il n'est pas probable qu'on ait usé d'un moyen qui n'appartient qu'à l'enfance de l'art, et son opinion est qu'on a dû établir des cintres en charpente légère qui ont servi d'échafaud. Quant à nous, le remblai en terre, moyen qui avait été plusieurs fois pratiqué à Rome, que l'on pratique quelquefois encore aujourd'hui pour des petites voûtes, nous paraît si simple, que nous ajoutons foi à la tradition populaire. Elle est d'ailleurs d'accord avec l'économie de la dépense; car il est plus que probable que les frais du remblai de 60,000 mètres cubes de terre remplissant l'enceinte du Panthéon et formant le galbe de sa coupole, pour servir en même temps de cintre et d'échafaud, joints au sacrifice fait pour semer d'avance quelques pièces de monnaie dans ce remblai, n'ont pas dû atteindre, à beaucoup près, les sommes qu'aurait coûté l'établissement des cintres ou même des plus simples enrayures pour la construction d'une voûte d'un aussi grand diamètre, dont la naissance est à $25^m,778$ et le sommet à $47^m,53$ du sol.

§ 4. *Cintres du dôme du Panthéon à Paris.*

Rondelet a profité, dans la construction des voûtes du dôme du Panthéon, de la propriété dont jouissent les voûtes en coupole composées de cours de voussoirs formant des anneaux horizontaux, et les échafauds indispensablement nécessaires pour monter les matériaux et porter les ouvriers lui ont servi pour soutenir les cours annulaires des voussoirs; ces échafauds n'ayant jamais eu à porter qu'une seule assise et seulement pendant la pose des voussoirs qui la composent, cette assise se soutenant seule aussitôt qu'elle était entièrement posée. Nous donnons, fig. 2 et 3 de la planche CXXVI, les dessins des échafauds-cintres dont il s'agit, d'après les dessins que Rondelet a fait graver dans son *Art de bâtir*. Ces échafauds-cintres étaient liés aux échafauds extérieurs représentés sur la même planche, et dont nous avons parlé ci-dessus, page 351.

La figure 2 est une coupe suivant la ligne $c\,m$ du plan, fig. 4 et 5.

La figure 3 est une coupe suivant la ligne $c\,b$ du même plan.

La figure 4 est le plan de l'enrayure établie au niveau $x\,y$ de la naissance de la voûte.

§ 5. *Cintres pour petites voûtes en cul-de-four.*

Quelque petite que soit une voûte, les cintres en bois qui doivent servir à sa construction sont établis par les charpentiers.

Lorsqu'il s'agit d'une calotte sphérique d'un petit diamètre que l'on nomme ordinairement *cul-de-four*, parce que cette forme de voûte est principalement employée pour couvrir les fours, au lieu de cintres d'assemblages, on se sert de madriers de champ et même de planches de champ pour les plus petites voûtes de cette espèce. Les madriers ou les planches sont taillés suivant le profil générateur de la voûte; on les pose d'un bout au niveau de la naissance en les soutenant sur quelques briques, ou par le moyen de petits montants verticaux sur lesquels on les cloue; vers le centre, ils sont tous réunis sur un poinçon commun. Leur écartement le plus grand sur le contour du four ne doit pas dépasser la longueur d'une des briques qu'ils doivent soutenir pour former la voûte.

VIII.

DÉCINTREMENT.

§ 1. *Ancien procédé pour décintrer.*

On donne le nom de décintrement à l'opération par laquelle on débarrasse une voûte des supports qu'on a donnés à ses éléments pendant sa construction. Cette opération est extrêmement délicate, elle demande beaucoup de prudence et surtout une longue patience, car il faut accorder le plus de temps possible à la dessiccation des mortiers, afin qu'ils puissent prendre une consistance assez grande pour résister convenablement à la pression qu'ils doivent éprouver de la part des voussoirs entre lesquels ils se trouvent interposés. On doit concevoir que, si l'on abandonnait subitement une voûte à elle-même avant que les mortiers aient acquis la dureté convenable, il se ferait un tassement rapide qui dépasserait les limites qu'on lui aurait supposées, et qui pourrait occasionner les plus funestes accidents.

Autrefois, on faisait du décintrement, notamment de celui des arches des ponts, un objet de spectacle et de surprise pour les personnes qui n'étaient point initiées aux procédés de l'art. Après qu'on avait enlevé, presque secrètement, les cales qui soutenaient les voussoirs sur les cintres et les liernes qui reliaient la charpente, au moyen de l'effort d'un nombre suffisant de cabestans, on faisait écrouler les cintres de toutes les arches à la fois, et, après leur chute, le pont se montrait à la foule d'autant plus émerveillée qu'elle croyait que ce pont avait été soutenu sur ses cintres jusqu'au dernier moment.

On procédait à l'enlèvement des cales avec lenteur, on ne les enlevait pas successivement, on ôtait d'abord celles d'un couchis entre deux, on dédoublait celles qu'on avait laissées. En opérant ainsi, on donnait au pont la puissance de presser de plus en plus sur les couchis qui n'étaient pas enlevés. On avait la précaution d'opérer symétriquement de chaque côté des arches et sur toutes les arches en même temps pour les ponts dont les piles n'avaient point assez d'épaisseur pour servir de culées. Malgré ces précautions, on ne tarda point à reconnaître que les arches se trouvaient soutenues au dernier moment sur des points trop écartés les uns des autres; que le tassement pouvait n'être pas uniforme, et qu'il devait en résulter une sorte de serpentement dans la courbure des voûtes. On a donc eu recours à un autre moyen qui a été pratiqué au pont de Nemours.

§ 2. *Décintrement du pont de Nemours.*

Après la clôture des voûtes du pont de Nemours, la pression des voussoirs sur les cales était devenue si grande, à cause de la forme surbaissée des arches, qu'il fut impossible de les arracher, du moins sans danger; l'on prit alors le parti de faire ruiner lentement, avec beaucoup de précaution et en faisant usage d'outils tranchants, les abouts inférieurs des arbalétriers; il en est résulté que ces abouts cédaient peu à peu à la charge des voûtes, et que leur tassement s'effectuait avec lenteur et en même temps que celui des cintres; de telle sorte qu'il est arrivé un instant où les cintres tassaient seuls, et l'on a pu sans crainte les enlever complétement. Mais il faut que le tassement puisse se faire très-lentement, et éviter toute secousse tendant à lui imprimer une vitesse qui pourrait occasionner, sinon des chocs, au moins des accroissements trop rapides de pression qui feraient éclater les pierres; c'est donc avec la plus grande prudence que les charpentiers doivent procéder à ce mode de décintrement.

§ 3. *Décintrement du pont du Strand.*

Dans quelques constructions de voûtes, on a substitué au procédé de la ruine des abouts des arbalétriers, celui bien préférable de faire descendre les cintres lentement en redressant des coins placés sous les sablières. Un des procédés les mieux imaginés est celui dont on s'est servi au pont du Strand, à Londres; nous en avons représenté, fig. 12, pl. CXLII, une arche avec son cintre.

Les cintres de ce pont étaient formés de pièces qui se croisaient dans des points tellement multipliés que leur figure était invariable; on avait adopté pour eux le système des cintres retroussés, c'est-à-dire qu'on ne les avait fait commencer qu'aux points où ils étaient nécessaires pour la pose des voussoirs, et aux joints inclinés sous des angles de 30°, au-dessous desquels ces cintres étaient soutenus à chaque bout sur trois pièces de bois *b d;* la ligne de milieu de celle *b* était normale à la courbure de l'arche.

La pièce supérieure *a* servait de blochet et recevait les assemblages de tous les abouts inférieurs des premières contre-fiches; celle inférieure *d* était fixée sur cinq sablières soutenues par autant d'étais qui portaient sur des semelles couchées dans les retraites formées par les assises des fondations.

La troisième pièce *b* était interposée entre les deux premières *a d;* elle les joignait par des endents ou crémaillères faits avec précision et se correspondant exactement en dessus et en dessous. On voit qu'en poussant ou en tirant les pièces *b* de chaque naissance, elles pénétraient entre les pièces *a* et *d* ou s'en dégageaient, et que celles-ci se rapprochaient ou s'écartaient, et que, par conséquent, les pièces *d*, ne pouvant s'abaisser, les pièces *a* descendaient ou montaient suivant le sens des mouvements imprimés aux pièces *b*, et avec elles tout le système du cintre put se mouvoir aussi lentement qu'on voulut. On peut ainsi opérer l'abaissement du cintre avec toute la régularité et la lenteur qui étaient nécessaires.

Lorsqu'on posait un cintre, la pièce *b* était amenée à la place convenable, pour que le cintre fût à la hauteur où il devait être pour recevoir les voussoirs, et sa position était fixée en mettant des cales ou doubles coins de sûreté entre les abouts des crémaillères.

Ces crémaillères étaient desserrées en frappant sur le bout le plus mince de chaque pièce b, ayant préalablement enlevé les clefs ou cales de sûreté, ce qui produisit l'abaissement qu'on voulut donner au cintre. Les lignes de division marquées sur les faces des pièces a, b, d servirent à régler le mouvement des pièces b, de façon que l'abaissement des cintres s'est opéré dans toutes les fermes également et très-lentement.

IX.

EMPLOI DU FER DANS LES CINTRES.

Le fer est employé dans les cintres, comme nous l'avons fait remarquer à l'égard des ponts, de la même manière et dans les mêmes circonstances que dans les fermes des combles.

La description de l'emploi du fer, dont il va être question, est le complément de ce que nous avons déjà dit sur ce sujet dans le chapitre XXXIII.

§ 1. *Pont du Strand.*

Les cintres de ce pont sont fort remarquables, à cause de l'ingénieux moyen qu'on y a employé pour opérer le décintrement que nous avons décrit dans le paragraphe précédent; il ne mérite pas moins d'attention à cause de la bonne combinaison des bois dans la composition de chaque ferme; nous en avons représenté une fig. 12, pl. CXLII.

Les grandes contre-fiches qui se réunissent sur différents points de la courbure de l'arche, forment deux à deux, et avec la ligne a a qui joint leurs pieds, des triangles que l'on peut regarder comme fixes, vu la résistance complète des culées qui équivaut à celle d'un entrait. Il suit de cette combinaison une stabilité complète, dans la courbure du cintre, qui est par cette raison un cintre fixe; ce qui néanmoins n'a pas paru devoir dispenser de la précaution usitée au pont de Neuilly pour maintenir l'équilibre, par une égalité approximative de pression, en chargeant les cintres, pendant la construction, avec les voussoirs qui devaient y être employés.

II. — 62

Les contre-fiches de ce cintre, en se croisant, sont assemblées par des entailles à mi-bois; dans les endroits, v et u, où ces entailles s'étendent sur de trop grandes longueurs, on a remédié à l'affaiblissement des contre-fiches par des moises pendantes m, n. Mais dans trois points, x, y, x', de ce système, le nombre des contre-fiches qui se croisent au même point est trop grand pour que les entailles soient praticables, et l'on a eu recours à un moyen qui avait déjà été mis en usage au pont de Blacksfriars à Londres; on a réuni tous les abouts des contre-fiches devant concourir au même point, dans une sorte de moyeu en fer coulé qui reçoit six abouts en x et x' et huit en y. Ce mode d'assemblage est pratiqué avec assez de justesse pour qu'on puisse regarder les contre-fiches qui sont dans le même alignement comme étant d'une seule pièce.

§ 2. *Cintre pour la construction d'un tunnel.*

Ce cintre a été construit pour l'exécution du tunnel du canal de la Medway.

Chaque ferme représentée en place dans le profil du tunnel, fig. 12, pl. CXLII, est construite sans aucun tenon ni mortaise autres que ceux indispensables pour l'assemblage des blochets qui tiennent lieu de tirants; tous les autres assemblages sont faits sur chantignoles ou sur sabots en fonte, boulonnés aux pièces qui doivent recevoir les assemblages.

Chacune de ces pièces de fonte de fer porte dans son milieu une cloison qui reçoit les enfourchements des pièces de bois assemblées.

La nature du sol a permis d'établir les entraits sur les massifs conservés entre les pieds-droits.

CHAPITRE XLII.

CHARPENTERIE DE FONDATIONS.

Les terrains sur lesquels on veut établir des édifices n'ont pas tous la solidité nécessaire pour en supporter le poids. Parmi les moyens que l'on a employés pour rendre un mauvais sol capable de résister à la charge d'une grande construction, les pilotis ont pendant longtemps tenu le premier rang, et, malgré quelques faits récents, il n'est point encore démontré que ce moyen ne soit pas le plus souvent le meilleur.

Un pilotis est composé d'un grand nombre de pilots enfoncés le plus ordinairement verticalement dans le sol sur lequel une fondation doit être élevée. Nous traiterons, au II° paragraphe du chapitre XLVIII, des machines à enfoncer les pilots et de leur usage.

Les constructeurs n'ont point une opinion unanime sur l'effet des pilots : les uns veulent qu'ils n'aient pour objet, comme des bras ou des racines, que d'aller chercher, au travers d'un mauvais fond, une couche solide, et de servir d'appui aux constructions; d'autres les regardent comme propres à soutenir le poids d'un grand édifice, précisément par l'effet de la somme des frottements qu'ils éprouvent dans le sol et qui les empêchent d'y pénétrer plus avant que le battage n'a pu les y enfoncer; d'autres, enfin, les considèrent comme un moyen de comprimer le sol en tous sens autour d'eux jusqu'à une profondeur égale à leur longueur, de façon à en former une masse plus compacte et par conséquent plus propre à supporter la charge d'un grand poids. Nous pensons que les pilots, suivant les sols où ils se trouvent placés, peuvent avec avantage remplir le but qu'on se propose, en produisant l'un des effets qu'on leur a attribués. Il serait, néanmoins, très-souvent imprudent de compter sur l'un de ces effets sans avoir mûrement étudié les circonstances dans lesquelles il s'agit d'employer les pilotis.

Ainsi, sous le rapport de la compression, les pilots sont sans efficacité dans un sol argileux, qui non-seulement cède jusqu'à une grande distance horizontale, mais qui se relève et fait remonter les premiers pilots chassés lorsque l'on en bat de nouveaux.

Il paraîtrait cependant que, fichés jointifs dans un fond de cette nature, ils ne sont pas sans efficacité ; car, après avoir fait démolir la tour de la Chaîne, du port de la Rochelle, qui était dans un état de délabrement alarmant, pour la faire reconstruire, en 1819, j'ai trouvé sous les fondations d'une partie d'un quai, contigu dans l'intérieur du port, une forêt de petits pilots fichés les uns près des autres, tout à fait jointifs, sans aucun intervalle ; il en était résulté comme un nouveau fond qui avait assez bien résisté pour soutenir la portion de mur du quai dont il s'agit, qu'il fallut démolir pour opérer l'élargissement de l'entrée du port.

Au surplus, c'est au constructeur à étudier avec soin la nature du sol dans lequel il s'agit de piloter, et les effets qu'on doit attendre de ce mode de fondation. Pour ce qui concerne les charpentiers, nous n'avons qu'à indiquer les procédés qu'ils emploient pour l'exécution des travaux qui leur sont confiés dans les fondations d'un édifice quelconque. Nous allons, en conséquence, décrire quelques-unes des fondations sur pilots et grillages les plus remarquables, et nous observerons qu'en général on ne doit jamais employer de bois dans une fondation, qu'avec la certitude qu'ils seront toujours couverts d'eau, ou dans un sol tel que son humidité équivale à une immersion complète et constante. Nous ajouterons enfin que, dans les travaux à la mer, il faut soigneusement éviter de placer des bois de fondation dans l'eau salée, où ils peuvent être atteints par les tarets et les pholades, dont nous avons parlé, tome Ier, page 217.

Lorsqu'un terrain a nécessité l'emploi de pilots pour recevoir une fondation en maçonnerie, ou lorsque sa mollesse a déterminé à fonder sans pilotis, on établit sous la maçonnerie un grillage en charpente qui a pour objet de présenter à la construction une assiette unie qui ne permet à aucune partie de s'enfoncer dans le sol isolément, et qui prévient toute dislocation qui pourrait résulter d'un tassement inégal, suite d'une inégalité de résistance dans le sol.

La nature du sol, l'espèce des matériaux qui doivent être employés et la forme de l'édifice en maçonnerie que la fondation doit supporter, objet que nous n'avons point à discuter ici, déterminent le nombre, la force et la combinaison des bois que les charpentiers sont chargés d'assembler et de poser dans les fondations. Les moyens de mettre en place les ouvrages en bois des fondations sont différents, suivant que les charpentiers peuvent travailler à sec par l'effet d'épuisement, ou qu'on est obligé d'établir les bois sous l'eau, ou de fonder par caissons ; mais le travail des bois, leur tracé, leurs assemblages, sont exécutés par les mêmes moyens que ceux que nous avons décrits aux chapitres VIII et IX, et qui s'appliquent à toutes les parties de l'art.

§ 1. *Grillages.*

Un grillage est composé de pièces de bois horizontales, nommées chapeaux ou longrines, qui sont posées sur les têtes des pilots de chaque file : ces longrines sont croisées ordinairement à angle droit et en dessus, par d'autres pièces du même équarrissage, que l'on nomme traversines ou racinaux ; chaque cours répondant aussi à une file de pieux, est ordinairement entaillé réciproquement et à mi-bois, ou moins profondément, ce qui est préférable, avec les longrines.

Tous les bois d'un grillage doivent être du même échantillon, ayant au moins 25 à 30 centimètres d'équarrissage.

Un grillage de cette sorte est représenté, fig. 7, pl. CXLIV, en projection horizontale, et fig. 6, dans une coupe sur laquelle est aussi figuré le profil de la maçonnerie que ce grillage supporte. Quand une fondation s'exécute par épuisement, c'est-à-dire lorsqu'on a mis complétement à sec le sol dans lequel le pilotis doit être établi, on peut aisément recéper les pilots exactement au même niveau et réserver sur leurs têtes les tenons qui doivent entrer dans les mortaises creusées dans chaque chapeau.

Pour tracer sur les têtes des pilots le plan du recépage, on se sert de règles bien dressées et d'un bon niveau de maçon.

On peut aussi faire usage du niveau d'eau, ou du niveau à lunettes ; mais les charpentiers adroits préfèrent avec raison le niveau de maçon, qui permet, aussi bien que tout autre, les plus exactes vérifications et qui est plus commode dans les mains des ouvriers.

Lorsqu'à peu de frais on peut introduire momentanément de l'eau dans le travail et l'y maintenir tranquille et à une même hauteur pendant le temps très-court qui est nécessaire pour marquer son niveau sur chaque pilot, on a le moyen le plus simple, le plus commode et le plus exact pour tracer le recépage.

Autant qu'on le peut, on trace avec le cordeau tous les abouts des tenons sur les têtes des pieux d'une file, afin qu'ils soient tous sur le même alignement, et que les mortaises des chapeaux, tracées de même, leur correspondent exactement.

Les entailles, entre les longrines et les traversines, sont tracées en piquant les bois par le procédé ordinaire, après qu'on a présenté les traversines aux places qu'elles doivent occuper.

Les entailles n'ayant pour objet que d'empêcher les pièces du grillage de glisser les unes sur les autres, il suffit de leur donner 2 à 3 centimètres de profondeur, la pression que doit opérer la maçonnerie élevée sur le grillage suffit pour maintenir leur assemblage.

Les fonds des entailles de tout le grillage doivent être dans un même plan de niveau et tracés à cet effet par des lignes battues au cordeau sur toute la longueur des pièces du grillage.

Lorsque les entailles sont faites, et que les chapeaux sont de nouveau assemblés sur les pieux, on doit vérifier si effectivement les fonds des entailles de leurs faces supérieures sont toutes dans le même plan de niveau, afin que les traversines qui doivent s'y assembler arrivent toutes en joint en même temps, et que les joints éprouvent tous la même pression. Cette vérification est faite avec une règle dressée avec précision et un niveau de maçon; s'il y a des entailles plus élevées les unes que les autres, on doit, avec l'herminette, les ramener au niveau commun; si, au contraire, une entaille se trouve trop profonde, on peut remédier à ce défaut en laissant du bois dans l'entaille de la traversine qui doit s'y assembler; mais on doit s'abstenir scrupuleusement de l'emploi des cales.

Le dessus du grillage doit être dégauchi de niveau et dressé avec soin pour recevoir le plancher formé de madriers bien dressés, sans aucun gauche et tous de la même épaisseur.

Ces madriers sont retenus sur le grillage au moyen de longues broches de fer.

§ 2. *Fondations du pont de Neuilly.*

Le plancher sur lequel la maçonnerie du pont de Neuilly est fondée ne porte que sur des racinaux parallèles et de niveau qui coiffent les pieux battus par files perpendiculaires au tracé du parement de la maçonnerie. Les racinaux sont assemblés à tenons et mortaises sur les pieux.

La fig. 5, pl. CXLIV, représente cette disposition sur la projection horizontale, d'après la *Description du pont de Neuilly*, qui fait partie des Œuvres de Perronnet. Les racinaux sont assemblés à queue d'hironde sur les chapeaux ou ventrières qui coiffent les pieux du pourtour de la fondation.

La fig. 4 est une coupe suivant la ligne $x\,y$ de cette fondation et de la maçonnerie qui s'élève au-dessus, tant pour la culée du pont que pour ses piles.

§ 3. *Fondations d'un mur de quai du port de la Rochelle.*

La fig. 2 est un plan et la fig. 3 est un profil, suivant la ligne $u\,v$, du système de fondation qui est suivi, depuis plusieurs années, par les ingénieurs des ponts et chaussées, pour la construction des nouveaux murs de quai du port intérieur de la Rochelle, très-beau travail qui a eu un entier succès.

Ce travail a été fait *à la marée*, c'est-à-dire pendant les heures où la mer, en se retirant, laissait la fondation à sec. On s'est contenté d'un plancher porté par des racinaux parallèles.

§ 4. *Grillage double.*

J'ai représenté, fig. 9, pl. CXLIV, en projection horizontale, et fig. 8, sur une coupe par un plan vertical suivant la ligne $z\,y$, le système de grillage dont j'ai fait usage pour la fondation de la tour renfermant la manœuvre de la chaîne du port de la Rochelle.

Le terrain est à peu près de même nature que celui dont il vient d'être question; c'est un banc de terre glaise, d'un bleu gris foncé, d'une épaisseur considérable et dans lequel des pilotis n'auraient été d'aucune utilité.

Ce grillage est composé de deux épaisseurs de longrines et de deux épaisseurs de traversines qui se croisent à angles droits par lits alternatifs; cette grande épaisseur a été donnée aux grillages pour diminuer sa flexibilité, ce qui était nécessaire, vu la grande étendue en longueur et en largeur (42 mètres sur 15) de la fondation de la nouvelle tour. En pareille circonstance, plus on emploie de longrines et de traversines, plus la solidité du grillage est grande, et moins il est flexible, sans que la dépense soit augmentée, lorsque le bois employé de cette manière coûte moins que la maçonnerie.

Ces longrines et traversines, en bois de fort échantillon, sont assemblées par entailles réciproques de $0^m,03$ de profondeur; elles sont serrées par de forts boulons à tous les points où elles se croisent.

La fondation avait été épuisée, et le grillage a été construit sur l'emplacement qu'il devait occuper, soutenu sur des chantiers en chaises, afin que les charpentiers pussent passer dessous pour placer les boulons. Lorsqu'il a été terminé et garni en dessous d'un plancher à claire voie pour soutenir la maçonnerie qui devait remplir ses cases, on a introduit de l'eau dans la fondation pour le mettre à flot et retirer tous les chantiers qui l'avaient soutenu; l'eau de nouveau épuisée, il est descendu sur le sol, où on l'a établi avec précision dans la position qu'il devait avoir. Lorsque toutes ses cases ont été remplies en bonne maçonnerie de chaux hydraulique, on a posé entre les longrines supérieures des lambourdes arasant exactement ces longrines, pour former un solivage solide pour le plancher qui devait porter la maçonnerie en pierre de taille Après avoir rempli également en maçonnerie hydraulique les espaces entre les lambourdes et les traversines, on a cloué le plancher, et la maçonnerie a été élevée avec le plus grand soin de niveau dans toute l'étendue de l'ouvrage (1).

§ 5. *Recépage des pieux et fondation par caissons.*

Lorsque l'on travaille sous l'eau, les pieux ne peuvent être recépés qu'au moyen de la scie mécanique à recéper, dont nous avons déjà parlé tome Ier, mais alors on ne peut ménager aucun tenon sur les pieux, et les grillages, qui sont construits à part, sont amenés à flot et sont ensuite coulés à fond, et, si l'on a apporté un soin suffisant dans le pilotage, les longrines de ce grillage posent exactement sur les têtes des pieux. On n'a dû négliger aucun moyen pour relever exactement les positions des pieux, et les rapporter sur l'étalon qui sert à établir, piquer et assembler les bois du grillage qu'on lance à flot, et que l'on soutient, s'il le faut, au moyen de barriques vides.

Le grillage amené sur l'emplacement qu'il doit occuper est coulé à fond en le chargeant de pierres, et lorsqu'il est à sa place, lorsque l'eau est peu profonde, pour remplacer les tenons qu'on n'a pas pu faire, on le fixe sur les pieux par de longues et grosses chevilles de fer verticales qui le traversent et pénètrent dans les pieux; les trous, dans le grillage, sont faits d'avance, et l'on enfonce les chevilles à l'aide d'une barre de fer terminée inférieurement par une sorte de cloche qui coiffe les chevilles, tandis que l'on frappe sur la tête de cette tige qui s'élève au-dessus de la surface de l'eau. Nous ferons remarquer que cette précaution n'est pas indispensable; elle peut être bonne pour maintenir le grillage dans les premiers moments de la construction, vu que la grande pression opérée ensuite par la maçonnerie qui est élevée sur la fondation imprime les têtes des pieux quelquefois de 2 à 3 millimètres dans les longrines; ce qui est un obstacle suffisant pour empêcher le glissement du grillage sur les pieux.

Lorsque l'eau est profonde, bien que les pieux puissent être recépés avec précision au moyen des scies à recéper sous l'eau, les difficultés que présenterait la construction d'une maçonnerie sans épuisement, a

---

(1) J'ai suivi dans cette construction, pour l'appareil de la pierre de taille, le système que j'ai décrit dans mon ouvrage sur le *Mouvement des ondes*, auquel je renvoie pour cet objet.

déterminé l'invention du procédé de fondation par caissons qui évitent la dépense excessive des épuisements.

Le fond d'un caisson est formé de pièces de bois assemblées comme celles d'un grillage; il est garni de son plancher, il doit reposer sur les pieux; des pans verticaux s'ajustent au pourtour de ce grillage et composent ainsi une sorte de ponton profond rendu étanche par le calfatage.

Chaque caisson est mis à flot et amené sur la place qu'il doit occuper; on construit dans l'intérieur la maçonnerie, et lorsqu'il est suffisamment chargé, on l'échoue sur les pieux, on continue la maçonnerie, et lorsqu'elle atteint un niveau assez élevé, l'eau est introduite dans le caisson et ses parois sont enlevées par le jeu de quelques pièces de ferrures préparées en les construisant; le fond du caisson reste seul et forme le grillage intermédiaire entre les pieux et la maçonnerie.

Le fond de chaque caisson est construit avec toutes les précautions et moyens de vérification d'usage, pour que les pièces qui en composent l'assemblage correspondent très-exactement sur les pieux.

Quelques constructeurs, pour prévenir les imperfections de la coïncidence des bois du fond d'un caisson avec les têtes des pieux, ou plutôt pour rendre, suivant eux, cette coïncidence inutile, ont imaginé de former le fond de chaque caisson avec des bois carrés, jointifs sans aucun intervalle. Malgré le succès de plusieurs grandes et belles constructions pour lesquelles cette disposition a été suivie, on ne peut s'empêcher de reconnaître que l'on n'a remédié qu'imparfaitement au mal qu'on voulait prévenir, puisqu'il arrive qu'un grand nombre de pièces ne portent point, et que, parmi celles qui portent, plusieurs portent à faux et incomplétement sur les pieux. Cette disposition d'ailleurs consomme beaucoup de bois qui seraient plus utilement employés dans plusieurs circonstances à consolider le fond du caisson devant servir de grillage, en superposant des longrines et des traversines pour leur donner en même temps plus d'épaisseur et de force.

§ 6. *Fondation d'un mur de quai à Rouen.*

La figure 1 de la planche CXLIV est un profil dans lequel est représenté le système de pilots et de moises employé par Lamandé, en 1784, pour fonder le mur d'un quai à Rouen, du côté de Saint-Séver. Ce dessin est extrait du Recueil des lithographies de l'École des ponts et chaussées.

§ 7. *Palplanches.*

Les palplanches sont des planches épaisses, c'est-à-dire des madriers plantés dans le sol comme des pieux; elles sont employées pour former, autour des fondations, des cloisons qui ont pour but de prévenir les affouillements qui pourraient provenir, ou de l'action de l'eau sur le fond, ou des sources qui surgissent quelquefois du même fond. Les palplanches ont aussi pour but de contenir des terrains peu consistants et de les empêcher de fuir sous la compression des constructions dont on doit les charger. D'autres fois, enfin, les palplanches ont pour objet de contenir les terres dont on forme des batardeaux.

Quel que soit le but qu'on se propose en établissant des files de palplanches, elles sont battues au moyen de sonnettes et en suivant les mêmes procédés que pour battre les pieux. Nous n'anticiperons point sur ce que nous avons à dire à ce sujet, nous remarquerons seulement que les palplanches devant former des cloisons verticales, il faut les plus grandes précautions pour en diriger le battage.

Nous avons représenté, fig. 16, 17 et 18, pl. CXLIV, trois coupes horizontales de trois files de palplanches, et nous avons marqué sur chacune une des dispositions qui étaient adoptées autrefois pour former les joints verticaux suivant lesquels les palplanches devaient se toucher. Celle tracée fig. 17, appelée *grain d'orge*, était usitée pour les palplanches de peu d'épaisseur; celle de la figure 18 s'appliquait aux palplanches de moyenne épaisseur, et le grain d'orge était accompagné de deux bords plats pour ne pas diminuer trop la largeur des faces de parement de chaque palplanche; enfin, la forme des joints, représentée fig. 16, n'était appliquée qu'aux palplanches très-épaisses.

Nous avons représenté, fig. 15, la partie inférieure d'une file de palplanches dans laquelle elles sont vues sur une de leurs faces les plus larges ou de parement. Les pointes des palplanches étaient taillées de diverses manières: quelques constructeurs les formaient en pyramides, comme celles des pieux; d'autres les taillaient comme le tranchant d'un fermoir, par deux plans répondant à leurs grandes faces, comme on voit la palplanche isolée, fig. 14, vue sur la surface la plus étroite; d'autres leur donnaient la forme d'un bédâne, fig. 13; enfin, le plus grand nombre donnaient à leurs pointes une forme qui participait à toutes ces dispositions : c'est ainsi que sont représentées celles de la figure 15.

Toutes ces dispositions étaient données aux palplanches dans la vue de faciliter leur battage, afin que, d'elles-mêmes, elles descendissent verticalement en se serrant contre celles déjà battues et en suivant les rainures dans lesquelles on les engageait.

Mais, malgré toutes ces précautions, les palplanches ne suivaient pas toujours la direction qu'on aurait voulu leur donner, et l'on était forcé d'être satisfait de les avoir plantées le moins mal possible.

On se contente aujourd'hui de laisser les quatre faces des palplanches planes; on les équarrit et on les dresse exactement, parce que la perfection de leur forme contribue à la régularité de leur battage.

Lorsque le sol dans lequel on enfonce des palplanches est très-dur, on est forcé de les garnir d'un sabot en fer. Les formes que nous venons de décrire rendraient la confection et la pose des sabots fort difficiles; on préfère donc faire les pointes droites, comme celles des pieux, lorsqu'on veut les saboter en fer. C'est ce qui se pratique maintenant, et même, au pont d'Ivry, M. Emmery s'est servi, pour les palplanches, de sabots de fer coulé comme pour les pieux, à l'exception qu'au lieu de donner à ces sabots la forme d'un cône droit à base circulaire, il leur a donné celle d'un cône droit à base elliptique, dont les axes sont égaux aux deux dimensions de l'équarrissage des palplanches.

Dans la fondation représentée par les fig. 2 et 3, pl. CXLIV, deux files de palplanches ont été battues en avant et en arrière de l'empatement du mur de quai avant d'établir les racinaux et le plancher. Ces files de palplanches sont entremêlées de pieux dans la vue de fortifier ces sortes de cloisons. Cette disposition oblige à dresser les palplanches juste à la largeur nécessaire pour le remplissage entre les pieux qui sont battus les premiers; les pieux servent à fixer les moises horizontales entre lesquelles les palplanches sont battues; c'est un excellent moyen pour maintenir l'alignement des palplanches; et dans un fond aussi uniforme que celui sur lequel on travaillait, elles ont pu être battues régulièrement.

Dans la construction représentée fig. 6 et 7, des pieux sont battus extérieurement à la ligne des palplanches; ils portent les chapeaux contre lesquels sont appuyées ces palplanches contenues du côté intérieur par les assises de la maçonnerie en pierre de taille.

§ 8. *Palplanches inclinées.*

Le fond de glaise sur lequel est établie la fondation de la nouvelle tour de la Chaîne de l'entrée du port, à la Rochelle, étant fort mou, et craignant que les mouvements qui avaient entraîné la ruine de l'ancienne tour ne se renouvelassent, j'ai fait battre devant cette fondation, du côté du chenal du port, fig. 8, 9, 12, pl. CXLIV, deux files de palplanches verticales p, q, les joints d'une file se trouvant couverts par les palplanches de l'autre file, et un troisième rang de palplanches r inclinées sous un angle d'environ 60° avec l'horizon.

J'avais observé que, dans le mouvement qui a eu lieu dans les fonds de la même espèce que celui sur lequel il s'agissait de construire la nouvelle tour, les palplanches cédaient non-seulement en s'inclinant par l'effet de l'écartement de leurs fiches, mais aussi en se contournant dans différents sens. J'ai pensé que, ne pouvant les retenir par des ventrières horizontales qui devraient être établies à une profondeur suffisante dans le sol, il n'y avait rien de mieux pour les empêcher de se tordre et de s'écarter par le bas, que de les astreindre à ne pouvoir se déplacer qu'en grand nombre en même temps. On voit qu'une palplanche verticale de la file intérieure, dans la disposition que j'ai adoptée, doit, pour se tordre ou s'écarter de la verticale, non-seulement déplacer les deux palplanches dont elle couvre le joint, mais toutes celles inclinées qu'elle rencontre dans la longueur de sa fiche.

Chaque palplanche est enfoncée dans le sol d'environ 8 mètres au-dessous du grillage, sa largeur est d'environ $0^m,50$, ce qui fait une surface de 4 mètres. Pour qu'elle se voile ou qu'elle tourne sur elle-même, il faut qu'elle dérange environ 20 à 25 mètres carrés de palplanches inclinées; il faut donc, pour que le sol cède, que la totalité de la cloison verticale formée par les palplanches se meuve tout entière; dans ce cas, le tassement ne peut que se faire avec la plus grande uniformité, et c'est ce qui a eu lieu. Ces palplanches ont été battues avec une sonnette inclinée entre la ventrière t et les palplanches verticales, maintenues d'avance par des cales qui ont été remplacées, à mesure qu'elles pouvaient l'être, par les épaisseurs des palplanches inclinées.

La résistance serait plus grande si les palplanches inclinées étaient comprises entre deux files de palplanches verticales, mais la difficulté du battage serait trop grande. Il serait mieux, et plus facile, de battre deux files de palplanches inclinées en sens contraire, qui comprendraient une file de palplanches verticales battues les premières.

On voit, par cette courte description, que l'emploi des palplanches inclinées, combinées avec les palplanches verticales, est un moyen efficace de contenir le sol des fondations et d'en rendre le tassement uniforme, seul but qu'on puisse se proposer sur les fonds argileux et mous.

CHAPITRE XLIII.

CONSTRUCTIONS HYDRAULIQUES EN CHARPENTE.

§ 1. *Batardeaux.*

On donne le nom de batardeau à tout obstacle qu'on oppose provisoirement au retour de l'eau qu'on veut épuiser dans l'emplacement d'une fondation.

Les batardeaux les plus communément employés sont composés d'une masse de terres contenues entre deux cloisons en palplanches consolidées par des pieux. Il n'entre pas dans notre plan de discuter dans quelles circonstances il convient d'employer des batardeaux pour faciliter le travail par des épuisements, ou de préférer à ce moyen celui de fonder à l'aide de caissons ou par tout autre procédé; cette discussion appartient exclusivement à l'art de fonder les maçonneries, et non à l'art de la charpenterie, chargée seulement, lorsqu'il y a lieu, de construire des batardeaux, de les établir dans des emplacements et selon des dimensions donnés. Nous avons choisi pour exemple les batardeaux qui ont servi au pont de Neuilly et aux différents grands ponts construits vers la même époque, tels qu'ils sont décrits dans les œuvres de Perronnet, de Regemorte, etc.

La fig. 3 de la pl. CXLV est le détail de la construction d'un batardeau faisant partie d'une enceinte d'épuisement rectangulaire, comme on en établirait un pour la fondation d'une pile de pont; cette figure représente le profil du batardeau dans sa partie coupée, et une élévation en projection verticale de la partie adjacente à cette partie coupée, vu du côté de l'intérieur de l'enceinte formée par le batardeau.

Un batardeau est d'abord formé, pour chacune de ses parties, de deux files de pieux parallèles battues à une distance suffisante pour l'épaisseur que l'on veut donner aux terres, dites franches ou argileuses, qui doivent composer la masse imperméable du batardeau; les pieux sont battus dans chaque file à la distance et avec une longueur de fiche que l'on regarde comme suffisante, pour que la stabilité du batardeau soit assurée suivant la nature du sol. Pour obtenir ce résultat, il n'est pas toujours nécessaire que les pieux aient une très-longue fiche, ni qu'ils soient battus au refus, il suffit que leur fiche et leur rapprochement soient suffisants pour que le batardeau résiste à la pression que l'eau exerce sur ses parois extérieures.

Les pieux sont liés les uns aux autres par des ventrières extérieures qui leur sont boulonnées et qui les rendent solidaires.

Les palplanches sont verticales; elles forment, sur les deux parois, les cloisons qui doivent contenir les terres. Pour rendre le battage des palplanches plus facile, et n'avoir à apporter un grand soin qu'au battage de quelques-unes, on forme des châssis composés de deux planches verticales réunies par leurs sommets et vers les points qui limitent leur enfoncement dans le sol par des madriers qui leur sont boulonnés comme des moises. Ces châssis sont posés et battus les uns près des autres avec autant de précision qu'il est possible, et lorsqu'ils sont enfoncés à la profondeur des liens les plus bas, on remplit l'espace entre les palplanches extrêmes avec d'autres palplanches qui sont ensuite battues à la même profondeur. On forme ainsi des deux côtés du batardeau les cloisons qui doivent contenir la terre que l'on jette dans l'eau pour former la masse imperméable des batardeaux; l'on a préalablement eu soin de lier l'une à l'autre par des liernes les ventrières des deux parois.

Lorsqu'on manque d'espace pour l'établissement d'un batardeau, et que, construisant à la mer, on est favorisé par la marée, on peut construire des batardeaux en toile rendue imperméable par un enduit de brai revêtissant extérieurement une simple cloison en palplanches. Cette toile, appliquée avec des clous, et réparée, s'il y a lieu, lorsque la mer est basse, suffit pour empêcher l'eau de pénétrer dans les travaux quand elle est ramenée par la haute mer; et si la hauteur d'eau à soutenir est grande, il suffit d'étayer convenablement la cloison formée de palplanches et de ventrières pour qu'elle résiste à la pression de l'eau.

J'ai fait usage, avec un succès complet, d'un batardeau de cette espèce dans la reconstruction de la tour de la Chaîne du port, à la Rochelle, pour exhausser de 2 mètres le batardeau en terre entourant la fondation, qui s'était abaissé par suite de la mollesse du fond, et qui ne garantissait plus du retour des eaux l'excavation des fondations creusée à 13 mètres au-dessous au niveau des plus hautes marées.

Lorsque la hauteur d'un batardeau en charpente est considérable, on lui donne des arcs-boutants comme ceux que nous avons représentés dans la fig. 7, qui est dessinée sur une échelle dans la proportion d'un quart, par rapport à celle de la fig. 3.

§ 2. *Quais en charpente.*

La figure 10 de la pl. CXLIV est une coupe faite dans un quai en charpente par un plan vertical, perpendiculaire à sa direction. Cette coupe présente la composition d'une des nombreuses fermes qui soutiennent le revêtissement en bois formant le parement de ce quai. Cette ferme est composée de plusieurs pieux a, b, c, liés par une demi-moise horizontale d, et une demi-moise inclinée e à des pieux p, q et à une ventrière horizontale de retraite r; ces demi-moises ne lient ainsi les pieux du parement que de deux en deux. Tous les pieux sont liés sur le parement par des cours de ventrières f, assemblées par des entailles réciproques peu profondes et retenus par des liens en fer avec écrous.

Lorsque les quais de cette sorte sont exposés au choc des vagues de la mer, il est indispensable de placer les ventrières, et même la pièce horizontale supérieure, en arrière des pieux où elles tiennent lieu de quelques madriers, afin d'éviter qu'elles soient arrachées par les vagues, et si les vagues doivent courir le long du quai, les pieux sont ou jointifs ou revêtus pour éviter leur choc.

Sur la droite, nous avons projeté une partie de revêtement de quai en élévation, et dans la fig. 11 nous avons représenté, en projection horizontale, la liaison des demi-moises e, d, avec les pieux de retraite p, q, et les ventrières r. Des madriers de revêtissement sont posés de champ et horizontalement contre les pieux, autant pour retenir le remblai B des terres fait au-dessus du sol naturel C, souvent de très-mauvaise qualité, que pour empêcher l'eau de pénétrer dans ce remblai; un corroi de terre argileuse P est appliqué sur toute la hauteur du quai en arrière des madriers et reposant sur un lit de fascines servant à consolider le fond, s'il n'est pas assez ferme pour supporter le poids de ce corroi.

§ 3. *Jetées ordinaires.*

Les jetées sont des constructions qui sont effectivement jetées et prolongées fort en avant dans la mer, dans la vue de garantir de l'agitation des flots un chenal ou un espace propre au mouillage. Les jetées en charpente sont établies sur des pilotis qui assurent leur stabilité; elles sont composées de fortes pièces de bois et leurs combinaisons ont pour but la plus inébranlable résistance contre les efforts de la mer. Elles ont été jusqu'ici construites à peu près suivant le même modèle, dont nous donnons un profil fig. 1 de la pl. CXLV, et un fragment de projection verticale fig. 2.

Le système de leur construction est assez simple : il se compose de fermes parallèles, espacées de 2 mètres environ de milieu en milieu. Chaque ferme est formée des traverses horizontales b, d, h, prises à leurs extrémités par des moises inclinées a, e, et dans le milieu par des moises verticales f; quelquefois ces moises sont converties en pieux. Les traverses sont combinées par des croix de Saint-André et des contre-fiches, et comme les bois sont de fort équarrissage et les pièces assez généralement courtes, il en résulte un assemblage d'une extrême solidité. Le coffrage des parements entre les moises est fait en madriers dont la longueur est placée suivant la ligne de pente du talus, et ils sont maintenus dans leurs positions par des ventrières qui s'étendent au-dessus et sont boulonnées après les moises inclinées.

L'intérieur de la jetée est rempli de pierres maçonnées à sec, mais arrangées avec le plus de soin possible, afin qu'elles ne puissent être dérangées par le mouvement de l'eau de la mer qui pénètre dans le coffrage.

§ 4. *Digue de M. de Cessart.*

La figure 14 est le profil d'une grande jetée en charpente, qui fut construite à Dieppe pour les travaux du port; ce profil est tiré de la planche XIII du tome II des œuvres de M. de Cessart, inspecteur général des ponts et chaussées. Dans cette construction, M. de Cessart a cru, avec raison, pouvoir s'écarter de la règle posée par Belidor, d'après laquelle la base des jetées devait être les trois septièmes de leur hauteur, comme dans le profil, fig. 1, que Belidor regardait comme présentant aux vagues le talus le plus convenable pour que le choc des lames soit le moins fort, sans que l'épaisseur de la jetée soit trop réduite à son sommet.

M. de Cessart a porté ce talus à une inclinaison beaucoup plus douce : sa base est presque égale à la hauteur de la jetée, ce qui fait que ce talus reçoit les vagues sur un angle qui leur présente moins de resistance.

§ 5. *Digue concave.*

La fig. 17 est le profil de la digue ou jetée que j'ai proposée dans mon ouvrage sur le *Mouvement des ondes* (1); j'ai fait à cette digue l'application de la forme concave, qui est la seule propre à détruire le choc des vagues et les effets des flots de fonds. Je renvoie le lecteur, pour de plus longs éclaircissements, à l'ouvrage que je viens de citer.

---

(1) *Du Mouvement des ondes et des travaux hydrauliques maritimes*, Paris, 1831, chez Anselin.

§ 6. *Portes d'écluses.*

Quel que soit le but d'une écluse, elle est toujours fermée par un vannage ou par des portes. Le vannage consiste en une cloison d'une seule ou de plusieurs pièces de charpente qui se meuvent verticalement au moyen de quelques machines. Les portes, également construites en charpente, se meuvent sur des axes verticaux, le plus ordinairement placés aux deux côtés du passage que les portes doivent fermer. Ces portes se meuvent, comme celles à deux battants de nos habitations, avec cette différence qu'au lieu de se trouver dans la même direction quand elles sont fermées, elles forment un angle saillant qui se présente à la pression de l'eau et produit une clôture plus parfaite, par la raison que cette pression de l'eau fait serrer les portes dans les feuillures qui répondent à leurs axes de rotation, en même temps qu'elles se serrent mutuellement dans le joint par lequel elles se touchent.

La fig. 13, pl. CXLV, est le plan d'une partie d'un canal de navigation dans lequel l'eau coulerait dans le sens indiqué par une flèche, si elle était abandonnée à elle-même, c'est-à-dire si elle n'était pas retenue par les portes pour servir à la dépense nécessaire au passage des bateaux dans le sas.

a est le bief supérieur, ou la branche du canal la plus élevée.

c est le bief le plus bas.

b est le sas ou chambre d'écluse qui sert à faire passer les bateaux d'un bief dans l'autre.

Les portes sont placées en $m\,d\,n$, $m'\,d'\,n'$; elles forment en d et d' l'angle saillant que l'on nomme *busc*. Les parties $m\,p$, $n\,q$, $m'\,p'$, $n'\,q'$ sont les timons ou leviers au moyen desquels on fait tourner les portes sur leurs axes quand il en est besoin pour ouvrir ou fermer le passage du sas.

On peut faire communiquer les biefs avec la chambre d'écluse par des petites vannes percées dans les vantaux des portes, ou au moyen de petits aqueducs réservés dans les maçonneries des bajoyers et qu'on bouche par des vantelles manœuvrées d'en haut.

En mettant l'eau du sas au même niveau que celle du bief où se trouve le bateau qui doit franchir l'écluse, on ouvre sans résistance les portes de ce bief pour permettre au bateau d'y entrer ; elles sont refermées immédiatement après que le bateau est entré dans le sas. Alors on met l'eau du sas au niveau de celle du bief dans lequel le bateau doit passer ; lorsque l'eau est à ce niveau, les portes de ce bief sont ouvertes et le bateau peut sortir du sas pour continuer sa route.

Cette manœuvre s'exécute, soit qu'il s'agisse de faire descendre un bateau du bief supérieur dans le bief le plus bas, soit qu'il s'agisse de le faire, au contraire, monter du bief le plus bas dans celui le plus élevé, et l'eau nécessaire à changer le niveau de celle du sas est toujours tirée du bief supérieur, ou évacuée dans le bief inférieur, suivant le sens de la route du bateau.

On conçoit, d'après cette courte explication nécessaire à l'intelligence de l'usage et des dimensions des portes, on conçoit, dis-je, que les biefs a et c étant à des niveaux différents, le fond de l'écluse b est nécessairement au niveau du fond du bief le plus bas, et que les portes du bief a ne doivent pas être de la même hauteur que celles du bief c, quoiqu'elles doivent s'élever toutes d'une égale quantité au-dessus du niveau des eaux du bief supérieur, puisque l'eau peut s'élever à ce niveau dans la chambre de l'écluse. Ainsi les deux paires de portes s'élèvent au même niveau toutes deux au-dessus de l'eau du bief supérieur; mais les portes du bief a n'ont de hauteur que celle nécessaire pour atteindre le niveau du fond de ce bief, tandis que celles du bief c doivent avoir la hauteur nécessaire pour atteindre le fond du bief c.

La figure 19, pl. CXLV, est le dessin d'une des portes d'une écluse du canal de Bourgogne, d'après celui gravé dans les Œuvres de Perronnet; la porte est vue par sa face interne par rapport au sas; cette porte serait celle $d'n'q'$ de la fig. 13.

Chaque porte est composée d'un poteau-*tourillon* a, nommé aussi *chardonnet*, d'un poteau ou *montant de busc*, ou *poteau battant* b et d'un certain nombre d'entretoises horizontales c assemblées à tenons et mortaises dans les deux poteaux. Ces assemblages sont soutenus par un nombre de contre-fiches ou bracons d, inclinés de 45°, qui ont pour objet de maintenir la forme rectangulaire de la porte, que sa grande pesanteur tend à changer, vu qu'elle pèse sur ses assemblages avec toute la puissance que lui donne la longueur du levier qui a pour mesure la distance du centre de gravité au poteau-tourillon.

La porte est doublée par des madriers e qui ont près d'un décimètre d'épaisseur, et qui suivent l'inclinaison des bracons pour concourir avec eux au maintien de la forme de la porte. La pièce horizontale f se nomme balancier ou flèche; elle sert à faire au-delà du poteau en partie contrepoids de la porte; elle sert aussi de timon ou de levier pour la mouvoir. Les assemblages des entretoises et du balancier sont consolidés par des liens en fer.

La communication entre le sas d'écluse et les biefs devant se faire au travers des ventaux des portes, une vanne ou ouverture h est réservée près des poteaux de busc entre les entretoises les plus basses; un potelet g limite sa largeur et reçoit, ainsi que le poteau de busc, les coulisses dans lesquelles se meut verticalement la pelle, vanne ou ventelle destinée à ouvrir et fermer l'ouverture ; cette vanne est un plateau formé de l'assemblage de quelques madriers maintenus par deux traverses verticales sur lesquelles ils sont cloués. Le mouvement de la ventelle est limité par le bas sur une traverse ou seuillet établi au niveau de l'entretoise la plus basse. Cette ventelle est soulevée et abaissée suivant le besoin, au moyen d'une crémaillère en fer i qui lui est fixée et qui engrène dans un pignon aussi en fer garni d'une manivelle et renfermé dans une boîte en forte tôle de fer que le dessin n'indique point, vu qu'elle se trouve placée derrière la flèche f.

La fig. 18 est une coupe horizontale de cette porte suivant la ligne $x\ y$.

Les fig. 4 et 5, pl. CXLV, sont les dessins d'une grande et d'une petite porte des écluses de M. Jousselin jeune, auteur du canal de Saint-Quentin ; leur système d'assemblage ne diffère de celui des portes du canal de Bourgogne, qu'en ce que le poids de chaque vanteau de porte a été beaucoup diminué par la réduction du nombre des bracons dont la multiplicité n'aurait rien ajouté à la solidité et aurait eu l'inconvénient d'augmenter le cube du bois et le poids des portes. Un seul cours de bracons a été employé ; les bracons se correspondent en ligne droite et reportent les uns sur les autres les efforts qu'ils ont à supporter, qui se trouvent ainsi réunis au pied du poteau tournant, véritable point de résistance ; mais attendu que, quelque soin qu'on apporte dans des assemblages et quelque serrés qu'on les fasse pour prévenir le tassement, les fibres du bois pressées latéralement cèdent toujours aux pressions opérées par le bois debout, pour prévenir tout affaissement du poteau du busc, des tirants en fer en diagonale croisent la direction des bracons et unissent le pied de chaque poteau de busc avec le sommet du poteau-chardonnet.

Chaque porte est revêtue d'un bordage comme celles du canal de Bourgogne. Les madriers sont de même inclinés, comme les bracons ; ils sont reçus sur le cadre de la porte dans les feuillures, et passent par-dessus les bracons, dont l'épaisseur est réduite à cet effet.

La fig. 6 est une coupe horizontale de l'une de ces portes, notamment de celle qui est projetée verticalement au-dessus ; cette coupe est supposée faite suivant la ligne $x\ y$.

L'espace nous a manqué sur la planche pour figurer complétement les flèches dans toute leur étendue.

Le pied du poteau-tourillon d'une porte d'écluse est garni d'un sabot ou crapaudine saillante, reçue dans une crapaudine creuse scellée dans le seuil de la porte. Le plus souvent les surfaces des crapaudines qui sont en contact et sur lesquelles se fait le mouvement de rotation de chaque poteau-chardonnet, sont des segments sphériques. Les crapaudines peuvent être en fer coulé; les meilleures sont celles faites en bronze composé de onze parties de cuivre rouge et d'une d'étain fin.

Dans les anciennes portes d'écluses, le poteau-chardonnet est tenu par le haut par un collier en fer qui embrasse une partie arrondie en cylindre sur le haut de ce poteau au niveau des bajoyers. Cette disposition a l'inconvénient de détériorer promptement le chardonnet dans le contact du collier; on préfère placer dans l'axe du chardonnet un cylindre en fer qui passe dans l'œil d'une chappe qui se divise en deux branches dont les prolongements vont prendre des scellements solides dans la maçonnerie des bajoyers.

§ 7. *Combinaison du bois et du fer dans les portes d'écluses.*

Voici un nouvel exemple de l'heureuse association du fer et du bois dans un grand nombre de travaux. Dans les écluses de la navigation de la Seine, au port Marly, sont des portes dans lesquelles il n'y a plus en bois que les poteaux de busc et les entretoises; les poteaux chardonnets sont en fonte creuse des mêmes dimensions à peu près qu'auraient eues des chardonnets en bois. Les assemblages des entretoises, tant aux chardonnets qu'aux poteaux de busc, ne sont plus à tenons et mortaises, ils sont à plats joints; ils sont fixés au moyen d'équerres en fonte placées dans l'épaisseur de la porte sur les faces des pièces de bois, et elles sont retenues par des boulons. Les bracons sont en fonte. Les seules pièces en fer malléable sont les tirants diagonaux qui s'attachent aux pieds des poteaux des buscs et aux sommets des chardonnets. Enfin, le bordage et même les vannes sont en tôle épaisse.

Cette construction est due à M. Poirée, ingénieur en chef de la navigation de la Seine.

Ces nouvelles portes joignent à l'avantage d'une grande solidité, et probablement d'une grande économie, celui d'une réparation facile, en cas qu'il soit nécessaire de remplacer quelques bois, le remplacement pouvant être exécuté sans difficulté, et en n'enlevant que la seule pièce à remplacer.

§ 8. *Busc d'écluse.*

La maçonnerie des bajoyers des écluses présente des feuillures dans lesquelles les poteaux-chardonnets s'appuient lorsque les portes sont fermées, et comme ces poteaux joignent alors exactement les feuillures, l'eau, que les portes retiennent élevée, ne peut s'échapper, sinon en très-petite quantité, par ces sortes de joints. Il en est de même des joints formés par le contact des poteaux de busc, qui est plus parfait, parce que les deux surfaces en bois se moulent pour ainsi dire l'une sur l'autre. Pour opposer le même obstacle par le bas des portes qui ne peuvent toucher le fond ou radier de la chambre dans laquelle elles se meuvent, il est nécessaire d'établir aussi une feuillure contre laquelle s'applique l'entretoise inférieure de chaque porte, et le contact doit être là le plus parfait possible, car c'est là aussi que la pression de l'eau se trouve être à son maximum. Aujourd'hui, on fait cette feuillure en maçonnerie, parce que les radiers des chambres d'écluse sont aussi en maçonnerie, ce qui n'empêche pas de la garnir quelquefois d'une pièce de bois pour obtenir un contact plus parfait; mais jadis le radier de toute l'écluse était en bois, et se trouvait être la continuation du grillage servant aux fondations des bajoyers; il fallait que ce prolongement du radier présentât aux portes la feuillure busquée dans laquelle elles devaient s'appuyer.

Nous donnons, fig. 15, pl. CLXV, le plan, et, fig. 16, une coupe sur a ligne $t\,v$ de l'assemblage nommé busc, dans lequel cette feuillure était établie.

Les parties m hachées représentent la projection horizontale des bajoyers en maçonnerie, répondant à une paire de portes, soit de l'amont, soit de l'aval d'une chambre d'écluse.

La pièce a est le seuil engagé sous la maçonnerie. C'est dans ce seuil que sont incrustées les crapaudines creuses k qui reçoivent celles saillantes qui garnissent les bouts inférieurs des chardonnets. b est le poinçon qui est horizontal, c sont les buscs. Des feuillures doubles, creusées avec précision sur les bords de ces pièces reçoivent les deux épaisseurs des planchers des radiers, et les choses sont disposées comme on peut le voir par la coupe, fig. 16, de telle sorte que le plancher o, qui répond à l'intérieur de la chambre des portes, est plus bas que le plancher n, qui est au niveau des radiers tant extérieur qu'intérieur de l'écluse, et la différence de niveau est précisément la hauteur de la feuillure formée par le relief du busc et qui donne appui aux portes.

On a construit des bajoyers d'écluses en charpente; nous ne donnons pas d'exemple de ces sortes de bajoyers, parce qu'ils ne sont plus en usage, et que d'ailleurs ils ont quelque ressemblance avec le quai en charpente qui fait objet de l'article VI de ce chapitre.

Les inconvénients qu'on a reconnus aux radiers en charpente on fait abandonner cette méthode; on préfère aujourd'hui les radiers en maçonnerie, mais il était convenable de donner une idée d'un genre de construction qui a été le seul en usage pendant longtemps, et qui se retrouve encore dans les écluses de construction ancienne.

CHAPITRE XLIV.

CHARPENTERIE DES TRAVAUX SOUTERRAINS.

Il arrive fréquemment que les pentes auxquelles les routes sont astreintes, ou les circuits du tracé d'un canal, entraîneraient dans des dépenses d'exécution plus considérables que celle du passage direct au travers d'une montagne, ou même d'un coteau qu'il s'agit de franchir, et l'on se décide à établir un tunnel. Pour soutenir les parois de cette route souterraine, on construit une voûte en maçonnerie, à moins qu'on ne puisse percer le tunnel dans un roc vif et solide.

La place que le tunnel et sa voûte doivent occuper peut être déblayée de trois manières : on peut creuser une tranchée en donnant aux parois les talus suffisants pour que les terres se soutiennent seules; on peut aussi creuser une tranchée entre des parois verticales soutenues par des étrésillons; dans l'un et l'autre cas, on remblaie l'excavation après la construction du tunnel voûté. Enfin, on peut faire un percement souterrain d'une dimension suffisante pour l'établissement du tunnel et de sa voûte. La comparaison des dépenses que doit occasionner l'exécution, dans lesquelles on comprend la fouille, le transport des terres déblayées, et les dégâts de la superficie du sol, les frais de boisage souterrain, détermine celui de ces trois moyens qu'on doit adopter.

Nous avons indiqué, dans le VIIe article du chapitre XXXVI, comment on étaie les parois des déblais à ciel ouvert; nous n'aurons à nous occuper ici que des procédés employés par la charpenterie pour étayer les parois des déblais souterrains pour exploitations, mines militaires et tunnels.

L'origine des travaux souterrains pour exploitations remonte à la plus haute antiquité : plusieurs passages de l'historien Josèphe prouvent que les Orientaux et les Juifs en ont fait usage. Les Grecs et les Romains ont employé les mines dans leurs siéges; mais ce n'est qu'en 1487 qu'un ingénieur génois essaya, sans succès, l'usage de la poudre dans ces sortes de mines, et Pierre de Navarre prit par ce moyen, en 1503, le château de l'Œuf, près de Naples.

Les travaux des mineurs ont été les premiers guides dans l'art des percements souterrains; nous commencerons, en conséquence, par exposer les procédés suivis dans les travaux de mines qui nécessitent le concours de la charpenterie.

I.

MINES.

Les carriers, les mineurs des exploitations de houille et des mines métallurgiques et les mineurs militaires ont été seuls jusqu'ici en possession de l'art d'ouvrir des galeries sous terre pour suivre des directions données par leurs projections sur le sol.

Quelques grands travaux de tunnels et divers accidents arrivés depuis peu d'années dans des creusements de puits et dans des fouilles, prouvent l'utilité de la connaissance de l'art du mineur pour les charpentiers, sous le rapport seul des procédés pour creuser des puits et ouvrir des galeries et des percements souterrains.

§ 1. *Procédés des mineurs du corps du génie.*

Pour descendre dans la profondeur du sol et atteindre le niveau auquel on doit établir une galerie, on creuse un puits; c'est une excavation dont les parois sont verticales.

Le mineur militaire nécessairement exercé aux travaux en bois n'emploie que des pièces équarries au moins à la scie; il commence par établir de niveau sur le sol un cadre dit *cadre à oreilles*, fig. 8, dont les côtés sont assemblés par entailles à mi-bois et tournés sur le sol, de façon que si l'on doit ouvrir une galerie horizontale au fond du puits, elle trouve son entrée sur l'un de ses côtés.

Ce cadre à oreilles étant maintenu solidement par des piquets, le mineur creuse suivant quatre plans verticaux répondant aux quatre faces extérieures du cadre (1). Ce déblai est conduit jusqu'à la profondeur d'un mètre si la solidité des terres le permet, et jusqu'à la profondeur moindre si le terrain est mauvais. Sur le fond de l'excavation, qui doit être de niveau, le mineur pose un cadre sans oreilles, fig. 7, pl. CXLV, dont les côtés sont assemblés à entailles, quelquefois maintenues par deux clous. Le second cadre, comme tous ceux qui doivent être successivement placés à mesure de l'approfondissement du puits, est établi avec précision, de façon que ces côtés répondent verticalement sous ceux du cadre à

---

(1) Les terres extraites de la mine sont déposées à peu de distance du puits, pour être ensuite enlevées, ou elles sont portées immédiatement dans un lieu de remblai définitif.

oreilles. On insinue entre les parois de ces deux cadres et les parois de l'excavation, des planches verticales jointives, dont la longueur est exactement égale à la profondeur du déblai, compris les épaisseurs des deux cadres.

Les planches touchent immédiatement les côtés du cadre à oreilles; elles y sont maintenues par quelques clous et des coins, ou même par du gazon, dont on garnit le tour de l'orifice du puits en dehors du cadre à oreilles. Ces mêmes planches sont écartées des côtés du cadre inférieur de l'épaisseur d'une planche que l'on remplace provisoirement par des coins en bois, pour serrer les planches contre les terres, réserver la place des planches qui doivent former le revêtissement de la seconde tâche et maintenir l'assemblage du cadre.

On soutient le deuxième cadre par quatre tringles en bois, m, fig. 7 et 8, clouées par leur bout contre les faces internes des côtés entaillés en dessus, et contre celles du cadre à oreilles. Des traits carrés verticaux sont marqués sur le milieu des faces internes des cadres; ils servent à assurer leur coïncidence, en vérifiant avec le fil à plomb si ces traits sont dans des verticales, depuis le cadre à oreilles jusqu'au fond du puits.

Les choses disposées ainsi, on creuse un nouveau déblai de la même profondeur, et lorsque cette deuxième tâche est faite avec le même soin qu'on a apporté pour l'exécution de la première, on établit au fond du puits un troisième cadre avec la même précision que les précédents, puis on ôte, l'un après l'autre, les coins qui ont servi à réserver les places des nouvelles planches que l'on pose comme les premières, et qui s'appuient en place des coins sur les cotés du deuxième cadre, et sont écartées du côté du cadre posé en dernier lieu, et serrées contre les parois de l'excavation par d'autres coins en bois qui réservent la place nécessaire pour les planches qui boiseront la troisième tâche. Le troisième cadre est attaché au deuxième par quatre tringles verticales.

La fig. 15 est la coupe verticale d'un puits suivant la ligne $m\,n$, fig. 8.

On voit que, par cette méthode, on peut descendre un puits de mine aussi bas qu'on veut, sans qu'il soit à craindre, si le travail est soigneusement fait, que les terres du haut s'éboulent et comblent le travail en ensevelissant le mineur.

Lorsque la profondeur du puits a atteint la profondeur de la deuxième tâche, le mineur ne peut plus jeter les terres à la pelle hors du puits; elles sont alors enlevées avec un panier suspendu à un cordage, et quand la profondeur du puits est trop grande pour enlever à force de bras le panier chargé de déblai, on le monte au moyen d'un treuil établi au-dessus du puits.

La construction des galeries est exécutée par un procédé qui ne diffère de celui que nous venons de décrire qu'en ce qu'au lieu d'approfondir le déblai verticalement, on le conduit horizontalement, ou suivant une pente donnée, et que les cadres, au lieu d'être horizontaux, sont verticaux, quelle que soit d'ailleurs la direction et la pente de la galerie.

Quant aux planches, elles sont posées horizontalement et de champ sur les côtés de la galerie pour boiser ses murs, et elles sont posées horizontalement et à plat sous le ciel de la galerie : il n'y en a pas sur le sol où marche le mineur.

Des traits carrés sont marqués sur la face inférieure de chaque chapeau, et sur la face supérieure de chaque semelle pour servir de *rameneret*, ou régler et vérifier la direction de la galerie avec un cordeau.

Cette direction est établie dans la mine au moyen de boussole, après qu'on a observé sur le sol supérieur l'angle que doit faire l'aiguille avec l'axe de la galerie.

Lorsqu'une galerie doit être conduite en pente, on se sert d'un niveau de pente, fig. 9, pl. II, pour régler la position de chaque semelle, qui doit toujours être posée de niveau et de dévers.

La fig. 16, pl. CXLIII, est une coupe longitudinale d'une galerie boisée en charpente, et la figure 9, sa coupe transversale : l'une et l'autre coupe sont faites par des plans verticaux.

On distingue dans ces coupes les cadres formés chacun d'un montant a, d'un chapeau b et d'une semelle c. Ces pièces sont assemblées par des entailles seulement, vu que ces cadres ne peuvent pas être placés tout assemblés. Dans chaque cadre, la semelle est placée la première de niveau et de dévers, perpendiculaire à l'axe de la galerie, et son trait de milieu exactement dans cet axe.

Le boisage est formé par des planches d, les cadres sont entretenus verticaux par des tringles horizontales f.

§ 2. *Procédés employés dans les exploitations des mines.*

Le travail du mineur des mines d'exploitation diffère peu de celui dont nous venons de faire la description, si ce n'est que le boisage de ces sortes de mines devant avoir une très-longue durée, on y emploie des bois plus forts, et, par économie de travail et de matière, ces bois sont laissés ronds, comme l'exploitation les fournit. Dans des travaux civils nécessités par des accidents, si l'on n'a pas le temps d'équarrir les bois, on peut en user de la même manière. Dans la fig. 13 de la pl. CXLIII, nous avons représenté la coupe verticale d'un puits, pour montrer son boisage en bois ronds et jointifs, comme on l'exécute toujours lorsque le terrain est mauvais.

II. — 65

L'échelle qui sert à descendre dans la mine est figurée clouée contre le boisage.

Les figures 11 et 14 sont les profils de deux galeries boisées : dans l'une, des planches concourent à la composition du boisage; l'écartement des cadres dépend de la nature du milieu dans lequel la galerie est ouverte : lorsqu'il a quelque solidité, les cadres sont écartés à la distance que le degré de solidité indique; dans les mauvais terrains, ils sont jointifs.

La figure 10 représente le profil d'un grand filon, dans lequel une sorte de plancher étayé est destiné à soutenir des déblais inutiles.

II.

ÉTAYEMENTS SOUTERRAINS.

§ 1. *Percement du canal de Bourgogne.*

Nous avons représenté, fig. 3, pl. CXLIII, une coupe, par un plan vertical, du percement souterrain de 4000 mètres de longueur, établi sous le village de Pouilly, et dans lequel passe le canal de Bourgogne.

Le terrain calcaire dans lequel ce percement a été exécuté a peu de solidité; il a exigé des moyens particuliers pour effectuer ce percement, à cause de sa très-grande largeur.

On a commencé par tracer sur le sol, suivant le développement de la longueur du souterrain, deux lignes qui marquaient la limite de sa largeur. On a creusé des puits approfondis jusqu'au niveau auquel devait correspondre le fond du souterrain, et l'on a poussé des deux côtés du souterrain des galeries dont la forme est distinguée en A et B, dans la figure, par des hachures formant des teintes foncées.

On a établi également, au moyen de puits, une troisième galerie qui s'élevait jusqu'au niveau où devait se trouver la sommité du déblai. Cette galerie est figurée en C par une teinte obscure.

La ténacité du calcaire était suffisante pour que les galeries pussent être percées sans qu'il fût nécessaire de les étayer.

Par ce procédé, on a pu construire les murs D, formant les pieds-droits de la voûte, et les étrésillonner au besoin contre le massif de calcaire conservé entre les deux galeries.

Ce même massif a servi à appuyer les étais verticaux P destinés à soutenir la partie supérieure, ou ciel du déblai, pendant que l'on déblayait le calcaire compris entre les deux galeries latérales et la galerie supérieure. Ces déblais ont été effectués par parties, c'est-à-dire qu'on ne les a pas entrepris sur toute l'étendue du souterrain simultanément, mais par portions que l'on se hâtait de voûter, pour que les étais pussent servir dans d'autres parties.

Dès qu'un déblai était complet, les charpentiers posaient les cintres, et appuyaient dessus les étais plus courts, toujours dans la vue de soutenir le ciel jusqu'à ce que la voûte et son remplissage d'extrados fussent achevés et pussent suffire au soutien du terrain calcaire dans lequel le tunnel se trouvait percé.

§ 2. *Percement du tunnel de la Medway.*

La figure 12, pl. CXLIII, est un profil qui représente le déblai souterrain pour le tunnel du canal de la Medway, en Angleterre. Ce travail a été exécuté de la même manière que celui dont nous venons de parler. Deux massifs ont été conservés dans le déblai pour appuyer les étais du ciel, et ensuite les cintres en charpente qui ont servi à construire la partie supérieure de la voûte. Nous avons déjà eu occasion de parler de ces cintres, page 490, au sujet de l'emploi du fer dans cette sorte de construction.

CHAPITRE XLV.

CHARPENTERIE DE MARINE.

I.

CHARPENTERIE NAVALE.

§ 1. *Système de construction.*

Pendant longtemps, sans doute, les mêmes artisans qui bâtissaient les cabanes sur les rivages de la mer et des fleuves, construisaient aussi les frêles barques qui servaient à la pêche et à de courtes navigations; mais l'accroissement du nombre et de la grandeur des embarcations, par suite de l'extension des voyages, et des relations plus multipliées entre des rives éloignées, a dû déterminer quelques charpentiers à se livrer uniquement à la charpenterie de navigation.

C'est à leur pratique et à leur lente et longue expérience que l'on a dû la création et les progrès d'un art que les mathématiques et la physique ont changé, depuis deux ou trois siècles seulement, en une science qui nécessite aujourd'hui des ingénieurs spéciaux pour la cultiver, la pousser vers de nouveaux progrès, et l'appliquer à la construction des grands navires.

L'État a ses ingénieurs-constructeurs (1) : la marine marchande n'est point restée en arrière; les maîtres charpentiers qui travaillent pour elle ont pris aussi le titre de constructeurs des navires du commerce, titre dont des hommes d'un mérite distingué ont soutenu et accru la juste réputation.

La construction des vaisseaux et navires de toutes espèces constitue donc maintenant une science qu'on désigne sous le nom d'architecture navale; elle peut être considérée, par rapport à la charpenterie de marine, comme l'architecture civile, qui crée nos édifices publics et particuliers, par rapport à la charpenterie des combles et des planchers, avec

---

(1) Le corps des ingénieurs-constructeurs de la marine a été créé en 1765.
Il fut d'abord composé des plus habiles maîtres charpentiers, constructeurs des vaisseaux du Roi : institué d'abord sous ce titre, par ordonnance du 15 avril 1689, en récompense des progrès qu'ils avaient fait faire à l'art des constructions de cette époque, aujourd'hui ce corps se compose d'ingénieurs sortis de l'école célèbre qui fournit à tous les corps savants employés par l'État.

cette différence, cependant, que dans l'architecture navale, tout est charpenterie, tandis que dans nos édifices, la plupart du temps, le bois n'en fait qu'une petite partie. Aussi, la partie manuelle de la charpenterie de marine se trouve tellement liée à la science de la construction des navires, qu'on ne pourrait en faire un traité séparé, si ce n'est pour quelques détails d'exécution qui diffèrent peu des procédés de la charpenterie ordinaire, et que nous avons déjà décrits en partie, en parlant des assemblages.

Quant à l'art de cette charpenterie navale, sous le rapport des formes résultant des conditions auxquelles les navires sont tenus de satisfaire, à cause de leur destination, elle comporte un développement tel, qu'il faudrait un ouvrage spécial et volumineux, que les limites d'un de nos chapitres ne peuvent comporter. Nous nous bornerons donc à signaler les différences les plus marquantes résultant de sa comparaison à la charpenterie civile, notre but n'étant point de former ni d'instruire des charpentiers de marine, mais seulement de donner aux charpentiers qui n'ont point eu occasion de travailler dans les ports, une idée de la combinaison des bois dans la construction d'un navire, et des procédés suivis pour le bâtir.

Nous avons déjà eu occasion de faire remarquer qu'il y avait à Rome un quartier qui tirait son nom de la ressemblance des toits des maisons avec la carène d'un vaisseau renversé; cette ressemblance vient de la courbure des surfaces de ces toits, et surtout de ce que, quel que soit le but d'une construction en charpente, le système d'édification ne peut être que le même, précisément à cause de la forme des matériaux que la charpenterie met en œuvre.

Ainsi, l'on remarque que les courbes symétriques qui dessinent la forme d'un vaisseau, forment, avec les pièces transversales qui les lient et qui soutiennent les ponts, de véritables maîtresses fermes, comme celles d'un comble, et, en définitive, quel que soit un édifice, fixe ou flottant, ce sont toujours des pans de charpente qui le constituent et lui donnent la stabilité de formes; toute la différence est que, dans la construction des vaisseaux, le charpentier de marine commence l'ouvrage par où le charpentier de maison le termine, et les moyens de jonction des bois diffèrent par suite des fonctions tout à fait opposées que les pièces homologues ont à remplir. Ainsi, dans la charpenterie de marine, on n'emploie ni tenons ni mortaises; tous les assemblages sont faits par entailles, et les entes par écarts, parce que les tenons ne résisteraient point aux efforts de flexion et de torsion que les mouvements d'un navire leur feraient éprouver : la solidité que la charpenterie civile tire de ses assemblages, et du croisement et du moisement des pièces, est forcément remplacée, dans la construction d'un navire, par une profusion de chevilles et de clous, qui ne peut manquer d'étonner, plus encore peut-être par la solidité qu'on en obtient, que par leur nombre, quoiqu'ils ne garantissent pas toujours les navires d'avaries, souvent funestes aux navigateurs.

La différence de destination change aussi le sens dans lequel les pièces qui entrent dans la composition des fermes, ont à résister. Ainsi, par exemple, les *baux* ou *barrots*, c'est-à-dire les poutres qui composent la charpente des ponts ou planchers des différents étages d'un navire, ne fonctionnent pas de la même manière que les tirants et entraits des fermes d'un comble. Ceux-ci s'opposent à la poussée et à l'écartement des pans des toits; les baux des navires, au contraire, s'opposent à un mouvement inverse qui, sans eux, serait occasionné par la pression de l'eau qui environne la surface extérieure du navire qui s'y trouve à flot. De là vient la différence du mode de jonction des baux dans les parois d'un navire, et des entraits avec les parois des toits. Il en est de même d'une foule d'autres pièces.

Nous donnons, fig. 1, pl. CXLVI, la projection verticale d'un vaisseau, suivant sa longueur.

a est la quille, *c* est l'étambot, *bd* l'étrave. On a donné le nom de *marsouins* aux courbes qui lient l'étambot et l'étrave à la contre-quille et à la carlingue. *k*, emplacement de la figure dont on décore l'avant d'un navire; *e*, *éperon; g, taille-mer; f, préceintes; n, sabords; m, mâts*.

La figure 3 est la coupe transversale d'un navire par un plan vertical répondant à son *fort*, c'est-à-dire là où il a sa plus grande largeur, vers le milieu de sa longueur *au droit* de son *maître couple*.

Cette coupe est faite sur une échelle double.

a, quille; a' contre-quille; h, carlingue; b, varangue; les *talonniers* sont des fourrures que l'on ajoute sous les varangues lorsqu'elles manquent d'épaisseur, à cause de leur grande courbure occasionnée par les façons du navire; les *oreillers* sont ajoutés aux varangues pour réunir leurs parties quand on est forcé de les faire de deux pièces; on donne le nom de *fourcats* aux varangues fourchues en forme de Y assemblées parallèlement aux autres varangues vers les extrémités du navire; on emploie aussi des fourcats horizontaux, dans le même but que les guirlandes; *c, genoux; d, allonges; e, bordages; f, préceintes; g, vaigrage :* les *guirlandes* sont des pièces courbes et horizontales chevillées sur le vaigrage, qui lient intérieurement les côtés de l'avant d'un navire dans la hauteur de l'étrave sous les ponts; *k, baux* ou poutres des ponts; *i, serres-bauquières* sur lesquelles sont assemblés les baux; *j, bordages* des ponts; *o, hiloires* entaillées sur les baux d'un bout à l'autre du navire; les écoutilles, qui sont des ouvertures pour pénétrer dans l'intérieur du navire, sont percées sur les ponts entre les hiloires du milieu; *m*, *courbes* ou *coudes*; *n*, *porques*, courbes intérieures répondant aux courbes de levée, et chevillées sur elles au-dessus du vaigrage; *q*, *varangues de porques*; *r*, *épontilles*; *p*, *bittes*; *s*, *traversin* fixé aux bittes et servant à attacher les câbles des manœuvres; *r*, *épontilles* servant à supporter les baux; *t*, hiloire renversée.

§ 2. Épure et tracé de la salle.

Le projet d'un vaisseau est fait comme celui de tout autre édifice : il se compose de plans dessinés sur papier, de mémoires et de devis.

Le devis comprend l'énumération des dimensions générales du navire, celles des différents détails, et celle de toutes les pièces de bois qui entrent dans la composition de sa charpente.

Les plans ou dessins d'un navire servent à étudier et à représenter les formes à donner à sa coque, pour qu'elle ait toutes les qualités qu'on exige d'un bon navire, soit pour la *marche*, la *manœuvre* ou la *charge*, selon le service pour lequel il est construit.

Ces dessins se composent : 1° d'*un plan d'élévation*, comme notre figure 1, pl. CXLVI, c'est une projection verticale du navire vu suivant sa longueur, avec l'indication de tout ce qui se trouve à sa surface, et même avec le tracé ponctué de quelques projections de sa charpente; la ferme longitudinale, composée de sa quille *a*, de l'étambot *c* et de l'étrave *bd*, avec les différentes pièces qui en font partie.

La fig. 4 est aussi un plan d'élévation; mais elle ne présente aucun détail;

2° D'un *plan de projection*, comme celui fig. 2, sur lequel sont marquées les courbes résultant des sections transversales dans la surface extérieure du navire, par des plans verticaux passant par les places *m n*, *m' n'*, que doivent occuper les principaux couples ou fermes de la charpente, fig. 4 et 5;

3° *Du plan horizontal*, comme celui fig. 5; c'est une projection horizontale, vue par le dessous de la coque, pour la partie de la carène qui se trouve au-dessous de la surface de l'eau, et vue par le dessus, pour la partie qui est au-dessus.

Les courbes résultant des sections faites dans la surface du navire, par deux suites de plans, se trouvent seules projetées sur les fig. 2, 4, 5.

Lorsque les plans sont terminés, et qu'il s'agit de mettre en chantier, c'est-à-dire de construire, on fait ce que les constructeurs appellent le *tracé à la salle*. C'est, à proprement parler, ce que jusqu'ici nous avons appelé l'*étalon*. Ce tracé est exécuté sur le plancher, parfaitement de niveau et uni, d'une longue salle assez spacieuse pour que le plan entier en projection horizontale et le plan de projection des coupes transversales puissent y être tracés de grandeur naturelle.

Le niveau et la régularité du plancher sur lequel on fait le tracé n'est pas exigé pour les étalons des charpentes dans lesquels il n'y a à tracer que des projections de lignes droites; mais le tracé à la salle d'un navire, ne devant présenter que des courbes, il est indispensable qu'il soit exactement de niveau et uni, pour que les courbes ne soient point altérées dans leurs projections, et qu'on puisse en relever les *gabarits*, dont nous parlerons plus loin.

Le tracé à la salle est une épure descriptive du contour de la surface dans laquelle se trouve les faces extérieures des couples de levée qui reçoivent l'application des bordages.

La première partie du *tracé à la salle* que l'on construit est le plan de projection, fig. 2, pl. CXLVI, sur lequel sont tracés les contours extérieurs des principaux couples, et qui marquent la forme de la coque d'après le mode de génération adopté pour sa surface.

La carcasse en charpente d'un navire dépouillé des bordages qui composent sa surface extérieure peut, en quelque sorte, être comparée au squelette d'un animal vertébré couché sur le dos; les couples qui embrassent sa capacité sont attachées à la quille comme les côtes de l'animal à son épine dorsale.

Chaque couple de levée est un assemblage d'un *double-tour* ou de deux épaisseurs de pièces courbes planes jointes bout à bout, chevillées l'une sur l'autre, et dont chacune recouvre de la moitié de sa longueur celle qui lui est accouplée, c'est-à-dire *à plein sur joints*. Ainsi, fig. 1, le genou c recouvre de la moitié de sa longueur la varangue b et la première allonge d; cette première allonge recouvre de même de la moitié de sa longueur la deuxième allonge d'.

Les traces des plans qui séparent les deux épaisseurs de chaque couple et qui sont des plans de joints, ont pour traces verticales les lignes $m\,n$, fig. 4, et pour traces horizontales leurs prolongements $m'\,n'$, fig. 5, perpendiculaires à l'axe de la quille.

Les sections ou coupes faites par ces plans, dans la surface intérieure des bordages, donnent les contours extérieurs des couples de levée qui reçoivent ces bordages d'après les formes adoptées pour le navire; elles sont un moyen de représentation de ces formes; elles servent même à la déterminer par des opérations géométriques, et souvent d'après des résultats de calculs dans lesquels l'ingénieur-constructeur a fait entrer les conditions auxquelles ces formes doivent satisfaire.

Ces sections ou coupes sont toutes projetées sur le plan de projection, fig. 2, au niveau qu'elles occupent dans le bâtiment; la ligne d'eau BB' est leur repère commun. C'est, au surplus, sur ce plan de projection qu'elles sont construites.

Ces courbes sont liées entre elles par une relation qui dépend de la surface qu'elles représentent, ou plutôt c'est de cette relation dont on a établi convenablement la loi que résultent la *bonne façon* de la carène du bâtiment.

La détermination de la forme du navire a pour base première le contour du maître couple, que chaque constructeur trace suivant ses vues particulières et la proportion qu'il veut donner au navire.

Soit la ligne verticale AO, fig. 2, pour représenter sur le plan du *tracé à la salle* la trace du plan vertical qui passe par l'axe de la quille, et qui partage le bâtiment de l'arrière à l'avant en deux moitiés exactement égales et symétriques; c'est la *ligne de milieu*. On trace les horizontales ci-après, savoir :

B, B', *ligne de flottaison*, trace verticale de la surface de l'eau servant de plan de repère.

$h\ h'$, niveau de la hauteur du pont au-dessus de la flottaison.

$k\ k'$, hauteur d'un second pont.

r, r', niveau du dessous de la quille.

$v\ v'$, *ligne d'acculement* ou d'abaissement de la *maîtresse varangue* dans la quille : cette ligne répond au bord supérieur de la *rablure* (1).

z, z' marque le niveau de *la ligne du relèvement* des varangues.

l, l', *ligne du plat des varangues*.

$p\ p'$, hauteur du plat-bord.

Après avoir porté la demi-largeur que doit avoir le bâtiment dans *son fort*, de A en q et q', et de O en r et r', et tracé les verticales $q\ r, q'\ r'$, le contour du maître couple est tracé par les courbes $x\ y\ u\ w\ o\ h\ i\ j, x'\ y'\ u'\ w'\ o'\ h'\ i'\ j'$ égales et symétriques, composées d'arcs de cercle qui se raccordent tangentiellement. Chaque constructeur modifie le tracé de ce contour suivant ses vues particulières et les qualités qu'il veut donner au navire.

Une seconde courbe sur le plan de projection est nécessaire pour fixer la loi de génération de la surface du navire, et comme la forme de cette surface n'est pas la même du maître couple à l'étambot, et du maître couple à l'étrave, chaque partie a sa seconde courbe directrice particulière.

Celle qui sert de directrice pour la génération de la surface de l'arrière, est le contour du couple de l'arrière du bâtiment; ce couple se nomme

---

(1) La rablure est une rainure ou feuillure creusée sur toute la longueur de la quille, sur l'étambot et sur l'étrave, pour recevoir les bouts des bordages qui y sont cloués.

estaims. Il s'assemble sur un des points de la hauteur de l'étambot en *d*, sur la ligne *a e*, qui en marque l'épaisseur et forme avec lui un plan de charpente qui ressemble à une arbalète renversée, dont la corde est représentée par la lisse d'hourdie *g m* qui croise à entaille l'étambot. La longueur de cette lisse et la hauteur à laquelle elle est placée sur l'étambot, donnent la position de la verticale *f n*, et la largeur du fort de l'estaims; les *allonges g b* qui en forment la partie supérieure sont les *cornières*.

Attendu qu'il y a symétrie parfaite des deux côtés du plan vertical dont la ligne *A O* est la trace, on se contente de tracer les contours par moitié: ainsi, sur la gauche du plan de projection, fig. 2, on trace les couples de l'arrière du bâtiment compris entre le maître couple et l'estaims sur la droite, on trace ceux de l'avant entre le maître couple et l'étrave.

Chaque constructeur trace par des arcs de cercle, qui se raccordent, le contour de l'estaims *b g d*, après avoir fixé son point d'assemblage *d* avec l'étambot et la position de la lisse d'hourdie *g m*, la courbe de l'estaims devant être tangente en *g* à la verticale *f n*, dont la position varie à la volonté du constructeur.

Les courbes qui marquent les contours extérieurs des couples intermédiaires, distribuées à des distances égales, fig. 4 et 5, entre le maître couple et l'estaims, peuvent être déterminées par différentes lois qui les font cependant dépendre des formes de ces deux couples directeurs; chaque constructeur peut adopter la loi qui lui paraît le mieux remplir ses vues, à l'égard de la forme du bâtiment qui doit en résulter.

Mais quelle que soit cette loi, il faut nécessairement que les courbures des couples participent de celles du maître couple et de celles de l'estaims, et d'autant plus de celles du maître couple que les couples intermédiaires en sont plus rapprochés. Les projections des espaces qui doivent séparer les couples intermédiaires doivent être aussi d'autant plus étroites, fig. 2, que ces couples se trouvent sur une partie de la surface du navire qui approche le plus d'être perpendiculaire à cette surface; or, cette perpendicularité ayant lieu précisément dans le maître couple, les écartements des projections des courbes qui dessinent les contours des couples doivent nécessairement être d'autant plus rapprochés qu'elles sont plus près des maîtres couples et plus éloignées de l'estaims.

La loi le plus fréquemment employée est celle qui est indiquée par la suite des nombres impairs; elle est marquée sur le plan de projection, fig. 2, comme il suit :

Soit *g h* la projection d'une lisse (1) répondant au fort du maître couple

---

(1) Les lisses sont des règles en bois, pliantes et bien dressés, que l'on applique de distance en distance dans la hauteur du bâtiment, sur les couples, pour les maintenir

et à celui de l'estaims ; *d u*, la projection de la *lisse basse* ou *lisse des façons* du navire.

Entre ces deux lignes, on distribue d'autres lisses intermédiaires comme celles *s w, t o*, etc., qui répondent à des points de division, en parties égales du développement des courbes *h u, g d*.

Les lignes *g h, t o, s w, d u*, qui représentent des lisses, peuvent être regardées comme les traces verticales des plans qui contiennent les lignes de milieu de ces lisses embrassant les surfaces des couples sur lesquelles elles sont supposées tracées ; ces lignes des lisses représentent les lisses en bois appliquées provisoirement sur la charpente du navire pour maintenir les couples de levée.

Pour marquer les points dans lesquels ces lisses sont rencontrées par les courbes des contours des couples, on divise chaque lisse, entre le maître couple et l'estaims, en parties qui doivent être entre elles comme les nombres impairs 1, 3, 5, 7, 9, 11, 13, 15, 17, 19, suivant le nombre des couples.

Pour obtenir ces divisions sans tâtonnements, et abréger la construction du plan de projection, on se sert de la propriété des triangles semblables appliquée à un triangle équilatéral (1).

Lorsque les points de division sont marqués, on fait passer chaque courbe d'un couple par les points de même numéro qui marquent aussi son rang à partir du maître-couple. On trouve ces courbes à la main, si l'on a une grande habitude du dessin, et, dans le cas contraire, avec le secours d'une règle flexible (2).

dans leurs positions pendant la construction, et en attendant que l'on pose les préceintes et les autres bordages.

(1) Sur une ligne *A B*, fig. 7, on porte des parties 0-1, 1-2, 2-3, 3-4, 4-5, etc., qui sont entre elles comme les nombres 1, 3, 5, 7, 9, etc. ; la grandeur de la première partie 0-1 doit être telle que la somme de toutes les parties de 0 à 10 soit plus grande que la plus longue des lisses à diviser suivant cette loi. Sur la ligne *A B* on construit un triangle équilatéral 0-*C*-10, et du point *C* on trace les rayons *C*-1, *C*-2, *C*-3, *C*-4, *C*-5, etc.

Pour obtenir par ce triangle la division d'une lisse dans les proportions dont il s'agit, il suffit de porter de *C* en 0' et en 10' la longueur de cette lisse, de celles *s w* par exemple, et de tracer la ligne 0'-10' parallèle à la base, elle est égale à cette même lisse. Les points 1', 2', 3', 4', 5', dans lesquels cette ligne est rencontrée par les rayons, sont les points de division cherchés que l'on rapporte au plan de projection sur la lisse à laquelle ils appartiennent, soit sur celle *s w* que nous avons prise pour exemple, en les relevant du triangle, fig. 6, sur une règle mince ou sur une bande de papier ou de carton s'il s'agit d'un dessin en papier, que l'on applique le long de cette lisse pour y marquer ces points.

(2) Les règles flexibles étant très-commodes et très-utiles pour tracer les courbes dont on fait un grand usage dans les diverses parties de l'art de la charpenterie, nous indiquons ici comment on en fait usage.

La plus simple de ces règles flexibles est d'une épaisseur égale d'un bout à l'autre ; on la courbe au moyen d'une corde, comme on fait pour un arc, ou en appuyant ses extrémités contre deux chevilles plantées dans une grosse règle qui fait office de tirant, et qui est percée de plusieurs trous pour changer, suivant le besoin, l'écartement des chevilles

On suit une méthode analogue pour tracer les courbes de couples de l'avant du navire sur la droite de la fig. 2 ; les lisses de l'avant passent sur le maître couple, aux mêmes points que les lisses de l'arrière. Après avoir marqué l'épaisseur de l'étrave par la ligne verticale $a'\,e'$, le constructeur distribue sur cette ligne les points où doivent aboutir les lisses, en les relevant d'une quantité constante. Les longueurs de ces lisses, comptées depuis l'étrave jusqu'au maître couple, sont divisées dans les mêmes rapports des nombres impairs, au moyen du même triangle, et les contours des couples de l'avant se trouvent participer du contour du maître couple et du contour de l'étrave $b\,d$, fig. 4, qui est un arc de cercle, et qui se trouve projeté sur la ligne droite $a'\,e'$ sur le plan de projection, fig. 2.

Pour compléter la description de la forme d'un navire, on trace sur le plan de projection verticale, fig. 4, et sur le plan de projection horizontale, fig. 5, les courbes ou sections tracées par les lisses sur la surface du vaisseau, ou plutôt sur celles des couples qui reçoivent les bordages. On trace aussi les courbes résultant de sections faites par une suite de plans horizontaux équidistants ou passant par les points dans lesquels les lisses rencontrent le maître-couple.

Les traces de ces plans horizontaux, sur le plan de projection et sur le plan de l'élévation, par les horizontales $y\,y'$, $u\,u'$, $w\,w'$, $o\,o'$, pour la partie de la coque du navire qui est inférieure à la ligne d'eau $B\,B'$; et par les horizontales $h\,h'$, $i\,i'$, $j\,j'$, pour la partie qui est supérieure à la même ligne $B\,B'$. On donne à ces horizontales le nom de *lignes d'eau*.

Afin d'éviter la confusion, et vu la symétrie des deux bords du bâtiment, on met en projection d'un côté $e\,h\,e$ de la quille, fig. 5, les lignes d'eau ou courbes horizontales inférieures à la ligne d'eau $B\,B'$ qui est le véritable

On peut aussi fixer la longueur de la corde de l'arc, par une boîte glissant le long de la grosse règle et arrêtée par une vis.

En faisant amincir la règle plus à une extrémité qu'à l'autre, sa courbure n'est pas symétrique ; elle est plus grande au bout le plus mince, et cette règle peut être ajustée pour tracer des lignes d'une courbure variée.

Lorsqu'on fait usage d'une règle de cette sorte pour tracer une courbe qui a une grande étendue, on se fait aider pour la maintenir pendant que l'on trace la courbe, ou bien on la maintient de champ par de longues pointes en fer clouées dans le plancher sur lequel on trace, et contre lequel on l'appuie ; on peut encore faire usage de poids très-pesant et cylindriques pour appuyer une règle mince, et lui faire prendre la courbure dont on a besoin.

On se sert enfin, mais seulement pour la construction du dessin, d'un instrument à tracer des courbes, qui est composé d'une règle mince en acier de ressort ou de lame de scie, à laquelle on fait prendre momentanément la courbure requise au moyen de longues tiges à vis ou à pression, qui forment les ordonnées de la courbe, et dont la position peut varier le long d'une règle qui fait l'office de ligne des abscisses.

niveau de l'eau autour du vaisseau à flot; de l'autre côté e' h' e' de la quille, on met en projection les courbes horizontales qui sont dans des plans supérieurs.

Nous ne donnons point de description détaillée de l'opération qui a pour objet de mettre en projection horizontale et en projection verticale les lignes d'eau et les lisses; c'est une opération d'épure de géométrie descriptive, puisqu'il ne s'agit que de rapporter sur les traces m n, m' n' des couples, fig. 4 et 5, les distances des points à la ligne de la quille ou à la ligne de milieu prises sur le plan de projection, fig. 2.

On trace quelquefois aussi sur ces mêmes projections, les courbes des lisses comme sur la figure 4, et du côté e' h' e', fig. 5, comme moyen de compléter les représentations du navire; mais ces projections ne sont point nécessaires à la construction, tandis que les *lisses* réelles sont indispensables, non-seulement pour maintenir les couples de levée, mais aussi pour former comme le moule du navire qui sert à donner les contours des couples intermédiaires que l'on intercale entre les couples principales gabariées d'après le tracé du plan de projection, et que l'on représente seules dans les différents dessins et tracés d'un navire.

Nous n'entrerons point dans la description d'une foule d'autres détails qui tiennent à l'architecture navale, il est suffisant pour notre but d'avoir donné une idée de la manière dont on procède pour faire le projet, les épures et les tracés nécessaires pour la construction d'un navire.

Nous ferons remarquer ici une nouvelle différence qui existe entre l'art du charpentier civil et l'art du charpentier de navire. Ce dernier ne fait point usage du tracé à la salle comme d'un étalon, il n'y établit aucune pièce sur lignes, il ne pique aucun bois pour tracer les assemblages; le tracé à la salle n'a pour but que la construction des gabarits ou patrons, au moyen desquels les pièces de bois qui sont presque toutes courbes sont tracées hors de la salle, sur le chantier, sur la cale ou sous les hangars de travail. Les pièces ne sont présentées sur le tracé à la salle que lorsque, étant gabariées et assemblées, on veut vérifier si elles ont effectivement les contours qui devaient leur être donnés.

§ 3. *Constructions sur la cale.*

Les navires sont construits sur des cales, et pour qu'ils puissent être mis à l'eau, ces cales ont une pente suffisante vers la mer. Une cale est donc un plan incliné en charpente, solidement fondé, près d'une plage, et d'où le bâtiment peut descendre à la mer assez profondément, en glissant dès qu'on a enlevé les étais et autres obstacles à son mouvement qui l'ont retenu pendant sa construction.

La première pièce qui est établie sur la cale est la quille a, fig. 3, pl. CXLVI. C'est une longue pièce droite, et des dimensions les plus fortes, qui sont au surplus réglées par le devis. Elle répond au faîtage d'un toit qui serait renversé sens dessus dessous : mais ici elle forme la véritable fondation de l'édifice, elle le porte tout entier tant qu'il est sur cale, elle forme la couture ou jonction des deux flancs du navire. La quille répond au milieu de la cale et suit sa ligne de plus grande pente qui coïncide avec son axe. Elle repose sur des *tins* ou chantiers de 30 à 40 centimètres, écartés de $1^m,30$ à 2 mètres. Les surfaces supérieures des tins sont dans un seul plan bien exactement parallèle à celui de la cale.

Ces tins sont quelquefois composés de plusieurs pièces fixées solidement les unes sur les autres, ainsi que sur la cale, par de longs clous chassés obliquement dans leurs faces.

On n'a point, du moins en Europe, de bois assez longs pour former la quille d'un navire d'une seule pièce; on la compose de plusieurs pièces *écarvées*, c'est-à-dire entées par écarts et assujetties entre elles au moyen de chevilles de métal et de clous. La dernière pièce de la quille, le *brion b*, fig. 4, se prolonge en courbe pour se joindre à l'étrave $b\ d$, qui est la continuation de sa courbure et termine le navire du côté de la *proue;* le *brion* et l'*étrave* sont travaillés avant d'être établis sur la cale.

Avant d'établir la quille, on a creusé des deux côtés la *rablure*.

La quille a est assemblée avec l'étambot c à tenon et mortaise, et l'assemblage est consolidé par une courbe d, nommée *marsouin*, fig. 4, souvent composée de plusieurs pièces assemblées, par superposition, à écarts et chevillées.

Au-dessus de la quille, on établit la contre-quille a qui est une pièce équarrie composée de plusieurs pièces assemblées par écart comme la quille, et ses joints répondent sur les milieux des pièces de la quille; la totalité de la contre-quille est fixée sur la quille par des chevilles qui les traversent toutes deux. C'est dans la contre-quille que sont entaillés les *margouillets* ou entailles dans lesquels sont reçues celles des varangues b qui servent de base aux courbes b qui forment les couples de levée.

La plupart des pièces qui composent la membrure d'un navire, s'établissent tout assemblées sur la quille, notamment l'étrave avec la contre-étrave, l'étambot avec l'estaims et la lisse d'hourdie, au moyen de deux bigues ou petits mâts équipés par un lien appelé portugaise, fig. 6, pl. CLV.

Les couples de levée, composés chacun d'une varangue, ou d'un *fourcat*, des genoux et des premières allonges c formant des contours symétriques des deux côtés de l'axe vertical, sont également levés et montés tout assemblés sur la quille, leurs écartements étant retenus par des *traverses* en planches dites *traverses d'ouvertures;* lorsqu'ils sont assemblés en croix sur la quille, on les entretient verticaux et à leurs distances par des lisses dont nous avons déjà parlé.

Les couples ont reçu leur équerrage, c'est-à-dire le biais de leurs surfaces suivant les places qu'ils occupent, lorsqu'on les a assemblés sur le chantier. Cet équerrage ou biais se relève avec une équerre sur un plan horizontal et sur les courbes des lignes d'eau, rapportées à leur hauteur sur les couples.

Lorsque tous les couples sont levés, on vérifie s'ils sont bien perpendiculaires à la quille, s'ils ont leurs branches bien symétriquement étendues à l'égard du plan vertical passant par l'axe de la quille. Cette vérification se fait au moyen de cordeaux établis de niveau d'un gabariage à l'autre, dans chaque couple, et d'un autre cordeau tendu dans la longueur du bâtiment et dans le plan de son axe, d'un fil à plomb et d'un grand compas à verge. Les corrections sont faites en forçant ou larguant les accores qui étaient les couples, jusqu'à ce que la régularité la plus parfaite soit établie partout; cette opération se nomme *perpigner*.

Une autre vérification reste à faire; c'est celle de l'accord de tous les membres du navire, pour que sa surface extérieure devant résulter de l'application du bordage soit régulière. Cette vérification se fait par le moyen d'un cordeau dont on enveloppe tous les couples de levée de l'arrière à l'avant; on s'assure par la régularité de sa courbure de la continuité de celle de la surface qui enveloppe les couples, et suivant laquelle ils doivent recevoir des bordages; on vérifie par le même moyen si le contours des couples ont reçu au chantier leur équerrage, pour que les bordages puissent s'y appliquer en portant exactement sur toute leur largeur, sans laisser aucun vide. Cette opération, que l'on répète à différentes hauteurs de la carène, met en évidence le moindre défaut que l'on répare en parant extérieurement et intérieurement toute la membrure, avant d'y appliquer le bordage et le vaigrage.

Pour les bâtiments de guerre, on remplit les intervalles entre les couples principaux par d'autres couples qui sont façonnés sur place, pour s'accorder avec les couples principaux.

Lorsque la carcasse en charpente de la coque d'un navire est ainsi formée, on procède à l'établissement des pièces qui assurent la solidité de tout le système. Une des principales est la *carlingue h;* c'est une pièce droite équarrie et parallèle à la quille, sur laquelle elle assujettit tous les membres en les recouvrant, et elle consolide aussi la cale en liant la proue à l'arcasse, qui répond à la poupe en s'écartant avec les *marsouins*.

Elle est de deux pièces juxtaposées, établies de manière que les joints de l'une répondent au milieu de la longueur de l'autre; ces deux pièces sont liées par des goujons horizontaux en fer qui les traversent.

La carlingue est attachée à la quille par des chevilles en fer qui la traversent et qui traversent les varangues, pour pénétrer dans la quille jusqu'à 8 centimètres de sa surface inférieure. Lorsqu'on est forcé de faire les varangues de deux pièces, elles sont assemblées à bout et à plat joint sur la quille, et réunies par des *orcillers* qui sont quelquefois entaillés sur la demi-varangue, et qui y sont chevillés par des goujons en fer.

Ces orcillers sont alors traversés par les chevilles de la carlingue qui les croisent comme les varangues.

Les ponts k partagent la capacité intérieure d'un navire en étages, comme les planchers partagent la hauteur de nos maisons; les ponts des bâtiments sont convexes en dessus pour donner de l'écoulement aux eaux qui peuvent y tomber, et pour qu'en cas d'affaissement ces ponts ne puissent jamais devenir creux en dessus.

Les poutres qui supportent les planches des ponts d'un navire son appelées *baux* ou *barrots* par les marins. Nous les avons déjà comparées aux entraits et tirants des fermes employées dans les combles, en faisant remarquer que, dans la construction d'un navire, ils ont pour objet moins de retenir ses flancs, si quelque cause tendait à les écarter, que de les empêcher de se rapprocher par l'effet de la pression de l'eau.

Les extrémités des baux ne peuvent former aucune saillie au dehors du navire, ils portent dans l'intérieur sur un bordage épais i appelé serre-bauquière (1), fixé aux membres comme le vaigrage.

Les baux des grands navires ne peuvent être d'une seule pièce, ils sont formés de poutres assemblées en armatures; leur surface supérieure est gabariée suivant un arc d'ellipse qui a la même courbure ou *tonture* pour tous les baux d'un bout à l'autre du navire, de telle sorte que le dessus du pont, c'est-à-dire le plancher ou *tillac*, est une surface cylindrique dont les génératrices sont parallèles à la longueur du vaisseau.

Cet arc appartient à une ellipse qui a pour grand axe horizontal la plus grande largeur du pont le plus large, et pour demi-petit axe vertical le bombement qu'on veut donner au pont. La surface du plancher du pont étant cylindrique, tous les axes verticaux des ellipses sont dans le plan vertical de l'axe de la quille, et tous leurs axes horizontaux sont dans un plan parallèle à la quille. On se contente souvent d'un arc de cercle dont la corde et la flèche sont égales aux axes de l'ellipse. On détermine la trace de ce plan sur les faces internes de tous les membres par le moyen

---

(1) On appelle généralement *serre*, un cours de bordages; par *serre-bauquière* on désigne celui qui porte les baux.

de cordeaux convenablement établis dans ce même plan et bien tendus, que l'on bornoie pour marquer les traces du plan sur les faces intérieures des couples.

Ces traces donnent la courbure que la *serre-bauquière* doit suivre; leur écartement d'un bord à l'autre donne la longueur des baux correspondants.

Les baux sont disposés de l'arrière à l'avant, en ayant égard aux emplacements des écoutilles et des mâts; ils sont assemblés à queue d'hironde par chaque bout sur les serre-bauquières, comme on assemble quelquefois des tirants sur les sablières. Cependant, ces queues d'hironde pourraient ne pas suffire à la solidité du navire; on consolide chaque assemblage par une courbe ou coude en bois m dont une branche est chevillée sur le vaigrage et l'autre branche sur la face verticale du bau. Cet assemblage est meilleur quand la branche verticale est chevillée dans la membrure correspondante au travers du vaigrage, et dans la surface du dessous du bau; à ces courbes en bois on substitue souvent des espèces d'équerres en fer qui forment un triangle ayant une barre qui réunit les deux branches.

Les ponts les plus bas sont ceux qu'on établit les premiers.

L'intérieur du bâtiment est revêtu de bordages g, appelés *vaigres*, qui lient les membres en dedans, comme ils sont liés au dehors par les bordages et préceintes; le *vaigrage* forme les parois intérieures du bâtiment.

Les virures, ou cours de vaigres, c'est-à-dire les vaigres réduits aux largeurs et préceintes qu'ils doivent avoir, sont fixées sur les membres par des clous et des chevilles; les virures les plus basses sont posées les premières, les lisses intérieures sont enlevées à mesure que le vaigrage s'élève.

Quelques constructeurs ont conseillé de poser les vaigres inclinés à 45°, en les entaillant sur les membres, de façon à consolider davantage le navire.

Les vaisseaux de guerre sont, en outre des vaigrages et des couples de remplissage, fortifiés par des membres n intérieurs au vaigrage, nommés *porques*, chevillés sur les vrais membres, auxquels on les fait correspondre.

Les bordages extérieurs les plus épais et qui contribuent le plus à la solidité du navire sont les *préceintes* f; ils courent de l'avant à l'arrière sur tous les membres, auxquels ils sont solidement fixés par des chevilles. Les préceintes ont ordinairement le double de l'épaisseur du bordage; pour la grâce du navire, on leur donne de la *tonture*, c'est-à-dire une courbure agréable à l'œil, qui fait qu'elle se relève aux extrémités vers l'étrave et l'étambot. La première préceinte se place sur le fort du bâtiment; elle est la plus épaisse, et les bordages que l'on place en dessous vont en diminuant d'épaisseur d'environ 8 millimètres, jusqu'à ce qu'ils soient réduits à l'épaisseur du bordage de la carène. Les préceintes ont une largeur constante d'un bout à l'autre du bâtiment; mais les bordages qui leur sont inférieurs diminuent de largeur depuis le milieu du bâtiment jusqu'à ses deux extrémités, de manière que, dans quelque partie qu'on les considère, ils soient égaux entre eux en largeur.

Il en est de même des bordages qui forment les planchers des ponts.

§ 4. *Gabarits.*

Les charpentiers de navires n'usent dans aucune circonstance du piqué des bois dont les charpentiers civils font un continuel usage. Le charpentier de navires a été obligé de créer divers moyens pour modeler les pièces de bois, de telle sorte qu'après être taillées, elles s'ajustent avec précision aux places auxquelles elles sont destinées, et qu'elles les remplissent exactement.

Nous avons déjà fait remarquer que, parmi les pièces courbes si nombreuses qui entrent dans la composition d'un navire, le plus grand nombre est taillé par gabarits relevés du *tracé à la salle;* ce moyen convient à toutes les pièces qui ne sont courbes que dans un sens comme les varangues, les fourcats, les allonges des couples, le genou, l'étrave, etc.

Il nous paraît d'autant plus utile de décrire les procédés employés pour relever un gabarit, d'après les courbes dessinées sur le tracé à la salle et sur toute espèce d'épure, que ce procédé peut trouver un grand nombre d'applications dans les diverses branches de la charpenterie.

Soit a b, fig. 5, pl. CXLVI, une courbe quelconque du tracé à la salle ou de tout autre étalon dont on veut relever le gabarit qui doit servir à transporter cette courbe sur une pièce de bois qui doit être taillée suivant son contour.

Pour peu qu'une courbe ait de développement, une seule planche ne peut suffire pour en faire le gabarit; il faut composer ce gabarit de plusieurs planches jointes ensemble.

On présente donc plusieurs planches m n o p q r s t le long de la courbe à relever, sans en couvrir aucune partie; les planches seules doivent se recouvrir pour qu'elles puissent recevoir chacune une même partie de la courbe et se croiser pour être clouées et former, au besoin, un seul gabarit pour le développement de la courbe.

Les planches étant assujetties sur le plancher où le tracé est exécuté, on marque sur la courbe une suite de points 1, 2, 3, 4, 5, 6, 7, 8, 9, 10, 11, 12, 13, 14, 15, 16, 17.

On tracera perpendiculairement aux bords de la planche m, n, o, p des lignes parallèles par les points 1, 2, 3, 4, 5, 6, 7, 8, 9, 10, 11, 12, et sur chacune d'elles on portera, à partir de la courbe, une quantité constante 1-1′, 2-2′, etc.; on obtient ainsi une suite de points 1′, 2′, 3′, 4′, 5′, 6′, 7′, 8′, 9′, 10′, 11′, 12′ par lesquels on fait passer, au moyen d'une règle flexible, une courbe $m'\, n'$ qui est évidemment la copie exacte et de même grandeur de la partie $m\, n$ de la courbe donnée.

La planche m, n, o, p sera taillée avec soin et précision suivant cette courbe.

On fait la même chose à l'égard de la planche q, r, s, t, qui est placée de façon qu'elle croise suffisamment la place qui était occupée par la première planche, et l'on trace par les points 6, 7, 8, 9, 10, 11, etc., des perpendiculaires à la longueur de la planche, en portant sur ces perpendiculaires et à partir de la courbe une quantité constante, la même, si l'on veut, que celle qui a servi pour le tracé de la première; on a ainsi sur la deuxième planche les points 6″, 7″, 8″, 9″, 10″, 11″, 12″, etc., d'une courbe $q'\, r'$ de la même figure et de même grandeur que la courbe $q\, r$. Cette seconde planche étant taillée, comme la première, suivant la courbe $q'\, r'$, les deux planches peuvent être réunies en faisant coïncider les points 6′, 7′, 8′, 9′, 10′, 11′, 12′ de la première avec ceux 6″, 7″, 8″, 9″, 10″, 11″, 12″ de la seconde; ces points étant les mêmes que ceux marqués 6, 7, 8, 9, 10, 11, 12 sur la courbe donnée, contre laquelle enfin l'on peut présenter le gabarit formé par la réunion de deux planches pour vérifier son exactitude, qui ne peut, au surplus, manquer si l'on a apporté le soin convenable dans cette opération.

A l'égard des pièces qui ont une double courbure comme les préceintes, les lisses de l'arcasse, c'est, comme disent quelques ouvriers, *sur le tas* qu'il faut les façonner en les présentant à plusieurs reprises aux places qu'elles doivent occuper, à moins qu'on ne préfère les méthodes de projection dont les charpentiers civils font usage. Cependant les charpentiers de marine, afin d'abréger des tâtonnements trop longs et qui pourraient les exposer à manquer l'exécution de quelques pièces importantes et qui exigent un grand travail, ont créé pour quelques cas particuliers des moyens de suppléer les gabarits indispensables qu'on ne peut relever du tracé à la salle.

Tantôt il s'agit de tailler, pour une place donnée, une pièce dont la grande courbure et l'épaisseur ne permettraient pas de profiter de la flexibilité du bois, ni de l'application de la chaleur et de la vapeur pour la courber. Dans d'autres circonstances, profitant de la flexibilité, il s'agit de tailler les rives d'un bordage, de manière qu'en l'appliquant sur les membres il remplisse exactement un espace qui lui a été réservé.

Dans le premier cas, pour faire le gabarit d'une pièce sur place, on tend très-fortement une ligne de cordeaux devant l'espace que la pièce doit occuper; on établit cette ligne de manière qu'on puisse la regarder comme étant située dans un plan perpendiculaire à la surface dont on veut faire le gabarit.

Quelquefois on établit deux cordeaux parallèles pour déterminer rigoureusement la position de ce plan, puis, avec une jauge que l'on place dans le plan perpendiculairement au cordeau par le moyen d'une équerre, on prend les longueurs des ordonnées dont les abscisses se mesurent sur le cordeau; l'on a ainsi des éléments pour tracer le gabarit.

On peut faire usage d'une planche qu'on place dans le plan dont il s'agit pour qu'il soit établi plus fixement; on peut même quelquefois tracer immédiatement le gabarit sur cette planche.

Si l'on a besoin de plusieurs gabarits posés dans différents sens qui coupent une pièce courbe, on répète l'opération que nous venons de décrire pour toutes les places et pour toutes les positions où des gabarits sont nécessaires.

Pour obtenir le patron développé d'un espace de peu d'étendue sur la carène, on applique sur cet espace une règle mince qui suit, autant que possible, la ligne de contour, et surtout celle suivant laquelle le fil du bois du bordage doit être dirigé; après avoir tracé sur cette règle, maintenue par deux ou trois clous, la ligne de milieu, et des perpendiculaires qui indiquent les places des ordonnées aux courbes du patron, on mesure ces ordonnées.

La règle flexible est ensuite appliquée sur la planche dans laquelle on doit découper le patron pour y marquer les abscisses et les ordonnées, et enfin tracer les courbes de son contour.

Lorsqu'on veut faire le patron d'une pièce dont la longueur est trop grande pour qu'une règle s'étende sur tout le développement de la ligne des abscisses des courbes, comme lorsqu'il s'agit de tailler les *rives* ou *cans* d'une virure de bordage, pour qu'elle s'applique entre les bordages déjà posés et que l'espace qui les sépare soit exactement rempli, à la règle mince on substitue un cordeau fortement tendu auquel on fait suivre la ligne de courbure suivant laquelle le fil du bois de la virure sera appliqué sur la carène. Ce cordage est maintenu à chacune de ses extrémités par un clou, et l'on assure son immobilité par quelques pointes distribuées sur son développement à divers points de ce cordeau, également distants les uns des autres, et marquant la division de la ligne des abscisses; on fixe invariablement par de bons liens et perpendiculairement des petites règles plates appelées *buquettes*, appliquées à plat sur la carène, et que l'on coupe exactement par les deux bouts aux longueurs des ordonnées du contour formé par les bordages déjà posés, qui limitent l'espace à remplir. Le cordeau enlevé de la surface de la carène est tendu sur le bordage droit et plat qu'il s'agit de façonner, les buquettes sont étendues perpendiculairement au cordeau; les courbes tracées par les extrémités des buquettes marquent les contours des rives de la virure pour qu'elle s'ajuste dans la place qui doit la recevoir.

A l'égard de l'inclinaison des *cans* de la *virure*, pour qu'ils joignent exactement ceux des bordages déjà posés, on relève dans chaque point leur inclinaison avec une fausse équerre, pour les rapporter aux places auxquelles elles correspondent sur le bordage qu'il s'agit de façonner.

Ces moyens, qu'on ne peut regarder comme complétement rigoureux, donnent cependant des résultats très-près d'être exacts, et auxquels on ne parviendrait qu'après de longs tâtonnements; on doit d'ailleurs avoir le soin de laisser du bois pour ragréer les contours des pièces et corriger ce qui est défectueux, lorsqu'on les présente aux places qu'elles doivent occuper. On doit en outre considérer que, quelque parfaits que puissent être les joints des virures, l'ouvrier calfat les ouvre pour y introduire le calfatage qui remédie à toutes les imperfections qui auraient eu lieu dans leur façon.

II.

CHARPENTERIE DE BATEAUX.

La charpenterie de bateaux a beaucoup de rapports avec la charpenterie navale; cependant, les bateaux ne naviguant point sur les rivières et sur les fleuves dans les mêmes circonstances et par les mêmes moyens que les embarcations qui voguent sur les mers, leurs formes sont fort différentes. Au lieu d'une carène arrondie commandée par les mouvements divers que les vents et les ondes impriment aux navires, et qui leur permet de se balancer sans secousses et sans dangers, les bateaux, conservant toujours sur l'eau une position à peu près horizontale, peuvent avoir leurs fonds plats, ce qui convient d'ailleurs au peu de profondeur des eaux des rivières.

Les embarcations de marine diffèrent entre elles dans les détails de leurs formes, suivant leur grandeur et leur destination; il en est de même des embarcations fluviales, où l'on distingue un grand nombre d'espèces de bateaux. Chaque fleuve, chaque rivière a la sienne, qui dépend de la profondeur de l'eau navigable, de la nature des objets de commerce que les bateaux doivent transporter, des dimensions des canaux affluant dans les rivières et de la largeur des arches des ponts sous lesquels les bateaux doivent passer. Néanmoins tous les bateaux sont construits à peu près sur les mêmes principes, et par cette raison nous ne donnons qu'un seul exemple de ce genre de construction.

La fig. 10, pl. CXLVI, est le plan d'un des grands bateaux, dits *bateaux foncets*, en usage en Normandie et en Picardie, et qui viennent à Paris. Une moitié du plan montre le fond, l'autre moitié montre en outre le dessus des plats-bords.

La fig. 9 est une coupe longitudinale de ce bateau sur sa proue.

La fig. 8 est sa coupe en travers.

Ces sortes de bateaux sont des plus grands; ils ont 40 à 50 mètres de longueur, 7 à 9 de largeur, et 1 mètre à 1 mètre et demi de hauteur de bord.

Le fond est composé de poutrelles a, appelées *liures*, de 20 à 25 centimètres d'équarrissage, et de *râbles* b, moins forts, posés parallèlement et espacés également, presque autant de vides que de pleins; au-dessous des *liures* sont clouées les planches jointives ou *semelles* qui composent le fond du bateau; les joints sont remplis de mousse comprimée; ils sont recouverts en dessus comme en dessous de lattes de merrain divisées, en trois parties, suivant leur largeur, ce qui tient lieu du calfatage d'étoupe employé dans les constructions navales.

Les côtés du bateau, autrement dit ses bords, sont formés par les *clans* c assemblés sur les *liures*, et les *râbles* qui reçoivent le premier bordage appelé *rebord* et tous les autres bordages. Les *clans* sont entretenus intérieurement par une *lierne* d, qui s'étend d'un bout à l'autre du bateau; un peu au-dessus de la lierne sont les *portelots* e, cloués sur des *clans* qui sont assemblés aux *plats-bords* f qui forment les bords des bateaux et aux *hersilières* g qui suivent les contours du *bec* de la *proue*. Les *plats-bords* et les *hersilières* ont 30 à 40 centimètres de largeur sur 25 à 30 d'épaisseur; elles sont liées transversalement à la longueur du bateau par des poutrelles horizontales appelées *mâtures* r, soutenues dans leur longueur, répondant à la largeur du bateau, par quelques petits *poteaux* k verticaux qui les unissent aux *liures*.

Ces *mâtures* sont attachées aux plats-bords par des équerres en fer m; elles retiennent l'écartement des deux côtés du bateau.

Quelquefois la solidité du bateau est augmentée par des *courbes* ou *coudes* o cloués sur des *liures* et les *clans* répondant aux *mâtures*.

Dans la construction des bateaux dont les proues et les poupes se terminent par une arête, la pièce qui forme cette arête reçoit seule le nom de *quille;* elle tient lieu de l'étrave ou de l'étambot des navires. Les bateaux n'ont jamais de quilles horizontales comme les navires.

Dans les bateaux de moindre dimension que les foncets, les *clans* sont souvent remplacés par des *courbes* ou *coudes* qui sont placés entre les liures et cloués ou chevillés aux semelles et aux bordages.

Les batelets et les nacelles n'ont ni *liures* ni *clans;* ces pièces sont remplacées par des *courbes* ou *coudes* sur lesquels sont clouées, par le dehors, les planches de fond et celles de bordage; des *plats-bords* et des *herselières,* répondant aux dimensions de ces petites embarcations, couronnent les branches verticales des courbes qui s'y assemblent.

CHAPITRE XLVI.

CHARPENTERIE DE MACHINES.

Le charpentier des machines, jadis désigné sous le nom de *charpentier de moulins*, exécute toutes les pièces en bois qui entrent dans la composition des machines. Nous ne prétendons pas faire à ce sujet un traité des machines en bois, ni même comprendre dans ce chapitre la description des machines dont la construction est du ressort de la charpenterie, les limites qui nous sont imposées ne permettant pas les développements d'un pareil travail, qui devrait comprendre la description complète des machines à vent et à eau, des manèges, des foulons, etc., avec autant de détails que nous avons donnés sur les édifices d'habitation. Notre but est seulement de décrire la construction des pièces les plus fréquemment employées dans les machines, et qui en sont en quelque sorte les principaux éléments, et de faire connaître aux charpentiers les procédés que la géométrie descriptive a appliqués à cette partie de leur art, et qui ont rectifié plusieurs formes vicieuses qui étaient jadis employées, et qu'on remarque encore dans des machines anciennes.

L'objet d'une machine est de transmettre et souvent de modifier le mouvement imprimé à l'une de ses parties par une force motrice pour qu'il produise un effet donné. Presque toujours le mouvement à transmettre ou à modifier est le mouvement de rotation.

I.

TRANSMISSION DU MOUVEMENT DE ROTATION ENTRE DES AXES PARALLÈLES.

§ 1. *Transmission par frottement.*

Si l'on imagine deux roues cylindriques, d'une épaisseur quelconque qui se touchent par leur circonférence, dont les axes sont parallèles et portent sur des appuis fixes dans lesquels ils ne puissent recevoir que le mouvement de rotation. Quelques minimes que soient les aspérités des surfaces de ces roues mises en contact, dès que, par un moyen quelconque, on imprime un mouvement de rotation à l'une d'elles, elle transmet ce mouvement à l'autre roue par l'effet du simple frottement.

Les deux roues tournent dans des sens inverses, la surface de la circonférence de l'une roule sur la circonférence de l'autre; les vitesses des points des deux circonférences sont les mêmes, mais les nombres de tours faits dans le même temps par les roues sont dans le rapport des développements de leur circonférence, ou, plus simplement, dans le rapport de leurs rayons.

Ainsi, par exemple, soient, fig. 1, pl. CXLVIII, les projections de deux roues cylindriques a, b, sur le plan commun aux deux cercles de leur base; soient a', b', deux autres projections des mêmes roues, sur un plan parallèle à leurs axes, les épaisseurs de ces deux roues étant dans leurs surfaces cylindriques; si le rayon de la roue a est trois fois ou m fois plus grand que celui de la roue b, et qu'il faille une minute pour que la roue a fasse un tour entier, elle fera faire, dans le même temps, à la roue b, trois tours ou m tours.

Si la résistance que la roue b, qui reçoit le mouvement pour produire l'effet qu'on veut qu'elle produise, n'est pas supérieure au frottement qui a lieu entre les deux surfaces cylindriques des roues, la rotation de la roue a est transmise à la roue b, mais si cette résistance est supérieure, le mouvement de rotation n'est pas transmis, la surface de la roue a glisse sur celle de la roue b sans l'entraîner; d'ailleurs, le frottement use promptement les surfaces, et bientôt il serait insuffisant pour transmettre la rotation, même dans le cas de la plus faible résistance.

Pour suppléer le frottement, et, dans tous les cas, agir avec plus de puissance, on garnit les deux surfaces des roues de fortes aspérités, que l'on nomme des dents, qui engrènent d'une roue à l'autre, et dont les dimensions sont assez fortes pour que le mouvement puisse toujours être transmis.

§ 2. *Engrenages droits par dents externes à faces et flancs.*

Les dents des engrenages ont des formes déterminées par la condition que la transmission du mouvement se fasse uniformément et sans secousses. La courbe dont on fait le plus d'usage pour tracer les contours des dents, est une épicycloïde.

Nous croyons utile, pour ceux de nos lecteurs qui ne connaîtraient point cette courbe, dont il sera souvent question dans ce chapitre, de donner une courte description de sa génération, avec d'autant plus de raison que les propriétés de cette génération servent à la solution de questions qui vont être traitées.

Génération de l'épicycloïde. Soit BP, fig. 10, un arc de cercle décrit du point C, soit DQB un autre cercle tracé sur le même plan, et qui touche le cercle BP en B; si l'on conçoit que le cercle DQB roule autour de l'autre cercle BP, et qu'un point B du cercle mobile trace une courbe BMK; cette courbe est une épicycloïde plane. Dans le mouvement que le cercle BQD a fait pour prendre la position bvd, le point Q est venu en b où le cercle bvd touche le cercle BP, et le point B est venu en M, point de la courbe. Dans ce mouvement, l'arc BuQ a roulé sur l'arc Bb, qui a le même développement, il a pris la position Mvb.

Lorsque le cercle mobile est intérieur au cercle fixe, il décrit encore une épicycloïde, mais elle est intérieure au cercle BP. Je ne l'ai point tracée sur la figure.

Nous verrons à la page suivante comment cette épicycloïde intérieure peut devenir un rayon du cercle fixe BP.

Tangente à l'épicycloïde. Soit proposé de tracer la tangente de l'épicycloïde par un point donné de cette courbe, soit M ce point donné de l'épicycloïde BMK : la première chose à déterminer, c'est la position du cercle mobile BPQ, lorsque son point *traçant* B est en M. Pour cela, du point C comme centre avec un rayon CM, on trace un arc de cercle MQ qui détermine le point Q sur le cercle mobile BQD dans la position de l'origine de son mouvement; faisant alors $Mb = QB$ ou $My = Qx$, on a la position du rayon dC, et celle du contact b du cercle mobile avec le cercle fixe. Le diamètre de ce cercle est sur la droite Cd; il est égal à BD.

Dans son mouvement pour tracer l'épicycloïde, le point M tend à décrire un arc de cercle dont le centre est en b, et le rayon est la corde bM. L'épicycloïde est tangente à cet arc de cercle, car elle en enveloppe tous les arcs de cercle qui seraient tracés de la même manière pour toute autre potion du point M.

Par conséquent, le rayon bM est normal au petit arc de cercle qu'il a décrit du centre b, et à l'épicycloïde, et la tangente à l'épicycloïde est la corde dM, l'angle dMb étant droit.

Formes des dents. Soit, fig. 4, pl. CXLVII, l'arc AMB d'un cercle tracé du centre C, sur le plan d'une roue dont l'axe passe par le point C, et est projeté sur ce point.

Soit aussi l'arc $A'MB'$ d'un autre cercle tracé du centre C' dans le même plan sur une roue dont l'axe est projeté sur le point C'. Ces deux cercles sont en contact au point M.

Soient tracés sur les rayons $C\,M$, $C'\,M$ comme diamètres, des cercles entiers $C\,p\,M\,q$, $C\,p'\,M\,q'$, si l'on fait rouler de cercle $C'\,p'\,M\,p'$ en dedans de la circonférence $A'\,M\,B'$ (1), l'épicycloïde décrite par le point M sera le rayon $M\,C'$ du cercle $A'\,M\,B'$ (2).

Si, d'une autre part, on fait rouler le même cercle décrit sur le rayon $M\,C'$ comme diamètre sur la circonférence de l'autre cercle $A\,M\,B$, le même point M décrira, comme nous l'avons fait voir plus haut, l'épicycloïde $M\,m'$.

Il est aisé de voir que pendant le mouvement de rotation des deux cercles $A\,M\,B$, $A'\,M\,B'$, l'un conduisant l'autre par l'effet du frottement de leurs circonférences, et le cercle $C'\,p'\,M\,q'$ tournant également sur son centre O par l'effet de son frottement avec les deux autres cercles, frottement constamment exercé au point M de la ligne qui joint les trois centres, l'épicycloïde tracée part le point M du cercle $C'\,p'\,M\,q'$ sur le plan du cercle $A\,M\,B$, aura toujours pour tangente le rayon $C'\,M$ du cercle $A'\,M\,B'$, tracé sur le plan de ce même cercle $A'\,M\,B'$ par le même point M du cercle $C\,p'\,M\,q'$, qui a pour diamètre ce même rayon $C'\,M$.

Ainsi, l'épicycloïde $M\,m'$ étant fixée au cercle $A\,M\,B$, et le rayon $C'\,M$ fixé au cercle $A'\,M\,B'$, lorsque le cercle $A\,M\,B$ sera mis en mouvement, l'épicycloïde $M\,m'$ formant la face d'une dent du cercle $A\,M\,B$, mènera le cercle $A'\,M\,B'$ par le contact de cette épicycloïde avec le rayon $C'\,M$ qui sera le flanc de la dent qui se trouvera fixée au cercle $A'MB'$, comme si l'un des deux cercles conduisait l'autre par l'effet de leur frottement.

Le point M peut de même tracer une épicycloïde, $M\,m$ au moyen du cercle mobile $C\,p\,M\,q$ décrit sur le diamètre $C\,M$ roulant sur le cercle $A'\,M\,B'$. Ce même point M du cercle $C\,p\,M\,q$ tracera la ligne $M\,C$ en roulant

---

(1) Nous n'avons tracé dans la figure que les arcs $A\,M\,B\,A'\,M\,B'$, mais il faut se représenter les cercles entiers auxquels ces arcs appartiennent.

(2) Soit $D\,b\,B$, fig. 9, pl. CXLVIII, un cercle fixe décrit du centre C. Soit un cercle $C\,o\,B$ mobile et roulant en dedans de la circonférence du cercle $D\,b\,B$; le point B du cercle $C\,o\,b$ tracera pour épicycloïde la ligne droite $C\,B$, par suite de ce que le cercle $C\,o\,B$ est décrit sur le rayon $C\,B$ comme diamètre. En effet, soit le cercle mobile dans une position quelconque, $C\,m\,b$ son diamètre, $C\,b$ est le rayon du cercle fixe, l'angle $B\,C\,b$ a pour mesure l'arc Bb du cercle fixe, le même a pour mesure la moitié de l'arc $m\,b$ du cercle mobile $C\,m\,b$. Pour que cela soit ainsi, le rayon $C\,B$ étant le double du rayon $g\,b$, il faut bien que l'arc $b\,m$ soit du même développement que l'arc $B\,b$. Par conséquent, lorsque le cercle $C\,o\,B$ est parvenu dans la position $C\,m\,b$, son point B est venu en m; et comme il en est de même pour toute autre position du cercle mobile, il est démontré que son point B trace le rayon $C\,B$.

en dedans du cercle $A\,M\,B$, et dans ce cas encore, l'épicycloïde Mm, comme face d'une dent du cercle $A'\,B\,M'$, pourra conduire ou être conduite par la ligne droite $C\,M$, comme flanc de la dent appartenant au cercle $A\,M\,B$.

On voit que par l'effet de la tangence des faces épicycloïdales et des flancs rectilignes dont nous venons de parler, les lignes mixtes $m M\,G'$, $m'\,M\,G$ peuvent, dans le mouvement de rotation de deux roues, se conduire réciproquement suivant le sens dans lequel ce mouvement de rotation est imprimé à l'une des deux roues.

Pour appliquer les principes que nous venons d'exposer à l'exécution d'un engrenage, il faut connaître comment on distribue les dents et comment on limite l'étendue de leurs faces épicycloïdales et de leurs flancs rectilignes pour que la transmission du mouvement ait lieu sans interruption.

Les dents d'une roue doivent être égales entre elles et distribuées également sur la circonférence; il faut en outre qu'elles conservent avec celles de la roue avec laquelle elles engrènent, des relations de dimensions telles qu'elles aient toutes la même force pour résister également aux efforts qu'elles ont à transmettre.

Les rayons des cercles primitifs qui se touchent, et à l'égard desquels la transmission par engrenage doit produire le même effet que si ces cercles s'entraînaient par l'effet de leur frottement réciproque, sont comme les circonférences qui leur répondent dans le rapport inverse des nombres de tours que doivent faire ces cercles dans le même temps; il s'ensuit que les nombres de dents réparties sur les circonférences des deux roues doivent être aussi dans le même rapport.

Si deux roues que j'appelle l'une r et l'autre R, doivent se transmettre le mouvement de rotation dans un rapport tel que pendant que la roue R fera un tour, la roue r en fera trois; c'est-à-dire dans le rapport de un à trois, le rayon de la roue R sera le triple du rayon de la roue r; la circonférence de la roue R sera également le triple de la circonférence de la roue r; enfin, le nombre des dents d'engrenage de la roue R sera le triple du nombre des dents de la roue r.

Par suite de ces considérations, soit fig. 4, pl. CXLVII, $A\,M\,B$ le cercle décrit du centre C et le cercle $A'\,M'\,B'$ décrit du centre C', ces deux cercles se touchent au point M. Ils sont les cercles primitifs de deux roues dont les dents doivent transmettre entre elles le mouvement de rotation, comme si ce mouvement était transmis par l'effet du frottement entre ces deux cercles.

On divise la circonférence de chaque cercle primitif en parties égales, et dont les nombres sont dans le rapport des rayons de ces cercles.

Le nombre de ces parties est déterminé par la force que l'on doit donner à chaque dent; chacune de ces parties est divisée en deux autres parties, l'une un peu plus petite que l'autre; la plus petite marque l'épaisseur d'une dent. Ainsi le petit arc MN marquant la largeur d'une dent de la circonférence AMB, par le point M on trace le rayon MC; sa partie MG, dont nous déterminerons bientôt l'étendue, est le flanc gauche d'une dent de la grande roue, et une portion Mx de l'épicycloïde Mxm', tracée par le mouvement du cercle mobile $Mp'C'q'$ autour du cercle AMB, forme la face gauche de la même dent.

En opérant pour le point N de la même manière que nous venons d'indiquer pour le point M, on trace le rayon NC dont la partie Ng forme le flanc droit de la même dent, et l'épicycloïde Nxn' dont une portion Nx forme la face droite; on a ainsi les deux lignes mixtes GMx, gNx qui marquent la forme d'une dent de la roue qui répond au cercle primitif AMB.

Par une construction pareille, on détermine pour la roue à laquelle répond le cercle primitif $A'MB'$, la forme d'une dent qui est comprise entre les lignes mixtes $G'Mx'$, $g'Nx'$. Les arcs MN et MN' sont égaux.

Les cercles $ay'xa$, $a'yx'a'$ décrits des centres C et C' qui passent par les points x, x' des bouts des dents, les rapportent en y et y'; Cy et $C'y'$, sont les rayons des cercles vGu, $v'G'u'$ qui marquent les circonférences de roues matérielles, c'est-à-dire les bases des surfaces externes de leurs jantes en bois, au maximum de leurs grandeurs, pour que pendant le mouvement les bouts des dents d'une roue ne soient point arrêtés par la rencontre de la jante de l'autre roue.

Une condition essentielle à remplir dans l'engrenage de deux roues, c'est qu'il y ait toujours au moins une dent d'une roue en contact avec une dent de l'autre roue, et que le contact de ces deux dents ne cesse point avant que le contact des deux dents suivantes soit déjà engagé. Cette condition est remplie par une sorte de tâtonnement, ou plutôt on vérifie si elle est convenablement remplie. On opère cette vérification comme il suit : l'arc de cercle $ay'a$ décrit du centre C avec le rayon Cy', coupe en z le cercle $C'p'Mq'$ décrit sur le diamètre $C'M$. Par le point z on trace le rayon $C'z$; il est évident que si l'on trace la dent oze et la dent $o'z'e'$, elles sont l'une et l'autre dans la dernière position du contact entre les dents de la grande roue poussant celles de la petite, puisque les dents de la grande roue ne se prolongent point au-delà du cercle $ay'a$. De même, le cercle $a'ya'$, décrit du centre C', coupe en v' le cercle $CpMq$, décrit sur le diamètre CM. Par le point v' on trace la ligne Cv'; si l'on trace la dent de la grande roue ivj et celle de la petite roue $i'v'j'$, on voit qu'elles sont dans la position du contact qui commence; de sorte que, lorsque le mouvement sera imprimé à la grande roue, dont le centre est en C, dans le sens B vers A, une dent quelconque $i\ v\ j$ de cette grande roue commencera à mener par son flanc la tête de la dent $i'\ v'\ j'$ de la petite roue, dont le centre est en C', qu'elle rencontre, et ce flanc mènera la dent $i'\ v'\ j'$ dans le sens de B' en A' jusqu'au point M, où la tête de la dent $i\ v\ j$, parvenue dans la position $G\ M\ x\ N\ g$, commence à mener le flanc de celle $G'\ M'\ x'\ g'$, et elle continuera à mener ce flanc et la dent à laquelle il appartient jusque dans la position $o\ z\ e$ pour la grande roue; la dent de la petite roue est alors dans la position $o'\ z'\ e'$, le dernier contact étant, comme nous l'avons vu plus haut, en z. Ayant tracé entre le point z et le point v, les dents de l'une et de l'autre roue suivant la division qui en a été faite, en mettant toujours le contact moyen en M sur la ligne qui joint les centres, on connaît combien de dents se trouvent en contact. Or, on voit dans cette figure que, dans le moment où deux dents $G\ x\ y$, $G'\ x'\ y'$ sont en contact en M, les dents 1-2-3, 1'-2'-3' ont déjà commencé à être en contact depuis qu'elles ont été dans les positions $i\ v\ j$, $i'\ v'\ j'$, et cela dans le même moment où les dents 3-4-5, 3'-4'-5' sont encore en contact et prêtes à se séparer dès qu'elles seront dans les positions $o\ z\ e$, $o'\ z'\ e'$; on a ainsi l'assurance qu'il y aura toujours deux dents d'une roue en contact avec deux dents de l'autre roue, et que par moments il y en aura trois.

La figure 6 est la représentation de cet engrenage dégagé de toutes les lignes de construction; les dents sont fixées sur les jantes qui forment la circonférence des deux roues.

On voit que dans cette figure les dents sont trop fortes par rapport aux jantes, et qu'il y aura une proportion à garder dans la détermination de la force des dents, par rapport à la grandeur des roues et à l'effort qu'elles doivent supporter et transmettre.

Nous avons représenté, figure 2, deux roues dentées engrenées, avec les détails de leur construction. L'anneau ou jante a de chacune est composé de plusieurs pièces assemblées bout à bout quelquefois par un tenon fort court, quelquefois aussi par un simple goujon. Cette jante est combinée par entailles peu profondes, et fixée par des boulons à une enrayure composée de quatre pièces b assemblées à mi-bois et à entailles réciproques; ces quatre pièces laissent entre elles un vide carré dans lequel entre la partie carrée c de l'arbre tournant, portant une embase contre laquelle l'enrayure s'appuie et où elle est retenue par un coin d en bois qui traverse l'arbre.

Chaque dent est un petit corps en bois dur tracé, suivant les règles dont nous avons parlé et implanté sur la circonférence de la jante dans des mortaises percées avec la plus grande précision. Ces dents portent sur leur épaisseur un petit épaulement sur chaque côté qui fixe leur position, et permet de les serrer fortement au moyen d'une clef qui traverse leurs queues; les dents sont coupées sur leurs bouts par un pan perpendiculaire à leur longueur qui permet de frapper dessus avec un maillet en bois.

La figure 3 est une projection sur un plan parallèle aux axes de rotation dans laquelle on voit les objets déjà désignés ci-dessus marqués des mêmes lettres.

Nous avons représenté, fig. 1, une dent isolée par ses différentes projections :

1. Projection sur le plan de la roue;
2. Projection sur un plan parallèle à l'axe de la roue;
3. Projection sur un plan perpendiculaire à la longueur de la dent représentant le bout du tenon et son épaulement;
4. Projection sur un plan perpendiculaire à la longueur de la dent, et représentant le bout de sa tête.

La partie saillante d'une dent, au dehors de la jante dans laquelle elle est assemblée, ne doit être que d'une fois et demie ou deux fois tout au plus son épaisseur.

§ 3. *Engrenages intérieurs.*

Lorsque la position des axes et le rapport entre les cercles primitifs est tel que l'un des deux cercles se trouve dans l'intérieur de l'autre, les dents de la grande roue sont implantées dans la paroi intérieure de sa jante, celles de la petite sont sur sa circonférence extérieure. En traçant les contours des dents par la construction que nous venons d'indiquer, on reconnaît que les flancs des dents des deux roues sont tournés du même côté, et que leurs faces sont également tournées du même côté, de façon qu'il y a impossibilité de donner aux dents des faces et des flancs; il faut se contenter de donner seulement aux dents d'une roue des flancs et aux dents de l'autre des faces; et comme une épicycloïde a plus de courbure lorsqu'elle est formée sur un grand cercle que sur un petit, on compose les dents de la grande roue seulement de faces épicycloïdales, et les dents de la petite, seulement de flancs : c'est ce cas que nous avons représenté fig. 5, pl. CXLVII.

$A\,M\,B$ est le cercle primitif de la grande roue qui a son centre en C;

$A'\,M\,B'$ est le cercle primitif de la petite roue; son centre est en c'.

Le cercle décrit sur le rayon $c'\,M$, comme diamètre, engendre l'épicycloïde $M\,m$ pour l'une des faces d'une dent, et l'épicycloïde $N\,n$ pour l'autre face.

Le même cercle, en roulant sur le cercle primitif $A'\,M'\,B'$, engendre les flancs en ligne droite des dents de la petite roue, qui sont conduits par les faces des dents de la grande, ou qui les conduisent suivant le sens du mouvement de celle des deux roues qui le transmet à l'autre.

Si l'on voulait laisser aux dents de la grande roue la totalité de leurs faces, elles auraient toutes la forme de celle $M\,x\,N$, et l'intersection du cercle $a\,x\,a$, avec le cercle décrit sur le diamètre $c'\,M$, déterminerait le point z, et la position d'un flanc $c'\,z$ marquant la limite où cesserait le contact entre les faces des dents de la grande roue et les flancs des dents de la petite; mais on tronque les faces des dents de la grande roue par de petits pans $x'\,x'$ à une distance constante du centre C pour la grande roue, ce qui permet de prendre le cercle $u'\,u'$ pour la paroi extérieure de la petite roue, sur laquelle sont implantées les dents formées seulement de deux flancs $G\,M$, $g'\,N'$; ces dents sont déterminées par des pans en arc de cercle $y\,y'$ raccordés avec les flancs par deux petits adoucissements également en arc de cercle $y'\,N$, $y'\,M$. Pour donner passage à cette partie des dents de la petite roue, la paroi de la jante de la grande roue est reculée jusqu'au cercle $u\,u$ sur lequel les dents s'assemblent moyennant le prolongement en ligne droite de leurs faces en forme de flancs, de façon qu'elles prennent la forme $G'\,M'\,x'\,x'\,N'\,g'$ sur la grande roue, et $G\,M\,y'\,y\,N'\,g$ sur la petite.

§ 4. *Engrenage à lanterne.*

Dans les engrenages taillés dans les roues en métal, lorsque la petite roue est fort petite, elle prend le nom de pignon, et ses dents se trouvent tellement rapprochées de l'arbre qui lui sert d'axe, qu'elles sont immédiatement appliquées à cet axe et font quelquefois corps avec lui. Ces pignons ne sont quelquefois formés que de huit à douze dents. Lorsque le même cas se présente dans les engrenages en bois, c'est-à-dire lorsque le rayon de la petite roue se trouve tellement restreint, qu'il serait impossible de construire une roue composée de jantes et de dents implantées sur sa circonférence, on fait usage d'une roue d'une autre forme nommée lanterne, à cause de sa forme. Elle est composée de deux plateaux parallèles, entre lesquels sont assemblés des fuseaux cylindriques parallèles à l'axe; ces fuseaux remplacent des dents, et ils servent à mener les dents de la grande roue ou sont menées par elles, suivant le cas.

J'ai représenté, fig. 8, pl. CXLVII, la coupe d'une lanterne perpendiculairement à son axe projeté en C, au centre de l'arbre carré aussi coupé, sur lequel cette lanterne est montée. Les cercles 1, 2, 3, 4, 5, 6, 7, 8, 9, 10, 11, 12, remplis de hachures, sont les coupes de ses 12 fuseaux cylindriques, dont les axes sont parallèles à celui de la lanterne. Ces axes se trouvent dans une surface cylindrique dont la base est le cercle primitif passant par les centres des mêmes cercles 1, 2, 3, 4, etc. Ces fuseaux sont montés entre deux plateaux circulaires, l'un desquels est représenté par le cercle $a\,b$.

Le cercle $A\,B$ est le cercle primitif de la grande roue dont les dents doivent engrener avec les fuseaux de la lanterne. Pour obtenir la forme que doit avoir une dent, il faut faire mouvoir le cercle primitif $a\,b$ de la lanterne sur le cercle primitif $A\,B$ de la roue. Chaque centre de fuseau tracera une épicycloïde : ainsi, celui du cercle coté 3 produira l'épicycloïde $s\,3\,m$; par conséquent, en traçant la courbe équidistante $s'\,o\,m'$, elle pourra pendant la rotation mener le fuseau 3, et imprimer un mouvement de rotation uniforme à la lanterne sur son axe. En opérant de la même manière, mais en sens inverse, à l'égard du centre du fuseau 4, on a une épicycloïde $t\,4\,n$ et la courbe $t'\,o\,n'$, qui en est équidistante, et peut faire la seconde face de la dent $s'\,o\,t'$, de façon que, pendant la rotation, cette dent serait toujours en contact par une face avec le fuseau 3, et par l'autre face avec le fuseau 4. Mais pour que dans aucune circonstance les dents ne se trouvent serrées entre les fuseaux, et pour qu'elles n'aient pas plus d'épaisseur qu'il n'est nécessaire, on rapproche l'une des deux courbes de l'autre; celle $t'\,o\,n'$ est rapprochée en $t''\,x\,n''$ de façon que la dent aura la forme $s'\,x\,t''$. Toutes les dents sont formées de la même manière et distribuées à des distances égales, comme nous l'avons déjà précédemment indiqué. Elles sont tronquées, afin que l'on puisse frapper sur leurs bouts pour les assembler dans la roue.

Dans la même figure 8, nous avons indiqué le cas où la lanterne engrène avec des dents implantées sur la paroi intérieure de la roue. $A'\,B'$ est le cercle primitif de la roue sur lequel roule le cercle primitif de la lanterne, pour engendrer l'épicycloïde $p\,u'\,q$ décrite par le centre du fuseau 10. La courbe $p'\,y\,q'$ est équidistante de cette courbe, elle forme la face d'une dent. En opérant en sens inverse, à l'égard du centre du fuseau 9, l'épicycloïde $r\,u$ est décrite par le centre du fuseau 9, et la courbe $r'\,u'$, qui en est équidistante, peut former la deuxième face de la dent $p\,u'\,r'$; mais comme précédemment on rapproche cette courbure en $r'\,u''$, la dent $p'\,y\,r''$ a une épaisseur suffisante. On la tronque par le bout, comme nous avons fait précédemment, à une longueur assez grande pour qu'il y ait toujours trois dents engrenées avec trois fuseaux.

§ 4. *Engrenages par dents sans flancs.*

On forme aussi des engrenages en ne donnant aux dents que des faces formées par des arcs de la spirale connue sous le nom de *développante du cercle*.

Ainsi, soit $A\ M\ B$, $A'\ M\ B'$, fig. 11, pl. CXLVII, deux cercles primitifs de deux roues cylindriques, ayant leurs axes parallèles; soient deux cercles $a\ G\ b$, $a'\ G'\ b'$ dont les rayons sont entre eux comme ceux des cercles primitifs; ces cercles, qui doivent être les contours des roues, sont choisis de façon que les dents aient une longueur suffisante par rapport à leur épaisseur, qui dépend de la force qu'on veut leur donner, et de l'étendue pendant laquelle on veut que leur contact ait lieu; soit enfin une ligne droite $T\ T$, passant par le point M, tangente aux deux cercles $a\ G\ b$, $a'\ G'\ b'$. Si l'on enveloppe cette tangente, comme un fil flexible, sur les deux cercles l'un après l'autre, un de ces points, celui M, décrira deux spirales développantes des deux cercles, celle $G\ M\ m$ pour le cercle $a\ G\ b$, l'autre $G'\ M\ m'$ pour le cercle $a'\ G'\ b'$. Chacune de ces courbes pourra conduire l'autre, et transmettre le mouvement de rotation d'une roue à l'autre, de telle sorte que le mouvement étant uniforme dans l'une, il le sera également dans l'autre, et le point de contact entre les deux dents sera constamment sur la tangente $T\ T$ où il aura également un mouvement uniforme.

La courbe $G\ M\ m$, formant une face d'une dent, une courbe exactement égale $g\ N\ n$ tracée de même, mais en sens inverse, et résultant de l'enveloppement d'une tangente symétrique $t\ t'$, formera l'autre face de la même dent. La dent correspondante de l'autre roue, ayant déjà sa face $G'\ M\ m'$ déterminée, l'autre face de cette même dent sera la courbe $g'\ N'\ n'$, obtenue au moyen de la même développante tracée en sens inverse. Les nombres des dents ayant été fixés, elles sont distribuées en conséquence sur les circonférences des roues. Les bases $G\ g$, $G'\ g'$ des dents sur l'une et l'autre roue sont déterminées de façon que les dents d'une roue trouvent leurs places pendant le mouvement dans les intervalles des dents de l'autre roue. Les courbes qui forment les faces des dents, en se rencontrant à leurs sommets, leur donnent une forme aiguë que l'on tronque, ainsi que nous l'avons précédemment dit, par un arc de cercle $s\ r$ et $s'\ r'$, et comme elles sont tracées sur la figure 11.

Nous avons tracé des dents en traits ponctués, afin d'indiquer leurs positions après que les roues, l'une poussée par l'autre, ont tourné, pour faire voir que les points de contact entre les dents ne quittent pas la tangente $T\ T$, et l'on doit remarquer que, par cette disposition, ce point de contact entre deux dents se meut sur cette tangente comme se mouvrait un point d'une corde sans fin qui envelopperait les deux roues pour communiquer, de l'une à l'autre, le mouvement de rotation imprimé à l'une d'elles.

La figure 12 a pour objet de faire voir que, par la construction que nous venons de décrire, l'engrenage est continu et sans interruption; en effet, cette figure montre deux dents de chaque roue, par exemple, celles a, b, de la grande roue en contact avec celles a', b', de la petite, et l'on voit que les dents b et b', qui ont commencé à être en contact au point 1, ont leur contact en 2 dans le moment où les dents a et a' vont cesser, au point 3, de se toucher, de façon qu'il y a certitude qu'une dent d'une roue sera toujours en contact avec une dent de l'autre, et que le contact de deux nouvelles dents commencera bien avant que le contact des deux précédentes cesse. Ce mode d'engrenage, qui est le moins usité, est cependant bien préférable au précédent. Les dents sont plus fortes, elles sont tracées par une courbe unique; l'action de l'une sur l'autre a toujours la même direction; une inexactitude dans l'écartement des arcs ne nuit point à la régularité ni au rapport de la transmission du mouvement, mais il ne peut s'appliquer aux cas très-rares des engrenages qui doivent avoir lieu par les parois intérieures de l'une des roues. Soit, fig. 7, $a\,M\,b$ le cercle primitif de la grande roue, $a'\,M\,b'$ le cercle primitif de la petite roue, on ne peut tracer de cercles dont les rayons soient plus petits, et dans le même rapport que les cercles primitifs, pour leur mener une tangente commune, puisque leurs centres sont d'un même côté par rapport à leur contact. La tangente commune $M\,T$ ne peut donc être menée qu'aux cercles primitifs, et dans leur point de contact. Si l'on enveloppe cette tangente sur les deux cercles, l'un après l'autre, un point N de cette tangente trace une développante $G\,N\,g$ pour le cercle primitif $a\,M\,b$, et une développante $G'\,N\,g'$ pour le cercle primitif $a'\,M\,b'$. Ces deux courbes se touchent en N, mais elles se croisent en même temps au même point, ce qui fait qu'il n'est pas possible qu'elles servent pour former les faces des dents des deux roues.

§ 5. *Engrenages multiples.*

Lorsque l'effort que les dents des roues ont à supporter est considérable, et que les dimensions qu'on peut leur donner, et le nombre de celles qui sont en contact, ne répondent point à la résistance qu'elles doivent avoir, on satisfait à la nécessité d'en mettre un grand nombre en contact, en établissant plusieurs rangées de dents sur chaque roue, de façon que chaque rang d'une roue engrène avec le rang correspondant de l'autre roue : il en résulte un *engrenage multiple* qui produit le même effet que si plusieurs roues égales, montées sur le même arbre, engrenaient plusieurs autres roues, montées aussi sur un même arbre, avec cette différence que les dents des rangs de chaque roue répondent aux points d'une division unique communes à toutes les roues.

La figure 9 représente l'engrenage multiple de deux roues, sur chacune desquelles il y a trois rangs de dents ; chaque dent étant tracée au moyen d'une épicycloïde, et ayant deux faces et deux flancs.

Nous avons réuni dans cette figure deux modes de composition de la charpente des roues.

La figure 10 est une projection de la plus petite des deux roues dans laquelle la jante est coupée par les parties $v\ v'$, $z\ z'$ d'un plan par l'axe et l'une des raies par le plan parallèle $x\ x'$. Elle montre la disposition des trois rangs de dents, et les détails de la construction de la roue.

La figure 13 représente un engrenage multiple à quatre rangs de dents tracées par les développantes du cercle.

§ 6. *Pilons.*

Le changement du mouvement de rotation en mouvement en ligne droite s'obtient au moyen de dents également tracées par une développante du cercle.

Soit, fig. 14, pl. CXLVII, $d\ b$ la ligne droite suivant laquelle le mouvement doit être transmis à un pilon P ; $m\ n$ le cercle primitif d'une roue.

Soit $m'\ n'$ un autre cercle d'un diamètre plus petit, choisi de manière que sa tangente $t\ t'$ ne soit pas trop écartée du pilon P. Soit $p\ r\ s$ une développante du cercle $m'\ n'$; cette courbe forme la face d'une dent a ; elle mène le flanc $r\ z$ du mentonnet A implanté dans le pilon P, par conséquent ce pilon sera enlevé suivant sa longueur, comme si le frottement du cercle $m\ n$ sur la ligne $d\ b$ menait cette ligne.

La dent a reçoit le nom de came ; les cames sont montées ou implantées dans un arbre tournant D, et à chaque tour que fait une came a, elle soulève le mentonnet et le pilon P correspondant : ce pilon retombe par son poids pour être repris successivement par les cames a', a''.

La figure 14 est une projection horizontale de ce système, dans lequel nous avons représenté trois pilons P, Q, R, et leurs trois mentonnets A, B, C, et pour chacun ses trois cames, savoir : pour le mentonnet A, les cames a, a', a'' ; pour le mentonnet B, les cames b, b', b'' ; et pour le mentonnet C, les cames c, c', c''.

II.

TRANSMISSION DU MOUVEMENT DE ROTATION ENTRE DEUX AXES QUI SE COUPENT.

§ 1. *Transmission par frottement.*

Lorsque les axes sur lesquels a lieu la rotation de deux roues ne sont point parallèles, il est indispensable, pour un motif que nous expliquerons plus loin, page 572, que ces axes se coupent. Il résulte de cette condition que les roues ne peuvent plus être cylindriques, et qu'il faut, pour que la transmission du mouvement puisse avoir lieu, qu'elles soient coniques. Ainsi, soient, fig. 3 et 6, pl. CXLVIII, deux surfaces coniques $m\ n$, $m\ o$ dont les axes $a\ b$, $d\ e$ prolongés se coupent en c. Ces deux surfaces se touchent suivant une génératrice comme $m\ c$ qui est dans le plan de leurs axes et qui passe par le point c.

L'une de ces surfaces coniques, recevant par un moyen quelconque un mouvement de rotation sur son axe, entraîne l'autre surface, et lui communique le mouvement de rotation par l'effet du simple frottement, comme si l'une des surfaces roulait sur l'autre.

L'angle que font les axes peut être droit, comme dans la figure 3, ou quelconque, comme dans la figure 6.

§ 2. *Engrenage d'angle à dents avec faces et flancs.*

Si, comme nous l'avons déjà dit, la résistance de l'effet à produire est supérieure à l'intensité du frottement qu'exerce une roue sur l'autre, le mouvement de rotation ne peut être transmis sans recourir aux engrenages. Dans le cas de la transmission entre des roues dont les axes se coupent, les formes des dents sont déterminées par des *épicycloïdes sphériques*.

Il nous paraît indispensable de décrire préalablement cette courbe, par les mêmes motifs qui nous ont déterminé à décrire précédemment l'*épicycloïde plane*.

Génération de l'épicycloïde sphérique. Soit dans le plan horizontal, fig. 10, pl. CXLVIII, un cercle $B\ b$ décrit du centre C; soit $C\ D$ la trace d'un plan vertical; soit $B\ P$ la trace sur ce plan, couché sur l'horizon, d'un autre plan qui lui est perpendiculaire et qui fait avec l'horizon l'angle $P\ B\ C$: ce plan a pour trace horizontale la tangente $B\ T$ au cercle $B\ b$; soit dans ce plan un second cercle tangent au cercle $B\ b$ dans le point B, ce cercle est couché sur l'horizon en $B\ Q\ D$ avec le plan qui le contient, ayant tourné autour de sa tangente $B\ T$ commune avec le cercle $B\ b$.

Si l'on suppose que ce cercle, dans sa position inclinée sur le plan horizontal suivant l'angle $P\ B\ C$, roule sur le cercle $B\ b$ sans changer d'inclinaison, un de ces points, celui B, par exemple, décrira dans l'espace une courbe du genre épicycloïdal, et, attendu que, dans son mouvement autour du cercle $B\ b$, le cercle mobile est toujours dans la surface d'une sphère passant aussi par le cercle $B\ b$, l'épicycloïde tout entière est tracée sur la surface de cette sphère, et, par cette raison, on lui a donné le nom d'*épicycloïde sphérique*. C'est une courbe à double courbure qu'on ne peut représenter que par ses projections. Sa projection horizontale est nécessaire pour projeter les formes des dents sur les plans des roues.

Projection de l'épicycloïde sphérique. Supposons que la courbe $B\ m\ k$, fig. 10, est la projection de l'épicycloïde sphérique qu'il s'agit de construire : si l'on compare la position du cercle mobile lorsqu'il se trouve au point de contact b, et que le point de sa circonférence, parti du point B, est arrivé au point projeté en m, avec celle du même cercle rabattu sur le plan de l'horizon, on voit que le point m, qui appartient au cercle mobile, quand il est parvenu au point de contact b se trouve en M, le cercle mobile dans cette position s'étant appliqué sur le cercle horizontal en $b\ v\ d$; dans ce mouvement le point m a décrit un arc de cercle projeté sur la ligne $m\ M$ parallèle à la ligne $b\ d$, ou perpendiculaire à la tangente $b\ t$ autour de laquelle ce cercle a tourné pour s'appliquer sur l'horizon. Il est évident que le point M du cercle $b\ v\ M$ est un point de l'épicycloïde plane $B\ M\ K$, car l'arc $b\ v\ M$ de ce cercle est aussi l'arc du cercle incliné qui a roulé sur le cercle $B\ d$, ce qui fait voir que la projection de l'épicycloïde sphérique se déduit de l'épicycloïde plane en menant par les points de celle-ci des parallèles aux diamètres du cercle générateur dans les positions qui conviennent à ces points. Ainsi, soit $B\ M\ K$ l'épicycloïde plane qui a été tracée par le point B du cercle $B\ Q\ D$; soit $P\ B\ C$ l'angle que fait ce cercle avec le plan horizontal, lorsque son point B trace l'épicycloïde sphérique, on demande le point de cette épicycloïde qui répond au point M, par exemple, de l'épicycloïde plane $B\ M\ K$.

Par le point M on trace une parallèle Mm au diamètre $d\ b$ du cercle mobile dont le point M fait partie; cette parallèle $M\ m$ est la projection de l'arc de cercle décrit par le point M quand le cercle $d\ M\ b$ se relève pour prendre la position qu'il a lorsque, étant au point de contact b, il trace le point m de l'épicycloïde sphérique.

Par un arc de cercle décrit du centre C avec le rayon $C M$, le point M est rapporté en Q, l'ordonnée $Q x$ étant tracée, le point x est rapporté en m' dans le plan projeté sur $B P$, puis projeté en n sur le diamètre $B D$, l'on fait $M m$ égal à $x n$ ou $t m = s n' = B n$, et le point m est le point de l'épicycloïde sphérique. Cette construction donne le moyen de tracer une épicycloïde sphérique, sans qu'il soit même besoin de tracer complétement l'épicycloïde plane, et seulement en faisant les constructions indispensables pour obtenir ses points.

Tangente à l'épicycloïde sphérique. Soit, fig. 2, pl. CXLVIII, dans un plan de projection, que je choisis horizontal pour la facilité de l'explication, un cercle fixe $x B a$ dont le centre est en G; soit un plan de projection verticale ayant pour trace la ligne $G T$, ce plan étant couché sur l'horizon, la droite $G s$ est, dans ce plan vertical, l'axe du cercle $A B x$.

Soit un autre cercle perpendiculaire au plan vertical ayant pour trace sur ce plan la ligne $d B$, qui est aussi son diamètre, et qui fait avec l'horizon l'angle $d B G$. Ce cercle touche le cercle $A B x$ dans le point B. Rabattant sur le plan horizontal en tournant autour de sa tangente $i i$ au point B commune au cercle $A B x$, il est marqué plein en $D M' B$, son diamètre est la ligne $B D$. Rabattant également sur le plan vertical en tournant autour de la ligne $B d$ qui est sa trace et son diamètre, il est tracé ponctué en $d m B$.

Si ce cercle se meut autour du cercle horizontal $A B x$ sans cesser de le toucher, et faisant toujours avec lui le même angle constant $d B G$, un point M' ou m de sa circonférence décrira une épicycloïde qui est projetée horizontalement en $x y z$, et qui se trouve tracée sur la surface de la sphère dont le centre est au point c, intersection de l'axe $G s$ du cercle fixe, et de l'axe $o c$ du cercle mobile. Le cercle fixe et le cercle mobile, dans quelque position qu'ils se trouvent, appartiennent tous deux à cette surface de sphère, sur laquelle l'*épicycloïde sphérique* est tracée. Pour le cas que représente la figure, j'appellerai cette sphère *grande sphère*.

Il suit de cette génération de l'épicycloïde sphérique, qu'une tangente dans l'un des points de cette courbe projeté en M est dans le plan tangent à la grande sphère dans ce point; mais le point de l'épicycloïde étant sur le cercle mobile en M' ou en m dans sa position lorsqu'il touche le cercle fixe en B, se meut, en passant à une position infiniment voisine, pour tracer l'épicycloïde, dans la surface d'une sphère dont le centre est au point de contact B, et dont le rayon $B M'$ ou $B m$ est projeté horizontalement en $B M$; j'appelle cette sphère *petite sphère*. Sa grosseur est variable comme son rayon qui dépend de la position du point projeté en M.

La tangente à l'épicycloïde sphérique est aussi dans le plan tangent à cette petite sphère, ainsi la tangente à l'épicycloïde sphérique au point projeté en M est l'intersection de deux plans qui touchent chacun une sphère dont on connaît le centre, le rayon et le point de contact projeté en M, qui se trouve être un point commun aux deux sphères.

Le plan tangent à la petite sphère du rayon $B\ M$ ou $B\ m$ est perpendiculaire à ce rayon; il a pour trace sur le plan du cercle mobile la ligne $M'D$ ou $m\ d$, suivant que l'on considère le cercle mobile rabattu sur le plan horizontal ou sur le plan vertical, et sur ce plan vertical la trace de ce plan tangent est la perpendiculaire $d\ s$ à l'extrémité du diamètre $B\ d$; vu que ce diamètre contient la projection du rayon $B\ m$ de la petite sphère lorsque le plan du cercle mobile est la position perpendiculaire au plan vertical, et que, par conséquent, le rayon $B\ m$ de la petite sphère se projette en $B\ n$ sur $B\ d$ (1); ce qui fait voir que la tangente à l'épicycloïde sphérique coupe toujours le plan vertical dans la ligne $s\ d\ T$ élevée à l'extrémité du diamètre du cercle mobile répondant à son point de contact B, quelle que soit sa position.

Si l'on suppose maintenant que le point s, intersection de la trace $s\ T$ avec l'axe du cercle fixe, est le sommet d'un cône dont la base est l'épicycloïde sphérique; le plan tangent à ce cône dans sa génératrice, passant par le point m ou M', aura pour trace cette même ligne $s\ T$ sur le plan vertical, et la droite $m\ d$ ou $M'D$ sur le plan du cercle mobile; et comme la ligne $B\ m$ ou $B\ M'$ est perpendiculaire à ce plan, il s'ensuit que le plan normal au cône à base d'épicycloïde passe par la ligne $s\ B$, suivant laquelle se touchent les cônes qui ont leurs sommets en s, et qui ont pour bases l'un le cercle horizontal $x\ B\ A$, et l'autre le cercle mobile, ces deux cercles se touchant toujours au point B.

Considérant maintenant la tangente à l'épicycloïde, dans le plan tangent à la grande sphère dont la surface contient l'épicycloïde et qui a son centre en c, on voit que cette tangente passant comme nous l'avons fait voir plus haut par la ligne $s\ d\ T$, elle doit passer par l'intersection du plan tangent à cette sphère avec la ligne $s\ d\ T$.

Tous les plans tangents à la grande sphère qui peuvent avoir leurs points de contact sur le cercle $B\ m\ d$ générateur de l'épicycloïde, font avec le plan de cercle le même angle; cet angle est celui $d\ B\ z$ que fait le plan tangent au point B ($B\ z$ est perpendiculaire au rayon $c\ B$ de la grande sphère).

La ligne $m\ p$, dans le plan du cercle $B\ m\ d$, est la même que la ligne $M'\ p'$ dans le plan du cercle $B\ M'\ D$; cette ligne est la tangente

---

(1) La trace d'un plan perpendiculaire à une ligne est perpendiculaire à la projection de cette ligne.

commune au cercle mobile et au cercle fixe quand le point m ou M est le point de contact de deux cercles.

La ligne dp, dans le plan du cercle Bmd perpendiculaire à la tangente mp, est la trace d'un plan passant par la ligne ds perpendiculaire à cette tangente, ce plan coupe perpendiculairement les deux cercles ; il mesure, par conséquent, l'angle que font entre eux le plan tangent à la grande sphère et le plan du cercle mobile. Si l'on fait tourner ce plan sur la ligne ds, la ligne dp vient s'appliquer sur dn (1), traçant par le point n la ligne nv parallèle à BZ l'angle dnv se trouve être égal à l'angle dBz que fait constamment le plan tangent à la grande sphère avec le cercle mobile. Le plan tangent à la grande sphère rencontre la ligne sdE dans le point v, ce point v est donc un point de la tangente à l'épicycloïde sphérique, mettant ce point en projection horizontale en V; la ligne VM est la projection horizontale de cette tangente au point M de la projection de l'épicycloïde sphérique $xMyz$.

Formes des dents de l'engrenage conique. Si l'on suppose maintenant que le point s, fig. 2, soit le sommet commun de trois cônes, le premier ayant pour base le cercle ABx, le deuxième ayant pour base un cercle décrit sur BB' comme diamètre, et le troisième ayant pour base l'épicycloïde sphérique projetée horizontalement en $xMyz$, dans quelque position que se trouvera le deuxième cône à l'égard du premier, autour duquel il peut rouler, la ligne de contact de ces deux cônes passera par leur sommet commun s, et par le point de contact de leur base. Si par ce point de contact on suppose encore le contact du cercle générateur de l'épicycloïde, et qu'en M soit la projection d'un point de l'épicycloïde qui répond à cette position du cercle générateur, le plan tangent au cône épicycloïdal, passant par le point s et par la tangente de l'épicycloïde au point M, passera toujours par l'axe sdT du premier cône, quelle que soit la position du cône mobile autour du second cône.

D'où il suit qu'une partie de la surface du cône épicycloïdal, étant prise pour une face de l'une des dents d'une des roues coniques répondant au premier cône, la partie correspondante du plan par l'axe du deuxième cône pourra être prise pour le flanc de la dent appartenant à la roue conique répondant à ce deuxième cône, tellement que l'une mènera l'autre dans le mouvement de rotation des deux roues, et le plan normal à la surface du cône épicycloïdal et à son plan tangent, passera

---

(1) A cause des tangentes égales rm, rd, au cercle Bmd, les perpendiculaires dp, mq sont égales, et $dqmn$ est un parallélogramme rectangle, d'où il suit que $dn = mq = dp$.

toujours par l'arête de contact entre les deux premiers cônes, condition nécessaire pour l'uniformité du mouvement et la constance de la pression entre les flancs des dents d'une roue et les faces des dents de l'autre (1).

C'est d'après ces principes que doivent être construites les dents des roues d'engrenages d'angles.

Soient $S\,p$, $S\,p'$, fig. 8, 13 et 14, dans un plan vertical, les axes des deux roues coniques entre lesquelles le mouvement uniforme de rotation doit être transmis.

Soient C et C', mêmes figures, les points où ces axes percent des plans qui leur sont perpendiculaires et qui sont rabattus sur le plan vertical; par conséquent ces points C, C', sont les projections de ces axes et les centres des roues rabattues sur ce même plan.

Soient, dans le même plan vertical, les traces et les projections $m\,p$, $m\,p'$, des cercles primitifs des roues, lesquels cercles sont projetés sur les plans perpendiculaires aux axes; l'un pour la grande roue en $A\,M\,B$, l'autre pour la petite $A'\,M'\,B'$. Ces deux cercles sont tangents l'un et l'autre dans le point M ou M', et à la tangente projetée verticalement au point m et horizontalement, fig. 13, sur $m\,M$, et figure 14 en $m\,M'$.

La division des dents étant faite sur les cercles primitifs et dans les figures 13 et 14, nous avons supposé que la grande roue devait avoir vingt-quatre dents et la petite seize, de façon que la petite roue fera trois tours dans le temps que la grande en fera deux. L'arc $N\,n$ du cercle primitif $A\,M\,B$ marquant l'étendue en largeur que doit avoir une dent, les arcs $N\,x$, $n\,x$ des épicycles sphériques projetés sur le cercle primitif en $N\,x\,Y$, et $n\,x\,y$, sont les bases des surfaces coniques épicycloïdales qui forment les faces de la dent M, ses flancs sont les portions des plans passant par l'axe de la roue, et dont les traces sont les lignes $N\,C$, $n\,C$. L'étendue de ces flancs sera déterminée bientôt.

La même construction a lieu à l'égard de la petite roue, c'est-à-dire que $N'\,n'$ marquant la largeur d'une des dents de cette roue égale à celle

---

(1) Les deux cercles qui sont les bases des deux premiers cônes sont menés l'un par l'autre. La force F, qui les fait mouvoir, et dont la direction quelconque passe par leur point de contact, peut être représentée par une force f agissant dans la direction de la tangente commune. La force F peut être décomposée, par rapport à chaque cercle, en trois forces : l'une dirigée sur l'axe du cercle ; la seconde, perpendiculaire au plan de ce cercle, et la troisième, dirigée suivant la tangente commune. Les deux premières sont détruites par la fixité de l'axe de rotation : la force f seule subsiste. Quel que soit le cercle par rapport auquel on fait cette décomposition de force, on trouve pour f la même valeur; les moments de cette force, par rapport aux centres des cercles sont proportionnels aux rayons de ces cercles; ainsi, quelle que soit la direction de la force F, pourvu qu'elle passe par le point de contact des deux cercles, elle est remplacée par la force f, dont les moments sont proportionnels aux rayons, le rapport de ces rayons et le point de contact ne changeant pas, la force f est constante.

des dents de la première, les épicycloïdes sphériques $N'\ x'\ Y'$, $n'\ x'\ y'$, sont les bases des surfaces coniques épicycloïdes dont une portion forme de chaque côté une face de la dent M'; ses flancs passant par les points N' et n' et par l'axe projeté en C', leurs traces et projections sont les lignes $N'\ C'$, $n'\ C'$.

Les points x et x', qui marquent, fig. 13 et 14, les pointes que forment les rencontres des surfaces épicycloïdales sont rapportées sur la projection verticale en x et x', sur le grand cercle de la surface de sphère dans laquelle l'épicycloïde est tracée. Par le point m, extrémité de l'arête $S\ m$ de contact entre les cônes qui ont pour bases les cercles primitifs et perperpendiculairement à cette ligne, soit la droite $H\ h$; cette ligne est la trace d'un plan perpendiculaire à cette arête que l'on substitue à la surface sphérique pour former la face externe de la dent, parce qu'un plan est plus facile à exécuter et plus commode pour tracer qu'une surface de sphère. On construit les intersections de ce plan avec les surfaces coniques épicycloïdales; ces intersections sont projetées en $N\ e$, $n\ e$ pour la dent M, et en $N'\ e'$, $n'\ e'$ pour la dent M'.

Au moyen de la section par le plan perpendiculaire à la ligne $S\ m$, fig. 8, on construit un panneau, fig. 15, qui sert à tracer la face plane externe des dents. Par une section de même sorte par un plan perpendiculaire aussi à la même ligne $S\ m$ qui a pour trace $H'\ h'$ et qui marque l'épaisseur de la dent, on trace les contours $K\ z$, $k\ z$ de la face plane interne de la même dent et son panneau, fig. 16.

Nous n'avons point tracé les constructions à faire pour trouver les intersections et les deux panneaux des dents, parce qu'elles sont si faciles que nos lecteurs ne sauraient y être embarrassés, puisqu'il ne s'agit que de sections par des plans dans chaque cône épicycloïdal, ce qui ne présente pas plus de difficulté que des sections de même espèce dans des cônes à bases circulaires.

La surface conique dans laquelle les dents d'une roue sont implantées ne doit pas être rencontrée pendant le mouvement de rotation par les dents de l'autre roue. Pour tracer, d'après cette condition, les génératrices des surfaces coniques des jantes des deux roues, il faut mettre en projection verticale les points x et x' des dents; les lignes $S\ x$, $S'\ x'$, fig. 8, rencontrent en o et o' la ligne $w\ w'$ qui marque l'épaisseur des jantes. Les lignes $v\ o$, $v'\ o'$ sont les génératrices de ces surfaces qui reçoivent les dents.

L'épaisseur des jantes, et les génératrices $o\ v$, $o'\ v$ ainsi déterminées, on trace les détails de la charpente de chaque roue; ces détails nous paraissent assez clairement exprimés dans les fig. 8, 13 et 14. Dans la fig. 8 les jantes de la grande roue sont coupées par le plan de projection, et leurs sections ainsi que celles d'une des quatre pièces d'enrayure a de la grande roue sont remplies par des hachures. Nous ferons remarquer que la jante R de la grande roue, formée par des surfaces coniques, peut être composée de plusieurs pièces, qu'elle est montée sur l'arbre représenté dans la projection horizontale, fig. 13, par un cercle rempli de hachures, et dans la fig. 8, par deux lignes ponctuées 1-2, 1'-2'.

A l'égard de la petite roue, vu que son diamètre est fort petit, elle est d'une seule pièce prise dans un plateau; elle est traversée par un arbre carré dont les projections ne sont marquées que par le vide qu'il doit occuper.

Plusieurs dents sont projetées mises en place, fig. 13 et 14, et nous avons indiqué des mortaises creusées dans les jantes pour en recevoir d'autres aux places indiquées par les divisions des cercles primitifs. Ces mortaises sont tracées pour leurs joues par les prolongements des flancs des dents, et elles sont limitées sur les largeurs des jantes des roues par les cercles tracés par les points i, i', j, j', qui sont les projections des points H, H, h, h', fig. 8.

On doit s'assurer que dans l'engrenage s'il n'y a qu'une seule dent qui puisse être engrenée, elle ne cesse pas de conduire avant qu'une autre dent soit engrenée aussi pour lui succéder dans la transmission du mouvement de rotation.

Le cercle générateur de l'épicycloïde sphérique servant de base aux surfaces coniques des faces des dents est projeté de m en p', fig. 8, suivant son diamètre, si l'on suppose le cône, qui a ce cercle pour base, prolongé jusqu'au plan du cercle primitif $A\,M\,B$, fig. 13, ayant pour trace verticale $p\,m\,q$, fig. 8, sa trace sur ce plan est l'ellipse $M\,O\,T$. Pendant le mouvement de rotation des cercles primitifs $A\,M\,B, A'\,M'\,B'$, la trace du cône qui a pour base le cercle générateur de l'épicycloïde ne change pas, et elle est toujours l'ellipse $M\,O\,T$. Supposant une dent dans la position E et le flanc de la dent en contact de l'autre roue la touchant au point z dans le plan des axes des deux roues; si l'on prolonge en e' l'arête $S\,x$, fig. 8, qui forme le sommet de la dent M, fig. 13, jusqu'au plan horizontal, cette arête décrit autour de l'axe vertical $S\,C$ une surface conique droite dans laquelle sont tous les sommets des dents, et qu'ils ne quittent pas pendant la rotation; cette surface a pour base et trace le cercle $O\,e\,G$ décrit avec le rayon $C\,e$ égal à $p\,e'$. Le point O dans lequel ce cercle coupe l'ellipse marque la position de l'axe d'une dent E' quand elle va cesser de toucher le flanc de la dent avec lequel elle est en contact, ce flanc ayant pour trace de son prolongement sur le plan de l'ellipse la ligne TO; par conséquent, la ligne CO est la ligne du milieu de la dent lorsqu'elle est parvenue en E'.

L'arc EE' mesuré sur le cercle primitif et marquant l'espace parcouru par la dent E depuis le contact moyen au point M dans le plan des axes jusqu'en E', étant plus grand que l'écartement des dents M et M'', il s'ensuit que chaque dent sera en contact avec celle conduite longtemps encore après que deux autres dents auront été en contact dans le même plan des axes, et l'espace pendant lequel deux dents d'une roue seront engrenées avec celles de l'autre, est exprimé par le double de la différence de l'arc EE' à l'arc MM''.

Dans la construction des roues représentées par les figures 8, 13 et 14, on suppose que les dents ne traversent point les jantes des roues, par la raison que leurs queues étant taillées en coin par suite de la tendance de leurs flancs vers l'axe, on se contente de faire les mortaises également en coin suivant les patrons des dents, et assez justes pour que les assemblages n'aient aucun jeu ; les dents sont chassées à leurs places et chevillées. On tronque leurs bouts par un petit plan pour chacune, comme nous en avons indiqué en G et g pour qu'on puisse frapper dessus avec un maillet lorsqu'on les met en place.

Charpentes des roues. Les figures 4, 5 et 11, pl. CXLVIII, représentent les détails de l'assemblage de deux roues coniques qui s'engrènent à angle droit.

La figure 4 est en même temps une coupe et une projection.

La grande roue est coupée par un plan passant par les deux axes qui se coupent dans un point projeté en S ; cette même roue est projetée en entier, fig. 11, sur le plan horizontal qui lui est parallèle. La petite roue est projetée, fig. 4, sur un plan parallèle aux axes, et fig. 5, sur un plan perpendiculaire à son axe ; elle est vue comme la grande roue par sa face intérieure.

Les dents sont au nombre de quarante-huit sur la grande roue et de trente-deux sur la petite, ce qui donne le même rapport pour la vitesse des roues que dans les figures 7, 13 et 14 ; mais, les roues étant plus grandes et les dents plus nombreuses, elles sont plus petites et dans une meilleure proportion.

Les jantes de la grande roue sont de quatre pièces assemblées bout à bout à plat-joint, quelquefois avec un fort goujon en bois perpendiculaire au plan du joint dont le prolongement passe par l'axe de la roue ; ces jantes sont comprises entre deux plans perpendiculaires à l'axe. Leur face interne est cylindrique concave, leur bord extérieur est formé de deux surfaces coniques dans l'une desquelles les dents sont implantées, l'autre reçoit les chevilles qui retiennent les queues ou tenons des dents dans les mortaises.

L'assemblage des jantes est consolidé par un cercle de fer sur chaque face; les deux cercles sont fixés par des boulons communs qui traversent les jantes; les arbres sont frettés, les tourillons sont en fer.

La roue est fixée à l'arbre par deux enrayures laissant à son centre un vide carré pour l'occupation de l'arbre, et qui unissent en même temps les jantes et l'embase qui fait partie de l'arbre.

La charpente de la petite roue ne diffère de celle de la grande qu'en ce qu'au lieu d'enrayures ce sont de simples bras en croix qui unissent les jantes et qui fixent la roue à l'arbre en le traversant dans des mortaises.

§ 3. *Engrenage d'angles avec dents sans flancs.*

La fig. 7, pl. CXLVIII, est une coupe passant par l'axe $S\ C$ d'une grande roue sur laquelle sont implantées des dents sans flancs, tracées au moyen de la *développante sphérique du cercle* que nous décrivons plus loin; le cercle primitif de cette roue a pour trace verticale la ligne $p\ m$.

La fig. 12 est la projection de cette roue sur un plan perpendiculaire à son axe; son cercle primitif est projeté horizontalement sur $A\ M\ B$. Cette roue fait partie d'un engrenage d'angle; la deuxième roue n'est point entièrement projetée sur la fig. 7, qui ne présente que la position de son axe $S\ C'$ et la trace $m\ p'\ m'$ du plan dans lequel se trouve son cercle primitif.

Nous n'avons projeté les dents de cet engrenage que sur la grande roue qui est vue en dessus en E du côté des dents et de la surface qui les reçoit, et en dessous en E' du côté de la face ou les queues des dents dépassent la jante pour être retenues par des clefs en bois.

Les mêmes fig. 7 et 12 font voir comment la jante circulaire A est fixée à l'arbre tournant par des rayons B, D qui se croisent à angle droit et s'assemblent à entailles à mi-bois dans l'intérieur de l'arbre à huit pans projetés en C horizontalement, fig. 12, et verticalement en G, fig. 7.

Cet assemblage ne peut être exécuté qu'en faisant la mortaise qui doit recevoir le bras B de moitié plus haute que l'épaisseur de ce bras, pour qu'on puisse le passer par-dessus le bras D emmanché le premier et le descendre ensuite dans l'entaille, après quoi il se trouve assujetti par la clef F, fig. 7, qui remplit le vide de l'excédant de la mortaise.

La jante est attachée aux bras $B\ D$ par des boulons p, qui sont projetés de profil en p' dans la fig. 7.

Génération de la développante sphérique du cercle. Les figures 4 et 9, pl. CXLIX, ont pour objet de montrer la génération de la développante sphérique du cercle.

La fig. 4 est une projection verticale.
La fig. 9, une projection horizontale.

$A\ C\ B$, fig. 9, est la projection horizontale d'un cône dont la base est projetée sur $A\ B$, cette base étant perpendiculaire au plan de projection dans lequel se trouve l'axe $C\ x$ du cône.

$D\ C\ E$ est la projection horizontale d'un autre cône dont la base est projetée sur $D\ E$, son axe étant $C\ y$; ces deux cônes ont leurs sommets au point C.

$C\ x$ et $C\ y$ sont les axes de rotation de deux roues, dont les surfaces portant les dents sont comprises dans les surfaces des deux cônes $A\ C\ B$, $D\ C\ E$.

La base du premier cône est projetée verticalement, fig. 4, suivant le cercle $m\ n$; l'axe de ce cône est projeté sur le point c. La base du second cône est projetée verticalement suivant l'ellipse $p\ q$; son axe est projeté sur la ligne $c\ c'$.

Le cercle $O\ G$, tracé sur la projection horizontale avec un rayon égal aux lignes $C\ A, C\ B, C\ D, C\ E$, est un grand cercle d'une surface de sphère qui a son centre en C au sommet commun des deux cônes; les cercles des bases des deux cônes sont dans cette surface.

Le cercle $K\ L$ de la projection verticale, fig. 7, est le grand cercle vertical de la même sphère.

Si par le centre de la sphère, dont $O\ G$ et $K\ L$ sont de grands cercles, on mène un autre grand cercle, dont le plan soit tangent aux deux cônes, ce grand cercle pourra servir d'intermédiaire pour transmettre par frottement le mouvement de rotation d'un cône à l'autre, ce cercle tournant lui-même dans son propre plan et sur son centre C; car, dans ce mouvement, les deux cônes rouleront sur son plan, leurs surfaces ayant la même vitesse de rotation que ce plan.

Pour construire ce grand cercle, dont le plan est tangent aux deux cônes, et dont la circonférence est tangente aux deux bases de ces cônes, je remarque que le plan tangent à un cône est tangent à toute sphère inscrite dans ce cône, que, par conséquent, le plan tangent aux deux cônes est tangent à deux sphères inscrites dans ces cônes. Je remarque, en outre, qu'un plan tangent à deux sphères est tangent à la surface conique qui enveloppe en même temps les deux sphères; il s'ensuit donc que le plan tangent aux deux cônes est tangent aussi à la surface conique qui enveloppe les sphères inscrites aux cônes.

Soit en x, fig. 9, le centre d'une sphère inscrite au cône $A\ C\ B$ et tangente à sa surface dans le cercle $m\ n$ de sa base; soit en y le centre d'une autre sphère inscrite au cône $D\ C\ E$ et tangent à sa surface dans le cercle $p\ q$ de sa base. Si l'on fait passer un plan vertical par les centres

x et y, sa trace sera $x\,y$; ce plan vertical étant couché sur le plan horizontal, les cercles $A\ B\ F$, $D\ E\ H$ sont les grands cercles de ces deux sphères, leur tangente commune $t\ v$ est la génératrice de la surface conique qui leur est tangente en même temps à toutes deux et dont le sommet est en z, point où la tangente $t\ v$ coupe la trace $x\ y$. Le plan tangent aux deux premiers cônes devant être tangent aussi à ceux-ci, passe par le centre C, sommet des deux premiers cônes, et par le point z, sommet du dernier; par conséquent, la trace sur le plan horizontal est la droite $C\ z$, et prolongée de part et d'autre, $s\ u$ est le diamètre du grand cercle que le plan tangent trace dans la surface de la grande sphère qui a son centre en C.

La surface conique qui a son sommet en z touche les sphères dont les centres sont en x et y suivant des cercles projetés horizontalement sur les lignes 1-2, 3-4; par conséquent, les points 5 et 6 dans lesquels les lignes 1-2, 3-4 coupent les lignes $A\ B$, $D\ E$, sont les projections des points de contact du plan tangent aux deux cônes avec leurs bases. Ces deux points appartiennent par conséquent à la projection du grand cercle qui est dans le plan tangent aux deux surfaces coniques, et ce grand cercle projeté par l'ellipse s-e-5-u-6-f.

Pour construire la projection verticale de ce même cercle, il faut d'abord mettre en projection les arêtes de contact; en projection horizontale, elles sont $C\,5$, $C\,6$, en projection verticale, $C\,7$, $C\,8$, les points 7 et 8 étant les projections verticales des contacts projetés horizontalement en 5 et 6.

En faisant passer une horizontale par le point 5, on trouve qu'elle perce le plan vertical au point 5' qui appartient à la trace du grand cercle cherché, et la ligne $e'\ 5'\ f'$ est cette trace et un diamètre de ce grand cercle projeté suivant l'ellipse $e'\ h\ 8\ f'\ y$, qui touche le cercle $m\ n$ en 7, et le cercle $p\ q$ en 8.

Si l'on suppose maintenant que le plan du grand cercle tangent au cône, qui a pour base le cercle $m\ n$, se meuve sur son centre c en roulant sur la surface de ce cône, un point P de ce cercle tracera sur la surface de la sphère la développante sphérique $M\ P\ Q$ du cercle $m\ n$, l'arc $7\ p$ étant égal à l'arc $7\ M$. Si l'on suppose que ce même plan du grand cercle roule sur la surface du cône dont la base est le cercle projeté sur $p\ q$, son même point P tracera sur la sphère la développante sphérique $N\ P\ R$ du cercle $p\ q$.

Les deux courbes $M\ P\ Q$, $N\ P\ R$ étant prises pour les bases de deux surfaces coniques dont le point C est le sommet commun, dès qu'elles seront mises en contact, elles transmettront le mouvement uniforme de rotation d'une roue conique à l'autre. Le point de contact entre les deux courbes $M\ P\ Q,\ N\ P\ R$, pendant la rotation, sera constamment sur le grand cercle $e'\ h\ 7\ P\ 8\ f\ g$.

Construction des dents. — Pour que l'on puisse exécuter les faces des dents qui sont des proportions de surfaces coniques ayant pour base la développante sphérique du cercle, il est indispensable de projeter les dents ou plutôt les développantes qui marquent les projections de leurs contours sur un plan perpendiculaire à l'axe de leur roue, dans lequel se trouve précisément le cercle primitif $m\ n$ de cette roue, et qui est la base d'un des cônes d'engrenage.

La distribution des dents sur le tour de la roue étant marquée sur le cercle $m\ n$, fig. 4, base du cône $A\ C\ B$ sur laquelle on veut projeter la courbe développante sphérique, soit 7 le point de contact entre le cercle $m\ n$ et le grand cercle tangent au cône, et soit en même temps ce point 7, le point traçant à l'origine de la courbe: le point 7 est en 7″ sur le grand cercle que l'on a rabattu en le faisant tourner autour de son diamètre et trace verticale $e'\ f'$; soit pris les arcs égaux 7-9 sur le cercle $m\ n$, et 7″-9″ sur le grand cercle rabattu, par une parallèle au rayon 7-7″, soit ramené le point 9″ en 9′ sur la projection elliptique $e'\ h\ f'$ du grand cercle, ce point 9′ se confondra avec le point 9 quand le grand cercle aura roulé sur le cône, et que son arc 7″-9″ ou 7-9′, qui en est la projection, se sera enveloppé sur l'arc 7-9 du cercle $m\ n$; il suit de là que pour avoir le point 7′ de la courbe, lorsque le point 9′ du grand cercle est en contact au point 9, il suffit de tracer du centre C, un arc de cercle passant par le point 9′, et de décrire du point 9, comme centre avec un rayon égal à la corde 7-9′, un petit arc de cercle qui coupe le premier en 7′, qui est un point de la courbe 7-x-10, projection de la développante sphérique.

Si la largeur d'une dent, à sa base, est marquée sur le cercle $m\ n$ par l'arc 7-9, on trace par la même construction, mais symétriquement inverse, la projection de la développante 9-x-12 qui appartient à l'autre face de la dent, et cette dent se trouve projetée par le triangle curviligne 9-x-7.

Les dents de la roue, fig. 7 et 12, pl. CXLVIII, sont projetées suivant des courbes tracées par cette construction sur la surface de la sphère.

L'arc de cercle $m\ n$ représente le cercle désigné par les mêmes lettres, fig. 4, pl. CXLIX.

e'-7-f' est l'arc de l'ellipse désignée par les mêmes lettres qui est la projection du grand cercle tangent aux deux bases des surfaces coniques des roues.

Les courbes $a\ x\ z$, $b\ x\ y$ sont tracées au moyen des constructions que nous avons indiquées ci-dessus; elles sont les projections des arêtes de la dent A qui sont dans la surface de sphère, qui a pour rayon $S\ m$, dans laquelle sont aussi les cercles primitifs des deux roues qui servent de bases à leurs surfaces coniques.

II. — 71

Les deux autres courbes $a'x'z$, $b'x'y$, qui sont les projections des autres arêtes de la dent A, sont, dans la surface sphérique concentrique qui a pour rayon $S\ m'$, la portion $m\ m'$ de ce rayon marquant l'épaisseur de la dent.

Pour tailler les dents, il est plus commode de se servir de panneaux plats : le plan d'un de ces panneaux passe par le point m; le plan du second panneau passe par le point m'. Ils sont tous deux perpendiculaires à la ligne $S\ m$.

Les bouts des dents sont tronqués par une surface conique qui forme un petit pan sur lequel on frappe quand on assemble la dent; cette surface a son sommet en S comme toutes celles des autres cônes.

Le triangle S, $n\ n'$ est la coupe du deuxième cône dans lequel se trouve la petite roue, dont je n'ai point tracé les détails.

§ 4. *Engrenage d'angle avec une lanterne conique.*

La figure 7, pl. CXLIX, est la coupe d'une roue conique portant des dents sur sa circonférence, et engrenant dans une lanterne, aussi conique, la roue et la lanterne ayant leur sommet commun en S.

La lanterne est projetée verticalement dans la position qu'elle doit avoir pendant l'engrenage. La ligne $p\ m$ est la trace verticale du plan du cercle primitif de la roue; ce cercle est projeté horizontalement, fig. 13, en $A\ M\ B$, cette fig. 13 étant la projection de la grande roue sur un plan perpendiculaire à son axe.

La fig. 14 est une coupe de la lanterne par le plan qui contient son cercle primitif dont la trace verticale est la ligne $m\ m'$, et qui est projetée sur le même plan en 1-2-3-4-5-6-7-8.

On suppose dans cette coupe que le plateau le plus petit de la lanterne est enlevé, ainsi que les parties des fuseaux supérieurs au plan coupant.

Le mouvement de rotation doit être transmis de l'un à l'autre axe par l'engrenage, c'est-à-dire de la roue à la lanterne, ou réciproquement, de la lanterne à la roue, comme si elles marchaient par l'effet du frottement des surfaces coniques qui se touchent dans la génératrice commune $S\ m$. D'après tout ce qui précède, et ce que nous avons exposé au sujet de l'engrenage d'une roue et d'une lanterne dont les axes sont parallèles, on comprendra aisément que si un fuseau de la lanterne conique était réduit à son axe, ce fuseau serait conduit par la surface épicycloïdale tracée par la génératrice de contact $S\ m$, fig. 7, pendant que le cône de la lanterne roulerait sur le cône de la roue.

Soit $M\ m'$ le cercle primitif de la lanterne tracé sur le plan du cercle primitif de la roue et en contact avec ce cercle, dans son mouvement le point

M du cercle $M\ m'$ tracera sur le plan du cercle primitif une épicycloïde plane Mz', par le moyen de laquelle, suivant le procédé que nous avons indiqué page 550, on construira la projection horizontale de l'épicycloïde sphérique Mz. Cette épicycloïde sphérique étant la base d'une surface conique dont le sommet est commun avec le cône de la lanterne situé en S dans la projection verticale, il est évident que cette surface conique, en suivant le mouvement de rotation de la roue, conduira l'axe du fuseau d'un mouvement uniforme, comme si le cône de la grande roue conduisait par frottement le cône de la lanterne dans la surface duquel est l'axe de ce fuseau projeté verticalement, comme nous l'avons déjà dit, sur $S\ m$.

Si l'on suppose maintenant que ce fuseau, au lieu d'être réduit à une ligne droite, est un cône matériel tronqué, dont la surface a pour base un cercle dont le diamètre est $n\ n'$, fig. 14, et qui a son sommet en S comme les deux autres surfaces coniques, ce fuseau sera conduit par une surface conique qui aura pour base, sur la surface de la sphère, une courbe équidistante de l'épicycloïdale sphérique. Cette courbe est projetée en $M\ v'$, fig. 13; elle forme la base d'une des faces de la dent N; l'autre face a pour base une courbe égale, mais symétriquement en sens contraire. L'épaisseur de la dent étant déterminée, des courbes semblables limitent la largeur des faces; elles sont dans une surface sphérique concentrique à la première et dont le rayon est plus court de toute l'épaisseur qu'on veut donner à la dent.

Dans la coupe, fig. 7, j'ai tracé en lignes ponctuées la projection verticale 1-2-3-4, 4'-3'-2'-1' d'une dent répondant à la position d'une dent tracée aussi en lignes ponctuées, seulement par sa base, dans la grande sphère 3-4-3' en projection horizontale, fig. 13.

On procède, pour exécuter les dents comme nous l'avons indiqué précédemment, en construisant des panneaux qu'on obtient aisément en les traitant comme des sections faites dans les surfaces coniques épicycloïdales : c'est un détail auquel nous ne nous arrêtons point, vu qu'il ne présente aucune difficulté.

Quoique dans cette sorte d'engrenage les faces des dents soient des surfaces coniques ayant pour bases des épicycloïdes sphériques, ces dents n'ont point de flancs, ce qui résulte de ce que les dents de la lanterne sont des fuseaux qui n'engrènent ou ne sont engrenés que lorsque leurs axes arrivent dans le plan des axes de la roue et de la lanterne, et parce qu'il y a nécessité que ses fuseaux ne touchent point les jantes de la roue qui portent les dents, on est forcé d'ajouter aux faces des dents, et dans leurs prolongements vers la jante, des faux flancs qui écartent les faces des dents de cette jante.

Ces faux flancs sont, au-delà de la surface de la jante, prolongés suffisamment pour former les tenons d'assemblage.

Les fuseaux de la lanterne sont assemblés sous l'inclinaison convenable et relevée sur l'épure, dans les plateaux d'une ou de deux pièces assemblées avec de faux tenons et maintenues par des frettes en fer. On fait quelquefois les fuseaux des lanternes en fer massif pour diminuer le frottement.

Un trou carré, percé dans chaque plateau, permet d'assembler la lanterne à l'arbre D qui doit la porter; une embase E marque sa place et reçoit le plateau inférieur. La lanterne est fixée sur une clef G, qui traverse l'arbre et presse sur le plateau supérieur.

Lorsque le nombre des dents de la roue est très-grand par rapport à celui des fuseaux de la lanterne, le point S de réunion des deux axes étant très-rapproché de la surface plane de la jante, on implante alors les dents perpendiculairement à cette surface; les prolongements de leurs *faux flancs* passent par l'axe, leurs faces sont toujours coniques épicycloïdales, leurs sommets étant au point S.

On fait aussi, soit entre deux roues, soit entre une roue et une lanterne, des engrenages d'angle, l'une des roues coniques étant concave, fig. 17.

Les charpentiers donnent le nom de *hérissons* aux roues qui portent des dents, et celui d'*alluchons* aux dents assemblées dans les roues.

III.

DE LA VIS ET DE SON ÉCROU.

§ 1. *Formes de la vis et de l'écrou.*

Nous avons déjà eu occasion de parler de la vis en traitant des ferrures employées dans les charpentes. La vis dont il s'agissait alors est une sorte de clou taraudé.

La vis dont il va être question est considérée comme un élément de machine propre à opérer de grandes pressions, ou à transmettre et modifier quelques mouvements.

Les vis, éléments de machines, sont en métal ou en bois; lorsqu'elles sont en métal, c'est-à-dire en fer, en cuivre ou en bronze, elles sont exécutées par les ouvriers en métaux, et notamment par les serruriers-mécaniciens. Celles en bois sont fabriquées par des tourneurs sur des tours à vis ou dans des filières, lorsqu'elles sont d'un petit diamètre; mais, dès qu'elles ont 15 à 20 centimètres au moins de diamètre, elles sont taillées par les charpentiers, et c'est de ces dernières que nous avons à nous occuper.

La vis, comme on sait, peut être, pour sa forme, comparée à un cylindre sur lequel est enveloppé, en spirale et en relief, un prisme flexible qui occupe d'autant plus d'étendue sur la longueur du cylindre qu'il y a fait un plus grand nombre de tours.

La coupe ou base de ce prisme flexible, que l'on nomme le filet de la vis, est un carré ou triangle. Lorsque le filet est carré, il doit, en s'enveloppant par l'une de ses faces sur le cylindre, laisser entre chaque révolution, et tant qu'il s'avance, un espace égal à sa propre largeur. Lorsque ce filet est triangulaire, il ne laisse aucun espace, il s'applique par une de ses faces, et les arêtes de cette face se touchent, de façon que toute la surface du cylindre est couverte, tandis que, dans le premier cas, il n'y en a que la moitié, la face d'application du filet carré en couvrant une partie et l'autre restant découverte entre les circonvolutions du filet.

Les vis à filets carrés ne sont fabriquées qu'en métal, parce que les fibres du bois pourraient ne pas avoir assez de cohésion pour résister aux efforts que les vis éprouvent. Les charpentiers ne taillent ordinairement que des vis à filets triangulaires.

Nous verrons, chapitre XLVIII, l'usage que l'on fait des grosses vis en bois dans les verrins, les vidas, les machines à arracher les pieux; on s'en sert aussi pour les presses et les pressoirs, et dans une foule d'autres machines.

Toutes les fois qu'une vis doit exercer une pression, elle est accompagnée de son écrou. C'est de l'appui réciproque que se donnent la vis et son écrou, que l'on obtient l'effet de cette puissante machine.

On peut regarder l'écrou d'une vis comme un trou cylindrique percé dans la matière qui compose cet écrou, du diamètre total de la vis, ses filets compris, et, pour nous servir de la même comparaison, dans la paroi duquel un filet flexible égal à celui de la vis est enveloppé, et fait corps avec lui, de telle sorte que, lorsque la vis est dans son écrou, ses filets remplissent les intervalles de ceux de l'écrou, et réciproquement, les filets de l'écrou remplissent les intervalles de ceux de la vis.

La fig. 6, pl. CXLIX, est une projection verticale d'une vis A engagée dans son écrou E.

La partie B est la tête de la vis qui est d'une même pièce avec elle, et qui est percée de deux trous pour passer des barres ou leviers qui servent à faire tourner la vis pour en faire usage.

Cette tête de vis est garnie de deux frettes pour empêcher qu'elle se fende lorsqu'on fait effort avec les barres.

La fig. 5 est une projection de l'écrou sur une de ses faces perpendiculaires à l'axe de la vis. Le diamètre du vide central A de l'écrou est égal au diamètre de la vis mesuré dans les creux des filets.

Le cercle $m\,n$ est la projection de la surface cylindrique qui contient l'arête des filets.

p est la portion apparente d'un filet à l'entrée de l'écrou.

La fig. 12 est une coupe du même écrou, par un plan passant par l'axe de la vis, suivant la ligne $x\,y$ de la fig. 5, pour faire voir les profils des filets de l'écrou, et les projections des faces rampantes des filets dans les tours qu'il fait dans l'écrou.

§ 2. *Exécution d'une vis.*

Le moyen le plus exact pour faire le cylindre en bois sur la surface duquel on doit tailler une vis, c'est de l'arrondir sur le tour. Quoiqu'il soit facile de monter, dans un atelier de charpenterie, un gros tour à pointes, ou quelque équipage qui en tienne lieu; comme il peut arriver que les charpentiers n'aient pas à leur disposition des appareils suffisants pour tourner une grosse pièce de bois, il est indispensable d'indiquer comment on peut travailler un cylindre rond et très-régulier sans faire usage du tour.

On choisit une pièce d'un bois dur, tel que le chêne, le charme, l'orme, le frêne, le poirier, etc., exempte de toute détérioration et de vices quelconques. Cette pièce est d'abord équarrie avec précision, en donnant exactement à la largeur de ses faces la dimension du diamètre de la vis, de façon que la pièce équarrie, qui a la forme d'un prisme à base carrée, se trouve circonscrite au cylindre que l'on veut en tirer.

Sur chaque extrémité de la pièce, coupée et dressée perpendiculairement à son axe, à la longueur que doit avoir la vis, compris sa tête carrée, on trace le cercle inscrit au carré de l'équarrissage, et qui est la base de la surface cylindrique; tangentiellement à ces cercles, on trace des pans coupés, de façon que l'on figure à chaque bout un octogone, ayant le plus grand soin que d'un bout de la pièce sur l'autre, les pans soient exactement dégauchis, ce que l'on vérifie au moyen de deux règles. (*Voyez* tome Ier, page 126.)

On *rencontre* alors les angles des deux octogones par des droites tracées sur les faces de la pièce équarrie parrallèlement à ses arêtes. On enlève le bois sur les quatre arêtes depuis l'extrémité qui doit former le bout de la vis jusqu'à la naissance de la tête, qui doit rester carrée; on convertit ainsi cette partie du prisme quadrangulaire en un prisme octogonal; sur les bouts de ce prisme, et tangentiellement aux mêmes cercles qui y ont été tracés, on marque de nouveaux pans, et après avoir *rencontré* les angles des nouveaux polygones par des droites tracées sur les faces du prisme à huit pans, on enlève le bois des arêtes suivant ces lignes, et le prisme octogonal se trouve converti en prismes à seize pans; en procédant de même, on obtient un prisme à trente-deux pans, puis un à soixante-quatre, et successivement le nombre des faces se trouve doublé à chaque fois qu'on enlève les arêtes, jusqu'à ce qu'enfin les faces soient assez étroites, et les arêtes assez peu sensibles, pour que l'on puisse regarder la pièce, après qu'elle est polie, comme cylindrique; on vérifie d'ailleurs sa rondeur, en la polissant, avec un calibre, fig. 16, dans lequel l'arc $a\,b$ a été coupé avec soin après qu'on l'a tracé avec un rayon exactement égal à celui de la base du cylindre. On fait ordinairement ce calibre en métal, et surtout en cuivre, plus facile à travailler; le trou c sert à l'accrocher quand on n'en fait pas usage (1).

On peut se servir aussi d'un *fuseau* en bois dur, fig. 17, pl. CXLIX, que l'on fait faire par un tourneur. Ce fuseau a l'avantage de se placer de lui-même perpendiculairement aux génératrices, lorsqu'on le présente au cylindre. Pour connaître les aspérités de la surface du cylindre, on noircit celle du fuseau, qui laisse des traces de son contact sur les inégalités trop saillantes, lorsque le contact reste marqué sur tout le contour de la pièce, c'est un signe que sa surface cylindrique est régulière.

Lorsque le cylindre dans lequel on doit tailler la vis est arrivé à sa perfection, on colle dessus sa surface une feuille de bon papier, d'une étendue suffisante, sur laquelle on a préalablement tracé l'arête du filet de vis dans chacune de ses révolutions.

La fig. 23, pl. CXLIX, représente cette feuille de papier 0-12-12'-0'; sa largeur 0-12 ou 0-12' est égale au développement du cylindre qu'elle devra envelopper lorsqu'elle y sera collée. Les lignes ponctuées $m\,n$ sont perpendiculaires aux génératrices de la surface cylindrique; leurs écartements $m\,m$, $n\,n$ sont égaux, et ils mesurent la longueur parcourue par le filet de vis à chaque révolution autour du cylindre : cette longueur est ce que l'on appelle *la hauteur du pas de la vis*. Les lignes diagonales et in-

---

(1) Un charpentier peut faire ce calibre lui-même. Après avoir plané une feuille de cuivre d'environ un millimètre d'épaisseur et d'une étendue suffisante, on l'attache avec trois ou quatre clous sur une planche ou sur un établi; on plante dans l'endroit où devra se trouver le centre de l'arc, un clou de cuivre sur la tête duquel on marque un point d'un coup de poinçon; puis on pose la pointe d'un compas à verge dans ce centre marqué sur la tête du clou de cuivre, et avec la seconde pointe d'acier, affûtée en burin, on coupe le cuivre bien perpendiculairement suivant l'arc de cercle $a\,b$ exactement d'un rayon égal à celui de la base du cylindre.

clinées *m n*, tracées en traits pleins, marquent les pentes égales des filets de vis, dans chaque révolution autour du cylindre, quand la feuille de papier est collée. Les points *m* doivent coïncider avec les points *n* et les lignes pleines, par leur réunion, forment une ligne continue qui marque l'arête saillante du filet de vis.

Avec de la patience et des précautions on colle la feuille de papier avec la précision requise pour la régularité de la vis, on tient compte de l'extension du papier mouillé par la colle. Cependant quelques charpentiers préfèrent une autre méthode, qui est d'ailleurs plus conforme aux usages de l'art.

Le cylindre qui doit être taillé en vis étant exécuté comme nous l'avons décrit ci-dessus, et avec la plus grande précision, les circonférences de ses bases sont divisées en parties égales, et en même nombre, les génératrices qui répondent aux points de division homologues, sont tracées sur la surface cylindrique, elles sont marquées en 4-4', 5-5', 6-6', 7-7', 8-8', fig. 24. Ces génératrices sont divisées également avec soin sur leur longueur aux points *m, m, m*, etc., suivant le nombre de révolutions que doit faire le filet sur la longueur de la vis, et des cercles sont tracés sur la surface cylindrique par ces points. Ces cercles sont tracés le long du bord d'une règle en cuivre assez mince pour être flexible, et qui a pour longueur le tour du cylindre, et une grande largeur. Des lignes droites, tracées sur cette règle perpendiculairement au bord suivant lequel on trace, servent de repères pour placer la règle sur la surface du cylindre; on fait coïncider ces droites avec des génératrices.

On coupe l'autre bord de la même règle suivant une ligne qui doit faire avec ses bords le même angle que le filet de vis avec les génératrices; ainsi, par exemple, l'angle *Mv*6', de la fig. 23. Ce bord de la règle sert pour tracer sur le cylindre l'arête du filet par les points où elle doit couper les génératrices; on trace successivement, par ce moyen, toutes les révolutions de l'arête du filet de vis avec beaucoup de régularité et d'exactitude.

Lorsque la vis est tracée, et qu'on s'est assuré de sa précision, on taille le filet en enlevant du bois des deux côtés de la ligne qui marque son arête saillante, de manière à former les surfaces gauches dont la rencontre est l'arête creuse de la vis.

Pour se guider dans cette opération, qui doit être conduite avec adresse et prudence, afin de ne pas enlever plus de bois qu'il ne faut, on se sert du calibre, fig. 10; lorsque l'arête creuse est fouillée sur toute la longueur de la vis, on fait usage du calibre, fig. 11, pour vérifier l'exactitude et la régularité de la vis.

Quelques constructeurs ne trouvent pas les moyens que nous venons d'indiquer suffisamment exacts, quoique pour la plupart des cas on puisse s'en contenter; nous allons indiquer deux moyens qui sont d'une exactitude aussi parfaite qu'on peut le désirer.

Soit, fig. 20, un cylindre de bois homogène a monté entre les deux pointes des poupées b d'un tour.

Soit une règle bien dressée c passant dans les deux mortaises percées dans ces mêmes poupées.

La fig. 19 représente cette même règle vue par le bout; les mortaises dans lesquelles elle passe sont tracées suivant la même figure; cette règle peut être serrée dans ses mortaises par deux clefs d qui règlent la douceur du frottement qu'il convient de lui laisser. Cette même règle est traversée dans son milieu par une tige e cylindrique terminée par une lame de couteau f qui peut, en tournant avec la tige, faire tel angle qu'on veut avec l'arête supérieure de la règle ou avec la génératrice du cylindre.

On donne une petite inclinaison à cette lame par rapport aux génératrices du cylindre, on la presse assez en poussant la tige e pour engager légèrement son tranchant dans le bois du cylindre, on la fixe par le moyen de la vis de pression g. Les choses étant ainsi disposées, si, par un moyen quelconque, on fait tourner le cylindre a d'un mouvement lent et uniforme, la lame, pressée par les fibres du bois auxquelles elle se présente, entraîne la règle qui la force de conserver son inclinaison, et elle trace sur le cylindre une hélice très-régulière. Par un très-léger tâtonnement, à défaut d'une épure, on parvient à régler l'inclinaison de la lame du couteau, de façon qu'après un nombre voulu de révolutions du cylindre, cette lame ait parcouru une longueur donnée sur sa surface.

Dans l'application de ce moyen à la construction d'une vis, au cylindre a on substitue le cylindre de la vis avec sa tête carrée; l'écartement de la règle c à l'axe doit être égal au moins à la moitié de la diagonale du carré de la tête.

La fig. 15 présente un autre moyen de tracer une hélice. Le cylindre a sur lequel on veut tracer un pas de vis tourne sur son axe qu'on incline sous l'angle qui mesure l'inclinaison du filet. Ayant attaché sur sa surface, dans un des points b les plus élevés, un fil chargé d'un poids d, et qui n'a aucune oscillation, si l'on imprime au cylindre un mouvement de rotation sur son axe, très-lent et uniforme, le fil en s'enveloppant sur le cylindre suit une hélice. On règle par divers essais l'inclinaison du cylindre, de façon qu'après un nombre de tours donné le fil en enveloppe une longueur aussi donnée; l'on tient ensuite le fil d'une couleur liquide qui marque l'hélice du pas de vis sur la surface du cylindre, en l'y enveloppant de nouveau.

§ 3. *Construction d'un écrou.*

La construction d'un écrou n'est pas aussi facile que celle d'une vis, à cause de la difficulté de porter l'œil et la main dans la cavité de ses filets, lorsque son diamètre n'est pas d'une grandeur suffisante. A moins qu'on ne puisse sans inconvénient le faire de deux pièces dont le joint serait un plan par l'axe, on a recours à un moyen qui a quelque ressemblance avec le taraudage des écrous en métal qu'on emploie sur les vis également en métal.

La fig. 6, pl. CXLIX, a pour objet de représenter la disposition de l'appareil pour le taraudage d'un écrou en bois. Nous ne donnons qu'une projection verticale, attendu qu'elle suffit pour faire comprendre comment les choses sont établies.

a a sont des montants verticaux carrés, doubles et solidement plantés dans le sol.

b est un plateau pris entre les montants qui s'y assemblent à entailles, et qui sont serrés par des boulons, comme des moises.

c c, *d d* sont des moises horizontales qui embrassent chaque paire de montants *a a*.

E est l'écrou; il passe par chaque bout entre les montants *a*, qui sont suffisamment écartés pour que, non-seulement la largeur de l'écrou y trouve place, mais aussi les différents coins doubles qu'on emploie pour le maintenir invariablement dans la position qu'il doit avoir. L'écrou est percé, perpendiculairement à ses faces, d'un trou du diamètre du cylindre qui contient les arêtes creuses de la vis.

Un trou du même diamètre est percé dans le plateau *b*, exactement au point qui répond au milieu de la largeur et de l'écartement des montants *a*

F est un cylindre, très-exactement rond, du même diamètre que les trous percés dans le plateau *b* et l'écrou *E*.

Sur la surface de ce cylindre on a creusé, avec beaucoup de précision, une rainure étroite et profonde d'environ 2 centimètres; cette rainure suit la pente de l'arête creuse de la vis; elle est tracée par l'un des deux procédés que nous avons indiqués ci-dessus pour tracer l'arête saillante des filets de la vis.

Sur le plateau *b* on fixe à plat, par deux fortes vis, un guide *G* qui pénètre dans la rainure et s'y présente suivant sa pente.

Dans une mortaise percée perpendiculairement à l'axe du cylindre *F*, on place un couteau *C* dont le bout est taillé en pointe avec deux tranchants un peu inclinés pour faciliter la coupe du bois. Ce couteau est fixé par une vis *g* qui le presse, ce qui permet de régler sa saillie sur la surface du cylindre *F*. On commencera le taraudage de l'écrou en ne donnant au couteau qu'une très-petite saillie; on fait tourner le cylindre *F* sur son axe, au moyen de barres ou leviers que l'on passe dans les mortaises de la tête que la figure n'indique pas; forcé par le guide *G* de prendre un mouvement suivant la longueur de son axe, il conduit le couteau *G* dans l'écrou où il ouvre d'abord un canal en hélice peu profond. Lorsque le couteau a traversé l'écrou, on le renfonce dans le cylindre que l'on exhausse en le tournant, en sens contraire, assez pour replacer le couteau en lui donnant un peu plus de saillie; on le fait passer comme la première fois dans l'écrou, et l'on répète cette opération jusqu'à ce que, ayant donné au couteau toute la saillie qu'il doit avoir, le filet creux de l'écrou soit à la profondeur nécessaire pour recevoir la vis.

Dans l'axe du cylindre *F*, un tube cylindrique communique par un canal biais avec le couteau pour évacuer les copeaux.

Les charpentiers donnent à chaque tour creux du filet d'un écrou le nom d'*écuelle*; ainsi, ils disent qu'un écrou a 3, 4 ou 5 écuelles, suivant qu'il peut comprendre dans son épaisseur la hauteur de 3, 4 ou 5 filets.

§ 4. *Vis sans fin*.

On emploie quelquefois la vis dans des transmissions de mouvement; c'est une exception au principe que nous avons énoncé au commencement de ce chapitre, car alors les axes de rotation ne se coupent pas n'étant pas dans le même plan. Si l'angle que font les projections de ces axes sur un plan qui leur est parallèle est droit, il n'y a aucun inconvénient, dans ce mode d'engrenage, pour la transmission de la rotation entre ces axes, et il est préférable à l'augmentation d'un rouage intermédiaire dont l'axe couperait les deux premiers.

Les charpentiers ont peu d'occasions d'employer la vis comme moyen de transmission des mouvements de rotation; mais il suffit que ce moyen soit praticable en bois pour que nous le décrivions, pl. CXLIX.

La fig. 2 est la projection d'une vis dont le filet est enveloppé sur un arbre avec lequel il fait corps. *b* est la coupe d'une roue cylindrique en bois dentée à sa circonférence.

Les faces des dents sont des plans parallèles à l'axe de la roue. Les filets de la vis sont engendrés par une courbe telle que les contours apparents des filets de la vis, projetés sur le plan vertical, ont pour tangentes les faces des dents. En imprimant le mouvement de rotation à la vis *a*, les contours apparents de ses filets se meuvent en ligne droite parallèlement à son axe;

ils poussent devant eux les dents de la roue et déterminent ainsi sa rotation. Cette combinaison de transmission de mouvement est employée dans les orgues portatives, connues sous le nom d'orgues de Barbarie, et dans les serinettes. Quoique dans les exemples que nous citons le moyen de transmission soit exécuté en petit, il est susceptible de l'être en grand. Les dents, au lieu d'être taillées dans la roue, sont plantées sur sa circonférence comme des *alluchons*.

Nous avons tracé, fig. 1, une coupe par l'axe d'une vis a dont les filets sont engendrés par une ligne droite. Les dents de la roue b sont tracées par les arcs des développantes d'un cercle dont les tangentes MD, MB sont perpendiculaires aux génératrices des surfaces du filet de la vis.

On conçoit que si la roue est très-mince, elle sera menée uniformément par le filet de la vis dès qu'on imprimera à cette vis un mouvement de rotation sur son axe.

Dans la pratique on peut donner telle épaisseur qu'on veut aux dents; mais il faut les tailler latéralement par des biseaux qui réduisent autant qu'on le peut la largeur de la surface ou zone de contact avec les filets de la vis.

Dans ces deux exemples, la vis transmet le mouvement de rotation à la roue. On peut donner au pas de la vis une inclinaison telle que ce soit la roue qui transmette la rotation à la vis. Cette transmission ne peut avoir lieu que lorsque le pas de vis a une inclinaison de 30 à 40 et même 45 centièmes au moins sur les génératrices du cylindre; cette transmission est fréquemment employée pour mettre en mouvement de rapide rotation les volants régulateurs dans diverses machines du genre de celle vulgairement connue sous le nom de *tourne-broche*.

Cette transmission de mouvement ne peut être exécutée en bois, à cause de la délicatesse des dents de la roue motrice et de celle des filets, par suite de leur inclinaison.

Dans la transmission du mouvement de rotation par une vis, la normale aux surfaces d'engrenage dans leur point de contact ne peut être comprise dans un plan passant par les axes, ces axes ne se coupant point; il en résulte que la pression exercée par la vis sur la roue tend à déverser cette roue de son plan, ce qui est un grand inconvénient lorsque son axe est fort court, comme cela arrive fréquemment dans les machines, parce que cela tend à changer la direction et augmenter le frottement dans leurs supports; il en résulte aussi un accroissement de frottement dans les contacts d'engrenages dans les directions qui ne passent point par les axes; par ces motifs, on prescrit comme une règle dans la transmission par engrenages, que les axes de rotation des roues soient toujours dans le même plan.

IV.

TRANSMISSION DU MOUVEMENT DE ROTATION AU MOYEN D'UNE SPHÈRE.

La fig. 22, pl. CXLIX, est une projection sur un plan passant par deux axes qui se coupent au centre f d'une sphère a montée au bout d'un arbre b dont l'axe passe par le centre de cette sphère et autour duquel a lieu le mouvement de rotation.

e est une calotte hémisphérique qui enveloppe la sphère à une très-petite distance de sa surface, de façon que la surface convexe de la sphère et la surface concave de la calotte sont parallèles et concentriques.

Cette calotte est montée sur un autre arbre d, dont l'axe autour duquel la rotation a lieu passe aussi par le centre commun projeté en f. Les deux arbres sont portés par leurs collets, chacun dans deux moises. Le dessin ne comprend néanmoins, faute d'espace, qu'une seule moise c pour l'arbre b et une seule moise g pour l'arbre d.

Trois cames cylindriques f, f', f'' sont fixées sur le plan de la circonférence de la calotte, leurs axes tendent au centre de la sphère et leurs prolongements pénètrent dans des rainures d'une largeur égale dans tous leurs développements au diamètre des cames; ces rainures sont creusées dans la surface de la sphère.

En imprimant le mouvement de rotation uniforme à l'arbre b et à la sphère qu'il porte, les cames, forcées de suivre les rainures de la sphère, transmettent la rotation à la calotte et par suite à l'arbre d, dans le rapport qui a servi à tracer les rainures.

Le rapport des deux rotations, dans la figure 22, a été supposé celui de 3 à 1, c'est-à-dire que l'arbre b et la sphère qui s'y trouve fixée font trois tours, et qu'ils n'en font faire qu'un seul à la calotte, et qu'ainsi dans le même temps que la sphère aura fait trente tours, elle n'en aura fait faire que dix à la calotte et à son arbre.

La figure 8 est l'épure qui sert à tracer la projection de la courbe qui forme le milieu d'une rainure sur la surface de la sphère.

Le cercle tracé en trait plein est le grand cercle de la sphère sur le plan passant par son centre et par les deux axes de rotation.

1-2 est sur ce plan la trace du grand cercle perpendiculaire à l'axe $a\ b$ de la sphère et qui en est l'équateur.

3-4 est sur le même plan la trace du grand cercle ou équateur de la calotte dont l'axe de rotation est $c\ n$.

Supposons que le point c de la circonférence de l'équateur de la calotte soit parvenu, par le mouvement imprimé à cette calotte sur son axe, dans la position projetée en d, il s'agit de marquer le point de la sphère qui sera, dans le même moment, au même point.

Ce point ne peut être que dans le plan du cercle de la sphère parallèle à son équateur et passant par le point d; ce cercle a pour trace la ligne 5-6 qui est son diamètre, son centre est en g; il est projeté sur l'équateur, rabattu, en tournant autour de sa trace 1-2, dans le cercle ponctué décrit du centre c. Le point d' est sur ce cercle la projection du point d, le rayon c-7 est la trace du méridien de la sphère qui passe par le point d.

Mettant en projection le point d de l'équateur de la calotte sur sa circonférence, rabattue dans le plan des axes en tournant sur sa trace 3-4, il se trouve projeté en d''; l'arc $n\ d''$ mesure l'espace parcouru sur ce même équateur par le point c pour arriver en d. Ainsi le rayon $c\ d''$ est la trace du méridien de la calotte qui passe par le point d; la rotation devant être le tiers de la rotation de la sphère, il faut que le méridien de la sphère qui est parvenu au point d ait parcouru un angle mesuré sur l'équateur de la sphère par un arc triple de celui qui mesure le mouvement du méridien de la calotte qui s'est mû de c en d; il faut, par conséquent, que l'arc 7-8 soit triple de l'arc $d''\ n$.

Le rayon c-8 coupe le cercle ponctué dans le point x', qui, rapporté en x, est la projection horizontale, dans le cercle parallèle de la sphère, du point de cette sphère qui doit être au point d quand le point d de la calotte arrive au même point d.

On trouve de la même manière tous les points de la projection de la courbe à tracer sur la surface de la sphère pour la came f; les deux autres courbes pour les cames f' et f'' sont les mêmes, sinon qu'elles sont de droite et de gauche de cette première à une distance de 60°. Nous ne pousserons pas plus loin cette description du tracé graphique des projections des rainures conductrices qui, d'après ce que nous venons d'indiquer, ne peut plus présenter de difficultés. Dans l'exécution de ce moyen de transmission, les lignes du milieu de chaque rainure sont piquées sur la surface de la sphère par des pointes que l'on substitue aux cames en la faisant tourner sur son axe pour lui donner différentes positions, en même temps qu'on donne à la calotte les positions analogues d'après le rapport des vitesses; par les points obtenus, on fait passer les courbes que l'on trace par parties avec une règle flexible.

Cette combinaison, lorsqu'elle est bien exécutée, transmet la rotation avec beaucoup de régularité et sans la moindre secousse.

V.

ROUES MOTRICES.

Nous donnons le nom de roues motrices aux roues qui reçoivent immédiatement l'application de la force motrice pour la transmettre, par le moyen de l'arbre sur lequel elles sont fixées, aux autres parties des machines. Nous ne pouvons entreprendre de décrire ici toutes les espèces de roues qui ont été inventées et employées avec succès, nous devons nous restreindre à l'indication de celles qui sont les plus remarquables, et qui suffiront, d'ailleurs, pour donner aux charpentiers assez de notions pour qu'ils puissent exécuter toutes les combinaisons nouvelles qui pourraient se présenter dans ce genre de construction.

§ 1. *Roue hydraulique à palettes.*

La figure 15, pl. CL, est une projection, sur un plan perpendiculaire à son axe, d'une roue à palettes; on l'a montrée telle qu'on en a construit pendant longtemps et qu'on en construit encore lorsque les coursiers et les dispositions des machines ne peuvent être changées sans donner lieu à des dépenses que ne compenseraient pas assez rapidement les avantages d'un système plus moderne et mieux entendu.

Les jantes sont formées de plusieurs morceaux assemblés à entailles et boulonnées; elles sont combinées à l'arbre par des rais qui sont assemblés à tenons dans l'arbre et à entailles avec boulons sur les jantes; le tout forme une sorte d'enrayures.

Dans les coursiers étroits, deux enrayures suffisent pour soutenir les aubes; pour des roues d'une grande largeur, on emploie un plus grand nombre d'enrayures.

Les aubes ou palettes sont clouées sur des tasseaux assemblés à tenons passant dans les jantes.

§ 2. *Roue Poncelet.*

La figure 2 est la projection, sur un plan perpendiculaire à son axe, d'une roue construite d'après le système de Poncelet, lieutenant-colonel du génie et membre de l'Académie des sciences (1). Cette roue a été exécutée aux fonderies de Romilly, pour mouvoir des laminoirs, par M. A. Ferry, à la complaisance duquel je dois la communication de cette belle roue qui fonctionne parfaitement bien.

La figure 1 est une coupe par un plan vertical, passant par l'axe de rotation de la roue; elle en fait voir les détails de construction. Cette roue, qui a 5^m,50 de diamètre et à peu près 6 mètres de longueur, est composée de deux plateaux extrêmes comme celui a, et de trois plateaux intermédiaires comme celui b, qui divisent sa longueur en quatre parties égales.

Les plateaux sont formés de deux épaisseurs de madriers, chacune assemblée en coupe, les joints tendant au centre, les deux épaisseurs réunies par des vis à bois et des petits boulons, les joints d'une épaisseur répondant au milieu des longueurs des madriers de l'autre. Ces plateaux, découpés circulairement, forment des jantes A, fig. 2; ces jantes sont combinées à l'arbre c, au moyen de huit rayons B, boulonnés sur leurs faces et reçus sur la circonférence de l'arbre dans des anneaux en fonte de fer D, cintrés sur l'arbre au moyen de coins e qui remplissent l'intervalle entre l'arbre et leurs parois intérieures.

Chaque rais est maintenu dans des encastrements formés sur deux rondelles, l'une fixe en façon d'embase G, qui fait partie de l'anneau dans lequel passe l'arbre; l'autre mobile F, pour qu'elle puisse serrer les rais par le moyen des boulons qui la traversent ainsi que la rondelle ou embase fixe G.

Les tourillons sont en fonte, chacun T est fixé à l'arbre par l'intermédiaire d'une embase M dont il fait partie et qui est boulonnée sur l'anneau G dans lequel passe le bout de l'arbre. Les coins e, dont nous avons parlé servent à ajuster les anneaux de fonte, de façon que les plateaux soient tous exactement cintrés, les rais dégauchis, ainsi que les emplacements des aubes, et pour que la roue tourne *rondement* sur son axe.

La figure 16 est un détail des aubes courbes coupées par un plan perpendiculaire à l'axe de la roue; ces aubes sont tracées par des arcs de cercle, et elles entrent par leurs extrémités dans des rainures circulaires comme elles, creusées au rabot courbe dans les faces des jantes ou plateaux. Pour retirer les aubes assemblées dans les rainures des plateaux, ces plateaux sont eux-même retenus l'un à l'autre et deux à deux par des boulons qui les traversent sous les aubes.

Les aubes d'un intervalle ne correspondant point à celles de l'intervalle contigu, elles occupent le milieu de l'espace entre deux aubes correspondant

---

(1) En 1844; depuis général et décédé en 1867.

sur l'autre face ou plateau, de cette sorte les aubes entre les premier et deuxième plateaux, et celles entre le troisième et le quatrième se correspondent de même que celles entre le deuxième et le troisième, et entre le quatrième et le cinquième se correspondent aussi.

Dans la figure 2, H est l'eau du canal supérieur qui fournit l'eau à la roue; et I le canal inférieur par où l'eau dépensée s'évacue après avoir agi sur les aubes courbes; L, la vanne qui retient l'eau : vu la longueur de la roue, il y a quatre vannes qui répondent chacune à l'intervalle de deux plateaux. K est une crémaillère qui sert à ouvrir une vanne. Au moyen de deux pignons montés sur un même axe horizontal et qu'un engrenage et une manivelle font tourner, on ouvre et on ferme deux vannes à la fois. Cet engrenage est répété pour les deux autres vannes, de façon qu'on peut ouvrir et fermer simultanément les quatre vannes qui occupent ensemble toute la largeur de la roue.

m o mesure la hauteur à laquelle est fixée l'épaisseur de la veine d'eau qui agit sur les aubes. En N est le plancher sur lequel on manœuvre les vannes.

§ 3. Roues à tambour.

On construit des roues dont le pourtour forme une enveloppe cylindrique continue qui compose une sorte de tambour. L'écartement des enrayures est alors suffisant pour contenir un certain nombre d'hommes ou d'animaux; en marchant sur la paroi intérieure du tambour, leur poids, qui tend toujours à venir se placer sous l'axe, fait tourner la roue. Ce système de roue a l'inconvénient que la puissance, c'est-à-dire l'action des hommes ou des animaux, agit constamment sur un bras de levier fort court, en comparaison des raies de la roue, de sorte que ces roues présentent un grand appareil de charpente pour ne produire, en dernier résultat, qu'un médiocre effet.

Souvent, au lieu de former un tambour, on traverse la jante d'une enrayure unique assemblée sur un arbre par une suite d'échelons à égales distances les uns des autres et parallèles à l'axe de la roue. Des hommes montent sur ces échelons, et se meuvent le long de la jante qu'ils conservent entre leurs pieds comme s'ils gravissaient sur une échelle; leur poids tendant à les ramener au-dessous de l'axe, ils font tourner la roue et avec elle l'arbre auquel elle est fixée : on applique souvent ce moyen pour faire tourner un treuil qui sert d'arbre à la roue, et sur lequel s'enveloppe un cordage pour soulever quelque fardeau.

§ 4. Roues à bras.

La figure 3 de la planche CL représente une roue qui est mue à force de bras par les leviers dont sa circonférence est garnie. Les roues de cette espèce sont fréquemment employées en Hollande, sur des axes horizontaux, pour mouvoir des treuils sur lesquels s'enroulent des cordages ou des chaînes pour soulever de pesants fardeaux, ou pour lever les grandes vannes des écluses. Nous donnons le dessin d'une de ces roues, pour faire connaître la composition de son enrayure.

Ces sortes de roues peuvent être employées sur des axes verticaux, lorsqu'il s'agit d'appliquer un grand nombre d'hommes à les mouvoir, afin qu'ils agissent tous sur des leviers de même longueur.

§ 5. Ailes de moulins à vent.

La figure 14 de la planche CL est la projection d'une des ailes d'un moulin à vent, sur un plan perpendiculaire à l'arbre que ces ailes font tourner par l'effet de l'action du vent : l'axe de cet arbre est projeté au point C.

La figure 13 est une seconde projection de la même aile sur un plan passant par l'axe de l'arbre, perpendiculaire au plan précédent, et ayant pour trace, sur ce même plan, la ligne $A\ C$.

La trace du premier plan de projection sur le second est la ligne $A'\ C'$.

La figure 11 est une projection de la tête carrée de l'arbre dans laquelle passent les ailes sur un plan perpendiculaire aux deux premiers plans de projection.

L'arbre carré est traversé par deux pièces aussi carrées qui se croisent en passant l'une sur l'autre; un fragment de l'une de ces pièces est projeté, fig. 11, par les deux lignes $m\ n$, $m'\ n'$, sur la figure 14 par les deux lignes marquées également $m\ n$, $m'\ n'$.

L'autre pièce est projetée, fig. 11, par le rectangle 1-2-3-4, et sur la fig. 14 la moitié de la longueur de cette pièce au moins; celle sur laquelle est établie l'aile que nous avons dessinée est projetée suivant le trapèze très-allongé 1-2-5-6. Ces pièces sont appelées les *volants;* elles ont à leur assemblage dans l'arbre un équarrissage d'environ 3 décimètres dans les grands moulins et une longueur de 13 mètres; lorsqu'on n'a point de bois assez long, ce qui arrive le plus souvent, on allonge les *volants* par des entes que l'on assemble par un trait de Jupiter $p\ q$ dont les écarts sont très-longs et frettés en fer.

A 2 mètres environ de chaque côté de l'arbre, on traverse le volant par une pièce $x\ y$ nommée latte. La projection de cette latte sur la fig. 11, est marquée en $x\ y$; son axe fait avec l'axe de l'arbre un angle de 60°. A l'extrémité du même volant, on établit une autre latte $x'\ y'$, qui est projetée en $x'\ y'$, fig. 11; son axe fait avec l'axe de l'arbre un angle de 80°.

On fait passer par les axes de ces deux lattes une surface gauche de la même nature que celle de la vis. Ainsi l'on suppose que les vingt-sept autres lattes que l'on distribue à des distances égales dans la longueur de l'aile, entre les deux premières, sont toutes de même longueur; on se contente de tracer leurs axes; on les met en projection sur la fig. 11 en divisant les arcs de cercle $x\ x'$, $y\ y'$ en vingt-huit parties égales; chaque point de division donne la position d'un diamètre qui est aussi celle de la projection de l'axe d'une latte, en renvoyant les mêmes points de division sur la projection, fig. 14, aux axes des lattes de même numéro. On a les courbes qui servent d'axes aux pièces $x\ x'\ y\ y'$ dans lesquelles s'assemblent les lattes et que l'on nomme *cotrets*.

L'axe d'un cotret est évidemment une hélice; son équarrissage est de 8 centimètres sur 3, sa plus large face recevant les assemblages des lattes qui ont toutes $2^m,60$ de longueur; leur équarrissage est de 8 centimètres sur 4; leur face la plus large étant perpendiculaire à la surface gauche.

Dans les figures 13 et 14, le seul volant et les lattes sont des pièces droites; les cotrets sont des courbes, puisqu'ils ont pour axes des hélices. Quelquefois les charpentiers de moulins donnent une courbure aux volants dans l'espoir de mettre mieux à profit l'effort du vent.

Dans ce mode de construction, la projection sur le plan perpendiculaire à l'axe de l'arbre, fig. 14, ne change pas, mais la projection sur le plan qui lui est perpendiculaire, fig. 12, change, en ce que c'est dans ce plan que l'on donne la courbure au volant.

La projection de l'aile est déduite de la fig. 13 en projetant les axes des lattes de la fig. 12 sur les prolongements de ceux de la fig. 13, et en comptant leurs mêmes longueurs à partir de la ligne courbe qui représente l'axe du volant. Cette courbe est un arc de cercle auquel on donne pour flèche à peu près un dixième de la longueur du volant : les cotrets sont soumis à l'influence de la courbure du volant.

VI.

VIS D'ARCHIMÈDE.

Quoique la vis d'Archimède soit une machine complète, comme les charpentiers employés sur les travaux hydrauliques sont ordinairement chargés de sa construction et de ses réparations, nous en donnons ici la description. Cette machine a été inventée il y a environ 2080 ans, par le plus grand géomètre de l'antiquité ; elle est composée d'un tube qui s'enveloppe en hélice autour d'un cylindre. Lorsqu'elle est inclinée sous un angle convenable, en la faisant tourner sur son axe elle monte l'eau reçue dans ses tours de spire comme dans des augets, de la même manière qu'une vis en tournant fait marcher son écrou.

La figure 18, pl. CL est la projection verticale ou l'élévation d'une vis d'Archimède montée dans sa cage, espèce de bâti qui permet de la placer où l'on en a besoin et de la mouvoir sur son axe pour qu'elle produise son effet. La cage est composée de quatre montants a réunis par autant de traverses b que la longueur de la machine le comporte ; les assemblages sont consolidés par des équerres en fer.

La figure 17 est une projection de la vis et de sa cage sur un plan dont $x\ y$, fig. 18, est la trace. Les traverses supérieures et inférieures c reçoivent dans leurs milieux d'autres traverses d dans lesquelles passent les tourillons en fer ajustés aux bouts de l'arbre dans son axe.

La vis est composée d'un cylindre creux construit de douves comme un tonneau, avec cette différence qu'il n'a point de bouge, c'est-à-dire qu'il est parfaitement cylindrique d'un bout à l'autre ; au centre est un arbre de la même longueur que le tonneau et également cylindrique. L'espace entre les parois internes du tonneau et l'arbre est occupé par trois canaux ou tubes rectangulaires formés par autant de cloisons en surfaces gauches ayant pour génératrices de leurs surfaces des lignes droites passant par l'axe et perpendiculaires à cet axe, et pour directrices des hélices tracées sur les parois internes du tonneau. Chaque cloison est formée de planchettes minces convenablement taillées suivant le rampant des surfaces gauches et assemblées par des rainures faites sur le noyau et sur les parois internes du tonneau, suivant les mêmes hélices. En faisant tourner la vis au moyen de la manivelle D, l'eau qui est puisée par les tubes en A est dégorgée en B dans une auge C qui la conduit au point où elle doit s'écouler ; cette auge est portée sur l'échafaud E contre lequel s'appuie la cage de la vis.

Des manœuvres impriment le mouvement de rotation à la vis au moyen de la manivelle D, à laquelle ils appliquent la force de leurs bras par l'intermédiaire d'une sorte de bielle à main, fig. 22, que chacun tient par son manche a, tandis que la poignée de la manivelle passe dans le trou b.

La figure 19 est une projection de la vis sur un plan vertical parallèle à son axe ; une partie des douves du tonneau ont été enlevées pour laisser voir la construction de l'intérieur de la vis.

La ligne $m\ t$ est une tangente à la courbe que trace une cloison sur le noyau, et la ligne $m\ n$ est le niveau de la surface de l'eau contenue dans l'auget compris entre deux cloisons, et qui monte en suivant le pas de l'hélice pendant qu'on tourne la vis.

La figure 20 est une coupe par un plan perpendiculaire à l'axe de la vis ; ces deux figures 19 et 20 sont sur une échelle double de celle des figures 17 et 18.

La figure 8 est la projection d'une des planchettes propres à la construction des cloisons intérieures ; ces planchettes se nomment des marches, à cause de leur ressemblance avec les marches d'un escalier sur noyaux.

La figure 10 est le profil d'une marche.

Les fig. 7 et 9 sont ses projections sur ses bouts.

Sur les projections nous avons marqué les traces des surfaces du dessus et du dessous de la marche pour servir à tailler les surfaces gauches.

Les figures 4, 5 et 6 sont relatives au débit du bois pour le préparer à être taillé en marches.

La fig. 6 fait voir qu'il y a économie à débiter plusieurs marches dans le même morceau, en le sciant en biais sur son fil, plutôt qu'à débiter les marches dans des planches, comme elles sont indiquées fig. 4 et 5.

Les Hollandais construisent des vis d'Archimède dans lesquelles le noyau et les cloisons qui y sont fixées tournent seuls ; le tonneau, réduit à la moitié de son développement, reste immobile dans son bâti. Ces sortes de vis sont construites, comme nous l'avons indiqué fig. 21, qui est une projection sur un plan perpendiculaire à l'axe de la vis.

a est le noyau avec son axe.

b, b, b sont les trois cloisons qui y sont fixées par une bande de fer qui s'étend en hélice sur la surface extérieure des cloisons et qui se rattache de loin en loin par des bandes au noyau.

c est le demi-tonneau fixe soutenu par les membrures en charpente de son bâti. Chaque membrure se compose d'une semelle d assemblée par entailles dans les sablières g, de deux montants e et de deux courbes o formant contre-fiches ; les montants sont couronnés de chapeaux h. Les membrures sont écartées de $1^m,50$ les unes des autres, et leur nombre est proportionné à la longueur de la vis qui est supportée par des pieux j lorsqu'elle est en place sous l'angle convenable pour fonctionner.

CHAPITRE XLVII.

NŒUDS.

Les charpentiers font un fréquent usage de cordages dans les diverses manœuvres que l'exécution des différents genres de travaux du ressort de leur art exige.

Il est rare qu'on ait à se servir d'un cordage sans qu'il soit nécessaire de le combiner avec d'autres cordages ou avec divers objets qui font partie des manœuvres ou qui leur prêtent leur secours ou leur appui, ce qui donne lieu à des entrelacements auxquels on a donné le nom de *nœuds*.

Les nœuds sont plus ou moins compliqués et assujettis à des conditions qui dépendent du but pour lequel ils sont faits.

Un bon charpentier ne peut se dispenser de la connaissance complète des nœuds, pour faire usage de ceux qui s'appliquent le mieux aux différents cas que présentent ses manœuvres.

Nous n'avons point à faire la description de l'art du cordier, nous ne pouvons cependant nous dispenser de faire connaître la composition d'un cordage, car, bien qu'un charpentier ne puisse être chargé de fabriquer les cordes qu'il emploie, encore faut-il qu'il connaisse l'objet dont il fait un fréquent usage, qu'il combine de différentes manières, et qu'il est fréquemment obligé de décomposer et de recomposer, pour en former divers assemblages que nécessitent les nœuds.

On fabrique des cordages avec diverses matières et même avec des fils métalliques; mais ceux dont les charpentiers font usage sont toujours composés des parties filamenteuses extraites de divers végétaux, et particulièrement de la plante connue sous le nom de *chanvre*, qui produit la graine appelée *chenevis*.

Une corde est une réunion de fils formés de filaments végétaux répartis également sur sa longueur, liés les uns aux autres sans aucun nœud et par le seul effet de leur frottement réciproque produit par la torsion.

Si l'on compose un long fil de la réunion de plusieurs filaments d'une médiocre étendue, bien qu'on ait le soin de les croiser sur une grande partie de leur longueur, ils n'ont de liaison entre eux qu'autant qu'ils sont suffisamment tortillés ensemble. La torsion, en serrant ces filaments, occasionne entre eux un frottement tel qu'ils ne peuvent glisser l'un sur l'autre dans le cours de leur longueur.

Un fil ainsi formé peut résister à une grande tension, tant qu'il est tordu ; mais, dès que les filaments qui le composent sont abandonnés à leur élasticité naturelle, le fil se détord, la liaison de ces éléments est détruite, il perd toute sa force. Il a donc fallu, pour fabriquer un cordage, trouver un moyen de maintenir la torsion qui unit ses filaments élémentaires ; c'est dans une seconde torsion de plusieurs fils réunis et déjà tordus, que cet important problème a trouvé sa solution, qui est la base de l'art de la corderie.

Si l'on tord séparément deux fils de même longueur au-delà de la torsion nécessaire pour l'union de leurs filaments, qu'on les place l'un à côté de l'autre en liant ensemble leurs bouts qui se correspondent, et qu'on les abandonne simultanément à leur élasticité, elle les sollicite chacun en même temps et avec la même force ; il en résulte que, tournant tous deux pour se détordre, ils se tordent ensemble dans le sens inverse de la première torsion, jusqu'à ce qu'il y ait équilibre entre leurs deux torsions, et ils forment alors un seul cordon qui ne se détordra plus.

Les cordiers ont des machines, sortes de rouets, qui leur servent à filer les matières filamenteuses qu'ils emploient en produisant une torsion qui leur permet d'agir à peu près comme les fileuses au moyen de leurs rouets, sinon que le fil des cordiers est plus gros : il a environ 2 millimètres de diamètre et il prend le nom de *fil de caret*.

D'autres machines servent à *commettre*, c'est-à-dire à réunir ces fils par un accroissement de la torsion première sur chacun, et une torsion inverse sur leur réunion, qui prend, à raison de cette seconde torsion, le nom de *bitord*. La réunion de ces trois fils se nomme *merlin*. La réunion d'un plus grand nombre de fils de caret, par le même procédé, forme des *torons*, et la réunion des torons, toujours par un commettage résultant du même procédé, forme des cordages qui prennent différents noms, suivant leur grosseur et le nombre des torons qui entrent dans leur composition. Ces noms varient suivant les lieux et les usages auxquels ces cordages sont employés ; mais, en général, on donne le nom d'aussière à un cordage résultant de la commissure de plusieurs torons, et le nom de câble à un cordage résultant de la commissure de plusieurs aussières. On conçoit que des fortes torsions en différents sens que produit la commissure, il résulte que les filaments du chanvre sont tellement entortillés les uns avec les autres que leur frottement peut résister aux plus grands efforts, et que la force de chacun de ces filaments concourt à la force de la corde, qui est la somme de toutes les forces partielles.

Les nœuds qui peuvent être faits avec des cordages, doivent être classés comme il suit :
1. Nœuds simples ou élémentaires.
2. Nœuds de jointures.
3. Liens et brelages.
4. Raccourcissements.
5. Amarrages sur arganaux.
6. Amarrages sur pieux.
7. Amarrages de petits cordages, haubans et échelles.
8. Bouts de cordages.
9. Épissures.
10. Ligatures.

Les figures très-détaillées que nous donnons des différents nœuds nous dispensent, pour la plupart, de longues descriptions, et nous nous bornerons à une sorte de légende, en ajoutant néanmoins, pour ceux qui le nécessitent, les explications indispensables pour indiquer comment on les exécute.

§ 1. *Nœuds simples.*

Fig. 1 et 2, pl. CLI. Ganses vues dans deux sens; la plupart des nœuds sont commencés par une ganse.
Fig. 3. Nœud simple commencé.
Fig. 4. Nœud simple fini.
Fig. 5. Nœud allemand commencé.
Fig. 6. Nœud allemand fini.
Fig. 7. Nœud en lacs commencé.
Fig. 8. Le même fini.
Fig. 9. Nœud double commencé; la corde est tortillée deux fois en passant deux fois par la ganse.
Fig. 10. Nœud double vu fini, par devant.
Fig. 11. Le même, vu par le dos.
Fig. 12. Nœud sextuple commencé; la corde est passée six fois dans la ganse : on peut la passer autant de fois qu'on veut, suivant la force et la longueur qu'on veut donner au nœud.
Fig. 13. Nœud sextuple fini; on le serre en tirant la corde par les deux bouts en même temps et avec la même force.

Fig. 14. Nœud de galère; la corde ne passe pas dans la ganse; elle est retenue par un billot en bois *a* qui passe sous la corde *b*, et la soulève en s'appuyant sur les deux côtés *d*, *e* de la ganse.

Fig. 15. Boucle simple; elle sert, comme la ganse, à commencer beaucoup de nœuds.

Fig. 16. Boucle nouée commencée.

Fig. 17. Boucle nouée finie.

Fig. 18. Boucle nouée allemande; le nœud allemand simple des figures 5 et 6 est fait avec la boucle.

Fig. 19. Boucle coulante.

Fig. 20. Boucle coulante à arrêt *a*; le nœud d'arrêt est représenté écarté du nœud *b* de la boucle.

Fig. 21. Boucle coulante fixée par le rapprochement du nœud d'arrêt *a* du nœud *b* de la boucle. Lorsqu'une boucle est tordue sur elle-même, comme dans la fig. 38, elle prend le nom de clef : nous en parlerons au sujet du nœud dans lequel elle est employée, fig. 38.

Fig. 26, pl. CLII. Nœud d'agui à étalingue servant à hisser un homme dans les manœuvres.

Fig. 27. Ganse à œillet coulant *a* et à pomme d'arrêt *b* pour empêcher la boucle de se fermer.

Fig. 28. Ganse coulante à ligature.

Fig. 33, pl. CLI. Nœud à boucle terminant un cordage.

Fig. 48, pl. CLII. Ganse nouée avec ligature pour passer un autre cordage

Fig. 49. Fausse ganse dont on ne fait que très-rarement usage, dans la crainte que les ligatures se rompent.

Fig. 50. Ganse bâtarde formée d'un bout de corde, tenu au cordage par des ligatures.

§ 2. *Nœuds de jointures.*

Fig. 48, pl. CLI. Nœud de tisserand ouvert; on croise les bouts des deux cordes qu'on veut réunir, entre le pouce et l'index de la main gauche, la corde de droite en dessous, c'est-à-dire qu'elle touche l'index de la main gauche, on saisit le cordage de droite pour le faire passer par devant le pouce pour former une ganse en le faisant passer en arrière de son propre bout, et le ramenant sous le pouce où on le tient serré, on relève la ganse pour la rabattre par-dessus et y introduire le bout de l'autre corde, que l'on saisit seule avec ce bout qui forme alors une deuxième ganse entre le pouce et l'index de la même main droite : on serre le nœud en tirant la corde tenue dans la main droite.

Fig. 49. Nœud de tisserand fini.

Fig. 50. Nœud droit commencé.

Fig. 51. Nœud droit fini.

Ce nœud est nommé aussi *nœud de marin* et *nœud plat*. Il est très-bon dans les usages ordinaires et fait avec de petites cordes; mais dans les manœuvres, il n'est solide pour former un joint qu'autant que les bouts sont liés aux cordes dont ils font partie. Il se défait assez aisément en tirant l'un des bouts a' pour le ramener dans la direction de sa corde a; il prend alors la forme représentée fig. 52, dans laquelle la corde a peut glisser sans obstacle dans les deux ganses formées par la corde b. Pour obvier à cet inconvénient, il faut fixer le bout a' à la corde a, et le bout b' à la corde b par des ligatures en fil de caret ou en ficelle.

Fig. 53. Faux nœud, ou nœud de vache, dans lequel les bouts ne sont point croisés symétriquement.

Fig. 54. Forme que prend le nœud dès qu'on fait effort sur les cordes; cette figure fait voir que ce nœud ne vaut rien pour les usages ordinaires. Si l'on fixe les bouts par des ligatures, elles n'ont pas la même solidité que dans le nœud droit, parce que les bouts ne sont pas complétement appliqués le long de leurs cordes.

Fig. 55, 56 et 57. Nœud appelé par les marins nœud à plein poing. La fig. 55 le représente commencé.

Les fig. 56 et 57 le montrent fini ou serré, l'un sur une face, l'autre sur la face opposée, les cordes séparées pour être tendues.

Ce nœud s'emploie pour joindre promptement deux bouts de cordes; jamais il ne glisse ni se dénoue. Mais quand les cordes éprouvent un grand effort de traction, comme elles sont pliées très-court, il est à craindre qu'elles rompent précisément à leur sortie du nœud.

Fig. 58. Jonction par un nœud simple.

Fig. 59. Nœud commencé et non serré. On commence par faire, sur le bout d'une des cordes, un nœud simple, comme celui de la fig. 3, que l'on ne serre pas; on fait ensuite passer le bout de l'autre corde dans la première ganse du nœud commencé, et on lui fait suivre l'autre corde pour sortir avec elle de la seconde ganse. Cet enlacement fait, on tire les deux cordes, le nœud est serré. Je ne me sers point d'un autre nœud pour joindre deux cordes. Je crois être le premier qui ait fait usage de ce nœud; il a l'avantage d'être très-solide, très-facile à faire sans contraindre ni rebrousser les fils de la corde, et dans la tension il maintient les deux cordes sur le même axe à leur sortie du nœud. On peut le compléter en rapprochant les bouts des cordes par de petites ligatures u' et x' qui, au surplus, ne sont point nécessaires à sa solidité, et n'ont pour but que le bon aspect du nœud.

Fig. 60. Jonction du même genre que l'on peut faire en employant le nœud allemand simple de la fig. 5.

Fig. 61. Même jonction avant que le nœud soit serré.

Fig. 62. Joint anglais commencé.

Fig. 63. Le même joint serré, vu par devant.

Fig. 64. Le même, vu par le dos.

Fig. 65. Joint à deux ligatures; ce joint est bon, mais il est long à exécuter. (*Voyez* ci-après la description des ligatures.)

Fig. 32, pl. CLII. Joint de hauban ou nœud de hauban; il est fait au moyen de deux culs de porc. Nous renvoyons, pour l'expliquer, à l'article cul de porc, ci-après, art. 8.

Fig. 60, pl. CLII. Joint par mariage.

a et b, Œillets.

$c\ d$, Mariage.

e, Ligature.

Fig. 62. Joint par rondelle; la corde a passe dans la boucle de la corde b, elle traverse la rondelle c où elle est arrêtée par un nœud simple.

Fig. 64. Rondelle.

Fig. 63. Joint par quinçonneau.

La corde b estrope le quinçonneau e, son bout est épissé sur elle-même et couvert d'une garniture en fil de caret; cette corde et son quinçonneau sont passés dans la boucle épissée f de la corde g.

Fig. 66. Quinçonneau figuré séparément et avant d'être estropé.

Fig. 40. Quinçonneau percé pour servir comme une rondelle.

Les rondelles et les quinçonneaux sont employés pour des joints qu'on doit établir et interrompre à volonté.

Fig. 39. Cosse en fer vue sur deux sens.

Fig. 71. Cosse en bois.

Fig. 59. Coupe d'une cosse en bois.

Fig. 65. Joint par *cosse* sphérique, chaque boucle a, b est formée par ligatures ou par épissures, et elle enveloppe la cosse c.

Fig. 10 et 11. Cosse vue sur deux sens pour montrer la disposition de ses gorges.

Ce joint a l'avantage de ne point fatiguer les cordes et d'éviter qu'elles se coupent mutuellement, ce qui arriverait si les boucles passaient l'une dans l'autre et se joignaient sans l'intermédiaire de la cosse.

Fig. 73. Joint par *caps-de-mouton*.

Les caps-de-mouton a et b sont estropés par les cordages c, e, qu'il s'agit de joindre; les petits cordages ou rides d qui passent dans leurs trous servent à former la jonction, et à donner, en les serrant, la tension nécessaire aux cordages. Les bouts de ces petits cordages sont liés aux cordes principales.

Le plus souvent, l'un des caps-de-mouton est tenu par une ferrure qui l'entoure au point sur lequel on veut fixer et tendre le cordage qui est ordinairement un *hauban*.

Fig. 49. Cap-de-mouton représenté par deux projections.

§ 3. *Liens et brellages.*

Fig. 34, pl. CLI. Nœud simple commencé.

Fig. 25. Nœud simple achevé.

Ce nœud est le même que celui de la figure 54, sinon qu'il est fait sur la même corde qui entoure et lie un objet *A*. Pour faire ce nœud, il faut que, par une pression auxiliaire produite par un aide, le premier nœud simple soit maintenu serré.

Fig. 36. Même nœud à deux boucles, vulgairement connu sous le nom de *rosette*.

Cette disposition donne la facilité de dénouer sans peine, puisqu'il suffit de tirer les bouts *a*, *b* pour défaire les boucles *c*, *d*, et réduire ce nœud au nœud simple de la fig. 34 du nœud commencé.

Fig. 37. Nœud à une seule boucle qui donne également la facilité de dénouer.

Lorsqu'on fait le nœud droit sans boucles ou avec boucles, il faut avoir attention de passer les boucles exactement comme dans le nœud droit simple, autrement on ferait un nœud de vache ou rosette de vache qui n'a aucune solidité.

Fig. 38. Nœud coulant sur double clef.

Nous avons déjà dit que la clef est une boucle tordue sur elle-même; la clef est double ou triple lorsqu'elle est tordue deux ou trois fois. Cette torsion a pour but de retenir le bout engagé sous la corde par frottement sur la corde et sur l'objet enveloppé. Ce frottement augmente avec la pression que le nœud coulant produit dans les tours de clef; il est tel qu'aucune force ne peut faire *déraper* la clef.

Fig. 39. Nœud coulant à boucle sur deux brins.

Fig. 40. Nœud coulant sur deux brins avec nœud d'arrêt qu'on ne peut dénouer sans l'épissoir, fig. 34 et 39, pl. CLII.

Fig. 41. Nœud coulant sur deux brins avec nœud d'arrêt à boucles coulantes qui donnent le moyen de dénouer en tirant les deux bouts de la corde.

Fig. 42. Nœud coulant fixé par un nœud allemand.

Lorsqu'on veut ceindre un objet par un nœud coulant, il faut, avant de serrer le nœud coulant, passer sous le cordage le bout qui doit faire le nœud d'arrêt, vu qu'on ne pourrait pas le passer lorsque le nœud coulant est serré.

Fig. 43. Nœud tors simple.

La torsion que l'on donne aux deux bouts de la corde, dans cette disposition, produit entre eux et l'objet un frottement tel que ce nœud peut rester assez de temps pour faire le second nœud tors simple qui complète la ligature.

Fig. 44. Nœud tors double qui est employé pour qu'on puisse le faire sans aucun aide pour maintenir le nœud.

Fig. 46. Ligature dite nœud d'artificier.

Ce nom lui vient de ce qu'il est employé par les artificiers pour former les ligatures des artifices, parce que, dès qu'il est serré, il ne peut plus se desserrer par suite du grand frottement éprouvé par les bouts du cordage.

Fig. 45. Disposition des ganses dans le nœud d'artificier quand on peut le préparer de cette manière avant de le passer sur l'objet à lier.

Fig. 47. Nœud d'artificier double qui serre avec plus de stabilité.

Le nœud de bombardier, que nous n'avons point figuré, ne diffère du nœud d'artificier qu'en ce que les bouts du cordage sont croisés en nœud simple, avant de sortir de dessous la ganse qui les croise, fig. 46.

Fig. 6, pl. CLV. Portugaise.

On donne ce nom à la ligature qui réunit deux bigues égales pour faire usage comme d'une chèvre; ce lien doit être assez serré pour qu'aucune des deux bigues ne glisse sur l'autre. La combinaison de ces deux bigues donne le moyen de rendre le nœud invariable.

Les fig. 4 et 5 montrent ce nœud commencé.

Dans la fig. 4, les deux bigues sont projetées l'une sur l'autre sur le plan perpendiculaire au plan de la fig. 5; dans cette figure, elles sont projetées à plat l'une à côté de l'autre sur le plan du dessin.

Une ligature simple formée de plusieurs tours d'un cordage de moyenne grosseur les enveloppe; les abouts des cordages sont tordus et enlacés dans les derniers tours; lorsque la ligature est faite, on écarte les bigues en les croisant à la manière d'une croix de Saint-André. Par ce moyen, la ligature sert fortement les deux bigues; pour achever de la consolider, on l'entoure d'un collier fait de plusieurs tours d'un petit cordage passant entre les bigues et dont les bouts sont noués.

Fig. 7. Brellage à garrot.

Les brellages sont des sortes de liens employés pour réunir ou assembler des pièces de bois.

a, Brellage commencé.

On fait plusieurs tours de cordage autour des pièces de bois à breller; les bouts sont arrêtés en les passant sous ces tours.

b, Brellage achevé.

On a passé le bout d'un bâton cylindrique *m n* appelé garrot, sous le brellage commencé; on a peu serré le brellage, afin de laisser le passage du garrot, et qu'il puisse remplir son office.

Le garrot est tourné de façon qu'en passant par-dessus le brellage, il tortille ensemble tous ses tours; en tournant ainsi le garrot *m n*, sur lequel on agit comme sur un levier, on serre autant qu'on le veut le brellage. Lorsqu'il est suffisamment serré, on attache le plus long bout du garrot à un point fixe par le moyen d'un cordon *p q*, afin qu'il ne se détourne pas. Il faut avoir attention de ne pas tourner le garrot un plus grand nombre de tours que celui nécessaire à la solidité du brellage, un excès de torsion romprait tous les liens.

Lorsque la sécheresse fait lâcher le brellage, on resserre un peu le garrot en lui faisant faire le nombre de tours ou la partie de tours que le raffermissement du brellage exige.

§ 4. *Raccourcissement.*

Il arrive fréquemment que, dans le cours d'une manœuvre, l'étendue d'un cordage est trop considérable et que sa réduction immédiate est nécessaire sans cependant le couper; les nœuds de raccourcissement ont cette réduction pour objet.

Fig. 22, pl. CLI. Boucle double pour commencer le nœud tressé.

Fig. 23. Nœud tressé ou tresse.

On fait ce nœud en tordant alternativement d'un demi-tour sur la droite et d'un demi-tour sur la gauche les deux cordons *a* et *b*, et en passant entre eux, à chaque torsion, le cordon *c*.

Fig. 24. Nœud de chaînette ou chaînette.

Ce nœud est composé d'une suite de boucles passées l'une dans l'autre; la dernière est toujours faite en passant la corde dans la boucle précédemment formée. La chaînette peut être terminée par un nœud d'arrêt qui consiste à passer complétement la corde dans la dernière boucle; on peut l'arrêter aussi par un billot comme dans le nœud de galère, fig. 14.

Fig. 25. Nœud de chaînettes doubles.

Fig. 26. Le même tendu.

Ce nœud s'exécute par des ganses successives, formées en passant alternativement à droite et à gauche le bout de la corde dans la pénultième ganse.

Fig. 66. Raccourcissement à boucles et à ganses.

Ce nœud ne peut être fait que lorsqu'un bout du cordage est libre.

Fig. 67. Raccourcissement à nœud de galère.

Ce raccourcissement peut être fait quoique aucun des deux bouts du cordage ne soit libre.

Fig. 68. Raccourcissement par double boucle, avec ligatures.

Fig. 69. Raccourcissement par double boucle, passant dans des nœuds.

Le raccourcissement ne peut être pratiqué que si l'un des bouts est libre.

Fig. 70. Raccourcissement à jambes de chien.

Ce raccourcissement peut se faire, quoique les bouts ne soient point libres; mais il est dangereux, parce que les ganses a ou b peuvent faire plier les jambes de chien d ou e, et alors elles échappent ou dérapent. Pour le consolider, il faut fixer les jambes de chien aux cordes en x et y par des ligatures en bonne ficelle.

Fig. 73. Nœud à jambes de chien que j'arrête en galère; ce qui dispense des ligatures.

Fig. 74. Nœud plein, sur trois brins, qui forme deux boucles.

Ce nœud ne peut être fait que lorsqu'un des bouts du cordage est libre.

§ 5. *Amarrages sur arganeaux.*

Les arganeaux sont de gros anneaux après lesquels on amarre ou attache les cordages par un bout, pour retenir les objets auxquels ils sont fixés par l'autre bout.

Fig. 27, pl. CLI. Amarre en tête d'alouette.

Fig. 83. Tête d'alouette avec ligature.

Fig. 84. Tête d'alouette croisée.

Fig. 28. Amarre en tête d'alouette à double ganse.

Fig. 29. Amarre en tête d'alouette sur boucle de galère; cette amarre a l'avantage qu'on peut désamarrer subitement en enlevant le billot qui constitue le nœud d'alouette.

Fig. 30. Tête d'alouette triple.

Fig. 31. Amarre en boucle simple, à nœud de galère.

Fig. 32. Amarre par nœud coulant croisé.

Fig. 71. Nœud pour amarrer sur deux anneaux : on le nomme, dans l'artillerie, nœud de prolonge.

Fig. 81. Amarre à nœud coulant sur boucle.

Fig. 82. Nœud de cabestan.
Fig. 72. Nœud de cabestan à clef.
Fig. 23, pl. CLII. Etalingure ou entalingure coulante à nœud marin.
Fig. 24. Etalingure ou entalingure fixe.
Fig. 75 et 76, pl. CLI. Nœud de marine.
Fig. 77 et 78. Nœud de réverbère.
Fig. 79. Amarre à nœud coulant simple.
Fig. 80. Amarre avec ligature.

§ 6. *Amarrages sur pieux.*

Fig. 56, pl. CLII. Amarre simple à ligature.
Fig. 61. Amarre en tête d'alouette à nœud coulant.
Fig. 53. Nœud de batelier.
Fig. 55. Amarrage à clef.
Fig. 74. Amarrage à chaînette.
Fig. 72. Amarrage à chaînette double.
Fig. 67. Amarrage à cloches.
Fig. 57. Amarrage à boucle; on peut amarrer et désamarrer sans défaire la ligature de la boucle.

L'amarrage s'établit en faisant suivre à la longue boucle le contour indiqué par les chiffres 1-2-3-4-5, et se terminant par la boucle 6-7-6, que l'on passe en dernier lieu sur la tête du pieu A : l'amarrage se termine, en serrant ses tours en sens inverse.

Pour démarrer, on donne du lâche au câble et à ses tours, jusqu'à ce qu'on puisse repasser la boucle 6-7-6 sur la tête du pieu A, et l'on défait les tours dans l'ordre 5-4-3-2-1 inverse de celui sur lequel on les a faits.

Fig. 68. Amarrage carré; lorsqu'on a fait suivre au câble autour du pieu A et de la traverse C sans croiser le câble, les contours dans l'ordre 1-2-3-4-5-6-7, on attache le bout par une ligature.

Fig. 70. Amarrage croisé; les contours du câble passant devant le pieu B sont croisés derrière la traverse C, suivant l'ordre 1-2-3-4-5-6-7-8, le bout 8 est fixé au câble.

§ 7. *Amarrage de petits cordages.*

Fig. 54, pl. CLII. Amarrage à chevillots; a, chevillots ou *cavillots;* b, petit cordage fixé par un amarrage croisé.

NŒUDS.

Fig. 52. Taquet à corne fixé avec des vis ou des clous rivés sur une lisse en bois pour amarrer des petits cordages.

Fig. 47. Taquet à cornes pour être fixé sur un cordage.

Fig. 43. Le même taquet fixé par trois ligatures sur un cordage.

Fig. 44. Le même taquet portant l'amarrage d'un petit cordage.

Fig. 42. Amarrage variable; en redressant le billot $a\ f$ horizontalement, on peut le faire glisser le long du cordage b; en le haussant ou le baissant, on monte ou l'on abaisse le poids c, le cordage b passant sur les deux poulies d; dès que l'on abandonne le billot $a\ f$, auquel le cordage est fixé par un nœud f, il prend la position inclinée indiquée dans la figure : le frottement qui en résulte dans le trou e où passe le cordage b, suffit pour fixer le billot $a\ f$ et maintenir le poids c immobile.

Fig. 45. Billot $a\ f$ de la figure précédente, figuré sur une des faces dans lesquelles il est traversé par les deux trous qui reçoivent la corde d'amarrage variable.

Fig. 46. Manœuvre courante sur câble.

Fig. 54. Pomme gougée de la fig. 46.

Fig. 31. Amarrages simples sur cordage.

Fig. 41. Amarrage à chaînette.

Fig. 37. Amarrage d'un levier sur un cordage.

Ces trois amarrages sont employés pour haler sur un gros cordage, et appliquer à cette manœuvre les efforts de plusieurs hommes.

Fig. 1, pl. CXXV. Nœud d'échelon, vu de face.

Fig. 2. Le même vu de profil.

Fig. 3. Le même, avant d'être serré.

Fig. 4. Fragment d'une échelle de corde à deux brins; les échelons sont fixés par le nœud des figures 1 et 2.

Fig. 12. Deux bouts d'échelons garnis de roulettes pour éloigner l'échelle des corps contre lesquels elle est appliquée.

Fig. 13. Fragment d'une échelle à un seul brin; des billots tiennent lieu d'échelons.

Lorsqu'on traverse plusieurs haubans fortement tendus par des cordages plus minces, qui leur sont amarrés par demi-clefs; ces cordages, nommés *enfléchures*, forment des échelons qui servent à monter le long des haubans.

§ 8. *Bouts de cordages.*

Lorsqu'on fait un fréquent usage du bout d'un cordage, ses torons se séparent et se détordent, et l'on ne peut plus s'en servir. Pour prévenir cette dégradation, on emploie plusieurs moyens, suivant le service auquel le cordage est employé.

On peut se contenter de lier ensemble les torons par une ligature simple, fig. 21, pl. CLV, consistant en plusieurs tours de ficelle très-serrés, et dont les bouts sont rentrés dans le cordage et sous les tours de la ligature.

La figure 20 montre cette ligature commencée, et le procédé mis en pratique pour que les deux bouts du cordon qui a servi à faire la ligature se trouvent pris et arrêtés sous cette ligature.

Les premiers tours de la ligature sont faits par-dessus un des bouts du cordon, qui se trouve ainsi retenu fortement : pour que le second bout soit également pris fortement sous un certain nombre de tours, on établit les derniers sur un mandrin p qui permet, en écartant les tours du cordon, d'insinuer son second bout en dessous. Lorsqu'on a fait un nombre suffisant de tours, et que le bout du cordon est passé, on ôte le mandrin, on serre les tours un à un, et le dernier bout est fortement tiré pour le faire rentrer complétement dans la ligature, on coupe ce qui dépasse.

Fig. 1, pl. CLII. Boucle faite en fabriquant le cordage.

Fig. 4. Double boucle également faite en fabriquant le cordage.

Fig. 5. Boucle épissée. Les torons du câble replié sur lui-même, sont entrelacés dans leurs propres tours à la manière des épissures.

Fig. 2. Queue-de-rat, qui a pour objet de faciliter l'introduction d'un cordage dans un trou étroit qu'il doit traverser.

Pour faire une queue-de-rat, on détord le cordage sur une longueur suffisante, afin d'amincir les torons en supprimant leurs fils sur leur longueur, au fur et à mesure qu'on les retord pour les commettre de nouveau, et former ainsi un cordage qui diminue de diamètre jusqu'à son extrémité, que l'on termine par une boucle en faisant rentrer les bouts des fils dans la queue-de-rat, par entrelacement, pour ne point les couper parce que la queue-de-rat serait moins solide. On la termine par une petite ligature.

Fig. 3. Queue-de-rat recouverte par un entrelacement qui a pour objet de la fortifier. Cet entrelacement est formé avec du cordage très-menu étendu le long de la queue-de-rat en l'attachant d'un bout à la petite boucle, de l'autre aux torons de la base; un autre bout de cordage passe entre ceux-ci, et forme comme une grosse toile tout autour de la queue-de-rat.

Fig. 6, pl. CLII. Ligature pour préparer le bout d'un cordage à quatre torons.

Fig. 7. Bout terminé, les torons sont noués entre eux en formant des ganses l'un sur l'autre.

Fig. 13. Autre moyen de terminer le bout en liant les torons par une ligature de plusieurs tours de cordons, après les avoir rabattus le long du câble.

Fig. 8. Préparation pour former le bout en entrelaçant les torons.

Fig. 14. Entrelacement commencé par une passe.

Fig. 12. Entrelacement continué sur deux passes.

Fig. 9. Entrelacement terminé, mais non serré.

Fig. 17. Entrelacement serré.

Fig. 15. Le même fini, bouts étant engagés sous les torons, comme dans les épissures.

Fig. 16. Cul-de-porc commencé.

Fig. 18. Le même, les passes serrées.

Fig. 20. Cul-de-porc terminé; on passe les bouts des torons les uns dessous les autres comme s'ils étaient commis pour former un bourrelet, puis on les fait sortir dans l'axe du cordage, où ils sont réunis par une ligature et coupés égaux.

Fig. 21. Cul-de-porc en tête de mort. Au lieu de tenir les bouts par une ligature, on les enlace de nouveau, comme dans la fig. 16, l'un se trouve pris sous l'autre.

Fig. 22. Cul-de-porc à tête ou nid d'alouette; on fait ce bout sur un cordage façonné en câble, qui a un grand nombre de torons qu'on enlace au-dessus du bourrelet, de façon que les torons soient noués les uns sous les autres.

Le cul-de-porc a pour objet de former un boulon au bout d'un cordage.

Il sert aussi à unir deux cordages, comme nous en avons représenté deux, fig. 32, qui forment le nœud de hauban. Dans ces deux culs-de-porc, les torons sont croisés avant de faire les boutons; ainsi le bouton a' est fait avec les torons du cordage a, et le bouton b' avec ceux du cordage b.

Fig. 25. Nœud simple sur cordage double.

§ 9. *Épissures.*

On a souvent besoin d'allonger des cordages pour satisfaire aux exigences des manœuvres, et cependant les jointures deviendraient gênantes et rendraient même l'usage du cordage impossible, si elles devaient traverser des ouvertures qui ne permettraient pas le passage des nœuds que nous avons décrits dans le 2° article ci-dessus. On a recours, dans ce cas, à un moyen de jonction que l'on a nommé épissure, probablement à cause de sa ressemblance avec des épis de blé. L'épissure forme un joint qui n'est guère plus gros que la corde, et dans quelques cas, qui est exactement de la même grosseur.

On distingue plusieurs sortes d'épissures, suivant le mode employé pour leur exécution.

La fig. 29 est une épissure courte; elle est courte parce qu'elle occupe peu d'étendue, et qu'elle est d'ailleurs rapidement faite.

La fig. 33 est la préparation des bouts de corde, aussi bien pour faire le nœud de hauban, fig. 32, que pour exécuter l'épissure, fig. 29.

Lorsque les torons sont détordus, on approche les deux bouts du cordage l'un de l'autre, le plus serré possible, puis on passe les bouts d'un cordage entre les torons de l'autre, alternativement en dessus et en dessous, de manière à former l'entrelacement représenté figure 29. Cette épissure, qui ne manque pas cependant de solidité, n'est employée que lorsque le temps manque pour faire l'épissure longue, qui est la plus parfaite.

Fig. 30. Épissure longue; elle occupe la longueur du cordage de A en B.

On détord les torons de chacun des cordages qu'on veut joindre, sur une longueur égale à environ la moitié de la longueur que l'on veut donner à l'épissure, et l'on approche les deux cordages l'un de l'autre en passant chaque toron d'un cordage dans l'intervalle de deux torons de l'autre cordage.

La figure 36 représente l'arrangement de ces torons après cette opération.

La figure 39 représente deux torons a et b, des cordes A, B, noués ensemble, et aussi fortement serrés que possible; on détord un toron a' de la corde A sur une partie de la moitié de la longueur de l'épissure, et l'on commet, en le tordant fortement, le cordon b' de la corde B dans le vide laissé par le cordon a'. Lorsque le toron b' a joint le toron a', on les noue fortement ensemble.

Cette opération est censée faite du côté de la corde B, où le toron a'' de la corde A se trouve noué avec le toron b'' de la corde B. Lorsque tous les torons sont noués ainsi deux à deux, on les entrelace dans les torons du câble. Ainsi les torons a, a', a'' sont entrelacés en passant alternativement en dessus et en dessous des torons de la corde B, et en les entortillant quelquefois : de même les torons b, b', b'' passent alternativement en dessus et en dessous des torons de la corde A, et même les entortillent quelquefois. On a soin que les passes et les nœuds ne correspondent pas à un même point; on finit par amincir les torons, afin qu'ils se perdent en les entortillant dans la masse des cordages épissés, et l'on coupe les excédants qui dépassent leur surface.

Cette épissure s'emploie pour raboutir les parties d'un cordage dont on a supprimé quelques parties détériorées.

En quelque occasion et dans quelque partie d'un cordage qu'on emploie cette épissure, elle a la même solidité que le cordage même.

La figure 38 est une épissure renflée; elle se commence comme les autres, en assemblant les cordages bout à bout, les torons de l'un passés dans les intervalles des torons de l'autre; mais on a préalablement effilé les torons comme pour la queue-de-rat, et on les commet deux à deux, les uns sur les autres, en même temps dans le cordage en les tordant fortement, et en les entortillant au moyen de l'épissoir, qui leur ouvre le passage. L'inconvénient de cette épissure est d'être plus grosse que le cordage ; mais lorsqu'on la fait suffisamment longue en ne dégradant que lentement la grosseur des torons, elle a une grande solidité.

Fig. 34 et 35. Épissoirs; outils en bois, en corne ou en fer, qui servent à écarter les torons d'une corde pour passer et commettre ceux de l'autre.

§ 10. *Ligatures.*

Fg. 12, pl. CLV. Ligature simple, vue en dessus.

Fig. 13. La même figure vue en dessous avec son nœud.

Fig. 14. Ligature avec bouts noyés commencée; une boucle est passée sous les tours pour saisir et rentrer le bout du cordon.

Fig. 15. La même ligature achevée.

Fig. 16. Ligature à boucles noyées commencée; l'une des boucles sert à faire rentrer l'autre.

Fig. 17. La même ligature achevée.

Fig. 18. Ligature à collier, vue en dessus.

Fig. 19. La même ligature vue en dessous. Le collier a pour objet de serrer les tours d'autant plus que la tension des cordages augmente.

CHAPITRE XLVIII.

MACHINES EMPLOYÉES PAR LES CHARPENTIERS.

Les machines dont les charpentiers font usage dans leurs travaux sont très-simples et en petit nombre; savoir :
Les leviers;
Les crics;
Les poulies et les moufles;
Les cabestans ou vindas;
Les treuils;
Les vérins;
Les chèvres et les bigues;
Les sonnettes à battre et à arracher les pieux.

I.

PETITES MACHINES.

§ 1. *Les leviers.*

Les leviers sont de deux espèces : les leviers à main et les barres. Le levier à main est une petite pièce de bois, ordinairement de frêne, dont un bout est arrondi pour que les mains puissent s'y appliquer sans être blessées; l'autre extrémité du levier est équarrie un peu plus large dans un sens que dans l'autre, et plus mince au bout que vers le corps du levier.

Les leviers de cette espèce servent toutes les fois qu'il ne s'agit que d'un médiocre effort, soit pour soulever une pièce de bois ou tout autre fardeau, soit pour faire tourner un treuil sur son axe. Nous avons figuré un levier à main, par deux projections sous le n° 39 de la planche CLIII. Sa longueur est de 1^m,80.

Pour soulever une pièce de bois sans la faire déverser, un charpentier se place de chaque côté et embarre avec un levier, tous deux agissent également. Pour la faire avancer suivant la direction de sa longueur, la pièce posant sur un chantier, ils embarrent les leviers faisant un angle obtus du côté où ils veulent faire avancer la pièce, puis la soulevant et agissant ensemble, ils changent l'angle obtus en angle aigu, ce qui entraîne la pièce. Ils la laissent reposer sur le chantier et recommencent la même manœuvre : on appelle le mouvement ainsi produit, *nager*.

Les grands leviers ou barres sont la plupart du temps des pièces de bois simplement équarries, leurs arêtes abattues pour qu'elles ne blessent pas les mains. Quelquefois on leur donne un équarrissage moindre aux extrémités qu'au milieu, et l'on arrondit même les bouts; mais c'est un soin superflu. C'est au moyen de ces leviers qu'on fait tourner les cabestans dont nous parlerons plus loin.

§ 2. *Poulies.*

Une *poulie* est une petite roue, massive ou évidée, en bois ou en métal, tournant sur un axe en fer, comprise dans une chape, et sur la circonférence de laquelle une gorge est creusée pour recevoir un cordage dont elle facilite le mouvement, lorsque la direction suivant laquelle ce cordage fait effort, en tirant, doit changer (1).

Lorsque plusieurs poulies sont comprises dans une même chape, soit sur un seul axe commun, soit sur différents axes parallèles, leur réunion se nomme moufle à cause de leur chape commune (2).

La combinaison de plusieurs poulies ou de plusieurs moufles séparées, combinées avec des cordages, se nomme un palan.

Nous ne pouvons entrer ici dans des détails qui appartiennent à un traité de mécanique; nous nous bornons à indiquer celles de nos figures dans lesquelles des palans sont représentés; savoir :

Figure 9, planche XII; figure 3, planche CXXVIII, et plusieurs figures de la planche CXL.

---

(1) On fait dériver le nom de *poulie* du nom donné au même objet dans la langue anglaise, *pulley*, fait du verbe *to pull*, tirer.

La poulie était connue des anciens : les Grecs l'appelaient τροχαλια, et les Romains *trochlea*.

(2) De l'allemand *muff*, *muffel*, manchon, gant.

§ 3. Crics.

Un cric est une machine dont on fait un fréquent usage à cause de son petit volume qui le rend maniable, d'un transport facile, et surtout à cause de sa grande puissance ; nous avons représenté, fig. 1 et 2, pl. CLV, un cric ordinaire, ou cric simple, par deux projections verticales.

Ce cric est formé d'une pièce de bois a, qui est le corps de la machine dans laquelle glisse une forte barre de fer b dentée sur un de ses côtés.

Les dents de cette barre engrènent dans celles d'un pignon sur l'axe duquel est une manivelle c, à laquelle on applique la main pour la faire tourner ; ce mouvement transmis à la barre dentée, il la fait monter ou descendre dans le corps du cric suivant le sens dans lequel on a fait tourner la manivelle.

Le haut de la barre est surmonté d'une sorte de croissant en fer tournant sur l'axe de la barre ; ce croissant sert à appliquer, d'une manière solide, le cric contre les objets qu'on veut soulever. Au bas de la barre se trouve une griffe qui fait corps avec elle et saille au dehors du cric ; cette griffe sert à soulever les fardeaux, en les saisissant en dessous par le point le plus bas.

Un cric est représenté fonctionnant dans la figure 8 de la planche CLV, et dans la figure 4 de la planche CLVI.

On construit des crics composés dans lesquels les engrenages accroissent la force transmise par la manivelle ; ordinairement le pignon de la manivelle est engrené dans une roue dentée, et cette roue entraîne un pignon qui lui est concentrique et dont les dents engrènent dans celles de la barre ; dans l'un et l'autre cric un encliquetage retient la manivelle dans la position qu'on lui a donnée, pour que le poids du fardeau ne fasse pas descendre la barre et qu'elle se maintienne à la hauteur où l'on veut l'arrêter.

On fait aussi des crics à vis dans lesquels la tige de fer est une vis sur la plus grande partie de sa longueur ; elle passe dans un écrou qui lui est perpendiculaire et dont la circonférence est taillée convenablement pour qu'une vis sans fin lui soit appliquée ; la manivelle est placée sur l'axe de cette vis. On produit avec ce cric un effort extrêmement grand ; la puissance de ce cric peut être augmentée en lui ajoutant intérieurement des engrenages ou même une seconde vis sans fin avec sa roue.

§ 4. Vérins.

Le vérin est composé d'une seule ou deux vis suivant le service auquel on le destine ; il sert à soulever les plus pesants fardeaux. Le plus souvent on réunit plusieurs vérins pour concourir au même effet en les faisant agir simultanément; on fait agir les vis en faisant effort sur des leviers passés dans les mortaises de leurs têtes. On emploie les vérins à soulever des parties de constructions sans craindre leur dislocation, à cause de la lenteur et de l'uniformité du mouvement.

Nous avons représenté, fig. 31 de la pl. III, un vérin à deux vis, en usage dans l'exploitation des forêts; il peut servir également bien dans diverses manœuvres pratiquées par les charpentiers. Les machines à vis qui sont figurées, sous les numéros 36 et 37, pl. CLIII, comme arrache-pieux, sont des vérins qui peuvent être employés dans d'autres travaux, vu qu'ils sont construits d'après les mêmes principes.

§ 5. *Chevrettes.*

La chevrette, ou petite chèvre, est une petite machine dont les charrons, les carrossiers et ceux qui ont soin des voitures font un fréquent usage, et dont les charpentiers se servent dans quelques pays. Nous l'avons représentée en projection verticale, vue de côté, fig. 3, pl. CLV; elle est composée d'une longe pièce de bois $a\,b$, arrondie pour être plus maniable, qui forme le corps de la machine, d'un pied $c\,d$ et d'une queue ou levier $e\,b\,c$.

Le pied est projeté, fig 9, sur un plan parallèle à ses hanches.

Ces trois pièces sont unies par deux boulons b, c qui servent d'axes à leurs mouvements.

Pour faire usage de la chevrette, on engage le corps $a\,b$ sous l'objet à soulever, après l'avoir préalablement abaissé en relevant suffisamment le levier. Nous avons représenté la position de la chèvre en lignes ponctuées, $a\,b', c'\,d, b'\,c'\,e'$, pour soulever une pièce de bois dont le bout est figuré par le rectangle A'; en abattant le levier, la chèvre prend la position $a\,b\,c\,d\,e$ marquée en traits pleins, et le corps A' est soulevé dans la position A.

La forme coudée du levier fait que, lorsque sa queue est appuyée contre l'épars du pied, le boulon du centre de rotation b', qui est en avant du point d'appui c, passe en arrière de ce point en b, et la machine reste immobile; le fardeau A n'est pas soulevé d'une grande hauteur, mais on voit qu'il n'est besoin que d'un faible effort pour le soulever, et s'il faut l'élever davantage, après l'avoir calé, on répète l'opération que nous venons de décrire. On peut élever la chèvre sur des cales ou choisir sur le corps $a\,b$ un point d'application A'' plus rapproché du haut, ou enfin interposer une cale entre le corps A et celui de la chèvre. Une cheville A'' sert quelquefois à empêcher le corps de glisser.

II. — 76

II.

CHÈVRES, TREUILS ET CABESTANS.

§ 1. *Chèvre d'artillerie.*

Les chèvres sont des machines qui servent à élever les pièces de charpente à de grandes hauteurs; il y en a de deux espèces : les chèvres à pieds, qui sont imitées de celles dont on fait usage dans l'artillerie pour les différentes manœuvres de force, utiles pour placer les canons sur leurs affûts ou de lourds fardeaux sur des voitures. Nous avons représenté une chèvre de cette espèce, fig. 18, pl. CLIV, en projection sur un plan parallèle à l'assemblage de charpentes qui la compose; les pièces a sont les hanches, elles forment avec le sol un triangle isocèle et sont réunies par leurs sommets à plat-joint et maintenues par une bande de fer et des boulons; leurs pieds sont frettés et garnis chacun d'une pointe pour les empêcher de glisser sur le sol. Des épars b empêchent l'écartement et la flexion des hanches; ils sont retenus en assemblage par des clefs en bois; entre les hanches et près de la tête de la chèvre sont deux poulies sur le même axe. A la hauteur de $1^m,20$ du sol est un treuil à deux têtes c dont les tourillons portent dans des chantignoles fixées par des boulons aux hanches, et qui, d'ailleurs, ne peuvent remonter à cause de l'inclinaison de leurs joints avec les hanches; ce treuil reçoit plusieurs tours d'un câble qui, après avoir passé sur la poulie, ou même être combiné en palan avec moufles, suspend le fardeau à enlever.

Dans la figure 21 nous avons représenté la même chèvre vue de profil et appuyée sur la pièce d, nommée *pied-de-chèvre*, qui doit faire avec le sol à peu près le même angle que les hanches de la chèvre. Nous avons figuré trois hommes manœuvrant sur le treuil pour élever le fardeau e que nous avons supposé être une pièce de bois; deux de ces ouvriers sont chargés d'embarrer leurs leviers l'un après l'autre pour faire tourner le treuil; chacun ne doit désembarrer son levier que lorsqu'il est certain que son camarade a bien embarré le sien. Le câble f ne faisant que quelques tours sur le treuil, il pourrait être à craindre qu'il glissât sur sa surface cylindrique et presque polie; pour éviter cet effet, qui pourrait causer de graves accidents, un homme tient le cordage en retraite g, comme le marque la figure 21, et la pression qu'il opère, sans employer même toute sa force, suffit et produit un frottement assez grand pour que le treuil en tournant enroule le câble et soulève le fardeau. La manière dont la chèvre est équipée, c'est-à-dire dont le câble est disposé entre le treuil et le fardeau à soulever, fait voir que l'avantage des hommes qui agissent sur le treuil n'est exprimé que par le rapport des leviers, compté du point d'application de leurs mains au rayon du treuil. Mais on obtient une puissance beaucoup plus grande en employant seulement une poulie mobile pour suspendre le fardeau; on agit avec une bien plus grande puissance en équipant le câble en palan avec des moufles.

§ 2. *Grandes chèvres.*

La figure 15 de la planche CLIII est le dessin d'une grande chèvre de charpentier; comme la précédente, elle est composée de deux hanches a et d'épars b. Les deux hanches sont réunies au sommet par une bande de fer et des boulons; le treuil c est porté entre les deux derniers épars par deux poteaux parallèles c, c. Cette chèvre ne s'établit point avec un pied, comme celle dont nous avons parlé dans l'article précédent, on l'appuie au besoin contre quelque partie de l'édifice près de laquelle on en doit faire usage, et le plus souvent elle est maintenue inclinée sur un angle de 75 à 80° avec l'horizon, par un câble ou hauban E, tracé sur la fig. 14, dans laquelle la chèvre est représentée de profil, soulevant un fardeau d, le treuil étant manœuvré par deux hommes.

§ 3. *Treuils simples.*

Le câble de manœuvre de la chèvre, fig. 15, pl. CLIII, que le dessin ne marque pas, souvent accroché au treuil par une boucle passée dans un crochet de fer appelé *dent-de-loup*, implanté dans le treuil. Cette méthode a deux inconvénients assez graves : le premier, c'est que si cette dent-de-loup vient à se rompre ou à se détacher, ou si la boucle n'est pas solidement épissée, le fardeau peut tomber et occasionner des malheurs; l'autre inconvénient, c'est que, si la hauteur que le fardeau doit parcourir est grande, le câble a bientôt couvert le treuil, et même lorsqu'on se sert de poulies ou de moufles équipées en palan, la longueur du câble qui doit passer sur le treuil étant égale à plusieurs fois la hauteur à laquelle le fardeau doit s'élever, il en résulte qu'il faut nécessairement que le câble double ses tours sur le treuil par-dessus ceux déjà faits; il en résulte alors un autre inconvénient : le rayon du treuil se trouve augmenté d'autant de fois le diamètre du câble qu'il y a de tours montés les uns sur les autres, ce qui diminue la puissance des ouvriers qui agissent sur les leviers. Il est donc préférable de ne point attacher le câble au treuil et de le faire tenir en retraite par un ouvrier, comme nous l'avons indiqué dans la fig. 21 de la pl. CLIV, vu que cette méthode permet, lorsque le câble, en s'enroulant d'un côté et se déroulant de l'autre, a parcouru toute la longueur du treuil, de le reporter à l'autre bout, et pour cela on attache le câble à un des épars supérieurs, en faisant une ligature tressée avec un bout de cordage dans le genre de celle fig. 37, pl. CLII de telle sorte qu'en détournant un peu le treuil, tout le fardeau se trouve retenu par cette ligature; en donnant un peu de jeu au cordage en retraite, on reporte tous les tours formés par le câble à l'autre bout du treuil, et lorsqu'on le serre de nouveau en tendant la retraite et en agissant sur le treuil avec les leviers on peut enlever la ligature et continuer à faire monter le fardeau, sauf à répéter cette manœuvre, que l'on nomme *choquer*, lorsque les tours du câble ont de nouveau regagné l'extrémité du treuil.

§ 4. *Treuils à gorges.*

Pendant longtemps on a été réduit au procédé que nous venons de décrire, pour remédier à l'insuffisance de la longueur du treuil lorsqu'un grand développement du câble doit passer dessus pour faire parcourir une grande hauteur au fardeau, surtout lorsqu'on fait usage de palans équipés à un grand nombre de brins.

Depuis un siècle on s'est occupé de la recherche d'un meilleur moyen. En 1739, l'Académie des sciences proposa, à ce sujet, un prix; on présenta plusieurs combinaisons ingénieuses, mais d'une application compliquée.

En 1794, M. Cardinet, ingénieur-géographe, obtint une récompense nationale pour le moyen qu'il avait inventé et appliqué au cabestan; ce moyen consiste dans l'emploi de deux treuils parallèles dont l'intervalle est occupé par deux galets de cuivre enfilés dans un même axe et répondant à des rebords formant sur chaque treuil une gorge pour recevoir une douzaine de tours du câble. Les treuils, serrés par les tours du câble qui les enveloppe, sont obligés de tourner ensemble et avec les galets. La gorge du treuil principal est plus grande que celle du second treuil de deux épaisseurs du câble, de sorte que les rebords du second treuil sont plus larges que ceux du treuil principal, ce qui oblige le câble à s'enrouler toujours sur la même place et à repousser les tours du côté où ils se dévident. Le procédé de M. Cardinet a donné lieu à l'invention des treuils à gorges, que nous avons représentés fig. 2 de la pl. CLIV. Le treuil supérieur a est terminé à chaque extrémité par une tête carrée avec mortaise pour l'usage des leviers, le treuil b est cylindrique dans toute son étendue; des gorges, assez larges pour recevoir chacune un tour de câble, sont creusées sur chaque treuil; il y a autant de gorges sur le treuil b que l'on veut faire faire de tours au câble; il y en a un de plus sur le treuil a. Chaque gorge d'un treuil répond à un intervalle qui sépare deux gorges sur l'autre.

La fig. 3 représente l'arrangement des tours du câble en passant dans les gorges de ces treuils; ainsi, le câble m, qui vient du haut de la chèvre, se loge dans la gorge 1 du treuil supérieur a, puis, en passant entre les deux treuils, elle va dans la gorge 1 du treuil b, l'entoure, et, en repassant entre les deux treuils, elle gagne la gorge 2 du treuil a pour revenir par devant passer entre les deux treuils, envelopper le treuil b dans la gorge 2, se diriger de nouveau entre les deux treuils dans la gorge 3 du treuil a, et ainsi de suite, allant d'une gorge à l'autre dans leur ordre 1, 2, 3, 4, en passant entre les deux treuils jusqu'à ce que enfin, après avoir passé dans la dernière gorge du treuil a, elle se dirige en n pour être prise en retraite.

On voit que, par ce moyen, quelle que soit la longueur du câble, jamais il ne peut gagner l'extrémité du treuil, étant forcé de s'enrouler et de se dérouler en passant toujours par les mêmes gorges; ce qui donne en même temps sûreté et célérité dans le service de la chèvre.

J'ai fait usage de ce perfectionnement dans le treuil, et il m'a paru qu'il n'y a rien de mieux.

Pour empêcher un frottement trop considérable contre les joues des gorges, ce qui userait le câble, on évase un peu ces gorges comme on évase celle d'une poulie, de façon que le câble puisse prendre une direction un peu biaise sans toucher leurs bords.

On nomme *bourriquet* un treuil monté entre deux chevalets en X comme sur quatre jambes; l'axe porte dans l'angle supérieur. Ces chevalets sont cloués contre des poutrelles, le treuil se manœuvrant avec une manivelle en fer fixée sur l'axe, en dehors d'un des chevalets. Ce bourriquet est en usage principalement pour les travaux de terrassement et pour extraire, verticalement dans des paniers, les terres des excavations souterraines.

Les charpentiers font usage de préférence du treuil monté dans un châssis en bois représenté par une projection verticale, fig. 4, pl. CLIV, et par une projection horizontale, fig. 5. Ce treuil se place dans les travaux sur les planchers d'échafaudage, sur les points par lesquels il est le plus commode de hisser les pièces de bois et autres fardeaux.

Lorsque les treuils sont élevés sur des assemblages en charpente, et qu'ils sont mus par des roues à tambours ou à échelons, on les nomme *singes;* il y en a deux de représentés en *t*, fig. 2, et en *z*, fig. 5, pl. CXXVI.

On peut appliquer aux treuils, pour les faire mouvoir, des roues comme celle de la sonnette, fig. 4 et 6 de la pl. CLIV. Ces roues peuvent être mues par des hommes ou des animaux; on peut même appliquer aux treuils une roue dentée mue par un pignon, ou une lanterne mue par une manivelle.

§ 5. *Treuil chinois ou différentiel.*

Le treuil représenté fig. 7 donne le moyen de soulever des fardeaux d'une pesanteur excessive.

Ce treuil est composé de deux cylindres *a*, *e*, qui sont d'une seule pièce; leurs bouts sont terminés en têtes carrées égales avec mortaises pour l'application des leviers.

Les bouts du câble sont enroulés chacun sur un cylindre; le poids *p* est suspendu au câble, qui se trouve double, par l'intermédiaire d'une poulie *r*, et ses deux parties *b*, *d* portent chacune la moitié de la pesanteur du fardeau. Si l'on applique l'action des leviers à ce treuil pour le faire tourner de manière que la partie *b* du câble s'enroule sur le plus gros treuil *a*, le fardeau tend à être soulevé, mais en même temps le câble *d* se déroule du treuil *e*, ce qui tend à faire baisser le même fardeau, de sorte qu'en résultat il ne s'élève que de la quantité exprimée par la différence de la proportion de corde enveloppée sur le treuil *a* à la portion de corde développée du treuil *e;* ce qui revient au même que si ce poids était enlevé par un câble simple s'enroulant sur un treuil simple dont le rayon serait la différence des rayons du double treuil. Or, comme la différence des rayons du treuil double peut être aussi petite qu'on voudra, il s'ensuit que la puissance restant la même, elle peut enlever des poids considérables. Ainsi, par exemple, si la différence entre deux rayons est la centième partie de la longueur du levier au bout duquel la force est appliquée, il s'ensuivra qu'avec un effort de 50 kilogrammes seulement, on enlèvera un poids de 5000 kilogrammes (1).

La puissance de ce treuil peut être employée pour produire les plus grands efforts; il peut être appliqué avec succès pour arracher des pieux. Son emploi n'est subordonné qu'au temps qu'on peut consacrer à l'opé-

---

(1) P étant la puissance ou l'action exercée sur les leviers, Q la résistance ou le poids à soulever, R la longueur du levier auquel la force est appliquée, r le rayon de la partie la plus grosse du treuil, r' celui de la partie la plus petite; la condition d'équilibre est représentée par cette proportion $P : Q :: \frac{r-r'}{2} : R$. Or plus $\frac{r-r'}{2}$ sera petit, par rapport à R, plus le poids Q pourra être grand par rapport à P.

ration pour laquelle on veut en faire usage; car on conçoit qu'il faudra d'autant plus de temps pour élever un fardeau à une hauteur donnée, que la puissance du treuil sera grande, puisque la différence des rayons devra être aussi d'autant plus petite.

Pour faire usage de ce treuil, il faut, comme pour ceux dont nous avons précédemment parlé, que les bouts du câble soient fixés par des dents-de-loup ou que des ouvriers tiennent à la retraite chacun des deux bouts prolongés au-delà du treuil.

On peut aussi appliquer au treuil chinois la combinaison des treuils à gorges, en établissant pour chaque partie un treuil auxiliaire qui lui soit égal en grosseur avec le nombre de gorges convenable.

§ 6. Cabestans à vindas.

Les cabestans sont des treuils dont les axes de rotation sont verticaux, mais auxquels, à raison de cette position, on peut appliquer des leviers horizontaux plus longs et mus par une action non interrompue, puisqu'il n'y a plus nécessité d'embarrer et de débarrer.

Nous avons dessiné, fig. 25, 26, 27 et 28, pl. CLIV, par des projections verticales et horizontales et par une seule projection verticale, fig. 44, pl. CLIII, différentes sortes de cabestans mobiles, c'est-à-dire qu'on peut changer de place suivant les besoins des travaux.

Dans la figure 27, pl. CLIV, nous avons représenté des hommes appliquant leur force à faire tourner ou, comme disent les ouvriers, à virer sur un cabestan (1). Deux leviers carrés a, b, sont passés dans la tête du cabestan, ils s'y croisent à angle droit; ils sont projetés en lignes ponctuées sur le plan. Le seul levier parallèle au plan du dessin est projeté en entier; l'autre levier, à raison du défaut de place, n'a pu être projeté sur le plan horizontal que par ses parties voisines du cabestan.

Le câble m est celui qui est tendu et qui tire le fardeau qu'il s'agit de mouvoir. Son prolongement n, après qu'il a fait quelques tours sur le corps a du cabestan, est reçu à mesure qu'il se dévide par un ouvrier assis que nous avons représenté fig. 27; cet ouvrier est chargé, comme pour le treuil, de tendre le câble, afin qu'il ne glisse pas dans ses tours.

Tout ce que nous avons dit sur les treuils s'applique aux cabestans;

---

(1) En supposant deux hommes à chaque bout des barres, il aurait fallu en représenter huit; mais j'ai supposé que les hommes qui seraient posés par devant le cabestan et qui empêcheraient de le voir, étaient supprimés dans la figure 27.

ainsi, l'on peut faire des cabestans doubles à gorges et même des cabestans à treuils chinois.

On fait des cabestans dont le corps est conique, afin que le câble descende de lui-même à mesure qu'il est déroulé; mais il en résulte quelquefois des secousses qui sont dangereuses, en ce qu'elles peuvent faire rompre le câble.

Lorsqu'un cabestan doit agir sur un très-long cordage, qui ne peut s'enrouler entièrement sur un cylindre, dont la longueur ne peut contenir qu'un petit nombre de tours, on peut opérer, comme nous l'avons indiqué pour les treuils des chèvres, en liant momentanément le câble à quelque point fixe; mais on peut aussi se servir du moyen que les marins emploient en pareil cas, qui consiste dans l'usage de deux cabestans sur lesquels passe une corde sans fin, à laquelle on lie le câble à mesure qu'il avance sur cette corde, tandis qu'on le délie à son autre extrémité à mesure qu'il doit quitter la corde sans fin.

On établit sur les quais des cabestans fixes pour le service de la navigation; chaque cabestan de cette espèce est composé d'un axe en fer dont la racine est scellée dans un massif de maçonnerie. Cet axe porte le corps du cabestan creusé pour le recevoir; une crapaudine de cuivre reçoit la pointe de l'axe, et dans l'intérieur sont des cercles de friction. Le corps de ce cabestan est formé de trois ou quatre pièces de bois réunies par des frettes; nous ne donnons point de dessin de ce cabestan, parce qu'il ne peut servir aux charpentiers dans leurs travaux.

III.

MACHINES A BATTRE LES PILOTS.

§ 1. *Pieux et palplanches.*

Les pieux ou pilots sont des pièces de bois que l'on enfonce dans le sol suivant leur longueur, et le plus souvent verticalement pour l'exécution de diverses sortes de constructions.

Ces pièces de bois sont de deux espèces :
1° Les pieux, ou pilotis;
2° Les palplanches.

Les pieux sont des corps d'arbre en grume ou équarris sur quatre faces égales; les palplanches, comme leur nom l'annonce, sont des pals ou pieux en planches, ou plateaux, ou madriers épais, deux de leurs faces parallèles étant beaucoup plus larges que les deux autres.

Les pilots sont employés pour former des palées de ponts et pour soutenir des revêtissements de culées; ils entrent dans la construction des quais et dans les fondations des constructions établies en de mauvais terrains, pour donner à ces fondations la solidité indispensable à la stabilité des édifices. (*Voir* page 491.)

Les palplanches servent à former les encaissements des batardeaux et des fondations.

Les charpentiers sont toujours chargés de planter les pilots et les palplanches, ainsi que de tous les travaux en bois qui concourent à l'établissement des fondations d'une bâtisse, quelle que soit la nature de la construction. Ils emploient, pour enfoncer les pilots et les palplanches dans le sol, comme pour les en arracher, des machines qu'ils construisent eux-mêmes et dont ils dirigent l'usage dans les manœuvres où elles sont nécessaires.

On distingue dans un pieu ou pilot, comme dans une palplanche, le corps, la tête et la pointe; la quantité dont un pieu ou une palplanche est enfoncée dans le sol est sa *fiche*.

Les pieux employés dans une construction doivent être tous sensiblement du même échantillon, c'est-à-dire du même diamètre s'ils sont conservés ronds, et du même équarrissage s'ils sont façonnés carrés. Une condition essentielle de leur forme, c'est qu'ils soient droits et de fil, sans que la hache en ait corrigé aucune difformité, sinon quelques légères aspérités qui feraient obstacle à leur enfoncement dans le sol. Les pieux ne sont pas exactement de la même grosseur dans toute leur longueur; ils sont un peu coniques, forme qui augmente un peu la résistance au battage, et qui a quelquefois déterminé à faire la pointe sur le bout le plus gros, notamment au pont de Bordeaux, où les pilots sont en bois de pin.

Les pieux et palplanches sont enfoncés dans le sol par la percussion d'une masse pesante en bois ou en fer, nommée *mouton*, qui les frappe sur la tête dans la direction de leur axe. Pour que le bois n'éclate pas, notamment quand la résistance du sol est grande, on garnit la tête de chaque pieu d'une frette en fer forgé qui l'entoure et maintient toutes les fibres réunies pendant le battage.

La fig. 29, pl. CLIII, représente, en projection verticale, la tête d'un pilot garni de sa frette. Cette frette ne reste sur un pieu que pendant le temps de son battage; les frettes sont enlevées des pieux à mesure qu'ils sont complétement battus pour en garnir les pieux qu'on va battre.

Pour que les pieux puissent pénétrer dans un sol résistant, leurs bouts de fiches sont taillés en pointe dont la longueur est d'environ une fois et demie la grosseur du pieu. Lorsque le terrain est médiocrement résistant et que le bois des pieux est dur comme le chêne et l'orme, il suffit que les pointes soient faites à la hache.

La figure 10, pl. CLIV, représente la pointe d'un pieu équarri ; cette pointe est en pyramide quadrangulaire. Pour faciliter l'entrée en fiche, on taille une seconde fois sur les arêtes, la pointe forme une pyramide à huit faces, comme elle est représentée fig. 11.

La figure 12 représente la pointe d'un pieu rond taillée sur quatre faces.

La figure 13 est la pointe d'un autre pieu rond taillée sur six faces ; on peut aussi faire la pointe à huit faces.

Le plus ordinairement, le terrain dans lequel on enfonce des pieux est trop dur pour qu'ils puissent le pénétrer sans que leurs pointes soient armées d'une ferrure appelée *sabot*.

La figure 14 représente la pointe d'un pieu carré garni d'un sabot en fer forgé formé de quatre bandes réunies par une soudure et terminé en pointe.

Les prolongements de ces quatre bandes forment autant de branches qui s'appliquent sur les faces de la pointe d'un pieu et y sont retenues par de forts clous. Pour que les sabots joignent mieux le bois, on les applique à chaud ; la pointe du pieu est tronquée à quelques centimètres de son sommet pour qu'elle porte exactement dans le fond du sabot.

La figure 15 est un pieu rond dont la pointe est armée d'un sabot de la même forme.

La figure 16 représente le bout inférieur d'un pieu rond *ensaboté* en fonte.

La figure 19 est une coupe de la fiche de ce pieu par un plan vertical passant par son axe ; cette coupe est figurée sur une échelle quadruple.

a, bois du pieu.

b, sabot en fonte de fer.

c, tige en fer *ébarbelée* saisie par le fer fondu lorsqu'on coule le sabot dans un moule où cette tige a été placée à l'avance ; elle se trouve solidement fixée par le retrait de la fonte ; elle pénètre dans le bois du pieu et y fixe le sabot.

Le demi-diamètre du pieu, qui est aussi celui du sabot, sert de module ; le profil du sabot est un triangle équilatéral. Le module étant divisé en dix parties, la profondeur du sabot est de cinq parties et demie, l'épaisseur du bord en haut est d'une partie, au fond de deux parties ; l'épaisseur de la tige peut être de trois parties ; dans le fond, sa grosseur est de deux parties, et sa longueur de quinze parties, qui pénètrent dans le bois au cœur du pieu.

On avait depuis longtemps remarqué que les sabots en fer forgé se déformaient et se dérangeaient pendant le battage. M. Deschamps, inspecteur des ponts et chaussées et directeur des travaux du pont de Bordeaux, après divers essais, s'est arrêté à la forme que nous venons d'indiquer pour ensaboter tous les pieux employés dans les fondations de ce pont; le succès a été complet. L'économie dans la dépense n'est pas le moindre avantage que procure ce mode d'ensabotement; on a reconnu que des sabots en fonte de 10 kilogrammes rendaient un meilleur service que des sabots en fer forgé du poids de 16 kilogrammes.

Cependant un sabot en fonte ne coûte que.................... 4 fr.
tandis qu'un sabot en fer forgé de 16 kilogrammes coûte......... 19
La différence est de......... 15 fr.

Quoique nous ne devions pas faire ici un traité de l'art d'établir des fondations solides, il faut bien faire connaître les rapports que les pilots ont avec cette partie, la plus importante de l'édifice.

Les pieux ont pour objet de consolider un terrain en le rendant plus compacte, parce qu'ils en resserrent les parties en les pressant latéralement les unes contre les autres dans une profondeur égale à celle où ils sont enfoncés. On a pour but de prévenir, par ce moyen, la compression dans le sens vertical qui pourrait résulter du poids des constructions.

Il est néanmoins reconnu que rarement l'établissement d'un pilotis dans un terrain peu résistant est complétement utile, et qu'il ne produit pas un résultat en rapport avec les frais auxquels il donne lieu; la plus grande utilité des pilotis ne se rencontre que lorsque, après avoir traversé un fond peu résistant, ils atteignent un terrain solide dans lequel ils peuvent prendre assez de fiche pour demeurer verticaux et inébranlables, et soutenir, comme le feraient des piliers, la fondation et tout le poids de l'édifice qu'on élève au-dessus.

Les pieux qui forment ces pilotis sont enfoncés verticalement dans le sol. La longueur de la fiche qu'on leur fait prendre, leur écartement et le degré de résistance au battage qu'on exige d'eux dépend de l'objet pour lequel ils sont battus et de la part de résistance qu'ils ont chacun à opposer à la charge qu'ils doivent supporter.

Une trentaine de coups de mouton donnés sur la tête d'un pieux se nomme une volée; après ce nombre de percussions, les hommes chargés de les produire ont besoin d'un instant de repos.

On nomme refus la résistance qu'un pieu oppose à la percussion du mouton pendant une volée.

On se contente ordinairement d'un refus de 2 à 3 millimètres sous une volée de trente coups, c'est-à-dire lorsqu'il faut une volée de trente coups pour enfoncer le pilot de 2 ou 3 millimètres au-delà du point où il est déjà enfoncé.

Malgré les efforts qui ont été faits pour obtenir une formule certaine, on ne peut évaluer la résistance dont est capable un pieu qui a atteint un refus donné, puisque l'action de la percussion et celle de la pression par la pesanteur ne sont point comparables; mais on se contente d'évaluer cette résistance à environ 50 kilogrammes par centimètre de la section horizontale d'un pieu, et l'on trouve que dans les constructions il s'en faut de beaucoup que chaque pieu ait à supporter une charge qui soit dans ce rapport. Il est toujours prudent de multiplier les pieux sous la fondation, pour qu'ils n'aient pas une charge aussi grande à supporter.

§ 3. Sonnette à tiraudes.

On a donné le nom de *sonnettes* aux machines dont on se sert pour battre les pieux et les palplanches; les *sonnettes* sont toujours posées sur un plancher horizontal établi au-dessus du sol dans lequel on doit *piloter*, afin qu'on puisse les mouvoir pour les placer dans la position qui convient au battage de chaque pieu. Lorsque le sol est couvert d'eau, les sonnettes sont le plus souvent établies sur des pontons ou sur des radeaux; mais on ne doit se contenter de ce moyen que dans une eau parfaitement tranquille et dont le niveau est constant.

Pour obtenir un pilotage exact dans l'eau, il est indispensable de battre d'abord quelques pieux provisoires qui servent à l'établissement d'un échafaud pour porter les sonnettes, et lorsque le pilotage est terminé on arrache les pieux provisoires, ou, ce qui est mieux, on les recèpe plus bas que ceux qui doivent servir à l'établissement des fondations.

Les sonnettes sont construites de manière à pouvoir élever à une hauteur suffisante les moutons qui doivent produire la percussion et les abandonner ensuite à la puissance de leur poids, pour qu'en tombant ils frappent sur la tête des pieux.

Ces machines sont construites en charpente.

La plus simple est la *sonnette à tiraudes*, ainsi nommée parce que plusieurs cordes servent aux ouvriers manœuvres employés à ce travail pour hisser le mouton; nous avons représenté cette sonnette par trois projections, pl. CLIII.

Dans la figure 1, pl. CLIII, elle est représentée de profil.

Dans la figure 8, elle est vue de face.

La figure 30 représente l'enrayure horizontale sur laquelle elle est assemblée.

b b, jumelles verticales. Quelquefois, au lieu de jumelles, la sonnette ne porte qu'un coulisseau vertical le long duquel le mouton glisse. Les fig. 6 et 7 représentent cette disposition.

c, arc-boutant garni d'échelons.

d, hanches.

e, épars.

a, semelle ou sablière.

f, queue.

g, contre-fiches.

La sablière, les jumelles, les hanches et les épars forment le pan principal de la sonnette et sa face antérieure.

Aux deux bouts de la semelle et au bout de la queue sont, en dessous, des entailles pour qu'on puisse embarrer des leviers lorsqu'on change la sonnette de place et qu'on l'établit pour battre un pieu.

t, pilot en battage.

h, mouton en bois fretté, du poids de 3 à 500 kilogrammes, suivant la grosseur et la longueur qu'on lui donne, en raison de la force nécessaire pour chasser le pieu d'après sa grosseur et la résistance du sol.

i, poulie sur laquelle passe le câble.

k, câble attaché à la boucle en fer du mouton.

Après avoir enveloppé la poulie, le câble se termine en dedans de la sonnette par une grande boucle épissée où sont attachées les tiraudes *m*, sur lesquelles les manœuvres appliquent la puissance de leurs bras.

Suivant le poids du mouton dont on fait usage, on emploie à cette manœuvre de vingt à trente hommes, qui ne doivent avoir à soulever que 12 à 15 kilogrammes chacun.

Pour qu'il y ait le moins possible de perte de leur force, à cause de l'obliquité des tiraudes, on donne le plus grand diamètre possible à la poulie, et l'on a soin de maintenir les manœuvres à la distance indispensable pour qu'ils ne soient gênés, et on les dispose en égal nombre et symétriquement des deux côtés de la queue de la sonnette, de façon que le câble demeure dans le plan vertical de l'axe de la sonnette; les tiraudes sont ordinairement garnies de quinçonneaux, comme ceux représentés fig. 66 et 40 de la pl. CLII.

Le mouvement est donné au mouton par les manœuvres qui agissent sur les tiraudes comme s'ils sonnaient une cloche. Le mouton est alors astreint à suivre la coulisse que forment les deux jumelles, par les deux tenons ou ailerons *j*, qui lui laissent le jeu nécessaire et qui sont traversés chacun par une clef pour le retenir aux jumelles.

Lorsque l'on emploie un mouton très-pesant, et que, par conséquent, un grand nombre de manœuvres sont nécessaires pour le hisser, on fait usage de deux câbles, tous deux attachés au mouton, et passant sur deux poulies parallèles logées dans le haut des jumelles, comme elles sont représentées, fig. 25, pl. CLIII. Il est préférable, afin que la divergence des tiraudes fasse perdre moins de force, de placer les poulies obliquement, en les appliquant, au moyen de chapes en bois, sur les arêtes des jumelles, comme elles sont disposées, fig. 22, en projection verticale, et fig. 23, en projection horizontale. Par cette disposition, les ouvriers sont répartis aux deux câbles, ils ne se gênent point, et une moindre partie de leur force est perdue.

La même sonnette sert de chèvre pour dresser le pieu qui doit être battu, le hisser et le mettre en fiche; elle est, à cet effet, garnie d'un treuil i dont le câble passe sur deux poulies, l'une o au point où il traverse l'arc-boutant c, l'autre p au sommet de la sonnette. Ce câble est garni à son extrémité d'un crochet v de brellage qui sert à le fixer sur lui-même, après lui avoir fait faire deux ou trois tours sur le pieu au point par lequel on veut le saisir; lorsque ce câble ne sert pas, on le fixe par une double clef r à l'une des hanches, comme nous l'avons représenté fig. 8.

Le battage des pieux est dirigé par le chef de chaque sonnette; c'est un charpentier dit *charpentier-enrimeur*. Il est le chef de tout l'atelier, et peut se faire aider par un compagnon ou par un manœuvre intelligent.

Pour qu'un pieu soit chassé dans le sol bien verticalement, il faut dès le commencement apporter le plus grand soin à sa mise en fiche et à sa direction; il faut, en outre, que le centre de gravité du mouton parcoure dans sa chute la verticale qui correspond à l'axe également vertical du pieu. Cette condition exige que la position de la sonnette soit exacte, de façon que les jumelles soient verticales, que le plan, passant dans le milieu de l'espace qui les sépare et par l'axe de la queue, passe aussi par l'axe vertical suivant lequel le pieu doit être planté, et enfin que la sonnette soit à la distance convenable du pieu, pour que le centre de gravité du mouton se meuve dans cet axe.

Ces résultats sont obtenus en faisant mouvoir la sonnette avec des leviers embarrés sous les bouts de la semelle et de sa queue, on l'assujettit en la calant et même quelquefois en chargeant quelques points de son enrayure avec de grosses pierres ou du lest de fer coulé. Le *charpentier-enrimeur* doit vérifier presque continuellement la position de la sonnette avec le fil à plomb, et faire rectifier immédiatement les dérangements qu'elle peut avoir éprouvés.

Pour s'assurer pendant le battage du parallélisme et de la distance du pieu aux jumelles de la sonnette, les charpentiers, principalement ceux habitués à travailler dans les ports, placent une cale d'épaisseur convenable entre le pieu en fiche et les jumelles, et l'y maintiennent par un *embrellage*. Afin que la cale ne s'échappe point, on lui donne la forme d'un *T*; elle est représentée fig. 2; son corps *m n* est placé entre les jumelles et le pieu, fig. 3, 4 et 5, et sa queue *p* est engagée entre les jumelles. Un petit garçon est ordinairement chargé de tenir le garrot de l'embrellage serré pendant le battage, et de laisser cependant à la ligature le jeu nécessaire pour que la cale, qui est aussi appelée le *petit garçon*, suive le pieu à mesure qu'il s'abaisse. On voit qu'au moyen de cette cale, on n'a qu'à s'occuper du maintien de la position verticale de la sonnette.

La figure 4 est un fragment de l'élévation de la sonnette à tiraudes.

La figure 3, un fragment de son profil.

La figure 5, une coupe horizontale suivant la ligne $x\ y$ pour montrer la cale *m m* entre le pieu et la sonnette; le petit garçon est représenté, fig. 4, dans sa position sur un épars pendant qu'il tient le garrot de l'*embrélage*. Ce lien n'est pas marqué sur les fig. 3 et 5.

Le charpentier-enrimeur placé devant le pieu, en dehors de la sonnette, embarre convenablement un levier entre la sonnette et le pieu, et se rend, par ce moyen, maître de la direction du pieu. C'est lui qui commande les manœuvres sonneurs, qui leur fait interrompre, reprendre, accélérer ou ralentir le battage, suivant le besoin. Lorsqu'on suspend le battage, on soutient le mouton par une cheville. C'est ce que l'on appelle *mettre au renard*.

L'emploi de la cale nommée petit garçon est très-utile et elle facilite beaucoup le battage, mais la nécessité de changer la ligature de place, lorsqu'elle se trouve arrêtée par un épars, m'a déterminé à donner une autre forme à cette cale dans quelques grands travaux que j'ai dirigés.

La figure 17 est une projection horizontale de cette cale.

La figure 16 est sa projection verticale; elle est composée d'une sorte de joug *m m* auquel on attache le pieu pendant le battage, d'une traverse *p p* qui glisse, en dedans de la sonnette, le long des jumelles et d'un billot *t* combiné par entaille avec la traverse et le joug, pour qu'il ne tourne pas. Ces trois pièces sont traversées par un boulon dont l'écrou est garni d'oreilles servant à le serrer suffisamment pour que les jumelles se trouvent pressées entre les pièces *m m* et *p q*, sans que le glissement soit gêné.

La figure 20 est un fragment de l'élévation d'une sonnette à tiraudes.

La figure 19, un fragment de sa projection de profil.

La figure 21 est une coupe horizontale à la hauteur de la ligne $x\ y$ dans les figures 19 et 20.

La cale dont il vient d'être question est marquée sur les trois figures, ainsi que le petit garçon chargé de maintenir la ligature serrée, autant qu'il est besoin, pendant tout le temps du battage d'un pieu, et sans qu'il soit besoin de la défaire, les épars ne faisant plus obstacle au mouvement de la cale pour qu'elle suive le pieu dans tout son abaissement. Nous avons supposé, dans cette figure, que le pieu en battage est une palplanche, ce qui ne change rien à la disposition de la cale.

Lorsqu'un pieu est chassé de façon que sa tête est au niveau de la semelle de sonnette, le mouton n'a plus d'action sur lui et il n'y aurait pas moyen de l'enfoncer davantage sans l'usage d'un faux pieu qui est représenté de profil fig. 28.

Le faux pieu sert à allonger momentanément le pieu en battage et à lui transmettre la percussion du mouton ; ce faux pieu porte des tenons qui passent et glissent entre les jumelles, et qui y sont maintenus par des clefs. Il est fretté par les deux bouts. Une grosse cheville de fer plantée dans son axe, à sa base inférieure, sert, en pénétrant dans le centre de la tête du pieu, à empêcher qu'il s'en échappe pendant le battage.

A mesure qu'un pieu s'enfonce, il faut changer la longueur du câble qui le suspend ou celle des tiraudes, parce que les ouvriers qui les tiennent ne peuvent pas lui donner plus d'ascension que la longueur de l'espace que leurs mains doivent parcourir. Cette amplitude de mouvements dans le sens vertical est évaluée à 1^m,50 ou 2 mètres, à moins qu'on n'exige momentanément des ouvriers un plus grand effort des bras et du corps, afin de donner au mouton plus de vitesse en montant, pour que, par une sorte d'élan, il puisse s'élever un peu plus haut, auquel cas la hauteur de la chute peut être portée à 2 mètres et demi tout au plus ; mais les sonneurs ne tiendraient point à cet excès de travail s'il était prolongé.

On suppose ordinairement que l'atelier de sonneurs, travaillant une journée de dix heures, bat cent vingt volées de trente coups chacune ; la durée de chaque volée, compris les temps de repos qui séparent les volées, est de quatre minutes. Ce qui reste de temps est employé à rectifier la position de la sonnette et à mettre les pieux en fiche ; on peut cependant obtenir plus de travail, soit en relayant les sonneurs pour réduire le temps des repos, soit en les excitant au travail par des gratifications, ou en les mettant à la tâche.

§. 3° *Sonnette à déclic à cheval.*

Pour donner une plus grande hauteur de chute, on a inventé les sonnettes dites à déclic, dans lesquelles le mouton étant élevé à une hauteur beaucoup plus grande que celle résultant de l'amplitude du mouvement des bras de l'homme, il échappe à l'attache qui sert à l'élever ; il tombe, frappe la tête du pieu et bientôt est repris de nouveau pour renouveler sa chute.

La figure 1 de la planche CLIV est le profil d'une sonnette à déclic.

La figure 6 est son élévation.

La figure 24 en est le plan.

C'est à peu près le dessin de celle qui a été employée par Perronnet aux travaux du pont de Neuilly; le mouton est mû par un cheval. Les jumelles $b\,b$ sont séparées de la sonnette qui n'est composée que d'un seul montant a, de deux hanches c, d'une moise d, d'un arc-boutant e garni d'échelons : le tout est porté sur un assemblage en enrayure formant le pied de la sonnette. Le mouton t est en fonte; il pèse, suivant le besoin, 600 à 900 kilogrammes. Il est cunéiforme sur sa face principale; il est garni de deux *élindes v*, en bois, qui lui sont fixées par six forts boulons, et dans lesquelles sont creusées les rainures qui glissent le long des jumelles pour le guider dans ses ascensions et ses chutes.

Ce mouton est accroché à une esse en fer p montée dans une chape semblable à celle d'une poulie et accrochée à un câble k qui s'enroule sur le treuil o de la grande roue m, dont la circonférence est creusée en gorge de 8 à 10 centimètres pour recevoir plusieurs tours d'un cordage de 14 et 15 millimètres de diamètre r.

La queue du crochet p reçoit dans son anneau un petit cordage v qui s'y trouve fixé par un bout au moyen d'un nœud, et qui est attaché par l'autre bout à l'une des chevilles du montant n.

Deux chevaux de moyenne force, que le dessin ne représente pas, sont attelés au cordage r, et marchent sur un sol plus élevé que celui où se trouve la sonnette; ils font tourner la roue m et le treuil o; celui-ci enroule le câble k. Le mouton est enlevé par l'esse p; mais dès que, par l'effet de ce mouvement, le petit cordage v est tendu, il retient la queue de l'esse, tandis que sa chape continue à monter, ce qui l'oblige à se renverser et à laisser échapper le mouton qui tombe sur la tête du pieu.

Le conducteur des chevaux détache le crochet d'attelage, alors deux hommes font tourner la roue m en sens contraire; ils enroulent la corde r dans la gorge. Le câble k se déroule du treuil, tandis qu'un autre homme attire l'esse par son cordage et l'accroche de nouveau au mouton, en même temps que les chevaux, revenus au point de leur départ, sont attelés de nouveau aussi au cordage r pour recommencer la même manœuvre. Ces sonnettes sont servies par un enrimeur et quatre hommes, compris le conducteur des deux chevaux; le service de ces sonnettes est un peu lent, mais la puissance d'un mouton de 900 kilogrammes, qui tombe de 6 à 7 mètres de hauteur, dédommage amplement de cette lenteur.

§ 4. Sonnette à déclic simple.

Pour des moutons d'un poids moyen, on a inventé d'autres sortes de sonnettes à déclic que nous ne décrivons pas toutes, ne nous arrêtant qu'à celles qui sont les moins compliquées.

Dans celle représentée par les projections verticales, fig. 9 et 17, et sa coupe horizontale, fig. 29, pl. CLIV, suivant la ligne x y, un tour vertical f peut être mû par quatre ou huit hommes, suivant le poids du mouton; leur effort est appliqué aux leviers r qui sont adaptés à ce tour. Le pêne d'une bascule g entraîne une des dents cylindriques de la bobine n, sur laquelle s'enroule la corde v. Cette corde, après avoir passé sur deux poulies m, m', suspend la pince de déclic h contenue dans une sorte de chape k. Cette pince saisit entre ses deux mâchoires la boucle du mouton t, qui se trouve ainsi enlevé par l'effet du mouvement donné au tour f. Lorsque la pince de déclic h est parvenue en haut de la sonnette, ses branches se trouvent engagées dans un rectangle en fer i qui les contraint à se serrer; par ce mouvement, elles forcent les mâchoires de la pince h à s'ouvrir et à laisser échapper le mouton qui tombe sur la tête du pieu. Aussitôt l'un des hommes qui agissent sur les leviers r appuie sur la queue de la bascule g qui, en s'abaissant, dégage la dent de la bobine n, qui était retenue par le pêne de cette bascule; alors la pince de déclic, l'emportant par son poids sur le frottement et sur la roideur de la corde, détourne la bobine h et descend avec vitesse sur le mouton; elle saisit de nouveau la boucle de suspension, parce que le dessus de sa traverse est taillé en dos d'âne; les pans inclinés de cette traverse écartent les biseaux des mâchoires de la pince, qui se ferment ensuite subitement par l'effet de deux ressorts. Les ouvriers, en continuant à tourner, recommencent la même manœuvre. On voit qu'il y a effectivement, dans l'usage de cette sonnette, moins de perte de temps que dans celui de la sonnette précédente. La bascule g est représentée séparément, fig. 30.

La figure 8 est la projection, vue de face, d'une autre disposition de pièces à déclic pour un mouton glissant entre deux jumelles, comme celui des figures 1 et 6.

L'invention de cette sonnette est due à un horloger de Londres, M. Vauloué, qui l'imagina pour la construction du pont de Westminster, où elle était mise en mouvement par des chevaux; elle est figurée pl. XXV du tome III de l'*Architecture hydraulique* de Belidor. Il est probable, cependant, que pour appliquer la force d'un plus grand nombre d'hommes ou de chevaux, il a fallu écarter beaucoup le pied de l'arc-boutant, ou lui donner la disposition adoptée dans celle qui a été faite pour la construction de l'écluse de Mardick, qui est figurée pl. IX du tome III du même ouvrage. Belidor dit qu'une sonnette du même genre, mue par des hommes, a été employée à la construction du pont de Sèvres, sur la route de Paris à Versailles.

Un petit treuil x sert, au moyen du cordage z, à hisser les pieux à mettre en fiche.

§ 5. *Sonnette à déclic à hélice.*

La figure 20 est le profil et la figure 31, pl. CLIV, le plan d'une sonnette dans laquelle les hommes qui tournent un arbre vertical f n'ont pas besoin de s'occuper du déclic.

La corde v, qui suspend le mouton, s'enroule sur une poulie ou bobine h entraînée par l'arbre f qui la traverse au moyen d'une cheville de fer horizontale x, fig. 22 et 23, rencontrant une cheville verticale y fixée dans le fond d'un refouillement fait dans le dessous de la bobine h. Cette bobine est portée en dessous par deux roulettes m sur deux rampes en spirale k, qui l'élèvent le long de l'arbre f. La position horizontale de la bobine est maintenue par une douille b, qui lui est fixée, et dans laquelle passe l'arbre vertical f; ces deux roulettes sont projetées sur une seule dans la figure 20; on en aperçoit une fig. 22; leur position est ponctuée fig. 31. Lorsqu'en tournant la bobine h a enroulé le cordage v et enlevé le mouton, elle a été forcée de s'élever le long de l'arbre f, parce que ses roulettes sont montées le long des deux rampes spirales k; alors la cheville verticale y se trouve plus élevée que la cheville horizontale x, la bobine étant libre, le mouton n'est plus retenu; en tombant pour frapper le pieu, il entraîne la corde, qui se déroule de la bobine en la faisant tourner en sens inverse; elle redescend vivement avec ses roulettes, qui se retrouvent au pied des rampes, et la manœuvre recommence tant que les hommes tournent sur le plancher ou couvercle du coffre qui renferme la bobine et ses rampes.

La hauteur de la chute du mouton est constante, puisqu'elle est égale à un tour de la bobine. Pour que le mouton puisse toujours frapper la tête des pieux, il est indispensable de régler à quelle hauteur aura lieu le déclic pour une volée et à mesure que le pieu s'enfonce; à cet effet, les rampes sont fixées sur un plateau garni de dents à sa circonférence; une cheville z, placée contre une de ces dents, détermine la position des rampes par la partie de la hauteur des jumelles qu'on veut faire parcourir au mouton pour sa chute.

Cette machine n'est pas d'un usage aussi commode que la simplicité du moyen qu'on y a appliqué semblait l'annoncer, et nous ne l'avons indiqué qu'à cause de ce qu'il y a d'ingénieux dans ce moyen.

§ 6. *Sonnette inclinée.*

On est quelquefois obligé de planter des pieux inclinés, notamment pour la construction des palées des ponts; les Anglais les emploient dans les fondations pour culées de ponts, et peut-être serait-il utile de les employer aussi dans toute espèce de fondations, notamment dans des piles de ponts, en les plantant dans des sens contraires, pour opposer leur résistance à la propension que les pieux pourraient avoir à s'incliner ou à se courber sous les charges qu'ils ont à supporter. Nous avons représenté, fig. 12 de la pl. CXLV, une projection verticale d'une sonnette inclinée vue de profil; on suppose qu'elle est disposée pour battre une palplanche inclinée de champ.

Le pan principal de la charpente de cette sonnette est composé, comme dans la sonnette à tiraudes de la figure 1 de la planche CLIII; la pièce c formant l'arc-boutant est plus droite. L'assemblage horizontal $h\,k$ est composé d'une pièce k moisée par la moise h, dont les deux parties s'assemblent chacune dans une des jumelles a. Il en est de même de la pièce i, sur laquelle est le petit garçon, et des pièces j qui sont doubles, qui s'assemblent dans les jumelles et qui moisent l'une le montant l, l'autre l'arc-boutant c; les deux goussets $p\,q$ sont simples, celui p est pris par la moise h.

La poulie m est placée de façon que le cordage n, auquel les tiraudes sont attachées, pende dans le milieu de l'espace occupé par les sonneurs.

Deux rouleaux x sont attachés au mouton d par deux doubles chapes en fer. Chaque rouleau porte dans le milieu de sa longueur un grand renfort qui se loge entre les jumelles a; pour servir de guide, un petit logement est creusé dans le mouton pour recevoir, sans contact, ces renforts.

La figure 8 est une coupe de mouton et des jumelles suivant la ligne $z\,y$.
Les figures 9 et 10 sont deux projections d'un des rouleaux.
La figure 11 est une coupe suivant la ligne $z'\,y'$, des jumelles a, de la palplanche t et de la cale simple, dite petit garçon, qui sert à maintenir la palplanche dans sa position, pour que son axe se confonde toujours avec la ligne que le centre de gravité du mouton parcourt.

§ 7. *Moutons à mains.*

Lorsque les pieux qu'il s'agit de planter ne sont point assez gros pour exiger la puissance d'une sonnette, on les chasse au moyen d'un mouton, comme celui que nous avons représenté par deux projections, fig. 9 et 10, pl. CLIII; les ouvriers le tiennent par ses longs manches pour lui donner le mouvement vertical et frapper les pieux. On se sert du mouton en le tenant dans le sens où il est représenté fig. 9, ou dans le sens contraire, suivant la hauteur de la tête du pieu par rapport aux ouvriers.

Les figures 11 et 12 représentent une autre sorte de moutons à main, que les ouvriers tiennent par les poignés qui sont clouées autour. Pour guider ce mouton pendant qu'on le fait agir sur la tête d'un pieu, il est percé d'un trou cylindrique suivant son axe, dans lequel on enfile une tige de fer plantée sur la tête du pieu, fig. 13. Pour les plus petits pieux, plus gros cependant que des piquets pour lesquels il suffit d'une masse ordinaire, on se sert d'une masse à deux manches, que nous avons représentée figures 32 et 33, même planche; deux ouvriers tiennent chacun un manche et agissent simultanément et de la même manière pour frapper la tête du pieu.

Dans les cas fort rares où il s'agit d'enfoncer un pieu horizontalement, les charpentiers le battent au moyen d'une poutrelle qu'ils tiennent suspendue horizontalement par quatre cordes au moins, et ils lui donnent un mouvement de balancement, dans le sens de son axe, au moyen duquel, avec un peu d'adresse, ils parviennent à frapper la tête du pieu de coups très-violents, à l'imitation d'une ancienne machine de guerre appelée bélier.

Dans l'usage des sonnettes, des moutons à main et des masses à deux manches, pour mettre de l'ensemble dans les mouvements des hommes et agir avec la somme de leurs forces, l'un d'eux avertit les autres par un cri, qui peut même être répété, pour régler la mesure des mouvements du battage.

VI.

ARRACHEMENT DE PIEUX.

§ 1. *Sonnette arrache-pieux.*

Lorsque des pieux, qui ont été battus provisoirement, sont devenus inutiles, ou lorsque d'anciens pieux sont nuisibles, on les arrache du sol. C'est encore aux charpentiers que l'on confie cette besogne, qui présente quelquefois de grande difficultés; nous avons réuni, dans la planche CLIII, la représentation des différents moyens les plus fréquemment usités.

Les figures 18 et 24 sont les projections verticales d'une sonnette appropriée à l'arrachement des pieux. Elle est à peu près construite comme la sonnette à tiraudes; elle n'en diffère qu'en ce qu'on lui a ajouté dans son pan principal, vu de face, fig. 24, deux treuils r dont nous allons expliquer l'usage, une moise t et deux traverses en potences f, auxquels deux poulies m sont suspendues.

Soit p le pieu qu'il s'agit d'arracher; on le traverse par une cheville en fer n qui sert à empêcher deux estropes u de glisser; ces estropes, passant dans les anneaux des deux poulie q ou y, sont accrochées par des esses en fer v. De chaque côté des sonnettes un câble est attaché à la moise t; les deux câbles passent sur les poulies basses q, remontent passer sur les poulies hautes m fixées aux potences f, et ils redescendent s'enrouler chacun sur un des treuils r. Les choses étant disposées ainsi, des manœuvres agissent sur les treuils avec des leviers; ils tendent les câbles autant qu'il est possible, sans les rompre, ce qui néanmoins les allonge considérablement (1).

Les leviers sont alors appuyés contre l'épars o, et les manœuvres prenant les tiraudes battent à petits coups la tête du pieu avec le mouton b comme s'ils voulaient l'enfoncer dans le sol; mais, par suite de la tension des câbles, les percussions donnent aux pieux un ébranlement qui produit un effet tout contraire. Les cordages se raccourcissent, ils tirent le pieu qui sort de terre, et, cette manœuvre étant répétée, il finit par en être arraché, de sorte qu'il suffit de l'effort du cabestan x sur le câble z pour l'enlever complétement.

Lorsqu'on ne trouve pas que la cheville en fer v soit un moyen d'attache assez solide, relativement à la résistance que les pieux peuvent opposer à leur arrachement, on peut les saisir dans une tenaille annulaire, représentée fig. 34, appliquée sur un pieu et figurée à plat et ouverte, fig. 31; cette tenaille serre d'autant plus fort qu'elle est tirée plus fortement par les câbles m, m'.

Il en est de même d'une tenaille formée de deux demi-anneaux réunis par deux charnières, fig. 27, et armés chacun d'un ergot; il en est enfin de même encore de l'action d'un simple anneau en gros fer carré représenté par ses projections, fig. 36 et 37, et appliqué à un pieu, fig. 38, qui le saisit en y imprimant ses arêtes d'autant plus profondément que le câble m est tiré avec plus de force.

---

(1) Nous n'avons représenté sur le dessin qu'un seul manœuvre agissant sur le treuil pour ne pas couvrir inutilement la figure de personnages. On applique aux leviers des treuils autant d'hommes que possible pour produire le maximum d'effort.

§ 2. *Vérins arrache-pieux.*

La sonnette arrache-pieux que nous venons de décrire est celle dont Perronnet s'est servi et dont il conseille l'usage. Elle est d'un service assez commode et prompt, à cause de la facilité d'ébranler le pieu par quelques coups de mouton; mais, comme on n'a pas toujours une sonnette de cette sorte à sa disposition, et qu'on peut ne pas être en mesure d'en construire une pour un petit nombre de pieux qu'on aurait à arracher, nous allons indiquer d'autres moyens dont on fait également usage avec succès.

La figure 42, pl. CLIII, représente un bâti en charpente qui porte un plateau m dans lequel est percé un écrou qui reçoit la vis p; cette vis est terminée par une tête de cabestan comme toutes les vis de pression, et cette tête est traversée par deux barres q. Dans son bout inférieur elle est carrée et saisie, au moyen d'un boulon t, par la chape en fer r, d'un crochet à moraillon s; ce crochet reçoit une double estrope v, dont les boucles passent sous la grosse cheville de fer qui traverse le pieu x, qu'il s'agit d'arracher et qu'on a dégagé de la terre qui l'environne par un déblai fait tout autour.

En virant sur les leviers dans le sens convenable avec une force suffisante, le pieu est soulevé et arraché; si la longueur de la vis ne suffit pas pour le faire sortir de terre sur une longueur assez grande pour qu'on l'enlève avec une chèvre, on élève le bâti de charpente sur des chantiers posés les uns sur les autres, en chaises.

Dans cette machine, que l'on nomme un *vérin*, le mouvement de la vis sur son axe, malgré le moraillon, peut tordre l'estrope; on doit lui préférer celle qui est représentée figure 43, même pl. CLIII, dans laquelle la vis p n'a point de mouvement de rotation, sa tête carrée est prise dans un plateau ou une moise m qui ne peut pas tourner entre les montants du bâti pour suivre les mouvements de la vis. La partie taraudée de la vis traverse un plateau n percé d'un trou rond, dans lequel porte une partie cylindrique de l'écrou extérieurement carré o pris dans l'enrayure de quatre leviers g.

La tête de la vis et le plateau m sont traversés par une cheville horizontale en fer o; le pieu p est également traversé par une autre cheville en fer o'. Deux forts chaînons en fer et égaux k réunissent les deux chevilles, un chaînon se trouve de chaque côté du pieu; on n'en peut voir qu'un seul dans la projection, fig. 43.

En virant sur les barres, l'écrou tourne, la vis monte et avec elle le plateau m et le pieu.

§ 3. *Levier arrache-pieux.*

On emploie efficacement un grand levier pour arracher les plus forts pieux.

La figure 35, pl. CLIII, indique comment on procède lorsqu'on veut user de ce moyen.

t étant le pieu à arracher, sa tête est traversée par une grosse cheville en fer horizontale r; cette cheville est prise à chaque bout par un chaînon d'une grosse chaîne de fer.

La position de cette chaîne sur le pieu est marquée fig. 35; elle est répétée fig. 40, dans une projection verticale semblable, et fig. 41 dans une deuxième projection sur un plan perpendiculaire à la première.

Les deux longs anneaux dans lesquels passe la cheville sont appliqués le long du pieu t; ils sont unis par cinq anneaux ronds, l'un desquels, marqué n, forme le milieu du développement de la chaîne. C'est dans cet anneau que passe le crochet en fer h dont est armé le bout du levier k, fig. 35, qui a pour point d'appui un prisme i de fer coulé porté sur un chantier d, qui est supporté par deux autres chantiers b parallèles, placés des deux côtés et tout près du pieu au-dessus de la petite excavation qui a été faite autour de sa tête.

Le levier k porte sur son point d'appui i par l'intermédiaire de la branche inférieure du grand crochet h.

Au moyen d'une petite chèvre p placée près du levier et tenue par un hauban, on élève le bout du levier; le dessin ne peut pas représenter ce hauban, vu qu'il est nécessairement, par derrière la chèvre, dans un plan vertical perpendiculaire au plan du dessin.

Lorsque le levier est assez haut, on accroche l'anneau n dans son crochet h; si le point d'appui n'est pas assez élevé, on l'exhausse en augmentant le nombre des chantiers placés en dessous, ou en établissant des cales sous le prisme en fer coulé. Lorsque les choses sont ainsi disposées, on applique aux tiraudes r la puissance d'autant d'hommes que l'on juge nécessaire, puissance que l'on peut augmenter d'ailleurs en chargeant la queue du levier avec du lest, on force le pieu à sortir de terre; on exhausse, suivant le besoin, le point d'appui x, à mesure que le pieu s'élève, en augmentant le nombre des chantiers élevés en chaises autour de la tête du pieu.

Pour qu'il n'arrive point d'accident si le pieu cédait tout à coup, on soutient le levier par le câble de la chèvre, et l'on ne donne du lâche à ce câble qu'à mesure que le levier descend.

CHAPITRE XLIX.

MOUVEMENT DES FARDEAUX.

Dans tous les temps, chez toutes les nations, on a érigé des monuments monolithes, des obélisques, des colonnes, des statues en marbre et en bronze, et d'autres objets d'art pour l'embellissement des villes, pour honorer la mémoire des grands hommes, pour perpétuer le souvenir de quelque événement remarquable, ou de quelque titre de gloire.

Le transport et l'érection de ces monuments ont donné lieu à des opérations qui sont fondées sur les principes de la mécanique, car il s'est toujours agi de mouvoir des objets d'un grand poids, de les élever, de les dresser et de les établir enfin sur les bases qui devaient les supporter. Mais les procédés ont varié dans leurs détails suivant les temps, les lieux, suivant le volume, le poids, les formes et le travail des objets à mouvoir et selon les moyens d'exécution dont on a pu disposer.

Nous avons pensé qu'il pouvait être utile à nos lecteurs charpentiers de leur indiquer, par de succinctes descriptions, quelques-uns des procédés qui ont été mis en œuvre dans divers cas, et qui font essentiellement partie des applications de leur art.

I.

MONUMENTS DE MOYEN POIDS.

§ 1. *Établissement d'un vase.*

L'érection d'une statue ou d'un vase sur son piédestal se compose toujours de trois mouvements, l'un vertical pour hisser l'objet à la hauteur où il doit être placé, l'autre pour l'amener, dans le sens horizontal, verticalement au-dessus de la place qu'il doit occuper, et le troisième pour le descendre en pose définitive. Le moyen le plus simple pour hisser un objet, c'est l'emploi d'un palan attaché à un point fixe suffisamment élevé, sauf à l'attirer au-dessus de sa place par un cordage qui saisit celui de suspension. Mais à défaut d'un point fixe que les localités pourraient fournir, on en établit un artificiellement au moyen de grues, de chèvres, ou de bigues. Comme on doit toujours donner la préférence aux procédés les plus simples, nous avons représenté, fig. 10, pl. CLV, pour l'érection d'un vase ou d'une statue, comment on supplée par deux bigues équipées en chèvre au moyen d'une ligature portugaise (1) à une chèvre d'assemblage qui est toujours préférable à l'emploi d'une grue, machine très-incommode à cause des lenteurs et des difficultés de son établissement, surtout dans des opérations qui ne doivent pas exiger un long travail.

Les deux bigues $a\,b$, $a\,d$, fig. 11, sont inclinées de façon que leur point de réunion o, qui représente le sommet d'une grande chèvre, répond verticalement au-dessus du point pris en avant du piédestal où a été déposé momentanément l'objet à ériger que nous supposons, dans la figure, être un vase.

Les bigues sont retenues dans cette position par un hauban $g\,p$ fixé à un pieu par l'intermédiaire d'un palan que le dessin ne marque pas entièrement, faute d'espace, et parce que la représentation complète de cet objet ne nous a pas paru indispensable à l'intelligence de notre description.

Le vase A qu'il s'agit de poser sur son piédestal D est entouré de deux ceintures de cordage mn, et de liens de suspension verticaux tv, en nombre proportionné à la pesanteur du vase; des coussins sont placés entre les cordages et la surface du vase pour que cette surface et ses ornements ne puissent être offensés par leur contact. Les liens verticaux sont tenus écartés par des bâillons en croix $v\,v$.

Le palan $x\,y$ a servi à enlever ce vase verticalement. Le cordage de ce palan, après avoir passé sur la dernière poulie de la moufle supérieure, passe sur la poulie inférieure h et se prolonge pour s'enrouler sur un cabestan que, par les mêmes motifs ci-dessus, nous n'avons point représenté.

Lorsque le vase est élevé à une hauteur suffisante, comme le dessin le représente, on agit sur le hauban $g\,p$ au moyen du palan auquel il est attaché, et l'on redresse les bigues dans la position ab', ad' jusqu'à ce que le vase se trouve verticalement au-dessus de son pied B dans la position A'; on donne alors du lâche au palan de suspension $x\,y$ ou $x'\,y'$, et l'on fait lentement descendre le vase à sa place.

---

(1) *Voyez* la description de ce nœud, p. 589, et fig. 4, 5, 6.

Le piédouche B a préalablement été posé de la même manière.

La manœuvre serait encore la même s'il s'agissait d'ériger une statue par le même moyen.

Une manœuvre inverse serait employée s'il s'agissait d'enlever le vase de son piédestal et de le descendre à terre.

§ 2. *Érection d'une statue.*

On peut ériger une statue, même colossale, sans employer de cordages, au moyen d'un échafaud fort simple dont on se sert notamment dans les circonstances qui ne permettraient pas l'emploi d'une chèvre ou de bigues.

La figure 8 de la planche CLV représente cet échafaud en élévation seulement ; il est aisé, d'après la description suivante, de se figurer par la pensée ses autres projections. Il est composé de deux fermes pareilles à celle représentée dans la figure ; elles sont écartées à une distance égale à celle qui sépare les deux jumelles $a\ b$, $a'\ b'$ qui en forment les montants, et elles sont liées sur les faces verticales perpendiculaires à cette projection par des traverses horizontales n. Des contre-fiches t, dans les deux fermes et dans les pans verticaux qui leur sont perpendiculaires, assurent la stabilité de l'échafaud.

La statue A qu'il s'agit d'ériger, a été amenée devant le piédestal B et posée sur un plateau m élevé sur deux chantiers.

Sous ce plateau sont passés deux longs leviers horizontaux et parallèles $p\ q$ appliqués en dedans de l'échafaud, l'un contre les jumelles de la ferme du devant de l'échafaud, l'autre contre la ferme de derrière, et toujours en dedans de l'échafaud.

Les choses étant disposées ainsi, avec les pattes de deux crics on soulève également les extrémités des leviers, d'un même côté, ce qui fait pencher la statue ; on a soin de ne pas trop élever les leviers pour que son centre de gravité ne sorte pas de la verticale passant par sa base. Dès que les leviers, soulevés également du même côté, laissent un intervalle suffisant, on passe au-dessous d'eux et entre les jumelles, du côté où le soulèvement a été fait, une aiguille o ; c'est une poutrelle qui sert de cale et sur laquelle, en détournant les manivelles des crics, on laisse reposer les leviers. On place ensuite les crics de l'autre côté de l'échafaud sous les extrémités opposées des leviers, qu'on lève de la même manière ; bientôt la statue est penchée en sens inverse, et l'espace qui se trouve au-dessous des leviers est rempli par une autre aiguille passée dans les jumelles de ce côté. En soulevant ainsi alternativement les leviers, par une extrémité et par l'autre, et en passant des aiguilles à mesure que les hauteurs où les leviers sont arrivés le permettent, on parvient à élever la statue au niveau de son piédestal, et avec autant d'exactitude qu'on le veut, en donnant aux dernières aiguilles les épaisseurs convenables et en se servant de cales.

Dans la figure, la statue est élevée à la hauteur qui a permis de placer huit aiguilles d'un côté et neuf de l'autre. Les leviers $p\,q$ sont dans une position qui fait pencher la statue à gauche, ils sont parvenus à cette hauteur au moyen des crics k. Nous avons ponctué ces leviers dans la position qu'ils avaient avant celle répondant à la position de la figure représentée en traits pleins.

Lorsque par cette manœuvre la statue est parvenue au niveau du dessus du piédestal, on la fait glisser sur des éclisses enduites de savon, par le moyen de crics posés horizontalement, ou de leviers.

Par un procédé exactement le même, mais inverse, on descend une statue de son piédestal.

§ 3. *Érection d'une statue équestre.*

Nous avons représenté, fig. 11, en projection verticale, un échafaud du genre de ceux qui ont servi à l'érection des statues équestres.

L'inspection du dessin suffit pour que l'on conçoive la construction de cet échafaud, composé de deux pans de bois égaux établis de chaque côté du piédestal E qui doit recevoir la statue équestre. Ces deux pans sont liés entre eux par des entretoises fixes z et des entretoises mobiles z' distribuées de manière qu'elles n'obstruent point l'intérieur ou qu'on puisse les changer de place suivant le besoin, pour qu'en aucun moment elles ne gênent la manœuvre.

La statue équestre P est conduite dans l'espace compris entre les deux pans de l'échafaud, portée sur un fardier dont nous ne donnons point le dessin, ce fardier étant un ouvrage de charronnage. La statue est enlevée verticalement au moyen des moufles p soutenant un cylindre horizontal r sur lequel passent des liens s qui saisissent le cheval par-dessous son ventre, et qui sont maintenues par les ceintures m dont on l'a entouré; les cordages o de ces moufles, qui composent avec eux des palans, s'enroulent sur des treuils x et y portés par un chariot destiné à parcourir la longueur de l'échafaud, au moyen de cylindres t roulant sur les sablières w qui couronnent la charpente; des câbles n et des treuils g déterminent et règlent le mouvement. Lorsque le chariot est parvenu dans la position qui place la statue exactement au-dessus du piédestal qu'elle doit occuper, et de façon que les tiges de fer b qui doivent la fixer répondent aux trous des scellements qui leur ont été préparés, on détourne lentement les treuils x et y, les cordages mollissent et la statue s'abaisse à sa place.

§ 4. *Procédé pour donner quartier.*

Lorsqu'il s'agit de donner quartier à des corps de médiocre pesanteur comme les blocs de pierre, de granit ou de marbre destinés aux grands travaux, il suffit, lorsqu'ils sont bruts, de l'effort de quelques hommes avec des leviers pour faire tourner ces corps parallélipipèdes sur une de leurs arêtes portant sur le sol ou sur des chantiers ou sur des vieux cordages. Mais il peut arriver que le corps auquel on veut donner quartier soit fragile, à raison de la matière qui le compose ou à raison de son volume et de son grand poids ou de quelques-unes de ses dimensions, ou même à cause de la délicatesse de quelques-unes de ses parties ou de la finesse de son travail, et il serait à craindre qu'il se brisât lorsqu'il retomberait en dépassant la position d'équilibre sur l'arête qui lui aurait servi d'appui pendant son mouvement. Nous avons représenté, fig. 4 de la pl. CLVI, le procédé usité en pareil cas.

Le bloc A occupe la position $a\ b\ c\ d$, on veut lui donner celle $a\ b''\ c''\ d$ en le faisant tourner sur l'arête passant par le point a. Le procédé dont il s'agit, consiste à caler pour une combinaison de bois en chaise B dont la hauteur augmente à mesure que le bloc en tournant sur son arête projetée en a s'approche de la position $a'\ b'\ c'\ d'$ dans laquelle le dessin le représente. On prépare une autre chaise D, du côté vers lequel on veut le faire descendre, pour l'y appuyer avant que son centre de gravité C dépasse la verticale passant par le point a.

L'élévation ou rotation du bloc s'opère au moyen de crics $p\ q$ convenablement placés; lorsqu'on peut passer une cale d'une épaisseur suffisante, on l'établit, et, en détournant les crics, on fait porter le bloc sur elle afin de pouvoir exhausser des crics sur des chantiers plus élevés et continuer l'opération. Dès que le bloc a dépassé la position d'équilibre, et qu'il pose sur la chaise D, on passe les crics de l'autre côté, c'est-à-dire du côté où il s'agit de l'abattre lentement. En opérant d'une manière inverse, on emploie les crics à soutenir le bloc pendant qu'on enlève peu à peu les cales et les bois formant chaises, et qu'on l'abaisse pour le faire descendre et reposer sur sa face $a\ b''$, qui d'abord était verticale en $a\ b$.

§ 5. *Pierres du fronton du Louvre.*

L'opération au moyen de laquelle on a transporté et mis en place les pierres qui forment les cymaises du grand fronton de la colonnade du Louvre, à Paris, a une très-grande analogie avec celle qui se rapporte à l'érection d'une statue équestre.

Chacune de ces pierres, tirées des carrières de Meudon, a 16^m,892 de long, 2^m,599 de largeur, et 0^m,487 d'épaisseur seulement; elles pèsent 40 mille kilog. C'est moins leur poids que leur fragilité qui a rendu leur transport et leur pose difficiles. Chaque pierre fut établie sur un châssis dont les dimensions étaient proportionnées à leur longueur et leur largeur; ce châssis était suspendu sous une espèce de fardier par des cordages roulés sur les huit treuils qui avaient servi à l'enlever. Le fardier, portant la pierre, qu'il s'agissait d'élever et de poser, fut conduit devant l'emplacement qu'elle devait occuper, dans l'intérieur d'un immense échafaud. Après qu'on eut déposé le châssis sur le sol et fait sortir le fardier, les huit treuils de ce fardier furent placés sur le chariot du haut de l'échafaud pour enlever la pierre de toute la hauteur du bâtiment du Louvre. Lorsque la pierre fut élevée à cette hauteur, le chariot supérieur, porté sur des rouleaux, la transporta dans une direction perpendiculaire à la façade du Louvre. Lorsqu'on se fut assuré qu'elle répondait verticalement au-dessus de la place qui devait la recevoir, on la descendit en pose en faisant tourner les treuils en sens contraire et en lui donnant peu à peu l'inclinaison qu'elle devait avoir. Nous renvoyons, pour plus de détails, à la description donnée par Perrault dans sa traduction de Vitruve, et à l'extrait qu'en a fait Rondelet dans son *Art de bâtir*, tome IV, page 356.

§ 6. *Rocher de Saint-Pétersbourg.*

Nous ne regardons point le transport du rocher qui forme le piédestal de la statue de Pierre-le-Grand, à Saint-Pétersbourg, comme un ouvrage essentiellement du ressort de la charpenterie, de sorte que nous n'en faisons mention que parce que son transport est classé ordinairement parmi les manœuvres qui se rapportent aux mouvements des grands fardeaux. Nous renvoyons les personnes qui désireraient des détails sur les divers moyens qui ont servi dans cette grande opération, à l'ouvrage qui est entièrement consacré à la description des opérations et travaux auxquels elle a donné lieu.

Ce rocher irrégulier a une base de plus de 13 mètres de longueur sur une largeur de 8 mètres, et une hauteur de 7 mètres. Il pèse environ 1,500,000 kilogrammes. Il fut conduit, du lieu marécageux où on l'avait découvert, jusqu'à Pétersbourg, par eau, et du bord de la rivière, au lieu qu'il occupe, par terre. Pour effectuer le transport sur le sol horizontal le rocher fut établi sur un châssis formé de poutres; les pièces latérales étaient creusées en dessous en gouttières, et garnies de bronze pour rouler sur des sphères également de bronze de 135 millimètres de diamètre, qui étaient reçues dans des gouttières également en bronze dont on garnissait la route à mesure que le châssis portant le rocher avançait tiré par les cabestans.

II.

MONOLITHES.

Les divers mouvements qu'on fait subir aux monolithes pour leur transport et leur érection, exigent une force extraordinaire que l'on ne peut obtenir que par le concours de l'action d'un grand nombre d'hommes, d'animaux et de machines d'une grande puissance. La science de la mécanique enseigne les moyens d'employer, avec avantage, les forces dont on peut disposer, nous n'avons point à développer ici les préceptes de cette science; mais pour mouvoir ces masses, souvent aussi embarrassantes par leur volume et leur forme que par leur énorme pesanteur, la théorie de la mécanique ne suffit pas. Des constructions auxiliaires, au moyen desquelles des machines simples qui transmettent l'action de la force motrice, doivent être établies pour que ces machines agissent avec le plus grand avantage. Ces constructions sont principalement composées de pièces de bois, et l'on emploie les cordages; dès lors l'art du charpentier est appelé à concourir à l'exécution des différentes opérations et manœuvres que le transport et l'érection de ces mouvements exigent.

Les monolithes les plus remarquables de l'antiquité sont les obélisques; les monuments et l'histoire ne nous ont presque rien appris sur les procédés qui furent employés pour leur transport et leur érection, qui étonnent d'autant plus que les anciens n'avaient point à leur disposition les moyens et les connaissances en mécanique que nous possédons aujourd'hui.

Les renseignements les plus anciens qu'on ait à ce sujet sont ceux donnés par Hérodote, qui raconte les faits sans indiquer comment on a opéré pour les accomplir. C'est ainsi qu'il rapporte qu'Amasis employa deux mille hommes pendant trois ans pour transporter un édifice d'un seul bloc, dont le poids est évalué aujourd'hui à 200 mille kilogrammes, de l'île d'Éléphantines à la ville de Saïs, éloignées l'une de l'autre de vingt journées de navigation.

§ 1. *Obélisque du grand cirque à Rome.*

Vitruve décrit sous le nom de *trispastos* et de *pentapastos* les machines employées pour soulever de grands fardeaux; enfin, Ammien Marcellin ne fait qu'une description, fort incomplète, du transport et de l'érection de l'obélisque du grand cirque à Rome. Suivant plusieurs auteurs, ce fut Constantin qui fit venir cet obélisque de Thèbes à Alexandrie, et l'on était sur le point de le transporter à Constantinople pour le placer dans l'hippodrome, lorsqu'il mourut; Constance le fit conduire à Rome, et un autre fut placé dans l'hippodrome de Constantinople.

Voici comment Ammien Marcellin s'exprime au sujet de l'érection de cet obélisque, ce qui ne jette pas un grand jour sur les détails de cette opération.

Après avoir décrit comment il fut couché et transporté sur le Nil jusqu'à Alexandrie, puis par mer et le Tibre sur un vaisseau d'une grandeur inouïe mû par trois cents rames, d'Alexandrie jusqu'au bourg d'Alexandre, et pendant trois lieues par terre sur un traîneau jusqu'à Rome, il ajoute : « Il ne restait plus qu'à l'élever, ce qu'on croyait à peine pouvoir exécuter. Après avoir dressé, non sans péril, de hautes poutres dont le nombre ressemblait à une forêt, on y attacha de longs et gros câbles qui s'entrelaçaient comme une trame et dérobaient, par leur épaisseur, la vue du ciel. Par ce mécanisme cette masse, pour ne pas dire cette montagne chargée d'emblèmes, fut insensiblement élevée en l'air, et après y être demeurée longtemps suspendue, à l'aide de plusieurs milliers d'hommes qui semblaient tourner des meules de moulin, on le plaça au milieu du cirque..... »

On ne peut s'empêcher de voir ici les machines de Vitruve et l'usage des cabestans.

§ 2. *Obélisque de Constantinople.*

A l'égard de l'obélisque de Constantinople que l'empereur Théodose fit élever sur l'hippodrome et qu'il avait tiré, dit-on, de la cinquième région, on a gravé sur le piédestal qui le supporte un bas-relief dans le but d'indiquer le moyen qui fut employé pour le lever et le placer sur sa base, après l'avoir traîné couché jusqu'au point où on devait le dresser.

Nous donnons, fig. 5, pl. CLVI, une copie du dessin de ce bas-relief dans lequel on remarque, fixée à la base de l'obélisque, l'une des roues qui, probablement, a aidé à son mouvement lorsqu'on l'a transporté. On remarque aussi sur ce dessin les cabestans, les hommes employés à les mouvoir et même ceux assis à terre occupés à tenir les retraites des câbles; mais rien n'indique comment l'obélisque a été soulevé et dressé.

On voit que tous les renseignements, sur les moyens des anciens, pour mouvoir et ériger de pareilles masses n'ont rien d'assez précis et que les modernes ont été, pour ainsi dire, obligés de créer de nouveau ces procédés pour transporter et dresser sur leurs bases les obélisques dont ils se sont trouvés possesseurs.

§ 3. *Obélisque du Vatican.*

Les obélisques que Rome avait enlevés à l'antique Égypte, renversés et brisés lors des invasions étrangères, demeurèrent longtemps ensevelis sous les ruines et les décombres causés par divers incendies. Celui du cirque de Néron seul avait échappé à tant de dévastations, probablement a cause de l'exiguïté de la place où il était érigé (1).

Vers la fin du XVIe siècle (1586), dit Scammozzi, cette circonstance fit considérer le transport de cet obélisque devant la basilique de Saint-Pierre comme une entreprise merveilleuse pour les temps modernes; plusieurs ingénieurs et mécaniciens proposèrent divers moyens d'effectuer ce transport. Zabaglia, que j'ai déjà cité page 354, a donné, dans son ouvrage, des esquisses qui indiquent les projets plus ou moins ingénieux, plus ou moins exécutables qui furent proposés; celui présenté par le chevalier Dominique Fontana fut accepté, et après beaucoup d'opposition, il fut seul chargé de l'entreprise.

Les fig. 1 et 3, de notre pl. CLVI, sont les projections verticales du grand *château* en charpente $A B B A$ élevé au-dessus de la place qui devait recevoir l'obélisque. La base de ce grand échafaud, représenté fig. 2, sur une petite échelle, reposait sur le chemin en charpente $D A A D$ construit en forme de digue pour conduire le monolithe au niveau de son piédestal; l'obélisque a été dressé entre les deux pans de cette charpente, comme nous l'avons indiqué en O en lignes ponctuées dans la figure 3.

Fontana se servit d'abord de son *château* pour enlever l'obélisque du piédestal qu'il occupait au cirque de Néron, et pour le descendre et le

---

(1) Cette place est si peu fréquentée que l'obélisque ne fut pas visité par maints voyageurs que la célébrité des monuments de Rome avait attirés.

coucher sur le plateau roulant qui devait le conduire à sa nouvelle place. C'est après le succès de cette première opération que Fontana fit remonter son château au-dessus du nouveau piédestal qui avait été construit à l'avance.

L'obélisque couché sur un plateau formé de fortes pièces de bois fut conduit sur des rouleaux jusque dans la position où il est indiqué en O', fig. 1, 2 et 3.

Pour le descendre de son ancien piédestal, l'obélisque avait été enveloppé de bandes de fer. Celles dirigées dans le sens de la longueur étaient appliquées sur des planches; les autres les croisaient en forme de frettes. Ce revêtissement lui fut conservé pendant son érection; il servit à attacher solidement les quarante moufles qui furent employées à le mouvoir; un pareil nombre de moufles était fixé aux poutres formant le couronnement du château. Autant de câbles combinés avec ces moufles, après avoir traversé les poulies de renvoi fixées à la base du château, étaient dirigés sur quarante cabestans distribués tout autour.

La force de deux chevaux et d'une vingtaine d'hommes était appliquée à chaque cabestan en agissant sur des barres.

Le 10 septembre 1586 des cérémonies religieuses précédèrent l'opération; elle fut dirigée par Fontana lui-même, dont les commandements étaient transmis par des signaux et au son de la trompette, pendant le plus profond silence; des ordres de la dernière rigueur avaient été donnés au nom du Pape, et les acclamations d'une foule immense annoncèrent le succès de cette hardie entreprise.

§ 4. *Obélisque de Saint-Jean-de-Latran.*

Fontana s'est servi du même moyen pour ériger l'obélisque de la place Saint-Jean-de-Latran à Rome : cet obélisque fut tiré par lui avec beaucoup de peine d'un marais fangeux; il était en trois morceaux. Le plus grand pesait 274 mille kilogr., l'obélisque total, plus grand que le précédent, pèse 469 mille kilogr. On croit que c'est celui attribué par Pline à Rhamsès.

Les morceaux furent érigés l'un après l'autre, et comme il était impossible de passer des cordages en dessous, parce qu'ils auraient empêché de joindre les surfaces des fractures, Fontana fit faire des entailles pour placer en croix des barreaux de fer dont les bouts facilitèrent la suspension de chaque morceau.

§ 5. *Obélisque d'Arles.*

Avant l'arrivée de l'obélisque de Luxor, celui d'Arles était le seul qui existât en France. Il a été érigé sur l'une des principales places de cette ville. Il fut découvert, en 1389, dans les jardins des Augustins de Saint-Remi : on croit qu'il avait été érigé dans un cirque que l'empereur Constance avait fait construire en 354. Charles IX avait eu le projet de le faire relever, mais ce ne fut qu'en 1676 qu'il le fut en l'honneur de Louis XIV.

Cet obélisque est en granit rouge d'Égypte et sans hiéroglyphes; il a 17 mètres de hauteur, et quoique son poids soit de 1 000 quintaux, il fut, dit-on, suspendu en l'air et placé sur son piédestal en un quart d'heure, et par un procédé beaucoup plus simple que celui de Fontana, quoiqu'il fût fondé à peu près sur les mêmes principes.

On se servit de huit forts mâts de navires dressés autour du piédestal et liés ensemble par le haut avec des cordages; plusieurs palans composés de moufles dans lesquelles passaient de gros câbles reçus sur huit cabestans, suffirent à l'opération, qui eut le succès le plus complet. Ce procédé, au surplus, rappelle ceux indiqués par Vitruve.

§ 6. *Obélisque de Luxor.*

L'empereur Napoléon conçut le premier l'idée de l'érection, à Paris, d'un des beaux obélisques de l'Égypte. Le roi Louis XVIII pensa à réaliser cette belle entreprise; il chargea le consul général de France de négocier la cession de l'un des deux obélisques d'Alexandrie, dits *aiguilles de Cléopâtre*. Le vice-roi accorda l'un de ces obélisques à la France et l'autre à l'Angleterre; mais ces deux monolithes sont demeurés en Égypte sur leurs bases. Ce ne fut qu'en 1829, au sujet de la formation du musée égyptien, auquel on a donné le nom de musée de Charles X, qu'eurent lieu de nouvelles négociations par suite desquelles le vice-roi d'Égypte, Méhémet-Ali, donna à la France les deux obélisques de Luxor, que l'on nomma dans le pays les pierres du roi de France, et qu'il confirma le don antérieur qui avait été fait d'une des aiguilles de Cléopâtre.

Au commencement de l'année 1831, M. Lebas, ingénieur de la marine, fut chargé, par le Roi, d'aller enlever l'un des obélisques de Luxor et de le transporter à Paris.

Un bâtiment construit exprès pour ce transport reçut le nom de *Luxor*. Le 12 avril 1831, il partit de Toulon, chargé de tous les apparaux nécessaires au succès de l'entreprise; le 3 mai, il mouilla à Alexandrie; le 19 juin, le *Luxor* et la flottille sur laquelle on avait transbordé les outils, cordages et agrès, appareillèrent de Rosette pour remonter le Nil; le 27 juin on arriva au Caire; environ un mois après on toucha la rive de Luxor. Après tous les préparatifs que nécessitait cette grande entreprise, maintes difficultés nées de l'éloignement d'une infinité de ressources, et malgré l'invasion du redoutable choléra dans la contrée, l'abatage de l'obélisque ent lieu le 23 octobre 1831, et son embarquement le 19 décembre suivant. Il fallut ensuite attendre que le cours du Nil permit d'y naviguer, et ce ne fut que le 25 août 1832 qu'on put quitter le rivage de Luxor, pour redescendre le fleuve. Le 1ᵉʳ janvier 1833, après avoir talonné plusieurs fois, le *Luxor* franchit la barre et entra dans la Méditerranée, conduit à la remorque par le *Sphinx*; il mouille à Alexandrie le 2, et appareille pour la France le 1ᵉʳ avril; le 11 mai, il est sur la rade de Toulon. Après un mois de quarantaine il entre dans l'arsenal de ce port, pour n'y séjourner que quelques jours.

Le 10 août, M. Lebas, qui avait si habilement exécuté l'abatage et le transport de l'obélisque jusqu'à Toulon, est chargé, par le ministre des travaux publics, de son érection à Paris. Le 23 décembre 1833, après avoir remonté la Seine, le *Luxor*, porteur de son monolithe, est échoué sur la cale qui lui avait été préparée le long du quai de la place de la Concorde; on avait récemment décidé que l'obélisque serait érigé sur cette magnifique place.

M. Lebas a publié une description détaillée de ses ingénieux et savants procédés pour opérer l'abatage, l'embarquement, le transport et l'érection de l'obélisque, opérations qui ont eu l'éclatant succès que les talents éminents de cet habile ingénieur promettaient. Nous n'entrerons point dans les détails de toutes les opérations qu'il décrit avec une lucidité et un intérêt remarquables; nous nous bornerons à dire que l'embarquement du monolithe à Luxor, après qu'il a été couché sur le sol, a eu lieu en l'introduisant dans la cale du *Luxor* par une section faite suivant un plan vertical à l'avant du navire et en le faisant glisser au moyen de moufles et de cabestans.

Les procédés d'abattage ont été pareils à ceux d'érection, dont nous nous bornons à donner une courte description.

Les figures 6 et 7, pl. CLVI, sont deux croquis, l'un représentant en projection verticale la disposition des appareils et du monolithe pendant l'érection, l'autre le plan correspondant. La légende suivante nous a paru suffisante pour donner une idée de cette belle opération. Nous ne nous sommes décidé à en parler dans ce chapitre que dans la vue de faire ressortir, par la comparaison avec le procédé de Fontana, toute la supériorité de la mécanique moderne sur celle du XVIᵉ siècle, et pour inspirer à nos lecteurs le désir de lire dans l'ouvrage de M. Lebas les détails intéressants qu'il donne, tant sur l'objet principal de sa mission, sur les procédés qu'il a employés et les recherches qu'il a faites, que sur le pays qu'il a visité.

L'ouvrage de M. Lebas est terminé naturellement par la description des procédés de Fontana, dont nous n'avons parlé précédemment que fort succinctement pour nous abstenir de copier, pour ainsi dire, ce que M. Lebas a traduit du récit que Fontana a fait de ses travaux pour l'érection de l'obélisque du Vatican.

a, fig. 6 et 7, pl. CLVI, partie du chemin ou viaduc en rampe, construit en charpente et porté sur un massif en maçonnerie pour la partie la plus élevée, et touchant au piédestal.

L'obélisque a parcouru ce viaduc depuis le point où le bâtiment qui l'a apporté l'avait débarqué; il a été conduit à force de cabestans sur un ber en pente en dessous, jusqu'au niveau de la surface du piédestal D qui devait le recevoir.

b″, obélisque représenté avec le revêtissement en bois qui l'enveloppait sur toute sa longueur. Il est figuré dans la position qu'il avait dans l'un des derniers moments de la manœuvre pour son érection. Il était précédemment couché horizontalement en *b* sur le ber *p*, et prêt à être dressé (1).

L'angle inférieur de la base de l'obélisque était garni d'un cylindre en bois, et se trouvait dans l'axe de ce cylindre, qui s'appuyait sur le piédestal dans une partie du socle. Ce cylindre a servi d'axe de rotation ou de charnière pendant le mouvement.

c, cylindre dont on vient de parler.

d, chevalet formé de dix mâts.

e, moise horizontale réunissant les dix mâts à leurs sommets.

f, pièce horizontale et arrondie en-dessous, recevant l'assemblage à tenons des dix mâts, et servant de charnière pour le mouvement du chevalet *d*.

g, différents assemblages servant à arc-bouter le piédestal, et à le lier au viaduc pour prévenir l'effet de l'effort du monolithe pendant son levage.

h, chevalet mobile servant à soutenir les cordages.

i, système de moises et de pieux servant à fixer des moufles.

j, moufles supérieures fixées au sommet du chevalet *d*.

k, moufles fixes.

l, cordages des palans équipés à sept brins.

m, câbles qui partent de la moise *e*, et viennent passer en cravate autour du monolithe à $1^m,50$ de son sommet.

n, cabestans, au nombre de dix, qui reçoivent les câbles des dix palans *l*, et auxquels la force de 480 artilleurs était appliquée.

---

(1) La hauteur de l'obélisque depuis sa base jusqu'à celle de son pyramidon est
de.... $20^m,90$
La hauteur du pyramidon est de.... $1^m,94$

Hauteur totale............. $22^m,84$

Ses bases ne sont point exactement carrées. Les quatres côtés de sa grande base ont $2^m,44 - 2^m,42 - 2^m,42, - 2^m,42$
Ceux correspondants de sa petite base ont $1,50 - 1,50 - 1,58 - 1,58$
Le volume de ce monolithe est de 85 mètres cubes et son poids est évalué à 229,500 kilogrammes, en supposant la densité du granit de Syène représentée par 2.70.

La fig. 7 ne représente, faute d'espace, que deux de ces dix cabestans (1) et six d'autant de moufles, les quatre autres étant fixés à un système de moises et de pieux pareil à celui i, établi à 8 mètres en arrière, et que le dessin ne représente pas.

q, quatre chaînes de retenue en fer passant aussi en cravate autour du monolithe au-dessus des haubans, et répondant à des cabestans fixés au pied de la rampe du viaduc, et que le dessin ne représente pas. Ces chaînes ont eu pour objet de retenir le monolithe lorsque, pendant son érection, il est arrivé dans la position où son centre de gravité se trouvait dans la verticale passant par l'axe du cylindre c, afin qu'il ne se précipitât point sur sa base, ce qui aurait pu occasionner les plus funestes accidents. Ces chaînes ont permis, en retenant l'obélisque, de le laisser arriver aussi lentement qu'on l'a voulu dans sa position définitive.

Les lignes ponctuées b', d', m', représentent la direction du palan l, la position du chevalet d, et celle des câbles m, lorsque l'obélisque était couché en b, et que la manœuvre de son érection allait commencer.

L'effort des 480 artilleurs appliqués aux barres des cabestans t, transmis aux palans l, a soulevé la moise e, et le chevalet d, qui en tournant sur sa charnière f, a soulevé le monolithe qui lui était attaché par les câbles m, jusqu'à ce qu'il fût arrivé dans la position b''' en tournant sur son angle par le moyen du cylindre c. Dans cette position, l'action des cabestans et des chevalets a cessé : l'obélisque avait dépassé sa position d'équilibre un peu au delà de celle b'', et était retenu par la tension des chaînes q; son propre poids tendait à l'entraîner sur sa base, mais au moyen de ces chaînes on modéra sa vitesse.

Nous avons ponctué l'obélisque et le chevalet dans une position b' entre celle où il reposait sur son ber, et celle B où il est majestueusement arrivé sur sa base, en présence du Roi accompagné de sa famille, et devant l'immense population de Paris, qu'une opération si admirable avait rassemblée, et qui s'était comme associée à la gloire du succès qu'elle a accueilli avec le plus grand enthousiasme.

(1) Le calcul avait fait voir que pendant le mouvement de l'obélisque, en supposant son poids évalué à 250 mille kilogrammes, l'effort le plus grand à produire sur la moise e du grand chevalet, et qui irait en diminuant à mesure que le monolithe s'élèverait, serait de 104,000 kilogrammes. Chaque cabestan étant mû par 48 artilleurs, capables chacun d'une force de 12 kilogrammes au moins, il en résultait que les 480 artilleurs agissant en même temps sur les 10 cabestans, produisaient un effort de 115,000 kilogrammes, force motrice supérieure de 11,000 kilogrammes à celle nécessaire pour agir sur la moise e, et encore on a supposé l'effort de chaque artilleur seulement de 12 kilogrammes, quoique au besoin chacun d'eux aurait pu produire un effort de 15 et même de 20 kilogrammes.

III.

TRANSPORT DE BATISSES.

§ 1. *Colonne Antonine.*

Les colonnes monolithes se transportent et s'érigent de la même manière que les obélisques, mais on cite comme une opération au moins aussi remarquable le déplacement et l'érection de la colonne dite Antonine, à Rome, qui fut transportée et érigée à une nouvelle place, en 1705, comme si elle eût été monolithe, quoiqu'elle fût composée de plusieurs assises; elle avait été, préalablement à son déplacement, enveloppée dans une chemise en charpente, consolidée par des bandes et des cercles de fer, et l'on se servit en outre d'un échafaud du même genre que celui qui a servi pour l'obélisque du Vatican.

§ 2. *Chapelle du Presepio.*

On cite le déplacement de différentes constructions, telles que des portions de murs sur lesquelles se trouvaient de précieuses peintures à fresque que l'on voulait conserver : ces déplacements se sont effectués par des moyens analogues à ceux dont nous venons de parler.

Une des opérations les plus remarquables de ce genre est le changement de place de l'ancienne chapelle du Presepio de la basilique de Sainte-Marie-Majeure, à Rome, qui était à 57 pieds de la place qu'elle occupe maintenant, et plus élevée de 7 pieds. Cette chapelle, construite avec de mauvais matériaux, et percée d'une porte et d'une fenêtre, présentait peu de solidité; néanmoins, Dominique Fontana parvint en l'enveloppant d'une solide charpente, à la transporter d'une seule pièce, comme il aurait fait d'une chapelle monolithe.

§ 3. *Transport de clochers.*

On a lu dans la séance de l'Académie des sciences, du 9 mai 1831, une lettre de M. Gregori, qui cite comme une opération fort remarquable le transport d'un clocher en maçonnerie, avec sa flèche et ses cloches, exécuté en 1777, à Crescentino, petite ville du Piémont, sur la rive gauche du Pô. Nous rapportons ici copie du procès-verbal qui constate cette opération.

« L'an 1776, le 2ᵉ jour de septembre, le conseil ordinaire étant convoqué..., comme il est notoire que le 26 mai dernier a été exécuté le transport du clocher de la hauteur de 7 trabucs (22ᵐ,50) et plus, de l'église dite la *Madonna del Palazzo*, avec le concours, en la présence et aux applaudissements d'une nombreuse population de cette ville, et d'étrangers accourus pour être témoins du transport du clocher avec sa base et sa forme entière, au moyen des procédés de notre concitoyen Serra, maître maçon, qui s'est chargé de transporter ledit clocher à une distance de 5 pieds liprando (3ᵐ), et de le joindre ainsi à l'église en construction.

» Pour effectuer ce transport, on a d'abord coupé et ouvert les quatre faces des murs en briques, à la base du clocher et à fleur de terre; on a introduit dans les trous, du nord au sud, c'est-à-dire dans la direction que devait recevoir l'édifice, deux grandes poutres auxquelles se trouvaient parallèlement hors du clocher et sur ses flancs, deux autres rangs de poutres, de la longueur et étendue nécessaires pour l'assiette, la marche et la pose du clocher à sa nouvelle place où l'on avait d'avance préparé des fondations en briques et chaux.

» On a ensuite placé sur ce plan des rouleaux de 3 pouces et demi de diamètre, et sur ces mêmes rouleaux, on a mis un second rang de poutres de la longueur des premières. Dans le trou de l'est à l'ouest on plaça en forme de croix des poutres moins longues.

» Pour éviter l'oscillation du clocher, on le maintint par huit soliveaux, savoir : deux de chaque côté, lesquels étaient assemblés au bas sur chacune des quatre poutres, et dans le haut aux murs aux deux tiers de la hauteur du clocher.

» Le plan sur lequel devait rouler l'édifice avait une inclinaison d'un pouce. Le clocher fut tiré par trois câbles qui roulaient sur trois cabestans, dont chacun était mû par dix hommes. En moins d'une heure, le transport fut opéré.

» Il est à remarquer que, pendant ce transport, le fils du maçon Serra, placé dans le clocher, carillonna continuellement, les cloches n'ayant pas été déplacées.

» Fait à Crescentino, l'an et jour ci-dessus. »

La coupole de l'église à laquelle ce clocher est joint, absorbant le son des cloches, on a bâti depuis sur ce même clocher un étage de 6 mètres au moins pour l'élever au-dessus de cette coupole, et cela sans nuire à sa solidité.

Une opération du même genre a eu lieu récemment dans une petite bourgade entre Orbec et Lisieux (Calvados).

Après qu'on eut allongé l'église de Saint-Julien, de Maillac, il se trouva que le clocher en charpente qui était primitivement au-dessus du portail, se trouvait entre la nef et le chœur, à peu près au milieu de la longueur de l'édifice. Le sieur Nicolle, maître charpentier de Courson, fut mandé pour savoir s'il était possible de changer le clocher de place sans le démolir, et de le transporter sur le nouveau portail. Après s'être concerté avec le sieur Lamy, charpentier de Lisieux, ils se chargèrent tous deux de l'opération, moyennant la modique rétribution de 250 francs.

Le clocher a 75 pieds de hauteur de flèche au-dessus des murs de l'église, qui en ont 25. Le dessus des murs de l'église a servi de chemin pour conduire le clocher à sa nouvelle place. On a commencé par le moiser solidement, après quoi on l'a élevé au moyen de vérins de 16 pouces (environ 43 centimètres), pour passer en dessous deux poutres qui s'étendaient jusque sur les murs de l'église, et reposaient sur deux autres poutres dirigées dans le sens de la longueur des murs. Ces dernières poutres portaient chacune deux rouleaux à têtes de cabestans, roulant sur des sablières couchés sur les murs.

Six hommes agissant lentement et également avec des leviers embarrés dans les têtes des rouleaux imprimèrent le mouvement de translation au clocher. Dix heures de travail furent employées, le premier jour, pour lui faire parcourir 35 pieds (11^m,37); le second jour, la même manœuvre le fit arriver en 8 heures à son nouvel emplacement, distant de celui qu'il avait occupé, de 65 pieds (21^m,20). Pendant ce trajet, sept fois plus long que celui parcouru par le clocher de Crescentino, et qui ne dura que 18 heures, les cloches suspendues dans le clocher, comme à Crescentino, n'ont point cessé de sonner.

CHAPITRE L.

CONSTRUCTIONS ACCESSOIRES.

Nous donnons le nom de constructions accessoires à tous les ouvrages en bois qui ne constituent point un édifice, mais qui peuvent en faire partie ou être exécutés pour un usage particulier et même être mobiles, et dont l'exécution est dans les attributions du charpentier.

Les détails que nous avons donnés sur l'art nous dispensent d'entrer ici dans ceux d'une d'une foule d'objets qui peuvent être classés parmi les ouvrages accessoires, et que tout ouvrier exécutera sans peine dès qu'il saura la destination de l'objet qui lui sera demandé. Il nous a paru, en conséquence, suffisant de ne comprendre dans notre planche CLVII que quelques-uns de ceux dont la construction pourrait laisser quelques incertitudes sur leurs formes et leurs dimensions.

§ 1. *Mangeoires, râteliers et stalles pour chevaux.*

La fig. 1, pl. CLVII, est le profil d'une mangeoire et d'un râtelier d'écurie. La hauteur de la mangeoire varie suivant la taille des chevaux qui doivent y être attachés. Une mangeoire ne doit pas atteindre le niveau de la bouche du cheval lorsqu'il est en repos, et le haut du râtelier doit être placé de façon que lorsque le cheval lève la tête pour atteindre le fourrage, sa bouche réponde à peu près au milieu du râtelier.

On place aussi dans les étables des mangeoires et râteliers pour les bêtes à cornes; leurs dimensions sont réglées sur la taille des bestiaux.

La fig. 20 est le profil d'une autre disposition de mangeoire et de râteliers avec séparations par stalles pour les chevaux de manége et les chevaux de prix.

La disposition des râteliers a pour objet que les graines du fourrage glissent dans les mangeoires, et que les feuilles et les détritus ne tombent point sur les têtes des chevaux. Les séparations par stalles sont faites à claire-voie; autrefois on faisait les stalles pleines et on leur donnait une forme en doucine que nous avons ponctuée. Mais celle que nous avons représentée en traits pleins, dans la fig. 20, et que nous avons eu occasion de faire exécuter à Metz pour les chevaux du manége de l'École, est préférable en ce qu'elle est plus simple et qu'elle laisse l'air circuler plus librement.

§ 2. *Guérites.*

La figure 2, pl. CLVII est l'élévation et la figure 3 la coupe, par un plan vertical perpendiculaire au plan de projection de la figure 2, d'une guérite pour sentinelle. Cette guérite a son toit à un seul égout ; elle est portée sur une enrayure formant un patin qui assure sa stabilité pour que, placée sur le rempart élevé d'une place de guerre, elle ne soit pas renversée par le vent.

Les figures 7 et 8 sont de même l'élévation et la coupe d'une guérite avec un toit à deux égouts, portée seulement sur quatre pieds, en usage dans l'intérieur des villes.

Aujourd'hui on double les toits des guérites, extérieurement, avec une feuille de zinc posée sur le toit en planches.

§ 3. *Portes et contrevents.*

La figure 10, pl. CLVII, est la projection sur la face intérieure d'un contrevent ou d'une porte, en madriers joints à rainures et languettes et avec clefs, et consolidé par des barres ou une écharpe établies sur la face intérieure.

La figure 9 montre, sur une échelle double, l'assemblage des traverses sur les planches ou madriers des contrevents ; cet assemblage est usité par quelques charpentiers qui ne trouvent point qu'il soit suffisant de clouer les barres à plat sur les planches. Ces barres pénètrent à queue d'hironde dans les planches, et la queue d'hironde occupe en dessous un espace un peu plus large à un bout qu'à l'autre ; la rainure est tracée de même, de façon qu'en introduisant la barre dans son encastrement on la serre autant qu'on veut, en la chassant à coups de maillet.

J'ai fait exécuter, avec succès, des contrevents sans barres ni écharpes, en donnant un peu plus d'épaisseur aux planches et en les traversant toutes sur leurs épaisseurs par trois boulons distribués sur la hauteur et serrant les joints à rainures et languettes. Cette construction a l'avantage de permettre de serrer les joints des planches lorsque la sécheresse les fait ouvrir.

Lorsqu'on ne peut pas tailler dans les baies en maçonnerie des feuillures pour recevoir les portes et les contrevents, on les remplace par des châssis *dormants* qui reçoivent les battants dans leurs feuillures. Les trappes que l'on pratique dans les planchers pour le passage des ballots et autres objets d'un étage à un autre, et pour fermetures de caves, sont construites, tant pour leurs châssis dormants que pour leurs battants, de la même manière que les contrevents.

§ 4. *Baraques pour logements de troupes.*

Les figures 15 et 25, pl. CLVII, sont des coupes faites dans des baraques en planches pour logements de troupes en campagne.

Les fermes en planches épaisses sont espacées de 2 mètres à $2^m,60$ pour qu'il se trouve toujours entre elles un nombre exact de places pour coucher les soldats.

Les baraques pour chevaux sont construites à peu près de la même manière que celles de la figure 15, sinon qu'on leur donne un peu plus de hauteur; les mangeoires et râteliers établis en planches se placent au milieu de la baraque pour deux rangs de chevaux qui se font face.

§ 5. *Moutons de cloches.*

La figure 6, pl. CLVII, fait voir comment une cloche est attachée au mouton en bois qui sert à la suspendre; ce mouton porte des tourillons en fer sous ses extrémités arrondies pour être solidement frettées. La cloche est attachée au moyen de brides qui passent dans ses anses et qui sont retenues par des étriers et d'autres brides serrés par des coins.

La fig. 5 est la projection du mouton dégagé de la cloche et des ferrures, et la figure 4 est une projection du même mouton vu par le bout.

§ 5. *Pavés en bois.*

L'usage des pavés en bois est répandu depuis longtemps en Russie et en Allemagne; on en a établi, avec succès, sous des passages fréquentés par des voitures, au château de Versailles, actuellement Musée historique. Nous donnons, fig. 11, le plan d'un pavage de ce genre tel que nous l'avons vu exécuter en 1838.

La figure 12, pl. CLVII, est un profil de la même partie, et la figure 13 est un pavé isolé, vu suivant sa hauteur. Les fibres du bois, dans ce pavage, sont verticales, les pavés sont des prismes quadrangulaires tous égaux, ayant leurs surfaces horizontales de 0^m,155 de côté; leur hauteur, de 0^m,330, est divisée dans son milieu par une rainure de 0^m,030 de largeur et de 0^m,015 de profondeur.

Lorsque tous les pavés sont assemblés, toutes les rainures sont au même niveau et elles sont remplies à mesure que l'on pose les pavés par des liteaux en bois de chêne pour les lier et les rendre tous solidaires les uns des autres.

Ce pavé est établi sur un lit de sable bien battu; aucune matière n'est interposée dans les joints.

M. Hawkins a fait, dans plusieurs quartiers de Londres, l'essai du pavage en bois, qui a fort bien réussi.

Tous les bois sont propres à ce genre de pavage. Le pin est préférable au sapin et au peuplier; le bouleau et l'érable sont préférables au pin; l'ormeau, le frêne et le chêne sont préférables à tous les autres bois. On fait choix du bois suivant la fréquentation de la route, et dans un chemin assez large, pour que le milieu soit plus fréquenté que ses côtés, il faut placer les pavés en bois le plus dur dans cette partie.

Ce genre de pavé est très-durable; on estime qu'il n'a besoin d'être renouvelé que tous les six ans. On s'est servi à Londres de bois *kianisés*. (*Voyez* t. Ier, p. 216.) On pense à Londres qu'il suffit de donner aux pavés 0^m,20 de hauteur; nous croyons qu'il y a avantage à leur donner une dimension plus forte, afin qu'on puisse redresser la surface lorsqu'elle est usée.

Le frottement des roues est peu considérable et le roulage extrêmement doux.

Lorsque les pavés sont trop usés, on les vend pour le chauffage, toutefois lorsqu'ils n'ont pas été *kianisés*.

On fait usage de pavés carrés lorsqu'on n'a à sa disposition que des bois équarris; mais lorsque au contraire on peut avoir des bois ronds, il y a économie de bois en faisant les pavés à six pans, comme ceux que nous avons représentés, fig. 14, parce qu'il y a moins de bois perdu.

Le pavage en bois est plus propre que celui en pierre, et il produit moins de boue; on a reconnu qu'il est glissant pendant les gelées, mais il est facile de remédier à cet inconvénient.

On avait déjà fait, avec succès, en 1838, un essai de pavés en bois debout, au Havre, sur le quai Lamandé; ces pavés en bois de pin, goudronnés, étaient joints et comme maçonnés avec du mastic d'asphalte.

On regarde l'emploi du pavage en bois debout comme beaucoup moins dispendieux que toute autre espèce de pavé.

CHAPITRE LI.

DEVIS.

§ 1. *Devis descriptif.*

Les ouvrages de charpenterie peuvent être exécutés, comme tous les autres genres de constructions, de trois manières : par économie, à forfait et au *mètre cube*.

Dans l'exécution par économie, qui procure ordinairement la meilleure façon des ouvrages et rarement une économie réelle, celui qui fait exécuter fournit les matériaux et paie à la journée le maître charpentier et les compagnons qui travaillent les bois. Les prix des journées sont fixés suivant les usages du pays, et comprennent la fourniture des outils.

Pour l'exécution à forfait, une somme déterminée est payée pour l'exécution de la totalité du travail, fourniture d'outils, agrès et échafaudages compris ; cette somme est ordinairement déterminée par un rabais sur le montant de l'état estimatif.

Lorsque l'exécution est faite au mètre cube, le travail est payé en raison du volume des matériaux mis en œuvre, suivant les conditions établies dans le devis, et souvent d'après un rabais résultant d'un concours par adjudication.

Le prix du mètre cube comprend la valeur du bois, lorsqu'il est fourni par l'entrepreneur.

Si les matériaux lui sont fournis, le prix du mètre cube ne se rapporte qu'à la main-d'œuvre. C'est ce qui arrive lorsque celui qui fait faire un ouvrage en charpenterie a du bois neuf dans ses magasins, ou qu'il fait remettre en œuvre des bois provenant de la démolition de quelque ancien ouvrage, ce qui donne lieu à trois classes de prix.

De quelque manière que des travaux soient entrepris, il faut un devis pour en régler l'exécution.

Un *devis*, comme ce mot l'annonce, est un discours écrit et descriptif de l'objet à construire. Il accompagne les dessins du projet et fait connaître, dans le plus grand détail, l'édifice en bois projeté et toutes ses parties ; il établit en outre, toutes les conditions, sujétions et procédés particuliers, s'il y en a qui soient prescrits pour l'exécution, afin d'en assurer la perfection. Le devis indique toutes les qualités exigées, dans les bois à employer, les vices et défauts particuliers qui sont prohibés, et enfin les formes et dimensions de toutes les pièces, non-seulement dans leurs parties apparentes, mais dans celles qui pourraient être cachées par suite de leurs combinaisons et de leurs assemblages.

On ne doit point confondre le devis avec l'estimation du travail.

Le devis est l'énoncé clair et précis des conditions imposées, par celui qui a conçu une construction, à celui qui doit l'exécuter, afin que l'exécution soit la plus parfaite possible, qu'elle soit conforme au projet et qu'elle remplisse le but qu'on s'est proposé. Dès que celui qui doit exécuter l'ouvrage a accepté le devis, en se chargeant du travail auquel il se rapporte, ce devis est un acte obligatoire entre les deux parties.

L'estimation ou devis estimatif est l'évaluation de la dépense à faire pour l'exécution, en se conformant aux conditions du devis.

L'estimation sert de base au marché pour le prix, en argent, de l'exécution suivant les conditions du devis.

Le plus grand ordre doit être établi dans la rédaction du devis, qui peut être partagé en chapitres ou titres et subdivisé en sections, suivant la nature des détails qui y sont expliqués.

Dans les devis généraux des grandes constructions, un titre particulier est ordinairement consacré aux ouvrages de charpenterie; il doit contenir les mêmes détails qu'un devis particulier d'une construction uniquement en bois. Nous ne donnons point de modèle de devis par la raison que chaque ouvrage peut donner lieu à des détails qui ne peuvent convenir à un autre; nous nous bornons à l'indication sommaire des objets qui doivent être traités dans un devis d'ouvrage en charpente :

1° Objet, description et dimension de l'ouvrage à exécuter ;

2° Établissement, construction et tracé des étalons ;

3° Espèces de bois qui doivent être employées, qualités exigées, et vices prohibés pour chacune d'elles; spécifications des conditions d'achat et de réception avant la mise en œuvre;

4° Travail général des bois, tant à l'égard de l'équarrissage, que touchant l'exécution et la perfection des assemblages ;

5° Dimensions et équarrissage des diverses pièces qui doivent faire partie de la charpente, suivant leur objet ;

6° Tracé des courbes qui lui sont particulières, et mode d'exécution des courbures ;

7° Procédés particuliers de levage exigés;

8° Mode de vérification et de réception de l'ouvrage.

§ 2. *Analyse et bordereau des prix.*

L'estimation de la dépense que nécessitera l'exécution d'une charpente exige la connaissance du prix de l'unité de mesure de chaque espèce d'ouvrage qui concourt à cette exécution.

Ces prix sont, la plupart du temps, établis par l'usage des lieux où les travaux sont exécutés; mais une appréciation d'après des usages ne peut satisfaire le charpentier ni le constructeur, qui doit connaître l'estimation de la valeur de chaque ouvrage, pour établir la limite de l'abaissement du prix auquel l'ouvrage peut être fait.

L'analyse d'un prix est le calcul fait pour établir cette limite; les éléments des prix sont :

1° Le prix d'achat du bois au lieu d'exploitation comprenant les frais d'exploitation, et quelquefois ceux d'équarrissage;

2° Les frais de transport au chantier et ceux d'emmagasinement;

3° Les frais de main-d'œuvre établis d'après l'expérience que chacun a du temps nécessaire pour dresser les bois, les mettre sur lignes, les piquer, les assembler, les tailler et mettre au levage (1).

---

(1) Le tableau suivant indique, approximativement le temps estimé nécessaire au travail du bois, pour l'unité de mesures métriques, de diverses sortes d'ouvrages de charpenterie, levage compris.

	JOURNÉES DE		
	maître charpentier.	compagnons charpentiers.	manœuvres.
Charpente sans assemblages. *Pour un mètre cube.*	1/10	2	1
Id. assemblée par entailles ou queues d'hironde .... id.	1/2	5	1
Id., id. à tenons et mortaises...... id.	1/2	7	2
Id., id., id. de fortes dimensions... id.	1	8	3
Id. de pièces courbes............. id.	1 1/2	12	2
Planchers de pied, et portes. *Pour un mètre carré.*	1/20	1/2	»
Id. pour couverture............. id.	1/50	1/10	»
Sciage de long en vieux bois de chêne............ id.	»	2/5	»
Id. en bois de chêne neuf......... id.	»	1/3	»
Id. en sapin et bois blanc......... id.	»	1/4	»

4° Le déchet éprouvé par le débit du bois et la taille des assemblages ;
5° Les faux frais occasionnés par diverses circonstances du travail ;
6° Le bénéfice équitable que l'entrepreneur du travail doit avoir.

Le calcul s'établit sur un nombre de mètres cubes assez considérable pour atténuer les erreurs qui peuvent être faites ; on prend ordinairement pour terme de comparaison et d'expérience les renseignements qu'on a pu se procurer sur des ouvrages construits avec intelligence et économie, et les prix équitables des journées d'ouvriers charpentiers établis dans le pays. La somme trouvée pour la dépense totale est divisée par le nombre de mètres cubes sur lequel on l'a calculée ; le quotient, augmenté de 1/15 pour les outils, et de 1/10 pour l'entrepreneur, est le prix du mètre cube résultant de l'analyse, et qu'on peut appliquer à l'estimation des ouvrages de même nature.

On forme un bordereau de tous les prix pour y avoir recours lorsqu'il s'agit de dresser un état estimatif ou un métrage.

§ 3. *État estimatif.*

Le devis d'un ouvrage est ordinairement accompagné d'un devis de la dépense ou état estimatif ; car il ne suffit pas de décrire un ouvrage projeté, il faut encore indiquer ce que son exécution coûtera. Un état estimatif est donc l'énumération de toutes les dépenses nécessaires à l'exécution, tant sous le rapport de la valeur des matériaux que sous le rapport de la valeur du travail pour les mettre en œuvre.

Dans un état estimatif les pièces de bois sont désignées dans le plus grand ordre, chacune par la dénomination qui lui convient, suivant la place où elle doit être employée ; sur la même ligne ses dimensions en longueur et en équarrissage et, finalement, son volume sont inscrits. Les pièces de même bois sont énumérées et calculées ensemble ; à la somme de leurs volumes on applique le chiffre du prix de l'unité cube qui convient à cette espèce de bois. Ce prix comprend ordinairement la valeur de la main-d'œuvre, à moins qu'il ne s'agisse de bois qui ont déjà servi, qu'il s'agit d'employer de nouveau et auxquels on n'applique que le prix de la main-d'œuvre, qui est ordinairement évalué au mètre cube, à moins que quelques circonstances, fort rares, ne déterminent à évaluer la main-d'œuvre de travail en nombre de journées, auxquelles on applique leur valeur en argent.

Quelques parties du travail, telles que les planchers et les lattis et autres sortes de revêtissement, sont ordinairement estimées au mètre carré.

On fait une récapitulation qui est occasionnée par la diversité des espèces de bois et les différentes natures d'ouvrage, on y comprend toutes les dépenses accessoires et celle pour les différentes ferrures employées dans la charpente. Le total final de toutes les dépenses particielles est la valeur de la dépense estimée nécessaire pour l'exécution de l'ouvrage.

§ 4. États d'approvisionnements.

L'état estimatif de la dépense à faire pour l'exécution d'un ouvrage en charpente est ordinairement suivi d'un état d'approvisionnements; c'est un extrait de l'état estimatif énonçant le nombre des pièces nécessaires à l'exécution, augmenté d'un vingtième, pour parer à peu près aux accidents et besoins imprévus.

Dans cet état les pièces de bois sont classées par espèce de bois, dans chaque espèce par équarrissage, et dans chaque classe d'équarrissage par longueur pour chacune, à moins que les longueurs des pièces de ces équarrissages ne soient pas déterminées par les places qu'elles doivent occuper, auquel cas on peut les désigner par le nombre de mètres courants qui sont nécessaires.

A la suite de la désignation de chaque pièce, ou du nombre de pièces de mêmes dimensions, on doit inscrire leur volume afin qu'on puisse connaître le nombre de mètres cubes de chaque espèce de bois qui doit être approvisionnée, et par une récapitulation de volume de l'approvisionnement total.

On comprend dans cet état l'évaluation des bois en mètres carrés ou en mètres courants, qui doivent être approvisionnés, tels que madriers, planches et voliges. On y comprend aussi le poids des différentes pièces de fer nécessaires à l'exécution du travail.

§ 5. Marchés.

Le marché est la convention écrite ou verbale d'après laquelle un ouvrage déterminé ou une certaine quantité d'ouvrage sera exécuté suivant les conditions imposées par un devis ou par un extrait de ce devis, qui forme alors ce qu'on appelle le *Cahier des charges*, dans lequel toutes les conditions du marché sont clairement énoncées, tant sous le rapport de la façon et de la qualité du travail que sous celui des charges et de la responsabilité pour un temps spécifié, imposées à l'entrepreneur.

Le marché est à forfait quand le travail est entrepris en totalité pour un prix déterminé, sans qu'il soit nécessaire de le mesurer après l'exécution, et la réception en est faite après vérification pour s'assurer que toutes les conditions ont été remplies, les formes et les dimensions observées et le travail exécuté à la satisfaction de celui qui l'a commandé.

Si le marché a été fait au mètre, le payement ne peut avoir lieu qu'après un métrage exact du travail exécuté, dressé après vérification et réception du travail.

Les marchés se font à prix débattus et discutés, ou par soumission cachetée ou par adjudication au rabais.

Dans l'adjudication par soumission, chaque concurrent déclare par écrit le prix auquel il consent à faire chaque espèce d'ouvrage au-dessous de celui de l'estimation qui a été préalablement faite.

Dans l'adjudication au rabais, les concurrents offrent verbalement des rabais à tant pour cent au-dessous des prix résultant d'analyses et inscrits au bordereau qui leur a été communiqué.

Dans l'un et l'autre cas, des rabais trop considérables, occasionnés par des concurrences trop acharnées, ne peuvent produire de bons résultats, ils font naître de fréquentes discussions et de fâcheuses supicions sur la bonne exécution des travaux ou sur la rémunération équitable des entrepreneurs.

§ 6. *Attachements.*

Les attachements sont des mesures prises sur les travaux exécutés, qui ne seront plus apparents lorsque l'édifice sera terminé et qui, ne laissant point de traces matérielles, sont néanmoins dus à l'entrepreneur; ou qui doivent lui être comptés, en raison de variations accidentelles pendant l'exécution, et que les devis n'ont pu prévoir autrement qu'en énonçant qu'il en sera tenu compte dans le métrage définitif. Ces attachements mentionnent les dimensions et l'objet de l'ouvrage *attaché*, et où il est exécuté; quelquefois même on y joint des dessins ou des croquis cotés qui les représentent. Les attachements comprennent aussi les journées des ouvriers et fournitures extraordinaires non prévues dans le devis et qui doivent être payés à l'entrepreneur du travail.

§ 7. *Vérifications et réceptions.*

Un ouvrage en charpenterie ne peut être accepté pour en faire le métrage qui doit servir au payement qu'après que la vérification en a été faite pour constater que le travail a été exécuté avec la perfection et l'exactitude exigées, et que les conditions du devis, du cahier des charges et des marchés ont été remplies. On constate quelquefois la réception par un procès-verbal.

§ 8. *Métrage* (1).

Le métrage d'un ouvrage en charpente est le mesurage des éléments de la construction de cet ouvrage tel qu'il est exécuté.

Le métrage est établi dans le même ordre et par la même méthode que l'état estimatif; les dimensions des pièces y sont cotées en longueurs et équarrissages d'après les mesures prises sur l'ouvrage même, et les prix sont appliqués, non pas suivant ceux mentionnés aux analyses et devis, mais selon ceux du marché.

La récapitulation des valeurs des diverses espèces d'ouvrage et des frais accordés par le marché forme le total de la somme à payer à l'entrepreneur qui a exécuté l'ouvrage par lui-même ou avec l'aide des compagnons employés à son compte.

---

(1) Autrefois, la mesure d'un ouvrage exécuté était appelée *toisé* : on aurait pu adopter la dénomination analogue de *métré*; l'usage a fait prévaloir celle de *métrage*.

CHAPITRE LII.

CUBAGE DES BOIS DE CHARPENTE.

La calcul est employé, dans l'art de la charpenterie, dans trois circonstances :
1° Pour connaître le volume, le poids et la valeur des pièces de bois;
2° Pour fixer les dimensions de l'équarrissage des pièces employées dans une charpente, à raison des différents efforts auxquels elles ont à résister;
3° Pour déterminer les poussées exercées par les charpentes sur leurs propres parties ou sur les murs des édifices.

L'application du calcul au cubage des bois fait le sujet du présent chapitre; les deux autres applications sont l'objet du chapitre suivant.

§ 1. *Unité de mesure.*

Dans divers cas, le charpentier doit connaître le volume des pièces de bois, soit qu'il s'agisse de les acheter ou de les vendre, soit qu'il faille connaître en quelle proportion elles entrent dans la dépense totale d'une construction, soit enfin que l'on veuille calculer les efforts qu'elles exercent sur certaines parties de l'édifice.

Aujourd'hui l'emploi du système métrique, généralement adopté en France, rend les calculs d'une grande facilité, et l'usage de ce système étant devenu depuis longtemps familier aux charpentiers, nous sommes dispensé de donner des exemples du calcul métrique des bois de charpente. Mais, avant l'établissement de ce nouveau système, le cubage des bois était si long, on peut dire même si compliqué, que l'on s'était vu forcé de former, pour les charpentiers et constructeurs, des tables dans lesquelles les expressions des volumes se trouvaient indiquées devant les dimensions de toutes les pièces en usage le plus ordinairement dans les travaux.

Quoique ces méthodes de calcul ne soient plus pratiquées, et que l'usage en soit même prohibé, il n'est peut-être pas sans utilité d'en conserver le souvenir : on peut d'ailleurs être dans la nécessité de recourir à d'anciens toisés pour quelques recherches d'art ou quelques vérifications; c'est le motif qui nous a déterminé à rappeler succinctement les anciennes méthodes.

Dans les travaux de construction, les ouvrages en maçonnerie et les terrassements étaient autrefois mesurés à la toise courante, carrée ou cube, suivant la nature de ces ouvrages. La toise, comme on sait, est un peu moindre que 2 mètres; elle est regardée comme étant égale à $1^m,949036$.

Cette unité de mesure cubique se trouvait trop grande pour le cubage des bois, parce que si le volume des ouvrages en charpente d'un édifice eût été calculé en toises cubes, le nombre qui aurait exprimé ce volume, pris abstractivement, aurait toujours été beaucoup plus petit que ceux, également pris abstractivement, qui auraient exprimé les volumes des autres travaux. Les prix pour l'exécution des ouvrages en bois se seraient trouvés alors représentés par des nombres en apparence beaucoup trop grands où le prix de l'unité aurait paru beaucoup trop cher, par rapport au volume et à la dépense, ou au prix des autres espèces d'ouvrages, ce qui aurait jeté une espèce de défaveur sur les constructions en bois et les aurait fait paraître, d'ailleurs à cause du nombre représentant leur volume, comme de trop minime importance et néanmoins fort chères.

D'un autre côté, très-peu de pièces de bois, même dans les plus grands travaux, atteignent le volume d'une toise cube, de sorte que, pour le plus grand nombre des pièces, leurs volumes se seraient trouvés exprimés par des fractions ou par des nombres complexes, ayant le chiffre zéro au rang des unités principales, ce qui aurait compliqué, sans utilité, l'écriture des nombres et les calculs.

Par suite de ces considérations, les ouvriers charpentiers avaient adopté une unité de mesure de solidité particulière dont le volume était le plus fréquemment égal ou peu différent de celui du plus grand nombre des pièces qu'ils mettaient en œuvre dans leurs travaux, et ils donnèrent à cette unité le même nom qu'à ces pièces, celui de *solive*.

La *solive*, unité de mesure des anciens charpentiers, était donc un solide de 2 toises de longueur et de 6 pouces sur 6 pouces d'équarrissage, ou un solide de 1 toise de longueur et de 12 pouces sur 6 pouces d'équarrissage, ou un solide de 3 pieds de long et de 12 pouces sur 12 pouces d'équarrissage.

Quoique de formes différentes, ces solides sont égaux et équivalents chacun à 3 pieds cubes ou à la soixante-douzième partie de la toise cube.

Le sixième de la longueur d'une *solive*, quelle que fût celle des trois formes ci-dessus qu'on lui supposât, était le *pied de solive*. Le douzième de la longueur du pied était le *pouce*, et le douzième du pouce était la *ligne;* d'où il suit que le système de la division de la *solive* était le même que celui de la division de la toise.

La mesure du volume des pièces de bois se trouvait exprimée en nombre de solives, pieds, pouces et lignes de solive, comme les volumes des autres natures d'ouvrages et dans un rapport convenable entre les unités des diverses espèces de travaux.

Dans les très-grands travaux, et notamment dans les grandes exploitations, le volume total d'une grande quantité de bois se comptait au cent de solives pour éviter d'écrire des nombres trop considérables.

Autrefois, les bois de charpente se mesuraient, en Normandie et dans les provinces voisines, à la *marque*, qui était de deux espèces, suivant qu'on la supposait, de 96 ou de 300 *chevilles*, et les *chevilles* étaient de 12 pouces cubes représentant des solives de 1 pied de long et de 1 pouce d'équarrissage, par conséquent à peu près égaux à ceux débités à la fente pour faire les chevilles servant aux assemblages; ainsi le pied cube contenait 144 chevilles.

La solive en usage comme unité de mesure, à Paris et dans presque tout le reste de la France, contient 432 chevilles.

Le *mètre cube* est aujourd'hui l'unité de mesure des bois et ouvrages de charpenterie (1) comme de toutes les autres espèces d'ouvrages de construction. Cette unité étant un peu plus forte qu'un huitième et moindre qu'un septième de la toise cube (2), et un peu plus forte que neuf fois le volume de la solive (3), la disproportion qu'aurait établie anciennement l'usage de la toise cube, pour la mesure des bois et des ouvrages en charpente, disparaît aujourd'hui en grande partie par l'adoption du mètre cube, et l'on a pu, sans inconvénient, adopter cette unité de mesure dans la charpenterie.

Au moyen de la division du mètre en parties décimales, les calculs sont très-simples; mais il est à désirer que, dans le commerce des bois de charpente, les bois débités chez les marchands soient partout sciés sur des

---

(1) Les lois du 19 germinal an III, et du 19 frimaire an IX, portent que le mètre cube, désigné sous le nom de *stère*, sera l'unité de mesure pour les bois de chauffage, et que le *décistère*, ou *solive métrique*, sera l'unité de mesure pour le bois de charpente, ce solide ayant un décimètre d'équarrissage et 10 mètres de longueur. De cette manière la solive métrique différait peu de la solive ancienne, et lorsque l'on toléra l'usage des mesures métriques, dites *usuelles*, on avait admis que la *solive métrique* aurait un mètre de longueur sur un pied métrique ou tiers de mètre d'équarrissage. Cependant l'usage de compter au mètre cube a prévalu.

(2) Un mètre cube vaut 29 pieds cubes 4 pouces 1 ligne 7/12 de point, ou 9 pouces 8 lignes 8 points de la toise cube.

(3) La solive vaut, en décistères, $1^d,028$, ou 10 solives valent 1 mètre cube 28 millimètres, ou enfin 1 mètre cube vaut en solives $9^s,725$.

dimensions d'équarrissages, d'épaisseurs et de longueurs qui soient des divisions exactes et décimales du mètre vu que ces bois, débités suivant les anciennes mesures et coutumes, donnent lieu de traduire les expressions de leurs dimensions en expressions métriques, et il en résulte des nombres d'un usage quelquefois incommode.

§ 2. *Cubage des bois équarris en solives.*

Le calcul du volume d'une pièce de bois équarrie s'effectuait suivant les règles anciennes, dites des parties aliquotes, et pour effectuer ce calcul les charpentiers, comme les toiseurs se servaient de l'une des trois formules suivantes qui conduisent toutes à un même résultat.

Ire formule. — Pour trouver le nombre de solives, pieds, pouces et lignes de solive contenus dans une pièce de bois, dont les dimensions ont été données, *mettez une des dimensions de l'équarrissage, exprimée en pouces, au rang des toises, et après avoir cherché, suivant les règles ordinaires du calcul, par les parties aliquotes, le cube résultant des trois dimensions, ce résultat exprime des solives, pieds, pouces et lignes de solive.*

Exemple. — On demande le nombre de solives, pieds, pouces et lignes de solive exprimant le volume d'une pièce de bois de 3 toises 5 pieds 9 pouces 6 lignes de long et d'un équarrissage de 15 pouces sur 12.

	Toises.	Pieds.	Pouces.	Lignes.	Points.
Longueur.	3	5	9	6	0
Ire dimension de l'équarrissage	0	1	3	0	0
	0	3	11	7	0
	0	0	11	10	9
	0	4	11	5	9
IIe dimension, mise au rang des toises.	12	0	0	0	0
	Solives.	Pieds.	Pouces.	Lignes.	Point.
Résultat.	9	5	5	9	0

IIe formule. — *Mettez une des dimensions de l'équarrissage, exprimée en pouces, au rang des pieds, et comptez pour demi-pieds le nombre de pouces de l'autre dimension de l'équarrissage; multipliez le produit de ces deux facteurs par la longueur de la pièce, le produit final donne le nombre des solives, pieds, pouces et lignes de solive.*

Exemple. — On demande de calculer le nombre de solives et parties de solive d'une pièce dont les dimensions sont les mêmes que ci-dessus.

	Toises.	Pieds.	Pouces.	Lignes.
La première dimension d'équarrissage deviendra	2	3	0	0
La deuxième sera	1	0	0	0
Le produit sera multiplié par.	3	5	9	6
Ce qui donne le même résultat	9 sol.	5	5	9

III° formule. — *Après avoir multiplié, l'une par l'autre, les deux dimensions de l'équarrissage exprimées en pouces, multipliez encore par la longueur de la pièce et divisez le produit par soixante-douze.*

Exemple. — Les dimensions d'une pièce de bois étant encore les mêmes que celles de la pièce ci-dessus, multipliant les nombres 12 et 15 qui expriment en pouces les dimensions de l'équarrissage, l'un par l'autre, et leur produit 180 pouces par 3 toises 5 pieds 9 pouces 6 lignes, le résultat 713 toises 2 pieds 6 pouces, divisé par 72, donne encore la même valeur 94 solives 5 pieds 5 pouces 9 lignes.

Ces trois règles sont fondées sur ce que, comme nous l'avons dit, la solive est la soixante-douzième partie d'une toise cube.

A l'égard du cubage du bois en chevilles, les dimensions d'une pièce étant connues, il suffisait de *multiplier le nombre des pouces carrés contenus dans la surface de l'équarrissage par le nombre de pieds contenus dans sa longueur.*

Exemple. — Soit une pièce de 6 pouces 5 lignes d'équarrissage sur une longueur de 11 pieds 7 pouces 3 lignes; la surface de l'équarrissage est de 57 pouces carrés et 9 lignes. Le cube est de 670 chevilles 1 pouce 8 lignes un quart, ou 2 marques 70 chevilles 1 pouce 8 lignes un quart, la marque étant de 300 chevilles, ou, enfin, 6 marques 94 chevilles 1 pouce 8 lignes un quart, la marque n'étant comptée qu'à 96 chevilles.

§ 3. *Cubage des bois en grume.*

Les méthodes décrites dans l'article précédent, surtout la première, assez commodes pour le calcul, n'étaient applicables qu'aux bois équarris, et ne pouvaient point servir pour les bois ronds en grume et sur pied. Il fallait donc un autre procédé pour mesurer ces derniers et évaluer le cube du bois qu'ils devaient produire après qu'ils seraient équarris, vu que le prix de leur achat ne devait être fixé qu'en raison de la valeur de la pièce équarrie qu'il était impossible d'en tirer, et l'usage avait fait adopter les règles suivantes :

On prenait la mesure du contour du corps de l'arbre à hauteur d'homme, *on retranchait de ce contour moyen*

Le $\frac{1}{9}$	lorsque l'arbre avait de	2 à	3 toises de longueur,		
Le $\frac{1}{8}$	. . . .	3 à	4.		
Le $\frac{1}{7}$	. . . .	4 à	4 $\frac{1}{2}$ et du reste le	. . . . .	$\frac{1}{20}$
Le $\frac{1}{6}$	. . . .	5 à	5 $\frac{1}{3}$	. . . .	$\frac{1}{20}$
Le $\frac{1}{5}$	. . . .	6 à	6 $\frac{1}{2}$	. . . .	$\frac{1}{12}$
Le $\frac{1}{4}$	. . . .	7 à	7 $\frac{1}{2}$	. . . .	$\frac{1}{14}$
Le $\frac{1}{4}$	. . . .	8 à	8 $\frac{1}{9}$	. . . .	$\frac{1}{6}$
Le $\frac{1}{3}$	. . . .	9 à	9 $\frac{1}{2}$	. . . .	$\frac{1}{10}$
Le $\frac{1}{3}$	. . . .	10 à	10 $\frac{1}{2}$	. . . .	$\frac{1}{10}$
Le $\frac{1}{3}$	. . . .	11 à	11 $\frac{1}{2}$	. . . .	$\frac{1}{7}$
Le $\frac{1}{3}$	. . . .	12. . .	. . . .		$\frac{9}{5}$

du reste final, on prenait le quart, qui exprimait en pouces l'un des côtés de l'équarrissage de la pièce carrée qui pouvait être tirée de l'arbre sur pied. On ne voit pas bien sur quoi cette règle était fondée; il est présumable qu'elle avait été déduite d'un grand nombre d'expériences.

Dans quelques contrées une méthode plus rationnelle, et en même temps plus exacte, était adoptée; on estimait le volume réel de la pièce en grume, sauf à donner à la solive du bois en grume un prix moindre qu'à la solive en bois équarri.

Le volume d'une pièce de bois en grume peut être évalué par un autre procédé fort simple.

On prend avec un grand compas d'épaisseur (1) le diamètre moyen de l'arbre vers le milieu de sa longueur. La dimension trouvée est regardée comme le côté d'un carré dont on réduit la surface dans le rapport de 14 à 11, parce que le rapport du carré du diamètre d'un cercle est à la surface de ce cercle à très-peu près dans ce rapport (2), ce qui est suffisant dans la pra-

---

(1) Le compas d'épaisseur peut être à tête comme un compas ordinaire, ou être composé de deux règles perpendiculaires à une troisième, et glissant sur celle-ci, à l'imitation du pied ou compas de cordonnier.

(2) La réduction dans le rapport de 14 à 11 est aisée à effectuer, il suffit d'ajouter à la moitié du nombre les $\frac{2}{7}$ du même nombre, puisque $11 = \frac{14}{2} + 2 \times \frac{14}{7} = 7 + 4$. On peut aussi du nombre à réduire, retrancher le septième et la moitié de ce septième, le reste est le nombre réduit dans le rapport de 14 à 11.

tique. Cette réduction faite, on effectue le calcul du nombre des solives par l'une des méthodes que nous avons indiquées ci-dessus, et l'on a le volume du bois contenu dans la pièce en grume (1).

Exemple. — Soit un arbre en grume de 21 pouces de diamètre moyen et de 5 toises de longueur.

Le carré de ce diamètre est.		441
dont le 1/7 est	63 ⎫	
et la moitié du 1/7	31 1/2 ⎭	94 1/2
	Différence	346 1/2
En multipliant par la longueur de la pièce		5
Le produit		1732 1/2

divisé par 72, suivant la règle dernière, le résultat est 24 toises 0 pieds 4 pouces 6 lignes.

On peut enfin user d'une troisième méthode fondée sur le rapport 7 : 22 du diamètre à la circonférence; il faut multiplier les unités, qui expriment la longueur du diamètre de l'arbre, par 5 et demi. Le produit est la surface du cercle; en effet, 70 exprimant la longueur d'un diamètre et 220 la circonférence, 385 est la surface du cercle, mais 385 est égal au diamètre 70 multiplié par 5 et demi.

§ 4. *Cubage métrique.*

Le système métrique est venu simplifier les calculs du cubage des bois depuis l'adoption des mesures métriques et décimales.

Les pièces de bois sont mesurées dans leurs trois dimensions, en mètres et fractions décimales du mètre, et le volume de chacune est obtenu par le produit de ces trois facteurs, suivant la règle de la multiplication des fractions décimales; et si les volumes de plusieurs pièces doivent être réunis pour en former un total, l'opération est ramenée à celle d'une simple addition.

---

(1) Cette méthode peut également servir pour les mesures métriques. Le diamètre de l'arbre est mesuré en centimètres. Après la réduction, dans le rapport de 14 à 11, la surface du cercle est exprimée en centimètres carrés.

CHAPITRE LIII.

RÉSISTANCE DES BOIS.

I.

EXPÉRIENCES ET FORMULES (1).

Les pièces de charpente employées dans les constructions doivent résister suivant le sens des efforts qui agissent sur elles :

1° A l'*écrasement* ou *compression* dans le sens du fil du bois, par une pression exercée dans la direction de leurs longueurs;

2° A la *pression*, dans le sens perpendiculaire en fil de bois, par un effort dirigé perpendiculairement à leurs fibres;

3° A l'*arrachement*, par l'effet d'une traction dans le sens de la direction des fibres du bois;

4° Au *déchirement*, par un effort de traction perpendiculaire aux fibres, à la manière d'une vis en fer que l'on tirerait pour l'arracher d'une pièce de bois dans laquelle elle serait engagée.

5° A la *rupture*, par flexion, par un effort dirigé perpendiculairement à leurs longueurs;

6° A la *torsion* ou effort tendant à placer en hélice les fibres d'une pièce de bois autour de son axe longitudinal.

§ 1. *Résistance à l'écrasement.*

Les expériences sur l'écrasement du bois par une pression dirigée dans le sens de la longueur de ses fibres, ne sont point nombreuses : on ne connaît que celles faites par Rondelet, publiées dans son *Art de bâtir;* celles de M. Rennie, publiées dans les *Annales de chimie et de physique* (sept. 1818), et celles de M. Gauthey, mentionnées dans son ouvrage. D'après les expériences de Rondelet, il ne faut qu'un effort de 385 à 463 kilogrammes par centimètre carré (terme moyen 425 kilogrammes) de la surface sur laquelle la pression est exercée pour écraser ou refouler les fibres d'une pièce de bois de chêne, si elle est d'ailleurs trop courte pour qu'elle puisse plier.

Pour le bois de sapin, l'effort doit être 462 à 538 kilogrammes par centimètre carré (terme moyen 500 kilogrammes) de la surface sur laquelle la pression est exercée.

---

(1) Nous n'avons point modifié ce chapitre, qui est l'œuvre d'Émy, parce qu'il présente un intérêt considérable par les considérations pratiques qu'il contient et par la reproduction d'une table de 40 expériences faites par Buffon, sur la rupture des bois par flexion. Voir les *Éléments de charpenterie métallique* dans lesquels nous donnons, à l'introduction, des tableaux synoptiques de la résistance des bois.

D'après les expériences de M. G. Rennie, pour écraser un cube de 1 pouce anglais de côté, l'effort est en livres, avoir du poids,

pour le chêne, de. . . 3860 liv. ($271^k,28$ par centimèt. carré).
» le sapin blanc. . 1928 (135,50 . . . id. . . .)
» le pin d'Amérique. 1606 (112,87 . . . id. . . .)
» l'orme. . . . . 1284 (90,24 . . . id. . . .)

Ces résultats sont inférieurs à ceux de Rondelet, c'est-à-dire que les bois éprouvés par M. Rennie présentaient une moindre résistance; ils sont en même temps fort différents, sous un autre rapport, puisque, suivant Rondelet, le sapin est plus résistant à l'écrasement que le chêne, tandis que, dans les expériences de M. Rennie, c'est le contraire, la résistance du chêne l'emporte sur celle du sapin. Ces différences résultent probablement des circonstances des expériences que l'on n'a point fait connaître, et peut-être aussi des différences entre les qualités des bois qui ont crû dans des climats et dans des sols différents.

Rondelet a reconnu :

1° Que la résistance ne diminue pas sensiblement pour un prisme dont la hauteur ne dépasse pas sept à huit fois la largeur de sa base;

2° Qu'une pièce de bois peut céder en pliant dès que sa hauteur est égale à dix fois le côté de sa base;

3° Que dès que la hauteur est égale à seize fois le côté de sa base, une pièce de bois n'est plus susceptible d'aucune résistance (1).

Rondelet fait remarquer qu'une pièce de bois diminue de force pour résister à un effort de compression dans le sens de ses fibres, dès qu'elle commence à plier; de sorte que la force moyenne du bois de chêne, qui est de 44 livres par ligne superficielle pour un cube, est réduite à 2 livres pour une pièce dont la longueur est égale à soixante-douze fois la largeur de sa base.

Il résulte d'un grand nombre d'expériences faites à ce sujet par l'auteur de l'*Art de bâtir*, que prenant pour unité de comparaison la résistance d'un cube dont la dimension est représentée par 1, on a la progression décroissante qui suit :

Pour un cube dont la hauteur est 1 la résistance est 1 ou $\frac{24}{24}$

Pour une pièce dont la hauteur est 12 . . . . $\frac{5}{6}$ $\frac{20}{24}$

24 . . . . $\frac{1}{2}$ $\frac{12}{24}$

36 . . . . $\frac{1}{3}$ $\frac{8}{24}$

48 . . . . $\frac{1}{6}$ $\frac{4}{24}$

60 . . . . $\frac{1}{12}$ $\frac{2}{24}$

72 . . . . $\frac{1}{24}$ $\frac{1}{24}$

---

(1) Nous interprétons ainsi ces paroles d'Émy : c'est-à-dire aucune résistance à l'*écrasement proprement dit*, parce que la pièce se courbe comme si elle était soumise à un

d'où l'on voit qu'une pièce de bois de chêne qui porterait 424 kilogrammes par centimètre carré, si elle n'avait que 0^m,03 de hauteur, porterait à peine 17 kilogrammes et demi par centimètre carré, si elle avait 2^m,16 de hauteur.

Quoique ces expériences ne soient point complètes, elles suffisent pour tous les cas qui se présentent dans la pratique.

Dans une expérience faite, en 1822, par MM. Minard et Desormes, deux pièces de bois de chêne entées bout à bout par un joint formé par un seul *adent* et maintenu par des frettes, les fibres de l'adent ont été écrasées par un effort de 530 kilogrammes par centimètre carré, ce qui présenterait une résistance plus forte que celle résultant des expériences de Rondelet; mais il faudrait être certain que les fibres n'ont pas commencé à céder sous une résistance moindre, si elles étaient, sous cette pression, parvenues à leur maximum de refoulement, et enfin quelle action les frettes ont pu avoir à l'égard de l'effet produit.

Suivant M. Gauthey, la pression exercée contre le bois de chêne, dans le sens de la longueur de ses fibres, peut être évaluée à 500 kilogrammes par centimètre carré, et au tiers seulement pour le bois de sapin, ce qui est encore fort différent des évaluations de Rondelet; néanmoins, M. Gauthey établit que la pression ne doit pas dépasser 200 kilogrammes, lorsque la surface sur laquelle elle est exercée est perpendiculaire aux fibres du bois, pour qu'il ne se manifeste aucune empreinte de refoulement; et encore, dans cette évaluation, on suppose que le bois est bien sec, qu'il est sain et que l'eau ne séjourne pas entre les surfaces du contact où la pression est opérée, parce qu'elle les ramollit.

On doit ajouter qu'il faut supposer encore qu'aucune vibration, aucun ébranlement ou hiement ne favorise l'action de la pression sur les fibres et sur leur refoulement.

Ces causes sont ordinairement celles des dégradations des charpentes, et notamment de celles des ponts.

On voit, par ce qui précède, qu'on est dans l'usage de regarder la résistance comme étant proportionnelle à l'aire ou surface sur laquelle la pression a lieu. M. Gauthey dit qu'il est certain que, pour le bois comme pour la pierre, *cette résistance augmente dans un plus grand rapport que l'aire;* mais on manque d'expériences pour établir la loi de cette augmentation.

§ 2. *Résistance à la pression perpendiculaire à la direction des fibres.*

Suivant M. Gauthey, lorsqu'un effort est exercé sur la surface d'une

effort transversal, ce qui a pour effet de comprimer certaines fibres, en les raccourcissant, et de tendre d'autres fibres en les allongeant; cette circonstance modifie la nature des efforts développés dans la pièce de bois.

pièce de bois de chêne perpendiculairement à la direction de ses fibres, si l'on veut que, dans le contact, les fibres de cette surface ne cèdent pas à la pression qui leur est perpendiculaire, cette pression ne doit pas dépasser 160 kilogrammes par centimètre carré de la surface pressée, et encore est-ce dans la supposition d'un bois de bonne qualité, et que l'eau ne séjourne pas dans les joints.

D'après M. Tregold, on doit faire supporter au bois un effort bien moindre sur une face parallèle à la direction des fibres que sur une section transversale perpendiculaire à cette même direction : la pression perpendiculaire ne doit être par pouce anglais carré que de

1400 livres (avoir du poids), pour le chêne (108 par centimètre carré),
1000 . . . . pour le sapin (78 . . . . . *id*. . . . . .),
ces deux espèces de bois étant d'ailleurs, comme précédemment, de bonne qualité.

M. Tregold a trouvé, pour le bois de chêne, une résistance moindre que celle indiquée par M. Gauthey; cette différence tient encore à la différence de qualité des bois de chêne sur lesquels les épreuves ont été faites.

§ 3. *Résistance à l'arrachement ou effort de traction dans le sens de la longueur des fibres.*

D'après les expériences de Rondelet, la résistance du bois de chêne tiré dans le sens de la longueur de ses fibres est de 102 livres par ligne carrée, ou 981 kilogrammes par centimètre carré de la surface ou coupe perpendiculaire à la direction de l'effort de traction.

M. Barlow a fait des expériences sur des pièces d'un tiers de pouce anglais, environ 0^m,0085 de diamètre; les résultats de ces expériences sont rapportés dans le tableau suivant, à la force nécessaire pour opérer la rupture exprimée en livre (avoir du poids), pour 1 pouce carré anglais, et en kilogrammes pour 1 centimètre carré.

						Moyennes.
Sapin . .	1°	12857	livres avoir du poids.		903^k,59	857 kil.
	2°	11549	—	—	811 ,66	
Frêne . .	1°	17207	—	—	1209 ,31	1200 kil.
	2°	16947	—	—	1191 ,04	
Hêtre . . .		11467	—	—	805 ,90	
Chêne . .	1°	9198	—	—	646 ,44	730 kil.
	2°	11580	—	—	813 ,84	
Teak		15090	—	—	1060 ,53	
Buis		19841	—	—	1394 ,43	
Poirier . . .		9822	—	—	690 ,29	
Acajou . . .		8041	—	—	565 ,12	

Il résulte de ce qui précède que, parmi les bois mis en expériences, le frêne est celui qui présente la plus forte résistance, et le chêne et l'acajou présentent les plus faibles.

D'après les mêmes expériences, l'adhésion latérale des fibres dans le bois de sapin, ou l'effort nécessaire pour séparer une pièce de ce bois en deux parties, suivant sa longueur, en les faisant glisser parallèlement aux fibres est de. . . . . 592 livres, avoir du poids, par pouce carré anglais; ou. . . . . 41^k, 606 par centimètre carré.

D'après quelques expériences de MM. Minard et Desormes, la force d'adhésion du même genre pour le frêne dans les mêmes circonstances est de 57 kilogrammes par centimètre carré.

Il est à regretter que l'on n'ait pas l'expression de l'adhésion des fibres du bois de chêne contre les efforts dirigés de la même manière, elle serait d'une grande utilité dans le cas où des assemblages par entes et adents ont à résister à des efforts dirigés suivant la longueur des pièces de bois.

Il résulte d'une expérience faite par MM. Minard et Desormes que le bois de chêne ne perd pas la faculté de revenir à sa longueur primitive après qu'on l'a déchargé du poids qui l'a fait allonger de 1/629, sous une traction de 213 kilog. par centimètre carré, ce qui revient à un allongement de 0,0007464 pour une charge de 1 kilogramme par millimètre carré de la section transversale.

§ 4. Résistance aux efforts de traction perpendiculaires à la longueur des fibres.

Quoiqu'il soit rare que dans les constructions le bois se trouve dans le cas de résister à un effort perpendiculaire à la direction de ses fibres et tendant à les désunir, pour ne rien omettre de ce qui peut se rattacher à l'objet dont nous nous occupons, nous donnons, dans le tableau ci-après, les résultats des expériences de M. Trégold, qui expriment la force de cohésion du bois tiré perpendiculairement à ses fibres, en livres, avoir du poids par pouce carré anglais, et en kilogrammes par centimètre carré :

Pour le chêne. . . . . . 2316 livres. . . . 162,77 kilog.
Pour le peuplier. . . . . 1782 id. . . . . 125,24 id.
Pour le larix (mélèze). . . 970 à 1700 livres. 68 à 120 kilog.

M. Bevan a recherché par des expériences l'expression en livres (avoir du poids), de l'effort nécessaire pour *arracher* des vis à bois. Celles sur lesquelles il a fait ces expériences avaient :

2 pouces anglais de longueur, environ (54 millim.). . 0^m,0510;
0^p,22 de diamètre, l'épaisseur du filet comprise, environ. 0^m,0034;
0^p,15 de diamètre pour le corps de vis, environ. . . . 0^m,0038;

le filet formant douze révolutions sur 1 pouce (environ 0^m,0254) de longueur.

Ces vis traversaient des planches d'un pouce d'épaisseur (environ 0^m,0254); les nombres suivants expriment en livres avoir du poids, et en kilogrammes, pour différents bois, l'effort nécessaire pour les arracher.

Frêne sec.	790 livres (avoir du poids)	358^k,19
Chêne	760	344 ,58
Acajou	770	349 ,12
Orme	655	296 ,98
Sycomore	830	376 ,32

Dans le sapin et dans d'autres bois tendres, un effort moitié du précédent a suffi pour arracher les vis.

Suivant les expériences faites par M. le général Morin (1), administrateur du Conservatoire des arts et métiers, les poids dont peuvent être chargées, *avec sécurité*, des

vis à bois de... 0^m,050 de largeur;
de... 0^m,0056 de diamètre en dehors des filets;
de... 0^m,0028 de diamètre du noyau,

engagées dans des planches de 0^m,027 d'épaisseur, sont

Pour le frêne sec, de. . . . . . 71 kilog.
Pour le chêne sec, de. 68
Pour l'orme sec, de 59
Pour le sapin sec, de. 35

ce qui établit qu'il ne faut faire supporter aux vis à bois que le cinquième de l'effort capable de les arracher (2).

§ 5. *Résistance à la rupture par flexion.*

La résistance du bois, dans les circonstances qui font l'objet des quatre articles précédents, est complètement déterminée par les résultats des expériences, puisque dans ces circonstances les efforts dirigés parallèlement ou perpendiculairement n'éprouvent aucune décomposition, et que les fibres leur sont toutes également soumises; par conséquent, l'évaluation de la surface sur laquelle ces efforts sont dirigés suffit pour en donner la mesure; mais il n'en est pas de même lorsque c'est à la rupture par flexion que ces pièces doivent résister. L'effort qui peut produire cette rup-

---

(1) *Aide-Mémoire de mécanique pratique*, à l'usage des officiers d'artillerie et des ingénieurs civils et militaires, in-8°. Paris, 1836, chez Anselin.

(2) Le corps d'une vis à bois en fer ou en cuivre est susceptible d'une résistance beaucoup plus considérable, mais il ne s'agit ici que de la résistance du bois dans lequel les vis sont engagées.

ture est décomposé de manière qu'il agit inégalement et même différemment sur les fibres.

La théorie de la résistance des solides a été l'objet des recherches des géomètres les plus célèbres des temps modernes, Leibnitz, Bernouilli, Euler, Parent, Lagrange, Navier n'ont pas dédaigné d'y appliquer l'analyse pour en déduire des règles d'après lesquelles on pût déterminer les formes et les dimensions des matériaux employés dans les constructions; néanmoins les théories qui sont résultées de leurs savantes recherches ne sont pas complétement applicables à la résistance des bois à la rupture. Nous avons déjà fait remarquer que lorsqu'une pièce de bois est posée horizontalement par ses deux extrémités sur des appuis fixes, elle plie lorsqu'on la charge d'un poids suffisant, et souvent même par l'effet de son propre poids, lorsque les dimensions de son équarrissage sont trop faibles par rapport à sa longueur, ses fibres se courbent suivant une ligne qui présente sa convexité en dessous.

Tant que cette courbure ne dépasse pas une certaine limite, la pièce de bois peut se redresser lorsque le poids dont on l'avait chargée cesse d'agir sur elle. Mais au-delà de cette limite, bien que la courbure puisse diminuer après que le poids a cessé d'agir, la pièce ne reprend plus sa rectitude parfaite, l'élasticité de ses fibres est diminuée et elle a perdu une partie de sa force.

La charge étant augmentée par l'addition de nouveaux poids, la courbure augmente et l'accroissement successif de cette charge finit par produire la rupture.

Les bois durs rompent souvent sans perdre préalablement une courbure sensible.

On conçoit qu'en supposant que la pièce de bois dont il s'agit soit exactement prismatique et que sa matière soit parfaitement homogène dans toute son étendue, la rupture doit avoir lieu dans le milieu de sa longueur, précisément dans la verticale, où toutes les courbures qu'elle a prises ont atteint leur maxima.

Bernouilli avait observé que dans les ruptures des corps élastiques, et par conséquent dans celle du bois, toutes les fibres ne sont point affectées de la même manière; celles de la partie supérieure de la pièce sont refoulées sur elles-mêmes : leur cohésion mutuelle ne les retenant plus suffisamment, elles se séparent et leurs parties se compriment et se replient sur elles-mêmes, tandis que celles de le partie inférieure, forcées de s'allonger inégalement selon les places qu'elles occupent dans l'épaisseur verticale de la pièce, se désunissent aussi et se rompent. Ce fait a été vérifié par toutes les personnes qui se sont occupées d'expériences sur la force du bois, et elles ont cru remarquer de plus que, si l'on suppose une pièce de bois partagée en un grand nombre de couches horizontales, on voit entre les couches de la partie supérieure qui sont contractées et celles de la partie supérieure qui sont allongées, une couche dont les fibres paraissent ne subir d'autre altération que la simple courbure, sans que leur longueur en soit augmentée ou diminuée. On a donné à cette couche le nom de *couche-neutre* pour exprimer que les fibres qui la composent ne participent ni à l'allongement ni à la contraction qui affectent les fibres des autres couches.

Ces considérations font voir combien la question de la résistance du bois est compliquée, et combien de conditions devraient être introduites dans l'analyse pour arriver à des résultats qu'on pourrait regarder comme exacts et rigoureusement applicables. Les hypothèses qu'on fait dans le calcul de la résistance de diverses matières ne sont point admissibles dès qu'il s'agit du bois. Ainsi, par exemple, dans les théories qui ont été établies pour la résistance des solides, et même dans celles où l'on a introduit l'élasticité, on suppose une parfaite homogénéité de la matière dont il s'agit de déterminer les formes et les dimensions pour résister à un effort donné, de sorte qu'on ne peut pas appliquer rigoureusement les formules obtenues dans une telle hypothèse à la question de la force du bois, vu qu'aucune matière n'est moins homogène que celle d'une pièce de bois, même la plus saine, la plus droite, qui a crû avec le plus de régularité sur sa souche, qui a été équarrie avec le plus de précision et de symétrie.

Tout le monde sait qu'une pièce de bois équarrie est un prisme quadrangulaire tiré d'un arbre dont la forme conoïdale est composée de couches annuelles (tome Ier, p. 82), conoïdales aussi, qui ne sont jamais parallèles et également espacées, et par conséquent que le nombre, la force et la distribution des fibres varient avec la plus grande irrégularité d'un bout à l'autre de la pièce; et dans l'opération de l'équarrissement d'un arbre, la hache ne retranche pas le même nombre de couches et de fibres à une extrémité qu'à l'autre, nouvelle cause du défaut d'homogénéité dans une pièce de bois.

Les expériences de Buffon prouvent que, dans un arbre, le plus beau et le plus sain, la densité de son bois n'est pas la même près de la souche que près de la cime, qu'elle n'est pas la même dans le bois du cœur et dans celui de la circonférence; qu'elle n'est pas la même dans un arbre que dans un autre, et qu'elle est différente d'un côté à l'autre dans un même arbre, et qu'enfin une foule d'irrégularités et d'accidents dans la direction et le rapprochement des fibres, influent très-sensiblement sur la force d'une pièce de bois, sur la position du maximum de sa courbure et de son point de rupture.

Des nœuds qui traversent les fibres les interrompent ou les détournent de leur direction, et diminuent la force de résistance du bois. Buffon a fait des expériences qui lui ont prouvé que la présence des nœuds dans une pièce de bois peut diminuer considérablement sa force, en comparaison de ce que cette force serait si la pièce n'avait point de nœuds (1). Des altérations dans l'état de la matière ligneuse, l'une des maladies que nous avons signalées au chapitre II, suffisent pour atténuer considérablement la force d'une pièce de bois.

Des pièces du même bois, de même dimension, diffèrent presque toutes par leur poids et leur force. Soumises aux mêmes épreuves, elles ne donnent point de résultats égaux.

Le sens suivant lequel une pièce carrée est posée sur ses appuis influe sur sa force. Buffon a reconnu, par plusieurs expériences, qu'une pièce carrée débitée hors du cœur d'un arbre de telle sorte que les couches annuelles du bois soient parallèles à deux de ses faces d'équarrissement est beaucoup plus forte lorsque ces couches se trouvent situées de champ que lorsqu'elles sont horizontales. Il est prouvé aussi qu'une pièce de bois de brin équarrie est plus forte qu'une pièce de bois équarrie, aux mêmes dimensions, prise hors du cœur d'un gros arbre. Buffon a reconnu aussi que le vieux bois, c'est-à-dire celui pris vers la souche, est plus fort que celui pris vers la cime d'un arbre.

Il suit de tous ces faits que, si l'on pouvait faire entrer dans la théorie de la résistance des pièces de bois tout ce qui peut la modifier, on obtiendrait des formules si compliquées, pour ne pas dire inextricables, qu'on manquerait de temps pour en faire des applications aux différents cas que présentent les constructions, même pour des charpentes composées d'un petit nombre de pièces, et que les formules les plus simples obtenues par suite d'hypothèses qui ne comprennent point, à beaucoup près, ce qui devrait entrer dans le calcul, ne doivent être appliquées qu'avec une grande prudence, qui commande de réduire de beaucoup les résultats obtenus; de là vient que les savants qui se sont occupés de ces questions recommandent de ne faire supporter aux pièces de bois que le *dixième* des efforts qu'elles pourraient supporter d'après les formules qu'ils ont données.

Buffon a fait des expériences pour comparer les effets du temps se combinant avec les efforts que les pièces de bois supportent. Il a vu rompre deux pièces de 0^m,189 (7 pouces) d'équarrissage et de 5^m,847

---

(1) Buffon a fait faire, dans des pièces de bois, des trous du même diamètre et de la même profondeur que des nœuds; il les a fait remplir avec des chevilles et a comparé la résistance des pièces égales et entièrement saines avec celle des pièces percées de nœuds réels ou artificiels; il a reconnu que les nœuds affaiblissent les pièces de bois, et qu'un nœud qui traverse la face inférieure, ou qui se trouve sur une arête peut réduire d'un quart la force d'une pièce de bois.

(18 pieds) de long, au bout de deux heures, sous la charge de 4405^k,55 (9 milliers de livres) chacune ; deux autres de même dimension ont rompu sous la charge des deux tiers, c'est-à-dire de 2937^k,04 (6 milliers de livres), l'une au bout de cinq mois et vingt-cinq jours, l'autre au bout de six mois et dix-sept jours. Deux autres pièces, toutes pareilles, chargées pendant plus de deux ans de la moitié du poids, savoir : de 2202^k,78 (4500 livres), n'ont pas rompu ; elles ont seulement plié assez considérablement. Buffon en conclut que dans des bâtiments qui doivent durer longtemps, il ne faut donner au bois tout au plus que la moitié de la charge qui peut les faire rompre, et que dans les constructions qui ne doivent pas durer on peut *se hasarder* de donner aux bois les deux tiers de leur charge pour rompre.

Nous pensons que tant qu'il s'agit d'une charge inerte, une pièce de bois peut porter plus que le dixième du poids qui causerait sa rupture ; mais l'expérience même de Buffon montre qu'il serait imprudent de lui faire supporter une charge qui égalerait la moitié du poids qui la ferait rompre, puisque ce poids peut la faire courber considérablement, et qu'il faut que dans les constructions les bois ne prennent même pas une courbure sensible. Nous estimons que, dans le cas dont il s'agit, une pièce de bois ne doit porter que le cinquième et tout au plus le quart du poids qui le ferait rompre.

Il ne faut pas perdre de vue que dès qu'une pièce de bois commence à fléchir sous la charge, elle perd de sa force en prenant une courbure qui est d'ailleurs d'un mauvais aspect dans les bâtiments, et qui inspire une juste défiance à leurs habitants. La force de ses fibres s'atténue de plus en plus avec le temps lorsqu'ils éprouvent, si l'on peut s'exprimer ainsi, une fatigue prolongée sous les charges trop fortes qu'on voudrait leur faire supporter. Ces considérations peuvent déterminer le constructeur à ne porter qu'au dixième la charge des bois posés horizontalement.

Nous remarquerons, enfin, que si les pièces de bois doivent être chargées, même accidentellement, d'un poids susceptible d'acquérir un mouvement d'oscillation, il convient de ne faire supporter aux bois qu'une charge tout au plus d'un douzième de celle qui pourrait les rompre. C'est ce qu'on doit observer pour les planchers sur lesquels doivent se réunir un grand nombre de personnes, pour ceux sur lesquels doit avoir lieu une active fréquentation dans des magasins chargés de matières pesantes, sur lesquels on doit établir de grosses machines et de nombreux ateliers.

Pour les praticiens l'emploi de la plus belle formule, dès qu'elle est compliquée, leur convient d'autant moins qu'ils ont la conviction qu'elle ne leur donne encore que des résultats dont la prudence leur fait une loi de se défier, et qu'elle exige un travail de calcul difficile ou long, et par conséquent un temps assez considérable dans les applications aux détails des constructions. Ils préfèrent, peut-être avec raison, la formule la plus simple, quoiqu'elle ne puisse pas être plus rigoureuse que d'autres, pourvu qu'ils aient la certitude que les erreurs qui peuvent en résulter sont plutôt à l'avantage de la solidité qu'à son détriment.

La formule la plus simple, et qui se vérifie jusqu'ici le mieux, est celle de Galilée (1), qui n'est cependant exactement vraie que dans certains cas particuliers, notamment dans celui d'une rigidité et d'une homogénéité parfaites dans toute l'étendue et entre les pièces de bois.

Cette formule, néanmoins, suffit pour la pratique, surtout en admettant qu'on se fait une loi de ne jamais faire porter à une pièce de bois plus du dixième de la charge qui la ferait rompre, d'après cette formule, comme d'après toute autre.

Elle est basée sur le principe que la résistance d'un prisme tel qu'une pièce de bois équarrie posée par ses deux bouts sur des appuis est en raison directe de son épaisseur horizontale, en raison du carré de son épaisseur verticale, et en raison inverse de sa longueur, ce qui est exprimé par l'équation

$$R = \frac{fch^2}{l} \quad (2),$$

dans laquelle R représente la résistance de la pièce de bois, ou le poids sous lequel elle se romprait, c son épaisseur horizontale, h son épaisseur verticale, l sa longueur, et f un coefficient qui dépend de la force du bois et que l'on ne peut déterminer qu'en le déduisant de l'expérience.

Il résulte cependant des expériences faites par Buffon, que la résistance des pièces de bois *n'est pas exactement en raison inverse de leur longueur, et qu'elle décroît plus rapidement à mesure que la longueur augmente, ou qu'elle augmente plus rapidement à mesure que la longueur diminue.* Mais ces variations ne sont pas tellement fortes, que l'on puisse, en faisant usage de cette formule, avoir un résultat funeste à la solidité des constructions, surtout en observant, comme nous l'avons indiqué, la réduction des charges à leur faire supporter; puisque Buffon a trouvé pour deux pièces exactement de même équarrissage, mais l'une ayant une longueur double de celle de l'autre que la résistance de la première n'était qu'un peu moindre que la moitié de la résistance de l'autre pièce.

---

(1) Galilée ou Galilei, célèbre physicien, astronome et philosophe, né à Pise en 1564, mort à Florence en 1642.

(2) Cette formule est d'accord avec celle de Navier, qui donne pour une pièce de section rectangulaire : $\frac{Rl}{4} = \frac{KI}{n}$, $I = \frac{ch^3}{12}$, $n = \frac{h}{2}$, $\frac{I}{n} = \frac{ch^2}{6}$; par suite : $\frac{Rl}{4} = K\frac{ch^2}{6}$, $R = \frac{3}{2}K\frac{ch^2}{l}$, résultat de même forme que (2).

C'est probablement ce résultat qui avait déterminé Rondelet à conseiller de réduire la résistance donnée par la formule de Galilée, du tiers du carré de l'épaisseur verticale, de sorte que la formule deviendrait $R = \frac{feh^2}{l} - \frac{h^2}{3}$.

Mais, attendu qu'on ne connaît pas comment cette quantité $\frac{h^2}{3}$ qui n'est fonction que d'une seule des dimensions de la pièce, peut être introduite dans le calcul, de manière à demeurer constante sans être combinée avec aucune des deux autres dimensions, alors que la longueur de la pièce peut varier, nous pensons que l'on doit s'en tenir à la formule très-simple $R = \frac{feh^2}{l}$, quoique, comme nous l'avons déjà dit, elle ne soit vraie que pour quelques cas particuliers.

Il est probable que Rondelet a été conduit à la formule qu'il a donnée par le mode d'appréciation de la force absolue des bois qu'il a déduite de la résistance des fibres à la rupture par un effort de traction, résistance qui n'est pas la même pour toutes les fibres, dès qu'il s'agit de leur rupture par un effort perpendiculaire à leur direction.

Rondelet a supposé que la force de résistance du bois de chêne à la rupture *par flexion*, sous un effort perpendiculaire à la longueur de la pièce, est en livres $f = 59,59$, ou à peu près 60 livres par ligne carrée de la surface d'équarrissage, dans le cas qu'il a choisi, d'une pièce de 5 pouces d'équarrissage, pour exemple de l'application de sa formule. Ce nombre, trop fort, motive une réduction dans l'évaluation de la charge qui doit faire rompre la pièce; mais, comme nous avons fait remarquer que la réduction ne peut être constamment du tiers de la deuxième puissance de l'épaisseur verticale, nous pensons qu'on peut adopter généralement que dans la formule $R = \frac{feh^2}{l}$ pour le bois de chêne, f est égal à 45 livres, toutes les dimensions de la pièce étant exprimées en lignes; ou, $f = 4^k,33$ par millimètre carré du même équarrissage, toutes les dimensions de la pièce étant dans le calcul exprimées en millimètres (1).

On a dressé des tables de la résistance des pièces de bois de chêne, pour différentes longueurs et différents équarrissages : ces tables sont d'une grande étendue, à cause de la grande quantité de pièces de diverses dimensions qui sont employées dans les constructions, et qu'on y

---

(1) Pour convertir le coefficient f en livres répondant aux dimensions exprimées en lignes, en un coefficient en kilogrammes pour les dimensions exprimées en millimètres, il faut multiplier le coefficient en livres par 0,096194. Ainsi, f égalant 45 livres pour le calcul par lignes, a pour équivalent $4^k,328730$ pour le calcul par millimètres, que l'on peut porter à $4^k,33$.

a comprises; elles ne peuvent trouver place ici par cette raison. D'ailleurs, elles ne sont point calculées suivant la formule que nous conseillons d'adopter, et cette formule $R = \frac{feh^3}{l}$ est si simple, qu'il ne faut pas plus de temps pour calculer par son moyen la valeur de R, que pour la chercher dans des tables, qui sont souvent dans un tel désaccord avec les résultats des expériences, que l'on doit se défier autant de leur emploi que d'une confiance trop aveugle dans les formules.

Nous donnons ci-après un tableau qui présente les résultats des expériences faites par Buffon, sur des pièces de bois de chêne carrées expérimentées à la flexion et chargées au milieu de leur longueur.

Nous y avons ajouté deux colonnes; nous avons inscrit, pour chaque expérience, la valeur du coefficient f, qui convient à son résultat, et dans la précédente, nous avons indiqué, pour chaque expérience de la pièce éprouvée, le rapport de sa longueur l à sa hauteur verticale h, afin qu'on puisse, dans les applications qu'on fera de la formule et des résultats des expériences, choisir, pour le coefficient f, un nombre moyen de ceux qui répondent aux pièces éprouvées, dont les épaisseurs verticales et les longueurs sont à peu près dans le même rapport que les dimensions homologues de la pièce pour laquelle on veut déterminer la résistance approximative (1).

On verra, par cette table, que les poids des pièces, leur résistance et même leur flèche de courbure, ne sont point, pour un grand nombre de cas, exactement dans les rapports de leur longueur pour un même équarrissage, et que la valeur de f, qui devrait être constante et représenter la force réelle du bois, indépendamment de ses proportions, est variable, suivant même une loi qui n'est pas exactement régulière. Ce qui tient, comme nous l'avons déjà fait remarquer, au défaut d'homogénéité des bois pour chaque pièce, et même dans les pièces comparées les unes aux autres.

A la suite de cette table, nous en donnons une seconde, qui a pour objet de représenter les rapports des résistances de différentes espèces de bois de charpente comparées entre elles, de manière qu'ayant calculé la résistance d'une pièce de bois, dans l'hypothèse où elle serait en chêne,

---

(1) Aux deux colonnes ajoutées par Émy, nous avons joint les deux dernières colonnes, l'une donne la valeur du coefficient f rapporté au millimètre carré; quant à la dernière, elle exprime une nouvelle notion : elle donne la charge pratique rapportée au centimètre carré de la section transversale, en admettant que le bois travaille à un taux qui est le dixième de la charge de rupture. Cette charge *pratique moyenne* varie avec le rapport $\frac{l}{h}$.

Pour une solive chargée uniformément, on doublera les résultats de la dernière colonne.

RÉSISTANCE DES BOIS.

on puisse connaître quelle doit être sa résistance, si elle est d'une autre essence de bois (1).

TABLEAU des résultats moyens des expériences de flexion faites jusqu'à la rupture, sur des pièces de bois de chêne, par M. de Buffon.

COTÉ de la section carrée.	LONGUEURS des pièces.	POIDS des pièces.	Charges au milieu de la portée.	FLÈCHES des courbures au moment de la rupture.	RAPPORTS de l à h, h étant $=1$.	VALEURS du coefficient f par		CHARGE PRATIQUE $=$ le 1/10 de celle de rupture, par cent. q. de la section transversale.
						ligne carrée.	millim. carré.	
pouces.	pieds.	livres.	livres.	pouces. lignes		livres.	kil.	kil.
4 pouces (0m,130)	8	58	5312	4 »	$l=21$	$f=48,6166$	4,62	2,02
	8	65	4550	4 2	24	47,3958	4,55	1,09
	9	74	4025	5 2	26	47,1662	4,52	1,74
	10	83	3612	6 2	30	47,0181	4,51	1,50
	12	99	2987	7 »	36	46,6718	4,49	1,25
5 pouces (0m,1625)	7	92	11525	2 6	16	52,7833	5,16	3,225
	8	101	9787	2 9	19	52,1973	5,01	2,63
	9	116	8308	3 3	21	49,8480	4,78	2,27
	10	130	7125	3 10	24	47,5000	4,56	1,90
	12	155	6075	5 8	29	48,6000	4,66	1,60
	14	177	5300	8 1	34	49,4666	4,75	1,39
	16	207	4350	8 1	38	46,4000	4,45	1,17
	18	232	3700	8 1	43	44,4000	4,27	0,99
	20	261	3225	9 5	48	43,0000	4,13	0,86
	22	281	2975	11 3	53	43,6300	4,19	0,79
	24	309	2162	12 3	57	34,5920	3,32	0,58
	28	362	1775	20 »	67	33,1328	3,18	0,47
6 pouces (0m,195)	7	127	18950	» »	14	51,1767	4,90	3,50
	8	148	15525	2 5	16	47,9166	4,60	2,87
	9	165	13150	2 8	18	45,0597	4,38	2,43
	10	187	11250	3 3	20	43,4027	4,16	2,08
	12	223	9100	4 1	24	42,1296	4,04	1,68
	14	255	7174	4 4	28	40,3712	3,87	1,38
	16	293	6362	5 8	32	39,2716	3,77	1,17
	18	333	5592	7 11	36	38,6250	3,70	1,02
	20	376	4950	9 2	40	38,1944	3,66	0,91
7 pouces (0m,2275)	8	203	26050	2 8	14	50,6316	4,86	3,47
	9	226	22350	3 »	15	48,8703	4,69	3,12
	10	253	19175	2 10	17	47,3154	4,54	2,67
	12	302	16175	3 2	20	47,1574	4,52	2,26
	14	351	13225	3 11	24	44,9830	4,32	1,80
	16	405	11000	5 »	27	42,7590	4,10	1,51
	18	452	9215	5 8	31	40,4300	3,88	1,25
	20	503	4950	8 2	34	40,0948	3,90	1,14
8 pouces (0m,260)	10	331	27750	2 8	15	45,1660	4,33	2,88
	12	396	23450	3 »	18	45,8008	4,39	2,43
	14	460	19775	3 6	21	45,0602	4,32	2,05
	16	526	16375	4 6	24	42,6432	4,09	1,70
	18	594	13200	4 3	27	38,6719	3,71	1,37
	20	662	11087	6 3	30	39,0201	3,74	1,24

Cette charge pratique doit être doublée si la pièce est chargée uniformément.

(1) Ces expériences de Buffon présentent une loi bien continue pour chaque équarrissage. Il serait à désirer que des expériences se fissent d'une manière aussi méthodique sur d'autres essences de bois de construction et surtout pour des rapports inférieurs au nombre 14 de cette table. On pourrait alors relier tous ces résultats par une formule empirique, qui rendrait de véritables services aux praticiens. De la formule de Galilée on déduit : $R = \dfrac{feh^2}{l}$ $f = \dfrac{Rl}{eh^2}$ qui est le coefficient de la table ci-dessus; mais on déduit aussi : $\dfrac{R}{eh} = f\dfrac{h}{l}$; or $\dfrac{R}{eh}$ peut être considéré comme la charge rapportée à l'unité de section transversale. Nous avons calculé cette quantité par centimètre carré et nous en avons pris le 1/10, afin d'obtenir un résultat pratique qui est inséré dans la dernière colonne du tableau.
Les chiffres de la dernière colonne montrent que la flexion rapportée au centimètre carré de section

TABLEAU *de comparaison des résistances des différentes espèces de bois.*

DÉSIGNATION des BOIS.	RÉSISTANCES PROPORTIONNELLES		
	à L'ÉCRASEMENT.	à L'ARRACHEMENT.	à LA RUPTURE par flexion.
1. Chêne	807	1881	1000
2. Orme	1075	1980	1077
3. Frêne	1112	1800	1072
4. Sapin	850	1250	918
5. Tilleul	717	1406	750
6. Tremble	717	1293	624
7. Peuplier	680	940	586

§ 6. *Résistance à la torsion.*

On manque d'expérience sur la torsion des bois. Au surplus, à l'exception de quelques cas, très-rares dans la charpenterie ordinaire, ce n'est que dans la charpenterie des machines que la torsion est à considérer pour déterminer les diamètres des arbres des roues, des moulins et des treuils.

On a traité cette question par l'analyse dans des hypothèses qui ne paraissent pas être, sous le rapport du déplacement des molécules, celles qui conviennent à l'état fibreux du bois.

Tout ce qu'on sait pour les corps homogènes, par quelques expériences, d'ailleurs insuffisantes, c'est que l'angle de la torsion est proportionnel à la torsion; que, quelle que soit la longueur de la pièce tordue, sa résistance à la rupture, par la torsion, est la même, et que plus le corps est long, plus l'angle dont il est tordu au moment de la rupture est grand.

D'après l'*Aide-Mémoire des officiers d'artillerie*, P étant la force qui produit la rupture D, le bras du levier avec lequel elle agit, b le plus grand côté de l'équarrissage de la pièce tordue, c le plus petit côté, ou r le rayon de sa section, si elle est cylindrique, et T la résistance à la torsion pour l'unité de surface à l'instant de la rupture, on a

pour un prisme rectangulaire $PD = T \dfrac{b^2 c^2}{3\sqrt{b^2 \times c^2}}$

pour un cylindre . . . . $PD = T \dfrac{\pi r^3}{2}$.

---

transversale *varie peu* lorsque le *rapport* de la longueur l à la hauteur verticale h de la solive est le même. Ces expériences tendent à conclure que la charge diminue à mesure que les équarrissages augmentent. D'après les formules générales de Navier sur la flexion des solives, suivies encore aujourd'hui, cette charge serait constante. Il serait nécessaire que des expériences fussent faites sur divers équarrissages et sur diverses essences de bois et dans des limites étendues du rapport ($l : h$), pour confirmer cette loi très-simple.

Il reste à vérifier ces formules par des expériences en grand, et qui puissent donner d'une manière certaine la valeur de T.

II.

APPLICATIONS AUX PIÈCES DE BOIS CONSIDÉRÉES ISOLÉMENT.

Nous avons, dans le commencement de cet ouvrage, représenté les pièces de bois par des lignes droites lorsqu'il s'agissait de déterminer leurs positions dans la composition des charpentes, ou pour marquer leurs établissements dans les épures et les étcions. On les figure de la même manière lorsqu'il s'agit de leur appliquer le calcul pour déterminer leurs dimensions d'équarrissage, ou leurs portées pour résister à des efforts donnés, ou pour déterminer la résistance dont elles sont, en tout ou en partie, capables lorsque leurs dimensions sont fixées.

Lorsque, de ces quatre choses, les trois dimensions d'une pièce de bois et la résistance dont elle est capable, trois sont données, il est toujours facile, d'après la formule que nous avons indiquée, de déterminer la quatrième.

Les charges que l'on veut faire supporter par des pièces de bois doivent être assez faibles pour que les courbures que les pièces de bois doivent prendre soient aussi très-faibles, imperceptibles même, afin de ne point altérer la régularité des constructions. Ces courbures sont à peine sensibles lorsqu'on ne fait supporter aux pièces que le dixième tout au plus de la charge sous laquelle elles rompraient.

On peut donc, sans craindre d'introduire dans le calcul des erreurs préjudiciables à la solidité des constructions, négliger ces petites courbures et regarder les pièces de bois comme exactement droites et roides, avec d'autant plus de raison que ces pièces sont fort courtes, les parties de leur longueur auxquelles les calculs doivent être appliqués, étant limitées par leur rencontre avec les autres pièces auxquelles elles sont combinées.

Les calculs rentrent alors dans la classe de ceux de la statique la plus simple, ce qui les met à la portée de tous les praticiens, et suffit pour tous les besoins de l'art.

§ 1. *Résistance d'une pièce de bois horizontale chargée dans le milieu de sa longueur.*

La résistance d'une pièce de bois $a\ b$, fig. 16, pl. CLVII, chargée dans son milieu d'un poids P est représentée par l'expression $R = \frac{feh^2}{l}$. Pour

676 TRAITÉ DE L'ART DE LA CHARPENTERIE. — CHAPITRE LIII.

compléter le 5ᵉ article du paragraphe précédent, nous donnons ici un exemple d'une application numérique de cette formule.

Supposons qu'il s'agit de déterminer la résistance d'une pièce de bois horizontale posée par ses deux extrémités sur les points d'appui qui doivent la supporter, et que les dimensions de cette pièce sont :

Longueur, 18 pieds 5 pouces 7 lignes, réduits en lignes 2659;
Épaisseur verticale, 10 pouces. . . .   »   120;
Épaisseur horizontale, 5 pouces 11 lignes.   »   71;

Le coefficient f est tiré des expériences de Buffon, nous le supposons de 45 livres, nombre qui répond à la valeur moyenne des pièces dont la largeur verticale est le vingt-deuxième de sa longueur, alors la formule devient

$$R = \frac{45 \times 71 \times \overline{120}^2}{2659} = 17302 \text{ livres.}$$

Si les dimensions de la même pièce sont données en mesures métriques, elles sont écrites en millimètres.

Longueur = 6000; épaisseur verticale = 271; épaisseur horiz. = 160.

Le coefficient f est, dans ce cas, = à $4^k,33$, la formule devient :

$$R = \frac{4^k,33 \times 160 \times \overline{271}^2}{6000} = 8470 \text{ kilogrammes,}$$

équivalent de 17302 livres trouvées ci-dessus. La pièce peut être chargée de 1730 livres, ou de 847 kilogrammes. Ce résultat devrait être doublé si la pièce est chargée uniformément.

§ 2. *Résistance d'une pièce de bois fixée horizontalement par un de ses bouts et chargée sur l'autre bout.*

Si l'on considère la pièce dont il vient d'être question dans l'article précédent, dans une position inverse, et qu'au lieu de porter un poids, elle soit soumise à un effort agissant sur le milieu de sa longueur de bas en haut, cette pièce étant d'ailleurs retenue par les points fixes a, b, contre lesquels sa face supérieure est arrêtée, la résistance de cette pièce sera la même, c'est-à-dire que si elle est capable de porter, dans son milieu, un poids P agissant dans la direction de haut en bas, elle résistera de même à un effort égal à P agissant dans la direction de bas en haut.

Si cette même pièce est en équilibre par son milieu sur un appui fixe, elle sera horizontale, et sa résistance sera la même, étant chargée à chacun de ses bouts d'un poids $\frac{P}{2}$.

Si la moitié de la longueur de cette pièce est fixée ou scellée dans un mur à partir d'un point, sa moitié libre supportera encore un poids $\frac{P}{2}$.

D'où il suit qu'une pièce de bois horizontale fixée par un de ses bouts peut supporter par son autre bout un poids égal à la moitié de celui auquel résisterait une pièce d'une longueur double librement posée sur deux appuis. Il en est de même d'un poteau vertical qui doit résister à un effort horizontal, appliqué à son sommet.

Ces propositions sont si évidentes qu'il n'est pas nécessaire d'en donner de démonstration. Nous remarquerons seulement que, dans plusieurs circonstances, on considère une pièce de bois dans la moitié de sa longueur résistant à une charge posée à son extrémité, tandis que l'autre extrémité est fixe; il faut doubler le résultat pour sa résistance au point fixe, comme si elle était entière et posée librement sur deux appuis.

§ 3. Résistance d'une pièce de bois horizontale scellée par ses deux extrémités dans des murs.

On a observé que lorsqu'une pièce de bois horizontale est retenue à ses deux extrémités par des scellements dans les murs qui la supportent, elle acquiert, par cette circonstance, un accroissement de force qui est évalué au tiers de celle qu'elle aurait si elle était posée librement par ses deux bouts sur des appuis. Ainsi, la pièce dont nous avons trouvé, dans l'article précédent, la résistance égale à. . . . . 8470 kilog.
par le fait des scellements de ses extrémités, acquiert un accroissement de résistance de 2823
et sa résistance totale est de 11293

On pourra la charger de 1129 kilogrammes, en faisant travailler le bois au 1/10.

Cet accroissement de résistance tient à ce que, si la pièce fléchit, sa longueur ou portée entre les deux murs se trouve divisée par deux points d'inflexion m, n, fig. 17, pl. CLVII, entre son milieu et ses scellements à une distance de chaque mur à peu près égale au huitième de la portée totale, et elle prend alors la forme $A\ m\ O\ n\ B$ (1).

Malgré cette propriété des scellements, nous pensons qu'on doit s'abstenir d'en profiter, par la raison qu'il en résulte que les vibrations des

---

(1) Si l représente la portée de la pièce entre les murs, $\frac{3l}{4}$ représente la distance des deux points d'inflexion regardés comme des points d'appuis accidentels. La résistance pour la pièce libre étant $R = \frac{fch^2}{l}$, celle de la partie comprise entre les deux points d'inflexion m, n sera $R' = \frac{4fch^2}{3l}$ ou $\frac{fch^2}{l} + \frac{fch^2}{3l} = R + \frac{1}{3} R$.

planchers se communiquent aux murs où sont faits les scellements et les ébranlent.

Lorsqu'une pièce de bois est extrêmement longue et qu'elle est supportée librement sur des appuis dont les écartements sont égaux entre eux, chaque partie de la pièce répondant à l'intervalle de deux appuis peut porter le double de ce qu'elle porterait si sa longueur était seulement égale à cet intervalle, parce qu'alors les points d'inflexion sont situés à des distances égales des points d'appui et du milieu de la pièce (1).

§ 4. Résistance d'une pièce de bois chargée dans un point quelconque de sa longueur.

Soit une pièce horizontale AB, fig. 17, pl. CLVII, librement posée sur les appuis A et B, chargée au point R du poids qu'elle peut supporter et qu'il s'agit de déterminer, les dimensions de l'équarrissage de la pièce étant données, ainsi que la longueur de cette pièce. Soit la partie de cette longueur de A en R, représentée par $AR = a$, l'autre partie, par $BR = b$, de sorte que $AB = a+b$. Si la pièce, au lieu d'avoir la longueur AB, n'avait pour longueur que le double de AR, c'est-à-dire, $AA' = 2a$, le poids qu'elle supporterait dans son milieu R étant représenté par p et p' représentant le poids, qui serait de même supporté en R si la pièce avait pour longueur le double de BR, c'est-à-dire $BB' = 2b$, le moment du poids p serait $\frac{p}{a}$, et celui de p' serait $\frac{p'}{b}$, la demi-somme de ces moments est la valeur du poids que la pièce peut supporter au point R. Ainsi, en nommant P le poids cherché on a $P = \frac{ap + bp'}{2(a+b)}$.

§ 5. Résistance d'une pièce de bois chargée sur plusieurs points de sa longueur.

Soit entre les points d'appui A et B, fig. 19, pl. CLVII, une pièce de bois horizontale, dont la longueur $AB = l$, qu'on la charge en D à la distance $AD = a$ d'un poids P, et vers l'autre extrémité à la distance $BE = b$ d'un autre poids P, si l'action de ces deux poids est capable de faire rompre la pièce, le point de rupture G répondra à une résultante.

---

(1) On a dans ce cas, pour la résistance de chaque partie de la pièce comprise entre chaque point d'inflexion $R' = \frac{2feh^2}{l} = 2R$.

Soit donc $AC=x$, la position du point C est déterminée par cette équation $\frac{aP}{x} = \frac{bQ}{l-x}$, d'où l'on tire $AC = x = \frac{aP+bQ}{aPl}$.

Dans la supposition que $x = \frac{d}{2}$, on a $aP = bQ$, et si $a = b$ on a aussi $P = Q$, en nommant T le poids qui, placé au milieu de la pièce, serait capable de la rompre, on voit que $Q+P$ est constamment plus grand que T, et que, par conséquent, on ne parviendrait pas à rompre une pièce de bois en répartissant d'une manière quelconque, sur deux points de sa longueur, la charge qui produirait sa rupture, si cette charge était tout entière au milieu.

Ce raisonnement est applicable à un nombre quelconque de poids, égaux ou inégaux, disposés arbitrairement le long d'une poutre. On peut toujours partager le poids en deux groupes de part et d'autre du milieu de la longueur de la pièce, et prendre la somme de leurs moments par rapport au point de rupture, l'une de ces sommes remplacera aP, l'autre remplacera bQ dans l'équation ci-dessus $\frac{aP}{x} = \frac{bQ}{l-x}$.

§ 6. *Résistance d'une pièce de bois dont la charge est distribuée uniformément sur sa longueur.*

On a observé qu'une pièce de bois est capable de supporter une charge beaucoup plus considérable dès que, au lieu de poser cette charge sur le milieu, on la répartit sur toute la longueur de la pièce.

On trouve, par l'analyse, que si la charge est uniformément répartie, la poutre peut supporter le double du poids qu'elle supporterait si ce poids était placé sur le milieu de sa longueur (1).

---

(1) Voici une démonstration géométrique : soit une poutre $ABDE$, projetée horizontalement, fig. 21, pl. CLVII, et posée de niveau sur des appuis A E B D. Considérant une moitié de la longueur de cette pièce, soit P, le poids supporté par cette moitié au point qui répond au milieu MN. Ce poids peut être représenté par un rectangle qui a pour largeur horizontale celle $MN = e$ de la pièce, et une hauteur verticale $= h$, la valeur du rectangle est $eh = P$. Nommant l la longueur AM de la moitié de la pièce, ehl est le moment du poids P. Cette quantité représente un prisme qui a pour base le rectangle $EAMN = el$, et pour hauteur h. Soit Q le poids qui est réparti uniformément sur la demi-longueur de la poutre, ce poids peut être représenté par un autre rectangle qui a également la largeur e de la pièce pour base, et pour hauteur une autre verticale h'; ainsi, $Q = eh'$. Les poids P et Q sont entre eux comme les rectangles eh', eh, ou comme leurs hauteurs h' et h. Soit q un très-petit poids partiel du poids Q; ce petit poids q peut être représenté aussi par un rectangle dont la base e' est contenue dans la base e des autres rectangles, autant de fois qu'un petit poids partiel q peut être contenu dans le poids Q, et la hauteur de ce petit rectangle sera aussi h'. Le produit $e'h'l'$ du

§ 7. Résistance d'une pièce de bois cylindrique à la flexion.

Soit $ABDE$, fig. 29, la coupe circulaire d'un corps d'arbre que l'on peut regarder comme cylindrique, sans inconvénient pour la question dont il s'agit, ou même le rendre cylindrique, si la régularité du travail l'exige. On suppose que la pièce cylindrique est portée horizontalement par ses deux extrémités sur des appuis. Soit d le diamètre du cercle $ABDE$, supposons que l'arbre est partagé, suivant sa longueur, en une infinité de tranches ou planches minces, parallèles, comme celle dont le bout se présente en XY. Pour chaque planche, la résistance sera encore $R = \frac{feh^2}{l}$, la somme de toutes ces résistances est celle de l'arbre cylindrique.

L'analyse donne pour cette somme des résistances totales $D = \frac{2fd^3}{3l}$ (1), c'est-à-dire que la résistance de la pièce cylindrique est les deux tiers de

rectangle $e'h'$ par la distance $LO = l'$, est le moment d'un petit poids partiel q répondant à la ligne $M'N'$. Ce moment est donc représenté par un parallélipipède qui a pour base le rectangle formé sur LO avec la hauteur h', c'est-à-dire $h'l'$, et pour épaisseur e'. La réunion de tous les parallélipipèdes de cette espèce, représentant les moments des poids partiels q, forme un prisme triangulaire qui a pour base le triangle EAM, et pour hauteur h', qui est la somme des moments des poids q. Pour que cette somme des moments des poids partiels soit égale au moment du poids P, il faut que le prisme triangulaire qui a pour base le triangle EAM, et pour hauteur h', soit égal au prisme quadrangulaire, qui a pour base le rectangle $EAMN$, et pour hauteur h. Le triangle EAM est moitié du rectangle $EAMN$. Il faut, pour que l'égalité ait lieu, que h' soit le double de h. Ce qui fait voir que Q doit être double de P, et que, par conséquent le poids réparti sur la longueur d'une poutre peut être double de celui posé sur son milieu.

(1) Voici une démonstration géométrique. La résistance de chaque planche infiniment mince, est $R = \frac{feh^2}{l}$, e étant son épaisseur infiniment mince et h sa largeur. La quantité $\frac{f}{l}$ étant la même pour toutes les planches eh^2 est le facteur qui représente la force de chaque planche. C'est, pour chacune, un prisme dont la base est le carré du côté variable h, largeur de la planche; l'épaisseur de ces prismes est e constante, donc la somme de leurs épaisseurs est égale à d diamètre du cercle $ABDE$. La somme de tous ces prismes appliqués à plat les uns contre les autres, comme les planches, forme un solide compris entre deux surfaces cylindriques dont les axes se coupent à angles droits, et qui ont leurs bases égales au cercle $ABDE$. Ce solide est composé de quatre onglets cylindriques; il est projeté en $EFIH$, fig. 30, sa coupe suivant m, m, ou $n n$, est le cercle $ABDE$. La surface courbe de chaque onglet est égale à quatre fois celle de sa projection EGF (*), et sa solidité est égale à sa surface multipliée par le tiers du rayon (**). Le

(*) *Géométrie de Mauduit*, liv. III, ch. IV.
(**) Ce solide est considéré comme composé de pyramides dont les bases sont à sa surface, et les sommets à son centre.

la résistance $R = \frac{fd^2}{l}$ de la pièce carrée qui aurait le diamètre d pour côté de son équarrissage, et qui, conséquemment, serait circonscrite à la pièce cylindrique.

Si l'on cherche la résistance de la pièce carrée inscrite au cylindre dont le diamètre est d, le côté de son équarrissage est $\frac{d}{\sqrt{2}}$; on trouve $r = \frac{fd^2}{2l\sqrt{2}}$, de sorte que l'on a pour la résistance des trois pièces :

$R = \frac{fd^3}{l}$ pour la pièce carrée circonscrite au cylindre.

$D = \frac{2fd^3}{3l}$ pour la pièce cylindrique.

$r = \frac{fd^3}{2l\sqrt{2}}$ pour la pièce carrée inscrite au cylindre.

Les résistances R, D, r de ces trois pièces sont dans les rapports $1, \frac{2}{3}, \frac{1}{2\sqrt{2}}$.

D'après la théorie de Navier, la résistance d'une pièce cylindrique serait seulement les 0,589 de celle de la pièce carrée circonscrite, en nombre rond 0,6.

§ 8. *Pièce de la plus grande résistance.*

Nous avons fait voir, dans le 5ᵉ article du chapitre III, que la pièce équarrie la plus volumineuse que l'on puisse tirer d'un corps d'arbre supposé cylindrique, a pour figure de son équarrissage le carré inscrit dans le cercle qui est la coupe de l'arbre, le diamètre de ce cercle étant d, le côté du carré inscrit est $\frac{d}{\sqrt{2}}$.

Mais lorsqu'au lieu du maximum de volume, il s'agit du maximum de résistance, c'est-à-dire qu'il s'agit de tirer d'un arbre la solive horizontale dont la résistance sera plus grande que celle d'aucune autre qu'on pourrait en tirer, ce n'est plus un carré qui doit être la figure de l'équarrissage, c'est un rectangle, également inscrit dans le cercle qui est la coupe de l'arbre; la plus grande dimension de ce rectangle doit être verticale, ou, autrement dit, la pièce doit être posée de champ (1).

---

solide est donc égal à $\frac{2d^3}{3}$, par conséquent, à la place de la somme des eh^2 on peut écrire $\frac{2d^3}{3}$, et la résistance du cylindre devient $D = \frac{2fd^3}{3}$.

(1) L'expérience comme le raisonnement prouve que, lorsqu'une pièce de bois n'est pas équarrie suivant un carré, c'est en la posant de champ qu'on en obtient la plus grande résistance. e et h étant les dimensions de l'équarrissage, $e < h$, si la pièce est posée à plat, e est vertical, la résistance est $R = \frac{fe^2h}{l}$. Si la pièce est posée de champ,

M. Parent a, le premier, déterminé le rapport du côté de l'équarrissage d'une pièce de bois, pour qu'elle soit la plus forte que l'on puisse tirer d'un corps d'arbre (1).

La formule $R = \frac{fch^2}{l}$, représentant la résistance d'une pièce de bois, il est évident que les quantités f et l n'étant point variables, il faut, pour que $\frac{fch^2}{l}$ soit un maximum, que $e\,h^2$ en soit un, e et h étant les côtés de l'équarrissage inscrit dans le cercle.

L'analyse donne, pour rapport des côtés de ce rectangle, $1 : \sqrt{2}$, le diamètre du cercle étant $\sqrt{3}$, et sa forme s'obtient graphiquement par une construction fort simple.

Soit $ABCD$, fig. 26, pl. CLVII, le cercle qui est la coupe du cylindre, on divise le diamètre AC en trois parties égales; par les points de division P et Q, on trace les cordes BE, DF, le rectangle $ABCD$ est celui pour lequel $e\,h^2$ ou $AB \times \overline{BC}^2$ est un maximum. On voit que par construction $AB : BC : AC : : 1 : \sqrt{2} : \sqrt{3}$ (2).

Il est à regretter que, dans les exploitations des forêts, et dans les ateliers, au lieu d'équarrir les arbres sur quatre faces égales, pour en tirer le plus grand volume de bois, on ne donne pas à leurs faces d'équarrissage des largeurs dans le rapport que nous venons d'indiquer, de 1 à $\sqrt{2}$, notamment pour les pièces destinées à être employées comme poutres; il n'en résulterait pas une grande perte pour l'exploitant, dans l'équarrissage à la hache. Le volume de la pièce équarrie carrément étant représenté par 1, celui de la pièce équarrie suivant le rectangle qui donne la plus grande résistance, est représenté par 0,942809, de sorte que la perte ne serait que de 0,057191, c'est-à-dire d'un 1/18 de la pièce (3). On serait, d'ailleurs, dédommagé par un accroissement de résis-

---

la résistance est $R = \frac{fch^2}{l}$. Les résistances sont dans le rapport de $e^2 h : e\,h^2$ ou dans le rapport égal $e : h$; donc la pièce posée de champ est la plus forte.
(1) Mémoire lu à l'Académie des Sciences, en 1704.
(2) $AB = 1$, $BC = \sqrt{2}$, $AC = \sqrt{3}$, le produit $AB \times \overline{BC}^2 = 2$, si l'on suppose que le côté AB du rectangle $ABCD$ est augmenté d'une quantité très-petite $\frac{1}{a}$, le dénominateur a étant un nombre très-grand. Ce rectangle devient $AbCd$, son côté $Ab = 1 + \frac{1}{a}$. En faisant le calcul, on trouve que le produit $Ab \times \overline{bC}^2$ est plus petit que 2. Si l'on suppose ensuite que le côté AB est diminué de $\frac{1}{a}$ le rectangle devient $Ab'Cd'$, son côté $Ab' = 1 - \frac{1}{a}$, et le calcul donne $Ab' \times \overline{b'C}^2$ plus petit que 2. D'où il suit que le rectangle $ABCD$, dont les côtés sont dans le rapport de 1 à $\sqrt{2}$, donne pour $AB \times \overline{BC}^2$ le maximum.
(3) Dans l'équarrissage à la scie la perte en est encore plus faible.

tance. La force de la pièce carrée inscrite étant encore représentée par 1, celle de la pièce équarrie suivant le rectangle est 1,0886, l'accroissement de résistance serait presque d'un onzième.

Si l'on compare la résistance d'une pièce de bois équarrie carrément, lorsqu'elle est posée de niveau et de dévers, avec sa résistance lorsque la diagonale de son équarrissage est verticale, on trouve, en représentant la résistance dans le premier cas par $R = 1$, que, dans le deuxième, elle est exprimée par $R = \frac{2\sqrt{2}}{3} = 0,943$ (1) de sorte que la pièce perd dans cette position près du dix-huitième de sa résistance.

§ 9. *Résistance d'une pièce de bois inclinée.*

Soit une pièce de bois AB, fig. 18, pl. CLVII, inclinée à l'horizon sous un angle ABD, soit un poids P dont cette pièce est chargée dans son milieu.

Par l'effet de la résistance du point B, la pièce ne peut point glisser ni changer de position ; l'action du poids P, suivant la verticale rP, est décomposée en deux forces, suivant la direction rm, rn; celle Q, qui agit suivant cette dernière, et qui est la seule qui exerce la pression sur la pièce AB, a pour expression $Q = P \cos b$; b représentant l'angle ABD.

En représentant par O la force qui agit suivant rm dans la direction de la pièce, cette force est exprimée par $O = P \sin b$.

La résistance T qu'il faut opposer au glissement de la pièce, dans le sens horizontal, suivant BG, est exprimée par $T = O \cos b = P \sin b \cos b$.

§ 10. *Résistance des pièces courbes.*

Les pièces courbes que l'on emploie dans les charpentes sont ou courbées naturellement, ou courbées par des procédés que nous avons décrits précédemment au chapitre V, ou enfin gabariées, c'est-à-dire en enlevant à la hache le bois qui excède les courbes qui marquent la forme qu'on veut obtenir. On a cherché à déterminer, par l'analyse, la force des pièces de bois dont la courbure est naturelle en les regardant comme des corps élastiques. Mais les résultats indiqués demandent à être vérifiés par un grand nombre d'expériences en grand, et ces expériences devront

---

(1) On obtient ce résultat par l'analyse ou par la méthode indiquée pour une pièce cylindrique, dans la note de la page précédente.

s'étendre sur les bois courbés à la hache pour connaître ce qu'ils perdent de force] par l'effet de l'interruption des fibres coupées par la courbure des gabarits.

Tout ce qu'on sait de positif, c'est que, comparant des pièces courbes à des pièces droites, de même longueur et de même équarrissage, la courbure naturelle augmente la résistance, tandis que la courbure à la hache la diminue.

Dans l'état actuel d'insuffisance de données positives à cet égard, ce qu'il y a de plus certain dans l'intérêt de la solidité des constructions, c'est de traiter les pièces courbes, ou plutôt leurs parties comprises entre des points qu'on peut considérer comme fixes, comme si elles étaient droites, et à l'égard des pièces gabariées à la hache on ne doit considérer comme solides et susceptibles de résistance réelle et de recevoir l'application des calculs du genre de ceux que nous avons indiqués ci-dessus, que leurs parties composées de fibres entières et non interrompues par les surfaces courbes gabariées à la hache.

III.

APPLICATIONS AUX CHARPENTES.

Le nombre des combinaisons des charpentes étant très-considérable, nous ne pouvons donner un exemple de calcul appliqué à chaque cas particulier; nous nous bornerons donc à des indications générales.

Nous avons déjà eu occasion de faire remarquer plusieurs fois que toutes les constructions en charpentes sont composées de pans ou de fermes qui concourent au soutien de l'édifice, et qui ont à supporter des efforts déterminés par les positions où ils sont employés; ce qui indique le mode de résistance qu'on doit obtenir des pièces de bois qui les composent, et les calculs à leur appliquer pour fixer les dimensions de chacune.

§ 1. *Pans de bois.*

Les pans de bois sont destinés à porter les planchers des édifices d'habitation bâtis en bois, ou à résister à quelque effort équivalent produit par une charge agissant verticalement.

Les pans de bois sont composés de pièces verticales; ainsi, pour s'assurer que les éléments d'un pan de bois ont des équarrissages convenables, eu égard à leur longueur, et qu'ils sont en nombre suffisant, on calcule la charge que le plancher doit supporter et quelle partie de cette charge, compris le poids du plancher lui-même, doit être portée par chacun des pans de bois, on répartit cette charge aux poteaux et même aux guettes qui entrent dans sa composition. Cette quantité connue, l'équarrissage des bois en est conclu d'après la règle que nous avons exposée au 2° article du 2° paragraphe de ce chapitre, relatif à la résistance à l'écrasement.

§ 2. *Planchers.*

Les planchers ont à résister à la pression des objets qui y sont déposés, suivant que ces objets sont placés à des points déterminés, fixes ou variables, ou qu'ils sont étendus d'une manière uniforme sur toute la surface du plancher.

Les planchers étant généralement composés de planches, ou de pièces équivalentes supportées par des solives et celles-ci supportées par des poutres, les dimensions de ces diverses parties doivent être calculées d'après le poids partiel que chacune doit supporter. Ainsi, les planches ayant une épaisseur d'usage, dite marchande, la portée de chacune, c'est-à-dire l'écartement des solives sur lesquelles elles sont clouées, est déterminée par le poids à supporter par chaque planche suivant que ce poids doit être appliqué sur un point déterminé ou qu'il se trouve également distribué sur toute l'étendue du plancher.

Il en est de même des solives; leurs longueurs et leurs équarrissages dépendent du fardeau que chacune doit supporter, soit que la charge doive être appliquée dans un point déterminé, soit qu'elle doive être également répartie sur tout l'espace du plancher correspondant à la solive, et limitée sur toute sa longueur entre les deux lignes qui partagent en deux parties égales les espaces compris entre cette même solive et les deux solives voisines.

On conçoit que si un meuble ou une machine d'un grand poids et porté par des pieds doit être posé sur un plancher, il faut que le poids réparti à chaque pied ne puisse rompre ni les solives ni les planches sur lesquelles les pieds se trouvent placés.

Il en est de même des poutres; elles doivent supporter la somme des poids dont les solives sont chargées, c'est-à-dire le poids de tout ce qui se trouve au-dessus d'elles, entre les deux lignes qui tracent sur le plancher les milieux des espaces compris entre les poutres dont il s'agit et les deux poutres ou murailles voisines.

Dans les planchers composés de solives parallèles, perpendiculaires à des poutres aussi parallèles entre elles, il n'y a aucune difficulté de calcul et à vrai dire, il ne s'en présente jamais de bien grandes dans le calcul de la résistance des bois d'un plancher. Cependant, lorsque les solives sont réparties par compartiments, ou qu'elles ne sont point parallèles, ou enfin qu'elles forment des polygones comme dans quelques planchers que nous avons décrits au chapitre XI, il faut avoir attention de tenir compte des formes polygonales des parties du plancher qui portent sur les solives et même sur les poutres, pour réduire à propos les équarrissages et les proportionner aux longueurs des pièces sans cependant nuire au bon effet que les compartiments doivent faire en dessous des planchers, lorsqu'on les fait servir à la décoration des plafonds. Au surplus, on ne saurait apporter trop de soins et de prudence dans la fixation des dimensions des bois des planchers, et si, en général, un excès de solidité est à souhaiter dans quelques parties de l'art de bâtir, les pans de bois et les planchers sont les constructions qui commandent les plus sérieuses précautions pour ne point compromettre la vie des personnes qui les habitent ou s'y réunissent, et la conservation des objets qui peuvent y être placés ou emmagasinés.

§ 3. *Des combles.*

L'objet principal d'un comble est de porter la couverture d'un édifice, et chaque ferme doit en supporter une partie, celle qui est comprise entre les deux plans verticaux passant par le milieu de l'étendue de chacune des deux travées que cette ferme sépare ; de sorte qu'en résultat chaque ferme porte les deux demi-travées qui lui sont contiguës, ce qui équivaut au poids d'une travée entière. Pour déterminer la force de chaque pièce de bois qui entre dans la composition d'une ferme, il faut commencer par fixer les dimensions nécessaires des pièces les plus élevées, ajoutant toujours au poids auquel il faut résister celui des pièces qui servent d'intermédiaire pour reporter l'action de ce poids sur les pièces immédiatement inférieures et qui les supportent.

Mais il est à remarquer que l'on ne peut pas toujours procéder avec cette régularité, et que souvent c'est après qu'on a composé la charpente, et même déterminé les équarrissages des pièces par une sorte d'appréciation de la pensée qui est une suite de la plus ou moins grande pratique, qu'on a de l'art, qu'on applique le calcul, qui n'est plus qu'une sorte de vérification d'après laquelle on fait les corrections qu'il est nécessaire de faire aux premières appréciations.

La première opération à faire pour appliquer le calcul à la détermination des équarrissages des pièces de bois qui doivent composer un comble, c'est le calcul du poids de la couverture, suivant la nature des matériaux employés pour former sa surface extérieure, suivant qu'elle est en tuiles, en ardoises ou en feuilles métalliques ; le poids de cette couverture par mètre carré, compris celui des planches, détermine l'écartement des chevrons qui portent ce plancher, et enfin celui des pannes qui supportent les chevrons. Ici se retrouvent les mêmes circonstances que nous avons indiquées en parlant des planchers de pied, mais, en général, la résistance des chevrons est toujours déterminée pour la charge uniformément répartie dans toute leur longueur, et pour l'étendue comprise entre deux pannes. On n'est pas toujours à même de débiter les chevrons à des dimensions d'équarrissage qui conviendraient pour la disposition qu'il serait le plus convenable d'adopter, et l'on est forcé, aussi bien pour les chevrons que pour les planches, de prendre les bois comme le commerce les fournit. C'est alors la portée des chevrons que le calcul détermine en faisant toutefois la part de l'affaiblissement du bois par suite de la détérioration que le temps leur fait subir, cause à laquelle il arrive souvent qu'on n'a point assez d'égard et qui entraîne fréquemment dans des dépenses d'entretien considérables.

Dans les calculs relatifs à la détermination des équarrissages des chevrons, il faut remarquer que la charge de chacun est également répartie sur sa portée entre deux pannes, et qu'attendu leur situation inclinée, on doit leur appliquer la méthode que nous avons ci-dessus indiquée page 683, pour la résistance des bois inclinés.

Lorsque les espacements des pannes sont déterminés et que l'on connaît l'écartement des fermes, on peut calculer l'équarrissage qui convient à chaque panne que l'on regarde comme également chargée dans toute sa longueur de travée, vu l'égalité de l'espacement des chevrons et leur minime écartement ; la position des pannes détermine les points par lesquels le poids du toit exerce son action sur les arbalétriers.

Ce que nous avons exposé au 3° article du 7° paragraphe est combiné d'ailleurs avec la circonstance de l'inclinaison des arbalétriers, de sorte que l'équarrissage de ces arbalétriers est aisé à déterminer par un calcul fort simple.

S'il n'y a qu'une seule panne, l'arbalétrier se trouve dans le cas d'une pièce chargée d'un poids dans le milieu de sa longueur.

Il arrive fréquemment qu'il n'est pas nécessaire de donner aux arbalétriers la force que leur étendue semblerait exiger, parce qu'ils se trouvent combinés avec les autres pièces de la ferme dont ils font partie. Si, par exemple, sous une panne qui serait située en p, fig. 22, pl. CLVII, on a pu placer une contre-fiche $p\,m$, il est évident que c'est sur elle que se reporte l'effort produit au point p par le poids du toit, et que son équarrissage doit être déterminé de manière qu'elle puisse, suivant sa longueur de p en m, résister à l'écrasement dans le sens de sa longueur, et que l'arbalétrier n'a plus besoin d'une aussi grande force, puisqu'il n'a plus à résister à la rupture perpendiculairement à sa longueur. Vu la symétrie de la toiture, les efforts des contre-fiches $p\,m$, $p'\,m$ se réunissent au point m, et leur résultante agit dans le sens de la longueur du poinçon, c'est-à-dire de b en m, ce qui indique que l'équarrissage du poinçon doit être tel qu'il puisse résister à l'effort de traction exprimé par $Q = \dfrac{2P}{\cos a}$.

Q étant la force à laquelle le poinçon doit résister, P l'effort exercé sur une contre-fiche et transmis par elle au point m, sous l'angle $p\,m\,b = a$, il résulte de cette disposition que l'effort du poids du toit au point p et p', transmis par la contre-fiche sur le poinçon, fait agir ce dernier tellement qu'il transmet à son tour cet effort et le partage aux arbalétriers qui reportent la portion qui leur est départie aux points a et a' pour exercer dans ces points une poussée dont nous nous occuperons plus loin au 4ᵉ paragraphe. Il résulte de là aussi que l'arbalétrier doit résister à la force qui le comprime dans sa longueur de b en a, c'est-à-dire à l'écrasement, comme nous l'avons remarqué plus haut. Mais cette résistance ne doit être calculée que pour ses portions comprises entre les points d'application des pannes et des contre-fiches qui se font équilibre.

Lorsque des moises verticales, comme dans les fermes, fig. 8, pl. LXXXV, fig. 4, pl. LXXXVII, fig. 5, pl. LXXXIX, suspendent des planchers aux arbalétriers qui soutiennent la couverture, il faut, d'une part, proportionner les équarrissages de ces moises aux efforts de traction que leur occasionne le poids des planchers chargés des objets qu'ils doivent recevoir, et, d'autre part, tenir compte aussi de l'effort que ce poids occasionne sur ces arbalétriers et qui nécessitent un accroissement de leur force pour résister à l'écrasement dans le sens de la direction de leurs fibres; il faut également augmenter l'équarrissage des tirants pour résister à la poussée des arbalétriers résultant de leur participation au support des planchers.

Nous devons remarquer que, dans les calculs de l'espèce de ceux dont nous venons de parler, on tombe quelquefois dans une espèce de cercle vicieux dont on sort aisément par un tâtonnement beaucoup plus court que des calculs plus relevés et qui, en dernière analyse, donnent un résultat suffisamment exact, d'autant qu'il s'agit toujours de maintenir les choses fort au-dessus de l'équilibre parfait entre l'action de la pesanteur et celle de la résistance des bois.

§ 4. Ponts.

La détermination des équarrissages des bois employés dans les ponts, par le calcul, est fondée sur les mêmes principes; mais les ponts sont sujets à des détériorations plus graves et plus rapides que celles d'aucune autre espèce d'édifice en charpente, parce que les bois dont ils sont construits sont constamment exposés à l'humidité résultant de leur situation au-dessus de l'eau, et aux injures du temps, dont ils ne sont le plus ordinairement garantis par aucun abri. Une autre cause de détérioration des ponts en bois, c'est la presque continuelle vibration causée par les voitures et les pesants fardeaux qui les parcourent sans cesse. Ces vibrations sont entretenues et augmentées par la rudesse du roulage sur les pavés, dont on a eu pendant longtemps la pernicieuse habitude de former les chaussées des ponts, malgré qu'ils fussent en bois. Aujourd'hui on reconnaît qu'il faut adoucir le plus possible le roulage sur les ponts, ce qu'on obtient en formant les chaussées de toute autre matière que du pavé de pierre; et le mieux encore paraît être de faire des chaussées en madriers ou des chaussées pavées en bois de bout. (*Voyez* l'art. 6° du chapitre L.) La durée des chaussées, suivant l'un et l'autre mode, est suffisante, et les dépenses d'entretien, quelles qu'elles soient, sont encore préférables aux fréquentes et constantes réparations des charpentes, et surtout à la reconstruction de ponts, qui autrement n'ont pas une durée qui puisse atteindre quinze ans au plus.

Pour fixer par le calcul les dimensions de bois de la charpente d'un pont, il faut déterminer le poids des plus grands fardeaux qui peuvent le parcourir, supposer même que le pont est chargé d'autant de ces fardeaux qu'il peut en contenir passant en même temps sur sa chaussée. Cette charge répartie aux fermes, on applique aux divers points d'assemblage la portion du poids, qui peut agir sur ses points avec le plus de puissance; ces calculs ne sont ensuite que des applications de ceux que nous avons déjà expliqués. C'est ainsi que l'on détermine les dimensions d'équarrissage des longerons simples selon leur portée, si c'est un pont construit suivant ce système; et l'on suppose la charge particielle agissant dans le milieu de la longueur des longerons; mais fréquemment des contre-fiches soulagent ces longerons et permettent d'y employer des bois de moindre équarrissage, vu que ces longerons se trouvant divisés par les points d'assemblage des contre-fiches, ou par ceux où les contre-fiches joignent les sous-longerons, la force de chacune de ces parties n'a plus besoin d'être aussi grande que celle d'un longeron d'une seule portée sans soutien intermédiaire.

Cette disposition nécessite le calcul des équarrissages qu'il convient de donner aux contre-fiches. Soit, fig. 24, pl. CLVII, un longeron de pont ab, son équarrissage sera déterminé par la résistance qu'il doit opposer à un poids ou fardeau P dans toute les positions qu'il peut prendre sur toute sa longueur, et c'est dans le milieu de cette longueur que son action est la plus puissante. Si l'on suppose que sous ce longeron deux contre-fiches lui servent de soutiens, il est évident que si ces contre-fiches ont une force suffisante, on pourra diminuer l'équarrissage des longerons, qui se trouvera partagé en trois portées partielles am', mm', mb', dans lesquelles l'équarrissage pourra être réduit à la force nécessaire pour chacune.

Pour que chaque contre-fiche remplisse le but pour lequel on l'a établie, il faut qu'elle puisse résister à l'écrasement résultant de la pression exercée sur elle par le poids dont le pont est chargé, il faut de plus supposer ce poids agissant en P, et cette action reportée au point m ou m', de sorte que faisant $ab = l$, am ou $bm' = a$, on a $Q = \frac{Pl}{2a}$. Si l'on suppose que l'effort Q agit dans la verticale passant par le point m, cet effort se décompose en deux autres, l'un agissant suivant la direction mb, est détruit par l'effet de la résistance du point b, l'autre dans la direction de la contre-fiche, suivant mr, est égal à $\frac{Q}{\cos m}$, m étant la valeur de l'angle rmo que fait la contre-fiche avec la verticale; c'est à cet effort d'écrasement que la contre-fiche doit résister.

Quel que soit le nombre des contre-fiches et leur combinaison, le calcul, s'effectue de la même manière, et si la contre-fiche est saisie par une moise gj et par une moise horizontale passant par le point j et unissant toutes les contre-fiches homologues des fermes; le point j est regardé comme fixe, et la résistance de la contre-fiche à l'écrasement ne doit plus être satisfaite que pour chacune de ces deux parties $m'j$, $r'j$ en raison seulement de la longueur de chacune.

§ 5. Arcs employés dans les fermes des ponts.

Nous avons déjà fait remarquer que l'on manque d'expérience pour établir une théorie complétement satisfaisante sur les pièces cintrées, et d'une application facile; cette observation ne doit s'entendre que pour des pièces cintrées d'un grand développement qui fonctionneraient presque seules dans une charpente. Le plus ordinairement les arcs en gros bois qui se trouvent employés dans les fermes de pont sont combinés avec d'autres pièces, notamment avec des moises pendantes qui divisent leur développement en portions égales, et les arcs partiels ont alors une si faible courbure que l'on peut sans nul inconvénient considérer chacun d'eux comme s'il était droit et compris par conséquent entre deux points que l'ont peut, en quelque sorte, regarder comme fixes. Soit, par exemple, fig. 23, pl. CLVII, un arc $a\ b\ a'$ qui se trouve combiné à un système de ferme dans lequel se trouve le longeron $d\ d'$. Par le moyen de moises pendantes $m\ o,\ n\ u,\ m'\ o',\ n'\ u'$, les parties $o\ u,\ u\ b,\ b\ u',\ u\ o'$, vu leurs faibles courbures, peuvent être regardées comme une suite de contre-fiches sur lesquelles l'action du fardeau, placé dans la position où il a le plus de puissance, agit pour la comprimer par écrasement, et ce même fardeau, en passant par toutes les positions qu'il peut avoir, reporte son action sur les mêmes cintres par l'intermédiaire des moises pendantes. Supposant donc que l'effort produit par le point m soit représenté par Q agissant par la verticale $m\ q$, c'est donc cette force qui agit sur l'arc au point o et qui se décompose en deux efforts dirigés chacun suivant la longueur de chaque portion d'arc $o\ u,\ o\ a$, et ces parties d'arc ont à résister à l'écrasement occasionné par ces forces. A la vérité, la courbure de ces parties paraît devoir diminuer leur résistance, puisque, comme nous l'avons dit précédemment, dès qu'une pièce commence à se courber, sa force diminue. Mais ici il faut remarquer que la courbure de ces pièces ne résulte pas de la compression qu'elles éprouvent suivant leur longueur, puisqu'elles sont courbées dans un sens opposé à l'action de la puissance qui agit sur elle; par conséquent la diminution de leur force n'est pas aussi considérable que celle qui résulterait d'un commencement de courbure par l'effet de cette compression. D'ailleurs, dans l'évaluation de la résistance qu'elles doivent opposer, on leur assigne un équarrissage qui donne à leur résistance une valeur dix fois plus grande que celle que le calcul indique.

IV.

POUSSÉES DES CHARPENTES.

§ 1. *Poussée des fermes en bois droits.*

Toutes les circonstances de la poussée des charpentes formées de pièces droites se rapportent à celles d'un comble triangulaire $a\ b\ a'$, fig. 22, pl. CLVII.

Soient deux arbalétriers $a\ b,\ a\ b$ assemblés dans un poinçon vertical au point b et retenus dans leur position par l'assemblage de leurs pieds dans le tirant représenté par l'horizontale $a\ a'$.

Leur poids joint à celui de la couverture qu'ils supportent, compris les chevrons, les pannes et toutes les autres pièces entrant dans la composition des pans de toits, même les lucarnes, produit un poids unique dont l'action est dirigée parallèlement à l'axe du poinçon $b\ d$. Soit $2\ P$ ce poids, P étant celui de chacun des deux pans du toit; soit aussi l'angle $b\ a\ d$ ou $b\ a'\ b$ que forme chaque pan du toit avec l'horizontale désigné par a. Les arbalétriers devant être inflexibles, soit par l'effet de leur équarrissage, soit par l'effet des soutiens auxiliaires distribués sur leur longueur, tels que des contre-fiches ou des entraits, l'effort transmis dans la direction de leur longueur est exprimé par $Q = \frac{P}{\sin a}$, expression au moyen de laquelle on détermine la surface de leur équarrissage, dans le cas de la résistance à l'écrasement suivant la longueur des fibres.

La résistance à l'effort suivant la direction $d\ a$ parallèle au tirant est exprimée par $R = \frac{P \cos a}{\sin a}$, l'expression de la résistance dans le sens de $d\ a'$ est la même. Ces forces égales et directement opposées sont la mesure de l'action horizontale exercée en a et en a' par la poussée du comble, c'est-à-dire qu'elles expriment la tension du tirant $a\ a'$, et l'équarrissage de cette pièce sera déterminé par l'égalité de cette tension avec la résistance du bois à la traction par centimètre carré, d'après ce que nous avons précédemment exposé dans le 3ᵉ paragraphe ci-dessus.

A l'égard de l'équarrissage des arbalétriers ou de leurs parties, si des appuis sont distribués sous quelques points de leur longueur, il est déterminé par la nécessité de résister, en outre, à la rupture sous leur propre poids, et sous la charge de la couverture; cette résistance est représentée par $K = P \cos a$. Ainsi la formule qui donne la surface de l'équarrissage pour résister à la rupture doit donner cette même égalité.

Si l'on substitue un système angulaire $a\ m\ a'$ au tirant $a\ a'$, en représentant l'angle $m\ a\ d$ ou $m\ a'\ d$ par n, la tension suivant la ligne $m\ a$ ou $m\ a'$ et celle suivant $a\ d$ ou $a'\ d$, seront entre elles dans le rapport de $a\ m$ à $a\ d$; ainsi, dans ce cas, l'expression de la tension T suivant $a\ m$, ou $a'm$, est $T = \frac{P \cos a}{\sin a \cos n}$.

Nous devons faire remarquer ici que si, au lieu d'un tirant a, a' ou au lieu d'un système angulaire $a\ m\ a'$, on établit des entraits suffisamment liés aux arbalétriers, le tirant et les entraits s'opposeront simultanément à la poussée, et la somme de leurs résistances devra encore être égale à $\frac{P \cos a}{\sin a}$, et, par conséquent, l'équarrissage de chacun pourra être diminué, de sorte que la somme des surfaces d'équarrissage soit égale à celle qu'aurait le tirant s'il était seul.

Il en est de même des tirants en bois ou en fer du système angulaire, représentés par les lignes am, $a'm$. Quel que soit le nombre des tringles parallèles à am ou à $a'm$, pourvu qu'elles soient parallèles, la somme de leurs résistances doit toujours être égale à $\frac{P \cos a}{\sin a \cos n}$.

C'est ce résultat qui a servi à régler la résistance des tringles en fer de mon système de charpentes dont j'ai donné la description page 281, pl. CXVIII. Le diamètre des tringles jumelles augmenté de ce qu'exige la sécurité de la construction a été fixé à 19 millimètres.

Dans les fermes composées comme celle de la figure 23, pl. CLVII, la poussée exercée par les contre-fiches sur les murs dans le sens horizontal rt, l'angle amr étant représenté par m, et représentant par P la force d'écrasement à laquelle la contre-fiche doit résister, cette force étant aussi celle transmise par la contre-fiche suivant la direction mr sur le point r; la poussée suivant rt est exprimée par $Q = P \cos m$.

A l'égard de la poussée exercée par les arcs qui font partie des fermes, fig. 23, il suffit de calculer la poussée horizontale exercée au point a, naissance de l'arc, de la même manière que celle exercée par une contre-fiche suivant la tangente à l'arc, la partie oa que nous considérons pouvant être regardée comme droite sans craindre de faire une erreur préjudiciable à la solidité de l'édifice. On peut même dans une première appréciation considérer tout le système ado comme d'une seule pièce inflexible et lui substituer, dans un calcul approximatif, la ligne ao sur laquelle se trouveraient reportés tout le poids du système et celui du fardeau P, ce qui ramènerait la question au cas de la poussée exercée par une contre-fiche ou par un pan de toit.

§ 2. *Poussée des cintres.*

La question de la résistance des cintres en charpentes pour la construction des grandes voûtes, telles que celles des arches des ponts en maçonnerie, est une des plus compliquées lorsqu'on la considère par rapport aux cintres dits flexibles, et l'application du calcul ne saurait donner des résultats complétement satisfaisants; on est d'ailleurs forcé de reconnaître que, malgré la beauté des ponts qui ont été exécutés, la science qui a présidé à leur exécution et le mérite éminent des ingénieurs qui en ont eu la direction, ces sortes de cintres n'ont point satisfait entièrement aux conditions de leur destination.

L'objet qu'on doit se proposer, dans la composition et l'établissement des cintres pour servir comme de moule à la construction d'une voûte en pierre, est de donner à chaque cours de voussoirs un appui solide et invariable, et tel que les positions de tous les voussoirs en pose, et celles de tous les voussoirs posés avant eux, ou qui le seront après, soient les mêmes que celles qu'ils devaient avoir d'après les épures des projets ou qu'ils doivent avoir lorsque la voûte sera terminée, et qu'elle n'aura plus à subir que le tassement résultant de la compressibilité du mortier.

C'est assurément une condition à laquelle aucun des cintres flexibles n'a pu satisfaire, tellement que, pour approcher, autant que possible, de ce résultat dans ce système, on s'était vu forcé d'accumuler sur ces cintres des voussoirs et des pierres de taille pour les charger et faire équilibre à la pression des cours de voussoirs posés sur leurs reins; à la vérité ces pierres étaient des pierres d'appareils qui devaient entrer dans la composition des arches; il n'en résultait pas moins de grands frais de main-d'œuvre et une grande incertitude dans la manière d'opérer, et, pendant la construction, des variations nuisibles à la perfection du travail, et surtout à l'uniformité des courbures des arches.

On reconnaît aujourd'hui que les cintres fixes, aussi invariables de forme que la nature et la qualité du bois le permettent, sont les seuls qu'il convient d'employer, et l'art retrouve encore ici l'application des principes sur lesquels se fonde la stabilité des formes des charpentes en général.

Pour assurer l'invariabilité de la courbe d'un cintre, il faut rendre chaque point, ou au moins ceux qui doivent porter les voussoirs, indépendant de tous les autres; on ne peut obtenir ce résultat qu'en plaçant, au point qu'on veut rendre invariable, l'angle ou le sommet d'un triangle dont les côtés sont appuyés sur une base invariable et tout à fait indépendante des autres points. Si l'on examine la construction des cintres flexibles; il est aisé de s'apercevoir qu'ils ne peuvent aucunement remplir cette indispensable condition.

La figure 28, pl. CLVII, représente deux triangles *a m a'*, *a n a'* qui font partie de la combinaison dont nous venons de parler. Ces deux triangles rendent les positions des points *m* et *n* indépendantes de celles de tous les autres points de la courbe *a m n b a'*.

On peut également rendre invariable la position d'un point en la fixant par un rayon comme celui *d o*, appuyé sur une base invariable que sa position a rendue inflexible en lui donnant un nombre suffisant de points d'appuis ou de supports fixes.

Les cintres des figures 6, 7, 13, de la planche CXLI, 1, 5, 12 de la planche CXLII, satisfont plus ou moins bien complétement à ces conditions.

Il suit de ce système, à l'égard de l'application du calcul à la détermination de la résistance des pièces de bois qui entrent dans sa composition, qu'il ne s'agit que de calculer l'intensité de force suivant laquelle chaque pièce, ou chacune de ses parties comprises entre des points fixes, est soumise à l'écrasement dans le sens de la longueur de ses fibres, et de proportionner sa surface d'équarrissage à cette pression.

§ 3. *Poussée des arcs employés dans les fermes des combles.*

Je crois être le premier qui ait fait remarquer que les arcs en plein cintre, et à plus forte raison ceux elliptiques surbaissés employés dans les fermes des combles, dès qu'ils sont flexibles, ont une poussée vers le niveau des points que l'on désigne ordinairement sous le nom de *reins* dans les voûtes en maçonnerie.

Les expériences qui ont précédé l'exécution de mon système d'arcs en madriers courbés sur leur plat (page 199), ont signalé particulièrement ce genre de poussée, et j'ai fait voir que cette poussée résulte de la flexibilité d'un arc d'équarrissage uniforme, que rien ne maintient dans sa figure circulaire $a\,m\,b\,m'\,a'$, fig. 27, pl. CLVII, et qui lui fait prendre celle $a\,n\,p\,n'\,a'$ dans laquelle les tangentes, aux naissances, au lieu d'être verticales, ont les positions inclinées $a\,t,\,a'\,t'$. Dans cette position, la poussée aux naissances paraît se diriger en sens inverse de ce qu'elle est ordinairement, et de ce qu'elle serait réellement sans la flexibilité, ou si les murs au niveau des naissances ne présentaient pas une résistance suffisante à la force avec laquelle l'arc tendrait à les renverser au dehors, ainsi que le prouvent les expériences faites par M. le capitaine Ardant.

J'ai fait voir au chapitre XXX comment la poussée, au niveau des reins, doit être détruite par le système même, en ajoutant à l'épaisseur de l'arc sur les reins des madriers courbés sur leur plat qui augmentent la roideur de l'arc dans ces parties et la mettent en équilibre avec l'action de la pesanteur au sommet, ce qui maintient le cintre dans sa forme circulaire primitive, ou qui en diffère infiniment peu. Dans ce cas, la poussée à la naissance seule subsiste, et elle est assez minime pour que l'épaisseur à donner aux murailles pour leur propre stabilité, augmentée de celle de la charpente à sa naissance, suffise pour lui résister.

Les anciennes constructions, comme les plus récentes, prouvent que les hémicycles du système de Philibert Delorme s'abaissent aussi à leurs sommets, et manifestent une poussée à la hauteur des reins; mais dans ces sortes de charpente, le moyen de détruire cette poussée ne peut être le même que dans mon système de madriers courbés sur leur plat, car on ajouterait en vain autant de planches que l'on voudrait aux épaisseurs des hémicycles, on ne la détruirait point; il est probable même qu'au contraire, on l'augmenterait, à cause du poids ajouté sans utilité à ces hémicycles. Dans les charpentes suivant le système de Philibert Delorme, le changement de forme des hémicycles est dû plutôt au jeu qui existe dans les assemblages d'about des planches, qu'à la flexibilité du bois, qui est presque nulle dans des planches de champ, qui sont fort courtes. Il est aisé de remarquer que le mouvement dans les hémicycles a une très-grande analogie avec celui qui a lieu dans les voûtes en pierres de taille, les planches étant posées et assemblées en coupe de la même manière que des voussoirs.

On pourrait remédier à cette espèce de tassement des joints, et à cette poussée des reins des hémicycles, en donnant à leur extrados à peu près la même forme qu'à ceux des voûtes en pierres, c'est-à-dire, en augmentant leur épaisseur à leur naissance.

On prévient le changement de forme des hémicycles, en coupant les assemblages avec la plus scrupuleuse précision, et même en leur laissant un léger excès de bois, pour prévenir les refoulements ; en serrant le plus possible les planches en joint suivant leurs coupes, et en multipliant les liernes de façon que chaque planche soit liée avec chacune de celles qui la touchent au moins par deux de ces liernes, également très-serrées elles-mêmes dans leurs mortaises et par des clefs; et enfin, en surhaussant dans le tracé le gabarit de l'hémicycle, en même temps qu'on applatit la convexité des courbes sur les reins, afin qu'après le mouvement dont nous venons de parler, l'hémicycle ait repris sa forme circulaire, telle qu'on aura voulu la lui donner.

A l'égard de l'application de l'analyse à la poussée des arcs dans les charpentes, elle présente toutes les difficultés des questions dans lesquelles la flexibilité de la matière, et les variations de formes qui s'ensuivent, viennent compliquer les hypothèses que l'on peut faire pour les traiter par le calcul.

Nous ne pourrions rien faire de mieux que de transcrire ici une partie du Mémoire de M. le capitaine Ardant, que nous avons cité dans notre préface; nous sommes forcé de nous borner à renvoyer nos lecteurs à ce Mémoire, qui a reçu l'approbation de l'Académie des sciences, et a été jugé, par elle, digne d'être inséré dans le Recueil des Mémoires des savants étrangers.

M. le capitaine Ardant a joint à ses calculs la description et les résultats des expériences qu'il a faites en grand à Metz, aux frais du ministère de la guerre, et qui ne pouvaient être entreprises que de cette manière; elles ne peuvent manquer d'intéresser beaucoup les constructeurs.

Nous remarquerons, à l'égard de la question traitée dans ce Mémoire, qui a pour objet l'emploi des grands arcs, que l'auteur paraît avoir eu pour but de prouver que les fermes uniquement en bois droits auraient la supériorité sur celles dans la combinaison desquelles les constructeurs comprennent des arcs, et que c'est à tort qu'ils ont cru ajouter par ce moyen à la solidité des charpentes. Quoique je ne partage point l'opinion de M. le capitaine Ardant à cet égard, on vient de voir que je rends justice au mérite et à l'utilité de son travail. Mais je persiste dans la conviction que, le plus souvent, il est préférable d'employer des cintres dans les grandes charpentes, plutôt que des combinaisons qui n'admettent que des bois droits. C'est, au surplus, l'avis des commissaires (1) de l'Académie des sciences, qui ont examiné le mémoire de M. le capitaine Ardant; ils s'expriment ainsi :

« Les critiques adressées par l'auteur (M. le capitaine Ardant) aux fermes en arcs composés, les accidents auxquels l'application de ces fermes a donné lieu dans ces derniers temps, par suite d'une fausse sécurité qui ne saurait être imputée à leur ingénieux inventeur, enfin la préférence absolue que M. Ardant accorde aux fermes composées de pièces droites, même à la ferme antique dite de *Palladio*, ne sauraient être des motifs suffisants pour faire renoncer aux systèmes de MM. Lacaze et Émy; car, lorsqu'ils sont bien construits, il leur restera toujours le mérite de l'élégance, de la continuité des formes, et d'une parfaite liaison de toutes les parties, liaison qui ne saurait exister au même degré dans les fermes constituées uniquement de pièces droites. C'est aussi dans cette conviction que M. Ardant, après avoir établi une table d'équarrissage à donner aux pièces en fer et en bois qui entrent dans la composition de la ferme de Palladio, en présente plusieurs autres, fort complètes, relatives aux fermes simples, droites ou cintrées, et aux charpentes en arcs, composées du système de M. Émy, tables qu'il a accompagnées d'indications et de prescriptions très-utiles, d'accord en plusieurs points d'ailleurs avec le système de construction adopté et recommandé par cet ancien officier supérieur du génie, dans un ouvrage bien connu. »

J'ajouterai que, pour des charpentes d'une portée excessivement grande, les arcs et surtout ceux en bois courbé sur leur plat sont les seuls moyens d'exécution que l'art fournit.

Les constructeurs n'ont jamais prétendu donner de la stabilité aux charpentes des combles en bois droits, par le seul fait de la combinaison des arcs dans leurs fermes; leur seul but a toujours été de fournir aux fermes des soutiens *plus gracieux* et mieux appropriés aux intérieurs que

---

(1) La commission était composée de MM. de Prony, Arago, Coriolis, Rogniat; Poncelet, rapporteur.

ceux formés de pièces droites. Le plus souvent, d'ailleurs, c'est le contraire qui a eu lieu, c'est-à-dire, comme on l'a fait notamment pour les applications modernes du système de Philibert Delorme, qu'ayant résolu de faire des arcs en berceaux pour le bon aspect des intérieurs, on leur a combiné des bois droits extérieurement, afin que les toits fussent plans, pour éviter l'entre-bâillement des tuiles et des ardoises qui aurait eu lieu sur des surfaces courbes (1).

On peut déterminer par approximation la force et la poussée des arcs employés dans les charpentes à grandes portées. Prenons pour exemple une ferme de la charpente de Marac, près Bayonne (p. 197, pl. CVIII); l'arc est divisé en trois parties distinctes par les deux points où il se réunit aux arbalétriers; ces deux points répondent aux liens placés de chaque côté entre les 7e et 8e moises. On remarque, d'après les expériences citées, que l'abaissement de la partie supérieure de la ferme comprises entre ces deux points, a eu lieu sans que la courbure de la portion d'arc correspondante ait changé sensiblement. On remarque encore que les parties du même arc, comprises des deux côtés entre ses naissances et les mêmes points, n'ont augmenté de courbure lors de l'épreuve, que parce que la roideur était trop faible, et que leur épaisseur ayant été augmentée aux reins, la roideur s'est accrue, et les courbures n'ont plus changé sous la charge que l'on a fait supporter à la ferme.

Il est évident, d'après cette observation, que, dans le calcul approximatif dont il s'agit, la roideur de l'arc ou sa résistance peut être représentée par celle d'une pièce d d', fig. 27, établie de chaque côté en place de l'arc comme serait un aisselier, et dont les fibres seraient tangentes à celles de l'arc dans leur rencontre avec le plan de moindre résistance ayant pour trace la ligne r s. Cette pièce droite est supposée devoir résister, comme l'arc, 1° à l'écrasement dans la direction de ses fibres, sous la pression exercée par le poids du toit et de sa couverture;

---

(1) M. le capitaine Ardant a donné, pl. I, fig. 6, le dessin d'une ferme de la composition de M. Lasnier, habile charpentier à Paris, comme un modèle que l'on peut imiter lorsqu'il s'agit de construire un comble dont la partie supérieure *soit entièrement dégagée de pièces de charpente*. Quoique je connusse cette ferme, je ne l'ai point comprise dans mes planches, parce qu'elle a beaucoup de ressemblance avec celles que l'on emploie pour cintrer les voûtes qui s'y trouvent décrites, et je n'en parlerais pas si je ne devais faire remarquer qu'elle ne remplit point les conditions au sujet desquelles elle est présentée comme modèle, vu qu'elle appartient à un comble cylindrique, que c'est son extérieur qui est entièrement dégagé de pièces de charpente, et que l'intérieur en est, au contraire, embarrassé, et que ces pièces y occupent un tiers de la surface que l'arc comprend, inconvénient que n'ont point les fermes partant des arcs intérieurs.

2° à la flexion qui pourrait être produite par le même poids du toit avec sa couverture agissant suivant la verticale $m\,o$, et décomposé en deux forces, l'une dans la direction $m\,a$ ou $d\,d'$, et l'autre dans la direction $m\,q$, appliquée à l'extrémité de la pièce $d\,d'$ ou de l'arc $m\,a$ appuyée dans son milieu sur un point immobile r, son autre extrémité étant fixée au point d' ou en a, hypothèse admissible dans un calcul approximatif, puisque l'arc ou la pièce $d\,d'$, que l'on suppose à sa place, est combiné dans le point r par une moise avec le poteau et l'arbalétrier ; ce qui équivaut, ainsi que nous l'avons fait voir page 676, à l'effort de deux forces appliquées aux deux extrémités de la pièce $d\,d'$ ou de l'arc dans les directions $m\,q$, $a\,q'$, ou à une seule force double appliquée au point r dans la direction $o\,r$, les deux appuis étant en d et d'.

En nommant P le poids du pan de toit, compris celui de la couverture, Q l'effort produit dans la direction des fibres de la pièce $d'd$, a l'angle que fait la pièce $d\,d'$ ou la corde de l'arc $m\,a$ avec la verticale, on a pour la résistance à l'écrasement $Q = \dfrac{P}{\cos a}$. En appliquant les nombres, on trouve que P étant égal à 4 400 kil., l'angle a étant de 35 degrés, $Q = 5\,371$ kil. Un équarrissage de 20 à 30 centimètres carrés suffirait pour résister à l'écrasement. L'arc de la charpente de Marac et son aisselier ont un équarrissage de $0^m,13$ sur $0^m,45$ qui présente une surface dépassant de beaucoup la force nécessaire pour résister à l'écrasement dans le sens de la longueur des fibres du sapin.

Appelant R la portion de la force P agissant dans la direction $m\,q$, on a $R = P \sin a$, et pour la force R' agissant dans la direction $o\,r$, $R' = 2P \sin a$. En appliquant les nombres, P étant toujours égal à 4 400 kil., on trouve $R' = 5\,048$ kil. pour l'effort dans la direction $o\,r$. Dans la charpente du hangar de Marac, la ligne $d\,d'$ ou $m\,a$, a $10^m,800$ de longueur, l'épaisseur horizontale de l'arc est $0^m,130$, son autre dimension d'équarrissage, l'aisselier compris, est $0^m,450$; on a par conséquent $R' = \dfrac{fch^2}{l} = \dfrac{3^s,97 \times 130 \times \overline{140}^2}{10,800} = 9\,677$ kil., quantité qui est presque le double de la résistance que l'on doit opposer, et qui doit donner toute sécurité, puisque l'arc $m\,a$ est divisé en huit parties par les moises, et qu'il se trouve comme armé par sa combinaison avec ces moises et les autres pièces de la charpente.

Pour ce qui regarde la poussée sur les murs à la hauteur des naissances, on peut, d'après ce qui précède, et toujours dans l'hypothèse d'un calcul approximatif, considérer encore la ferme comme composée de trois parties qui ont été, en définitive, constituées pour être inflexibles, de sorte que la ligne $m\,a$, corde de l'arc, peut être prise de chaque côté pour la partie inférieure de l'arc. Nous avons déjà vu que pour la force dans la direction ma on a $Q\dfrac{P}{\cos a}$. Cette force agissant au point a se décompose en deux autres forces. La résistance du sol est opposée à la force verticale; la force horizontale, dans le sens ac, a pour valeur $F = \dfrac{P \sin a}{\cos a}$. En appliquant les nombres, on trouve $F = 3\,081$ kil., son moment $= 9\,243$. Le mur, depuis la fondation jusqu'à la naissance, a 3 mètres de hauteur; son épaisseur est de $1^m,12$; le mur, au-dessus de la naissance jusqu'à la sablière, a 7 mètres de hauteur; son épaisseur est de $0^m,60$; l'écartement des fermes étant de 3 mètres, et le poids de la maçonnerie de 2 230 kilom. par mètre cube : le cube du mur, au-dessous de la naissance,

est de $10^m,08$, son poids de 22,579 kil., son moment de   14 451
le cube du mur au-dessus de sa naissance,

est de $12^m,60$, son poids de 28,224 kil., son moment de   9 596

Le moment total est de. 24 047

qui est à peu près 2 fois $\dfrac{2}{3}$ la valeur trouvée ci-dessus pour le moment de F.

Si l'on ne voulait point donner à l'arc une roideur suffisante pour maintenir sa forme circulaire, et qu'il fallût suppléer ce défaut de roideur en opposant la résistance du mur à la poussée, il serait suffisant, dans l'hypothèse encore d'une approximation, de calculer, comme précédemment, la résistance dont l'arc ou la pièce $d\,d'$ serait capable, d'après l'équarrissage qui lui aurait été donné, et de considérer la résistance qui lui manquerait comme une force R agissant dans la direction or, et produisant au point s une poussée horizontale $T = D \cos a$, la quantité D étant l'excès de la force R, sur la résistance dont l'arc ou la pièce supposée $d\,d'$ serait capable.

Nous reproduisons, au surplus, le conseil que nous avons déjà donné de faire précéder toute construction de ce genre, d'expériences qui puissent guider dans l'exécution et dont les résultats assurent une entière sécurité. Nous avons indiqué, fig. 27, pl. CLVII, la disposition que nous avons adoptée pour mesurer, lorsqu'il y a lieu, la poussée des reins d'une charpente dans la composition de laquelle se trouve un arc, quelle que soit d'ailleurs la construction de cet arc.

as, $a's'$ étant les poteaux de la charpente contre lesquels vient agir la poussée des reins, si elle n'est pas détruite par la combinaison des bois, ou si on veut lui opposer la résistance d'un mur.

Au niveau des points où la poussée des reins se manifeste, on établi-

deux poulies x x' répondant au milieu de la portée de la ferme. Deux cordes sont attachées aux points n n' après avoir passé sur ces poulies, elles soutiennent en z un plateau sur lequel on place des poids en suffisante quantité pour faire équilibre à la poussée. Il est entendu que la ferme est préalablement chargée dans tous les points où s'appliquent les pannes de poids égaux à la charge des parties du toit auxquelles elles correspondent.

Les poulies sont élevées au niveau qu'elles doivent occuper sur un haut chevalet que la figure n'indique pas.

Le poids qui fait équilibre à la poussée des reins sert à déterminer l'épaisseur qu'il s'agit de donner aux murailles en y comprenant l'excédant de force qu'il est indispensable de leur donner au-dessus de l'équilibre pour garantir une sécurité parfaite. Nous faisons remarquer que, lorsque l'on emploie notre système d'arcs en madriers courbés sur leur plat, il y a toujours économie en détruisant la poussée par une augmentation de roideur dans les parties des arcs répondant aux reins, c'est-à-dire par une addition de madriers, plutôt que par une augmentation de l'épaisseur à donner aux murs.

Nous rapportons ici une observation utile mentionnée par M. le capitaine Ardant : « L'expérience prouve, dit-il, qu'un mur pressé sur un seul point par une force horizontale ne se rompt pas tout d'une pièce autour de l'arête extérieure de sa base, mais suivant deux lignes inclinées, de manière qu'il se détache un triangle dont le sommet est sur le sol et la base au niveau du point d'application de la force, d'où il suit que le moment de la résistance du mur doit être à peu près divisé par 2. D'un autre côté, pour se mettre à l'abri des chocs et des charges accidentelles, il convient de doubler le moment de la poussée dans les calculs ; et, enfin, il faut ajouter encore ce moment à lui-même pour que la résistance surpasse la poussée, car l'équilibre exact ne donnerait aucune sécurité. »

On voit qu'en somme l'expression de la poussée obtenue, soit par la théorie, soit par l'expérience, devrait être sextuplée pour déterminer le moment de chaque mur et par conséquent son épaisseur.

On peut remédier à la rupture des murs en triangles signalée par M. le capitaine Ardant, en donnant à des liernes appliquées horizontalement le long de leurs parois, des équarrissages suffisants pour qu'elles ne plient point et qu'elles répartissent la poussée sur la totalité de chaque mur, au lieu de la laisser agir seulement sur les points correspondant aux fermes.

Cette répartition de la poussée sur la totalité de l'étendue des murs est un des avantages de quelques charpentes du moyen âge et de celles de Philibert Delorme, telles qu'il les a exécutées par hémicycles rapprochés qui ne laissent point d'intervalles pour la distribution des ruptures triangulaires des murs.

Nous devons, en terminant, faire remarquer au sujet des expériences que nous venons de conseiller sur des fermes d'épreuve de la même grandeur que celle de l'exécution d'une grande charpente et avant cette exécution, que les constructions pour lesquelles ces expériences préalables sont nécessaires, ont une importance telles que les frais de ces sortes d'essais sont fort minimes en comparaison de la dépense totale, et qu'en présence de la gravité que peuvent avoir les résultats, on ne saurait prendre trop de précautions, user de trop de moyens pour s'assurer d'avance du succès de l'exécution ; et, dussent quelques personnes me blâmer de la préférence que je parais accorder à des expériences en grand sur les résultats théoriques pour déterminer définitivement les dimensions de certaines parties des constructions, je dirai qu'il est si difficile de calculer sans faire d'erreurs, même par les formules les plus simples, obtenues par l'analyse la plus savante, et avec une probabilité complète d'égalité, entre la force et la résistance qui doit lui être opposée, qu'il est toujours préférable de s'assurer de cette égalité par des épreuves préalables, afin d'être ensuite, en complète connaissance de cause, maître de l'excès de résistance qu'il convient de donner dans l'exécution pour la sécurité, et pour faire la part des vices cachés de quelques éléments de l'édifice, ou des dégradations produites par le temps, et prévenir les chances malheureuses auxquelles différentes circonstances peuvent exposer les constructions.

FIN DU TOME DEUXIÈME ET DERNIER DU TRAITÉ DE L'ART DE LA CHARPENTERIE
PAR LE COLONEL ÉMY.

(*Voir le supplément : Éléments de charpenterie métallique.*)

TABLE DES MATIÈRES

CONTENUES DANS LE TOME DEUXIÈME.

	Pages
Préface	V

CHAPITRE XVI.
COMBLES A SURFACES COURBES.

Combles à surfaces courbes	1

I. Combles cylindriques extérieurement.

§ 1. Croupes	1
Note sur le tracé des ellipses	3
§ 2. Empannons de croupe	6
§ 3. Pannes et tasseaux sous l'arêtier	7
§ 4. Noues	10
§ 5. Pannes et tasseaux sous la noue	10
§ 6. Empannons de noue	11

II. Combles cylindriques intérieurement.

§ 1. Croupe et arêtiers	11
§ 2. Noue	14

III. Comble en impériale et en berceau intérieurement.
IV. Voûte d'arête et voûte de cloître.

§ 1. Disposition générale	17
§ 2. Voûte d'arête	19
§ 3. Arc de cloître	20
§ 4. Voûtes gothiques	22

CHAPITRE XVII.
SUITE DES COMBLES A SURFACES COURBES.

Suite des combles à surfaces courbes	24

I. Combles sphériques.
II. Combles ellipsoïdaux.
III. Combles coniques.

§ 1. Comble conique sur un seul poinçon	28
§ 2. » avec faîtage circulaire	30

IV. *Compartiments et caissons dans les voûtes en charpente.*

§ 1.	Caissons d'une coupole sphérique		31
§ 2.	» d'une voûte circulaire en ogive		34
§ 3.	» d'une voûte cylindrique		35
§ 4.	» d'une voûte conique		35
§ 5.	» d'un pignon plan et circulaire		36
§ 6.	» d'une voûte ellipsoïdale		36

CHAPITRE XVIII.
NOULETS.

Noulets... 37

I. *Noulets entre toits plans.*

§ 1.	Noulets débillardés		37
§ 2.	» creusés		39
§ 3.	» pour pannes		40
§ 4.	» biais		40
§ 5.	Petits noulets pour lucarnes		42
§ 6.	Noulets pour pans coupés dans les combles		44

II. *Noulets entre surfaces courbes et surfaces planes.*

§ 1.	Noulet d'une sphère contre un pan de bois vertical		45
§ 2.	» entre une sphère et un comble plan		46
§ 3.	» entre un toit plan et un toit conique		47
§ 4.	» en impériale		47

III. *Noulets entre combles à surfaces courbes.*

§ 1.	Noulet entre une surface sphérique et une surface cylindrique		49
§ 2.	» entre une voûte sphérique et un toit conique		52
§ 3.	» d'une voûte cylindrique sur un toit conique		53
§ 4.	» d'un toit conique contre une tour cylindrique		55
§ 5.	» entre deux toits coniques convexes		55
§ 6.	» entre un toit conique convexe et un toit conique concave		56
§ 7.	» entre deux toits en impériale		57
§ 8.	» entre un comble droit en impériale et un comble en impériale circulaire		58
§ 9.	Arêtiers, noues et noulets résultant de la combinaison de divers combles		59

CHAPITRE XIX.
DU GAUCHE DANS LES COMBLES.

Du gauche dans les combles................................... 63

CHAPITRE XX.
OUVERTURES DANS LES COMBLES ET DANS LES VOUTES.

Ouvertures dans les combles et dans les voûtes................ 67

I. *Linçoirs.*

§ 1.	Linçoirs en toits plans		67
§ 2.	» en toits cylindriques		68

TABLE. 705

§ 3. Linçoirs en combles sphériques.................................. 69
§ 4.   »   en toits coniques...................................... 69
         II. *Lucarnes.*
         III. *Lunettes.*
§ 1. Diverses combinaisons de lunettes................................ 72
§ 2. Épure détaillée d'une lunette................................... 77

CHAPITRE XXI.
CROIX DE SAINT-ANDRÉ EMPLOYÉES DANS LES COMBLES.

Croix de Saint-André employées dans les combles..................... 91
   I. *Croix de Saint-André dans les combles plans.*
§ 1. Croix de Saint-André droites.................................... 91
§ 2.   »   biaises.................................... 91
   II. *Croix de Saint-André dans les combles courbes.*
§ 1. Croix de Saint-André dans un comble cylindrique................. 93
§ 2.   »   dans une coupole sphérique.................... 94
§ 3.   »   dans les combles coniques.................... 95
§ 4.   »   en spirale sur un toit conique................ 97
Note. Moyenne proportionnelle..................................... 98

CHAPITRE XXII.
GUITARES ET TROMPES.

Guitares et trompes.. 101
         I. *Guitares.*
§ 1. Guitares droites... 101
§ 2. Liens guitares à surfaces gauches.............................. 102
§ 3.   »   par sections horizontales............................. 103
§ 4. Guitare conoïdale.. 104
§ 5.   »   plane... 104
§ 6.   »   biaise doublement rampante............................ 104
§ 7.   »   ronde biaise doublement rampante...................... 105
§ 8.   »   sur tour ronde.. 105
         II. *Trompes.*
§ 1. Trompe sur une tour ronde...................................... 106
§ 2.   »   sur l'angle... 107
§ 3.   »   conique... 108

CHAPITRE XXIII.
DIVERS SYSTÈMES DE CONSTRUCTIONS DE COMBLES EN CHARPENTE.

Divers systèmes de constructions de combles en charpente............ 110
         I. *Combles romains.*
§ 1. Basilique de Saint-Pierre...................................... 110
§ 2. Saint-Paul hors des murs....................................... 111

§ 3. Sainte-Sabine.. 112
§ 4. Théâtre d'Argentine... 113

II. Combles modernes.

§ 1. Charpentes en bois droits....................................... 113
§ 2. Système de Styerme... 113
§ 3. Charpente du comble des réformés, à Strasbourg................. 115
§ 4. Comble du manége de Copenhague................................ 115
§ 5. Charpente du comble de l'Hôtel-Dieu de Rouen................... 116
§ 6. Charpentes tirées de l'ouvrage de Krafft....................... 116
§ 7. Théâtre italien de Paris....................................... 116
§ 8. Hangar de la Râpée... 117
§ 9.   »   de M. Eyrère.. 117
§ 10. Bâtiment de filature... 117
§ 11. Hangar du Helder... 118
§ 12.   »   de Leipzig... 118
§ 13. Magasin aux vivres du Helder................................... 119
§ 14. Hangar construit en Suisse..................................... 119
§ 15. Grande halle de la fonderie de Romilly......................... 119
§ 16. Magasin aux fourrages de la Râpée.............................. 122
§ 17. Manutention des vivres militaires, à Paris..................... 122

III. Fermes sans tirants.

§ 1. Système de M. Ried.. 123
§ 2. Hangar de filature... 123
§ 3. Comble conique de Saint-Domingue............................... 124

IV. Combles en bois ronds refendus.

Bergerie de Grignon... 124

V. Petites Fermes.

§ 1. Toit simple.. 126
§ 2. Fermes portant cintres... 126
§ 3. Toit à deux égouts en contre-pente............................. 127
§ 4. Petits toits cylindriques...................................... 127

VI. Fermes en maçonnerie.

VII. Fermes en bois couchés.

§ 1. Constructions russes... 129
§ 2. Maison suisse.. 129

VIII. Charpente chinoise.

IX. Auvents.

§ 1. Petits auvents... 131
§ 2. Grands auvents... 132

CHAPITRE XXIV.
COMBLES A GRANDES PORTÉES.

Combles à grandes portées.	133
§ 1. Salle d'exercice de Darmstadt.	133
§ 2. Manége de Lunéville.	135
§ 3. » de Moscou.	136
§ 4. Salle d'exercice de Moscou.	137

CHAPITRE XXV.
CHARPENTES DU MOYEN AGE.

Charpentes du moyen âge.	143
§ 1. Couvent des Prêcheresses, à Metz.	143
§ 2. Salle des États de Blois.	144
§ 3. » des Pas Perdus du Palais, à Rouen.	145
§ 4. Grange de Meslay, près Tours.	146
§ 5. Projets de Mathurin Jousse.	147
§ 6. Charpente arabe.	147

CHAPITRE XXVI.
CHARPENTES A PENDENTIFS.

Charpentes à pendentifs. 149

I. Charpentes anglaises.

§ 1. Westminster hall.	149
§ 2. Hampton court Palace.	152
§ 3. Comble de Crosby hall.	154
§ 4. Chambre de Conseil du palais de Crosby.	156
§ 5. Plafond de la chambre dorée du palais de justice, à Paris.	157

CHAPITRE XXVII.
SYSTÈME EN PLANCHES DE CHAMP.

Système en planches de champ. 160

I. Invention de Philibert Delorme.

§ 1. Anciennes charpentes en planches.	160
§ 2. Systèmes de Philibert Delorme. — Combles en boiseries.	162
§ 3. Combles en tiers point ou ogive.	163
§ 4. Croupe droite.	164
§ 5. Comble du château de la Muette.	166
§ 6. Rond point.	168
§ 7. Projet d'une basilique.	170
§ 8. » d'un dôme.	170
§ 9. Poutres.	171

II. Applications modernes.

§ 1. Coupole de la halle aux blés de Paris.	173
§ 2. Hangars et manéges.	176

§ 3. Comble du salon de l'hôtel de la Légion d'honneur	177
§ 4. » de l'église de Saint-Philippe du Roule, à Paris	177
§ 5. Coupole des petites écuries, à Versailles	179
§ 6. Grange hollandaise	180
§ 7. Cale couverte de Rochefort	181
§ 8. » de Lorient	181
§ 9. Petite charpente hollandaise	182
§ 10. Assemblages divers	183

CHAPITRE XXVIII.

SYSTÈME DE M. LACASE.

Système de M. Lacase	186

CHAPITRE XXIX.

CHARPENTE EN BOIS PLATS.

Charpente en bois plats	189
§ 1. Petite ferme sur tirant	190
§ 2. Hangar des messageries, rue du Bouloy	190
§ 3. Bâtiment de filature, à Rouen	190
§ 4. Ferme hollandaise	191
§ 5. Hangar, rue Hauteville, à Paris	191
§ 6. » rue Saint-Denis	191
§ 7. Manége de Chambière	191
§ 8. Salle du Corps législatif, à Paris	192

CHAPITRE XXX.

CINTRES EN MADRIERS COURBÉS SUR LEUR PLAT.

Cintres en madriers courbés sur leur plat	194
§ 1. Charpente du hangar du génie, à Marac, près Bayonne	197
§ 2. » du manége de la caserne de Libourne	206
§ 3. Comparaison avec d'autres charpentes	210
§ 4. Projet d'un comble de 40 mètres de portée	213
§ 5. » d'un comble de 100 mètres de portée	216
Note au sujet d'un moyen d'annuler la poussée des charpentes	217
§ 6. Application aux dômes et coupoles	218
§ 7. Petits combles	218
§ 8. Charpente anglaise d'après le système des madriers courbés sur leur plat	219
§ 9. Planchers	220

CHAPITRE XXXI.

SYSTÈME DE M. L. LAVES.

Système de M. L. Laves	222

CHAPITRE XXXII.

DÔMES, CLOCHERS, FLÈCHES ET BEFFROIS.

Dômes, clochers, flèches et beffrois	230

I. *Dômes.*

§ 1. Dôme de Mathurin Jousse	231
§ 2. » de Fourneau	232
§ 3. » de Styerme	232
§ 4. » des Invalides	234
Note. Comparaison du dôme des Invalides avec celui della Salute	235
§ 5. Petits dômes	238

II. *Dômes tors.*

§ 1. Dôme tors de N. Fourneau	239
§ 2. Construction régulière d'un dôme tors	241
Note. Instrument de Descartes pour les moyennes proportionnelles	242

III. *Donjons.*

IV. *Clochers.*

§ 1. Clochers à faces planes	245
§ 2. Clocher brisé de Bâle	246
§ 3. Clochers à renflements	246

V. *Flèches.*

§ 1. Flèche droite de la sainte Chapelle	247
§ 2. Flèche torse de Gaillon	247

VI. *Beffrois.*

CHAPITRE XXXIII.

EMPLOI DES FERRURES DANS LES CHARPENTES.

Emploi des ferrures dans les charpentes	254

I. *Fers employés pour fixer ou pour lier des pièces de bois.*

§ 1. Clous	254
§ 2. Vis	256
§ 3. Clameaux	258
§ 4. Boulons	259
§ 5. Frettes	265
§ 6. Liens	267
§ 7. Scellements	268

II. *Fers employés pour consolider les assemblages.*

§ 1. Bandes de fer	269
§ 2. Étriers	269
§ 3. Équerres	272

III. *Tirants.*

§ 1. Joints pour bandes et barreaux	273
§ 2. Chaînes	274

IV. *Fer interposé dans les assemblages.*

V. *Soutiens verticaux.*

CHAPITRE XXXIV.

EMPLOI DU FER DANS LA COMPOSITION DES CHARPENTES EN BOIS.

Emploi du fer dans la composition des charpentes en bois.	278
§ 1. Charpentes des forges de Rosières.	278
§ 2. » des docks de Liverpool.	280
§ 3. Nouveau système de charpentes en bois et en fer, composé par l'auteur.	281
§ 4. Poutres armées de fer.	287
§ 5. Charpente suspendue.	287
§ 6. Arcs en fer coulé.	289

CHAPITRE XXXV.

ESCALIERS.

Escaliers... 290

I. *Définitions.*

§ 1. Échelle de meunier.	292
§ 2. Proportions des marches.	295
Note sur les proportions indiquées par Vitruve, Scammozzi et Blondel.	295
Autre note sur le même sujet.	297
§ 3. Escalier dit à répétition.	298

II. *Escaliers anciens.*

§ 1. Escalier en limaçon et à noyau.	299
§ 2. Noyau à jour.	299
§ 3. Escaliers à deux et à quatre noyaux.	300

III. *Escaliers modernes.*

§ 1. Escalier à limon continu sans noyau.	304
§ 2. Volute du limon et première marche.	310
§ 3. Joints des limons.	313
§ 4. Projection d'une courbe rampante.	315
§ 5. Exécution de la courbe rampante.	318
§ 6. Escalier à grand palier.	324
§ 7. » à demi-palier.	326

IV. *Escaliers sans limon.*

§ 1. Escaliers droits.	328
§ 2. » circulaires.	330

V. *Diverses constructions d'escaliers.*

§ 1. Escaliers sur noyaux.	332
§ 2. » à limons contournés.	333
§ 3. » sans limons.	335
§ 4. » isolés.	336

CHAPITRE XXXVI.

ÉTAIS.

Étais	338
§ 1. Arcs-boutants	338
§ 2. Chevalements	340
§ 3. Étrésillons	342
§ 4. Pointaux	343
§ 5. Étaiements des voûtes	343
§ 6. » pour la restauration du dôme du Panthéon, à Paris	344
§ 7. » pour travaux de déblais	346

CHAPITRE XXXVII.

ÉCHAFAUDS.

Échafauds 348

I. Échafaud de maçon.

II. Échafauds fixes.

§ 1. Échafaud de Saint-Gervais	350
§ 2. » de la flèche de la cathédrale de Châlons	351
§ 3. Échafaudage du Panthéon de Paris	351

III. Échafauds volants.

§ 1. Échafaud volant du dôme de Saint-Pierre de Rome	353
§ 2. » pour petites voûtes	354
§ 3. » pour la charpente du hangar de Marac	354

IV. Échafauds suspendus.

§ 1. Échafaud pour ragrément de ponts	355
§ 2. » pour entablement	356
§ 3. » pour ateliers de décoration	356

V. Échafauds roulants.

§ 1. Échafaud de la nef de Saint-Pierre de Rome	357
§ 2. » roulant de l'Orangerie de Versailles	358
§ 3. » » de la Chapelle de Turin	358
§ 4. » pour construction d'un comble suivant le système de Phil. Delorme.	359
§ 5. » roulant de Saint-Sulpice	359
§ 6. » » de la cathédrale de Milan	359
§ 7. » pour atelier de peinture	360

VI. Échafauds tournants.

§ 1. Échafaud tournant de la coupole du Panthéon de Rome	360
§ 2. » » avec plancher mobile	363
§ 3. » » mobile sur losange	364

CHAPITRE XXXVIII.

PONTS FIXES EN CHARPENTE.

Ponts fixes en charpente.. 365

I. *Ponts sur longerons, sur piles et palées.*

§ 1. Pont de Sublicius... 368
§ 2.   »   de César, sur le Rhin....................................... 369
§ 3.   »   moderne... 370
§ 4. Détails de construction... 370
§ 5. Ponts dormants des places de guerre.............................. 372
§ 6. Passerelles... 373
§ 7. Ponts sur longerons en bois ronds................................ 373
§ 8.   »   moisés... 373
§ 9.   »   croisés.. 374

II. *Ponts sur contre-fiches.*

§ 1. Pont de la Brenta, à Bassano..................................... 375
§ 2.   »   avec contre-fiches et moises............................... 376
§ 3.   »   avec doubles moises et contre-fiches....................... 376
§ 4. Détails de construction d'un pont avec contre-fiches et moises... 377
§ 5. Exécution d'un pont.. 379
§ 6. Pont de Kehl, sur le Rhin.. 381
§ 7.   »   Lomet... 382
§ 8. Ponts des colonies russes.. 382
§ 9. Pont de la Mulatière, à Lyon..................................... 383
§ 10. »   de Kingston... 383

III. *Ponts avec armatures.*

§ 1. Pont de Palladio.. 385
§ 2.   »   avec sous-longerons... 385
§ 3.   »   d'Orscha.. 385
§ 4.   »   avec sous-longerons et moises.............................. 386
§ 5.   »   »   embrévés..................................... 386
§ 6.   »   de Vendiport.. 386
§ 7. Ponceaux de Prusse.. 386
§ 8. Pont avec armature simple... 387
§ 9.   »   de Cismone... 388
§ 10. »   de Vrach.. 389
§ 11. Passerelles hollandaises... 389
§ 12. Pont de Savines.. 389
§ 13. »   couvert de Thionville, sur la Moselle...................... 390
§ 14. »   du saut du Rhône.. 392
§ 15. Système de Styerme... 392
§ 16. Pont de Zurich... 393
§ 17. »   de Schaffhouse... 394
§ 18. »   de Wittengen... 396
§ 19. »   du sieur Clauss... 398
§ 20. Système de M. Town... 399

IV. *Ponts avec armatures et contre-fiches.*

§ 1. Passerelles... 401
§ 2. Pont de Palladio... 401
§ 3. Autre pont de Palladio... 401
§ 4. Pont de la Kandel, dans le canton de Berne........................ 401
§ 5. Pont de M. Gauthey.. 402

V. *Ponts avec armatures et croix de Saint-André.*

§ 1. Pont de Palladio... 402
§ 2. » de Saint-Clément, sur la Durance............................... 403

VI. *Ponts suspendus à des cintres.*

§ 1. Pont de Custrin, en Prusse... 404
§ 2. » de Feldkirch.. 405
§ 3. » de Mellingen.. 405
§ 4. » du Necker... 406

VII. *Ponts portés sur des cintres en charpente.*

§ 1. Pont de Trajan... 409
§ 2. » de Chazey... 410
§ 3. » de M. Migneron.. 410
§ 4. » d'Ivry.. 411
    Pont russe.. 416

VIII. *Système de Wiebeking.*

§ 1. Pont de Bamberg.. 419
§ 2. » de Scharding.. 421
§ 3. » d'Ettringen... 422
§ 4. » d'Altenmarkt.. 424

IX. *Système de M. L. Laves.*

X. *Ponts biais.*

§ 1. Pont biais construit avec des fermes droites et des moises transversales horizontales.. 428
§ 2. Système du viaduc biais d'Asnières................................. 431

XI. *Ponts en bois ronds.*

XII. *Brise-glace.*

XIII. *Emploi du fer dans les ponts en charpente.*

§ 1. Pont de la Cité, à Paris... 436
§ 2. » de M. Aubry... 437
§ 3. Ponts à grandes portées de M. du Molard............................ 438
§ 4. Contre-vents en fer du pont d'Ivry................................. 439

XIV. *Ponts sur chevalets.*

II. — 90

CHAPITRE XXXIX.

PONTS MOBILES EN CHARPENTE.

Ponts mobiles en charpente.................................. 443

I. *Ponts levis.*

§ 1. Ponts-levis à flèches.................................. 443
§ 2. Pont-levis à engrenage................................ 445
§ 3.   »   à tape-cul................................... 446
§ 4. Petit pont-levis s'abattant dans le fossé............. 447
§ 5. Grand pont-levis s'abattant dans le fossé............. 447

II. *Ponts tournants.*

§ 1. Pont tournant des Tuileries........................... 449
§ 2.   »   simple................................. 451
§ 3.   »   double................................. 452

III. *Ponts flottants.*

§ 1. Ponts sur bateaux..................................... 456
§ 2.   » sur radeaux..................................... 460

CHAPITRE XL.

PONTS DE CORDAGES.

Ponts de cordages... 463
§ 1. Tarabites... 463
§ 2. Pont de hamac... 464
§ 3.   » de cordages sur culées en charpente.............. 464
§ 4. Petit pont de cordages................................ 465
§ 5. Pont de corde sur chevalets........................... 465
§ 6.   » avec châssis en bois............................. 466
§ 7.   » de cordages militaire............................ 466
§ 8.   » de cordes suspendus à des mâts................... 467

CHAPITRE XLI.

CINTRES.

Cintres... 469

I. *Cintres des anciens.*

II. *Cintres modernes.*

III. *Cintres mobiles ou flexibles.*

§ 1. Cintres du pont de Neuilly............................ 473
§ 2.   »   du pont d'Orléans............................. 475

IV. *Cintres fixes.*

§ 1. Cintre de la nef de Saint-Pierre de Rome.............. 476
§ 2.   »   de M. Pitot................................... 477
§ 3. Cintres du pont de Nemours............................ 477
§ 4.   »   du Strand.................................... 477

V. *Cintres soutenus par des palées intermédiaires.*

§ 1. Cintres du pont de Moulins.. 478
§ 2.   »   de la Doria... 478
§ 3.   »   de Chester... 478
§ 4.   »   de Glocester... 478
§ 5.   »   de Briançon... 479
§ 6.   »   d'Édimbourg... 479

VI. *Cintres pour les petites voûtes.*

§ 1. Cintres pour petites voûtes en pierres de taille......................... 479
§ 2.   »   pour voûte rampante.. 480
§ 3.   »   en planches de champ....................................... 480
§ 4.   »   pour portes et fenêtres..................................... 481
§ 5.   »   pour arceaux... 481
§ 6.   »   du pont aux Fruits de Melun................................ 481

VII. *Cintres pour coupoles.*

§ 1. Enrayure du dôme de Florence... 481
§ 2. Cintres du dôme de Saint-Pierre de Rome............................... 483
§ 3. Coupole du Panthéon de Rome.. 484
§ 4. Cintres du dôme du Panthéon de Paris.................................. 485
§ 5.   »   pour petites voûtes en cul-de-four........................ 486

VIII. *Décintrement.*

§ 1. Ancien procédé pour décintrer... 486
§ 2. Décintrement du pont de Nemours....................................... 487
§ 3.   »   du Strand... 488

IX. *Emploi du fer dans les cintres.*

§ 1. Pont du Strand.. 489
§ 2. Cintre pour la construction d'un tunnel................................ 490

CHAPITRE XLII.

CHARPENTERIE DE FONDATIONS.

Charpenterie de fondations... 491
§ 1. Grillage.. 493
§ 2. Fondations du pont de Neuilly... 494
§ 3.   »   d'un mur de quai du port de la Rochelle................... 494
§ 4. Grillage double.. 495
§ 5. Recépage des pieux et fondation par caissons........................ 496
§ 6. Fondation d'un mur de quai à Rouen................................... 497
§ 7. Palplanches.. 498
§ 8. Palplanches inclinées.. 499

CHAPITRE XLIII.
CONSTRUCTIONS HYDRAULIQUES EN CHARPENTE.

Constructions hydrauliques en charpente.................. 501
§ 1. Batardeaux.. 501
§ 2. Quais en charpente.................................. 503
§ 3. Jetées ordinaires................................... 503
§ 4. Digue de M. de Cessart.............................. 504
§ 5.   »   concave.................................... 504
§ 6. Portes d'écluses.................................... 505
§ 7. Combinaison du bois et du fer dans les portes d'écluses. 508
§ 8. Busc d'écluse....................................... 508

CHAPITRE XLIV.
CHARPENTERIE DES TRAVAUX SOUTERRAINS.

Charpenterie des travaux souterrains.................... 510

I. *Mines.*

§ 1. Procédés des mineurs du corps du génie.............. 511
§ 2.   »   employés dans les mines d'exploitation...... 513

II. *Étaiements souterrains.*

§ 1. Percement du canal de Bourgogne..................... 514
§ 2.   »   de la Medway..................... 515

CHAPITRE XLV.
CHARPENTERIE DE MARINE.

Charpenterie de marine.................................. 516

I. *Charpenterie navale.*

§ 1. Système de construction............................. 516
§ 2. Épures et tracé à la salle.......................... 519
§ 3. Construction sur la cale............................ 525
§ 4. Gabarits.. 530

II. *Charpenterie de bateaux.*

CHAPITRE XLVI.
CHARPENTERIE DE MACHINES.

Charpenterie de machines................................ 536

I. *Transmission du mouvement de rotation entre des axes parallèles.*

§ 1. Transmission par frottement......................... 536
§ 2. Engrenages droits par dents externes à faces et à flancs............. 537
    Génération de l'épicycloïde.......................... 538
    Tangente à l'épicycloïde............................. 538
    Formes des dents..................................... 538
§ 3. Engrenages intérieurs............................... 543
§ 4. Engrenage à lanternes............................... 544
§ 5. Engrenages multiples................................ 547
§ 6. Pilons.. 548

TABLE. 717

II. *Transmission du mouvement entre deux axes qui se coupent.*

§ 1. Transmission par frottement.................................. 549
§ 2. Engrenage d'angle à dents avec faces et flancs 549
    Génération de l'épicycloïde sphérique........................... 549
    Projection de l'épicycloïde sphérique............................ 550
    Tangente à l'épicycloïde sphérique.............................. 551
    Formes des dents de l'engrenage conique......................... 553
    Charpentes des roues... 557
§ 3. Engrenage d'angle avec dents sans flancs..................... 558
    Génération de la développante sphérique du cercle.............. 558
    Construction des dents... 561
§ 4. Engrenage d'angle avec une lanterne conique.................. 562

III. *De la vis et de son écrou.*

§ 1. Forme de la vis et de l'écrou................................ 564
§ 2. Exécution d'une vis.. 566
§ 3. Construction d'un écrou...................................... 570
§ 4. Vis sans fin... 571

IV. *Transmission du mouvement de rotation au moyen d'une sphère.*

V. *Roues motrices.*

§ 1. Roue hydraulique à palettes.................................. 575
§ 2.   »   Poncelet.. 575
§ 3.   »   à tambour... 577
§ 4.   »   à bras.. 578
§ 5. Ailes de moulins à vent...................................... 578

VI. *Vis d'Archimède.*

CHAPITRE XLVII.

NŒUDS.

Nœuds.. 582
§ 1. Nœuds simples... 584
§ 2.   »   de jointure... 585
§ 3. Liens de brellages... 588
§ 4. Raccourcissements.. 590
§ 5. Amarrages sur arganeaux...................................... 591
§ 6.   »   sur pieux... 592
§ 7.   »   de petits cordages.................................... 592
§ 8. Bouts de cordages.. 593
§ 9. Épissures.. 595
§ 10. Ligatures... 597

CHAPITRE XLVIII.

MACHINES EMPLOYÉES PAR LES CHARPENTIERS.

Machines employées par les charpentiers.......................... 598

1. *Petites machines.*

§ 1. Leviers.. 598

§ 2. Poulies... 599
§ 3. Crics... 600
§ 4. Vérins... 600
§ 5. Chevrettes... 601

II. Chèvres, treuils et cabestans.

§ 1. Chèvre d'artillerie... 602
§ 2. Grandes chèvres... 603
§ 3. Treuils simples.. 603
§ 4.   »   à gorge.. 604
§ 5. Treuil chinois... 606
§ 6. Cabestans à vindas.. 607

III. Machines à battre les pilots.

§ 1. Pieux et palplanches.. 608
§ 2. Sonnettes à tiraudes.. 612
§ 3.   »   à déclic à cheval.. 616
§ 4.   »   à déclic simple.. 618
§ 5.   »   à déclic à hélice.. 619
§ 6.   »   inclinées.. 620
§ 7. Moutons à mains... 620

IV. Arrachement des pieux.

§ 1. Sonnette arrache-pieux.. 621
§ 2. Vérins arrache-pieux.. 623
§ 3. Levier arrache-pieux.. 624

CHAPITRE XLIX.

MOUVEMENT DES FARDEAUX.

Mouvement des fardeaux.. 625

I. Monuments de moyen poids.

§ 1. Établissement d'un vase... 625
§ 2. Érection d'une statue... 627
§ 3.   »   équestre... 628
§ 4. Procédé pour donner quartier.................................... 629
§ 5. Pierres du fronton du Louvre.................................... 629
§ 6. Rocher de Saint-Pétersbourg..................................... 630

II. Monolithes.

§ 1. Obélisque du grand cirque, à Rome............................... 632
§ 2.   »   de Constantinople....................................... 632
§ 3.   »   du Vatican.. 633
§ 4.   »   de Saint-Jean-de-Latran................................. 634
§ 5.   »   d'Arles... 634
§ 6.   »   de Luxor.. 635

TABLE.

III. *Transport de bâtisses.*

§ 1. Colonne Antonine. 639
§ 2. Chapelle du Presepio 639
§ 3. Transport de clochers. 639

CHAPITRE L.
CONSTRUCTIONS ACCESSOIRES.

Constructions accessoires 642
§ 1. Mangeoires, râteliers et stalles pour chevaux. 642
§ 2. Guérites 643
§ 3. Portes et contrevents 643
§ 4. Baraques pour logements de troupes 644
§ 5. Moutons de cloches 644
§ 6. Pavés en bois 644

CHAPITRE LI.
DEVIS.

Devis 646
§ 1. Devis descriptif 646
§ 2. Analyse et bordereau des prix 648
§ 3. État estimatif 649
§ 4. État d'approvisionnement 650
§ 5. Marchés 650
§ 6. Attachements 651
§ 7. Vérification et réception 651
§ 8. Métrage 652

CHAPITRE LII.
CUBAGE DES BOIS DE CHARPENTE.

Cubage des bois de charpente 653
§ 1. Unité de mesure 653
§ 2. Cubage des bois équarris en solives 656
§ 3.   »   en grume 657
§ 4.   »   métrique 659

CHAPITRE LIII.
RÉSISTANCE DES BOIS.

Résistance des bois 660

I. *Expériences et formules.*

§ 1. Résistance à l'écrasement 660
§ 2.   »   à la pression perpendiculaire à la direction des fibres 662
§ 3.   »   à l'effort de traction dans le sens de la longueur des fibres . . . 663
§ 4.   »   aux efforts de traction, perpendiculairement à la longueur des fibres 664
§ 5.   »   à la rupture par flexion 665
§ 6.   »   à la torsion 674

II. *Applications aux pièces de bois construites isolément.*

§ 1. Résistance d'une pièce de bois horizontale chargée dans le milieu de sa longueur.. 675
§ 2. Résistance d'une pièce de bois fixée horizontalement par un de ses bouts, et chargée sur l'autre bout............................ 676
§ 3. Résistance d'une pièce de bois horizontale scellée par ses deux extrémités dans des murs................................ 677
§ 4. Résistance d'une pièce de bois chargée dans un point quelconque de sa longueur.. 678
§ 5. Résistance d'une pièce de bois chargée sur plusieurs points de sa longueur. 678
§ 6.   »   dont la charge est distribuée sur sa longueur. 679
§ 7.   »   cylindrique.................... 680
§ 8. Pièce de la plus grande résistance..................................... 681
§ 9. Résistance d'une pièce de bois inclinée............................... 683
§ 10.   »   des pièces courbes................................ 683

III. *Applications aux charpentes.*

§ 1. Pans de bois... 684
§ 2. Planchers... 685
§ 3. Des combles... 686
§ 4. Ponts... 689
§ 5. Arcs employés dans les fermes des ponts............................... 690

IV. *Poussée des charpentes.*

§ 1. Poussée des fermes en bois droits..................................... 691
§ 2. » des cintres... 693
§ 3. » des arcs employés dans les fermes des combles...................... 695

FIN DE LA TABLE DES CHAPITRES.

TABLE DES PLANCHES

Nota. Les nombres entre parenthèses, qui accompagnent les numéros des figures sur les planches, indiquent les pages du texte auxquelles ces figures se rapportent.
Ceux des figures du Frontispice et des 59 premières planches, pour le tome 1er.
Ceux des figures de la planche 60 et des suivantes, jusqu'à la dernière, pour le tome II°.

Frontispice. Fig. 1. Maison en bois de la rue du Gros-Horloge, à Rouen (1523).
Fig. 2. Hôtel Chambellan, rue des Forges, à Dijon (xiv° siècle).

Planches.
1. Outils tranchants.
2. Équerres, niveaux et scies.
3. Rabots. Transport des bois.
4. Équarrissement des bois à la forêt.
5. Équarrissement des bois droits.
6. *Idem.*
7. Équarrissement des bois courbes; sciage des quartiers.
8. Sciage de long à la forêt.
9. Sciage de long dans les chantiers.
10. Sciage de long en Espagne.
11. Débit des bois.
12. Courbure des bois.
13. Emmagasinement et conservation des bois.
14. Assemblages simples à tenons et mortaises.
15. Assemblages à tenons et mortaises avec embrèvements.
16. Assemblage des bois ronds. — Assemblage anglais.
17. Assemblages divers.
18. Assemblage à queue d'hironde; assemblages d'angle.
19. Entures.
20. Entures et assemblages de bois croisés.
21. Entures. — Assemblages par juxtaposition. — Moises.
22. Entures. — Croix de Saint-André. — Assemblage des bois courbes. — Assemblages vicieux.

Planches.
23. Assemblages russes et suisses. — Assemblages de marine. — Assemblages par amollissement du bois.
24. Etelons. — Établissement des bois.
25. *Idem.*
26. *Idem.*
27. Piqué d'un assemblage à tenons et mortaises.
28. Façades de maisons en bois.
29. Façades de maisons. — Pans de bois intérieurs. — Cloisons.
30. Façades de maisons en bois.
31. Planchers et plafonds.
32. Ouvertures dans les planchers. — Linçoirs et enchevêtrures.
33. Fig. 1. Plancher sur poutre dans une tour, à Rouen.
Fig. 3. Plancher de Serlio.
Fig. 2 et 4. Applications du système de Serlio.
Fig. 5, 6, 7, 8. Plancher d'une maison de plaisance du roi de Hollande.
Fig. 9, 10, 12, 13. Planchers et plafonds du Louvre, à Paris.
Fig. 11 et 14. Planchers en solives boiteuses.
Fig. 15 et 16. Détails de construction de planchers et de plafonds.
34. Fig. 1, 2, 3, 4. Planchers à compartiments.
Fig. 5, 6, 7, 8, 9, 10. Plancher d'un magasin à farine, à Corbeil.
Fig. 11, 12, 13 et 14. Planchers de M. Abeille et du père Truchet.
35. Fig. 1 et 2. Plancher polygonal du château de la reine Blanche, à Viarmes.

Planches.
Fig. 3 et 4. Planchers à enrayures, des châteaux de la reine Blanche, à Viarmes et à Moret.
36. Fig. 1 et 2. Plancher polygonal du faubourg Saint-Denis, à Paris.
Fig. 3 et 4. Planchers sans solives d'Amsterdam.
Fig. 5, 6, 7, 11. Soffites.
Fig. 8, 9, 10. Enchevêtrures et bandes de trémies.
37. Fig. 1, 2, 3, 4, 5, 6, 7, 8, 9, 10, 11, 13. Poutres et armatures.
Fig. 12. Entes.
Fig. 14 et 15. Pans de bois sur soupentes, des charpentiers Sevlinge et Mazet.
38. Fig. 1, 2, 3, 4. Poutre de l'hôtel de ville d'Amsterdam.
Fig. 5, 6, 7, 8. Poutre de l'hôtel de ville de Maestricht.
Fig. 9, 10, 11, 12. Poutres armées, du Palais-Royal et du Louvre, à Paris.
39. Fig. 1, 2, 3, 4. Ferme pour servir de poutre.
Fig. 5. Poutre d'assemblage à endents.
Fig. 6, 7, 8, 9, 14, 15, 16, 17. Armature de poutres.
Fig. 10, 11, 12, 13. Entes de pièces de bois minces.
40. Couvertures.
41. Pentes des toits, et composition des fermes pour combles à deux égouts.
42. Fig. 1, 2, 3, 4, 5. Fermes pour combles à deux égouts.
Fig. 6, 7, 8, 9, 11. Fermes pour combles à la Mansard.
43. Fig. 1. Ferme à la Mansard, portant cintre pour une galerie.
Fig. 2, 5, 7. Profils de combles d'Asie et d'Afrique.
Fig. 6, 8. Ferme formant mur de refend.
Fig. 9. Ferme en impériale.
Fig. 10. Comble en pente douce.
Fig. 11. Comble cylindrique.
44. Croupes droites; projections générales.
45. Croupes biaises; projections générales.
46. Noues droites, et 1er cas des noues biaises; projections générales.
47. Cinq-épis.
48. Épure d'une croupe droite.
49. Épure d'une croupe biaise, 1er cas.

Planches.
50. Épures de deux croupes biaises, 2e et 3e cas.
51. Épure des noues droites. 2e cas des noues biaises; projections générales.
52. Épure des noues biaises.
53. Épure des arêtiers et des noues délardés.
54. Épure des pannes et tasseaux sur arêtiers de croupes droites.
55. Épure des pannes et tasseaux sur noues droites.
56. Ételons pour croupe et noues.
57. Établissement des bois sur ligne pour fermes et pour un plancher polygonal.
58. Herse pour pan de croupe et longs pans, arêtiers droits, et noues droites.
59. Herse pour pan de croupe et longs pans, arêtiers biais, et noues biaises.
60. Épure d'une croupe et des noues d'un comble cylindrique extérieurement.
61. Épure d'une croupe et des noues d'un comble cylindrique intérieurement.
62. Épure d'un comble et impériale extérieurement, et cylindrique intérieurement.
63. Épure d'une voûte d'arête et d'une voûte en arc de cloître; voûte annulaire et voûte conoïdale.
64. Épure d'un noulet d'arête sur comble plan.
65. Épure d'un noulet de pannes.
66. Épure d'un noulet biais; noulets de lucarnes.
67. Épure d'un noulet en impériale sur comble plan.
68. Épures des noulets pour pans coupés des bâtiments.
69. Construction d'un dôme sphérique; noulets plans.
70. Noulet cylindrique et conique sur comble sphérique.
71. Construction des combles coniques; noulets cylindriques.
72. Noulets plans et coniques sur combles coniques.
73. Noulet en impériale sur comble en impériale circulaire.
74. Voûtes ellipsoïdales en charpente.
75. Fig. 1, 2, 3, 4, 5, 6, 7, 8, 9, 10, 11, 12 et 13. Distribution et tracé des caissons dans les voûtes en charpente et e n maçonnerie.

TABLE DES PLANCHES.

Planches.
76. Diverses combinaisons de combles.
77. Linçoirs dans les combles.
78. Lucarnes.
79. Lunettes. Croix de Saint-André dans les combles courbes.
80. Fig. 1, 2, 3, 11, 12, 13, 14, 15. Guitares.
   Fig. 4, 5, 7, 8, 9, 10. Comble conique surmonté de deux flèches.
   Fig. 6. Épure d'une lunette conique biaise rampante dans un dôme sphérique.
81. Fig. 4, 5, 8. Suite de l'épure de la lunette conique.
   Fig. 1, 2, 3, 6, 7, 9, 10, 11. Croix de Saint-André dans les combles coniques.
82. Guitares et trompes.
83. Fermes du comble de Saint-Paul hors des murs, à Rome.
84. Fig. 1. Ferme de l'ancienne basilique de Saint-Pierre, à Rome.
   Fig. 2. Ferme du théâtre d'Argentine, à Rome.
   Fig. 3 et 7. Système de Styerme. (*Voyez* pl. 85.)
   Fig. 4. Ferme à trois poinçons.
   Fig. 5. Ferme de Sainte-Sabine, à Rome.
   Fig. 6. Systèmes des fermes modernes.
85. Fig. 1. Ferme sans tirant.
   Fig. 2, 7. Petites fermes cylindriques.
   Fig. 4. Petite ferme en impériale.
   Fig. 3, 9. Ferme d'un hangar de la rue Hauteville, à Paris.
   Fig. 5. Ferme en bois plat sur tirant.
   Fig. 6, 10. Système de Styerme. (*Voyez* pl. 84.)
   Fig. 8. Hangar de Leipzig.
86. Fig. 1, 5. Système de M. Ried.
   Fig. 2. Ferme de Krafft.
   Fig. 3. Charpente chinoise.
   Fig. 4, 7. Hangar pour filature.
   Fig. 6, 8, 9. Fermes russes.
   Fig. 10. Ferme portant cintre.
87. Fig. 1. Ferme du théâtre Italien, à Paris (brûlé en 1839).
   Fig. 2. Ferme tirée de l'ouvrage de Krafft.
   Fig. 3. Ferme d'un toit à deux égouts en contre-pente.
   Fig. 4. Ferme d'un hangar au Helder.
   Fig. 5, 8, 9. Fermes pour moyens toits à deux égouts.

Planches.
   Fig. 6, 7. Ferme d'un hangar à la Râpée, à Paris.
   Fig. 8, 9. Fermes pour petits toits.
88. Fig. 1. Bâtiment de filature, à Rouen.
   Fig. 2, 4, 6. Fermes portant cintres.
   Fig. 3. Hangar suisse.
   Fig. 5. Bâtiment pour filature.
   Fig. 7. Magasin aux vivres du Helder.
89. Charpente d'une des halles des fonderies de Romilly.
90. Fig. 1, 2, 3. Comble du manége de Lunéville.
   Fig. 4, 5. Magasin aux fourrages de la Râpée, à Paris.
91. Fig. 1, 5. Coupole du salon de l'hôtel de la chancellerie de la Légion d'honneur.
   Fig. 2, 4. Comble du temple des Réformés à Strasbourg.
   Fig. 6, 8. Comble de la manutention des vivres, quai de Billy, à Paris.
   Fig. 3, 7. Comble conique de Saint-Domingue.
92. Fig. 1, 2, 3, 4, 5, 6, 8. Salle d'exercice de Darmstadt.
   Fig. 7. Manége de Copenhague.
93. Projet d'une salle de manœuvre pour Moscou.
94. Salle d'exercice construite à Moscou.
95. Fig. 1, 2. Comble de la salle des Pas-Perdus du palais de Justice de Rouen (construit en 1493).
   Fig. 4, 5. Comble du couvent des Précheresses, à Metz (1278).
   Fig. 3. Ferme en planches exécutée en Hollande.
   Fig. 6, 7. Projets de fermes de M. Jousse.
96. Salle des États de Blois (xiiie siècle).
97. Fig. 1, 2, 3, 4, 5, 6. Nouvelles armatures de poutres.
   Fig. 7, 8, 9. Grange de Meslay.
   Fig. 10, 11, 12, 13, 14, 15. Système de M. Laves.
98. Fig. 1, 2, 3, 4, 9, 10, 11, 12. Comble de l'église de Saint-Philippe du Roule, à Paris.
   Fig. 5, 6. Bergerie de Grignon.
   Fig. 7, 8. Fermes en maçonnerie.
   Fig. 13, 14, 15, 16, 17, 18, 19. Maison suisse.
99. Fig. 1, 2, 3, 4. Ferme anglaise imitée

TABLE DES PLANCHES.

Planches.
    du système des cintres en bois courbés sur leur plat.
99. Fig. 5, 6, 7, 8, 9, 10. Plafond de la chambre dorée du palais de Justice, à Paris.
    Fig. 11, 12, 13. Charpente mauresque.
100. Fig. 1, 2, 3, 4, 5, 6, 7, 8, 10, 17. Charpente du comble de Westminster-Hall, à Londres.
    Fig. 11, 12, 13, 14, 15, 16. Charpente du comble de Hampton-Court palace.
101. Fig. 1, 2, 3, 4, 5, 6, 8. Charpente du comble de Crosby-Hall, à Londres.
    Fig. 7, 9, 10, 11, 12, 13, 14. Charpente du plafond de la salle du Conseil.
102. Système de Philibert Delorme.
103. *Idem*. Projet d'un dôme.
104. Coupole de la halle au blé de Paris.
105. Fig. 1, 2, 3, 4, 5. Charpente de granges et manèges en planches de champ.
    Fig. 6, 7, 8, 9, 10, 11, 13. Système de M. Lacase.
    Fig. 12, 14, 15, 16. Toits en planches courbées sur leur plat.
106. Fig. 1, 2, 3, 4. Cale couverte de Rochefort.
    Fig. 5, 6, 7, 8, 9, 10. Cale couverte de Lorient.
    Fig. 11, 12, 13, 14, 15, 16, 17. Emploi du fer dans les fermes.
    Fig. 18, 19, 20. Fermes des docks de Liverpool.
    Fig. 21. Ferme de C. Polonceau.
    Fig. 22. Ferme funiculaire de MM. Aubrun et Herr.
    Fig. 23, 24, 25. Armatures en fer pour les poutres.
    Fig. 26. Armatures en fer pour les mâts.
107. Fig. 1, 2, 3, 4, 5, 6, 7, 8, 9. Charpente en bois plats de la salle du conseil des Cinq-Cents, à Paris.
    Fig. 10, 11, 12, 13, 14, 15. Hangar des messageries, rue du Bouloy, à Paris.
108. Comble du hangar de Marac, près Bayonne, avec arcs en madriers courbés sur leur plat.

Planches.
109. Comble du manège de la caserne de Libourne, avec arcs en madriers courbés sur leur plat.
110. Charpentes à grandes portées en madriers courbés sur leur plat, et détails.
111. Fig. 1, 2, 3, 4, 9. Donjon de l'île d'Aix.
    Fig. 5, 7, 8. Petit donjon ou impériale.
    Fig. 6, 10, 11. Petit dôme sphérique.
    Fig. 12. Dôme de Mathurin Jousse.
    Fig. 13. Dôme de Nicolas Fourneau.
    Fig. 14. Donjon à cinq flèches.
112. Fig. 1, 2, 3, 4, 5. Dôme de Styerme.
    Fig. 6. Flèche de la Sainte-Chapelle, de Paris.
113. Dôme de l'hôtel royal des Invalides.
114. Fig. 1, 2, 19. Beffroi.
    Fig. 3, 4, 5, 6. Instrument de Descartes pour les moyennes proportionnelles.
    Fig. 7, 8, 10, 11, 12, 13, 14, 15, 16, 17, 22, 23. Flèches torses.
    Fig. 9, 18, 20, 21. Dômes tors.
115. Fig. 1, 2, 3, 4, 5, 6, 7, 12, 13, 21, 22. Clochers à surfaces planes.
    Fig. 8, 9, 10, 11, 16. Clochers à renflements.
    Fig. 14, 15, 17, 18, 19, 20. Clocher brisé de Bâle.
116. Ferrures employées dans les charpentes.
117. Charpentes des forges de Rosières.
118. Nouveau système de charpentes en bois et en fer.
119. Fig. 1, 2, 3, 4, 5, 6, 7, 8, 9, 12, 21, 22. Détails de construction d'escaliers.
    Fig. 13, 14. Escalier ancien sur deux noyaux.
    Fig. 15, 16, 17. Escalier sur noyau à jour.
    Fig. 18, 19, 20. Escalier à répétition.
    Fig. 10, 11, 23, 24, 25, 26, 27, 28. Escaliers sans limon.
    Fig. 29. Escalier tournant sur noyaux.
120. Épure d'un escalier avec limon.
121. Fig. 1, 5, 6, 11, 12, 13, 21, 23, 24. Détails de constructions d'escaliers.

TABLE DES PLANCHES.

Planches.
121. Fig. 2, 3, 4, 7, 8, 9, 10, 14, 15, 16, 17, 18, 19. Épure et coupe de la courbe rampante.
Fig. 22, 25, 26, 27, 28, 29. Raccordement des limons droits par des courbes rampantes.
122. Diverses formes d'escaliers.
123. Etais, échafaudages et auvents.
Fig. 1. Echafaud de maçon.
Fig. 2, 5, 6, 8. Auvents.
Fig. 3, 4. Echafaud pour ragrément de ponts.
Fig. 9, 10. Etayement de planchers.
Fig. 7, 11. Echafaud pour réparation de la flèche de Châlons.
Fig. 12, 13. Etayement de maisons.
124. Echafauds fixes et mobiles.
Fig. 1, 2. Echafaud de la façade de l'église Saint-Gervais, à Paris.
Fig. 3. Echafaud fixe pour atelier.
Fig. 4, 5, 6, 7. Echafaud mobile pour atelier.
Fig. 8, 9, 17, 18. Echafauds roulants.
Fig. 10, 11, 12. Echafaud pour construction de combles en charpente.
Fig. 13, 14. Echafaud roulant de la chapelle de Turin.
Fig. 15, 16. Echafaud roulant de l'Orangerie du château de Versailles.
125. Fig. 1, 2, 3, 4. Nœuds et échelles.
Fig. 5, 6, 9, 10, 11. Echafauds mobiles tournants.
Fig. 7, 8. Echafaud qui a servi à la construction du comble du hangar de Marac.
126. Fig. 1, 2, 3, 4, 5, 7. Echafaud pour la construction du dôme du Panthéon de Paris.
Fig. 6, 8. Etais du dôme du même monument.
127. Fig. 1, 2, 3. Echafaud du dôme de Saint-Pierre de Rome.
Fig. 4, 5, 6, 7. Divers petits échafauds.
Fig. 8, 10, 12. Echafaud mobile de la nef de Saint-Pierre de Rome.
Fig. 9, 11. Cintre du dôme du Saint-Pierre de Rome.
128. Echafaud mobile du Panthéon de Rome.

Planches.
129. Fig. 1, 2. Etude d'un pont sur longerons.
Fig. 3, 10, 11, 12, 13. Passerelles.
Fig. 4, 5, 8. Pont de César.
Fig. 6, 7, 9. Usage des clameaux.
130. Etude d'un pont sur longerons avec contre-fiches et moises pendantes.
131. Fig. 1, 2, 3, 4. Ponts de Styerme.
Fig. 5, 7, 8, 9. Passerelles hollandaises.
Fig. 11. Pont de Vrach.
Fig. 12. Pont de Cismone.
Fig. 6, 10. Pont du Necker.
132. Fig. 1, 2, 3, 4, 7. Pont biais avec moises transversales horizontales.
Fig. 5, 6. Pont de Kehl sur le Rhin.
133. Fig. 1, 4, 5, 6, 7. Pont biais d'Asnières (viaduc du chemin de fer).
Fig. 2, 3, 8, 9, 10, 11. Pont d'Ivry.
134. Fig. 1, 2, 3, 4. Pont de Wittengen.
Fig. 5, 6, 7, 8. Pont du sieur Clauss.
135. Fig. 1, 2, 3, 4. Pont de Mellingen.
Fig. 6, 7. Pont de M. Migneron.
136. Fig. 1, 4, 5. Pont de Scharding, sur la Rott, par M. Wiebeking.
Fig. 3, 7, 14. Pont de la Méhaga, en Russie.
Fig. 6. Pile de pont en bois ronds couchés.
Fig. 8, 9, 13, 18. Pont de M. Town, viaduc d'un chemin de fer en Amérique.
Fig. 10, 15, 16, 17. Ponts des colonies russes.
Fig. 11, 12. Pont de Custrin.
Fig. 19, 22. Pont d'Orscha.
Fig. 20, 21. Ponceau de Prusse.
Fig. 2, 23. Pont de Savines.
Fig. 24. Pont de Vendiport.
Fig. 10. Cintre du pont de Moulins, sur l'Allier.
Fig. 11. Cintre du pont de Nemours.
Fig. 12. Cintre du pont de Strand, à Londres.
137. Fig. 1, 2. Pont de Sublicius.
Fig. 3, 4, 6. Passerelles.
Fig. 7, 8, 9, 10, 11, 15, 16. Ponts de Palladio.
Fig. 5, 12. Pont Saint-Clément, sur la Durance.
Fig. 13. Pont de Thionville.
Fig. 14. Pont de Trajan.

TABLE DES PLANCHES.

Planches.
137. Fig. 17, 18, 25. Ponts sur longerons croisés.
Fig. 19, 20. Ponts en madriers de champ.
Fig. 21, 22. Pont de la Brenta, à Bassano.
Fig. 23. Pont de Feldkirch.
Fig. 24. Pont de la Kandel.
Fig. 26. Pont de Zurich.
Fig. 27, 31, 34. Pont de M. Laves.
Fig. 28. Pont de Kingston.
Fig. 29. Pont de la Mulatière, à Lyon.
Fig. 30. Pont du saut du Rhône.
Fig. 32, 34. Pont de Schaffhouse.
Fig. 33. Pont de M. Gauthey.
Fig. 35. Pont de Bamberg, par Wiebeking.
Fig. 37, 38. Ponts sur palées.
Fig. 39, 40, 41, 42. Ponts avec contre-fiches.
Fig. 43, 44, 45. Brise-glaces.
138. Fig. 1, 2, 3, 4. Pont dormant et pont-levis à flèches.
Fig. 5, 6. Pont-levis à engrenage.
Fig. 7, 8. Pont-levis à tape-cul.
Fig. 9, 10. Pont-levis s'abattant dans le fossé.
Fig. 11, 12. Pont dormant de la porte Saint-Nicolas, à la Rochelle.
Fig. 13, 14. Petit pont-levis s'abattant dans le fossé.
Fig. 15. Système de pont du sieur Genneté.
Fig. 16, 17, 18. Pont sur chevalets.
Fig. 19. Nouvelle roulette pour mouvement circulaire.
139. Fig. 1, 5, 6, 7, 8. Pont tournant des Tuileries.
Fig. 2, 3, 4, 11, 12. Pont tournant double.
Fig. 10, 13, 14. Pont tournant simple.
Fig. 9, 15, 16, 17, 18. Ponts flottants.
140. Ponts de cordes.
141. Fig. 1, 10, 11, 16. Cintre du pont de Neuilly.
Fig. 2, 3, 4, 14, 15. Petits cintres.
Fig. 5, 12. Cintre du pont d'Orléans.
Fig. 6, 8. Cintre pour voûtes en plein cintre.
Fig. 7, 18. Cintres de M. Pitot.

Planches.
141. Fig. 9. Cintre pour voûte rampante.
Fig. 13. Cintre de la nef de Saint-Pierre de Rome.
Fig. 17. Cintre du pont aux Fruits, de Melun.
142. Fig. 1. Cintre du pont de Chester.
Fig. 2. Cintre du pont de Celsius.
Fig. 3. Cintre du pont du Gard.
Fig. 4. Système des cintres du pont de Neuilly appliqué à une arche en plein cintre.
Fig. 5. Cintre du pont de Gloucester.
Fig. 6. Cintre du pont de Briançon.
142. Fig. 7. Cintre du pont d'Edimbourg.
Fig. 8, 9. Cintre du pont de la Doris.
Fig. 10. Cintre du pont de Moulins, sur l'Allier.
Fig. 11. Cintre du pont de Nemours, sur le Loing.
Fig. 12. Cintre du pont du Strand, à Londres.
143. Fig. 1, 2. Ancien pont de la Cité, à Paris.
Fig. 4, 5. Ponts à grandes portées de M. le vicomte Barrès du Molard.
Fig. 6. Pont de M. Aubry.
Fig. 7, 8, 9, 15, 16. Mines militaires.
Fig. 10, 11, 13, 14. Mines d'exploitation.
Fig. 3, 12. Percement de tunnels.
144. Fig. 1. Fondation d'un mur de quai, à Rouen.
Fig. 2, 3. Fondations d'un mur de quai, à la Rochelle.
Fig. 4, 5. Fondations du pont de Neuilly.
Fig. 6, 7. Fondations sur pilots et grillages.
Fig. 8, 9. Fondations de la tour de la Chaîne, à l'entrée du port de la Rochelle.
Fig. 10, 11. Quai en charpente.
Fig. 12. Palplanches inclinées.
Fig. 13, 14, 15, 16, 17, 18. Palplanches droites.
145. Fig. 1, 2. Jetée en charpente.
Fig. 3, 7. Batardeaux.
Fig. 4, 5, 6, 13, 15, 16, 17, 18, 19. Portes d'écluses.

TABLE DES PLANCHES.

Planches.
145. Fig. 14. Digue en charpente de M. Cessart.
Fig. 17. Digue en charpente à profil concave.
146. Fig. 1. Elévation d'un vaisseau.
Fig. 3. Coupe en travers d'un vaisseau.
Fig. 2, 4, 5, 7. Tracé à la salle.
Fig. 6. Gabarit.
Fig. 8, 9, 10. Charpenterie de bateaux.
147. Fig. 1, 2, 3. Construction des roues dentées en charpente.
Fig. 4, 5, 6, 7. Tracé des engrenages avec dents à faces et à flancs.
Fig. 8. Engrenages à lanterne.
Fig. 9, 10, 13. Engrenages multiples.
Fig. 11, 12. Engrenages avec dents sans flancs.
Fig. 14, 15. Pilons.
148. Fig. 1. Transmission par frottement entre axes parallèles.
Fig. 3, 6, 17. Transmission par frottement entre axes qui se coupent.
Fig. 4, 5, 8, 11, 13, 14, 15, 16. Construction de roues pour engrenages d'angles, avec dents à faces et à flancs.
Fig. 7, 12. Engrenage d'angle avec dents sans flancs.
Fig. 9. Tracé des flancs pour engrenage entre axes parallèles.
Fig. 2, 10. Epicycloïde sphérique pour les engrenages d'angles avec dents à faces et à flancs.
149. Fig. 1, 2. Vis sans fin.
Fig. 3, 5, 6, 10, 12, 15, 16, 17, 18, 19, 20, 21, 23, 24. Construction de la vis.
Fig. 4, 9. Développante sphérique du cercle pour les dents sans flancs.
Fig. 7, 13, 14. Engrenage d'angle avec lanterne.
Fig. 8, 22. Transmission de la rotation par une sphère.
150. Fig. 1, 2, 16. Roue Poncelet.
Fig. 3. Roue à bras.

Planches.
150. Fig. 4, 5, 6, 7, 8, 9, 10, 17, 18, 19, 20, 21, 22. Vis d'Archimède.
Fig. 11, 12, 13, 14. Ailes de moulins à vent.
Fig. 15. Roue à palettes.
151. Nœuds de cordages.
152. Idem.
153. Fig. 1, 2, 3, 4, 5, 6, 7, 8, 13, 16, 17, 19, 20, 21, 22, 23, 25, 28, 29, 30. Sonnettes à tiraudes.
Fig. 9, 10, 11, 12, 32, 33. Moutons à bras.
Fig. 18, 24. Sonnette arrache-pieux.
Fig. 27, 31, 34, 35, 36, 37, 38, 40, 41. Levier arrache-pieux.
Fig. 42, 43. Vérins arrache-pieux.
Fig. 14, 15, 39. Grande chèvre.
Fig. 44. Cabestans.
154. Fig. 1, 6, 8, 9, 17, 20, 22, 23, 24, 29, 30, 31. Sonnettes.
Fig. 2, 3, 4, 5, 7. Treuils.
Fig. 10, 11, 12, 13, 14, 15, 16, 19. Détails relatifs aux pieux.
Fig. 18, 21. Chèvre.
Fig. 25, 26, 27, 28. Cabestans.
155. Fig. 1, 2. Cric.
Fig. 3, 9. Chevrette.
Fig. 4, 5, 6, 7, 12, 13, 14, 15, 16, 17, 18, 19, 20, 21. Nœuds.
Fig. 8, 10, 11. Mouvements des fardeaux; érection de statues.
156. Mouvements des fardeaux; érection d'obélisques.
157. Fig. 1, 20. Râteliers, mangeoires et stalles pour écuries.
Fig. 2, 3, 7, 8. Guérites.
Fig. 4, 5, 6. Mouton pour suspension de cloches.
Fig. 9, 10. Portes et volets ou contre-vents.
Fig. 11, 12, 13, 14. Pavés en bois.
Fig. 15, 25. Baraques pour logement de troupes.
Fig. 16, 17, 19, 20, 21. Force des bois.
Fig. 22, 23, 24, 26, 27, 28, 29, 30. Résistance et poussée des charpentes.

FIN DE LA TABLE DES PLANCHES.

PARIS. — IMPRIMERIE DE E. MARTINET, RUE MIGNON, 2.

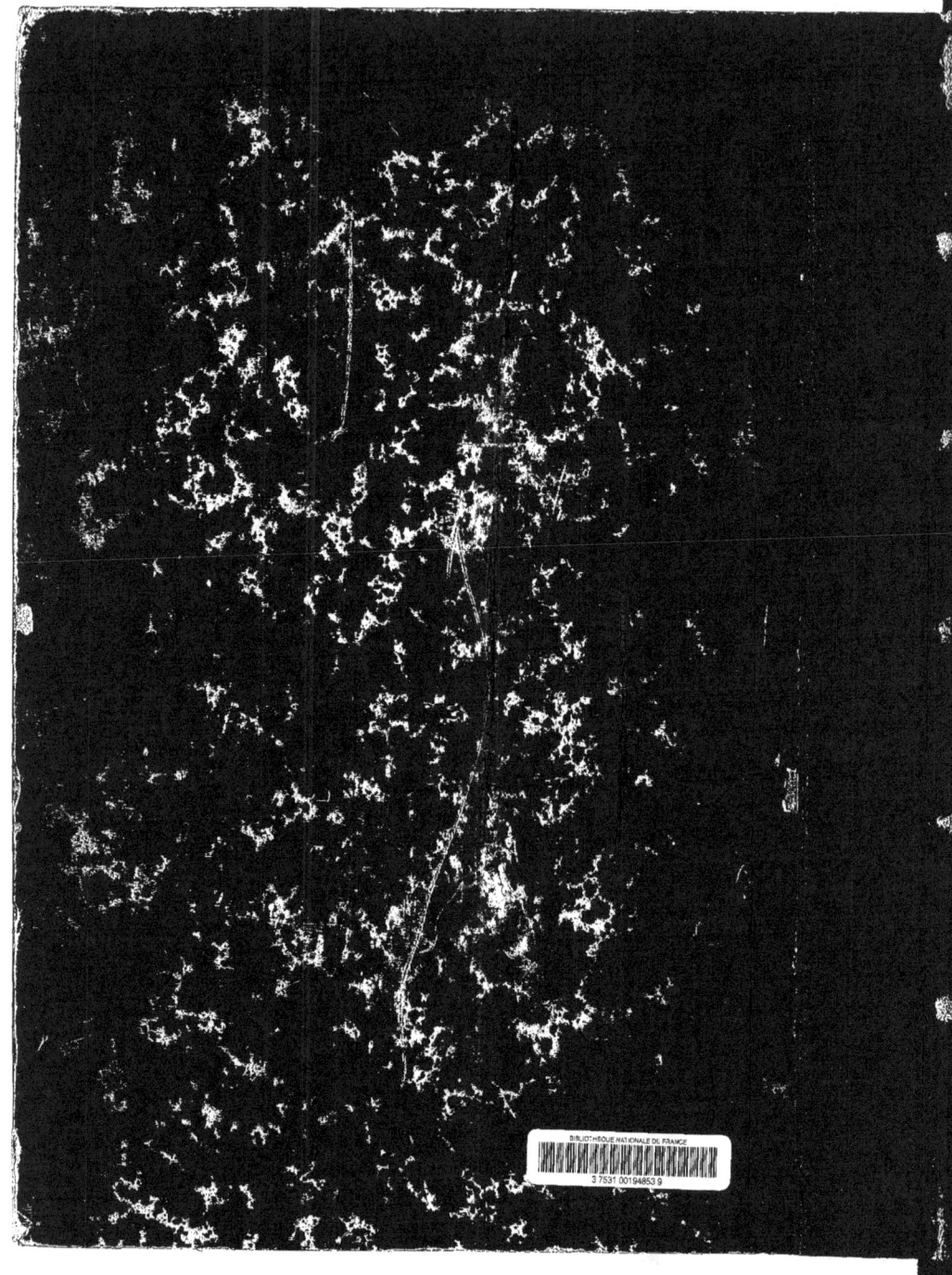

www.ingramcontent.com/pod-product-compliance
Lightning Source LLC
Chambersburg PA
CBHW060903300426
44112CB00011B/1319

www.ingramcontent.com/pod-product-compliance
Lightning Source LLC
Chambersburg PA
CBHW050321020526
44117CB00031B/1326